KB014320

한국산업인력공단 새 출제기준에 따른!!

승강기

기사·산업기사

필기

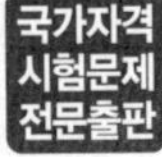

에듀크라운
국가자격시험문제 전문출판

머리말

최근에는 백화점이나 아파트, 지하철 등의 많은 건물에서 각종 승강기를 흔하게 볼 수 있습니다. 이러한 승강기는 고층화된 건물과 바쁘게 살아가는 현대인들의 생활에 있어서 중요한 역할을 하고 있으며, 그만큼 승강기 사고는 생명에 직결되기에 안전관리가 특히 중요합니다.

엘리베이터나 에스컬레이터, 무빙워크, 주차용 기계장치 등의 승강기는 일단 설치를 마치면 지속적인 점검 및 보수작업을 필요로 합니다. 이러한 작업에는 기계, 전자, 전기에 대한 기초적인 지식과 기능이 요구되며, 이에 따라 산업현장에서 필요로 하는 기능인력의 양성을 통해 안전을 도모하고자 만들어진 자격입니다.

이 도서는 승강기기사나 산업기사 자격 취득을 준비하는 수험생들을 위해 만들었습니다. 이론과 문제가 자세한 설명과 함께 수록되어 있고, 또한 정확한 풀이를 통한 해설을 담았습니다.

마지막으로 이 도서가 출간되기까지 많은 도움을 주신 서울공과학원 정용근 원장님과 크라운출판사 임직원분들께 감사의 마음을 전합니다.

저자 김인호

시험안내

[승강기기사]

직무 분야	기계	중직무 분야	기계장비설비 · 설치	자격 종목	승강기기사	적용 기간	2024.1.1.~2026.12.31.

• **직무내용** : 승강기의 기본원리에 대한 공학적 기술, 이론, 지식을 바탕으로 승강기설비의 계획, 설계, 제작, 설치, 검사, 점검, 유지 및 운용과 시설관리 등을 수행하는 직무이다.

필기검정방법	객관식	문제수	80	시험시간	2시간

필기 과목명	출제 문제수	주요항목	세부항목
승강기개론	20	1. 승강기개요	1. 승강기 일반 및 각부의 명칭 2. 승강기의 종류 3. 승강기의 원리 및 조작 방식
		2. 승강기의 주요 장치	1. 제어반 2. 구동기 3. 주행안내 레일 4. 가이드슈 5. 매다는장치(로프 및 벨트) 6. 균형추 7. 균형체인 및 균형로프
		3. 승강기안전장치	1. 추락방지안전장치 2. 과속조절기 3. 완충기 4. 구동기 브레이크 5. 상승과속방지 및 개문출발방지장치
		4. 승강기의 도어시스템	1. 도어시스템의 종류 및 원리 2. 도어머신 3. 도어안전장치
		5. 승강로와 기계실 및 기계류 공간	1. 카(케이지)와 카틀(케이지틀) 2. 승강로의 구조 3. 기계실 및 기계류공간의 구조
		6. 승강기의 제어	1. 교류엘리베이터의 제어 2. 직류엘리베이터의 제어
		7. 승강기의 부속장치	1. 조명장치 2. 환기장치 3. 신호장치 및 통신 장치 4. 비상전원장치 5. 정전 시 구출운전장치 6. 기타 부속설비 및 보호장치
		8. 유압식 엘리베이터의 주요장치	1. 유압식 엘리베이터의 구조 및 원리 2. 유압회로 3. 펌프와 밸브 4. 잭(실린더와 램) 5. 압력배관
		9. 에스컬레이터 및 무빙워크	1. 에스컬레이터 2. 구동장치 3. 디딤판과 디딤판체인 4. 난간과 손잡이 5. 안전장치 6. 무빙워크
		10. 소형화물용 엘리베이터	1. 소형화물용 엘리베이터의 종류
		11. 주택용 엘리베이터	1. 적재하중과 정원 2. 승강행정 3. 구조 및 안전장치
		12. 휠체어 리프트	1. 구조 2. 안전장치
		13. 소방구조용 엘리베이터	1. 구조 및 원리
		14. 피난용 엘리베이터	1. 구조 및 원리

필 기 과목명	출 제 문제수	주요항목	세부항목	
승강기개론	20	15. 기계식 주차장치	1. 기계식주차 장치의 종류 및 특징 2. 2단식 주차장의 샘플링방법 3. 설치기준 4. 안전기준 및 입출고 시간	
		16. 유희시설	1. 유희시설의 분류 2. 유희시설의 종류별 특징	
		17. 건설용 리프트	1. 건설용 리프트의 종류 2. 건설용 리프트의 구조 및 원리 3. 안전장치	
		18. 안전관리	1. 안전관리	
승강기설계	20	1. 승강기설계의 기본	1. 설비계획에 따른 수송능력산출 및 계획 2. 승강기 위치선정	
		2. 승강로 관련 기준	1. 승강로 치수 3. 승강로 구출문 5. 주행안내 레일 및 가이드슈 7. 완충기 9. 기타 승강로 관련 기준	2. 승강로 규격 4. 균형추 6. 레일 브라켓 8. 종단정지장치
		3. 카 및 승강장 관련 기준	1. 카 및 균형추의 완충기와의 거리 2. 승강장도어 시스템 및 인터록 3. 카 및 카틀 4. 조명 및 전기설비 5. 추락방지안전장치 및 부대전기설비	
		4. 기계실 및 기계류 공간 관련 기준	1. 기계실 및 기계대 3. 제어반	2. 구동기 및 과속조절기 4. 매다는장치(로프 및 벨트)
		5. 기계요소 설계	1. 승강기재료의 역학적 설계	2. 기계요소별 구조 원리
		6. 전기설비설계	1. 엘리베이터용 전동기 3. 동력전원설비	2. 엘리베이터 제어시스템 4. 조명전원설비
		7. 재해대책 설비	1. 지진, 화재, 정전시의 운전 2. 감시반설비 3. 방범설비 4. 접지설비 5. 소방구조용 엘리베이터 6. 소방구조용 엘리베이터의 전기배선공사 및 예비전원 7. 피난용 엘리베이터 8. 피난용 엘리베이터의 전기배선공사 및 예비전원	
일반기계 공학	20	1. 기계재료	1. 철과 강 3. 비금속재료	2. 비철금속 및 합금 4. 표면처리 및 열처리
		2. 기계의 요소	1. 결합용 기계요소 3. 전동용 기계요소	2. 축관계 기계요소 4. 제어용 기계요소
		3. 기계공작법	1. 주조 3. 소성가공법 5. 용접	2. 측정 및 손 다듬질 4. 공작기계의 종류 및 특성
		4. 유체기계	1. 유체기계 기초이론 3. 유압회로	2. 유압기계
		5. 재료역학	1. 응력과 변형 및 안전율 3. 비틀림	2. 보의 응력과 처짐

필 기 과목명	출 제 문제수	주요항목	세부항목	
전기제어 공학	20	1. 직류회로	1. 전압과 전류 3. 전기저항	2. 전력과 열량 4. 전류의 화학작용과 전지
		2. 정전용량과 자기회로	1. 콘덴서와 정전용량 3. 자기회로	2. 전계와 자계 4. 전자력과 전자유도
		3. 교류회로	1. 교류회로의 기초 2. R.L.C(저항, 코일, 콘덴서)회로	3. 3상 교류회로
		4. 전기기기	1. 직류기 3. 유도기 5. 정류기	2. 변압기 4. 동기기
		5. 전기계측	1. 전류, 전압, 저항의 측정 3. 절연저항 측정	2. 전력 및 전력량의 측정
		6. 제어의 기초	1. 제어의 개념 2. 목표치, 제어량에 의한 자동제어 3. 제어동작과 자동동작 4. 서보메카니즘과 프로세스제어계 및 조절계 등	
		7. 제어계의 요소 및 구성	1. 제어계의 종류	2. 제어계의 구성과 자동제어
		8. 블록선도	1. 블록선도의 개요 3. 블록선도의 변환 및 신호흐름선도	2. 궤환제어의 표준
		9. 시퀀스제어	1. 제어요소의 작동과 표현 3. 논리회로 5. 유접점회로	2. 불대수의 기본정리 4. 무접점회로
		10. 피드백제어	1. 피드백제어 3. 피드백의 구성	2. 피드백제어의 방법
		11. 제어의 응용	1. 속도제어 3. 프로그램제어 5. 최적제어	2. 컴퓨터제어 4. 군관리시스템제어 6. 수치제어
		12. 제어기기 및 회로	1. 조작용기기 3. 제어용기기	2. 검출용기기

[승강기산업기사]

직무 분야	기계	중직무 분야	기계장비설비 · 설치	자격 종목	승강기 산업기사	적용 기간	2024.1.1.~2026.12.31.
• **직무내용** : 승강기의 기본원리에 대한 공학적 기술, 이론, 지식을 바탕으로 승강기설비의 계획, 설계, 제작, 설치, 검사, 점검, 유지 및 운용과 시설관리 등을 수행하는 직무이다.							
필기검정방법	객관식	문제수	80	시험시간	2시간		

필기 과목명	출제 문제수	주요항목	세부항목	
승강기개론	20	1. 승강기개요	1. 승강기 일반 및 각부의 명칭 3. 승강기의 원리 및 조작 방식	2. 승강기의 종류
		2. 승강기의 주요 장치	1. 제어반 3. 주행안내 레일 5. 매다는장치(로프 및 벨트) 7. 균형체인 및 균형로프	2. 구동기 4. 가이드슈 6. 균형추
		3. 승강기안전장치	1. 추락방지안전장치 3. 완충기 5. 상승과속방지 및 개문출발방지장치	2. 과속조절기 4. 구동기 브레이크
		4. 승강기의 도어시스템	1. 도어시스템의 종류 및 원리 3. 도어안전장치	2. 도어머신
		5. 승강로와 기계실 및 기계류 공간	1. 카(케이지)와 카틀(케이지틀) 3. 기계실 및 기계류공간의 구조	2. 승강로의 구조
		6. 승강기의 제어	1. 교류엘리베이터의 제어	2. 직류엘리베이터의 제어
		7. 승강기의 부속장치	1. 조명장치 3. 신호장치 및 통신 장치 5. 정전 시 구출운전장치	2. 환기장치 4. 비상전원장치 6. 기타 부속설비 및 보호장치
		8. 유압식 엘리베이터의 주요장치	1. 유압식 엘리베이터의 구조 및 원리 2. 유압회로 4. 잭(실린더와 램)	3. 펌프와 밸브 5. 압력배관
		9. 에스컬레이터 및 무빙워크	1. 에스컬레이터 3. 디딤판과 디딤판체인 5. 안전장치	2. 구동장치 4. 난간과 손잡이 6. 무빙워크
		10. 소형화물용 엘리베이터	1. 소형화물용 엘리베이터의 종류	
		11. 주택용 엘리베이터	1. 적재하중과 정원 3. 구조 및 안전장치	2. 승강행정
		12. 휠체어 리프트	1. 구조	2. 안전장치
		13. 소방구조용 엘리베이터	1. 구조 및 원리	
		14. 피난용 엘리베이터	1. 구조 및 원리	
		15. 기계식 주차장치	1. 기계식주차 장치의 종류 및 특징 2. 2단식 주차장의 샘플링방법 3. 설치기준	4. 안전기준 및 입출고 시간
		16. 유희시설	1. 유희시설의 분류	2. 유희시설의 종류별 특징

필기 과목명	출제 문제수	주요항목	세부항목
승강기개론	20	17. 건설용 리프트	1. 건설용 리프트의 종류 2. 건설용 리프트의 구조 및 원리 3. 안전장치
		18. 안전관리	1. 안전관리
승강기설계	20	1. 승강기설계의 기본	1. 설비계획에 따른 수송능력산출 및 계획 2. 승강기 위치선정
		2. 승강로 관련 기준	1. 승강로 치수 2. 승강로 규격 3. 승강로 구출문 4. 균형추 5. 주행안내 레일 및 가이드슈 6. 레일 브라켓 7. 완충기 8. 종단정지장치 9. 기타 승강로 관련 기준
		3. 카 및 승강장 관련 기준	1. 카 및 균형추의 완충기와의 거리 2. 승강장도어 시스템 및 인터록 3. 카 및 카틀 4. 조명 및 전기설비 5. 추락방지안전장치 및 부대전기설비
		4. 기계실 및 기계류 공간 관련 기준	1. 기계실 및 기계대 2. 구동기 및 과속조절기 3. 제어반 4. 매다는장치(로프 및 벨트)
		5. 기계요소 설계	1. 승강기재료의 역학적 설계 2. 기계요소별 구조 원리
		6. 전기설비설계	1. 엘리베이터용 전동기 2. 엘리베이터 제어시스템 3. 동력전원설비 4. 조명전원설비
		7. 재해대책 설비	1. 지진, 화재, 정전시의 운전 2. 감시반설비 3. 방범설비 4. 접지설비 5. 소방구조용 엘리베이터 6. 소방구조용 엘리베이터의 전기배선공사 및 예비전원 7. 피난용 엘리베이터 8. 피난용 엘리베이터의 전기배선공사 및 예비전원
일반기계 공학	20	1. 기계재료	1. 철과 강 2. 비철금속 및 합금 3. 비금속재료 4. 표면처리 및 열처리
		2. 기계의 요소	1. 결합용 기계요소 2. 축관계 기계요소 3. 전동용 기계요소 4. 제어용 기계요소
		3. 기계공작법	1. 주조 2. 측정 및 손 다듬질 3. 소성가공법 4. 공작기계의 종류 및 특성 5. 용접
		4. 유체기계	1. 유체기계 기초이론 2. 유압기계 3. 유압회로
		5. 재료역학	1. 응력과 변형 및 안전율 2. 보의 응력과 처짐 3. 비틀림
전기제어 공학	20	1. 직류회로	1. 전압과 전류 2. 전력과 열량 3. 전기저항 4. 전류의 화학작용과 전지 5. 키르히호프의 법칙
		2. 정전용량과 자기회로	1. 콘덴서와 정전용량 2. 전계와 자계 3. 자기회로
		3. 교류회로	1. 교류회로의 기초 2. R.L.C(저항, 코일, 콘덴서)회로 3. 3상 교류회로

필 기 과목명	출 제 문제수	주요항목	세부항목
전기제어 공학	20	4. 전기기기	1. 직류기 2. 변압기 3. 유도기 4. 동기기 5. 정류기
		5. 전기계측	1. 전류, 전압, 저항의 측정 2. 전력 및 전력량의 측정 3. 절연저항 측정
		6. 제어의 기초	1. 제어의 개념 2. 목표치, 제어량에 의한 자동제어 3. 제어동작과 자동동작 4. 서보메카니즘과 프로세스제어계 및 조절계 등
		7. 제어계의 요소 및 구성	1. 제어계의 종류 2. 제어계의 구성과 자동제어
		8. 블록선도	1. 블록선도의 개요 2. 궤환제어의 표준 3. 블록선도의 변환 및 신호흐름선도
		9. 주파수 응답과 시간응답	1. 주파수 응답 2. 시간응답
		10. 시퀀스제어	1. 제어요소의 작동과 표현 2. 논리회로 3. 유접점회로 및 무접점회로
		11. 제어의 응용	1. 속도제어 2. 컴퓨터제어 3. 프로그램제어 4. 군관리시스템제어 5. 최적제어 6. 수치제어
		12. 제어 기기 및 회로	1. 조절기용기기 2. 조작용기기 3. 검출용기기

차　례

승강기 이론

제1장 승강기 개론

제2장 승강기 설계

제3장 일반기계공학

제4장 전기제어공학

Chapter 1

승강기 개론

01 승강기 개론

01 승강기 개요

1. 승강기의 정의

"승강기"란 건축물이나 고정된 시설물에 설치되어 일정한 경로에 따라 사람이나 화물을 승강장으로 옮기는 데에 사용되는 설비(「주차장법」에 따른 기계식 주차장치 등 대통령령으로 정하는 것은 제외한다)로서 구조나 용도 등의 구분에 따라 대통령령으로 정하는 설비를 말한다.

2. 승강기의 종류

① **엘리베이터** : 일정한 수직로 또는 경사로를 따라 위・아래로 움직이는 운반구(運搬具)를 통해 사람이나 화물을 승강장으로 운송시키는 설비

② **에스컬레이터** : 일정한 경사로 또는 수평로를 따라 위・아래 또는 옆으로 움직이는 디딤판을 통해 사람이나 화물을 승강장으로 운송시키는 설비

③ **휠체어리프트** : 일정한 수직로 또는 경사로를 따라 위・아래로 움직이는 운반구를 통해 휠체어에 탑승한 장애인 또는 그 밖의 장애인・노인・임산부 등 거동이 불편한 사람을 승강장으로 운송시키는 설비

3. 승강기의 원리

(1) 전기식, 유압식 엘리베이터 원리

① **로프식** : 모터의 회전력을 감속기를 통해 시브에 전달한다. 한쪽에는 카, 다른 쪽에는 균형추를 매달아 이어로프를 권상기의 시브에 연결하여 와이어로프와 시브 사이의 마찰력에 의해 구동된다.

② **유압식** : 기름의 압력과 흐름을 이용하여 유압자키(실린더와 플런저를 조립한 것)의 밀어 올리는 힘으로 카를 구동한다.

(2) 에스컬레이터의 원리

철골구조의 트러스를 상하층에 설치하고 그 가운데에 좌우 2본의 디딤판체인에 일정한 간격으로 디딤판을 설치하여 체인의 구동으로 디딤판이 구동되어 사람을 운반한다.

(3) 소형화물용 엘리베이터(덤웨이터) 원리

덤웨이터는 사람이 탑승하지 않고 적재 하중이 300kg 이하인 소형 화물(서적, 음식물 등)의 운반에 적합하게 제작된 엘리베이터를 말한다. 덤웨이터 출입구의 위치에 따라 테이블 타입과 플로어 타입으로 분류된다.

① 테이블 타입 : 출입구가 건물의 바닥보다 높은 위치(바닥에서 70cm 정도 올라간 위치)에 있는 것으로서 출입구에는 선반(테이블 또는 카운터)이 설치된다.

② 플로어 타입 : 화물의 적재를 바닥 또는 바닥 근처의 레벨에서 이루어지므로 일반적으로 손수레에 실은 화물을 운반하는 데 사용된다.

02 승강기의 조작 방식

1. 반자동식 및 전자동식

(1) 반자동식

① 카 스위치 방식 : 카의 모든 기동정지는 운전자의 의지에 따라 카 스위치의 조작에 의해 직접 이루어진다.

② 신호 방식 : 카의 문 개폐만이 운전자의 레버나 누름 버튼의 조작에 의해 이루어지고, 진행방향의 결정이나 정지층의 결정은 미리 눌려 있는 카 내 행선층 버튼 또는 승강 버튼에 의해 이루어진다. 현재에는 백화점 등에서 운전자가 있을 때 사용된다.

(2) 전자동식

① 단식자동식(Single Automatic) : 하나의 호출에만 응답하므로 먼저 눌려 있는 호출에는 응답하고, 운전이 완료될 때까지 다른 호출을 일절 받지 않는다. 화물용 및 소형 엘리베이터에 많이 사용된다.

② 하강 승합 전자동식(Down Collective) : 2층 혹은 그 위층의 승강장에서는 하강 방향 버튼만 있어서 중간층에서 위로 가는 경우 일단 1층으로 하강하지 않으면 안 된다. 즉, 층간 교통은 없다는 전제하에 아파트용 등에 사용되는 경우가 많다.

③ 승합 전자동식(Selective Collective) : 승강장의 누름 버튼은 상승용, 하강용의 양쪽 모두 동작이 가능하다. 카는 그 진행 방향의 카 한 대의 버튼과 승강장 버튼에 응답하면서 승강한다. 승용 엘리베이터가 이 방식을 채용하고 있다.

④ 반자동식과 전자동식의 병용 방식 : 단식자동식(Single Automatic), 하강 승합 전자동식(Down Collective)의 것 중에 한 개씩을 조합시킬 수가 있지만, 신호 방식과 승합 자동 방식의 편성을 대부분 사용한다.

2. 양방향 승합 전자동식(Selective Collective)

승강장의 누름 버튼은 상승용, 하강용의 양쪽 모두 동작이 가능하다. 카는 그 진행 방향의 카 한 대의 버튼과 승강장 버튼에 응답하면서 승강한다. 승용엘리베이터가 이 방식을 채용하고 있다.

3. 복수 엘리베이터의 조작 방식

① 군 승합 자동식(2CAR, 3CAR) : 두 대에서 세 대가 병설되었을 때 사용되는 조작 방식으로, 한 개의 승강장 버튼의 부름에 대하여 한 대의 카만 응답하게 하여 쓸데없는 정지를 줄이고, 일반적으로 부름이 없을 때에는 다음 부름에 대비하여 분산 대기한다. 운전의 내용이 교통수요의 변동에 대하여 변하지 않는 점이 군 관리 방식과 다르다.

② 군 관리 방식(Supervisory Contlol) : 엘리베이터를 3~8대 병설할 때 각 카를 불필요한 동작 없이 합리적으로 운행 · 관리하는 조작 방식이다. 운행 관리의 내용은 빌딩의 규모 등에 따라 여러 가지가 있지만, 출 · 퇴근 시의 피크 수요, 점심식사 시간 및 회의 종례 시 등 특정 층의 혼잡 등을 자동적으로 판단하고 서비스 층을 분할하거나 집중적으로 카를 배차하여 능률적으로 운전하는 것이다.

4. 소형화물용 엘리베이터(덤웨이터)의 조작 방식

덤웨이터의 조작 방식은 사람이 승차하지 않는 것을 전제로 하고 있으므로 엘리베이터에서의 일반적인 승합방식을 사용하는 것은 거의 없다. 가장 많이 사용되는 방식은 각 출입구에서 정지스위치를 포함하여 모든 출입구 층으로 보낼 있는 '다수 버튼 방식'이다. 이 방식은 어느 층에서나 원하는 층으로 보낼 수가 있으므로, 거의 이 방식이 선택되고 있다.

참/고

[조작방식에 의한 분류]

① 수동식 : 전임 운전자에 의해 조작되는 엘리베이터이다.

② 자동식 : 승객 자신에 의해 조작된다.

③ 병용 방식 : 운전원과 승객이 조작할 수 있도록 겸용이 가능하다.

[속도에 의한 분류]

① 저속 : 0.75m/sec 이하

② 중속 : 1~4m/sec

③ 고속 : 4~6m/sec

④ 초고속 : 6m/sec 이상

아파트와 같은 건물에서의 승강기 속도는 중속(1~4m/sec)

02 승강기의 주요 장치

01 권상기

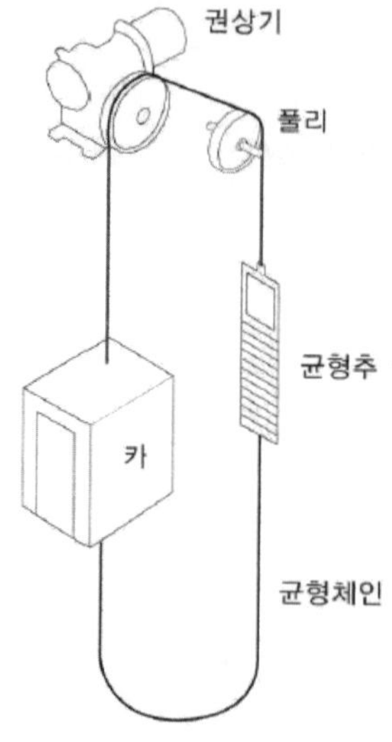

[엘리베이터의 기본 구조도]

권상기는 와이어로프를 드럼에 감거나 풀게 하여 카를 승강시키는 장치로 전동기, 제동기, 감속기, 메인시브, 기계대, 속도 검출부 등으로 이루어져 있다.

1. 권상기의 종류 및 특징

(1) 권상(트랙션)식

권상(트랙션)식은 로프와 도르래 사이의 마찰력을 이용하여 카 또는 균형추를 움직이는 것이다. 로프의 미끄러짐과 로프 및 도르래의 마모가 발생한다.

1) 특징

① 균형추를 사용하기 때문에 소요 동력이 작다.

② 도르래를 사용하기 때문에 승강 행정에 제한이 없다.

③ 로프와 도르래의 마찰력을 이용하므로 지나치게 감길 위험이 없다.

2) 트랙션 능력

① 로프의 감기는 각도(권부각)가 작을수록 미끄러지기 쉽다.

② 카의 가속도와 감속도가 클수록 미끄러지기 쉽고 긴급정지 시에도 동일하다.

③ 카 측과 균형추 측의 로프에 걸리는 중량비가 클수록 미끄러지기 쉽다.

④ 로프와 도르래 사이의 마찰계수가 작을수록 미끄러지기 쉽다.

3) 미끄러짐을 결정하는 요소

① 카와 균형추의 로프에 걸리는 장력(중량)의 비

② 가속도와 감속도

③ 로프와 도르래의 마찰계수

④ 로프가 감기는 각도

4) 로프의 미끄러짐 현상을 줄이는 방법

① 권부각을 크게 한다.

② 가감속도를 완만하게 한다.

③ 균형체인이나 균형로프를 설치한다.

④ 로프와 도르래 사이의 마찰계수를 크게 한다.

■ 참/고

※ 마찰계수의 크기는 U홈<언더컷 홈<V홈의 순서이다.
※ 기어식은 감속기의 종류에 따라 웜기어식과 헬리컬기어식이 있다.

5) 종류

권상(트랙션)식은 엘리베이터의 속도・용량 및 제어 방식에 따라 기어 방식(감속기 유, 105m/min 이하), 무기어 방식(감속기 무, 120m/min 이상)이 있다.

① 기어식 권상기 : 권상모터의 고속회전을 감속기에서 감속시켜 규정 속도를 얻은 후 구동시브에 걸린 로프에 의하여 운행하는 방식. 감속기에는 소음 감소를 위하여 합금강제의 인청동 등 동합금제를 조합시킨 감속기 및 효율이 높은 감속기가 사용되고 있다.

② 무기어식 권상기 : 감속기가 없어 진동소음이 적고 효율이 높다. 전동기의 속도를 그대로 사용하므로 전동기의 회전속도를 적절히 조절하는 것이 중요하다. 저속회전의 경우 종전에는 저속회전이 가능한 직류모터에 의한 방식만 사용하였다. 하지만, 최근에는 기계가 크고 비싼 직류 방식은 쇠퇴하고, 인버터제어(VVVF) 방식의 개발로 교류유도전동기에서도 저속회전 및 고속회전이 가능하여 인버터제어 방식을 이용한 교류 무기어식 권상기가 사용된다.

(2) 포지티브식(권동식)

권동식은 로프를 권동(드럼)에 감거나 또는 풀거나 하여 카를 상승시키는 방식이다.

① 저속, 소용량 엘리베이터에 사용 가능하다.

② 미끄러짐은 트랙션식보다 작다.

③ 소요 동력이 크다(균형추 미사용).

④ 지나치게 로프를 감거나 풀면 위험하다.

2. 전동기

전동기는 권상기를 구동하여 동력을 제공하는 기계장치이다.

1) 엘리베이터용 전동기가 구비해야 할 특성

① 고기동 · 감속 · 정지에 의한 발열에 대해 고려해야 한다.

② 카의 정격속도를 만족하는 회전 특성을 가져야 한다(오차범위 ±5~10%).

③ 역구동하는 경우도 많기 때문에 충분한 제동력을 가져야 한다.

④ 운전 상태가 정숙하고 진동과 소음이 적어야 한다.

2) 전동기의 구비 조건

① 기동 토크가 클 것

② 기동 전류가 작을 것

③ 회전 부분의 관성 모멘트가 적을 것

④ 잦은 기동 빈도에 대해 열적으로 견딜 것

3) 엘리베이터용 전동기의 용량(P)

$$P = \frac{LVS}{6120\eta} = \frac{LV(1-OB)}{6120\eta}\,(\text{kW})$$

여기서, L : 정격하중(kg)　　V : 정격속도(m/min)
OB : 오버밸런스율(%)　　S : 균형추 불평형률
η : 종합효율

참/고

[오버밸런스(OB)]
균형추의 총중량은 빈 카의 자중에 사용 용도에 따라 정격하중의 35~50%의 중량을 적용한다.

3. 권상능력에 영향을 미치는 요소

트랙션식은 와이어로프와 도르래의 마찰력을 이용하여 카를 움직이는 것으로, 일반적으로 도르래에 걸리는 카 측의 전중량과 균형추 측의 전중량은 다르기 때문에 양측의 와이어로프의 늘어짐은 미세하기는 하나 다르게 된다. 따라서 와이어로프가 도르래에 들어가서 나오기까지에는 도르래와 와이어로프의 사이에 극히 작기는 하나 미끄러짐이 있고 오랜 사용으로 쌍방에 마모가 생기게 된다. 또한 양측의 로프의 장력비(또는 중량비)가 일정 한도를 초과하면 로프가 미끄럼을 일으키는데, 미끄럼을 일으키는 한계장력비의 값을 트랙션 능력(허용 트랙션비라고도 함)이라고 말한다.

1) 트랙션 능력과 도르래 홈의 형상

트랙션 능력 r은 도르래와 와이어로프 사이의 마찰계수, 도르래에 감기는 와이어로프의 권부각 등에 의해 결정되고, 일반적으로 다음의 식으로 나타낼 수 있다

$$r = e^{\mu(\theta)}$$

여기서, r : 트랙션 능력 ≥ 1
e : 자연대수의 밑수(=2.7183)
μ : 도르래의 홈과 와이어로프 사이의 마찰계수
θ : 권부각(rad)

마찰계수 μ의 값은 도르래의 재질이나 와이어로프홈의 형상에 따라 다르다. 도르래 홈의 형상은 3종류이지만, 마찰계수의 크기는 재질이 같다고 하면 U홈<언더컷홈<V홈의 순이다. 따라서 권부각이 같다고 하면 트랙션 능력의 크기도 이 순서로 된다.

홈의 형상은 마찰계수가 큰 것이 바람직하지만, 마찰계수가 큰 것은 와이어로프와 도르래 홈의 접촉면에 면압이 높게 되므로 와이어로프나 도르래가 마모되기 쉬운 측면이 있다.

예제 트랙션비를 $r=\frac{T_2}{T_1}=1.78$, 마찰계수를 0.3일 때 권부각 θ[rad]를 구하시오.

여기서, T_1 : 카측 중량, T_2 : 균형추측중량

풀이 트랙션 능력 $r=e^{\mu(\theta)}$, $r=1.78=e^{0.3\theta}$, $\ln(1.78)=\ln e^{0.3\theta}=0.3\times\theta\times\ln e$

$\therefore$ 권부각 $\theta=\frac{\ln(1.78)}{0.3}=2.078[\text{rad}]$,

참고, 권부각 $2.078\times\frac{180}{\pi}\approx 120°$

2) 도르래 홈의 종류별 특징

① U홈 : U홈은 로프와의 면압이 작으므로 로프의 수명은 길어지지만, 마찰계수가 가장 작아지기 때문에 도르래에 감기는 와이어로프의 권부각을 크게 할 수 있는 더블랩 방식의 권상기에 많이 사용되고 있다.

② V홈 : V홈은 쐐기작용에 의하여 마찰계수가 커서 면압이 높고 와이어로프가 손상되기 쉽고, 홈이 마모되면 와이어로프와 접하는 부분의 각도 α가 작게 되어, 트랙션 능력의 값이 작아지게 되는 결점이 있다. 주로 덤웨이터나 소형 엘리베이터의 일부 등에 사용되고 있다.

③ 언더컷홈 : U홈과 V홈의 중간적 특성을 갖는 홈 형식으로, V홈이 와이어로프에 의해 마모가 생긴 때의 형상을 언더컷 중심각 α가 크면 트랙션 능력이 크다.

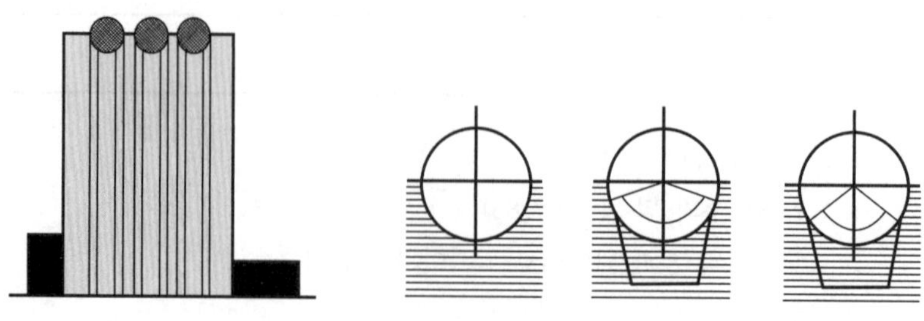

[도르래 홈의 형상]

4. 트랙션식 권상기

1) 특징

이 방식의 권상기는 이미 기술한 것처럼 와이어로프의 미끄러짐이나 와이어로프 및 도르래에 마모가 일어나기 쉽지만, 다음과 같은 큰 장점이 있어 저속에서 초고속까지 넓게 사용되고 있다.

① **소요 동력이 작다** : 균형추를 사용하기 때문에 소요동력은 카의 적재하중의 50% 정도를 승강시킬 수 있는 동력만으로 해결된다. 이것은 권동식이나 유압식과 비교하면 훨씬 유리한 점이다.

② **행정거리의 제한이 없다** : 권동식처럼 와이어로프와 도르래가 기계적으로 연결되지 않기 때문에 이론적으로는 와이어로프의 안전율이 확보되면 승강 행정에는 제한이 없다.

③ **지나치게 감기는 현상이 일어나지 않는다** : 와이어로프를 마찰하여 구동하기 때문에 카 또는 균형추가 완충기에는 닿는 경우, 카 측과 균형추 측의 장력비가 급증하여 로프가 미끄러지기 때문에 권과(지나치게 감기는 현상)를 일으키지 않는다.

2) 종류

트랙션 권상기에는 전동기의 회전을 감속기로 감속하여 도르래를 구동하는 것과 감속하지 않고 직접 전동기의 축에 도르래를 설치한 것이 있는데, 전자를 기어식 권상기(기어드 머신), 후자를 무기어식 권상기(기어리스 머신)라 부르고 있다.

5. 권상기 전동기의 소요 동력

1) 제동기(Brake)

① 제동능력

전동기의 관성력과 카, 균형추 등 모든 장치의 관성을 제지하는 능력을 가져야 된다. 승객용 엘리베이터는 125%의 부하, 화물용 엘리베이터는 125%의 부하로 전속력 하강 중인 카를 안전하게 감속·정지시킬 수 있어야 한다. 일반적으로 제동능력은 승차감 및 안전상의 문제를 일으킬 수 있어 감속도는 보통 0.1G 정도로 하고 있다.

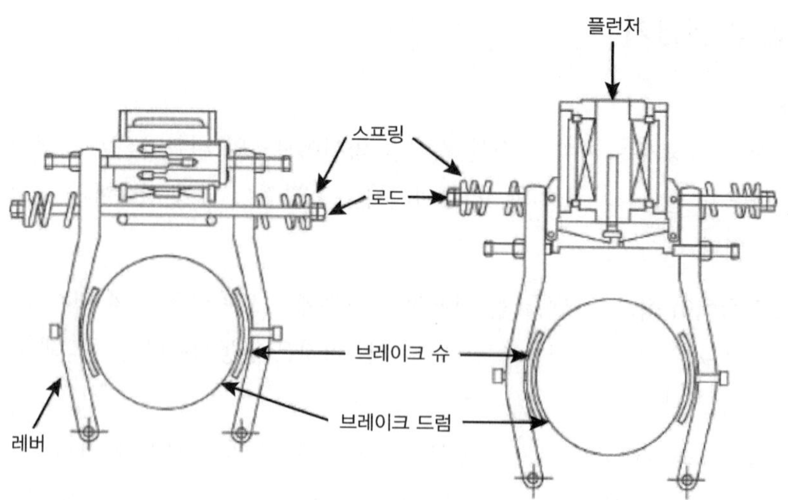

② 제동시간(t)

$$t = \frac{120 \cdot S}{V}(\text{sec})$$

여기서, S : 엘리베이터가 제동을 건 뒤 이동한 정지거리(m)

V : 정격속도(m/min)

참/고

[역구동이란]

전동기 측으로부터의 구동에 대응하는 말로서, 부하 측 힘으로 구동되는 것

2) 감속기(Gear)

감속비가 크고 소음이 작으며, 역구동이 잘 안 되는 특징으로 종래에는 웜기어만 사용하였으나 기계가공기술의 발달로 진동과 소음을 줄이면서 효율이 좋은 헬리컬기어의 적용이 급격히 증가하고 있다.

① 웜기어와 헬리컬기어의 특징

구 분	웜기어	헬리컬기어
구 조	웜 웜 기어	
특 징	• 기어의 직경에 따른 감속비 설계가 가능하다. • 웜 쪽에서 기어 쪽으로 동력이동은 쉬우나 기어 쪽에서 웜 쪽으로의 동력 이동은 어렵다. • 마찰에 의한 열 발생	• 동일 용량의 웜기어에 비해 감속기의 크기가 작다. • 정밀 가공 기술의 발달로 소음을 크게 줄일 수 있어 현재 크게 각광받고 있다.
적 용	1.75[m/s] 이하의 중저속 기종	4~6[m/s] 고속 기종
효 율	낮다(50~70%)	높다(80~85%)
소 음	작다	크다
역구동	어렵다	웜 기어식 보다는 쉽다

② 감속기 상자(Gear Housing)

감속기 상자에 감속기를 내장하고 있다. 감속기 오일이 들어 있으므로 개스킷(Gasket)에 의해 밀폐되어 있어야 한다. 웜기어의 경우에는 기어의 마찰에 의하여 열이 발생되고, 이 열에 의하여 개스킷이 열화되어 사용 도중 오일이 새는 경우가 있으므로 자주 점검하여 교환하여야 한다.

3) 메인 시브(Main Sheave)

메인 시브는 감속기의 축과 연결되어 전동기의 회전을 감속기에 감속된 속도로 회전시킨다.

① **메인 시브의 크기** : 메인 시브의 직경은 걸리는 로프 직경의 40배 이상으로 하여 굽혀짐과 펴짐의 반복에 의한 로프의 손상을 최소화 하도록 하여야 한다(이는 디플렉터 시브에도 적용). 메인 시브에는 엘리베이터의 모든 하중이 로프를 통하여 걸려 있으므로 이를 견뎌낼 수 있는 충분한 강도로 설계·제작되어야 한다.

참/고

[모든 하중]

카의 자중 균형추의 무게, 정격 적재량, 로프의 무게 및 이동 케이블 무게 등을 모두 더한 하중

② 시브의 직경 비율

구 분	시브의 직경 비율	
메인시브	로프 직경의 40배 이상(단, 메인시브의 직경에 접하는 부분의 길이가 그 둘레 길이의 1/4 이하면 36배 이상)	
	로프직경(mm)	도르래 최소직경(mm)
	8	320
	10	400
	12	480
	14	560
균형도르래	균형로프(Compensation Rope)에 사용되는 도르래는 32배 이상	

③ 로프홈 : 엘리베이터에서 견인능력을 결정하는 주요한 인자이다.

㉠ 홈 형상

마찰력이 큰 것이 바람직하지만, 마찰력이 큰 형상은 접촉면의 면압이 높게 되므로 와이어로프나 시브의 마모가 되기 쉽다.

홈	U홈	언더컷홈	V홈
홈의 형상	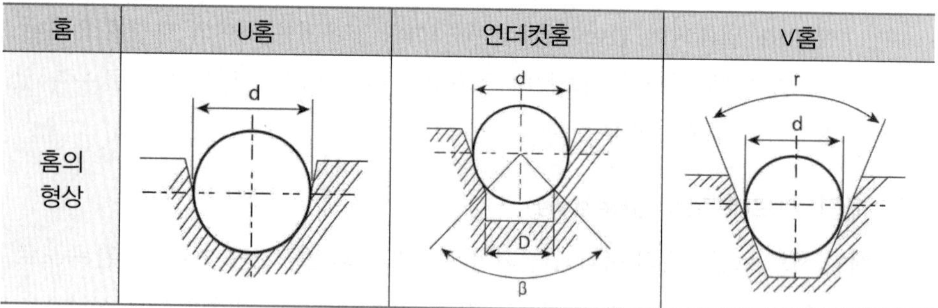		

㉡ 로프홈별 특징

로프홈	특 징
U홈	로프와의 면압이 작으므로 로프의 수명은 길어지지만, 마찰력이 작아 와이어로프가 메인시브에 감기는 권부각을 크게 할 수 있는 더블랩 방식의 고속기종 권상기에 많이 사용된다.
언더컷홈 (Under-Cut)	• U홈과 V홈의 장점을 가지며, 트랙션 능력이 커서 일반적으로 가장 많이 적용된다. 언더컷 중심각 β가 크면 트랙션 능력이 크다(일반적으로 $105° \leq \beta \leq 90°$ 적용). • 초기가공은 어렵지만, 시브의 마모가 어느 한계까지 가더라도 마찰력이 유지되는 장점을 가진다.
V홈	쐐기 작용에 의해 마찰력은 크지만, 면압이 높아 와이어로프나 시브가 마모되기 쉽다.

㉢ 로프의 미끄러짐

균형추 방식의 엘리베이터에 있어서 메인 시브와 로프 사이의 미끄러짐은 엘리베이터의 견인능력을 결정하는 중요한 요인이다. 시브와 로프의 미끄러짐은 메인 시브와 로프가 감기는 각도(권부각), 속도변화율(가・감속도), 시브의 마찰력, 카와 균형추의 무게 비에 의하여 결정된다.

4) 속도 검출부(Encoder)

권상모터의 회전속도 및 가속도를 측정하여 디지털신호로 변환해 주는 장치이다.

5) 기계대(Machine Beam)

① 권상기를 지지하는 보이다. 기계실 옹벽에 견고하게 설치해야 한다.

② 카 자중, 균형추 및 카 용량에 충분히 견딜 수 있어야 한다.

③ 권상기의 소음 및 진동이 카와 건축물에 전달되지 않고, 엘리베이터의 주행 및 착상 시 발생하는 충격과 진동을 건물과 카 내의 승객에게 전달되지 않도록 기계대에 방진고무를 설치해야 한다.

02 주행안내(가이드) 레일(Guide Rail)

1. 주행안내(가이드) 레일의 규격과 사용 목적

(1) 주행안내(가이드) 레일의 규격

① 레일의 표준 길이 : 5m(특수 제작된 T형 레일)

② 레일 규격의 호칭 : 소재의 1m당 중량을 라운드 번호로 하여 K레일을 붙여서 사용된다. 일반적으로 사용하고 있는 T형 레일은 공칭 8, 13, 18, 및 24K, 30K 레일이지만 대용량의 엘리베이터는 37K, 50K 레일 등도 사용된다.

또한 소용량 엘리베이터의 균형추 레일에서 비상정지장치가 없는 것이나, 간접식 유압 엘리베이터의 램 (RAM 구:플런저)을 안내하는 레일에는 강판을 성형한 레일이 사용되고 있다.

③ 주행안내(가이드) 레일의 허용응력은 일반적으로 2400(kg/cm^2)이다.★★★

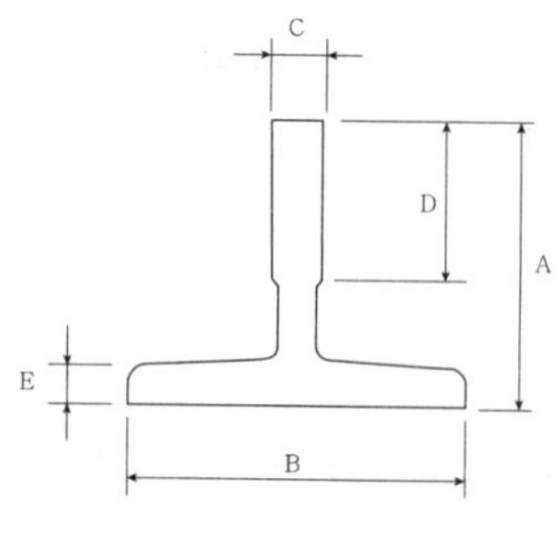

[T형 레일의 단면]

구분 \ 호칭	8k	13k	18k	24k
A	56	62	89	89
B	78	89	114	127
C	10	16	16	16
D	26	32	38	50
E	6	7	8	12

[T형 레일의 단면과 치수]

(2) 사용 목적★★★

① 카와 균형추의 승강로 내 위치 규제

② 카의 자중이나 화물에 의한 카의 기울어짐 방지

③ 집중 하중이나 추락방지(비상 정지) 안전장치 작동 시 수직 하중을 유지★★★

벽면부터의 길이는 600mm 이하로 하고, 건물에의 부착은 철골에 대해서는 용접 또는 볼트로 부착하고, 콘크리트에 대해서는 앵커 볼트에 의해 견고하게 부착해야 한다.

(3) 주행안내(가이드) 레일의 크기를 결정하는 요소

① 좌굴 하중 : 추락방지(비상정지) 안전장치 동작 시

② 수평 진동력 : 지진 발생 시

③ 회전 모멘트 : 불평형 하중에 대한 평형 유지

(4) 가이드 슈(Guide Shoe)와 가이드 롤러(Guide Roller)

가이드 슈와 가이드 롤러는 카가 레일을 타고 이동 시 안내바퀴 역할을 하며, 카 틀의 네 귀퉁이에 위치하여 가이드레일에서 이탈하지 않도록 한다.

03 주 로프(Main Rope)

1. 로프의 구조 및 종류별 특징

주 로프는 권상기 시브의 회전력을 카에 전달하는 중요 부품으로 카와 균형추를 매달아 지탱하고, 도르래의 회전을 카의 운동으로 바꾸어 움직이게 하는 것이다.

(1) 와이어로프 규격

① 강선의 탄소 함유량이 적어 유연성이 있어야 한다.

② 안전율은 12 이상이어야 하고, 주 로프는 직경 8mm 이상의 로프를 2본 이상 사용하며, 메인 도르래와 주 로프의 직경의 비는 40배 이상이어야 한다.

③ 소선의 파단강도는 일반 로프보다 낮아 파단강도는 135kg/mm^{2}이지만, 초고속용 엘리베이터는 150kg/mm^2 정도 사용한다.

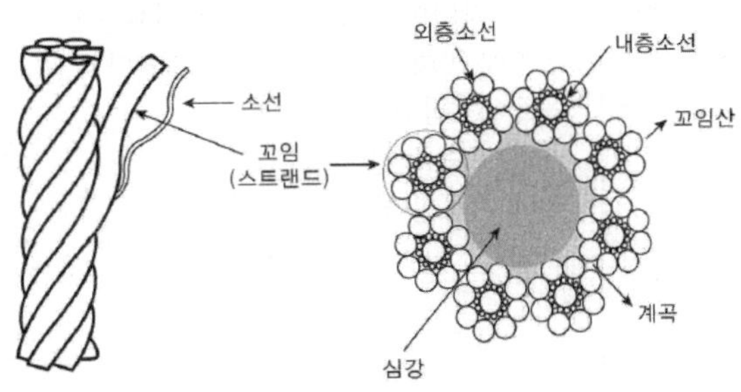

(2) 와이어로프 구성

① **소선** : 로프를 구성하고 있는 각각의 소선은 경강선이 사용되고 다이스(Dies)에서 일정 치수로 인발 가공시킨다. 또한 스트랜드의 표면에 배열시킨 것을 외층소선, 내측에 있는 것을 내층소선이라 한다. 엘리베이터의 주 로프용으로는 외층소선에 경도가 다소 낮은 선재를 사용한 로프가 주로 사용된다.

② **스트랜드** : 다수의 소선을 서로 꼰 것으로 소선의 배열 방법에 따라 여러 가지 로프의 종류가 있다.

③ **심강** : 천연 마 등 천연섬유와 합성섬유로 로프의 중심을 구성한 것으로, 그리스를 함유하여 소선의 방청과 로프의 굴곡 시 소선 간의 윤활을 돕는 역할을 한다.

(3) 와이어로프의 분류

1) 구성에 의한 분류 : 스트랜드를 구성하는 소선의 배열 방법과 소선수

[스트랜드를 구성하는 소선의 배열 방법과 소선 수]

구 분	실 형	필러형	와링톤형	형명이 없는 것
구성기호	8×S(19)	8×Fi(25)	8×W(19)	6×24
호 칭	실형 19개선 8꼬임	필러형 25개선 8꼬임	와링톤형 19개선 8꼬임	24개선 6꼬임
설 명	• 스트랜드의 외층 소선을 내층 소선보다 굵은 소선으로 구성한 로프 • 내마모성이 높으며, 엘리베이터용 메인 로프로 실형 꼬임의 것이 가장 많이 쓰인다.	• 스트랜드의 외층 · 내층 소선을 같은 직경으로 구성하고 내 · 외층 소선 간의 틈새에 가는 소선(필러선)을 넣은 와이어로프 • 실형에 비해 유연성이 높으며, 굽힘 특성이 좋아 고층용 엘리베이터에 사용한다.	• 외층 소선에 2종류 직경의 소선을 교대로 배열한 와이어로프 • 예전에는 주 로프(Main Rope)로도 사용되었지만, 현재는 거의 사용되지 않는다.	• 내 · 외층 소선을 모두 동일한 직경의 소선으로 구성한 와이어로프 • 강도는 높지만 유연성이나 굽힘 특성은 좋지 않아 일반 산업용으로만 주로 사용되고, 엘리베이터의 주 로프로는 사용되지 않는다. • 덤웨이터의 주 로프나 조속기용 와이어로프로 쓰인다.

2) 꼬임 방법에 의한 분류

① **보통 꼬임** : 스트랜드, 즉 소선을 꼰 밧줄가락의 꼬는 방향과 로프의 꼬는 방향이 반대인 것으로 일반적으로 이 꼬임 방식을 사용한다.

② **랭꼬임** : 스트랜드의 꼬는 방향과 로프의 꼬는 방향이 동일한 것이다

③ 꼬임 방향에는 Z꼬임과 S꼬임이 있는데, 일반적으로 Z꼬임을 사용한다.

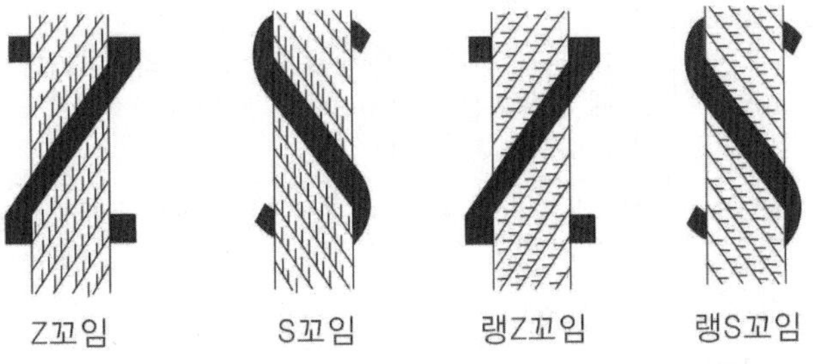

■ 참/고

매다는 장치 안전기준(KC 1030-07 : 2019)

[로프 제조 형식 및 꼬임의 방향]

한 가닥 내의 모든 와이어는 같은 방향의 꼬임이어야 한다.

가) 오른쪽 보통 꼬임(right ordinary lay) (sZ)[1];
나) 왼쪽 보통 꼬임(left ordinary lay) (zS)[2];
다) 오른쪽 랭 꼬임(right lang lay) (zZ)[3];
라) 왼쪽 랭 꼬임(left lang lay) (sS)[4].

구매자가 특별히 요구하지 않으면, 꼬임과 형식은 OZ(sZ)이어야 한다.

1) 예전에 right hand ordinary(RHO) 및 right regular lay(RRL)이라고 했다.
2) 예전에 left hand ordinary(LHO) 및 left regular lay(LRL)이라고 했다.
3) 예전에 right hand Langs(RHL) 및 right langs lay(RLL)이라고 했다.
4) 예전에 left hand Langs(LHL) 및 left lang lay(LLL)이라고 했다.

3) 소선 강도에 의한 분류

구 분	파단하중	특 징
E종	135	엘리베이터용으로 특성상 와이어로프의 반복되는 굴곡횟수가 많으며, 시브와의 마찰력에 의해 구동되기 때문에 강도는 다소 낮더라도 유연성을 좋게 하여 소선이 잘 파단되지 않고, 시브의 마모가 적게 되도록 한 것이다.
G종	150	소선의 표면에 아연도금을 한 것으로, 녹이 쉽게 나지 않기 때문에 습기가 많은 장소에 적합하다.
A종	165	파단강도가 높기 때문에 초고층용 엘리베이터나 로프 본수를 적게 하고자 할 때 사용되는 경우가 있다. E종보다 경도가 높기 때문에 시브의 마모에 대한 대책이 필요하다.
B종	180	강도와 경도가 A종보다 높아 엘리베이터용으로는 거의 사용되지 않는다.

2. 로프의 단말 처리

(1) 로프의 단말 처리

로프 단말 처리에는 바빗트 메탈식, CLIP 체결, 쐐기식이 있으며 로프를 결속하는 방법은 주로 로프 소켓에 배빗메탈을 녹여 채우는 방식인 베빗식이 많이 사용된다.

(2) 와이어로프 직경 측정 방법

① 로프 직경을 측정할 때에는 1m 이상 떨어진 2개의 각 지점에서 측정해야 하고, 올바른 각도에서 각 점마다 두 번 측정해서 이들 네 점의 평균값을 로프 직경으로 한다.

바빗트 메탈식	클립 체결식	쐐기식

■ **참/고**

와이어 로프 소켓(Wire Rope Socket) : 끝 부분을 고정시키는 금속 기구를 로프 소켓이라 한다.

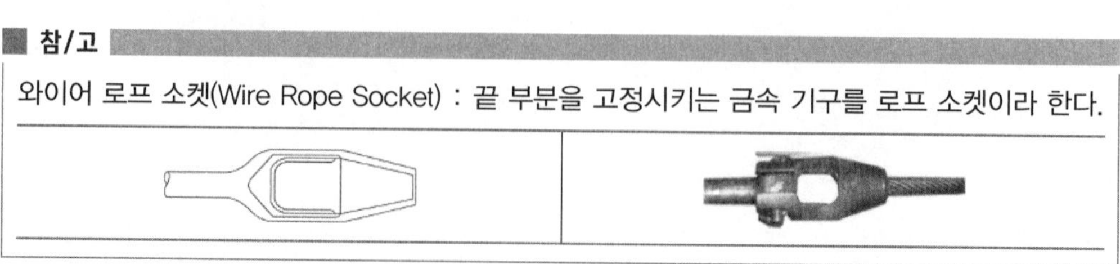

② 측정기구는 버니어 캘리퍼스를 사용하며, 로프의 끝단 최댓값을 측정한다.

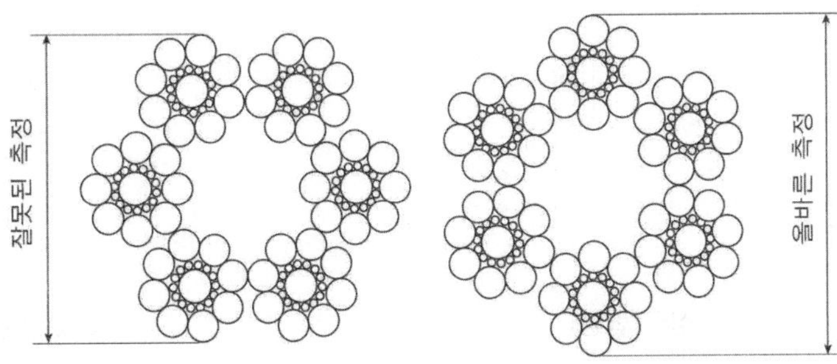

■ **참/고**

[부속서 Ⅳ 로프의 마모 및 파손상태]

로프의 마모 및 파손상태는 가장 심한 부분에서 확인 · 측정하여 표 Ⅳ.1에 적합해야 한다.

[표 Ⅳ.1 – 로프의 마모 및 파손상태에 대한 기준]

마모 및 파손상태	기 준
소선의 파단이 균등하게 분포되어 있는 경우	1구성 꼬임(스트랜드)의 1꼬임 피치 내에서 파단 수 4 이하
파단 소선의 단면적이 원래의 소선 단면적의 70% 이하로 되어 있는 경우 또는 녹이 심한 경우	1구성 꼬임(스트랜드)의 1꼬임 피치 내에서 파단 수 2 이하
소선의 파단이 1개소 또는 특정의 꼬임에 집중되어 있는 경우	소선의 파단총수가 1꼬임 피치 내에서 6꼬임 와이어로프이면 12 이하, 8꼬임 와이어로프이면 16 이하
마모부분의 와이어로프의 지름	마모되지 않은 부분의 와이어로프 직경의 90% 이상

3. 로프와 도르래의 관계

(1) 도르래에 로프를 감는 방법(랩핑)

① 싱글랩(Single Wrap) : 구동 도르래에 로프가 한 번만 걸리게 하는 방식이다(중저속 엘리베이터).

② 더블랩(Double Wrap) : 구동 시브와 조정 시브를 완전히 둘러싸게 감는 방식이다(고속).

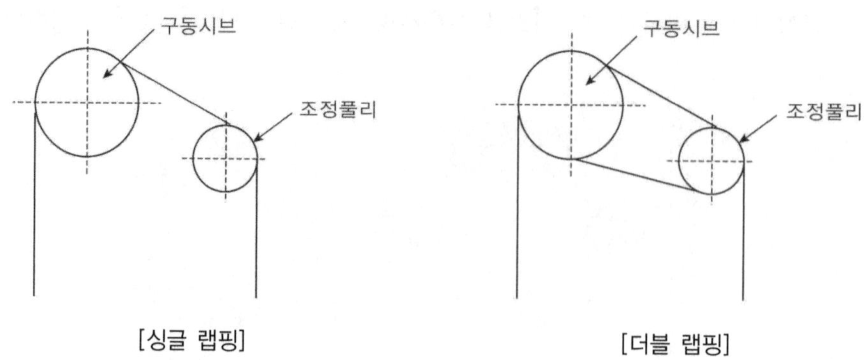

[싱글 랩핑]　　　　[더블 랩핑]

(2) 로프 거는 방법(로핑)

카와 균형추에 대한 로프 거는 방법이다.

① 1 : 1 로핑 : 로프 장력은 카 또는 균형추의 중량과 로프의 중량을 합한 것이다(승객용).

② 2 : 1 로핑 : 로프의 장력은 1 : 1 로핑 시의 $\frac{1}{2}$이 되고, 시브에 걸리는 부하도 $\frac{1}{2}$이 된다. 그러나 로프가 풀리는 속도는 1 : 1 로핑 시의 2배가 된다(화물용).

③ 3 : 1 로핑 이상(4 : 1 로핑, 6 : 1 로핑) : 대용량 저속 화물용 엘리베이터에 사용한다.

㉠ 와이어로프 수명이 짧고 1본의 로프 길이가 매우 길다.

㉡ 종합 효율이 저하된다.

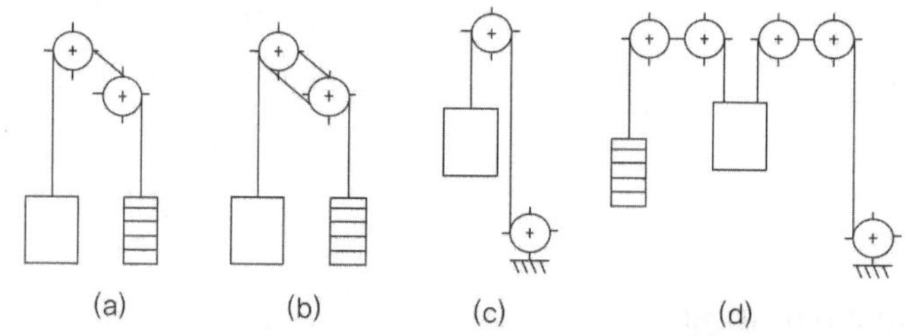

그 림	로 핑	Wrap 방식	적 용
a	1:1	Single Wrap	중 · 저속용 엘리베이터
b	1:1	Double Wrap	고속용 엘리베이터
c	1:1	Double Wrap	홈 엘리베이터
d	1:1	Drum Wrap	소형 · 저속 엘리베이터

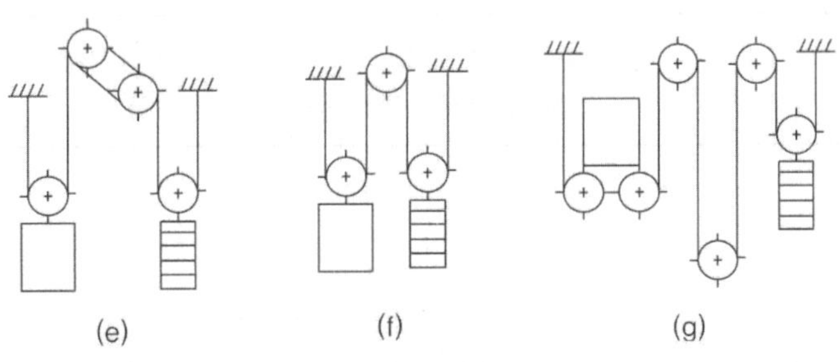

(e) (f) (g)

그 림	로 핑	Wrap 방식	적 용
e	2 : 1	Double Wrap	고속 엘리베이터
f	2 : 1	Single Wrap	화물용 엘리베이터
g	2 : 1	Single Wrap	MRL 엘리베이터

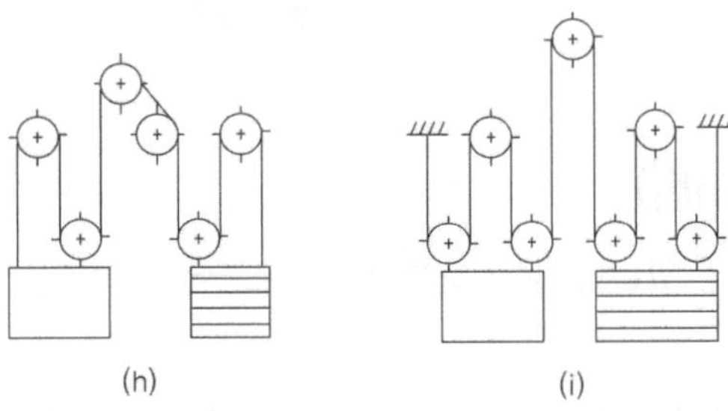

(h) (i)

그 림	로 핑	Wrap 방식	적 용
h	3 : 1	Single Wrap	대형 화물용 엘리베이터
i	4 : 1	Single Wrap	대형 화물용 엘리베이터

04 균형추(Counter Weight)

1. 균형추의 역할

이동 케이블과 로프의 이동에 따라 변화하는 하중을 보상하기 위하여 카의 반대편 또는 측면에 설치하여 권상기(전동기)의 부하를 줄이는 장치이다.

2. 오버 밸런스(Over Balance)율의 계산

균형추의 총 중량은 카의 자중에 그 엘리베이터의 사용 용도에 따라 정격하중의 35~50%의 중량을 더한 값으로 하는데, 이를 오버 밸런스율이라 한다.

균형추의 무게＝카 자중＋정격하중 · (OB)
OB : 오버 밸런스율(0.35~0.50)

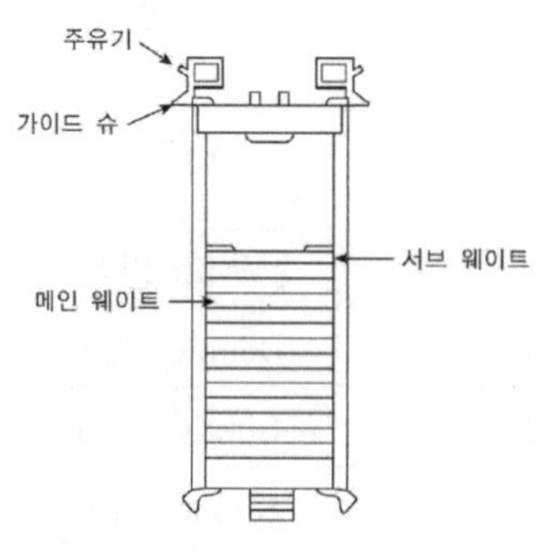

[균형추의 구조]

3. 견인 비(Traction비)

① 카 측 로프에 걸려 있는 중량과 균형추 측 로프에 걸려 있는 중량의 비를 권상비(트랙션비)라 한다.

② 무부하 및 전부하의 상승과 하강 방향을 체크하여 1에 가깝게 하고, 두 값의 차가 작게 되어야 로프와 도르래 사이의 견인비 능력, 즉 마찰력이 작아야 로프의 수명이 길게 되고 전동기의 출력을 작게 한다.

[적재하중 1,600kg, 카 자중 2,500kg, 승강행정 50m, 1kg/m의 로프 6본 적용, 오버밸런스율 45%]

① 빈 카가 최상층에 있는 경우의 견인비

$$T=\frac{2,500+1,600\times 0.45+50\times 6}{2,500}=1.408$$

② 만원인 카가 최하층에 있는 경우의 견인비

$$T=\frac{2,500+1,600+50\times 6}{2,500+1,600\times 0.45}=1.366$$

05 균형 체인(Compensation Chain) 및 균형 로프(Compensation Rope)

1. 균형 체인 및 균형 로프의 기능

① 이동케이블과 로프의 이동에 따라 변화되는 하중을 보상하기 위하여 설치한다.

② 카 하단에서 피트를 경유하여 균형추의 하단으로 로프와 거의 같은 단위길이의 균형 체인이나 균형 로프를 사용하여 90% 정도 보상한다.

③ 고층용 엘리베이터에는 균형 체인을 사용할 경우 소음의 문제가 있어 균형 로프를 사용한다.

03 승강기 안전장치

01 추락방지(비상정지)안전장치

(1) 추락방지(비상정지)안전장치 사용 목적

주 로프(Main Rope)가 끊어지거나 기타 이유로 카가 규정 속도 이상이 되었을 때를 대비하여 설치한다.

(2) 추락방지(비상정지)안전장치 사용조건

① 카의 추락방지안전장치는 점차 작동형이 사용되어야 한다. 다만, 정격속도가 0.63m/s 이하인 경우에는 즉시 작동형이 사용될 수 있다. 유압식 엘리베이터의 경우 과속조절기에 의해 작동되지 않는 캡티브 롤러(Captive Roller)형 이외의 즉시 작동형 추락방지안전장치는 럽처밸브의 작동속도 또는 유량제한기(또는 단방향 유량제한기)의 최대속도가 0.8m/s 이하인 경우에만 사용되어야 한다.

② 카, 균형추 또는 평형추에 여러 개의 추락방지안전장치가 있는 경우 그 추락방지안전장치들은 점차 작동형이어야 한다.

③ 정격속도가 1m/s를 초과한 경우 균형추 또는 평형추의 추락방지안전장치는 점차 작동형이어야 한다. 다만, 정격속도가 1m/s 이하인 경우에는 즉시 작동형일 수 있다.

(3) 추락방지(비상정지)안전장치 감속도

정격하중을 적재한 카 또는 균형추/평형추가 자유낙하할 때 점차 작동형 추락방지안전장치의 평균감속도는 0.2gn에서 1gn 사이에 있어야 한다.

(4) 추락방지(비상정지)안전장치 : 해제

① 카, 균형추 또는 평형추의 추락방지안전장치의 해제 및 자동 재설정은 카, 균형추 또는 평형추를 들어 올리는 방법에 의해서만 가능해야 한다.

② 추락방지안전장치의 해제는 다음 중 어느 하나에 의해 정격하중까지의 모든 하중 조건에서 가능해야 한다.

㉠ 비상운전수단

㉡ 현장에서 사용 가능한 절차의 적용

③ 추락방지안전장치의 해제 후 엘리베이터가 정상 운행으로 복귀하기 위해서는 자격을 갖춘 점검자의 개입이 요구되어야 한다.

(5) 추락방지(비상정지)안전장치 전기적 확인

카 추락방지안전장치가 작동될 때 카에 설치된 전기안전장치는 추락방지안전장치가 작동되기 전 또는 작동되는 순간에 구동기의 정지가 시작되어야 한다.

(6) 추락방지(비상정지)안전장치 구조적 조건

① 추락방지안전장치의 쐐기(Jaws) 또는 블록(Blocks)은 주행안내 수단(Guide Shoes)으로 사용되지 않아야 한다.

② 추락방지안전장치가 조정이 가능할 경우 최종 설정은 재조정할 수 없도록 봉인(표시)되어야 한다.

③ 추락방지안전장치의 오작동은 가능한 방지되어야 한다.

④ 추락방지안전장치는 전기식, 유압식 또는 공압식으로 동작되는 장치에 의해 작동되지 않아야 한다.

⑤ 추락방지안전장치가 매다는 장치의 파손 또는 안전로프에 의해 작동되는 경우 추락방지안전장치는 과속조절기의 작동속도에 상응하는 속도에서 작동된 것으로 본다.

(7) 추락방지(비상정지)안전장치 작동 수단

① 일반사항 : 추락방지(비상정지)안전장치 작동 수단은 조속기(과속조절기)에 의해 작동된다.

② 추락방지(비상정지)안전장치 반응시간 : 위험 속도에 도달하기 전에 과속조절기가 확실히 작동하기 위해, 과속조절기의 작동 지점들 사이의 최대 거리는 과속조절기 로프의 움직임과 관련하여 250mm를 초과하지 않아야 한다.

(8) 추락방지(비상정지)안전장치 작동 시 카 바닥의 기울기★★★

카 비상정지장치(추락방지안전장치)가 작동될 때 부하가 없거나 부하가 균일하게 분포된 카의 바닥은 정상적인 위치에서 5%를 초과하여 기울어지지 않아야 한다.

(9) 추락방지(비상정지)안전장치의 종류 및 구조

① 점차작동형 추락방지(비상정지)안전장치 : 점차작동형 추락방지(비상정지)안전장치의 작동으로 카가 정지할 때까지 레일을 죄는 힘은 동작 시부터 정지 시까지 일정한 것과 처음에는 약하게, 그리고 하강함에 따라서 강해지다가 얼마 후 일정치로 도달하는 두 종

류가 있다. 전자는 플랙시블 가이드 클램프(Flexible Guide Clamp)형(F.G.C형), 후자는 플랙시블 웨지클램프((Flexible Wedge Clamp)형 (F.W.C형)이라 한다.

㉠ F.G.C(Flexible Guide Clamp)

- F.G.C형은 레일을 죄는 힘이 동작 시부터 정지 시까지 일정하다.
- 구조가 간단하고 복구가 용이하기 때문이다.

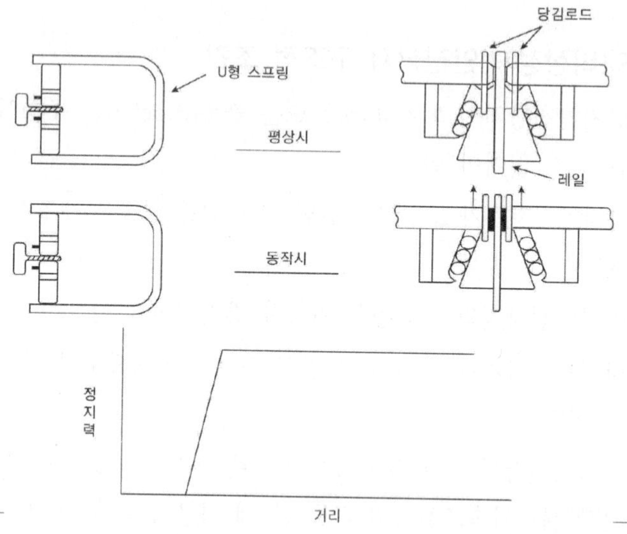

㉡ F.W.C(Flexible Wedge Clamp) : 동작 후 일정 거리까지는 정지력이 거리에 비례하여 커진다. 그 후 정지력이 완만하게 상승, 정지 근처에서 완만해진다.

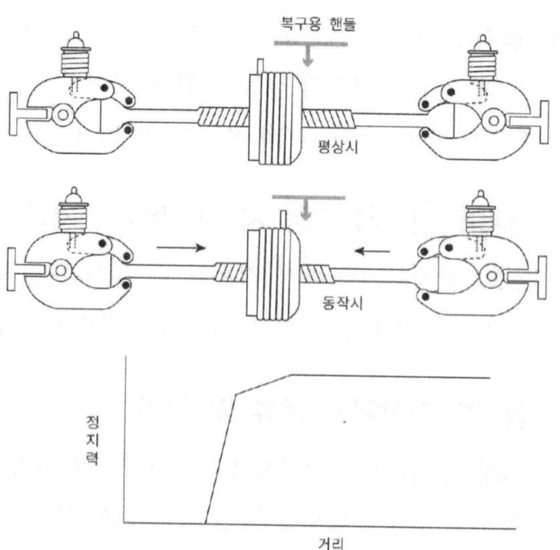

② 즉시 작동형 : 순간 정지식

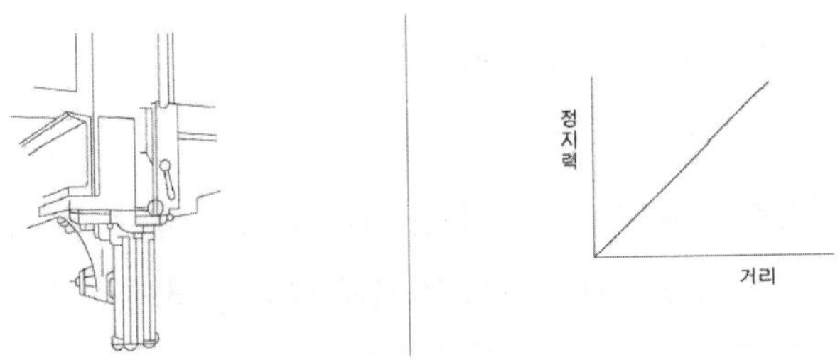

(10) 슬랙 로프 세이프티(Slack Rope Satety)

① 순간식 추락방지(비상정지)안전장치의 일종으로 소형과 저속의 엘리베이터에 적용하며 로프에 걸리는 장력이 없어져 로프의 처짐 현상이 생길 때 추락방지(비상정지)안전장치를 작동시키는 것이다.

② 과속조절기(조속기)를 설치할 필요가 없는 방식으로 주로 유압식 엘리베이터에 사용한다.

02 과속조절기(조속기)

(1) 과속조절기(조속기)의 동작

① 추락방지안전장치의 작동을 위한 과속조절기(조속기)는 정격속도의 115% 이상의 속도 및 다음 구분에 따른 어느 하나에 해당하는 속도 미만에서 작동되어야 한다.

㉠ 캡티브 롤러형을 제외한 즉시 작동형 추락방지안전장치 : 0.8m/s

㉡ 캡티브 롤러형의 추락방지안전장치 : 1m/s

㉢ 정격속도 1m/s 이하에 사용되는 점차 작동형 추락방지안전장치 : 1.5m/s

㉣ 정격속도 1m/s 초과에 사용되는 점차 작동형 추락방지안전장치 : $1.25 \cdot V + \frac{0.25}{V}$ m/s

정격속도가 1m/s를 초과하는 엘리베이터에 대해 ㉣에서 요구된 값에 가능한 가까운 작동속도의 선택이 추천된다. 낮은 정격속도의 엘리베이터에 대해, ㉠에서 요구된 값에 가능한 낮은 작동속도의 선택이 추천된다.

② 작동하는 힘을 생성하기 위해 견인력만을 사용하는 과속조절기는 다음 중 어느 하나에 해당하는 홈을 가져야 한다.

㉠ 추가적인 경화 공정을 거친 홈

㉡ 언더컷을 가진 홈

㉢ 과속조절기에는 추락방지안전장치의 작동과 일치하는 회전 방향 표시가 있어야 한다.

㉣ 과속조절기가 작동될 때, 과속조절기에 의해 발생되는 과속조절기 로프의 인장력은 다음 두 값 중 큰 값 이상이어야 한다.

ⓐ 추락방지안전장치가 작동되는 데 필요한 힘의 2배

ⓑ 300N

(2) 과속조절기(조속기)의 종류 및 구조

1) 종류

① **마찰정지(Traction type)형** : 엘리베이터가 과속 된 경우, 과속스위치가 이를 검출하여 동력 전원 회로를 차단하고, 전자 브레이크를 작동시켜서 과속조절기 도르래의 회전을 정지시켜 과속조절기 도르래 홈과 로프 사이의 마찰력으로 비상 정지시키는 과속조절기(조속기)

② **디스크형** : 엘리베이터가 설정된 속도에 달하면 원심력에 의해 진자(振子)가 움직이고 가속 스위치를 작동시켜서 정지시키는 과속조절기(조속기)로서 디스크형 과속조절기에는 추(錘, weight)형 캐치에 의해 로프를 붙잡아 추락방지안전(비상정지)장치를 작동시키는 추형 방식과 도르래 홈과 슈(shoe) 사이에 로프를 붙잡아 추락방지안전장치를 작동시키는 슈형 방식이 있다.

③ **플라이 볼(Fly Ball)형** : 과속조절기(조속기) 도르래의 회전을 베벨기어에 의해 수직축의 회전으로 변환하고, 이 축의 상부에서부터 링크 기구에 의해 매달린 구형(球形)의 진자에 작용하는 원심력으로 추락방지(비상정지)안전장치를 작동시키는 과속조절기(조속기)

④ **양방향 과속조절기** : 과속조절기(조속기)의 캣치가 양방향(상·하) 추락방지(비상정지)안전장치를 작동시킬 수 있는 구조를 갖는 과속조절기

2) 구조

① **디스크형** : 진자가 과속조절기(조속기)의 로프 캣치(로프 잡이)를 작동시켜 정지시키는 장치이다.

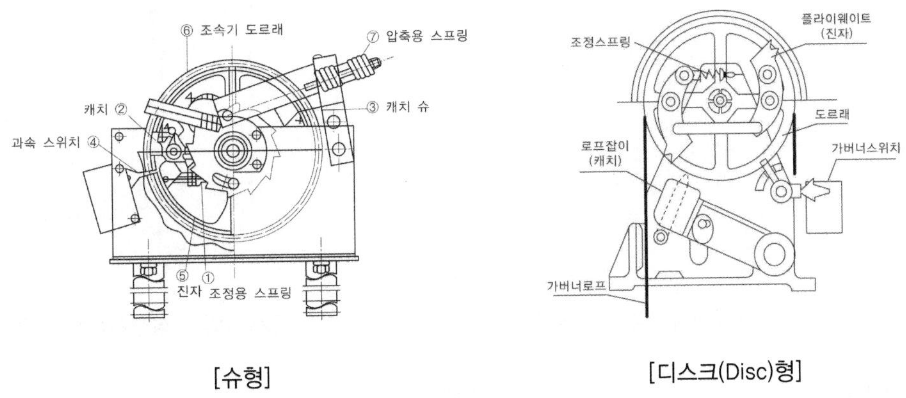

[슈형] [디스크(Disc)형]

② **플라이 볼(Fly Boll)형** : 플라이 볼(Fly Ball)을 사용하는 추락방지(비상 정지)안전 장치이다(고속 엘리베이터에 주로 적용).

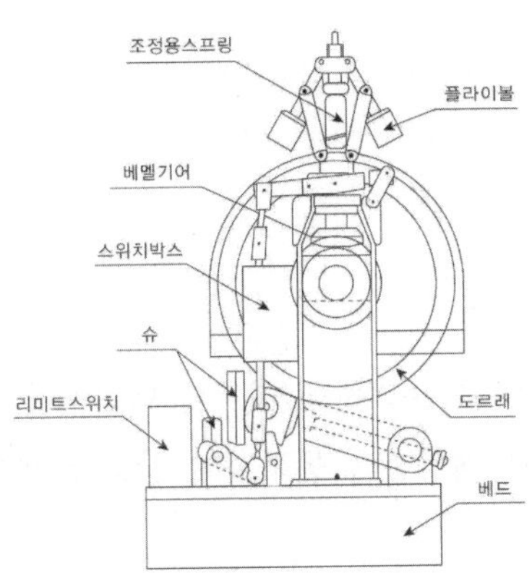

[플라이 볼(Fly Boll)형]

③ 마찰정지(Traction type)형(롤세이프티형) : 도르래 홈과 로프의 마찰력을 이용한 장치이다.

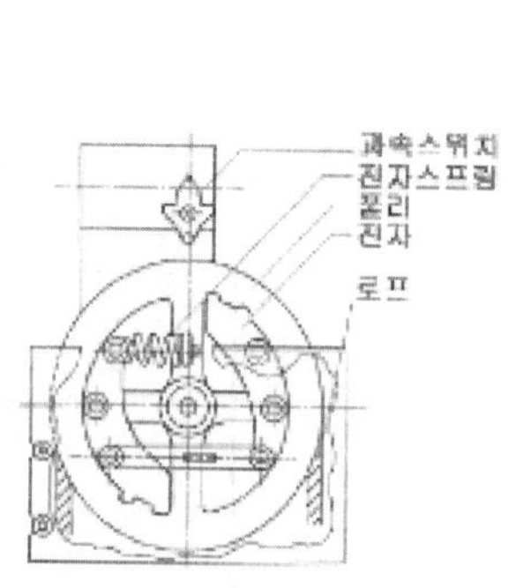

[롤세이프티형 조속기]

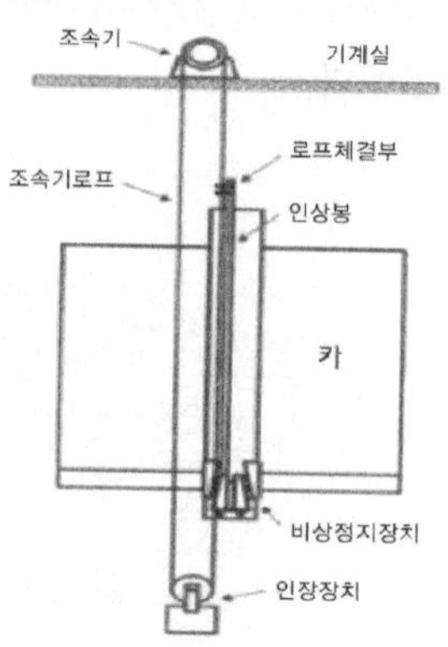

[조속기와 비상정지장치 연결]

참/고

[캐치(Catch)]

과속스위치가 동작한 후에도 카가 계속 과속하여 미리 정해진 속도에 도달하였을 때 추락방지(비상 정지)안전장치를 작동시켜 카를 안전하게 정지시키는 장치

03 완충기

카가 어떤 원인으로 최하층을 통과하여 피트로 떨어졌을 때 충격을 완화하기 위하여 완충기를 설치한다. 반대로 카가 최상층을 통과하여 상승할 때를 대비하여 균형추의 바로 아래에도 완충기를 설치한다.

(1) 완충기 종류

① 유압 완충기(Oil Buffer) : 카 또는 균형추의 하강 운동에너지를 흡수 및 분산하기 위한 매체로 오일을 사용하는 완충기

② 스프링 완충기(Spring Buffer) : 카 또는 균형추의 하강 운동에너지를 흡수 및 분산하기 위해 1개 또는 그 이상의 스프링을 사용하는 완충기

③ 솔리드 범퍼(Bumper)/우레탄식 완충기 : 카 또는 균형추의 하강 운동에너지를 흡수 및 분산하기 위해 고안된 유압 완충기 또는 스프링 완충기 이외의 장치

(2) 완충기의 행정

① 에너지 축적형 완충기

㉠ 선형 특성을 갖는 완충기

- 완충기의 가능한 총 행정은 정격속도의 115 %에 상응하는 중력 정지거리의 2배 [$0.135v^2$]
- 완충기는 카 자중과 정격하중을 더한 값(또는 균형추의 무게)의 2.5배와 4배 사이의 정하중으로 규정된 행정이 적용되도록 설계되어야 한다.

㉡ 비선형 특성을 갖는 완충기 : 비선형 특성을 갖는 에너지 축적형 완충기는 카의 질량과 정격하중 또는 균형추의 질량으로 정격속도의 115%의 속도로 완충기에 충돌할 때의 다음 사항에 적합해야 한다.

- 감속도는 1gn 이하이어야 한다.
- 2.5gn를 초과하는 감속도는 0.04초보다 길지 않아야 한다.
- 카 또는 균형추의 복귀속도는 1m/s 이하이어야 한다.
- 작동 후에는 영구적인 변형이 없어야 한다.
- 최대 피크 감속도는 6gn 이하이어야 한다.

㉢ "완전히 압축된" 용어는 설치된 완충기 높이의 90% 압축을 의미하며, 압축률을 더 낮은 값으로 만들 수 있는 완충기의 고정 요소는 고려하지 않는다.

② 에너지 분산형 완충기

㉠ 완충기의 가능한 총 행정은 정격속도 115%에 상응하는 중력정지거리[$0.0674v^2$(m)] 이상이어야 한다.

㉡ 2.5m/s 이상의 정격속도에 대해 주행로 끝에서 엘리베이터의 감속을 감지할 때, 완충기 행정이 계산될 경우 정격속도의 115% 대신 카(또는 균형추)가 완충기에 충돌할 때의 속도를 사용될 수 있다. 어떤 경우라도 그 행정은 0.42m 이상이어야 한다.

③ 에너지 분산형 완충기는 다음 사항을 만족해야 한다.

㉠ 카에 정격하중을 싣고 정격속도의 115%의 속도로 자유 낙하하여 완충기에 충돌할 때 평균 감속도는 1gn 이하이어야 한다.

㉡ 2.5gn을 초과하는 감속도는 0.04초보다 길지 않아야 한다.

㉢ 작동 후에는 영구적인 변형이 없어야 한다.

- 엘리베이터는 작동 후 정상 위치에 완충기가 복귀되어야만 정상적으로 운행되어

야 한다. 이러한 완충기의 정상적인 복귀를 확인하는 장치는 전기안전장치이어야 한다.

- 유압식 완충기는 유체의 수위가 쉽게 확인될 수 있는 구조이어야 한다.

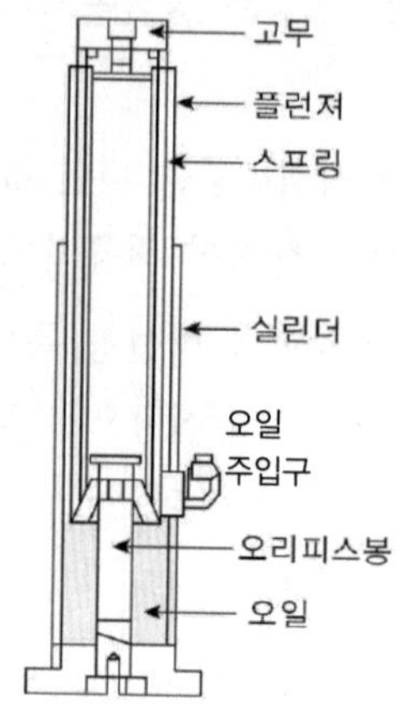

[유압 완충기]

04 승강기의 도어 시스템

01 도어 시스템(Door System)의 종류 및 원리

(1) 도어 시스템 종류 및 원리

도어 시스템의 형식을 분류하면 다음과 같다. 숫자는 도어의 문짝 수, S는 측면개폐, CO는 중앙개폐를 나타낸다.

① 수평 개폐도어

㉠ 측면 개폐도어 : 1매 측면개폐(1S), 2매 측면개폐(2S), 3매 측면개폐(3S)

㉡ 중앙 개폐도어 : 2매 중앙개폐(2CO), 4매 중앙개폐(4CO)

② 수직 개폐도어

㉠ 상승 개폐도어 : 1매 상승개폐, 2매 상승개폐, 3매 상승개폐

㉡ 상하 개폐도어 : 2매 상하개폐

③ 여닫이도어

㉠ 측면스윙 개폐도어 : 1매 스윙개폐

㉡ 중앙스윙 개폐도어 : 2매 스윙개폐

(2) 도어 시스템 종류

① S(Side Open) 가로 열기 : 1S, 2S, 3S – 한 쪽 끝에서 양쪽으로 열림

② CO(Center Open) 중앙 열기 : 2CO, 4CO(숫자는 문짝 수) – 가운데에서 양쪽으로 열림

③ 상승 작동 방식 : 2매 업 슬라이딩 도어, 2매 상하 열림식 – 위로 열림

④ 상하 작동 방식 : 2UD, 4UD – 수동으로 상하 개폐(덤웨이터).

⑤ 스윙 도어(Swing Door) : 1쪽 스윙, 2쪽 스윙 – 여닫이 방식으로 한 쪽 지지(앞뒤로 회전)

㉠ 승객용 엘리베이터 : 센터 오픈 방식

㉡ 자동차용이나 대형 화물용 엘리베이터 : 상하 작동 방식(2UD, 4UD)

㉢ 화물용, 침대용 : 사이드 오픈 방식

(3) 도어 시스템의 구성 및 원리

① 도어 시스템 구성 : 구동장치, 전달 장치, 도어 판넬

② 닫힘(클로즈) 방향으로 전동기에 전류를 공급하여 도어가 열리지 않게 한다.

02 도어 머신(Door Machine) 장치

(1) 도어 머신의 구조 및 성능

도어 머신은 모터의 회전을 감속하고 암과 로프 등을 구동시켜서 도어를 개폐시키는 장치이다.

(2) 도어 머신의 구성부품

감속장치는 원 감속기가 주류를 이루었지만, 최근에는 체인이나 벨트를 설치하는 방법이 증가하고 있다.

도어 머신의 구비 조건	카 도어 구동부
① 동작이 원활할 것 ② 소형 경량일 것 ③ 유지보수가 용이할 것 ④ 경제적일 것	

03 도어 인터록(Door Interlock)

(1) 도어 인터록의 구조 및 원리

구조 및 원리	도어 록
① 구조 : 도어 록과 도어 스위치 ② 원리 : 시건 장치가 확실히 걸린 후 도어스위치가 들어가고, 도어스위치가 끊어진 후에 도어록이 열리는 구조이다. 외부에서 도어록을 풀 경우에는 특수한 전용키를 사용해야 한다. 또한 전 층의 도어가 닫혀 있지 않으면 운전이 되지 않아야 한다.	

(2) 도어 클로저(Door Closer)의 구조 및 원리

① 구조 : 레버 시스템, 코일 스프링, 도어체크(스프링식, 중력식)

② 원리 : 승강장의 도어가 열린 상태에서 모든 제약이 해제되면 자동적으로 닫히게 하는 장치이다.

(3) 문닫힘 안전장치

도어의 선단에 이물질 검출장치를 설치하여 그 작동에 의해 닫히는 문을 멈추게 하는 장치이다.

① 세이프티 슈(Safety Shoe) : 카 도어 앞에 설치하여 물체 접촉 시 동작하는 장치

② 광전장치(Photo Electric Device) : 광선 빔을 이용한 비접촉식 장치

③ 초음파장치(Ultrasonic Door Sensor) : 초음파의 감지 각도를 이용한 장치

05 승강로와 기계실

01 카 실(케이지 실)과 카 틀(케이지 틀)

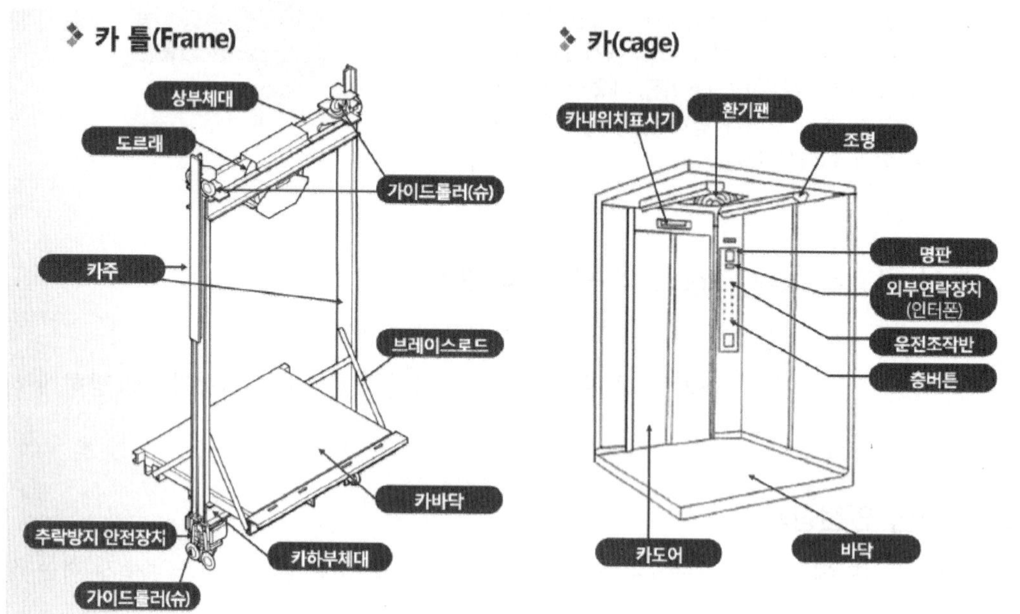

출처 : 승강기 안전공단

(1) 카의 구조 및 주요 구성부품

카틀, 카(cage), 보호판(Apron), 과부하감지장치로 구성되어 있다.

① **카 실** : 카 내는 출입구의 문과 카 바닥에 고정된 벽과 천정, 그리고 비상구로 구성되어 있다. 카 실은 사람 또는 물건의 보호가 주목적이다.

② **재질** : 두께는 1.2mm 이상의 강판을 사용하고 표면을 도장으로 처리하는데, 경미한 부분을 제외하고는 불연재료로 만들거나 씌워야 한다.

③ **비상구출구 스위치** : 카의 비상구 출구를 열었을 때 전원이 차단되어 카가 동작되지 않도록 하는 장치이다(카 상부 안전스위치). 카 내에서는 열리지 않고 외부에서 열리는 구조이다.

④ 도어 : 승객용, 인화물용 엘리베이터는 2개 이상의 문을 설치하는 것은 금지되어 있으며, 화물용, 자동차용, 침대용 엘리베이터는 2개의 문을 설치할 수도 있다. 이때 두 개의 문이 동시에 열려 통로로 사용해서는 안 된다.

⑤ 카 바닥(Plat From) : 직접 하중을 받는 부분으로 형강이나 구형강으로 틀을 만든다. 그 위에 비닐타일이나 강판을 덮고 바닥용 마감재로 마감한다. 다만, 틀 위에 목재를 사용할 때는 방화용 강판을 덮을 필요가 있다.

(2) 카 틀의 구조 및 주요 구성부품

① 상부 체대(Cross Head) : 카 틀에 로프를 매단 장치이다.

② 하부 체대(Plank) : 틀을 지지한다.

③ 카 주(Stile) : 상부 체대와 카 바닥을 연결하는 2개의 지지대이다.

④ 가이드 슈(Guide Shoe) : 틀이 레일로부터 이탈하는 것을 방지하기 위해 설치한다.

⑤ 브레이스 로드(Brace Rod) : 카 바닥이 수평을 유지하도록 카 주와 비스듬히 설치하는 것이다.

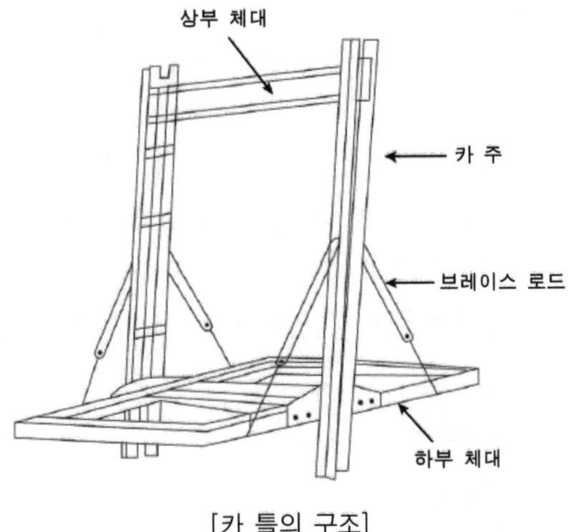

[카 틀의 구조]

(3) 브레이스로드의 역할

브레이스로드는 전 · 후 · 좌 · 우 4곳에 설치하면 카 바닥 하중의 3/8까지를 균등하게 카 틀의 상부에서 하부까지 전달한다. 그리고 상부 체대 하부 체대 카 주는 보통 형강으로 만들어지지만, 최근에는 카의 경량화를 위해 강판을 접어서 사용하는 경우도 있으나 충분한 강도를 계산하여 적용해야 한다.

02 승강로의 구조

(1) 승강로 구조

승객 또는 화물을 싣고 오르내리는 카(Car)의 통로로써 카를 가이드 해 주는 주행안내(가이드)레일(Guide Rail), 이를 지지해 주는 브래킷 (Bracket), 균형추(Counter Weight), 와이어로프(Wire Rope) 및 각종 스위치류와 카의 각 정지 층에 출입구가 설치되어 있으며, 피트(Pit)라 불리는 승강로 하부에는 완충기, 과속조절기(조속기) 로프인장도르래(Governor Tension Pulley), 안전스위치 등이 설치된다.

(2) 승강로의 설치 금지 설비

승강로, 기계실·기계류 공간 및 풀리실은 엘리베이터 전용으로 사용되어야 한다. 엘리베이터와 관계없는 배관, 전선 또는 그 밖에 다른 용도의 설비는 승강로, 기계실·기계류 공간 및 풀리실에 설치되어서는 안 된다.

(3) 기계실의 구조

① 기계실 위치별 분류

㉠ 상부형 엘리베이터 : 승강로 상부에 기계실이 위치한 엘리베이터로 전기식(로프식)이 이에 속한다.

㉡ 하부형 엘리베이터 : 승강로 하부에 기계실 이 위치한 엘리베이터로 유압식과 전기식에 사용되며, 베이스먼트 타입(Basement Type)이라고도 한다.

㉢ 측부형 엘리베이터 : 승강로 측면에 기계실이 위치한 엘리베이터로 전기식(로프식)에 사용되며, 베이스먼트 타입과 사이드머신 타입이 있다

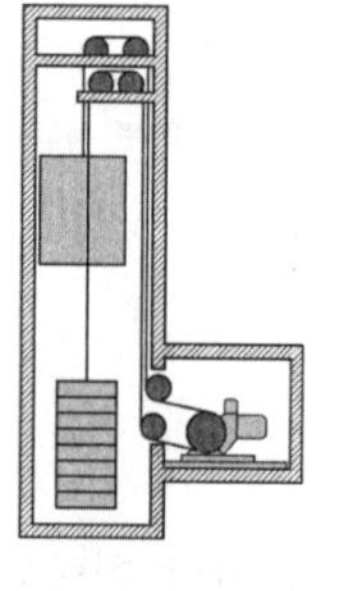

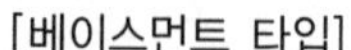

[베이스먼트 타입]

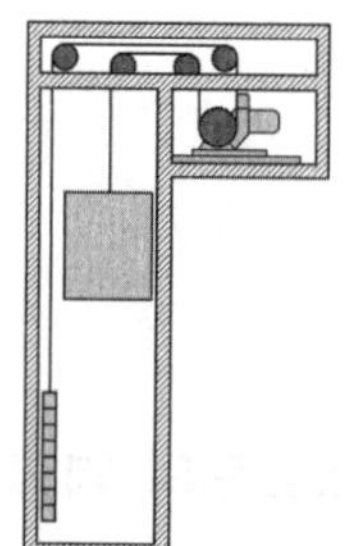

[사이드머신 타입]

② 기계실 위치 및 조작 방법에 의한 분류 : 기계실 위치에 따라 정상부형, 하부형, 측부형, 기계실 없는 엘리베이터로 분류되며, 조작 방식에 따라 수동식, 자동식, 병용방식이 있다.

06 승강기의 제어

01 교류 승강기 제어 시스템

교류 엘리베이터의 구동용 전동기로는 구조가 간단한 유도전동기를 사용한다.

(1) 교류 1단 속도 제어 방식의 원리

① 0.5[m/s] 이하의 저속용 엘리베이터에 적용한다.

② 정지는 전원을 차단 후 제동기에 의해 기계적 브레이크를 거는 방식으로 정지한다.

③ 기계적 브레이크 사용으로 착상 오차가 크다.

(2) 교류 2단 속도 제어 방식의 원리

① 고속 권선은 가동 및 주행, 저속 권선은 정지 및 감속을 한다.

② 고속 저속 비율이 4:1로 착상 오차를 줄일 수 있다.

③ 전동기 내에 고속용 권선과 저속용 권선이 감겨 있는 교류 2단 속도 전동기를 사용하여 기동과 주행은 고속 권선으로 하고, 감속과 착상은 저속 권선으로 하는 제어 방식이다.

④ 고속과 저속은 4:1의 속도 비율로 감속시켜 착상 지점에 근접해지면 전동기에 가해지는 모든 연결 접점을 끊고 동시에 브레이크를 걸게 하여 정지시킨다.

⑤ 교류 2단 전동기의 속도비는 착상 오차 이외의 감속도, 감속 시의 저어크(감속도의 변화비율), 저속 주행 시간(크리프 시간), 전력 회생의 균형으로 인하여 4:1이 가장 많이 사용된다. 속도 1[m/s]까지 적용 가능하다.

(3) 교류 귀환 제어 방식의 원리

① 유동 전동기 1차 측 각 상에 사이리스터와 다이오드를 역병렬로 접속하여 전원을 가하여 토크를 변화시키는 방식으로 기동 및 주행을 하고 감속 시에는 유도 전동기 직류를 흐르게 함으로써 제동 토크를 발생시킨다.

② 가속 및 감속 시에 카의 실제 속도를 속도 발전기에서 검출하여 그 전압과 비교하여 지령 값보다 카의 속도가 작을 경우는 사이리스터의 점호각을 높여 가속시키고, 반대로

지령 값보다 카의 속도가 큰 경우에는 제동용 사이리스터를 점호하여 직류를 흐르게 함으로써 감속시킨다.

③ 카의 실제 속도와 속도 지령 장치의 지령 속도를 비교하여 사이리스터의 점호각을 바꿔 유도 전동기의 속도를 제어하는 방식을 교류 귀한 제어라 하여 0.75[m/s]에서 1.75[m/s]까지의 엘리베이터에 주로 이용된다.

(4) VVVF 제어 방식의 원리

가변전압 가변 주파수 : 전압과 주파수를 동시에 제어

① 광범위한 속도 제어 방식으로 인버터를 사용하여 유도 전동기의 속도를 제어하는 방식.

② 유지 보수가 용이하며 승차감 향상 및 소비전력이 적다.

③ 컨버터(교류를 직류로 변환), 인버터(직류를 교류로 변환)가 사용된다.

④ PAM 제어 방식과 PWM 제어 방식이 있다.

3상 교류 컨버터로 교류 전원을 직류 전원으로 변환하고 다시 인버터로 재차 가변전압 가변 주파수의 3상 교류로 변화되어 전동기에 가해지게 된다. 이때 인버터는 정현파 PWM (펄스폭 변조) 제어에 따라 정현파에 근접된 임의의 전압과 주파수를 출력한다. 상기와 같이 회생 전력이 비교적 작은 속도 1.75[m/s] 이하의 중저속 엘리베이터에는 컨버터로서 전력용 다이오드 모듈을 사용하고 있으며, 엘리베이터 부하 측으로부터 되돌려진 회생 전력은 전원에 반환되지 않고 일반적으로 직류 회로에 접속된 저항기(제동 저항)로 보내져 열로써 소모된다.

부하 토크가 큰 경우나 급속한 제동을 걸 필요가 없는 경우는 전동기 및 인버터의 열손실만으로 제동, 정지하는 것이 가능하고(이때 전동기 및 인버터의 열손실은 15~20%의 제동 토크에 상당함), 급속 제동을 할 경우에는 인버터의 중간 회로에 에너지가 회생되어 중간 회로의 콘덴서를 충전한 전압을 상승시킨다. 이것을 방전하기 위하여 제동 저항 및 제동용 트랜지스터가 적용된다. 이러한 가변전압 가변 주파수 제어 방식은 승차감 성능을 크게 향상 시킴과 동시에 저속 영역에서의 손실을 줄여 종래의 교류제어 방식에 비하여 소비전력을 약 반으로 줄였으며 승차감 향상도 및 유도 전동기를 적용함으로 인한 보수의 용이성 때문에 고속 엘리베이터에서도 직류 전동기 대신 가변전압 가변주파수 제어 방식을 확대 사용하고 있다.

02 직류 승강기의 제어 시스템

(1) 워드-레오나드 제어 방식의 원리(승강기 속도 제어)

① 직류 전동기의 속도를 연속으로 광범위하게 제어한다.

② 직류 전동기는 계자 전류를 제어하는 방식이다.

③ 속도 제어는 저항 FR을 변화시켜 발전기의 자계를 조절하고 발전기 직류 전압 제어이다.

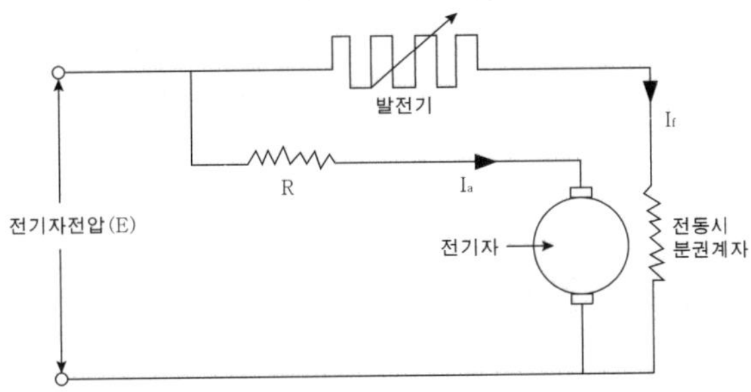

직류 전동기의 회전수는 전기자 전압에 비례하고 계자 전류에 반비례하므로

$$N = K\frac{E - I_a(r_a + R_a)}{I_f}$$

여기서, N : 회전수　　　I_a : 전기자 전류

K : 전동기정수　　　r_a : 전기자 전항

I_f : 계자전류

즉 직류 전동기는 계자 전류가 일정하면 전기자에 주어진 직류 전원에 비례하여 회전수가 변화하게 된다. 전동기에 직류 전압을 공급하기 위하여 인버터로 직류발전기(M · G : Motor-Generator)를 회전시켜 여기에서 나오는 직류를 직접 직류 전동기 전기자에 연결시키고 직류발전기의 계자 전류를 강하게 하거나 약하게 하여 발전기에서 발생되는 전압을 임의로 연속적으로 변화시켜 직류 전동기의 속도를 연속으로 광범위하게 제어한다. 발전기의 계자에 소요량을 연결하여 대전력을 제어할 수 있기 때문에 손실이 작은 것이 특징이다.

참/고

[직류전동기의 속도 제어방식]

1) 전압제어
   - 전기자에 가해지는 단자전압을 변화하여 속도를 제어한다.
   - 정토크 제어로써 효율이 좋고, 광범위한 속도제어(1:20)가 가능하다.
   - 타여자 전동기에 사용하며 워드 레오나드, 일그너 등이 있다.

2) 계자제어
   - 계자전류를 조정하여 계자자속을 변화시켜 속도를 제어하는 정출력 제어방식이다. 속도제어 범위(1:3)가 상대적으로 좁다.

3) 저항제어
   - 전기자 회로에 직렬로 가변저항을 넣어 속도를 제어한다.
   - 효율이 낮다.

(2) 정지 레오나드 방식의 원리

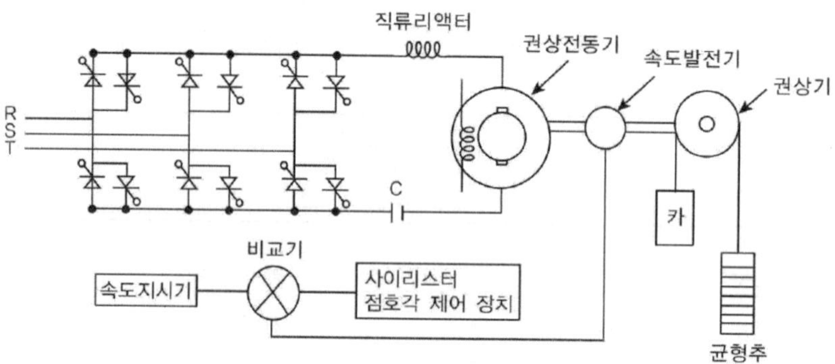

① 사이리스터를 사용하여 교류를 직류로 변화하여 전동기에 공급하고, 사이리스터의 점호각을 바꿈으로써 직류전압을 바꿔 직류전동기의 회전수를 변경하는 방식이다.

② 변화 시의 손실이 워드레오나드 방식에 비하여 적고, 보수가 쉽다는 장점이 있다.

③ 속도제어는 엘리베이터의 실제 속도를 속도지령값으로부터 신호와 비교하여 그 값의 차이가 있으면 사이리스터의 점호각을 바꿔 속도를 바꾼다.

03 신호장치

(1) 신호장치의 종류와 용도

① 인디게이터(Indicator)

㉠ 승강장이나 카 내에서 현재 카의 위치를 알려주는 장치이다.

㉡ 홀 랜턴(Hall Lantern)을 설치하여 해당 층에 정지할 카는 점등과 차임(Chime)이 들어오고, 통과하는 카는 동작하지 않는다.

② 카 내부 위치 표시기

카 내 승객에게 카의 현재 위치를 표시하는 것으로, 카 도어 상부나 카 조작반 상부에 설치한다. 아날로그와 디지털식이 있다.

③ 통화장치-인터폰

㉠ 고장, 정전 및 화재 등의 비상시에 카 내부에서 외부 관계자와 연락이 되고, 또 반대로 구출작업 시 외부에서 카 내의 사람에게 당황하지 않도록 적절한 지시를 하는 데 사용된다.

㉡ 정전 중에도 사용 가능하도록 충전 배터리를 사용하고 있다.

㉢ 엘리베이터의 카 내부와 기계실, 경비실 또는 건물의 중앙 감시반과 통화가 가능하다.

㉣ 보수 전문 회사와 통신 설비가 설치되어 통화가 가능하다.

04 비상전원장치

정전이 되었을 때 비상전원을 공급하여 기준층으로 복귀시켜 승객을 구출하기 위하여 설치한 비상전원장치(예비전원)로, 법규상 일정 규모 이상의 건물에는 반드시 비상용 엘리베이터를 설치하여 화재 시 소방활동 등에 사용할 수 있어야 하며, 비상전원 용량은 충분한 양으로 선정해야 한다.

(1) 비상전원장치의 용도

① 보조 전원공급장치는 자가발전기에 예비전원으로서 다른 용도의 급전용량과는 별도로 소방구조용(비상용) 엘리베이터의 전 대수를 동시에 운행시킬 수 있는 충분한 전력 용량이 확보되어야 한다. 다만, 2곳 이상의 변전소로부터 전력을 동시에 공급받는 경우 또는 1곳의 변전소로부터 전력 이 중단될 때 자동으로 다른 변전소의 전원을 공급받을 수 있도록 되어 있는 경우 이 전력용량이 소방구조용(비상용) 엘리베이터의 전부를 동시에 운행시킬 수 있도록 충분한 전력 용량이 공급되는 경우 자가발전기는 설치되지 않아도 된다.

② 엘리베이터 및 조명의 전원공급시스템은 주 전원공급장치 및 보조(비상, 대기, 또는 대체) 전원공급장치로 구성되어야 한다. 보조 전원공급장치는 주전원이 차단된 후 60초 이내에 자동으로 전원 투입이 되어 비상용 승강기의 운행이 2시간 이상 운행이 가능하여야 하고, 정격하중의 소방구조용(비상용) 엘리베이터가 정상 주행하는데 충분하여야 한다.

(2) 공동주택용 비상전원의 요건

공동주택단지에 있어서 단지 내 소방구조용(비상용) 엘리베이터의 전 대수를 동시에 운행시킬 수 있는 충분한 전력 용량을 확보하기 어려운 경우에는 각 동마다 설치된 비상용 엘리베이터의 전 대수를 동시에 운행시킬 수 있는 충분한 전력용량을 다른 용도의 급전용량과는 별도로 확보하여야 하며, 각 동마다 개별급전이 가능하도록 절환장치가 설치되어야 한다.

(3) 정전 시 구출 운전 장치

정전 시 카가 층 중간에 정지하여 승객이 카에 갇히는 사고에 대비하여 배터리를 사용하여 다음 층까지 저속으로 운전하여 착상 후 도어를 열어 승객을 구출시키는 방법이다.

05 기타 부속설비 및 보호장치

(1) 리미트 스위치 및 파이널 리미트 스위치

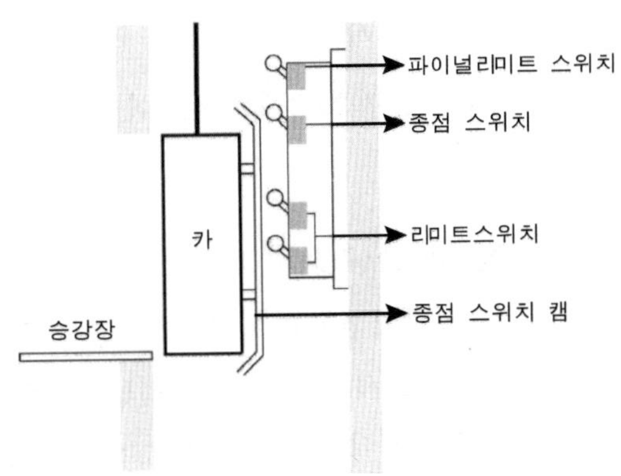

1) 리미트 스위치(Limit Switch)

엘리베이터가 운행시 최상 · 최하층을 지나치지 않도록 하는 장치로서 카를 감속 제어하여 정지시킬 수 있도록 배치되어 있다. 또한 리미트 스위치가 작동되지 않을 경우에 대비하여 리미트 스위치를 지난 적당한 위치에 카가 현저히 지나치는 것을 방지하는 파이널 리미트 스위치(Final Limit Switch)를 설치해야 한다.

2) 파이널 리미트 스위치(Final Limit Switch)

① 요건

㉠ 기계적으로 조작되어야 하며, 작동 캠(Operating Cam)은 금속제로 만든 것이어야 한다.

㉡ 스위치 접촉(Switch Contact)은 직접 기계적으로 열려야 한다.

㉢ 카 상단 또는 승강로 내부에 장착한 파이널 리미트 스위치는 밀폐된 형식이어야 하고, 카의 수평운동이 그 장치의 작동에 영향을 끼치지 않게 견고히 설치되어야 한다.

㉣ 파이널 리미트 스위치는 승강로 내부에 설치하고 카에 부착된 캠(Cam)으로 조작시켜야 한다.

② 기능

㉠ 파이널 리미트 스위치는 카가 종단층을 통과한 뒤에는 엘리베이터의 전원이 전동기 및 브레이크로부터 자동적으로 차단되어야 한다.

㉡ 완충기에 충돌되기 전에 작동하여야 하며, 슬로다운 스위치에 의하여 정지되면 작용하지 않도록 설정되어야 한다.

㉢ 파이널 리미트 스위치는 카 또는 균형추가 작동을 계속하여야 한다.

㉣ 파이널 리미트 스위치는 우발적인 작동의 위험 없이 가능한 최상층 및 최하층에 근접하여 작동하도록 설치되어야 한다.

㉤ 리미트 스위치는 카(또는 균형추)가 완충기 또는 램이 완충장치에 충돌하기 전에 작동되어야 한다.

(2) 슬로다운스위치(Slow Down Switch)

카가 어떤 이상 원인으로 감속되지 못하고 최상 · 최하층을 지나칠 경우 이를 검출하여 강제적으로 감속, 정지시키는 장치로서 리미트 스위치(Limit Switch) 전에 설치한다. 이 스위치는 정상운전 여부와 관계없이 작동하여야 하며, 속도 45[m/min] 이하의 엘리베이터에서는 슬로다운 스위치를 정상적 정차 수단으로 사용할 수 있다.

(3) 종단층 강제감속장치(Emergency Terminal Slow Down Switch)

완충기의 행정거리(stroke)는 카가 정격속도의 115%에서 $1g_n$ 이하의 평균감속도로 정지하도록 되어야 하는데, 정격속도가 커지면 행정 거리는 급격히 증가한다. 예컨대, 정격속도 300[m/min]의 엘리베이터 경우는 행정 거리와 완충기의 실린더 길이를 합하면 1개 층 이상의 길이가 되므로 건축상 문제가 된다. 이 경우 다른 조작 장치나 감속장치와는 관계없이 속도 검출과 위치검출을 하여 종단 층에 접근하는 속도가 규정 속도를 초과 시는 바로 브레이크를 작동시켜 카를 정지시킬 수 있도록 하고 있다. 이와 같은 장치를 설치할 때는 최고속도에서 바로 브레이크를 작동하면 로프의 마모가 쉽게 되므로 2단 이상의 감속제어가 되어야 한다.

① 그 작동은 슬로다운 스위치의 작동과 전혀 관계가 없어야 하고, 만일 슬로다운 스위치가 의도와 같이 종단층(Terminal)에서 카의 속도를 감속시키는 데 실패하면 종단층 강제감속장치를 작동시켜야 한다.

② 종단층 강제감속장치는 1G($9.8m/s^2$)를 초과하지 않는 감속도를 제공하여야 하며, 이때 카 비상정지장치를 작동시키지 않아야 한다.

③ 종단층 강제감속장치는 카 상단이나 승강로 내부 또는 기계실 내부에 위치하여야 하고, 카의 움직임에 의하여 조작되어야 한다.

④ 종단층 강제감속장치와 기계실의 기계장치와의 구성은 다음의 요건에 부합하여야 한다.

㉠ 카에 기계적으로 연결된 장치에 의하여 작동되어야 한다.

㉡ 그 작동은 종단층 착상(Terminal Landing)에 대한 카의 상대적 위치에 좌우하는 경우 마찰력 또는 견인력을 사용하지 않아야 한다.

㉢ 만일 카에 연결을 위하여 테이프, 체인, 로프 등이 사용되면 이 연결에 이상이 생기는 경우 전력은 전동기 및 브레이크로부터 차단되어야 한다.

㉣ 슬로다운 스위치와 종단층 강제감속장치를 양자 공히 작동시키기 위하여 동일한 기계실 장치와 카의 연결장치를 사용하지 않아야 한다.

㉤ 일련의 접지 또는 기타 조건으로 단락회로가 발생되어도 장치의 기능발휘가 저지되지 않도록 되어야 한다.

(4) 튀어 오름 방지장치[록다운(Lock Down) 비상정지장치] 및 과부하 감지장치

① 튀어 오름 방지장치 : 고층 건물의 경우는 와이어로프 자중에 의한 불평형 하중을 보상하기 위하여 카 하부에서 균형추 하부까지 균형로프 또는 체인을 거는데 로프를 적용하는 경우 피트에서 지지하는 도르래는 바닥에 견고히 고정되어야 하며, 록 다운장치를 부착하여 카의 비상정지장치가 작동 시 이 장치에 의해 균형추, 와이어로프 등이 관성에 의해 튀어 오르지 못하도록 하여야 한다.

이 장치는 순간 정지식 이어야 하며, 속도 210[m/min] 이상의 엘리베이터에는 반드시 설치되어야 한다. 균형 로프 도르래에는 하나 이상의 균형 로프 도르래 스위치를 달아야 하며, 이 스위치는 도르래가 그 행정(Travel)의 상한 또는 하한에 도달하기 전에 도르래에 의하여 기계적으로 열려서 엘리베이터 전동기 및 브레이크로부터 전력이 차단되어야 한다.

② 과부하 감지장치(Overload Switch) : 카 바닥 하부 또는 와이어로프 단말에 설치하여 카 내부의 승차인원 또는 적재하중을 감지하여 정격하중 초과 시 경보음을 울려 카 내에 적재하중이 초과되었음을 알려주는 동시에 출입구 도어의 닫힘을 저지하여 카를 출발시키지 않도록 하는 장치이며, 정격하중의 105~110%의 범위에 설정된다.

(5) 피트 정지 스위치 및 역결상검출장치

① 피트 정지 스위치(Pit Stop Switch) : 보수점검 및 검사를 위하여 피트 내부로 들어가기 전 이 스위치를 “정지” 위치로 함으로써 작업 중 카가 움직이는 것을 방지하여야 한다. 수동으로 조작되고 스위치가 작동되면 엘리베이터 전동기 및 브레이크(Brake)로부터 전력이 차단되어야 한다.

② **역결상검출장치** : 동력 전원이 어떤 원인으로 상이 바뀌거나 결상이 되는 경우, 이를 감지하여 전동기의 전원을 차단하고 브레이크를 작동시키는 장치이다.

(6) 각 층 강제정지 운전 스위치

각 층 강제정지 운전 : 아파트 등에서 카 안의 범죄 활동을 방지하기 위하여 설치되며, 스위치를 ON 시키면 각 층에 정지하면서 목적 층까지 주행한다.

(7) 권동식 로프 이완 스위치 및 파킹 스위치

① **포지티브식(권동식) 로프 이완 스위치** : 포지티브식(권동식) 권상기의 경우 카가 최하층을 지나쳐 완충기에 충돌하면 와이어로프가 늘어나고 와이어로프 및 전동기에 문제가 생기므로 이 와이어로프의 장력을 검출하여 동력을 차단할 필요가 있다. 그러나 이 스위치가 작동되지 않는 경우에 대비하여 스톱 모션(Stop Motion)이라고 하는 주회로를 직접 차단하는 스위치를 설치하여야 한다.

② **파킹(Parking) 스위치** : 카를 휴지시키기 위해 설치된 스위치로, 주로 기준층의 승강장에 카 스위치를 설치하여 승강장에서 카를 휴지 또는 재가동시킬 수 있는 스위치이다.

07 유압식 엘리베이터

01 유압식 엘리베이터의 구조 및 원리

유압식 엘리베이터는 기름의 압력과 흐름을 이용하여 유압 자키(실린더와 플런저를 조립한 것)를 밀어 올리는 힘에 의하여 카를 상승시키는 구조로 카와 유압자키의 조립법에 따라 직접식, 간접식, 팬터그래프식이 있다.

(1) 유압식 엘리베이터의 구조

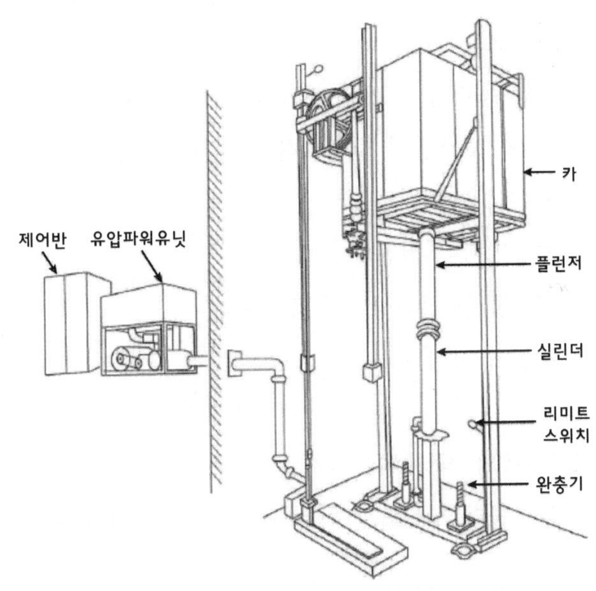

[유압식 엘리베이터의 구조]

펌프에서 토출된 작동유로 램(RAM)을 작동시켜 카를 승강시키는 것을 유압식 엘리베이터라 하며, 초기의 것은 작동유로 물을 사용한 수압 엘리베이터도 있었다.

(2) 유압 엘리베이터의 특징

① 기계실의 배치가 자유롭다.

② 건물 꼭대기 부분에 하중이 작용하지 않는다.

③ 승강로 꼭대기 틈새가 작아도 된다.

④ 실린더를 사용하기 때문에 행정거리와 속도에 한계가 있다.

⑤ 균형추를 사용하지 않아 전동기 소요 동력이 커진다.

⑥ 7층 이하, 정격속도 60m/min 이하에 적용한다.

(3) 유압 엘리베이터의 종류와 특징

① **직접식** : 플런저 끝에 카를 설치한 방식

㉠ 승강로 소요 평면 치수가 작고, 구조가 간단하다.

㉡ 추락방지(비상 정지) 안전장치가 필요 없다.

㉢ 부하에 의한 카 바닥의 빠짐이 작다.

㉣ 실린더를 설치하기 위한 보호관을 지중에 설치해야 한다.

㉤ 실린더 점검이 곤란하다.

② **간접식** : 플런저의 동력을 로프를 통하여 카에 전달하는 방식

㉠ 실린더를 설치할 보호관이 불필요하며 설치가 간단하다.

㉡ 실린더의 점검이 용이하다.

㉢ 승강로의 소요 면적이 커진다.

㉣ 추락방지(비상 정지) 안전장치가 필요하다.

㉤ 카 바닥의 빠짐이 크다.

③ **팬터그래프 식**

㉠ 카는 팬터그래프의 직상부에 설치된다.

㉡ 플런저에 의해 팬터그래프를 개폐하여 카를 상승시키는 방식이다.

(4) 유압 엘리베이터 속도 제어법

① 유량밸브에 의한 속도 제어

㉠ 미터인(Meter In) 회로 : 작동유를 제어하여 유압 실린더에 보낼 경우 유량 제어 밸브를 주회로에 삽입하여 유량을 직접 제어하는 회로

㉡ 블리드 오프(Bleed Off) 회로 : 유량 제어 밸브를 주회로에서 분기된 바이패스(Bypass)회로에 삽입한 것

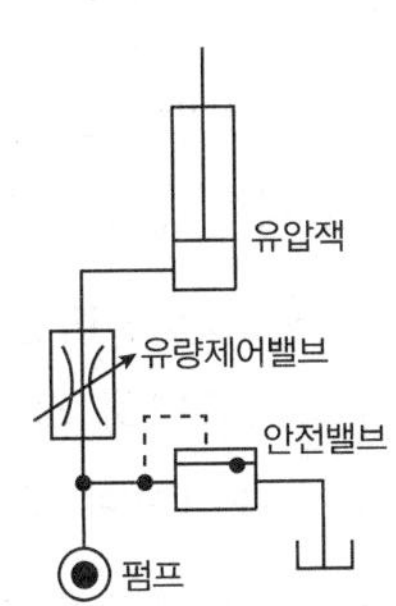

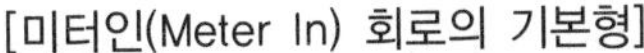
[미터인(Meter In) 회로의 기본형]

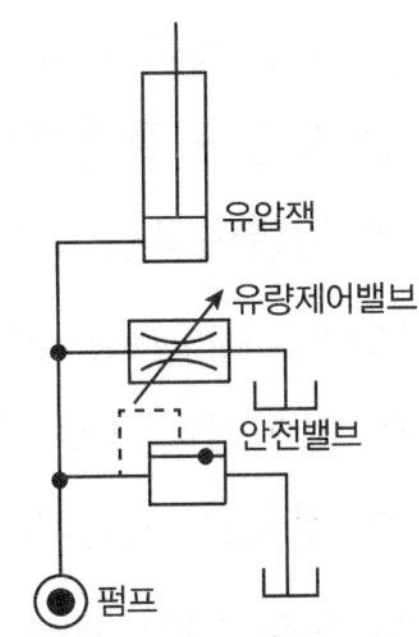

[블리드 오프(Bleed Off) 회로의 기본형]

② VVVF 제어방식

전동기를 VVVF방식으로 제어하는 것으로, 펌프의 회전수를 소정의 상승속도에 상당하는 회전수로 가변 제어하여 펌프에서 가압되어 토출되는 작동유를 제어하는 방식

02 펌프와 밸브

(1) 펌프와 전동기

① 일반적으로 압력 맥동이 작고, 진동과 소음이 적은 스크루 펌프가 널리 사용된다.

② 전동기는 3상 유도전동기 사용한다.

(2) 필터(Filter)와 스트레이너(Strainer)

① 유압장치에 쇳가루, 모래 등 불순물 제거하기 위한 여과장치

② 펌프의 흡입측에 붙는 것을 스트레이너라 하고, 배관 도중에 취부하는 것을 라인 필터라고 한다.

(3) 사일런서(Silencer)

작동유의 압력 맥동을 흡수하여 진동소음을 저감시키기 위해 사용한다.

(4) 파워 유닛 내 밸브의 종류

① 안전밸브(Relief Valve) : 일종의 압력조절밸브로서 회로의 압력이 설정값에 도달하면 밸브를 열고 오일을 탱크로 돌려보냄으로써 압력이 과도하게 상승하는 것을 방지한다. 상용압력의 125%에 설정한다.

② **상승용 유량 제어 밸브** : 펌프로부터 압력을 받은 오일이 대부분은 실린더로 올라가지만, 일부는 상승용 전자밸브에 의해서 조정되는 유량 제어 밸브를 통해 탱크에 되돌아온다. 탱크에 되돌아오는 유량을 제어하여 실린더측의 유량을 간접적으로 제어하는 밸브이다.

③ **체크밸브(Check Valve)** : 한쪽 방향으로만 오일이 흐르도록 하는 밸브이다. 펌프의 토출 압력이 떨어져서 실린더 내의 오일이 역류하여 카가 자유낙하 하는 것을 방지할 목적으로 설치한 것으로 기능은 로프식 엘리베이터의 전자브레이크와 유사하다.

④ **하강용 유량 제어 밸브** : 하강용 전자밸브에 의해 열림 정도가 제어되는 밸브로서 실린더에서 탱크에 되돌아오는 유량을 제어한다. 정전이나 다른 원인으로 카가 층 중간에 정지하였을 경우 이 밸브를 열어 안전하게 카를 하강시켜 승객을 구출할 수 있다.

⑤ **스톱 밸브(Stop Valve)** : 유압 파워 유닛에서 실린더로 통하는 배관 도중에 설치되는 수동조작 밸브이다. 밸브를 닫으면 실린더의 오일이 탱크로 역류하는 것을 방지한다. 유압 장치의 보수, 점검, 수리할 때 사용되며 게이트 밸브(Gate Valve)라고도 한다.

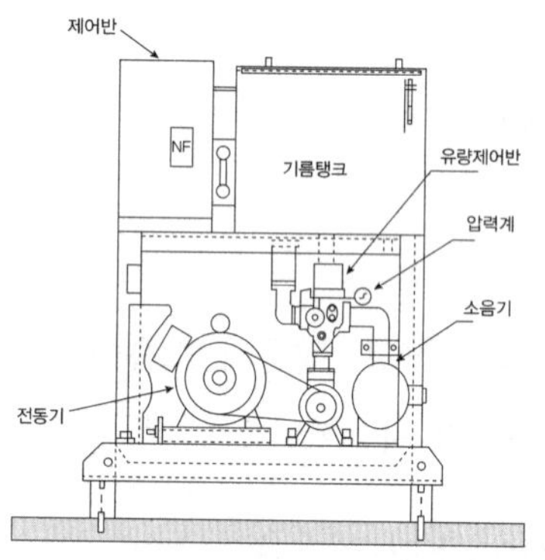

[파워 유닛의 구조 · 구성]

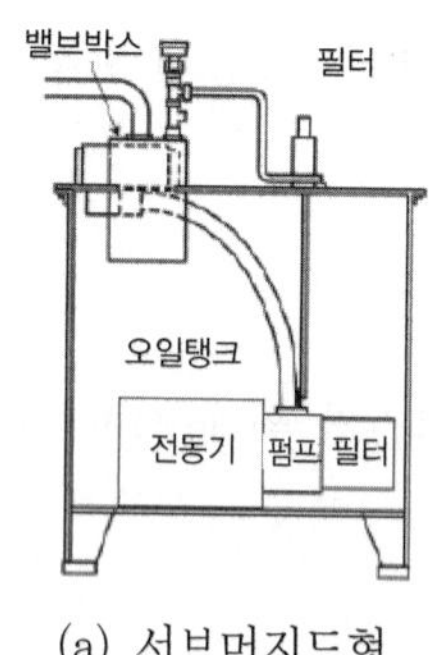

(a) 서브머지드형

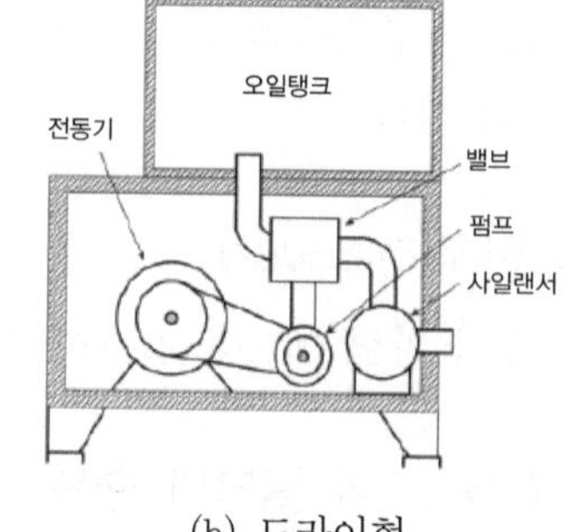

(b) 드라이형

[파워 유닛]

(5) 펌프의 종류 및 요건

일반적으로 스크루 펌프가 많이 쓰인다. 펌프의 출력은 유압과 토출량에 비례한다. 따라서 같은 플런저라면 유압이 높으면 큰 하중에 견디며, 토출량이 많으면 속도가 빨라진다.

① 유압 : 10~60[kg/cm^2]

② 토출량 : 50~1,500(L/min)

③ 모터 용량 : 2~50(kW)

④ 펌프 종류 : 원심식, 가변 토출량식, 강제 송유식(기어 펌프, 밴 펌프, 스크루 펌프)

03 실린더(Cylinder)와 플런저(Plunger)

(1) 잭(Jack, 유압실린더)

잭은 단단식과 다단식이 있는데, 모두 실린더부와 램(구 : 플런저)으로 구성되어 있다. 단단식은 램(RAM, 구 : 플런저)부가 1개로, 다단식은 복수개로 되어 있다.

(2) 실린더의 구조

① 길이는 직접식 엘리베이터에서는 카의 행정 길이+여유 길이(500mm)

② 간접식에서는 로핑 방법(1 : 2, 1 : 4 등)에 따라서 승강로 행정의 1/2, 1/4 등이 필요하다. 오일의 압력이 10~60[kg/cm^2] 정도로(보통 강관이 사용되면 안전율=4) 층 높이가 높아서 행정 거리가 긴 경우에는 실린더가 파손되기 때문에 보호관 안에 설치해야 한다.

(3) 실린더의 상부구조

실린더 상부에는 더스트와이퍼(스크레이퍼), 패킹이 설치되어 있다.

(4) 램(RAM, 플런저)의 구조

사용 유량의 경제성과 재질의 향상을 위해서 작동압력이 높아지고, 플런저에 걸리는 총 하중이 크면 클수록 그 단면적은 커진다. 일반적으로 플런저의 재질은 강관이 사용되며, 높은 압력을 견디기 위해 두께가 두꺼운 것을 사용한다.

① 유압 엘리베이터에 일반적으로 이용되는 단동식 실린더 램형 로드이다.

② 완충기가 스프링식 또는 중력 복귀식일 경우, 최대 120초 이내에 완전히 복귀되어야 한다.

(5) 램 이탈 방지 장치(stopper)

램이 실린더의 행정한도를 지나쳐 진행하는 것을 방지하기 위하여 금속의 멈춤장치 또는 기타 수단을 램의 한쪽 끝에 마련하여야 한다. 또한 금속 멈춤장치 또는 제동 수단은 종점 스위치(Terminal Limit Switch)가 작동하지 않을 경우에 대비하여 전부하 압력에서 최대 속도(Maximum Speed)로 상승 방향으로 진행하는 램(RAM)을 멈출 수 있도록 설계 및 제작되어야 한다.

08 에스컬레이터

01 에스컬레이터의 구조 및 원리

(1) 에스컬레이터의 구조

트러스, 스텝, 난간, 핸드레일, 구동 장치, 제어반 등으로 이루어진다.

(2) 에스컬레이터의 최대 수용 능력 및 종류

① 최대 수용 능력

디딤판/팔레트 폭 Z_1(m)	공칭 속도 V(m/s)		
	0.5	0.65	0.75
0.6	3,600명/h	4,400명/h	4,900명/h
0.8	4,800명/h	5,900명/h	6,600명/h
1	6,000명/h	7,300명/h	8,200명/h

비고
1. 쇼핑카트와 수하물카트의 사용은 수용력이 약 80%로 감소될 것이다.
2. 1m를 초과하는 팔레트 폭을 가진 무빙워크의 경우 이용자가 손잡이를 잡아야 하기 때문에 수용능력은 증가하지 않고, 1m를 초과하는 추가 폭은 주로 쇼핑카트 및 수하물카트의 사용을 가능하게 하는 것이다.

② 난간 의장에 의한 분류

㉠ 투명형 에스컬레이터 : 난간 내측판 전면이 투명(강화유리 또는 접합강화유리)이며, 난간조명(slim line)은 핸드레일(handrail) 밑에 설치한다.

㉡ 불투명형 에스컬레이터 : 난간 내측판 전면이 불투명(stainless판)하고, 천정 조명으로 마감으로 하는 경우가 많다.

③ 속도에 의한 분류

㉠ 경사도 α가 30° 이하인 에스컬레이터는 0.75m/s 이하

㉡ 경사도 α가 30°를 초과하고 35° 이하인 에스컬레이터는 0.5m/s 이하

㉢ 무빙워크의 공칭속도는 0.75m/s 이하이어야 한다. 팔레트 또는 벨트의 폭이 1.1m 이하이고, 승강장에서 팔레트 또는 벨트가 콤에 들어가기 전 1.6m 이상의 수평주행 구간이 있는 경우 공칭속도는 0.9m/s까지 허용된다.

■ 참/고

[공칭속도(Nominal Speed)]

공칭주파수, 공칭전압 및 무부하 상태에서 제조사가 제시한 디딤판의 움직이는 방향의 속도
– 정격속도는 정격하중 조건 하에 에스컬레이터/무빙워크가 움직이는 속도이다.

④ **경사각과 층 높이** : 경사도는 30° 이하이며 층 높이가 6m 이하이고, 공칭속도가 0.5m/s 이하인 경우에는 높이에는 35°까지 허용된다(경사도 α는 현장의 설치 여건 등을 감안하여 최대 1°까지 초과될 수 있다).

⑤ **에스컬레이터의 정지거리**

무부하 상승, 무부하 하강 및 부하 상태 하강에 대한 에스컬레이터 정지거리

공칭속도 V	정지거리
0.50m/s	0.20m에서 1.00m 사이
0.65m/s	0.30m에서 1.30m 사이
0.75m/s	0.40m에서 1.50m 사이

⑥ **양정에 의한 분류**

10m 정도까지를 중양정, 그 이상의 것을 고양정이라고 한다.

⑦ **설치장소에 의한 분류**

㉠ 옥내형 에스컬레이터 : 건물 내부에 설치되는 일반적인 에스컬레이터로 대부분을 차지한다.

㉡ 옥외형 에스컬레이터 : 설치 조건이 건물 내외의 연결부 또는 완전 옥외 등에 설치되는 에스컬레이터를 말하며 비바람에 대한 대책, 추위나 눈에 대한 대책들이 필요하다.

02 에스컬레이터의 구동장치

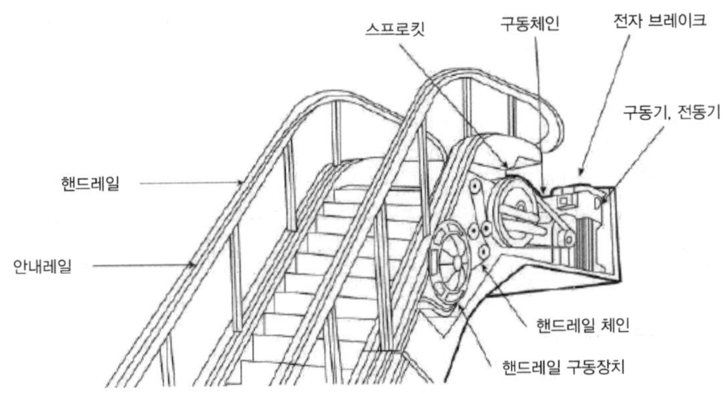

(1) 구동장치

① 디딤판을 구동시키는 메인 구동장치이다.

② 핸드레일을 구동시키는 핸드레일 구동장치이다.

③ 구동장치는 서로 연동되어 같은 속도로 이동하여야 한다.

④ 기계실은 일반적으로 상부승장 하부에 설치되어 있다.

⑤ 트러스의 하부에는 디딤판체인의 파단감지 장치가 설치되어 있어 체인이 끊어지거나 이완된 경우에 전력을 차단시킨다.

1) 구동기 구성

주 구동장치, 핸드레일 구동장치, 전동기, 감속기, 브레이크.

2) 전동기

① 소용 동력 $= \dfrac{1\text{분간수송인원} \times 1\text{명의 중량} \times \text{층 높이}}{6120 \times \eta}(\text{kW})$

η : 에스컬레이터 총 효율

② 적재 하중

㉠ 적재 하중[G] $G=270A=270 \cdot \sqrt{3} \cdot W \cdot H[\text{kg}]$

A : 디딤판면의 수평투영면적$[m^2]$

W : 디딤판폭[m]

H : 층고[m]

㉡ 제조사 기준 적재하중[G]=정격하중(510kg/m^2)×A(m^2)

A : 부하운송면적[m^2]

A : 부하운송면적($Z_1 \times H/\tan\theta$)(m^2) Z_1 : 공칭폭(m) H : 층고(m) θ : 에스컬레이터 경사도(°)

㉢ 에스컬레이터 전동기 용량[P]

$$P = \frac{GV\sin\theta}{6{,}120\eta}\beta[\text{kW}]$$

G : 적재하중[kg]　　　V : 정격속도[m/min]

θ : 경사도　　　η : 효율

β : 승객 승입률(0.83)

(2) 감속기 기어

웜기어(Worm Gear)와 헬리컬기어(Helical Gear)가 사용되며, 최근에는 헬리컬기어가 많이 사용되고 있다.

(3) 제동기(브레이크)

정격하중으로 하강 시 감속도 1m/s^2 이하로 감속 · 정지하여야 한다.

03 디딤판과 디딤판 체인

(1) 디딤판(step)의 규격

① 일반사항 : 에스컬레이터 및 무빙워크의 공칭 폭 Z_1은 0.58m 이상 1.1m 이하이어야 한다. 경사도가 6° 이하인 무빙워크의 폭은 1.65m까지 허용된다.

② 디딤판 트레드 및 팔레트

㉠ 디딤판 높이 x_1은 0.24m 이하이어야 한다.

㉡ 디딤판 깊이 y_1은 0.38m 이상이어야 한다.

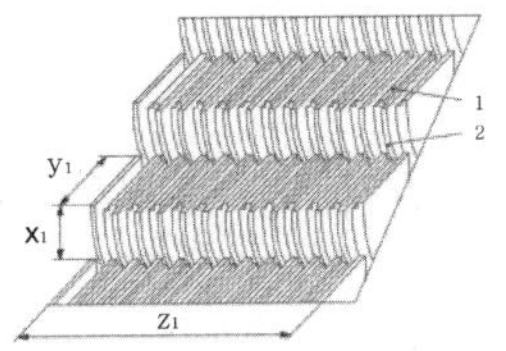

Key
1. 디딤판 트레드
2. 디딤판 라이저

주요치수
$x_1 \leq 0.24$m
$y_1 \geq 0.38$m
z_1 0.58m에서 1.1m

[디딤판, 주요치수]

(2) 계단 둥근 부위(Step Riser)의 홈(Slotting)

계단의 둥근 부위를 디딤판 라이저라 하고 수평으로 진행할 때 인접한 계단 디딤판의 홈과 맞물려야 한다.

(3) 데마케이션(디딤판 경계틀)

계단의 좌우와 전방 끝에는 경고색이 황색으로 도장을 하거나 플라스틱을 끼워 테두리를 데마케이션이라 한다.

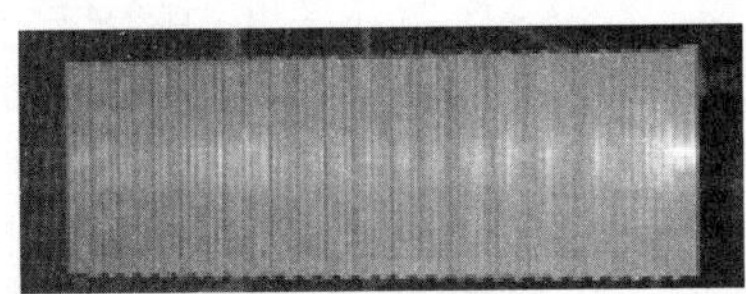

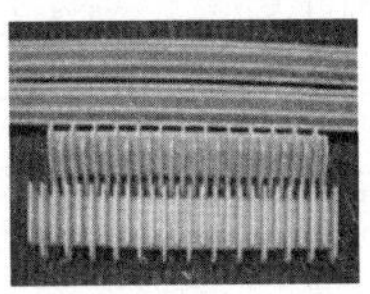

(4) 디딤판 체인

① 디딤판 체인은 일종의 롤러 체인으로 좌우 체인의 링 간격을 일정하게 유지하기 위하여 일정 간격으로 롤러가 연결된 구조이다.

② 디딤판 체인은 스텝을 주행시키는 역할을 하며 에스컬레이터의 좌우에 설치되어 있다.

③ 디딤판 체인의 링 간격을 일정하게 유지하기 위하여 일정 간격으로 환봉강을 연결하고, 환봉강 좌우에 스텝의 전륜이 설치되며, 구동 가이드 레일상을 주행한다.

04 난간과 핸드레일

에스컬레이터 디딤판 좌우에 승객이 좌우로 떨어지지 않게 설치된 측면 벽을 난간이라 하며, 그 윗면에 헨드레일(Hand Rail)이 설치되어 있다.

(1) 난간(Balustrade)

움직이는 부분으로부터 보호 및 손잡이 지지로 안정성을 제공함으로써 이용자의 안전을 보장하는 에스컬레이터/무빙워크의 부품벽이다.

(2) 손잡이(Handrail)

에스컬레이터 또는 무빙워크를 사용하는 동안 손으로 잡을 수 있는 전동식 이동 레일

(3) 난간과 핸드레일의 구조

① 패널형 에스컬레이터의 내측 패널은 스테인리스로 제작하며 하부의 계단과 접하는 부분을 스커트 패널이라고 한다.

② 난간의 상부는 데크 보드라 한다.

③ 투명형은 내외측 패널 모두 강화유리로 설치한다.

④ 외측 판은 내열 방화 재료를 사용한다.

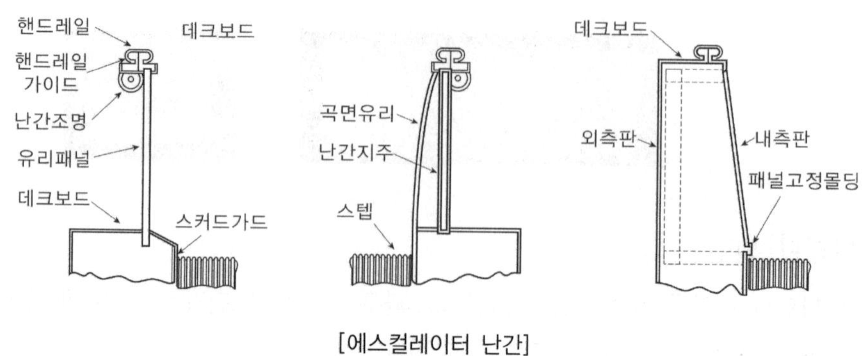

[에스컬레이터 난간]

05 에스컬레이터 안전장치

(1) 구동 체인 및 디딤판 체인 안전장치

① 구동 체인 안전장치(D.C.S) : 상부 기계실에 설치되어 있으며, 구동 체인이 절단되거나 과다하게 늘어났을 경우 스위치를 작동시켜 전원을 차단하여 에스컬레이터를 정지시키는 장치이다.

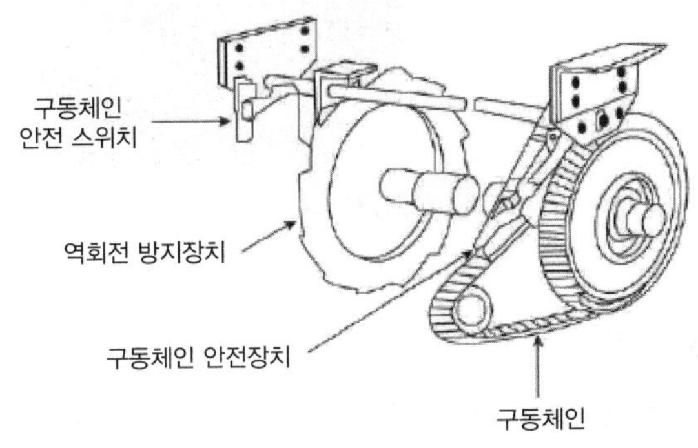

[구동 체인 안전장치]

② 디딤판 체인 안전장치(T.C.S) : 하부 기계실에 설치되어 있으며(좌 · 우 1개씩) 디딤판 체인이 절단되거나 과다하게 늘어났을 경우 안전하게 정지시키는 장치이다.

(2) 비상정지 스위치(E. Stop)

에스컬레이터를 운행시키거나 즉시 정지시켜야 할 경우 사용한다. 장난으로 이 스위치를 작동시키면 급히 정지하여 승객이 넘어지기 때문에 이를 방지하기 위해 스위치 커버를 설치한다.

(3) 스커트가드 안전 스위치(S.G.S)

디딤판과 스커트가드 사이에 손이나 신발이 끼었을 때 그 압력에 의해 에스컬레이터를 정지시키는 장치로, 스커트가드 상, 하 부근의 좌, 우에 2개씩 설치한다. 디딤판과 스커트가드 간격은 양면 포함 7mm 이내로 한다.

(4) 과속조절기(조속기)

모터축에 과속조절기(조속기)를 연결하고 결상인 경우는 전기 스위치를 연결, 검출하여 조속기 및 결상 스위치가 동작하면 전원을 차단하고 머신 브레이크가 걸린다.

(5) 핸드레일 안전장치

핸드레일이 늘어남을 감지하여 에스컬레이터의 운전을 중지시키는 안전장치이다.

(6) 핸드레일 인입구 안전장치(인레트 스위치)

핸드레일 인입구에 손 또는 이물질이 끼었을 때 즉시 작동되어 에스컬레이터를 정지시키는 안전장치이다.

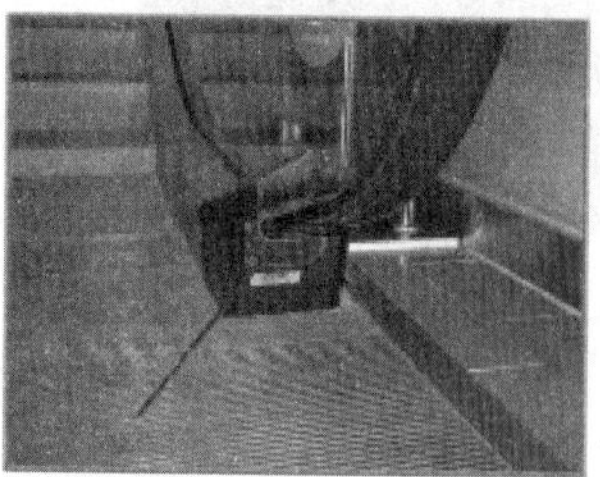

(7) 콤(끼임방지 빗)

콤은 이용자의 이동을 용이하게 하기 위해 양 승강장에 설치되어야 하며, 쉽게 교체되어야 한다.

① **콤이 홈에 맞물리는 깊이** : 트레드 홈에 맞물리는 콤 깊이는 4mm 이상이어야 하고, 틈새는 4mm 이하이어야 한다.

② **콤(Comb) 정지스위치** : 디딤판과 콤(Comb)이 맞물리는 지점에 물체가 끼였을 때 디딤판의 승강을 자동으로 정지시키는 장치이다

(8) 보조 브레이크

① 에스컬레이터 및 경사형 무빙워크에는 보조 브레이크가 설치되어야 하며, 보조 브레이크와 디딤판/팔레트의 구동 스프로킷 또는 벨트의 드럼 사이의 연결은 축, 기어 휠, 다중체인 또는 2개 이상의 단일체인으로 이루어져야 한다. 마찰 구동 즉, 클러치로 이뤄진 연결은 허용되지 않는다.

② 보조 브레이크 시스템은 제동 부하를 갖고 하강 운행하는 에스컬레이터 및 경사형 무빙워크가 효과적으로 감속하고 정지상태를 유지할 수 있도록 설계되어야 한다. 하강방향으로 움직일 때 측정한 감속도는 모든 작동 조건 아래에서 $1m/s^2$ 이하이어야 한다.

③ 보조 브레이크는 기계적(마찰) 형식이어야 한다.

④ 보조 브레이크는 다음 사항 중 어느 조건에서도 작동되어야 한다.

㉠ 속도가 공칭속도의 1.4배의 값을 초과하기 전

㉡ 디딤판 및 팔레트 또는 벨트가 현 운행 방향에서 바뀔 때

(9) 과속 및 의도되지 않은 운행 방향의 역전의 위험에 대한 보호

① **과속 감지** : 속도가 공칭속도의 1.2배를 초과하기 전에 과속을 감지할 수 있는 장치가 제공되어야 한다. 과속을 방지하도록 설계된 경우 이 기준은 무시해도 된다.

② **의도되지 않은 운행방향의 역전 감지** : 에스컬레이터와 경사형($\alpha \geq 6^{\circ}$) 무빙워크의 의도되지 않은 역전을 즉시 감지할 수 있는 장치가 제공되어야 한다.

(10) 손잡이 시스템

① 각 난간의 상부에는 정상 운행 조건하에서 디딤판의 속도와 −0%에서 +2%의 허용오차로 같은 방향과 속도로 움직이는 손잡이가 설치되어야 한다. 손잡이는 정상 운행 중 운행 방향의 반대편에서 450N의 힘으로 당겨도 정지되지 않아야 한다.

② **손잡이의 속도 편차 감지** : 손잡이의 속도감시장치가 설치되어야 하고, 5초~15초 내에 디딤판에 대해 ±15% 이상의 손잡이 속도 편차가 발생하는 경우 에스컬레이터 또는 무빙워크의 정지를 시작해야 한다. 이 상황을 방지하도록 설계된 경우 +15%의 요구 조건은 무시해도 된다.

(11) 비상정지장치에 의한 정지, 수동 작동

① 정지장치의 액추에이터가 작동될 때 비상상황 시 에스컬레이터 또는 무빙워크를 정지시키기 위한 비상정지장치를 설치해야 한다.

㉠ 정지장치의 액추에이터는 에스컬레이터 또는 무빙워크의 각 승강장 또는 승강장 근처에 눈에 뛰고 쉽게 접근할 수 있는 위치에 있어야 한다.

㉡ 승강장에서 정지 스위치는 디딤판 바깥 구역에서 접근 가능해야 한다.

㉢ 정지스위치가 난간 높이 h1의 중간 이하에 위치하는 경우, 다음 특징을 가진 표시가 난간의 안쪽에 위치해야 한다.

치수(mm)

* 이 그림은 일정한 비율로 그려져 있지 않고 단지 기준을 설명한다.

- 지름 80mm 이상
- 적색
- 흰색 글씨로 “정지”(필요시 다른 언어 병기 가능)라고 표시
- 난간 높이 h1의 중간 이상에 위치
- 정지장치를 가리키는 화살표(난간 높이 h1의 중간 이하에 위치할 수도 있음)

② 비상정지장치 사이의 거리는 다음과 같아야 한다.

㉠ 에스컬레이터의 경우에는 30m 이하이어야 한다.

㉡ 무빙워크의 경우에는 40m 이하이어야 한다.

㉢ 필요한 경우 추가적인 정지장치는 거리를 유지하도록 설치되어야 한다.

(12) 기타 안전장치

① **방화셔터 연동 안전장치** : 에스컬레이터의 승강구가 화재 시 수신반과 연동되어 방화셔터가 동작하면 에스컬레이터가 운행할 때 승객이 넘어지고 계단 위에서 충돌하여 대형사고가 일어날 가능성이 높다. 그래서 방화셔터가 닫히는 경우에는 에스컬레이터의 운전을 차단해야 한다.

② **안전 보호판(삼각부)** : 에스컬레이터와 건물 층 바닥이 교차하는 곳에 삼각판을 설치하여 사람의 신체 일부가 끼는 사고를 예방하기 위해 설치한다.

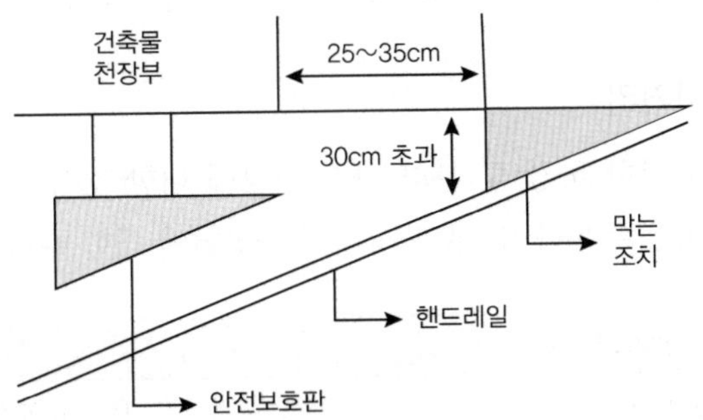

■ **참/고**

모든 구동부품의 안전율은 정적 계산으로 5 이상이어야 한다.

09 무빙워크

무빙워크는 수평이나 약간 경사진 통로에 설치하여 많은 승객의 보행을 돕는 용도로 사용되고 있다.

(1) 구조

무빙워크는 디딤판이 금속제의 팔레트식과 디딤판이 고무벨트로 만들어진 고무벨트식 이 있다. 어떤 형식이라도 바닥면은 홈이 되어 있어 승강구의 콤(Comb)이 이 틈과 서로 맞물려서 안전성을 확보한다. 또한 디딤판의 좌우에는 핸드레일과 난간을 설치하여야 한다.

(2) 무빙워크의 정지거리

① 무부하 상승, 무부하 하강 및 부하 상태 하강에 대한 경사형 무빙워크 정지거리는 표에 따라야 한다. 이는 무부하 및 부하 상태의 양방향에 대한 수평형 무빙워크에도 적용된다.

공칭속도 V	정지거리
0.50m/s	0.20m에서 1.00m 사이
0.65m/s	0.30m에서 1.30m 사이
0.75m/s	0.40m에서 1.50m 사이
0.90m/s	0.55m에서 1.70m 사이

② 공칭속도 사이에 있는 속도의 정지거리는 보간법으로 결정되어야 한다.

③ 정지거리는 전기적 정지장치가 작동된 시간부터 측정되어야 한다.

(3) 무빙워크의 공칭속도는 0.75m/s 이하이어야 한다.

팔레트 또는 벨트의 폭이 1.1m 이하이고, 승강장에서 팔레트 또는 벨트가 콤에 들어가기 전 1.6m 이상의 수평주행구간이 있는 경우 공칭속도는 0.9m/s까지 허용된다. 다만, 가속구간이 있거나 무빙워크를 다른 속도로 직접 전환시키는 시스템이 있는 무빙워크에는 적용되지 않는다.

(4) 경사도

무빙워크의 경사도는 12° 이하이어야 한다.

10 소형화물용 엘리베이터(덤웨이터)

(1) 적용 범위

① 이 기준은 수직에 대해 15° 이하의 경사진 주행 안내 레일 사이에서 권상이나 포지티브 구동장치 또는 유압장치에 의해 로프(벨트) 또는 체인으로 매달아 소형화물을 수송하기 위한 카를 정해진 승강장으로 운행시키기 위하여 설치되는 소형화물용 엘리베이터에 대해 적용한다.

② 이 기준은 사람이 출입할 수 없도록 정격하중이 300kg 이하이고, 정격속도가 1m/s 이하인 소형화물용 엘리베이터에 대하여 규정한다.

(2) 소형화물용 엘리베이터 승강로

승강로 출입 개구부의 한 변의 치수가 0.3m 이하이거나 다음과 같은 경우에는 업무수행자가 승강로에 출입할 수 없는 것으로 간주한다.

① 승강로 깊이는 1m 이하이고

② 승강로 면적은 $1m^2$ 이하이며

③ 승강로 외부에서 쉽게 점검 등 유지관리 업무를 할 수 있는 수단이 있다.

(3) 상부공간 및 피트

상부공간에서 카 지붕 위로부터 1.8m의 수직거리가 확보되어야 한다.

(4) 기계실

① 기계실은 다음과 같은 경우에 업무수행자가 출입할 수 있는 것으로 간주한다.

㉠ 출입문 개구부의 크기는 0.6m×0.6m 이상이어야 하고,

㉡ 기계실 높이는 1.8m 이상이어야 한다.

② **출입할 수 없는 기계실** : 점검문을 통해 소형화물용 엘리베이터 구동기 및 관련 설비에 접근이 가능해야 한다. 점검문의 치수는 0.6m×0.6m 이상이어야 한다. 다만, 기계실의 크기가 0.6m×0.6m 이상의 점검문을 허용할 수 없는 경우 개구부는 부품의 교체가 가능한 크기이어야 한다.

③ 출입할 수 있는 기계실 : 사람이 지나다닐 수 있는 수평으로 움직이는 경첩이 달린 트랩문의 유효면적은 0.64m^2 이상이어야 한다. 이 면적의 작은 변은 0.65m 이상이어야 한다.

(5) 문 작동과 관련된 보호

① 동력 작동식 문 : 동력 작동식 문은 사람이 문짝과 충돌하여 입게 되는 유해한 결과를 최소로 줄일 수 있게 설계되어야 한다. 이 목적을 위해 다음 사항을 만족해야 한다.

② 개폐식 문 : 문 닫힘을 저지하는 데 필요한 힘은 150N 이하이어야 한다.

(6) 카, 균형추 및 평형추

카 치수는 카에 출입할 수 없는 조건을 만족하기 위해 다음과 같아야 한다.

① 바닥 면적은 1m^2 이하이어야 한다.

② 깊이는 1m 이하이어야 한다.

③ 높이는 1.2m 이하이어야 한다.

(7) 카의 유효 면적 및 정격하중

카의 유효 면적은 1m^2 이하로 제한되어야 하며, 정격하중은 1.2에 따라 300kg 이하이어야 한다.

(8) 매다는 장치

① 카, 균형추 또는 평형추는 로프(벨트), 체인 또는 기타 수단에 의해 현수되어야 한다.

② 로프(벨트) 또는 체인의 안전율은 8 이상이어야 한다.

(9) 추락방지안전장치

추락방지안전장치가 설치된 경우, 추락방지안전장치는 매다는 장치의 파손, 즉, 매다는 장치가 끊어지더라도 과속조절기 작동 속도에서 하강 방향으로 작동하여 주행 안내 레일을 잡아 정격하중의 카 또는 균형추(또는 평형추)를 정지시키고 유지시킬 수 있어야 한다.

(10) 추락방지안전장치의 작동 수단

① 추락방지안전장치의 작동을 위한 작동수단에 의해 발생되는 인장력은 추락방지안전장치가 작동하는 데 필요한 힘의 2배 또는 300N보다 커야 한다. 힘을 발생하기 위해 견인에만 의존하는 과속조절기는 다음과 같은 홈이 있어야 한다.

㉠ 추가 경화공정을 거친 홈, 또는

㉡ 언더컷이 있는 홈

② **과속조절기에 의한 작동**

㉠ 카 추락방지안전장치의 작동을 위한 과속조절기는 정격속도의 115% 이상의 속도, 그리고 다음과 같은 속도 미만에서 작동되어야 한다.

- 정격속도 0.63m/s 이하 : 0.8m/s
- 정격속도 0.63m/s 초과 : 정격속도의 125%

㉡ 균형추 또는 평형추의 추락방지안전장치에 대한 과속조절기의 작동속도는 9.9.2.1에 따른 카 추락방지안전장치의 작동속도보다 더 높아야 하나 그 속도는 10%를 초과하지 않아야 한다.

③ **과속조절기 로프 및 안전로프**

㉠ 로프의 최소 파단하중은 8 이상의 안전율로 다음 사항과 관련되어야 한다.

- 마찰식 과속조절기의 경우, 마찰계수 μmax를 0.2로 계산하여 작동될 때 과속조절기 로프에 발생되는 인장력
- 안전로프의 경우에는 추락방지안전장치를 작동시키는 데 필요한 힘

㉡ 로프의 공칭 직경은 6mm 이상이어야 한다.

㉢ 과속조절기 도르래 피치 직경과 과속조절기 로프의 공칭 직경 사이의 비는 30 이상이어야 한다.

(11) 브레이크 시스템

① 소형화물용 엘리베이터에는 다음과 같은 경우에 자동으로 작동하는 브레이크 시스템이 설치되어야 한다.

㉠ 주동력 전원공급이 차단

㉡ 제어회로에 전원공급이 차단

② 브레이크 시스템은 전자-기계 브레이크(마찰형식)가 있어야 한다. 다만, 추가로 다른 브레이크 수단(전기적 방식 등)이 있을 수 있다.

③ **전자-기계 브레이크** : 이 브레이크는 자체적으로 카가 정격하중의 125%를 싣고 정격속도로 하강 방향으로 운행될 때 구동기를 정지시킬 수 있어야 한다.

11 휠체어리프트

보행 장애인이 이용하기에 적합하게 제작된 것으로서 계단의 경사면 또는 수직인 승강로를 따라 동력으로 오르내릴 수 있도록 한 것이다.

(1) 경사형 휠체어리프

1) 도입

① 경사형 휠체어리프트는 기계적, 전기적 구조가 양호하며, 제어반과 소속직원 통화장치는 통행 및 이용에 지장이 없는 안전한 장소에 설치되어야 한다. 또한, 사용 재료는 결함이 없어야 하고, 적절한 강도 및 품질을 가져야 한다.

② **정격속도** : 카의 정격속도는 기준점에서 운행 방향으로 측정될 때 0.15m/s 이하여야 한다.

③ 정격하중

㉠ 일반사항 : 경사형 휠체어리프트가 1인용일 경우에는 정격하중을 115kg 이상으로 하고 휠체어 사용자용일 경우 150kg 이상으로 설계한다.

㉡ 탑재 하중이 결정되지 않은 경우(예 공공건물), 휠체어용 경사형 휠체어리프트는 정격하중을 225kg 이상으로 한다. 최대 정격하중은 350kg이다.

㉢ 과부하 감지 : 카에 과부하가 발생될 경우, 카의 정상적인 출발을 방지하는 장치가 설치되어야 한다. 과부하는 정격하중의 25%를 초과하면 발생되는 것으로 간주된다. 과부하 발생시 카에서 청각과 시각적 신호로 이용자에게 알려야 한다.

④ 내구성

㉠ 카는 정상운전, 추락방지안전장치의 작동 및 정격속도로 운행 중 기계적 정지에 의한 충격에도 영구적인 변형이 없어야 하며, 내구성이 있어야 한다. 다만, 추락방지안전장치의 작동으로 발생될 수 있고 카의 구동에 영향을 주지 않는 일부 변형은 허용된다.

㉡ 이 기준에서 별도로 명시되지 않는 한, 모든 부품의 안전율은 2.5 이상이어야 한다.

2) 추락방지안전장치 및 과속감지기

① 일반사항

㉠ 카에는 구동부품의 고장으로 인한 과속 발생시 작동되는 추락방지안전장치가 설치되어야 한다. 추락방지안전장치는 정격하중 + 25% 상태인 카를 정지시키고 유지할 수 있어야 한다.

㉡ 정격하중 상태의 카가 자유낙하 하는 경우, 다음의 평균 감속도 또는 평균 정지거리 중 어느 하나를 만족해야 한다.

- 평균 감속도는 카의 최대 허용 각도 75°일 때 주행안내 레일 방향으로 1.0g 이하여야 하며, 정격하중 상태로 추락방지안전장치가 작동하였을 때 평균 감속도의 수평성분은 0.25g 이하여야 한다.
- 평균 정지거리는 150mm 이내여야 한다.

㉢ 추락방지안전장치가 작동될 때 카의 수평 기울기의 변화는 좌석식의 경우 10°, 입석식 및 휠체어용의 경우에는 5°를 초과하지 않아야 한다.

② 추락방지안전장치의 작동 : 추락방지안전장치는 경사형 휠체어리프트의 하강 속도가 0.3m/s를 초과하지 않는 정격속도의 115%에 도달하기 전 과속감지기에 의해 직접 작동되어야 한다. 추락방지안전장치 작동을 위해 전기, 유압 또는 공압 방식을 적용해서는 안 된다.

③ 회전 감지기 : 마찰에 의해 구동되는 과속감지기의 경우, 제어계통에는 카의 운행 중에 과속감지기의 회전을 감시하는 회로가 포함되어야 한다. 회전이 멈추면 전동기와 브레이크 전원공급은 10초 이내에 차단되어야 한다. 운행의 지속은 방향지시 버튼의 해지와 재-작동에 의해 이루어질 수 있다.

3) 구동기와 구동방식

① 일반사항

㉠ 모든 유형의 구동방식은 양방향 운행이 제어되어야 하며, 카의 의도하지 않는 움직임이 가능하지 않아야 한다.

㉡ 기어식 구동기 및 착상장치의 설계 시 안전율은 카의 정격하중에 +25%만큼 가해지는 정하중을 기초로 해야 한다. 기어식 구동기는 설계수명 동안 발생하는 마모와 피로를 충분히 고려하여 안전율을 유지할 수 있도록 설계되어야 한다.

② 브레이크

㉠ 일반사항 : 전자기계 브레이크는 최대 설계하중에서 카를 20mm 이내에 정지시키고 그 위치에서 유지할 수 있도록 설치되어야 한다. 브레이크는 기계적으로 작동하고

전기적으로 차단되어야 한다. 전원이 카의 전동기와 동시에 공급되지 않는 한 정상 작동상태에서 브레이크는 개방되지 않아야 한다.

㉡ 전자기계 브레이크 : 최종 구동부품이 자기 유지형이거나 구동방식이 5.4.1.5를 따르지 않는 한, 브레이크를 작동시키는 부품들은 로프 드럼, 스프로킷, 스크류, 너트 등과 같은 최종 구동 부품에 직접적이고 확실한 수단에 의해 연결되어야 한다. 브레이크 라이닝은 난연성, 자기 소화성 재료로 제작되어야 하며 연소되지 않아야 한다. 정상적인 마모가 라이닝의 체결을 약화시키지 않도록 고정되어야 한다.

③ 로프에 의한 구동방식의 추가 요건

㉠ 로프의 안전율은 12 이상이어야 한다.

㉡ 이 안전율은 로프의 최소 파단하중(N)과 이 로프에 가해지는 최대 힘(N)사이의 비율이다.

㉢ 로프의 공칭 직경은 6mm 이상이어야 한다.

㉣ 로프와 로프 체결부품 사이의 연결부분은 로프의 최소 파단하중의 80% 이상을 견뎌야 하며, 로프의 장력을 균등하게 하는 장치가 설치되어야 한다.

㉤ 로프 마찰 구동은 허용되지 않는다.

(2) 수직형 휠체어리프트

1) 도입

① 수직형 휠체어리프트는 기계적, 전기적 구조가 양호하며 사용재료는 명백한 결함이 없어야 하고, 적절한 강도 및 품질을 가져야 한다.

② **정격속도** : 수직형 휠체어리프트의 정격속도는 0.15m/s 이하여야 한다.

③ **정격하중** : 정격하중은 250kg 이상이어야 한다. 수직형 휠체어리프트는 카 바닥 면적에 대하여 250kg/m^2 이상으로 설계되어야 한다. 최대 허용하중은 500kg 이하여야 한다.

④ **과부하 감지** : 휠체어 이용자용 수직형 휠체어리프트에는 과부하 시에 정상적인 출발을 방지하는 장치가 설치되어야 한다. 다만, 유압 구동방식인 경우 과부하 상태에서의 재-착상은 허용된다. 과부하는 정격하중에 75kg 초과 시 감지되어야 하며, 과부하 시 다음을 만족해야 한다.

㉠ 카 이용자에게 시각과 청각 신호로 안내되어야 한다.

㉡ 승강장문은 잠금해제구간에서 잠금해제 상태가 유지되거나 해제될 수 있어야 한다.

⑤ 카 내부바닥 면적

㉠ 카의 유효면적은 카 내부 손잡이를 제외하고, 감지날, 포토셀 또는 광커튼을 포함하여 $2m^2$ 이하이어야 한다.

㉡ 일반인이 접근할 수 있는 건물은 보조자를 위한 충분한 공간을 제공할 수 있도록 카의 길이는 1,400mm 이상이 되어야 한다.

㉢ 카와 그 출입구 및 승강장 출입구의 유효 폭은 800mm 이상이어야 한다. 다만, 다음은 예외로 한다.

- 일반인이 접근할 수 있는 건축설비는 900mm 이상으로 한다.
- 입식 단독 사용 용도로 일반인이 접근할 수 없는 건축설비는 650mm 이상이어야 하며, 행정이 500mm 이하이면 더 줄이더라도 325mm 이상을 유지해야 한다.

⑥ **내구성** : 피로에 취약한 모든 하중 지지부품 및 이음부는 응력의 변동 정도와 하중 주기의 배수인 응력 주기를 고려하여 설계되어야 한다.

㉠ 50,000회 이상의 하중 주기 시험

㉡ 하중 주기 시험은 최악의 하중 주기 조건과 1회의 출발(정지상태에서 정격속도까지 가속), 5m 운행 및 1회의 정지(정격속도에서 감속 및 정지상태)로 구성함

2) 추락방지안전장치 및 과속조절기

① 추락방지안전장치

㉠ 일반사항

ⓐ 수직형 휠체어리프트에는 추락방지안전장치가 설치되어야 한다. 추락방지안전장치는 최대 정하중을 적재한 카를 정지시키고, 정지상태로 유지해야 한다. 다만, 다음과 같은 2가지 경우는 제외한다.

- 잭으로 구동하는 직접 유압식 수직형 휠체어리프트
- 자기 유지형 스크류-너트 구동방식 수직형 휠체어리프트

ⓑ 추락방지안전장치는 카에 설치되어야 한다.

ⓒ 추락방지안전장치가 작동될 때 카의 수평 기울기 변화는 5°를 초과하지 않아야 한다.

㉡ 추락방지안전장치의 작동 : 추락방지안전장치는 카의 정격속도에서 0.3m/s를 초과하기 전에 과속조절기에 의해 기계적으로 작동되어야 한다. 다만, 매다는 장치의 이완 또는 파단이나 독립된 안전로프에 의해 추락방지안전장치가 작동하는 간접식 유압 구동방식은 제외할 수 있다.

㉢ 추락방지안전장치의 복귀 : 작동된 추락방지안전장치는 카를 상승시키는 경우에만 복귀 가능해야 하며, 복귀 후 다음 작동에 대비하여 그 기능은 완전하게 유지되어야 한다. 추락방지안전장치의 복귀는 반드시 업무수행자를 통해 이뤄져야 한다.

② 과속조절기

㉠ 일반사항 : 과속조절기에 의해 생성되는 과속조절기 로프의 인장력은 다음 중 큰 값 이상이어야 한다.

ⓐ 추락방지안전장치가 작동하는데 필요한 값의 2배

ⓑ 300N

㉡ 과속조절기 로프, 안전로프 : 로프의 최소 파단하중은 안전율 8 이상이어야 한다.

ⓐ 권상식 과속조절기의 경우, 마찰계수(μmax)를 0.2로 고려하여 작동될 때 과속조절기 밧줄 또는 안전로프에 발생하는 인장력

ⓑ 추락 방지 안전장치 또는 안전로프의 죄임 장치를 작동시키는 데 필요한 힘

ⓒ 공칭 로프 직경은 6mm 이상이어야 한다. 과속조절기 도르래의 피치 직경과 로프 공칭직경 사이의 비는 30배 이상이어야 한다.

3) 구동기와 구동방식

① 유압 구동방식 이외 모든 구동방식는 상 · 하 주행을 동력으로 구동되어야 한다.

② 브레이크

㉠ 정격하중의 125% 과부하 상태인 차를 부드럽게 정지시키고 정지상태로 유지해야 하며, 최대 정하중 상태인 차를 정지상태로 유지할 수 있는 전 자기께 브레이크가 설치되어야 한다.

㉡ 브레이크는 기계적으로 작동하고 전기적으로 차단되어야 한다.

㉢ 전원이 나의 전동기와 동시에 공급되지 않는 한 정상상태에서 브레이크는 개방되지 않아야 한다.

③ 전자기계 브레이크

㉠ 일반사항 : 브레이크 라이닝은 난연성의 자기 소화성 재료로 제작되어야 하며, 정상적인 마모가 라이닝의 체결을 약화하지 않도록 고정되어야 한다. 전동기의 전원이 차단되었을 때, 지락 또는 잔류 자기가 브레이크의 작동을 지연 또는 방해해서는 안 된다.

㉡ 드럼 또는 디스크 제동 작용에 관여하는 브레이크의 모든 기계적 부품은 2세트로 설치되어야 한다.

12 기계식 주차장치

– 입체주차설비의 종류별 특징

① 수직 순환식 주차장치 : 수직으로 배열된 다수의 운반기가 순환 이동하는 구조의 주차장치이다. 종류는 하부, 중간, 상부 승입식이 있다.

② 수평 순환식 주차장치 : 다수의 운반기를 2열 또는 그 이상으로 배열하여 수평으로 순환 이동시키는 구조의 주차장치이다. 운반기의 이동 형태에 따라 원형 순환식, 각형 순환식 등으로 세분할 수 있다.

③ 다층 순환식 주차장치 : 다수의 운반기를 2층 또는 그 이상으로 배치하여 위・아래 또는 수평으로 순환 이동시키는 구조의 주차장치이다. 운반기의 이동 형태에 따라 원형 순환식, 각형 순환식 등으로 세분할 수 있다.

④ 2단식 주차장치 : 주차 구획이 2단으로 배치되어 있고 출입구가 있는 층의 모든 부분을 주차장치 출입구로 사용할 수 있는 구조의 주차장치이다. 승강식, 승강 횡행식 등으로 세분할 수 있다.

⑤ 다단식 주차장치 : 주차 구획이 3단 이상으로 배치되어 있고 출입구가 있는 층의 모든 부분을 주차장치 출입구로 사용할 수 있는 구조의 주차장치이다.

⑥ 승강기(엘리베이터)식 주차장치 : 여러 층으로 배치되어 있는 고정된 주차 구획에 자동차용 승강기를 운반기로 조합한 주차장치이다. 주차 구획의 배치 위치에 따라 종식, 횡식 등으로 세분하기도 한다.

⑦ 승강기 슬라이드식 주차장치 : 승강기식 주차장치와 같은 형식이지만, 승강기(운반기)가 승강 및 수평이동을 동시에 할 수 있는 구조로 되어 있다.

⑧ 평면 왕복식 주차장치 : 평면으로 배치되어 있는 고정된 주차 구획에 운반기가 왕복 이동하여 주차하도록 한 주차장치이다.

⑨ 특수 형식 주차장치 : ①~⑧ 이외의 형식으로 설계한 주차장치이다.

13 유희시설

오락을 목적으로 기타 여러 가지 형태의 운동을 하여 이용자에게 제공하는 시설

– 유희시설의 분류

① 고가의 유희시설

㉠ 모노레일 : 높이가 2m 이상으로 고저차가 2m 미만의 궤도를 주행하는 것

㉡ 어린이 기차 : 높이가 2m 이하로 고저차가 2m 미만의 궤도를 주행하는 것(지표면을 주행하는 것은 대상에서 제외)

㉢ 매트 마우스 : 높이가 2m 이상의 궤도를 주행하는 것

㉣ 워터슈트 : 궤도가 없으며, 고저차가 2m 이상의 궤도를 주행하는 것

㉤ 코스터 : 고저차가 2m 이상의 궤도를 주행하는 것

② 회전운동을 하는 유희시설

㉠ 회전그네 : 팔목 끝에 1인승 의자형의 탑승물이 로프에 의해 매달려 수직축의 주위를 회전하도록 한 것

㉡ 비행탑 : 곤도라 형상으로 주 로프 등에 의해 매달려 수직축의 주위를 회전하는 구조

㉢ 회전목마(메리고라운드) : 탑승물이 수직축의 주위를 회전하도록 한 것

㉣ 관람차 : 객석 부분이 수평축의 주위를 회전하는 것

㉤ 문로켓 : 객석 부분이 고정된 경사축의 주위를 회전하는 것

㉥ 로터 : 원주속도가 크고 객석 부분에 작용하는 원심력이 크다는 것이 특징이며, 객석 부분이 가변축의 주위를 회전하는 것

㉦ 옥토퍼스 : 객석 부분이 가변축의 주위를 회전하는 것

㉧ 해적선 : 회전운동의 일부를 반복하는 구조로, 객석 부분이 수직평면 내 원주선상의 중심보다 낮은 부분

Chapter 2 승강기 설계

01 승강기 설계의 기본

01 설비계획에 따른 수송능력산출 및 계획

1. 엘리베이터의 용량산출

(1) 정원

① 정원(카에 탑승할 수 있는 승객의 최대 인원수를 말한다)은 다음 중 작은 값에서 얻어야 한다. 주택용 엘리베이터의 경우 ㉠에 따라 얻는다.

㉠ 다음식에서 계산된 값을 가장 가까운 정수로 버림 한 값

$$정원 = \frac{정격하중}{75}$$

(2) 카의 유효 면적, 정격하중 및 정원

① 일반사항

㉠ 카의 유효면적은 과부하를 방지하기 위해 제한되어야 한다. 다음 표는정격하중과 최대 유효 면적 사이의 관계를 나타낸다.

[정격하중 및 최대 카 유효면적]

정격하중, 무게(kg)	최대 카 유효면적(m^2)	정격하중, 무게(kg)	최대 카 유효면적(m^2)
100[가)]	0.37	900	2.20
180[나)]	0.58	975	2.35
225	0.70	1,000	2.40
300	0.90	1,050	2.50
375	1.10	1,125	2.65
400	1.17	1,200	2.80
450	1.30	1,250	2.90
525	1.45	1,275	2.95

600	1.60	1,350	3.10
630	1.66	1,425	3.25
675	1.75	1,500	3.40
750	1.90	1,600	3.56
800	2.00	2,000	4.20
825	2.05	2,500[다)]	5.00

비고
1. 정격하중 100[가)] kg은 1인승 엘리베이터의 최소 무게
2. 정격하중 180[나)] kg은 2인승 엘리베이터의 최소 무게
3. 정격하중이 2,500[다)] kg을 초과한 경우 100kg 추가마다 0.16m^{2}의 면적을 더한다.
4. 수치 사이의 중간하중에 대한 면적은 보간법으로 계산한다.

카의 과부하를 방지하기 위해 정격하중과 최대 카 유효면적 사이의 관계에 따라 제한되어야 한다. 또한, 16.1.2에 따른 장치에 의해 카의 과부하가 감지되어야 한다. 다만, 자동차용 엘리베이터 및 주택용 엘리베이터는 다음과 같아야 한다.

- 자동차용 엘리베이터의 경우 카의 유효면적은 1m^{2}당 150kg으로 계산한 값 이상이어야 한다.
- 주택용 엘리베이터의 경우 카의 유효면적은 1.4m^2 이하이어야 하고, 다음과 같이 계산되어야 한다.
  - 유효면적이 1.1m^2 이하인 것 : 1m^{2}당 195kg으로 계산한 수치, 최소 159kg
  - 유효면적이 1.1m^2 초과인 것 : 1m^{2}당 305kg으로 계산한 수치

ⓛ 화물용 엘리베이터(자동차용 엘리베이터는 제외)의 경우 카 유효면적은 수치보다 클 수 있으나, 해당 정격하중은 다음 표에 따른 수치를 초과할 수 없다.

[화물용 엘리베이터의 정격하중 및 최대 카 유효면적]

정격하중, 무게(kg)	최대 카 유효면적(m^2)	정격하중, 무게(kg)	최대 카 유효면적(m^2)
400	1.68	975	3.52
450	1.84	1,000	3.60
525	2.08	1,050	3.72
600	2.32	1,125	3.90
630	2.42	1,200	4.08
675	2.56	1,250	4.20

750	2.80	1,275	4.26
800	2.96	1,350	4.44
825	3.04	1,425	4.62
900	3.28	1,500	4.80
–	–	1,600[가)]	5.04

비고

1. 정격하중이 1,600[가)]kg을 초과한 경우 100kg 추가마다 0.4m^2의 면적을 더한다.
2. 수치 사이의 중간 하중에 대한 면적은 보간법으로 계산한다.
3. 계산 예시

   정격하중이 6,000kg이고, 카의 깊이가 5.6m이고, 폭이 3.4m. 즉 카 면적이 19.04m^2인 유압식 화물용 엘리베이터

   i) 1,600kg=5.04m^2

   ii) 비고 1에 따라 6,000kg−1,600kg=4,400kg÷100kg=44×0.40m^2=17.60m^2

   iii) 최대 카 유효면적=5.04m^2+17.60m^2=22.64m^2

   → 따라서, 설계된 카 면적 19.04m^2은 최대 카 유효면적(22.64m^2)보다 작으므로 6,000kg을 운송하는 데 적합하다.

2. 엘리베이터 설비계획

(1) 설비계획상 고려사항

① 교통수요에 적합하고, 시발층을 어느 하나의 층으로 할 것

② 이용자 대기시간을 고려할 것

③ 여러 대 설치할 경우 건물 가운데로 배치할 것

(2) 설치대수 및 기종산정

① **교통수요** : 교통수요는 빌딩의 규모(오피스 빌딩의 경우 사무실 유효면적, 공동주택은 거주인구, 백화점은 매장면적, 호텔은 침실 수)로 단위시간의 승객의 집중율로 산정한다.

$$\text{집중률} = \frac{\text{전체 사람 수}}{\text{단위시간}}$$

② **양적인 면** : 교통수요를 과부족 없이 수송 가능한 능력의 대수

일주시간(RTT One Round Trip Time) : 카가 출발층에 되돌아온 시점으로부터 출발층에서 승객을 싣고 올라갔다가 다시 출발층에 되돌아올 때까지의 시간

$$1\text{대당 5분간 수송능력}(P') = \frac{5 \times 60 \times r}{RTT}$$

r : 승객 수(예 출근시 카 정원×0.8)

따라서 양적으로는 엘리베이터의 대수 N은 양적으로는

$$\text{엘리베이터의 대수}(N) = \frac{Q}{P'}$$

Q : 5분간의 전교통수요　　P' : 1대당 5분간 수송능력)

③ 질적인 면 : 이용자의 대기시간을 지체없이 서비스할 수 있는 평균 운전 간격

$$\text{평균 운전 간격} = \frac{RTT}{N}$$

엘리베이터의 대수[N] 대수가 많고, 군 관리운전방식으로 하면 평균운전간격이 작아져 질적으로 서비스가 향상된다.

(3) 엘리베이터의 교통량 계산

1) 교통량 계산의 정의

엘리베이터 설비 능력의 적합 여부를 판정하기 위하여 교통수요의 피크치를 추정, 엘리베이터의 수송능력과 비교하는 것이다. 교통수요의 피크를 이루는 시간 동안 엘리베이터 교통의 형태, 방향 그리고 집중율이 그 건물에 대한 엘리베이터 서비스를 결정하여준다. 예를 들어, 오피스 빌딩은 아침 출근시간, 아파트는 저녁시간이 피크가 된다.

2) 엘리베이터의 교통량 계산 방법의 종류 및 기초자료

① 교통량 계산 방법의 종류

㉠ 예상 정지 층 수에 따른 의한 계산(설비계획 초기에 유효한 분석 수단)

㉡ 시뮬레이션 (Simulation)에의 한 계산(컴퓨터를 이용하여 실제의 조건으로 가상 재현해 보는 분석 방법)

② 교통량 계산에 필요한 기초자료

㉠ 필요 데이터

– 빌딩의 성질 및 용도

- 층별 용도 및 층고
- 출발층

㉡ 필요에 따라 제시를 요하는 데이터

- 엘리베이터 대수
- 정격속도 및 정격용량
- 서비스 층 및 뱅크구분

1. 오피스 빌딩
   ① 출근 시 교통수요에 대한 수송능력 : 관청, 임대사무실 평균 운전 간격 30초 이하
   ② 중식 시 교통 수요에 대한 수송능력 : 12시~13시에 교통량이 많음
   ③ 호텔 : 평균 운전 간격(40초 이하)
   ④ 아파트 : 평균 운전 간격(60~90초)
2. 엘리베이터 설치대수 및 기종선정
   ① 1대당 5분간 수송능력 $P' = \frac{5\times 60\times r}{RTT}$ (r : 승객 수 80%, RTT : 일주시간)
   ② 일주시간 $RTT=\sum$(주행시간+도어개폐시간+승객출입시간+손실시간)
   ③ 예상정지수 $f=n\left\{1-\left(\frac{n-1}{n}\right)^r\right\}$ (n : 정지층 수, 1~2층 제외, r : 승객수 정원×80[%])

예제 지상 10층, 정원 15인승의 승객용 엘리베이터가 다음과 같은 조건으로 운행할 때 물음에 답하시오

[조건]

1. 용도 : 일사전용사무실	2. 도어개폐시간 : 2.7/층
3. 승객출입시간 : 2.5초/인	4. 주행시간 : 37초
5. 탑승률 : 80%	

1. 전 예상정지 수 $f=f_L+f_E=6.39+1=7.39$
   ※ 로컬 구간 내 예상정지 수 $f_L=n\left\{1-\left(\frac{n-1}{n}\right)^r\right\}=8\left\{1-\left(\frac{7}{8}\right)^{12}\right\}=6.39$
   (n : 정지층 수, 1~2층 제외, r : 승객수, 15×0.8=12인)
2. 일주시간 $RTT=\sum$(주행시간+도어개폐시간+승객출입시간+손실시간)
   $=37+19.95+30+4.99=91.94$초
   ① 주행시간 $T_r=37$[초]
   ② 도어 개폐시간 $T_d=t_d\times f=2.7\times 7.39=19.95$[초]
   ③ 승객출입시간 $T_p=t_p\times r=2.5\times 12=30$[초]
   ④ 손실시간 $T_e=0.1\times(T_d+T_p)=0.1\times(19.95+30)=4.99$[초]

(4) 엘리베이터의 배치계획

① **엘리베이터의 위치선정** : 엘리베이터와 에스컬레이터는 승객이 접근하기 쉬운 곳에 위치해야 하며, 가능하면 건물 중앙에 위치하는 것이 좋다.

② **엘리베이터의 집단화(군관리)** : 한 건물 내에 여러 곳에 따로 놓여 있는 개별 승객용 엘리베이터는 상당한 단점을 가지고 있어 모든 승객용 엘리베이터는 집단화하여 군관리 한다.

③ **서비스하는 층** : 엘리베이터의 운전 효율을 높이기 위해 같은 층들을 서비스하도록 한다.

④ **통과층** : 엘리베이터의 정지 횟수를 줄여 작동효율을 향상시킨다.

⑤ **배열** : 그룹화된 엘리베이터를 배치하고, 카 간의 보행거리를 최소화하도록 배열한다.

㉠ 2대 집단화 ㉡ 3대 집단화

㉢ 4대 집단화 ㉣ 6대 집단화

㉤ 8대 집단화

엘리베이터의 바람직한 배치예	나쁜 배치예
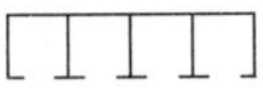 1뱅크 4대 이하의 직선배치	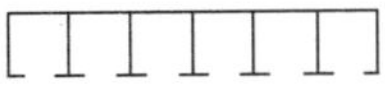 1뱅크 5대 이상의 직선배치 보행거리가 길고 불편하다.
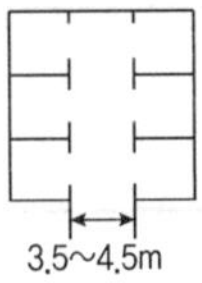 3.5~4.5m 1뱅크 4~6대의 알콥배치 대면거리는 3.5~4.5m로 한다.	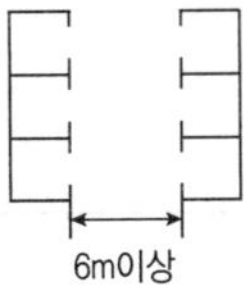 6m이상 대면거리가 6m 이상의 알콥배치, 대면배치
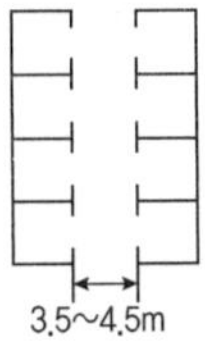 3.5~4.5m 1뱅크 4~8대의 대면배치 대면거리는 3.5~4.5m로 하고, 홀을 빠져나가는 교통이 거의 일어나지 않는 동선을 계획한다.	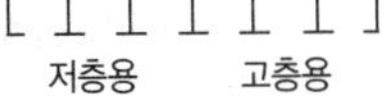 저층용 고층용 뱅크의 분기점이 분명하지 않으므로 승차가 불편하다.
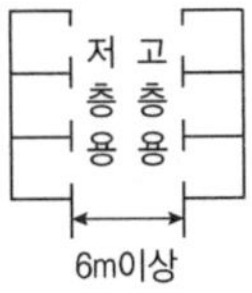 저층용 고층용 6m이상 2뱅크의 경우는 각 뱅크의 간격을 충분히 잡는다.	

[엘리베이터 배치의 예]

02 엘리베이터 구조

1. 카틀의 구조

상부체대, 하부체대, 카주, 가이드 슈, 브레이스로드

(1) 상부 체대의 강도계산 : 하중은 양단지지의 중앙의 집중하중으로 작용

① 1 : 1 로핑 및 현수 도르래 1개의 2 : 1 로핑의 경우

㉠ 최대굽힘모멘트

$$M_{max} = \frac{W_T \cdot L}{4}[\text{kgf} \cdot \text{cm}] = \frac{1}{4}(W + Wc) \cdot L[\text{kgf} \cdot \text{cm}]$$

여기서, W_T : 카 측 총중량[kgf]

W : 정격하중[kgf]

Wc : 카자중[kgf]

L : 상부체대의 전 길이[cm]

㉡ 최대처짐

$$\delta_{max} = \frac{W_T \cdot L^3}{48EI}[\text{cm}]$$

여기서, W_T : 카 측 총중량[kgf]

L : 상부체대의 전 길이[cm]

E : 재료의 영률계수[kgf/cm^2]

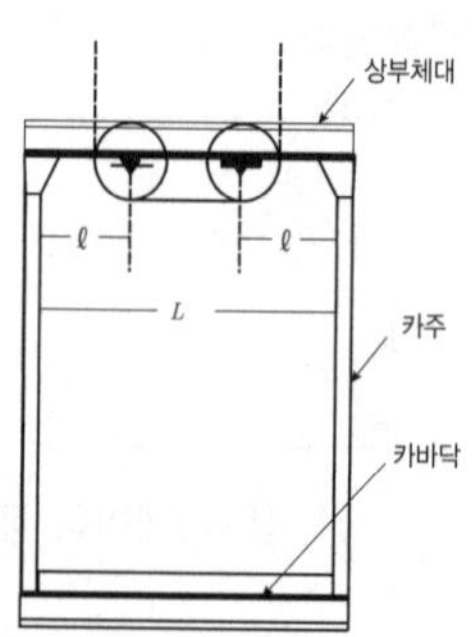

② 현수도르래 2개의 경우 : 2 : 1 로핑

$$최대굽힘모멘트\ M_{max} = \frac{(W + W_C) \cdot l}{2} [kgf \cdot cm]$$

여기서, l : 상부체대 끝단에서 현수도르래 중심까지의 거리[cm]
W : 정격하중[kgf] W_C : 카 자중[kgf]

③ 하부로핑 방식의 경우

$$최대굽힘모멘트\ M_{max} = \frac{(W + W_C) \cdot l}{2} [kgf \cdot cm]$$

여기서, l : 상부체대 끝단에서 현수도르래 중심까지의 거리[cm]
W : 정격하중[kgf] W_C : 카 자중[kgf]

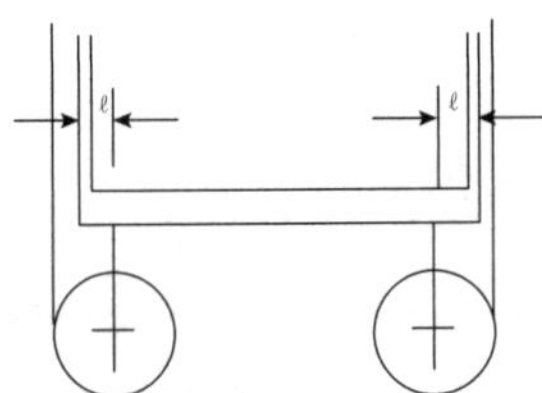

(2) 하부체대의 강도계산 : 하부체대에 걸리는 하중 분포하중

㉠ 최대굽힘모멘트 $M_{max} = \frac{5}{64}(W + W_c) \cdot L[kgf \cdot cm]$

여기서, W_T : 카 측 총중량$(W + W_c)$ W : 적재하중[kgf]
W_c : 카 전자중[kgf] L : 상부체대의 전길이(스팬)[cm]
E : 재료의 영률계수[kg/cm^2] I : 단면 2차모멘트[cm^4]

브레이스로드 하중 분담을 고려하여, 안전측면에서 하중분담을 무시할 경우

∴ 최대굽힘모멘트 $M_{max} = \frac{1}{8}(W + W_c) \cdot l[kgf \cdot cm]$

여기서, W_T : 카 측 총중량$(W + W_c)$ W : 적재하중[kgf]
W_c : 카 전자중[kgf]
l : 상부체대 끝단에서 현수도르래 중심까지의 거리[cm]

예제 다음 조건에서 최대굽힘모멘트, 응력, 안전율을 구하시오(소수점 셋째자리에서 반올림 할 것).

[조건]	
① 적재하중 : 1,200[kgf]	② 카 자중 : 1,500[kgf]
③ 재료의 파단하중 : 4,100[kgf]	④ 로핑방법 : 1 : 1 로핑
⑤ 하부체대 [150×75×6.5t, $SS-41A$] 2본	⑥ 한 쪽의 단면계수 : 115[mm^2]
⑦ 스팬길이 : 160[mm]	

1) 최대굽힘모멘트[kgf · cm]

$$M_{\max}=\frac{1}{8}W_T\cdot l=\frac{1}{8}(1,200+1,500)\times 160=54,000[\text{kgf}\cdot\text{cm}]$$

2) 응력[kg/cm^2]

$$\sigma=\frac{M_{\max}}{Z}=\frac{54,000}{115\times 2}=234.78[\text{kgf/cm}^2]$$

3) 안전율[S]

$$S=\frac{\text{파단하중}}{\text{응력}}=\frac{f}{\sigma}=\frac{4,100}{234.78}\fallingdotseq 17.46$$

(3) 브레이스 로드의 강도계산

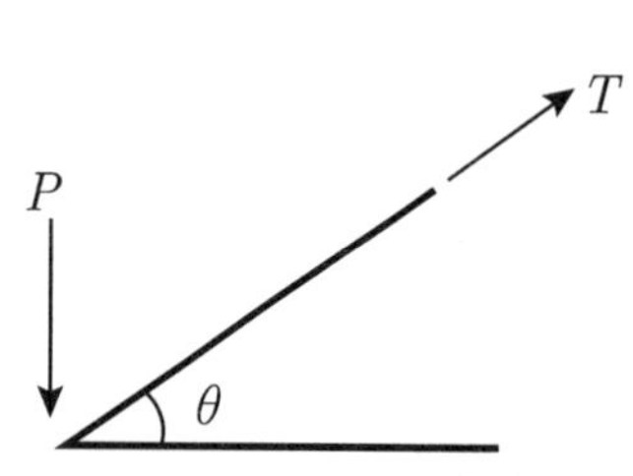

$$\sigma=\frac{T}{A_0}=\frac{P}{\sin\theta\cdot A_0}$$

T : 브레이스 로드의 장력$\left(T=\dfrac{P}{\sin\theta}[\text{kgf}]\right)$

P : 작용하중$\left(\dfrac{W}{4}\right)$

W : 카 실중량+카 바닥중량+적재하중[kgf]

A_0 : 브레이스 로드의 단면적

θ : 브레이스 로드의 경사각도

참/고

[기계실의 발열량 및 환기량]

① 유압기기의 발열량(Q_1)$=860\times P\times T\times N/3,600$[kcal/h]

② 필요환기량 $G=\dfrac{Q}{C_p(t_2-t_1)}$[m^3/h]

P : 사용전동기 출력[kW]

T : 1행정당 전동기 구동시간[sec]

N : 1시간당 왕복횟수[회]

t_2 : 기계실 온도[℃]

t_1 : 외기온도[℃]

C_p : 공기비열(0.29)

2. 권상기 형식

(1) 기어드 방식

(2) 기어레스 방식

① 웜기어/헬리컬기어의 비교

구 분	헬리컬기어	웜기어
효 율	높다	낮다
소 음	크다	작다
역구동	쉽다	어렵다
용 도	고속용 엘리베이터	중·저속용 엘리베이터

3. 로프의 장력과 권부각

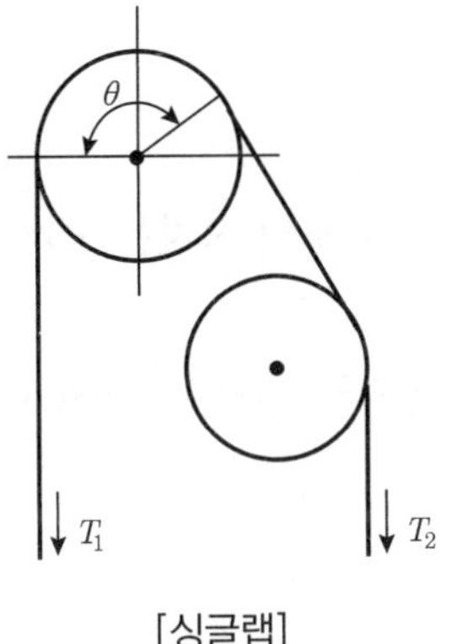

[싱글랩]

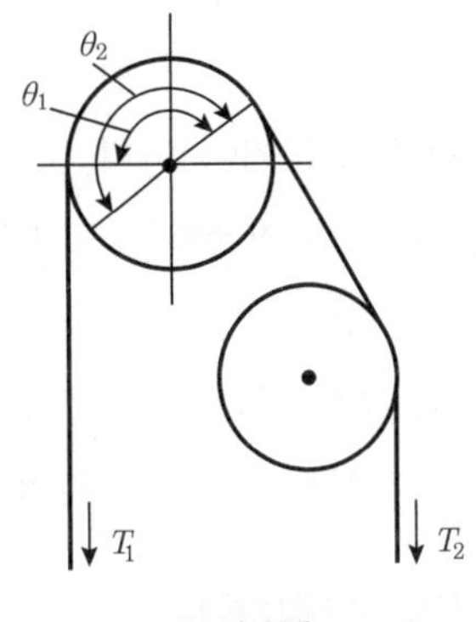

[더블랩]

(1) 장력

① T_1 : 카 측 중량

② T_2 : 균형추 측 중량

(2) 권부각

① 싱글랩 : θ

② 더블랩 : $\theta_1 + \theta_2$

(3) 견인비 $= \frac{T_1}{T_2} > 1$ (T_1 : 카측 중량, T_2 : 균형추측 중량)

■ **참/고**

[견인비(Traction ratio)]
시브에 걸리는 카 측의 중량과 균형추 측의 중량의 중량비
① 중량 중 큰 값을 분자로 하며, 무부하와 전부하 상태 모두 계산(트랙션비는 1 이상)
② 트랙션비가 작을수록 전동기의 소요출력이 작기 때문에 가장 악조건인 상태에서 트랙션비가 최소가 되도록 오버밸런스율을 설정한다.
③ 트랙션비를 최소화하기 위해 불균형요인을 보상하기도 한다. 불균형 요인은 주로 로프 무게의 이동으로, 이를 보상하기 위해 보상(Compensation)체인 또는 보상로프를 사용
④ 트랙션비가 작으면 시브의 견인능력이 작아도 되고, 전동기 출력도 작게 할 수 있다.

4. 전동기

(1) 구비조건

① 기동빈도가 매우 높아(시간당 평균 180~300회 운행) 발열이 적어야 한다.

② 기동전류가 작아야 한다.

③ 기동토크가 커야 한다.

④ 정격속도를 만족하는 회전특성을 갖추기 위해 회전속도의 오차는 +5%~−10% 범위 이내여야 한다.

⑤ 충분한 제동력을 갖기 위해 전동기의 최소필요회전력은 +100%~−70% 이상이어야 한다.

⑥ 회전 부분의 관성모멘트가 작아야 한다.

(2) 전동기의 용량(P)

$$P = \frac{LVS}{102\eta} = \frac{LV(1-OB)}{102\eta}\,(\mathrm{kW})$$

여기서, L : 정격하중(kg)　　V : 정격속도(m/s)
OB : 오버밸런스율(%)　　S : 균형추 불평형률
η : 종합효율

■ **참/고**

[오버밸런스율(OB)]
균형추의 총중량은 빈 카의 자중에 사용 용도에 따라 정격하중의 35~55%의 중량을 적용한다.

(3) 엘리베이터 속도(권상기 도르래)

$$엘리베이터\ 정격속도(V) = \frac{\pi DN}{1{,}000} i[m/min] = \frac{\pi DN}{1{,}000 \times 60} i[m/s]$$

여기서, D : 권상기 도르래의 지름(mm)
N : 전동기의 회전수(rpm)
i : 감속비

(4) 전동기 특성

슬립(Slip) 및 전부하 회전수 : 전동기가 실제로 운전되는 경우 그 회전속도는 동기속도보다 약간 느려짐에 따른 회전수의 차이 백분율을 말한다.

① 슬립(Slip) : $S = \frac{N_S - N}{N_S} \times 100(\%) = \frac{동기속도 - 전부하회전수}{동기속도} \times 100[\%]$

② 전부하 회전수

$$N = N_S \times (1 - S) = \frac{120 \cdot f}{P} \times (1 - S)$$

여기서, N_S : 동기속도[rpm]
N : 전부하 회전수[rpm]
P : 극수
S : 슬립
f : 주파수[Hz]

③ 역율 : 교류에 있어서 전압과 전류의 파장, 격차의 정도를 말한다. 역율이 나쁘면 회로에 무효전류가 증가하여 전류를 증가시킨다.

$$역율 = \frac{입력(kW) \times 10^3}{\sqrt{3} \times 전압(V) \times 전류(A)} \times 100[\%]$$

④ 관성효과(GD^2)

G : 중량, D : 지름

일정한 힘으로 기동했을 때에 빨리 기동하는가, 좀처럼 기동하지 않는가의 정도를 말하며, 관성의 크기로 표시한다.

5. 가이드레일

(1) 규격

구 분	8K	13K	18K	24K	30K	50K
A	56	62	89	89	108	146.5
B	78	89	114	127	140	127
C	10	16	16	16	19	65
D	26	32	38	50	50.3	32

(2) 가이드레일의 크기를 결정하는 요소

- 추락방지(비상정지)안전장치 작동 시의 좌굴하중
- 지진 발생 시의 수평진동력
- 불균형한 큰 하중 적재 시의 회전모멘트

추락방지(비상정지)안전장치가 작동하였을 때 충격량을 충분히 견딜 수 있는 정도의 레일 강도가 필요하며, 규격을 결정하는 3가지 사항을 만족하여야 한다.

① 좌굴하중(bucking load) : 비상정지 장치가 작동했을 때 긴 기둥 형태인 레일에 좌굴하중이 걸리기 때문에 좌굴하중을 충분히 만족 하여야 한다. 즉시 작동형이 점차 작동식보다, 또 레일 브라킷 간격이 넓은 쪽이 좌굴을 일으키기 쉽다

② 수평진동 : 지진 시 빌딩이 수평진동을 하면서 발생 되는 카나 균형추의 흔들림에도 가이드레일이 휘어져 카 또는 균형추가 가이드레일을 벗어나는 일이 없도록 해야 한다.

③ 회전모멘트 : 큰 하중을 적재할 경우나 그 하중을 이동할 경우에 카에 회전모멘트가 발생하는데 이때 가이드레일이 충분히 지탱하여야 한다.

(3) 레일의 설계

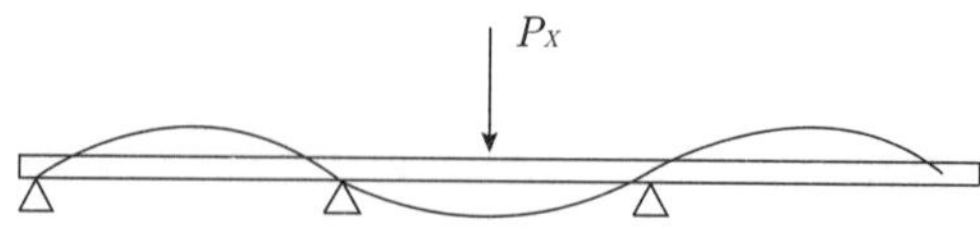

① 카용 가이드레일의 계산

- 응력 $\sigma = \frac{7}{40} \times \frac{P_X \cdot l}{Z}$ [kg/cm^2]

• 휨 $\delta = \frac{11}{960} \times \frac{P_X \cdot l^3}{EI_X}$[cm]

② 균형추용 가이드레일의 계산

• 응력 $\sigma = \frac{7}{40} \times \frac{\beta \cdot P_X \cdot l}{Z}$[kg/cm²]

• 휨 $\delta = \frac{11}{960} \times \frac{\beta \cdot P_X \cdot l^3}{EI_X}$[cm]

여기서, P_X : 레일에 걸리는 수평하중[kgf]

l : 레일브래킷의 간격[cm]

Z : 가이드레일의 단면계수[cm³]

E : 가이드레일의 영률(2.1×10^6[kgf/cm²])

I_X : 가이드레일의 단면2차모멘트[cm⁴]

β : 균형추용 하중저감률(타이브래킷 또는 중간스토퍼에 의한 저감률)

③ 주행안내(가이드)레일의 부재 계산

• 응력(σ)≤허용응력(kgf/cm²)

• 휨(σ)≤0.5[cm]

• 앵커볼트의 인발하중≤$\frac{\text{앵커볼트의 인발내력}}{4}$[kgf]

• 앵커볼트의 전단응력≤전단허용능력[kgf/cm²]

④ **중간스토퍼** : 상하의 가이드 슈 중간에 설치하여 지진에 의거 레일이나 균형추의 힘의 일부 부담(하중저감률 : 0.7)

⑤ **보강재(패킹)** : 승강로 구조상으로 인해 레일 브래킷의 고정위치가 한계를 초과할 경우 강재를 붙여 보강한다.

⑥ **가이드 슈** : 카 또는 균형추를 지지해주는 역할을 하며, 상하좌우 4개소에 부착되어 레일을 따라 움직인다.

참/고

[승강로 치수]

① 꼭대기틈새 : 카를 최상층에 정지시켜 놓은 상태에서 카의 상부체대와 승강로 천장부와의 수직거리

② 오버헤드 : 승강로 최상층의 승강장 바닥부터 기계실 지지보 또는 바닥 아랫면까지의 수직거리

③ 주행여유 : 카가 최상층에 정지 시 균형추와 완충기와의 거리 및 최하층에 정지 시 카와 완충기 사이의 거리(감속주행거리에 균형추 쪽 주행여유거리를 더한 수치)

6. 와이어 로프

(1) 종류 : 실형, 필러형, 와링톤형

(2) 와이어로프 소선의 강도에 의한 분류

① E종 : 파단강도 135kg/mm^2

② G종 : 파단강도 150kg/mm^2

③ A종 : 파단강도 165kg/mm^2

④ B종 : 파단강도 180kg/mm^2

(3) 로프의 설계

① 탄성에 의한 연신율

$$\delta = \frac{P \cdot H}{N \cdot A \cdot E}$$

여기서, P : 로프에 걸리는 하중(kgf)
H : 로프의 길이
N : 로프 본 수
E : 로프의 종탄성 계수(kgf/mm^2)
A : 로프의 단면적(mm^2)

② 로프의 안전율

$$S = \frac{K \cdot N \cdot P}{W + W_c + W_r}$$

여기서, K : 로핑 계수
N : 로프 본 수
P : 로프 1본당 절단하중
W : 정격하중
W_c : 카자중
W_r : 로프자중(균형로프를 사용하는 경우 균형도르래의 $\frac{1}{2}$을 더함)

7. 완충기 설계

(1) 에너지 축적형 완충기(스프링식)

① 선형 특성 : 행정 $S=0.135V^2$[m] (속도 V= m/s, 최소행정은 65mm 이상)

② 비선형 특성 : (카 자중+정격하중)×(2.5배~4배)

(2) 에너지 분산형 완충기 : 유압 완충기

<table>
<tr>
<td>
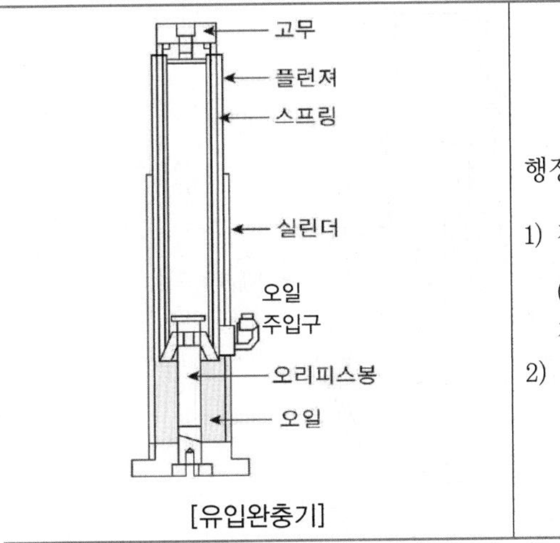

[유입완충기]
</td>
<td>
행정(Stroke)
1) 검사기준 개정 전 $S=\frac{V_0^2}{53.35}$ [mm]
(V_0 : 정격속도 or 종단층 강제감속장치를 병용한 경우의 설정충돌속도[m/min])
2) 검사기준 개정 후 $S=0.0674\,V^2$[m] (속도 V cm/s)
</td>
</tr>
</table>

8. 피트의 충격하중

$$P=2W\left(\frac{V^2}{2gs}+1\right)$$

여기서, V : 과속조절기(조속기) 트립속도(m/s)

W : 카 또는 균형추 총중량(kg)

g : 중력가속도(9.8m/sec^2)

s : 완충기 행정(m)

9. 균형추

카측 무게를 일정비율로 보상하기 위하여 카측과 반대편에 설치하는 장치를 균형추라 한다.

$$\text{균형추의 중량} = \text{카 자중} + \text{정격하중} \times OB$$

10. 균형체인과 균형로프

① 카의 위치변화에 따른 로프, 이동케이블 등의 무게를 보상(트랙션비 개선)하기 위해 사용한다.

② 중 · 저속용 엘리베이터에는 균형체인, 고속용 엘리베이터에는 균형로프를 사용한다.

11. 브레이크(제동기)

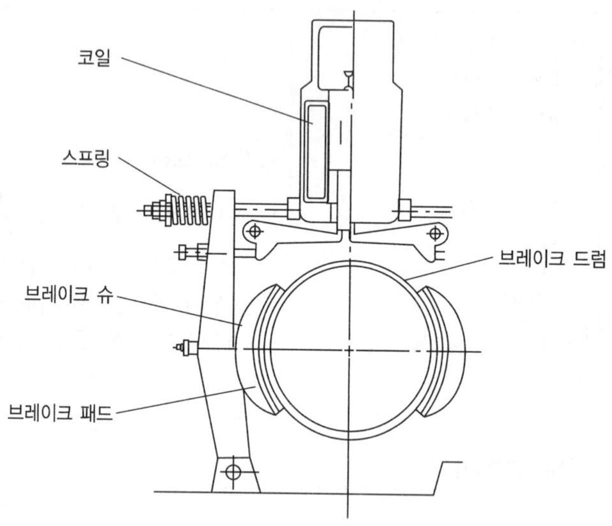

① 제동능력

㉠ 승용 엘리베이터 : 125% 부하

㉡ 화물용 엘리베이터 : 125% 부하

② 제동시간(t)

$$t = \frac{120S}{V}[\text{sec}]$$

여기서, s : 제동 후 이동거리[m]

V : 정격속도[m/min]

③ 제동토크

$$T_d = k\frac{720\text{HP}}{N} = k\frac{974\text{kW}}{N}[\text{kg}\cdot\text{m}]$$

여기서, k : 부하계수(교류전동기 1.5, 직류전동기 1.0)
N : 전동기 회전수(rpm)
HP : 전동기 마력수
kW : 전동기 출력

03 승강기의 설치 기준

1. 건축법

[제64조 승강기]

① 건축주는 6층 이상으로서 연면적이 2천 제곱미터 이상인 건축물(대통령령으로 정하는 건축물은 제외한다)을 건축하려면 승강기를 설치하여야 한다. 이 경우 승강기의 규모 및 구조는 국토교통부령으로 정한다.

② 높이 31m를 초과하는 건축물에는 대통령령으로 정하는 바에 따라 제1항에 따른 승강기뿐만 아니라 비상용승강기를 추가로 설치하여야 한다. 다만, 국토교통부령으로 정하는 건축물의 경우에는 그러하지 아니하다.

③ 고층건축물에는 제1항에 따라 건축물에 설치하는 승용승강기 중 1대 이상을 대통령령으로 정하는 바에 따라 피난용승강기로 설치하여야 한다.

2. 건축법 시행령

[제89조(승용승강기의 설치)]

법 제64조제1항 전단에서 "대통령령으로 정하는 건축물"이란 층수가 6층인 건축물로서 각 층 거실의 바닥면적 300m^2 이내마다 1개소 이상의 직통계단을 설치한 건축물을 말한다.

[제90조(비상용승강기의 설치)]

① 법 제64조제2항에 따라 높이 31m를 넘는 건축물에는 다음 각호의 기준에 따른 대수 이상의 비상용승강기(비상용승강기의 승강장 및 승강로를 포함한다. 이하 이 조에서 같다)를 설치하여야 한다. 다만, 법 제64조제1항에 따라 설치되는 승강기를 비상용승강기의 구조로 하는 경우에는 그러하지 아니하다.

1. 높이 31m를 넘는 각 층의 바닥면적 중 최대 바닥면적이 1천500m^2 이하인 건축물: 1대 이상
2. 높이 31m를 넘는 각 층의 바닥면적 중 최대 바닥면적이 1천500m^2를 넘는 건축물: 1대에 1천500m^2를 넘는 3천 제곱미터 이내마다 1대씩 더한 대수 이상

② 제1항에 따라 2대 이상의 비상용승강기를 설치하는 경우에는 화재 발생 시 소화에 지장이 없도록 일정한 간격을 두고 설치하여야 한다.

③ 건축물에 설치하는 비상용승강기의 구조 등에 관하여 필요한 사항은 국토교통부령으로 정한다.

[제91조(피난용승강기의 설치)]

법 제64조제3항에 따른 피난용승강기(피난용승강기의 승강장 및 승강로를 포함한다. 이하 이 조에서 같다)는 다음 각호의 기준에 맞게 설치하여야 한다.

1. 승강장의 바닥면적은 승강기 1대당 6m^2 이상으로 할 것
2. 각 층으로부터 피난층까지 이르는 승강로를 단일구조로 연결하여 설치할 것
3. 예비전원으로 작동하는 조명설비를 설치할 것
4. 승강장의 출입구 부근의 잘 보이는 곳에 해당 승강기가 피난용승강기임을 알리는 표지를 설치할 것
5. 그 밖에 화재예방 및 피해경감을 위하여 국토교통부령으로 정하는 구조 및 설비 등의 기준에 맞을 것

3. 건축물의 설비 기준에 관한 규칙

[제5조(승용승강기의 설치기준)]

「건축법」(이하 "법"이라 한다) 제64조제1항에 따라 건축물에 설치하는 승용승강기의 설치기준은 별표 1의2와 같다. 다만, 승용승강기가 설치되어 있는 건축물에 1개 층을 증축하는 경우에는 승용승강기의 승강로를 연장하여 설치하지 아니할 수 있다.

[별표 1의2] 승용승강기의 설치기준

건축물의 용도 \ 6층 이상의 거실면적의 합계	3천m^2 이하	3천m^2 초과
가. 문화 및 집회시설(공연장·집회장 및 관람장만 해당) 나. 판매시설 다. 의료시설	2대	2대에 3천m^2를 초과하는 2천m^2 이내마다 1대를 더한 대수
가. 문화 및 집회시설(전시장 및 동·식물원만 해당) 나. 업무시설 다. 숙박시설 라. 위락시설	1대	1대에 3천m^2를 초과하는 2천m^2 이내마다 1대를 더한 대수
가. 공동주택 나. 교육연구시설 다. 노유자시설 라. 그 밖의 시설	1대	1대에 3천m^2를 초과하는 3천m^2 이내마다 1대를 더한 대수

[비고]

1. 위 표에 따라 승강기의 대수를 계산할 때 8인승 이상 15인승 이하의 승강기는 1대의 승강기로 보고, 16인승 이상의 승강기는 2대의 승강기로 본다.
2. 건축물의 용도가 복합된 경우 승용승강기의 설치기준은 다음 각 목의 구분에 따른다.
   가. 둘 이상의 건축물의 용도가 위 표에 따른 같은 호에 해당하는 경우 : 하나의 용도에 해당하는 건축물로 보아 6층 이상의 거실면적의 총합계를 기준으로 설치하여야 하는 승용승강기 대수를 산정한다.
   나. 둘 이상의 건축물의 용도가 위 표에 따른 둘 이상의 호에 해당하는 경우 : 다음의 기준에 따라 산정한 승용승강기 대수 중 적은 대수
      1) 각각의 건축물 용도에 따라 산정한 승용승강기 대수를 합산한 대수. 이 경우 둘 이상의 건축물의 용도가 같은 호에 해당하는 경우에는 가목에 따라 승용승강기 대수를 산정한다.
      2) 각각의 건축물 용도별 6층 이상의 거실 면적을 모두 합산한 면적을 기준으로 각각의 건축물 용도별 승용승강기 설치기준 중 가장 강한 기준을 적용하여 산정한 대수

[제6조(승강기의 구조)]

법 제64조에 따라 건축물에 설치하는 승강기·에스컬레이터 및 비상용승강기의 구조는 「승강기시설 안전관리법」이 정하는 바에 따른다.

[제9조(비상용승강기를 설치하지 아니할 수 있는 건축물)]

법 제64조제2항 단서에서 "국토교통부령이 정하는 건축물"이라 함은 다음 각 호의 건축물을 말한다.

1. 높이 31m를 넘는 각층을 거실 외의 용도로 쓰는 건축물
2. 높이 31m를 넘는 각층 바닥면적의 합계가 500m^2 이하인 건축물

3. 높이 31m를 넘는 층수가 4개 층 이하로서 당해 각층 바닥면적의 합계 $200m^2$(벽 및 반자가 실내에 접하는 부분의 마감을 불연재료로 한 경우에는 $500m^2$) 이내마다 방화구획(영 제46조제1항 본문에 따른 방화구획을 말한다. 이하 같다)으로 구획된 건축물

[제10조(비상용승강기의 승강장 및 승강로의 구조)]

법 제64조제2항에 따른 비상용승강기의 승강장 및 승강로의 구조는 다음 각 호의 기준에 적합하여야 한다.

2. 비상용승강기 승강장의 구조
   가. 승강장의 창문·출입구 기타 개구부를 제외한 부분은 당해 건축물의 다른 부분과 내화구조의 바닥 및 벽으로 구획할 것. 다만, 공동주택의 경우에는 승강장과 특별피난계단(「건축물의 피난·방화구조 등의 기준에 관한 규칙」 제9조의 규정에 의한 특별피난계단을 말한다. 이하 같다)의 부속실과의 겸용 부분을 특별피난계단의 계단실과 별도로 구획하는 때에는 승강장을 특별피난계단의 부속실과 겸용할 수 있다.
   나. 승강장은 각층의 내부와 연결될 수 있도록 하되, 그 출입구(승강로의 출입구를 제외한다)에는 갑종방화문을 설치할 것. 다만, 피난층에는 갑종방화문을 설치하지 아니할 수 있다.
   다. 노대 또는 외부를 향하여 열 수 있는 창문이나 제14조제2항의 규정에 의한 배연설비를 설치할 것
   라. 벽 및 반자가 실내에 접하는 부분의 마감재료(마감을 위한 바탕을 포함한다)는 불연재료로 할 것
   마. 채광이 되는 창문이 있거나 예비전원에 의한 조명설비를 할 것
   바. 승강장의 바닥면적은 비상용승강기 1대에 대하여 $6m^2$ 이상으로 할 것. 다만, 옥외에 승강장을 설치하는 경우에는 그러하지 아니하다.
   사. 피난층이 있는 승강장의 출입구(승강장이 없는 경우에는 승강로의 출입구)로부터 도로 또는 공지(공원·광장 기타 이와 유사한 것으로서 피난 및 소화를 위한 당해 대지에의 출입에 지장이 없는 것을 말한다)에 이르는 거리가 30m 이하일 것
   아. 승강장 출입구 부근의 잘 보이는 곳에 당해 승강기가 비상용승강기임을 알 수 있는 표지를 할 것
3. 비상용승강기의 승강로의 구조
   가. 승강로는 당해 건축물의 다른 부분과 내화구조로 구획할 것
   나. 각층으로부터 피난층까지 이르는 승강로를 단일구조로 연결하여 설치할 것

02 에스컬레이터

01 에스컬레이터 설비 계획

(1) 배열 및 배치

① 배열 : 배열 방식에는 여러 가지 있지만, 특히 백화점에서는 배열에 주의하여 결정하지 않으면 매장에 영향이 있고, 나아가서는 매상에도 관계가 있다. 배열에 있어서는 다음에 주의하여야 한다.

㉠ 에스컬레이터의 바닥점유면적을 되도록 적게 배치한다.

㉡ 건물의 지지보 · 기둥 위치를 고려하여 하중을 균등하게 분산시킨다.

㉢ 승객의 보행거리를 줄일 수 있도록 배열을 계획한다.

(2) 적재하중

① 에스컬레이터의 적재하중

$$G[\text{kg}] = 270\sqrt{3}\,WH = 270A$$

여기서, W : 스텝폭[m]

H : 층고[m]

A : 계단면의 수평 투영면적[m^2]

② 에스컬레이터의 적재하중(제조사 기준)

G = 정격하중(510kg/m^2) × A(m^2)[kg]

A : 부하운송면적($Z_1 \times H/\tan\theta$)[m^2)]

H : 층고[m]

Z_1 : 공칭폭[m]

(3) 에스컬레이터 전동기 용량[P]

$$P = \frac{GVsin\theta}{102\eta}\beta[\mathrm{kW}]$$

여기서, G : 적재하중(kg)　　V : 정격속도(m/s)
θ : 경사도(°)　　η : 효율
β : 승객 승입률

참/고

[전동기 용량(제조사 기준)]

에스컬레이터의 전동기 용량산출은 다음 식으로 정한다.

Pm[kW]=하중에 따른 용량

$$= \frac{G\times V\times(\sin\theta+\mu\cos\theta)}{102\eta}\times\beta+\frac{G_h\times V\times(\sin\theta+\mu_h\cos\theta)}{102}$$

Pm : 전동기 용량(kW)
G : 정격하중($510\mathrm{kg/m^2}$)×A($\mathrm{m^2}$)
A : 부하운송면적($Z_1\times H/\tan\theta$)($\mathrm{m^2}$)
H : 층고(m)
Z_1 : 공칭폭(m)
V : 속도(m/s)
μ : 스텝롤러 마찰계수
η : 총효율(제조사별 차이는 있으나 대체적으로 웜은 60～80%, 헬리컬 95～96%, 웜-헬리컬 85～91%)
θ : 에스컬레이터 경사도(°)
β : 승입률(제조사 설계기준)
G_h : 핸드레일 중량(Mh×H/sinθ) (kg)
M_h : 핸드레일 단위 중량(kg/m)
μ_h : 핸드레일 마찰계수(제조사 설계기준)

종 별	배열도	특 징	결 점
단열승계형		• 윗층으로 고객을 유도하기 쉽다. • 바닥에서 바닥에의 교통이 연속적이다.	바닥면적을 넓게 요한다.
단열겹침형		• 설치면적이 적다. • 쇼핑객의 시야를 트이게 한다.	• 바닥에서 바닥에의 교통이 불연속이 된다. • 승객이 향하는 면은 상행 또는 하행의 점포 방향이 된다.
복열승계형		• 오르내림 방향 모두 바닥에서 바닥으로 연속적으로 운반한다. • 오르내림의 교통을 확실히 분할할 수 있다. • 고객의 시야가 가리워지지 않는다. • 에스컬레이터의 존재가 잘 보인다. • 전 매장이 보인다.	바닥면의 장소를 넓게 요한다.
교차승계형		• 오르내림이 모두 바닥에서 바닥으로 연속적으로 운반한다. • 오르내림의 교통이 떨어져 있어 승강구에서의 혼잡이 적다. • 에스컬레이터의 직하를 가장 유효하게 이용하고 있다.	• 쇼핑객에 시야가 준다. • 에스컬레이터의 존재 장소가 비교적 표시하기 어렵다. • 측면과 단부가 겹쳐져 시야를 가린다.

03 유압식 엘리베이터

01 개요

(1) 유압식 엘리베이터의 특징

① 일반적으로 로프식 엘리베이터와는 달리 기계실을 승강로의 직상부에 설치할 필요가 없으므로 배치가 자유롭다.

② 건물의 꼭대기 부분에 하중이 걸리지 않는다.

③ 플런저를 사용하기 때문에 행정거리와 속도에 한계가 있다.

④ 균형추를 사용하지 않으므로 전동기의 소요동력이 커지고 소비전력이 많아진다.

(2) 직접식 유압 엘리베이터의 특징

① 추락방지(비상정지) 안전장치가 없어도 된다.

② 승강로 평면이 작아도 되고 구조가 간단하다.

③ 부하에 대한 케이지 응력이 작아진다(부하에 의한 카 바닥 침하가 비교적 작다).

④ 실린더를 설치하기 위한 보호관을 땅에 묻어야 하기 때문에 설치가 어렵다.

⑤ 보호관의 설치로 인해 실린더의 점검이 어렵다.

(3) 간접식 유압 엘리베이터의 특징

① 실린더 설치를 위한 보호관이 필요 없다.

② 실린더의 점검이 용이하다.

③ 추락방지(비상정지) 안전장치가 필요하다.

④ 부하에 의한 카 바닥의 빠짐이 비교적 크다.

⑤ 승강로는 유압자키를 수용할 부분만큼이 필요하다.

02 속도제어 방식

(1) 유압유량 제어방식

회전수가 일정한 전동기를 부착한 펌프는 일정량의 작동유를 토출한다. 토출된 작동유를 유량제어 밸브로 소정의 상승속도에 해당하도록 유량을 제어하는 방식이다 .

① 유량제어 밸브에 의한 속도제어

㉠ 미터인 회로 : 펌프에서 토출된 작동유를 실린더에 보낼 때 주회로 파이프에 유량제어밸브를 삽입하여 유량을 제어하는 회로

㉡ 블리드오프 회로 : 펌프에서 토출된 작동유를 실린더에 보낼 때 유량제어밸브를 분기된 바이패스(By Pass)회로에 삽입하여 유량을 제어하는 회로

(2) 인버터 제어방식

인버터 (VVVF)에 의한 방식: 전동기의 회전수를 VVVF방식으로 제어하여 소정의 상승속도에 해당하는 펌프의 회전수가 되도록 제어하여 펌프에서 토출되는 작동유의 양을 제어하는 방식이다.

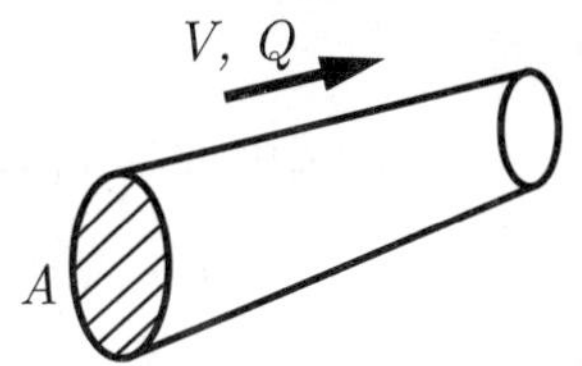

작동유에 의하여 상승하는 플런저의 속도(유체의 속도는 유체의 유량에 비례하므로 유량에 의하여 승강 속도가 조절된다.)

V : 속도

Q : 유량

A : 관 또는 실린더의 단면적

04 승강로 관련 기준

승강로 : 카, 균형추 또는 평형추가 주행하는 공간(일반적으로 승강로 벽, 바닥 및 천장으로 구획된다)

01 승강로 규격

- 전기식 및 유압식 엘리베이터

(1) 일반사항

① 승강로에는 1대 이상의 엘리베이터 카가 있을 수 있다.

② 엘리베이터의 균형추 또는 평형추는 카와 동일한 승강로에 있어야 한다.

③ 승강로 내에 설치되는 돌출물은 안전상 지장이 없어야 한다.

④ 승강로 내에는 각 층을 나타내는 표기가 있어야 한다.

⑤ 승강로는 누수가 없고 청결상태가 유지되는 구조이어야 한다.

⑥ 유압식 엘리베이터의 잭은 카와 동일한 승강로 내에 있어야 하며, 지면 또는 다른 장소로 연장될 수 있다.

(2) 승강로의 구획

① 밀폐식 승강로

㉠ 승강로는 구멍이 없는 벽, 바닥 및 천장으로 완전히 둘러싸인 구조이어야 한다. 다만, 다음과 같은 개구부는 허용된다.

㉡ 폭 0.15m 이상의 승강로 내부 벽 수평 돌출부 또는 수평 빔에는 사람이 서 있지 못하도록 보호조치를 해야 한다.

② 반-밀폐식 승강로 : 내화구조 또는 방화구조가 요구되지 않는 승강로(갤러리, 중앙 홀, 타워 등에 설치된 엘리베이터의 승강로 또는 외기에 접하는 승강로 등)는 다음과 같아야 한다.

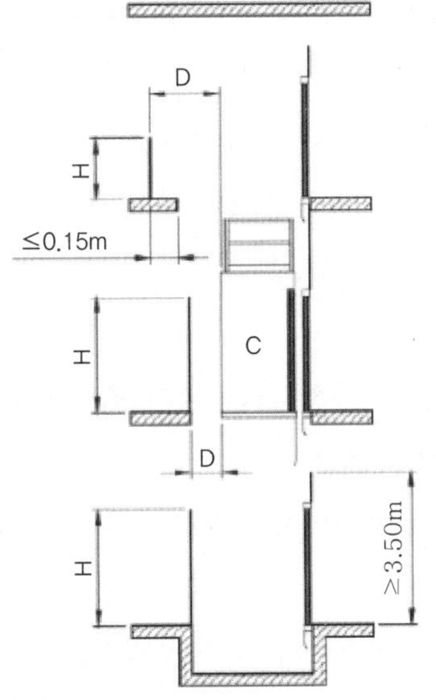

[기호 설명]
C : 카
D : 엘리베이터 움직이는 부품과의 거리 (그림 2 참조)
H : 승강로 벽 높이

[그림 1. 반-밀폐식 승강로]

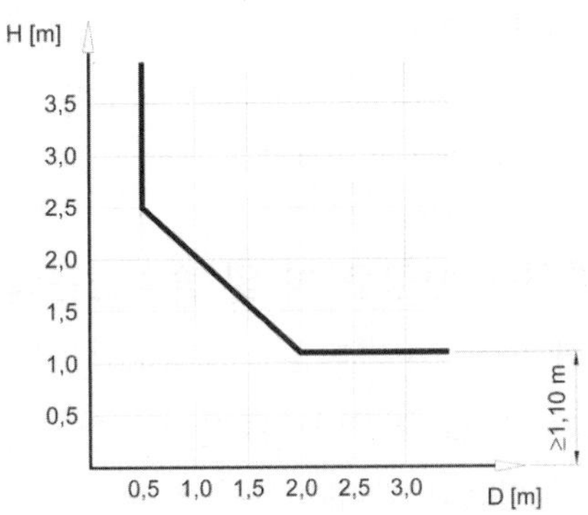

[그림 2. 반-밀폐식 승강로의 거리]

㉠ 사람이 일반적으로 접근할 수 있는 곳의 승강로 벽은 아래와 같은 상황에 처한 사람이 충분히 보호될 수 있는 높이이어야 한다.

- 엘리베이터의 움직이는 부품에 의해 위험하게 되는 상황
- 사람의 손 또는 손에 들고 있는 물건이 승강로 내의 엘리베이터의 설비에 직접 닿아 엘리베이터의 안전운행을 방해하게 되는 상황

ⓛ 높이는 그림 1 및 그림 2에 적합하고, 다음과 같아야 한다.

- 승강장문 측: 3.5m 이상
- 다른 측면 및 움직이는 부품까지의 수평거리가 0.5m 이하인 장소 : 2.5m 이상 움직이는 부품까지의 거리가 0.5m를 초과하는 경우에는 2.5m의 값을 순차적으로 줄일 수 있으며, 2m의 거리에서는 최소 1.1m까지 줄일 수 있다.

ⓒ 승강로 벽은 구멍이 없어야 한다.

ⓔ 승강로 벽은 복도, 계단 또는 플랫폼의 가장자리로부터 최대 0.15m 이내에 있어야 하거나, 6.5.2.2.2에 따라 보호되어야 한다.

ⓜ 타 설비로 인해 엘리베이터의 운행이 방해되지 않도록 하는 보호조치가 마련되어야 한다.

※ 승강로 벽이 없는 반-밀폐식 엘리베이터의 경우 움직이는 부품으로부터 수평거리가 1.5m 이내인 공간에 타 설비가 없도록 보호되어야 한다.

ⓑ 외기에 노출된 엘리베이터(건축물 외벽에 설치된 엘리베이터 등)에는 특별한 예방조치가 마련되어야 한다.

※ 눈 · 비 등 기후적 환경 및 위치적 환경을 충분히 고려한 후에 엘리베이터를 설계, 제조 · 설치해야 한다.

(3) 카 출입구와 마주하는 승강로 벽 및 승강장문의 구조

① 승강로 내측과 카 문턱, 카 문틀 또는 카문의 닫히는 모서리 사이의 수평거리는 승강로 전체 높이에 걸쳐 0.15m 이하이어야 한다(그림 3 참조). 0.15m 이하의 수평거리는 각각의 조건에 따라 다음과 같이 적용될 수 있다.

㉠ 함몰부분의 수직높이가 0.5m 이하인 경우 수평거리는 0.20m까지 연장될 수 있다. 이러한 함몰부분은 연속된 두 개의 승강장문 사이에 1개를 초과할 수 없다.

ⓛ 수직 개폐식 승강장문인 엘리베이터(화물용 엘리베이터, 자동차용 엘리베이터 등)의 경우에는 전체 주행로에 걸쳐 수평거리가 0.20m까지 연장될 수 있다.

ⓒ 잠금해제구간에서만 열리는 기계적 잠금장치가 카문에 있는 경우에는 수평거리를 제한하지 않는다. 엘리베이터는 카문이 잠겨야만 자동으로 운행되어야 하며, 이 잠금은 전기안전장치에 의해 입증되어야 한다.

② 각 승강장문의 문턱 아랫부분

㉠ 수직면은 승강장문의 문턱에 직접 연결되어야 하며, 수직면의 폭은 카 출입구 폭에 다 양쪽 모두 25mm를 더한 값 이상이어야 하고, 수직면의 높이는 잠금해제구간의 1/2에 50mm를 더한 값 이상이어야 한다.

㉡ 수직면의 표면은 연속적이며 매끈하고 견고한 재질(금속판 등)이어야 한다. 또한, 수직면의 기계적 강도는 $5cm^2$ 면적의 원형 또는 정사각형 모양의 어느 지점마다 수직으로 300N의 힘을 균등하게 분산하여 가할 때 다음과 같아야 한다.

- 영구적인 변형이 없어야 한다.
- 15mm를 초과하는 탄성변형이 없어야 한다.

㉢ 5mm를 초과하는 돌출물은 없어야 하며, 2mm를 초과하는 돌출물은 수평면에 대해 75° 이상으로 모따기가 되어야 한다.

㉣ 추가로, 다음 중 어느 하나에 적합해야 한다.

- 수직면은 연속되는 다음 문의 상인방에 연결되어야 한다.
- 수평면에 60° 이상으로 견고하고 매끄럽게 모따기 된 수직면을 사용하여 아래 방향으로 연장되어야 하며, 수평면에 대한 모따기의 투영은 20mm 이상이어야 한다.

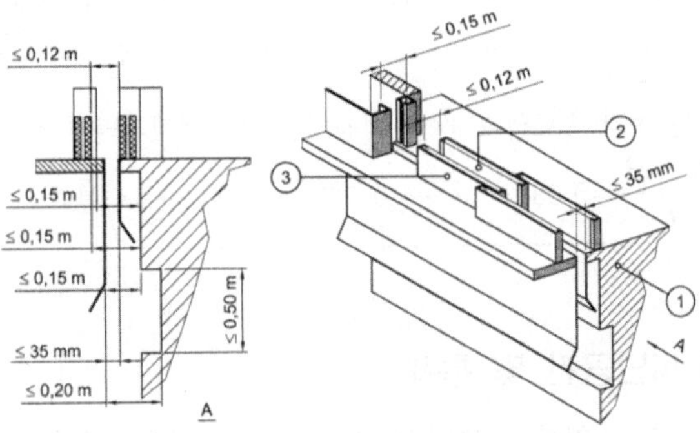

[그림 3. 카와 카 출입구를 마주하는 벽 사이의 틈새]

02 승강로 상부공간(Headroom)

카가 최상층에 있을 때 카와 승강로 천장 사이의 공간

(1) 카, 균형추 및 평형추의 주행구간(카, 균형추 및 평형추의 끝단 위치)

[표 1 카, 균형추 및 평형추의 끝단 위치]

위 치	권상 구동	포지티브 구동	유압식 구동
카의 최고 위치	균형추가 완전히 압축된 완충기에 있을 때 + $0.035 \cdot v^2$	카가 완전히 압축된 상부 완충기에 있을 때	램이 행정 제한 수단을 통해 최종 위치에 있을 때 + $0.035 \cdot v^2$
카의 최저 위치	카가 완전히 압축된 완충기에 있을 때	카가 완전히 압축된 하부 완충기에 있을 때	카가 완전히 압축된 완충기에 있을 때
균형추/평형추의 최고 위치	카가 완전히 압축된 완충기에 있을 때 + $0.035 \cdot v^2$	카가 완전히 압축된 하부 완충기에 있을 때	카가 완전히 압축된 완충기에 있을 때 + $0.035 \cdot v^2$
균형추/평형추의 최저 위치	균형추가 완전히 압축된 완충기에 있을 때	카가 완전히 압축된 상부 완충기에 있을 때	램이 행정 제한 수단을 통해 최종 위치에 있을 때 + $0.035 \cdot v^2$

[비고]

- $0.035 \cdot v^2$는 정격 속도의 115%에 상응하는 중력정지거리의 절반을 나타낸다.
- $\frac{1}{2} \cdot \frac{(1.15 \cdot v)^2}{2 \cdot g_n} = 0.0337 \cdot v^2 \rightarrow 0.035 \cdot v^2$으로 반올림한다.

(2) 카 지붕의 피난공간 및 틈새

① 피난 공간이 카 지붕의 고정된 부품과 닿는 경우, 피난 공간 모서리 하단부의 한쪽 면은 카 지붕에 고정된 부품을 포함하기 위해 폭 0.1m, 높이 0.3m까지의 공간을 줄일 수 있다(그림 4 참조).

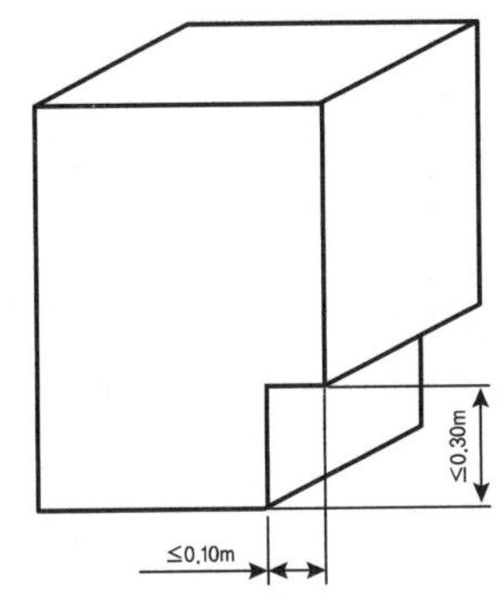

[그림 4. 피난 공간 축소의 최대 크기]

피난 공간의 허용 가능 인원 및 자세 유형(표 2)

[표 2 상부 공간의 피난 공간 크기]

유형	자세	그림	피난 공간 크기	
			수평거리(m×m)	높이(m)
1	서 있는 자세	2m ① ② ③	0.4×0.5	2
2	웅크린 자세	1m ① ② ③	0.5×0.7	1

기호 설명 : ① 검은색, ② 노란색, ③ 검은색

② 카 지붕의 설비 사이의 유효 거리

㉠ 카 지붕에 고정된 설비 중 가장 높은 부분 : 0.5m 이상(수직거리, 경사거리 포함)

㉡ 카의 투영부분에서 수평거리 0.4m 이내의 가이드 슈/롤러, 로프 단말처리부 및 수직 개폐식 문의 헤더 또는 부품의 가장 높은 부분 : 0.1m 이상(수직거리)

㉢ 난간의 가장 높은 부분

- 카의 투영부분에서 수평거리 0.4m 이내와 난간 외부 수평거리 0.1m 이내 부분 : 0.3m 이상(수직거리)
- 카의 투영부분에서 수평거리 0.4m 바깥 부분 : 0.5m 이상(경사거리)

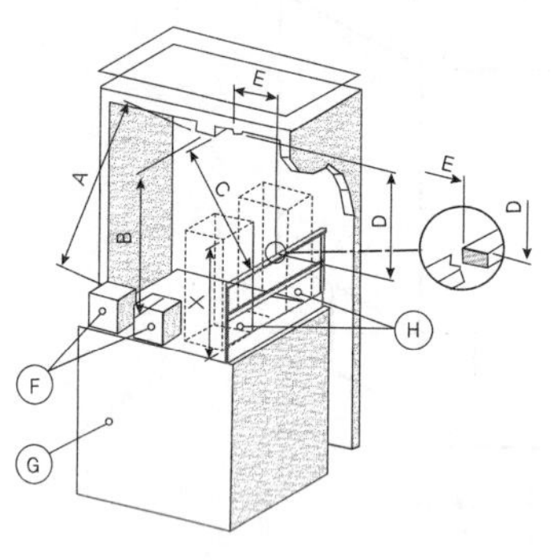

[기호 설명]
A 유효거리≥0.50[m]
B 유효거리≥0.50[m]
C 유효거리≥0.50[m]
D 유효거리≥0.30[m]
E 유효거리≤0.40[m]
F 카 지붕에서 가장 높은 부분
G 카
H 피난공간
X 피난공간 높이(표 2)

[그림 5. 카 지붕에 고정된 부품과 승강로 천장에 고정된 가장 낮은 부품 사이의 최소 거리]

③ 카 지붕 또는 카 지붕의 설비 위에 어떤 하나의 연속되는 구역이 유효면적 0.12m^2 이상이고, 가장 작은 변의 길이가 0.25m 이상인 경우 그 구역은 사람이 서 있을 수 있는 장소로 본다.

④ 유압식 엘리베이터의 경우, 승강로 천장의 가장 낮은 부분과 상승방향으로 주행하는 램-헤드 조립체의 가장 높은 부분 사이의 유효 수직거리는 0.1m 이상이어야 한다.

(3) 피트의 피난 공간 및 틈새

① 피트에는 카가 카, 균형추 및 평형추의 끝단 위치에 따른 최저 위치에 있을 때, 표 3에 따른 어느 하나에 해당하는 피난 공간이 1개 이상 있어야 한다. 피난 공간의 허용 가능 인원 및 자세 유형(표 3)이 명확하게 표시된 표지가 피트에 있어야 하고, 그 표지는 피트 출입구에서 읽을 수 있는 위치에 있어야 한다.

② 카가 카, 균형추 및 평형추의 끝단 위치에 따른 최저 위치

㉠ 피트 바닥과 카의 가장 낮은 부분 사이의 유효 수직거리는 0.5m 이상이어야 한다. 다만, 다음과 같은 경우에는 유효 수직거리를 해당 수치까지 줄일 수 있다.

- 인접한 벽에서 수평거리 0.15m 이내에 에이프런 또는 수직 개폐식 문의 어느 부분이 있는 경우 : 0.1m까지
- 주행안내 레일에서 그림 6 및 그림 7에 따른 최대 수평거리 이내에 카 프레임 부분, 추락방지안전장치, 가이드 슈/롤러, 멈춤쇠 장치가 있는 경우 : 그림 6 및 그림 7에 따른 최소 유효 수직거리까지

[표 3 피트의 피난 공간 크기]

유형	자세	그림	피난공간 크기	
			수평거리(m×m)	높이(m)
1	서 있는 자세	2m ① ② ③	0.4×0.5	2
2	웅크린 자세	1m ① ② ③	0.5×0.7	1
3	누운 자세	0.5m ① ② ③	0.7×1	0.5

기호 설명 : ① 검은색, ② 노란색, ③ 검은색

② 카가 카, 균형추 및 평형추의 끝단 위치에 따른 최저 위치

㉠ 피트 바닥과 카의 가장 낮은 부분 사이의 유효 수직거리는 0.5m 이상이어야 한다. 다만, 다음과 같은 경우에는 유효 수직거리를 해당 수치까지 줄일 수 있다.

- 인접한 벽에서 수평거리 0.15m 이내에 에이프런 또는 수직 개폐식 문의 어느 부분이 있는 경우 : 0.1m까지
- 주행안내 레일에서 그림 6 및 그림 7에 따른 최대 수평거리 이내에 카 프레임 부분, 추락방지안전장치, 가이드 슈/롤러, 멈춤쇠 장치가 있는 경우 : 그림 6 및 그림 7에 따른 최소 유효 수직거리까지

㉡ 피트에 고정된 가장 높은 부분(보상로프 인장장치의 가장 높은 부분, 잭 지지대 · 파이프 및 그 부속품 등)과 카의 가장 낮은 부분 사이의 유효 수직거리는 0.3m 이상이어야 한다.

㉢ 유압식 엘리베이터의 경우, 피트 바닥 또는 피트 바닥에 설치된 설비의 가장 높은 부분과 역방향 잭의 하강방향으로 주행하는 램-헤드 조립체의 가장 낮은 부분 사이의 유효 수직거리는 0.5m 이상이어야 한다.

㉣ 피트 바닥과 직접 유압식 엘리베이터의 카 아래에 있는 다단 잭의 가장 낮은 가이드 이음쇠 사이의 유효 수직거리는 0.5m 이상이어야 한다.

㉤ 주택용 엘리베이터의 경우 카가 완전히 압축된 완충기 위에 있을 때 피트 바닥과 카의 가장 낮은 부품(에이프런 등) 사이의 수직거리는 0.05m 이상이어야 한다.

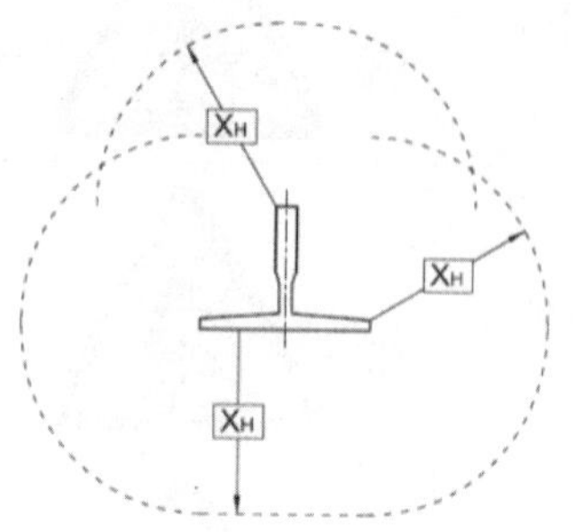

[그림 6. 주행안내 레일 주변의 수평거리 X_H]

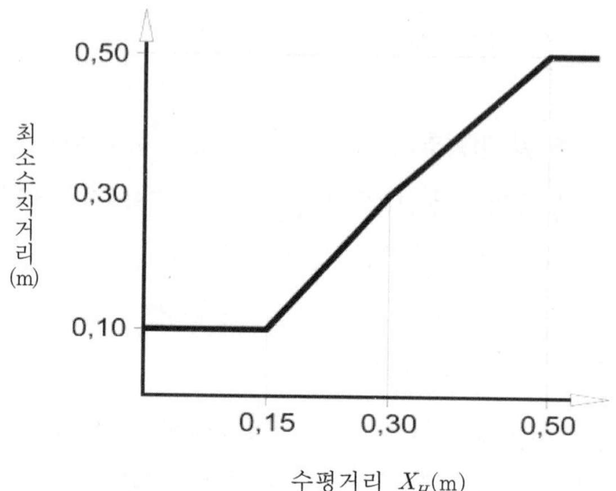

[그림 7. 카 프레임 부분, 추락방지안전장치, 가이드 슈/롤러, 멈춤쇠 장치의 최소 수직 거리]

03 출입문 및 비상문 - 점검문

(1) 연속되는 상 · 하 승강장문의 문턱 간 거리가 11m를 초과한 경우

① 중간에 비상문이 있어야 한다.

② 서로 인접한 카에 하나의 승강로에 2대 이상의 엘리베이터가 있는 경우 비상구출문이 각각 있어야 한다.

■ 참/고

[비상문이 설치된 경우]
건축물에는 비상문으로의 영구적인 접근수단이 제공되어야 하며, 비상문과 승강장 문 및 비상문과 비상문의 문턱 간 거리는 11m 이하이어야 한다.

(2) 출입문, 비상문 및 점검문의 치수

① 기계실, 승강로 및 피트 출입문 : 높이 1.8m 이상, 폭 0.7m 이상. 다만, 주택용 엘리베이터의 경우 기계실 출입문은 폭 0.6m 이상, 높이 0.6m 이상으로 할 수 있다.

② 풀리실 출입문 : 높이 1.4m 이상, 폭 0.6m 이상

③ 비상문 : 높이 1.8m 이상, 폭 0.5m 이상

④ 점검문 : 높이 0.5m 이하, 폭 0.5m 이하

(3) 출입문, 비상문 및 점검문

① 승강로, 기계실 · 기계류 공간 또는 풀리실 내부로 열리지 않아야 한다.

② 열쇠로 조작되는 잠금장치가 있어야 하며, 그 잠금장치는 열쇠 없이 다시 닫히고 잠길 수 있어야 한다.

③ 기계실 · 기계류 공간 또는 풀리실 내부에서는 문이 잠겨 있더라도 열쇠를 사용하지 않고 열릴 수 있어야 한다.

④ 문 닫힘을 확인하는 15.2에 따른 전기안전장치가 있어야 한다. 다만, 기계실 출입문, 풀리실 출입문 및 피트 출입문(위험이 없는 경우에 한정)의 경우에는 전기안전장치가 요구되지 않는다. 위험이 없는 경우라 함은 정상운행 중인 엘리베이터의 가이드 슈/롤러, 에이프런 등을 포함한 카, 균형추 또는 평형추의 최하부와 피트 바닥 사이의 수직 거리가 2m 이상인 경우를 말한다. 이동케이블, 보상 로프/체인과 그 관련 설비, 과속조절기 인장 풀리 및 이와 유사한 설비는 위험하지 않은 것으로 본다.

⑤ 구멍이 없어야 하고, 관련 법령에 따라 방화등급이 요구되는 경우에는 그 기준에 적합해야 한다.

⑥ 수직면의 기계적 강도는 0.3m×0.3m 면적의 원형이나 사각의 단면에 1,000N의 힘을 균등하게 분산하여 어느 지점에 수직으로 가할 때 15mm를 초과하는 탄성변형이 없어야 한다.

04 비상구출문

① 카 천장에 비상구출문이 설치된 경우, 유효 개구부의 크기는 0.4m×0.5m 이상이어야 한다.

참/고

공간이 허용된다면, 유효 개구부의 크기는 0.5×0.7m가 바람직하다.

② 하나의 승강로에 2대 이상의 엘리베이터가 있는 경우, 카 벽에 비상구출문을 설치할 수 있다. 다만, 카 간의 수평거리는 1m를 초과할 수 없다. 이 경우, 각 카에는 구조 작업이 가능할 수 있도록 사람이 구출될 인접한 카의 위치를 결정하는 수단이 제공되어야 한다.

- 구조가 이뤄질 때, 카 벽의 비상구출문 간의 거리가 0.35m를 초과한 경우에는 손잡이가 있고 폭이 0.5m 이하이지만 비상구출문의 개구부에 들어가기에 충분한 공간이 있는 휴대용/이동식 다리(portable/movable bridge) 또는 카에 일체형으로 된 다리(bridge)가 설치되어야 한다.
- 다리는 2,500N의 힘을 견딜 수 있도록 설계되어야 한다.
- 다리가 휴대용/이동식인 경우, 그 다리는 구조가 이루어지는 건축물에 보관되어야 하고, 다리의 사용에 관한 설명서가 있어야 한다.
- 카 벽에 설치된 비상구출문의 크기는 폭 0.4m 이상, 높이 1.8m 이상이어야 한다.

③ 비상구출문에는 손으로 조작할 수 있는 잠금장치가 있어야 한다.

㉠ 카 천장의 비상구출문은 카 외부에서 열쇠 없이 열려야 하고, 카 내부에서는 비상잠금해제 삼각열쇠로 열려야 한다. 카 천장의 비상구출문은 카 내부 방향으로 열리지 않아야 한다. 카 천장의 비상구출문이 완전히 열렸을 때, 그 열린 부분은 카 천장의 가장자리를 넘어 돌출되지 않아야 한다.

㉡ 카 벽의 비상구출문은 카 외부에서 열쇠 없이 열려야 하고, 카 내부에서는 비상잠금 해제 삼각열쇠로 열려야 한다. 카 벽의 비상구출문은 카 외부방향으로 열리지 않아야 한다. 카 벽의 비상구출문은 균형추나 평형추의 주행로 또는 카에서 다른 카로 이동을 방해하는 고정된 장애물(카를 분리하는 중간 빔은 제외한다)의 전면에 위치되지 않아야 한다.

④ 잠금 상태는 전기안전장치에 의해 입증되어야 한다. 카 벽의 비상구출문의 경우, 잠금장치가 해제되면 이 장치는 또한 인접한 엘리베이터를 정지시켜야 한다. 엘리베이터의 운행 재개는 잠금장치가 다시 잠긴 후에만 가능해야 한다.

05 완충기(Buffer)

주행의 종점에서 완충적인 정지, 그리고 유체 또는 스프링(또는 유사한 수단)을 사용한 것을 포함한 제동수단

(1) 완충기 종류

① 유압 완충기(oil buffer) : 카 또는 균형추의 하강 운동에너지를 흡수 및 분산하기 위한 매체로 오일을 사용하는 완충기

② 스프링 완충기(spring buffer) : 카 또는 균형추의 하강 운동에너지를 흡수 및 분산하기 위해 1개 또는 그 이상의 스프링을 사용하는 완충기

③ 솔리드 범퍼(bumper)/우레탄식 완충기 : 카 또는 균형추의 하강 운동에너지를 흡수 및 분산하기 위해 고안된 유압 완충기 또는 스프링 완충기 이외의 장치

[표 1 완충기의 종류]

종류	적용용도
에너지 축적형	비선형 특성을 갖는 완충기로, 승강기 정격속도가 1.0m/s를 초과하지 않는 곳에서 사용한다(우레탄식 완충기).
	선형 특성을 갖는 완충기로 승강기 정격속도가 1.0m/s를 초과하지 않는 곳에 사용한다(스프링 완충기 등).
	완충된 복귀운동(buffered return movement)을 갖는 에너지 축적형 완충기는 승강기 정격속도가 1.6m/s를 초과하지 않는 곳에서 사용한다.
에너지 분산형	승강기의 정격속도에 상관없이 사용할 수 있는 완충기(유압 완충기 등)

(2) 카 및 균형추 완충기

① 엘리베이터에는 카 및 균형추의 주행로 하부 끝에 완충기가 설치되어야 한다. 완충기가 카 또는 균형추에 고정된 경우에는 피트 바닥 위 완충기의 충격 영역은 300mm 이상 높이의 식별되는 받침대가 설치되어야 한다. 칸막이가 피트 바닥 50mm 이하로 연장되고 균형추에 완충기가 고정된 경우, 피트 바닥 위 받침대를 요구하지 않는다. 포지티브 구동식 엘리베이터는 주행로 상부 끝단에서 작용하도록 카 상부에 완충기가 설치되어야 한다.

② 유압식 엘리베이터의 경우, 멈춤쇠 장치의 완충기가 최하층에서 카의 이동을 제한한다면 받침대가 필요하다. 멈춤쇠 장치의 고정 장치가 카 주행안내 레일에 설치되어, 멈춤쇠가 복귀되지 않은 상태에서 카의 운행이 불가능한 경우는 제외 가능하다.

③ 유압식 엘리베이터의 경우, 완충기가 완전히 압축될 때 램은 실린더의 바닥과 충돌되지 않아야 한다. 다만, 이것은 다단식(텔레스코픽) 실린더 재동기화(초기화)에는 적용하지 않으며, 적어도 하나의 실린더는 기계적 이동 하한선에 닿지 않도록 해야 한다.

④ 선형 또는 비선형 특성을 갖는 에너지 축적형 완충기는 엘리베이터의 정격속도가 1m/s 이하인 경우에만 사용되어야 한다.

⑤ 에너지 분산형 완충기는 엘리베이터 정격속도와 상관없이 사용될 수 있다.

(3) 카 및 균형추 완충기의 행정

① 에너지 축적형 완충기

㉠ 선형 특성을 갖는 완충기

- 완충기의 가능한 총 행정은 정격속도의 115%에 상응하는 중력 정지거리의 2배 $[0.135v^2]$
- 완충기는 카 자중과 정격하중을 더한 값(또는 균형추의 무게)의 2.5배와 4배 사이의 정하중으로 규정된 행정이 적용되도록 설계되어야 한다.

㉡ 비선형 특성을 갖는 완충기

- 비선형 특성을 갖는 에너지 축적형 완충기는 카의 질량과 정격하중, 또는 균형추의 질량으로 정격속도의 115%의 속도로 완충기에 충돌할 때의 다음 사항에 적합해야 한다.
  - 감속도는 $1g_n$ 이하이어야 한다.
  - $2.5g_n$를 초과하는 감속도는 0.04초보다 길지 않아야 한다.
  - 카 또는 균형추의 복귀속도는 1m/s 이하이어야 한다.

– 작동 후에는 영구적인 변형이 없어야 한다.

– 최대 피크 감속도는 $6g_n$ 이하이어야 한다.

㉢ 표 1에서 기술된 "완전히 압축된" 용어는 설치된 완충기 높이의 90% 압축을 의미하며, 압축률을 더 낮은 값으로 만들 수 있는 완충기의 고정 요소는 고려하지 않는다.

② 에너지 분산형 완충기

㉠ 완충기의 가능한 총 행정은 정격속도 115%에 상응하는 중력 정지거리[$0.0674v^2$ (m)] 이상이어야 한다.

㉡ 2.5m/s 이상의 정격속도에 대해 주행로 끝에서 16.1.3에 따라 엘리베이터의 감속을 감지할 때, 완충기 행정이 계산될 경우 정격속도의 115% 대신 카(또는 균형추)가 완충기에 충돌할 때의 속도를 사용될 수 있다. 어떤 경우라도 그 행정은 0.42m 이상이어야 한다.

③ 에너지 분산형 완충기는 다음 사항을 만족해야 한다.

㉠ 카에 정격하중을 싣고 정격속도의 115%의 속도로 자유 낙하하여 완충기에 충돌할 때, 평균 감속도는 $1g_n$ 이하이어야 한다.

㉡ $2.5g_n$를 초과하는 감속도는 0.04초보다 길지 않아야 한다.

㉢ 작동 후에는 영구적인 변형이 없어야 한다.

• 엘리베이터는 작동 후 정상 위치에 완충기가 복귀되어야만 정상적으로 운행되어야 한다. 이러한 완충기의 정상적인 복귀를 확인하는 장치는 전기안전장치이어야 한다.

• 유압식 완충기는 유체의 수위가 쉽게 확인될 수 있는 구조이어야 한다.

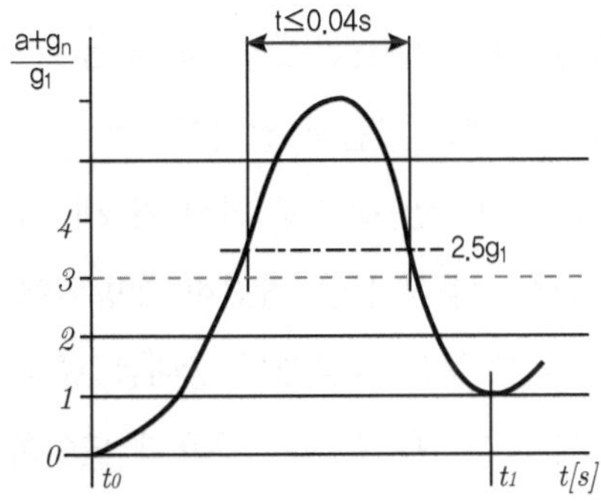

[기호표]

• t_0 : 완충기에 충돌한 순간(첫 번째 절대 최솟값)

• t_1 : 두 번째 절대 최솟값

[감속도 그래프 – 엘리베이터 안전기준의 요구사항을 사용한 예]

06 단말장치

(1) 엘리베이터 운전 제어

① 정상운전 제어

㉠ 이 제어는 버튼 또는 접촉조작, 마그네틱 카드 등과 같이 유사한 장치에 의해 이루어져야 한다. 이러한 장치들은 사용자의 감전 위험이 없도록 박스 내에 위치해야 한다. 노란색은 비상통화장치 외에 다른 조작 장치에 사용되지 않아야 한다.

㉡ 조작 장치는 기능에 의해 분명하게 식별되어야 하며, 이 목적을 위하여 다음과 같이 사용되도록 권장한다.

- 조작버튼을 위한 표시는
  … −2, −1, 1, 2, 3, … 등
- 문의 재-열림 버튼 표시는
  ◁ | ▷

㉢ 시각적인 표시 또는 신호는 카 내에 있는 사람이 엘리베이터가 어느 층에 정지했는지 알 수 있어야 한다.

㉣ 착상 정확도는 ±10mm 이내이어야 한다. 예를 들어 승객이 출입하거나 하역하는 동안 착상정확도가 ±20mm를 초과할 경우에는 ±10mm 이내로 보정되어야 한다.

② 부하 제어

㉠ 카에 과부하가 발생할 경우에는 재-착상을 포함한 정상 기동을 방지하는 장치가 설치되어야 한다. 유압식 엘리베이터의 경우, 장치는 재-착상을 방지하여서는 안 된다.

㉡ 과부하는 정격하중의 10%(최소 75kg)를 초과하기 전에 검출되어야 한다.

ⓐ 과부하의 경우에는 다음과 같아야 한다.

- 청각 및 시각적인 신호에 의해 카 내 이용자에게 알려야 한다.
- 자동 동력 작동식 문은 완전히 개방되어야 한다.
- 수동 작동식 문은 잠금해제 상태를 유지해야 한다.
- 16.1.4에 따른 예비운전은 무효화 되어야 한다.

③ **감소된 완충기 행정의 경우 구동기의 정상 감속 감시** : 감속이 충분하지 않을 경우, 기계 브레이크는 카 또는 균형추가 완충기에 충돌할 때 속도가 완충기의 설계속도를 초과하지 않도록 카의 속도를 줄여야 한다.

④ **문이 닫히지 않거나 잠기지 않은 상태에서 착상, 재-착상, 예비운전 제어** : 승강장문 및 카문이 닫히거나 잠기지 않은 상태에서 카의 움직임은 다음과 같은 조건

⑤ **전기적 비상운전 제어** : 전기적 비상운전 수단이 필요할 경우, 비상운전 스위치가 설치되어야 한다. 구동기는 정상적인 주전원 또는 예비전원(있는 경우)으로부터 전력을 공급받아야 한다.

㉠ 전기적 비상운전 스위치의 작동은 우발적 작동을 보호하는 버튼에 지속적인 압력을 가해 카 움직임의 제어를 허용해야 한다. 버튼 자체 또는 주변에 이동 방향이 명확히 표시되어 있어야 한다.

㉡ 전기적 비상운전 스위치의 작동 후, 이 스위치에 의한 움직임을 제외한 모든 카 움직임은 방지되어야 한다.

㉢ 다음과 같이 점검 운전 스위치는 전기적 비상운전 보다 우선한다.

- 점검 운전이 작동된 상태에서 전기적 비상운전을 작동하면, 전기적 비상운전은 무효화되며, 점검 운전의 상승/하강/운전 버튼은 여전히 유효하다.
- 전기적 비상운전이 작동된 상태에서 점검 운전을 작동하면, 전기적 비상운전 작동이 무효화되며, 점검 운전의 상승/하강/운전 버튼은 유효하게 된다.

㉣ 전기적 비상운전 스위치는 자체적으로, 또는 전기 스위치에 의해 다음의 전기 장치를 무효화해야 한다.

- 늘어진 로프나 체인을 확인하는 전기 장치
- 카 추락방지안전장치에 설치된 전기 장치
- 과속조절기에 설치된 전기 장치
- 카 상승과속방지장치에 설치된 전기 장치
- 완충기의 복귀를 확인하는 전기 장치
- 파이널 리미트 스위치

㉤ 전기적 비상운전 스위치 및 이 스위치의 누름 버튼은 구동기를 직접 확인할 수 있거나 표시장치에 의해서 확인할 수 있는 위치에 설치되어야 한다.

㉥ 카 속도는 0.30m/s 이하이어야 한다.

(2) 파이널 리미트 스위치

① **일반사항** : 파이널 리미트 스위치는 다음과 같아야 한다.

㉠ 권상 및 포지티브 구동식 엘리베이터의 경우, 주행로의 최상부 및 최하부에서 작동하도록 설치되어야 한다.

㉡ 유압식 엘리베이터의 경우, 주행로의 최상부에서만 작동하도록 설치되어야 한다. 파이널 리미트 스위치는 우발적인 작동의 위험 없이 가능한 최상층 및 최하층에 근접하여 작동하도록 설치되어야 한다. 이 파이널 리미트 스위치는 카(또는 균형추)가 완충기 또는 램이 완충장치에 충돌하기 전에 작동되어야 한다. 파이널 리미트 스위치의 작동은 완충기가 압축되어 있거나, 램이 완충장치에 접촉되어 있는 동안 지속적으로 유지되어야 한다.

② 파이널 리미트 스위치의 작동

㉠ 파이널 리미트 스위치와 일반 종단정지장치는 독립적으로 작동되어야 한다.

ⓐ 포지티브 구동식 엘리베이터의 경우, 파이널 리미트 스위치는 다음과 같이 작동되어야 한다.

- 구동기의 움직임에 연결된 장치에 의해, 또는
- 평형추가 있는 경우, 승강로 상부에서 카 및 평형추에 의해, 또는
- 평형추가 없는 경우, 승강로 상부 및 하부에서 카에 의해,

ⓑ 권상 구동식 엘리베이터의 경우, 파이널 리미트 스위치는 다음과 같이 작동해야 한다.

- 승강로 상부 및 하부에서 직접 카에 의해, 또는
- 카에 간접적으로 연결된 장치(로프, 벨트 또는 체인 등)에 의해(간접 연결이 파손되거나 늘어나면 15.2에 적합한 전기안전장치에 의해 구동기가 정지되어야 한다.)

ⓒ 직접 유압식 엘리베이터의 경우, 파이널 리미트 스위치는 다음과 같이 작동해야 한다.

- 카 또는 램에 의해, 또는
- 카에 간접적으로 연결된 장치(로프, 벨트 또는 체인 등)에 의해(간접 연결이 파손되거나 늘어나면 전기안전장치에 의해 구동기가 정지되어야 한다.)

ⓓ 간접 유압식 엘리베이터의 경우, 파이널 리미트 스위치는 다음과 같이 작동해야 한다.

- 램에 의해 직접적으로, 또는
- 램에 간접적으로 연결된 장치(로프, 벨트 또는 체인 등)에 의해(간접 연결이 파손되거나 늘어나면 15.2에 적합한 전기안전장치에 의해 구동기가 정지되어야 한다.)

③ 파이널 리미트 스위치의 작동방법

㉠ 파이널 리미트 스위치는 전동기 및 브레이크에 공급되는 회로의 확실한 기계적 분리를 통해 직접 회로를 개방하거나 전기안전장치를 개방해야 한다.

㉡ 파이널 리미트 스위치가 작동한 후에는, 유압식엘리베이터가 크리핑에 의해 작동구역을 벗어나는 경우라도, 카와 승강장 호출에 대해 카는 더 이상 움직이지 않아야 한다. 전기적 크리핑 방지시스템을 사용할 경우, 카가 자동으로 최하층에 보내지는 것은 카가 파이널 리미트 스위치의 작동구간을 벗어나자마자 작동해야 한다. 엘리베이터의 정상 작동으로의 복귀는 전문가(유지관리업자 등)의 개입이 요구되어야 한다.

07 기타 승강로 관련기준

(1) 튀어오름방지장치(록다운비상정지장치)

정격속도가 3.5m/s를 초과한 경우에는 추가로 튀어오름방지장치가 있어야 한다.

(2) 추락방지안전장치(safety gear)

과속이 발생하거나 로프 등 매다는 장치가 파단 될 경우, 주행안내 레일 상에서 엘리베이터의 카 또는 균형추를 정지시키고 그 정지 상태를 유지하기 위한 기계장치 종류

① **즉시 작동형 추락방지안전장치(Instantaneous safety gear)** : 정격속도가 1m/s 이하 주행안내 레일에서 즉각적으로 충분한 제동 작용을 하는 추락방지안전장치

② **완충효과가 있는 즉시 작동형 추락방지안전장치(Instantaneous safety gear with buffered effect)** : 정격속도가 1m/s 이하 주행안내 레일에서 거의 즉각적으로 충분한 제동 작용을 하는 추락방지안전장치나 카 또는 균형추에서의 반작용이 중간의 완충시스템에 의해 제한되는 추락방지안전장치

③ **점차 작동형 추락방지안전장치(Progressive safety gear)** : 정격속도가 1m/s를 초과 주행안내 레일에서 제동 작용에 의해 감속을 주는 추락방지안전장치로 허용 가능한 값까지 카 또는 균형추의 작용하는 힘을 제한하기 위해 만들어진 안전장치

㉠ 추락방지안전장치에 흡수되는 에너지 : 자유낙하 거리는 이 기준의 사용을 필요로 하는 기준들(별표 22의 10.2.2.1.2 등)에 명시된 요구사항에 정해진 과속조절기의 최대 작동속도(tripping speed)를 참조하여 계산된 거리를 채택해야 한다.

자유낙하 거리는 다음으로 간주된다.

$$h = \frac{v_1^2}{2 \cdot g_n} + 0.1 + 0.03 \text{ (m)}$$

여기서, g_n : 평방초당 자유낙하의 표준 가속도(m/s²)

v_1 : 초당 과속조절기의 최대 작동속도(m/s)

0.10m : 응답시간 동안 이동한 거리

0.03m : 물림요소와 주행안내 레일 사이의 틈이 조여지는 시간 동안 이동한 거리(m)

• 추락방지안전장치가 흡수할 수 있는 총 에너지

$$2 \cdot K = (P + Q) \cdot g_n \cdot h$$

위 식으로부터

$$(P + Q)_1 = \frac{2 \cdot K}{g_n \cdot h}$$

여기서, K, K_1, K_2 : 추락방지안전장치 블록 1개에 흡수된 에너지(J)(도표에 따라 계산된 값)

P : 빈 카 및 카에 의해 지지되는 부속품(즉, 이동 케이블의 부품, 보상 로프/체인 등)의 중량(kg)

Q : 정격하중(kg)

$(P + Q)_1$: 허용 중량(kg)

참/고

[허용 중량]

허용 중량(kg)은 다음과 같다.

$$(P + Q)_1 = \frac{2 \cdot K}{2 \cdot g_n \cdot h}$$

① 탄성한계가 초과되지 않은 경우

K : 정의된 면적의 적분에 의해 계산됨

2 : 분할 안전 계수로 간주됨

② 탄성한계가 초과된 경우는 두 가지 계산을 해 둘 중 더 높은 허용중량을 선택할 수 있다.

- $(P+Q)_1 = \frac{2 \cdot K_1}{2 \cdot g_n \cdot h}$

  K_1 : 면적의 적분에 의해 계산됨

  2 : 분할 안전 계수로 간주됨

- $(P+Q)_1 = \frac{2 \cdot K_2}{3.5 \cdot g_n \cdot h}$

  K_2 : 면적의 적분에 의해 계산됨

  3.5 : 분할 안전 계수로 간주됨

㉡ 추락방지안전장치의 제동력 결정

- 단일 중량에 대해 인증되는 추락방지안전장치 : 주어진 조정 및 주행안내 레일의 형식에 대해 추락방지안전장치가 가질 수 있는 제동력은 시험 중에 결정된 평균 제동력의 평균으로 한다. 각 시험은 주행안내 레일의 미사용 부분에서 실시해야 한다. 시험 중 구해진 평균값이 앞에서 결정된 제동력의 값의 ± 25% 범위 내에 있는지 확인해야 한다.

참/고

가공된 주행안내 레일의 동일한 지점에서 다수의 연속적인 시험을 할 경우 마찰 계수가 상당히 감소하는 시험 결과가 나타날 수 있다. 이는 추락방지안전장치가 연속적으로 작동하는 중에 표면 상태가 변화하기 때문이다.
설치 중에 주행안내 레일의 미사용 부분에서 추락방지안전장치가 우연히 작동될 모든 가능성이 인정된다.
추락방지안전장치가 우연히 작동된 경우가 아닐 경우, 주행안내 레일 표면의 사용되지 않은 부분에 도달할 때까지 제동력은 더 낮은 값을 가질 수 있다는 것을 고려할 필요가 있다. 따라서 정상 때보다 더 많은 미끄러짐이 있다. 이것이 초기에 매우 작은 감속도를 유발하는 어떤 조정도 허용되지 않는 더 큰 이유이다.

- 서로 다른 중량에 대해 인증되는 추락방지안전장치 : 단계적 조정 또는 연속적 조정. 추락방지안전장치의 제동력은 신청된 최대 및 최소의 값에 대하여 5.3.2.3.1에 정해진 바에 따라 계산해야 한다.

㉢ 시험 후 확인

시험 후 다음을 확인해야 한다.

- 블록 및 물림부품의 경도는 신청인이 제출한 최초의 값과 비교해야 한다.
- 변형 및 변화(예 금, 물림부품의 변형이나 마모, 마찰 표면의 외관)를 확인해야 한다.

- 추락방지안전장치 조립품, 물림부품 및 주행안내 레일의 변형 또는 파손을 보여주기 위해 필요한 경우 사진을 찍어야 한다.

④ 허용중량의 계산

㉠ 단일 중량에 대해 인증되는 추락방지안전장치

허용 중량은 다음 공식을 사용하여 계산해야 한다.

$$(P+Q)_1 = \frac{F_B}{16}$$

여기서, F_B : 제동력(N)

P : 빈 카 및 카에 의해 지지되는 부속품(이동케이블, 보상 로프/체인 등)의 중량[kg]

Q : 정격하중[kg]

$(P+Q)_1$: 허용중량[kg]

계산된 허용 중량이 시험된 중량보다 크면, 각 시험의 평균 감속도가 1gn 이하일 경우, 시험된 중량을 허용 중량으로 간주할 수 있다.

05 카 및 승강장 안전기준

01 승강장문 및 카문

(1) 일반사항

① 카에 정상적으로 출입할 수 있는 승강로 개구부에는 승강장문이 제공되어야 하고, 카에 출입은 카문을 통해야 한다. 다만, 2개 이상의 카문이 있는 경우, 어떠한 경우라도 2개의 문이 동시에 열리지 않아야 한다.

② 승강장문 및 카문에는 구멍이 없어야 한다.

③ 승강장문 및 카문이 닫혔을 때, 필수적인 틈새를 제외하고 승장장 출입구 및 카 출입구를 완전히 닫아야 한다.

④ 승강장문 및 카문이 닫혀 있을 때, 문짝 간 틈새나 문짝과 문틀(측면) 또는 문턱 사이의 틈새는 6mm 이하이어야 하며, 관련 부품이 마모된 경우에는 10mm까지 허용될 수 있다. 유리로 만든 문은 제외한다.
수직 개폐식 승강장문 및 카문의 경우에는 상기 틈새를 10mm까지 허용될 수 있으며, 관련부품이 마모된 경우에는 14mm까지 허용될 수 있다.
이 틈새는 움푹 들어간 부품이 있다면 그 부분의 안쪽을 측정한다.

⑤ 경첩이 달린 카문에는 그 문이 카 외부로 열리는 것을 방지하기 위한 장치가 있어야 한다.

(2) 출입문의 높이 및 폭

① 높이 : 승강장문 및 카문의 출입구 유효 높이는 2m 이상이어야 한다. 다만, 주택용 엘리베이터의 경우에는 1.8m 이상으로 할 수 있으며, 자동차용 엘리베이터의 경우에는 제외한다.

② 폭 : 승강장문의 출입구 유효 폭은 카 출입구 폭 이상으로 하되, 카 출입구 폭보다 50 mm를 초과하지 않아야 한다.

(3) 문턱, 가이드 및 문의 현수

① 문턱 : 모든 승강장 및 카 출입구에는 카 내부에 들어가는 하중을 견디도록 충분한 강도의 문턱이 있어야 한다.

■ 참/고

물청소나 스프링클러의 작동 등으로 물이 승강로에 들어가지 않도록 각 승강장문 문턱 앞의 바닥은 약간 경사지게 마감하는 것이 바람직하다.

② 출입문 안내수단

㉠ 승강장문 및 카문은 정상작동 중 이탈, 기계적인 끼임 또는 작동 경로의 끝단에서 벗어나는 것이 방지되도록 설계되어야 한다.

㉡ 수평 개폐식 승강장문 및 카문은 상부와 하부에서 안내되어야 한다.

■ 참/고

상부 안내수단은 행거롤러를 말하고, 하부 안내수단은 가이드 슈를 말한다.

㉢ 수직 개폐식 승강장문 및 카문은 양 측면에서 안내되어야 한다.

③ 수직 개폐식 문의 현수

㉠ 수직 개폐식 승강장문 및 카문의 문짝은 2개의 독립된 현수 부품에 의해 고정되어야 한다.

㉡ 현수 로프·체인 및 벨트의 안전율은 8 이상으로 설계되어야 한다.

㉢ 현수 로프 풀리의 피치 직경은 로프 직경의 25배 이상이어야 한다.

㉣ 현수 로프/체인은 풀리 홈 또는 스프로킷에서 이탈되지 않도록 보호되어야 한다.

(4) 승강장문과 카문 사이의 수평 틈새

① 카문의 문턱과 승강장문의 문턱 사이의 수평거리는 35mm 이하이어야 한다. (그림 3 참조)

② 승강장문과 카문 전체가 정상 작동하는 동안, 카문의 앞부분과 승강장문 사이의 수평거리는 0.12m 이하이어야 한다. (그림 3 참조)

■ 참/고

승강장문 전면에 건축물의 출입문이 추가되어 공간이 발생한 경우, 그 공간 사이에 사람이 갇히지 않도록 조치해야 한다.

③ 다음과 같은 조합인 경우, 그림 8, 그림 9 또는 그림 10과 같이 닫힌 문 사이의 어떤 틈새에도 직경 0.15m의 구가 있을 가능성이 없어야 한다.

㉠ 경첩이 있는 승강장문과 접히는 카문의 조합(그림 8 참조)

㉡ 경첩이 있는 승강장문과 수평 개폐식 카문의 조합(그림 9 참조)

㉢ 기계적으로 연동되지 않은 수평 개폐식 승강장문과 카문의 조합(그림 10 참조)

참/고

그림 10은 "닫힌 카문 및 열린 승강장문의 조합"에도 적용된다.

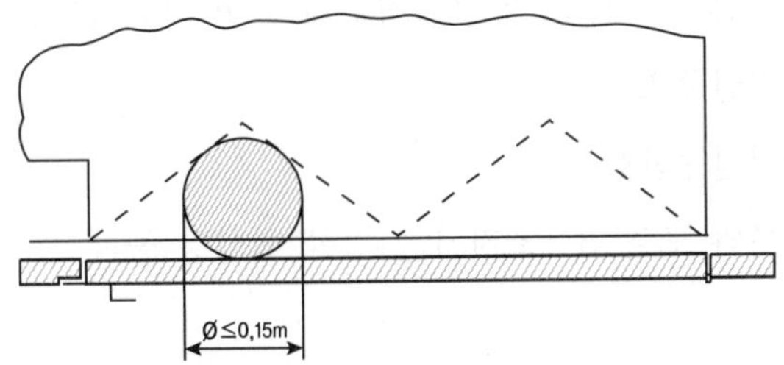

[그림 8. 경첩이 있는 승강장문과 접히는 카문의 조합]

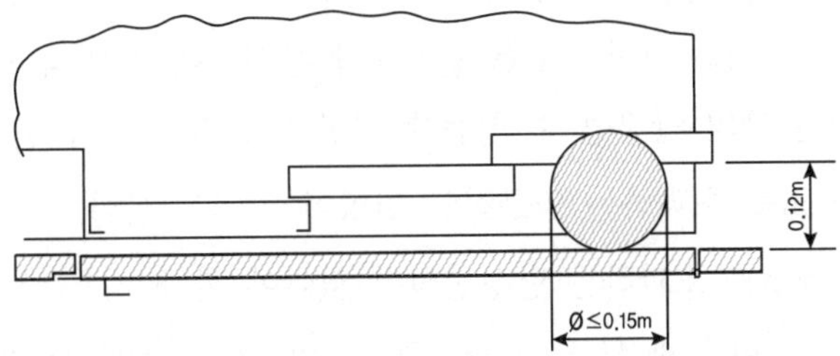

[그림 9. 경첩이 있는 승강장문과 수평 개폐식 카문의 조합]

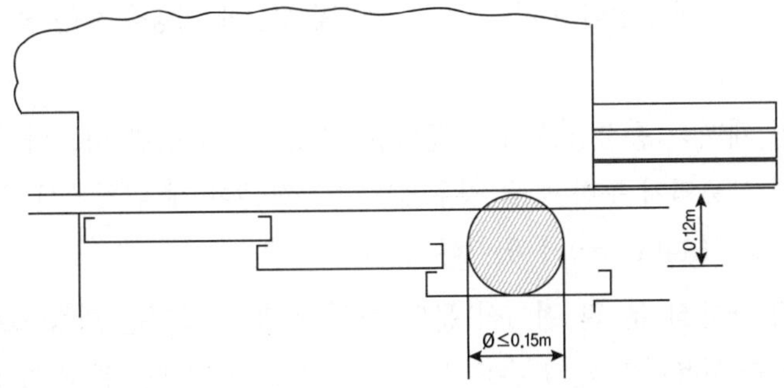

[그림 10. 기계적으로 연동되지 않은 수평 개폐식 승강장문과 카문의 조합]

(5) 승강장문 및 카문의 강도

① 일반사항 : 승강장문 및 카문을 구성하는 부품들은 환경적인 조건에서 설계된 수명 동안 적절한 강도가 유지되는 재질로 만들어져야 한다.

② 방화 등급

㉠ 「건축법」 등 관계 법령에 따라 승강장문에 방화등급이 요구되는 경우, 관련 규정에 적합한 승강장문이 설치되어야 한다.

㉡ 승강장문(방화문)에는 보기 쉬운 곳에 쉽게 지워지지 않는 방법으로 다음과 같은 내용이 표시되어야 한다.

- 제조 · 수입업자의 명(법인인 경우에는 법인의 명칭을 말한다)
- 부품안전인증표시
- 부품안전인증번호
- 승강장문의 모델명(제조자가 지정한 형식명 등)

③ 기계적 강도

㉠ 승강장문 및 카문은 승강장문이 잠긴 상태 및 카문이 닫힌 상태 기계적 강도

ⓐ 문짝/문틀에 대해 $5cm^2$ 면적의 원형 또는 정사각형 모양의 어느 지점마다 수직으로 300N의 정적인 힘을 균등하게 분산하여 가할 때 다음과 같아야 하며, 시험 후에는 문의 안전성 및 성능에 영향을 받지 않아야 한다.

- 1mm를 초과하는 영구적인 변형이 없어야 한다.
- 15mm를 초과하는 탄성변형이 없어야 한다.

ⓑ 승강장문의 문짝/문틀(승강장 측) 및 카문의 문짝/문틀(카 내부 측)에 대해 $100cm^2$ 면적의 원형 또는 정사각형 모양의 어느 지점마다 수직으로 1,000N의 정적인 힘을 균등하게 분산하여 가할 때 안전성 및 성능에 영향을 주는 중대한 영구 변형이 없어야 한다.

㉡ 수평 개폐식 승강장문 및 카문에는 안내수단이 심한 마모나 부식 또는 충격으로 인하여 사용되지 못하게 될 경우에도 승강장문이 제 위치에서 유지되도록 하는 문이탈 방지장치(Retainer)가 있어야 한다.

㉢ 수평 개폐식 문 및 접이식 문의 선행 문짝을 열리는 방향으로 가장 취약한 지점에 장비를 사용하지 않고 손으로 150N의 힘을 가할 때, 틈새 6mm를 초과할 수 있으나 다음 구분에 따른 틈새를 초과할 수 없다.

ⓐ 측면 개폐식 문 : 30mm

ⓑ 중앙 개폐식 문 : 45mm

㉣ 유리판이 있는 승강장문, 유리판이 있는 카문, 폭이 150mm 이상인 승강장문의 측면 문틀

승강장문, 카문 표면에 인테리어용으로 유리를 덧붙이는 경우에는 KS L 2002에 적합하거나 동등 이상의 강화유리가 사용되고 비산방지 필름 등이 부착되어야 하며, 진자 충격시험을 견딜 수 있어야 한다. 경질진자 충격시험 후 유리 조각이 비산되지 않아야 한다.

ⓜ 유리가 있는 문/문틀은 KS L 2004에 따른 접합유리가 사용되어야 한다.

(6) 문 작동에 관한 보호

① **일반사항** : 자동 동력 작동식 문의 표면(승강장문의 경우에는 승강장 측, 카문의 경우에는 카 내부 측)은 문이 작동하는 동안 전단(剪斷)의 위험을 방지하기 위해 3mm를 초과하는 함몰 또는 돌출 부분이 없어야 한다.

② **동력 작동식 문**

㉠ 일반사항 : 승강장문과 카문이 연동되어 동시에 작동되는 경우, 결합된 메커니즘에 대해 유효하다.

㉡ 수평 개폐식 문

ⓐ 자동 동력 작동식 문

- 승강장문 또는 카문과 문에 견고하게 연결된 기계적인 부품들의 운동에너지는 평균 닫힘 속도로 계산되거나 측정했을 때 10J 이하이어야 한다.
- 문이 닫히는 것을 막는 데 필요한 힘은 문이 닫히기 시작하는 1/3 구간을 제외하고 150N을 초과하지 않아야 한다.
- 접이식 문이 열리는 것을 막는 데 필요한 힘은 150N을 초과하지 않아야 한다.

ⓑ 반자동 동력 작동식 문 : 버튼을 지속적으로 누르고 있거나 이와 유사한 방법(hold-to-run control)으로 이용자의 지속적인 관리 아래에서 문이 닫히는 경우, 측정된 운동에너지가 10J을 초과할 때 가장 빠른 문짝의 평균 닫힘 속도는 0.3m/s로 제한되어야 한다.

㉢ 수직 개폐식 문 : 수직 개폐식 문은 화물용 엘리베이터와 자동차용 엘리베이터에만 사용되어야 한다. 동력 닫힘은 다음 조건을 만족하는 경우에만 사용되어야 한다.

ⓐ 문짝의 평균 닫힘 속도는 0.3m/s 이하이어야 한다.

ⓑ 문닫힘안전장치는 문이 닫히는 동안 문 앞(승강장문의 경우에는 승강장문 측, 카문의 경우에는 카 내부 측)의 일정한 거리에서 움직이는 사람이나 물체를 감지하면 자동으로 문을 다시 열리기 시작해야 한다.

ⓒ 반자동 동력 작동식 문의 경우, 카문은 승강장문이 닫히기 시작하기 전에 2/3 이상 닫혀야 한다.

ⓓ 다른 형식의 문 : 동력 작동의 다른 형식의 문(경첩이 달린 문 등)이 개폐될 때, 사람이 부딪힐 위험이 있는 곳에는 동력 작동 개폐식 문에 대한 것과 유사한 예방조치가 취해져야 한다.

③ 승강장 조명 : 승강장문 근처의 승강장에 있는 자연조명 또는 인공조명은 카 조명이 꺼지더라도 이용자가 엘리베이터에 탑승하기 위해 승강장문이 열릴 때 미리 앞을 볼 수 있도록 바닥에서 50ℓx 이상이어야 한다.

(7) 닫히고 잠긴 승강장문의 확인

① 추락 위험에 대한 보호 : 엘리베이터의 정상 운행 중, 카가 문의 잠금해제구간에 정지하고 있지 않거나 정지 시점이 아닌 경우 승강장문(또는 여러 문짝이 있는 경우 어떤 문짝이라도)의 개방은 가능하지 않아야 한다.

② 잠금해제구간은 승강장 바닥의 위·아래로 각각 0.2m를 초과하여 연장되지 않아야 한다. 다만, 기계적으로 작동되는 승강장문과 카문이 동시에 작동되는 경우에는 잠금해제구간을 승강장 바닥의 위·아래로 각각 0.35m까지 연장할 수 있다.

(8) 승장장문 및 카문의 잠금, 비상잠금해제

① 승강장문 잠금장치 : 전기안전장치는 잠금 부품이 7mm 이상 물리지 않으면 작동되지 않아야 한다. (그림 12 참조)

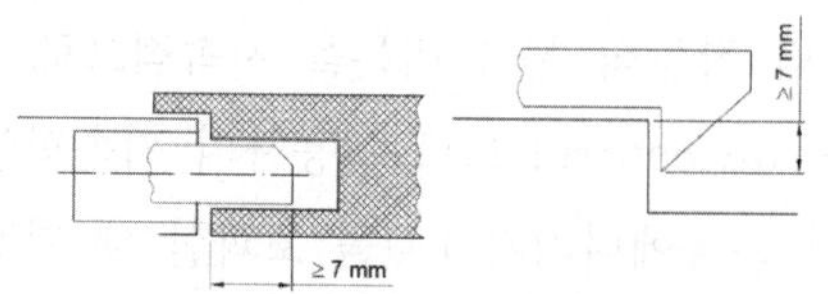

[그림 12. 잠금 부품의 예시]

㉠ 잠금 부품의 결합은 문이 열리는 방향으로 300N의 힘을 가할 때 잠금 효과를 감소시키지 않는 방식으로 이루어져야 한다.

㉡ 승강장문 잠금장치는 잠겨있는 승강장에서 문이 열리는 방향으로 다음과 같은 힘을 가할 때 별표 11의 출입문 잠금장치 시험과정에서 안전에 악영향을 미칠 수 있는 영구적인 변형이나 파손 없이 견뎌야 한다.

- 개폐식 문 : 1,000N

• 경첩이 달린 문(잠금 핀) : 3,000N

② **카문 잠금장치** : 카문의 잠금이 필요한 경우, 카문 잠금장치는 승강장문 잠금장치에 관한 기준에 적합하도록 설계되어야 한다.

③ **비상잠금해제**

㉠ 각 승강장문은 그림 13에 따른 구멍에 적합한 비상잠금해제 삼각열쇠를 사용하여 외부에서 잠금 해제될 수 있어야 한다.

〈단위 : mm〉

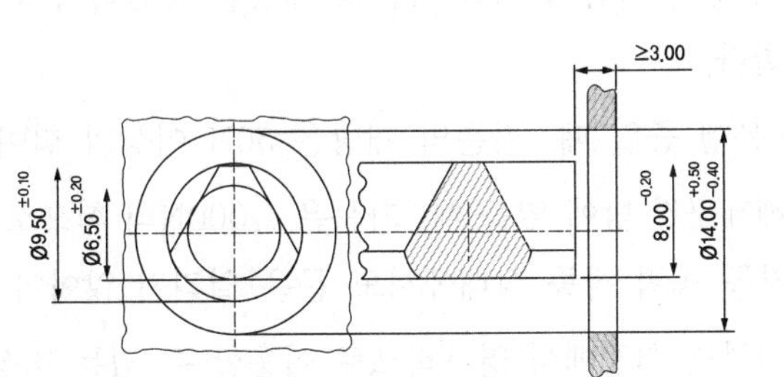

[그림 13. 비상잠금해제를 위한 삼각열쇠 구멍]

㉡ 비상잠금해제 삼각열쇠 구멍은 승강장문의 문짝 또는 문틀에 있어야 하고, 문짝 및 문틀의 수직면에 있는 경우 승강장 바닥 위로 높이 2m 이하에 위치되어야 한다. 잠금해제 삼각열쇠 구멍이 문틀에 있고 수평면에 대해 아랫방향으로 향하는 경우, 그 구멍의 최대 높이는 승강장 바닥에서 2.7m 이하이어야 하고 비상잠금해제 삼각열쇠의 길이는 해당 승강장문의 높이에서 2m를 뺀 수치 이상이어야 한다.

비상해제 삼각열쇠의 길이가 0.2m를 초과한 경우에는 특수 도구로 간주되며, 그 비상해제 삼각열쇠는 해당 엘리베이터가 설치된 장소에 비치되어 자격자가 즉시 이용할 수 있게 해야 한다.

㉢ 비상잠금해제 후, 승강장문 잠금장치는 승강장문이 닫혀 있는 상태에서는 잠금해제 위치를 유지할 수 없어야 한다.

㉣ 승강장문이 카문에 의해 작동되는 경우, 카가 잠금해제구간 밖에 있을 때 어떤 이유로 승강장문이 열리더라도 승강장문의 닫힘 및 잠김을 보장하는 장치(무게추 또는 스프링 등)가 있어야 한다.

㉤ 승강장문을 통해서만 피트에 출입할 수 있는 경우, 승강장문 잠금장치는 사다리로부터 높이 1.8m 이내 및 수평거리 0.8m 이내에서 안전하게 닿을 수 있어야 하거나, 피트에 있는 사람이 승강장문의 잠금을 해제할 수 있는 장치가 영구적으로 설치되어 있어야 한다.

(9) 카문의 개방

① 엘리베이터가 어떤 이유로 인해 잠금해제구간에서 정지한다면, 다음과 같은 위치에서 손으로 승강장문 및 카문을 열 수 있어야 하고, 그 힘은 300N을 초과하지 않아야 한다.

㉠ 승강장문이 비상잠금해제 삼각열쇠에 의해 잠금이 해제되었거나 카문에 의해 해제된 이후의 승강장

㉡ 카 내부

② 카 내부에 있는 사람에 의한 카문의 개방을 제한하기 위하여 다음과 같은 수단이 제공되어야 한다.

㉠ 카가 운행 중일 때, 카문의 개방은 50N 이상의 힘이 요구되어야 한다.

㉡ 잠금해제구간 밖에 있을 때, 카문은 1,000N의 힘으로 50mm 이상 열리지 않아야 하며, 자동 동력 작동 상태에서도 문은 열리지 않아야 한다.

③ 카가 정지하면 현장에서 영구적으로 이용할 수 있는 비상잠금해제 삼각열쇠 이외의 도구가 없어도 카문과 상응하는 승강장문을 열면 카문을 열 수 있어야 한다.
카문 잠금장치가 설치된 카문의 경우에도 동일하다.

④ 카문 잠금장치가 있는 엘리베이터의 경우, 카 내부에서 카문의 개방은 카가 잠금해제구간에 있을 때에만 가능해야 한다.

02 카, 균형추 및 평형추

(1) 카의 높이

카 내부의 유효 높이는 2m 이상이어야 한다. 다만, 주택용 엘리베이터의 경우에는 1.8m 이상으로 할 수 있으며, 자동차용 엘리베이터의 경우에는 제외한다.

(2) 카의 벽, 바닥 및 지붕

① 카는 다음과 같이 허용 가능한 개구부를 제외하고 벽, 바닥 및 지붕으로 완전히 둘러싸여야 한다.

㉠ 이용자의 정상적인 출입을 위한 출입구

㉡ 비상구출구

㉢ 환기구

② 카의 슬링, 가이드 슈/롤러, 벽, 바닥, 천장 및 지붕으로 구성된 카 조립체는 정상운행뿐만 아니라 추락방지안전장치가 작동되었을 때 적용되는 힘을 견딜 수 있는 기계적인 강도를 가져야 한다.

③ 카 추락방지안전장치가 작동될 때, 무부하 상태의 카 바닥 또는 정격하중이 균일하게 분포된 부하 상태의 카 바닥은 정상적인 위치에서 5%를 초과하여 기울어지지 않아야 한다.

④ 카의 각 벽은 다음 구분과 같은 기계적 강도를 가져야 한다.

㉠ 5cm^2 면적의 원형 또는 정사각형 모양의 어느 지점마다 수직으로 300N의 힘을 균등하게 분산하여 카 내부에서 외부로 가할 때 다음과 같아야 한다.

- 1mm를 초과하는 영구적인 변형이 없어야 한다.
- 15mm를 초과하는 탄성변형이 없어야 한다.

㉡ 100cm^2 면적의 원형 또는 정사각형 모양의 어느 지점마다 수직으로 1,000N의 힘을 균등하게 분산하여 카 내부에서 외부로 가할 때 1mm를 초과하는 영구적인 변형이 없어야 한다.

■ 참/고

이 힘은 거울, 장식용 패널, 카 조작반 등을 제외하고, 벽 "구조체"에 적용한다.

⑤ 카 벽 전체 또는 일부에 사용되는 유리는 KS L 2004에 적합한 접합유리이어야 한다. 높이 500mm에서 떨어지는 것과 동등한 충격에너지의 경질 진자충격장치(별표 9 참조) 및 높이 700mm에서 떨어지는 것과 동등한 충격에너지의 연질 진자충격장치(별표 9 참조)를 카 벽의 유리판 중심선의 바닥 위로 높이 1m의 타격지점에 충격을 가할 때 또는 카 벽의 일부에 유리가 있는 경우 유리부품 중앙의 타격지점에 충격을 가할 때, 다음과 같아야 한다.

㉠ 카 벽의 구성요소에는 균열이 없어야 한다.

㉡ 유리 표면에는 지름 2mm 이하의 흠집을 제외하고 손상이 없어야 한다.

㉢ 카 벽의 완전성에 손실이 없어야 한다. 다만, 표 8과 같은 평면 유리로 된 카 벽의 부품들이 모든 면에서 틀에 끼여져 있는 경우, 상기의 충격시험은 필요하지 않다. 상기의 충격시험은 카 벽의 내부 면에서 수행되어야 한다.

[표 8 카 벽에 사용되는 평면 유리판]

유리 형식	내접원 지름	
	최대 1m	최대 2m
	최소 두께(mm)	최소 두께(mm)
강화 접합유리	8 (4+4+0.76)	10 (5+5+0.76)
접합유리	10 (5+5+0.76)	12 (6+6+0.76)

⑥ 벽에 있는 유리는 추락방지안전장치의 작동을 포함하여 양쪽 주행 방향에서 발생하는 모든 충격 조건에서 유리가 고정설비에서 미끄러지지 않도록 해야 한다.

⑦ 유리판에는 다음과 같은 정보가 표시되어야 한다.

㉠ 판매자명 및 상표

㉡ 유리의 유형

㉢ 두께(예 8/8/0.76mm)

⑧ 카 지붕은 8.7에 따른 기준에 적합해야 한다.

⑨ 바닥에서 높이 1.1 m 이하인 곳에 유리가 있는 카 벽에는 높이 0.9 m부터 1.1 m까지 구간 사이에 손잡이가 있어야 한다.
이 손잡이는 유리와 독립적으로 고정되어야 한다.

(3) 카문, 카 바닥·벽·천장 및 장식품의 재질

카 바닥·벽·천장 및 카문으로 구성된 본체는 불연재료로 만들어져야 한다. 다만, 페인트 마감, 벽면에 최대 0.3 mm의 코팅(합판) 및 고정장치(조작반, 조명 및 표시기)는 제외된다.

(4) 에이프런

① 카 문턱에는 에이프런이 설치되어야 한다. 에이프런의 폭은 마주하는 승강장 유효 출입구의 전체 폭 이상이어야 한다. 에이프런의 수직면은 아랫방향으로 연장되어야 하고, 하단의 모서리 부분은 수평면에 대해 승강로 방향으로 60° 이상 구부러져야 하며, 구부러진 곳의 수평면에 대한 투영 길이는 20mm 이상이어야 한다. 에이프런 표면의 돌출부(나사 등 고정 장치)는 5mm를 초과하지 않아야 하며, 2mm를 초과하는 돌출부는 수평면에 대해 75° 이상으로 모따기 되어야 한다.

② 에이프런의 수직 부분 높이는 0.75m 이상이어야 한다. 다만, 주택용 엘리베이터의 경우에는 0.54m 이상이어야 한다. 에이프런 하단의 모서리에 대해 5cm^2 면적의 원형 또는 정사각형 모양의 어느 지점마다 수직으로 300N의 힘을 균등하게 분산하여 승강장 측에서 가할 때 다음과 같아야 한다.

㉠ 1mm를 초과하는 영구적인 변형이 없어야 한다.

㉡ 35mm를 초과하는 탄성변형이 없어야 한다.

(5) 비상구출문

① 카 천장에 비상구출문이 설치된 경우, 유효 개구부의 크기는 0.4m×0.5m 이상이어야 한다. 다만, 카 벽에 설치된 경우 제외될 수 있다.

■ 참/고

공간이 허용된다면, 유효 개구부의 크기는 0.5×0.7m가 바람직하다.

② 하나의 승강로에 2대 이상의 엘리베이터가 있는 경우, 카 벽에 비상구출문을 설치할 수 있다. 다만, 카 간의 수평거리는 1m를 초과할 수 없다. 이 경우, 각 카에는 구조 작업이 가능할 수 있도록 사람이 구출될 인접한 카의 위치를 결정하는 수단이 제공되어야 한다. 구조가 이뤄질 때, 카 벽의 비상구출문 간의 거리가 0.35m를 초과한 경우에는 손잡이가 있고 폭이 0.5m 이하이지만 비상구출문의 개구부에 들어가기에 충분한 공간이 있는 휴대용/이동식 다리(portable/movable bridge) 또는 카에 일체형으로 된 다리(bridge)가 설치되어야 한다. 다리는 2,500N의 힘을 견딜 수 있도록 설계되어야 한다. 다리가 휴대용/이동식인 경우, 그 다리는 구조가 이루어지는 건축물에 보관되어야 하고, 다리의 사용에 관한 설명서가 있어야 한다. 카 벽에 설치된 비상구출문의 크기는 폭 0.4m 이상, 높이 1.8m 이상이어야 한다.

③ 비상구출문에는 손으로 조작할 수 있는 잠금장치가 있어야 한다.

㉠ 카 천장의 비상구출문은 카 외부에서 열쇠 없이 열려야 하고, 카 내부에서는 비상잠금해제 삼각열쇠로 열려야 한다. 카 천장의 비상구출문은 카 내부 방향으로 열리지 않아야 한다. 카 천장의 비상구출문이 완전히 열렸을 때, 그 열린 부분은 카 천장의 가장자리를 넘어 돌출되지 않아야 한다.

㉡ 카 벽의 비상구출문은 카 외부에서 열쇠 없이 열려야 하고, 카 내부에서는 비상잠금해제 삼각열쇠로 열려야 한다. 카 벽의 비상구출문은 카 외부방향으로 열리지 않아야 한다. 카 벽의 비상구출문은 균형추나 평형추의 주행로 또는 카에서 다른 카로

이동을 방해하는 고정된 장애물(카를 분리하는 중간 빔은 제외한다)의 전면에 위치되지 않아야 한다. 8.6.4 8.6.3에 따른 잠금 상태는 15.2에 따른 전기안전장치에 의해 입증되어야 한다. 카 벽의 비상구출문의 경우, 잠금장치가 해제되면 이 장치는 또한 인접한 엘리베이터를 정지시켜야 한다. 엘리베이터의 운행 재개는 잠금장치가 다시 잠긴 후에만 가능해야 한다.

(6) 카 지붕

① 카 지붕은 다음과 같은 기준에 적합해야 한다.

㉠ 카 지붕은 허용 가능 인원을 지탱할 수 있는 충분한 강도를 가져야 하고, 0.3m× 0.3m 면적의 어느 지점에서나 최소 2,000N의 힘을 영구 변형 없이 견딜 수 있어야 한다.

㉡ 작업 또는 작업구역 간의 이동이 필요한 카 지붕의 표면은 사람이 미끄러지지 않도록 되어야 한다.

② 카 지붕에는 다음과 같은 보호수단이 있어야 한다.

㉠ 다음 중 어느 하나에 해당하는 곳에 높이 0.1m 이상의 발보호판(toe board)이 있어야 한다.

- 카 지붕의 바깥쪽 가장자리
- 보호난간이 있는 경우에는 카 지붕의 바깥쪽 가장자리와 보호난간 사이

㉡ 카 지붕의 바깥쪽 가장자리에서 승강로 벽까지의 수평거리가 0.3m를 초과하는 경우에는 보호난간이 있어야 한다. 이 수평거리는 승강로 벽까지 측정되어야 한다. 다만, 폭 또는 높이가 0.3m 이하의 움푹 들어간 부분은 측정에서 제외될 수 있다.

③ 카 지붕의 바깥쪽 가장자리와 승강로 벽 사이에 위치된 엘리베이터 부품이 추락 위험을 방지할 수 있는 경우(그림 15 및 그림 16 참조), 그 보호는 다음 조건을 동시에 충족해야 한다.

㉠ 카 지붕의 바깥쪽 가장자리와 승강로 벽 사이의 거리가 0.3m를 초과한 경우, 카 지붕의 바깥쪽 가장자리와 관련 부품 사이, 부품과 부품 사이 또는 보호난간의 끝부분과 부품 사이에는 직경 0.3m를 초과하는 수평 원을 놓을 수 없어야 한다.

㉡ 부품에 대해 어느 지점마다 수직으로 300N의 힘을 수평으로 가할 때, 가)에 따른 기준을 더 이상 충족할 수 없는 곳으로 편향되지 않아야 한다.

㉢ 부품은 카 주행의 전 구간에 걸쳐, 보호를 형성하기 위해 카 지붕 위의 높이로 연장되어야 한다.

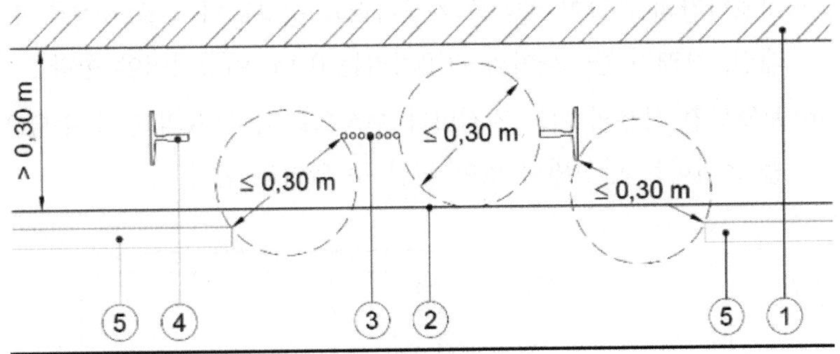

[기호 설명]
① 승강로 벽 ② 카 지붕 가장자리
③ 로프, 벨트 ④ 주행안내 레일
⑤ 보호난간

[그림 15. 추락 보호 부품의 예(전기식 엘리베이터)]

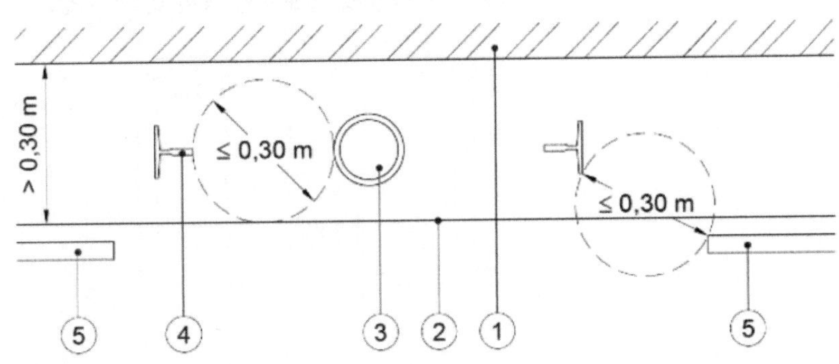

[기호 설명]
① 승강로 벽 ② 카 지붕 가장자리
③ 램 ④ 주행안내 레일
⑤ 보호난간

[그림 16. 추락 보호 부품의 예(유압식 엘리베이터)]

④ 보호난간은 다음과 같아야 한다.

㉠ 보호난간은 손잡이와 보호난간의 1/2 높이에 있는 중간 봉으로 구성되어야 한다.

㉡ 보호난간의 높이는 보호난간의 손잡이 안쪽 가장자리와 승강로 벽(그림 17 참조) 사이의 수평거리를 고려하여 다음 구분에 따른 수치 이상이어야 한다.

- 수평거리가 0.5m 이하인 경우 : 0.7m
- 수평거리가 0.5m를 초과한 경우 : 1.1m

㉢ 보호난간은 카 지붕의 가장자리로부터 0.15m 이내에 위치되어야 한다.

㉣ 보호난간의 손잡이 바깥쪽 가장자리와 승강로의 부품(균형추 또는 평형추, 스위치, 레일, 브래킷 등) 사이의 수평거리는 0.1m 이상이어야 한다.

㉤ 보호난간 상부의 어느 지점마다 수직으로 1,000N의 힘을 수평으로 가할 때, 50mm를 초과하는 탄성변형 없이 견딜 수 있어야 한다.

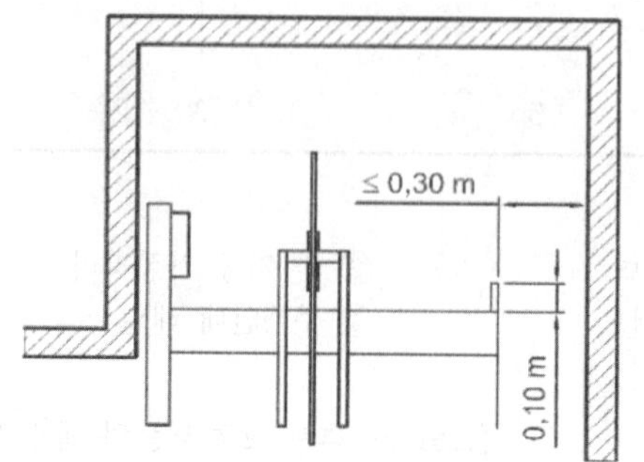

〈보호난간 불필요, 발보호판 높이 0.1m 이상〉

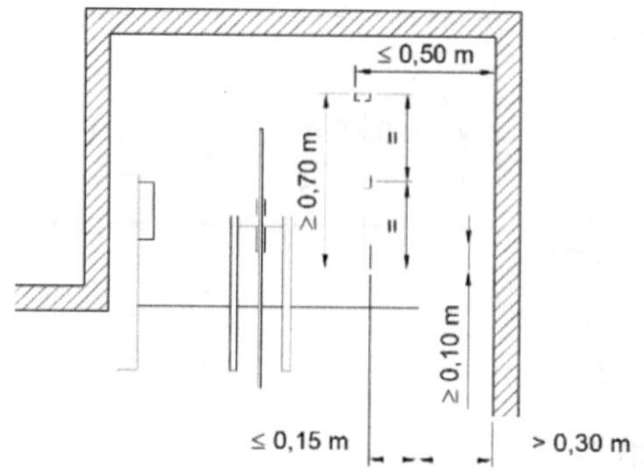

〈0.7m 이상의 보호난간 필요, 발보호판 높이 0.1m 이상〉

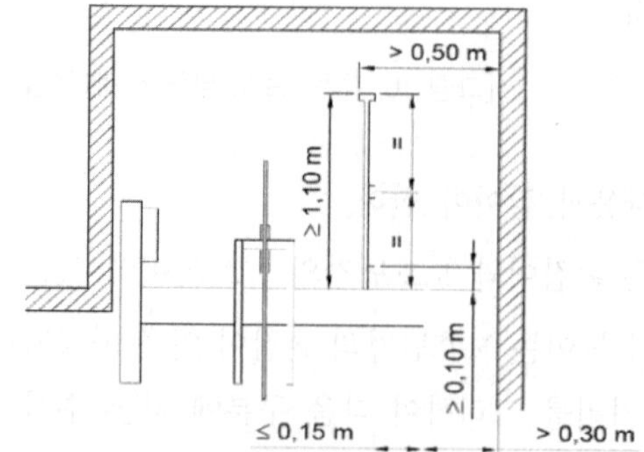

〈1.1m 이상의 보호난간 필요, 발보호판 높이 0.1m 이상〉

[그림 17. 카 지붕 보호난간 - 높이]

⑤ 카 지붕에 사용된 유리는 KS L 2004에 적합한 접합유리이어야 한다.

(7) 카 상부의 설비

① 피난 공간에서 수평거리 0.3m 이내의 위치에서 조작이 가능한 (점검운전)에 따른 조작반

② 점검 등 유지관리 업무를 수행하는 사람이 쉽게 접근할 수 있고, 출입구에서 1m 이내에 있는 정지장치

③ 콘센트

(8) 환기

① 카에는 카의 아랫부분과 윗부분에 환기 구멍이 있어야 한다.

② 카의 아랫부분과 윗부분에 있는 환기 구멍의 유효 면적은 각각 카 유효 면적의 1% 이상이어야 하고, 카문 주위의 틈새는 필요한 유효 면적의 50%까지 환기 구멍의 면적 계산에 고려될 수 있다.

③ 환기 구멍은 직경 10mm의 곧은 강철 막대 봉이 카 내부에서 카 벽을 통해 통과될 수 없는 구조이어야 한다.

(9) 조명

① 카에는 카 조작반 및 카 벽에서 100mm 이상 떨어진 카 바닥 위로 1m 모든 지점에 100 ℓx 이상으로 비추는 전기조명장치가 영구적으로 설치되어야 한다.

② 조명장치에는 2개 이상의 등(燈)이 병렬로 연결되어야 한다.

③ 카는 문이 닫힌 채로 승강장에 정지하고 있을 때를 제외하고 계속 조명되어야 한다.

④ 카에는 자동으로 재충전되는 비상전원공급장치에 의해 5ℓx 이상의 조도로 1시간 동안 전원이 공급되는 비상등이 있어야 한다. 이 비상등은 다음과 같은 장소에 조명되어야 하고, 정상 조명전원이 차단되면 즉시 자동으로 점등되어야 한다.

㉠ 카 내부 및 카 지붕에 있는 비상통화장치의 작동 버튼

㉡ 카 바닥 위 1m 지점의 카 중심부

㉢ 카 지붕 바닥 위 1m 지점의 카 지붕 중심부 비상등의 조명에 사용되는 비상전원공급장치가 비상통화장치와 동시에 사용될 경우, 그 비상전원공급장치는 충분한 용량이 확보되어야 한다.

(10) 균형추 및 평형추

① 균형추 또는 평형추가 공간을 채우는 무게추를 포함한 경우, 무게추의 이탈을 막기 위해 필요한 조치가 취해져야 한다. 이러한 효과를 발휘하기 위해 무게추를 틀에 끼우고 견고하게 고정시켜야 한다.

② 균형추 또는 평형추에 고정된 풀리 또는 스프로킷은 보호되어야 한다.

03 매다는 장치(현수), 보상수단 및 관련 보호수단

(1) 매다는 장치(현수)

① 카와 균형추 또는 평형추는 매다는 장치에 의해 매달려야 한다. 다만, 직접 유압식 엘리베이터의 경우에는 그렇지 않다.

② 매다는 장치는 다음의 구분에 따라 적합해야 한다.

㉠ 로프 : 공칭 직경이 8mm 이상이어야 한다. 다만, 구동기가 승강로에 위치하고, 정격속도가 1.75m/s 이하인 경우로서 행정안전부장관이 안전성을 확인한 경우에 한정하여 공칭 직경 6mm의 로프가 허용된다.

㉡ 체인 : 인장강도 및 특성 등이 KS B 1407에 적합해야 한다.

㉢ 벨트 : 별표 8 부속서 표 V.1에 적합해야 한다.

③ 로프 또는 체인 등의 가닥수는 2가닥 이상이어야 한다. 간접 유압식 엘리베이터의 경우에는 간접 작동 잭 당 2가닥 이상이어야 하고, 카와 평형추 사의 연결 부분에 2가닥 이상이어야 한다.

■ 참/고

> 구멍에 꿰어 매는 방식(로핑)이 사용되는 경우, 고려되는 수는 내려지는 수가 아니라 로프 또는 체인의 수이다.

④ 매다는 장치는 독립적이어야 한다.

⑤ 매다는 장치는 별표 8에 따라 안전성이 입증되어야 한다.

⑥ 매다는 장치에는 보기 쉬운 곳에 쉽게 지워지지 않는 방법으로 다음과 같은 내용이 표시되어야 한다.

㉠ 제조 · 수입업자의 명(법인인 경우에는 법인의 명칭을 말한다)

㉡ 부품안전인증표시나 부품안전인증번호

㉢ 매다는 장치의 형식(와이어 로프, 롤러체인, 벨트 등)

㉣ 공칭직경 또는 호칭번호

(2) 권상 도르래 · 풀리 또는 드럼과 로프(벨트) 사이의 직경 비율, 로프/체인의 단말처리

① 권상 도르래 · 풀리 또는 드럼의 피치직경과 로프(벨트)의 공칭 직경 사이의 비율은 로프(벨트)의 가닥수와 관계없이 40 이상이어야 한다. 다만, 주택용 엘리베이터의 경우 30 이상이어야 한다.

② 매다는 장치의 안전율은 다음 구분에 따른 수치 이상이어야 한다.

㉠ 3가닥 이상의 로프(벨트)에 의해 구동되는 권상 구동 엘리베이터의 경우 : 12

㉡ 3가닥 이상의 6mm 이상 8mm 미만의 로프에 의해 구동되는 권상 구동 엘리베이터의 경우 : 16

㉢ 2가닥의 로프(벨트)에 의해 구동되는 권상 구동 엘리베이터의 경우 : 16

㉣ 로프가 있는 드럼 구동 및 유압식 엘리베이터의 경우 : 12

㉤ 체인에 의해 구동되는 엘리베이터의 경우 : 10

안전율은 정격하중의 카가 최하층에 정지하고 있을 때 매다는 장치 1가닥의 최소 파단하중(N)과 이 매다는 장치에 걸리는 최대 힘(N) 사이의 비율이다. 포지티브 구동 엘리베이터 및 유압식 엘리베이터의 경우, 평형추 매다는 장치의 안전율은 평형추의 무게로 발생하는 매다는 장치 힘을 기준으로 계산되어야 한다. 매다는 장치에 대한 안전율 평가는 부속서 X에 따른다.

③ 매다는 장치와 매다는 장치 끝부분 사이의 연결은 매다는 장치의 최소 파단하중의 80% 이상을 견딜 수 있어야 한다.

④ 매다는 장치 끝부분은 자체 조임 쐐기형 소켓, 압착링 매듭법(ferrule secured eyes), 주물 단말처리(swage terminals)에 의해 카, 균형추/평형추 또는 구멍에 꿰어 맨 매다는 장치 마감 부분(dead parts)의 지지대에 고정되어야 한다.

■ 참/고

매다는 장치 단말은 매다는 장치의 최소 파단하중의 80% 이상을 달성한다고 가정할 수 있다.

⑤ 드럼에 있는 로프는 쐐기로 막는 시스템 사용 또는 2개 이상의 클램프 사용에 의해 고정되어야 한다.

⑥ 체인의 끝부분은 카, 균형추/평형추 또는 구멍에 꿰어 맨 체인 마감 부분(dead parts)의 지지대에 고정되어야 한다. 체인과 체인 끝부분 사이의 연결은 체인의 최소 파단하중의 80% 이상을 견딜 수 있어야 한다.

(3) 로프(벨트) 권상

로프(벨트) 권상은 다음 3가지 사항에 적합해야 한다.

① 카는 정격하중의 125%로 적재될 때 승강장 바닥 높이에서 미끄러짐 없이 정지상태가 유지되어야 한다.

② 빈 카 또는 정격하중의 카가 비상 제동될 때, 카는 행정거리가 줄어든 완충기를 포함하여 완충기의 설계된 속도 이하로 확실하게 감속되어야 한다.

③ 카 또는 균형추가 완충기를 누르고 있는 위험한 위치에 정지해 있는 경우, 빈 카 또는 균형추를 들어 올리는 것이 가능하지 않아야 한다.
또한, 다음 중 어느 하나와 같아야 한다.

㉠ 로프(벨트)가 권상도르래에서 미끄러져야 한다.

㉡ 구동기는 전기안전장치에 의해 정지되어야 한다.

■ 참/고

> 매다는 장치에 가해지는 충격력과 카의 과도한 감속을 초래하는 카/균형추의 과주행에 의한 충돌이나 폴백(falling back)의 위험이 없다면, 카/균형추를 약간 권상하는 것은 허용된다.

(4) 포지티브 구동 엘리베이터의 로프 감김

① 드럼은 나선형으로 홈이 있어야 하고, 그 홈은 사용되는 로프에 적합해야 한다.

② 카가 완전히 압축된 완충기 위에 정지하고 있을 때, 드럼의 홈에는 한 바퀴 반의 로프가 남아 있어야 한다.

③ 로프는 드럼에 한 겹으로만 감겨야 된다.

④ 홈에 대한 로프의 편향각(후미각)은 4°를 초과하지 않아야 한다.

(5) 매다는 장치 사이의 하중 분산

① 적어도 한쪽 끝에는 매다는 장치의 장력을 균등하게 하기 위한 자동장치가 있어야 한다.

㉠ 스프로킷에 연결하는 체인의 경우, 카에 고정된 끝부분뿐만 아니라 평형추에 고정된 끝부분에도 장력을 균등하게 하기 위한 자동장치가 있어야 한다.

㉡ 동일 축에 여러 개의 회전 스프로킷이 있는 경우, 이 스프로킷은 독립적으로 회전할 수 있어야 한다.

② 장력을 균등하게 하기 위해 스프링이 사용된다면, 그 스프링은 압축 시 작용되도록 해야 한다.

③ 매다는 장치가 비정상적으로 늘어난 경우, 느슨한 매다는 장치는 다음과 같이 보호되어야 한다.

㉠ 2가닥의 매다는 장치가 카를 매다는 경우, 전기안전장치는 1가닥의 매다는 장치가 다른 1가닥에 비해 비정상적으로 늘어나면 구동기를 정지시켜야 한다.

㉡ 포지티브 구동 엘리베이터 및 유압식 엘리베이터의 경우, 매다는 장치가 느슨해지면 전기안전장치는 구동기를 정지시켜야 한다. 구동기가 정지된 후에는 정상 운행이 이루어지지 않아야 한다. 2개 이상의 잭이 있는 유압식 엘리베이터의 경우, 각각의 매다는 장치에 적용되어야 한다.

(6) 보상 수단

① 적절한 권상능력 또는 전동기의 동력을 확보하기 위해 매다는 로프의 무게에 대한 보상수단은 다음과 같은 조건에 따라야 한다.

㉠ 정격속도가 3m/s 이하인 경우에는 체인, 로프 또는 벨트와 같은 수단이 설치될 수 있다.

㉡ 정격속도가 3m/s를 초과한 경우에는 보상 로프가 설치되어야 한다.

㉢ 정격속도가 3.5m/s를 초과한 경우에는 추가로 튀어오름방지장치가 있어야 한다. 튀어오름방지장치가 작동되면 전기안전장치에 의해 구동기의 정지가 시작되어야 한다.

㉣ 정격속도가 1.75m/s를 초과한 경우, 인장장치가 없는 보상수단은 순환하는 부근에서 안내봉 등에 의해 안내되어야 한다.

② 보상 로프가 사용된 경우에는 다음 사항이 적용되어야 한다.

㉠ 보상 로프는 KS D 3514 또는 ISO 4344에 적합해야 한다.

㉡ 인장 풀리가 사용되어야 한다.

㉢ 인장 풀리의 피치 직경과 보상 로프의 공칭 직경 사이의 비율은 30 이상이어야 한다.

㉣ 인장 풀리는 보호되어야 한다.

㉤ 중력에 의해 인장되어야 한다.

㉥ 인장은 전기안전장치에 의해 확인되어야 한다.

③ 보상 수단(로프, 체인, 벨트 및 그 단말부)은 안전율 5로 보상 수단에 가해지는 모든 정적인 힘에 견딜 수 있어야 한다. 주행구간의 꼭대기에 카 또는 균형추가 있을 때 갖는 보상 수단의 최대 매달린 무게와 전체 인장 도르래 조립체(있는 경우에 한정한다) 무게의 1/2이 포함되어야 한다.

(7) 도르래 · 풀리 및 스프로킷의 보호 수단

① 도르래, 풀리, 스프로킷, 과속조절기, 인장추 풀리에 대해, 다음과 같은 위험을 방지하기 위한 수단이 설치되어야 한다.

㉠ 인체 부상

㉡ 로프(벨트)/체인이 느슨해질 경우, 로프/체인이 풀리/스프로킷에서 벗어남

㉢ 로프(벨트)/체인과 풀리/스프로킷 사이에 물체 유입 사용된 보호 수단은 회전 부품이 보이는 구조이어야 하고, 작동시험 및 점검 등 유지관리 업무 수행에 방해되지 않아야 한다. 이 보호 수단에 구멍이 있는 경우에는 KS B ISO 13857, 표 4에 따라야 한다. 다음과 같이 필요한 경우에만 떼어낼 수 있어야 한다.

- 로프(벨트)/체인의 교체
- 도르래/풀리/스프로킷의 교체
- 홈의 재-가공

도르래나 풀리에서 로프의 이탈을 막는 장치는 로프가 도르래에 들어가고 나오는 지점 근처에 하나의 고정장치를 포함해야 한다. 도르래/풀리의 수평축 아래에 60° 이상의 감김 각도로 감겨 있고, 총 감김 각도가 120° 이상인 경우에는 하나 이상의 중간 고정장치를 추가로 포함해야 한다. (그림 19 참조)

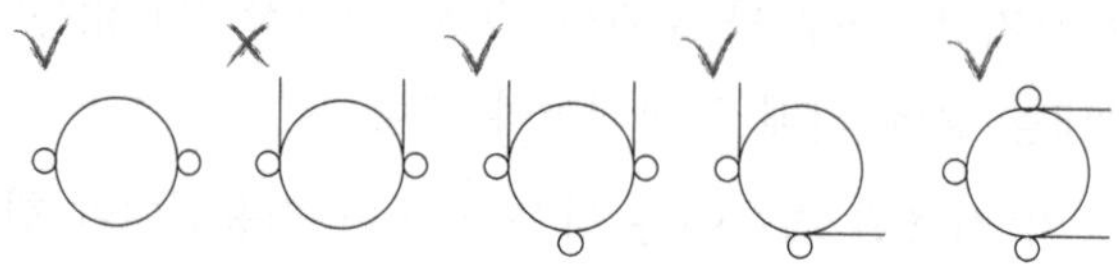

[그림 19. 로프 고정장치(retainer)의 배치 예시]

04 자유낙하 · 과속 · 개문출발 및 크리핑에 대한 예방조치

(1) 일반사항

① 장치 또는 장치의 조합 및 작동은 카가 다음과 같은 상황이 되는 것을 막을 수 있어야 한다.

㉠ 자유낙하

㉡ 하강방향 과속(권상 구동 엘리베이터의 경우 상승과속 및 하강과속)

㉢ 개문출발

㉣ 승강장 바닥으로부터 크리핑(유압식 엘리베이터의 경우에 한정한다)

② 권상 구동 및 포지티브 구동 엘리베이터의 경우에는 표 10에 따른 보호수단이 있어야 한다.

[표 10 권상 구동 및 포지티브 구동 엘리베이터의 보호수단]

위험 상황	보호수단	작동수단
카의 자유낙하 및 하강과속	추락방지안전장치	과속조절기
균형추 또는 평형추의 자유낙하	추락방지안전장치	• 과속조절기 또는 • 정격속도가 1m/s 이하인 경우, 매다는 장치의 파손에 의한 작동 또는 안전로프에 의한 작동
상승과속(권상 구동 엘리베이터에 한정)	상승과속방지장치	10.6에 포함
개문출발	개문출발방지장치	10.7에 포함

③ 유압식 엘리베이터의 경우 장치 또는 장치의 조합 및 작동은 표 11에 따라야 한다.

[표 11 유압식 엘리베이터의 보호수단]

–	–	–	바닥 재맞춤 및 크리핑에 대한 예방조치		
–	형식	선택 가능 조합	카의 하강 움직임에 의한 추락방지 안전장치의 작동	멈춤쇠 장치	전기적 크리핑 방지 시스템
자유낙하 또는 하강 과속방지 조치	직접식	과속조절기에 의해 작동하는 추락방지안전장치	○	○	○
		럽처밸브		○	○
		유량제한기		○	
	간접식	과속조절기에 의해 작동하는 추락방지안전장치	○	○	○
		럽처밸브+매다는 장치의 파손 또는 안전로프에 의해 작동하는 추락방지안전장치	○	○	○
		유량제한기+매다는 장치의 파손 또는 안전로프에 의해 작동하는 추락방지안전장치	○	○	

(2) 추락방지안전장치 및 그 작동수단

1) 추락방지안전장치

① 일반사항

㉠ 추락방지안전장치는 하강방향으로 작동할 수 있어야 하며, 과속조절기의 작동속도 또는 매다는 장치가 파손될 경우 주행안내 레일을 잡아 그곳에 카, 균형추 또는 평형추를 세워놓는 방법으로 정격하중을 적재한 카, 균형추 또는 평형추를 정지시킬 수 있어야 한다. 상승방향으로 작동하는 기능이 추가된 추락방지안전장치가 사용될 수 있다.

㉡ 추락방지안전장치는 [별표 5]에 따라 안전성이 입증되어야 한다.

㉢ 추락방지안전장치에는 보기 쉬운 곳에 쉽게 지워지지 않는 방법으로 다음과 같은 내용이 표시되어야 한다.

- 제조·수입업자의 명(법인인 경우에는 법인의 명칭을 말함)
- 부품안전인증표시

- 부품안전인증번호
- 적용 최소 및 최대중량(조정 가능한 경우, 하중 범위와의 관계가 사용 설명서에 명시되어 있다면 추락방지안전장치에는 허용 하중 범위 또는 조정 매개 변수가 표시되어야 한다.)
- 추락방지안전장치의 종류

② 다른 유형의 추락방지안전장치에 대한 사용조건

㉠ 카의 추락방지안전장치는 점차 작동형이 사용되어야 한다. 다만, 정격속도가 0.63m/s 이하인 경우에는 즉시 작동형이 사용될 수 있다. 유압식 엘리베이터의 경우, 과속조절기에 의해 작동되지 않는 캡티브 롤러(captive roller)형 이외의 즉시 작동형 추락방지안전장치는 럽처밸브의 작동속도 또는 유량제한기(또는 단방향 유량제한기)의 최대속도가 0.8m/s 이하인 경우에만 사용되어야 한다.

㉡ 카, 균형추 또는 평형추에 여러 개의 추락방지안전장치가 있는 경우, 그 추락방지안전장치들은 점차 작동형이어야 한다.

㉢ 정격속도가 1m/s를 초과한 경우, 균형추 또는 평형추의 추락방지안전장치는 점차 작동형이어야 한다. 다만, 정격속도가 1m/s 이하인 경우에는 즉시 작동형일 수 있다.

③ 감속도 : 정격하중을 적재한 카 또는 균형추/평형추가 자유 낙하할 때 점차 작동형 추락방지안전장치의 평균 감속도는 0.2gn에서 1gn 사이에 있어야 한다.

④ 해제

㉠ 카, 균형추 또는 평형추의 추락방지안전장치의 해제 및 자동 재설정은 카, 균형추 또는 평형추를 들어 올리는 방법에 의해서만 가능해야 한다.

㉡ 추락방지안전장치의 해제는 다음 중 어느 하나에 의해 정격하중까지의 모든 하중 조건에서 가능해야 한다.

- 비상운전수단
- 현장에서 사용 가능한 절차의 적용

㉢ 추락방지안전장치의 해제 후, 엘리베이터가 정상 운행으로 복귀하기 위해서는 자격을 갖춘 점검자의 개입이 요구되어야 한다.

참/고

주 개폐기의 작동만으로 엘리베이터를 다시 사용 할 수 있게 하는 것은 충분하지 않다.

2) 추락방지안전장치 작동 수단

① 과속조절기에 의한 작동

㉠ 일반사항 : 과속조절기에 의한 작동은 다음과 같아야 한다.

ⓐ 추락방지안전장치의 작동을 위한 과속조절기는 정격속도의 115% 이상의 속도 및 다음 구분에 따른 어느 하나에 해당하는 속도 미만에서 작동되어야 한다.

- 캡티브 롤러형을 제외한 즉시 작동형 추락방지안전장치 : 0.8m/s
- 캡티브 롤러형의 추락방지안전장치 : 1m/s
- 정격속도 1m/s 이하에 사용되는 점차 작동형 추락방지안전장치 : 1.5m/s
- 정격속도 1m/s 초과에 사용되는 점차 작동형 추락방지안전장치

: $1.25 \cdot V + \dfrac{0.25}{V}$ m/s

정격속도가 1m/s를 초과하는 엘리베이터에 대해, 4)에서 요구된 값에 가능한 가까운 작동속도의 선택이 추천된다. 낮은 정격속도의 엘리베이터에 대해, ⓐ에서 요구된 값에 가능한 낮은 작동속도의 선택이 추천된다.

ⓑ 작동하는 힘을 생성하기 위해 견인력만을 사용하는 과속조절기는 다음 중 어느 하나에 해당하는 홈을 가져야 한다.

- 추가적인 경화공정을 거친 홈
- 부속서 Ⅸ의 Ⅸ.2.2.1.1에 따른 언더컷을 가진 홈

ⓒ 과속조절기에는 추락방지안전장치의 작동과 일치하는 회전 방향 표시가 있어야 한다.

ⓓ 과속조절기가 작동될 때, 과속조절기에 의해 발생되는 과속조절기 로프의 인장력은 다음 두 값 중 큰 값 이상이어야 한다.

- 추락방지안전장치가 작동되는 데 필요한 힘의 2배
- 300N

㉡ 반응시간 : 위험 속도에 도달하기 전에 과속조절기가 확실히 작동하기 위해, 과속조절기의 작동 지점들 사이의 최대 거리는 과속조절기 로프의 움직임과 관련하여 250mm를 초과하지 않아야 한다.

㉢ 과속조절기 로프 : 과속조절기 로프는 다음과 같은 조건을 모두 만족해야 한다.

ⓐ 과속조절기 로프는 KS D 3514 또는 ISO 4344에 적합해야 한다.

ⓑ 과속조절기 로프의 최소 파단 하중은 권상 형식 과속조절기의 마찰 계수 μmax 0.2를 고려하여 과속조절기가 작동될 때 로프에 발생하는 인장력에 8 이상의 안전율을 가져야 한다.

ⓒ 과속조절기의 도르래 피치 직경과 과속조절기 로프의 공칭 직경 사이의 비는 30 이상이어야 한다.

ⓓ 과속조절기 로프는 인장 풀리에 의해 인장되어야 한다. 이 풀리(또는 인장추)는 안내되어야 한다. 과속조절기의 작동값이 인장 장치의 움직임에 영향을 받지 않는다면 인장 장치의 일부가 될 수 있다.

ⓔ 과속조절기 로프 및 관련 부속부품은 추락방지안전장치가 작동하는 동안 제동거리가 정상적일 때보다 더 길더라도 손상되지 않아야 한다.

ⓕ 과속조절기 로프는 추락방지안전장치로부터 쉽게 분리될 수 있어야 한다.

ⓖ 과속조절기 로프의 마모 및 파손상태는 부속서 Ⅳ에 따른다.

㉣ 접근성

ⓐ 과속조절기는 유지관리 및 검사를 위해 접근이 가능하고 닿을 수 있어야 한다.

ⓑ 과속조절기가 승강로에 위치한 경우, 승강로 밖에서 접근 가능하고 닿을 수 있어야 한다.

ⓒ 다음 3가지 사항을 만족하는 경우, ⓐ 및 ⓑ는 적용되지 않는다.

- 과속조절기는 의도되지 않은 작동에 영향을 받지 않고 일반인이 접근할 수 없는 경우 승강로 밖에서 무선방식을 제외한 원격 제어수단에 의해 작동이 된다.
- 유지관리 및 검사를 위해 카 지붕 또는 피트에서 과속조절기에 접근이 가능하다.
- 과속조절기 작동 후에는 카, 균형추 또는 평형추를 상승방향으로 움직여서 과속조절기가 자동으로 정상 위치로 복귀된다. 그러나, 전기적인 부품은 승강로 밖의 원격제어에 의해 정상 위치로 복귀할 수 있으며 과속조절기의 정상적인 기능에 영향을 주지 않아야 한다.

㉤ 과속조절기 작동시험 : 점검 또는 시험에 따라 속도보다 작은 속도에서 안전한 방법으로 과속조절기를 작동시켜 추락방지안전장치를 작동하는 것이 가능해야 한다. 과속조절기가 조정 가능할 경우, 최종 설정은 재조정할 수 없도록 봉인(표시)되어야 한다.

㉥ 전기적 확인

ⓐ 과속조절기 또는 다른 장치는 적합한 전기안전장치에 의해 상승 또는 하강하는 카의 속도가 과속조절기의 추락방지안전장치 작동속도에 도달하기 전에 구동기

의 정지를 시작해야 한다. 다만, 정격속도가 1m/s 이하인 경우 이 장치는 늦어도 과속조절기의 추락방지안전장치 작동속도에 도달하는 순간에 작동될 수 있다.

ⓑ 추락방지안전장치의 복귀 후에 과속조절기가 자동으로 재설정되지 않을 경우, 15.2에 적합한 전기안전장치는 과속조절기가 재설정 위치에 있지 않는 동안 엘리베이터의 출발을 방지해야 한다.

ⓒ 과속조절기 로프가 파손되거나 과도하게 늘어나면 적합한 전기안전장치에 의해 구동기를 정지시키는 장치가 설치되어야 한다.

② 매다는 장치의 파손에 의한 작동 : 추락방지안전장치가 매다는 장치에 의해 작동하는 경우, 다음 사항에 적합해야 한다.

㉠ 추락방지안전장치의 작동을 위해 가해지는 인장력은 적어도 다음의 두 값 중 큰 값 이상이어야 한다.

- 추락방지안전장치가 작동되는 데 필요한 힘의 2배
- 300N

㉡ 추락방지안전장치 작동에 스프링이 사용될 때, 스프링은 압축 형식으로 안내되어야 한다.

㉢ 추락방지안전장치의 시험과 작동은 승강로에 들어가지 않고 할 수 있어야 한다. 이를 위해 매다는 장치의 장력을 상실시켜 카가 하강하는 동안 (정상 작동 상태에서) 추락방지안전장치를 작동시킬 수 있는 수단이 있어야 한다. 이 수단이 기계적으로 제공된 경우 작동하는 힘은 400N을 초과하지 않아야 한다. 또한, 시험 후에는 엘리베이터 사용을 저해할 수 있는 변형 등이 없어야 한다.

참/고

추락방지안전장치 작동시험 수단은 승강로 내에 보관하고 시험 시 승강로 외부로 옮겨서 사용할 수 있다.

③ **안전로프에 의한 작동** : 추락방지안전장치가 안전로프에 의해 작동될 경우, 다음 사항에 적합해야 한다.

- 안전로프에 의해 발생되는 인장력은 다음 두 값 중 큰 값 이상이어야 한다.

㉠ 추락방지안전장치가 작동되는 데 필요한 힘의 2배

㉡ 300N

④ 카의 하강 움직임으로 인한 작동

㉠ 로프에 의한 작동 : 로프 차단 메커니즘은 카가 정상 운행 중에는 동작하지 않아야 하고, 로프 차단 메커니즘은 유도 압축 스프링 또는 중력에 의해 이루어져야 한다.

㉡ 레버에 의한 작동 : 추락방지안전장치의 레버에 의한 작동은 다음 사항이 적용되어야 한다.

ⓐ 정상적인 정지 후, 추락방지안전장치에 부착된 레버는 각 층에 위치한 고정된 멈춤 쐐기에 걸리는 위치까지 펼쳐져야 한다.

ⓑ 레버는 카가 정상 운행하는 동안에는 안으로 집어넣어져야 한다.

ⓒ 레버의 작동은 유도 압축 스프링 또는 중력에 의해 이루어져야 한다.

ⓓ 비상 운전은 모든 상황에서 가능해야 한다.

ⓔ 카가 하강 운행하는 동안 전원이 차단되면 레버에 의한 추락방지안전장치의 의도되지 않은 작동을 방지하는 예방조치가 취해져야 한다.

ⓕ 레버 및 정지 시스템은 다음의 상황에서 아무런 손상이 없도록 설계되어야 한다.

- 추락방지안전장치 작동에 의해(정상적인 정지거리보다 더 긴 경우 포함)
- 카의 상승방향으로의 움직임에 의해

ⓖ 전기적 장치는 정상 정지 후 작동레버가 펼쳐진 위치에 있지 않으면 카문은 닫히고 엘리베이터가 운행되지 않도록 카의 정상적인 움직임을 방지해야 한다.

(3) 럽처밸브

① 럽처밸브는 하강하는 정격하중의 카를 정지시키고, 카의 정지 상태를 유지할 수 있어야 한다. 럽처밸브는 늦어도 하강속도가 정격속도에 0.3m/s를 더한 속도에 도달하기 전 작동되어야 한다. 럽처밸브는 평균 감속도(a)가 0.2gn과 1gn 사이가 되도록 선택되어야 한다. 2.5gn 이상의 감속도는 0.04초 이상 지속되지 않아야 한다.
평균 감속도(a)는 다음 식에 의해 구해질 수 있다.

$$a = \frac{Q_{max} \cdot r}{6 \cdot A \cdot n \cdot t_d}$$

여기서, A : 압력 작동 잭의 면적(cm^2)　　n : 1개 럽처밸브가 있는 병렬작동 잭의 수
Q_{max} : 분당 최대 유량(l/min)　　r : 로핑 계수
t_d : 제동시간(s)

② 럽처밸브는 카 지붕이나 피트에서 직접 조정 및 점검할 수 있도록 접근이 가능해야 한다.

③ 럽처밸브는 다음 중 어느 하나이어야 한다.

㉠ 실린더의 구성 부품으로 일체형이어야 한다.

㉡ 직접 및 견고하게 플랜지(flange)에 설치되어야 한다.

㉢ 실린더 근처에 짧고 단단한 배관으로 용접되고 플랜지 또는 나사 체결되어야 한다.

㉣ 실린더에 직접 나사 체결하여 연결되어야 한다. 럽처밸브는 숄더가 있는 나사이어야 하고 실린더에 맞대어 설치되어야 한다.

압축 이음 또는 플레어 이음과 같은 다른 형태의 연결은 실린더와 럽처밸브 사이에 허용되지 않는다.

④ 병렬로 작동하는 여러 개의 잭이 있는 엘리베이터에는 1개의 럽처밸브가 공용으로 사용될 수 있다. 그렇지 않으면 카 바닥이 정상 위치에서 5% 이상 경사지는 것을 방지하기 위해 동시에 닫히도록 각각 연결되어야 한다.

⑤ 럽처밸브는 실린더와 동일하게 계산되어야 한다.

⑥ 럽처밸브의 닫힘 속도가 유량을 제한하는 장치에 의해 제어되는 경우, 필터는 가능한 유량을 제한하는 장치 앞에 위치되어야 한다.

⑦ 기계류 공간에는 승강로 외부에서 카의 과부하 없이 럽처밸브의 작동을 허용하는 수동 조작수단이 있어야 한다.

이 장치는 의도되지 않은 작동으로부터 보호되고 잭에 인접한 안전장치를 무효화시키지 않아야 한다.

⑧ 럽처밸브는 별표 13에 따라 안전성이 입증되어야 한다.

(4) 유량제한기

① 유압 시스템에서 다량의 누유가 발생한 경우, 유량제한기는 정격하중을 실은 카의 하강 속도가 정격속도 +0.3m/s를 초과하지 않도록 방지해야 한다.

② 유량제한기의 점검을 위해 카 지붕 또는 피트에서 접근이 가능해야 한다.

③ 유량제한기는 다음 중 어느 하나이어야 한다.

㉠ 실린더의 구성 부품으로 일체형이어야 한다.

㉡ 직접 및 견고하게 플랜지에 설치되어야 한다.

㉢ 실린더 근처에 짧고 단단한 배관으로 용접되고 플랜지 또는 나사 체결되어야 한다.

㉣ 실린더에 직접 나사 체결하여 연결되어야 한다. 유량제한기는 숄더가 있는 나사이어야 하고 실린더에 맞대어 설치되어야 한다. 압축 이음 또는 플레어 이음과 같은 다른 형태의 연결은 실린더와 유량제한기 사이에 허용되지 않는다.

④ 유량제한기는 실린더와 동일하게 계산되어야 한다.

⑤ 기계류 공간에는 승강로 외부에서 카의 과부하 없이 유량제한기의 작동을 허용하는 수동 조작수단이 있어야 한다. 이 장치는 의도되지 않은 작동으로부터 보호되고 잭에 인접한 안전장치를 무효화시키지 않아야 한다.

⑥ 유량제한기는 별표 13에 따라 안전성이 입증되어야 한다.

(5) 멈춤쇠 장치

① 멈춤쇠 장치는 하강 방향에서만 작동되어야 하며, 정격하중의 카를 아래의 속도에서 정지시킬 수 있어야 하고, 고정된 멈춤 쐐기로 정지 상태를 유지시킬 수 있어야 한다.

㉠ 유량제한기 또는 단방향 유량제한기가 설치된 엘리베이터의 경우,
정격속도 + 0.3m/s의 속도

㉡ 다른 모든 엘리베이터의 경우, 하강 정격속도의 115%의 속도

② 멈춤쇠가 펼쳐진 위치에서 하강하는 카를 고정된 지지대에 정지시키는 전기식 작동 멈춤쇠가 1개 이상 설치되어야 한다.

③ 각 승강장 지지대는 다음을 만족해야 한다.

㉠ 카가 승강장 바닥 아래로 0.12m 이상으로 내려가는 것을 방지

㉡ 잠금해제구간의 하부 끝부분에서 카를 정지

④ 멈춤쇠의 동작은 압축 스프링 또는 중력에 의해 이루어져야 한다.

⑤ 전기적 복귀장치에 공급되는 전원은 구동기가 정지될 때 차단되어야 한다.

⑥ 멈춤쇠 및 지지대는 멈춤쇠의 위치에 관계없이 카가 상승하는 동안에는 정지되지 않고 어떠한 손상이 없도록 설계되어야 한다.

⑦ 멈춤쇠 장치(또는 고정된 지지대)에는 완충시스템이 갖춰져야 한다.

• 완충기는 다음과 같은 형식이어야 한다.

㉠ 에너지 축적형 또는

㉡ 에너지 분산형

추가로, 완충기는 정격하중을 실은 카를 승강장 바닥 아래로 0.12m를 초과하지 않는 거리에서 정지 상태로 유지해야 한다.

⑧ 여러 개의 멈춤쇠가 설치된 경우, 카가 하강 운행하는 동안 전원공급이 차단되는 경우라도 모든 멈춤쇠는 각 지지대에서 작동되는 것을 보장하는 예방조치가 구비되어야 한다.

⑨ 멈춤쇠가 복귀 위치에 있지 않을 때 15.2의 적합한 전기안전장치는 카가 정상적으로 하강 운행하는 것을 방지해야 한다.

⑩ 에너지 분산형 완충기가 사용되는 경우, 적합한 전기안전장치는 완충기가 정상 위치로 복귀되지 않을 때 카가 하강 운행되면 즉시 구동기를 정지시켜야 하고 하강방향 기동을 방지해야 한다.

(6) 카의 상승과속방지장치

① 속도 감지 및 감속 부품으로 구성된 이 장치는 카의 상승과속을 감지하여 카를 정지시키거나 균형추 완충기에 대해 설계된 속도로 감속시켜야 한다. 이 장치는 다음 조건에서 활성화되어야 한다.

㉠ 정상운전

㉡ 직접 육안으로 관찰할 수 없거나 다른 방법으로 정격속도 115% 미만으로 제한되지 않는 수동구출운전

② 이 장치는 내장된 이중장치가 아니고 정확한 작동이 자체 감시되지 않는다면 속도 또는 감속을 제어하고, 카를 정지시키는 엘리베이터 다른 부품의 도움 없이 10.6.1을 만족할 수 있어야 한다. 전자-기계 브레이크가 사용되는 경우, 자체-감시 장치는 기계 메커니즘의 정확한 열림이나 닫힘의 입증 또는 제동력의 검증을 포함할 수 있다. 고장이 감지되면 엘리베이터의 다음 정상출발은 방지되어야 한다. 자체-감시는 별표 6에 따라 안전성이 입증되어야 한다. 카의 기계적인 연동장치는 어떤 다른 목적으로 사용되는 것에 상관없이 이러한 성능을 돕기 위해 사용될 수 있다.

③ 이 장치는 빈 카의 감속도가 정지단계 동안 1gn을 초과하는 것을 허용하지 않아야 한다.

④ 이 장치는 다음 중 어느 하나에 작동되어야 한다.

㉠ 카

㉡ 균형추

㉢ 로프시스템(현수 또는 보상)

㉣ 권상도르래

㉤ 두 지점에서만 정적으로 지지되는 권상도르래와 동일한 축

⑤ 이 장치가 작동되면 적합한 전기안전장치가 작동되어야 한다.

⑥ 이 장치의 복귀는 승강로에 접근을 요구하지 않아야 한다.

⑦ 장치의 복귀 후에 엘리베이터가 정상 운행되기 위해서는 전문가(유지관리업자 등)의 개입이 요구되어야 한다.

⑧ 이 장치는 복귀 후에 작동하기 위한 상태가 되어야 한다.

⑨ 이 장치를 작동하기 위해 외부 에너지가 필요할 경우, 에너지가 없으면 엘리베이터는 정지되어야 하고 정지 상태가 유지되어야 한다. 압축 스프링 방식에는 적용하지 않는다.

⑩ 카의 상승과속방지장치가 작동하도록 하는 엘리베이터의 속도감지 부품은 다음 사항 중 어느 하나이어야 한다.

㉠ 규정에 적합한 과속조절기

㉡ 다음 규정에 적합한 장치

ⓐ 작동속도

ⓑ 응답 시간

ⓒ 접근성

ⓓ 작동시험

ⓔ 전기적 확인

(7) 카의 개문출발방지장치

① 엘리베이터에는 카의 안전한 운행을 좌우하는 구동기 또는 제어시스템의 어떤 하나의 결함으로 인해 승강장문이 잠기지 않고 카문이 닫히지 않은 상태로 카가 승강장으로부터 벗어나는 개문출발을 방지하거나 카를 정지시킬 수 있는 장치가 설치되어야 한다. 매다는 장치(로프 또는 체인)와 권상 도르래, 드럼과 구동기 스프로킷, 유압 호스, 유압 배관, 실린더의 결함은 제외하며, 권상 도르래의 결함은 권상능력 상실이 포함된다. 개문출발방지장치의 작동 시 발생되는 미끄러짐은 정지거리의 계산 또는 검증 시 고려되어야 한다.

② 이 장치는 개문출발을 감지하고, 카를 정지시켜야 하며 정지상태를 유지해야 한다.

③ 이 장치는 내장된 이중장치가 아니고 정확한 작동이 자체 감시되지 않는다면 속도 또는 감속을 제어하고, 카를 정지시키는 엘리베이터 다른 부품의 도움 없이 만족할 수 있어야 한다. 구동기 브레이크는 이중 부품으로 간주된다. 전자-기계 브레이크가 사용되는 경우, 자체 감시 장치는 기계 메커니즘의 정확한 열림이나 닫힘의 입증 또는 제동력의 검증이 포함되어야 한다. 직렬로 연결된 2개의 전기적으로 작동되는 유압 밸브가 사용되는 경우, 자체 감시는 빈 카의 정압 조건하에 각 밸브의 정확한 개방 또는 닫힘을 각

각 입증해야 한다. 고장이 감지되면 승강장문 및 카문은 닫히고 엘리베이터의 정상적인 출발은 방지되어야 한다. 자체 감시는 별표 7에 따라 안전성이 입증되어야 한다.

④ 이 장치의 정지부품은 다음 중 어느 하나에 작동되어야 한다.

㉠ 카

㉡ 균형추

㉢ 로프 시스템 (현수 또는 보상)

㉣ 권상 도르래

㉤ 두 지점에서만 정적으로 지지되는 권상도르래와 동일한 축

㉥ 유압 시스템 (전기 공급의 분리에 의한 상승 방향 모터/펌프 포함)

정지시키는 부품이나 정지 상태를 유지하는 장치는 다음의 장치와 공동으로 사용할 수 있다.

• 하강과속방지장치

• 상승과속방지장치

이 장치의 정지부품은 하강방향과 상승방향에 대하여 다를 수 있다

⑤ 이 장치는 다음과 같은 거리에서 카를 정지시켜야 한다. (그림 20 참조)

㉠ 카의 개문출발이 감지되는 경우, 승강장으로부터 1.2m 이하

㉡ 승강장문 문턱과 카 에이프런의 가장 낮은 부분 사이의 수직거리는 200mm 이하

㉢ 반-밀폐식 승강로의 경우, 카 문턱과 카의 입구 쪽 승강로 벽의 가장 낮은 부분 사이의 거리는 200mm 이하

㉣ 카 문턱에서 승강장문 상인방까지 또는 승강장문 문턱에서 카문 상인방까지의 수직거리는 1m 이상

이 값은 승강장의 정지위치에서 움직이는 카의 모든 하중(무부하에서 정격하중의 100%까지)에 대해서 유효해야 한다.

⑥ 정지단계 동안, 이 장치의 정지부품은 카의 감속도가 아래의 값을 초과하는 것을 허용하지 않아야 한다.

㉠ 빈 카의 상승방향 개문출발에 대하여 1gn

㉡ 하강방향으로 자유낙하를 방지하는 장치에 대하여 허용된 값

⑦ 카의 개문출발은 늦어도 카가 잠금 해제구간을 벗어날 때 적합한 전기안전장치에 의해 감지되어야 한다.

⑧ 이 장치가 작동되면 15.2의 적합한 전기안전장치가 작동되어야 한다.

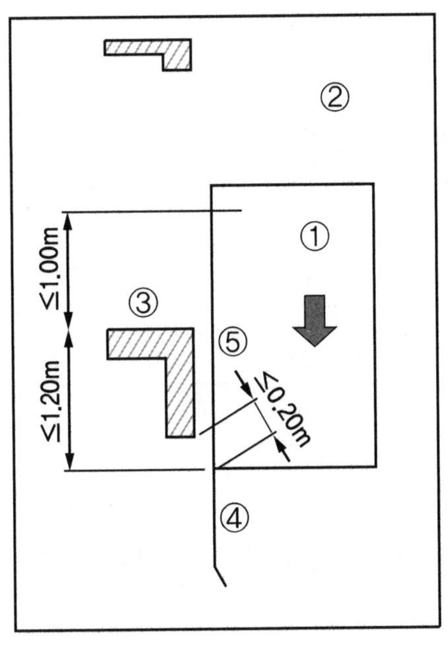

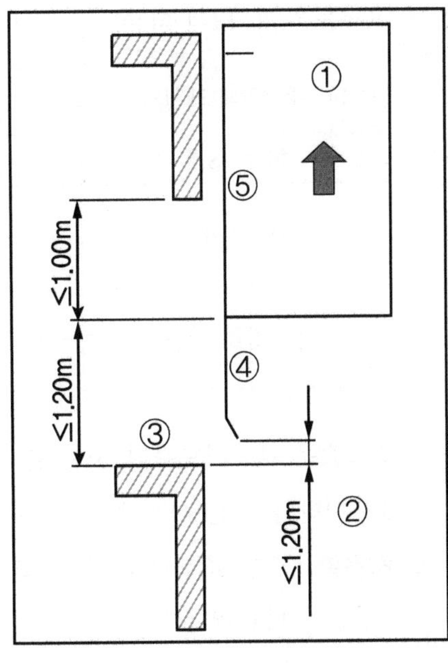

[기호 설명]
① 카 ② 승강로 ③ 승강장 ④ 카 에이프런 ⑤ 카 출입구

[그림 20. 상승 및 하강 움직임에 대한 개문출발방지장치 정지 요건]

⑨ 이 장치가 작동되거나 자체 감시장치가 이 장치의 정지부품의 고장을 표시할 때 엘리베이터의 복귀 또는 재-설정은 전문가(유지관리업자 등) 개입이 요구되어야 한다.

⑩ 이 장치의 복귀를 위해 카 또는 균형추(또는 평형추)의 접근이 요구되지 않아야 한다.

⑪ 이 장치는 복귀 후에 작동하기 위한 상태가 되어야 한다.

⑫ 이 장치를 작동하기 위해 외부 에너지가 필요할 경우, 에너지가 없으면 엘리베이터는 정지되어야 하고 정지 상태가 유지되어야 한다. 압축 스프링 방식에는 적용하지 않는다.

(8) 최대허용응력 및 휨

① 허용응력 : 허용 응력은 다음 식에 의해 결정되어야 한다.

$$\sigma_{perm} = \frac{R_m}{S_t}$$

여기서, R_m : 인장강도(N/mm^2) σ_{perm} : 허용응력(N/mm^2)

S_t : 안전율

안전율은 표 14에 따른다.

[표 14 주행안내 레일의 안전율]

하중 조건	연신율(A_5)	안전율
정상 운행, 적재 및 하역	$A_5 > 12\%$	2.25
	$8\% \leq A_5 \leq 12\%$	3.75
안전장치 작동	$A_5 > 12\%$	1.8
	$8\% \leq A_5 \leq 12\%$	3.0

강도값은 제조사로부터 구한다.

8% 미만의 연신율을 갖는 재료는 너무 부서지기 쉽기 때문에 사용되지 않아야 한다.

② **허용휨** : T형 주행안내 레일 및 고정(브래킷, 분리 빔)에 대해 계산된 최대 허용 휨 σ_{perm}은 다음과 같다.

㉠ σ_{perm} =추락방지안전장치가 작동하는 카, 균형추 또는 평형추의 주행안내 레일 : 양방향으로 5mm

㉡ σ_{perm} =추락방지안전장치가 없는 균형추 또는 평형추의 주행안내 레일 : 양방향으로 10mm 건물 구조 휨에 따른 주행안내 레일 변위도 고려되어야 한다.

05 비상통화장치 및 내부통화시스템

① 비상통화장치는 구출활동 중에 지속적으로 통화할 수 있는 양방향 음성통신이어야 한다.

② 기계실 또는 비상구출운전을 위한 장소에는 카내와 통화할 수 있도록 비상전원공급장치에 의해 전원을 공급받는 내부통화 시스템 또는 유사한 장치가 설치되어야 한다.

③ 카 내에 갇힌 이용자 등이 외부와 통화할 수 있는 비상통화장치가 엘리베이터가 있는 건축물이나 고정된 시설물의 관리 인력이 상주하는 장소(경비실, 전기실, 중앙관리실 등) 2곳 이상에 설치되어야 한다. 다만, 관리 인력이 상주하는 장소가 2곳 미만인 경우에는 1곳에만 설치될 수 있다. 또한, 건축물이나 고정된 시설물 내의 장소와 통화 연결이 되지 않을 때를 대비하여 유지관리업체 또는 자체점검을 담당하는 사람 등 해당 건축물이나 고정된 시설물 외부로 자동으로 통화 연결되어 신속한 구조 요청이 이뤄질 수 있어야 한다. 비상통화장치는 다음과 같이 작동되어야 한다.

㉠ 비상통화 버튼을 한 번만 눌러도 작동되어야 한다.

㉡ 비상통화 버튼을 작동시키면 전송을 알리는 음향 또는 통화신호가 작동되고 노란색 표시의 등이 점등되어야 한다.

㉢ 비상통화가 연결되면 녹색 표시의 등이 점등되어야 한다.

06 장애인용, 소방구조용 및 피난용 엘리베이터에 대한 추가요건

(1) 장애인용 엘리베이터의 추가요건

① 일반사항 : 이 기준에서 다루지 아니하는 사항은 「장애인 · 노인 · 임산부 등의 편의증진 보장에 관한 법률」, 「교통약자의 이동편의 증진법」 등 개별법령에서 규정하고 있는 시설기준에 따라 제작되어야 한다.

② 승강장의 크기 및 틈새

㉠ 승강기의 전면에는 1.4m×1.4m 이상의 활동공간이 확보되어야 한다.

㉡ 승강장바닥과 승강기바닥의 틈은 0.03m 이하이어야 한다.

③ 카 및 출입문 크기

㉠ 승강기 내부의 유효바닥면적은 폭 1.6m 이상, 깊이 1.35m 이상이어야 한다.

㉡ 출입문의 통과 유효폭은 0.8m 이상으로 하되, 신축한 건물의 경우에는 출입문의 통과 유효폭을 0.9m 이상으로 할 수 있다.

④ 이용자 조작설비

㉠ 호출버튼 · 조작반 · 통화장치 등 승강기의 안팎에 설치되는 모든 스위치의 높이는 바닥 면으로부터 0.8m 이상 1.2m 이하의 위치에 설치되어야 한다. 다만, 스위치는 수가 많아 1.2m 이내에 설치되는 것이 곤란한 경우에는 1.4m 이하까지 완화될 수 있다.

㉡ 카 내부의 휠체어 사용자용 조작반은 진입방향 우측면에 설치되어야 한다. 다만, 카 내부의 유효바닥면적이 1.4m×1.4m 이상인 경우에는 진입방향 좌측면에 설치될 수 있다.

참/고

유효바닥면적 이상인 경우에도 진입방향 좌측면에 설치 가능

㉢ 조작설비의 형태는 버튼식으로 하되, 시각장애인 등이 감지할 수 있도록 층수 등이 점자로 표시되어야 한다.

㉣ 조작반·통화장치 등에는 점자표지판이 부착되어야 한다.

⑤ 기타 설비

㉠ 카 내부에는 수평손잡이를 카 바닥에서 0.8m 이상 0.9m 이하의 위치에 견고하게 설치되고, 수평손잡이는 측면과 후면에 각각 설치되어야 한다.

㉡ 카 내부의 유효바닥면적이 1.4m×1.4m 미만인 경우에는 카 내부 후면에 견고한 재질의 거울이 설치되어야 한다.

㉢ 각 층의 승강장에는 카의 도착 여부를 표시하는 점멸등 및 음향신호장치가 설치되어야 하며, 카 내부에는 도착 층 및 운행상황을 표시하는 점멸등 및 음성신호장치가 설치되어야 한다.

㉣ 호출버튼 또는 등록버튼에 의하여 카가 정지하면 10초 이상 문이 열린 채로 대기해야 한다.

㉤ 각 층의 호출버튼 0.3m 전면에는 점형블록이 설치되거나 시각장애인이 감지할 수 있도록 바닥재의 질감 등을 달리해야 한다.

㉥ 카 내부의 층 선택버튼을 누르면 점멸등 표시와 동시에 음성으로 층이 안내되어야 한다. 또한 층 등록과 취소 시에도 음성으로 안내되어야 한다.

㉦ 카 내부 바닥의 어느 부분에서든 150ℓx 이상의 조도가 확보되어야 한다.

(2) 소방구조용 엘리베이터의 추가요건

① 환경/건축물 요건

㉠ 소방구조용 엘리베이터는 모든 승강장문 전면에 방화 구획된 로비를 포함한 승강로 내에 설치되어야 한다.

㉡ 소방구조용 엘리베이터는 소방운전 시 건축물에 요구되는 2시간 이상 동안 다음 조건에 따라 정확하게 운전되도록 설계되어야 한다.

ⓐ 소방 접근 지정층을 제외한 승강장의 전기/전자 장치는 0℃에서 65℃까지의 주위 온도 범위에서 정상적으로 작동될 수 있도록 설계되어야 하며, 승강장 위치표시기 및 누름 버튼 등의 오작동이 엘리베이터의 동작에 지장을 주지 않아야 한다.

ⓑ ⓐ에서 언급한 전기/전자장치를 제외한 소방구조용 엘리베이터의 모든 다른 전기/전자 부품은 0℃에서 40℃까지의 주위 온도 범위에서 정확하게 기능하도록 설계되어야 한다.

ⓒ 엘리베이터 제어의 정확한 기능은 연기가 가득 찬 승강로 및 기계실에서 보장되어야 한다.

ⓓ 모든 온도센서는 엘리베이터를 정지시키거나 동작에 지장을 주지 않아야 한다.

㉢ 2개의 카 출입문이 있는 경우, 소방운전 시 어떠한 경우라도 2개의 출입문이 동시에 열리지 않아야 한다.

㉣ 보조 전원공급장치는 방화구획 된 장소에 설치되어야 한다.

㉤ 소방구조용 엘리베이터의 주 전원공급과 보조 전원공급의 전선은 방화구획이 되어야 하고 서로 구분되어야 하며, 다른 전원공급장치와도 구분되어야 한다.

② 소방구조용 엘리베이터의 기본요건

㉠ 소방구조용 엘리베이터는 소방운전 시 모든 승강장의 출입구마다 정지할 수 있어야 한다.

㉡ 소방구조용 엘리베이터의 크기는 KS B ISO 4190-1에 따라 630kg의 정격하중을 갖는 폭 1,100mm, 깊이 1,400mm 이상이어야 하며, 출입구 유효 폭은 800mm 이상이어야 한다.

㉢ 소방구조용 엘리베이터는 소방관 접근 지정층에서 소방관이 조작하여 엘리베이터 문이 닫힌 이후부터 60초 이내에 가장 먼 층에 도착되어야 한다. 다만, 운행속도는 1m/s 이상이어야 한다.

■ 참/고

승강행정 200m 이상 운행될 경우에는 가장 먼 층까지의 도달 시간을 3m 운행 거리마다 1초씩 증가될 수 있다. 또한, 속도가 4.5m/s가 넘는 경우는 기술적 복잡성 때문에 문제를 야기할 수 있다(이차 전원공급의 크기, 가압된 환경으로부터의 난류, 카 지붕의 스포일러).

㉣ 연속되는 상·하 승강장문의 문턱 간 거리가 7m 초과한 경우, 승강로 중간에 카문 방향으로 비상문(6.3)이 설치되고, 승강장문과 비상문 및 비상문과 비상문의 문턱 간 거리는 7m 이하이어야 한다. 사다리의 최대길이가 고려되어야 한다.

■ 참/고

6m 길이의 사다리가 적절한 계산으로 제공될 때 층간거리는 더 커질 수 있다. (17.2.5.7 참조)
17.2.5. 엘리베이터 카에 갇힌 소방관의 구출

㉤ 카 지붕에 0.5m×0.7m 이상의 비상구출문이 있어야 한다. 다만, 정격용량이 630kg인 엘리베이터의 비상구출문은 0.4m×0.5m 이상으로 할 수 있다. 비상구출문의 개방 유효면적은 구출 위치에서 사다리와 함께 측정되어야 한다.

㉥ 이중천장이 설치된 경우, 특별한 도구의 사용 없이 쉽게 열리거나 제거될 수 있어야 한다. 비상구출문에 대한 각각의 이중천장을 열기 위해 가하는 힘은 250N보다 작아야 한다. 비상구출문이 열리는 지점은 카 내·외부에 분명하게 식별되어야 한다. 열린 후 이중천장이 제어되지 않고 떨어지는 위험에 대한 대책이 마련되어야 한다. 이중천장의 개방은 카 내의 소방관이 할 수 있어야 한다.

참/고

1. 비상잠금해제 삼각열쇠는 특별한 도구로 간주되지 않는다.
2. 열리는 동안 이중천장은 카 바닥에서 1.6m보다 낮은 곳까지 내려와서는 안 되며 소방관에게 충분한 공간을 남겨두어야 한다.

㉦ 카 외부에서 구출 : 다음과 같은 구출수단 중 어느 하나가 사용되어야 한다.

ⓐ 승강장 출입구 위의 문턱에서부터 0.75m 이내에 위치되고, 꼭대기 끝부분 근처에 쉽게 닿을 수 있는 1개 이상의 손잡이가 있는 영구적인 고정 사다리

ⓑ 휴대용 사다리

ⓒ 로프 사다리

ⓓ 안전 로프 시스템 : ⓑ에서 ⓓ까지의 경우 각 승강장 근처에 안전하게 고정할 수 있는 고정수단이 있어야 한다. 접근할 수 있는 가장 가까운 승강장 문턱에서부터 구출수단을 통해 카 지붕에 안전하게 도달할 수 있어야 한다.

㉧ 카 내부에서 자체 탈출 : 카 내부에서 비상구출문을 완전히 개방할 수 있도록 접근 가능해야 한다. 사다리 또는 발판은 카 지붕으로 올라갈 수 있도록 제공되어야 하며, 비상구출문의 크기 및 위치는 소방관이 통과할 수 있어야 한다. 사다리가 사용되는 경우에는 카 내부에 안전하게 배치될 수 있는 장소에 위치되어야 한다. 발판이 사용되는 경우에는 발판의 간격은 0.4m 이하이고 발판과 수직벽면 사이의 거리는 0.15m 이상이고, 발판은 1,500N의 하중을 견딜 수 있어야 한다. 승강로 내부의 각 승강장 출입구 잠금장치 근처에는 승강장문 해제방법을 분명하게 보여주는 간단한 다이어그램 또는 심볼이 있어야 한다.

㉧ 카에 부착된 휴대용 사다리는 구출 목적을 위해 카 외부에 부착되어야 한다. 사다리가 부착위치에서 제거되면 구동기가 움직이지 않도록 하는 전기안전장치가 설치되어야 한다.

㉨ 카에 부착된 휴대용 사다리는 유지 보수하는 동안 헛디디거나 걸려 넘어질 위험이 없는 장소에 보관되어야 하고 안전하게 배치되어야 한다.

㉩ 휴대용 사다리의 길이는 6m 이하이어야 하고 카가 승강장과 같은 높이에 있을 때 직상부층의 승강장문 잠금장치까지 도달할 수 있어야 한다.

③ **제어시스템** : 소방운전 스위치는 소방관이 접근할 수 있는 지정된 로비에 위치되어야 한다. 이 스위치는 승강장문 끝부분에서 수평으로 2m 이내에 위치되고, 승강장 바닥 위로 1.4m부터 2.0m 이내에 위치되어야 한다.

④ **소방구조용 엘리베이터의 전원공급**

㉠ 엘리베이터 및 조명의 전원공급시스템은 주 전원공급장치 및 보조(비상, 대기 또는 대체) 전원공급장치로 구성되어야 한다. 방화등급은 엘리베이터 승강로에 주어진 등급과 동등 이상이어야 한다. 소방구조용 엘리베이터가 주행하는데 충분해야 한다.

㉡ 보조 전원공급장치는 자가발전기에 교류예비전원으로서 다른 용도의 급전용량과는 별도로 소방구조용 엘리베이터의 전 대수를 동시에 운행시킬 수 있는 충분한 전력용량이 확보되어야 한다. 다만, 2곳 이상의 변전소(전기설비기술기준에관한규칙 제2조제2호의 규정에 의한 변전소)로부터 전력을 동시에 공급받는 경우 또는 1곳의 변전소로부터 전력의 공급이 중단될 때 자동으로 다른 변전소의 전원을 공급받을 수 있도록 되어 있는 경우 이 전력용량이 소방구조용 엘리베이터의 전부를 동시에 운행시킬 수 있도록 충분한 전력용량이 공급될 경우 자가발전기는 설치되지 않아도 된다.

㉢ 공동주택단지에 있어서 단지 내 소방구조용 엘리베이터의 전 대수를 동시에 운행시킬 수 있는 충분한 전력용량을 확보하기 어려운 경우에는 각 동마다 설치된 소방구조용 엘리베이터의 전 대수를 동시에 운행시킬 수 있는 충분한 전력용량을 다른 용도의 급전용량과는 별도로 확보해야 하며, 각 동마다 개별급전이 가능하도록 절환장치가 설치되어야 한다.

㉣ 정전시에는 보조 전원공급장치에 의하여 엘리베이터를 다음과 같이 운행시킬 수 있어야 한다.

ⓐ 60초 이내에 엘리베이터 운행에 필요한 전력용량을 자동으로 발생시키도록 하되 수동으로 전원을 작동시킬 수 있어야 한다.

ⓑ 2시간 이상 운행시킬 수 있어야 한다.

(3) 피난용 엘리베이터의 추가요건

피난용 엘리베이터의 기본요건

㉠ 피난용 엘리베이터에 필요한 보호조치, 제어 및 신호가 추가되어야 한다.

■ 참/고

피난용 엘리베이터는 화재 등 재난발생 시 통제자의 직접적인 조작 아래에서 사용된다.

㉡ 구동기 및 제어 패널 · 캐비닛은 최상층 승강장보다 위에 위치되어야 한다.

㉢ 승강장문과 카문이 연동되는 자동 수평 개폐식 문이 설치되어야 한다.

㉣ 피난용 엘리베이터의 카는 다음과 같아야 한다.

ⓐ 출입문의 유효 폭은 900mm 이상, 정격하중은 1,000kg 이상이어야 한다.

ⓑ 다만, 의료시설(침상 미사용 시설 제외)의 경우에는 들 것 또는 침상의 이동을 위해 출입문 폭 1,100mm, 카 폭 1,200mm, 카 깊이 2,300mm 이상이어야 한다.

■ 참/고

출입문 및 카는 사용되는 최대 침상의 출입, 이동이 가능한 크기 이상이어야 한다.

㉤ 승강로 내부는 연기가 침투되지 않는 구조이어야 한다.

■ 참/고

승강장의 모든 문이 닫힌 상태에서 승강로 이외 구역보다 기압을 높게 유지하여 연기가 침투되지 않도록 할 경우, 승강로의 기압은 승강장의 기압과 동등 이상이거나 승강장 이외 구역보다 최소 40㎩ 이상으로 해야 한다.

㉥ 피난층을 제외한 승강장의 전기/전자 장치는 0℃에서 65℃까지의 주위 온도 범위에서 정상적으로 작동될 수 있도록 설계되어야 하며, 승강장 위치표시기 및 누름 버튼 등의 오작동이 엘리베이터의 동작에 지장을 주지 않아야 한다.

㉦ 2개의 카 출입문이 있는 경우, 피난운전 시 어떠한 경우라도 2개의 출입문이 동시에 열리지 않아야 한다.

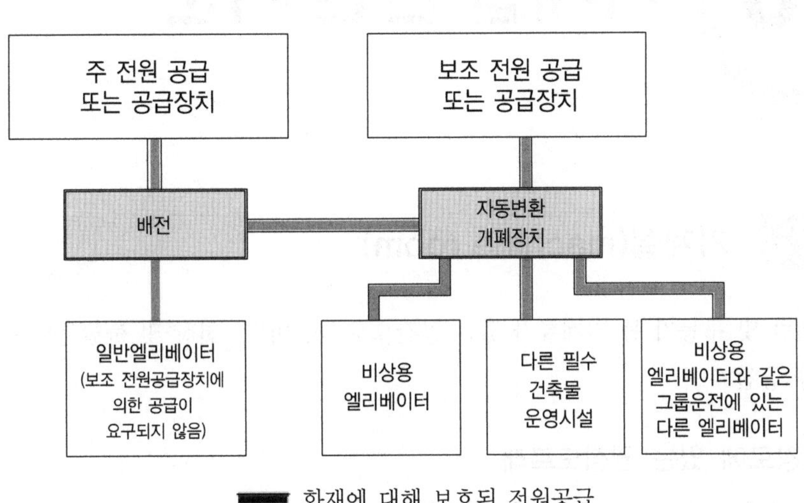

[그림 29. 소방구조용 엘리베이터의 전원공급에 대한 예시]

06 기계실 관련 기준

01 기계실(machine room)

제어반 및 구동기 등 기계류가 있는 공간으로 벽, 바닥, 천장 및 출입문으로 별도 구획된 기계류 공간

(1) 승강로에 있는 권상도르래

① 기계실에서 점검 등 유지관리 업무가 수행될 수 있는 경우

② 기계실과 승강로 사이의 개구부가 업무 수행자 등 자격자의 추락 또는 작업 공구의 낙하 위험이 없도록 가능한 작은 경우

(2) 기계실의 크기 등 치수

① 기계실은 설비의 작업이 쉽고 안전하도록 다음과 같이 충분한 크기이어야 한다. 특히, 작업구역의 유효 높이는 2.1m 이상이어야 하고, 유효 수평면적은 다음과 같아야 한다.

㉠ 제어반 및 캐비닛 전면의 유효 수평면적은 다음과 같아야 한다.

ⓐ 깊이는 외함 표면에서 측정하여 0.7m 이상이어야 한다.

ⓑ 폭은 다음 구분에 따른 수치 이상이어야 한다.

- 제어반 폭이 0.5m 미만인 경우 : 0.5m
- 제어반 폭이 0.5m 이상인 경우 : 제어반 폭

㉡ 움직이는 부품의 점검 및 유지관리 업무 수행이 필요한 곳에 0.5m×0.6m 이상의 작업구역이 있어야 한다. 수동 비상운전이 필요할 경우에도 동일하게 적용한다.

② 작업구역간 이동통로의 유효 높이(바닥에서 천장의 가장 낮은 충돌점 사이)는 1.8m 이상이어야 한다. 작업구역 간 이동통로의 유효 폭은 0.5m 이상이어야 한다. 다만, 움직이는 부품이나 고온의 표면이 없는 경우에는 0.4m까지 감소될 수 있다.

③ 보호되지 않은 회전부품 위로 0.3m 이상의 유효 수직거리가 있어야 한다.

④ 기계실 바닥에 0.5m를 초과하는 단차가 있는 경우, 고정된 사다리 또는 보호난간이 있는 계단이나 발판이 있어야 한다.

⑤ 작업구역 및 작업구역 간 이동통로 바닥에 깊이 0.05m 이상, 폭 0.05m에서 0.5m 사이의 함몰이 있거나 덕트가 있는 경우, 그 함몰부분 및 덕트는 덮개 등으로 보호되어야 한다.

(3) 그 밖의 개구부

슬라브 및 기계실 바닥의 개구부 크기는 그 목적을 위해 최소화되어야 한다. 승강로 위에 있는 개구부(전기 케이블을 위한 개구부 포함)를 통해 물건이 떨어지는 위험이 없도록 금속이나 플라스틱으로 된 덮개가 사용되어야 하며, 그 덮개는 슬라브 또는 마감된 바닥 위로 50mm 이상 돌출되어야 한다.

02 기계실의 재료

기계실의 내장은 준불연재료 이상으로 마감하고, 기계실은 당해 건축물의 다른 부분과 내화구조 또는 방화구조로 구획한다.

03 기계실의 온도 유지방법

냉난방기기를 이용하여 온도를 유지한다.

04 기계실의 조도

① 작업공간의 바닥 면 : 200ℓx

② 작업공간 간 이동 공간의 바닥 면 : 50ℓx

05 기계실 출입문 조도 및 크기

① 조도 : 200ℓx

② 기계실, 승강로 및 피트 출입문 : 높이 1.8m 이상, 폭 0.7m 이상
(주택용 엘리베이터의 경우 기계실 출입문은 폭 0.6m 이상, 높이 0.6m 이상)

06 기계실의 환기

기계실의 환기는 일반적으로 기술자와 기계실에 설치된 장비에 적절한 작업 환경을 제공하기 위해 수행되어 진다. 이러한 이유로 기계실의 주변 온도는 적절하게 유지되어야 한다. 결로 등 기술적인 문제를 피하기 위해 습도 및 공기의 질을 특별히 주의해야 한다. 온도를 적절히 유지하지 못하면, 온도가 정상으로 돌아올 때까지 엘리베이터가 자동으로 작동을 중지할 수 있다.

07 권상능력의 계산

– 권상평가

(1) 개요

권상은 항상 다음이 고려되도록 보장되어야 한다.

- 정상운행
- 승강장에서 카에 적재
- 비상정지로 인한 감속

구동기의 토크가 카를 들어 올리기에 충분히 높으면 어떤 이유로 카 또는 균형추가 승강로에 정지되는 경우 미끄러짐이 발생하도록 고려되어야 한다.

다음의 치수 부여 절차는 강철 와이어로프 및 강철/주철로 된 도르래를 포함하는 통상적인 적용에 있어 권상 평가를 위해 사용될 수 있는 하나의 지침이다.

그 결과는 경험에서 나타난 바와 같이 내장된 안전여유 때문에 안전하다. 그러므로 다음과 같은 요소는 상세하게 고려될 필요는 없다.

- 로프 구조
- 윤활의 종류 및 양
- 권상도르래 및 로프의 재질
- 제조 공차

(2) 권상 계산

다음의 공식이 적용되어야 한다.

$$\frac{T_1}{T_2} \leq e^{fa}$$

카에 부하 및 비상제동 조건에 대하여

$$\frac{T_1}{T_2} \geq e^{fa}$$

권상을 제한하여 카 또는 균형추를 들어 올리는 것에 대한 보호가 제공되는 카/균형추가 정지된 조건에 대하여(완충기 위에 정지하고 있는 카/균형추 및 "하강/상승" 방향으로 회전하는 구동기)

여기서, f = 마찰계수
a = 권상도르래에서 로프의 감긴 각
T_1, T_2 : 권상도르래 양쪽 로프에 걸리는 힘

① T_1, T_2의 평가

㉠ 카 적재 조건 : 정적비율 T_1/T_2은 승강로 내부에서 정격하중의 125%를 싣고 있는 카의 위치가 가장 나쁜 경우에 대해 평가되어야 한다. 정격하중에 포함되지 않은 취급 장치가 카의 적재/하역에 사용되는 경우, 이러한 장치의 무게는 이 계산을 위해 정격하중에 추가되어야 한다.

㉡ 비상제동 조건 : 동적비율 T_1/T_2은 승강로 내부에서 카의 위치 및 부하조건(빈 카 또는 정격하중)이 가장 나쁜 경우에 대해 평가되어야 한다. 각각의 움직이는 요소는

로핑 비율을 고려하여 그것의 적절한 감속비율과 함께 고려되어야 한다. 어떤 경우라도 고려될 감속비율은 다음의 값 이상이어야 한다.

- 일반적인 경우에 $0.5m/s^2$
- 감소된 행정의 완충기가 사용되는 경우, 완충기 설계 값을 초과하지 않고 카 및 균형추를 감속시키기 위한 최소 감속도

㉢ 정지된 카/균형추 조건 : 정적비율 T_1/T_2은 가장 높은 위치와 가장 낮은 위치에 있는 빈 카에 대해 평가되어야 한다.

② 마찰률의 평가

㉠ 홈 가공 고려사항들

ⓐ 반원 및 반원 언더컷 홈

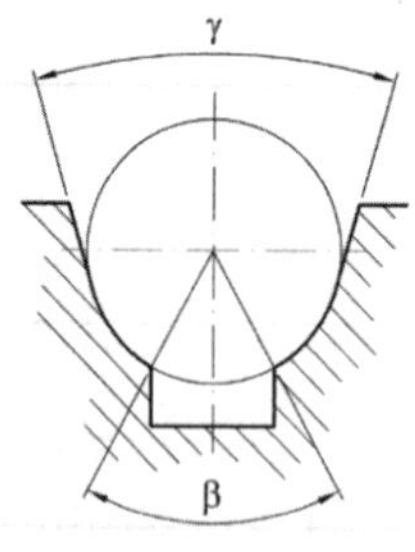

[기호 설명]
β : 언더컷 각도
γ : 홈 각도

[그림 Ⅸ.1 반원 언더컷 홈]

다음 공식이 사용된다.

$$f = \mu \frac{4\left(\cos\frac{\gamma}{2} - \sin\frac{\beta}{2}\right)}{\pi - \beta - \gamma - \sin\beta + \sin\gamma}$$

여기서, β : 언더컷 각도의 값 　　γ : 홈 각도의 값
　　　μ : 마찰계수 　　f : 마찰율

언더컷 각도 β의 최대값은 105°(1.83rad)를 초과하지 않아야한다.

홈 각도 γ의 값은 홈 가공 설계에 따라서 제조사에 의해 주어져야 한다. 홈 각도 γ의 값은 25°(0.44rad) 이상으로 고려되는 것이 바람직하다.

ⓑ V-홈 : 홈이 추가적인 경화공정을 거치지 않는 곳에서, 마모로 인한 권상의 악화를 제한하기 위해 언더컷이 필요하다.

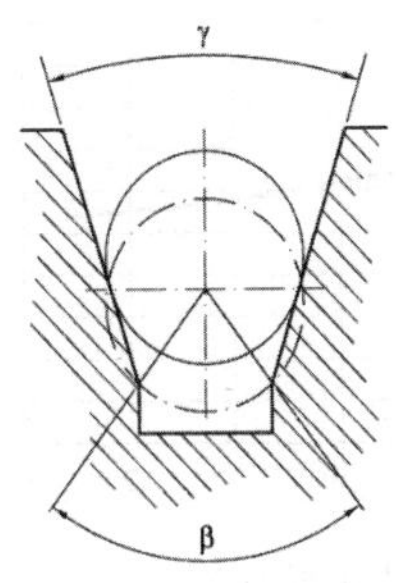

[기호 설명]
β : 언더컷 각도
γ : 홈 각도

[그림 Ⅸ.2 V-홈]

다음의 공식을 적용한다.

- 카 적재 및 비상 제동의 경우

$$f=\mu\times\frac{4\times\left(1-\sin\frac{\beta}{2}\right)}{\pi-\beta-\sin\beta}$$: 비-경화된 홈에 대해

$$f=\mu\times\frac{1}{\sin\frac{\gamma}{2}}$$: 경화된 홈에 대해

- 정지된 균형추 조건의 경우

$$f=\mu\times\frac{1}{\sin\frac{\gamma}{2}}$$: 경화된 홈 및 비-경화된 홈에 대해

여기서, β : 언더컷 각도의 값 γ : 홈 각도의 값
μ : 마찰계수 f : 마찰률

언더컷 각도 β의 최대값은 105°(1.83rad)를 초과하지 않아야 하며, 어떤 경우에도 홈 각도 γ는 엘리베이터에 대해 35° 이상이어야 한다.

㉡ 마찰계수 고려사항

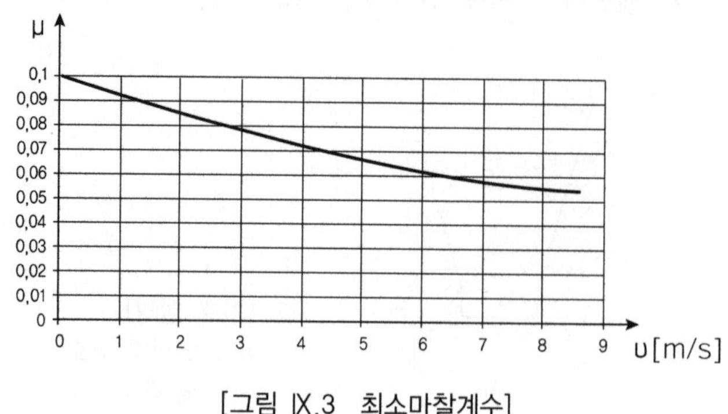

[그림 Ⅸ.3 최소마찰계수]

다음 값을 적용한다.

- 적재조건 $\mu=0.1$
- 비상제동조건 $\mu=\dfrac{0.1}{1+\dfrac{v}{10}}$
- 정지된 균형추 조건 $\mu=0.2$

여기서, μ : 마찰계수

v : 카의 정격속도에서 로프 속도

08 엘리베이터 구동기 및 관련 설비

(1) 일반사항

① 구동방식은 다음과 같이 2가지가 허용된다.

㉠ 권상(도르래와 로프의 사용)

㉡ 포지티브, 즉

- 드럼과 로프 사용 또는
- 스프로킷과 체인 사용

정격속도는 0.63m/s 이하이어야 하며, 균형추는 사용되지 않아야 한다. 다만, 평형추의 사용은 허용된다. 구동 요소의 계산은 균형추 또는 카가 완충기 위에 있을 가능성을 고려해야 한다.

② 전자-기계 브레이크의 작동에 관련된 부품에 전동기를 연결하기 위해 벨트가 사용될 수 있다. 이러한 경우에는 2개 이상의 벨트가 사용되어야 한다.

③ 권상 구동 엘리베이터는 정격하중의 균형량(오버밸런스율)에 따른 하중을 카에 적재하고 정격속도로 상승할 때와 하강할 때의 전류 차이가 설계치의 범위 이내가 되도록 설치되어야 한다.

(2) 브레이크 시스템

브레이크 시스템은 전자-기계 브레이크(마찰 형식)가 있어야 한다. 다만, 추가로 다른 브레이크 장치(전기적 방식 등)가 있을 수 있다.

① 전자-기계 브레이크

㉠ 브레이크는 자체적으로 카가 정격속도로 정격하중의 125%를 싣고 하강방향으로 운행될 때 구동기를 정지시킬 수 있어야 한다.

㉡ 이 조건에서, 카의 감속도는 추락방지안전장치의 작동 또는 카가 완충기에 정지할 때 발생되는 감속도를 초과하지 않아야 한다.

㉢ 드럼 또는 디스크 제동 작용에 관여하는 브레이크의 모든 기계적 부품은 최소한 2세트로 설치되어야 한다.

㉣ 구성요소의 고장으로 브레이크 세트 중 하나가 작동하지 않으면 정격하중을 싣고 정격속도로 하강하는 카 또는 빈 카로 상승하는 카를 감속, 정지 및 정지상태 유지를 위한 나머지 하나의 브레이크 세트는 계속 제동되어야 한다.

㉤ 솔레노이드 플런저는 기계적인 부품으로 간주되지만, 솔레노이드 코일은 그렇지 않다.

② 브레이크 작동과 관련된 부품은 권상도르래, 드럼 또는 스프로킷에 직접적이고 확실한 장치에 의해 연결되어야 한다.

㉠ 브레이크슈 또는 패드 압력은 압축 스프링 또는 무게추에 의해 발휘되어야 한다.

㉡ 밴드 브레이크는 사용되지 않아야 한다.

㉢ 브레이크 라이닝은 불연성이어야 한다.

㉣ 구동기는 지속적인 수동조작에 의해 브레이크를 개방할 수 있어야 한다. 이러한 동작은 기계식(레버 등)과 자동충전식 비상전원공급을 통한 전기식으로 할 수 있다. 비상 전원의 용량은 이 전원에 연결된 기타 장비와 비상 상황에 대응하기 위해 소요되는 시간을 감안하여 카를 승강장으로 이동시키는데 충분한 용량이어야 한다. 브레이크 수동 개방 실패가 브레이크 기능의 고장 원인이 되어서는 안 된다. 각 브레이크 장치를 승강로 외부에서 독립적으로 시험할 수 있어야 한다.

(3) 비상운전

① 비상운전 수단이 요구된 경우, 다음 중 하나로 구성되어야 한다.

㉠ 기계적 수단은 승강장으로 이동시키기 위해 요구되는 인력이 150N을 초과하지 않아야 하며, 다음 사항에 적합해야 한다.

- 카를 움직이도록 하기 위한 수단이 구동기의 움직임으로 작동되는 경우에는 부드럽고 바퀴살이 없는 수동핸들이어야 한다.
- 이 수단이 탈착 가능한 경우에는 기계류 공간에 쉽게 접근할 수 있는 장소에 위치되어야 한다. 용도에 대한 혼동 위험이 있다면 적절하게 표시되어야 한다.
- 이 수단이 구동기에서 탈착되거나 분리되는 방식인 경우, 적합한 전기안전장치는 늦어도 기계적 수단을 구동기에 연결할 때 작동되어야 한다.

㉡ 전기적 수단은 다음 사항에 적합해야 한다.

- 전원공급은 고장이 발생한 후 1시간 이내에는 정격하중의 카를 인접한 승강장으로 이동시킬 수 있도록 충분한 용량을 가져야 한다.
- 속도는 0.3 m/s 이하이어야 한다.

② 카가 잠금 해제구간에 있는지 쉽게 확인이 가능해야 한다.

③ 정격하중의 카를 상승방향으로 움직이는데 요구되는 인력이 400N 초과하거나 기계적 수단이 없는 경우, 전기적 비상운전 수단이 있어야 한다.

④ 비상운전을 작동하기 위한 수단은 다음 중 하나에 위치해야 한다.

㉠ 기계실

㉡ 기계류 공간

㉢ 비상운전 및 작동시험을 위한 장치

⑤ 손으로 돌리는 수동핸들이 제공되는 경우, 카의 운행 방향이 수동핸들이 결합하는 부위에 명확하게 표시되어야 한다. 수동핸들이 분리할 수 없는 경우에는 수동핸들 자체에 표시될 수 있다.

⑥ 정전 또는 고장으로 인해 정상 운행 중인 엘리베이터가 갑자기 정지(안전장치가 작동되어 정지된 경우는 제외한다)되면 자동으로 카를 가장 가까운 승강장으로 운행시키는 수단(자동구출운전 등)이 있어야 하며, 다음 사항을 만족해야 한다. 다만, 수직 개폐식 문이 설치된 엘리베이터 또는 유압식 엘리베이터의 경우에는 제외한다.

㉠ 카가 승강장에 도착하면 승강장문 및 카문이 자동으로 열려야 한다.

㉡ 승객이 안전하게 빠져나가면(10초 이상) 승강장문 및 카문은 자동으로 닫히고 이후 정지상태가 유지되어야 한다. 이 경우 승강장 호출 버튼의 작동은 무효화 되어야 한다.

㉢ ㉡에 따른 정지 상태에서 카 내부 열림 버튼을 누르면 승강장문 및 카문은 열려야 하고, 승객이 안전하게 빠져나가면(10초 이상) 승강장문 및 카문은 자동으로 다시 닫히고, 이후 정지 상태가 유지되어야 한다.

㉣ 정상 운행으로의 복귀는 전문가의 개입에 의해 이뤄져야 한다. 다만, 정전으로 인한 정지는 전원이 복구되면 정상 운행으로 자동 복귀될 수 있다.

㉤ 배터리 등 비상전원은 충분한 용량을 갖춰야 하며, 방전이나 단선 또는 누전되지 않도록 유지 관리되어야 한다. 비상전원으로 배터리를 사용하는 경우에는 잔여용량을 확인할 수 있는 장치가 있어야 한다.

(4) 속도

가속 및 감속구간을 제외하고 카의 주행로 중간에서 정격하중에 50%를 싣고 정격 주파수와 정격전압이 공급될 때 상승 및 하강하는 카의 속도는 정격속도의 92% 이상 105% 이하이어야 한다.

이 공차는 또한 다음과 같은 경우의 속도에 적용할 수 있다.

① 착상
② 재-착상
③ 점검운전
④ 전기적 비상운전

09 유압식 엘리베이터의 구동기

(1) 일반사항

① 다음과 같은 2가지 방식이 허용된다.

㉠ 직접식

㉡ 간접식

② 여러 개의 잭이 있는 경우, 잭은 압력 균형 상태를 보장하기 위해 유압으로 병렬 연결되어야 한다. 카, 카 슬링, 주행안내 레일 및 카 가이드 슈(롤러)의 구조는 11.2.2에서 규정된 적용 가능한 하중 조건에서 엘리베이터 바닥의 방향을 유지시키고 램의 움직임을 동시에 발생시켜야 한다.

■ 참/고

실린더 내 압력을 균등하게 하기 위해, 분기관에서 각 잭으로의 배관은 길이가 거의 같아야 하고, 배관 개수 및 굴곡 등의 특성이 같도록 할 수 있다.

③ 평형추가 있는 경우, 평형추의 무게는 카 또는 평형추의 매다는 장치(로프, 체인 등)가 파열 시 유압 시스템의 압력이 전 부하 압력의 2배를 초과하지 않게 계산되어야 한다.
여러 개의 평형추가 있는 경우, 1개의 매다는 장치 파열에 대해서만 계산에 고려되어야 한다.

(2) 잭

① 실린더 및 램의 압력 계산

㉠ 실린더 및 램은 전 부하 압력의 2.3배의 압력에서 발생되는 힘의 조건하에서 내력 Rp0.2에서 1.7 이상의 안전율이 보장되는 방법으로 설계되어야 한다.

㉡ 유압 동기화 수단이 있는 다단 잭 부품의 경우, 전 부하 압력은 유압 동기화 수단으로 인해 부품에 발생하는 가장 높은 압력으로 바꾸어 계산되어야 한다.

■ 참/고

유압 동기화 수단의 부정확한 조정으로 인해 설치하는 동안 비정상적으로 높은 압력 상태가 발생될 가능성을 고려하여 계산되어야 한다.

㉢ 두께 계산에서, 실린더 표면 및 실린더 베이스에는 1.0mm, 그리고 1단 및 다단 잭의 속이 텅 빈 램의 표면에는 0.5mm가 더해져야 한다.

ⓐ 좌굴 계산 : 압축 하중을 받는 잭은 다음 사항에 적합해야 한다.

- 잭은 완전히 펼쳐진 위치에서 그리고 전 부하 압력의 1.4배의 압력에서 발생되는 힘의 조건하에서 좌굴에 대해 2 이상의 안전율이 보장되는 방법으로 설계되어야 한다.

ⓑ 인장응력 계산 : 인장하중을 받는 잭은 전 부하 압력의 1.4배의 압력에서 발생되는 힘의 조건하에서 내력 Rp0.2에서 2 이상의 안전율이 보장되는 방법으로 설계되어야 한다.

- 카/램(실린더) 연결
  - 직접식 엘리베이터인 경우, 카와 램(실린더) 사이의 연결은 탄력적이어야 한다.
  - 카와 램(실린더) 사이의 연결은 램(실린더)의 무게 및 추가되는 동하중을 지지하도록 설계되어야 한다. 연결장치는 견고하고 안전해야 한다.

- 2개 이상의 다단으로 제작된 램의 경우, 부분 간 연결은 매달린 램의 무게 및 추가되는 동하중을 지지하도록 설계되어야 한다.
- 간접식 엘리베이터인 경우, 램(실린더)의 헤드는 안내되어야 한다.

• 램 행정의 제한
- 다음 중 어느 하나에 의해 행정이 제한되어야 한다.
  가) 완충형 정지수단
  나) 잭과 유압 밸브의 기계적 연결 수단을 통한 잭으로의 유압 공급 차단 : 연결 수단의 파손 등 카의 감속이 발생해서는 안 된다.
- 완충형 정지수단
  가) 잭의 구성부품이어야 한다.
  나) 카 투영면적 외부에 1개 이상의 외부 장치로 구성되어야 한다.

• 보호수단
- 잭이 지면 내부로 연장되는 경우 바닥면이 막힌 보호관에 설치되어야 하고, 다른 공간으로 연장되는 경우에는 적절하게 보호되어야 한다.
- 실린더 헤드로부터 새어 나오는 유체는 모아져야 한다.
- 잭에는 공기 배출장치가 제공되어야 한다.
- 다단 잭
  가) 연속되는 가이드 이음쇠 사이의 유효거리는 0.3m 이상이어야 한다.
  나) 이음쇠의 수직 투영면적으로부터 0.3m의 수평거리 내에서 가장 높은 가이드 이음쇠와 카의 가장 낮은 부분 사이의 유효거리는 0.3m 이상이어야 한다.
- 유압식 동기화 수단을 사용하는 경우 압력이 전 부하 압력의 20%를 초과하면 정상 운행을 방지하는 전기 장치가 제공되어야 한다.
- 로프 또는 체인이 동기화 수단으로 사용될 경우, 다음 사항이 적용된다.
  가) 2개 이상의 독립된 로프 또는 체인이 있어야 한다.
  나) 안전율은 다음과 같다.
    ⓐ 로프는 12 이상
    ⓑ 체인은 10 이상
    최대 힘은 다음 사항을 고려하여 계산되어야 한다.
    - 전 부하 압력에서 발생하는 힘

- 로프(또는 체인)의 수

  동기화 수단이 파손된 경우, 카의 하강 운행속도가 정격속도보다 0.3m/s를 초과하는 것을 방지하는 장치가 있어야 한다.

(3) 배관

- 사용되는 작동유에 적합
- 고정, 비틀림 또는 진동으로 인한 비정상적인 응력을 피하는 방법으로 설계 및 설치
- 손상, 특히 기계적인 손상에 대한 보호

① 가요성 호스

㉠ 실린더와 체크밸브 또는 하강밸브 사이의 가요성 호스는 전 부하 압력 및 파열 압력과 관련하여 안전율이 8 이상이어야 한다.

㉡ 가요성 호스 및 실린더와 체크밸브 또는 하강밸브 사이의 가요성 호스 연결장치는 전 부하 압력의 5배의 압력을 손상 없이 견뎌야 한다.
호스 조립부품의 제조사에 의해 시험 되어야 한다.

(4) 유압제어 및 안전장치

① 차단밸브

㉠ 차단밸브가 제공되어야 하며, 이 밸브는 실린더에 체크밸브와 하강밸브를 연결하는 회로에 설치되어야 한다.

㉡ 차단밸브는 구동기의 다른 밸브와 가까이 위치해야 한다.

② 체크밸브

㉠ 체크밸브가 제공되어야 하며, 이 밸브는 펌프와 차단밸브 사이의 회로에 설치되어야 한다.

㉡ 체크밸브는 공급압력이 최소 작동 압력 아래로 떨어질 때 정격하중을 실은 카를 어떤 위치에서든지 유지할 수 있어야 한다.

㉢ 체크밸브는 잭에서 발생하는 유압 및 1개 이상의 유도 압축 스프링이나 중력에 의해 닫혀야 한다.

③ 릴리프 밸브

㉠ 릴리프 밸브가 설치되어야 하며, 이 밸브는 펌프와 체크밸브 사이의 회로에 연결되어야 한다. 수동펌프 없이 릴리프 밸브를 바이패스하는 것은 불가능해야 한다. 밸브가 열리면 작동유는 탱크로 되돌려 보내져야 한다.

㉡ 릴리프 밸브는 압력을 전 부하 압력의 140%까지 제한하도록 맞추어 조절되어야 한다.

㉢ 내부 손실(압력 손실, 마찰) : 높은 내부손실(압력 손실, 마찰)로 인해 릴리프 밸브를 조절할 필요가 있을 경우에는 전 부하 압력의 170%를 초과하지 않는 범위 내에서 더 큰 값으로 설정할 수 있다. 이러한 경우, 유압설비(잭 포함) 계산에서 가상의 전 부하 압력은 다음 식이 사용되어야 한다.

$$\frac{\text{선택된 설정 압력}}{1.4}$$

좌굴 계산에서 1.4의 초과 압력 계수는 릴리프 밸브의 증가되는 설정 압력에 따른 계수로 대체되어야 한다.

④ 방향밸브

㉠ 하강밸브 : 하강밸브는 전기적으로 개방 상태로 유지되어야 하며, 잭에서 발생하는 유압 및 밸브당 1개 이상의 안내된 압축 스프링에 의해 닫혀야 한다.

㉡ 상승속도 제어밸브 : 바이패스 밸브는 전기적으로 닫힌 상태로 유지되어야 하며, 잭에서 발생하는 유압 및 밸브당 1개 이상의 안내된 압축 스프링에 의해 개방되어야 한다.

⑤ 필터 : 필터 또는 유사한 장치는 다음 사이에 있는 회로에 설치되어야 한다.

㉠ 탱크와 펌프

㉡ 차단밸브, 체크밸브와 하강밸브 : 차단밸브, 체크밸브와 하강밸브 사이의 필터 또는 유사한 장치는 점검 및 유지관리를 위해 접근할 수 있어야 한다.

(5) 압력 확인

① 압력 게이지가 설치되어야 하며, 이 압력 게이지는 차단밸브와 체크밸브 또는 하강밸브 사이의 회로에 연결해야 한다.

② 압력 게이지 차단밸브는 주 회로와 압력 게이지 연결부 사이에 제공되어야 한다.

③ 연결부는 M 20×1.5 또는 G 1/2" 중 어느 하나의 암 나사로 체결되어야 한다.

(6) 탱크

① 탱크 속 작동유 수준이 쉽게 확인되어야 한다.

② 쉽게 채워지고 배출되어야 한다.

③ 탱크에는 작동유의 특성이 표시되어야 한다.

(7) 속도

① 상승 또는 하강 정격속도는 1m/s 이하이어야 한다.

② 빈 카의 상승 속도는 상승 정격속도의 8%를 초과하지 않아야 하고 정격하중을 실은 카의 하강속도는 하강 정격속도의 8%를 초과하지 않아야 한다. 각각의 경우에 이것은 작동유의 정상작동 온도와 관계된다. 상승 운행하는 동안, 전류는 정격 주파수에서의 전류이고 전동기 전압은 엘리베이터의 정격전압과 동일한 것으로 가정한다.

(8) 비상운전

① 카의 하강 움직임

㉠ 엘리베이터에는 정전이 되더라도 승객이 카에서 내릴 수 있도록 카를 승강장 바닥까지 내릴 수 있는 수동조작 비상하강밸브가 설치되어야 하며, 비상하강밸브는 다음과 같은 관련 설비 공간에 위치되어야 한다.

- 기계실
- 기계류 공간
- 비상운전 및 작동시험을 위한 장치

㉡ 카의 속도는 0.3 m/s 이하이어야 한다.

㉢ 이 밸브의 작동은 지속적인 수동 작동력이 요구되어야 한다.

㉣ 이 밸브는 의도되지 않은 조작으로부터 보호되어야 한다.

② 카의 상승 움직임

㉠ 카를 상승방향으로 움직이게 하는 수동-펌프가 있어야 한다. 수동-펌프는 엘리베이터가 설치된 건축물 내부에 보관되어야 하고, 인가된 작업자에 한하여 접근 가능해야 한다. 펌프 연결에 관한 규정사항은 모든 구동기에서 이용 가능해야 한다. 수동-펌프가 어디에 위치하는지와 올바르게 연결하는 방법이 명확히 표기되지 않은 곳에서도 유지관리 및 비상구출 작업자가 이용할 수 있어야 한다.

㉡ 수동-펌프는 차단밸브와 체크밸브 또는 하강밸브 사이의 회로에 연결되어야 한다.

㉢ 수동-펌프는 압력을 전 부하 압력의 2.3배까지 제한하는 릴리프 밸브와 함께 설치되어야 한다.

③ **카 위치의 확인** : 3개 이상의 정지 층을 운행하는 엘리베이터는 다음 중 어느 하나에 해당하는 관련 설비 공간으로부터 독립적인 전원공급장치가 있는 장치에 의해 카가 잠금해제구간에 있는지 확인이 가능해야 한다. 다만, 기계적인 크리핑 방지장치가 설치된 엘리베이터에는 이 규정을 적용하지 않을 수 있다.

㉠ 기계실

㉡ 기계류 공간

(9) 전동기 구동시간 제한장치

① 유압식 엘리베이터가 기동할 때 구동기가 공회전하는 경우에는 구동기의 동력을 차단하고 차단 상태를 유지하는 전동기 구동시간 제한장치가 있어야 한다.

② 전동기 구동시간 제한장치는 다음 값 중 짧은 시간을 초과하지 않은 시간에서 작동해야 한다.

㉠ 45초

㉡ 정격하중으로 전체 주행로를 운행하는 데 걸리는 시간에 10초를 더한 시간. 다만, 전체 운행시간이 10초보다 작은 값일 경우 최소 20초

③ 정상운행의 복귀는 수동 재설정에 의해서만 가능해야 한다. 전원공급 차단 후 동력이 복원될 때 구동기가 정지된 위치를 유지할 필요는 없다.

④ 전동기 구동시간 제한장치가 작동하더라도 점검운전 및 전기적 크리핑 방지시스템은 작동되어야 한다.

(10) 작동유의 과열에 대한 보호

온도감지장치가 설치되어야 한다. 이 장치는 구동기를 정지시키고 정지 상태가 유지되어야 한다.

10 전기설비 및 전기기기

– 일반사항

① 적용 제한

㉠ 전기설비의 설치 및 구성부품에 관련된 이 기준은 다음 사항에 적용한다.

- 동력회로 및 관련 회로의 주 개폐기
- 카 조명 및 관련 회로 개폐기
- 승강로 조명 및 관련 회로

엘리베이터는 전기설비가 내장된 기계와 같이 전체적으로 고려되어야 한다.

참/고

전원공급회로에 관련된 전기 관련 규정은 스위치 입력단자까지 적용한다. 그것들은 기계실과 풀리실의 전체 조명 및 콘센트에 적용한다.

㉡ 모든 제어장치(KS C IEC 60204-1)는 전면에서 점검 및 유지관리를 용이하게 하도록 설치되어야 한다. 정기적인 점검 및 유지관리를 위한 접근이 필요한 경우, 관련 장치는 작업구역 위로 0.4m와 2.0m 사이에 위치해야 한다. 단자는 작업구역 위로 0.2m 이상인 곳에 설치되고 전도체 및 케이블은 단자에 쉽게 연결될 수 있는 곳에 위치할 것을 권장한다. 이 기준은 카 지붕의 제어장치에 적용하지 않는다.

② 감전에 대한 보호

㉠ 추가적인 보호조치 : 30mA 이하의 정격 잔류 전류의 경우, 다음에 대해 누전차단기(residual current protective device, RCD)를 설치해야 한다.

- 회로의 콘센트
- 전압이 50V AC 이상인 착상, 위치표시기, 안전회로 관련 제어회로
- 전압이 50V AC 이상인 카의 회로

㉡ 잔류 전압에 대비한 보호 : KS C IEC 60204-1을 적용한다.

③ 전기설비의 절연저항(KS C IEC 60364-6)

㉠ 절연저항은 각각의 전기가 통하는 전도체와 접지 사이에서 측정되어야 한다. 다만, 정격이 100VA 이하의 PELV 및 SELV회로는 제외한다.
절연저항 값은 다음 표 15에 적합해야 한다.

[표 15 절연저항]

공칭 회로 전압(V)	시험 전압/직류(V)	절연 저항(MΩ)
SELV[a] 및 PELV[b] > 100VA	250	≥ 0.5
≤ 500 FELV[c] 포함	500	≥ 1.0
> 500	1,000	≥ 1.0

- a SELV : 안전 초저압(Safety Extra Low Voltage)
- b PELV : 보호 초저압(Protective Extra Low Voltage)
- c FELV : 기능 초저압(Functional Extra Low Voltage)

㉡ 제어회로 및 안전회로의 경우, 전도체와 전도체 사이 또는 전도체와 접지 사이의 직류 전압 평균값 및 교류 전압 실효값은 250V 이하이어야 한다.

07 에스컬레이터 안전기준 (제4조 제3호 관련, KC 2050-53 : 2019)

(1) 경사도

① 에스컬레이터의 경사도 α는 30°를 초과하지 않아야 한다. 다만, 층고가 6m 이하이고, 공칭속도가 0.5m/s 이하인 경우에는 경사도를 35°까지 증가시킬 수 있다.

■ 참/고

경사도 α는 현장 설치여건 등을 감안하여 최대 1°까지 초과될 수 있다.

② 무빙워크의 경사도는 12° 이하이어야 한다.

(2) 구조 설계

골조 구조물은 에스컬레이터 또는 무빙워크의 자중에 5,000N/m^2의 구조적 정격하중을 기초로 더한 부하를 견딜 수 있는 방법으로 설계되어야 한다.

■ 참/고

[부하운송면적 = 에스컬레이터 또는 무빙워크의 공칭폭 z_1 × 지지물 사이의 거리 l_1]

구조적 정격하중에 근거하여 계산되거나 측정된 최대 처짐량은 지지물 사이의 거리 l_1의 1/750 이하이어야 한다.

구조적 정격하중에 근거하여, 콤 플레이트와 승강장 플레이트의 최대 처짐량은 4mm 이하이어야 하고, 콤의 맞물림이 보장되어야 한다.

(3) 디딤판

① 일반사항 : 에스컬레이터의 이용자 운송구역에서, 스텝 트레드는 운행방향에 ±1°의 공차로 수평해야 한다.

② 디딤판 규격

㉠ 일반사항 : 에스컬레이터 및 무빙워크의 공칭 폭 z_1은 0.58m 이상 1.1m 이하이어야 한다. 경사도가 6° 이하인 무빙워크의 폭은 1.65m까지 허용된다.

㉡ 스텝 트레드 및 팔레트

ⓐ 스텝 높이 x_1은 0.24m 이하이어야 한다.

ⓑ 스텝 깊이 y_1은 0.38m 이상이어야 한다.

③ 정적 시험

㉠ 스텝 : 트레드 표면 중앙의 두께 25mm 이상이고 크기 0.2m×0.3m의 강판에 트레드 표면에 수직으로 3,000N(강판무게 포함)의 단일 힘을 가하여 휨에 대해 시험되어야 한다.

㉡ 스텝 라이저 : 스텝 라이저는 라이저 곡선에 적합한 모양의 두께 25mm 이상의 사각이나 원형의 강판을 사용하여 2,500mm^{2}의 면적 표면에 1,500N의 단일하중을 가할 때 휨량은 4mm 이하이어야 한다.

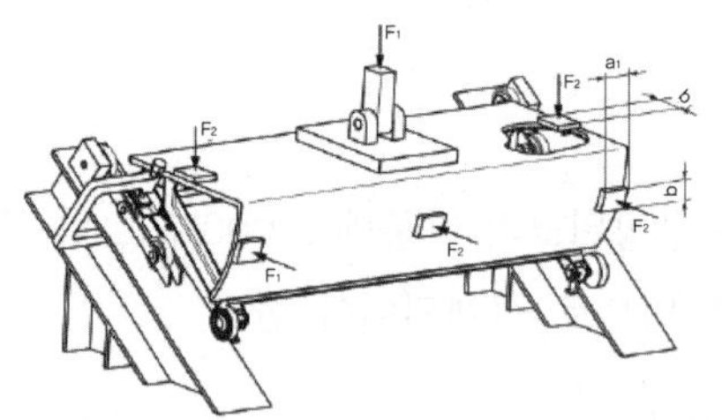

[기호설명]
F_1 3,000N
F_2 1,500N
a_1 50mm
b 50mm

[스텝 시험]

㉢ 팔레트 : 팔레트는 1m^{2}의 팔레트 면적에 7,500N(강판 무게 포함)의 단일 힘을 가하여 휨에 대해 시험되어야 한다. 그 힘은 트레드 표면 중앙의 두께 25mm 이상이고 크기 0.3m×0.45m의 강판에 트레드 표면에 수직으로 적용되어야 한다.

㉣ 벨트 : 운행조건에 적합하게 인장된 벨트에 대해, 750N의 단일 힘(강판무게 포함)이 크기 0.15m(폭)×0.25m(길이)×0.025m(두께)인 강판에 적용되어야 한다.

④ 동적 시험

㉠ 스텝

ⓐ 하중시험 : 스텝은 적용되는 최대 경사(경사 지지대)에서 롤러(회전하지 않는), 축 또는 스터브 축과 함께 모두 시험 되어야 한다. 이것은 영향을 받지 않는 사인파 곡선의 힘의 흐름이 이뤄지는 5×106 이상의 주기 동안 5㎐와 20㎐ 사이의 한 주파수에서 500N과 3,000N 사이의 맥동하중이어야 한다.

ⓑ 비틀림 시험 : 스텝 설계는 중심이 구동롤러의 중심인 원호에서 움직이는 종동롤러 중심의 ±2mm의 변위와 동등한 비틀기 하중을 수용할 수 있는 구조이어야 한다.

(4) 구동 장치

① 구동기

㉠ 일반사항 : 하나의 구동장치는 2대 이상의 에스컬레이터 또는 무빙워크를 작동하지 않아야 한다.

㉡ 속도

ⓐ 무부하 에스컬레이터 또는 무빙워크의 속도는 공칭주파수 및 공칭전압에서 공칭 속도로부터 ±5%를 초과하지 않아야 한다.

ⓑ 에스컬레이터의 공칭속도는 다음과 같아야 한다.

- 경사도 α가 30° 이하인 에스컬레이터는 0.75m/s 이하이어야 한다.
- 경사도 α가 30°를 초과하고 35° 이하인 에스컬레이터는 0.5m/s 이하이어야 한다.

ⓒ 무빙워크의 공칭속도는 0.75m/s 이하이어야 한다. 팔레트 또는 벨트의 폭이 1.1m 이하이고, 승강장에서 팔레트 또는 벨트가 콤에 들어가기 전 1.6m 이상의 수평주행구간이 있는 경우 공칭속도는 0.9m/s까지 허용된다.

ⓓ 모든 구동부품의 안전율은 정적 계산으로 5 이상이어야 한다.

㉢ 무빙워크의 공칭속도는 0.75m/s 이하이어야 한다. 팔레트 또는 벨트의 폭이 1.1m 이하이고, 승강장에서 팔레트 또는 벨트가 콤에 들어가기 전 1.6m 이상의 수평주행 구간이 있는 경우 공칭속도는 0.9m/s까지 허용된다.

㉣ 모든 구동부품의 안전율은 정적 계산으로 5 이상이어야 한다.

(5) 브레이크 시스템

① 브레이크

㉠ 전자-기계 브레이크 : 전자-기계 브레이크의 정상 개방은 지속적인 전류의 흐름에 의해야 한다. 브레이크는 브레이크 회로가 개방되면 즉시 작동되어야 한다. 제동력은 안내되는 압축 스프링에 의해 발휘되어야 한다. 브레이크 개방장치의 전기적 자체여자의 발생은 불가능해야 한다.

㉡ 브레이크의 제동부하 및 정지거리

ⓐ 에스컬레이터의 제동부하 결정

- 표 2는 에스컬레이터의 제동부하 결정에 적용되어야 한다.

[표 2　에스컬레이터의 제동부하 결정]

공칭폭(z_1)	스텝당 제동부하
0.6m 이하	60kg
0.6m 초과 0.8m 이하	90kg
0.8m 초과 1.1m 이하	120kg

ⓑ 에스컬레이터의 정지거리

[표 3　에스컬레이터의 정지거리]

공칭속도(v)	정지거리
0.50m/s	0.20m부터 1.00m까지
0.65m/s	0.30m부터 1.30m까지
0.75m/s	0.40m부터 1.50m까지

공칭속도 사이에 있는 속도의 정지거리는 보간법으로 결정되어야 한다. 정지거리는 전기적 정지장치가 작동된 시간부터 측정되어야 한다. 하강방향으로 움직이는 에스컬레이터에서 측정된 감속도는 브레이크 시스템이 작동하는 동안 $1m/s^2$ 이하이어야 한다.

ⓒ 무빙워크의 제동부하 결정

– 표 4는 무빙워크의 제동부하 결정에 적용되어야 한다.

[표 4　무빙워크의 제동부하 결정]

공칭폭(z_1)	0.4m 길이당 제동부하
0.6m 이하	50kg
0.6m 초과 0.8m 이하	75kg
0.8m 초과 1.1m 이하	100kg
1.10m 초과 1.40m 이하	125kg
1.40m 초과 1.65m 이하	150kg

여러 개의 경사(층고 차이)를 갖는 무빙워크 길이에 대한 제동부하 결정은 하강 운행부분만 고려되어야 한다.

ⓓ 무빙워크의 정지거리

무부하 상승, 무부하 하강 및 부하 상태 하강에 대한 경사형 무빙워크 정지거리는 표 5에 따라야 한다.

이는 무부하 및 부하상태의 양방향에 대한 수평형 무빙워크에도 적용된다.

[표 5 무빙워크의 정지거리]

공칭속도(v)	정지거리
0.50m/s	0.20m부터 1.00m까지
0.65m/s	0.30m부터 1.30m까지
0.75m/s	0.40m부터 1.50m까지
0.90m/s	0.55m부터 1.70m까지

공칭속도 사이에 있는 속도의 정지거리는 보간법으로 결정되어야 한다. 정지거리는 전기적 정지장치가 작동된 시간부터 측정되어야 한다. 운행방향에서 하강방향으로 움직이거나 또는 수평으로 움직이는 무빙워크에서 측정된 감속도는 브레이크 시스템이 작동하는 동안 $1m/s^2$ 이하이어야 한다.

② 보조 브레이크

㉠ 에스컬레이터 및 경사형 무빙워크에는 보조 브레이크가 설치되어야 하며, 보조 브레이크와 스텝/팔레트의 구동 스프로킷 또는 벨트의 드럼 사이의 연결은 축, 기어 휠, 다중체인 또는 2개 이상의 단일체인으로 이루어져야 한다. 마찰 구동, 즉 클러치로 이뤄진 연결은 허용되지 않는다.

㉡ 보조 브레이크 시스템은 제동부하를 갖고 하강 운행하는 에스컬레이터 및 경사형 무빙워크가 효과적으로 감속하고 정지 상태를 유지할 수 있도록 설계되어야 한다. 하강 방향으로 움직일 때 측정한 감속도는 모든 작동 조건 아래에서 $1m/s^2$ 이하이어야 한다.

㉢ 보조 브레이크는 기계적(마찰) 형식이어야 한다.

③ 스텝 및 팔레트의 구동

㉠ 에스컬레이터의 스텝은 스텝 측면에 각각 1개 이상 설치된 2개 이상의 체인에 의해 구동되어야 한다.

㉡ 디딤판체인은 일반적으로 무한 피로수명에 의해 설계되어야 하며 다음에 적합해야 한다.

- 각 체인의 절단에 대한 안전율은 5이상이어야 한다.
- KS B 6853에 적합해야 한다.

④ **벨트 구동** : 연결부를 포함한 벨트의 안전율은 각각의 동적인 힘에 대하여 5 이상이어야 한다

⑤ 디딤판과 스커트 사이의 틈새

㉠ 에스컬레이터 또는 무빙워크의 스커트가 디딤판 측면에 위치한 경우 수평 틈새는 각 측면에서 4mm 이하이어야 하고, 정확히 반대되는 두 지점의 양 측면에서 측정된 틈새의 합은 7mm 이하이어야 한다.

㉡ 무빙워크의 스커트가 팔레트 또는 벨트 위에서 마감되는 경우 트레드 표면으로부터 수직으로 측정된 틈새는 4mm 이하이어야 한다.

(6) 손잡이 시스템

일반사항 : 각 난간의 상부에는 정상운행 조건하에서 디딤판의 속도와 −0%에서 +2%의 허용오차로 같은 방향과 속도로 움직이는 손잡이가 설치되어야 한다. 손잡이는 정상운행 중 운행방향의 반대편에서 450N의 힘으로 당겨도 정지되지 않아야 한다.

(7) 승강장

① **표면 특징** : 에스컬레이터 및 무빙워크의 승강장(즉, 콤 플레이트 및 승강장 플레이트)은 콤의 빗살에서 측정하여 0.85m 이상이고, 안전한 발판을 제공하는 표면을 가져야 한다.

② 디딤판의 구성

㉠ 에스컬레이터의 스텝은 승강장에서 콤을 떠나는 스텝의 전면 끝부분 및 콤에 들어가는 스텝의 후면 끝부분이 L1의 지점에서 측정하여 길이 0.8m 이상으로 수평하게 운행하도록 안내되어야 한다. 공칭속도가 0.5m/s를 초과하고 0.65m/s 이하이거나 층고 h13이 6m를 초과하는 경우, 이 길이는 L1의 지점에서 측정하여 1.2m 이상이어야 한다. 공칭속도가 0.65m/s를 초과하는 경우, 이 길이는 L1의 지점에서 측정하여 1.6m 이상이어야 한다. 수평주행구간에서 연속된 두 스텝간의 수직높이 편차는 4mm까지 허용된다.

㉡ 벨트식 무빙워크의 경우, 경사부에서 수평부로 전환되는 천이구간의 곡률반경은 0.4m 이상이어야 한다.

③ 콤

㉠ 콤의 빗살은 디딤판의 홈에 맞물려야 한다. 콤 빗살의 폭은 트레드 표면에서 측정하여 2.5mm 이상이어야 한다.

㉡ 콤의 빗살은 에스컬레이터 또는 무빙워크에서 내리는 이용자의 발이 콤에 걸리지 않도록 하는 형상과 기울기를 가져야 한다. (설계 각도 β는 35° 이하)

㉢ 콤이 홈에 맞물리는 깊이

ⓐ 트레드 홈에 맞물리는 콤 깊이는 4mm 이상이어야 한다.

ⓑ 틈새는 4mm 이하이어야 한다.

④ **조명 및 콘센트**

트러스 내부의 구동 · 순환 장소 및 기기 공간 중 한 곳에 영구적으로 사용 가능한 휴대용 조명이 비치되어야 하고, 각 장소에는 1개 이상의 콘센트가 제공되어야 한다. 작업 공간의 조도는 200ℓx 이상이어야 한다.

(8) 전기 제어 시스템

① **과속 감지** : 속도가 공칭 속도의 1.2배를 초과하기 전에 과속을 감지할 수 있는 장치가 제공되어야 한다. 과속을 방지하도록 설계된 경우 이 기준은 무시해도 된다.

② **의도되지 않은 운행방향의 역전 감지** : 에스컬레이터와 경사형($\alpha \geq 6°$) 무빙워크의 의도되지 않은 역전을 즉시 감지할 수 있는 장치가 제공되어야 한다.

③ **손잡이의 속도편차 감지** : 손잡이 속도감시장치가 설치되어야 하고, 5초~15초 내에 디딤판에 대해 ±15% 이상의 손잡이 속도편차가 발생하는 경우 에스컬레이터 또는 무빙워크의 정지를 시작해야 한다.

㉠ 전기적 차단

ⓐ 전자–기계 브레이크의 전기공급 차단은 전기적 차단 시퀀스 시작 후 얻어진 지정된 전기적 차단 시간이 경과한 후 1초 이내에 실시되어야 한다.

ⓑ 전자–기계 브레이크가 작동할 때까지 정의된 전기적 차단 시퀀스의 총 시간은 4초를 초과하지 않아야 한다.

ⓒ 보조 브레이크에 의한 차단 시퀀스의 시작

보조 브레이크는 다음 조건 중 어느 하나에도 유효해야 한다.

– 속도가 공칭속도의 1.4배의 값을 초과하기 전

– 디딤판이 현재 운행 방향에서 바뀔 때

(9) 표시 및 경고장치

① 에스컬레이터 또는 무빙워크의 출입구 근처의 안전 표시

㉠ 주의표시를 위한 표시판 또는 표지는 견고한 재질로 만들어야 하며, 승강장에서 잘 보이는 곳에 확실히 부착되어야 한다. 주의표시는 80mm×100mm 이상의 크기로 그림과 같이 표시되어야 한다.

구 분		기준규격(mm)	색 상
최소 크기		80×100	–
바탕		–	흰색
	원	40×40	–
	바탕	–	황색
	사선	–	적색
	도안	–	흑색
		10×10	녹색(안전) 황색(위험)
안전, 위험		10×10	흑색
주의문구	대	19Pt	흑색
	소	14Pt	적색

※ 비고 : 상기의 주의표 시이외에 부속서 Ⅴ의 주의표시를 추가로 부착할 수 있다.

[그림 에스컬레이터 또는 무빙워크 출입구 근처의 주의 표시]

(10) 최대 수송능력

교통 흐름 계획을 위해, 1 시간에 에스컬레이터 또는 무빙워크로 수송할 수 있는 최대 인원은 표 Ⅵ.1에 주어진다.

[표 Ⅵ.1 최대수송능력]

디딤판 폭 [z1(m)]	공칭속도[v(m/s)]		
	0.5	0.65	0.75
0.6	3,600명/h	4,400명/h	4,900명/h
0.8	4,800명/h	5,900명/h	6,600명/h
1	6,000명/h	7,300명/h	8,200명/h

비고 1. 쇼핑 카트와 수하물 카트의 사용은 수용력이 약 80%로 감소될 것이다.
2. 1m를 초과하는 팔레트 폭을 가진 무빙워크의 경우 이용자가 손잡이를 잡아야 하기 때문에 수용능력은 증가하지 않고, 1m를 초과하는 추가 폭은 주로 쇼핑 카트 및 수하물 카트의 사용을 가능하게 하는 것이다.

08 기계요소 설계

01 승강기 재료의 역학적 설계

(1) 하중과 응력

1) 하중(Load)

외력이 물체에 작용하는 힘에는 인장, 압축, 전단, 굽힘, 비틀림이 있으며 하중이 작용하는 방향에 따라 인장하중, 압축하중, 전단하중이 있다.

2) 응력(Stress)

재료에 하중이 가해지면, 그 하중에 대응하는 내부적인 저항력(내력)이 발생하는데 이것을 응력(Stress)이라 한다.

$$응력 = \frac{하중}{단면적},\ \sigma = \frac{F}{A}(\mathrm{N/mm^2})$$

① 응력의 종류

㉠ 수직응력(Normal Stress) : 축 하중에 의한 하중

- 인장응력 – 인장하중에 의한 응력
- 압축응력 – 압축하중에 의한 응력

$$\sigma = \frac{W}{A}(W : 인장하중,\ A : 단면적)$$

㉡ 전단응력–전단하중에 의한 응력

$$\tau = \frac{P}{A}(P : 전단하중,\ A : 단면적)$$

■ **참/고**

[하중의 작용과 응력]

하중의 작용 방향에 따라 압축응력, 인장응력, 전단응력, 휨응력이 있다.

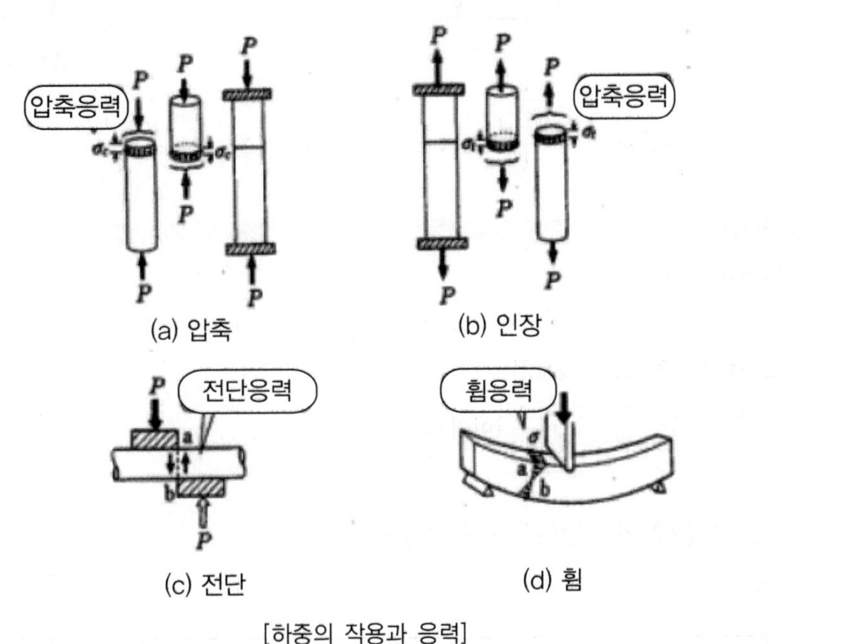

(a) 압축 (b) 인장

(c) 전단 (d) 휨

[하중의 작용과 응력]

02 응력과 변형률

(1) 변형률(Strain)

변형률은 원래의 길이에 대한 변형량이다. 즉,

$$\text{변형률} = \frac{\text{변형량}}{\text{원래의 길이}},\ \epsilon = \frac{\Delta\ell}{\ell}$$

1) 변형률의 종류

① 수직하중에 의한 변형률

㉠ 종변형률(세로방향 변형률, 길이 방향 변형률) 힘이 작용하는 방향의 변형률

㉡ 횡변형률(반지름 방향 변형률, 가로 방향 변형률) 힘이 작용하지 않는 방향의 변형률

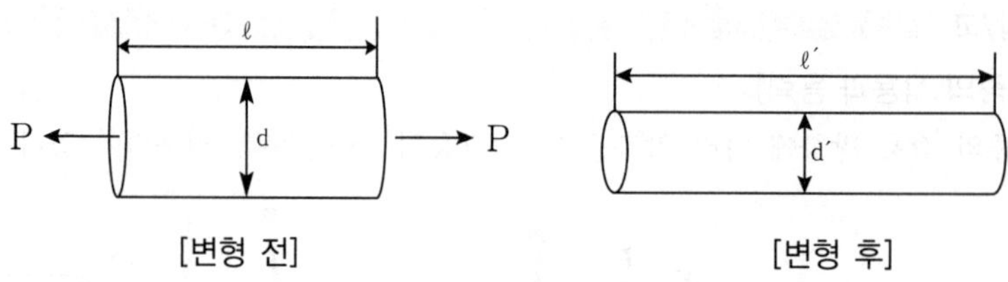

[변형 전] [변형 후]

• 종변형률 $\epsilon = \dfrac{\ell' - \ell}{\ell}$ • 횡변형률 $\epsilon' = \dfrac{d - d'}{d}$

참/고

[변형률의 관계]

포아송의 비 μ(Poisson's Ratio), 포아송의 수 m(Poisson's Number)

[포아송비(Poisson's Ratio)]

$\mu = \dfrac{\epsilon'}{\epsilon} = \dfrac{\text{가로 변형률}}{\text{세로 변형률}} = \dfrac{1}{m}$ (여기서, m : 푸아송수)

② 전단하중에 의한 변형률=전단변형률

γ : 전단변형률(각변형률)

$$\gamma = \frac{\lambda_s}{\ell} = \tan\theta \fallingdotseq \theta(\text{rad})$$

여기서, ℓ : 평면 간의 길이 λ_s : 늘어난 길이

θ : 전단각(Radian)

2) 응력과 변형률의 관계

① 응력과 변형률 선도

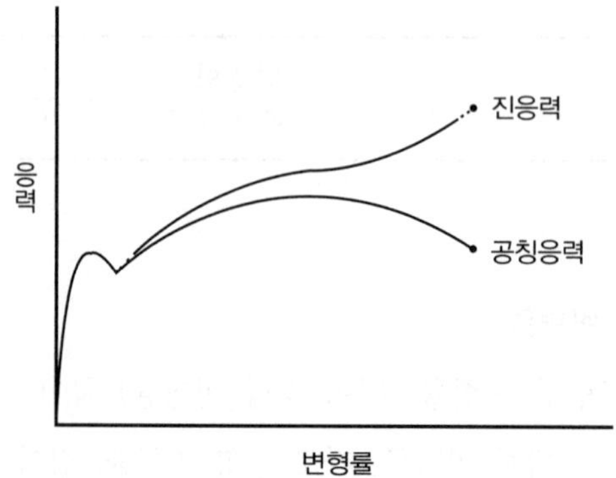

② 진응력(σ_a)과 공칭응력(σ)

$$\sigma_a = \frac{하중}{실제단면적} = \frac{P}{A},\ \sigma = \frac{하중}{처음단면적} = \frac{P}{A_0}$$

참/고

[변형률의 계산]

직경 12[mm], 길이 2[m]의 환봉이 인장하중을 받아 0.002의 변형률이 생겼다. 이때 늘어난 길이는 다음과 같다. 즉,

변형률$=\frac{변형량}{원래의\ 길이}$, $\epsilon = \frac{\Delta\ell}{\ell}$, $\Delta l = \epsilon \cdot l = 0.002 \times 2,000 = 4$mm

03 탄성계수와 안전율

(1) 탄성계수

변형된 물체가, 외력이 없으면 본래의 형태로 원위치 되는 성질이 탄성이다.

① 후크의 법칙과 탄성계수

Hook's의 법칙≒응력과 변형률의 법칙(응력과 변형률은 비례)

그림에서 응력-변형률 그래프는 초기 비례하여 증가한다. 이때 비례상수(E)가 탄성계수이다.

$$\sigma = E\epsilon \text{(수직응력-변형률)}$$

여기서, E : 비례상수[종탄성상수, 세로탄성상수, 영상수(Young's modulus)]

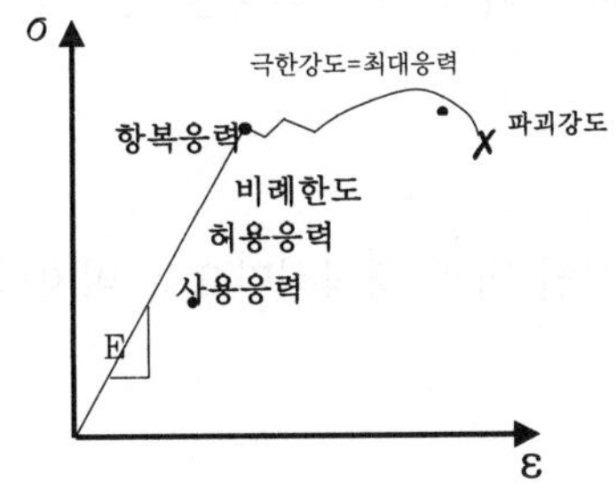

㉠ 수직응력[σ]

$$\sigma = E \cdot \epsilon = E \times \frac{\triangle \ell}{\ell}, \quad (\text{변형량}) \triangle \ell = \frac{\sigma \cdot \ell}{E} = \frac{P \cdot \ell}{A \cdot E}$$

여기서, P : 하중(N) A : 면적(cm^2) ℓ : 길이(cm)

㉡ 전단응력[τ] : 전단 응력-변형률 선도의 초기 직선부분의 기울기

$$\tau = G\gamma (\text{전단응력} - \text{변형률})$$

비례상수를 전단계수(Shear modulus), 강성계수(Modulus of Rigidity)라 한다.

(2) 안전율

① 응력과 안전율 : 안전율은 극한강도와 허용응력에 의해서 결정된다. 사용응력과 허용응력, 극한강도의 관계는 다음과 같다.

$$\sigma_w \le \sigma_a = \frac{\sigma_u}{S}$$

여기서, S : 안전율

σ_u : 극한강도(최대응력, σ_w : 사용응력, σ_a : 허용응력)

$$\therefore \text{안전율}(S) = \frac{\text{극한강도}(\sigma_u)}{\text{허용응력}(\sigma_a)}$$

(3) 보(Beam)

막대모양의 물체를 적당한 방법으로 지지하고 그 길이방향에 대하여 직각으로 하중을 가하면 물체는 휘어지는데, 이와 같이 휨작용을 받는 막대나 길이가 긴 판 등을 보(Beam)라고 한다.

① 보의 종류

㉠ 정정보 : 정역학적인 힘의 평형식만으로 미지의 지지반력을 구할 수 있는 보

- 외팔보
- 단순보

• 내다지보

㉡ 부정정보 : 보가 정역학적 평형에 필요한 것 이상으로 많은 구속이 있으므로 보의 처짐을 고려하여야만 미지의 반력을 구할 수 있는 보

• 고정보

• 연속보

• 고정지지보

② **지지점의 반력** : 보에 하중이 작용하면 지지점에는 이에 대한 반력(Reaction)이 작용하여 하중과 균형을 이룬다. 즉, 지지점을 눌러 내리는 하중과 균형을 이루기 위하여 지지점에 작용하는 밀어 올리는 힘을 반력이라고 한다.

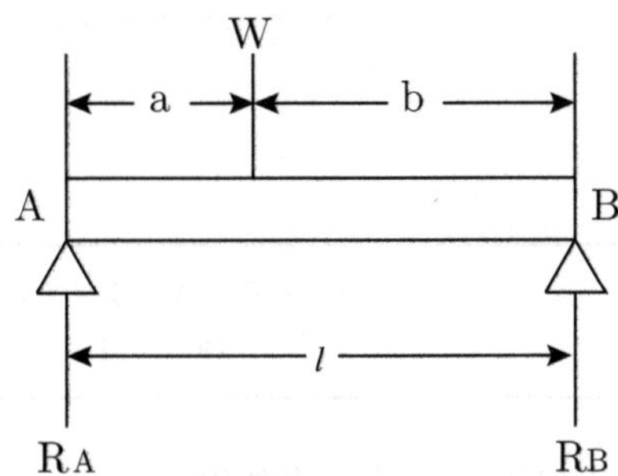

그림과 같이 양끝을 지지한 보는 $R_1 + R_2 = W$이고, 모멘트의 균형관계에서 $R_A\ell = Wb$ 또는 $R_B\ell = Wa$가 되므로 $R_A = \dfrac{W \cdot b}{\ell}$, $R_B = \dfrac{W \cdot a}{\ell}$이 된다.

(4) 도르래(활차)장치

로프와 도르래를 조합하면 작은 힘으로 큰 하중을 움직일 수 있다.

① **단활차** : 활차장치에는 활차로서 도르래 1개만을 사용했을 때 단활차라고 하고, 그림의 (a), (b)와 같이 정 활차와 동활차가 있다. 정 활차는 힘의 방향만 변환하지만 동활차는 하중을 위로 올리는 경우 1/2의 힘으로 올릴 수 있다.

② **복활차** : 정 활차와 동활차를 조합하여 사용하면 2배, 3배뿐만 아니라 몇 배의 하중도 들어올릴 수 있다. 이와같이 조합활차를 만들고 여기에 사용된 동활차의 수를 n이라고 하면, 하중(W)

$W = P \times 2^n$ (P : 인장력, n : 동활차 수)

09 승강기의 전기설계

- **전기설비설계**

① 변압기의 용량

$$P_T \geq \sqrt{3} \times E \times I \times N \times Y \times 10^{-3} + (P_c \times N)$$

여기서, E : 정격전압(V)　　I : 정격전류(A)　　N : 엘리베이터 대수
Y : 부등률　　P_c : 제어용 전력(kVA)

② 배전선의 전압강하

$$e = \frac{34.2 \times I_a \times N \times Y \times L \times K}{1{,}000 \times A}$$

여기서, I_a : 대당 가속전류(A)　　L : 전선길이(m)　　A : 전선의 단면적(mm^2)
Y : 부등률　　N : 대수　　K : 전압강하계수

③ 조명전원의 인입선 굵기

$$A \geq \frac{R \times L \times I_L}{1{,}000 \times E \times e} \times N \times K (mm^2)$$

여기서, A : 전선굵기(mm^2)　　I_L : 한 대당 조명회로 전 전류(A)
R : 전선계수　　E : 조명용 전원전압(AC 220V)
L : 전선로의 길이(m)　　e : 허용전압 강하율(3%)
N : 전원을 공용하는 병렬 설치대수　　K : 전압강하계수

④ 동력전원 설계시 고려사항

㉠ 가속전류　　㉡ 전압강하
㉢ 전압강하 계수　　㉣ 주위온도
㉤ 부등율

예제 어느 건물 내에 설치될 승용승강기의 사양이 아래와 같을때 적절한 변압기 용량 및 배전선 굵기를 구하시오 .

[엘리베이터의 사양]

- 엘리베이터의 종류 및 설치대수(N) : 교류엘리베이터 8인승, 2대
- 정격속도 : 60m/min
- 정격전압(E) : AC 380V
- 한 대당 제어용 전력(Pc) : 1kVA
- 한 대당 가속전류(카가 전부하 상태에서 상승방향으로 가속 시 배전선에 흐르는 최대 선전류) : 51A
- 한 대당 정격전류(I) : 13.5A
- 전압강하계수 : 표 1의 역율 0.8일 때의 값을 적용하고, 기계실까지의 전선 총길이는 250m임
- 부등률(Y) : 전부하 상승전류에 대하여 1, 가속전류에 대하여는 0.85임

[표 1. 전압 강하계수]

전동기역률	0.9		0.8	
전선굵기(mm^2) \ 전압강하계수	k	A/k	k	A/k
16	0.945	14.8	0.861	16.3
25	0.969	22.7	0.895	24.6
35	0.985	30.5	0.917	32.7
50	1.005	37.8	0.944	40.3
70	1.038	48.2	0.991	50.5
95	1.060	56.6	1.027	58.4

1) 변압기 용량(KVA)은?

- $P_T \geq \sqrt{3} \times E \times I \times N \times Y \times 10^{-3} + (P_c \times N)$

  E : 정격전압 　 I : 정격전류 　 N : 엘리베이터 대수

  Y : 부등률 　 P_C : 제어용 전력(kVA)

- $P_T \geq \sqrt{3} \times 380 \times 16.87 \times 2 \times 1 \times 10^{-3} + (1 \times 2) = 24.21 ≒ 25$kVA

  (I는 50A 이하이므로 1.25배를 하여 13.5×1.25=16.87A)

2) 배전선의 전압강하(e)

- $e = \dfrac{34.2 \times I_a \times N \times Y \times L \times K}{1{,}000 \times A}$

  I_a : 대당 가속전류 　 L : 전선길이 　 A : 전선의 단면적

  Y : 부등률 　 N : 대수 　 k : 전압강하계수

- $e = \dfrac{100}{380} \times \dfrac{34.2 \times I_a \times N \times Y \times L \times K}{1{,}000 \times A} < 5[\%]$(전압강하율 $\varepsilon = \dfrac{e(\text{전압강하})}{380} \times 100[\%]$)

  $\dfrac{A}{K} > 9 \times 10^{-3} \times \dfrac{0.85 \times 250}{5} = 39.02$

  ∴ 표 1에 의하여 $\dfrac{A}{K}$값은 40.3, 배전선 굵기는 50[mm^2]이다.

  (IEC 전선규격[mm^2] : 1.5, 2.5, 4, 6, 10, 16, 25, 35, 50, 70, 95, 120)

⑤ 전기설비의 절연저항(KS C IEC 60364-6)

㉠ 절연저항은 각각의 전기가 통하는 전도체와 접지 사이에서 측정되어야 한다. 다만, 정격이 100VA 이하의 PELV 및 SELV 회로는 제외한다. 절연저항 값은 다음 표에 적합해야 한다.

[절연저항]

공칭회로전압(V)	시험전압/직류(V)	절연저항(MΩ)
SELV[a] 및 PELV[b] > 100 VA	250	≥ 0.5
≤ 500 FELV[c] 포함	500	≥ 1.0
> 500	1,000	≥ 1.0

- a SELV : 안전초저압(Safety Extra Low Voltage)
- b PELV : 보호초저압(Protective Extra Low Voltage)
- c FELV : 기능초저압(Functional Extra Low Voltage)

㉡ 제어회로 및 안전회로의 경우, 전도체와 전도체 사이 또는 전도체와 접지 사이의 직류 전압 평균값 및 교류 전압 실효값은 250V 이하이어야 한다.

참/고

[절연저항]

공칭회로 전압(V)	절연저항(MΩ)
안전 초 저압(V)	0.5(MΩ) 이상
500(V) 이상	1.0(MΩ) 이상
500(V) 초과	1.0(MΩ) 이상

10 재해대책 기준

– **재해대책설비의 내진설계**

① 설계용 수평지진력

$F_H = K_H \cdot W$[kg]

K_H : 설계용 수평진도

W : 기기의 중량

② 기계실 기기의 설계용 수직지진력

$F_V = (1 - K_V) \cdot W$[kg]

K_V : 설계용 수직진도$\left(K_V = \frac{1}{2} \cdot K_H\right)$

③ 가이드레일에 걸리는 지진하중

$P_X = K_H \times W \times \varepsilon$[kg]

K_H : 수평진도

ε : 상하 가이드 슈의 하중비(0.6)

W : 카 또는 균형추의 중량(카의 경우 등가하중을 적용함)

예제 카 자중(W_1) 1,500kg, 적재하중(W_2) 550kg인 승객용 엘리베이터에 대하여 다음 물음에 답하시오(단, 저감률 0.25, 수평진도 0.6, 상하 가이드 슈의 하중비는 0.6이다).[실기기출]

1) 이상적인 카 측 가이드레일에 가해지는 하중을 구하시오.

$$W = W_1 + \alpha \cdot W_2 = 1,500 + 0.25 \times 550 = 1,637.5\text{kg}$$

2) 지진 시 카 측 가이드레일에 가해지는 수평지진력(P_X)을 구하시오.

$$P_X = K_H \times W \times \varepsilon = 0.6 \times 1,637.5 \times 0.6 = 589.5\text{kg}$$

Chapter 3 일반기계공학

01 기계재료

01 철과 강

1. 철과 강의 종류

탄소함유량에 따라 순철, 주철, 강(탄소강)

2. 철

(1) 선철

제강 또는 주조의 원료로 사용되며, 용광로에서 철광석을 용해하여 바로 제조된 철로서 탄소가 일정 비율이상 포함되어 있다.

① 선철의 종류

㉠ 회선철 : 파단면이 회색이고 비교적 재질이 연함

㉡ 백선철 : 파단면이 백색이고 재질이 매우 단단함.

㉢ 반선철 : 백선철과 회선철의 중간.

② **선철의 탄소(C) 함유량** : C 2.2~7%(보통 C 2.5~4.5%)

③ **제선원료** : 철광석을 녹여 선철을 만드는 과정을 제선이라고 하며. 원료인 철광석과 불순물 제거용 석회석, 연료인 코크스를 사용한다.

(2) 순철

선철에 포함된 불순물을 제거하여 만든 순수한 철로서, 다른 철에 비해 순도가 아주 높은 것을 말한다. 강도가 작고 매우 유연하므로 전성, 연성이 커서 압연이 가능하다. 순철의 탄소(C) 함유량이 C 0.03% 이하이다.

(3) 주철

강에 비해 탄소 함유량이 적은 철.

① 주철은 탄소 2.5~4.5%, 규소 1.0~2.5% 혼합인 주조용 철이다.

② **특징** : 압축강도 크나 인장강도 적다, 가단성. 전연성이 적고 취성이 크다, 녹이 생기지 않으며 내마모성 크고 절삭성 좋다, 가공은 가능하나 용접성이 불량하다.

③ 주철의 조직

㉠ 회주철 : 유리된 탄소와 Fe3C가 혼재하고 있는 주철이며, 흑연을 많이 석출하여 파단면이 회색이며 질이 무르다. 시멘타이트와 펄라이트이다

㉡ 백주철 : 탄소, 규소의 양이 적을 때 발생, 주물 파단면이 백색이며 취성이 크다. 칠드라고도 한다. 펄라이트와 페라이트조직을 나타낸다.

㉢ 반주철 : 회주철과 백주철의 중간적이고, 펄라이트와 페라이트 조직이다.

ⓐ 주철의 탄소(C) 함유량은 2.5~4.5%, 규소 1.0~2.5% 혼합인 주조용 철이다.

ⓑ 주철의 특징 : 녹이 쉽게 생기지 않으며, 값이 싸고 주조성이 우수하고, 마찰저항이 크고, 절삭성이 좋다.

④ 주철의 종류

㉠ 보통 주철 : 기계 가공성이 좋고, 값이 싸서 수도관, 난방용품, 가정용품, 기계구조물의 몸체 등에 사용된다.

㉡ 고급 주철 : 실린더, 피스톤, 터빈 케이싱 등에 사용되며, 보통 주철보다 기계적 성질이 우수하다.

㉢ 합금 주철

ⓐ 애시큘러 주철 : 소형 엔진의 크랭크축, 캠축, 실린더 압연용 롤 등의 재료로 사용되며, 조직의 바탕이 침상조직이고, 흑연이 보통 주철과 같은 편상 혹연이나, 강하고 내마멸성이 우수하다.

ⓑ Ni 주철 : 피스톤, 공작기계대. 정밀 기계 부품 등에 사용되며 내마멸성, 내열성이 우수하다.

ⓒ Cr 주철 : 파쇄기의 부품, 열간 압출용 다이스 등에 사용되며, 펄라이트를 안정화시키고 내마멸성, 내식성, 내열성이 좋다.

ⓓ Ni-Cr 주철 : 내마멸성이 좋아 실린더에 사용된다.

3. 강(Steel)

철-탄소의 합금으로 기계적 성질은 탄소의 함량에 큰 영향을 받으며, 일반적인 탄소의 함량은 1.0[wt%] 이하이다. 열전도성은 전기 전도성과 유사하며 은(Ag) → 구리(Cu) → 금(Au) → 알루미늄(Al) → 니켈(Ni) → 철(Fe) 순서로 열 전도성이 좋다. 금속재료의 물리적 성질에는 색깔, 비중, 비열, 열전도율, 선팽창 계수, 전기 전도율, 자성 등이 있다.

참/고

[선팽창계수]
고체 열팽창에 따른 길이의 변화의 비율로 온도가 1℃ 변화할 때 재료의 단위 길이당 길이의 변화

[취성]
물체가 연성(延性)을 갖지 않고 파괴되는 성질, 즉 부서지는 성질

(1) 탄소강의 종류와 용도

① **저탄소강** : 탄소(C) 0.25% 미만

㉠ 미세구조 : 페라이트와 펄라이트

㉡ 성질 : 연하고 약하지만 우수한 인성과 연성을 가지고 있으며, 가공성과 용접성이 좋고 생산비가 저렴하다.

㉢ 용도 : 자동차 몸체, 구조용재, 판재는 파이프, 빌딩, 다리, 깡통에 사용한다.

㉣ 고강도 저합금강(HSLA) : 구리, 바나듐, 니켈, 몰리브덴 등이 10wt%까지 함유되고, 저탄소강에 비해 높은 경도를 갖는다. 연성, 성형성, 기계가공성이 우수하다.

② **고탄소강** : 탄소(C) 0.6~1.4wt% 농도 : 탄소 중에서 가장 경하고, 강하며 낮은 연성. 공구강(tool steel), 다이강(die steel), 크롬, 바나듐, 몰리브덴 첨가된다. 탄소와 결합하여 매우 강하고, 내마모성이 좋은 탄소화합물을 형성한다. 칼날, 면도날, 톱날, 스프링, 고강도 강선에 사용된다.

③ **일반구조용강(SB)** : 저탄소강(C 0.08~0.23%), 구조물에 사용된다.

④ **공구강** : 공구용 강으로 고탄소강(C 0.6~1.5%), 킬드강으로 제조한다.

⑤ **주강(SC)** : 강도 크고, 융점 (1,600℃) 높다.

⑥ **쾌삭강** : S, Pb, Ce, Zr을 첨가한 강(절삭성을 향상)

⑦ **침탄강** : 표면강화강으로 강의 표면에 C를 침투시킨다.

(2) 제강법

선철 불순물을 제거하고 탄소함유량을 0.02~1.7% 정도로 감소시킨 방법

① **평로제강법** : 평로에 예열된 공기와 가스를 노속으로 불어넣어 용해시켜 탄소와 불순물을 연소시켜 제거하는 제강법으로 고철 등을 사용할 수 있다.

㉠ 염기성 법 :노의 내 또는 내벽에 염기성 재료를 사용하는 법

㉡ 산성법 : 산성 내화재료를 사용(인과 황을 제거하지 못함)

② **전로제강법** : 경사지게 노를 이용하여 용해한 선철을 넣은 후 노를 세워서 공기를 불어 넣는 제강법이다.

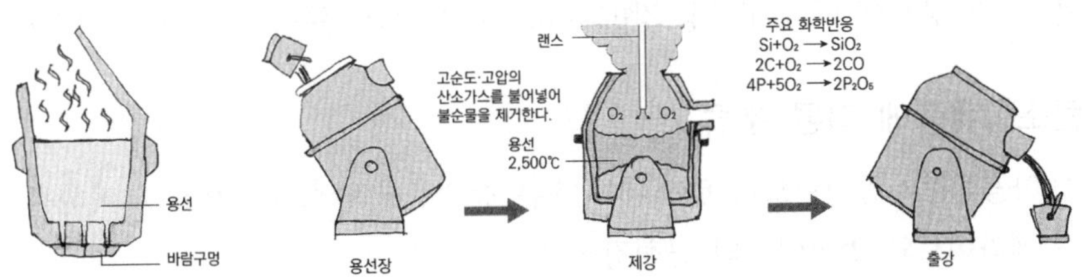

③ **전기로제강법** : 전극을 이용한 아크열로 선철, 파쇠 등을 용해시켜 강이나 합금강을 제조하는 제강법이다. 저항식, 유도식, 아크식이 있다.

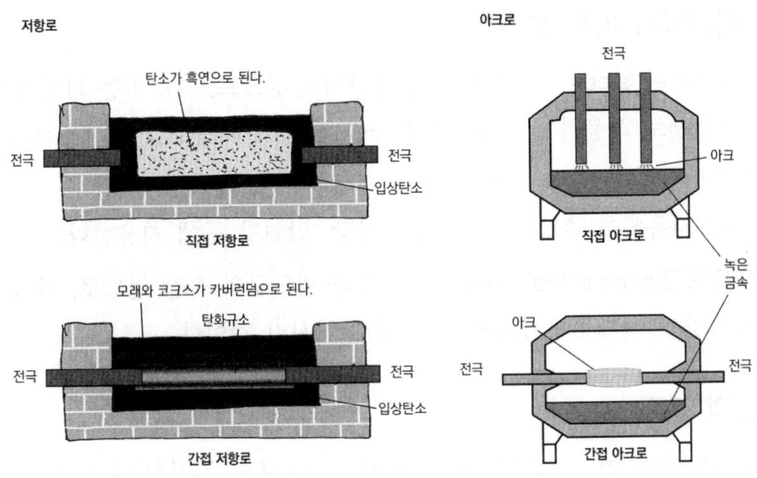

④ **도가니로 제강법** : 간접 용해시키는 제강법으로, 주로 구리합금, 비철주물, 합금주물 등에 사용함.

(3) 강재의 종류

① **강괴** : 림드, 킬드, 세미킬드 강괴

② **반제품** : 강, 소강편과 판용 강판, 판상 강판을 반제품이라고 한다.

③ **완제품** : 강관, 강선, 강판, 조강.

4. 탄소강

(1) 용도에 따른 분류

탄소강은 용도에 따라 구조용 강(C 0.05~0.6%,)과 공구용 강(C 0.6~1.7%)으로 분류된다.

(2) 탄소함유량에 따른 분류

① **아공석강** : 공석강보다 탄소량이 적은 강으로서 탄소가 C 0.85% 이하를 함유한 강으로, 페라이트와 펄라이트의 공석강이다.

② **공석강** : 탄소가 C 0.85%를 함유한 강으로 펄라이트 조직이다.

③ **과공석강** : 탄소가 C 0.8% 이상 함유된 강으로, 시멘타이트(cementite)와 펄라이트(pearlite) 조직이다.

(3) 산소 함유량에 따른 분류

① **킬드강(killed steel)** : 산소를 완전 탈산시킨 강으로, 제강하는 과정에서 규소, 알루미늄을 탈산제로 사용하여 주로, 기계 구조용 강이나 특수강에 사용한다.

② **림드강(rimmed steel)** : 산소를 불완전 탈산시킨 강으로, 제강하는 과정에서 망간을 탈산제로 사용하여 주로, 구조용 강, 형강, 압연강 등에 사용한다.

③ **세미킬드강(semi killed steel)** : 킬드강과 림드강의 중간 정도로, 제강하는 과정에서 알루미늄을 탈산제로 사용하여 산소를 탈산시킨 강이다.

(4) 탄소강의 조직

① **페라이트(Ferrite)** : 탄소가 조금(상온에서 0.006%, 721[℃]에서 0.03%)녹아 있으며, α 철을 바탕으로 한 고용체이고, 그 질이 연하고 연성이 풍부하며 강자성체이다.

② **오스테나이트(austenite)** : 페라이트보다 단단하고 인성이 크며, γ 철에 탄소가 1.7% 이하인 고용체이다.

③ **시멘타이트** : 철과 탄소의 화합물 탄화철, 탄소 6.67%, 경도가 매우 높고 취성이 커서 쉽게 부스러짐

■ 참/고

고용한계 이상으로 탄소가 고용되면 탄소와 철이 화합하여 탄화철(Fe_3C)이 되며, 백색이고 매우 단단하다. 또 210℃에서 자기변태를 일으키며, Fe-C 상태도에서 탄소가 약 6.67% 함유되었을 때 나타나는 조직으로 강(鋼) 조직 중에서 경도가 가장 크다.

④ 펄라이트 : 탄소함유량 0.85% 이하이고, 페라이트와 시멘타이트의 공석강으로, 페라이트보다 경도가 높다.

■ **참/고**

[각 조직의 경도 순서]
시멘타이트 > 마르텐사이트 > 트루스타이트 > 솔바이트 > 펄라이트 > 오스테나이트 > 페라이트

[순철의 변태]
① 동소변태 : A_3(910℃), A_4(1,400℃)
② 자기변태 : A_2(768℃)

[체심입방격자]
α철(910℃), γ철(910~1,400℃), δ철(1,400℃ 이상)

(5) 탄소강의 성질

① 내식성은 탄소량이 증가할수록 감소하고 소량의 Cu가 첨가되면 급증한다.

② 탄소(C)의 함유량이 증가함에 따라 인장강도 · 경도가 증가하고 연신율 · 충격값은 작아진다. 탄성계수, 포아송의 비는 탄소량에 거의 관계없이 일정하다.

③ 온도에 따른 성질

㉠ 청열취성 : 청색의 산화 피막이 형성되며, 취성을 나타낸다.

㉡ 적열취성 : 주로 황(s) 성분이 원인이고 적열(붉게 달구어진 상태) 상태에서 발생되기 때문에 적열취성이라 한다.

㉢ 상온취성 : 취성이 있는 성질로서 인(P)을 많이 함유하고 있다.

㉣ 고온취성 : 높은 온도에서 충격 저항이 급히 약화되는 성질로서 열취성이라고도 한다.

㉤ 냉간취성 : 0℃ 이하에서 취약해지는 성질로서 냉간취성 이라고도 한다.

5. 특수강(합금강)

탄소강에 두 가지 종류의 원소를 첨가한 강을 특수강이라고 한다.

(1) 첨가원소의 효과

① 니켈(Ni) : Ni을 함유한 강으로 강도가 크고, 내식성이 증가한다.

② 크롬(Cr) : 고급 절상공구의 날, 자동차 부속품 등, 인장강도, 내식성, 내마모, 내열성 향상되고, 담금질성 개선 효과가 우수하다.

③ **망간(Mn)** : 탄소강에 어떤 성분을 결합하면 연신율을 그다지 감소시키지 않고 강도 및 소성을 증가시키고, 황에 의한 취성을 방지한다.

④ **몰리브덴(Mo)** : 퀜칭성, 템퍼링 연화저항 및 뜨임 취성의 개선을 위해 작은 양의 몰리브덴을 첨가한 탄소강

⑤ **규소(Si)** : 규소(Si)는 선철 및 탈산제에 첨가되며 강의 경도, 탄성한계, 인장력을 높여준다. 함유량에 따라 스프링재료, 내산주물, 공구강등에 사용된다.

⑥ **텅스텐(W)** : 경도 및 강도가 크고, 내열성이 강하고, 자성이 풍부하여 공구강과 다이스에 사용된다.

⑦ **인(P)** : 강도, 경도는 약간 증가 하지만 연신율은 감소한다.

(2) 구조용 특수강

① **강인강** : 세기 및 인성이 높은 것을 요구하는 기계 구조부품에 사용되는 강. 니켈강, 크롬(Cr)강, 니켈크롬(Ni-Cr)강, 망간(Mn)강

② **표면경화강**

㉠ 침탄강 : 표면만 경화된 강으로, 강의 표면에 탄소(C)를 침투시켜 내마모성, 내피로성, 경도를 향상시킨 강이다.

㉡ 질화강 : 질화에 적합한 조성의 강으로, 강의 표면에 질소(N)를 침투시켜 표면을 강화한 강으로서 구조용 합금강, 스테인레스강, 공구강에 사용된다.

③ **스프링강** : 스프링에 사용되는 강이며, 열간 가공에 의해서 스프링의 형상으로 성형한 뒤에 열처리를 하여 스프링의 성능을 주는 열간성형 스프링강과 미리 스프링의 성능을 부여한 뒤에 냉간 성형에 의해서 스프링의 형상으로 하는 냉간 성형 스프링강으로 분류되는데 고탄소강, 규소망간(Si-Mn)강, 규소크롬(Si-Cr)강, 크롬바나듐(Cr-V)강이 있다.

(3) 특수 공구강

① **합금 공구강** : Cr, Mo, W, V, Ni, Si 등의 합금원소를 첨가한 공구강이다.

② **고속도강** : 고속절삭의 공구로 사용하는 것으로 절삭용 공구에 적합하고 내마멸성이 크다.

③ **스텔라이트** : 경도가 높고 내마모성과 내식성을 가지며, 고속절삭에 있어서 수명이 긴 특수공구이다. 밸브 헤드, 고압펌프의 실링, 역지밸브, 터빈 브레이드, 열간 스프링, 점화선 등에 사용된다.

(4) 특수용도 특수강

① 쾌삭강 : 절삭하기 쉽도록 개량한 강. 절삭가공을 하기 쉽게 하기 위해 황, 납, 인, 탄소, 망간 등을 첨가해서 만든다.

② 스테인리스강 : 녹슬지 않는 강으로 Ni, Cr을 첨가한다.

③ 내열강 : 고온에서 사용되는 강으로 Cr, Al, Si를 첨가한다.

④ 불변강(不變鋼) : 온도변화에 따른 특성의 변화가 극히 적은 강으로 선팽창계수가 작다. 슈퍼인바(Super Invar)는 인바(Invar)보다 팽창율이 작은 합금이다.

⑤ 베어링강 : 베어링에 사용되는 합금강(고탄소 저크롬강이 사용된다.

02 비철금속 및 합금

1. 구리(동) 합금

(1) 동과 동합금의 특징

① 황동은 구리(Cu)와 아연(Zn)의 합금이다.

② 전기 전도율이 은(Ag) 다음으로 크다.

③ 청동은 구리(Cu)와 주석(Sn)의 합금이다.

④ 인청동은 구리나 청동에 인(P)을 첨가한 것이며, 내마멸성과 내부식성이 커 베어링 재료로 사용된다.

(2) 청동(Bronze) : 구리(Cu)와 주석(Sn)의 합금

① 특성 : 주조성, 부식성, 내마모성이 우수하다.

② 종류 : 포금, 실민청동, 인(P)청동, 니켈청동, 알루미늄(Al)청동, 크롬청동

(3) 황동(Brass) : 구리(Cu)와 아연 (Zn)의 합금

① 특징

㉠ 구리합금 중에서 가장 많이 공업적으로 사용되고 있다.

㉡ 순구리 보다 주조하기가 쉬우며 경도와 강도가 크고, 전연성이 풍부하다.

㉢ 얇은 박(箔)이나 가는 철사 등을 만들 수 있다.

② 종류

㉠ 7:3황동, 6:4황동, 특수황동(연황동, 주석 황동, 델타메탈, 강력 황동)

㉡ 델타 메탈은 6:4 황동에 1~2%의 철을 첨가한 것으로 강도가 크고 내식성이 좋다.

2. 알루미늄 합금

• 알루미늄 : 비중이 2.7로 작고 용융점(660℃)이 낮고, 전연성이 우수하고, 전기 및 열의 양도체로 내식성이 우수하다.

• 알루미늄 합금 : 알루미늄에 구리 · 마그네슘 등의 금속을 첨가한 합금이다.

(1) 알루미늄합금의 특징

다른 금속과 합금이 잘 되며, 전기 및 열의 양전도체이다. 가볍고 고강도 성질로 항공기용 구조재료 많이 사용된다. 자동차용으로서는 비용이 높기 때문에 고급차나 스포츠카 등 현가장치 부품 등에 한정 사용된다.

(2) 가공용 알루미늄 합금

① 고강도합금계 : 항공기, 자동차 바디, 리벳, 기계기구

㉠ Al-Zn-Mg계

㉡ Al-Cu-Mg계

㉢ 두랄루민(duralumin)계 : 두랄루민은 알루미늄(Al) - 구리(Cu) - 마그네슘(Mg) - 아연(Mn)으로 구성된 합금으로 인장강도가 크고 시효경화를 일으키는 고력(고강도) 알루미늄 합금이다.

② 내식성 합금계 : 차량, 선박, 창, 송전선

㉠ Al-Mn계

㉡ Al-Mg-Si계

㉢ 하이드로날륨 : 알루미늄(Al)+마그네슘(Mg)

③ 내열합금 : 피스톤, 실린더

㉠ Y 합금 : Y합금은 알루미늄(Al) + 구리(Cu) + 마그네슘(Mg) + 니켈(Ni)의 합금이며, 내열성이 커 실린더 헤드나 피스톤의 재료로 사용된다.

㉡ 로우엑스(Lo-Ex) : Y합금 + 실리콘(Si)

㉢ 코비탈륨 : Y + Ti + Cu

④ 알루미늄분말소결체(SAP) : SAP(Sintered Aluminum Powder) 내열성 · 내마모성 · 피로강도가 우수하다.

⑤ 알루미늄 복합재료 : 건축용 패널(panel)로 사용

(3) 주조용 Al 합금

① Al-Si계 합금 : 주조성, 내기밀성, 용접성이 우수하고, 대표 합금은 실루민(Silumin)이다.

② Al-Cu계 합금 : 주조가 쉽고, 강도가 높다.

③ Al-Mg계 합금 : 내식성, 강도, 연신율, 절삭성이 좋다. 선박용, 차량용, 펌프용

3. 니켈(Ni) 합금

Ni에 Cu, Cr, Mo, Fe 등을 가하여 성질을 개선한 합금

(1) Ni-Cu 합금

① 베네딕트 메탈(benedict metal) : 소총탄의 외피, 급수 가열 등에 사용한다.

② 모넬메탈(monel metal) : 내열성, 내식성에 우수하므로 터빈날개나 화학용의 밸브로 사용된다.

③ 콘스탄탄(constantan) : 열전 온도계로서 온도 측정 및 전기저항선 등에 사용된다.

④ 큐프로 니켈(Cupro nickel) : 바닷가의 배관, 열교환기, 프로펠러에 사용된다.

(2) Ni-Cr 합금(내열성 합금)

① 니크롬(Nichrome) : 니켈 크롬의 합금으로 박막 저항 재료로 권선 저항기, 전열기에 사용된다.

② 인코넬(Inconel) : Fe-Ni-Cr의 주조합금 금속으로 내열, 내산, 고온강도에 잘 견디며 전열기, 고온계의 보호관, 항공기의 배기 밸브, 필라멘트 등에 사용된다.

③ 크로멜-알루멜(Chromel-Alumel) : 1200℃ 이하의 온도 측정용 연결대에 사용한다.

(3) Ni계 합금(내열, 내식성 합금)

Ni-Mo-Fe, Ni-Cr-Fe, Ni—Si—Cu 합금이 있다.

4. 마그네슘 합금

알루미늄, 아연, 망간 등을 첨가하고 강도를 향상 시킨 합금이다.

(1) 주조용 마그네슘 합금 : 엔진 블록, 크랭크케이스 등에 이용한다.

① 마그네슘 알루미늄계 : 다우메탈(dow metal)

② Mg-Zn계 : 미량 지르코늄의 결정립 미세화 작용에 의해 우수한 성질을 나타낸다.

③ 마그네슘 알루미늄 아연계 : 일렉트론

(2) 가공용 마그네슘 합금

Mg-Mn계, Mg-Al계, Mg-Zn계, Mg-희토류 원소-Zr계, Mg-Th-Zr

5. 기타 비금속재료

(1) 주석, 납, 아연 합금

① 아연합금

㉠ 다이캐스팅용 아연 합금

㉡ 주물용 아연

㉢ 축받이용 아연 합금

㉣ 스탬핑용 아연 합금

② 납합금 : 베어링, 활자, 땜용 합금

③ 주석 합금

㉠ 땜납 : 주석과 납의 합금으로 납땜용 합금

㉡ 화이트 메탈 : 색이 하얀색으로, 주석, 납, 아연, 알루미늄, 안티몬 등 저융점 금속을 주성분으로 하는 베어링 합금.

(2) 베어링 합금

① 마찰계수가 작을 것

② 내마모성이 클 것

③ 내부식성이 클 것

④ 열전도성이 클 것

■ 참/고

[베어링 합금재료에는 화이트메탈, 배빗메탈, 켈밋합금, 인청동 등이 있다.]

① 화이트 메탈(White Metal) : 화이트메탈(white metal)은 납(Pb), 주석(Sn)을 주성분으로 하고 여기에 적당한 양의 Sb, Cu 등을 첨가한 합금이며, 바빗메탈(Babbit metal)이라고도 한다.

② 카드뮴 합금 : 특수 베어링 재료로서, Cd 40%-Zn 60% 합금은 강력한 땜납으로써 이용된다.

③ 동계 베어링 합금(Copper Base Alloy)
　㉠ 포금 : Cu−Sn−Zn
　㉡ 인청동 : Cu−Sn−P
　㉢ 납청동 ; Cu−Sn−Pb
　㉣ 켈밋 : Cu−Pb[Kelmet 메탈은 동(구리)에 납을 30~40% 첨가한 것)]
④ 알루미늄 합금
⑤ 오일리스베어링
⑥ 비금속베어링 재료 : 리그넘바이트, 커트레스 베어링, 로우네크 베어링

03 비금속재료

(1) 보온재료

열전도율이 작고 내열성이 필요하고, 유리면 · 암면 · 석면 등 섬유질은 보온판이나 보온통 등에 성형하여 사용한다.

(2) 패킹 및 벨트용 재료

① **패킹재료** : 유체가 밖으로 새어 나오지 않도록 끼워 넣는 재료이다.

② **합성수지** : 열가소성의 염화비닐 · 폴리 에틸렌, 열경화성의 페놀수지 · 에폭시 수지가 대표적으로, 개스킷(gasket)이라고 한다.

참/고

1. 유기공업 재료에는 플라스틱과 고무가 있다.
2. 플라스틱(합성수지)의 종류
   ① 열가소성 수지 : 가열하여 성형 후 냉각하면 경화되고 재가열하면 새로운 모양으로 재 성형할 수 있다. 폴리에틸렌 수지, 폴리프로필렌 수지, 염화비닐, 아크릴 수지 등이 있다.
   ② 열경화성 수지 : 가열하여 성형 후 냉각하면 경화되고 재가열하면 새로운 모양으로 재 성형할 수 없다.
3. 합성수지의 공통된 성질은 가볍고 튼튼하며, 전기 절연성이 좋고, 가공성이 크고, 성형이 간단하다. 페놀수지, 멜라민수지, 에폭시수지, 요소수지 등이 있다.
4. 에폭시수지 : 플라스틱으로 경화된 수지로서 수축이 적고, 양호한 화학적 저항, 우수한 전기적 특성, 강한 물리적 성질을 가지고 있으며, 판재제작, 용기성형, 페인트, 접착제 등으로 사용되는 열경화성 수지이다.
5. 페놀수지 : 페놀류와 포름알데히드류의 축합에 의해서 생기는 열경화성(熱硬化性) 수지이다. 주로 절연판이나 접착제 등으로 사용된다.

섬유강화 플라스틱은 비중은 강의 약 1/3~1/4 정도로 경량이며, 비탄성 에너지가 크고, 내식성이 우수하며, 설계 자유도가 큰 장점이 있으며, 섬유로 강화되기 때문에 섬유방향만 강화되는 이방성이고, 피로강도가 낮으며, 층간 전단강도, 가로탄성계수, 내열강도가 낮으며, 내마모성이 적고, 판스프링의 경우 구멍 부분의 강도가 떨어지는 단점이 있다.

네오프렌는 천연고무와 비슷한 성질을 가진 합성고무로 천연고무보다 내유성, 내산성, 내열성이 더 우수하여 가스켓 재료로 많이 사용된다.

③ **윤활제** : 접촉부의 저항을 적게 하고 열 이동을 돕는 고체, 액체, 기체의 개재물을 말한다. 비중, 인화점, 발화점, 점성, 산도 등이 조건으로 고려된다.

④ **도료** : 부식 방지를 위해 사용하고 방화, 방수, 발광, 전기절연 등을 위해 사용한다.

⑤ **세라믹스** : 성형한 후 고온처리를 한 것으로 일반적으로 요업 제품으로, 내열성 보온재료에 쓰이는 세라믹화이버 등이 있다.

⑥ **복합재료** : 2종 이상의 서로 다른 재질로 고분자복합재료, 금속복합재료, 세라믹 복합재료로 나뉘어 진다.

참/고

※ 강화유리의 특징은 유리의 강도가 크며, 곡선유리의 자유화가 쉽고, 안전성이 높다.

04 표면처리 및 열처리

(1) 개요

재료를 단단하게 만들어 기계적, 물리적 성능을 향상시키고, 가공성을 개선시킨다.

(2) 표면처리

금속재료의 표면을, 부식에 잘 견디고 매끄러우며 단단하게 하는 처리 방법을 표면처리라고 한다.

1) 부분가열 표면경화

① **고주파 표면경화** : 고주파 유도장치를 이용한다.

② **화염 표면경화** : 가열하여 열처리하는 표면경화

③ 레이저 표면경화 : 레이저를 이용한 표면 열처리

④ 전자빔 표면경화 : 전자빔을 이용한 필요 부분만의 표면 열처리

2) 전체가열 표면열처리

① 침탄법 : 부품표면에 탄소를 이용한 경화

② 침탄질화법 : 부품표면에 탄소와 소량의 질소를 동시에 침투시켜 경화

③ 질화법 : 부품표면에 질소를 사용하고, 특징은 침탄법보다 경도가 높으며, 질화 한 후의 열처리가 필요 없고, 경화에 의한 변형이 작으며, 질화층이 여리다. 또 질화 후 수정이 불가능하며, 고온으로 가열을 하여도 경도가 낮아지지 않는다

④ 청화법 : 청화칼리, 청산소다, 등의 시안화물을 사용한 표면 경화법

3) 기타 표면 열처리(경화)법

① 도금법

② 용착법

③ 가공 경화법(예 쇼트 피닝)

■ 참/고

[쇼트 피닝(Shot Peening)]
금속 표면에 작은 주강(鑄鋼)의 입자 또는 짧게 자른 강선을 공기 압력이나 원심력을 이용하여 분사시켜서 표면의 산화막을 제거함과 동시에 잔류 압축력을 발생시켜 표면을 딱딱하게 함으로써 피로 강도를 향상시키는 것

(3) 금속 열처리

1) 일반 열처리

① 풀림(어닐링 : Annealing) : 가공성 향상 및 잔류 응력제거를 위하여, 강을 적당한 온도까지 가열한 후 서서히 냉각시킨다.

② 불림(노말라이징 : Normalizing) : 조직을 미세화하고, 냉간가공·단조 등에 의한 내부 응력을 제거, 가공성 향상하기 위해, 강을 단련한 후, 오스테나이트의 온도범위에서 가열하여 대기 속에 방치하여 자연 냉각한다.

③ 담금질(퀜칭 : Quenching) : 고온에서 안정된 오스테나이트 상태로 한 후 냉각액에 급냉시켜 재질을 경화시킨다.

④ 뜨임(템퍼링 : Tempering) : 내부 응력 제거 및 인성을 개선하기 위해 담금질 한 강을 A1 변태점 이하의 온도로 재가열한 후 냉각한다.

2) 항온 열처리

강을 오스테나이트 상태에서 A1점 이하의 일정 한 온도 즉 항온까지 급냉하여 이 온도에서 그대로 항온 유지했을 때 일어나는 변태 곡선을 S곡선 이라 하고, 이러한 열처리를 항온 열처리라 한다.

① **항온풀림** : 풀림 온도로 가열한 강재를 S곡선의 코부근의 온도(600~650℃)에서 항온 변태 시킨 후 공냉한다. 공구강, 특수강, 기타 자경성이 강한 특수강의 풀림에 적합하다.

② **항온 담금질** : 연속적으로 냉각하지 않고 열욕 중에 담금질하여 그 온도에서 일정 시간 유지하다가 열처리

㉠ 오스템퍼링 : 노즈와 Ms점 중간온도의 열욕에 냉각시킨 후 일정 시간 유지시켜 베이나이트 조직을 형성

㉡ 마템퍼링 : Ms선 이하의 열욕에서 항온 유지한 후 공냉하는 방법

㉢ 마퀜칭 : Ms점보다 다소 높은 온도의 열욕에 담금질한 후 뜨임하는 방법

㉣ MS퀜칭 : Ms점보다 약간 낮은 온도의 열욕에 담금질한 후 급냉하는 방법

㉤ 패턴팅 : 강선을 수증기 또는 용융 금속으로 냉각하고 상온까지 공냉하는 방법

3) 심냉처리

담금질 후 경도 증가 및 시효변형을 방지하기 위하여 0℃ 이하의 온도로 냉각하면 잔류오스테나이트를 마르텐사이트로 만드는 처리 방법이다.

참/고

[각 조직의 경도 순서]

시멘타이트 > 마르텐사이트 > 트루스타이트 > 솔바이트 > 펄라이트 > 오스테나이트 > 페라이트

02 기계요소

01 결합용 기계요소

1. 나사(Screw)

(1) 나사의 종류

구분 \ 나사의 종류	삼각나사	사각나사	사다리꼴나사	톱니나사	둥근나사
나사산의 모양					
사용의 실제 모양	볼트(수나사) 너트(암나사) 볼트와 너트	프레스	선반의 리드 나사	기계 바이스	백열전구의 나사
용도	일반 기계의 조립용	큰 힘을 전달하는 프레스, 잭 등에 사용	• 선반의 리드 스크류 • 스톱밸브의 밸브대	밀링머신의 일감 고정	• 백열전구의 끼움나사 • 시멘트 믹서 기계

① 삼각나사 : 일반기계 결합용

㉠ 미터나사(metric thread : 미터나사는 단위를 [mm]로 나타내며, 호칭치수는 바깥지름의 치수로 하고 나사산의 각도는 60[°]이다. KS규격에는 미터 보통나사(coarse thread)와 미터 가는나사(fine thread)가 규정되어 있다.

㉡ 유니파이 나사(unified thread) : 인치계 나사로서 영국의 위트워어드 나사(whitworth thread), 미국의 미국표준나사가 있었으나 1948년 미국, 영국, 캐나다의 3국의 협정에 의해 채택된 것

㉢ 관용나사(pipe thread, gas thread) : 관을 연결할 때, 관의 양단에 나사를 깎고 전용의 관이음쇠로 연결한다.

② 운동용 나사

㉠ 사각나사 : 큰 힘을 전달하는 프레스용 등에 사용

㉡ 사다리꼴나사 : 선반의 리드 스크류, 스톱밸브의 밸브대

㉢ 니나사 : 하중을 한 방향으로만 받는 부품에 이용되는 나사로 압착기, 바이스(vise) 등의 이송 나사에 사용

㉣ 둥근나사 : 끼움용 나사, 병마개, 호스에 사용

㉤ 볼나사 : 너트의 직진운동을 볼트의 회전 운동으로 바꾸는 나사(용도 ① 자동차의 스티어링(steering)부 ② 공작 기계의 이송나사 ③ 수치 제어 공작 기계의 이송나사)

③ 나사의 구조 및 명칭

㉠ 피치와 리드

• 나사의 리드(l)=줄 수(n)×피치(p)

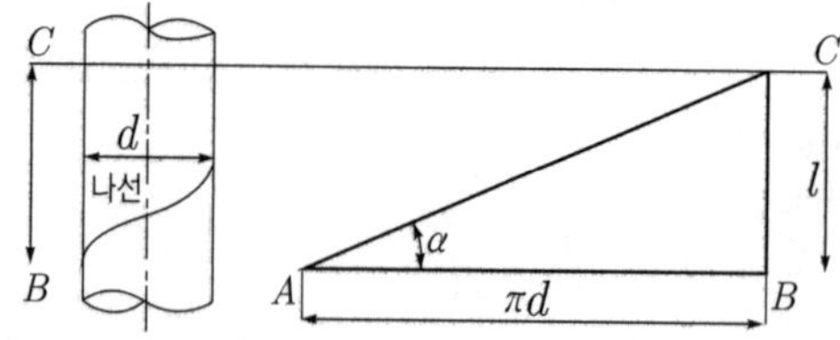

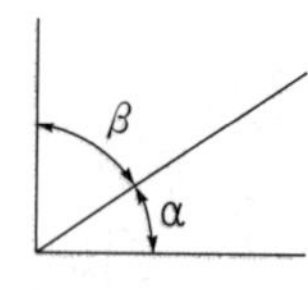

$\tan\alpha = \dfrac{p}{\pi d}$

- l : 리드
- α : 리드각
- β : 비틀림각

• 나사의 효율

– $\eta = \dfrac{\tan\alpha}{\tan(\alpha+\rho)}$

– $\tan\alpha = \dfrac{p}{\pi d_e}$, 리드각 $\alpha = \tan^{-1}\left(\dfrac{p}{\pi d_e}\right)$

– 마찰계수(μ)$=\tan\rho$, 마찰각 $\rho = \tan^{-1}(\mu)$

α : 리드각

ρ : 마찰각

μ : 마찰계수

p : 피치

d_e : 유효지름

참/고

유효지름(d_e)이란 수나사와 암나사가 접촉하고 있는 부분의 평균지름, 즉 나사산의 두께와 골의 틈새가 같은 가상 원통의 지름을 말한다.

• 나사의 자립조건

– 나사가 저절로 풀어지지 않는 한계

– 마찰각($\rho = \tan^{-1}\mu$)이 나사의 기울기 α보다 커야 한다[α(리드각)$\geq\rho$(마찰각)].

㉡ 구조와 명칭

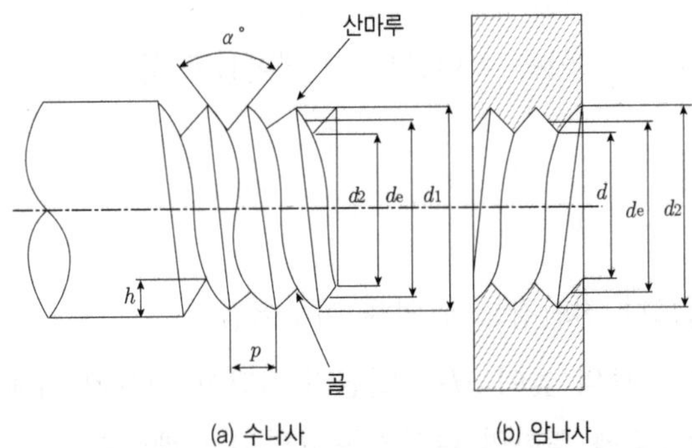

(a) 수나사 (b) 암나사

d_1 : 바깥지름(호칭지름)
d_2 : 골지름
d_e : 유효지름
p : 피치
h : 나사산의 높이
α : 나사산의 각도
d : 안지름

구분	최대	최소
수나사	바깥지름(d)	골지름(d_1)
암나사	골지름(D)	안지름(D_1)

④ 호칭법

㉠ 피치를 mm로 표시하는 나사

㉡ 피치를 나사산 수로 표시하는 나사(유니파이 제외)

㉢ 유니파이 나사 : 인치나사의 표준으로서 나사산의 각도는 60도이고, 미국, 영국, 캐나다 등지에서 주로 사용된다.

⑤ 표기법

㉠ 나사선의 감김 방향 : 왼나사의 경우 '좌' 또는 'L'

㉡ 나사산의 줄 수 : '(줄 수)줄' 또는 '(줄 수)N'

㉢ 나사의 호칭 : 나사의 종류에 따른 호칭법

㉣ 나사의 등급 : 공차역 및 IT 등급

(2) 볼트의 종류

① 체결용 볼트

㉠ 관통볼트 : 관통된 구멍에 볼트를 넣어 너트로 결합

㉡ 탭볼트 : 관통할 수 없는 부분에 나사구멍을 만들고 볼트를 삽입

㉢ 스터드 볼트 : 축의 양단에 나사를 깎고 부품을 낀 후 양단을 너트로 결합

② **작은나사(Machine Screw)** : 큰 힘이 걸리지 않는 곳에 사용

③ **셋트스크루(Set Screw)** : 나사의 끝으로 부품의 미끄럼 이동 방지에 사용

④ **기초볼트** : 기계 등의 설치 시 사용

⑤ **특수볼트** : 특수 목적에 사용(T볼트, 아이볼트, 스테이볼트 등)

(3) 너트의 설계

① 체결용 나사

㉠ 나사의 파괴는 굽힘강도나 전단강도에 의해 이루어짐

㉡ 굽힘강도에 의한 경우 너트의 높이 H는 일련의 간단한 계산에 의해 나사지름 d의 0.6배 정도이고, 전단강도에 의하면 나사지름 d의 0.42배이다.

② **운동용 나사** : 운동용 나사의 경우 일반적으로 면압력에 의해 너트의 높이를 결정한다. 나사산 사이의 간격이 피치 p이므로 축하중 Q를 받는

$$\text{너트의 높이 } [H] \quad H = p \cdot Z = \frac{p \cdot Q}{\frac{\pi}{4}(d^2 - d_1^2)q_a} = \frac{p \cdot Q}{\pi d_2 \cdot h \cdot q_a}$$

여기서, Z : 나사산의 수　　　p : 피치[mm]

q_a : 허용접촉면 압력[kg/mm²]　　　d_2 : 나사의 유효지름$\left(\frac{d+d_1}{2}\right)$

h : 나사산의 높이$\left(\frac{d-d_1}{2}\right)$이다.

참/고

[볼트의 지름 및 너트 높이 설계]

① 축 하중만을 받는 경우 볼트의 지름 $d = \sqrt{\frac{2W}{\sigma_t}}$

② 축 하중+비틀림 하중을 받는 경우 볼트의 지름 $d = \sqrt{\frac{8W}{3 \times \sigma_t}}$

d : 볼트의 지름[mm]　　　W : 작용하중[kg]

σ_t : 허용인장응력[kg/mm²]

③ 너트의 높이계산

너트의 높이 $H = Zp$(Z : 나사산 수, p : 피치[mm])

2. 키(Key), 코터, 핀

(1) 키(Key)

축에 기어, 풀리, 플라이휠, 커플링 등의 회전체를 고정하여 회전을 전달시키는 기계요소

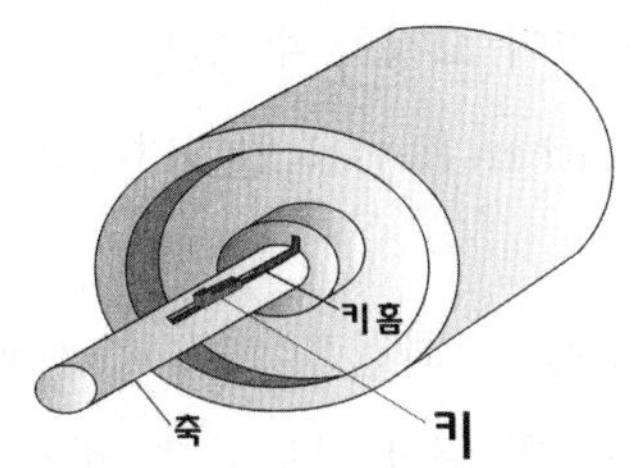

① 키(Key)의 종류

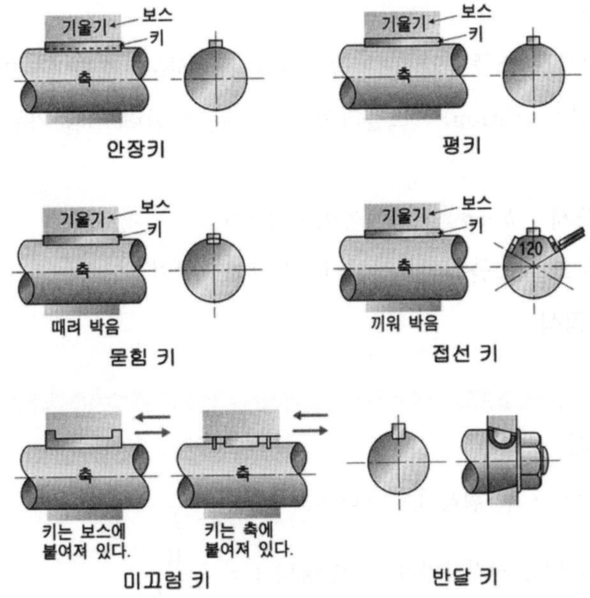

㉠ 안장키(Saddle Key) : 경하중에 사용, 보스(Boss)에만 키 홈을 가공

㉡ 평키(Flat Key) : 경하중에 사용하고, 축에 키 나비만큼 편평하게 깎은 키

㉢ 묻힘키(Sunk Key) : 성크키라 하며, 가장 많이 사용하며, 축과 보스 양쪽에 키 홈을 가공

㉣ 반달키(Wbodluf Key) : 공작기계 널리 사용하는 반달형의 키

㉤ 둥근키(Round Key) : 핀키(Pin Key)라고 하며, 핸들 고정에 사용

㉥ 접선키(Tangential Key) : 방향이 변하는 곳에 사용하고, 큰 회전력이 필요한 곳

㉦ 원뿔키(Cone Key) : 축과 보스와의 사이에 2, 3곳을 축 방향으로 쪼갠 원뿔을 때려 박아 보스를 헐거움 없이 고정할 수 있는 키

㉧ 미끄럼키(페더키, Feather Key) : 안내키라고 하며, 회전력 전달과 동시에 축방향을 움직일 수 있음

㉨ 케네디키(Kennedy Key) : 회전력이 클 때 사용

㉩ 스플라인(Spline) : 큰 힘 전달 가능하고, 회전토크전달과 동시에 축방향으로 이동 가능한 곳

ⓐ 사각형 스플라인 : 경하중용, 중하중용으로 홈의 수가 6개, 8개 및 10개의 3가지 있음

ⓑ 인벌류트 스플라인 : 큰 동력전달 가능하고, 호빙머신으로 가공(정밀도 높음)

㉪ 세레이션(Serration) : 스플라인축보다 큰 회전력 전달 가능하고, 자동차 핸들 고정에 사용

② **키의 규격표시** : $b \times h \times l$(폭×높이×길이)

③ **키의 전달토크** : 스플라인>접선키>성크키>평키>안장키

④ **키의 주요 공식**

참/고

[키의 전단응력]

① 지름(d), 길이(L)인 원형키의 전단응력 : $\tau = \dfrac{W}{d \times L}$

② 폭(b), 길이(L)인 사각단면키의 전단응력 : $\tau = \dfrac{W}{b \times L}$

W : 키의 측면에 작용하는 하중(kgf)

(2) 코터(Cotter)

① **코터의 사용** : 체결용 기계요소로 축과 축이 끼워 맞추어지는 소켓을 체결한다.

② 코터의 형상

참/고

[코터의 자립 조건]

㉠ 한쪽 기울기 코터 : $\alpha \leqq 2\rho$

㉡ 양쪽 기울기 코터 : $\alpha \leqq \rho$

여기서, α : 경사각

ρ : 마찰각

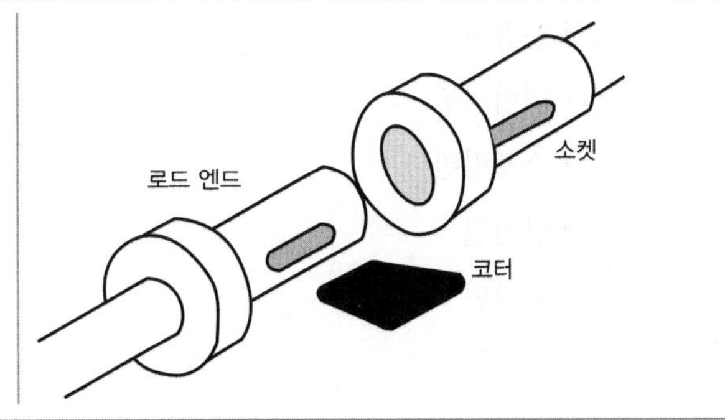

㉠ 코터의 구성 : 로드엔드, 소켓, 코터로 구성

㉡ 로드의 칼러(Coller) : 압축하중이 작용하는 축을 연결할 때 사용

㉢ 지브(Jib) : 코터 사용 시 소켓이 쪼개질 염려가 있을 시 사용

③ 코터의 설계

㉠ 코터의 전단응력

$$\tau = \frac{W}{2bh}[\mathrm{kg/cm^2}]$$

여기서, τ : 코터의 전단응력, W : 인장하중[kg]

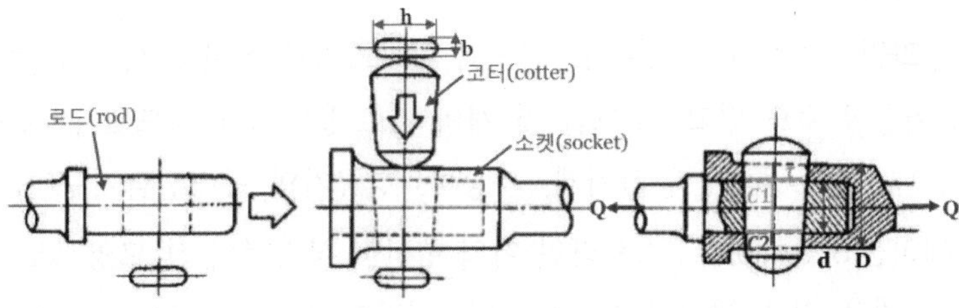

(3) 핀(Pin)

① 핀(Pin)의 용도와 종류

㉠ 핀의 용도

- 기계부품 결합용
- 작은 핸들을 축에 고정 시 사용한다.

㉡ 핀의 종류

- 평행핀
- 분할핀
- 테이퍼핀
- 스프링핀
- 안전핀
- 노치핀
- 너클핀

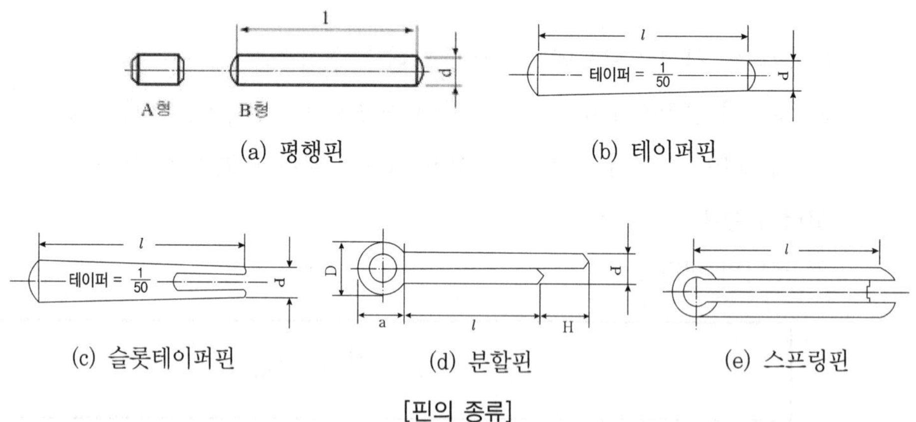

(a) 평행핀 (b) 테이퍼핀

(c) 슬롯테이퍼핀 (d) 분할핀 (e) 스프링핀

[핀의 종류]

(4) 스플라인(Spline) 이음

① 스플라인 : 스플라인축은 미끄럼키와 마찬가지로 회전토크를 전달하는 동시에 축방향으로 이동할 수도 있고, 토크를 몇 개의 키로 분담하게 되므로 큰 토크를 전달할 수 있으며, 내구성도 좋다. 공작기계, 자동차, 항공기의 동력전달기구 등에 사용되고 있다.

② 세레이션(Serration) : 스플라인 이의 형상이 삼각형의 산 모양으로 이의 높이가 낮고 잇수가 많은 것을 세레이션이라 하며, 지름이 작은 경우에 사용한다.

3. 리벳(Rivet)과 용접(Weld)

(1) 리벳이음의 장점

① 구조가 간단하고 열변형에 의한 잔류응력 등이 발생하지 않는다.

② 현장 조립 시 용접이음보다 쉽다.

③ 용접이 곤란한 재료에 사용한다.

(2) 리벳의 종류

① 제조방법에 따라

㉠ 냉간리벳 : 둥근머리, 작은 둥근머리, 접시머리 등 5종

㉡ 열간리벳 : 둥근머리, 접시머리 리벳 등 7종

② 용도에 따라 : 보일러용 리벳, 저압용 리벳, 구조용 리벳

(3) 리벳이음(Rivet Joint)

① 줄의 수에 의한 이음 : 겹치기이음, 맞대기이음

② 리벳 배열형상 : 평행형 리벳이음, 지그재그형 리벳이음

③ 리벳의 전단면수 : 겹치기이음, 양쪽 덮개판 맞대기이음

(4) 리벳의 효율

리벳이음의 강도에 대한 구멍이 없는 판의 강도의 비를 리벳이음의 효율이라 한다(리벳의 지름이 d인 판의 1피치 내의 효율).

① 판의 효율

$$\eta_p = \frac{\text{리벳구멍 뚫린 판의 강도}}{\text{리벳구멍 없는 판의 강도}} = \frac{(p-d)t \cdot \sigma_a}{pt \cdot \sigma_a} = \frac{p-d}{p} = 1 - \frac{d}{p}$$

여기서, d : 리벳 구멍 지름

p : 리벳의 피치

② 리벳의 효율

$$\eta_p = \frac{\text{리벳의 강도}}{\text{리벳구멍 없는 판의 강도}} = \frac{\frac{\pi d^2}{4} \cdot \tau_a (1.8 \times \alpha_z \cdot Z)}{pt \cdot \sigma_a}$$

(5) 용접이음

① **용접법의 종류** : 용접법의 종류는 가열방법, 처리방법, 모재의 상태에 따라 다르나, 용접, 압접, 경납땜으로 대별된다.

㉠ 압접은 모재를 반용융 상태 또는 냉간에서 기계적 압력 또는 해머 등으로 압력을 가하여 결합하는 것으로, 저항용접, 고주파 유도용접, 가스압접, 마찰압접, 초음파용접, 냉간압접

㉡ 융접은 모재를 용융상태로 하여 결합하는 방법으로, 가스용접, 아아크 용접, 테르밋용접, 일렉트로슬래그 용접, 전자비임 용접

㉢ 경납땜은 융점이 낮은 합금(경납)을 중재하여 모재를 결합하는 것으로, 가스 경납땜, 노중 경납땜, 전기 경납땜

② **용접부의 형태에 따른 분류**

㉠ 홈 용접(groove welding) : 접합할 모재 사이의 홈 부분에 시행하는 용접으로서, 홈의 모양에 의하여 I, J, K, L, H, X형

참/고

[언더컷]

용접의 경계부분의 모재가 파여지고 용착금속이 채워지지 않고 홈으로 남아있는 부분, 용접 속도가 빠를 때, 전류 과대할 때 발생한다.

㉡ 필렛 용접(fillet welding) : 직교하는 2개의 면을 결합하는 용접으로서 용착부는 삼각형 모양의 단면을 갖는다. 용접선의 방향이 전달하는 응력의 방향과 거의 직각인 필렛용접을 전면필렛용접(front fillet weld), 평행인 필렛용접을 측면필렛용접(side fillet weld)이라 한다.

㉢ 플러그 용접(plug welding) : 접합할 모재의 한쪽에 구멍을 뚫고, 판의 표면까지 가득 용접하여 다른 쪽 모재와 접합하는 용접

㉣ 비이드 용접(bead welding) : 그루브(groove)를 만들지 않고 평면모양의 모재 위에 그대로 용접하는 것

③ **용접의 장점**

㉠ 설계에 자유성이 있고 제작비가 저렴하다.

㉡ 제작 속도가 빠르다.

㉢ 작업 능률이 좋으므로 제작 속도가 빠르다.

㉣ 재료가 절감된다.

㉤ 강판 두께의 제한이 없다.

㉥ 용접 이음효율은 강판 두께에 관계없이 일정하다.

④ **용접의 단점**

㉠ 잔류응력을 남기고, 진동 감쇠가 어렵다.

㉡ 결함이 발생하기 쉽고 예민한 노치효과를 나타낸다.

㉢ 용접부의 비파괴검사가 어렵다.

⑤ **용접 이음의 종류** : 맞대기이음(Butt Joint), 겹치기이음(Lap Joint), 양면 맞대기이음, 플랜지이음, T이음

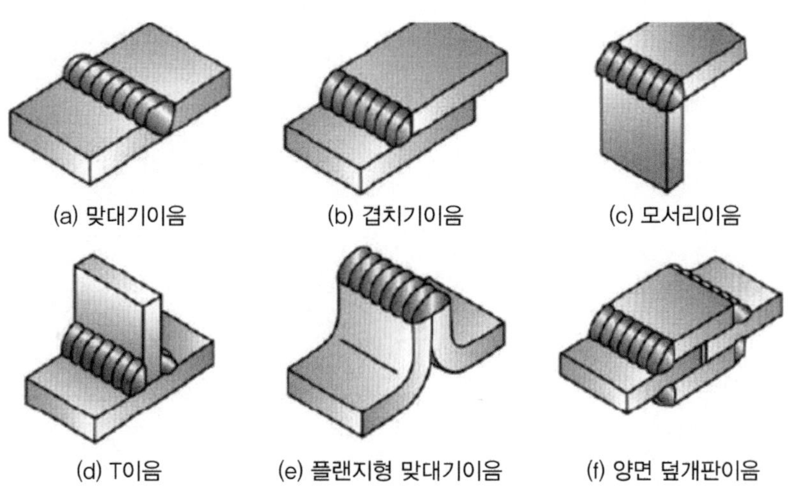

(a) 맞대기이음 (b) 겹치기이음 (c) 모서리이음

(d) T이음 (e) 플랜지형 맞대기이음 (f) 양면 덮개판이음

⑥ **용접자세**

㉠ 아래보기자세(F) : 가장 쉬운 자세로 가장 빠름

㉡ 위보기자세(OH) : 가장 어려운 자세로 용융금속이 아래로 떨어짐

㉢ 수직자세(V)

㉣ 수평자세(H)

⑦ **용접 설계 시 주의사항**

㉠ 용접에 적합한 설계와 용접 길이를 짧게 한다.

㉡ 이음의 특성을 잘 파악하고, 용접이 쉽게 설계한다.

㉢ 구조상 노치를 피한다.

⑧ 피복제의 작용

㉠ 중성 또는 환원성 분위기를 만들어 용융금속을 보호한다.

㉡ 아크를 안정하게 한다.

㉢ 용착금속의 응고와 냉각속도를 느리게 한다.

⑨ 용입 불량의 원인

㉠ 속도가 느릴 때

㉡ 용접 전류가 약할 때

㉢ 용접봉 선택이 불량할 때

㉣ 이음 설계에 결함이 있을 때

02 축 관계 기계요소

1. 축(Shaft)

회전 요동 운동을 하여 물체를 받치면서 동력을 전달시키는 기계요소

(1) 축의 종류

① **차축** : 굽힘 작용(정지차축, 회전차축)

② **동력축(전동축)** : 비틀림작용 또는 굽힘작용을 받아 동력을 전달하는 회전축

③ **스핀들축(Spindle Shaft)** : 주로 비틀림을 받고 공작기계 주축을 스핀들 축이라고 한다.

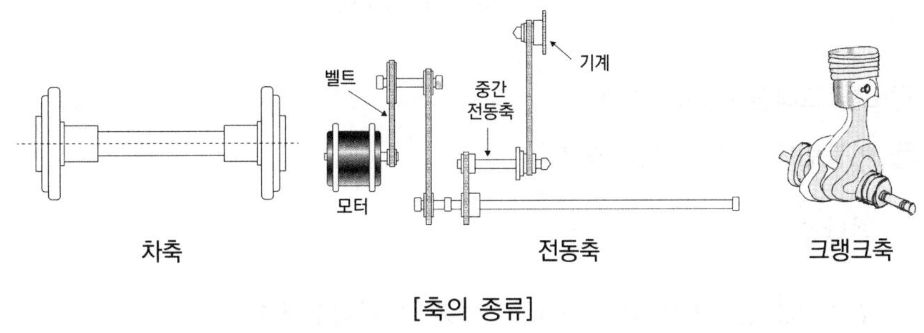

[축의 종류]

(2) 축 설계 시 고려사항

강도, 진동, 변형, 열응력, 부식, 강성도를 고려한다.

(3) 축의 재료

① **일반축** : 탄소강(탄소 0.1~0.4)

② **고속회전축** : 니켈강, 니켈—크롬강

③ **크랭크축** : 미하나이트주철, 단조강

(4) 축의 분류

중실축, 중공축

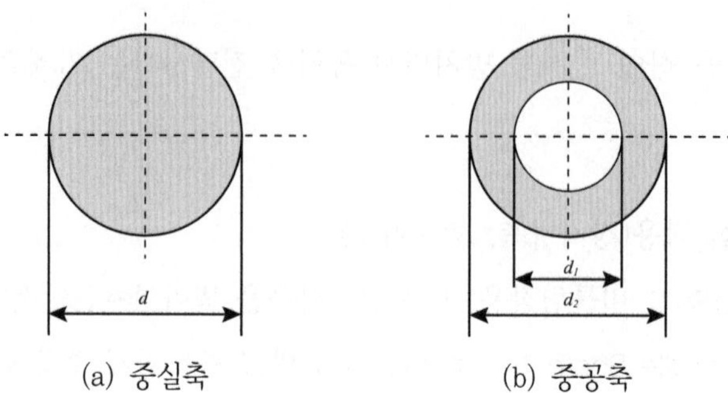

(a) 중실축　　(b) 중공축

[축의 단면 형상]

① 강도를 고려한 축지름 설계

㉠ 비틀림만을 고려하는 경우

전단응력 $\tau = \dfrac{T}{Z_p}$

T : 비틀림모멘트[kfg · mm]　　Z_p : 극단면계수

축 재료의 허용전단응력을 τ_a라 하면, $\tau \leq \tau_a$

ⓐ 중실축 $\tau = \dfrac{T}{Z_p} = \dfrac{T}{\dfrac{\pi d^3}{16}} \leq \tau_a$　　∴ 직경 $d = \sqrt[3]{\dfrac{16T}{\pi\tau_a}}$ ★★★

ⓑ 중공축 $n = d_1/d_2$라 하면 극단면계수 Z_p는,

전단응력 : $\tau = \dfrac{T}{Z_p} = \dfrac{T}{\dfrac{\pi {d_2}^3(1-n^4)}{16}} \leq \tau_a$

$\therefore\ d_2 = \sqrt[3]{\dfrac{16T}{\pi\tau_a(1-n^4)}}$

■ **참/고**

[모터로부터 전달되는 동력과 비틀림모멘트와의 관계] ★★★

① 전달동력

$$H_{ps} = \frac{Fv}{75} = \frac{F\frac{d}{2}\omega}{75} = \frac{T\omega}{75}$$

$$= \frac{T \times 2\pi N}{75 \times 60 \times 1{,}000} = \frac{T \cdot N}{716{,}200}$$

여기서, T : 토크[kgf・m]

ω : 각속도[rad/s]

N : 분당 회전수

[rpm : revolution per minute]

1마력[PS]=75[kgf・m/s^2]

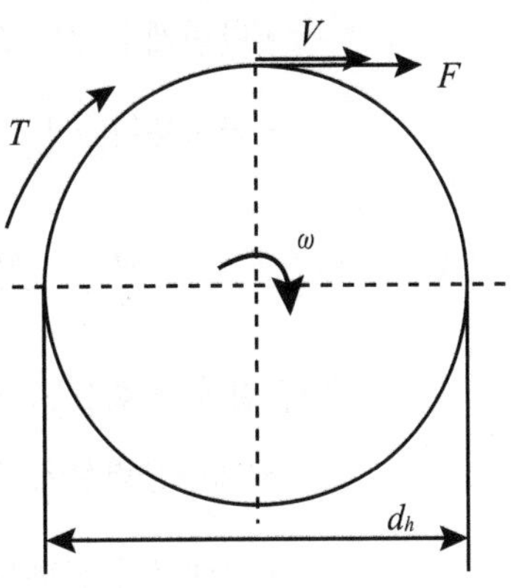

② 전달동력 $H_{kW} = \frac{Fv}{102} = \frac{Fr\omega}{102} = \frac{T\omega}{102}\ \frac{T \times 2\pi N}{102 \times 60 \times 1{,}000} = \frac{T \cdot N}{974{,}000}$

여기서, T : 토크[kgf・m]

ω : 각속도[rad/s]

N : 분당 회전수[rpm : revolution per minute]

1[kW]=102[kgf・m/s^2]

∴ 토크 $T = 97{,}400\frac{H}{N}$[kgf・m]

※ ω는 각속도이고, N은 분당 회전수[rpm : revolution per minute]로서,

$$\omega = \frac{\text{radian}}{\text{time}} = \frac{2\pi N}{60}$$

※ 전달동력 $H_{kW} = \frac{T_e \times V}{102}$[kW]

여기서, T_e : 유효장력[N]

V : 벨트의 속도[m/s]

㉡ 굽힘만을 고려하는 경우

ⓐ 중실축

• 단면계수[Z] $Z = \frac{\pi d^3}{32}$

• 굽힘응력[σ_b] $\sigma_b = \frac{M}{Z} = \frac{M}{\frac{\pi d^3}{32}} \leq \sigma_a$ ∴ $d = \sqrt[3]{\frac{32M}{\pi \sigma_a}}$ ★★★

여기서, M : 굽힘모멘트, σ_a : 허용굽힘응력

ⓑ 중공축

• 단면계수[Z] $Z = \frac{\pi d_2^3 (1-n^4)}{32}$

• 굽힘응력[σ_b]

$$\sigma_b = \frac{M}{Z} = \frac{M}{\frac{\pi d_2^3(1-n^4)}{32}} \leq \sigma_a \qquad \therefore\ d_2 = \sqrt[3]{\frac{32M}{\pi \sigma_a (1-n^4)}}$$

ⓒ 비틀림과 굽힘을 동시에 받는 축

ⓐ 최대주응력설에 의한 설계식

• 최대굽힘 모멘트 $M_{max} = M_e = \frac{1}{2}\left(M + \sqrt{M^2 + T^2}\right)$ ★★★

여기서, M : 굽힘모멘트, T : 비틀림모멘트

• 최대주응력(상당주응력) $\sigma_{max} = \sigma_e = \frac{M_e}{Z}$

• 축 지름 $d = \sqrt[3]{\frac{32\,M_e}{\pi\,\sigma_a}}$ (단면계수 $Z = \frac{\pi d^3}{32}$)

ⓑ 최대전단응력설에 의한 설계식

• 최대굽힘모멘트 $T_{max} = T_e = \sqrt{M^2 + T^2}$

여기서, M : 굽힘모멘트, T : 비틀림모멘트

• 최대전단응력(상당전단응력) $\tau_{max} = \tau_e = \frac{T_e}{Z_p}$

• 축 지름 $d = \sqrt[3]{\frac{16\,T_e}{\pi\,\tau_a}}$ (극단면계수 $Z_p = \frac{\pi d^3}{16}$)

② 강성을 고려하는 축지름 설계

㉠ 비틀림 강성 : 비틀림 모멘트를 받는 축

ⓐ 전단 변형률 γ $\gamma = \frac{S}{l} = \frac{r\theta}{l}$

ⓑ 전단응력 $\tau = G\gamma$(G는 전단탄성계수)

$\tau = G\frac{r\theta}{l}$ [kfg · mm^2]

$\tau = \frac{T \cdot r}{I_p}$

ⓒ 비틀림각 $\theta° = \frac{180}{\pi} \cdot \frac{Tl}{GI_p}$(극 단면계수 $I_p = \frac{\pi d^4}{32}$)

ⓓ 비틀림모멘트 $T = 716200 \frac{H_{ps}}{N} = 974000 \frac{H_{kW}}{N}$

■ 참/고

[처짐량] ★★★

단순지지보	$\delta = \frac{wl^4}{48EI}$
양단고정보	$\delta = \frac{5wl^4}{384EI}$

[단면 2차 모멘트(I), 단면계수(Z), 극단면계수(Z_t) 정리]

단면	단면 2차 모멘트	단면계수	극단면계수
삼각(밑변 b×높이 h)	$\frac{b \times h^3}{36}$		
사각(폭 b×높이 h)	$\frac{b \times h^3}{12}$	$\frac{b \times h^2}{6}$	
중실축(지름 d)	$\frac{\pi \times d^4}{64}$	$\frac{\pi \times d^3}{32}$	$\frac{\pi \times d^3}{16}$
중공축(바깥지름 D, 안지름 d)	$\frac{\pi(D^4 - d^4)}{64}$	$\frac{\pi(D^4 - d^4)}{32D}$	$\frac{\pi(D^4 - d^4)}{16D}$

2. 축이음

(1) 커플링(Coupling)

운전 중 단속이 불가능한 축이음을 커플링이라고 한다.

① 커플링의 종류

㉠ 고정 커플링

ⓐ 원통커플링

ⓑ 플랜지커플링 : 양쪽 끝에 플랜지를 설치하고 리머볼트로 조임.

- 단조플랜지, - 조립 플랜지커플링

㉡ 플렉시블 커플링 : 두 축 중심선이 어느 정도 어긋났거나 경사졌을 때 사용함.

㉢ 올덤 커플링 : 두 축이 평행하나 중심이 어긋나 있을 때 사용함.

㉣ 유니버설 커플링 : 두 축이 30° 이하의 각도로 교차한 상태로 토크를 전달.

㉤ 슬리브 커플링 : 값이 싸고 축방향으로 인장력이 작용할 때 부적당하므로 큰 동력이나 고속회전에서는 사용하지 못함.

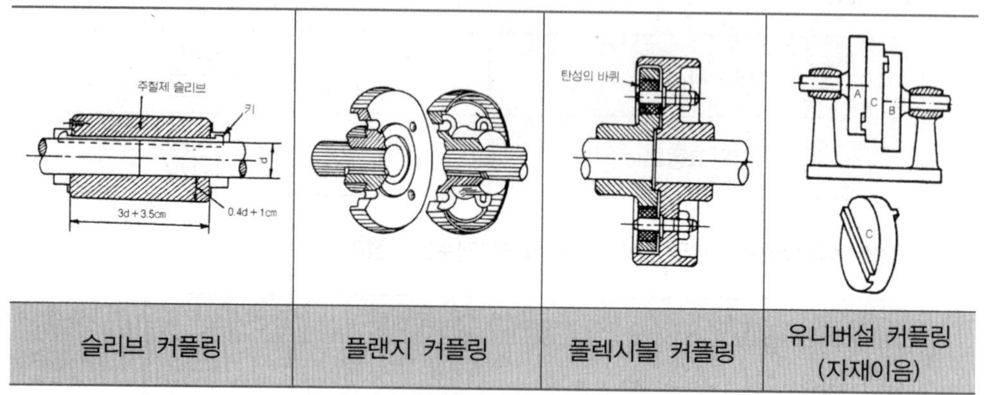

슬리브 커플링	플랜지 커플링	플렉시블 커플링	유니버설 커플링 (자재이음)

② 커플링의 분류

㉠ 두 축이 일직선상 : 고정 커플링(Fixed Coupling)

㉡ 일직선상에 있지 않을 때 : 플렉시블 커플링(Flexible Coupling)

㉢ 두 축이 평행 : 올덤 커플링(oldham’ s Coupling)

㉣ 두 축이 교차 : 유니버설 커플링(Universal Coupling)

③ 커플링 설계 시 주의사항

㉠ 가격이 저렴해야 한다.

㉡ 윤활이 필요치 않게 설계하여야 한다.

㉢ 경량, 소형이어야 한다.

㉣ 조립, 분해 작업이 쉬워야 한다.

(2) 클러치(Clutch)

두 축을 연결하기도 하고 분리시키기도 하는 축 이음으로, 원동축에서 종동축으로 토크를 전달시킬 때 사용한다.

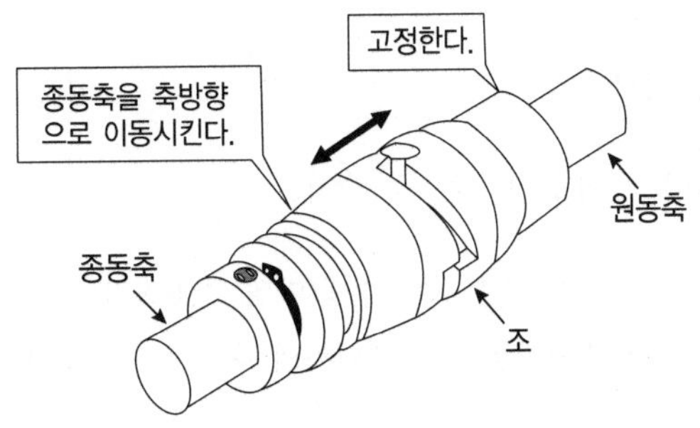

① 클러치의 종류

㉠ 맞물림클러치 : 양축의 끝단에 이빨모양의 접촉부를 만들어 이빨의 맞물림에 의하여 동력을 전달하는 것

$$\text{전달토크}: T_s = 716,200\frac{H_{ps}}{N} = Z_p \cdot \tau_a = \frac{\pi d^3}{16} \cdot \tau_a$$

㉡ 마찰클러치 : 양 축에 마찰판을 부착하여 접촉면의 마찰력에 의해 동력을 전달하는 것 ★★

$$\text{전달토크}: T = \mu P R_m$$

여기서 μ : 마찰계수, P : 클러치를 미는 힘(N)

$$R_m = \frac{D_1 + D_2}{4}(\text{m})\ [D_1 : \text{안지름}(\text{m}),\ D_2 : \text{바깥지름}(\text{m})]$$

㉢ 오버러닝 클러치 : 원동축의 회전 방향이 반대로 되거나 종동축이 원동축보다 빠른 속도로 회전하기 시작하면 자동으로 차단되는 것

② 클러치 설계 시 고려하여야 할 사항

㉠ 접촉면의 마찰계수를 적당한 크기로 잡을 것

㉡ 관성을 작게 하기 위하여 소형이고 가벼워야 할 것

㉢ 마모가 생겨도 이것을 적당히 수정할 수 있을 것

(3) 베어링(Bearing)

① 베어링 : 마찰저항을 작게 받도록 지지하여 주는 기계요소

② 베어링의 선정

㉠ 정격수명의 계산

구름베어링의 정격수명 $L_n = \left(\frac{C}{P}\right)^r$

여기서, L_n : 정격수명 또는 회전수명(단위; 106회전), P : 베어링 하중[kg]

C : 기본부하용량, r : 베어링의 내외륜과 전동체의 접촉상태에 따른 계수

③ 베어링의 분류

㉠ 하중 : 레이디얼베어링(Radial Bearing), 드러스트베어링(Trust Bearing)

㉡ 감마기구 : 미끄럼베어링(Sliding Bearing), 구름베어링(Rolling Bearing)

(4) 구름베어링(Rolling Bearing)

① 구름베어링의 구성 : 내륜, 외륜, 강구, 리테이너

② 구름베어링의 기본기호 : 형식 기호, 치수기호, 내경 번호, 접촉각기호

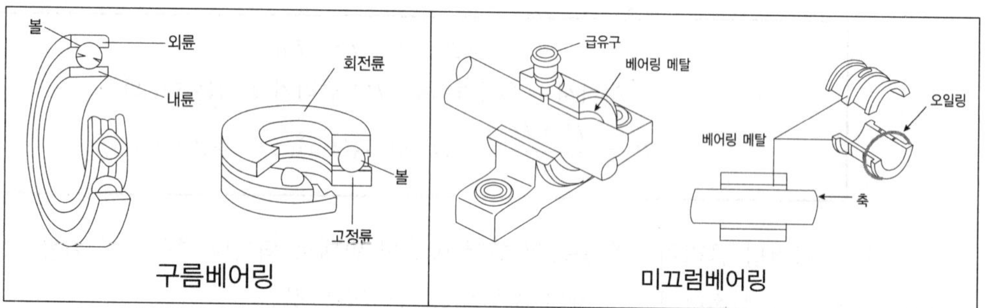

구름베어링　　　미끄럼베어링

③ 구름베어링의 종류

㉮ 볼 베어링

ⓐ 단열 레이디얼 볼 베어링

ⓑ 앵귤러 볼 베어링

ⓒ 자동조심형 볼 베어링

ⓓ 트러스트 볼 베어링

■ 참/고

트러스트 스러스트 하중만을 지지할 수 있고, 레이디얼 하중은 받을 수가 없다. 트러스트 부하용량은 크나 발열 등의 문제로 고속 회전에는 부적합하다.

㉯ 롤러 베어링

ⓐ 원통 롤러 베어링

ⓑ 테이퍼 롤러 베어링

ⓒ 니이들 롤러 베어링

ⓓ 테이퍼 롤러 트러스트 베어링

④ 구름베어링의 특성

㉠ 장점

ⓐ 마찰저항이 적어 동력 손실이 적다.

ⓑ 급유가 편리하고, 밀봉 장치의 교정이 어렵다.

ⓒ 베어링 저널의 길이를 짧게 할 수 있다

ⓓ 표준형 양산품으로 호환성이 높다.

ⓔ 과열 위험이 적고, 기계를 소형화, 축의 중심을 정확히 유지할 수 있다.

㉡ 단점

ⓐ 값이 싸고 충격에 약하다.

ⓑ 축 사이가 매우 짧은 곳에서는 사용할 수 없다.

(5) 미끄럼 베어링(Sliding Bearing)

베어링 메탈과 맞닿는 축의 표면을 저널(journal)이라고 하며, 베어링과 저널 사이에는 기름이나 그 밖의 윤활제를 매개시켜 마찰열의 발생을 억제한다.

① 미끄럼 베어링의 특성

㉠ 장점

- 진동과 소음이 적다.
- 회전속도가 비교적 저속인 경우 사용하고, 구조가 간단하며 가격이 저렴하다.
- 충격에 견디는 힘이 크다.
- 베어링에 작용하는 하중이 클 경우에 사용한다.

㉡ 단점

- 시동 시 마찰저항이 크다.
- 급유에 주의하여야 한다.

② 저널의 종류

㉠ 레이디얼 저널(radial journal) : 하중의 방향이 회전축에 직각인 것을 레이디얼 저널이라고 하며 엔드 저널(end journal) 중간 저널(neck journal)로 분류

㉡ 트러스트 저널(thrust journal) : 하중의 방향이 회전축의 방향과 일치하는 것으로 피벗 저널(pivot journal), 칼러 저널(collar journal)로 분류

참/고

[베어링 메탈 재료]

① 화이트 메탈(white metal)
② 동합금(copper alloy)
③ 주철(cast iron)
④ 카드뮴 합금(cadmium alloy)
⑤ 알루미늄 합금(aluminum alloy)
⑥ 함유소결 합금
⑦ 비금속재료

[베어링 호칭번호 '7206ZNR']

7 : 베어링 종류
2 : 베어링 직경 계열
06 : 베어링 내경 치수(안지름 번호)
ZNR : 베어링 보조 기호

03 전동용 기계요소

1. 기어

(1) 특징

① 큰 동력 전달 가능하다.

② 전동효율 높다.

③ 회전비 정확하고, 큰 감속 가능하다.

④ 소음 진동 발생하고, 충격 흡수 약하다.

(2) 이의 크기 표시 방법

① 기어의 이의 크기 표시 방법

㉠ 모듈 $m = \dfrac{\text{피치원의 지름}(D)}{\text{잇수}(Z)}$ (주. 평 기어의 이 끝 높이는 모듈)

㉡ 원주피치 $p = \dfrac{\text{피치원의 둘레}(\pi D)}{\text{잇수}(Z)} = \pi m$

㉢ 헬리컬 기어의 치직각 모듈 $M = m \times \cos$ (비틀림각)

② 기어의 회전비 $\epsilon = \dfrac{N_2}{N_1} = \dfrac{D_1}{D_2} = \dfrac{mZ_1}{mZ_2} = \dfrac{Z_1}{Z_2}$

③ 두 기어의 중심 거리

㉠ 외접기어인 경우 $C = \dfrac{D_1 + D_2}{2} = \dfrac{(Z_1 + Z_2)}{2}m$

㉡ 내접기어인 경우 $C = \dfrac{D_1 - D_2}{2} = \dfrac{(Z_1 - Z_2)}{2}m$

(3) 치형 간섭

작은 기어의 잇수, 압력각이 작을 때, 유효높이가 높고, 잇수 비가 아주 클 때 발생한다. 방지법은 압력 각을 크게 하고, 이 높이를 낮춘다. 피니언 반경 방향의 이 뿌리면을 파내고, 치형 이 끝을 깎아내면 방지할 수 있다.

■ 참/고

[사이클로이드, 인벌류트 치형의 특징]

사이클로이드 치형	인벌류트 치형
① 접촉점에서 미끄럼이 적고 마모가 적어 소음이 적으며 효율 높다. ② 마멸이 균일하여 치형의 오차가 작아서 시계, 계기류 등 정밀측정기구에 사용된다. ③ 피치점이 완전히 일치 하지 않으면 물림이 잘되지 않는다. ④ 공작이 어렵고 호환성이 적다.	① 치형 제작가공이 쉽다. ② 중심 거리의 오차가 있어도 속도비가 일정하고, 일반적으로 널리 사용한다. ③ 이뿌리 부분이 튼튼하다. ④ 호환성 우수하다.

(4) 언더컷

발생 원인은 기어의 이 뿌리 부분과 간섭하는 현상으로 래크공구와 호브 또는 피니언 공구로 이뿌리를 깎아 이 뿌리가 가느다랗게 되어 약하게 되며 접촉면적이 좁아져서 원활한 회전을 할 수 없게 된다. 방지법으로 낮은 이를 만들고, 한계 잇수 이상으로 하고, 압력 각을 크게 하고 전위기어를 만든다.

(5) 전위기어

잇수가 적은 기어가공 시 언더컷을 방지하기 위하여 래크공구의 표준피치선과 절삭기어의 피치선을 일치시키지 않고 약간 어긋나게 절삭한 기어

(6) 헬리컬기어(Helical Gear)

장 점	단점
① 운전원활, 진동소음 적고, 고속, 대동력 전달에 사용 ② 직선치보다 물림 길이가 길고 물림률이 커서 물림 상태가 좋다. ③ 큰 회전비가 얻어지고 전동효율도 크다. (98～ 99%)	① 축방향으로 트러스트(Thrust) 발생. ② 가공상의 정밀도, 조립오차, 이 및 축의 변형 등에 의해 치면의 접촉이 나쁘게 된다. ③ 국부적인 접촉이 생기게 되어 치면의 압력이 크게 된다. ④ 제작 및 검사가 어렵다.

(7) 웜기어(Worm Gear)

장점	단점
① 부하용량이 크다. ② 큰 감속비를 얻을 수 있다(1/10~1/100) ③ 소음과 진동이 적다. ④ 역전방지를 할 수 있다.	① 미끄럼이 크고 교환성이 없다. ② 진입각이 작으면 효율이 낮다. ③ 워엄휘일은 연삭할 수 없다. ④ 추력이 발생한다. ⑤ 가격이 고가이다. ⑥ 워엄 휘일 제작에는 특수공구가 필요하다.

(8) 스퍼기어(평기어)

바깥지름 : $D_o = D + 2h_a = (Z+2)m$

(9) 베벨기어

베벨기어는 기어의 축선이 교차하는 경우에 사용한다.

2. 마찰차

(1) 마찰차의 특징

① 무단변속이 가능하고, 양쪽의 표면 속도는 항상 같다.

② 미끄럼이 발생하고, 다른 부분의 손상을 방지할 수 있다.

③ 운전이 정숙하다.

(2) 마찰차의 종류

① 원통 마찰차 : 평 마찰차, V홈 마찰차

② 원추 마찰차 : 두 축이 교차하는 데 사용한다.

③ 변속 마찰자 : 원추와 원판차

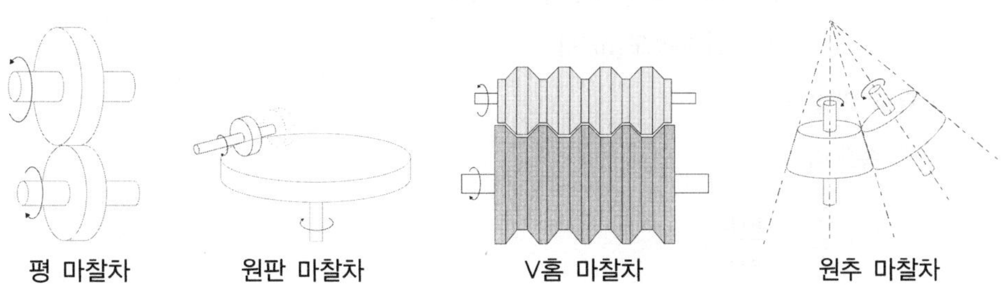

평 마찰차 원판 마찰차 V홈 마찰차 원추 마찰차

(3) 마찰차

① 원통 마찰차(평 마찰차)

㉠ 속도비(i)

$$\frac{N_2}{N_1}=\frac{D_1}{D_2}$$

여기서, N_1 : 원통차의 회전수[rpm]

N_2 : 종동차의 회전수[rpm]

D_1 : 원동차의 지름[mm]

D_2 : 종동차의 지름[mm]

㉡ 원통 마찰차의 원주속도(V)

- $V(\text{m/min})=\dfrac{\pi\times D_1\times N_1}{1,000}$
- $V(\text{m/s})=\dfrac{\pi\times D_1\times N_1}{1,000\times 60}$

여기서, D : 지름(mm)

N : 회전속도(rpm)

㉢ 전달동력

- $H=\dfrac{uF}{102}\times v[\text{kW}]$
- $H=\dfrac{uF}{75}\times v[\text{ps}]$

여기서, u : 마찰계수

F : 마찰차를 누르는 힘[kg]

v : 원주속도[m/s]

② 원추 마찰차

㉠ 속도비

$$i=\frac{N_2}{N_1}=\frac{\sin\alpha}{\sin\beta}$$

㉡ 전달동력

$$H = \frac{uFv}{75} = \frac{uQ_a v}{75\sin\alpha} = \frac{uQ_b v}{75\sin\beta}\,[\text{ps}]$$

3. 벨트

양축에 어떠한 휠(Wheel)을 부착하여 이 휠에 벨트나 체인 또는 로프 등을 감아 걸어서 간접적으로 동력을 전달하는 장치이다.

(1) 속도

$$v_1 = v_2 = v = \frac{\pi D_1 N_1}{60 \times 1,000} = \frac{\pi D_2 N_2}{60 \times 1,000}$$

$\therefore$ 속도비$(i) = \dfrac{N_2}{N_1} = \dfrac{D_1}{D_2}$

(2) 벨트 길이

① 바로(평행)걸기 $L = 2C + \dfrac{\pi}{2}(D_1 + D_2) + \dfrac{(D_2 - D_1)^2}{4C}$

② 엇걸기 $L = 2C + \dfrac{\pi}{2}(D_1 + D_2) + \dfrac{(D_1 + D_2)^2}{4C}$

여기서, C : 중심거리 D_1, D_2 : 풀리의 지름

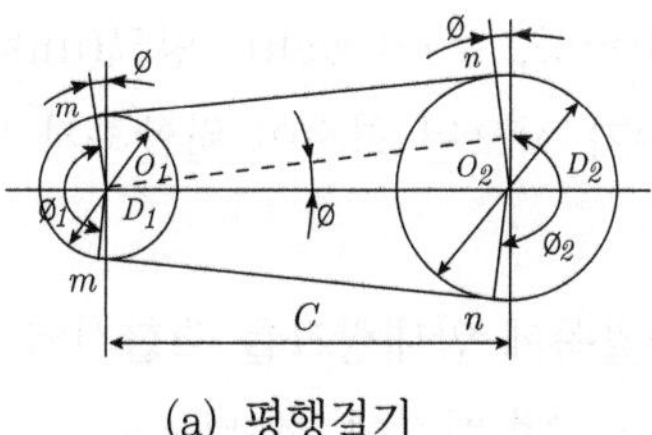

(a) 평행걸기

(b) 엇걸기

[벨트걸기 방법]

4. 체인(Chain)

(1) 원리

체인을 스프로킷의 이에 하나씩 물리게 하여 동력을 전달한다.

(2) 특징

① 미끄럼이 없는 일정한 속도비가 얻어진다.

② 초기 장력을 줄 필요가 없다.

③ 체인의 길이를 신축할 수 있고 다축 전동이 용이하다.

④ 큰 동력을 전달시킬 수 있고 그 효율도 95% 이상이다.

⑤ 소음과 진동을 일으키기 쉬워 고속 회전이나 정숙 운전에는 부적합하다.

(3) 용도

두 축 사이의 거리가 멀고, 확실한 동력전달이 필요한 곳에 쓰인다.

(4) 체인의 종류

롤러 체인과 사일런트 체인

(5) 사용 장소

두 축 사이의 거리가 비교적 멀고, 확실한 전동을 필요로 하는 곳.

(6) 종류

① **롤러 체인** : 롤러 체인은 롤러(roller), 핀(pin), 부시(bush), 링크(link)를 이용하여 연속적으로 엇갈리게 연결한 체인이다. 잇수가 적으면 회전이 원활하지 못하기 때문에 잇수는 17개 이상이 되어야 한다.

② **사일런트 체인** : 링크를 부시에 끼우고 바깥쪽에 안내링크를 결합시켜 핀으로 연결하여 만든다. 롤러체인보다 소음과 진동이 적고 고속회전에 적당하다.

[롤러 체인 동작]

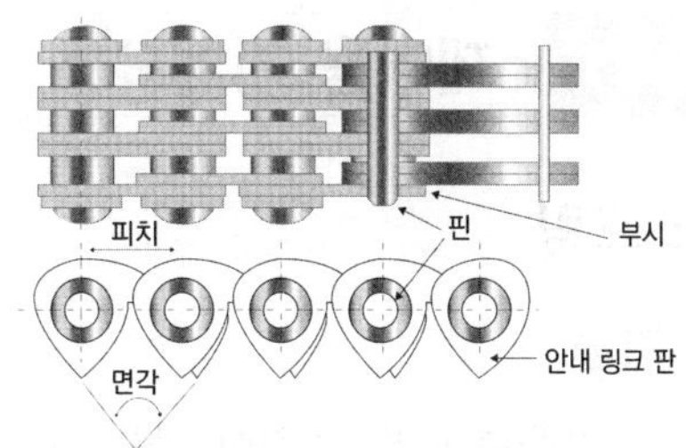

[사일런트 체인 동작]

5. 로프 전동

(1) 원리

풀리의 링에 로프를 걸어감아 힘과 운동을 전달한다.

(2) 특징

① 벨트보다 미끄럼이 작고, 두 축 사이가 비교적 멀 때 사용한다.

② 로프의 수를 늘리면 더 큰 동력을 전달 가능하다.

③ 고속회전에 적합하고, 자유로이 로프를 감거나 벗겨 낼 수 없다.

04 제어용 기계요소

1. 스프링

(1) 기능

① 하중측정 및 조정이 가능하다.

② 에너지축적 및 복원성을 이용한다.

③ 진동완화 및 충격에너지를 흡수한다.

(2) 스프링

스프링에 하중을 가하면 하중에 비례하여 인장 또는 압축, 휨 등이 발생한다.

(3) 코일스프링 설계 ★★★★★

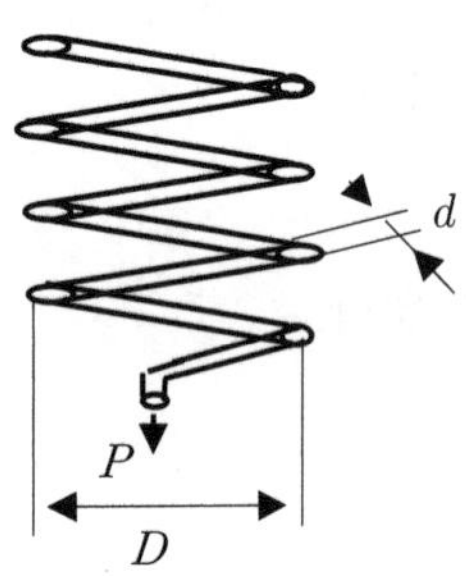

- 스프링상수 [kg/cm], $P=K\delta$, $K=\dfrac{P}{\delta}$[kg/cm]
  (단위길이를 늘이는 데 필요한 하중)
- 스프링 지수 [C], $C=\dfrac{D}{d}$

여기서, D : 코일의 평균직경　　d : 코일의 소선직경
K : 스프링상수[kg/cm]　　C : 스프링지수
δ : 스프링의 변위량[cm]　　n : 감김수

① 스프링에 생기는 전단응력

㉠ 전단응력 τ_1

$$\tau_1=\frac{P}{\frac{\pi}{4}d^2}=\frac{4P}{\pi d^2}$$

ⓛ 비틀림에 의한 전단응력 τ_2

$$T = \tau_2 \cdot Z_P = P \cdot R,\ \tau_2 = \frac{P \cdot R}{Z_P} = \frac{P \cdot R \times 16}{\pi d^3}$$

ⓒ 최대전단응력 τ_{max}

$$\tau_{max} = \frac{8PDK'}{\pi d^3} = \frac{8PCK'}{\pi d^2} = \frac{8PC^3K'}{\pi D^2}\text{(와알의 응력보정계수)}$$

$$K' = \frac{4C-1}{4C-4} + \frac{0.615}{C}$$

② 스프링의 처짐량 δ ★★★

$$\delta = R \times \theta = \frac{D}{2} \times \frac{T \cdot l}{G \times I_P} = \frac{8D^3nP}{G\,d^4}$$

③ 스프링의 연결

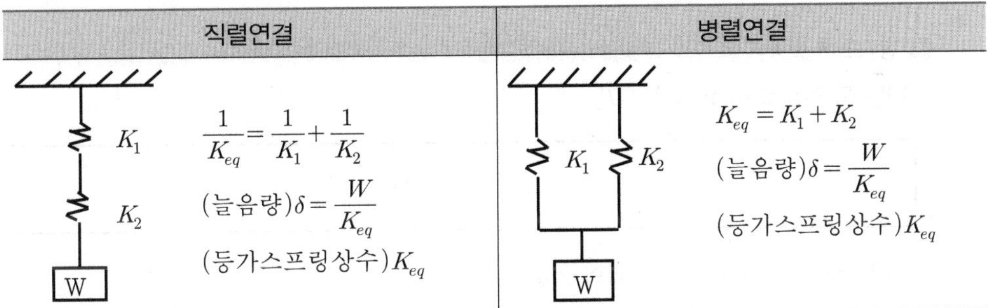

직렬연결	병렬연결
$\frac{1}{K_{eq}} = \frac{1}{K_1} + \frac{1}{K_2}$ (늘음량)$\delta = \frac{W}{K_{eq}}$ (등가스프링상수)K_{eq}	$K_{eq} = K_1 + K_2$ (늘음량)$\delta = \frac{W}{K_{eq}}$ (등가스프링상수)K_{eq}

■ **참/고** ★★★

코일 스프링에서 전단응력 $\sigma = \frac{8 \cdot D \cdot W}{\pi d^3}$[MPa]

여기서, σ : 전단응력[MPa] W : 스프링에 작용하는 하중[N]

D : 평균지름[mm] d : 소선의 지름[mm]

2. 브레이크

(1) 브레이크(제동장치)

① 구성 : 브레이크는 브레이크 드럼과 브레이크 블록으로 된 작동부와 인력, 공기압, 전자석 등에 의하여 브레이크 힘을 조종하는 조절부로 되어 있다.

② 제동장치 분류 : 블록 브레이크, 밴드 브레이크, 디스크 브레이크 등

③ 작동력의 전달 방법 분류 : 공기 브레이크, 유압 브레이크, 전자 브레이크

④ 제동 목적에 따라 유체 브레이크와 전기 브레이크

⑤ 용도는 일반 기계, 자동차, 철도 차량

(2) 제동장치의 종류와 제동력

1) 블록 브레이크(block brake) : 용도는 차량, 기중기

① 단식 블록 브레이크 : 1개의 브레이크 블록으로 회전하는 브레이크 드럼을 누르는 장치

② 복식 블록 브레이크 : 브레이크 드럼에 대하여 2개의 블록 브레이크가 있다. 축방향 힘이 양쪽으로 작용하므로 베어링에 추가되는 하중이 없다. 따라서, 큰 하중이 걸리는 경우에도 사용할 수 있어 전동 윈치, 크레인 등에 많이 사용된다.

참/고 ★★★

[제동 토크(brake torque) : T]

$$T = \mu P \frac{D}{2}$$

여기서, D : 브레이크 드럼의 지름
P : 블록에 대한 드럼의 반력
μ : 마찰계수
μP : 제동력(braking force)
F : 브레이크 레버에 작용시키는 힘(조작력)

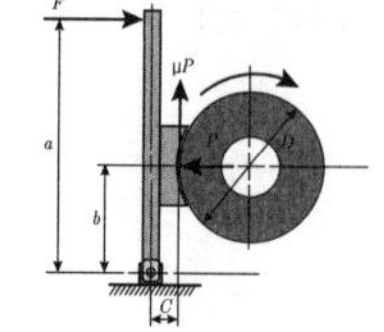

• 시계방향 회전

$F \cdot a - P \cdot b - \mu P \cdot c = 0 \qquad \therefore \; F = \frac{P}{a}(b + \mu c)$

• 반시계방향 회전

$F \cdot a - P \cdot b + \mu P \cdot c = 0 \qquad \therefore \; F = \frac{P}{a}(b - \mu c)$

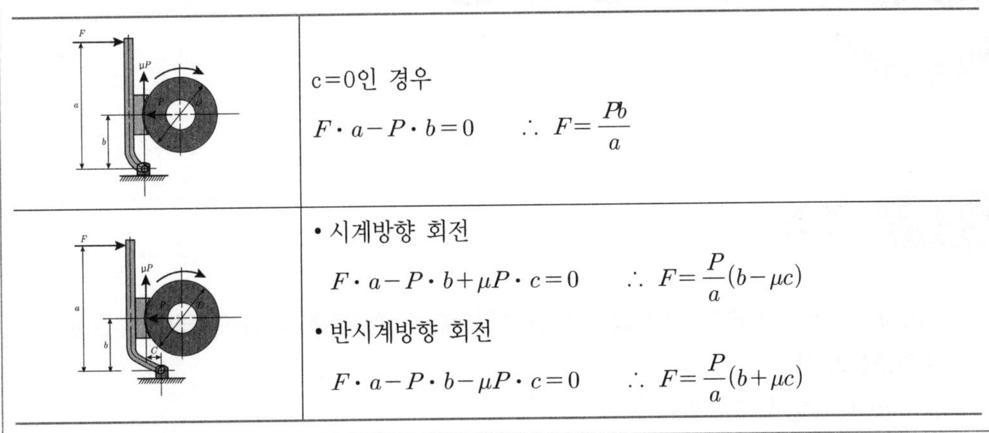

	c=0인 경우 $F \cdot a - P \cdot b = 0 \qquad \therefore\ F = \frac{Pb}{a}$
	• 시계방향 회전 $F \cdot a - P \cdot b + \mu P \cdot c = 0 \qquad \therefore\ F = \frac{P}{a}(b - \mu c)$ • 반시계방향 회전 $F \cdot a - P \cdot b - \mu P \cdot c = 0 \qquad \therefore\ F = \frac{P}{a}(b + \mu c)$

2) 드럼 브레이크(drum brake)

회전운동을 하는 드럼(drum)이 바깥쪽에 있고, 두 개의 브레이크 블록이 드럼의 안쪽에서 대칭으로 드럼에 접촉하여 작동한다.

3) 축압 브레이크(원판 브레이크 : disk brake)

회전 운동을 하는 드럼이 안쪽에 있고 바깥에서 양쪽 대칭으로 드럼이 있다.

4) 밴드 브레이크(band brake)

레버를 사용하여 브레이크 드럼의 바깥에 감겨있는 밴드에 장력을 주면 밴드와 브레이크 드럼 사이의 마찰력에 의해 제동하는 것을 밴드 브레이크라 한다.

① **단동식 밴드 브레이크** : 밴드의 한쪽 끝이 레버의 회전중심에 부착

② **차동식 밴드 브레이크** : 밴드의 양 끝이 레버의 회전중심에서 각각 반대쪽에 부착

③ **합동식 밴드 브레이크** : 밴드의 양 끝이 레버의 같은 위치에 부착

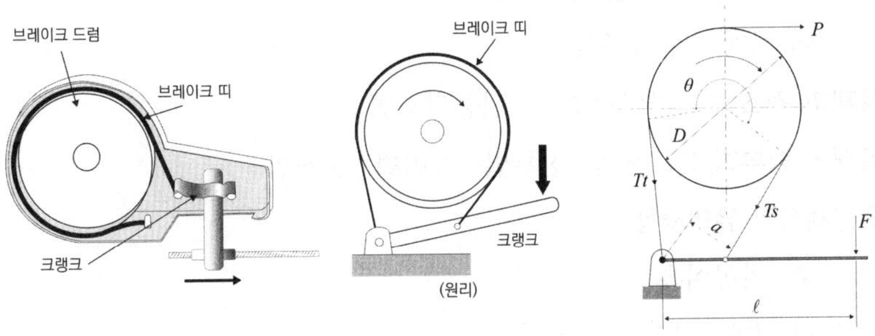

[밴드 브레이크]

03 기계공작법

01 주조

■ 참/고

[주조공정이란]

① 도면에 의해 원형을 만든다.

② 원형을 주물사에 묻었다가 뽑아내고 용융금속을 중공부분에 주입한다.

③ 냉각 응고시킨 다음 꺼내고, 깨끗이 손질하여 소정의 형상을 얻는다.

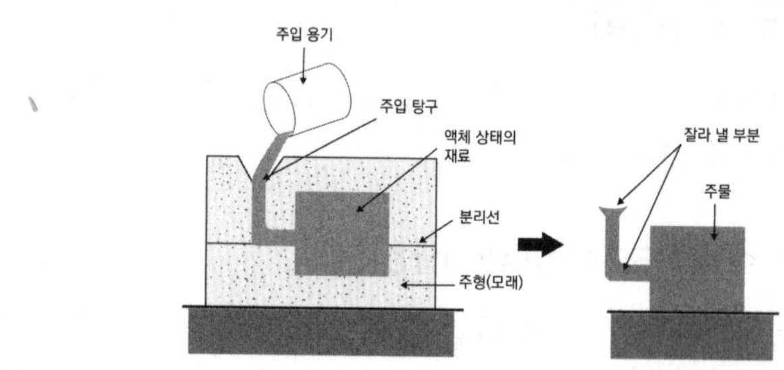

(1) 목형(Pattern)

① 종류

㉠ 현형 : 제품과 동일

㉡ 부분, 골격 목형

㉢ 매치 플레이트 : 소형 제품 다량생산

㉣ 회전목형 : 회전체, 풀리 등

㉤ 코어 목형 : 중공주물

② 목재의 건조법 : 자연건조 및 인공건조법

③ 목재의 방부법 : 도포법, 침투법, 자비법, 충진법

④ 목형제작의 유의사항

㉠ 수축, 가공여유

㉡ 목형 구배, 코어 프린트

㉢ 라운딩, 덧붙임

⑤ 목형재료에 의한 분류 : 목형, 금형, 석고형, 현물형, 합성수지형, 시멘트형

(2) 주형

① 주물사 : 보통주철, 비철합금, 강철주물

② 주물사 구비조건

㉠ 내화성이 크고 화학적 변화가 없을 것

㉡ 통기성이 좋을 것

㉢ 가격이 저렴하고 구입이 용이할 것

③ 모래 이외의 재료 : 석탄, 코오크스, 톱밥, 볏짚, 수모, 당밀, 유지, 인조수지

④ 주물사의 보조재 : 표면사, 코어모래, 분할사, 합성사

⑤ 주물사 시험법 : 수분함량, 입도, 통기도, 강도, 소결시험

⑥ 주형의 종류 : 금형, 사형, 바닥주형법, 혼성주형법, 조립주형법

⑦ 주형 제작 시 주의사항

㉠ 주형제작이 쉬울 것

㉡ 적당한 강도를 가질 것

(3) 주조용 금속재료

① 주철(Cast Iron) : 회주철, 백주철, 반주철

② 주철의 성분 : 탄소, 규소, 망간, 인, 황

③ 특수주철 : 고급주철, 미하나이트주철, 합금주철, 가단주철, 구상흑연주철, 냉간주철

④ 주강 : 보통주강, 합금주강

⑤ 동합금 : 황동(6 : 4 황동), 청동(포금베어링)

⑥ 경합금 : Al합금(Y합금, 두랄루민), Mg합금(다우메탈)

(4) 금속의 용해법

큐우폴라, 도가니로, 반사로, 전기로, 전로, 평로

(5) 주물의 결함 및 검사법

① 결함(주조품) : 수축공, 기공, 편석, 균열, 치수불량, 주물표면불량

② 주물검사법 : 외관검사, 비파괴검사, 파괴검사

(6) 특수주물과 특수주조법

① 특수주물 : 고급주물, 미하나이트주철, 합금주철, 가단주철, 구상흑연 주철, 냉간주물

② 특수주조법 : 원심 주조법, 다이 캐스팅법, 진공주조법

③ 다이 캐스팅법 : 금형 속에 용융금속을 고압, 고속으로 주입하여 주조하는 것으로 대량 생산에 적합하고 고정밀 제품에 사용하는 주조법

02 측정 및 다듬질

– 측정기의 종류

1) 길의 측정

① 선측정

㉠ 전장측정기 : 강철자, 버니어캘리퍼스, 마이크로미터

㉡ 비교측정기 : 다이얼게이지, 미니미터, 옵티미터, 전기 공기 마이크로미터

㉢ 단면측정(게이지 측정) : 표준게이지, 한계게이지, 잡게이지

② 각도측정 : 각도게이지, 컴비네이션베벨, 사인바, 테이퍼게이지, 만능각도기, 분할대

③ 평면측정 : 수준기, 직각자, 서어피스게이지, 정반, 옵티컬플렛, 조도계

2) 측정방법

① 직접측정 : 버니캘리퍼스, 마이크로미터, 측장기, 각도기

② 간접측정 : 다이얼게이지, 미니미터, 옵티미터, 공기마이크로미터, 전기마이크로미터

■ 참/고

1. 윤곽 투영기 : 나사의 유효지름 측정기로 작은 나사를 투영시켜 크게 확대하여 측정한다.

2. 오토 콜리메이터 : 미소각을 측정하는 광학 측정기이다.

3. 옵티컬 플랫 : 마이크로미터의 측정 면이나 블록 게이지의 측정 면과 같이 비교적 작고, 정밀도가 높은 측정물의 평면도검사에 사용하는 측정 기구이다.

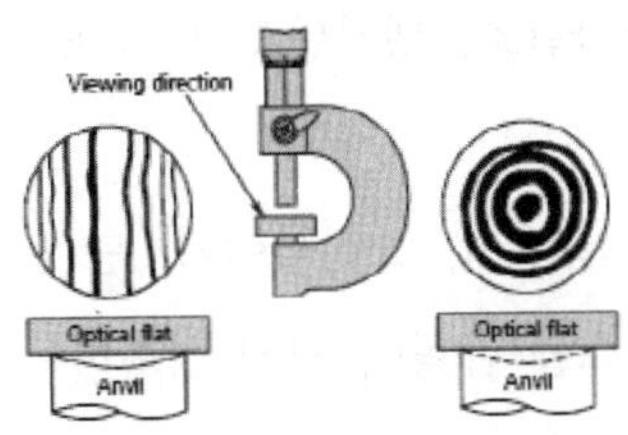

4. 컴비네이션 세트 : 강철자, 직각자 및 각도기를 조합하여 각도를 측정한다.

03 소성가공법

(1) 소성가공

① 개요

㉠ 소성변형 : 재료에 탄성한계를 넘어서 외력을 제거해도 복원되지 않는 성질

㉡ 가소성 : 소성변형을 일으키는 성질

㉢ 소성가공 : 재료의 가소성을 이용한 가공법. 열간가공과 냉간가공이 있다.

- 열간가공 : 재결정온도 이상에서 가공
- 냉간가공 : 재결정온도 이하에서 가공
- 탄성(elasticity)과 소성(plasticity)

② 특징

㉠ 재료의 경제성

㉡ 다량생산 가능

㉢ 금속의 결정조직 가능

㉣ 치수의 정확성

③ **종류** : 단조, 압연, 인발, 압출, 제관, 전조, 프레스가공

(2) 단조(Forging)

단조기계나 해머 등으로 두드려 성형 가공하는 법

① **종류**

㉠ 자유단조(Free Forging), 형단조(Die Forging)

㉡ 가열온도에 따라 열간단조, 냉간단조가 있ek.

② **단조작업**

㉠ 자유단조 : 늘리기, 굽히기, 눌러붙이기, 단짓기, 구멍 뚫기, 자르기, 램작업

㉡ 형단조 : 가열된 재료를 금형에 의해 성형하는 단조법

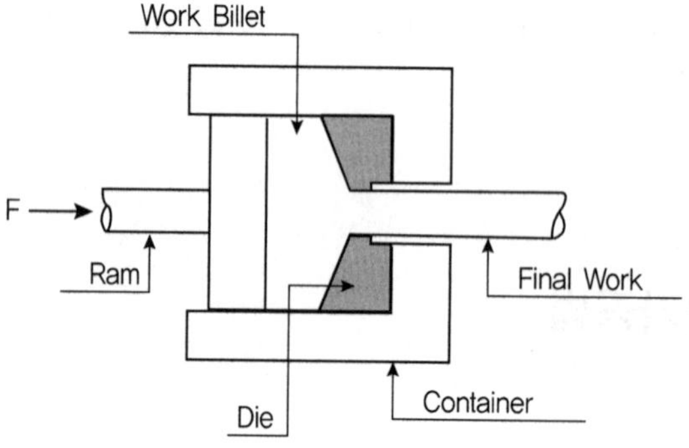

(3) 압연(Rolling)

회전하는 롤러 사이에 재료를 통과시켜 제품을 만드는 법. 소성이 균일한 제품을 대량생산, 생산비도 적게 들어 금속 소재가공법 중 가장 많이 이용되며, 금속재료를 상온 또는 고온에서 회전하는 롤 사이에 통과시켜 여러 가지의 판재, 형재, 관재 등의 소재를 만드는 가공법.

① **압연기의 종류**

㉠ 온도에 의한 분류 : 재결정 이상 온도에서 작업하는 열간압연과 상온에서 압연하는 냉간압연이 있다.

㉡ 제품에 의한 분류 : 분괴압연, 판재압연, 형강압연

(4) 인발(Drawing)

테이퍼 구멍을 가진 다이를 통과시켜 재료를 잡아당겨, 재료에 다이의 최소 단면 형상치수를 주는 가공법.

① **종류** : 봉재인발, 관재인발, 선재인발(신선)

㉠ 봉재의 지름을 작게 하기 위한 힘

㉡ 다이의 내부면에서의 마찰력에 대한 힘

㉢ 다이의 입구와 출구에서 소비되는 내부 마찰일

② **단면감소율과 인발력**

㉠ 단면감소율(감면율) $=\dfrac{A_0-A_1}{A_0}\times 100[\%]$

여기서, A_0 : 인발 전 단면적[cm^2] A : 인발 후 단면적[cm^2]

㉡ 인발력$(P)=P=\dfrac{\pi}{4}(d^2-d_1^2)\cdot p$[kg]

여기서, d : 인발 전 지름[mm] d_1 : 인발 후 지름[mm]

p : 단위면적을 축소시키는 데 필요한 힘[kg/mm^2]

③ **인발용 다이(Drawing Die)**

㉠ Bell(도입부) : 윤활유 유입부

㉡ Approach(안내부) : 다이 구멍의 크기로 함

㉢ Bearing(정형부)

㉣ Relief(여유부) : 다이에 강도를 가지게 하기 위함

④ **인발용 다이의 재질**

㉠ 칠드주철 ㉡ 강철

㉢ 초경질 합금 ㉣ 다이아몬드

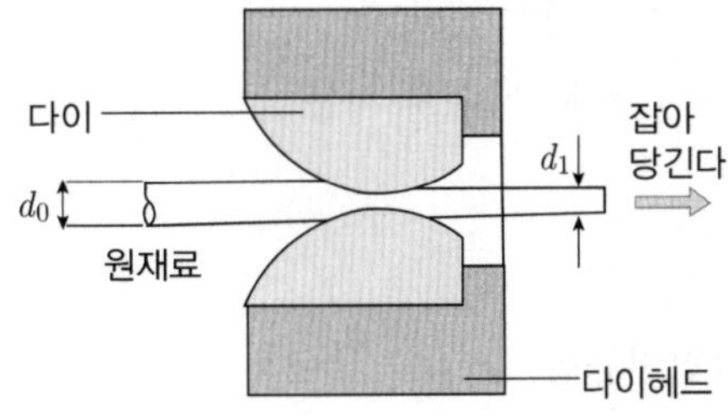

(5) 압출

실린더 모양의 틀에 넣고 압력을 가하여 압축 가공하는 법

① 압출가공(Extruding) : 각종 형상의 단면재, 각종 파이프 및 선재 등을 제작하며, 소성상태의 재료를 다이에 통과시켜서 압출하여 다이의 구멍과 같은 단면 모양의 긴 것을 제작하는 가공법

② 압출가공의 종류

㉠ 빌렛 압출(직접식, 간접식)

㉡ 충격 압출 : 상온가공으로 단시간에 압출(Zn, Pb, Sn, Al, Cu 등)

(6) 전조

수나사, 볼, 세레이션, 기어가공 등에 쓰이며 압연과 비슷하다.

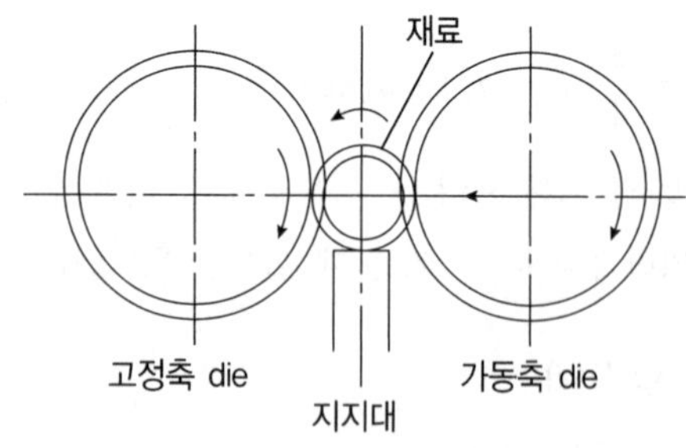

(7) 판금가공

딥 드로잉, 프레스가공, 전단가공, 굽힘가공 등을 이용하여 만드는 법

(8) 제관법

① 용접관

㉠ 맞대기 단접관 : 지름 3~100mm

㉡ 겹치기 단접관 : 지름 30~750mm

㉢ 전기저항 용접관 : 모든 치수에 사용

② 시임레스관

㉠ 천공법

ⓐ 만네스만 압연천공법

ⓑ 에르하르트법

ⓒ 커핑 가공법

(9) 프레스가공(press work)

제품 제작을 할 때 정확한 치수의 제품과 가공 시간의 단축 및 대량생산에 적합하며, 펀치와 다이 사이에 소재를 넣고 외력을 가하여 소성변형시켜 가공하는 방법.

① 프레스가공의 종류

㉠ 전단가공 : 블랭킹, 펀칭, 전단, 세이빙, 트리밍, 브로우칭, 노칭, 분단

㉡ 성형가공 : 커얼링, 비이딩, 굽힘, 시이밍, 벌징, 스피닝, 넥킹, 디이프드로잉

㉢ 압축가공 : 압인, 엠보싱, 스웨이징, 버어니싱, 충격 압출

② 프레스가공기계

㉠ 인력 프레스

㉡ 동력 프레스

③ 전단가공

㉠ 전단가공력

$$\text{전단하중 } P = \tau \cdot A = \tau \cdot tl\,[\text{kg}]$$

여기서, τ : 소재의 전단강도[kg/cm^2]

t : 소재의 두께[mm]

l : 전단길이[mm]

④ 굽힘가공

㉠ V형 굽힘강도 : $P_1 = 1.33\dfrac{bt^2}{L}\sigma[\text{kg}]$

㉡ U형 굽힘강도 : $P_2 = 0.67\left(1 + \dfrac{t}{L}\right)$

여기서, b : 판 폭(mm)

t : 판 두께(mm)

L : 다이홈 폭(mm)

σ : 굽힘강도(kg/mm^2)

⑤ 강의 열처리

㉠ 열처리의 종류

ⓐ 계단열처리

ⓑ 항온열처리

ⓒ 연속냉각 열처리

ⓓ 표면경화 열처리

㉡ 강의 변태와 조직

ⓐ 철강의 변태

- γ고용체 ⇆ α고용체
- 면시입방격자 ⇆ 체심입방격자
- 고용탄소 ⇆ 유리탄소

ⓑ 서냉조직

- 페라이트 : 탄소 함유가 없는 철, 현미경 조직 백색, 연하고 경도,
- 펄라이트 : 페라이트와 탄화철(Fe_3C) 이 파상으로 배치된 조직, 인장강도 약 $66kg/mm^2$
- 시멘타이트 : 탄화철로서 침상, 망상조직, 탄소강, 주철 등에 섞여 있고 취성이 있다.

ⓒ 급냉조직

- 오스테나이트: 탄소가 ϒ철 중에 고용 또는 용해되어 있는 상태.
- 마르텐사이트 : 침상조직 형성, 경도가 가장 크다.
- 트루스타이트 : α철과 탄화철 혼합조직
- 소르바이트 : 트루스타이트보다 냉각속도를 느리게 하면 일어나는 조직, 마르텐사이트와 펄라이트의 중간 경도와 강도를 갖는다.

㉢ 계단 열처리

ⓐ 담금질(Quenching) : 급냉 경화

ⓑ 뜨임(Tempering) : 담금질한 것은 연화와 인성 부여

ⓒ 풀림(Annealing) : 연하게 하고 균일하게 함.

ⓓ 불림(Normalizing) : 일정 온도로 가열한 후 공냉하여 조직을 표준화한다.

㉣ 항온열처리 : 담금질과 뜨임 2종의 공정을 같이 할 수 있고, 담금질에서 오는 파손을 방지할 수 있는 열처리. 온도, 시간 및 변태곡선을 만든다.

ⓐ 마르퀜칭

ⓑ 마르템퍼

ⓒ 오스템퍼

ⓓ 시간 담금질

ⓔ 항온 뜨임

ⓕ 항온 풀림

㉤ 표면경화 : 표면은 경도가 크고 내부는 인성이 큰 것 요구

ⓐ 화학적 방법

- 침탄법 : 고체침탄법, 액체침탄법, 가스침탄법
- 청화법
- 질화법
- 시멘테이션

ⓑ 물리적 방법

- 고주파 표면경화법
- 화염 경화법

(10) 절삭가공

① 절삭가공 구분

㉠ 선삭(Turning) : 공작물을 회전시켜 표면을 가공

㉡ 평삭(Planing) : 공작물 표면을 평평하게 가공

㉢ 드릴링(Drilling) : 드릴을 사용하여 구멍을 뚫음

㉣ 보오링(Boring) : 물체에 구멍을 뚫음

㉤ 밀링(Milling) : 회전하는 축에 고정된 커터를 이용한 공작기계

㉥ 연삭(Grinding) : 숫돌로 물체의 표면을 반들반들하게 만듦

② 절삭현상

㉠ 칩의 형태 : 유동형칩, 전단형칩, 열단형칩, 균열형칩(취성재료)

㉡ 구성 인선

- 발생 : 공구의 윗면과 칩과의 친화력에 의하여 칩의 일부가 쌓여서 절삭날 끝에 모이고 날과 같은 모양(마찰열과 절삭열)
- 현상
  - 가공면이 불량.
  - 공구에 진동을 일으킴.
  - 표면 변질층이 깊게 되고, 날끝이 마모된다.
- 방지법 : 칩 두께를 감소시키고, 공구 날끝을 예리하게 하며, 절삭속도 증대 및 절삭제를 사용한다.

㉢ 공구수명 판정 기준

- 완성치수의 변화와 날의 마멸이 일정량에 달할 때
- 가공면에 광택이 있는 무늬 또는 점이 생길 때
- 절삭저항의 주분력에는 변화가 없어도 배분력이나 이송분력이 급격히 증가하였을 때

③ 절삭저항

㉠ 서로 직각으로 된 세 개의 분력

- 주분력 : 절삭방향과 평행한 분력
- 이송분력 : 이송방향으로 평행한 분력
- 배분력 : 절삭공구 축 방향으로 평행한 분력

④ 절삭동력

㉠ 정미절삭동력(절삭에 소요된 동력)

$$N_c = \frac{P_1 V}{60 \times 75}[\mathrm{ps}]$$

㉡ 이송을 위한 동력

$$N_f = \frac{P_2 V}{60 \times 75}[\mathrm{ps}]$$

여기서, P_1 : 주분력[kg]

P_2 : 이송분력[kg]

V : 속도

⑤ **절삭속도** : 가공물이 단위시간에 공구의 날끝을 통과하는 속도로 표시

$$V = \frac{\pi DN}{1,000}\,[\text{m/min}]$$

여기서, D : 가공물의 직경[mm]
N : 회전수[rpm]

⑥ **공구수명**

㉠ 절삭속도와 공구수명

$$VT^n = C$$

여기서, T : 바이트 수명[min]
V : 절삭속도[m/min]
n : 공구와 공작물에 따른 상수
C : 공작물, 공구, 절삭조건에 따른 상수

⑦ **절삭공구**

㉠ 절삭공구 재료구비 요건

- 경도가 크고 고온에서 경도가 감소되지 않을 것
- 내마모성, 강인성이 클 것
- 가격이 저렴할 것

㉡ 공구재료의 종류 : 탄소, 합금공구강, 고속도강, 세라믹 공구, 다이아몬드

⑧ **절삭유제**

㉠ 목적

- 윤활 작용을 하여 공구마모를 적게 하여 가공표면을 좋게 한다.
- 온도상승에 따르는 경도 저하 방지 및 가공정밀도 저하
- Chip 제거 작용으로 절삭작업 용이
- 절삭저항과 기계의 소요동력을 감소

㉡ 구비조건

- 마찰계수가 적을 것
- 유성이 클 것

- 표면장력이 작고 칩의 생성부까지 잘 침투할 것

㉢ 절삭유제의 종류

- 불수용성 절삭유 : 머신유, 스핀들유, 등유, 돈유, 우지, 유화유(유황, 염소)
- 수용성 절삭유 : 알칼리성 수용액, 유화유(광유에 비누물을 첨가하여 유화한 것)

⑨ 공작기계의 구동기구

㉠ 운전방식

- 단독운전방식 : 각각의 공작기계에 Motor를 설치하여 한 개, 한 개의 기계가 단독으로 운전되는 방식
- 집단운전방식 : 일군의 공작기계를 한 개의 Motor로 운전하는 방식

⑩ 줄(file) : 표면을 다듬기 위해 사용하는 공구

㉠ 눈의 날에 따라 분류

- 단목 : 줄의 눈이 한 방향으로 낸 줄, 재질이 연하고(알루미늄, 주석, 납) 점착성이 있는 금속 가공용으로 사용
- 복목 : 철을 다듬을 때 사용(눈의 줄이 교차되어 있음)
- 파목 : 플라스틱이나 알루미늄, 납 등을 가공 시 사용(줄의 눈이 곡선으로 형성)
- 귀목 : 눈을 하나씩 파내 만든 것으로, 연한 재료나 가죽, 목재의 가공용으로 사용된다.

㉡ 줄눈의 크기에 따른 분류 : 황목, 중목, 세목, 유목으로 분류

- 황목 : 거친 눈 줄
- 중목 : 세목과 황목의 중간 정도
- 세목과 유목 : 가는눈 줄, 다듬질용으로 날 간격이 좁고 가공 면이 곱다.

㉢ 단면형상에 따른 분류 : 평줄, 반원 줄, 사각 줄, 삼각 줄, 둥근 줄

㉣ 줄의 사용 방법 : 직진법, 사진법, 병진법

04 공작기계의 종류 및 특성

1. 선반 및 밀링

(1) 선 반

1) 선반의 기본 작업

외경, 보오링, 구멍 뚫기, 절단, 나사, 테이퍼

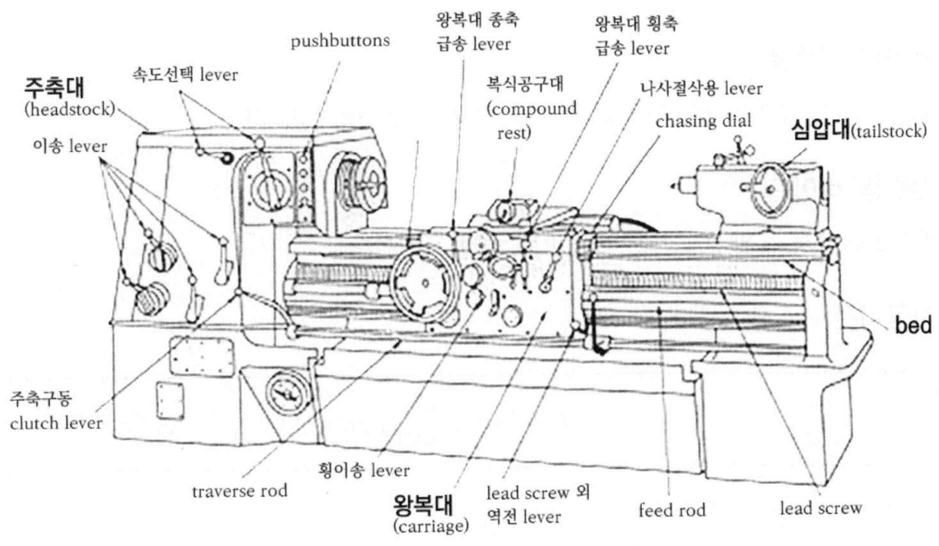

2) 선반의 종류

① 동력전달방식 : 벨트, 유압구동형

② 가공재료 : 목공, 센터내기, 판금, 연마용 선반

③ 작업방식에 따라

㉠ 통선반, 탁상, 공구, 터릿, 자동제어, 수치제어, 수치제어자동선반

㉡ 특수선반 : 정면, 차륜, 크랭크축, 수직, 보오링, 모방, 릴리이빙, 캠축, 나사절삭, 차축

3) 선반의 규격표시

① 베드상의 스윙 또는 센터높이

② 라이브센터와 데드센터 간의 거리

③ 베드의 길이

4) 선반의 구조

① 주축대

② 심압대

③ 왕복대

④ 베드

⑤ 이송기구

5) 선반의 부속품

센터, 면판, 돌림판 및 돌리개, 방진구, 심봉 또는 맨드렐, 척

6) 선반용 바이트

바이트의 종류 : 완성, 단조, 팁, 비트, 클램프바이트

7) 가공시간

$$T = \frac{L}{Nf} = \frac{\pi DL}{1{,}000\,Vf}\,[\text{min}]$$

여기서, L : 깎고자 하는 공작물의 길이[mm]

N : 공작물의 회전수$=\dfrac{1{,}000\,V}{\pi D}$[rpm]

f : 공구의 이동속도[mm/rev]

D : 공작물의 지름[mm]

V : 속도[m/min]

8) 절삭작업

① 테이퍼 절삭작업

㉠ 복식 공구대 경사시키는 방법

$$\tan\theta = \frac{D-d}{2l}\left(\because \tan\theta = -\frac{x}{l},\ x = \frac{D-d}{2}\right)$$

여기서, D : 큰 쪽 지름[mm]　　　d : 작은 쪽 지름[mm]

l : 테이퍼부 길이[mm]

ⓒ 심압대 편위시키는 방법

② 나사절삭 작업 : 탭과 다이스, 선반, 나사절삭 밀링머신, 나사전조기

• 심압대의 편위량 : $x=\dfrac{D-d}{2}\times\dfrac{L\cos\theta}{l}$ [θ값 무시]

• 심압대의 편위량 : $x=\dfrac{(D-d)L}{2l}$

㉠ 테이퍼 절삭장치에 의한 방법

ⓒ 가로이송과 세로이송을 이용하는 방법

(2) 밀링머신

1) 밀링머신의 분류

① 니이형

② 생산형

③ 플레이너형

④ 특수형 : 모방, 형조각, 나사, 캠, 수치제어, 기타

2) 밀링머신의 부속장치

① 아아버

② 어댑터와 콜릿

③ 회전테이블

④ 밀링바이스

⑤ 분할대

⑥ 수직 축장치

⑦ 랙절삭장치

⑧ 슬로팅 장치

■ 참/고

[분할대]
주축대와 심압대가 한 쌍으로 되어 있어 테이블에 부착 후 공작물을 지지하여 공작물 주위를 임의의 수로 분할(차동분할)할 수 있는 장치

3) 밀링머신 공구

① 플레인커터

② 측면커터

③ 정면커터

④ 엔드밀

⑤ 각커터

⑥ 총형커터

⑦ T커터

⑧ 슬리팅소오

4) 밀링커터의 절삭방향

① **상향절삭** : 커터의 회전 방향과 공작물의 이송 방향이 반대

② **하향절삭** : 커터의 움직이는 방향과 공작물 이송 방향이 같음

참/고

[주요 공식]

① 절삭속도 $V=\frac{\pi DN}{1,000}$ [m/min]

여기서, D : 가공물 직경[mm]

N : 회전수[rpm]

② 이송(Feed) $f=nf_r=f_zZn,\ f_z=\frac{f_r}{Z}=\frac{f}{Zn}$

여기서, f : 1분간 피이드[mm]

f_r : 매 회전당 피이드[mm]

f_z : 1개의 날당 피이드[mm]

Z : 커터 날 수

n : 밀링 커터의 회전수[rpm]

③ 절삭저항 : 주분력에 의한 비틀림 모멘트 $T=\frac{D}{2}\cdot P_{\max}=\frac{\pi}{16}d^3\tau$

④ 절삭량 $Q=\frac{btf}{1,000}$

여기서, b : 절삭폭

t : 절삭깊이

f : 매분 피이드

⑤ 정미절삭동력 $Nc=\frac{P_1V}{60\times 75}$ [ps](P_1 : 주절삭분력)

2. 드릴링 및 연삭

(1) 드릴링머신

① 드릴의 기본 작업 : 드릴링, 리이밍, 보오링, 카운터보오링, 카운터 싱킹, 스폿페이싱, 태핑

② 드릴머신의 종류 : 탁상, 직립, 갱, 레이디얼, 다축, 심공 드릴링머신

③ 드릴의 종류 : 트위스트, 플래트, 특수, 경질합금드릴

④ 리이머 : 기계, 브리지, 로오즈, 테이퍼, 셀, 조정 리이머

⑤ 탭 : 핸드탭, 기계탭, 테이퍼탭

⑥ 드릴머신 작업

㉠ 드릴의 절삭속도

$$V = \frac{\pi dN}{1{,}000}\,[\mathrm{m/min}]$$

㉡ 절삭저항과 절삭동력

회전모멘트에 의한 마력($T \times \omega$)

$$N_m = \frac{T \times \dfrac{2\pi N}{60}}{75 \times 1{,}000} = \frac{TN}{716{,}200}\,(\mathrm{ps})$$

(2) 연삭기

① 연삭기의 종류 : 외경, 내면, 표면, 공구, 만능, 특수연삭기

② 연삭기 크기 표시

㉠ 원통연삭기, 만능연삭기 : 스윙과 양 센터 간의 최대거리

㉡ 내면연삭기 : 연삭숫돌의 최대 왕복 거리

㉢ 평면연삭기 : 회전식[둥근 테이블형, 가로형(긴 테이블형)]

③ 연삭숫돌 재료 : 알루미나질(AI_20), 탄화규소질(SiC계)

④ 입도(Grain Size) : 황목(거친연삭), 중목(다듬질연삭), 세목(경질연삭), 극세목(광택내기)

⑤ 결합도(경도) : 입자를 결합하고 있는 결합제의 세기

참/고 ★★★

※ 결합도가 약하면 눈 메움(loading) 현상이 발생하기 어렵고, 결합도가 단단하면 눈메움 현상이 발생하기 쉽다.

[눈메움(lodding)]

연삭숫돌의 기공이 너무 작거나, 결합도가 단단하거나, 연성이 큰 재료를 연삭할 경우 발생함. 숫돌 표면의 기공에 칩이 메워지는 현상.

3. 용접(Welding)

(1) 전기 용접의 종류

① **점용접** : 2개의 전기저항에 의해 발열하며 이 저항열을 이용하는 방식

② **심 용접** : 전극 사이에 용접물을 끼워 용접

㉠ 매시 심 용접 : 겹쳐진 전폭을 가압하여 심

㉡ 포일 심 용접 : 이음부에 같은 종류의 얇은 판을 대고 가압

㉢ 맞대기 심 용접 : 맞댄 면에 롤러로 통전시켜 접합

③ **프로젝션 용접** : 모재에 적은 돌기를 만들어 대전류와 압력을 가하는 방식

④ **업셋 용접법** : 두 전극에 금속을 각각 물리고 맞대고 눌러 붙이는 용접 방법

⑤ **플래시 용접법** : 전류를 통한 상태에서 두 부재를 접근시키면 가장 가까운 돌출부에서 단락 전류가 발생되고 과열 용융되어 불꽃이 비산되고 이런 작용이 반복되면서 모재면에서 접합온도까지 가열된다. 업셋 용접에 비해 가열의 범위가 좁고 이음의 신뢰성이 높다(레일용접, 평강, 환강, 샤프트, 체인케이블등에 적용).

⑥ **서브머지드 아크용접(SAW, submerged arc welding)** : 용접 이음부에 입상의 용제를 공급하고, 이 용제 속에서 전극과 모재 사이에 아크를 발생시켜 연속적으로 용접하는 방법

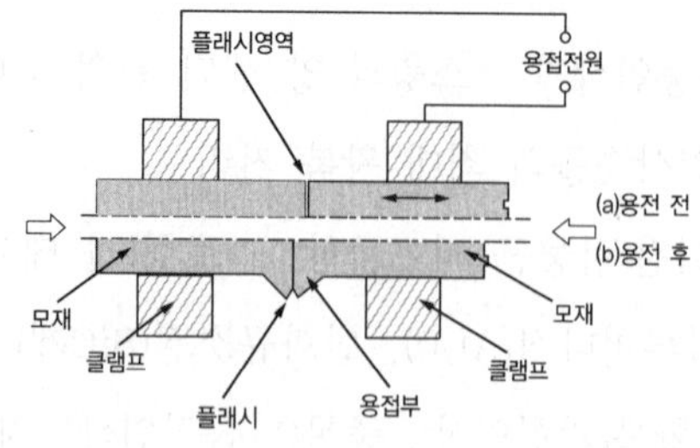

(2) 납땜

용점이 낮은 금속을 용융 첨가시켜 두 금속을 이음하는 방법

① 연납 : 납땜 용융온도 450℃ 이하(납+주석)

② 경납 : 납땜 용융온도 450℃ 이상(은납땜, 황동납땜 등)

(3) 가스 용접

① 개요 : 가연성 가스인 아세틸렌과 지연성 가스, 또는 조연성 가스라고 하는 산소가 결합되어 발생하는 열을 이용하여 용접하는 방식

② 용접용 가스

㉠ 가연성 가스

- 아세틸렌(C_2H_2) : 카바이드로부터 제조되며, 무색, 무취의 기체이다. 인화수소, 유화수소, 암모니아와 같은 불순물 혼합할 때 악취가 난다.
- 수소(H_2) : 납땜의 열원으로 주로 사용되며, 물의 전기 분해 및 코크스의 가스화법으로 제조한다.
- 액화 석유 가스(L.P.G) : 공기보다 무겁고(비중 1.5) 용접용으로는 부적합하여 절단용으로 주로 사용되며, 열의 집중성이 아세틸렌보다 떨어진다.

(4) 가스절단

① 원리 : 산소와 금속과의 산화 반응을 이용하여 금속을 절단하는 방법

② 가스 절단의 종류

㉠ 반자동 가스 절단기 : 사람의 손에 의하여 이동

㉡ 전자동 가스 절단기 : 절단선에 맞추어 놓은 레일을 따라 주행 대차가 스스로 이동하면서 절단

㉢ 모형 자동 가스 절단기 : 원형과 같은 제품 형상을 동일하게 절단할 때 사용

(5) 특수 가스 절단

① 분말절단 : 금속절단부에 철분이나 용제의 미세한 분말을 이용

② 수중절단 : 수중에 넣기 전에 점화해 불을 끄지 않도록 하는 것

③ 산소창절단 : 산소를 천천히 방출시켜 산소와 모재의 화학반응에 의한 절단하는 방법

04 유체기계

01 유체기계 기초

물, 공기 등 각종 유체를 취급하는 기계의 총칭으로, 유체와 기계 사이의 에너지 변환을 일으키는 기체

① 수력기체 : 펌프(터보형, 용적형, 특수형)

② 수차 : 중력수차, 충격수차, 반동수차(프란시스, 프로펠러, 사류수차)

(1) 터보형 펌프

① 양정 : 펌프의 입구와 출구에서 에너지 차를 수두로 나타냄

② 유량 : 단위시간당 수송되는 액체의 양

③ 사류펌프 : 양정의 변화가 심한 경우에도 유량의 변화가 적음

④ 축류펌프 : 증기터빈, 복수기의 순환펌프, 상하수도 펌프 사용

⑤ 펌프의 특성곡선(성능곡선) : 양정(H), 동력(L), 효율(η), 유량(Q) 등의 관계 곡선

⑥ 펌프의 캐비테이션(Cavitation) : 공동현상

㉠ 원인 : 압력이 낮아져 액체의 포화증기압 이하로 되어 공동을 일으키는 현상

㉡ 현상 : 소음과 진동 발생 및 펌프 성능저하

㉢ 방지책 : 펌프의 회전수를 적게 한다. 양흡입 펌프로 한다. 펌프 설치 위치를 낮춘다. 유효흡입수두를 크게 한다. 흡입관지름을 크게 하고, 밸브 곡관을 적게 한다.

⑦ 수격 현상(Water Hammer)

㉠ 원인 : 관내 액체의 속도 변화로 액체에 심한 압력변화가 생기는 것

㉡ 방지책 : 플라이휘일을 설치하여 관성력을 크게 해서 펌프의 속도가 급격히 변화하는 것을 막는다.

⑧ 서징(Surginig) 현상(맥동현상)

㉠ 원인 : 펌프의 양정곡선이 우향상승 구배일 때 발생하고, 배관 중에 수조나 공기실 부분이 있을 때 발생한다.

㉡ 방지책 : 우향 상승 특성을 가진 펌프에 바이패스 설치한다.

(2) 왕복펌프

단동식, 복동식, 차동식

(3) 특수펌프

① 재생펌프(와류펌프, 웨스코펌프, 마찰펌프)

② 분류펌프(Jet Pump)

③ 기포펌프(Air Lift Pump) : 물과 공기의 혼합체를 발생하여 물과의 비중차로 양수하는 펌프

④ 수격 펌프(Hydraulic Pump) : 수격 압력에 의하여 높은 곳에 양수하는 펌프

(4) 수차

① 수차의 종류

㉠ 중력수차 : 효율 낮고, 속도가 늦어 발전기에 부적당

㉡ 충격수차 : 고낙차에 적합(펠톤수차)

㉢ 반동수차 : 프란시스 수차, 사류수차, 프로펠러수차, 카플란수차

② 터보형(Turbo type) 펌프의 종류

㉠ 원심식펌프

• 볼류트 펌프(volute pump) : 날개차 바깥둘레에 안내깃이 없고 날개차에서 직접 와류실로 유도하는 형식

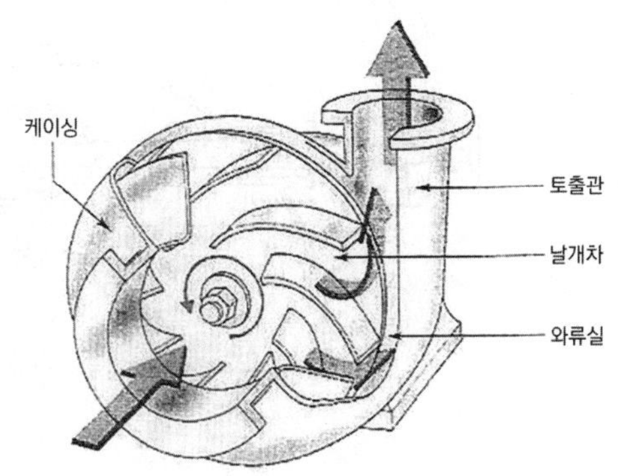

※ 축동력 L_w[kW]

$$L_w = \frac{\Upsilon QH}{102\eta}[\mathrm{kW}]$$

여기서, L_w : 축동력[kW]　　γ : 비중량[$N \cdot m^3$]

Q : 유량[m^3/s]　　H : 양정[m]　　η : 효율

• 터빈펌프(turbine pump) : 날개차 둘레에 안내깃이 있고 안내 날개에 의해 출구의 물의 흐름을 감속 속도 에너지를 압력 에너지로 변환시켜 송출하는 형식

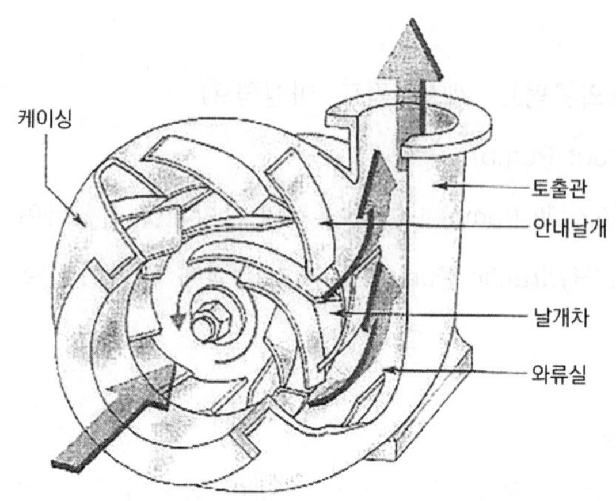

㉡ 사류식펌프(diagonal type pump) : 축류 펌프와 비슷하지만, 물의 흐름이 날개차의 축방향으로 유입하여 경사진 방향으로 유출되는 형식

㉢ 축류식펌프(axial type pump) : 회전하는 날개의 양력에 의해 속도 에너지 및 압력 에너지를 공급하며 물의 흐름은 날개차의 축방향에서 유입하여 날개차를 지나 축방향으로 유출되는 형식

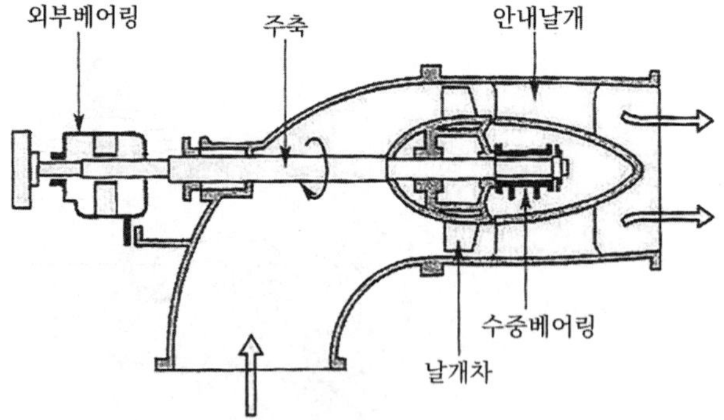

③ **용적형 펌프**

㉠ 왕복식 : 버킷 펌프, 피스톤 펌프, 플런저 펌프, 다이어프램 펌프

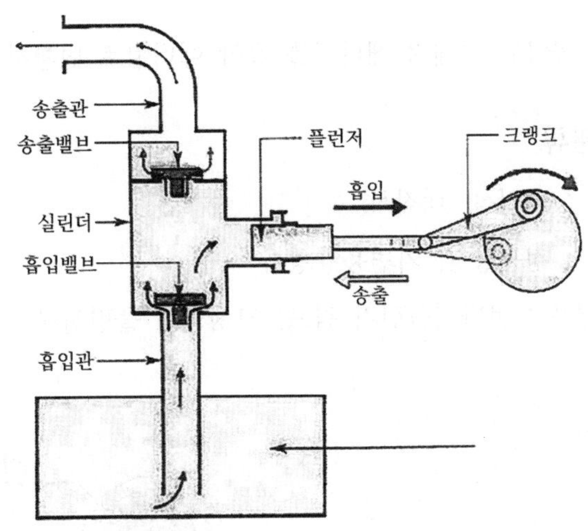

㉡ 회전식 : 기어펌프, 나사펌프, 베인펌프, 자생펌프

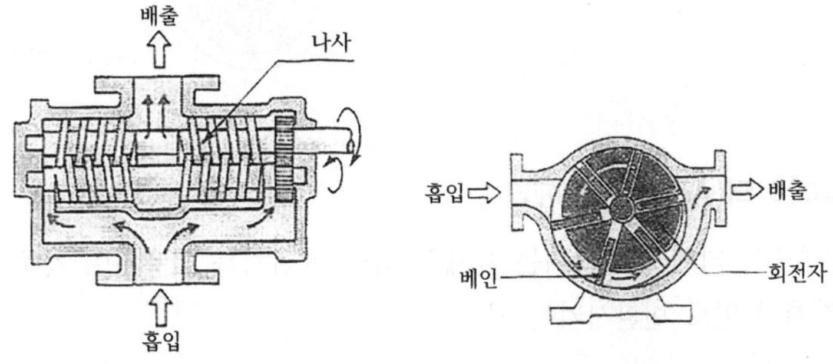

④ **특수형** : 점성(마찰)펌프, 제트펌프, 공기양수펌프, 수격펌프

02 유압기계

– 유압펌프

원동기로부터 공급된 기계적 에너지를 유압 에너지로 변환시키는 기기

(1) 유압펌프 분류

① 기어펌프 : 외접식, 내접식

② 베인펌프 : 정용량형, 가변용량형

③ 플런저 펌프 : 로타리플런저 펌프, 크랭크형 플런저형

④ 나사펌프

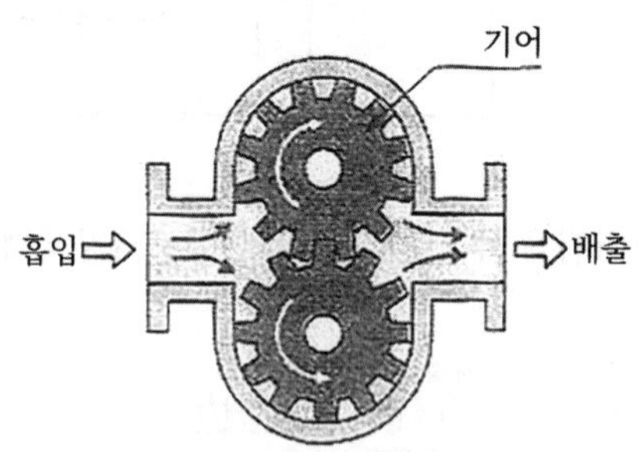

(2) 액추에이터(Actuator)

유압펌프에 의해서 공급되는 유체의 압력 에너지를 이용하여 각종 밸브로 유압을 제어하여 기계적 일로 변환시키는 기기

– 액츄에이터의 분류

- 유압모터
- 유압 실린더
- 요동 모터

(3) 유압제어밸브

① 압력제어밸브(릴리프 밸브, 감압밸브, 시퀀스 밸브, 카운터 밸런스 밸브)

② 유량제어 밸브

③ 방향제어밸브(셔틀밸브)

03 공압기기

(1) 에너지 이동 방향에 따른 분류

① 송풍기, 압축기

② 풍차, 공기터빈

(2) 압력정도에 따라

① 저압공기기계 : 송풍기, 풍차

② 고압공기기계 : 압축기, 진공펌프

(3) 구조 및 작용방법에 따른 분류

① 터보형 : 원심식, 축류식

② 용적형 : 왕복식 압축기, 루츠송풍기, 나사 압축기

(4) 송풍기와 압축기의 구분

① 송풍기 압력상승은 0~0.1kg/cm^2 이상

② 압축기(Compressor) : 압력상승이 1kg/cm^2 이상

05 재료역학

기계나 구조물이 외력을 받으면 각 부재에 진행되면 파괴에 이르게 되지만 이러한 힘에 검토하는 것이 재료역학이다.

1. 하중

기계부품에 외부에서 작용하는 힘, 즉 외력을 재료역학에서는 하중이라고 한다.

(1) 하중의 작용상태에 따른 분류

① 인장하중

② 압축하중

③ 전단하중

④ 굽힘하중

⑤ 비틀림 하중

(2) 하중의 분포상태에 따른 분류

① 집중하중

② 분포하중

(3) 하중값이 시간적으로 변화하는 상황에 따른 분류

① 정하중

② 동하중

㉠ 충격하중

㉡ 반복하중

㉢ 교번하중

㉣ 이동하중

2. 응력

기계부품에 외력이 작용했을 때 부품의 내부에 발생하는 저항력을 내력 또는 응력이라고 한다.

(1) 응력의 종류

① 인장응력

② 압축응력

③ 전단응력

④ 굽힘응력

⑤ 비틀림 응력

(2) 응력 : 단위면적에 대한 내부 저항력의 값

① 인장응력$(\sigma_t) = \dfrac{P_t}{A}$ [kgf/cm^2]

② 압축응력$(\sigma_c) = \dfrac{P_c}{A}$ [kgf/cm^2]

③ 전단응력$(\tau) = \dfrac{P_s}{A}$ [kgf/cm^2]

여기서, P : 하중(kgf) A : 단면적[cm^2]

3. 변형률

재료에 하중이 작용하면 재료가 변형되는데 이 변형량을 처음 길이로 나눈 값을 변형률이라고 한다.

(1) 세로(종방향, 길이방향) 변형률 $\epsilon_t = \dfrac{\ell' - \ell}{\ell} = \dfrac{\lambda}{\ell}$

(2) 가로(횡방향, 단면방향) 변형률 $\epsilon' = \dfrac{d' - d}{d} = \dfrac{\delta}{d}$

(3) 응력과 변형률과의 관계

① $\sigma = E \cdot \epsilon$

② $\sigma = \dfrac{P}{A}$

③ $\epsilon = \dfrac{\Delta l}{l}$

(4) 후크의 법칙과 탄성계수

재료의 "응력 값은 어느 한도(비례한도) 이내에서는 용력과 이로 인해 생기는 변형률은 비례한다."라는 것이 후크의 법칙이며, $\sigma = E \cdot \epsilon$, $E = \sigma / \epsilon$로 표시되고, 이 정수 E를 세로탄성계수 또는 영(Young)계수라고 한다.

후크의 법칙에 $\sigma = P/A$, $\epsilon = \lambda / l$을 대입하면,

늘어난 길이 $\Delta l = \dfrac{1}{E} \cdot \dfrac{Pl}{A} = \dfrac{Pl}{AE}$

여기서, E : 세로탄성계수 P : 하중[kgf]
A : 단면적[cm^2] ℓ : 길이

(5) 포아송 비

포아송 비 $\dfrac{1}{m} = \dfrac{\text{가로변형률}}{\text{세로변형률}}$

여기서, m : 포아송수

(6) 안전율(S) = $\dfrac{\text{기준(극한)강도}(\sigma_u)}{\text{허용응력}(\sigma_a)}$

4. 보(Beam)

막대 모양의 물체를 적 당한 방법으로 지지하고 그 길이 방향에 대하여 직각으로 하중을 가하면 물체는 휘어지는데, 이처럼 휨작용을 받는 막대나 길이가 긴 판 등을 보(Beam)라고 한다.

(1) 보의 종류

① **정정보** : 정역학적인 힘의 평형식만으로 미지의 지지반력을 구할 수 있는 보

㉠ 외팔보

㉡ 단순보

㉢ 내다지보

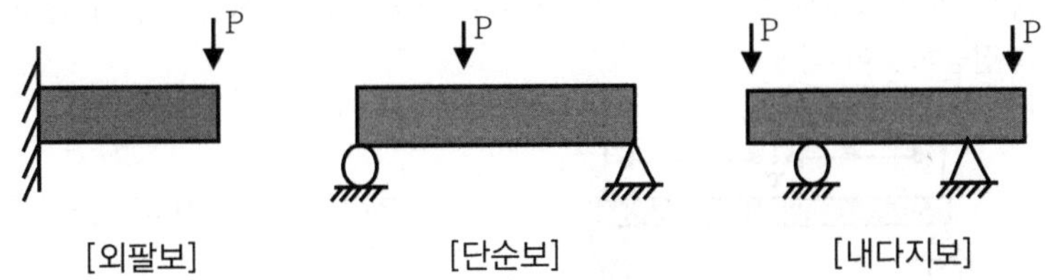

[외팔보] [단순보] [내다지보]

② **부정정보** : 보가 정역학적 평형에 필요한 것 이상으로 많은 구속이 있으므로 보의 처짐을 고려하여야만 미지의 반력을 구할 수 있는 보

㉠ 고정보

㉡ 고정지지보

㉢ 연속보

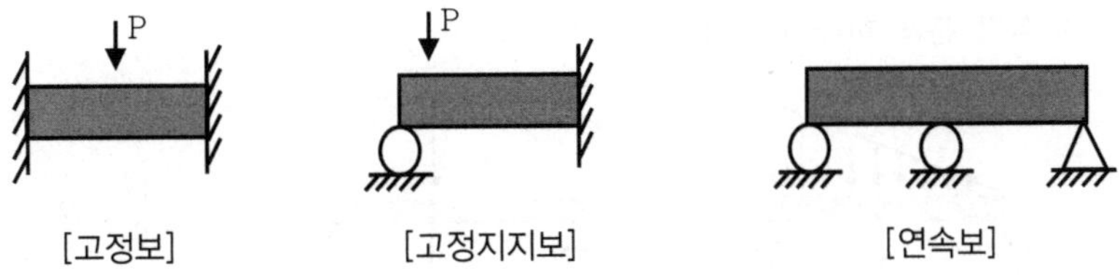

[고정보] [고정지지보] [연속보]

③ 보에 작용하는 하중의 종류

㉠ 집중하중 : 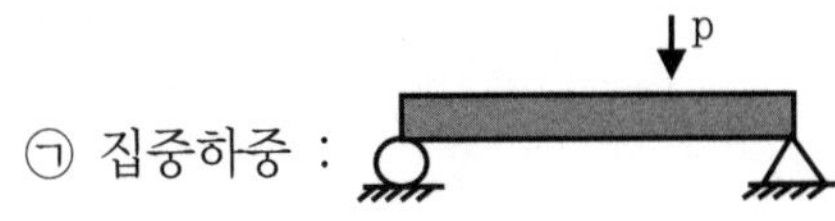

㉡ 분포하중

- 균일 분포하중 - 비균일 분포하중

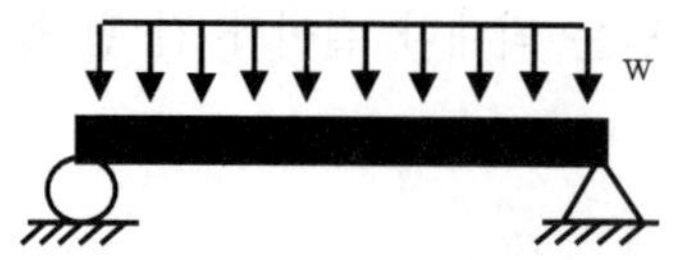

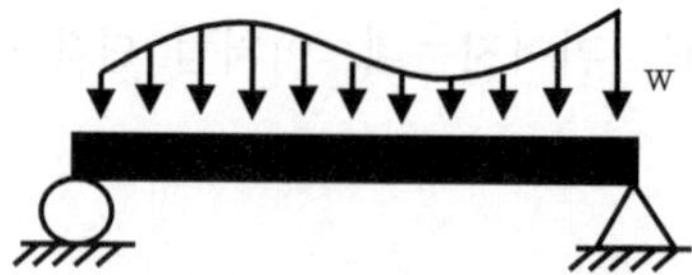

④ **지지점의 반력** : 보에 하중이 작용하면 지지점에는 이에 대한 반력 (Reaction)이 작용하여 하중과 균형을 이룬다. 즉, 지지점을 눌러 내리는 하중과 균형을 이루기 위하여 지지점에 작용하는 밀어 올리는 힘을 반력이라고 한다.

참/고

[보의 반력 계산법]

1. 단순보의 반력계산하기(응용분야 : 기계대 하중, 에스컬레이터 반력, 엘리베이터 카 집중하중)

① 집중하중이 작용

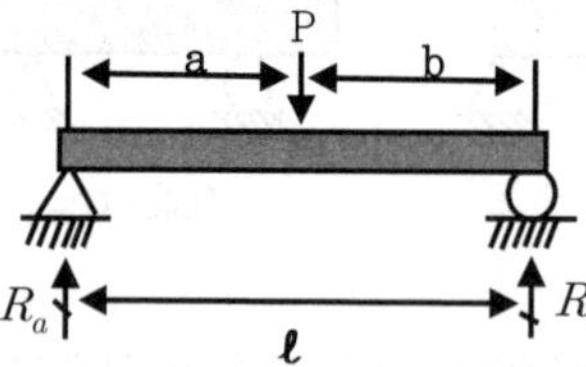

$R_a = \frac{P \cdot b}{l}$, $R_b = \frac{P \cdot a}{l}$

② 균일분포 하중이 작용(응용분야 : 엘리베이터 카 제작시 브레이스로드 하중)

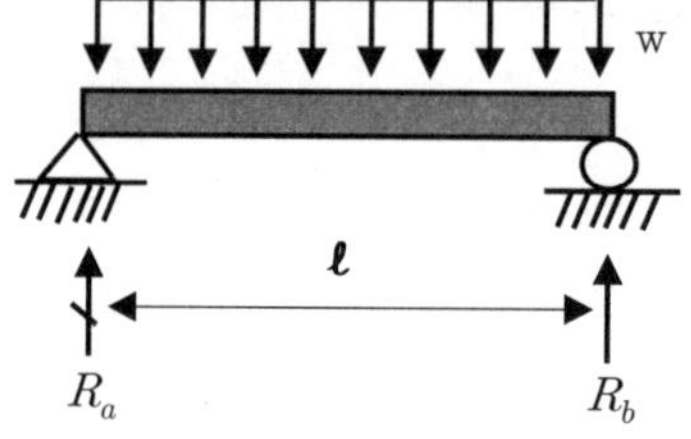

반력 $R_a = \frac{wl}{2}$, $R_b = \frac{wl}{2}$

③ 삼각 분포 하중이 작용

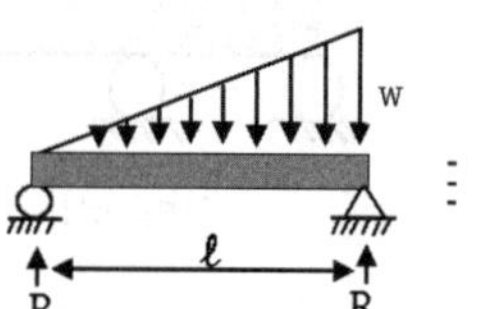

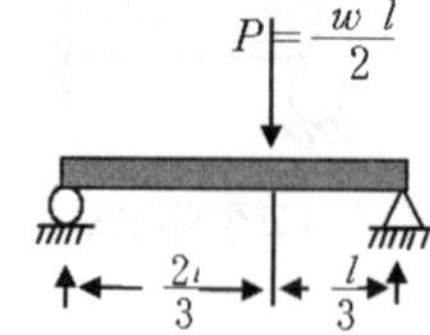

$R_a = \frac{wl}{6}$, $R_b = \frac{wl}{3}$

(2) 단순보의 단력선도, 굽힘모멘트선도

① 집중하중 작용 [승강기 산업기사 출제]

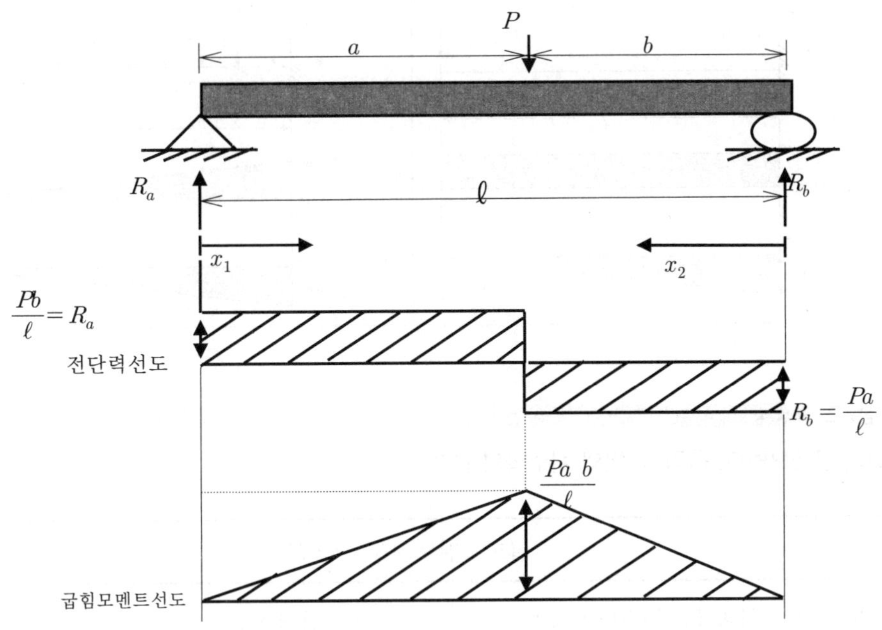

② 균일분포하중이 작용할 때 [승강기 산업기사 출제]

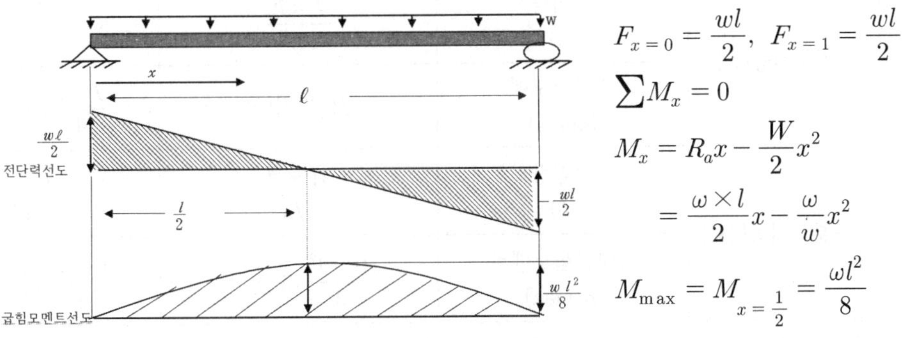

$$F_{x=0} = \frac{wl}{2},\ F_{x=1} = \frac{wl}{2}$$

$$\sum M_x = 0$$

$$M_x = R_a x - \frac{W}{2}x^2$$

$$= \frac{\omega \times l}{2}x - \frac{\omega}{w}x^2$$

$$M_{\max} = M_{x=\frac{1}{2}} = \frac{\omega l^2}{8}$$

(3) 외팔보

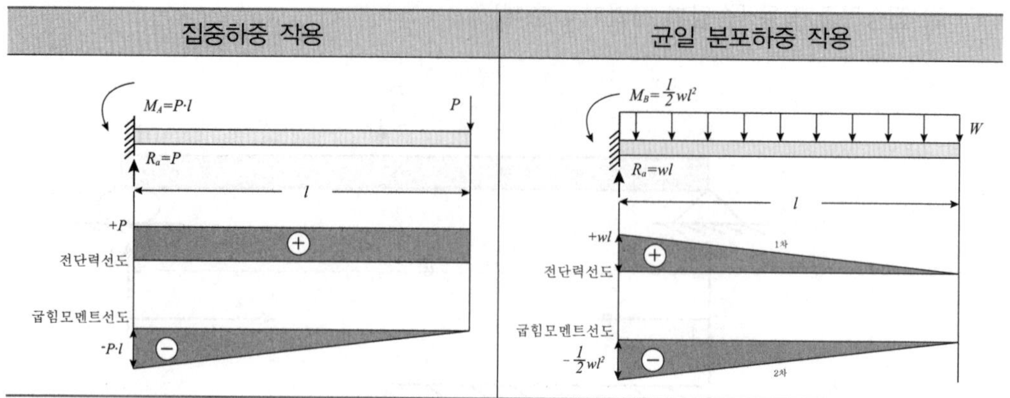

참/고 ★★★

[보의 굽힘모멘트, 응력, 단면의 치수와의 관계]

$$\text{굽힘모멘트}(M) = \sigma \times Z$$

여기서, σ : 최대굽힘응력(kg/cm^2) Z : 단면계수

구분		외팔보	단순보(양단지지보)
집중하중[P]	처짐량 (δ)	$\dfrac{P\times l^3}{3EI}$	$\dfrac{P\times l^3}{48EI}$
	최대굽힘모멘트 (σmax)	Pl(고정단)	$\dfrac{P\times l}{4}$(중앙지점)
등분포하중[W]	처짐량 (δ)	$\dfrac{W\times l^4}{8EI}$	$\dfrac{5W\times l^4}{384EI}$
	최대굽힘모멘트 (σ max)	$\dfrac{W\times l^2}{2}$(고정단)	$\dfrac{W\times l^2}{8}$(중앙지점)

5. 보속의 응력

(1) 굽힘모멘트

$$M = \sigma Z$$

여기서, σ : 굽힘응력
Z : 단면계수

$$\frac{1}{\rho} = \frac{M}{E \cdot I}$$

여기서, ρ : 곡률반경
I : 단면2차모멘트
M : 굽힘모멘트
E : 탄성계수

참/고

[보 처짐 곡선(미분)방정식]

$$\frac{1}{\rho} = \frac{d\theta}{ds} = \frac{d\theta}{dx} = \frac{dy^2}{dx^2} = -\frac{M}{E \cdot I}, \quad \therefore \frac{dy^2}{dx^2} = -\frac{M}{E \cdot I}$$

(2) 굽힘에 의한 보속의 전단응력

$$\tau = \frac{FQ}{b\ I}$$

여기서, F : 전단력
b : τ를 구하고자 하는 그 위치에서의 폭
I : 단면 전체의 2차 모멘트
Q : τ를 구하고자 하는 그 위치에서 상단에 실린 1차 모멘트

예제 재료 단면에 대한 단면 2차모멘트를 I, 단면 1차모멘트를 Q, 전단력을 F, 폭을 B라 할 때 임의의 위치에서의 수평전단응력을 구하는 식을 구하시오?

$$\text{수평전단응력} \quad \tau = \frac{FQ}{BI}$$

여기서, F : 전단력
B : τ를 구하고자 하는 그 위치에서의 폭
I : 단면 전체의 2차 모멘트
Q : τ를 구하고자 하는 그 위치에서 상단에 실린 1차 모멘트

① 사각 단면 $(b \times h)$ 내의 최대전단응력 $\tau_{max} = \frac{3}{2}\tau_{av}$

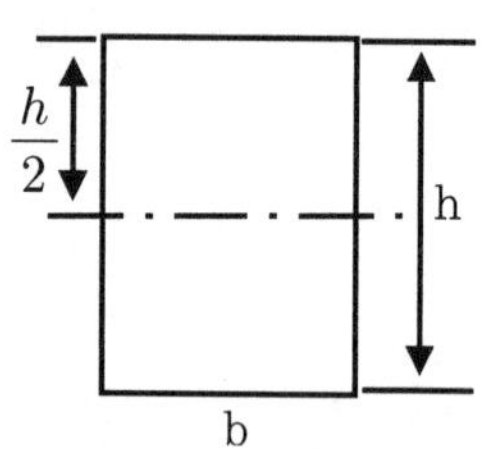

$$Q = \frac{h}{4} \times \frac{bh}{2} = \frac{bh^2}{8}, \quad \tau = \frac{F \cdot Q}{b \cdot I} = \frac{F \times \frac{bh^2}{8}}{b \times \frac{bh^3}{12}} = \frac{3}{2} \times \frac{F}{A}$$

τ_{av} : 평균전단응력

$\tau_{max} = \frac{3}{2}\tau_{av}$($\tau_{av}$: 평균전단응력)

② 원형 단면 내의 최대전단응력 $\tau_{max} = \frac{4}{3}\tau_{av}$

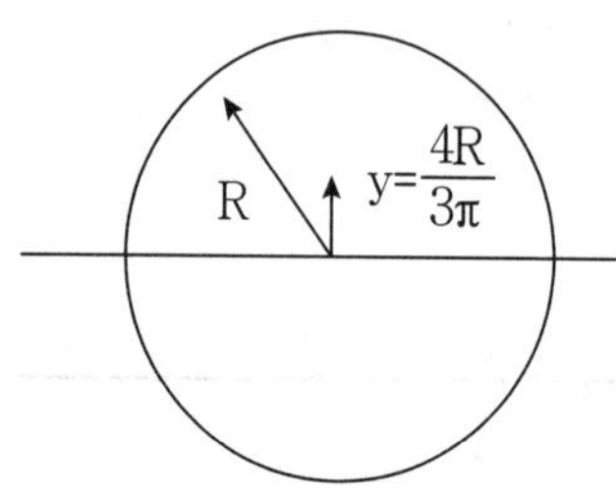

$$Q = \frac{4R}{3\pi} \times \frac{\pi R^2}{2} = \frac{4R^3}{6}, \quad I = \frac{\pi D^4}{64} = \frac{\pi R^4}{4}$$

$$\tau = \frac{FQ}{bI} = \frac{F \times \frac{4R^3}{6}}{2R \times \frac{\pi R^4}{4}} = \frac{4F}{3\pi R^2}$$

$\tau_{max} = \frac{4}{3}\tau_{av}$($\tau_{av}$: 평균전단응력)

(3) 최대수직응력

σ_{max}(굽힘모멘트와 비틀림모멘트가 동시에 작용

$$\sigma_{max} = \frac{M_e}{Z}$$

여기서, 상당 굽힘모멘트 $M_e = \frac{1}{2}(M + \sqrt{M^2 + T^2})$($M$: 굽힘모멘트, T : 비틀림모멘트)

(4) 최대전단응력

τ_{max}(굽힘모멘트와 비틀림모멘트가 동시에 작용)

$$\tau_{\max} = \frac{T_e}{Z_P}$$

여기서, 상당 비틀림모멘트 $T_e = \sqrt{M^2 + T^2}$ (M : 굽힘모멘트, T : 비틀림모멘트) ★★★

(5) 굽힘 및 비틀림 응력

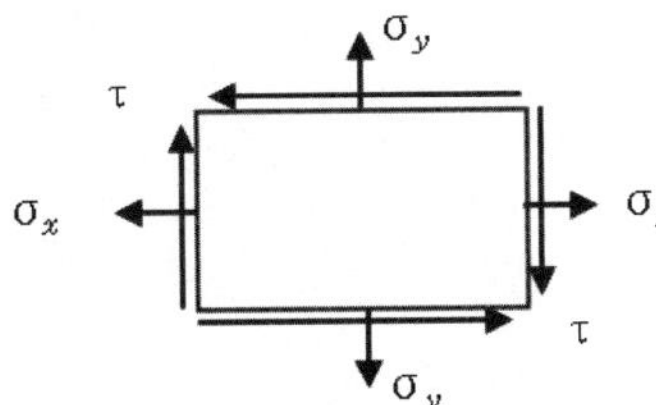

$$\sigma_b = \frac{M}{Z} = \frac{32M}{\pi d^3}$$

$$\tau = \frac{T}{Z_p} = \frac{16T}{\pi d^3}$$

여기서, σ_x : 순수 굽힘응력(σ_b) σ_y : 0 τ : 순수 비틀림응력

Chapter 4

전기제어공학

01 직류회로

1. 전기의 본질

물질 내부를 자유로이 움직이는 전자를 자유전자라 하며, 전자 1개의 전기량(전하량) $e=1.602\times10^{-19}[C]$, 전자의 질량 $m=9.10955\times10^{-31}$[kg]이다.

■ 참/고

[전하]

대전된 물체가 가지고 있는 전기를 전하라 한다.

[전기량(전하량)]

Q : 전하가 가지고 있는 전기의 양을 전기량이라 한다.

2. 전기회로(Electric Circuit)

전원과 부하 및 전류를 흘리는 통로인 도선이 가지고 있는 전체를 전기회로라 한다.

① 전원(Power Source) : 발전기, 전지, 태양전지 등

② 부하(Electrical Load) : 전원에서 전기를 공급받아 일을 하는 기계나 기구

3. 전압과 전류(Electric & Current)

(1) 전류(I)

① 금속선(도체)에 양전하와 음전하를 연결하면 전하의 이동으로 전기의 흐름이 발생하는데 이를 전류라 하며, 전류의 크기는 단위시간에 이동한 전기량으로 결정되며, 기호로 I라 쓰고, 단위는 [A]라 쓰고 암페어(Ampere)라고 읽는다.

② 어떤 도체를 t[sec] 동안 Q[C]의 전기량이 이동하면 이때 흐르는 전류

$$전류\ I=\frac{Q}{t}=[\mathrm{C/sec}]=[\mathrm{A}]$$

(2) 전압(V)

① 전압(electric voltage)

- 전기적인 압력(힘)이 가해져서 전자의 흐름, 즉 전류가 흐른다고 할 때 이 전기적인 압력을 전압이라고 한다. 전하량 Q[C]를 이동시켜 W[J]의 일을 했을 때의 전위차 V[V]는 다음과 같다.

$$V = \frac{W}{Q} = [\mathrm{J/C}] = [\mathrm{V}]$$

(3) 에너지(W)

- 일(에너지) $W = QV[J] = ItV = VIt[J]$

■ **참/고**

기전력이란 전류를 계속 흐르게 하려면 전압을 연속적으로 만들어 주는 어떤 힘이 필요하게 되는데 이 힘을 기전력이라 한다.

4. 옴의 법칙

– 전기저항과 컨덕턴스

① 전류의 흐름을 방해하는 정도를 나타내는 상수를 전기저항 R라 쓰고 단위는 옴(Ohm)[Ω]이라 하고 물질에 따라 다르다. 저항의 역수로 전류가 흐르기 쉬운 전도를 나타낸 상수를 컨덕턴스(G)라 쓰고, 단위는 모(mho)[℧], 지멘스[S]라 한다.

$$\text{콘덕턴스} \quad G = \frac{1}{R}[℧]$$

② 옴의 법칙 : 도체에 흐르는 전류 I는 전압 V에 비례하고, 저항 R에 반비례한다.

$$\text{전류} \ I = \frac{V}{R}[\mathrm{A}]$$

③ 저항의 접속법

㉠ 저항의 직렬연결(전류 일정)

- 합성저항 $R_0 = R_1 + R_2$
- $V_1 = \dfrac{R_1}{R_1 + R_2} \times V[\mathrm{V}]$
- $V_2 = \dfrac{R_2}{R_1 + R_2} \times V[\mathrm{V}]$

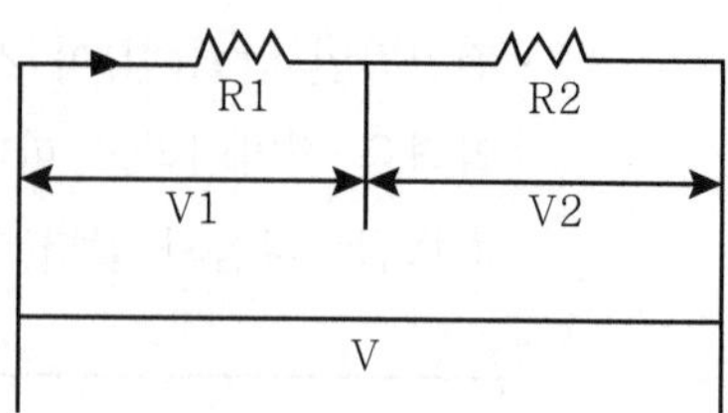

㉡ 저항의 병렬연결(전압 일정)

- 합성저항 $R_0 = \dfrac{R_1 \cdot R_2}{R_1 + R_2}[\Omega]$
- $I_1 = \dfrac{V}{R_1} = \dfrac{R_2}{R_1 + R_2} \times I[\mathrm{A}]$
- $I_2 = \dfrac{V}{R_2} = \dfrac{R_1}{R_1 + R_2} \times I[\mathrm{A}]$

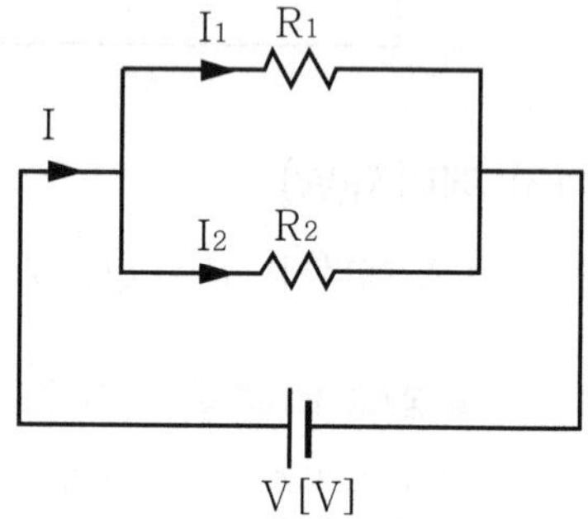

5. 키르히호프의 법칙

(1) 키르히호프의 제1법칙(전류법칙)

회로망 중에서 임의의 점에 유입전류의 총합은 유출전류의 총합과 같다.

① $\Sigma I = 0$[유입전류 총합=유출전류 총합]

② $I_1 + I_2 = I_3$

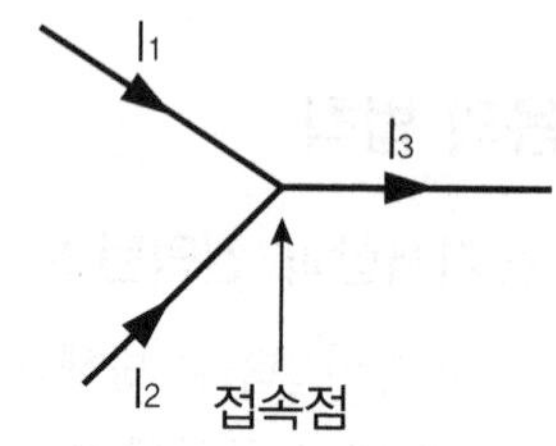

[키르히호프의 제1법칙]

(2) 키르히호프의 제2법칙(전압법칙)

회로망 내의 임의의 한 폐회로에서 한 방향으로 일주하면서 취한 전압상승 또는 전압강하의 대수합은 각 순간에 있어서 0이다.

① $\Sigma V = \Sigma IR$[기전력의 총합=전압강하의 총합]

② $V_1 + V_2 - V_3 = I(R_1 + R_2 + R_3 + R_4)$

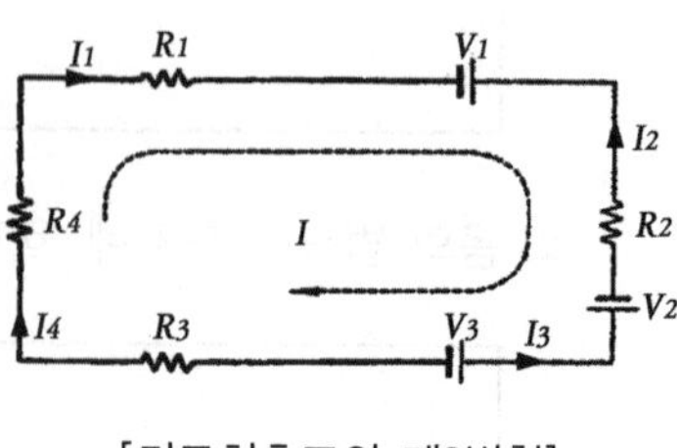

[키르히호프의 제2법칙]

6. 전력과 전력량

① 전력 : 전기가 단위시간당에 한 일로 나타내며 단위는 [W](와트)로 나타낸다.

$$P = \frac{W}{t} = \frac{QV}{t} = VI[\mathrm{W}]\ [\mathrm{W=J/s}]$$

② 전력량 : 전력량은 전기가 한 일에 해당된다.

$$W = P\,t[W \cdot \mathrm{sec}] = [J]$$

7. 줄의 법칙과 전기저항

(1) 줄의 법칙

저항 R[Ω]에 I[A]의 전류를 t[sec] 동안 흘릴 때 열을 줄열 또는 저항열이라고 한다.

① 열량의 단위 환산

㉠ 1[J]=0.24[cal]

㉡ 1[cal]=4.186[J]

㉢ 1[KWh]=860[Kcal]

② 발열량[H]

$$H = 0.24Pt = 0.24\,VIt = 0.24I^2Rt = 0.24\frac{V^2}{R}t[\mathrm{cal}]$$

(2) 전기저항[R]

도체의 단면적을 A[m^2], 길이를 l[m]이라 하고, 물질에 따라 결정되는 비례상수를 ρ [Ω · m]라 하면

$$R = \rho\frac{1}{A}[\Omega]$$

도체의 고유저항 및 길이에 비례하고, 단면적에 반비례한다.

8. 전류의 화학작용과 전지

(1) 전류의 화학작용

① 패러데이의 법칙

전극에 석출된 물질의 양은 통과한 전기량에 비례하고, 물질의 전기 화학 당량에 비례(화학당량=원자량/원자가)한다.

$$W = KQ = KIt[\text{g}]$$

(2) 전지의 접속

① **직렬 접속** : 전지를 n개 직렬로 연결하였을 때 부하 저항에 흐르는 전류$[I]$

전류 $I = \dfrac{E_o}{R_o} = \dfrac{nE}{nr + R}[\text{A}]$($n$: 전지 직렬 연결개수)

(합성기전력 $E_o = nE[V]$, 합성내부 저항 nr)

② **병렬 접속** : 전지를 n개 병렬로 연결하였을 때 부하 저항에 흐르는 전류$[I]$

전류 $I = \dfrac{E_o}{R_o} = \dfrac{E}{\dfrac{r}{n} + R}[\text{A}]$($n$: 전지 병렬개수)

(합성기전력 $E_o = E[V]$, 합성내부저항 $\dfrac{r}{n}$)

02 정전 용량

1. 정전기

(1) 전기적인 특성

① 쿨롱의 법칙 : 두 전하 사이에 작용하는 힘은 두 전하 $Q_1[C]$, $Q_2[C]$의 곱에 비례하고 두 전하 사이의 거리 γ[m]의 제곱에 반비례한다.

$$F = k\frac{Q_1 Q_2}{r^2} = \frac{1}{4\pi\epsilon_0\epsilon_s} \times \frac{Q_1 Q_2}{r^2} = 9 \times 10^9 \frac{Q_1 Q_2}{\epsilon_s r^2} [\text{N}]$$

여기서, F : 두 전하 사이에 작용하는 힘[N]

r : 두 전하 사이의 거리[m]

k : 비례상수(9×10^9)

Q_1, Q_2 : 전하[C]

ϵ : 유전율[F/m], 진공(공기) 중의 비유전율 $\epsilon_S = 1$

진공의 유전율 $\epsilon_0 = 8.855 \times 10^{-12}$[F/m]

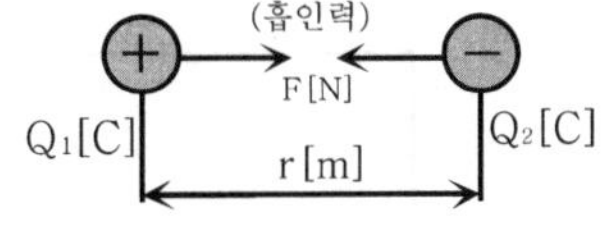

② 전기적인 성질

전기장	전하가 존재하는 공간을 전기장이라 한다.
전기력선	전기장(전장)에 의해 정전력이 작용하는 것을 설명하기 위해 전기력선이라는 가상의 선을 말한다.
정전력	양, 음의 전하가 대전 되어 생기는 현상으로 정전기에 의하여 생기는 힘을 정전력이라 한다. 같은 종류의 전하 사이에 반발력 힘이 작용하고, 다른 종류의 전하 사이에 흡인력이 작용한다.
대전	종류가 다른 두 물체를 마찰시키면 한쪽에는 양(+) 다른 쪽에는 음(−)전기가 발생하여 끌어당기는 현상을 대전이라 한다.

참/고

[전기력선(전력선)의 성질]

① 전기력선(전력선)은 양(+)전하에서 시작하여 음(-)전하에서 끝난다.
② 전기력선(전력선)의 접선 방향은 그 점에서의 전장의 방향이다.
③ 전기력선(전력선)은 수축하려는 성질이 있으며 같은 전기력선은 반발한다.
④ 전기력선(전력선)은 그 자신만으로는 폐곡선이 되는 일이 없다.
⑤ 전기력선(전력선)의 밀도는 그 곳에서의 전장의 세기를 나타낸다.
⑥ 전기력선(전력선)은 서로 교차하지 않는다.
⑦ 전기력선(전력선)은 도체 표면(등전위면)에 수직이다.
⑧ 전기력선(전력선)의 총수 $N = \frac{Q}{\varepsilon} = \frac{Q}{\varepsilon_0 \varepsilon_s}$ [개]

(2) 전기장의 세기

① 전계의 세기 : $+Q[C]$로부터 r[m] 떨어진 점의 전장의 세기 E[V/m]는

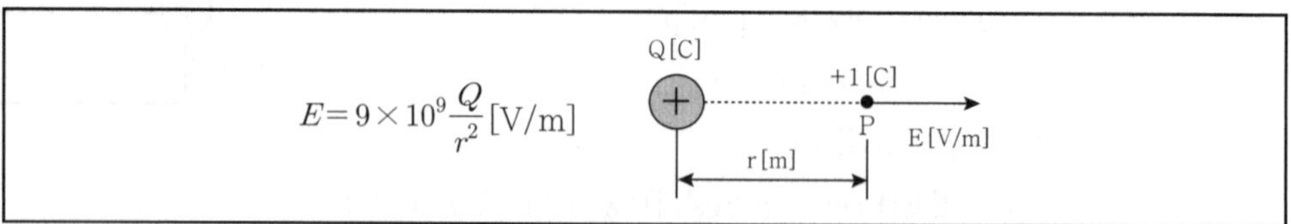

여기서, E : 전기의 세기[V/m]

2. 정전유도와 콘덴서

(1) 정전유도

대전체에 대전 되지 않은 도체를 가까이 하면 대전체에 가까운 쪽에는 다른 종류의 전하가 먼 쪽에는 같은 종류의 전하가 나타나는 현상을 정전유도라 한다.

(2) 콘덴서

① 두 도체 사이에 유전체를 넣어 절연하여 전하를 축적할 수 있게 한 것을 콘덴서라 한다.

② 정전 용량

㉠ 정전용량(커패시턴스) : 콘덴서가 전하를 축적할 수 있는 능력을 표시하는 양을 정전 용량이라 한다.

정전 용량 $C = \frac{Q}{V}[F]$

전압 V[V], 전기량 $Q[C]$

단위는 패럿(Farad)
기호[F]를 사용한다.
1[μF]=10^{-6}[F]

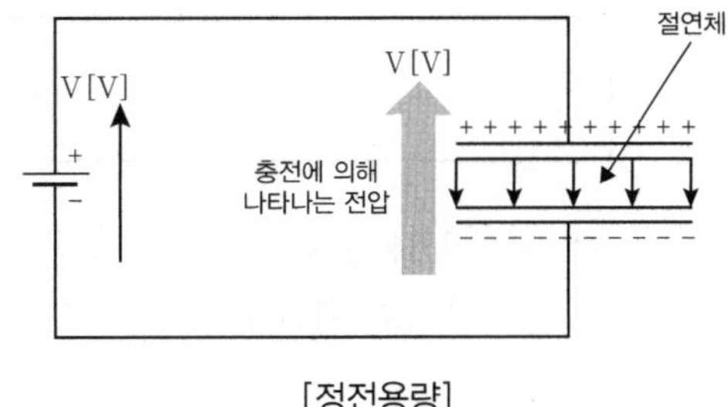

[정전용량]

(3) 콘덴서의 접속법

① 직렬접속[전기량 일정]

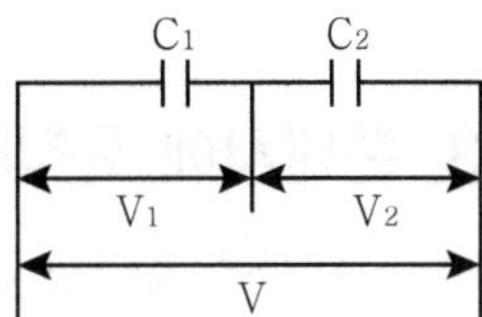

㉠ 합성 정전 용량 $C_0 = \frac{C_1 \cdot C_2}{C_1 + C_2}$[F]

㉡ C_1에 걸리는 전압 $V_1 = \frac{Q}{C_1} = \frac{C_2}{C_1 + C_2} V$[V]

㉢ C_2에 걸리는 전압 $V_2 = \frac{Q}{C_2} = \frac{C_1}{C_1 + C_2} V$[V]

② 병렬접속(전압 일정)

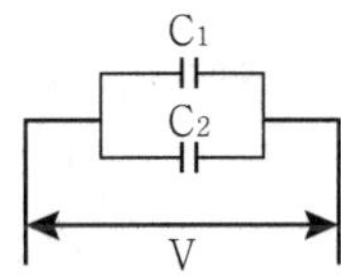

㉠ 합성 정전 용량 $C_0 = C_1 + C_2$[F]

㉡ 전체 전하량 $Q = Q_1 + Q_2 = CV_1 + CV_2$[V]

㉢ C_1에 분배되는 전하량 $Q_1 = C_1 \times V = \frac{C_1}{C_1 + C_2} Q[C]$

㉣ C_2에 분배되는 전하량 $Q_2 = C_2 \times V = \frac{C_2}{C_1 + C_2} Q[C]$

(4) 평행판 도체

① 콘덴서 용량 C[F]

$$C = \frac{Q}{V}[\text{F}] = \frac{\epsilon \cdot A}{l}[\text{F}]$$

여기서, 정전용량 C[F]　　전극의 면적 $A[\text{m}^2]$
　　유전율 ϵ[F/m]　　극판간격 l[m]

정전용량을 크게 하는 방법은 면적을 넓게, 극판 간격을 작게, 비유전율을 크게 한다.

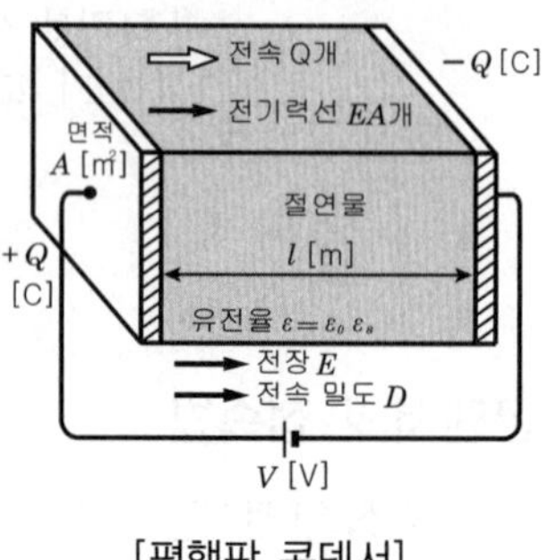

[평행판 콘덴서]

3. 콘덴서에 축적되는 에너지(정전에너지)

콘덴서에 충전할 때 발생되는 에너지를 정전에너지 W[J]라 한다.

$$W = \frac{1}{2}QV = \frac{1}{2}CV^2[\text{J}]$$

여기서, Q : 축적된 전하[C]
　V : 가해진 전압[V]
　C : 정전용량[F]

03 자계

1. 쿨롱의 법칙

두 개의 자극 사이에 작용하는 자극의 세기는 자극 간 거리의 제곱에 반비례하고, 각 자극 세기의 곱에 비례한다.

$$F = \frac{1}{4\pi\mu_0} \cdot \frac{m_1 m_2}{r^2}[\mathrm{N}] = 6.33 \times 10^4 \cdot \frac{m_1 m_2}{\mu_s r^2}[\mathrm{N}]$$

μ_0 : 진공의 투자율[H/m]$= 4\pi \times 10^{-7}$[H/m]

μ_s : 매질의 비투자율(진공 중에서 1, 공기 중에서 약 1)

여기서, F : 두 자극 간에 미치고 있는 힘[N]

m_1, m_2 : 자극의 세기[Wb]

r : 자극 간의 거리[m]

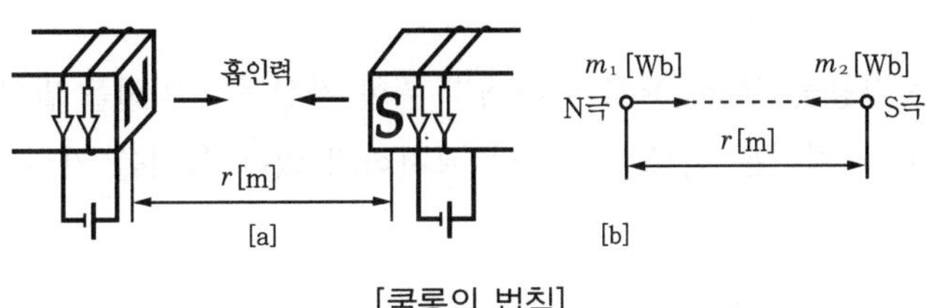

[쿨롱의 법칙]

2. 자기의 성질과 특성

구분	내용
자 기	자성체 등이 쇠붙이를 끌어당기는 성질
자 석	자기를 가지고 있는 물체를 자석이라 한다.
자 극	자석이 철편 및 철가루를 흡인하는 작용은 자석의 양 끝에서 가장 강한데 이 양 끝을 자극이라 한다.
자 력	서로 다른 두 극 사이에 작용하는 자석의 힘은 흡인력, 같은 자극 사이에 작용하는 자석의 힘은 반발력이 작용한다.
자 장	자력이 미치는 공간을 자기장, 자장, 자계라 한다.

■ 참/고

[자기력선 성질]
① 자장(자계, 자기장)이 미치는 작용을 역학적으로 나타내기 위한 가상적인 역선을 말한다.
② 자기력선(자력선)은 N극에서 나와 S극에서 끝난다.
③ 자력선은 그 자신은 수축하려고 하며 같은 방향의 자기력선끼리는 서로 반발 하려고 한다.
④ 임의의 한 점을 지나는 자력선의 접선 방향이 그 점에서의 자장의 방향이다.
⑤ 자장 내의 임의의 한 점에서의 자력선의 밀도는 그 점의 자장의 세기를 나타낸다.
⑥ 자력선은 서로 만나거나 교차하지 않는다.
⑦ 자력선은 비자성체를 투과하며 자력선은 아무리 사용해도 감소하지는 않는다.

3. 자석과 자력선

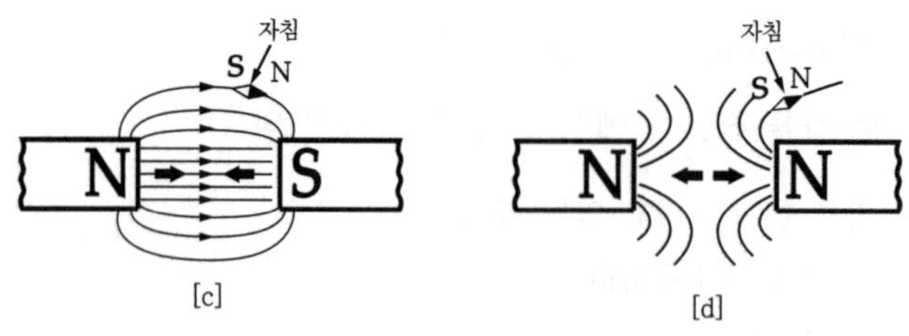

[자석과 자력선]

자력이 미치는 작용을 역학적으로 나타내기 위한 가상적인 역선을 말하며, N극에서 나와 S극에서 끝난다. 자력선은 서로 만나거나 교차하지 않는 특징을 가지고 있다.

4. 자기유도

자기장에 쇠붙이를 가가이 하면 쇠붙이에 자기가 나타나는 현상을 자기유도라 하고, 이 쇠붙이는 자화되었다고 하며, 쇠붙이는 자석이 된다.

5. 자성체

① 자석에 의해 자화되는 물질을 자성체라 한다.

② 자성체의 종류

㉠ 강자성체 – 자기장의 방향으로 강하게 자회되는 물질
종류 : 니켈(Ni), 코발트(CO), 망간(Mn), 철(Fe) 등

㉡ 상자성체 - 강자성체와 같은 방향으로 자화되는 물질

종류 : 텅스텐(W), 알루미늄(Al), 공기, 산소(O), 백금(Pt), 주석(Sn), 나트륨(Na) 등

㉢ 반자성체 - 강자성체와 반대로 자화되는 물질

종류 : 금(Au), 은(Ag), 구리(CU), 아연(Zn), 비스무트(Bi), 납(Pb), 게르마늄(Ge), 탄소(C)

6. 자장의 세기

자력이 미치는 공간을 자기장, 자장, 혹은 자계라고 하며, 자장 내의 어떤 점에 +1[W]의 자극을 둘 때 이 자극에 작용하는 힘과 같고 또 자기장의 방향은 힘의 방향과 같이 정한다. $m_1[W_b]$의 자극에서 r[m] 떨어진 점의 자장의 세기[H]

$$H = \frac{1}{4\pi\mu} \cdot \frac{m_1}{r^2} = 6.33 \times 10^4 \frac{m_1}{\mu_s r^2} [\text{AT/m}]$$

7. 전류에 의한 자기 현상

(1) 암페어의 오른나사 법칙

전류에 의하여 생기는 자계의 자력선의 방향은 암페어의 오른나사의 법칙으로 따르며 전류에 의한 자계의 방향을 결정하는 법칙이다.

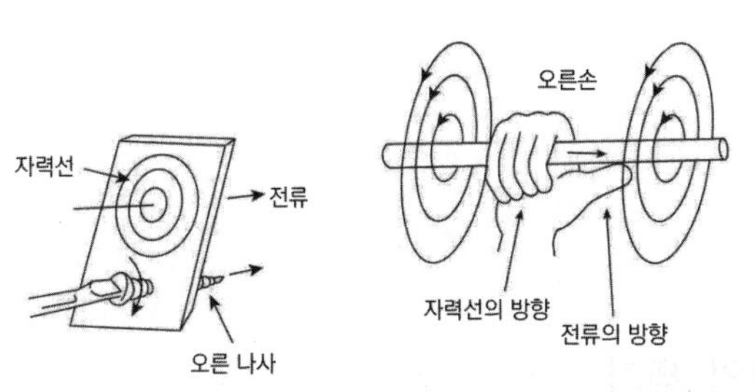

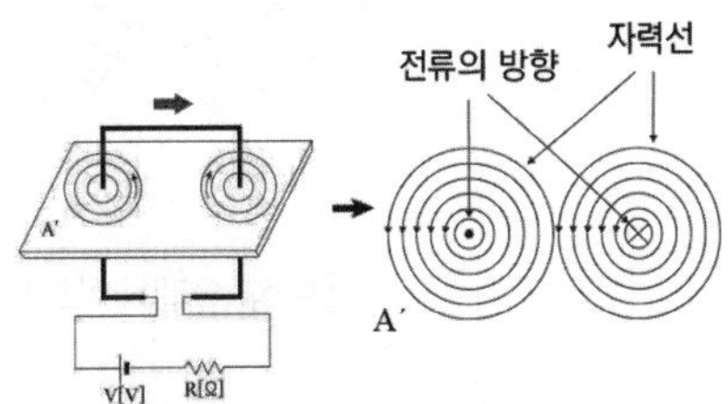

⊗ : 지면에서 들어가는 방향

⊙ : 지면에서 나오는 방향

[오른나사의 법칙]

(2) 무한장 직선의 자계의 세기

직선상 도체에 전류 I[A]가 흐를 때 거리 r[m]인 점 P의 자계의 세기[H]

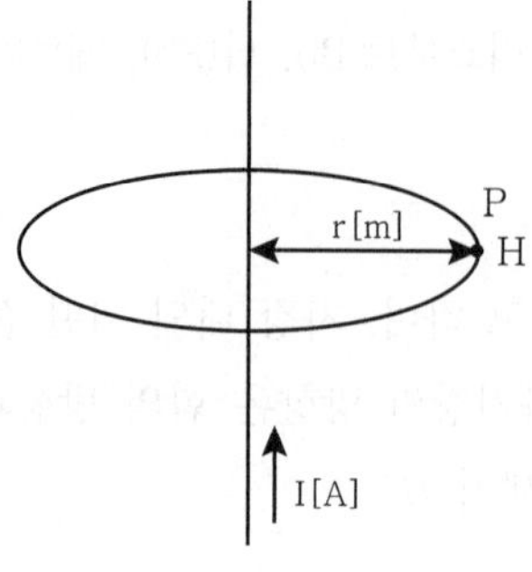

[직선 도체에 의한 자기장]

암페어의 주회적분 법칙

$H\ell = NI$

$\therefore H = \frac{I}{2\pi r}$ [AT/m]

(3) 환상 솔레노이드에 의한 자계의 세기

환상 솔레노이드에 I[A]의 전류를 흘릴 때 환상 솔레노이드 내부의 자장의 세기[H]

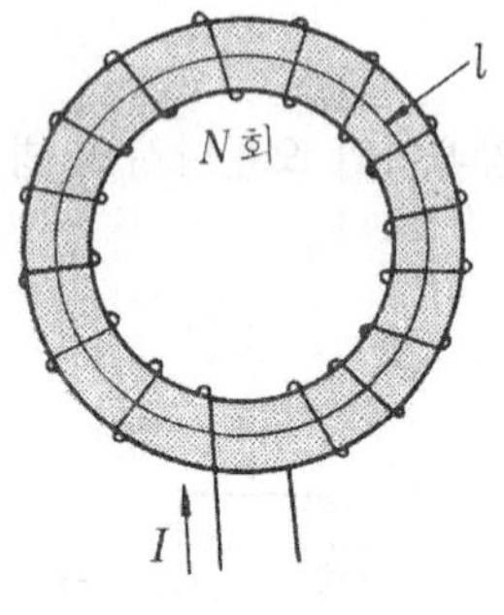

[환상 솔레노이드]

$H = \frac{NI}{2\pi r}$ [AT/m] (내부)

$H = 0$ (외부)

(4) 무한장 솔레노이드에 의한 자계의 세기

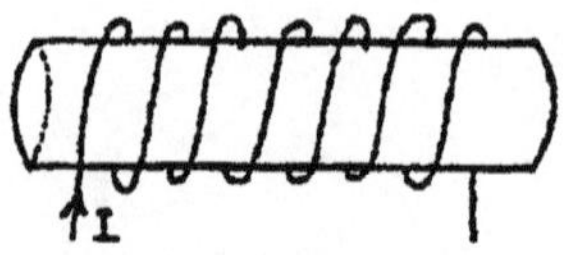

[무한장 솔레노이드]

$H\ell = NI$

$H = \frac{NI}{\ell} = nI$[AT/m] (내부)

$H = 0$, N : 권수 [회], [T] (외부)

n : 단위길이당 권수 [회/m], [T/m]

(5) 평행 도선 간의 단위 길이 당 작용하는 힘

그림과 같이 I_1, I_2의 전류가 흐르게 되면 같은 방향의 전류는 흡인력이 생기며, 반대 방향의 전류는 반발력이 생긴다. 이때 발생되는 흡인력 또는 반발력의 크기는 다음과 같다.

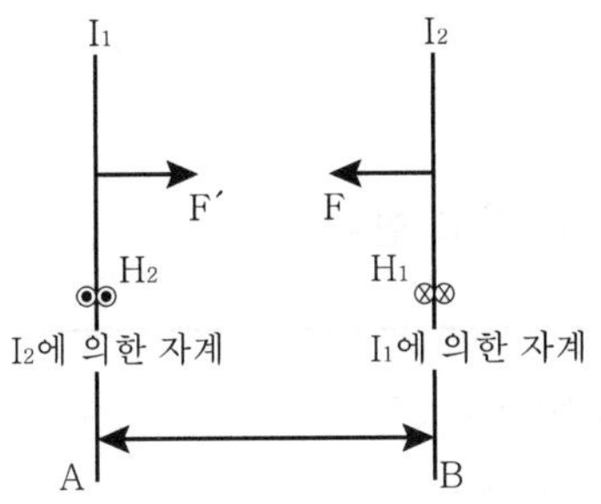

I_1에 의해 B도체 생기는 자계의 세기

$H_1 = \dfrac{I_1}{2\pi r}$[AT/m]가 된다.

H_1 자계 내에 도체에 I_2의 전류가 흐르므로

$F = B_1 I_2 = \mu_0 H_1 I_2$[N/m]

$$F = \frac{\mu_0 I_1 I_2}{2\pi r} = \frac{2I_1 I_2}{r} \times 10^{-7}[\text{N/m}]$$

I_2에 의해 A도체 생기는 힘의 크기도 같다.

8. 자기회로

(1) 자기회로

환상코일에 전류 I[A]를 흘리면 자속 ϕ[Wb]가 생기는 통로를 자기회로라 한다.

(2) 기자력

자속을 만드는 원동력이 되는 것을 기자력이라 한다.

$$F = NI[\text{AT}]$$

여기서, N : 권수 I : 전류[A]

(3) 자기저항

자속의 발생을 방해하는 성질의 정도를 나타내는 것을 말한다.

$$R = \frac{F}{\phi} = \frac{\ell}{\mu A} = \frac{\ell}{\mu_0 \mu_s A}[\text{AT/Wb}]$$

여기서, μ : 투자율($\mu = \mu_0 \cdot \mu_s$[H/m])

μ_0 : 진공의 투자율($\mu_0 = 4\pi \times 10^{-7}$[H/m])

A : 자기회로의 단면적[m^2]

l : 자기회로의 길이[m]

(4) 자속밀도

단위 면적당 통과하는 자속의 수를 자속밀도 [B]라고 한다.

$$B = \frac{\phi}{A}[\text{Wb/m}^2]$$

$$B = \mu H = \mu_0 \mu_s H[\text{Wb/m}^2]$$

여기서, B : 자속밀도[Wb/m^2]

ϕ : 자속[Wb]

A : 단면적[m^2]

H : 자장의 세기[AT/m]

μ : 투자율($\mu = \mu_0 \cdot \mu_s$[H/m])

μ_0 : 진공의 투자율($\mu_0 = 4\pi \times 10^{-7}$[H/m])

9. 전자력

– 전자력의 방향과 크기

자장 내에서 전류가 흐르는 도체에 작용하는 힘을 전자력이라 하며, 플레밍의 왼손 법칙을 따른다. 전동기는 이원리를 이용하여 회전력(토크)을 발생한다.

① 플레밍의 왼손법칙(전동기 원리)

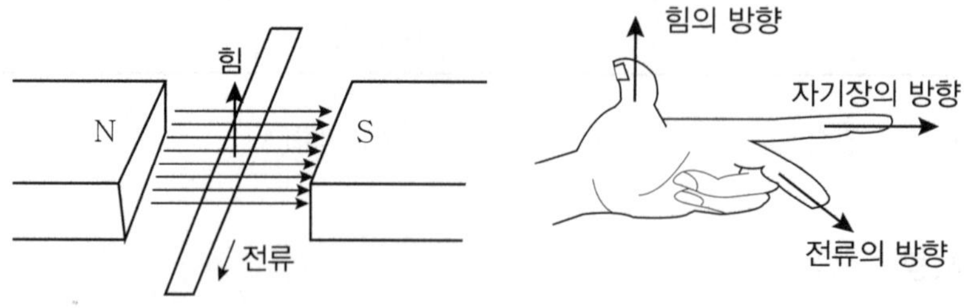

- 엄지손가락 : 힘의 방향
- 집게손가락 : 자장의 방향
- 가운데 손가락 : 전류의 방향

② **전자력의 크기** : 자속밀도 $B[\text{Wb/m}^2]$의 평등자장 내에 자장과 직각 방향으로 $\ell[\text{m}]$의 도체를 놓고 $I[\text{A}]$의 전류를 흘리면 도체가 받는 힘 $I[A]$의 전류를 흘리면 도체가 받는 힘 $F[\text{N}]$은

$$F = BI\ell\sin\theta[\text{N}]$$

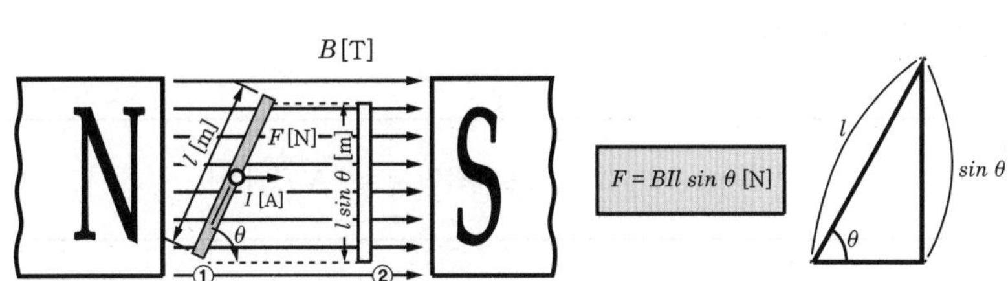

10. 전자유도

(1) 전자유도

도체 주변의 자장의 세기를 변화시키거나 도체가 자장 내에서 운동하면 즉 도체를 관통하는 자속이 변화하면 도체에 전압이 발생하는 현상을 전자유도라 한다.

(2) 유도 기전력의 방향

① 유도 기전력의 방향

㉠ 렌츠의 법칙은 전자유도에 의하여 발생한 기전력의 방향은 그 유도전류가 만든 자속이 항상 원래의 자속의 증가 또는 방해하려는 방향이다(역기전력이 발생).

㉡ 플레밍의 오른손 법칙(발전기의 원리)

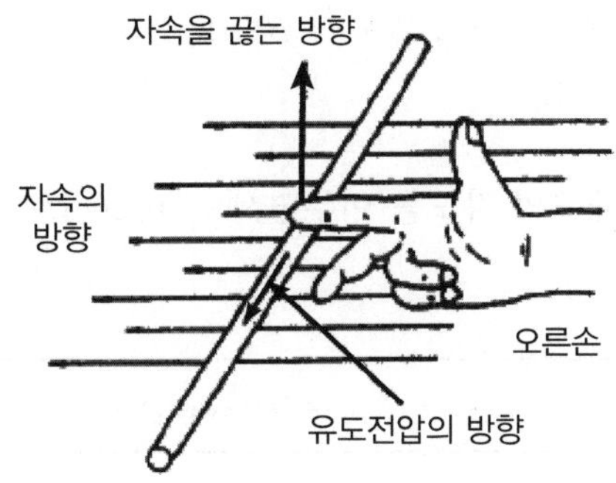

- 엄지손가락 : 도체의 운동 방향
- 집게손가락 : 자속의 방향
- 가운데 손가락 : 유도기 전력의 방향

② 유도 기전력의 크기

페러데이 법칙 : 유기 기전력의 크기는 코일을 지나는 자속의 매초 변화량과 코일의 권수의 곱에 비례한다.

$$\text{유도기전력 } e = -N\frac{d\phi}{dt}\,[\mathrm{N}]$$

③ **직선도체에 발생하는 기전력** : 자속밀도 $B\,[\mathrm{Wb/m^2}]$의 평등 자장 내에 자장과 직각 방향으로 ℓ[m]의 도체를 자장과 직각 방향으로 v[m/sec]의 일정한 속도로 운동하는 경우에 도체 유기된 기전력 $e\,[V]$

$$e = BI\ell\,[V]$$

가 된다.

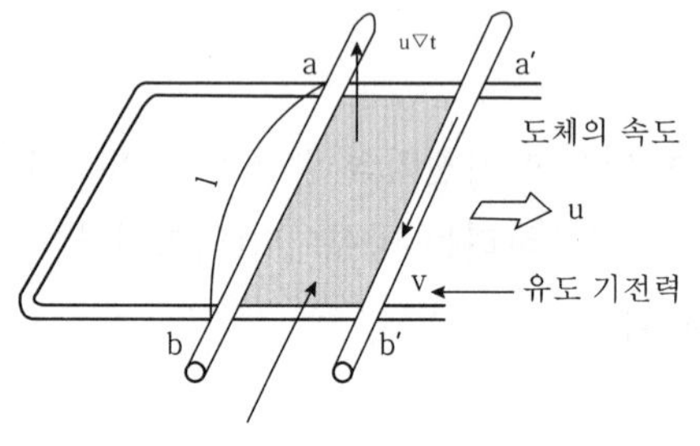

자속의 증가 $\Delta\phi = B\times(\text{면적 } abbb'a') = Blu\Delta t$

(a)

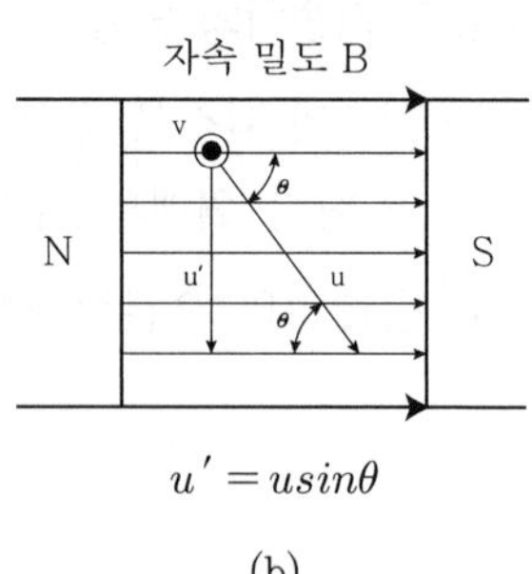

$u' = usin\theta$

(b)

도체가 자장의 방향과 θ의 각도를 이루면서 v[m/sec]로 운동하는 경우 도체에 유기된 기전력 $e\,[V]$는

$$e = B\ell v\sin\theta\,[\mathrm{V}]$$

(3) 전자 에너지

코일에 축적되는 에너지는 자체 인덕턴스 L[H]의 코일에 전류가 0에서 I[A]까지 증가될 때 코일에 저장된 에너지 [W]는 다음과 같다.

$$W = \frac{1}{2}LI^2[\text{J}]$$

11. 인덕턴스

(1) 자기 인덕턴스

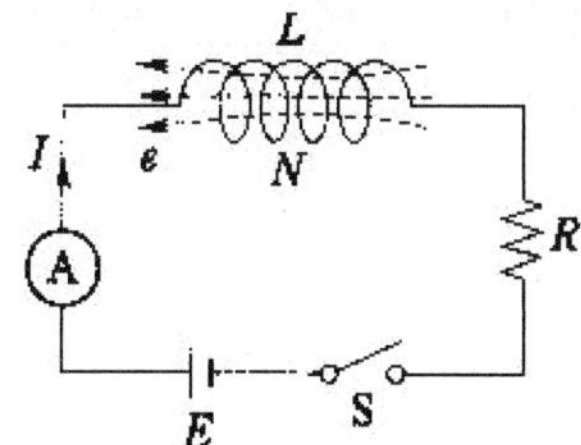

그림에서 스위치를 닫으면 전류계는 즉시 일정한 값을 가리키지 않고 서서히 증가하여 일정한 값에 도달하는 것을 볼 수 있다.
전자유도 작용에 의해 발생한 기전력의 크기는 전류의 시간적인 변화율에 비례한다.

$e = -L\dfrac{dI}{dt}$[V] 여기서 L을 인덕턴스라 한다.

$e = -N\dfrac{d\phi}{dt}$[V]이므로 $N\phi = LI$이다. $L = \dfrac{N\phi}{I}$[Wb/A]=[H]이다.

■ 참/고

자기 인덕턴스의 단위는 Henry[H]이고, 전류 1[A]에 대한 쇄교 자속수가 1[Wb]일 때 1[H]로 정의한다.

(2) 상호 인덕턴스

1차 코일의 전류가 Δt동안에 ΔI_1만큼 변화될 때 2차 코일과 쇄교하는 자속의 변화 $\Delta\phi$[Wb]는 ΔI_1에 비례한다. 따라서 2차 코일에 발생하는

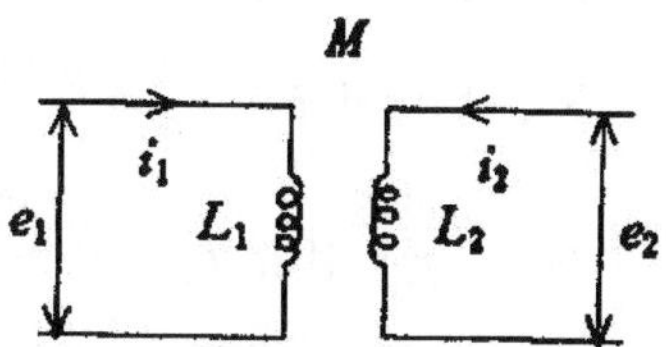

유도기전력은 $e_2 = M\frac{\Delta I_1}{\Delta t}$[V], M : 비례상수

$$e_2 = N_2\frac{\Delta \phi}{\Delta t}\text{[V]이다.}$$

위 두 식에서 $N_2\phi = MI_1$이므로 $M = \frac{N_2\phi}{I_1}$[H]

(3) 자체 인덕턴스와 상호 인덕턴스의 관계

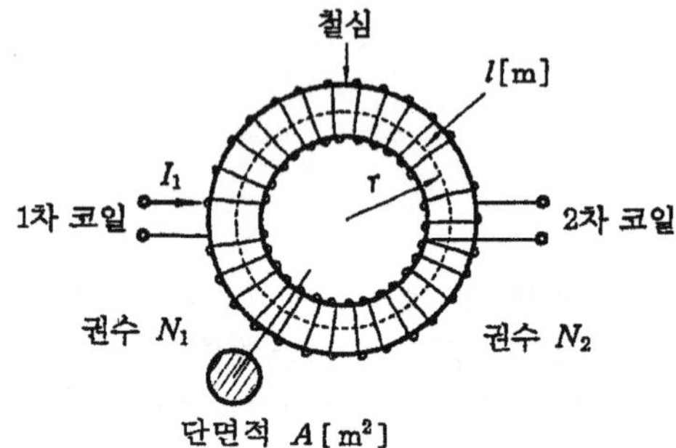

누설 자속이 없는 환상 코일에서 1차 코일의 전류(I_1)가 만드는 자속(ϕ_1)은 모두 2차 코일을 지나므로

$$L_1 = \frac{N_1\phi_1}{I_1}\text{[H]},\ M = \frac{N_2\phi_1}{I_1}\text{[H]}$$

2차 코일의 전류(I_2)가 만드는 자속(ϕ_2)는 모두 1차 코일을 지나므로

$$L_2 = \frac{N_2\phi_2}{I_2}\text{[H]},\ M = \frac{N_1\phi_2}{I_2}\text{[H]}$$

두 식을 변형하면

$$M^2 = \frac{N_2\phi_1}{I_1}\cdot\frac{N_1\phi_2}{I_2} = L_1L_2$$

$$\therefore\ M = \sqrt{L_1L_2}\text{[H]}$$

참/고

[인덕턴스의 계산]

$N\phi = LI$에서 $L = \frac{N\phi}{I} = \frac{\mu AN^2}{\ell}$[H]가 된다.

$L_1 = \frac{\mu AN_1^2}{\ell}$[H], $L_2 = \frac{\mu AN_2^2}{\ell}$[H]이므로

$M = \sqrt{\frac{\mu AN_1^2}{\ell}\cdot\frac{\mu AN_2^2}{\ell}} = \frac{\mu AN_1N_2}{\ell}$[H]이다.

(4) 인덕턴스의 접속법

① 직렬연결		② 병렬접속	
㉠ 가동결합	㉡ 차동결합	㉠ 가동결합	㉡ 차동결합
$L=L_1+L_2+2M$	$L=L_1+L_2-2M$	$L=\frac{L_1L_2-M^2}{L_1+L_2-2M}$	$L=\frac{L_1L_2-M^2}{L_1+L_2+2M}$

(5) 전자 에너지

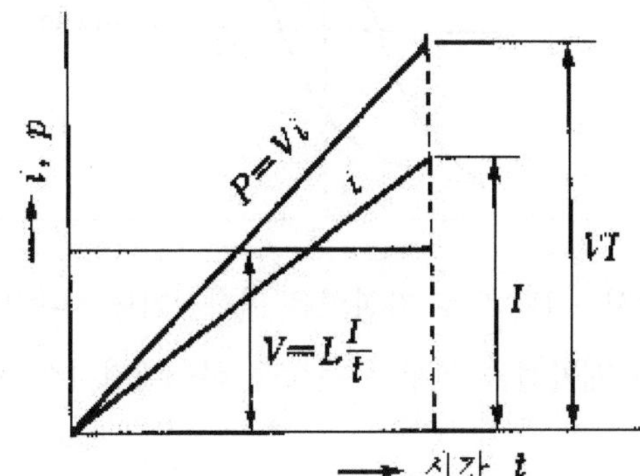

유도계수가 L이고 T(s)동안 전류가 0에서 증가하여 I[A]가 되었을 때 코일에 저장된 에너지는

$$W=L\frac{1}{T}\times\frac{I}{2}\times T$$

$$=\frac{1}{2}L\,I^2[\mathrm{J}]$$

위 식에 $L=\dfrac{\mu AN^2}{\ell}$[H]를 대입하면

$$W=\frac{1}{2}\cdot\frac{\mu A\,N^2I^2}{\ell}=\frac{1}{2}\cdot\frac{\mu A\,\ell\,N^2I^2}{\ell^2}$$

$$=\frac{1}{2}\mu H^2\cdot A\ell$$

단위 체적 에너지(w_0)

$$\omega_0=\frac{W}{A\ell}=\frac{1}{2}\mu H^2=\frac{1}{2}BH=\frac{B^2}{2\mu}[\mathrm{J/m^3}]$$

12. 히스테리시스 곡선과 손실

(1) 히스테리시스 곡선

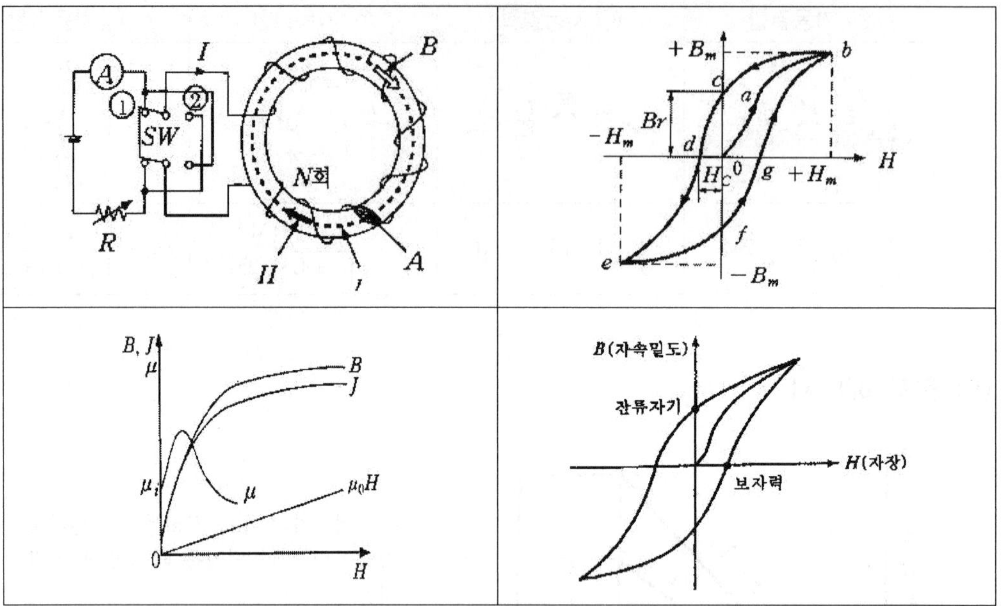

자화되지 않은 상태의 환상철심에 $+H_m$ 에서 $-H_m$ 으로 자화력을 변화시키면 자속밀도 B도 $+B_m$ 에서 $-B_m$ 까지 변화하여 하나의 폐곡선을 이루는 현상을 히스테리시스 현상이라 한다.

(2) 잔류자기

가해준 자계를 제거시 자성체 내에 남아있는 자속밀도 $B[\text{Wb/m}^2]$로서 즉, 자석화 됨을 의미한다.

(3) 보자력

① 잔류자기를 없애는데 필요한 자장.

② 잔류자기와 보자력이 클수록 강자성체가 된다.

(4) 히스테리시스손

① $P_h = \eta f B_m^{1.6}$ $[\text{W/m}^3]$

② 방지책 : 규소강판을 사용

(5) 와류손

① $P_r = \eta(fB_m)^2$ [W/kg]

② 방지책 : 규소강판을 성층한다.

(6) 전자석

전류가 흐르면 자기화되고 전류를 끊으면 원래의 상태로 돌아가는 자석

(7) 영구자석

강한 자화 상태를 오래 보존하는 자석으로 외부로부터 전기 에너지를 공급받지 않아도 자성을 안정하게 유지한다.

04 교류회로

- 정현파 교류회로

(1) 사인파 교류

시간, 크기, 방향이 변화하고, 주기적으로 반복하는 전압, 전류를 사인파(정현파) 교류라 한다.

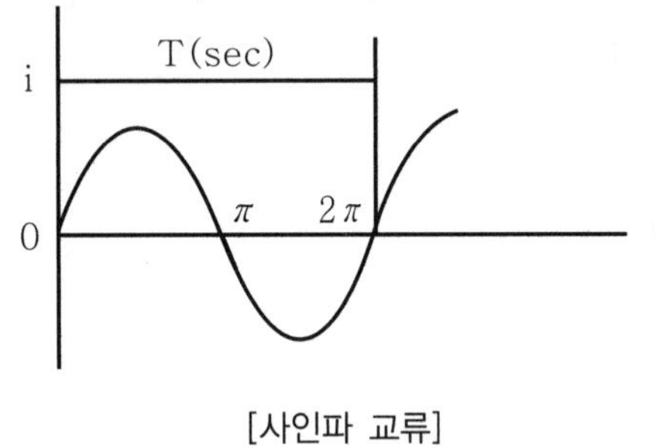

[사인파 교류]

위의 그림에서 0에서 2π까지 1회의 변화를 1사이클(cycle)이라 한다.

1) 주기(Period)와 주파수(Frequency)

1사이클의 변화에 걸리는 시간을 주기라 하고, 1[sec] 동안에 반복하는 사이클(cycle)의 수를 주파수라 한다.

$$T = \frac{1}{f}[\text{sec}]$$

2) 각속도

$$2\pi N = 2\pi f = w[\text{rad/sec}]$$
$$w = 2\pi f = \frac{2\pi}{T}[\text{rad/sec}]$$

3) 위상차

주파수가 동일한 2개 이상의 교류 사이의 시간적인 차이를 위상차라 한다.

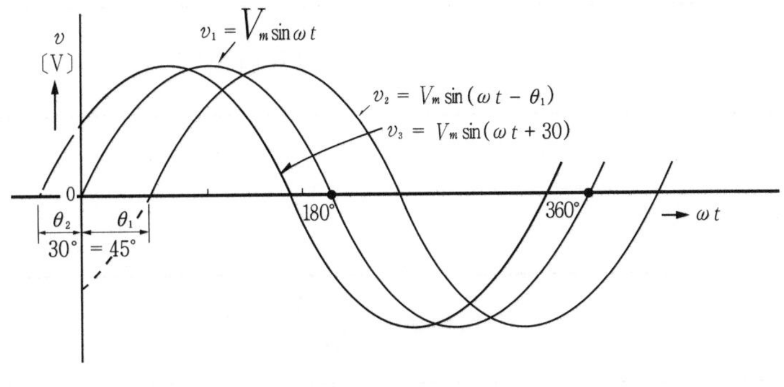

[위상차 표시]

$v_1 = V_m \sin wt$[V]

$v_2 = V_m \sin(wt - \theta_1)$[V]

$v_3 = V_m \sin(wt + 30)$

(2) 교류의 표시

1) 순시값

시시각각으로 변하는 교류의 임의의 순간의 크기를 순시값이라 한다.

$$e = V_m \sin wt\,[\mathrm{V}],\ i = I_m \sin wt\,[\mathrm{A}]$$

2) 최댓값[V_m]

순시값 중에서 가장 큰 값을 최댓값이라 한다.

3) 평균값

순시값의 반주기에 대한 평균한 값을 말한다.

$$V_{av} = \frac{2}{\pi} V_m \fallingdotseq 0.637[\mathrm{V}]$$

4) 실효값

교류의 크기와 같은 일을 하는 직류의 크기로 바꿔 놓은 값이다.

$$V = \frac{1}{\sqrt{2}} V_m \fallingdotseq 0.707 V_m [\text{V}]$$

5) 파형률

$$\text{파형률} = \frac{\text{실효값}}{\text{평균값}} = \frac{\pi}{2\sqrt{2}}$$

6) 파고율

$$\text{파고률} = \frac{\text{최댓값}}{\text{실효값}} = \sqrt{2}$$

(3) 교류 전류에 대한 R, L, C의 작용

1) 저항(R)만의 회로

저항 $R[\Omega]$의 회로에 전압 $e = \sqrt{2}\, V\sin wt[\text{V}]$를 가하면

$$i = \frac{e}{R} = \frac{\sqrt{2}\, V\sin wt}{R} = \sqrt{2}\, I\sin wt[\text{A}]$$

$$I = \frac{V}{R}[\text{A}]$$

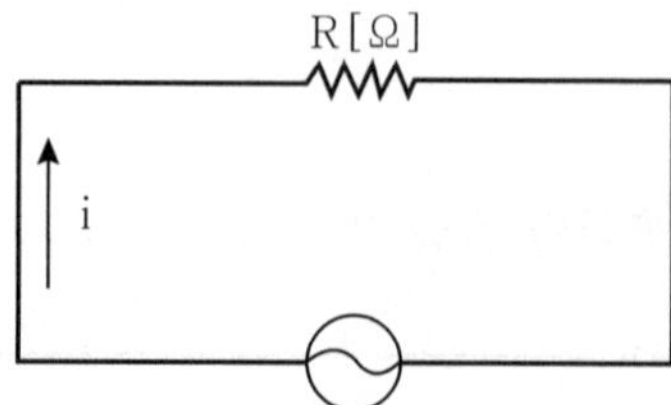

전압과 전류는 동상(in-phase)이다.

2) 인덕턴스(L)만의 회로

$$i = \sqrt{2}\,I\sin\left(wt - \frac{\pi}{2}\right)[\mathrm{A}]$$

$$X_L = wL = 2\pi f L[\Omega]$$

$$I = \frac{V}{X_L} = \frac{V}{wL}[\mathrm{A}]$$

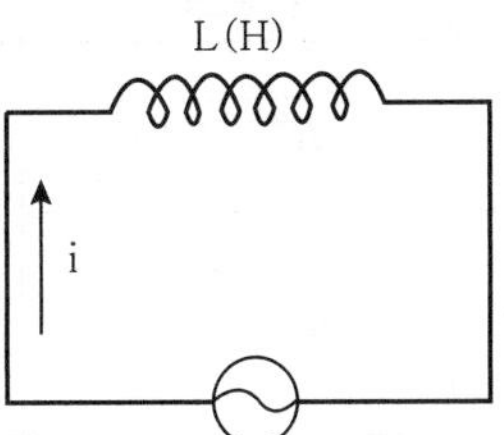

전류가 전압보다 90° 뒤진다.

3) 정전용량(C)만의 회로

$$i = \sqrt{2}\,I\sin\left(wt + \frac{\pi}{2}\right)[\mathrm{A}]$$

$$X_C = \frac{1}{wc} = \frac{1}{2\pi fc}[\Omega]$$

$$I = \frac{V}{X_C} = \frac{V}{\frac{1}{wc}} = wcV[\mathrm{A}]$$

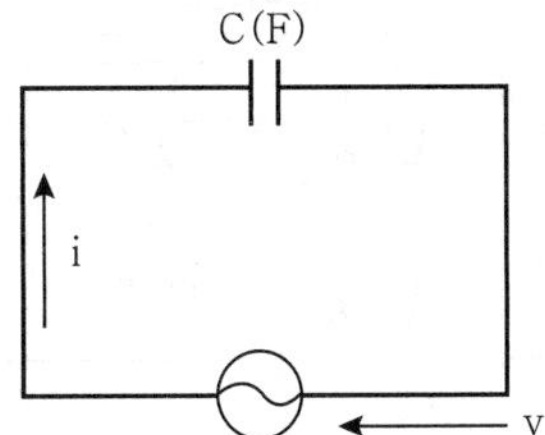

전류가 전압보다 90° 뒤진다.

4) 공진조건 : 유도성 리액턴스=용량성 리액턴스(전압과 전류가 동상) ★★★

참/고

[직렬공진, 병렬공진]

공진 조건에서 $\omega L = \frac{1}{\omega C}$ 이므로 $\omega^2 = \frac{1}{\mathrm{LC}}$ 이다.

정리하면 $f_r = \frac{1}{2\pi\sqrt{\mathrm{LC}}}$ [Hz]

	직렬공진	병렬공진
주파수	$f_r = \frac{1}{2\pi\sqrt{\mathrm{LC}}}$	$f_r = \frac{1}{2\pi\sqrt{\mathrm{LC}}}$
역률	1	1
임피던스	최소값	최댓값
전류	최대	최소

구분	직렬			
	임피던스	위상각	실효전류	위상
R-L	$\sqrt{R^2+(\omega L)^2}$	$\tan^{-1}\frac{\omega L}{R}$	$\frac{V}{\sqrt{R^2+(\omega L)^2}}$	전류가 뒤진다.
R-C	$\sqrt{R^2+(\frac{1}{\omega C})^2}$	$\tan^{-1}\frac{1}{\omega CR}$	$\frac{V}{\sqrt{R^2+(\frac{1}{\omega C})^2}}$	전류가 앞선다.
R-L-C	$\sqrt{R^2+(\omega L-\frac{1}{\omega C})^2}$	$\tan^{-1}\frac{\omega L-\frac{1}{\omega C}}{R}$	$\frac{V}{\sqrt{R^2+(\omega L-\frac{1}{\omega C})^2}}$	L이 크면 전류는 뒤진다. C가 크면 전류는 앞선다.

구분	병렬			
	어드미턴스	위상각	실효전류	위상
R-L	$\sqrt{(\frac{1}{R})^2+(\frac{1}{\omega L})^2}$	$\tan^{-1}\frac{R}{\omega L}$	$\sqrt{(\frac{1}{R})^2+(\frac{1}{\omega L})^2}\ V$	전류가 뒤진다.
R-C	$\sqrt{(\frac{1}{R})^2+(\omega C)^2}$	$\tan^{-1}\omega CR$	$\sqrt{(\frac{1}{R})^2+(\omega C)^2}\ V$	전류가 앞선다.
R-L-C	$\sqrt{(\frac{1}{R})^2+(\frac{1}{\omega L}-\omega C)^2}$	$\tan^{-1}\frac{\frac{1}{\omega L}-\omega C}{\frac{1}{R}}$	$\sqrt{(\frac{1}{R})^2+(\frac{1}{\omega L}-\omega C)^2}\ V$	L이 크면 전류는 뒤진다. C가 크면 전류는 앞선다.

(4) 교류 전력

1) 유효전력(소비전력, 평균전력)

$P = VI\cos\theta[\mathrm{W}]$

$= P_a\cos\theta[\mathrm{W}]$

2) 무효전력

$P_r = VI\sin\theta[\mathrm{Var}]$

$= P_a\sin\theta[\mathrm{Var}]$

3) 피상전력

$P_a = VI[\mathrm{VA}]$

4) 역률

$$\cos\theta = \frac{P}{P_a}$$

5) 무효율

$$\sin\theta = \frac{P_r}{P_a}$$

(5) 3상 교류회로

– 3상 교류의 발생과 표시법

① 대칭 3상 교류(symmetrical three phase AC) : 대칭 3상 교류는 기전력의 크기, 주파수, 파형이 같으며, $\frac{2}{3}\pi$[rad] 위상차를 갖는 3상 교류이다. 3상 교류는 자기장 내에 3개의 코일을 120° 간격으로 배치하여 반시계 방향으로 회전시키면 3개의 사인파 전압이 발생한다.

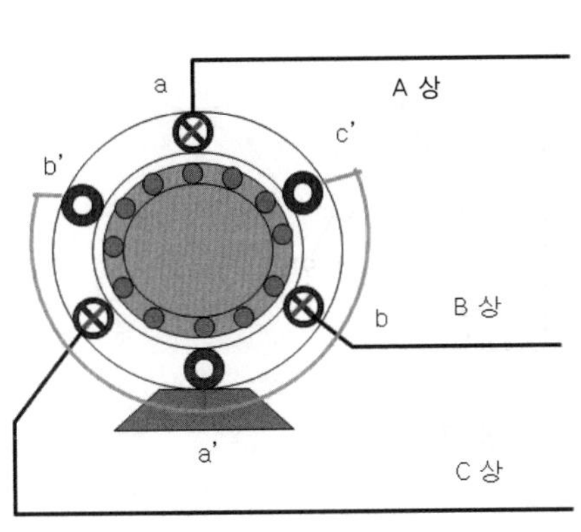

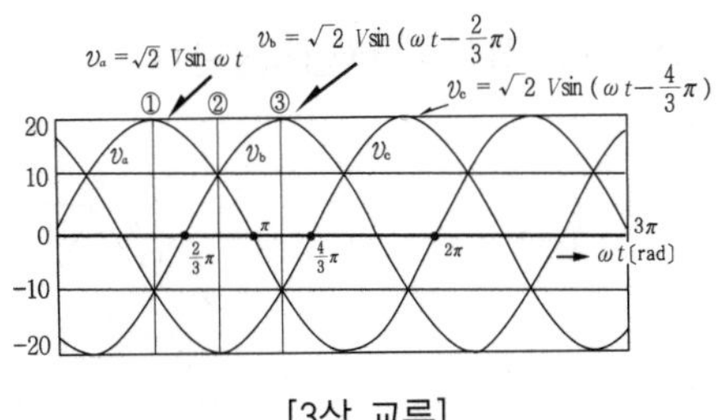

[3상 교류]

3상 교류의 순시값 표시

$$v_a = \sqrt{2}\,V\sin wt[\mathrm{V}]$$

$$v_b = \sqrt{2}\sin\left(wt - \frac{2}{3}\pi\right)[\mathrm{V}]$$

$$v_c = \sqrt{2}\,V\sin\left(wt - \frac{4}{3}\pi\right)[\mathrm{V}]$$

(6) 3상 교류의 결선법

1) Y-Y 결선회로(성형결선)

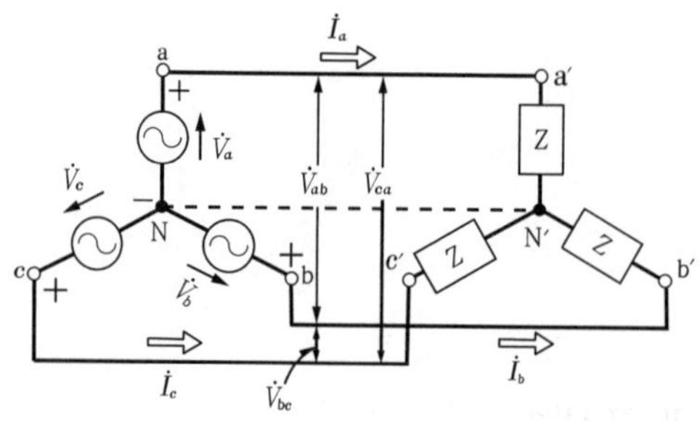

[평형 $Y-Y$ 결선]

선간전압(V_l) $=\sqrt{3}$ ×상전압(V_P), 선전류(I_l)=상전류(I_P)

※ 선간전압은 상전압보다 $\frac{\pi}{6}$[rad] 앞선다.

2) △-△ 결선회로(삼각결선)

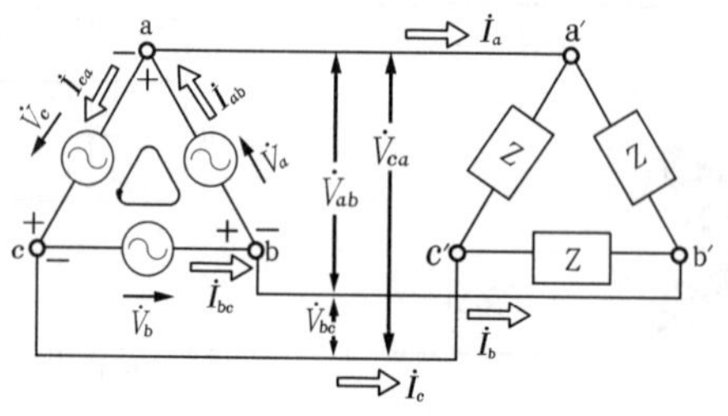

[평형 △-△ 결선]

선간전압(V_l)=상전압(V_p), 선전류(I_l)$=\sqrt{3}$ ×상전류(I_p)

※ I_l은 I_p보다 $\frac{\pi}{6}$[rad] 뒤진다(선전류는 상전류보다 30° 뒤진다).

(7) 3상 전력

1) 유효전력

$P=3V_pI_p\cos\theta=\sqrt{3}\,V_\ell I_\ell\cos\theta$[W]

2) 무효전력

$$P_r = \sqrt{3}\,V_l I_l \sin\theta = 3\,V_P I_P \sin\theta\,[\text{Var}]$$

3) 피상전력

$$P_a = \sqrt{3}\,V_l I_l = 3\,V_P I_P\,[\text{VA}]$$

(8) 3상 전력의 측정

1) 전력계법

① 단상 전력계법

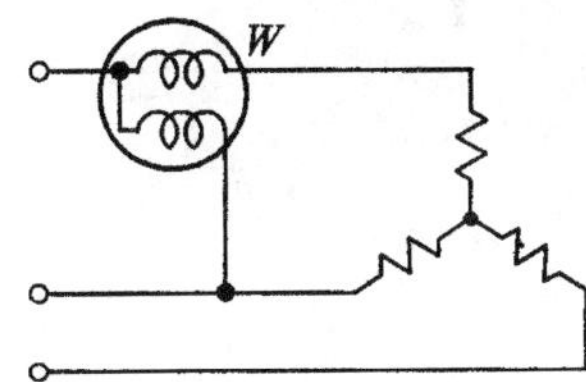

∴ 유효전력 $P = 2W = VI\cos\theta\,[\text{W}]$

② 2전력계법

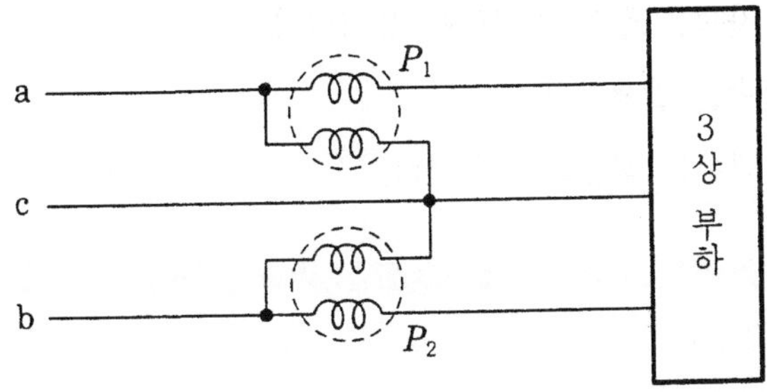

㉠ 유효전력 $P = P_1 + P_2 = \sqrt{3}\,VI\cos\theta\,[\text{W}]$

㉡ 무효전력 $P_r = \sqrt{3}(P_1 - P_2) = \sqrt{3}\,VI\sin\theta\,[\text{Var}]$

㉢ 역률 $\cos\theta = \dfrac{P}{\sqrt{P^2 + P_r^2}} = \dfrac{P_1 + P_2}{\sqrt{(P_1 + P_2)^2 + \left\{\sqrt{3}(P_1 - P_2)\right\}^2}}$

$$= \frac{P_1 + P_2}{2\sqrt{P_1^2 + P_2^2 - P_1 P_2}}$$

05 전기기기

01 직류 발전기 및 직류 전동기

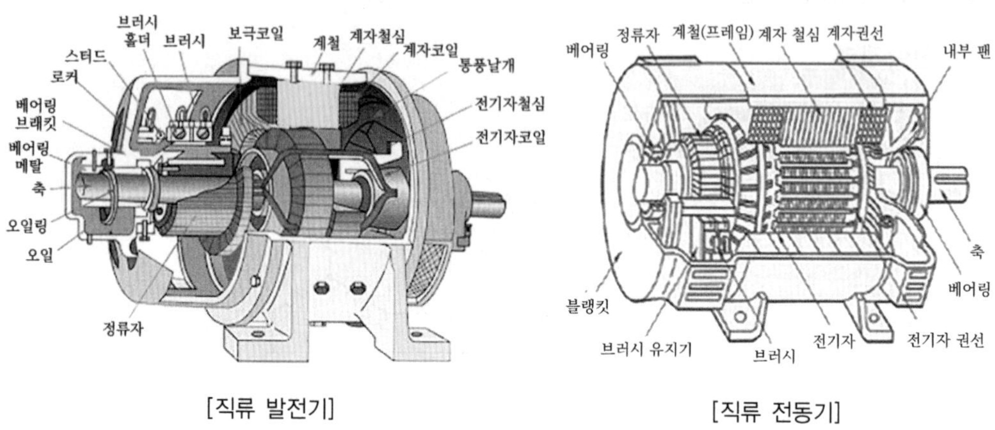

[직류 발전기] [직류 전동기]

(1) 직류 발전기 3요소 : 전기자, 계자, 정류자(발전기의 원리는 플레밍 오른손 법칙)

① **전기자** : 자속을 끊어 기전력을 유기한다.

② **계자** : 자속을 발생한다.

③ **정류자** : 교류를 직류로 변환한다.

참/고

[브러시 구비조건]

① 접촉저항이 클 것

② 마모성이 적을 것

③ 스프링에 의한 적당한 압력을 가질 것

④ 기계적으로 튼튼할 것

⑤ 전기저항이 작을 것

(2) 직류 전동기 종류(전동기 원리는 플레밍 왼손법칙)

① 직권 전동기 : 기자 권선과 계자 권선이 직렬로 접속되어 있는 방식으로 변속도 전동기이다. 속도는 부하 전류에 반비례하고 토오크는 전류의 2승에 비례한다. 변속도 전동기이다.

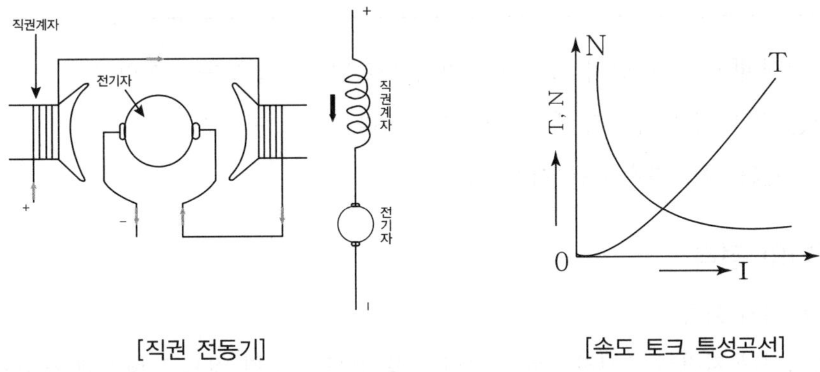

[직권 전동기] [속도 토크 특성곡선]

② 분권 전동기 : 정속도 전동기로 계자권선이 전기자권선과 계자권선이 병렬로 접속되어 있는 방식이다.

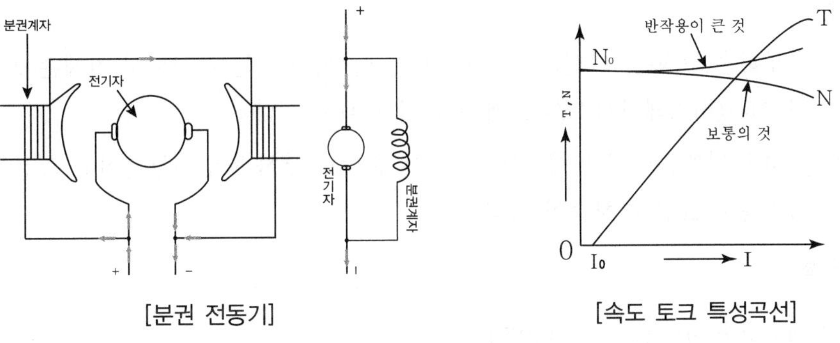

[분권 전동기] [속도 토크 특성곡선]

③ 복권 전동기 : 전기자권선과 계자권선이 직렬 및 병렬로 접속된 방식으로 직권 및 분권 전동기의 중간적인 특성을 갖는 전동기이다.

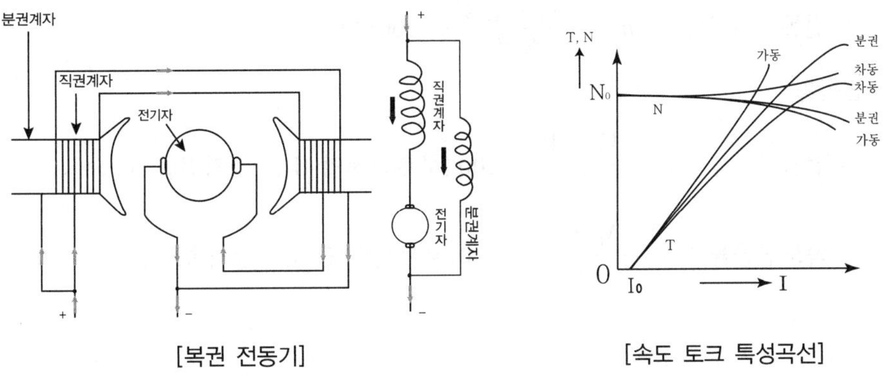

[복권 전동기] [속도 토크 특성곡선]

(3) 직류 전동기의 속도제어 방식

$$\text{속도제어 } N = K\frac{V - I_a R_a}{\phi}[\text{rpm}]$$

① 전압제어[V] : 광범위 속도제어 방식으로 단자저압 V를 제어한다.

② 저항제어[R] : 저항(R)에 의하여 제어한다.

③ 계자제어[ϕ] : 자속 ϕ를 제어한다.

(4) 직류기의 정격

① 직류기의 정격

정격이란 지정된 조건하에서 기기의 사용 한도를 정한 것으로 명판에 표시된 것이며 연속정격(일반용), 공칭정격(전기철도용), 반복정격, 단시간 정격(5분, 10분, 1시간 등)이 있다.

② 손실

㉠ 무부하손(고정손, 불변손) : 부하에 관계없이 생기는 손실로서 기계손(풍손+마찰손)과 철손(히스테리시스손과 맴돌이 전류손)이 있다.

㉡ 부하손(가변손) : 부하에 따라 변하는 손실로 부하손이 대부분이고 측정이나 계산이 불가능한 표류 부하손이 있다.

③ 효율

㉠ 실측효율 $\eta = \frac{\text{출력}}{\text{입력}} \times 100[\%]$

㉡ 발전기(변압기) 규약효율 $\eta = \frac{\text{출력}}{\text{출력} + \text{손실}} \times 100[\%]$

㉢ 전동기 규약효율 $\eta = \frac{\text{입력} - \text{손실}}{\text{입력}} \times 100[\%]$

④ 변동률

㉠ 전압변동률 : $\epsilon = \frac{V_0 - V_n}{V_n} \times 100$ (무부하전압 V_0, 정격전압 V_n)

㉡ 속도변동율 : $\delta = \frac{N_0 - N_n}{N_n} \times 100$ (무부하속도 N_0, 정격속도 N_n)

(5) 절연물의 종류 ★★★

전기기기의 주위 온도[℃]의 기준은 40[℃]이고 최고 허용온도는 절연물의 종류에 따라 다르다.

절연물의 허용온도	종류	Y종	A종	E종	B종	F종	H종	C종
	온도 ℃	90	105	120	130	155	180	180 초과

Y종은 면, 견, 종이 등이고, A종은 Y종에 바니시, 기름을 채운 것이다.

02 변압기

(1) 변압기의 원리와 구조

1) 변압기의 원리

① **변압기** : 그림에서 전원 쪽을 1차, 부하 쪽을 2차라 하며 전자유도법칙에 의하여 동일주파수의 교류전압을 높이고 낮추는 기기를 변압기라 한다.

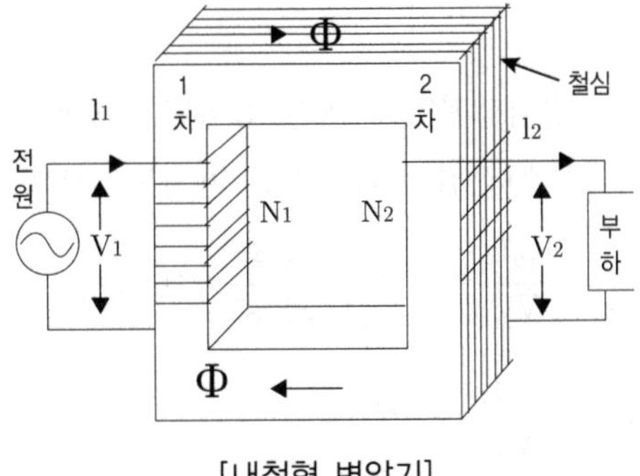

[내철형 변압기]

② **유도기전력** : 그림에서 1차에 교류를 가하면 교번자속 ϕ가 생겨 1차 권선과 2차 권선에 각각 기전력이 유도되며 전원전압과는 방향이 반대이다. 즉

$$v_1 = -e_1 = N_1 \frac{d\phi}{dt}$$

$$-v_2 = -e_2 = N_2 \frac{d\phi}{dt}$$

실효값은 $E_1 = 4.44\, fN_1 \phi_m$ [V]

③ 권수비

$$a = \frac{N_1}{N_2} = \frac{V_1}{V_2} = \frac{I_2}{I_1}$$

2) 변압기 구조

① 형식 : 내철형 외철형, 권철심형이 있다.

② 철심 : 두께 0.35[mm] 함량 3.5[%]의 규소강판을 성층하여 철손을 줄인다.

③ 도체 : 둥근선, 평각동선을 에나멜, 무명실, 종이테이프로 피복한다. 층간, 권선 간에 페놀수지 통이나 니스 처리한 프레스보드로 절연한다.

④ 변압기유 : 냉각과 절연용으로 광유, 불연성 합성 절연유를 사용한다.

㉠ 절연내력이 크고 인화점이 높고 응고점이 낮을 것

㉡ 점도가 낮고 냉각 효과가 크며 화학작용, 석출물, 산화 현상이 없을 것

⑤ 기름의 열화 방지 : 컨서베이터(질소봉입) 설치, 호흡작용(실리카 겔)

⑥ 냉각방식 : 건식 자냉식, 건식 풍냉식, 유입 자냉식, 유입 풍냉식, 유입 수냉식, 송유식 등이 있다.

(2) 변압기의 특성

1) 전압 변동률

① 퍼센트 전압강하 : 정격상전압에 대한 임피던스 강하의 비로서 퍼센트 저항(전압)강하 p[%], 퍼센트 리액턴스(전압)강하 q[%], 퍼센트 임피던스(전압)강하 z[%]는

$$p = \frac{r_{21}\mathrm{I}_{2n}}{\mathrm{V}_{2n}} \times 100 = \frac{r_{12}\mathrm{I}_{1n}}{\mathrm{V}_{1n}} \times 100 = \frac{\text{동손}}{\text{용량}} \times 100[\%]$$

$$q = \frac{x_{21}\mathrm{I}_{2n}}{\mathrm{V}_{2n}} \times 100 = \frac{x_{12}\mathrm{I}_{1n}}{\mathrm{V}_{1n}} \times 100[\%]$$

$$\mathrm{z} = \sqrt{\mathrm{p}^2 + \mathrm{q}^2} = \frac{\mathrm{V_s}}{\mathrm{V_n}} \times 100 = \frac{\mathrm{I_n Z}}{\mathrm{V_n}} \times 100 = \frac{\mathrm{I_n}}{\mathrm{I_s}} \times 100 \quad \left(\rightarrow * \frac{\mathrm{PZ}}{10\mathrm{V}^2}\right)$$

(∴ 정격상전압에 대한 임피던스 강하비)

② 전압변동률 : $\epsilon = \dfrac{\mathrm{V}_{20} - \mathrm{V}_2}{\mathrm{V}_2} \times 100 = \mathrm{p}\ \cos\theta + q\ \sin\theta[\%]$(그림참조)

최대 전압변동률 : $\epsilon_m = z \quad \cos\theta_m = p/z$

③ 단락전류 : $I_s = \frac{V_{1n}}{V_s} I_{1n} = \frac{100}{z} I_{1n}$ [A]

2) 효율과 손실

① 임피던스전압 : 변압기 2차를 단락하고 1차에 저전압 Vs를 가하여 1차 전류가 정격전류와 같을 때의 전압 Vs를 임피던스전압(전압강하)이라고 하고 이때의 입력을 임피던스와트(부하손 Ps)라 한다.

② 특성시험

㉠ 무부하 시험(무부하손 측정) : 고압 쪽 개방, 저압 쪽에 정격전압을 가할 때 입력(철손)과 무부하전류 Io 측정, 여자 어드미턴스 Yo를 구한다.

㉡ 단락시험(부하손 측정) : 저압 쪽 단락, 고압 쪽에 임피던스전압을 가할 때 입력(부하손)과 임피던스 Z를 구한다.

③ 손실 : 무부하손(철손+유전체손)과 부하손(동손+표류부하손)

- 히스테리시스손 : $P_h = \sigma_h f B_m^{1.6 \sim 2}$[W/kg]--- (전압일정 $- P_h = kf^{-1}$)
- 맴돌이전류손 : $P_e = \sigma_e (t f k_f B_m)^2$[W/kg]--- (전압일정 $- P_e = k$)

④ 규약효율 : $\eta = \frac{출력}{출력 + 손실} \times 100$[%]

- 전손실 : $P_l = P_i + \left(\frac{1}{m}\right)^2 P_c$
- 최대효율 조건(철손=동손) : $P_i = \left(\frac{1}{m}\right)^2 P_c$ ★★★

⑤ 절연내력 시험 : 가압시험(층간절연), 유도시험(권선 철심 외함간), 충격전압시험(충격파 절연파괴)이 있다.

(3) 변압기의 결선

1) 변압기의 결선

① 극성 : 변압기 단자의 유도기전력의 방향을 말한다.

② Δ-Δ결선 : 제3조파 순환전류가 없으나 중성점 접지가 되지 않아 지락사고 보호가 곤란하다. 60[kV] 이하의 저압 대전류 배전용에 사용되며 V결선이 된다.

③ Y-Y결선 : 중성점 접지가 되지만 3조파 전류로 유도장해를 일으킨다. 절연이 1/1/ $\sqrt{3}$ 으로 쉽고 송전용 Y-Y-Δ결선으로 사용되며 역V결선이 된다.

④ Y-Δ 강압용, Δ-Y 승압용 : 고조파가 제거되고, 중성점 접지가 되지만 30°의 각변위가 생긴다.

⑤ V-V결선 : Δ결선 고장처치 및 장래 부하증가 예정지(증설장소)에 좋다. ★★★

출력 $P_V = \sqrt{3}P$,

이용률 : $\dfrac{\text{변압기출력}}{\text{변압기용량}} = \dfrac{\sqrt{3}\text{P}}{2\text{P}} = \dfrac{\sqrt{3}}{2} = 0.866 = 86.6[\%]$,

출력비 : $\dfrac{\text{V결선출력}}{\Delta\text{결선출력}} = \dfrac{\sqrt{3}\text{P}}{3\text{P}} = \dfrac{1}{\sqrt{3}} = 0.577$

2) 변압기의 병렬운전

① 병렬운전조건

㉠ 극성, 전압, 권수, 상회전 방향, 각변위가 같을 것 : 순환전류가 없다. ★★★

㉡ 임피던스(임피던스전압)가 정격용량에 반비례할 것 :

$V_z = Z_a I_a = Z_b I_b$가 되어 자기용량의 부하가 분담된다.

3) 특수 변압기

① 3상 변압기 : 철손, 효율, 중량, 재료, 설치면적 등에서 유리하나 수리, 신뢰도, 예비기 면에서 불리하다.

② 누설변압기 : 수하특성의 정전류 변압기, 방전등, 아크용접 등에 사용된다.

③ 계기용 변성기 MOF : 고압 대전류 측정용 CT, PT, 110[V]/5[A]가 표준이다.

④ 단권변압기 : 전압조정, 승강압기, 기동 보상기, 실험실용 등에 사용된다.

자기용량 $P_S = e_2 I_2 = \dfrac{V_2 - V_1}{V_2} P_2[\text{VA}]$

⑤ 단상 유도 전압조정기 : 2차를 고정자(직렬권선), 1차를 회전자(분로권선)로 한 단권변압기를 1차에 직각으로 3차 단락권선을 설치하여 누설 리액턴스를 줄인다.

$P_S = E_2 I_2[\text{VA}],\ E = E_1 \pm E_2 \cos\theta$

⑥ 스코트(scott, T)결선 : 3상-2상 변환 결선으로 주변압기 중앙점 N에서 단자를, T형 변압기의 $\sqrt{3}/2$점에서 단자를 내며 2차는 (-)극성을 연결하는 구조로 전철 등 집중부하에 사용된다.

03 유도기(유도 전동기)

(1) 3상 유도 전동기의 구조

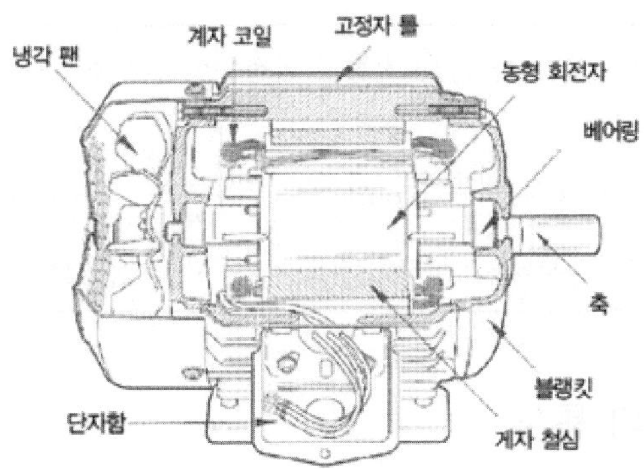

고정자 권선에 흐르는 전류에 의해 생기는 회전자계와 이것에 의해 회전자 권선에 유도되는 기전력에 의해 흐르는 유도전류 사이에 발생하는 전자력을 이용한 전동기

① **고정자** : 3상 유도 전동기는 3상 권선으로 회전자장을 얻는다. 규소강판을 성층한다

② **회전자** : 규소강판을 성층한 농형과 권선형이 있다.

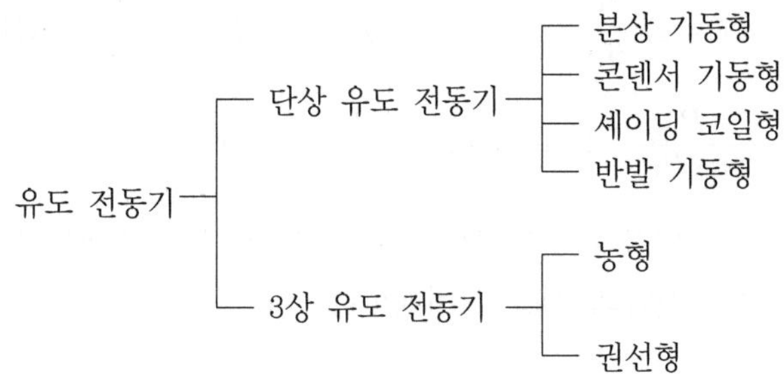

1) 회전자장

① **회전원리** : 전자유도법칙에 따라 원판에 전압이 생겨 맴돌이 전류가 생긴다. 이 전류로 자속이 발생하며 합성자속과 전류 사이에 자석을 따라 움직이는 회전력이 발생한다.

② **회전자장** : 2상과 3상 교류는 회전자장이 생기는데 회전자장 속에 회전체를 두면 회전체는 회전자장의 방향으로 이끌리어 회전한다. 3상 권선에 평형 3상 교류를 흘리면 코일의 자장은 2극 회전자장이 생기며 1[Hz]에 1회전 한다. 따라서 f[Hz]에서 f회전, 1분 동안의 회전수는 자극 P일 때 동기속도라 하고 $n_s = \frac{120f}{p}$ [rpm]이 된다.

2) 3상 유도 전동기의 구조

(2) 3상 유도 전동기의 이론

– 유도 전동기의 속도와 슬립

① 슬립s : 전동기에 부하를 걸 때 전동기 회전속도 n이 동기속도 ns보다 느린 정도를 말하며 회전속도 n일 때

$$n_s = \frac{120f}{p}[\text{rpm}] \qquad s = \frac{n_s - n}{n_s} \qquad n = n_s(1-s)$$

무부하시 s=0, 전부하시 s=5[%]정도, 기동시 s=1, 역회전시 2−s이다.

(3) 3상 유도 전동기의 특성

1) 속도−토크 특성

① 유도전동기는 슬립이 5[%] 정도에서 거의 일정하므로 속도 변동률이 작은 정속도 전동기 특성이다

② 무부하 전류는 전부하의 20−50[%] 정도로 크고 역률이 나쁘다. 또한 기동전류는 (b)와 같이 대단히 크며 정격의 5−10배 정도이다.

③ 출력 : $P = \omega T = 2\pi \frac{N}{60} T[\text{W}]$ $\qquad P_2 = \omega_0 T = 2\pi \frac{N_S}{60} T[\text{W}]$

④ 토크 : $T = \frac{P}{2\pi N/60}[\text{N} \cdot \text{m}] = 0.975 \frac{P}{N}[\text{kg} \cdot \text{m}]$

출력과 토크는 비례하므로 토크를 2차 입력으로 나타낼 때 이 2차 입력을 동기와트라 한다. 또 토크는 전압의 제곱에 비례한다.

2) 비례추이

권선형 유도전동기의 토크특성이 2차 합성저항의 변화에 비례하여 이동하는 것으로 토크는 변하지 않으나 같은 토크에서 슬립과 2차 저항은 비례하여 변한다.

즉 토크(혹은 전류)에서 저항을 2배 하면 슬립도 2배가 된다.

비례추이는 r_2/s의 함수로 되는 토크, 1차 입력, 1차 전류, 2차 전류, 역률 등에 적용된다.

$$\frac{r_2}{s} = \frac{mr_2}{ms} = \frac{r_2 + R}{ms} = \frac{r_{21}}{s_1} = \frac{r_{22}}{s_2} = ---$$

3) 3상 유도전동기의 운전

① 기동 : 기동전류는 작고 기동토크는 크게 한다.

㉠ 전전압 기동법 : 직입 기동법으로 5.5[kW], 7.5[HP] 미만의 전동기에 사용한다.

㉡ Y—Δ 기동법 : 농형 유도 전동키를 기동 시 Y 결선으로 하고 가속 후에 전류의 감소와 동시에 Δ 결선으로 바꾸어 전압으로 운전하는 것이다. 이 기동 방법을 사용하면 토크 및 기동 전류는 전전압 기동의 $\frac{1}{3}$로 감소한다. Y —Δ 기동법은 보통 5.5~30[kW]에 적용한다.

㉢ 기동 보상기법 : 단권 변압기를 사용하여 정격전압의 50~60[%] 정도의 낮은 전압을 고정 자 권선에 가하여 기동한다. 이 기동법의 특성은 Y—Δ 기동법과 거의 같으며, 10[kW] 이상의 농형 유도 전동기에 적용된다.

② 유도전동기 속도제어법

$$\text{회전자 속도 } N=(1-s)\cdot N_s=(1-s)\cdot\frac{120f}{P}$$

㉠ 주파수 제어법 : 주파수를 변화시켜 동기속도를 바꾸는 방법(VVVF제어) $(f \propto V \propto P)$

㉡ 극수 제어법 : 권선의 접속을 바꾸어 극수를 바꾸면 단계적이지만 속도를 바꿀 수 있다.

㉢ 2차 저항법 : 권선형 유도 전동기에서 비례추이를 이용한다.

㉣ 2차 여자법 : 2차 저항제어를 발전시킨 형태로 저항에 의한 전압강하 대신에 반대의 전압을 가하여 전압강하가 일어나도록 한 것으로 효율이 좋다.

(4) 단상 유도 전동기의 기동법(토크순서 : 반>콘>분>세)

① 분상 기동형

② 반발 기동형

③ 콘덴서 기동형

④ 세이딩 코일형

(5) 제동 방법

① **발전제동** : 주전동기를 발전기로 작용시켜 그 발생 전력을 차량에 탑재되어 있는 주저항기에 흘려서, 열에너지로 변환하여 제동력을 얻는 방식

② **역상 제동(Plugging)** : 전동기의 전원전압의 극성 혹은 상회전 방향을 역전함으로써 전동기에 역토크를 발생시키고, 그에 의해서 제동하는 것

③ **회생 제동** : 전동기의 제동법의 하나로, 전동기를 발전기로 동작시켜 그 발생 전력을 전원에 되돌려서 하는 제동 방법

참/고

[전동기 회전 방향 바꾸는 방법]
① 3상 : 3상 중 2상의 접속을 바꾸어 준다.
② 단상 : 기동권선의 접속을 바꾸어 준다.

04 동기기

(1) 동기기의 원리와 구조

– 동기 발전기와 동기속도

㉠ 전자유도법칙에서 자장 중에 도체를 놓고 자장을 변화시키면 도체에 기전력이 생긴다. 코일 권수 N에 쇄교 되는 자속 변화 $d\phi/dt$이면

유도 기전력 e는 $e = N\frac{d\phi}{dt} = B\ell v\sin\theta$[V]이다. (직류기 참조)

㉡ 동기속도 : 자극수 P와 주파수 f로 정해지는 속도이고 회전 자기장의 회전수이다. N · S 자극 간에 1[Hz]의 기전력이 생기므로 P극 발전기는 P/2[Hz]의 기전력이 생기고 1분 동안의 회전수 N[rpm]이면 주파수 $f = \frac{P}{2} \times \frac{N}{60}$ [Hz],

따라서 $N = \frac{120f}{P}$ [rpm]

(2) 동기기의 구조

① 고정자 전기자는 형권 2층권 Y결선이고 규소함량 1~2[%], 두께 0.35~0.5[mm]의 규소 강판을 성층하여 철손을 줄인다.

② 회전자 : 계자는 회전계자형의 원통형과 철극형(돌극형)이 있다.

(3) 동기 발전기의 병렬운전 ★★★

① 조건

㉠ 전압의 크기, 위상, 주파수가 같아야 한다.

㉡ 기전력의 크기가 다르면 무효순환전류가 흐른다. ⇨ 계자저항으로 조정한다.

㉢ 위상이 다르면 유효순환전류(동기화전류)가 흐른다. ⇨ 원동기의 출력을 조정한다.

㉣ 주파수가 다르면 무효순환전류가 흐른다. ⇨ 원동기의 속도를 조정한다.

② 부하분담

㉠ 유효전력은 원동기 입력(조속기 속도-위상)을 조정한다.

㉡ 무효전력은 여자(계자저항)를 조정한다. ⇨ 역률 저하

③ 안정도 증진 : 속응여자 채용, 관성효과 증대, 단락비를 크게, 임피던스를 작게 한다.

④ 난조

㉠ 부하와 속도가 변하여 부하각 δ가 진동하는 현상으로 심하면 탈조가 된다.

㉡ 관성효과, 제동권선(자극면에 농형 권선 설치)을 설치하여 방지한다.

(4) 동기전동기

① 용도 : 동기조상기, 송풍기, 압축기, 압연기, 분쇄기 등에 사용된다.

② 기동 : 기동 회전력이 없어 기동 장치가 필요하다.

㉠ 자기기동법 : 제동권선을 이용하여 기동하며 전부하 토크의 50[%] 정도이므로 소형에 사용된다.

㉡ 기동전동기법 : 2극 적은 유도전동기에 직결하여 동기 발전기로 기동하고 직류 여자하여 동기화시킨 후 기동 전동기를 제거한다. 조상기 등에 사용한다.

(5) 동기전동기의 특성

① 위상특성곡선(V곡선) : 그림과 같이 공급전압과 부하가 일정할 때 계자전류를 변화시킬 때 전기자 전류의 변화 곡선으로 역률조정, 전압조정에 이용된다.

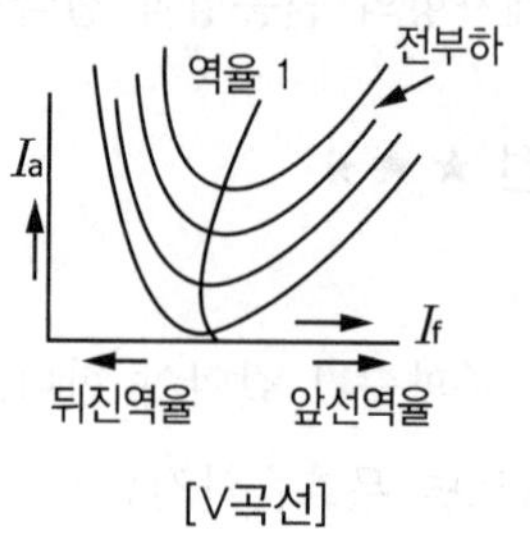

[V곡선]

② 난조 : 조속기 감도가 예민하거나, 계통저항이 커서 동기 화력이 적을 때, 부하가 급변할 때 부하각 δ가 주기적으로 변하여 동기속도를 중심으로 감쇠 진동을 하는 현상으로 심하면 탈조가 되고 동기이탈(탈조)이 된다. 제동권선을 설치하고 관성효과, 리액턴스 성분을 증대시켜 방지한다.

③ 동기조상기 : 무부하 동기전동기를 송전계통에 연결하여 V곡선을 이용하여 전압조정과 역률개선에 이용된다.

05 정류기

(1) 다이오드(Diode)

① 접합형 다이오드 → PN(정류작용)

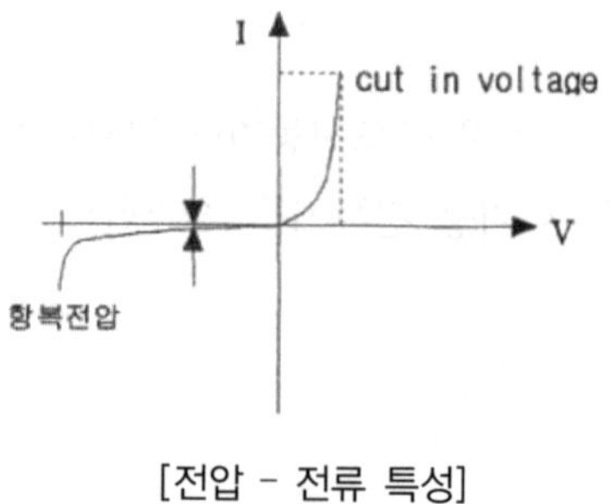

[전압 - 전류 특성]

㉠ cut in voltage : 순방향에서 전류가 현저히 증가하기 시작하는 전압

㉡ 항복전압 : 역바이어스 전압이 어떤 임계값에 도달하면 전류가 급격히 증가하여 전압 포화 상태를 나타내는 임계값(온도가 증가하면 항복전압도 증가)

㉢ 이상적인 다이오드 특성

ⓐ 순 바이어스 된 경우

- 전위 장벽이 낮아진다.
- 공간 전하 영역의 폭이 좁아진다.
- 전장이 약해진다(이온화 감소).

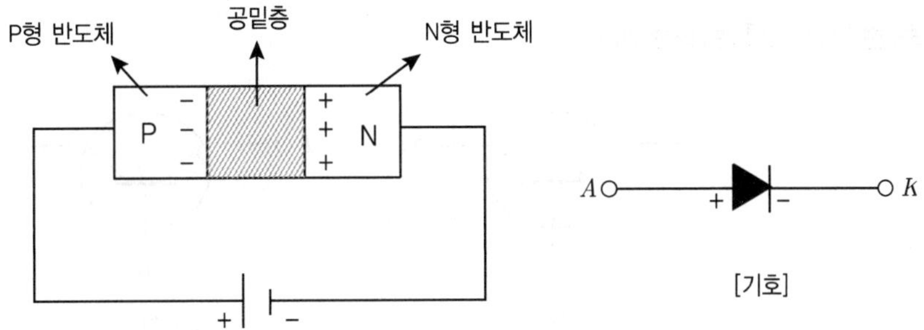

ⓑ 역 바이어스 된 경우

- 전위 장벽이 높아진다.
- 공간 전하 영역의 폭이 넓어진다.
- 전장이 강해진다.

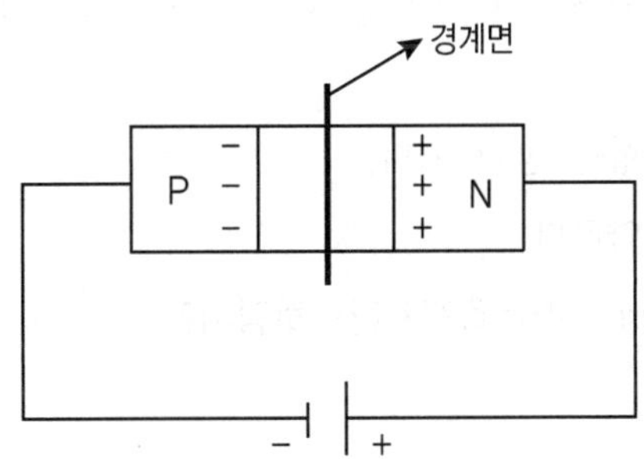

(2) 제너다이오드

① 목적 : 전원전압을 안정하게 유지

② 특징

㉠ 직렬 연결 : 과전압으로부터 보호

㉡ 병렬 연결 : 과전류로부터 보호

㉢ 정·부 온도계수를 갖는다.

(3) 터널다이오드

응용 : 증폭작용, 발진작용, 개폐(스위치)작용

(4) 바랙터다이오드 : 가변용량 다이오드

(5) 트랜지스터(Transistar)

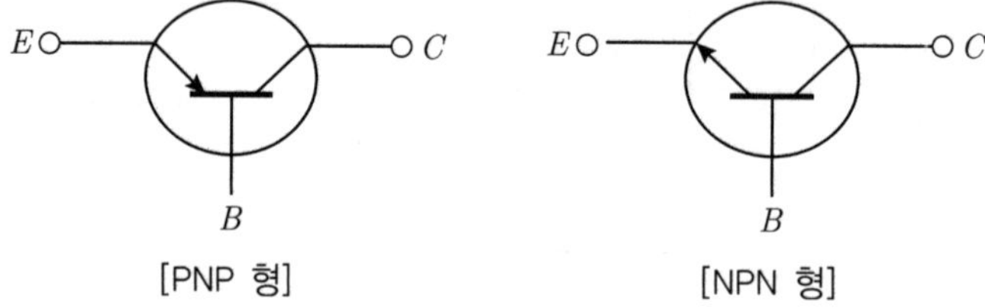

[PNP 형] [NPN 형]

① 트랜지스터의 특징

㉠ 장점

- 소형 경량이며 소비전력이 적다.
- 기계적 강도가 크며 수명이 길다.
- 시동이 순간적이며 비교적 낮은 전압에 분포한다.

㉡ 단점

- 온도의 영향을 받기 쉽다.
- 대전력에 약하다.

② 스위칭 시간(Turn off)=축적시간+하강시간

(6) 특수저항소자

① 서어미스터

㉠ 열 의존도가 큰 반도체를 재료로 사용한다.

㉡ 온도계수는 (+)를 갖고 있다.

㉢ 온도 보상용으로 사용한다.

② 바리스터(varistor)

㉠ 서어지 전압에 대한 회로 보호용

㉡ 전압에 따라 저항치가 변화하는 비직선 저항체

㉢ 비직선적인 전압 전류 특성을 갖는 2단자 반도체 장치

③ 사이리스터(thyristor)

㉠ 속도제어(전압, 위상, 주파수)

㉡ 특징과 용도

- 고전압 대전류의 제어가 용이하다.
- 게이트의 신호가 소멸해도 온 상태를 유지할 수 있다.
- 수명은 반영구적이다. 신뢰성이 높다.
- 서지전압, 전류에도 강하다.
- 소형, 경량이며 기기나 장치에 부착이 용이하다.
- 기계식 접점에 비하여 온-오프 주파수 특성이 좋다.

㉢ 종류 ★★★

ⓐ SCR(silicon conteolled rectifier) : 정류 기능, 위상제어기능 ★★★

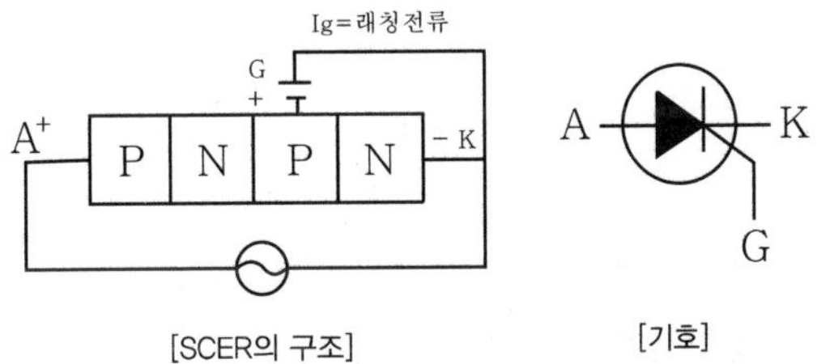

[SCER의 구조] [기호]

㉮ 단방향 3단자 소자

㉯ 이온 소멸시간이 짧다.
(에노우드 : ⊕ 전압 , 캐소드 : ⊖ 전압 , 게이트 : ⊕ 전압)

㉰ 게이트 전류에 의해서 방전 개시 전압을 제어할 수 있다.

㉱ PNPN 구조로써 (-) 저항 특성이 있다.

㉲ 다이라트론과 기능 비슷하다.

㉳ 소형이면서 대전력용

- ON ⇨ OFF : 전원전압을 (-)로 한다.

- turn on
  - 게이트 전류에 의해
  - 브레이크 오우버에 의해서
  - 빛에 의해서
- 브레이크 오우버 전압
  - 제어 정류기의 게이트가 도전 상태로 들어가는 전압

ⓑ SCS(silicon conteolled switch)

㉮ 단방향 4단자 소자

㉯ 게이트가 2개인 광소자

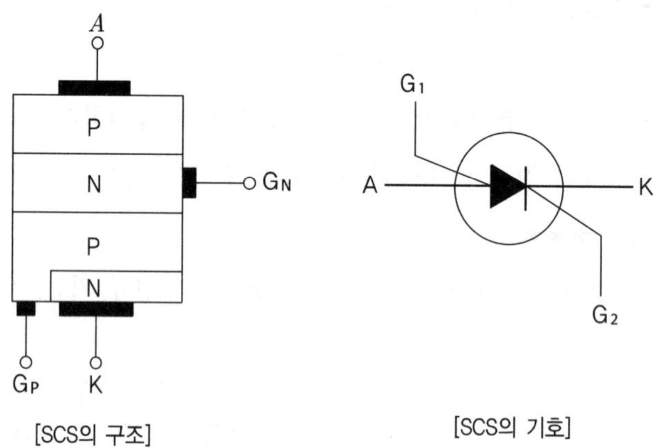

[SCS의 구조] [SCS의 기호]

ⓒ SSS(silicon symetrical switch)

㉮ 쌍방향 2단자소자

㉯ OFF ⇨ ON 상태 : 브레이크 오버전압 이상의 펄스를 가한다.

㉰ 조광제에, 온도제어에 이용된다.

㉱ 자기회복 능력이 뛰어나다.

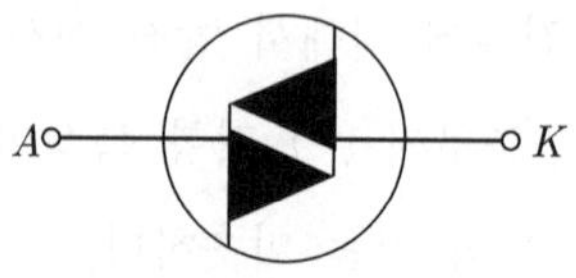

[SSS의 기호]

ⓓ DIAC

㉮ NPN 3층 구조

㉯ 쌍방향성 2단자소자

㉰ 부성저항 AC전력

ⓔ TRIAC(triode switch for AC)

㉮ 쌍방향 3단자 소자

㉯ SCR 역병렬 구조와 같다.

㉰ 교류 전력을 양극성 제어

㉱ 과전압에 의해서 파괴 안 됨

㉲ 트라이액+포토커플러 조합 : 교류 무접점 회로

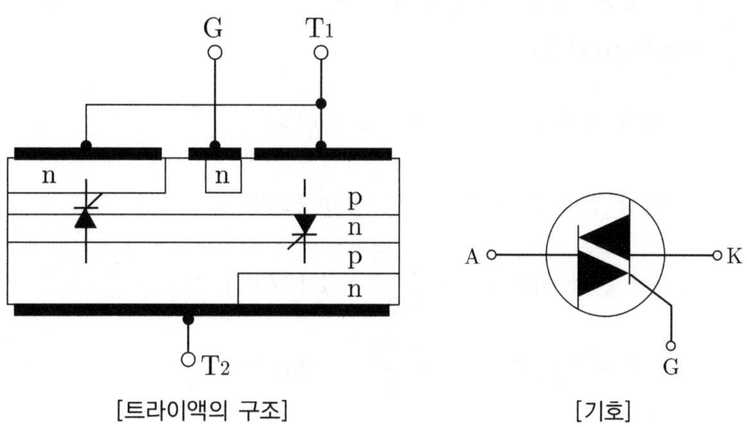

[트라이액의 구조]　　　　[기호]

ⓕ PUT(programmable unjunction transistor)

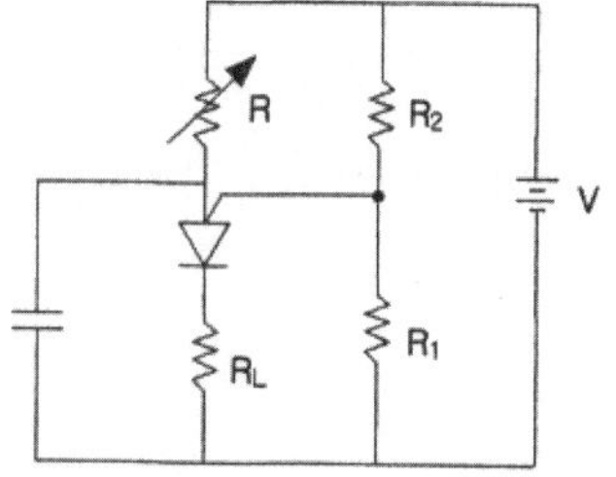

$$\eta = \frac{R_1}{R_1 + R_2}$$

⑧ GTO

㉮ 자기소호기능이 가장 좋다. 자기소호기능이란 On 상태에서 Off

㉯ 게이트에 부(-)신호로 줄 때 소호되는 소자

(7) 정류회로

① 맥동률

$$v = \frac{\text{출력전압(전류)의 포함된 맥동분}}{\text{출력전압(전류)의 직류분}} \times 100[\%]$$

㉠ 맥동률 최소 : 3상 전파★★★

㉡ 맥동률 최대 : 단상 반파

② 정류작용(AC-DC)

㉠ 단상 반파 $E_d = \frac{\sqrt{2}}{\pi}E = 0.45E[\text{V}]$

㉡ 단상 전파 $E_d = \frac{2\sqrt{2}}{\pi}E = 0.90E[\text{V}]$

㉢ 3상 반파 정류 $E_d = \frac{3\sqrt{3}}{\sqrt{2}\pi} = 1.17E[\text{V}]$

㉣ 3상 전파 정류 $E_d = \frac{3\sqrt{2}}{\pi} = 1.35E[\text{V}]$

㉤ 수은 정류기 m상일 때 → $E_d = \frac{\sqrt{2}E\sin\frac{\pi}{m}}{\frac{\pi}{m}}[\text{V}]$

06 전기계측

– 전기요소 계측 및 원리

(1) 계측기 기본이론

전기적 물리량, 즉 전압 · 전류 · 전력 · 전기저항 · 전력량 · 주파수 등을 측정하는 일이 전기 계측이다.

(2) 전압계와 전류계

① 전압계 : 부하와 병렬로 연결하여 전압을 측정하는 기기

② 전류계 : 부하와 직렬 연결하여 전류를 측정하는 기기

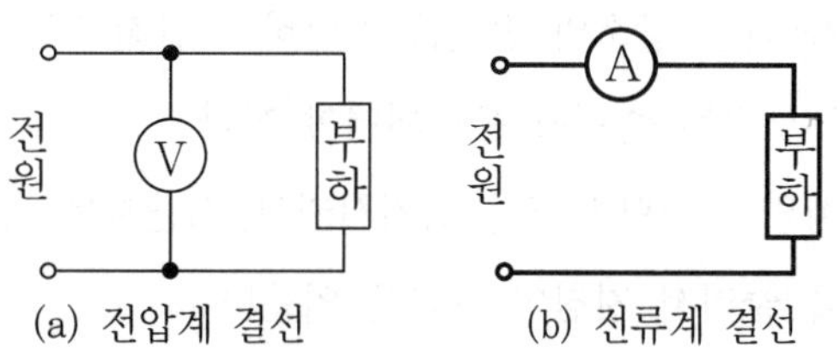

[전압계와 전류계의 결선]

(3) 배율기와 분류기

① 배율기 : 전압계의 측정범위 확대를 위해 전압계에 직렬로 접속되어 사용되는 저항기

② 분류기 : 전류계의 측정범위 확대를 위해 전류계에 병렬로 접속되어 사용되는 저항기

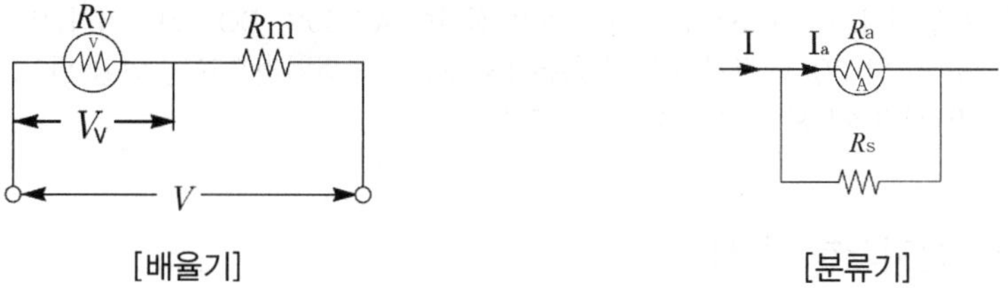

[배율기] [분류기]

배율기	분류기
측정전압 $V=V_v\left(1+\frac{R_m}{R_v}\right)$[V]	측정하고자 하는 전류 $I=I_a\left(1+\frac{R_a}{R_s}\right)$[A]
배율기 저항 $R_m=(M-1)R_v$[Ω]	분류기 저항 $R_s=\frac{1}{n-1}R_a$[A]
M : 배율 $\left(M=\frac{V}{V_v}\right)$	n : 배율 $\left(n=\frac{I}{I_a}\right)$
V[V] : 측정하고자 하는 전압 V_v[V] : 전압계 지시값 R_v[Ω] : 전압계 내부저항 R_m[Ω] : 배율기 저항	I[A] : 측정하고자 하는 전류 I_a[A] : 전류계 지시값 R_a[A] : 전류계 내부저항 R_s[A] : 분류기 저항

(4) 절연저항계

① 절연저항계 측정 방법

㉠ 측정하고자 하는 장소의 전원을 차단하고 안전조치 실시한다.

㉡ 모든 선로가 전원 측에서 분리되어야 한다.

㉢ 절연저항계의 접지단자 E를 접지시키고, L단자를 측정물에 접속한다.

㉣ 측정버튼을 눌러서 지침의 눈금을 읽는다.

② 절연저항 측정 : 전기설비와 기기들의 절연저항 측정은 메거(Megger)를 사용한다.

[판별기준]

전로의 사용전압[V]	DC 시험전압[V]	절연저항[MΩ]
SELV 및 PELV	250	0.5
FELV, 500V 이하	500	1.0
500V 초과	1,000	1.0

[주] 특별저압(extra low voltage : 2차 전압이 AC 50V, DC 120V 이하)으로 SELV(비접지회로 구성) 및 PELV(접지회로 구성)은 1차와 2차가 전기적으로 절연된 회로, FELV는 1차와 2차가 전기적으로 절연되지 않은 회로

(5) 저항 및 접지저항 측정

① 저항 측정

㉠ 저저항 측정(1Ω 이하)

- 캘빈더블 브리지법 : 10^{-15}~1[Ω] 정도의 저 저항 정밀 측정에 사용된다.

㉡ 중저항 측정(1[Ω]~10[kΩ] 정도)

- 전압강하법의 전압 전류계법 : 백열전구의 필라멘트 저항 측정 등에 사용된다.
- 휘스톤 브리지법

㉢ 특수 저항 측정

- 검류계의 내부저항 : 휘스톤 브리지법
- 전해액의 저항 : 콜라우시 브리지법
- 접지저항 : 콜라우시 브리지법

② 오차율과 보정률

㉠ 오차율$=\dfrac{M-T}{T}$(M : 지시값, T : 참값)

㉡ 보정률$=\dfrac{T-M}{M}$(M : 지시값, T : 참값)

③ 접지저항 측정

㉠ 전자식 접지저항계 측정방법

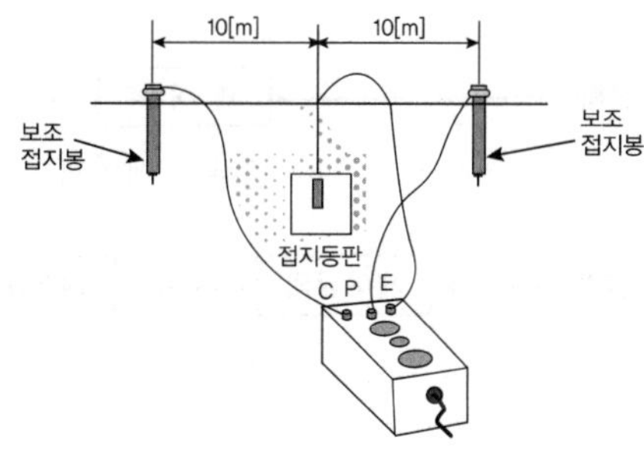

㉡ 콜라우시 브리지법

$$R_X=\frac{1}{2}(R_{ab}+R_{ca}-R_{bc})[\Omega]$$

여기서, R_{ab} : 접지극 a와 접지극 b 사이의 저항

R_{ca} : 접지극 a와 보조접지극 c 사이의 저항

R_{bc} : 접지극 bc 상호간의 저항

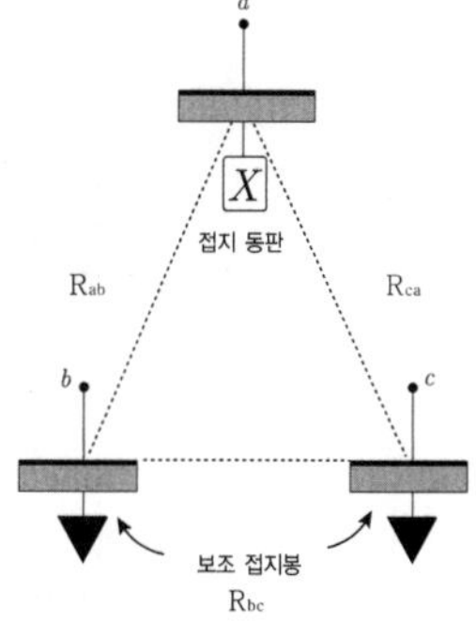

07 제어의 기초

(1) 자동 제어

어떤 동작을 하도록 만들어진 장치가 자동으로 동작하도록 필요한 동작을 가하는 것을 말하며 개회로 제어계(open – loop system)와 폐회로 제어계(closed – control system)가 있다.

(2) 피드백 자동제어계의 구성

① 정확성의 증가

② 계의 특성 변화에 대한 입력 대 출력비의 감도 감소

③ 비선형성과 왜형에 대한 효과의 감소

(3) 자동제어계의 구성

① 제어계의 기본 구성요소

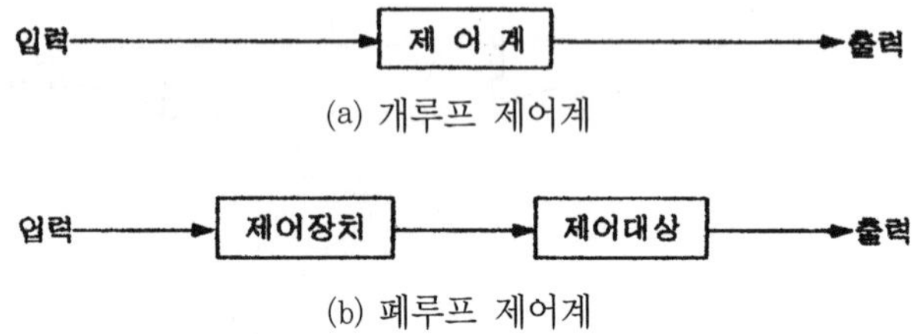

(a) 개루프 제어계

(b) 폐루프 제어계

② 피드백 제어계의 구성 ★★★★★

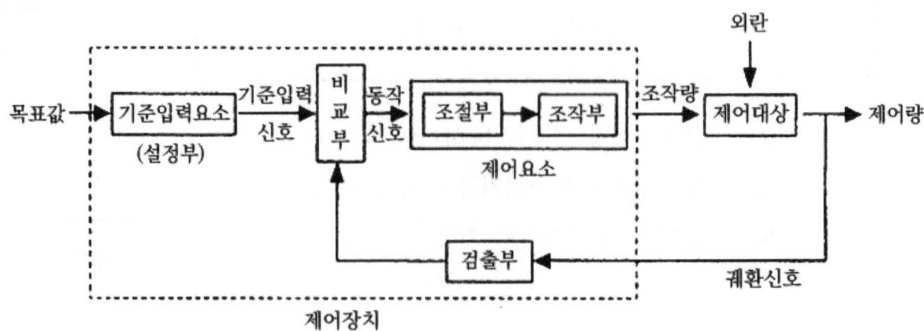

③ 제어계 구성요소

㉠ 목표값 : 제어계의 설정되는 값으로서 제어계의 가해지는 입력

㉡ 기준입력요소 : 목표값에 비례하는 신호인 기준입력 신호를 발생시키는 장치

㉢ 동작신호 : 목표값과 제어량 사이에서 나타나는 편차값으로서 제어요소의 입력신호

㉣ 제어요소 : 조절부와 조작부로 구성되어 있으며 동작신호를 조작량으로 변환하는 장치

㉤ 제어장치 : 기준입력요소, 제어요소, 검출부, 비교부 등과 같은 제어동작이 이루어지는 제어계

㉥ 조작량 : 제어장치 또는 제어요소의 출력이면서 제어대상의 입력인 신호

㉦ 제어대상 : 제어기구로서 제어장치를 제외한 나머지 부분

㉧ 제어량 : 제어계의 출력으로서 제어대상에서 만들어지는 값

㉨ 외란 : 제어량에 바람직하지 않은 영향을 주는 외적 입력

㉩ 검출부 : 제어량을 검출하는 부분으로서 입력과 출력을 비교할 수 있는 비교부에 출력신호를 공급하는 장치

08 제어계의 요소 및 구성

(1) 목표값에 의한 분류

① 정치제어(constant-value control)

목표값이 시간적으로 변화하지 않고 일정한 제어 : 프로세스 제어, 자동 조정 제어

② 추치제어(follow-up control) : 목표값이 시간적으로 변화하는 경우의 제어

㉠ 추종제어 : 임의로 변화하는 제어로 서보 기구에 이에 속한다.

• 대공포, 자동평형 계기, 추적 레이더

㉡ 프로그램 제어(program control)

• 목표값의 변화가 미리 정해진 신호에 따라 동작 : 무인열차, 엘리베이터, 자판기 등)

③ 비율제어 : 시간에 따라 비례하여 변화(보일러, 밧데리 등)

(2) 제어량에 의한 분류 ★★★

① 서보 기구(기계적인 변위량) : 위치, 방위, 자세, 거리, 각도 등

② 프로세스 제어(공업 공정의 상태량) : 밀도, 농도, 온도, 압력, 유량, 습도 등

③ 자동 조정 기구(전기적, 기계적 양) : 속도, 전위, 전류, 힘, 주파수 등

(3) 동작에 의한 분류

① 불연속동작에 의한 분류(사이클링 발생)

㉠ On-Off 제어(2스위치 제어)

㉡ 샘플링

② 연속 동작

$$\text{전달함수 } G(s) = \frac{\text{출력}}{\text{입력}} = \frac{Y(s)}{X(s)}$$

㉠ 비례제어(P제어)

$$G(s) = K$$

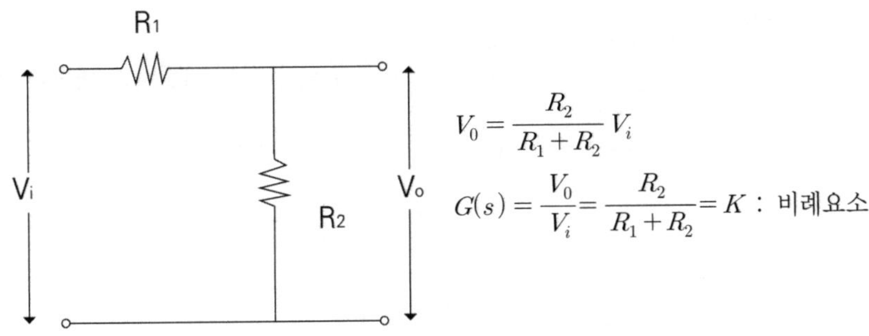

- Off-set(오프셋, 잔류 편차, 정상편차, 정상오차)가 발생, 속응성(응답속도)이 나쁘다.

㉡ 미분제어(D제어)

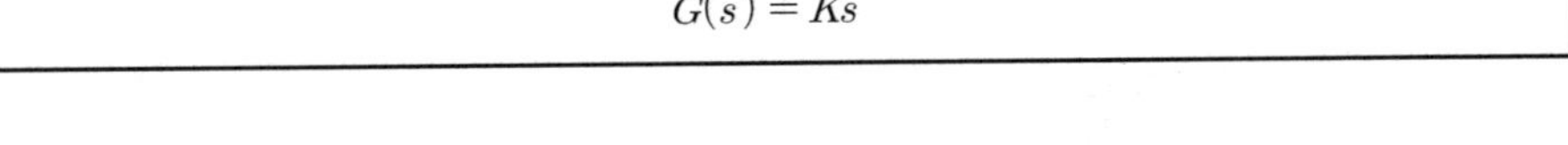

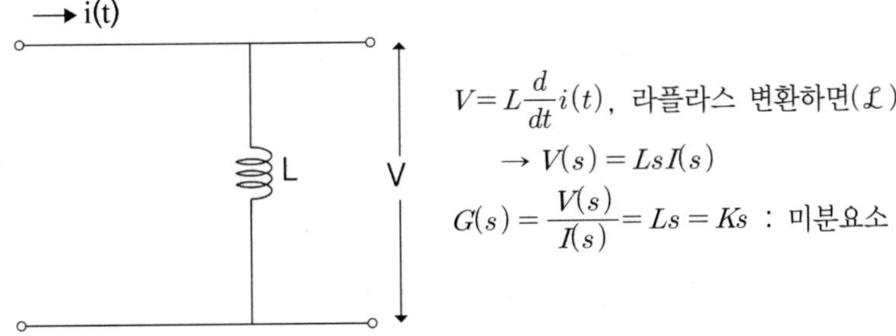

- 진동을 억제하여 속응성(응답속도)을 개선한다.
- 제어 오차가 검출될 때 오차가 변화하는 속도에 비례하여 조작량을 가감하도록 하는 동작으로서 오차가 커지는 것을 미연에 방지한다.

㉢ 적분제어(I제어)

$$G(s) = \frac{K}{s}$$

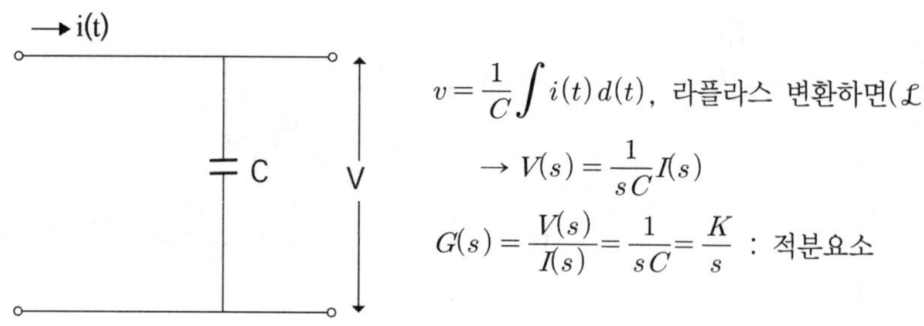

$$v=\frac{1}{C}\int i(t)\,d(t),\ \text{라플라스 변환하면}(\mathcal{L})$$

$$\rightarrow V(s)=\frac{1}{sC}I(s)$$

$$G(s)=\frac{V(s)}{I(s)}=\frac{1}{sC}=\frac{K}{s}\ :\ \text{적분요소}$$

• 응답특성을 개선하여 off-set(오프셋, 잔류 편차, 정상편차, 정상오차)를 제거한다.

㉣ 비례적분 제어(PI 제어)

$$G(s)=K\left(1+\frac{1}{T_i s}\right)$$

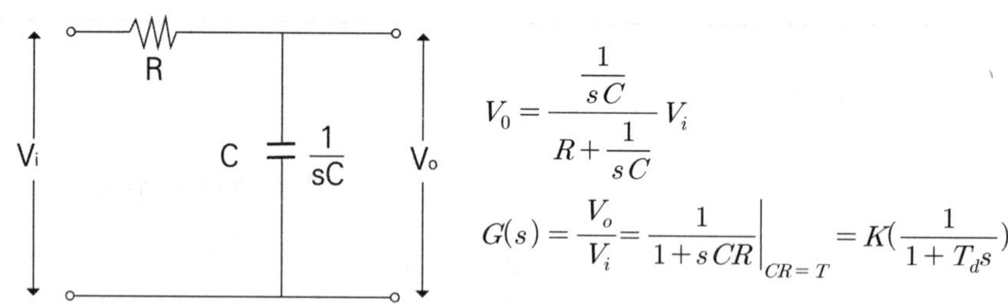

$$V_0=\frac{\frac{1}{sC}}{R+\frac{1}{sC}}V_i$$

$$G(s)=\frac{V_o}{V_i}=\frac{1}{1+sCR}\bigg|_{CR=T}=K(\frac{1}{1+T_d s})$$

• 비례동작에 의하여 발생하는 잔류 편차를 소멸하기 위해서 적분 동작을 부가시킨 제어로써 제어결과가 진동적으로 되기 쉬우나 잔류편차가 적다.

㉤ 비례미분제어(PD 제어)

$$G(s)=K(1+T_d\,s)$$

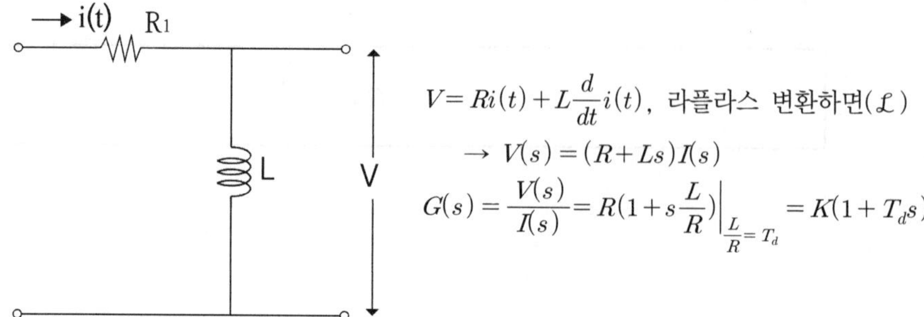

$$V=Ri(t)+L\frac{d}{dt}i(t),\ \text{라플라스 변환하면}(\mathcal{L})$$

$$\rightarrow V(s)=(R+Ls)I(s)$$

$$G(s)=\frac{V(s)}{I(s)}=R(1+s\frac{L}{R})\bigg|_{\frac{L}{R}=T_d}=K(1+T_d s)$$

• 제어 결과가 빨리 도달하도록 미분동작을 부가한 동작이며 응답 속응성(응답속도)의 개선에 사용된다.

ⓗ 비례미분 적분제어(PID 제어)

$$G(s) = K\left(1 + T_d\, s + \frac{1}{T_i s}\right)$$

• 최상의 최적제어로서 off-set을 제거하며 속응성(응답속도) 또한 개선하여 안정한 제어가 되도록 한다.

참/고 ★★★★★

[조절부의 동작에 의한 분류]

구 분		특 징
연속제어	비례제어(P동작)	잔류편차(off-set) 발생
	미분제어(D동작)	오차가 커지는 것을 미연 방지, 진동억제
	적분제어(I동작)	잔류편차(off-set) 제거
	비례적분 제어(PI 동작)	잔류편차를 제거하여 정상특성 개선, 간헐현상 발생
	비례적분 제어(PD 동작)	오버슈트(overshoot) 감소, 응답속도 개선
	비례미분적분제어(PID 동작)	PI+PD, 가장 최적의 제어동작
불연속제어	on-off 제어(2스위치 제어)	

09 라플라스 변환

(1) 정의

복잡한 시간 함수나 주파수 함수를 간단한 복소 함수로 변환하는 것

정의 : $F(s) = \mathcal{L}[f(t)] = \int_0^{\infty} f(t)e^{-st}dt$

$f(t)$를 라플라스 변환하면 $F(s)$가 된다.

(2) 기본함수의 라플라스 변환

① 단위계단함수(인디셜 함수) : 단위충격함수

$$u(t) = 1$$

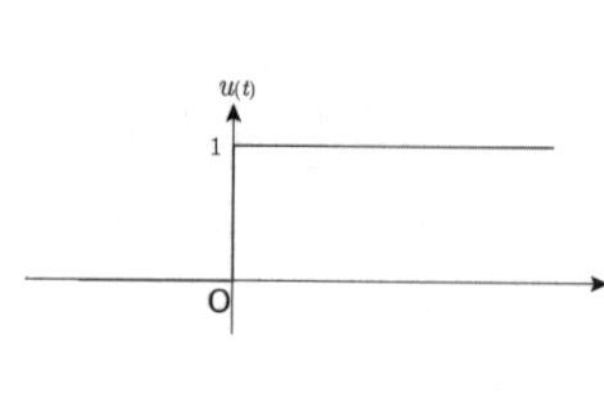

$$\mathcal{L}[u(t)] = \int_0^{\infty} u(t)e^{-st}dt = \int_0^{\infty} 1\cdot\ e^{-st}dt$$
$$= -\frac{1}{s}e^{-st} = 0 - \left(-\frac{1}{s}\right) = \frac{1}{s}$$

[참고]

$$\frac{d}{dt}e^{-st} = -se^{-st} \qquad \int e^{-st}dt = \frac{1}{s}e^{-st}$$

② 단위임펄스함수 : $\delta(t)$

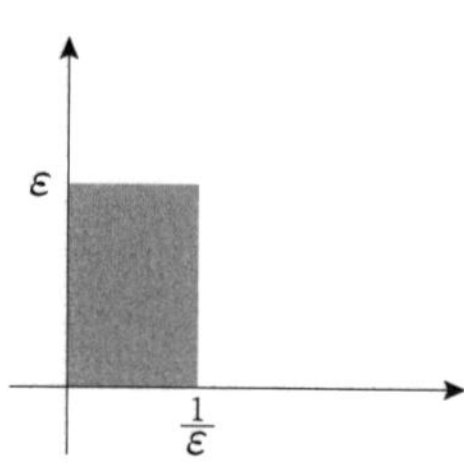

$$\delta(t) = \lim_{\epsilon \to 0}\frac{1}{\epsilon}[u(t) - u(t-\epsilon)]$$
$$\mathcal{L}[\delta(t)] = \int_0^{\infty} \delta(t)e^{-st}dt = \lim_{\epsilon \to 0}\frac{1}{\epsilon}\int_0^{\infty}[u(t) - u(t-\epsilon)]e^{-st}dt$$
$$= \lim_{\epsilon \to 0}\frac{1}{\epsilon}\cdot\ \frac{1-e^{-\epsilon s}}{s} = \lim_{\epsilon \to 0}\frac{\frac{d}{d\epsilon}(1-e^{-\epsilon s})}{\frac{d}{d\epsilon}\epsilon s} = \frac{s}{s} = 1$$

■ **참/고**

[L'Hospital의 정리]

$$\lim_{x\to a}\frac{f(x)}{g(x)}\Rightarrow\frac{0}{0},\ \frac{\infty}{\infty}(g'(x)\fallingdotseq 0)$$

$$\lim_{x\to a}\frac{f(x)}{g(x)}=\lim_{x\to a}\frac{f'(x)}{g'(x)}$$

③ 단위경사함수

기울기가 1인 함수 : $f(t)=tu(t)$

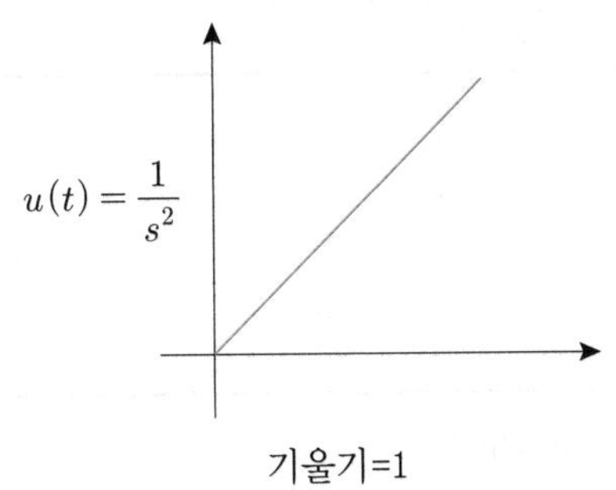

$$\mathcal{L}[tu(t)]=\int_0^\infty t\cdot e^{-st}dt=-\frac{t}{s}e^{-st}-\int_0^\infty\left(-\frac{1}{s}\right)e^{-st}dt$$

$$=0+\frac{1}{s^2}=\frac{1}{s^2}$$

[참고]

$$f(t)g(t)=\int f'(t)g(t)dt+\int f(t)g'(t)dt$$

$$-\frac{t}{s}\cdot e^{-st}=\int\left(-\frac{1}{s}\right)e^{-st}dt+\int-\frac{t}{s}\cdot(-se^{-st})dt$$

④ 상수함수(계단함수) : $f(t)=K$

$$\mathcal{L}[K]=\int_0^\infty Ke^{-st}dt=K\int_0^\infty e^{-st}dt=\frac{K}{s}$$

⑤ 시간함수 : t^n

$$\mathcal{L}[t^n]=\int_0^\infty=t^ne^{-st}dt=\frac{n!}{s^{n+1}}$$

■ **참/고**

$[n\neq n\times(n-1)\times(n-2)\times...\times3\times2\times1]$

$\mathcal{L}[t^2]=\frac{2!}{s^3}$, $\mathcal{L}[t^3]=\frac{3!}{s^4}$

⑥ 지수감쇠함수 : $e^{\pm at}$

$$\mathcal{L}[e^{\pm at}] = \int_0^\infty e^{\pm at} e^{-st} dt = \int_0^\infty e^{-(s \pm a)t} dt = \frac{1}{s \mp a}$$

⑦ 삼각함수 : 오일러의 정리

$$e^{j\theta} = \cos\theta + j\sin\theta \qquad \sin\theta = \frac{1}{2j}(e^{j\theta} - e^{-j\theta})$$

$$e^{-j\theta} = \cos\theta - j\sin\theta \qquad \cos\theta = \frac{1}{2}(e^{j\theta} + e^{-j\theta})$$

(3) 라플라스 변환의 재정리

① 시간추이정리

$$\mathcal{L}[f(t \pm a)] = F(s)e^{\pm as}$$

[증명]

$$\mathcal{L}[f(t-a)] = \int_0^\infty f(t-a)e^{-st}dt$$

$t-a=\tau \rightarrow dt=d\tau,\ t=\tau+a$

$$\mathcal{L}[f(t-a)] = \int_0^\infty f(\tau)e^{-s(\tau+a)}d\tau = \int_0^\infty f(\tau)e^{-s\tau} \cdot e^{-as}d\tau = F(s)e^{-as}$$

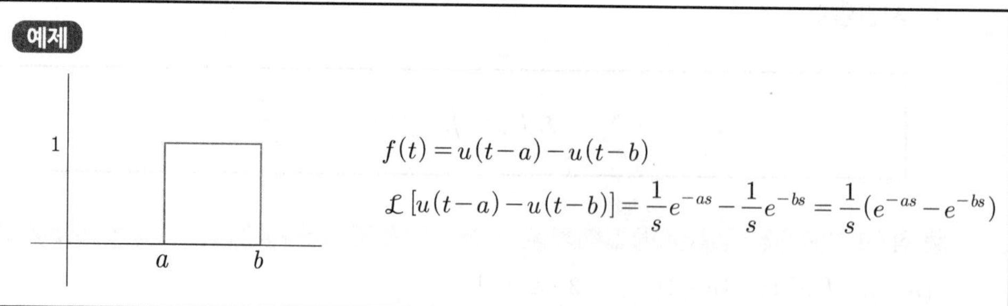

$f(t) = u(t-a) - u(t-b)$

$\mathcal{L}[u(t-a) - u(t-b)] = \frac{1}{s}e^{-as} - \frac{1}{s}e^{-bs} = \frac{1}{s}(e^{-as} - e^{-bs})$

② $f(t)$를 라플라스 변환하면 $F(s)$가 된다. 다음과 같다.

구분	$f(t)$: 시간함수	$F(s)$: 주파수함수
임펄스함수	$\delta(t)$	1
단위계단함수	$u(t)$, 1	$\frac{1}{s}$
단위램프함수	t	$\frac{1}{s^2}$
n차 램프함수	t^n	$\frac{n!}{s^{n+1}}$
정현파 함수	$\sin\omega t$	$\frac{\omega}{s^2+\omega^2}$
	$\cos\omega t$	$\frac{s}{s^2+\omega^2}$
지수감쇠 함수	e^{-at}	$\frac{1}{s+a}$
지수감쇠램프함수 복소추이	$t^n e^{at}$	$\frac{n!}{(S+a)^{n+1}}$
정현파 램프함수	$t\sin\omega t$	$\frac{2\omega s}{(s^2+\omega^2)^2}$
	$t\cos\omega t$	$\frac{s^2-\omega^2}{(s^2+\omega^2)^2}$
지수감쇠정현파함수	$e^{-at}\sin\omega t$	$\frac{\omega}{(s+a)^2+\omega^2}$
	$e^{-at}\cos\omega t$	$\frac{s+a}{(s+a)^2+\omega^2}$
쌍곡선함수	$\sinh\omega t$	$\frac{\omega}{s^2-\omega^2}$
	$\cosh\omega t$	$\frac{s}{s^2-\omega^2}$

(4) 라플라스의 성질

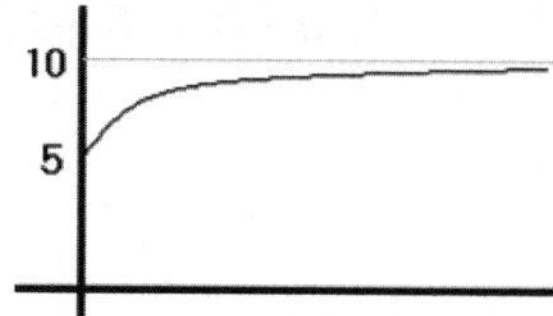

$t=0$일 때 초기값
$t=\infty$일 때 최종값
(최종값 : 정상값 : 목표값)

① 초기값 정리 : $\lim_{t \to 0} f(t) = \lim_{s \to \infty} sF(s)$

② 최종값 정리 : $\lim_{t \to \infty} f(t) = \lim_{s \to 0} sF(s)$

참/고

[초기값 정리]

$f(0+) = \lim_{t \to 0} f(t) = \lim_{s \to \infty} sF(s)$

(5) 역 라플라스 변환

① $\mathcal{L}^{-1}[F(s)] = f(t)$

② 부분분수 전개법에 의한 경우 : 분모가 인수분해가 되는 경우 헤비사이드(Heaviside)의 부분분수 전개법을 이용한다.

예제 $F(s) = \dfrac{2s+3}{s^2+3s+2} = \dfrac{K_1}{s+1} + \dfrac{K_2}{s+2}$

$K_1 = \dfrac{2s+3}{s+2}\Big|_{s=-1} = 1$

$K_2 = \dfrac{2s+3}{s+1}\Big|_{s=-2} = 1$

$\therefore\ F(s) = \dfrac{1}{s+1} + \dfrac{1}{s+2} = \mathcal{L}^{-1}[F(s)] = e^{-t} + e^{-2t}$

10 전달함수

모든 초기값을 0으로 한 상태에서 입력신호의 라플라스변환에 대한 출력신호의 라플라스변환과의 비를 전달함수라고 한다. ★★★

입력 r(t) → [제어시스템 G(s)] → 출력 c(t)
R(s) → C(s)

$$G(s) = \frac{C(s)}{R(s)} = \frac{Y(s)}{X(s)} = \frac{\text{라플라스 변환시킨 출력}}{\text{라플라스 변환시킨 입력}}$$

[제어요소정리(K : 이득상수)] ★★★

비례요소	$G(s) = K$
적분요소	$G(s) = \frac{K}{s}$
미분요소	$G(s) = Ks$
1차 지연요소	$G(s) = \frac{K}{1+Ks}$
2차 지연요소	$G(s) = \frac{\omega_n^2}{s^2 + \delta\omega_n s + \omega_n^2}$ (δ : 제동비), $\frac{1}{T} = \omega_n$(고유각주파수)
부동작요소	$G(s) = Ke^{-Ts}$

(1) 전기회로의 t함수와 s함수

① R만의 회로

$$v(t) = Ri(t) \rightarrow V(s) = RI(s)$$

$$v(t) = L\frac{d}{dt}i(t) \rightarrow V(s) = LsI(s)$$

$$v(t) = \frac{1}{C}\int i(t)dt \rightarrow V(s) = \frac{1}{Cs}I(s)$$

(2) 직렬보상회로

제어계의 순방향 전달함수에 보상요소를 직렬로 삽입하여 계 전체의 특성을 개선하는 것

① **진상보상회로** : 출력신호의 위상이 입력 신호 위상보다 앞서도록 하는 보상회로

진상보상회로(미분회로)

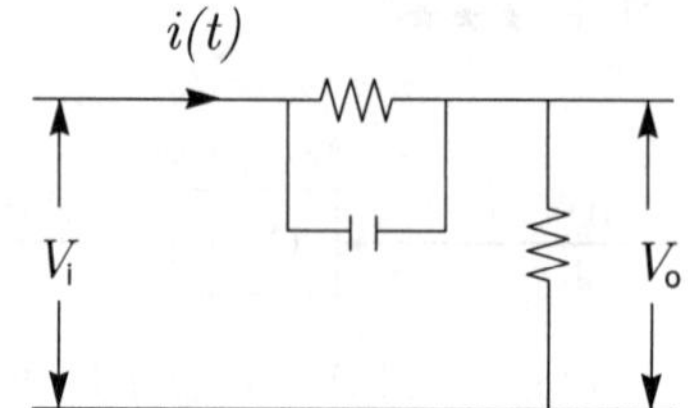

$$G(s)=\frac{s+b}{s+a}(a>b)$$: 분모가 커야 한다.

$$G(s)=\frac{R_2}{\dfrac{1}{\dfrac{1}{R_1}+Cs}+R_2}=\frac{R_2}{\dfrac{R_1}{1+R_1Cs}+R_2}$$

$$=\frac{R_2(1+R_1Cs)}{R_1+R_2(1+R_1Cs)}=\frac{R_2+R_1R_2Cs}{R_1+R_2+R_1R_2Cs}$$

$$=\frac{s+\dfrac{R_2}{R_1R_2C}}{s+\dfrac{R_1+R_2}{R_1R_2C}}=\frac{s+b}{s+a}$$

∴ 진상보상회로 : $a>b$

② **지상보상회로** : 출력신호의 위상이 입력 신호의 위상보다 뒤지도록 하는 보상회로

지상보상회로(적분회로)

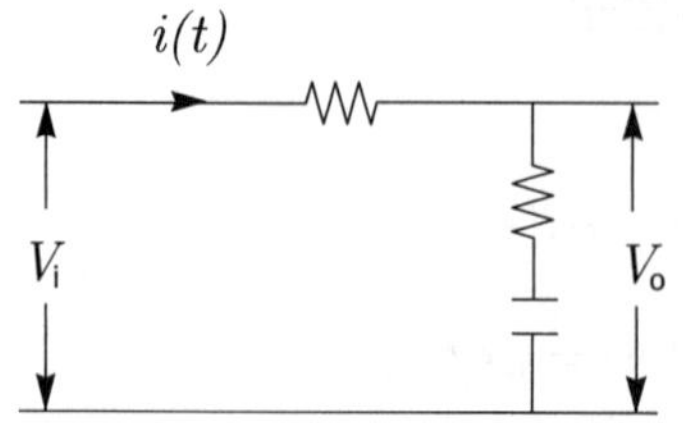

$$G(s)=\frac{a(s+b)}{b(s+a)}(b>a)$$: 지상보상회로

$$G(s)=\frac{a(s+b)}{b(s+a)}\ b>a$$: 지상보상회로

$$G(s)=\frac{V_0(s)}{V_i(s)}=\frac{\frac{1}{Cs}+R_2}{R_1+\frac{1}{Cs}+R_2}=\frac{R_2Cs+1}{(R_1+R_2)Cs+1}$$

$$=\frac{1+R_2Cs}{1+\frac{R_2Cs}{\frac{R^2}{R_1+R_2}}}=\frac{1+\alpha Ts}{1+Ts}\left(\alpha=\frac{R_2}{R_1+R_2},\ \alpha T=R_2C\right)$$

∴ 지상보상회로 : $\alpha<1$

③ 진지상보상회로

진지상보상회로

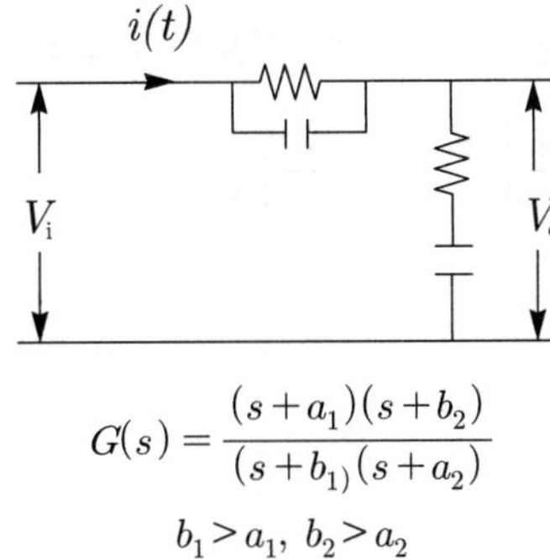

$$G(s)=\frac{(s+a_1)(s+b_2)}{(s+b_{1)}(s+a_2)}$$

$b_1>a_1,\ b_2>a_2$

$$G(s)=\frac{(s+a_2)(s+b_2)}{(s+b_1)(s+b_2)}$$

$b_1>a_1,\ b_2>a_2$

$$G(s)=\frac{V_0(s)}{V_i(s)}=\frac{R_2+\frac{1}{Cs}}{\frac{R_1\cdot\frac{1}{sC_1}}{R_1+\frac{1}{sC_1}}+\frac{1}{C_2s}+R_2}$$

11 블록선도와 신호흐름선도

(1) 블록선도

$$G(s) = \frac{C(s)}{R(s)} = \frac{\text{경로}}{1-\text{폐로}}$$

① 경로 : 입력에서 출력으로 가는 각 소자의 곱

② 폐로 : 입력으로 되돌아 오는 각 소자의 곱

(2) 신호흐름선도

• 정의 : 제어계의 특성을 블록선도 대신 신호의 흐름의 방향을 전달과정으로 표시

• 공식 $G = \frac{G_k \cdot \Delta_k}{\Delta} = \frac{\text{전향경로}}{\text{loop의 값}} = \frac{\text{경로}}{1-\text{폐로}}$

(3) 블록선도의 등가 변환

① 피드백 접속의 등가 변환

$E(s) = R(s) \mp B(s)$

$C(s) = G(s)E(s)$

$B(s) = H(s)C(s)$

$\therefore\ C(s) = \{R(s) \mp H(s)C(s)G(s)\}$

$$C(s) = \frac{G(s)}{1 \pm G(s)H(s)}R(s)$$

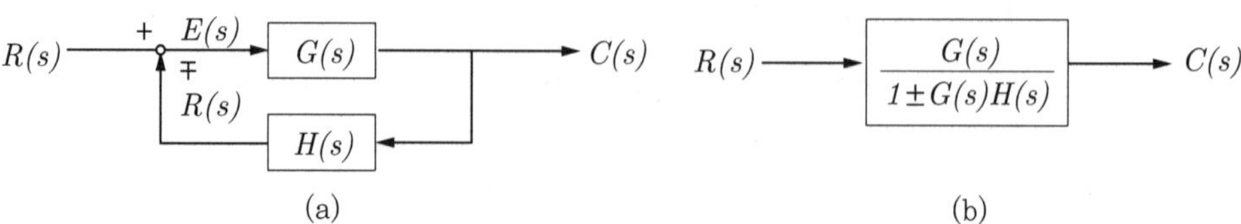

[피드백 접속의 등가 변환]

② 신호흐름선도

기본 연산의 신호흐름선도

㉠ 덧셈

그림 (a)의 신호 흐름 선도의 선형 방정식은,

$$y_3 = ay_1 + by_2$$

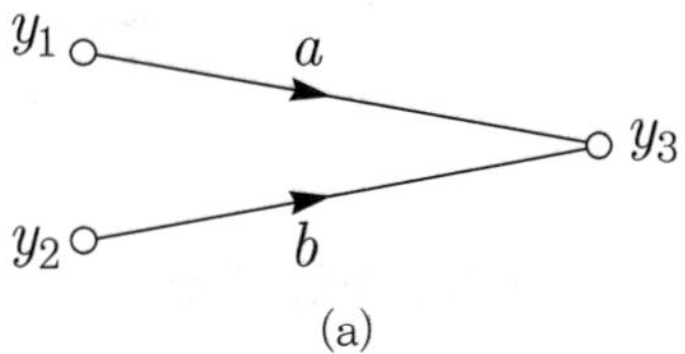

(a)

그림 (b)의 신호 흐름 선도의 선형 방정식은,

$$y_2 = (a+b)y_1$$

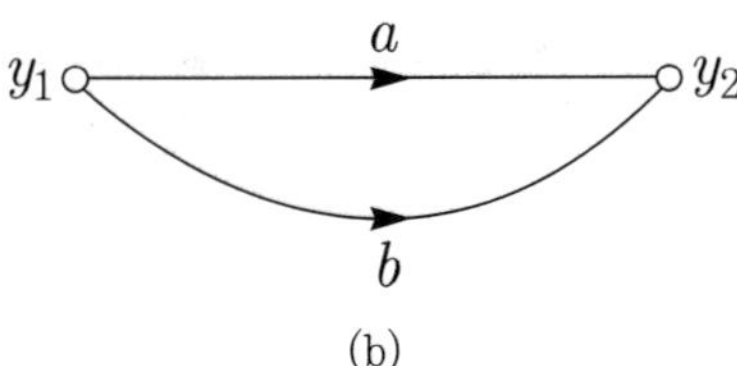

(b)

㉡ 곱셈

그림 (c)의 신호 흐름 선도의 선형 방정식은,

$$y_4 = abcy_1$$

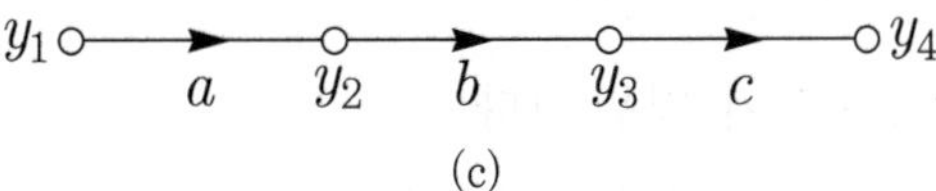

(c)

㉢ 피드백 루프

그림 (d)의 신호 흐름 선도의 선형 방정식은,

$$y_2 = \frac{a}{1+ab} y_1$$

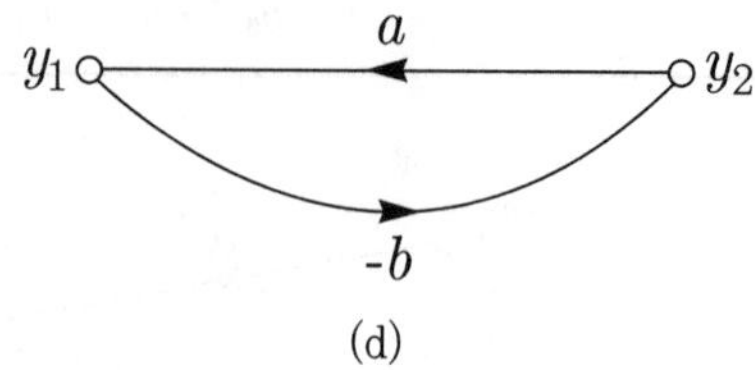

(d)

그림 (e)의 신호 흐름 선도의 선형 방정식은,

$$y_2 = \frac{a}{1+b} y_1$$

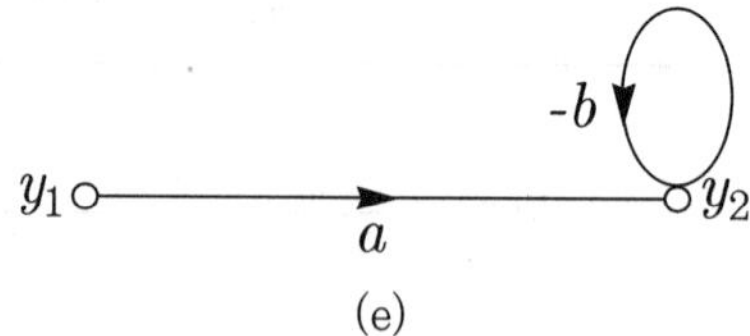

(e)

(4) 연산증폭기

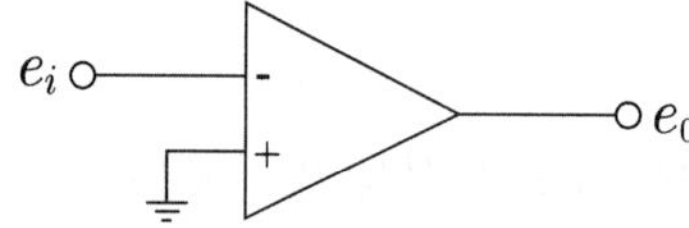

① 연산증폭기의 특징

㉠ 입력 임피던스가 매우 크다.

㉡ 출력 임피던스가 매우 작다.

㉢ 전력, 전압 증폭도가 매우 크다.

㉣ 정, 부(+, −) 2개의 전원이 필요하다.

② 연산증폭기의 종류

㉠ 미분기

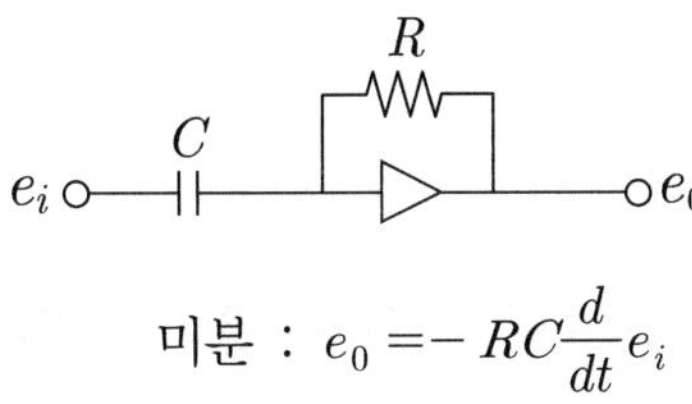

$$\text{미분} : e_0 = - RC\frac{d}{dt}e_i$$

㉡ 적분기

$$\text{적분} : e_0 = - \frac{1}{RC}\int e_i \cdot dt$$

㉢ 반전증폭기

$$e_0 = - \frac{R_2}{R_1}e_i$$

콘덴서가 앞에 있으면 미분회로 뒤에 있으면 적분회로이다.

12 자동제어계의 과도 응답

(1) 오버슈트

과도상태 중 계단입력을 초과하여 나타나는 출력의 최대 편차량

$$\text{백분율 오버 슈트} = \frac{\text{최대 오버 슈트}}{\text{최종 목표값}} \times 100[\%]$$

(2) 지연시간(시간늦음)

정상값의 50%에 도달하는 시간

(3) 상승시간

정상값의 10~90%에 도달하는 시간

(4) 정정시간

응답의 최종값의 허용 범위가 5~10% 내에 안정되기까지 요하는 시간

(5) 감쇠비

$$\text{감쇠비} = \frac{\text{제2 오버 슈트}}{\text{최대 오버 슈트}}$$

(6) 과도현상은 시정수가 클수록 오래 지속된다.

(7) 특성 방정식

폐루프 전달함수의 분모를 0으로 놓은 식, 이때의 근을 특성근이라 한다.

(8) 임펄스 응답

입력과 출력을 알면 임펄스 응답을 알 수 있다.

(9) 인디셜 응답

단위 계산 입력 신호에 대한 과도 응답

(10) 1차 제어계의 과도 응답

$$\frac{C(s)}{R(s)} = \frac{K_c}{Ts + K_c + 1} = \frac{K}{\tau + 1}$$

$$K = \frac{K_c}{K_c + 1},\ \tau = \frac{T}{K_c + 1}$$

$$C(t) = K(1 - e^{\frac{1}{\tau}t})$$

(11) 2차 제어계의 전달함수

$$G(s) = \frac{\omega_n^2}{s^2 + 2\delta\omega_n s + \omega_n^2}$$

특성 방정식 : $s^2 + 2\delta\omega_n s + \omega_n^2 = 0$($\delta$: 제동비, 감쇠계수 ω_n : 고유주파수)

근 : $s = -\delta\omega_n \pm j\omega_n\sqrt{1-\delta^2}$

① $\delta < 1$ 경우 : 부족제동 $s = -\delta\omega_n \pm j\omega_n\sqrt{1-\delta^2}$

② $\delta = 1$ 경우 : 임계제동 $s = -\omega_n$

③ $\delta > 1$ 경우 : 과제동 $s = -\delta\omega_n \pm \omega_n\sqrt{\delta^2 - 1}$

④ $\delta = 0$ 경우 : 무제동 $s = \pm j\omega_n$

참/고

[과도현상]

정상적인 현상이 일어나기 전에 발생하는 현상
→ 과도상태 이후 정상상태로 안정화 된다.

[$R-L-C$ 직렬회로]

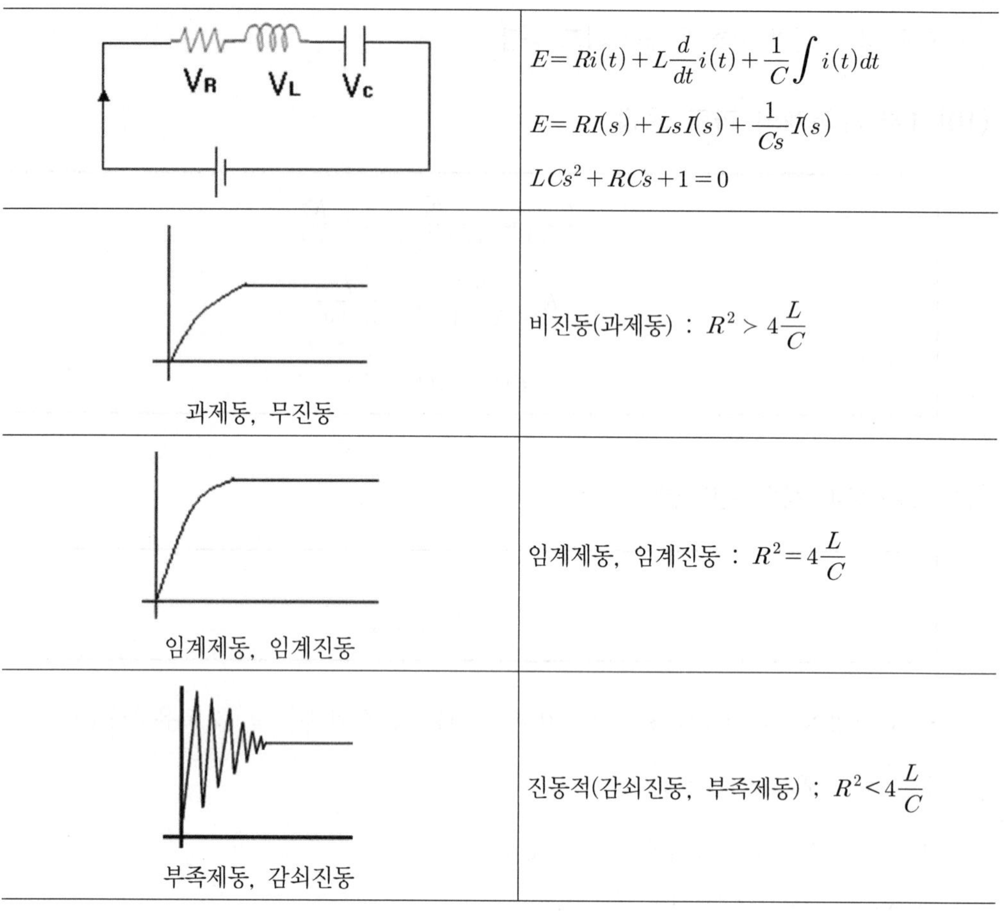

V_R V_L V_C	$E = Ri(t) + L\frac{d}{dt}i(t) + \frac{1}{C}\int i(t)dt$ $E = RI(s) + LsI(s) + \frac{1}{Cs}I(s)$ $LCs^2 + RCs + 1 = 0$
과제동, 무진동	비진동(과제동) : $R^2 > 4\frac{L}{C}$
임계제동, 임계진동	임계제동, 임계진동 : $R^2 = 4\frac{L}{C}$
부족제동, 감쇠진동	진동적(감쇠진동, 부족제동) ; $R^2 < 4\frac{L}{C}$

13 제어계의 안정도

제어계의 안정조건 : 특성 방정식의 근이 모두 S평명 좌반부에 존재할 것

① 절대 안정도 : 안정 여부만 판단하는 것(루스-후르비츠)

② 상대 안정도 : 안정된 정도를 나타내는 것(나이퀴스트)

(1) 루스 안정도 판별법

1) 루스의 안정도 판별법

$F(s)=1+G(s)H(s)=a_0s^n+a_1s^{n-1}+a_2s^{n-2}+...+a_{n-a}s+a_{n=0}$: 안정조건

① 모든 차수의 계수 a_0, a_1, a_2, $...,a_n=0$이 존재할 것

② 모든 차수의 계수 부호가 같을 것

③ 루스표의 제1열 모든 요소의 부호가 변하지 않을 것

→ 제1열의 부호가 변화하는 회수만큼의 특성근이 복소평면의 우반부에 존재한다.

참/고

[루스표]

s^n	a_0	a_2	a_4	a_6	$\cdots$
s^{n-1}	a_1	a_3	a_5	a_7	$\cdots$
s^{n-2}	A_1	A_2	A_3	A_4	$\cdots$
s^{n-3}	B_1	B_2	B_3	B_4	$\cdots$
.					
.					
.					
s^0					

$A_1=\dfrac{a_1a_2-a_0a_3}{a_1}$ $A_2=\dfrac{a_1a_4-a_0a_5}{a_1}$ $A_3=\dfrac{a_1a_6-a_0a_7}{a_1}\cdots$

$B_1=\dfrac{A_1a_3-a_1A_2}{A_1}$ $B_2=\dfrac{A_1a_5-a_1A_3}{A_1}$ $B_3=\dfrac{A_1a_7-a_1A_4}{A_1}$

예제 1 $F(s)=1+G(s)H(s)=s^4+2s^3+3s^2+s+5=0$

s^4	1	3	5
s^3	2	1	0
s^2	2.5	5	
s^1	−3	0	
s^0	5		

∴ 제1열의 부호가 2번 변화했으므로 특성근 2개가 우반부에 존재한다.

예제 2 $F(s)=s^4+6s^3+11s^2+6s+K=0$이 안정하기 위한 K의 범위는?

s^4	1	11	K
s^3	6	6	0
s^2	10	K	
s^1	$\frac{60-6K}{10}$	0	
s^0	K		

∴ $K>0$, $60-6K>0$이므로 $0<K<10$

(2) 나이퀴스트 안정도 판별법

특성방정식의 근들, 즉 $1+G(s)H(s)=0$의 영점들이 복소평면의 우반부에 존재하는가를 벡터궤적에 의하여 판별하는 방법

$$F(s)=1+G(s)H(s)=\frac{A(s)}{B(s)}=K\frac{(s-z_1)(s-z_2)...(s-z_n)}{(s-P_1)(s-P_2)...(s-P_n)}$$

14 제어기기

(1) 변환요소

변환량	변환요소
압력 → 변위	벨로우즈, 다이어프램, 스프링
변위 → 압력	노즐플래퍼, 유압 분사관, 스프링
변위 → 임피던스	가변저항기, 용량형 변환기
변위 → 전압	포텐셔미터, 차동변압기, 전위차계
전압 → 변위	전자석, 전자코일
광 → 임피던스	광전관, 광전도 셀, 광전 트랜지스터
광 → 전압	광전지, 광전 다이오드
방사선 → 임피던스	GM 관, 전리함
온도 → 임피던스	측온저항(열선, 서미스터, 백금, 니켈)
온도 → 전압	열전대

(2) 서보 전동기(Servo motor)

① 원칙적으로 정역이 가능하여야 한다.

② 저속이며 거침없는 운전이 가능하여야 한다.

③ 기계적 응답이 우수하여 속응성이 좋아야 한다.

④ 급감속, 급가속이 용이한 것이어야 한다.

⑤ 시정수가 작아야 하며, 기동토크가 커야한다.

(3) 서미스터

감열저항체 소자로서 온도 상승에 따라 저항이 감소하는 특성을 가지며, 주로 온도 보상용으로 사용된다.

(4) 제너 다이오드

제너 다이오드는 정전압 소자로 만든 PN 접합 다이오드로서 정전압 다이오드라고 하며, 전압의 안전을 위해 사용한다.

(5) 터널다이오드

증폭작용, 발진작용, 개폐작용

(6) 실리콘 정류 제어소자

① PNPN 구조

② 게이트 전류에 의하여 방전 개시 전압을 제어할 수 있다.

③ 특성 곡선에 부저항 부분이 있다.

(7) 제어계에 가장 많이 이용되는 전자 요소는 증폭기이다.

15 시퀀스 제어

정해진 순서에 따라 순차적으로 진행되는 제어를 시퀀스 제어라 한다.

(1) 논리 시퀀스 회로

① AND 회로 : 입력 A, B가 동시에 있을 때 출력이 생기는 회로

논리기호	논리식	진리표		
		A	B	Q
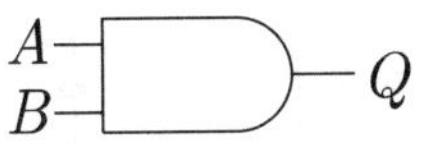 (A, B 입력, Q 출력 AND 게이트)	Q = A · B	0	0	0
		0	1	0
		1	0	0
		1	1	1

유접점회로	무접점회로
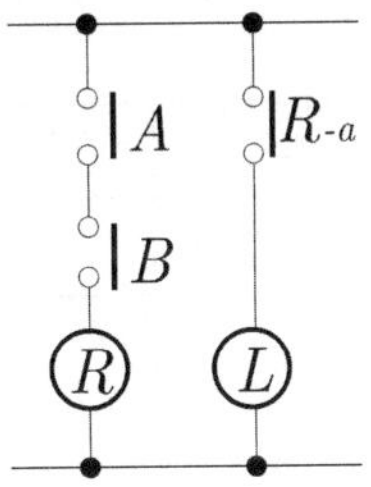 A, B, R_{-a}, R, L	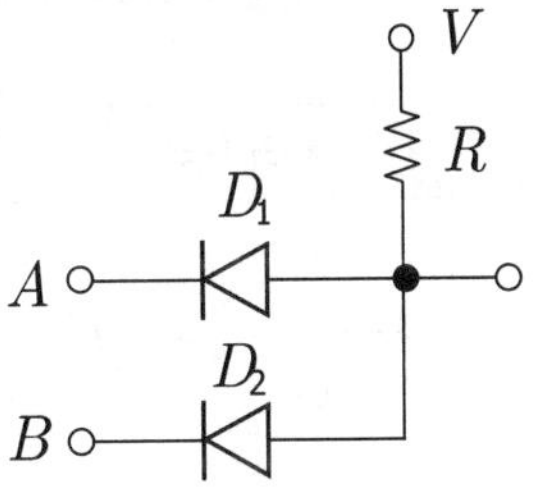 V, R, D_1, D_2, A, B

② OR 회로 : 입력 A, B 중 한 입력만 있어도 출력이 생기는 회로

논리기호	논리식	진리표		
		A	B	Q
A, B — OR — Q	Q = A + B	0 0 1 1	0 1 0 1	0 1 1 1

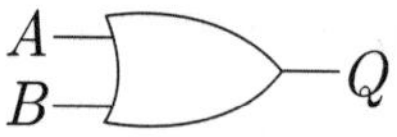

유접점회로	무접점회로
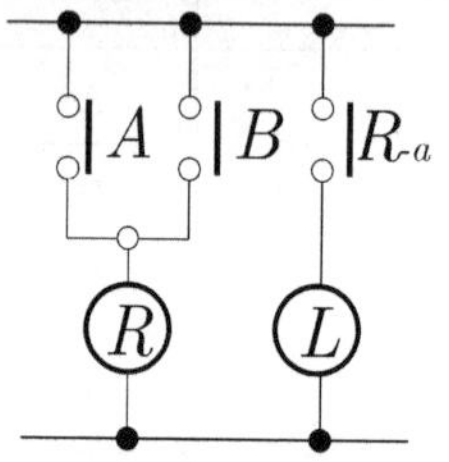 A, B, R_{-a}, R, L	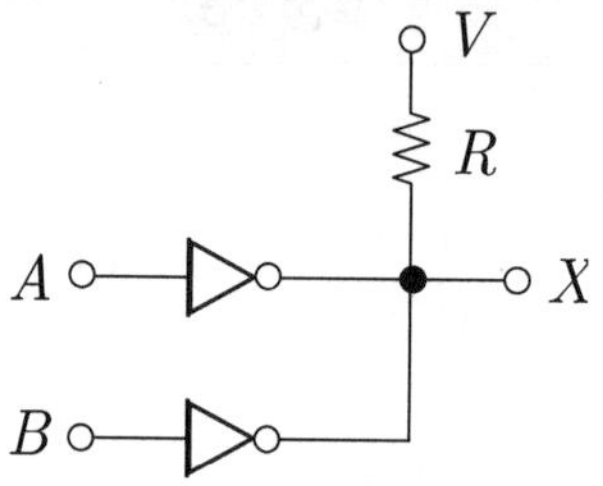 V, R, A, B, X

③ NOT 회로 : 입력과 출력의 상태가 반대로 되는 상태 반전회로, 부정의 기능을 갖는 회로

논리기호	논리식	진리표	
		A	Q
A — NOT — Q	$Q = \overline{A}$	0 1	1 0

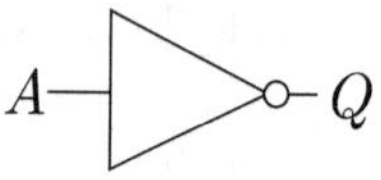

유접점회로	무접점회로
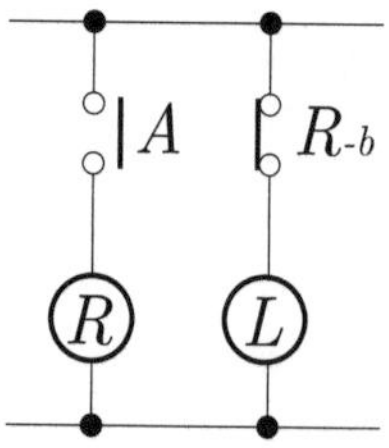 A, R_{-b}, R, L	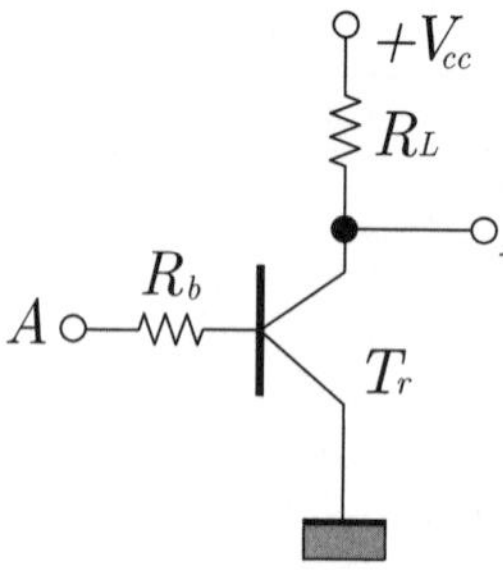 $+V_{cc}$, R_L, X, R_b, A, T_r

④ NAND 회로 : AND 회로를 부정하는 판단 기능을 갖는 회로, AND + NOT로 구성

논리기호	논리식	진리표		
		A	B	Q
A, B → Q	$Q = \overline{A \cdot B}$	0	0	1
		0	1	1
		1	0	1
		1	1	0

유접점회로	무접점회로
A, B, R-b, R, L	$+V_{cc}$, X, D_1, D_A, D_2, T_r

⑤ NOR 회로 : OR 회로를 부정하는 판단기능을 갖는 회로, OR + NOT로 구성

논리기호	논리식	진리표		
		A	B	Q
A, B → Q	$Q = \overline{A + B}$	0	0	1
		0	1	0
		1	0	0
		1	1	0

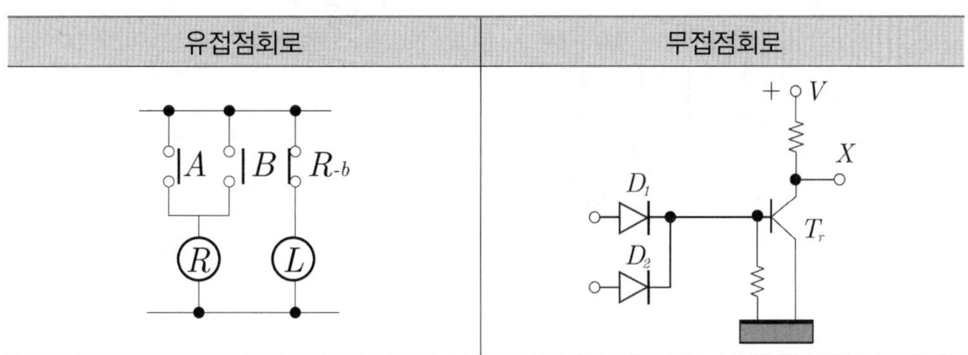

⑥ EOR 회로(Exclusive OR) : 두 입력의 상태가 다를 때에만 출력이 생기는 판단기능을 갖는 회로

논리기호	논리식	진리표		
		A	B	Q
	$Q=A\overline{B}+\overline{A}B$	0	0	0
		0	1	1
		1	1	1
		1	0	0

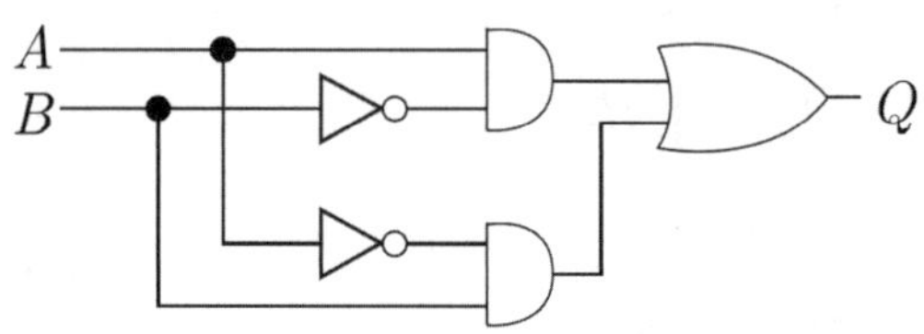

(2) 접점의 종류

① a접점 : 평상시 열려있는 접점

② b접점 : 평상시 닫혀 있는 접점

③ c접점 : a와 b 변환접점

(3) 전자계전기(RELAY)

전자력에 의하여 접점을 개폐하는 기능을 가지는 제어기구로 릴레이와 전자개폐기가 있다.

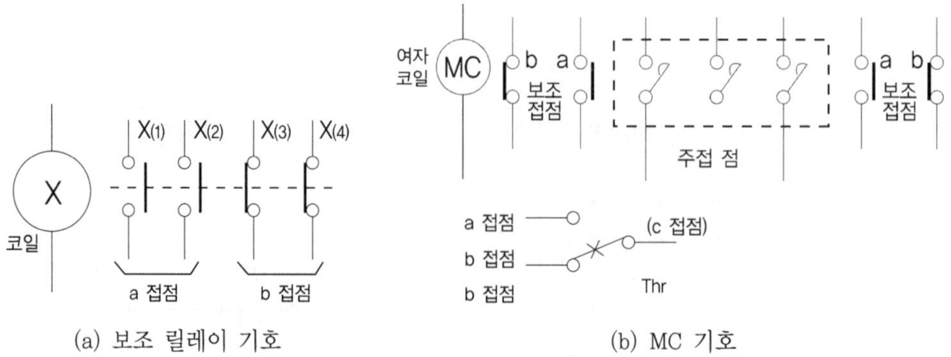

(a) 보조 릴레이 기호

(b) MC 기호

(4) 논리 변환과 논리 연산

① 분배 법칙

㉠ $A+(B \cdot C)=(A+B) \cdot (A+C)$

㉡ $A \cdot (B+C)=(A \cdot B)+(A \cdot C)$

② 2진수(0과 1)에서

㉠ $A+0=A$, $A \cdot 1=A$

㉡ $A+A=A$, $A \cdot A=A$

㉢ $A+1=1$, $A+\overline{A}=1$

㉣ $A \cdot 0=0$, $A \cdot \overline{A}=0$

㉤ $0+0=1$, $0+1=1$, $\overline{0}=1$

$0 \cdot 1=0$, $1 \cdot 1=1$, $\overline{1}=0$

③ DE Morgan의 정리

㉠ $\overline{A+B}=\overline{A} \cdot \overline{B}$, $\overline{AB}=\overline{A}+\overline{B}$

㉡ $A+B=\overline{\overline{A} \cdot \overline{B}}$, $A \cdot B=\overline{\overline{A}+\overline{B}}$

④ 동일 법칙

㉠ $A \cdot A=A$, $\overline{A} \cdot A=0$

㉡ $\overline{A} \cdot \overline{A}=\overline{A}$, $A \cdot \overline{A}=0$

⑤ 논리 대수의 연산법칙

㉠ 교환법칙 : $A+B=B+A$ $A \cdot B=B \cdot A$

㉡ 결합법칙 : $A+(B+C)=(A+B)+C$ $A \cdot (B \cdot C)=(A \cdot B) \cdot C$

㉢ 분배법칙 : $A+(B \cdot C)=(A+B) \cdot (A+C)$ $A \cdot (B+C)=A \cdot B+A \cdot C$

㉣ 흡수법칙 : $A+(A \cdot B)=A$ $A \cdot (A+B)=A$

PART 02

승강기기사 기출문제

01 2017년 03월 05일

01 승강기 개론

01 **비상용 엘리베이터는 소방관이 조작하여 엘리베이터 문이 닫힌 이후부터 몇 초 이내에 가장 먼 층에 도착하여야 하는가?**

① 30
② 60
③ 90
④ 120

해설 소방구조용 엘리베이터는 소방관 접근 지정 층에서 소방관이 조작하여 엘리베이터 문이 닫힌 이후부터 60초 이내에 가장 먼 층에 도착되어야 한다. 다만, 운행속도는 1m/s 이상이어야 한다.

02 **카 비상정지장치가 작동될 때 부하가 없거나 부하가 균일하게 분포된 카 바닥은 정상적인 위치에서 몇 %를 초과하여 기울여지지 않아야 하는가?**

① 1
② 3
③ 5
④ 6

해설 추락방지(비상정지)장치 작동 시 카 바닥의 기울기
카 추락방지(비상정지)장치가 작동될 때, 부하가 없거나 부하가 균일하게 분포된 카의 바닥은 정상적인 위치에서 5%를 초과하여 기울어지지 않아야 한다.

03 **정격속도 90m/min인 엘리베이터의 에너지분산형 완충기에 필요한 최소행정거리는 약 몇 mm인가?**

① 120 ② 152
③ 207 ④ 270

해설 에너지분산형 완충기 최소행정거리

$$0.0674v^2 = 0.0674 \times (\frac{90}{60})^2$$
$$= 0.15165[m] = 152[mm]$$

04 **승강로 내부의 작업구역으로 접근할 경우 사용하는 문이 만족하여야 할 내용으로 틀린 것은?**

① 승강로 내부 방향으로 열리지 않아야 한다.
② 폭은 0.6m 이상, 높이는 1.8m 이상이어야 한다.
③ 구멍이 없어야 하고 승강장문과 동일한 기계적 강도이어야 한다.
④ 열쇠로 조작되는 잠금장치가 있어야 하며, 열쇠 없이는 다시 닫히고 잠길 수 없어야 한다.

해설 출입문, 비상문 및 점검문은 다음과 같아야 한다.
㉮ 승강로, 기계실 · 기계류 공간 또는 풀리실 내부로 열리지 않아야 한다.
㉯ 열쇠로 조작되는 잠금장치가 있어야 하며, 그 잠금장치는 열쇠 없이 다시 닫히고 잠길 수 있어야 한다.
㉰ 기계실 · 기계류 공간 또는 풀리실 내부에서는 문이 잠겨 있더라도 열쇠를 사용하지 않고 열릴 수 있어야 한다.

정답 01 ② 02 ③ 03 ② 04 ④

05 **균형추(Counter Weight)의 오버밸런스율을 적절하게 하여야 하는 이유로 가장 타당한 것은?**

① 승강기의 출발을 원활하게 하기 위하여
② 승강기의 속도를 일정하게 하기 위하여
③ 승강기가 정지할 때 충격을 없애기 위하여
④ 트랙션비를 개선하여 와이어로프가 도르래에서 미끄러지지 않도록 하기 위하여

해설 견인비(Traction비)
① 카측 로프에 걸려 있는 중량과 균형추측 로프에 걸려 있는 중량의 비를 권상비(트랙션비)라 한다.
② 무부하 및 전부하의 상승과 하강 방향을 체크하여 1에 가깝게 하고 두 값의 차가 작게 되어야 로프와 도르래 사이의 견인비 능력, 즉 마찰력이 작아야 로프의 수명이 길게 되고 전동기의 출력을 작게 한다.

06 **무빙워크의 공칭속도는 몇 m/s 이하이어야 하는가?**

① 0.15 ② 0.35
③ 0.55 ④ 0.75

해설 무빙워크의 공칭속도는 0.75m/s 이하이어야 한다. 팔레트 또는 벨트의 폭이 1.1m 이하이고, 승강장에서 팔레트 또는 벨트가 콤에 들어가기 전 1.6m 이상의 수평주행구간이 있는 경우 공칭속도는 0.9m/s까지 허용된다.

07 **과부하감지장치는 과부하를 최소 75kg으로 계산하여 정격하중의 몇 %를 초과하기 전에 검출하여야 하는가?**

① 5 ② 10
③ 15 ④ 20

해설 과부하는 정격하중의 10%(최소 75kg)를 초과하기 전에 검출되어야 한다.

08 **간접식 유압엘리베이터에 대한 설명으로 틀린 것은?**

① 실린더의 점검이 쉽다.
② 비상정지장치가 필요 없다.
③ 플런저의 길이가 직접식에 비하여 짧기 때문에 설치가 간단하다.
④ 오일의 압축성 때문에 부하에 따른 카 바닥의 빠짐이 크다.

해설 간접식
플런저의 동력을 로프를 통하여 카에 전달하는 방식
① 실린더를 설치할 보호관이 불필요하며 설치가 간단하다.
② 실린더의 점검이 용이하다.
③ 승강로의 소요면적이 커진다.
④ 비상정지장치가 필요하다.
⑤ 카 바닥의 빠짐이 크다.

09 **일종의 압력조정밸브로 회로의 압력이 설정값에 도달하면 밸브를 열어 기름을 탱크로 돌려보냄으로써 압력이 과도하게 높아지는 것을 방지하는 것은?**

① 필터
② 안전밸브
③ 역저지밸브
④ 유량제어밸브

해설 안전밸브(Relief Valve)
일종의 압력조절밸브로서 회로의 압력이 설정값에 도달하면 밸브를 열고 오일을 탱크로 돌려보냄으로써 압력이 과도하게 상승하는 것을 방지한다.

정답 05 ④ 06 ④ 07 ② 08 ② 09 ②

10 교류 2단 속도 제어방식에서 크리프 시간이란 무엇인가?

① 저속주행시간
② 고속주행시간
③ 속도변환시간
④ 가속 및 감속시간

해설 교류 2단 속도제어방식
교류 2단 전동기의 속도비는 착상 오차 이외의 감속도, 감속 시의 저크(감속도의 변화 비율), 저속주행(크리프)시간, 전력회생의 균형으로 인하여 4 : 1이 가장 많이 사용된다. 속도 60m/min까지 적용 가능하다.

11 덤웨이터의 기계실에 설치될 수 있는 설비 및 장치로 틀린 것은?

① 환기를 위한 덕트
② 엘리베이터 또는 에스컬레이터 등 승강기의 구동기
③ 증기난방 및 고압 온수난방을 제외한 기계실의 공조기 또는 냉난방을 위한 설비
④ 소방 관련법령에 따라 기계실 천장에 설치되는 화재감지기 본체, 비상용 스피커 및 제어장치

해설 승강로, 기계실 · 기계류 공간 및 풀리실의 사용 제한
승강로, 기계실 · 기계류 공간 및 풀리실은 엘리베이터 전용으로 사용되어야 한다.
엘리베이터와 관계없는 배관, 전선 또는 그 밖에 다른 용도의 설비는 승강로, 기계실 · 기계류 공간 및 풀리실에 설치되어서는 안 된다. 다만, 다음과 같은 설비는 설치될 수 있으나, 해당 설비의 제어장치 또는 조절장치는 승강로, 기계실 · 기계류 공간 및 풀리실 외부에 있어야 한다.

12 기계실의 조명에 관한 설명으로 옳은 것은?

① 조명 스위치는 기계실 제어반 가까운 곳에 설치한다.
② 조명기구는 승강기 형식승인품을 사용하여야 한다.
③ 조도는 기기가 배치된 바닥면에서 200lx 이상이어야 한다.
④ 조명전원은 엘리베이터 제어전원에서 분기하여 사용하여야 한다.

해설 기계실 · 기계류 공간 및 풀리실 조도
기계실 · 기계류 공간 및 풀리실에는 다음의 구분에 따른 조도 이상을 밝히는 영구적으로 설치된 전기조명이 있어야 하며, 전원공급은 다음과 같다.
㉮ 작업공간의 바닥면 : 200ℓx
㉯ 작업공간 간 이동 공간의 바닥면 : 50ℓx

13 에스컬레이터를 하강방향으로 공칭속도 0.65m/s로 움직일 때 전기적 정지장치가 작동된 시간부터 측정할 경우 정지거리는 얼마를 만족하여야 하는가?

① 0.1m에서 0.8m 사이
② 0.2m에서 1.0m 사이
③ 0.3m에서 1.3m 사이
④ 0.4m에서 1.5m 사이

해설 에스컬레이터의 정지거리

공칭속도(v)	정지거리
0.50m/s	0.20m부터 1.00m까지
0.65m/s	0.30m부터 1.30m까지
0.75m/s	0.40m부터 1.50m까지

정답 10 ① 11 ④ 12 ③ 13 ③

14 **카 출입구의 하단에 설치하며, 승강로와 카 바닥면의 간격을 일정치 이하로 유지함으로써 카가 층과 층의 중간에 정지 시 승객이 엘리베이터 밖으로 나오려고 할 때 추락을 방지하는 것은?**

① 연락장치 ② 에이프런
③ 위치표시기 ④ 브레이스로드

해설 에이프런
카 문턱에는 에이프런이 설치되어야 한다.
에이프런의 폭은 마주하는 승강장 유효 출입구의 전체 폭 이상이어야 한다.

15 **엘리베이터를 3~8대 병설할 때에 각 카를 불필요한 동작 없이 합리적으로 운행되도록 관리하는 조작방식은?**

① 범용방식
② 군관리방식
③ 군승합자동식
④ 하강승합전자동식

해설 군관리방식(Supervisory Control)
엘리베이터를 3~8대 병설할 때 각 카를 불필요한 동작 없이 합리적으로 운행 관리하는 조작방식이다. 운행 관리의 내용은 빌딩의 규모 등에 따라 여러 가지가 있지만 출·퇴근 시의 피크 수요, 점심식사 시간 및 회의 종례 시 등 특정 층의 혼잡 등을 자동적으로 판단하고 서비스 층을 분할하거나 집중적으로 카를 배차하여 능률적으로 운전하는 것이다.

16 **가이드레일에 있어서 패킹이란 무엇을 말하는가?**

① 가이드레일에 강판을 말아서 성형한 것이다.
② 대용량의 엘리베이터에 사용되는 가이드레일들을 말한다.
③ 가이드레일에 보강재를 부착하여 강도를 높이는 것이다.
④ 승강로 내의 반입과 관계없는 5m 이상의 가이드레일이다.

해설 보강재(패킹)
승강로 구조상으로 인해 레일 브래킷의 고정위치가 한계를 초과할 경우 강재를 붙여 보강한다.

17 **소형과 저속 엘리베이터의 경우 로프에 걸리는 장력이 없어져서 휘어짐이 생겼을 때 즉시 운전회로를 차단하고 비상정지장치를 작동시키는 것은?**

① 슬랙로프 세이프티
② 플렉시블 웨지 클램프
③ 플렉시블 가이드 클램프
④ 점차 작동형 비상정지장치

해설 슬랙 로프 세이프티(Slack Rope Satety)
순간식 추락방지(비상정지)장치의 일종으로 소형과 저속의 엘리베이터에 적용하며 로프에 걸리는 장력이 없어져 로프의 저짐 현상이 생길 때 추락방지(비상정지)장치를 작동시키는 것이다.

18 **엘리베이터의 고층화로 승강 높이가 높아져 카의 위치를 따라 로프 자중의 무게 불균형과 이동케이블 자중의 무게 불균형이 커지는 것을 방지하기 위하여 설치하는 것은?**

① 기계대 ② 균형체인
③ 에이프런 ④ 가이드레일

해설 균형체인 및 균형로프의 기능
① 이동케이블과 로프의 이동에 따라 변화되는 하중을 보상하기 위하여 설치한다.
② 카 하단에서 피트를 경유하여 균형추의 하단으로 로프와 거의 같은 단위길이의 균형체인이나 균형로프를 사용하여 90% 정도 보상한다.
③ 고층용 엘리베이터에는 균형체인을 사용할 경우 소음의 문제가 있어 균형로프를 사용한다.

정답 14 ② 15 ② 16 ③ 17 ① 18 ②

19 엘리베이터에 사용되는 전동기의 슬립을 s라 하면 전동기 속도(N)는 몇 rpm인가? [단, P는 극수, f는 주파수(Hz)이다.]

① $N=\dfrac{120P}{f}\times(1-s)$

② $N=\dfrac{120f}{P}\times(1-s)$

③ $N=\dfrac{60P}{f}\times(1-s)$

④ $N=\dfrac{60f}{P}\times(1-s)$

해설 전동기의 전부하 회전수

$N=N_s\times(1-s)=\dfrac{120f}{P}\times(1-s)[\text{rpm}]$

[P는 극수, f는 주파수(Hz)]

20 문 닫힘 안전장치에서 물리적인 접촉에 의해 작동되는 장치는?

① 광전장치

② 초음파 장치

③ 세이프티 슈

④ 도어 인터록

해설 문 닫힘 안전장치

도어의 선단에 이물질 검출장치를 설치하여 그 작동에 의해 닫히는 문을 멈추게 하는 장치

㉮ 세이프티 슈(Safety Shoe) : 카 도어 앞에 설치하여 물체 접촉 시 동작하는 장치

㉯ 광전장치(Photo Electric Device) : 광선 빔을 이용한 비접촉식 장치

㉰ 초음파장치(Ultrasonic Door Sensor) : 초음파의 감지 각도를 이용한 장치

02 승강기 설계

21 종탄성계수 $E=7{,}000\text{kg/mm}^2$, 직경=12mm인 로프를 6본 사용하는 엘리베이터의 적재하중이 1,150kg, 카자중 1,700kg일 때, 권상로프의 늘어난 길이는 약 몇 mm인가? (단, 승강행정은 60m이다.)

① 30 ② 36

③ 41 ④ 46

해설 탄성에 의한 연신율

$\delta=\dfrac{P\cdot H}{N\cdot A\cdot E}=\dfrac{(1{,}150+1{,}700)\times60\times10^3}{6\times\dfrac{\pi}{4}\times12^2\times7{,}000}$

$=36[\text{mm}]$

P : 로프에 걸리는 하중

H : 로프의 길이

N : 로프 본수

E : 로프의 종탄성계수

A : 로프의 단면적

22 주어진 조건과 같은 엘리베이터의 무부하 및 전부하시의 트랙션비는 각각 약 얼마인가?

- 적재하중 : 3,000kg
- 카자중 : 2,000kg
- 행정거리 : 90m
- 적용로프 : 1m당 0.6kg의 로프 6본
- 오버밸런스율 : 45%
- 균형체인 : 90% 보상

① 무부하 시 : 1.47, 전부하 시 : 1.58

② 무부하 시 : 1.52, 전부하 시 : 1.47

③ 무부하 시 : 1.58, 전부하 시 : 1.60

④ 무부하 시 : 1.60, 전부하 시 : 1.46

정답 19 ② 20 ③ 21 ② 22 ④

해설 ㉮ 무부하 시 : 빈 카가 최상층에 있는 경우의 견인비

$$T=\frac{2{,}000+3{,}000\times0.45+90\times6\times0.6}{2{,}000+90\times6\times0.6\times0.9}=1.60$$

㉯ 전부하 시 : 만원인 카가 최하층에 있는 경우의 견인비

$$T=\frac{2{,}000+3{,}000+90\times6\times0.6}{2{,}000+3{,}000\times0.45+90\times6\times0.6\times0.9}=1.46$$

23 전기식 엘리베이터의 제어회로 및 안전회로의 경우 전도체와 전도체 사이 또는 전도체와 접지 사이의 직류전압 평균값 및 교류전압 실효값은 최대 몇 V 이하이어야 하는가?

① 220
② 250
③ 380
④ 450

해설 제어회로 및 안전회로의 경우 전도체와 전도체 사이 또는 전도체와 접지 사이의 직류전압 평균값 및 교류전압 실효값은 250V 이하이어야 한다.

24 비상통화장치에 대한 설명으로 틀린 것은?

① 비상통화장치는 정상전원으로만 작동하여야 한다.
② 구출활동 중에 지속적으로 통화할 수 있는 양방향 음성통신이어야 한다.
③ 승객이 외부의 도움을 요청하기 위하여 쉽게 식별 가능하고 접근이 가능하여야 한다.
④ 카 내와 외부의 소정의 장소를 연결하는 통화장치는 당해 시설물의 관리인력이 상주하는 장소에 이중으로 설치되어야 한다.

해설 비상통화장치 및 내부통화시스템
기계실 또는 비상구출운전을 위한 장소에는 카 내와 통화할 수 있도록 비상전원공급장치에 의해 전원을 공급받는 내부통화 시스템 또는 유사한 장치가 설치되어야 한다.

25 소선의 표면에 아연도금을 하여 녹이 쉽게 나지 않기 때문에 습기가 많은 장소에 적합한 와이어로프는?

① A종
② B종
③ E종
④ G종

해설 소선 강도에 의한 분류

구분	파단 하중	특 징
G종	150	소선의 표면에 아연도금을 한 것으로, 녹이 쉽게 나지 않기 때문에 습기가 많은 장소에 적합하다.

26 엘리베이터 설비능력의 질적 지표는 무엇인가?

① 투자비용
② 속도와 대수
③ 평균운전간격
④ 단위시간 수송능력

해설 엘리베이터 질적인 면
이용자의 대기시간을 어느 허용치 이하로 지체 없이 서비스할 수 있도록 할 것. 일주시간을 그룹운전하고 있는 대수로 나눈 값이 평균운전간격이 된다.

$$\text{평균운전간격}=\frac{RTT}{N}$$

따라서 대수가 많으면 평균운전간격 이 작아져 질적으로 서비스가 향상된다. 그러나 일반적으로 피크가 아닌 평상운전 시의 실제 운전방법에 관해서는 고성능의 군관리 운전방식으로 해야 대수의 증가가 직접 서비스 향상에 기여된다.

정답 23 ② 24 ① 25 ④ 26 ③

27 **에스컬레이터의 모터용량을 산출하는 식으로 옳은 것은? (단, G : 적재하중, V : 속도, η : 총효율, B : 승객승입률, $\sin\theta$: 에스컬레이터의 경사도)**

① $P=\dfrac{6,120\times B}{G\times\eta}$

② $P=\dfrac{6,120\times\sin\theta}{G\times V}$

③ $P=\dfrac{G\times V\times\sin\theta}{6,120\eta}\times B$

④ $P=\dfrac{G\times\eta\times\sin\theta}{6,120}\times B$

해설 에스컬레이터 전동기 용량[P]

$P=\dfrac{GV\sin\theta}{6,120\eta}\beta$[kW]

여기서, G : 적재 하중[kg]
V : 정격 속도[m/min]
θ : 경사도
η : 효율
β : 승객 승입율

28 **엘리베이터용에 적용되는 레일의 치수를 결정하는 데 고려되어야 할 요소가 아닌 것은?**

① 레일용 브래킷의 크기
② 지진이 발생할 때 건물의 수평진동
③ 카에 하중이 적재될 때 카에 걸리는 회전모멘트
④ 비상정지장치가 작동될 때 레일이 걸리는 좌굴하중

해설 주행안내(가이드) 레일의 크기를 결정하는 요소
① 좌굴 하중 : 추락방지(비상정지)장치 동작 시
② 수평 진동력 : 지진 발생 시
③ 회전 모멘트 : 불평형 하중에 대한 평형 유지

29 **다음 중 응력에 대한 관계식으로 적절한 것은?**

① 탄성한도 > 허용응력 ≥ 사용응력
② 탄성한도 > 사용응력 ≥ 허용응력
③ 허용응력 > 탄성한도 ≥ 사용응력
④ 허용응력 > 사용응력 ≥ 탄성한도

30 **비상정지장치 중 거리와 정지력에 관하여 그림과 같은 물리적인 특성을 갖는 것은?**

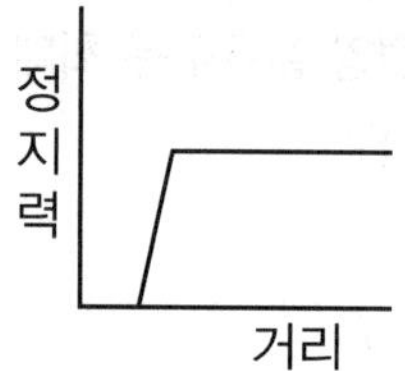

① 슬 랙로프 세이프티
② F.G.C형 비상정지장치
③ F.W.C형 비상정지장치
④ 즉시 작동형 비상정지장치

해설 F.G.C형(Flexible Guide Clamp)
㉮ F.G.C 형은 레일을 죄는 힘이 동작 시부터 정지 시까지 일정하다.
㉯ 구조가 간단하고 복구가 용이하기 때문이다.

31 **엘리베이터용 전동기와 범용 전동기를 비교할 때 엘리베이터용 전동기에 요구되는 특성이 아닌 것은?**

① 기동토크가 클 것
② 기동전류가 적을 것
③ 회전부분의 관성 모멘트가 클 것
④ 기동횟수가 많으므로 열적으로 견딜 것

해설 회전부분의 관성 모멘트가 작아야 된다.

정답 27 ③ 28 ① 29 ① 30 ② 31 ③

32 **변압기의 전압강하율(%)을 나타내는 식으로 옳은 것은?**

① $\frac{\text{송전단전압} - \text{수전단전압}}{\text{수전단전압}} \times 100$

② $\frac{\text{수전단전압} - \text{송전단전압}}{\text{수전단전압}} \times 100$

③ $\frac{\text{송전단전압} - \text{수전단전압}}{\text{송전단전압}} \times 100$

④ $\frac{\text{수전단전압} - \text{송전단전압}}{\text{송전단전압}} \times 100$

해설 전압강하율(%) $= \frac{\text{송전단전압} - \text{수전단전압}}{\text{수전단전압}} \times 100$

33 **유입완충기의 설계에 관하여 틀린 것은?**

① 카 측 최소적용중량은 카 자중으로 한다.

② 균형추측 최대적용중량은 균형추 중량으로 한다.

③ 정격속도의 115% 속도로 충돌할 경우 평균감속도 $1g_n$ 이하가 되도록 행정을 설계하여야 한다.

④ 종단층강제감속장치를 이용하는 경우 행정은 강제감속된 속도의 115% 속도로 충돌하여 $1g_n$ 이하의 평균감속도로 감속하여 정지하여야 한다.

해설 유입완충기 적용 중량
① 카 완충기 최소 적용중량 : 카 자중 + 75
② 카 완충기 최대 적용중량 : 카 자중 + 정격하중

34 **계자 권선의 저항이 0.1Ω이고, 전기자 권선의 저항이 0.4Ω인 직류 직권전동기가 있다. 이 전동기에 380V의 단자전압을 인가하였더니 20A의 전류가 흘렀다. 역기전력은 몇 V인가?**

① 368 ② 370
③ 372 ④ 376

해설 역기전력
$E = V - I_a(R_a + R_f) = 380 - 20 \times (0.4 + 0.1) = 370$[V]
[V : 단자전압(V), I_a : 전기자전류(A), R_a : 전기자저항(Ω), R_f : 계자저항(Ω)]

35 **지름이 10mm인 축이 1,800rpm으로 회전하고 있을 때 축의 비틀림 응력을 400kg/cm²라고 하면 전달마력은 약 PS인가?**

① 0.97
② 1.97
③ 2.97
④ 3.97

해설 비틀림모멘트 $T = \tau_a \cdot \frac{\pi d^3}{16} = 71,620\frac{H}{N}$

전달마력 $H = \frac{\tau_a \times \pi \times d^3 \times N}{71,620 \times 16}$

$= \frac{400 \times \pi \times 10^3 \times 10^{-3} \times 1,800}{71,620 \times 16}$

$= 1.97$[ps]

36 **도어클로저에 대한 설명으로 틀린 것은?**

① 고속도어장치에는 스프링클로저 방식 적합하다.

② 웨이트클로저 방식은 도어 닫힘이 끝날 때 힘이 약해진다.

③ 도어가 열린 상태에서의 규제가 제거되면 자동적으로 도어가 닫히는 방식이 일반적이다.

④ 웨이트클로저 방식은 웨이트가 승강로 벽을 따라 내려뜨리는 것과 도어판넬 자체에 달리는 것 2종이 있다.

해설 웨이트클로저 방식은 도어의 닫힘이 끝날 때 힘이 일정하다

정답 32 ① 33 ① 34 ② 35 ② 36 ②

37 **사무실 건물의 엘리베이터 교통수요 산출 및 수송능력을 산정하려 할 경우 고려해야 할 내용으로 틀린 것은?**

① 지하층 서비스를 반드시 고려하여야 한다.
② 아침 출근 시 상승 피크의 교통시간을 조사한다.
③ 출근 시 및 중식 시의 수송능력 목표치를 정한다.
④ 거주인구 산출을 위해 층별 인구, 층별 유효면적, 렌탈비 및 1인당 점유면적을 확인한다.

해설 엘리베이터 설비계획상의 요점
① 교통량 계산을 하여 그 빌딩의 교통수요에 적합한 충분한 대수일 것
② 이용자의 대기시간이 허용치 이하가 되도록 고려 할 것
③ 여러 대를 설치할 경우 가능한 건물 가운데로 배치할 것
④ 교통수요에 따라 시발층을 어느 하나의 층으로 할 것
⑤ 군관리 운전을 할 경우에는 서비스층은 최상층과 최하층을 일치시킬 것
⑥ 초고층 빌딩의 경우에는 서비스층의 분할을 고려할 것

38 **재해 시 관제운전의 우선순위로 옳은 것은?**

① 지진 시 관제 → 화재 시 관제 → 정전 시 관제
② 화재 시 관제 → 지진 시 관제 → 정전 시 관제
③ 지진 시 관제 → 정전 시 관제 → 화재 시 관제
④ 화재 시 관제 → 정전 시 관제 → 지진 시 관제

해설 관제운전의 우선순위는 지진 시, 화재 시, 정전 시의 순서이다.

39 **엘리베이터 소음 및 진동을 저감하기 위해 설계 시 고려하여야 할 사항으로 틀린 것은?**

① 기계실은 콘크리트구조로 한다.
② 기계실 출입문은 차음구조로 한다.
③ 균형추를 거실 안전벽체에 설치한다.
④ 기계실 바닥 로프구멍은 최소화 하고 방음커버를 부착한다.

해설 균형추는 승강로에 설치한다.

40 **기어전동에 대한 특성으로 틀린 것은?**

① 축압력이 크다.
② 회전비가 정확하다.
③ 큰 감속이 가능하다.
④ 소음진동이 발생한다.

해설 축압력이 작다.

03 일반기계공학

41 **유압펌프의 실제 토출압력이 500kgf/cm², 실제 펌프 토출량이 200cm³/s, 펌프의 전 효율이 0.9일 때 펌프축이 구동하는 데 필요한 동력은 약 몇 kW인가?**

① 10.9
② 14.8
③ 21.8
④ 29.6

해설 유압펌프 동력

$$L_0 = \frac{P \cdot Q}{7,500}[\text{ps}] = \frac{\text{P} \cdot \text{Q}}{10,200\eta}$$
$$= \frac{500 \times 200}{10,200 \times 0.9} = 10.9[\text{kW}]$$

정답 37 ① 38 ① 39 ③ 40 ① 41 ①

42 다음 중 프레스 가공에서 전단가공이 아닌 것은?

① 블랭킹(Blanking)
② 펀칭(Punching)
③ 트리밍(Trimming)
④ 스웨이징(Swaging)

해설 전단가공(Shearing)
커팅(절단), 블랭킹, 피어싱(구멍 뚫기), 딩킹(충격 절단), 파팅(분단), 트리밍(테두리절단)

43 유압 작동유의 점도가 높을 때 나타나는 현상으로 틀린 것은?

① 동력 손실의 증대
② 내부 마찰의 증대와 온도 상승
③ 펌프 효율 저하에 따른 온도 상승
④ 장치의 파이프 저항에 의한 압력 증대

44 게이지블록이나 마이크로미터 측정면의 평면도를 측정하는 데 가장 적합한 측정기는?

① 공구 현미경
② 옵티컬 플랫
③ 사인바
④ 정반

해설 옵티컬 플랫
마이크로미터의 측정 면이나 블록게이지의 측정면과 같이 비교적 작고, 정밀도가 높은 측정물의 평면도 검사에 사용하는 측정 기구이다.

45 다음 중 순도가 가장 높으나 취약하여 가공이 곤란한 동의 종류는?

① 전기동　② 정련동
③ 탈산동　④ 무산소동

46 단순보의 정중앙에 집중하중이 작용할 때, 이 보의 최대 처짐량에 대한 설명으로 틀린 것은?

① 지지점 사이의 거리의 3제곱에 반비례한다.
② 단면 2차 모멘트에 반비례한다.
③ 세로탄성계수에 반비례한다.
④ 집중하중 크기에 비례한다.

해설 집중하중을 받는 보의 처짐량 $\delta = \frac{PL^3}{48EI}$

47 리벳 구멍이 압축하중(P)에 의해 파괴될 때 압축응력 계산식은? (단, σ_c는 압축응력, t는 판 두께, d는 리벳지름)

① $\sigma_c = \frac{P}{dt}$
② $\sigma_c = \frac{dt}{P}$
③ $\sigma_c = \frac{P}{2dt}$
④ $\sigma_c = \frac{2P}{dt}$

해설 판 또는 리벳이 압축으로 파괴될 때 압축응력 : $\sigma_c = \frac{P}{dt}$

48 주물에서 중공부분이 필요할 때 사용하는 목형으로 가장 적합한 것은?

① 현형　② 회전형
③ 코어형　④ 부분형

해설 목형(Pattern)
① 현형 : 제품과 동일
② 부분, 골격 목형
③ 매치 플레이트 : 소형 제품 다량생산
④ 회전목형 : 회전체, 풀리 등
⑤ 코어 목형 : 중공주물

정답 42 ④ 43 ③ 44 ② 45 ① 46 ① 47 ① 48 ③

49 **원형 단면봉에 비틀림모멘트(T)가 작용할 때 생기는 비틀림각(θ)에 대한 설명으로 옳은 것은?**

① 축 길이에 반비례한다.
② 전단탄성계수에 비례한다.
③ 비틀림모멘트에 반비례한다.
④ 축 지름의 4제곱에 반비례한다.

해설 $\frac{\theta}{l} = \frac{T}{Gl_p} = \frac{32T}{G \times \pi d^4}$

50 **오스테나이트계 스테인리스강의 일반적인 특징으로 틀린 것은?**

① 자성체이다.
② 내식성이 우수하다.
③ 내충격성이 우수하다.
④ 염산, 황산 등에 약하다.

해설 오스테나이트계 스테인리스강은 비자성체이다.

51 **강재 표면에 Zn을 침투 · 확산시키는 세라다이징법에 의해 개선되는 성질은?**

① 전연성　② 내열성
③ 내식성　④ 내충격성

52 **센터리스 연산기의 조정숫돌에 의하여 가공물이 회전과 이송을 할 때, 가공물의 이송속도(mm/min)는? [단, d는 조정숫돌의 지름(mm), n은 조정 숫돌의 회전수(rpm), α는 경사각이다.]**

① $\frac{\pi dn}{1,000} sin\alpha$
② $\pi dn \sin\alpha$
③ $\pi dn \tan\alpha$
④ $\frac{\pi dn}{1,000} tan\alpha$

53 **펌프에서 발생하는 캐비테이션(Cavitation) 현상의 방지법이 아닌 것은?**

① 양쪽 흡입펌프를 사용한다.
② 2개 이상의 펌프를 사용한다.
③ 펌프의 회전수를 최대한 높힌다.
④ 펌프의 설치 높이를 낮추어 흡입행정을 짧게 한다.

해설 펌프의 캐비테이션(Cavitation)
① 원인 : 압력이 낮아져 액체의 포화증기압 이하로 되어 공동을 일으키는 현상
② 현상 : 소음과 진동 발생 및 펌프 성능저하
③ 방지책 : 펌프의 회전수를 적게 한다. 양흡입펌프로 한다. 펌프 설치위치를 낮춘다. 유효흡입수두를 크게 한다. 흡입관지름을 크게 하고, 밸브 곡관을 적게 한다.

54 **다음 그림과 같은 타원형 단면을 갖는 봉이 인장하중(P)을 받을 때 작용하는 인장응력은 얼마인가?**

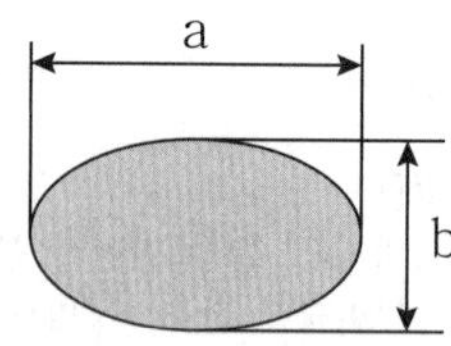

① $\frac{\alpha ab^2}{4P}$　② $\frac{4P}{\pi ab^2}$
③ $\frac{\pi ab}{4P}$　④ $\frac{4P}{\pi ab}$

해설 인장응력 $= \frac{\text{하중}}{\text{단면적}} = \frac{P}{\frac{\pi}{4}ab} = \frac{4P}{\pi ab}$ [kg/m²]

정답 49 ④ 50 ① 51 ③ 52 ② 53 ③ 54 ④

55 코일스프링에서 스프링상수(k)에 대한 설명으로 틀린 것은?

① 스프링 소재 지름의 4승에 비례한다.
② 스프링의 변형량에 비례한다.
③ 코일 평균 지름의 3승에 반비례한다.
④ 스프링 소재의 전단탄성계수에 비례한다.

해설 스프링 하중
스프링에 하중을 가하면 하중에 비례하여 인장 또는 압축, 휨 등이 발생한다.
- 지름하중 W[kgf]
  하중 $W=k\times\delta$[W : 하중(kgf), k : 스프링상수, δ : 변위량)
  변위량에 반비례한다.
- 작용중량 W에 대한 압축량(δ)
  $\delta=\frac{8nD^3W}{Gd^4}=\frac{W}{k}$
  (n : 권수, G : 횡탄성계수, d : 코일의 선경)

56 구름베어링과 비교할 때 미끄럼베어링의 특징으로 옳은 것은?

① 호환성이 높은 편이다.
② 구름마찰이며, 기동마찰이 작다.
③ 비교적 큰 하중을 받으며 충격 흡수 능력이 크다.
④ 표준형 양산품으로 제작하기보다는 자체 제작하는 경우가 많다.

해설 미끄럼 베어링 의 특성
㉠ 장점
㉮ 진동과 소음이 적다.
㉯ 회전속도가 비교적 저속인 경우 사용하고, 구조가 간단하며 가격이 저렴 하다.
㉰ 충격에 견디는 힘이 크다.
㉱ 베어링 에 작용하는 하중이 클 경우에 사용한다.
㉡ 단점
㉮ 시동시 마찰저항이 크다.
㉯ 급유에 주의 하여야 한다.

57 피복아크용접 결함의 종류에서 용입 불량의 원인으로 가장 거리가 먼 것은?

① 이음 설계의 불량
② 용접봉의 선택 불량
③ 전류가 너무 높을 때
④ 용접 속도가 너무 빠를 때

해설 용입 불량의 원인
㉮ 속도가 느릴 때
㉯ 용접 전류가 약할 때
㉰ 용접봉 선택이 불량할 때
㉱ 이음 설계에 결함이 있을 때

58 나사면의 마찰계수 μ와 마찰각 ρ의 관계식은?

① $\mu=\sin\rho$ ② $\mu=\cos\rho$
③ $\tan\rho=\mu$ ④ $\mu=\cot\rho$

해설 $\tan\rho=\mu$
여기서, α : 리드각, ρ : 마찰각, μ : 마찰계수

59 비틀림각이 30도인 헬리컬 기어에서 잇수가 50개, 이직각 모듈이 3일 때 바깥지름은 약 mm인가?

① 184.21 ② 173.21
③ 208.21 ④ 264.21

해설 피치원지름$=\frac{m\cdot Z}{\cos\beta}=\frac{3\times50}{\cos30^\circ}=173.21$[mm]

60 재료의 최대응력과 항복응력 및 허용응력을 적용하여 안전율을 나타내는 식은?

① 허용응력/항복응력
② 항복응력/허용응력
③ 최대응력/항복응력
④ 항복응력/최대응력

정답 55 ② 56 ④ 57 ③ 58 ③ 59 ② 60 ②

04 전기제어공학

61 논리식 $\overline{x} \cdot y + \overline{x} \cdot \overline{y}$ 를 간단히 표시한 것은?

① $\overline{x}$ ② $\overline{y}$
③ 0 ④ $x+y$

해설 $\overline{x} \cdot y + \overline{x} \cdot \overline{y} = \overline{x}(y+\overline{y}) = \overline{x}$

62 단면적 S(m^2)를 통과하는 자속을 ϕ(Wb)라 하면 자속밀도 B(Wb/m^2)를 나타낸 식으로 옳은 것은?

① $B = S\phi$
② $B = \frac{\phi}{S}$
③ $B = \frac{S}{\phi}$
④ $B = \frac{\phi}{\mu S}$

해설 자속밀도 $B = \frac{\text{자속}}{\text{단위면적}} = \frac{\phi}{S}[\text{Wb/mm}^2]$

63 서보기구에서 주로 사용하는 제어량은?

① 전류 ② 전압
③ 방향 ④ 속도

해설 서보기구(기계적인 변위량)
위치, 방위, 자세, 거리, 각도 등

64 내부저항 90Ω, 최대지시값 100μA의 직류 전류계로 최대지시값 1mA를 측정하기 위한 분류기 저항은 몇 Ω인가?

① 9 ② 10
③ 90 ④ 100

해설

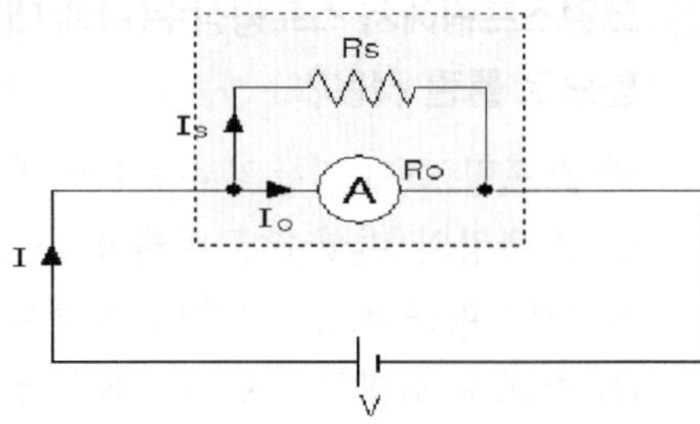

1. 측정하고자 하는 전류
$I = I_o\left(1+\frac{R_0}{R_s}\right)[A]$
2. 분류기 저항
$R_s = \frac{1}{n-1}R_a[A] \quad n = \frac{I}{I_0}$
$= \frac{1}{\frac{I}{I_a}-1}R_o = \frac{1}{\frac{1\times10^{-3}}{100\times10^{-6}}-1}\times 90 = 10[\Omega]$

$I[A]$: 측정하고자 하는 전류
$I_a[A]$: 전류계 지시값
$R_a[A]$: 전류계 내부저항
$R_s[A]$: 분류기 저항

65 $A = 6 + i8$, $B = 20\angle 60°$일 때 $A+B$를 직각좌표 형식으로 표현하면?

① $16 + i8$
② $26 + i28$
③ $16 + i25.32$
④ $23.32 + i18$

해설 $A+B = 6 + j8 + 10 + j10\sqrt{3} = 16 + j25.32$

66 평행한 두 도체에 같은 방향의 전류를 흘렸을 때 두 도체 사이에 작용하는 힘은?

① 흡인력
② 반발력
③ $1/2\pi r$의 힘
④ 힘이 작용하지 않는다.

해설 같은 방향의 전류는 흡인력이 생기며, 반대 방향의 전류는 반발력이 생긴다.

정답 61 ① 62 ② 63 ③ 64 ② 65 ③ 66 ①

67 빛의 양(조도)에 의해서 동작되는 CdS를 이용한 센서에 해당하는 것은?

① 저항 변화형
② 용량 변화형
③ 전압 변화형
④ 인덕턴스 변화형

68 어떤 저항에 전압 100V, 전류 50A를 5분간 흘렸을 때 발생하는 열량은 약 몇 kcal인가?

① 90 ② 180
③ 360 ④ 720

해설 발열량 $H=0.24VIt$
$=0.24\times100\times50\times5\times60=360[\text{kcal}]$

69 그림과 같은 펄스를 라플라스 변환하면 그 값은?

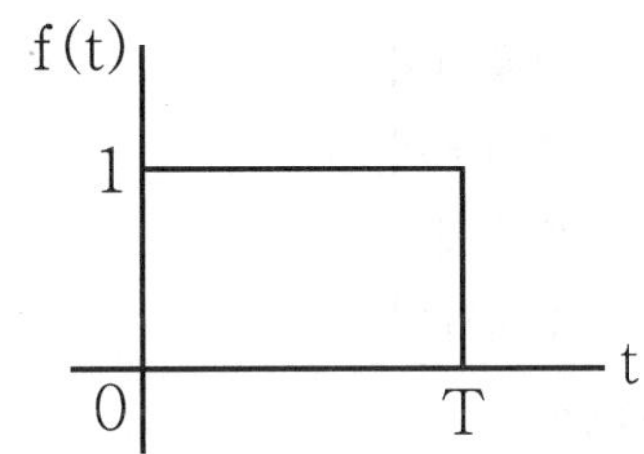

① $\frac{1}{T}\left(\frac{1-e^{Ts}}{s}\right)$

② $\frac{1}{T}\left(\frac{1+e^{Ts}}{s}\right)$

③ $\frac{1}{s}(1-e^{-Ts})$

④ $\frac{1}{s}(1+e^{Ts})$

해설 $\mathcal{L}^{-1}[u(t)-u(T-t)]=\frac{1}{s}-\frac{1}{s}e^{-Ts}$
$=\frac{1}{s}(1-e^{-Ts})$

70 피드백 제어계의 제어장치에 속하지 않는 것은?

① 설정부 ② 조절부
③ 검출부 ④ 제어대상

해설

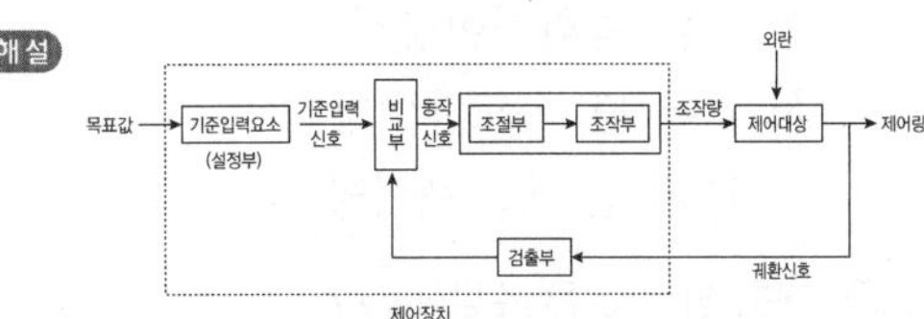

71 정현파 전압 $v=220\sqrt{\sin(\omega t+30°)V}$ 보다 위상이 90° 뒤지고 최댓값이 20A인 정현파 전류의 순시값은 몇 A인가?

① $20\sin(\omega t-30°)$
② $20\sin(\omega t-60°)$
③ $20\sqrt{2\sin(\omega t+60°)}$
④ $20\sqrt{2\sin(\omega t-60°)}$

해설 $i=I_m\sin(\omega t+\theta)=20\sin(\omega t+30°-90°)$
$=20\sin(\omega t-60°)$

72 100V용 전구 30W와 60W 두 개를 직렬로 연결하고 직류 100V 전원에 접속하였을 때 두 전구의 상태로 옳은 것은?

① 30W 전구가 더 밝다.
② 60W 전구가 더 밝다.
③ 두 전구의 밝기가 모두 같다.
④ 두 전구가 모두 켜지지 않는다.

해설 ㉮ 저항비교
- $R_a=\frac{V^2}{P_a}=\frac{100^2}{30}=333[ohm]$
- $R_b=\frac{V^2}{P_b}=\frac{100^2}{60}=166.67[ohm]$

㉯ 밝기비교(전류 일정)
$P_{30}=I^2R_a=333I^2[\text{W}]$, $P_{60}=I^2R_b=167I^2[\text{W}]$
∴ 30W 전구가 더 밝다.

정답 67 ① 68 ③ 69 ③ 70 ④ 71 ② 72 ①

73 유도전동기에 인가되는 전압과 주파수를 동시에 변환시켜 직류전동기와 동등한 제어성능을 얻을 수 있는 제어방식은?

① VVVF방식
② 교류 궤환제어방식
③ 교류1단 속도제어방식
④ 교류2단 속도제어방식

해설 가변전압 가변주파수방식(VVVF)
전압과 주파수를 동시에 변환시키는 제어방법

74 비례적분미분제어를 이용했을 때의 특징에 해당되지 않는 것은?

① 정정시간을 적게 한다.
② 응답의 안정성이 작다.
③ 잔류편차를 최소화 시킨다.
④ 응답의 오버슈트를 감소시킨다.

해설 조절부의 동작에 의한 분류

구 분		특 징
연속 제어	비례제어 (P동작)	잔류편차(off-set) 발생
	미분제어 (D동작)	오차가 커지는 것을 미연 방지, 진동억제
	적분제어(I동작)	잔류편차(off-set) 제거
	비례적분 제어 (PI 동작)	잔류편차를 제거하여 정상 특성 개선, 간헐현상 발생
	비례적분 제어 (PD 동작)	오버슈트(overshoot) 감소, 응답속도 개선
	비례미분적분 제어(PID동작)	PI+PD, 가장 최적의 제어 동작
불연속 제어	on-off제어 (2스위치 제어)	

75 조절계의 조절요소에서 비례미분제어에 관한 기호는? (2021년 1회 실기기출)

① P ② PI
③ PD ④ PID

해설 비례미분제어(PD 제어)
$G(s)=K(1+T_d s)$
속응성을 향상, 잔류편차는 있다.

76 그림과 같은 블록선도에서 $\frac{x_3}{x_1}$을 구하면?

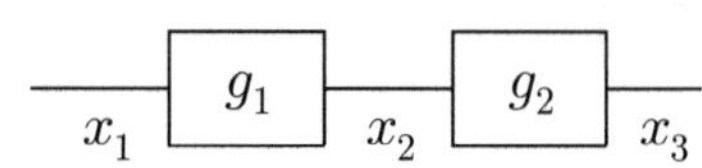

① g_1+g_2 ② g_1-g_2
③ $g_1 \cdot g_2$ ④ g_1/g_2

해설 전달함수 $g(s)=\frac{출력}{입력}=\frac{x_3}{x_1}=g_1 \cdot g_2$

77 보일러와 자동연소제어가 속하는 제어는?

① 비율제어
② 추치제어
③ 추종제어
④ 정치제어

해설 비율제어
시간에 따라 비례하여 변화(보일러, 배터리 등)

78 탄성식 압력계에 해당되는 것은?

① 경사관식
② 압전기식
③ 환상평형식
④ 벨로우즈식

해설 변환요소

변환량	변환요소
압력 → 변위	벨로즈, 다이어프램, 스프링

정답 73 ① 74 ② 75 ③ 76 ③ 77 ① 78 ④

79 3상 유도전동기의 출력이 5kW, 전압 200V, 역률 80%, 효율이 90%일 때 유입되는 선전류는 약 몇 A인가?

① 14　② 17
③ 20　④ 25

해설

$$I=\frac{P}{\sqrt{3}\,V\cos\theta\eta}=\frac{5\times 10^3}{\sqrt{3}\times 200\times 0.8\times 0.9}=20[\mathrm{A}]$$

80 전원전압을 안정하게 유지하기 위하여 사용되는 다이오드로 가장 옳은 것은?

① 제너 다이오드
② 터널 다이오드
③ 보드형 다이오드
④ 바렉터 다이오드

해설 제너 다이오드
제너 다이오드는 정전압소자로 만든 PN 접합 다이오드로, 정전압 다이오드라고 한다.

정답 79 ③ 80 ①

02 2017년 05월 07일

01 승강기 개론

01 에스컬레이터의 특징으로 틀린 것은?

① 기다리는 시간 없이 연속적으로 수송이 가능하다.
② 백화점과 마트 등 설치 장소에 따라 구매의욕을 높일 수 있다.
③ 전동기 기동 시 대전류에 의한 부하전류의 변화가 엘리베이터에 비하여 많아 전원설비 부담이 크다.
④ 건축상으로 점유 면적이 적고 기계실이 필요하지 않으며, 건물에 걸리는 하중이 각 층에 분산 분담되어 있다.

해설 에스컬레이터는 엘리베이터에 비하여 전동기 기동이 빈번하지 않아 전원설비 부담이 작다.

02 도어머신의 요구 성능에 대한 설명으로 틀린 것은?

① 가격이 저렴하여야 한다.
② 작동이 원활하고 정숙하여야 한다.
③ 승강장에 설치하므로 대형이어야 한다.
④ 동작횟수가 엘리베이터의 기동횟수의 2배가 되므로 보수가 용이하여야 한다.

해설 도어 시스템 구비조건
① 동작이 원활할 것
② 소형 경량일 것
③ 유지보수가 용이할 것
④ 가격이 저렴할 것

03 트랙션비(Traction Ratio)를 옳게 설명한 것은?

① 트랙션비는 1.0 이하의 수치가 된다.
② 트랙션비의 값이 낮아지면 로프의 수명이 길어진다.
③ 카 측과 균형추 측의 중량의 차이를 크게 하면 전동기출력을 줄일 수 있다.
④ 카 측 로프에 걸린 중량과 균형추측 로프에 걸린 중량의 합을 말한다.

해설 견인비(Traction비)
① 카 측 로프에 걸려 있는 중량과 균형추 측 로프에 걸려 있는 중량의 비를 권상비(트랙션비)라 한다.
② 무부하 및 전부하의 상승과 하강 방향을 체크하여 1에 가깝게 하고 두 값의 차가 작게 되어야 로프와 도르래 사이의 견인비 능력, 즉 마찰력이 작아야 로프의 수명이 길게 되고 전동기의 출력을 작게 한다.

04 권동식 권상기의 경우 카가 최하층을 지나쳐 완충기에 충돌하면 와이어로프가 늘어나 와이어로프 이탈과 전동기 과회전 등의 문제가 발생할 수 있으므로 이 와이어로프의 늘어남을 검출하여 동력을 차단하는 장치는?

① 정지 스위치
② 역 · 결상 검출기
③ 로프 이완 스위치
④ 문 닫힘 안전장치

정답 01 ③ 02 ③ 03 ② 04 ③

해설 포지티브식(권동식) 로프 이완 스위치
포지티브식(권동식) 권상기의 경우 카가 최하층을 지나쳐 완충기에 충돌하면 와이어로프가 늘어나고 와이어로프 및 전동기에 문제가 생기므로 이 와이어로프의 장력을 검출하여 동력을 차단할 필요가 있다. 그러나 이 스위치가 작동되지 않는 경우에 대비하여 스톱모션(Stop Motion)이라고 하는 주회로를 직접 차단하는 스위치를 설치하여야 한다.

05 전동발전기(M-G세트)의 계자를 제어해서 엘리베이터를 제어하는 방식은?

① WWF 제어방식
② 교류궤환 제어방식
③ 정지 레오나드 방식
④ 워드 레오나드 방식

해설 워드-레오나드 제어방식의 원리(승강기 속도 제어)
① 직류전동기의 속도를 연속으로 광범위하게 제어한다.
② 직류전동기는 계자전류를 제어하는 방식이다.
③ 속도 제어는 저항 FR을 변화시켜 발전기의 자계를 조절하고 발전기 직류전압제어이다.

06 레일을 죄는 힘이 처음에는 약하게 작용하다가 하강함에 따라 점점 강해지다가 얼마 후 일정한 값에 도달하는 비상정지장치는?

① 즉시 작동형
② 플렉시블 웨지 클램프(F.W.C)형
③ 플렉시블 가이드 클램프(F.G.C)형
④ 슬랙 로프 세이프티(Slack Rope Safety)형

해설 점차작동형 추락방지(비상정지)장치
① 플랙시블 가이드 클램프(Flexible Guide Clamp)형(F.G.C형) : 레일을 죄는 힘은 동작 시부터 정지 시까지 일정
② 플랙시블 웨지클램프((Flexible Wedge Clamp)형(F.W.C형) : 처음에는 약하게, 그리고 하강함에 따라서 강해지다가 얼마 후 일정

07 전자-기계 브레이크는 자체적으로 카가 정격속도로 정격하중의 몇 %를 싣고 하강 방향으로 운행될 때 구동기를 정지시킬 수 있어야 하는가?

① 100 ② 110
③ 115 ④ 125

해설 전자-기계 브레이크
이 브레이크는 자체적으로 카가 정격속도로 정격하중의 125%를 싣고 하강방향으로 운행될 때 구동기를 정지시킬 수 있어야 한다.

08 엘리베이터의 설치 형태 및 카 구조에 의한 분류에 적합하지 않는 것은?

① 육교용 엘리베이터
② 전망용 엘리베이터
③ 선박용 엘리베이터
④ 장애자용 엘리베이터

09 소방구조용(비상용) 엘리베이터의 예비전원은 몇 시간 이상 엘리베이터 운전이 가능하여야 하는가?

① 30분
② 1시간
③ 1시간 30분
④ 2시간

해설 엘리베이터 및 조명의 전원공급시스템은 보조전원공급장치는 주전원이 차단된 후 60초 이내에 자동으로 전원 투입이 되어 소방구조용(비상용) 승강기의 운행이 2시간 이상 운행이 가능하여야 한다.

정답 05 ④ 06 ② 07 ④ 08 ④ 09 ④

10 2~3대의 엘리베이터를 병설하여 운행 · 관리하며, 한 개의 승강장 버튼의 부름에 대하여 한 대의 카만 응답하여 불필요한 정지를 줄이고 일반적으로 부름이 없을 때에는 다음 부름에 대비하여 분산 대기하는 방식은?

① 군관리방식
② 군승합자동식
③ 승합전자동식
④ 하강승합전자동식

해설 군승합자동식(2CAR, 3CAR)
두 대에서 세 대가 병설되었을 때 사용되는 조작방식으로 한 개의 승강장 버튼의 부름에 대하여 한 대의 카만 응답하게 하여 쓸데없는 정지를 줄이고, 일반적으로 부름이 없을 때에는 다음 부름에 대비하여 분산 대기한다. 운전의 내용이 교통수요의 변동에 대하여 변하지 않는 점이 군관리방식과 다르다.

11 미리 설정한 방향으로 설정치를 초과한 상태로 과도하게 유체 흐름이 증가하여 밸브를 통과하는 압력이 떨어지는 경우 자동으로 차단하도록 설계된 밸브는?

① 체크밸브 ② 럽처밸브
③ 차단밸브 ④ 릴리프밸브

해설 럽처밸브(Rupture Valve)
미리 설정된 방향으로 설정치를 초과한 상태로 과도하게 유체 흐름이 증가하여 밸브를 통과하는 압력이 떨어지는 경우 자동으로 차단하도록 설계된 밸브

12 엘리베이터용 주로프에 대한 설명으로 틀린 것은?

① 구조적 신율이 커야 된다.
② 그리스 저장 능력이 뛰어나야 한다.
③ 강선 속의 탄소량을 적게 하여야 한다.
④ 내구성 및 내 부식성이 우수하여야 한다.

해설 구조적 신율이 작아야 된다.

13 유압식 엘리베이터의 사용 장소로 틀린 것은?

① 고층 건물 중간층 간 교통으로 사용한다.
② 일조권과 고도 제한 규제가 있는 곳에서 사용한다.
③ 소용량이며, 승강 행정이 긴 승객용 엘리베이터에 주로 사용한다.
④ 지하나 옥상 주차장으로 자동차를 승강시키는 자동차용 엘리베이터로 사용한다.

해설 소용량이며, 승강 행정이 작은 승객용 엘리베이터에 주로 사용한다.

14 정상 조명전원이 차단될 경우 조명의 조도와 전원을 공급할 수 있는 자동 재충전 예비전원공급장치의 동작시간으로 옳은 것은?

① 1lx 이상, 30분 ② 1lx 이상, 60분
③ 2lx 이상, 30분 ④ 5lx 이상, 60분

해설 카에는 자동으로 재충전되는 비상전원공급장치에 의해 5ℓx 이상의 조도로 1시간 동안 전원이 공급되는 비상등이 있어야 한다.

15 주행안내(가이드)레일의 규격을 결정하는 데 고려해야 할 요소로 가장 적당한 것은?

① 엘리베이터의 속도
② 엘리베이터의 종류
③ 완충기 충돌 시 충격하중
④ 추락방지(비상정지)장치 작동 시 좌굴하중

정답 10 ② 11 ② 12 ① 13 ③ 14 ④ 15 ④

해설 주행안내(가이드)레일의 크기를 결정하는 요소
① 좌굴 하중 : 추락방지(비상정지)장치 동작 시
② 수평 진동력 : 지진 발생 시
③ 회전 모멘트 : 불평형 하중에 대한 평형 유지

16 **기계실에 설치되는 콘센트는 몇 개 이상 설치되어야 하는가?**

① 1 ② 2
③ 3 ④ 4

해설 기계실 · 기계류 공간 및 풀리실
작업구역마다 적절한 위치에 설치된 1개 이상의 콘센트

17 **점차작동형 추락방지(비상정지)장치의 평균감속도를 구하는 식으로 옳은 것은? [단, V는 충돌속도(m/s), T는 감속시간]**

① $\beta = \frac{T}{9.8 \times V}$

② $\beta = \frac{V}{9.8 \times T}$

③ $\beta = \frac{9.8 \times V}{T}$

④ $\beta = \frac{9.8 \times T}{V}$

18 **경사도 a가 30°를 초과하고 35° 이하인 에스컬레이터의 공칭속도는 몇 m/s 이하이어야 하는가?**

① 0.5 ② 0.75
③ 1 ④ 1.5

해설 경사도
에스컬레이터의 경사도 α는 30°를 초과하지 않아야 한다. 다만, 층고(h13)가 6m 이하이고, 공칭속도가 0.5m/s 이하인 경우에는 경사도를 35°까지 증가시킬 수 있다.

19 **1 : 1 로핑에서 2 : 1 로핑 방법으로 전환하려고 한다. 2 : 1일때의 로프 장력은 1 : 1일 때와 비교하면 어떻게 되는가?**

① 1/2로 감소한다.
② 1/4로 감소한다.
③ 2배로 증가한다.
④ 4배로 증가한다.

해설 로프 거는 방법(로핑)
카와 균형추에 대한 로프 거는 방법
① 1:1 로핑 : 로프 장력은 카 또는 균형추의 중량과 로프의 중량을 합한 것이다(승객용).
② 2:1 로핑 : 로프의 장력은 1:1 로핑 시의 $\frac{1}{2}$이 되고 쉬브에 걸리는 부하도 $\frac{1}{2}$이 된다.

20 **기계실 출입문은 보수관리 및 방재를 고려하여 잠금장치가 있는 금속재 문을 설치해야 하는데, 이 출입문의 최소 규격은 얼마인가?**

① 폭 0.6m 이상, 높이 1.7m 이상
② 폭 0.7m 이상, 높이 1.8m 이상
③ 폭 0.8m 이상, 높이 1.9m 이상
④ 폭 0.9m 이상, 높이 2.0m 이상

해설 출입문, 비상문 및 점검문의 치수(다만, 문을 통해 필요한 유지관리 업무를 수행하는데 충분한 크기이어야 한다.)
기계실, 승강로 및 피트 출입문 : 높이 1.8 m 이상, 폭 0.7 m 이상(다만, 주택용 엘리베이터의 경우 기계실 출입문은 폭 0.6 m 이상, 높이 0.6 m 이상으로 할 수 있다.)

정답 16 ① 17 ② 18 ① 19 ① 20 ②

02 승강기 설계

21 엘리베이터의 지진에 대한 대책 중 가장 우선적으로 고려하여야 할 사항은?

① 관제운전장치의 설치
② 가이드레일에 대한 보강대책
③ 승강로 내의 돌출물에 대한 대책
④ 주로프의 도르래로부터의 벗겨짐 방지대책

해설 관제운전의 우선순위
지진 시 > 화재 시 > 정전 시

22 자동차용 엘리베이터의 경우 카의 유효면적은 $1m^2$ 당 몇 kg으로 계산한 값 이상인가?

① 150 ② 200
③ 250 ④ 300

23 전기식 엘리베이터에서 카틀 및 카바닥을 설계할 때 비상 시 작용하는 하중으로 고려하지 않는 것은?

① 적재 중 하중
② 지진 시 하중
③ 완충기 동작 시 하중
④ 추락방지(비상정지)창치 작동 시 하중

24 유압식 엘리베이터의 압력릴리프밸브는 압력을 전 부하압력의 몇 %까지 제한하도록 맞추어 조절되어야 하는가?

① 125 ② 130
③ 135 ④ 140

해설 릴리프 밸브
릴리프 밸브는 압력을 전 부하 압력의 140%까지 제한하도록 맞추어 조절되어야 한다.

25 정격속도 1m/s를 초과하여 운행 중인 엘리베이터 카문을 수동으로 개방하는 데 필요한 힘은 얼마 이상이어야 하는가? (단, 잠금해제 구간에서는 제외한다.)

① 30N
② 50N
③ 150N
④ 300N

해설 카 내부에 있는 사람에 의한 카문의 개방.
가) 카가 운행 중 일때, 카문의 개방은 50N 이상의 힘이 요구되어야 한다.

26 엘리베이터 감시반에 관한 설명 중 가장 관계가 먼 것은?

① 호기별 주행, 정지상태와 승강기의 이상 유·무를 표시하기도 한다.
② 많은 대수의 엘리베이터, 에스컬레이터 등을 효율적으로 운전하기 위해 설치한다.
③ 보통 중앙관리실에 설치되어 있고, 엘리베이터 고장 시 승객의 안전과 신속한 구출에 큰 목적이 있다.
④ 여러 대의 승강기일 경우 감시반을 반드시 설치하여야 하며 카에 탑승한 사람의 불필요한 행동을 감시하고 방범활동을 하기도 한다.

정답 21 ① 22 ① 23 ① 24 ④ 25 ② 26 ④

27 유압식 엘리베이터에 있어서 유량제어밸브를 주회로에 삽입하여 유량을 직접 제어하는 회로는 어느 것인가?

① 파일럿(Pilot) 회로
② 바이패스(Bypass) 회로
③ 미터 인(Meter in) 회로
④ 블리드 오프(Bleed off) 회로

해설 유량밸브에 의한 속도 제어
① 미터인(Meter In) 회로 : 작동유를 제어하여 유압 실린더를 보낼 경우 유량제어밸브를 주회로에 삽입하여 유량을 직접 제어하는 회로
② 블리드 오프(Bleed Off) 회로 : 유량제어밸브를 주회로에서 분기된 바이패스(Bypass) 회로에 삽입한 것

28 카자중 2,000kg, 적재하중 1,100kg인 승객용 엘리베이터의 지진에 의해 카 측 가이드레일에 작용하는 하중(P)은 몇 kg인가? (단, P는 가이드레일의 X방향 하중(kg), 저감률은 0.25, 수평진도는 0.6, 상 · 하 가이드슈의 하중비는 0.6이다.) (실기 기출)

① 586 ② 654
③ 715 ④ 819

해설 카 측 가이드레일에 작용하는 하중(P)
① 등가하중
$W = W_1 + aW_2 = 2{,}000 + 0.25 \times 1{,}000$
$= 2{,}275\text{kg}$(a: 저감률)
② 레일에 걸리는 수평하중(P_X)
$P_X = K_H \cdot W \cdot \epsilon = 0.6 \times 2{,}275 \times 0.6 = 819\text{kg}$
(K_H : 수평진도, W : 등가하중,
ϵ : 상 · 하 가이드슈의 하중비)

29 기계실의 조명 및 환기시설에 관한 설명으로 옳은 것은?

① 전기조명은 구동기에 공급되는 전원과는 독립적이어야 한다.
② 조도는 배치된 기기로부터 1m 거리에서 100lx 이상이어야 한다.
③ 실온은 원칙적으로 40℃ 초과를 유지할 수 있어야 한다.
④ 조명스위치는 쉽게 조명을 점멸할 수 있도록 기계실 제어반 가까이에 설치한다.

해설 조명 및 콘센트
카, 승강로, 기계류 공간, 풀리실 및 비상운전 및 작동시험을 위한 패널에 공급되는 전기조명은 구동기에 공급되는 전원과는 독립적이어야 한다.

30 그림과 같은 도르래 장치의 표시로 옳은 것은?

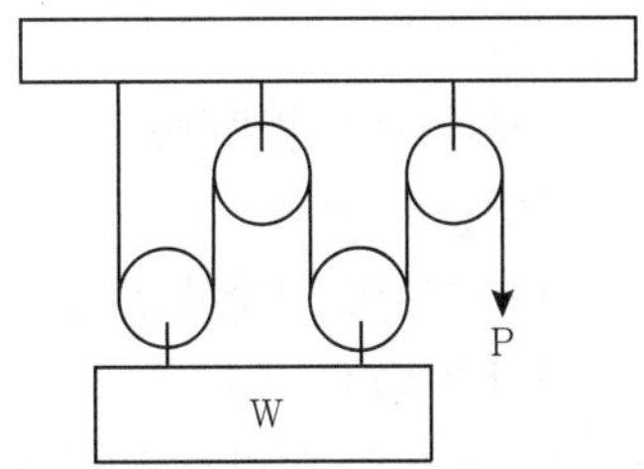

① 2:1 로핑, P=W/2
② 4:1 로핑, P=W/4
③ 2:1 로핑, P=W
④ 4:1 로핑, P=W/2

해설 매다는장치에 로프가 4개 걸려 하중을 분담한다.
※ 로프 거는 방법(로핑) : 카와 균형추에 대한 로프 거는 방법
① 1 : 1 로핑 : 로프 장력은 카 또는 균형추의 중량과 로프의 중량을 합한 것이다(승객용).
② 2 : 1 로핑 : 로프의 장력은 1 : 1 로핑 시의 $\frac{1}{2}$이 되고, 시브에 걸리는 부하도 $\frac{1}{2}$이 된다. 그러나 로프가 풀리는 속도는 1 : 1 로핑 시의 2배가 된다(화물용).
③ 3 : 1 로핑 이상(4 : 1 로핑, 6 : 1 로핑) : 대용량 저속 화물용 엘리베이터에 사용한다.
㉠ 와이어로프 수명이 짧고 1본의 로프 길이가 매우 길다.
㉡ 종합 효율이 저하된다.

정답 27 ③ 28 ④ 29 ① 30 ②

31 **엘리베이터의 수송능력은 일반적으로 몇 분간의 수송능력을 기준으로 하는가?**

① 5분
② 10분
③ 30분
④ 60분

해설 엘리베이터의 수송능력은 일반적으로 5분간 수송능력을 기준으로 한다.

32 **주행안내(가이드)레일 브래킷에 작용하는 앵커볼트의 인발하중을 옳게 나타낸 것은?**

① 앵커볼트의 인발하중 ≤ 앵커볼트의 인발응력
② 앵커볼트의 인발하중 ≤ 앵커볼트의 인발응력/2
③ 앵커볼트의 인발하중 ≤ 앵커볼트의 인발응력/4
④ 앵커볼트의 인발하중 ≤ 앵커볼트의 인발응력/6

해설 주행안내(가이드)레일의 부재 계산
㉮ 응력 $\sigma \leq$ 허용응력[kg/cm²]
㉯ 휨 $\delta \leq$ [0.5cm]
㉰ 앵커볼트의 인발하중
$\leq \dfrac{\text{앵커볼트의 인발내력}}{4}$[kg]
㉱ 앵커볼트의 전단응력 ≤ 전단허용능력[kg/cm²]

33 **로프의 안전계수 12, 최대사용응력 500kg/cm²인 엘리베이터에서 로프의 인장강도는 몇 kg/cm²인가?**

① 3,000 ② 4,000
③ 5,000 ④ 6,000

해설 로프의 인장강도 $=12\times500=6{,}000\text{kg/cm}^2$

34 **카 무게 2,000kg, 적재용량 1,500kg, 제어케이블 무게 50kg, 오버밸런스율 40%, 균형추틀 무게 200kg, 조정웨이트 무게 25kg/개, 가감웨이트 무게 50kg/개일 경우 가감웨이트는 몇 개가 필요한가? (단, 조정웨이트 수량은 1개이다.)**

① 42 ② 44
③ 46 ④ 48

해설 ① 가감웨이트 수
$= \dfrac{\text{균형추 중량} - \text{균형추틀 중량} - \text{조정웨이트 중량}}{\text{가감웨이트 중량}}$
$= \dfrac{2{,}650-200-25}{50} \approx 48$개(조정웨이트 수량 1개)
② 균형추 중량 = 카자중 + 정격하중 · OB
$=2{,}000+1{,}500\times0.4=2{,}650$[kg]

35 **동력전원설비 용량을 산출하는 데 필요한 요소가 아닌 것은?**

① 전압강하
② 주위온도
③ 감속전류
④ 전압강하계수

해설 동력전원설비 용량을 산출 시 고려사항
① 가속전류 ② 전압강하
③ 주위온도 ④ 전압강하계수
⑤ 부등률

36 **전동기 출력이 15kW, 전부하 회전수가 1,200rpm일 때, 전부하 토크는 약 몇 kg · m인가?**

① 12.2 ② 12.5
③ 13.2 ④ 13.5

해설 전부하 토크(T_d)
$T_d = \dfrac{975\times15}{1{,}200} = 12.18$[kg · m]

정답 31 ① 32 ③ 33 ④ 34 ④ 35 ③ 36 ①

37 예상 정지수 9, 도어 개폐시간 3초, 승객출입시간 32초, 주행시간 55일 때 일주시간은 약 몇 초인가?

① 114　　② 120
③ 125　　④ 155

해설 일주시간
$RTT=\sum$(주행시간+도어개폐시간
+승객출입시간+손실시간)
=(55+27+32+5.9)=119.9s
※ 도어개폐시간=예상정지수×도어개폐시간
=9×3=27(s)
※ 손실시간=(도어개폐시간+승객출입시간)의 10%
=(27+32)×0.1=5.9(s)

38 엘리베이터에서 카 틀의 구성요소가 아닌 것은?

① 상부체대
② 하부체대
③ 스프링 버퍼
④ 브레이스 로드

해설 카틀의 구성요소
㉮ 상부체대 : 로프를 매달아 놓음
㉯ 하부체대 : 틀을 지지
㉰ 카주 : 상부체대와 카 바닥을 연결
㉱ 가이드슈 : 카주의 레일로부터 이탈방지
㉲ 브레이스로드 : 카 바닥의 수평 유지

39 길이(i), 단면적(A)인 균일 단면 봉이 인장하중(W)를 받아 λ만큼 늘어났을 때 상관관계를 옳게 나타낸 것은? (단, E는 세로탄성계수이다.)

① $E=\dfrac{Wi}{A\lambda}$　　② $E=\dfrac{W\lambda}{Ai}$
③ $E=\dfrac{A\lambda}{Wi}$　　④ $E=\dfrac{Ai}{W\lambda}$

해설 늘어난 길이 $\lambda=\dfrac{1}{E}\cdot\dfrac{Pl}{A}=\dfrac{Pl}{AE}$
여기서, E : 세로탄성계수

40 제어반의 기기 중 전동기 등 사용기기의 단락으로 인한 과전류를 감지하여 사고의 확대를 방지하고 전원측의 배선 및 변압기 등의 소손을 방지하는 역할을 하는 기기는?

① 전자접촉기
② 배선용차단기
③ 리미트스위치
④ 제어용계전기

해설 배선용차단기(MCCB)
과부하 및 단락사고 방지하기 위해 사용한다.

03 일반기계공학

41 주조할 때 금형에 접촉된 표면을 급랭시켜 표면은 백선화 되어 단단한 층이 형성되고, 금속의 내부는 서랭되어 강인한 성질의 주철이 되는 것은?

① 회주철
② 칠드주철
③ 가단주철
④ 구상흑연주철

해설 백주철
탄소, 규소의 양이 적을 때 발생, 주물 파단면이 백색으로 취성이 크며, 칠드라고도 한다. 펄라이트와 페라이트 조직을 나타낸다.

정답 37 ② 38 ③ 39 ① 40 ② 41 ②

42 다음 그림에서 나타내는 유압 회로도의 명칭은?

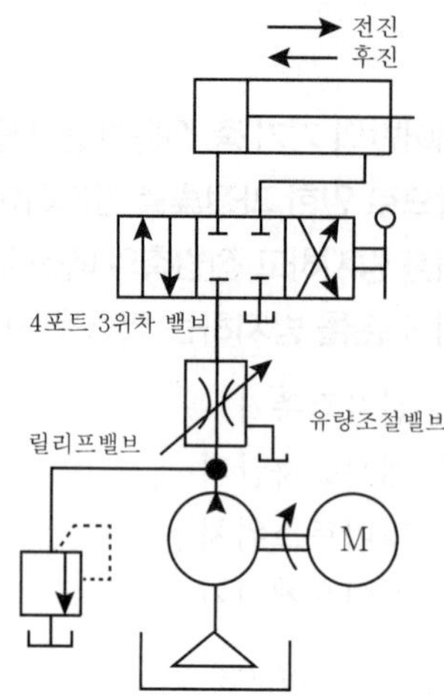

① 시퀀스 회로
② 미터인 회로
③ 브레이크 회로
④ 미터아웃 회로

해설 유량밸브에 의한 속도 제어

① 미터인(Meter In) 회로 : 작동유를 제어하여 유압 실린더를 보낼 경우 유량제어밸브를 주회로에 삽입하여 유량을 직접 제어하는 회로
② 블리드 오프(Bleed Off) 회로 : 유량제어밸브를 주회로에서 분기된 바이패스(Bypass) 회로에 삽입한 것

43 알루미늄에 Cu, Mg, Mn을 첨가한 합금으로 경량이면서 담금질 시효경화 처리에 의해 강과 같은 높은 강도를 가진 것은?

① 두랄루민 ② 바이메탈
③ 하이드로날륨 ④ 엘린바

해설 두랄루민(Duralumin)계

두랄루민은 알루미늄(Al)－구리(Cu)－마그네슘(Mg)－아연(Mn)으로 구성된 합금으로 인장강도가 크고 시효경화를 일으키는 고력(고강도) 알루미늄 합금이다.

44 합성수지에 대한 일반적인 설명으로 틀린 것은?

① 내화성 및 내열성이 좋지 않다.
② 가공성이 좋고 성형이 간단하다.
③ 투명한 것이 있으며 착색이 자유롭다.
④ 비중 대비 강도 및 강성이 낮은 편이다.

해설 합성수지의 공통된 성질은 가볍고 튼튼하며 전기 절연성이 좋고, 가공성이 크며 성형이 간단하다. 페놀수지, 멜라민수지, 에폭시수지, 요소수지 등이 있다.

45 30,000[N · mm]의 비틀림모멘트와 20,000[N · mm]의 굽힘 모멘트를 동시에 받는 축의 상당 굽힘 모멘트는 약 몇 N · mm인가?

① 8,027 ② 14,028
③ 28,027 ④ 56,054

해설 보에 굽힘과 비틀림이 동시에 작용하는 경우

$$M_e = \frac{1}{2}(M + \sqrt{M^2 + T^2})$$

$$= \frac{1}{2} \times (20{,}000 + \sqrt{20{,}000^2 + 30.000^2})$$

$$\approx 28{,}027[\text{N} \cdot \text{mm}]$$

$$T_e = \sqrt{M^2 + T^2}$$

46 절삭가공 시 구성인선(Built up Edge)을 방지하기 위한 대책으로 틀린 것은?

① 경사각(Rake Angle)을 작게 할 것
② 절삭 깊이(Cut of Depth)를 작게 할 것
③ 절삭 속도(Cutting Speed)를 크게 할 것
④ 공구의 인선(Cutting Edge)을 예리하게 할 것

해설 구성인선(Built up Edge)을 방지하기 위해서는 경사각(Rake Angle)을 크게 한다.

정답 42 ② 43 ① 44 ④ 45 ③ 46 ①

47 합금 주철에 포함된 각 합금 원소의 설명으로 틀린 것은?

① Ti은 강한 탈산제 역할을 한다.
② Mo은 흑연화 촉진제 역할을 한다.
③ Cr은 흑연화를 방지하고, 탄화물을 안정시킨다.
④ Ni은 흑연화를 촉진하고, 두꺼운 주물 부분의 조직이 거칠어지는 것을 방지한다.

해설 Mo(몰리브덴) : 흑연화 방지 및 강도, 경도, 내마모성을 증가시킨다.

48 그림과 같은 드럼에서 75N · m의 토크가 작용하고 있는 경우 레버 끝에서 200N의 힘을 가하여 제동하려면 이 드럼의 지름은 약 몇 mm이어야 하는가? [단, 브레이크 블록과 드럼 사이의 마찰계수(u)는 0.2이고, 길이 단위는 mm이다.]

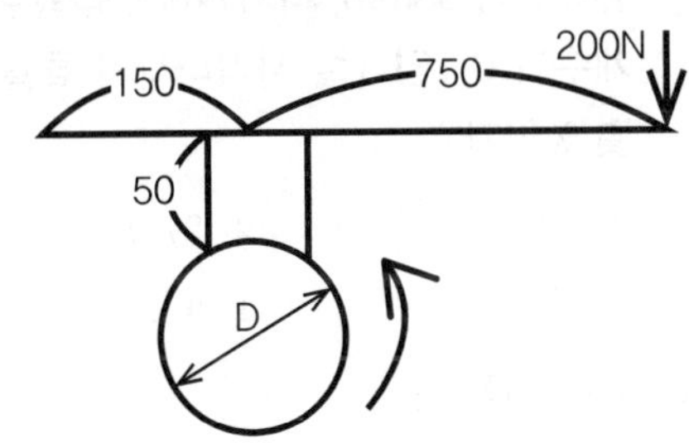

① 475 ② 526
③ 584 ④ 615

해설 ① 제동력(좌회전)

$$f=\frac{F\cdot\mu\cdot a}{(b-\mu\cdot c)}=\frac{200\times0.2\times(750+150)}{(150-0.2\times50)}$$
$\approx 257[\text{N}]$

② 제동토크
$$=\frac{f\cdot D}{2}=\frac{257\times D}{2}=75\times10^3[\text{Nmm}],$$

③ 드럼의 지름 $D=\frac{75\times10^3\times2}{257}=583.65$
$=584[\text{mm}]$

49 다음 중 육면체의 평행도나 원통의 진원도 측정에 가장 적합한 측정기는?

① 각도 게이지
② 다이얼 게이지
③ 하이트 게이지
④ 버니어캘리퍼스

해설 다이얼 게이지
육면체의 평행도나 원통의 진원도 측정에 사용한다.

50 중심축에 가해지는 토크가 T이고, 축 지름이 d일 때, 이 축에 발생하는 최대전단응력을 나타내는 식은?

① $T_{max}=\frac{32T}{\pi d^3}$
② $T_{max}=\frac{16T}{\pi d^3}$
③ $T_{max}=\frac{T}{\pi d^3}$
④ $T_{max}=\frac{T}{16\pi d^3}$

해설 ① 중심축 전단응력
$$\tau=\frac{T}{Z_p}=\frac{T}{\frac{\pi d^3}{16}}=\frac{16T}{\pi d^3}$$
T: 비틀림모멘트, Z_p : 단면계수

② 중심축 극단면계수 : $Z_P=\frac{\pi\times d^3}{16}$

51 체인 전동장치의 일반적인 특징으로 틀린 것은?

① 윤활이 필요하다.
② 진동과 소음이 거의 없다.
③ 전동효율이 95% 이상으로 좋다.
④ 미끄럼이 없는 일정한 속도비를 얻을 수 있다.

정답 47 ② 48 ③ 49 ② 50 ② 51 ②

해설 체인(Chain)

특징

① 미끄럼이 없는 일정한 속도비가 얻어진다.
② 초기 장력을 줄 필요가 없다.
③ 체인의 길이를 신축할 수 있고 다축 전동이 용이하다.
④ 큰 동력을 전달시킬 수 있고 그 효율도 95% 이상이다.
⑤ 소음과 진동을 일으키기 쉬워 고속 회전이나 정숙 운전에는 부적합하다.

52 동일 재료의 축 A, B의 길이는 동일하고, 지름이 각각 d, $2d$일 경우 같은 각도만큼 비틀림 변형시키는 데 필요한 비틀림모멘트비 $\frac{T_A}{T_B}$의 값은?

① 1/2　　② 1/4
③ 1/8　　④ 1/16

해설 비틀림각

$$\theta = \frac{Tl}{GI_p} = \frac{32Tl}{G\pi d^4} \Rightarrow T = \frac{G\pi d^4}{32l\theta}$$

(극 단면계수 $I_p = \frac{\pi d^4}{32}$)

$$\therefore \frac{T_A}{T_B} \propto d^4,\ \frac{d^4}{(2d)^4} = \frac{1}{16}$$

53 그림과 같이 2개의 연강봉에 같은 인장하중을 받을 때, 각 봉의 탄성변형에너지비 $U_1 : U_2$는? (단, 그림에서 길이 단위는 mm이고, 왼쪽 봉의 탄성변형에너지가 U_1, 오른쪽 봉의 탄성변형에너지가 U_2이다.)

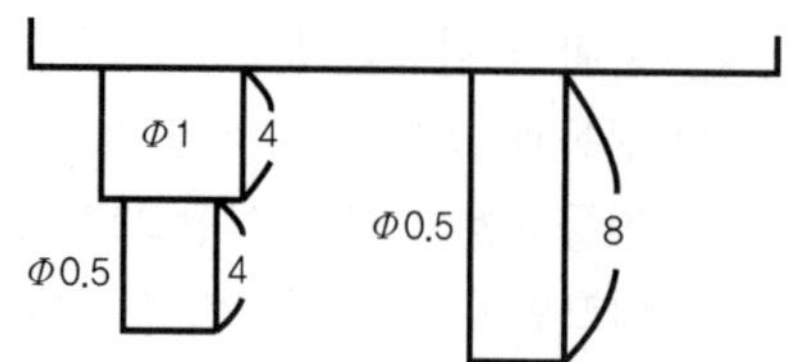

① 3:8　　② 5:8
③ 8:3　　④ 8:5

해설 탄성변형 에너지

$$u = \frac{1}{2}Px = \frac{1}{2}P\frac{Pe}{AE}u\alpha\frac{1}{r^2}(r : 반지름)$$

$$u_1 = (1+4)u' = 5u',\ u_2 = 8u',\ u_1 : u_2 = 5 : 8$$

54 밀폐된 용기 안에서 유체에 작용하는 압력이 모든 방향으로 동일하게 작용되는 원리는?

① 파스칼의 원리
② 베르누이의 원리
③ 오리피스의 원리
④ 보일-샤를의 원리

해설 파스칼의 원리

유체압력 전달의 원리로 압력의 변화가 유체의 다른 부분에 동일하게 작용되는 원리이다.

55 유효지름 38mm, 피치 8mm, 접촉부 마찰계수가 0.1인 1줄 사각나사의 효율은 약 몇 %인가?

① 21.4　　② 27.7
③ 39.8　　④ 44.2

해설 나사의 효율

㉮ $\eta = \frac{\tan\alpha}{\tan(\alpha+\rho)} \times 100$

$$= \frac{\tan(3.83°)}{\tan(3.83° + 5.71°)} \times 100 = 39.83[\%]$$

㉯ $\tan\alpha = \frac{p}{\pi d_e}$, 리드각 $\alpha = \tan^{-1}(\frac{p}{\pi d_e})$

$$= \tan^{-1}(\frac{8}{3.14 \times 38}) = 3{,}83°$$

㉰ 마찰계수 $\mu = \tan\rho$,
마찰각 $\rho = \tan^{-1}(\mu) = \tan^{-1}(0.1) = 5.71°$
α : 리드각, ρ : 마찰각, μ : 마찰계수,
p : 피치, de : 유효지름

정답 52 ④ 53 ② 54 ① 55 ③

56 다음 중 커넥팅 로드와 같이 형상이 복잡한 것을 소성가공하는 방법으로 가장 적합한 것은?

① 압연(Rolling)
② 인발(Drawing)
③ 전조(Roll Forming)
④ 형 단조(Die orging)

해설 형단조란 가열된 금속재를 금형에 맞춰 성형하는 방식의 공정으로 형상이 복잡한 것을 소성 가공하는 방법이다.

57 다음 중 안전율을 가장 올바르게 나타낸 것은?

① 기준강도/허용응력
② 인장강도/항복응력
③ 허용강도/인장응력
④ 항복응력/인장강도

해설 허용응력

$$\sigma_{perm} = \frac{R_m}{S_t}$$

R_m : 인장강도(N/mm^2),
σ_{perm} : 허용응력(N/mm^2),
S_t : 안전율

58 불활성가스를 사용하는 용접법은?

① 심 용접　② 마찰 용접
③ TIG 용접　④ 초음파 용접

59 유압펌프의 종류 중 용적형 펌프가 아닌 것은?

① 기어 펌프
② 베인 펌프
③ 축류 펌프
④ 회전피스톤 펌프

해설 용적형 펌프
① 왕복식 : 버킷 펌프, 피스톤 펌프, 플런저 펌프, 다이아프램 펌프
② 회전식 : 기어펌프, 나사펌프, 베인펌프, 자생펌프

축류식펌프(axial type pump)
회전하는 날개의 양력에 의해 속도 및 압력 에너지를 공급하며 물의 흐름은 날개차의 축방향에서 유입하여 날개차를 지나 축방향으로 유출되는 펌프

60 다음 중 가장 큰 회전력을 전달시킬 수 있는 키는?

① 납작키(Flat Key)
② 둥근키(Round Key)
③ 안장키(Saddle Key)
④ 접선키(Tangential Key)

해설 접선키(Tangential Key)
방향이 변하는 곳에 사용하고, 큰 회전력이 필요한 곳에 사용한다.

04 전기제어공학

61 그림과 같은 계전기 접점회로의 논리식은?

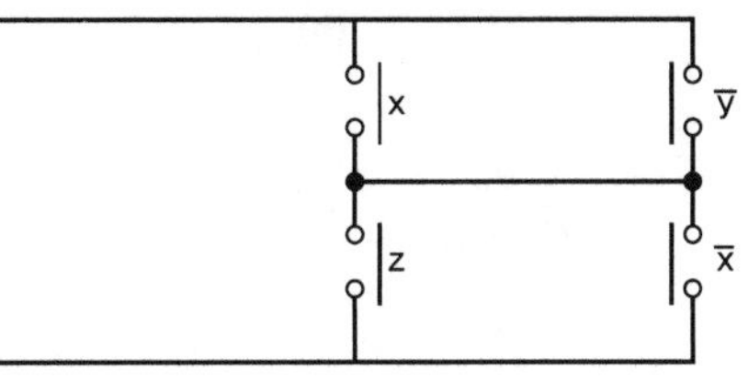

① $xy + \overline{yx}$
② $xz + \overline{zx}$
③ $(x + \overline{y})(z + \overline{x})$
④ $(x + z)(\overline{y} + \overline{x})$

해설 $(x+\overline{y})(z+\overline{x})$

62 $L=4H$인 인덕턴스에 $i=30e^{-3t}(A)$의 전류가 흐를 때 인덕턴스에 발생하는 단자 전압은 몇 V인가?

① $90e^{-3t}$

② $120e^{-3t}$

③ $180e^{-3t}$

④ $360e^{-3t}$

해설

$e=L\frac{di}{dt}=4\times\frac{d(-30e^{-3t})}{dt}$

$=-120\times(-3)\times e^{-3t}=360e^{-3t}$

63 그림 (a)의 직렬로 연결된 저항회로에서 입력전압 V_1과 출력전압 V_0의 관계를 그림 (b)의 신호흐름선도로 나타낼 때 A에 들어갈 전달함수는?

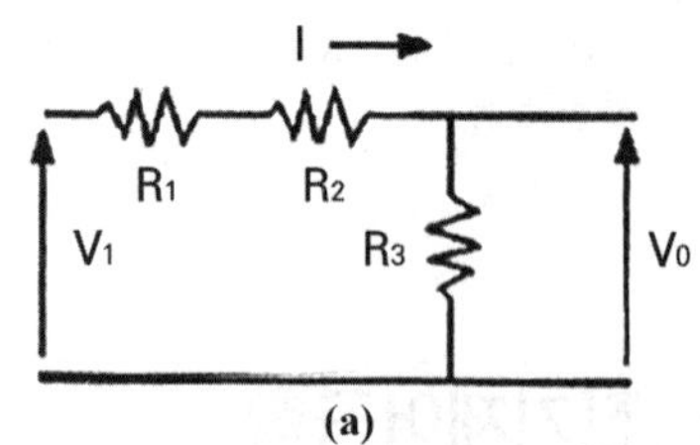

(a)

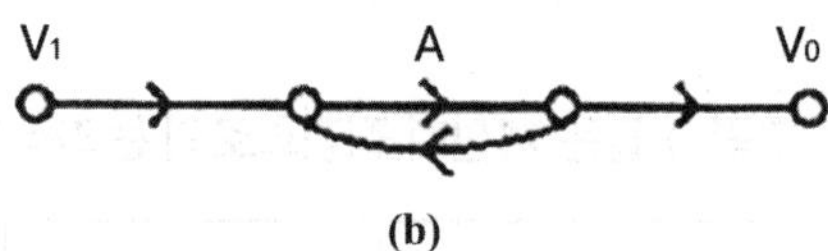

(b)

① $\frac{R_3}{R_1+R_2}$

② $\frac{R_1}{R_2+R_3}$

③ $\frac{R_2}{R_1+R_3}$

④ $\frac{R_3}{R_1+R_2+R_3}$

해설

그림 a, $\frac{출력}{입력}=\frac{v_o}{v_i}=\frac{R_3}{R_1+R_2+R_3}=\frac{\frac{R_3}{R_1+R_2}}{1+\frac{R_3}{R_1+R_2}}$

그림 b, $\frac{출력}{입력}=\frac{v_o}{v_i}=\frac{A}{1-[-A]}=\frac{A}{1+A}$

그림 $a=$ 그림 b, $\frac{출력}{입력}=\frac{v_o}{v_i}=\frac{\frac{R_3}{R_1+R_2}}{1+\frac{R_3}{R_1+R_2}}=\frac{A}{1+A}$

$\therefore\ A=\frac{R_3}{R_1+R_2}$

64 타력제어와 비교한 자력제어의 특징 중 틀린 것은?

① 저비용

② 구조 간단

③ 확실한 동작

④ 빠른 조작 속도

65 전압, 전류, 주파수 등의 양을 주로 제어하는 것으로 응답속도가 빨라야 하는 것이 특징이며, 정전압장치나 발전기 및 조속기의 제어 등에 활용하는 제어방법은?

① 서보기구

② 비율제어

③ 자동조정

④ 프로세스제어

해설 자동조정기구(전기적, 기계적 양)
속도, 전위, 전류, 힘, 주파수 등

66 계측기 선정 시 고려사항이 아닌 것은?

① 신뢰도 ② 정확도

③ 미려도 ④ 신속도

정답 62 ④ 63 ① 64 ④ 65 ③ 66 ③

67 광전형 센서에 대한 설명으로 틀린 것은?

① 전압 변화형 센서이다.
② 포토다이오드, 포토 TR 등이 있다.
③ 반도체의 pn접합 기전력을 이용한다.
④ 초전효과(Pyroelectric Effect)를 이용한다.

68 출력의 변동을 조정하는 동시에 목표값에 정확히 추종하도록 설계한 제어계는?

① 타력제어
② 추치제어
③ 안정제어
④ 프로세스제어

해설 추치제어(Follow-up Control)
목표값이 시간적으로 변화하는 경우의 제어

69 다음 (a), (b) 두 개의 블록선도가 등가가 되기 위한 K는?

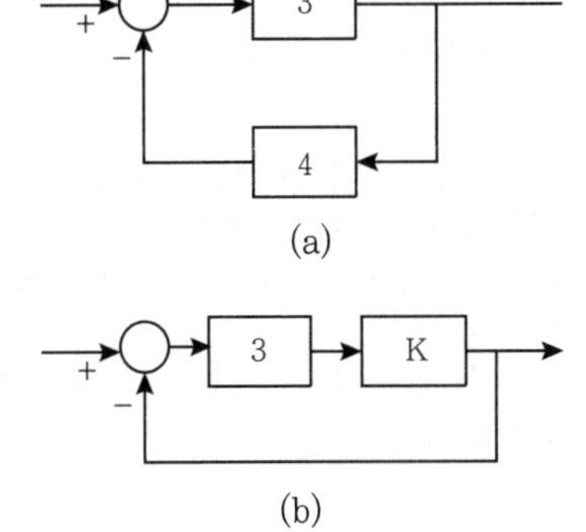

① 0 ② 0.1
③ 0.2 ④ 0.3

해설
(a) 전달함수 $= \dfrac{3}{1-(-4\times3)} = \dfrac{3}{1+(3\times4)}$

(b) 전달함수 $= \dfrac{3K}{1-(-3K)} = \dfrac{3K}{1+3K}$

$\therefore \dfrac{3}{13} = \dfrac{3K}{1+3K}$, $39K-9K=3$, $K=0.1$

70 콘덴서의 정전용량을 높이는 방법으로 틀린 것은?

① 극판의 면적을 넓게 한다.
② 극판 간의 간격을 작게 한다.
③ 극판 간의 절연파괴 전압을 작게 한다.
④ 극판 사이의 유전체를 비유전율이 큰 것으로 사용한다.

해설 $C = \dfrac{Q}{V}[\mathrm{F}] = \dfrac{\epsilon \cdot A}{l}[\mathrm{F}]$
여기서, 정전용량 C[F], 전극의 면적 $A[\mathrm{m}^2]$, 유전율 ϵ[F/m], 극판간격 l[m]
정전용량 크게하는 방법은 면적을 넓게, 극판간격을 작게, 비유전율을 크게한다.

71 공작기계를 이용한 제품가공을 위해 프로그램을 이용하는 제어와 가장 관계 깊은 것은?

① 속도제어 ② 수치제어
③ 공정제어 ④ 최적제어

해설 수치제어(numerical control)부호와 수치로써 구성된 수치정보로 기계의 운전을 자동제어 하는 것으로 공작기계를 이용한 제품가공을 위해 프로그램을 이용하는 제어이다.

72 제어기기의 변환요소에서 온도를 전압으로 변환시키는 요소는?

① 열전대
② 광전지
③ 벨로즈
④ 가변저항기

해설 변환요소

변환량	변환요소
온도 → 전압	열전대

정답 67 ④ 68 ② 69 ② 70 ③ 71 ② 72 ①

73 **도체를 늘려서 길이가 4배인 도선을 만들었다면 도체의 전기저항은 처음의 몇 배인가?**

① 1/4 ② 1/16
③ 4 ④ 16

해설 $R=\rho\frac{\ell}{A}=\rho\frac{4\ell'}{\frac{A'}{4}}=16\rho\frac{\ell'}{A'}$ [Ω]

길이 4배, 면적 1/4배

74 **단상변압기 3대를 Δ 결선하여 3상 전원을 공급하다가 1대의 고장으로 인하여 고장 난 변압기를 제거하고 V결선으로 바꾸어 전력을 공급할 경우 출력은 당초 전력의 약 몇 %까지 가능하겠는가?**

① 46.7 ② 57.7
③ 66.7 ④ 86.7

해설 V결선 출력비 $P_V=\frac{\text{고장 후 출력}}{\text{고장 전 출력}}=\frac{\sqrt{3}}{3}=0.577$

75 **무인 커피 판매기는 무슨 제어인가?**

① 서보기구 ② 자동조정
③ 시퀀스제어 ④ 프로세스제어

해설 시퀀스제어
미리 정해진 순서나 시간 지연 등을 통해서 각 단계별로 순차적인 제어동작

76 ***R, L, C*가 서로 직렬로 연결되어 있는 회로에서 양단의 전압과 전류가 동상이 되는 조건은?**

① $\omega=LC$ ② $\omega=L_2C$
③ $\omega=\frac{1}{LC}$ ④ $\omega=\frac{1}{\sqrt{LC}}$

해설 공진조건
유도성 리액턴스=용량성 리액턴스(전압과 전류가 동상)

※ 직렬공진, 병렬공진

공진 조건에서 $\omega L=\frac{1}{\omega C}$ 이므로 $\omega^2=\frac{1}{LC}$ 이다.

정리하면 $f_r=\frac{1}{2\pi\sqrt{LC}}$ [Hz]

	직렬공진	병렬공진
주파수	$f_r=\frac{1}{2\pi\sqrt{LC}}$	$f_r=\frac{1}{2\pi\sqrt{LC}}$
역률	1	1
임피던스	최소값	최대값
전류	최대	최소

77 **3상 권선형 유도전동기 2차측에 외부저항을 접속하여 2차 저항값을 증가시키면 나타나는 특성으로 옳은 것은?**

① 슬립 감소
② 속도 증가
③ 기동토크 증가
④ 최대토크 증가

해설 비례추이
권선형 유도전동기의 토크특성이 2차 합성저항의 변화에 비례하여 이동하는 것으로 토크는 변하지 않으나 같은 토크에서 슬립과 2차 저항은 비례하여 변한다.
즉 저항값을 증가시키면 기동토크(혹은 전류)가 증가한다.

78 **궤환제어계에 속하지 않는 신호로서 외부에서 제어량이 그 값에 맞도록 제어계에 주어지는 신호를 무엇이라 하는가?**

① 목표값 ② 기준입력
③ 동작신호 ④ 궤환신호

정답 73 ④ 74 ② 75 ③ 76 ④ 77 ③ 78 ①

해설 피드백 제어계의 구성

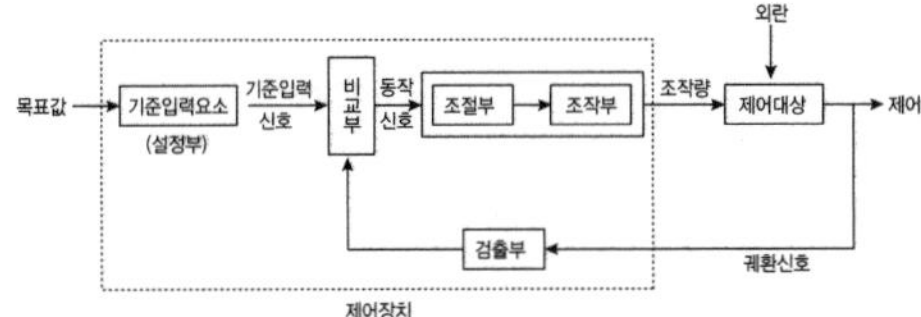

79 논리식 중 동일한 값을 나타내지 않는 것은?

① $X(X+Y)$

② $XY+X\hat{Y}$

③ $XY+\overline{X}$

④ $(X+Y)(X+\overline{Y})$

해설 ① $X(X+Y)=XX+XY=X+XY=X(1+Y)$
$=X$

② $XY+X\overline{Y}=X(Y+\overline{Y})=X$

③ $XY+\overline{X}Y=Y(X+\overline{X})=Y$

④ $(X+Y)(X+\overline{Y})=XX+X\overline{Y}+XY+Y\overline{Y}$
$=X(1+\overline{Y})+XY+0$
$=X+XY=X(1+Y)=X$

80 $\frac{3}{2}\pi[\mathrm{rad}]$ 단위를 각도(°) 단위로 표시하면 얼마인가?

① $120°$ ② $240°$

③ $270°$ ④ $360°$

해설 $\pi[rad]=180°$

$\frac{3}{2}\pi[rad]=\frac{3}{2}\times180°=270°$

03 2017년 09월 23일

01 승강기 개론

01 견인비(Traction ratio)의 선정 방법은?

① 균형비 값은 커야 하고 무부하 시와 전부하 시의 값은 동일해야 한다.
② 균형비 값은 적어야 하고 무부하 시와 전부하 시의 값은 고려하지 않는다.
③ 무부하 시와 전부하 시 값의 차를 크게 하고 그 값도 가능한 크게 한다.
④ 무부하 시와 전부하 시의 값이 가능한 한 같도록 하고, 그 절대값이 적을수록 좋다.

해설 견인비(Traction비)
① 카 측 로프에 걸려 있는 중량과 균형추 측 로프에 걸려 있는 중량의 비를 권상비(트랙션비)라 한다.
② 무부하 및 전부하의 상승과 하강 방향을 체크하여 1에 가깝게 하고 두 값의 차가 작게 되어야 로프와 도르래 사이의 견인비 능력, 즉 마찰력이 작아야 로프의 수명이 길게 되고 전동기의 출력을 작게 한다.

02 엘리베이터 주로프의 구비조건으로 틀린 것은?

① 구조적 신율이 적어야 한다.
② 내구성 및 내부식성이 우수하여야 한다.
③ 로프 중심에 사용되는 심강의 경도가 높아야 한다.
④ 강선 속의 탄소량을 크게 하여 유연성이 좋아야 한다.

해설 강선의 탄소 함유량이 적어 유연성이 있어야 한다.

03 일종의 압력조절밸브로서 회로의 압력이 설정값에 도달하면 밸브를 열어 오일을 탱크로 돌려보냄으로써 압력이 과도하게 상승하는 것을 방지하는 밸브는?

① 체크밸브 ② 차단밸브
③ 릴리프밸브 ④ 하강방향밸브

해설 릴리프밸브
압력조절밸브로서 회로의 압력이 설정값에 도달하면 밸브를 열어 오일을 탱크로 돌려보냄으로써 압력이 과도하게 상승하는 것을 방지한다.

04 완충기(BUFFER)에 대한 설명으로 틀린 것은? (단, g_n은 중력가속도이다.)

① 카의 정격속도가 1m/s를 초과할 때에는 에너지 축적형 완충기를 사용한다.
② 에너지 분산형 완충기는 평균감속도 $1g_n$ 이하로 카를 정지시켜야 한다.
③ 에너지 분산형 완충기는 $2.5g_n$를 초과하는 감속도가 0.04초를 넘기지 않아야 한다.
④ 에너지 분산형 완충기는 정격속도의 115%로 카가 충돌하였을 때 카를 정지시켜야 한다.

해설 선형 또는 비선형 특성을 갖는 에너지 축적형 완충기는 엘리베이터의 정격속도가 1 m/s 이하인 경우에만 사용되어야 한다.

정답 01 ④ 02 ④ 03 ③ 04 ①

05 **상부에 기계실이 있는 전기식 엘리베이터에서 기계실 안에 있는 장치가 아닌 것은?**

① 권상기 ② 조속기
③ 제어반 ④ 급유기

해설 기계실에는 조속기, 제어반, 권상기가 설치되고, 권상기는 와이어로프를 드럼에 감거나 풀게 하여 카를 승강시키는 장치로 전동기, 제동기, 감속기, 메인시브, 기계대, 속도검출부 등으로 이루어져 있다.

06 **카 틀에 부착되는 경사봉은 하중전달면에서 중요한 것으로 카 바닥에 균등하게 분산된 하중의 얼마까지 카 틀의 기둥에 전달하는가?**

① 2/8 ② 3/8
③ 4/8 ④ 5/8

해설 경사봉은 카 바닥에 균등하게 분산된 하중의 $\frac{3}{8}$을 부담한다.

07 **지상면에서 탑승물까지의 높이가 2m 이상으로 고저차가 2m 미만의 궤조를 주행하고, 궤조의 구배는 완만하며, 비교적 느린 속도로 주행하는 것은?**

① 로터 ② 관람차
③ 해적선 ④ 모노레일

해설 모노레일
높이가 2m 이상으로 고저차가 2m 미만의 궤도를 주행하는 것

08 **엘리베이터용 가이드레일을 설치하는 목적이 아닌 것은?**

① 도르래의 회전을 카의 운동으로 전환
② 비상정지장치 작동 시 수직하중을 유지
③ 카와 균형추의 승강로 평면 내의 위치를 규제
④ 카의 자중이나 화물에 의한 카의 기울어짐을 방지

해설 주행안내(가이드) 레일을 설치하는 목적
① 추락방지(비상정지)장치 작동 시 수직하중을 유지
② 카와 균형추의 승강로 평면내의 위치를 규제
③ 카의 자중이나 화물에 의한 카의 기울어짐을 방지

09 **유압식 엘리베이터에서 실린더와 체크밸브 또는 하강밸브 사이의 가요성 호스는 전부하압력 및 파열압력과 관련하여 안전율이 얼마 이상이어야 하는가?**

① 5 ② 6
③ 7 ④ 8

해설 가요성 호스의 안전율은 8 이상이다.

10 **엘리베이터의 정격속도를 증가시켰을 때 피트 깊이를 단축하기 위하여 부착하는 장치는?**

① 정지스위치
② 안전극한스위치
③ 록다운 비상정지장치
④ 종단층 강제감속장치

해설 종단층 강제감속장치(Emergency Terminal Slow Down Switch)
완충기의 행정거리(stroke)는 카가 정격속도의 115%에서 $1g_n$ 이하의 평균감속도로 정지하도록 되어야 하는데, 정격속도가 커지면 행정 거리는 급격히 증가한다. 예컨데, 정격속도 300[m/min]의 엘리베이터 경우는 행정 거리와 완충기의 실린더 길이를 합하면 1개 층 이상의 길이가 되므로 건축상 문제가 된다. 이 경우 다른 조작 장치나 감속장치와는 관계없이 속도 검출과 위치검출을 하여 종단 층에 접근하는 속도가 규정 속도를 초과 시 바로 브레이크를 작동시켜 카를 정지시킬 수 있도록 하고 있다. 이와 같은 장치를 설치할 때는 최고속도에서 바로 브레이크를 작동하면 로프의 마모가 쉽게 되므로 2단 이상의 감속제어가 되어야 한다.

정답 05 ④ 06 ② 07 ④ 08 ① 09 ④ 10 ④

11 **엘리베이터의 배열에 관한 설명으로 틀린 것은?**

① 3대의 그룹에 있어서는 일렬로 나란하게 배치하는 것이 바람직하다.
② 5대의 그룹에 있어서는 일렬로 나란하게 배치하는 것이 바람직하다.
③ 6대의 그룹에 있어서는 3대 3으로 된 배열이 이상적이다.
④ 8대의 그룹에 있어서는 4대 4로 된 배열이 이상적이다.

해설 1뱅크에 5대그룹에서 직선배치는 보행거리가 길고 불편하다.

12 **카 천장에 비상구출문이 설치된 경우, 유효 개구부의 크기는 몇 이상이어야 하는가?**

① 0.2m×0.3m 이상
② 0.3m×0.3m 이상
③ 0.3m×0.4m 이상
④ 0.4m×0.5m 이상

해설 비상구출문
카 천장에 비상구출문이 설치된 경우, 유효 개구부의 크기는 0.4m×0.5m 이상이어야 한다. 다만, 8.6.2에 따라 카 벽에 설치된 경우 제외될 수 있다.

13 **유압식 엘리베이터에서 유압장치의 보수, 점검 또는 수리 등을 할 때 주로 사용하기 위하여 설치하는 밸브는?**

① 스톱밸브 ② 체크밸브
③ 안전밸브 ④ 제어밸브

해설 스톱밸브(Stop Valve)
유압 파워유닛에서 실린더로 통하는 배관 도중에 설치되는 수동조작밸브. 밸브를 닫으면 실린더의 오일이 탱크로 역류하는 것을 방지한다. 유압장치의 보수 · 점검 · 수리할 때에 사용되며, 게이트밸브(Gate Valve)라고도 한다.

14 **전기식 엘리베이터에서 기계실 내 구동기의 회전부품 위로 몇 m 이상의 유효수직거리가 있어야 하는가?**

① 0.1 ② 0.2
③ 0.3 ④ 0.4

해설 보호되지 않은 회전부품 위로 0.3m 이상의 유효수직거리가 있어야 한다.

15 **VVVF 제어방식의 특징이 아닌 것은?**

① 소비전력이 절감된다.
② 전원설비의 용량이 감소된다.
③ 역률이 낮아 진상콘덴서를 설치해야 한다.
④ 승차감이 교류 2단 속도제어에 비해 향상된다.

해설 VVVF 제어방식의 원리
가변전압 가변 주파수 : 전압과 주파수를 동시에 제어
① 광범위한 속도제어방식으로 인버터를 사용하여 유도전동기의 속도를 제어하는 방식이다.
② 유지보수가 용이하며, 승차감 향상 및 소비전력이 적다.
③ 컨버터(교류를 직류로 변환), 인버터(직류를 교류로 변환)가 사용된다.
④ PAM 제어방식과 PWM 제어방식이 있다.

16 **카가 어떤 원인으로 최하층을 통과하여 피트에 도달하였을 때 카의 충격을 완화해주는 장치는?**

① 완충기
② 조속기
③ 브레이크
④ 비상정지장치

정답 11 ② 12 ④ 13 ① 14 ③ 15 ③ 16 ①

17 **교류 2단 속도제어에서 가장 많이 사용되고 있는 속도비는?**

① 2:1 ② 3:1
③ 4:1 ④ 6:1

해설 교류 2단 속도 제어 방식의 원리
고속 저속 비율이 4:1이 가장 많이 사용되고 있다.

18 **유입완충기의 반경(R)과 길이(L)의 비에 대한 관계식으로 옳은 것은?**

① $L > 80R$ ② $L \le 80R$
③ $L > 100R$ ④ $L \le 100R$

19 **에스컬레이터의 디딤판의 크기에 대한 설명 중 옳은 것은?**

① 디딤판의 주행방향 길이는 0.30m 이상이고, 디딤판과 디딤판의 높이는 0.24m 이하이여야 한다.
② 디딤판의 주행방향 길이는 0.30m 이상이고, 디딤판과 디딤판의 높이는 0.20m 이하이어야 한다.
③ 디딤판만의 주행방향 길이는 0.38m 이상이고, 디딤판과 디딤판의 높이는 0.24m 이하이어야 한다.
④ 디딤판의 주행방향 길이는 0.24m 이상이고, 디딤판과 디딤판의 높이는 0.38m 이하이어야 한다.

해설

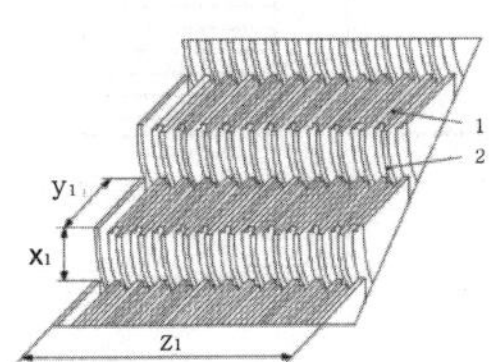

주요치수
- $x_1 \le 0.24$m
- $y_1 \ge 0.38$m
- z_1 0.58m에서 1.1m
1. 스텝 트레드
2. 스텝 라이저

20 **엘리베이터 카 내의 비상조명등에 대한 설명으로 틀린 것은?**

① 엘리베이터 카 바닥면의 조도가 1lx 이상이어야 한다.
② 정전 등으로 주전원이 차단되었을 때 카 내를 밝혀주는 것이 주목적이다.
③ 안전에 직접적인 관련은 없지만 갇힌 승객의 심리적 안정을 도모하는 중요한 장치이다.
④ 비상등의 유지시간은 갇혀 있는 사람의 구출시간을 고려해서 1시간 이상이어야 한다.

해설 카에는 자동으로 재충전되는 비상전원공급장치에 의해 5ℓx 이상의 조도로 1시간 동안 전원이 공급되는 비상등이 있어야 한다.

02 승강기 설계

21 **파이널 리미트 스위치(Final Limit Switch)의 설계에 대한 설명으로 틀린 것은?**

① 카가 완충기에 도달한 후에 작동하도록 설계한다.
② 승강로 내부에 설치하고 카에 부착된 캠으로 동작시킨다.
③ 카 또는 균형추가 완전히 압축된 완충기 위에 얹히기까지 작용을 계속하도록 한다.
④ 카가 종단층을 통과한 뒤에는 전원이 권상 전동기로부터 자동적으로 차단되도록 한다.

정답 17 ③ 18 ② 19 ③ 20 ① 21 ①

해설 파이널 리미트 스위치의 기능
㉮ 파이널 리미트 스위치는 카가 종단층을 통과한 뒤에는 전원이 엘리베이터 전동기 및 브레이크로부터 자동적으로 차단되어야 한다.
㉯ 완충기에 충돌되기 전에 작동하여야 하며, 슬로다운 스위치에 의하여 정지되면 작용하지 않도록 설정되어야 한다.
㉰ 파이널 리미트 스위치는 카 또는 균형추가 작동을 계속하여야 한다.

22 **수평개폐식 승강장문의 닫힘을 저지하는 데 필요한 힘은 몇 N 이하여야 하는가?**

① 100 ② 150
③ 200 ④ 300

해설 문이 닫히는 것을 막는 데 필요한 힘은 문이 닫히기 시작하는 1/3 구간을 제외하고 150N을 초과하지 않아야 한다.

23 **엘리베이터의 주행시간을 이루는 요소가 아닌 것은?**

① 가속시간 ② 감속시간
③ 전속주행시간 ④ 슬립정지시간

24 **하중이 작용하는 방향에 의해 하중을 분류하였을 때 이에 해당되지 않는 것은?**

① 정하중 ② 인장하중
③ 압축하중 ④ 전단하중

25 **변압기 용량을 산정할 때 교류 엘리베이터의 경우 전동기의 정격전류가 50A 이하인 경우 전류값은 정격전류의 몇 배로 계산하는가?**

① 1.1배 ② 1.25배
③ 1.5배 ④ 2배

해설 ① 전동기의 정격전류가 50A 이하인 경우 : 정격전류×1.25
② 전동기의 정격전류가 50A 초과인 경우 : 정격전류×1.1

26 **권상기 도르래와 로프의 미끄러짐 관계의 설명으로 옳은 것은?**

① 권부각이 작을수록 미끄러지기 어렵다.
② 카의 가감속도가 클수록 미끄러지기 어렵다.
③ 로프와 도르래 사이의 마찰계수가 클수록 미끄러지기 어렵다.
④ 카측과 균형추측에 걸리는 중량비가 클수록 미끄러지기 어렵다.

해설 로프의 미끄러짐 현상을 줄이는 방법
㉠ 권부각을 크게 한다.
㉡ 가감 속도를 완만하게 한다.
㉢ 균형 체인이나 균형 로프를 설치한다.
㉣ 로프와 도르래 사이의 마찰 계수를 크게 한다.
로프와 도르래 사이의 마찰계수가 클수록 미끄러지기 어렵다.

27 **그림과 같은 로프식 엘리베이터의 로핑 방법으로 옳은 것은?**

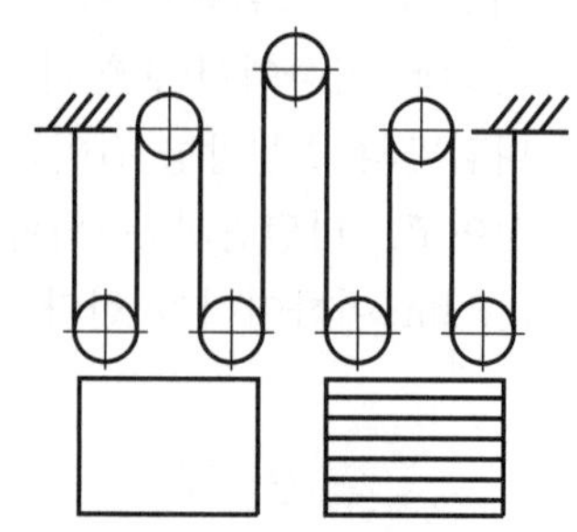

① 1 : 1 로핑 ② 2 : 1 로핑
③ 3 : 1 로핑 ④ 4 : 1 로핑

해설 카의 매다는장치인 로프가 4개이므로 4 : 1 방식이다.

정답 22 ② 23 ④ 24 ① 25 ② 26 ③ 27 ④

28 **유압식 엘리베이터의 전동기 출력이 30kW, 1 행정 당 전동기의 구동시간이 20초, 1시간당 왕복회수가 100회일 때, 유압기기의 발열량[kcal/h]은 얼마인가?**

① 12,333
② 13,333
③ 14,333
④ 15,333

해설 유압기기의 발열량

$Q_1 = 860 \times P \times T \times N / 3,600$[kcal/h]

$= \dfrac{860 \times 30 \times 20 \times 100}{3,600} = 14,333$[kcal/h]

29 **웜기어 감속기의 특징이 아닌 것은?**

① 소음이 크다.
② 부하용량이 크다.
③ 큰 감속비를 얻을 수 있다.
④ 진입각이 작으면 효율이 낮다.

해설 웜기어/ 헬리컬기어 비교

구 분	헬리컬 기어	웜 기어
효 율	높다	낮다
소 음	크다	작다
역구동	쉽다	어렵다
용 도	고속용 엘리베이터	중 · 저속용 엘리베이터

30 **와이어로프를 소선강도에 따라서 작은 것부터 나열하고자 할 때 순서가 옳은 것은?**

① A종 – B종 – E종 – G종
② G종 – E종 – A종 – B종
③ B종 – A종 – G종 – E종
④ E종 – G종 – A종 – B종

해설 소선 강도에 의한 분류

구분	파단하중
E종	135
G종	150
A종	165
B종	180

31 **직접식 유압엘리베이터의 하부 프레임에 걸리는 최대굽힘모멘트가 24,000kg · cm일 때 프레임의 안전율은 약 얼마인가? (단, 프레임의 단면계수는 68cm^3, 인장강도는 4,100kg/cm^{2}이다.)**

① 5.9
② 6.4
③ 10.4
④ 11.6

해설

㉮ 안전율$(S) = \dfrac{\text{인장강도}}{\text{응력}} = \dfrac{4100}{352.94} = 11.6$

㉯ 응력 $\sigma = \dfrac{\text{최대굽힘모멘트}}{\text{단면계수}} = \dfrac{24,000}{68}$

$= 352.94$[kg/cm^2]

32 **포지티브 구동식 엘리베이터의 경우 파이널 리미트 스위치의 작동에 대한 설명으로 틀린 것은?**

① 일반 종단정지장치와 종속적으로 작동되어야 한다.
② 구동기의 움직임에 연결된 장치에 의해 작동되어야 한다.
③ 평형추가 있는 경우 승강로 상부에서 카 및 평형추에 의해 작동되어야 한다.
④ 평형추가 없는 경우 승강로 상부 및 하부에서 카에 의해 작동되어야 한다.

정답 28 ③ 29 ① 30 ④ 31 ④ 32 ④

33 속도 30m/min, 경사각 30°, 적재하중 1,500kg, 총효율 0.6, 승객승입률 0.85인 에스컬레이터의 전동기 용량은 약 몇 kW인가?

① 5.2　　② 6.2
③ 7.2　　④ 8.2

해설 에스컬레이터 전동기 용량(P)

$$P=\frac{GVsin\theta}{6,120\eta}\beta[\text{kW}]=\frac{1,500\times30\times\sin(30)}{6,120\times0.6}\times0.85=5.2[\text{kW}]$$

G : 적재하중(kg), V : 정격속도(m/min)
θ : 경사도, η : 효율, β : 승객승입률)

34 전기식엘리베이터 승강장 도어의 잠금장치(도어록)의 물림은 몇 mm 이상 물려야 하는가?

① 3　　② 4
③ 5　　④ 7

해설 전기안전장치는 잠금 부품이 7mm 이상 물리지 않으면 작동되지 않아야 한다.

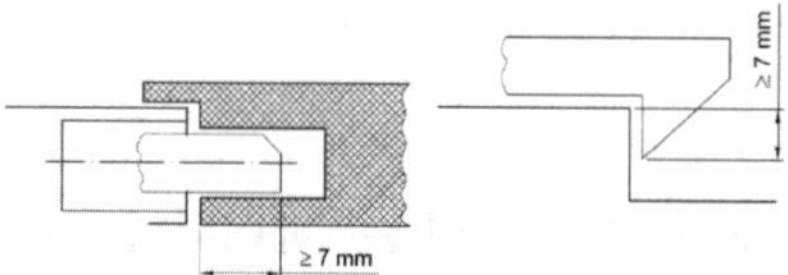

35 60Hz, 4극 전동기의 슬립이 5%인 경우 전부하 회전수는 몇 rpm인가?

① 1,710　　② 1,890
③ 3,420　　④ 3,780

해설 전동기의 전부하 회전수

$$=\text{동기속도}\times\left(1-\frac{\text{전부하 슬립}}{100}\right)$$

$$=\frac{120\times60}{4}\times(1-\frac{5}{100})=1,710[\text{rpm}]$$

36 비틀림을 이용한 막대 모양이 스프링으로 단위 체적 중에 저축된 에너지가 크며, 차량의 현가장치 등에 이용되는 것은?

① 토션바　　② 나선스프링
③ 겹판스프링　　④ 볼류트스프링

37 카자중이 1,400kg, 균형추 중량이 1,850kg, 정격적재하중이 1,000kg일 때 로프식(전기식) 엘리베이터의 오버밸런스율은 몇 %인가?

① 32　　② 45
③ 61　　④ 72

해설 균형추의 무게=카 자중+정격하중 · (OB)

$1,850=1,400+1,000\times OB$,

$$OB=\frac{1,850-1,400}{1,000}\times100=45[\%]$$

38 감시반의 주된 기능으로 볼 수 없는 것은?

① 분석기능
② 경보기능
③ 제어기능
④ 1차 소방운전기능

39 소방구조용(비상용)승강기에 관한 설명으로 틀린 것은?

① 운행속도는 1m/s 이상이어야 한다.
② 10층 이상인 공동주택의 경우에는 승용 승강기를 비상용승강기의 구조로 하여야 한다.
③ 비상용 엘리베이터는 소방운전 시 모든 승강장의 출입구마다 정지할 수 있어야 한다.
④ 정전 시에는 보조 전원공급장치에 의하여 엘리베이터를 1시간만 운행시킬 수 있어야 한다.

정답 33 ① 34 ④ 35 ① 36 ① 37 ② 38 ④ 39 ④

해설 정전시 2시간 이상 운행되어야 한다.

40 에너지 분산형 완충기는 카에 정격하중을 싣고 정격속도의 몇 %의 속도로 자유 낙하하여 완충기에 충돌할 때 평균 감속도는 1g_n 이하이어야 하는가?

① 100
② 105
③ 110
④ 115

해설 에너지 분산형 완충기
완충기의 가능한 총 행정은 정격속도 115%에 상응하는 중력정지거리[0.0674V^2(m)] 이상이어야 한다.

03 일반기계공학

41 휨만을 받는 속이 빈 차축의 내경(d_1)과 외경(d_2)은 각각 몇 mm인가? (단, M= 7,500N · mm, σb = 15MPa, 내 · 외경비 x = 0.5)

① $d_1=8.8$, $d_2=17.6$
② $d_1=9.6$, $d_2=19.2$
③ $d_1=6.7$, $d_2=13.4$
④ $d_1=5.5$, $d_2=11.0$

해설 굽힘만을 고려하는 경우
① 중공축
㉮ 단면계수[Z] $Z=\dfrac{\pi d_2^{\,3}(1-n^4)}{32}$, $n=d_1/d_2$
㉯ 굽힘응력[σ_b]

$$\sigma_b=\frac{M}{Z}=\frac{M}{\dfrac{\pi d_2^{\,3}(1-n^4)}{32}}\le\sigma_a$$

$$\therefore\ d_2=\sqrt[3]{\frac{32M}{\pi\sigma_a(1-n^4)}}$$

외경 $d_2=\sqrt[3]{\dfrac{32M}{\pi\sigma_a(1-n^4)}}$

$$=\sqrt[3]{\frac{32\times7{,}500}{\pi\times15\times(1-0.5^4)}}$$
$$=17.579$$
$$\approx17.6[\text{mm}]$$

$n=\dfrac{d_1}{d_2}$,

$\therefore$ 내경 $d_1=n\times d_2=0.5\times17.6=8.8[\text{mm}]$

42 다음 중 일반적인 충격시험의 종류인 것은?

① 암슬러 시험기(Amsler Tester)
② 샤르피 시험기(Charpy Tester)
③ 브리넬 시험기(Brinell Tester)
④ 로크웰 시험기(Rockwell Tester)

해설 샤르피 시험기
금속재료 시험편에 충격을 주어 시험편을 파단하고 흡수에너지, 충격치를 측정하는 데 사용

43 기어펌프에서 한 쌍의 기어가 접촉하여 회전할 때의 이론적인 토출유량식(m^3/min)은? [단, D_1 = 이끝원 지름(m), D_2 = 이뿌리원 지름(m), L = 기어의 폭(m), N = 분당 회전수(rpm)이다.]

① $Q_r=\dfrac{\pi}{4}2(D_1^2-D_2^2)LN$
② $Q_r=\dfrac{\pi}{4}(D_1^2-D_2^2)LN$
③ $Q_r=\dfrac{\pi}{4}2(D_1^2+D_2^2)LN$
④ $Q_r=\dfrac{\pi}{4}(D_1^2+D_2^2)LN$

정답 40 ④ 41 ① 42 ② 43 ②

44 **불활성가스 아크 용접의 특징으로 틀린 것은?**

① 전자세 용접이 불가능하다.
② 스패터가 적고, 열집중성이 좋아 능률적이다.
③ 직류 전류를 이용하면 모재의 용입이나 비드 폭의 조절이 가능하다.
④ 피복제나 용제가 불필요하고 철금속이나 비철금속까지 용접이 가능하다.

해설 전자세 용접이 용이하다.

45 **굽힘모멘트 M, 비틀림모멘트 T로 나타낼 때, 상당굽힘모멘트(M_e)는 어떻게 나타내는가?**

① $M_e = \frac{1}{2}(M^2 + T^2)$
② $M_e = \frac{1}{2}(M^2 + \sqrt{M^2 + T^2})$
③ $M_e = \frac{1}{2}(T^2 + \sqrt{M^2 + T^2})$
④ $M_e = \frac{1}{2}(M + \sqrt{M^2 + T^2})$

해설 보에 굽힘과 비틀림이 동시에 작용하는 경우
$M_e = \frac{1}{2}(M + \sqrt{M^2 + T^2})$

46 **굽힘모멘트를 받고 있는 직사각형 단면에서 최대전단응력($\tau_{\max}$)과 평균전단응력(τ_{mean})의 관계는?**

① $\tau_{\max} = \tau_{mean}$
② $\tau_{\max} = 1.2\tau_{mean}$
③ $\tau_{\max} = 1.5\tau_{mean}$
④ $\tau_{\max} = 2\tau_{mean}$

47 **마이크로미터의 측정 및 보관 시 유의사항에 관한 설명으로 옳지 않은 것은?**

① 피측정물의 형상, 치수, 요구 정도 등에 대해 알맞은 측정기를 선택해서 사용해야 한다.
② 피측정물 및 마이크로미터의 각 부위를 깨끗이 닦은 후 측정을 하도록 한다.
③ 측정력은 0점 조정을 할 때와 피측정물을 측정할 때에도 동일하게 해야 한다.
④ 마이크로미터의 주요 부위를 잘 닦은 후 앤빌 면과 스핀들 면을 접촉시켜서 보관한다.

해설 측정 면의 먼지 등에 의한 오차를 줄이기 위해 측정면 사이(앤빌 면과 스핀들 면)에 종이를 끼웠다 빼는 방법으로 측정면의 청결함을 유지한다.

48 **국제단위계(SI)의 기본 단위가 틀린 것은?**

① 시간 – 초(s)
② 온도 – 섭씨(℃)
③ 전류 – 암페어(A)
④ 광도 – 칸델라(cd)

해설 온도는 켈빈(K)을 사용한다.

49 **다음 중 유압 액추에이터의 종류로 가장 거리가 먼 것은?**

① 실린더
② 소음기
③ 기어 모터
④ 리니어 모터

해설 유압 액추에이터의 종류는 실린더, 모터 등이 있다.

정답 44 ① 45 ④ 46 ③ 47 ④ 48 ② 49 ②

50 진동이 많이 일어나는 기계에서 나사부품이 풀리지 않게 하는 방법이 아닌 것은?

① 안장키를 이용하는 방법
② 분할핀을 이용하는 방법
③ 로크너트를 이용하는 방법
④ 멈춤나사를 이용하는 방법

해설 안장키(Saddle Key)
경하중에 사용, 보스(Boss)에만 키 홈을 가공한다.

51 길이 100mm인 축 끝 저널이 300rpm으로 회전할 때 최대 베어링하중은 약 몇 N인가? (단, 발열계수 $pv=0.2\text{N/mm}^2\cdot\text{m/s}$다.)

① 636.9 ② 955.4
③ 1273.2 ④ 15923.6

해설 발열계수 $pv=\dfrac{\pi Pn}{60\times1{,}000l}$,

베어링하중 $P=\dfrac{60\times1{,}000\times100\times0.2}{3.14\times300}$
$=1{,}273.89[\text{N}]$

52 두 축이 서로 평행하지도 교차되지도 않는 기어는?

① 스퍼기어 ② 베벨기어
③ 헬리컬기어 ④ 하이포이드기어

해설 하이포이드 기어(hypoid gear)
축이 평행하지도 않고 교차하지도 않는 종감속 기어

53 관속을 흐르는 액체의 유속을 갑자기 변화시켰을 때 심한 압력변화를 일으키는 현상은?

① 공동현상 ② 맥동현상
③ 수격현상 ④ 충격현상

해설 수격현상(Water Hammer)
① 원인 : 관 내 액체의 속도 변화로 액체에 심한 압력변화가 생기는 것
② 방지책 ; 플라이휠을 설치하여 관성력을 크게 해서 펌프의 속도가 급격히 변화하는 것을 막는다.

54 다음 중 마찰계수가 극히 작아서 효율이 높으며, 백래시를 작게 할 수 있어서 NC 공작기계의 이송나사 등 정밀한 운동이 요구되는 곳에 주로 사용하는 나사는?

① 볼나사 ② 둥근나사
③ 삼각나사 ④ 톱니나사

해설 볼나사
나사의 효율이 좋으며, 백래시를 작게 할 수 있다.

55 판재를 사용하여 탄피, 주전자 등을 제작할 때 사용되는 인발은?

① 관재 인발 ② 선재 인발
③ 딥 드로잉 ④ 롤러 다이법

해설 딥 드로잉
음료캔, 주방기구, 싱크대, 자동차 패널 등의 성형을 한다.

56 나사의 머리모양이 접시모양일 때 볼트의 머리 부분이 가공물 안으로 묻히도록 테이퍼 원통형으로 절삭하는 가공은?

① 리밍
② 태밍
③ 드릴링
④ 카운터 싱킹

해설 카운터 싱킹
드릴링 이후에 수행되는 작업으로 나사의 머리모양이 접시모양일 때 볼트의 머리 부분이 가공물 안으로 묻히도록 테이퍼 원통형으로 절삭하는 가공방법

정답 50 ① 51 ③ 52 ④ 53 ③ 54 ① 55 ③ 56 ④

57 **연강 등의 재료에서 고온이 되면 하중이 일정하여도 변형률이 증가하는 현상은?**

① 크리프　② 열응력
③ 피로한도　④ 탄성응력

해설 크리프(Creep)
일정한 하중 작용 상태에서 시간의 별로 소재의 변형률이 증가하는 현상

58 **스프링의 처짐량 δ를 구하는 식은? (단, 코일스프링의 감긴 수 = n, 전단탄성률 = G, 스프링 하중 = W, 소선의 지름 = d, 코일 직경 = D)**

① $\delta = \frac{32nD^3W}{d^4}$

② $\delta = \frac{32nD^2W}{Gd^3}$

③ $\delta = \frac{32nD^3W}{Gd^4}$

④ $\delta = \frac{8nD^3W}{Gd^4}$

해설 스프링 작용중량 W에 대한 압축량(δ)
$\delta = \frac{8nD^3W}{Gd^4}$

59 **주조품 제조 시 주물의 형상이 대형으로 구조가 간단하고 점토로 채워서 만들며, 정밀한 주형 제작이 곤란한 원형은?**

① 잔형
② 회전형
③ 골격형
④ 매치 플레이트형

해설 골격형
목재비를 절약하기 위하여 중요부의 골조를 만들고 공간은 점토 등을 채워 만든다.

60 **양은(German Silver)이라 부르는 비철금속은?**

① Cu-Ni계 합금
② Cu-Zn계 합금
③ Cu-Sn-Ni계 합금
④ Cu-Ni-Zn계 합금

해설 양은(Nickel Silver 또는 German Silver.)은 구리에 아연과 니켈을 약간 섞어서 만든 은색의 합금이다.

04 전기제어공학

61 **다음 그림과 같은 코일저항이 r인 전압계를 이용하여 측정할 수 있는 전압이 v인데, 그림의 스위치 S를 닫으면, 그 측정범위가 바뀌게 된다. 4배의 정확도로 전압을 측정할 때 r_m 값은 얼마인가?**

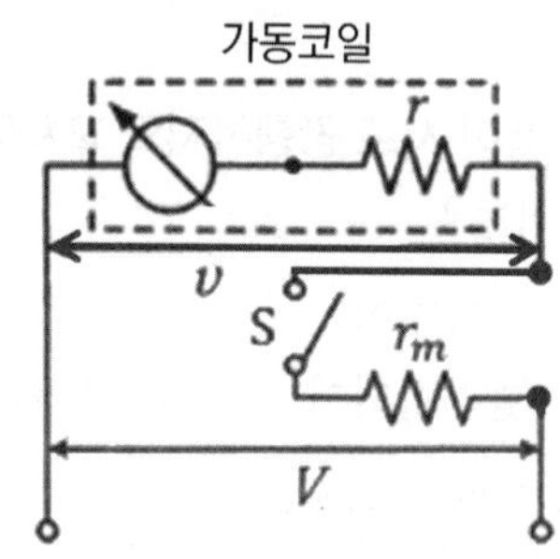

① $3r$　② $2r$
③ r　④ $\frac{r}{3}$

해설 배율기
전압계의 측정 범위를 넓히기 위하여 전압계에 직렬로 저항(r_m)을 접속하여 전압을 측정한다.

1. 전류 $I = \frac{V}{r_m + r} = \frac{v}{r}$ [A]

2. $V = \frac{v}{r}(r_m + r) = v(\frac{r_m}{r} + 1)$

정답 57 ① 58 ④ 59 ③ 60 ④ 61 ①

3. $\frac{V}{v}=\frac{r_m}{r}+1 \Rightarrow r_m=(m-1)r \quad \because \frac{V}{v}=m$(배율)

$\therefore \frac{V}{v}=(\frac{r_m}{r}+1)$이므로,

배율기 저항 $r_m=(m-1)r$

$\frac{V(\text{측정값})}{v(\text{전압계지시값})}=m$(배율비)

여기서, V : 측정할 전압[V]

v : 전압계 눈금[V]

r_m : 배율기의 저항[Ω]

r : 전압계 내부저항[Ω]

$m=\frac{r_m}{r}+1, \quad r_m=(m-1)r=(4-1)r=3r$

62 미리 정해진 프로그램에 따라 제어량을 변화시키는 것을 목적으로 하는 제어는?

① 정치제어 ② 추종제어
③ 비례제어 ④ 프로그램제어

해설 프로그램제어
미리 정해진 시간적 변화에 따라 정해진 순서대로 제어한다(무인 엘리베이터, 무인 열차, 무인 자판기 등).

63 오버슈트를 감소시키고, 정정시간을 적게 하는 효과가 있으며, 잔류편차를 제거하는 작용을 하는 제어방식은?

① P 제어 ② PI 제어
③ PD 제어 ④ PID 제어

해설 비례미분적분제어(PID 제어)
최상의 최적제어로서 Off-set을 제거하며, 속응성(응답속도) 또한 개선하여 안정한 제어가 되도록 한다.

64 서보기구 제어에 사용되는 검출기기가 아닌 것은?

① 싱크로 ② 전위차계
③ 전압검출기 ④ 차동변압기

65 조절부와 조작부로 이루어진 곳으로 동작 신호를 조작량으로 변환하는 것은?

① 출력부 ② 비교부
③ 제어대상 ④ 제어요소

해설 피드백 제어계의 구성

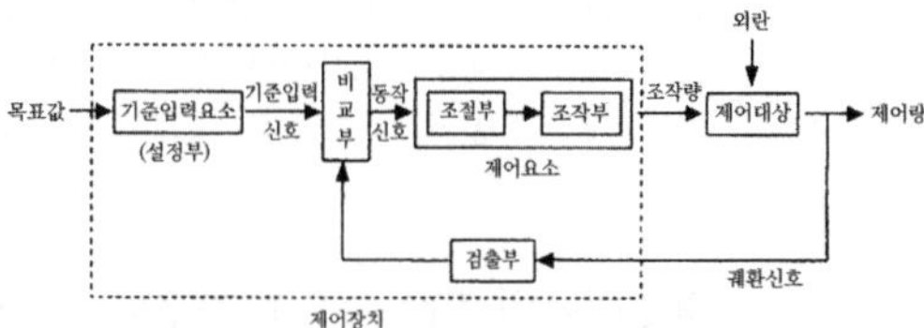

66 제어오차의 변화속도에 비례하여 조작량을 조절하는 제어동작은?

① 비례제어동작
② 미분제어동작
③ 적분제어동작
④ 비례적분미분제어동작

해설 미분제어(D제어)
㉮ 진동을 억제하여 속응성(응답속도)를 개선한다.
㉯ 제어오차가 검출될 때 오차가 변화하는 속도에 비례하여 조작량을 가감하도록 하는 동작으로, 오차가 커지는 것을 미연에 방지한다.

67 그림과 같은 신호흐름선도에서 전달함수 C의 값은?

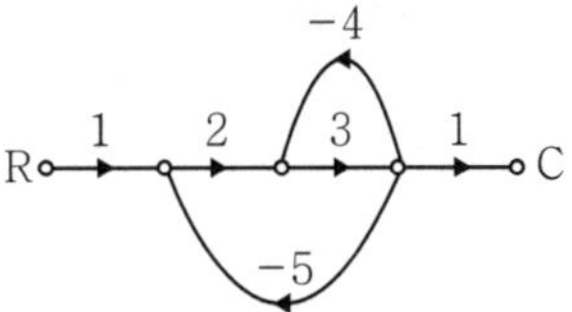

① -6/41 ② 6/41
③ -6/43 ④ 6/43

해설 $\frac{C}{R}=\frac{\text{경로}}{1-\text{폐로}}=\frac{1\times2\times3\times1}{1-[(-5\times2\times3)+(3\times-4)]}=\frac{6}{43}$

68 **공정제어(프로세스제어)에 속하지 않는 제어량은?**

① 온도　　② 압력
③ 유량　　④ 방위

해설 프로세스제어
공정제어라고도 하며, 제어량이 피드백 제어계로서 주로 정치제어인 경우이다(예 온도, 압력, 유량, 액면, 습도, 농도).

69 **RLC회로의 조합 중 다음과 같은 조건을 만족시키지 못하는 것은?**

어떤 회로에 흐르는 전류가 20A이고 위상이 60도이며, 앞선 전류가 흐를 수 있는 조건

① RL병렬　　② RC병렬
③ RLC병렬　　④ RLC직렬

해설 RL병렬
전류가 전압보다 위상이 θ 만큼 뒤진다.

70 **특성방정식이 $s^3+2s^2+3s+4=0$일 때 이 계통의 설명으로 옳은 것은?**

① 안정하다.　　② 불안정하다.
③ 알 수 없다.　　④ 조건부 안정하다.

해설 루스의 안정도 판별법
$F(s)=1+G(s)H(s)$
$=a_0s^n+a_1s^{n-1}+a_2s^{n-2}+...+a_{n-a}s+a_{n=0}$
: 안정조건
① 모든 차수의 계수 a_0, a_1, a_2, $...,a_n=0$이 존재할 것
② 모든 차수의 계수 부호가 같을 것
③ 루스표의 제1열 모든 요소의 부호가 변하지 않을 것
→ 제1열의 부호가 변화하는 회수만큼의 특성근이 복소평면의 우반부에 존재한다.

71 **$X=3\Omega$, $XL=3\Omega$, $R=5\Omega$이고, $R-L-C$ 직렬일 때 합성 임피던스는 몇 Ω인가?**

① 3　　② 5
③ 5.67　　④ 6.56

해설 공진조건이므로 저항값만 존재한다.

72 **3상 유도전동기의 속도제어방법으로 사용되는 것이 아닌 것은?**

① 슬립의 변화에 의한 방법
② 용량의 변화에 의한 방법
③ 극수의 변화에 의한 방법
④ 주파수의 변화에 의한 방법

해설 유도전동기 속도제어법
$N=(1-s)\cdot N_s=(1-s)\cdot\frac{120f}{P}$
㉮ 주파수 제어법 : 주파수를 변화시켜 동기속도를 바꾸는 방법(VVVF제어) $f\propto V\propto P$
㉯ 극수 제어법 : 권선의 접속을 바꾸어 극수를 바꾸면 단계적이지만 속도를 바꿀 수 있다.
㉰ 2차저항법 : 권선형 유도 전동기에서 비례추이를 이용한다
㉱ 2차 여자법 : 2차 저항제어를 발전시킨 형태로 저항에 의한 전압강하 대신에 반대의 전압을 가하여 전압강하가 일어나도록 한 것으로 효율이 좋다.
– 속도제어방법 중 용량의 변화에 의한 방법은 없다.

73 **목표값이 다른 양과 일정한 비율 관계를 가지고 변화하는 경우 사용하는 제어방법은?**

① 추종제어　　② 비율제어
③ 정치제어　　④ 프로그램제어

해설 비율제어
목표값이 다른 양과 일정한 비율 관계를 가지고 변화하는 경우의 제어(예 보일러의 자동 연소제어)

정답 68 ④ 69 ① 70 ① 71 ② 72 ② 73 ②

74 주상변압기의 최대효율이 $\frac{5}{6}$ 부하인 변압기의 전부하 시 철손과 동손의 비 $\frac{P_c}{P_i}$는?

① 0.69 ② 0.83
③ 1.28 ④ 1.44

해설 최대효율 조건(철손=동손)

$P_i = (\frac{1}{m})^2 P_c$, $P_i = (\frac{5}{6})^2 P_c$

$\frac{P_c}{P_i} = (\frac{6}{5})^2 = 1.44$

75 그림에서 스위치(S)의 계폐에 관계없이 전전류 I가 항상 30A라면 저항 r_3, r_4의 값은 몇인가?

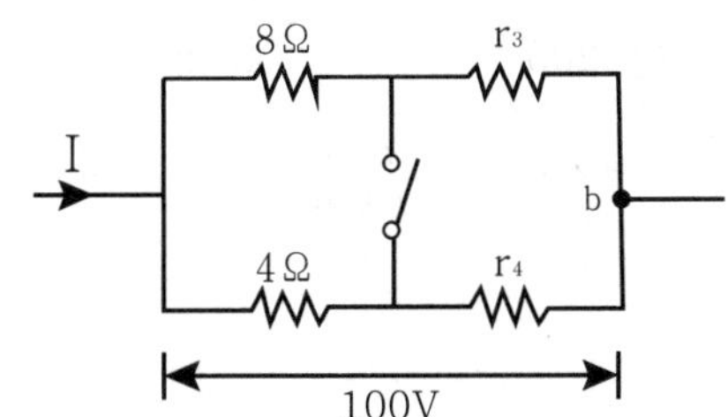

① $r_3=1$, $r_4=3$ ② $r_3=2$, $r_4=1$
③ $r_3=3$, $r_4=2$ ④ $r_3=4$, $r_4=4$

해설 전류 일정=30[A],
저항비 8:4=2:1 $\therefore r_3 : r_4 = 2:1$

전류 $I = \frac{V}{R_0} = \frac{100}{\frac{50}{15}} = 30[A]$ [A]

합성저항 $R_0 = \frac{(8+2)(4+1)}{(8+2)+(4+1)} = \frac{50}{15}$

76 변압기에 대한 다음의 관계식 중 틀린 것은?

① 규약효율 :
$\eta = \frac{출력}{출력+손실} \times 100[\%]$

② 부하손=저항손+표유부하손

③ 전일효율
$= \frac{1일중\ 변압기\ 입력}{1일중\ 변압기\ 출력} \times 100[\%]$

④ 전압변동률
$= \frac{2차\ 무부하\ 전압 - 2차\ 정격전압}{2차\ 정격전압}$
$\times 100[\%]$

해설 전일효율
$= \frac{1일중\ 변압기\ 출력전력량}{1일중\ 변압기\ 입력전력량} \times 100[\%]$

77 전자력과 전자유도 등 자기회로에 대한 설명 중 틀린 것은?

① 자력선은 N극으로부터 S극으로 향하는 것이 자력선 성질의 원칙이며 자력선 방향은 오른나사법칙에 의한다.
② 단위 시간에 대한 자속의 변화량이 기전력을 나타내는 것을 전자유도법칙이라 하며, 패러데이법칙이 이에 속한다.
③ 어떤 코일에 흐르는 전류가 변화하면 코일과 쇄교하는 자속이 변화하므로 이 코일에 기전력이 유도되는 것을 자기유도라 한다.
④ 자계 안에 놓여 있는 도선에 전류가 흐를 때 도선이 받는 힘의 방향은 플레밍의 오른손법칙에 의거해서 동작되게 된다.

해설 자계 안에 놓여 있는 도선에 전류가 흐를 때 도선이 받는 힘의 방향은 플레밍의 왼손법칙이다.

정답 74 ④ 75 ② 76 ③ 77 ④

78 그림과 같은 전자릴레이 회로는 어떤 게이트 회로인가?

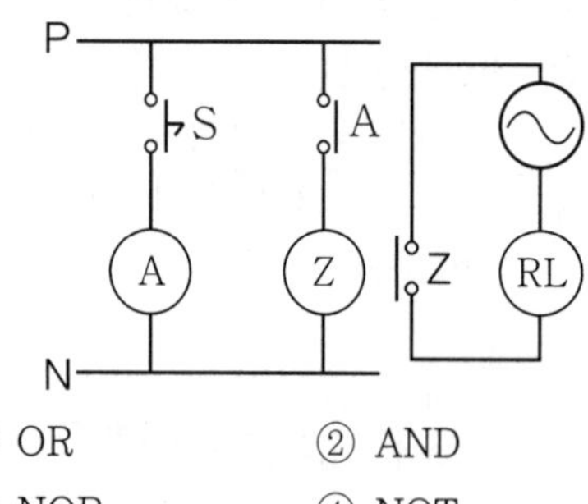

① OR ② AND
③ NOR ④ NOT

79 전기식 조작기기에 해당하지 않는 것은?

① 전자밸브
② 펄스전동기
③ 서보전동기
④ 다이어프램밸브

80 그림과 같이 500Ω의 가변저항기에 병렬로 저항(R)을 접속하여 합성저항을 100kΩ으로 만들려고 한다. 저항(R)을 몇 kΩ으로 하면 되는가?

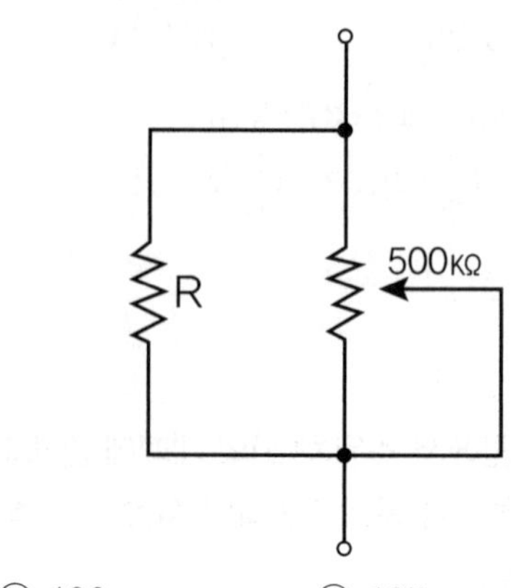

① 100 ② 125
③ 200 ④ 250

해설 합성저항 $R_0 = \dfrac{R \times 500}{R + 500} = 100$, $R = 125[\Omega]$

정답 78 ④ 79 ④ 80 ②

04 2018년 03월 04일

01 승강기 개론

01 카 바닥의 전 · 후 · 좌 · 우의 수평을 유지시키는 데 사용되는 부품은?

① 카틀
② 상부체대
③ 하부체대
④ 경사지지 봉(Brace Rod)

해설 1) 브레이스 로드(Brace Rod) : 카 바닥이 수평을 유지하도록 카 주와 비스듬히 설치하는 것이다.
2) 브레이스로드의 역할
브레이스 로드는 전 · 후 · 좌 · 우 4곳에 설치하면 카 바닥 하중의 3/8까지를 균등하게 카 틀의 상부에서 하부까지 전달한다.

02 승강기의 조작방식 중 일반적으로 가장 많이 사용하는 방식은?

① 카스위치식
② 단식자동방식
③ 승합전자동식
④ 하강승합전자동식

해설 승합전자동식(Selective Collective)
승강장의 누름 버튼은 상승용, 하강용의 양쪽 모두 동작이 가능하다. 카는 그 진행방향의 카 한 대의 버튼과 승강장 버튼에 응답하면서 승강한다. 승용 엘리베이터가 이 방식을 채용하고 있다.

03 카의 어떤 이상 원인으로 감속되지 못하고 최상 · 최하층을 지나칠 경우 이를 검출하여 강제적으로 감속, 정지시키는 장치로서 리미트 스위치 전에 설치하는 것은?

① 파킹 스위치
② 피트 정지 스위치
③ 슬로다운 스위치
④ 권동식 로프이완 스위치

해설 슬로다운 스위치(Slow Down Switch)
카가 어떤 이상 원인으로 감속되지 못하고 최상 · 최하층을 지나칠 경우 이를 검출하여 강제적으로 감속, 정지 시키는 장치로서 리미트 스위치(Limit Switch)전에 설치 한다.

04 에스컬레이터의 경사도는 일반적으로 몇° 를 초과하지 않아야 하는가? (단, 층고가 6m 초과인 경우로 한정한다.)

① 20°
② 30°
③ 40°
④ 50°

해설 경사도
에스컬레이터의 경사도 α는 30°를 초과하지 않아야 한다. 다만, 층고(h13)가 6m 이하이고, 공칭속도가 0.5m/s 이하인 경우에는 경사도를 35°까지 증가시킬 수 있다.

정답 01 ④ 02 ③ 03 ③ 04 ②

05 즉시 작동식 비상정지장치가 작동할 때 정지력과 거리에 대한 그래프로 옳은 것은?

①
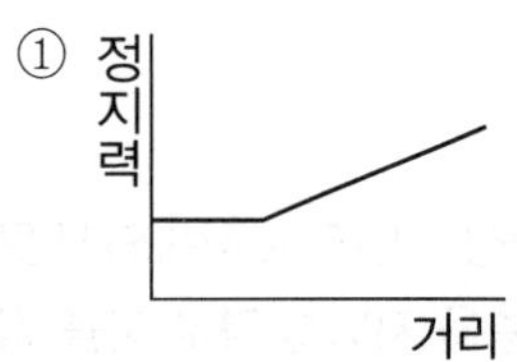

②
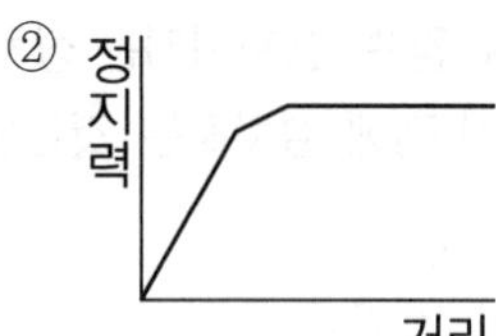

③
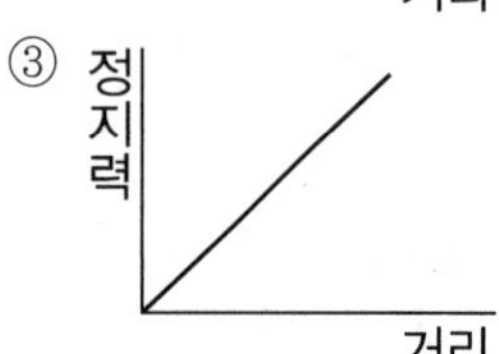

④
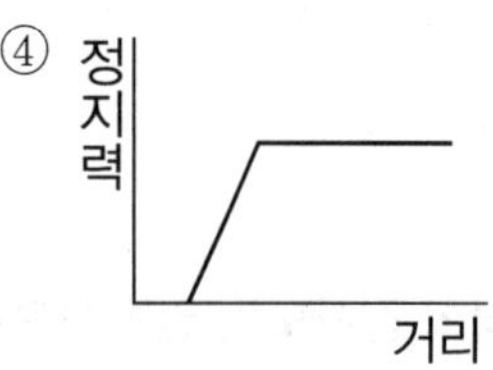

06 카 측 로프가 매달고 있는 중량과 균평추 측의 로프가 매달고 있는 중량의 비는?

① 균형비
② 부하율
③ 트랙션비
④ 밸러스율

해설 견인비(Traction비)

㉮ 카 측 로프에 걸려 있는 중량과 균형추 측 로프에 걸려 있는 중량의 비를 권상비(트랙션비)라 한다.

㉯ 무부하 및 전부하의 상승과 하강 방향을 체크하여 1에 가깝게 하고 두 값의 차가 작게 되어야 로프와 도르래 사이의 견인비 능력, 즉 마찰력이 작아야 로프의 수명이 길게 되고 전동기의 출력을 작게 한다.

07 엘리베이터용으로 일반 와이어로프에 비해 소선의 탄소량이 적고, 경도가 낮으며 파단강도가 135kgf/mm^{2}인 와이어로프의 종은?

① E종
② A종
③ B종
④ G종

해설

구분	파단 하중	특 징
E종	135	엘리베이터용으로 특성상 와이어로프의 반복되는 굴곡회수가 많으며, 시브와의 마찰력에 의해 구동되기 때문에 강도는 다소 낮더라도 유연성을 좋게 하여 소선이 잘 파단되지 않고, 시브의 마모가 적게 되도록 한 것이다.

08 로프가 느슨해지면서 로프의 장력을 검출하여 동력을 끊어주는 안전장치는?

① 정지스위치
② 리미트스위치
③ 록다운 비상스위치
④ 권동식 로프이완 스위치

해설 포지티브식(권동식) 로프이완 스위치

포지티브식(권동식) 권상기의 경우 카가 최하층을 지나쳐 완충기에 충돌하면 와이어로프가 늘어나고 와이어로프 및 전동기에 문제가 생기므로 이 와이어로프의 장력을 검출하여 동력을 차단할 필요가 있다. 그러나 이 스위치가 작동되지 않는 경우에 대비하여 스톱모션(Stop Motion)이라고 하는 주 회로를 직접 차단하는 스위치를 설치하여야 한다.

정답 05 ③ 06 ③ 07 ① 08 ④

09 유압식 엘리베이터에 사용되는 체크밸브의 역할은?

① 기름을 하강방향으로만 흐르게 한다.
② 기름에 이물질이 있는지를 체크하여 동작한다.
③ 실린더의 기름을 파워유닛으로 역류하는 것을 방지한다.
④ 기름을 한쪽 방향으로만 흐르게 하고 정전이나 그 이외의 원인으로 토출압력이 떨어져서 실린더 내의 오일이 역류하여 급강하하는 것을 방지한다.

해설 역저지밸브(Check Valve)
체크밸브라고도 하며, 한쪽 방향으로만 오일이 흐르도록 하는 밸브이다. 펌프의 토출압력이 떨어져서 실린더 내의 오일이 역류하여 카가 자유낙하 하는 것을 방지할 목적으로 설치한 것으로 기능은 로프식 엘리베이터의 전자브레이크와 유사하다.

10 소방구조용 엘리베이터에 대한 우선호출(1단계) 시 보장되어야 하는 사항에 대한 설명으로 틀린 것은?

① 문 열림 버튼 및 비상통화 버튼은 작동이 가능한 상태이어야 한다.
② 승강로 및 기계류 공간의 조명은 소방운전스위치가 조작되면 자동으로 점등되어야 한다.
③ 그룹운전에서 소방구조용 엘리베이터는 다른 모든 엘리베이터와 독립적으로 기능되어야 한다.
④ 승강장 호출 및 카 내의 등록버튼이 작동해야 하고, 미리 등록된 호출에 따라 먼저 작동되어야 한다.

해설 1단계 : 소방구조용 엘리베이터에 대한 우선 호출
가) 승강로 및 기계류 공간의 조명은 소방운전 스위치가 조작되면 자동으로 점등되어야 한다.
나) 모든 승강장 호출 및 카 내의 등록버튼은 작동되지 않아야 하고, 미리 등록된 호출은 취소되어야 한다.
다) 문 열림 버튼 및 비상통화 버튼은 작동이 가능한 상태이어야 한다.
라) 그룹운전에서 소방구조용 엘리베이터는 다른 모든 엘리베이터와 독립적으로 기능되어야 한다.

11 케이지의 실속도와 지령속도를 비교하여 사이리스터의 점호각을 바꿔 유도전동기의 속도를 제어하는 방식은?

① 교류 궤환제어
② 정지 레오나드방식
③ 교류 일단 속도제어
④ 교류 이단 속도제어

해설 교류 궤환제어
카의 실제 속도와 속도 지령 장치의 지령 속도를 비교하여 사이리스터의 점호각을 바꿔 유도 전동기의 속도를 제어하는 방식을 교류 귀한 제어라 한다.

12 비선형 특성을 갖는 에너지 축적형 완충기에서 규정된 시험 방법에 따라 완충기에 충돌할 때 만족해야 하는 기준으로 틀린 것은? (단, g_n은 중력가속도를 나타낸다.)

① 최대 피크 감속도는 $8g_n$ 이하이어야 한다.
② 작도 후에는 영구적인 변형이 없어야 한다.
③ $2.5g_n$를 초과하는 감속도는 0.04초보다 길지 않아야 한다.
④ 카 또는 균형추의 복귀속도는 1m/s이하이어야 한다.

정답 09 ④ 10 ④ 11 ① 12 ①

해설 비선형 특성을 갖는 완충기
비선형 특성을 갖는 에너지 축적형 완충기는 카의 질량과 정격하중, 또는 균형추의 질량으로 정격속도의 115%의 속도로 완충기에 충돌할 때의 다음 사항에 적합해야 한다.

가) 감속도는 $1g_n$ 이하이어야 한다.
나) $2.5g_n$를 초과하는 감속도는 0.04초 보다 길지 않아야 한다.
다) 카 또는 균형추의 복귀속도는 1m/s 이하이어야 한다.
라) 작동 후에는 영구적인 변형이 없어야 한다.
마) 최대 피크 감속도는 $6g_n$ 이하이어야 한다.

13 에스컬레이터의 스커트가 스텝 및 팔레트 또는 벨트 측면에 위치한 곳에서 수평 틈새는 각 측면에서 최대 몇 mm 이하이어야 하는가?

① 3 ② 4
③ 5 ④ 6

해설 디딤판의 주행안내
스텝 또는 팔레트의 주행안내시스템에서 스텝 또는 팔레트의 측면 변위는 각각 4mm 이하이어야 하고, 양쪽 측면에서 측정된 틈새의 합은 7mm 이하이어야 한다.

14 카 무게가 800kg이고, 적재하중이 600kg인 승객용 엘리베이터에서 오버밸런스율을 45%로 할 경우, 균형추 무게는 몇 kg이 되는가?

① 960 ② 1,070
③ 1,130 ④ 1,400

해설 균형추 중량=카 자중+정격하중×OB
$=800+600\times0.45=1,070[\text{kg}]$

15 도어시스템 중 모터의 회전을 감속하고 암이나 로프 등을 구동하여 도어를 개폐하는 장치는?

① 도어 머신 ② 도어 클로저
③ 도어 인터록 ④ 도어 보호장치

해설 도어 머신(Door Machine) 장치
㉮ 도어머신의 구조 및 성능 : 도어 머신은 모터의 회전을 감속하고 암과 로프 등을 구동시켜서 도어를 개폐시키는 장치이다.
㉯ 도어머신의 구성 부품 : 감속장치는 웜감속기가 주류를 이루었지만, 최근에는 체인이나 벨트를 설치하는 방법이 증가하고 있다.

16 소방구조용 엘리베이터는 일반적으로 소방관 접근 지정층에서 소방관이 조작하여 엘리베이터 문이 닫힌 이후부터 최대 몇 초 이내에 가장 먼 층에 도착되어야 하는가? (단, 승강행정이 200m 이상 운행될 경우는 제외한다.)

① 10 ② 20
③ 30 ④ 60

해설 소방구조용 엘리베이터는 소방관 접근 지정층에서 소방관이 조작하여 엘리베이터 문이 닫힌 이후부터 60초 이내에 가장 먼 층에 도착되어야 한다. 다만, 운행속도는 1m/s 이상이어야 한다.

17 유압파워유닛과 유압잭의 압력배관 중간에 설치하여 보수점검 또는 수리를 할 때 유압잭에서 불필요하게 작동유가 흘러나오는 것을 방지하는 것은?

① 체크밸브
② 스톱밸브
③ 사이렌서
④ 하강용 유량제어밸브

해설 스톱밸브(Stop Valve)
유압파워유닛에서 실린더로 통하는 배관 도중에 설치되는 수동조작밸브이다. 밸브를 닫으면 실린더의 오일이 탱크로 역류하는 것을 방지하고, 유압장치의 보수 · 점검 · 수리 때에 사용되며, 게이트밸브(Gate Valve)라고도 한다.

정답 13 ② 14 ② 15 ① 16 ④ 17 ②

18 **90m/min인 권상 구동식 엘리베이터에서 균형추가 완전히 압축된 완충기 위에 있을 때 카 가이드레일 길이는 최소 몇 m 이상 연장되어야 하는가?**

① 0.135 ② 0.178
③ 1.135 ④ 1.178

해설 균형추가 완전히 압축된 완충기에 있을 때 $+0.035 \cdot v^2$
6.5.6.2 권상 구동 엘리베이터의 주행안내 레일 길이
주행안내 레일 길이는 카 또는 균형추 :
$0.1\text{m}+0.035 \cdot v^2 = 0.1+0.035\times\left(\frac{90}{60}\right)^2 = 0.179[\text{m}]$

19 **소방구조용(비상용)엘리베이터는 정전 시 최대 몇 초 이내에 운행에 필요한 전력용량을 보조전원공급장치에 의해 자동으로 발생시켜야 하며 또한 최소 몇 시간 이상 운행할 수 있어야 하는가?**

① 40초, 1시간 ② 40초, 2시간
③ 60초, 1시간 ④ 60초, 2시간

해설 정전시에는 보조 전원공급장치에 의하여 엘리베이터를 다음과 같이 운행시킬 수 있어야 하다.
가) 60초 이내에 엘리베이터 운행에 필요한 전력용량을 자동으로 발생시키도록 하되 수동으로 전원을 작동시킬 수 있어야 한다.
나) 2시간 이상 운행시킬 수 있어야 한다.

20 **스트랜드의 꼬는 방향과 로프의 꼬는 방향이 반대이고, 소선과 외부의 접촉면이 짧아 마모에 의한 영향은 어느 정도 많지만, 꼬임이 잘 풀리지 않으므로 일반적으로 많이 사용되는 로프 꼬임방식은?**

① 보통 Z꼬임 ② 보통 S꼬임
③ 랭그 Z꼬임 ④ 랭그 S꼬임

해설 보통 꼬임은 스트랜드, 즉 소선을 꼰 밧줄가락의 꼬는 방향과 로프의 꼬는 방향이 반대인 것으로 일반적으로 이 꼬임 방식을 사용한다.

02 승강기 설계

21 **엘리베이터의 배치계획 시 고층용과 저층용이 마주보는 2뱅크로 배치되어 있는 엘리베이터의 경우 대면거리는 최소 몇 m 이상인가?**

① 3 ② 4
③ 5 ④ 6

해설 2뱅크인 경우 대면거리를 충분히 하여 6m 이상의 거리를 계획한다.

22 **권상 도르래의 로프 홈에서 재질과 권부각이 동일할 경우 트랙션 능력의 크기 순서를 올바르게 나타낸 것은?**

① U홈 < 언더컷홈 < V홈
② 언더컷홈 < U홈 < V홈
③ V홈 < U홈 < 언더컷홈
④ U홈 < V홈 < 언더컷홈

해설 트랙션 능력의 크기
U홈 < 언더컷홈 < V홈

23 **일반적으로 엘리베이터 기계실의 기계대를 콘크리트로 할 경우 안전율은 최소 얼마 이상인가?**

① 4 ② 5
③ 6 ④ 7

해설 기계대의 안전율은 콘크리트 7, 강재 4 이상이다.

24 **카 추락방지(비상정지)장치가 작동될 때 부하가 없거나 부하가 균일하게 분포된 카의 바닥은 정상적인 위치에서 최대 몇 %를 초과하여 기울어지지 않아야 하는가?**

① 3 ② 4
③ 5 ④ 6

정답 18 ② 19 ④ 20 ① 21 ④ 22 ① 23 ④ 24 ③

해설 추락방지(비상정지)장치 작동 시 카 바닥의 기울기
카 추락방지(비상정지)장치가 작동될 때, 부하가 없거나 부하가 균일하게 분포된 카의 바닥은 정상적인 위치에서 5%를 초과하여 기울어지지 않아야 한다.

25 **즉시 작동형 비상정지장치의 성능시험 시 흡수할 수 있는 총 에너지를 구하는 식을 옳게 나타낸 것은? [단, K : 비상정지장치의 흡수에너지(N · m), $(P+Q)_1$: 비상정지장치의 허용총중량(Kg), h : 낙하거리(m), g_n : 중력가속도(9.8m/s²)]**

① $K=(P+Q)_1\times \text{gn}\times h$

② $K=\dfrac{(P+Q)_1}{4}\times \text{gn}\times h$

③ $2K=(P+Q)_1\times \text{gn}\times h$

④ $2K=(P+Q)_1^2\times \text{gn}\times h$

해설 비상정지장치(추락방지안전장치)가 흡수할 수 있는 총 에너지
$2K=(P+Q)\times \text{gn}\times \text{h}$
위 식으로부터 $(P+Q)_1=\dfrac{2\times K}{gn\times h}$

26 **모듈(MODULE)이 4인 스퍼 외접기어의 잇수가 각각 30, 60이라고 할 때 양축 간의 중심거리는 얼마인가?**

① 90mm ② 180mm
③ 270mm ④ 360mm

해설 중심거리$=\dfrac{m(Z_1+Z_2)}{2}=\dfrac{4\times(30+60)}{2}=180\text{mm}$

27 **정격적재량 800kg, 정격속도 60m/min, 오버밸런스율 45%, 권상기의 총효율 60%인 승강기용 전동기의 필요 출력은 약 몇 kW인가?**

① 3.7 ② 4.5
③ 5.5 ④ 7.2

해설 전동기의 필요 출력
$=\dfrac{LV(1-OB)}{6,120\eta}=\dfrac{800\times 60\times(1-0.45)}{6,120\times 0.6}=7.2\text{kW}$

28 **전기식엘리베이터에 사용하는 파이널 리미트 스위치에 대한 설명으로 틀린 것은?**

① 파이널 리미트 스위치는 카가 완충기에 충돌하기 전에 작동되어야 한다.
② 파이널 리미트 스위치의 작동은 완충기가 압축되어 있는 동안 유지되어야 한다.
③ 파이널 리미트 스위치와 일반 종단정지장치는 연동하여 작동되어야 한다.
④ 파이널 리미트 스위치의 작동 후에는 엘리베이터의 정상운행을 위해 자동으로 복귀되지 않아야 한다.

해설 파이널 리미트 스위치와 일반 종단정지장치는 독립적으로 작동되어야 한다.

29 **소방구조용(비상용) 엘리베이터에 사용되는 감시반의 제어기능으로 반드시 설치해야 하는 기능은?**

① 강제정지기능 ② 비상호출기능
③ 원격표시기능 ④ 자동복귀기능

30 **전기식 엘리베이터의 점차 작동형 추락방지(비상정지)장치에서 정격하중의 카가 자유낙하할 때 작동하는 평균감속도는 얼마이어야 하는가?**

① $0.1\sim 1g_n$ ② $0.1\sim 1.25g_n$
③ $0.2\sim 1g_n$ ④ $0.2\sim 1.25g_n$

정답 25 ③ 26 ② 27 ④ 28 ③ 29 ② 30 ③

해설 감속도
정격하중을 적재한 카 또는 균형추/평형추가 자유낙하할 때 점차 작동형 추락방지안전장치의 평균 감속도는 $0.2g_n$에서 $1g_n$ 사이에 있어야 한다.

31 주행안내(가이드)레일의 설계에 관하여 틀린 것은?

① 레일 브래킷의 간격은 레일의 치수를 고려하여 결정한다.
② 지게차로 불균형한 큰 하중을 적재하는 경우에는 레일 설계 시 고려하여야 한다.
③ 즉시 작동형 비상정지장치가 점차 작동형 비상정지장치보다 좌굴을 일으키기 쉽다.
④ 8% 미만의 연신율을 갖는 재료는 취약성이 너무 높은 것으로 간주되므로 사용되지 않아야 한다.

32 자동차용 엘리베이터의 경우 카의 유효면적은 1 m^2 당 몇 kg으로 계산한 값 이상이어야 하는가?

① 500 ② 250
③ 200 ④ 150

해설 카의 유효면적
가) 자동차용 엘리베이터의 경우 카의 유효면적은 $1m^2$ 당 150kg으로 계산한 값 이상이어야 한다.

33 방범설비의 경보장치에 대한 설명이 틀린 것은?

① 도어를 열고 닫을 때 경보음이 울린다.
② 버튼의 부착장소는 카 내에 1개 설치한다.
③ 경보기의 부착장소는 1층 로비에 설치할 수 있다.
④ 작동은 버튼조작에 의해 소리가 나기 시작하고 관리실에서 차단조작에 의해 정지한다.

34 전기식 엘리베이터 검사기준에서 비상정지장치가 없는 균형추 또는 평형추의 T형 가드레일에 대해 계산된 최대허용휨은 얼마인가?

① 양방향으로 5mm
② 한방향으로 3mm
③ 양방향으로 10mm
④ 한방향으로 10mm

해설 허용휨
T형 주행안내레일 및 고정(브래킷, 분리 빔)에 대해 계산된 최대허용휨 σ_{perm}은 다음과 같다.
㉮ σ_{perm} =추락방지안전장치가 작동하는 카, 균형추 또는 평형추의 주행안내레일 : 양방향으로 5mm
㉯ σ_{perm} =추락방지안전장치가 없는 균형추 또는 평형추의 주행안내레일 : 양방향으로 10mm

35 엘리베이터의 하강속도가 점점 증가하여 200m/min로 되는 순간에 점차 작동형 비상정지장치가 작동하여 0.5초 후에 카가 정지하였다면 평균감속도는 약 몇 g_n 인가?

① 0.35 ② 0.68
③ 0.70 ④ 1.0

해설 평균감속도(g_n)

$$= \frac{\text{속도}[m/s]}{9.81t} = \frac{200/60}{9.81 \times 0.5} = 0.68[G]$$

36 **700kg/cm²의 인장응력이 발생하고 있을 때 변형률을 측정하였더니 0.0003이었다. 이 재료의 종탄성계수는 약 몇 kg/cm²인가?**

① 2.1×10^4　② 2.3×10^4
③ 2.1×10^6　④ 2.3×10^6

해설 종단성계수$(E)=\frac{\sigma}{\varepsilon}=\frac{700}{0.0003}=2.33\times10^6\,[\text{kg/cm}^2]$
σ: 응력, ε: 변형률

37 **엘리베이터용 전동기가 일반 범용전동기에 비해 갖추어야 할 조건이 아닌 것은?**

① 기동토크가 클 것
② 기동전류가 적을 것
③ 회전부분의 관성모멘트가 클 것
④ 온도상승에 대해 열적으로 견딜 것

해설 회전부분의 관성모멘트는 작아야 한다.

38 **기어에서 두 축이 교차하여 회전하는 기어의 종류는?**

① 평기어　② 베벨기어
③ 헬리컬기어　④ 더블헬리컬기어

해설 베벨 기어
두 축이 교차하여 회전하는 기어

39 **엘리베이터 안전기준에서 전기설비의 절연저항 값을 표시한 것 중 옳은 것은?**

① 공칭회로전압 500V 이하 : 1MΩ 이상
② 공칭회로전압 500V 초과 : 0.5MΩ 이상
③ 공칭회로전압 500V 이하 : 0.25MΩ 이상
④ 공칭회로전압 500V 초과 : 0.75MΩ 이상

해설 절연 저항

공칭 회로 전압(V)	시험 전압/직류(V)	절연 저항(MΩ)
SELV[a] 및 PELV[b] 〉 100 VA	250	≥ 0.5
≤ 500 FELV[c] 포함	500	≥ 1.0
〉 500	1000	≥ 1.0

a SELV : 안전 초저압(Safety Extra Low Voltage)
b PELV : 보호 초저압(Protective Extra Low Voltage)
c FELV : 기능 초저압(Functional Extra Low Voltage)

40 **엘리베이터의 매다는 장치(현수)에 관한 기준으로 틀린 것은?**

① 로프 또는 체인 등의 가닥수는 2가닥 이상이어야 한다.
② 공칭 직경이 8mm 이상이고, 3가닥 이상의 로프에 의해 구동되는 권상 구동 엘리베이터의 경우 안전율이 12 이상이어야 한다.
③ 3가닥 이상의 6mm이상 8mm 미만의 로프에 의해 구동되는 권상 구동 엘리베이터의 경우 안전율이 14 이상이어야 한다.
④ 매다는 장치 끝부분은 자체 조임 쐐기형 소켓, 압착링 매듭법, 주물 단말처리에 의한 카, 균형추/평형추 또는 구멍에 꿰어 맨 매다는 장치 마감 부분의 지지대에 고정되어야 한다.

해설 매다는 장치의 안전율은 다음 구분에 따른 수치 이상이어야 한다.
가) 3가닥 이상의 로프(벨트)에 의해 구동되는 권상 구동 엘리베이터의 경우 : 12
나) 3가닥 이상의 6mm 이상 8mm 미만의 로프에 의해 구동되는 권상 구동 엘리베이터의 경우 : 16
다) 2가닥 이상의 로프(벨트)에 의해 구동되는 권상 구동 엘리베이터의 경우 : 16
라) 로프가 있는 드럼 구동 및 유압식 엘리베이터의 경우 : 12
마) 체인에 의해 구동되는 엘리베이터의 경우 : 10

정답 36 ④ 37 ③ 38 ② 39 ① 40 ③

03 일반기계공학

41 내충격성과 성형성이 우수할 뿐만 아니라 색조와 표면광택 등의 외관 마무리성이 좋고 도장이 용이하기 때문에 자동차 외장 및 내장부품에 많이 사용되는 고분자 재료는?

① NR
② BC
③ ABS
④ SBR

해설 ABS
고부가 합성수지로 고 부가 가치 제품 중 하나로 내열성, 내충격성이 우수하여 자동차 외장 및 내장 부품에 많이 사용된다.

42 탄소강이 아공석강 영역(C<0.77%)에서 탄소 함유량이 증가함에 따라 변화되는 기계적 성질로 옳은 것은?

① 경도와 충격치는 감소한다.
② 경도와 충격치는 증가한다.
③ 경도는 증가하고, 충격치는 감소한다.
④ 경도는 감소하고, 충격치는 증가한다.

해설 탄소 함유량이 클수록 인장강도와 경도는 증가, 연성과 충격치는 감소한다.

43 다음 중 회전운동을 직선운동으로 바꾸는 기어로 가장 적절한 것은?

① 스크류 기어(Screw Gear)
② 내접 기어(Internal Gear)
③ 하이포이드 기어(Hypoid Ggear)
④ 래크와 피니언(Rack & Pinion)

해설 래크와 피니언(rack & pinion)
회전 운동을 직선 운동으로 바꾸는 기어

44 그림과 간은 직경 30cm의 블록 브레이크에서 레버 끝에 300N의 힘을 가할 때 블록 브레이크에 걸리는 토크는 약 몇 N · m인가? (단, 마찰계수 μ는 0.2로 한다.)

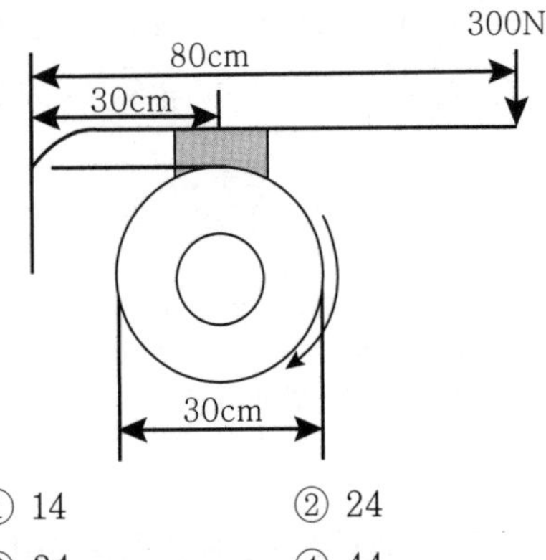

① 14
② 24
③ 34
④ 44

해설 ㉮ 제동력(우회전)

$$f=\frac{F\cdot\mu\cdot a}{(b+\mu\cdot c)}=\frac{300\times0.2\times80}{(30+0.2\times0)}=160[\text{N}]$$

㉯ 제동토크

$$=\frac{f\cdot D}{2}=\frac{160\times30}{2}=2,400[\text{Ncm}]=24[\text{Nm}]$$

45 그림과 같은 외팔보에서 폭×높이 = $b\times h$일 때 최대굽힘응력(σ_{max})을 구하는 식은?

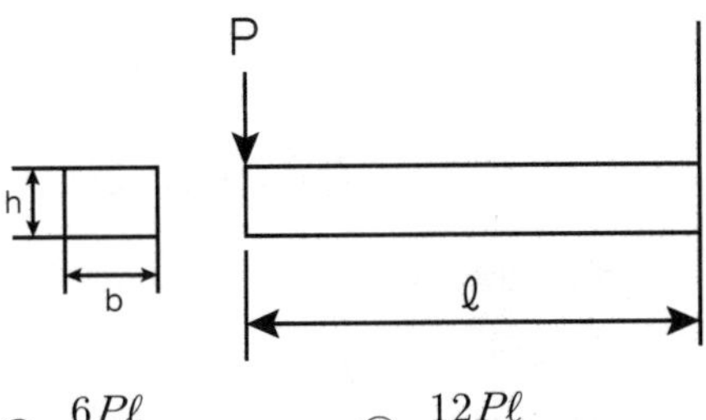

① $\frac{6P\ell}{bh^2}$
② $\frac{12P\ell}{bh^2}$
③ $\frac{6P\ell}{b^2h^2}$
④ $\frac{12P\ell}{b^2h^2}$

해설 최대굽힘응력(σ_{max})

$$=\frac{P\ell}{Z}=\frac{P\ell}{\frac{bh^2}{6}}=\frac{6P\ell}{bh^2}$$

정답 41 ③ 42 ③ 43 ④ 44 ② 45 ①

46 일반적인 줄 작업 시 줄의 사용 순서로 옳은 것은?

① 유목 → 세목 → 황목 → 중목
② 유목 → 황목 → 중목 → 세목
③ 황목 → 중목 → 세목 → 유목
④ 황목 → 중목 → 유목 → 세목

해설 줄눈의 크기에 따른 분류
황목, 중목, 세목, 유목으로 분류
① 황목 : 거친눈줄
② 중목 : 세목과 황목의 중간 정도
③ 세목과 유목 : 가는눈줄, 다듬질용으로 날 간격이 좁고 가공면이 곱다

47 외경이 내경의 1.5배인 중공축이 중실축과 같은 비틀림모멘트를 전달하고 있을 때 단면적(중공축의 면적/중실축의 면적)비는 약 얼마인가?

① 0.76 ② 0.70
③ 0.64 ④ 0.58

해설 단면적 비 $= \dfrac{\text{중공축 단면적}}{\text{중실축 단면적}} = \dfrac{\frac{\pi}{4}(d_2^2 - d_1^2)}{\frac{\pi}{4}d^2}$

$$= \frac{d_2^2(1-(\frac{1}{n})^2)}{d^2} = \frac{d_2^2[1-(\frac{2}{3})^2}{d^2}$$

$$= \frac{5}{9}\times(\frac{81}{65})^{\frac{2}{3}} = 0.643 \approx 0.64$$

비틀림만을 고려하는 경우
전단응력 τ $\tau = \dfrac{T}{Z_p}$
(비틀림모멘트 T[kgf·Tmm], Z_p는 극단면계수)
축 재료의 허용전단응력을 τ_a라 하면, $\tau \le \tau_a$)
① 중실축 $\tau = \dfrac{T}{Z_p} = \dfrac{T}{\frac{\pi d^3}{16}}$ $T_{중실축} = \dfrac{\pi d^3}{16}\tau$
② 중공축
$n = d_1/d_2$라 하면 극단면계수 Z_p는,

전단응력 : $\tau = \dfrac{T}{Z_p} = \dfrac{T}{\frac{\pi d_2^3(1-n^4)}{16}}$

$$T_{중공축} = \frac{\pi d_2^3}{16}(1-n^4)\tau$$

$\because n = \dfrac{d_1}{d_2}$에서 같은 비틀림 모멘트를 전달,
$\therefore T_{중실축} = T_{중공축}$
동일재질 조건 $\therefore \tau_{중실축} = \tau_{중공축}$

$d^3 = d_2^3(1-n^4) = d_2^3(1-(\frac{3}{2})^4) = \frac{65}{81}d_2^3$,

$\dfrac{d_2}{d} = (\dfrac{81}{65})^{\frac{1}{3}}$

48 다음 중 압력제어밸브가 아닌 것은?

① 체크밸브
② 릴리프밸브
③ 시퀀스밸브
④ 압력조절밸브

해설 압력 제어 밸브
릴리프밸브, 시퀀스(순차)밸브, 압력조절밸브, 카운터 밸런스 밸브

49 납땜에 관한 설명으로 틀린 것은?

① 사용하는 용가재의 종류에 따라 크게 연납과 경납으로 구분된다.
② 용점이 600℃ 이상인 용가재를 사용하여 납땜하는 것을 연납땜이라 한다.
③ 납땜의 성패는 용접 모재인 고체와 땜납인 액체가 어느 정도의 친화력을 갖고 서로 접촉될 수 있느냐에 달려있다.
④ 금속을 접합하려고 할 때 접합할 모재는 용융시키지 않고 모재보다 용융점이 낮은 용가재를 사용하여 접합하는 방법이다.

해설 연납(Soft Solder)
납재의 종류 중에서 450℃ 이하를 연납땜이라 한다.

정답 46 ③ 47 ③ 48 ① 49 ②

50 재료에 압력을 가해 다이에 통과시켜 다이 구멍과 같은 모양의 긴 제품을 제작하는 가공법은?

① 단조 ② 전조
③ 압연 ④ 압출

해설 압출
재료에 압력을 가해 다이에 통과시켜 다이구멍과 같은 모양의 긴 제품을 제작하는 가공법

51 축방향 인장하중을 받은 균일 단면봉에서 최대수직응력이 60MPa일 때 최대전단응력은 몇 MPa인가?

① 60 ② 40
③ 30 ④ 20

해설 전단응력 $\tau_{\max} = \frac{1}{2}\sigma_{\max} = \frac{1}{2} \times 60 = 30[\text{MPa}]$

52 다음 중 유동하고 있는 액체의 압력이 국부적으로 저하되어, 증기나 함유 기체를 포함하는 기포가 발생하는 현상은?

① 공동현상 ② 분리현상
③ 재생현상 ④ 수격현상

해설 공동현상
유동하고 있는 액체의 압력이 국부적으로 저하되어 증기나 함유 기체를 포함하는 기포가 발생하는 현상

53 다음 중 주물제품에서 균열(Crack)의 원인으로 가장 거리가 먼 것은?

① 주물을 급랭시킬 때
② 탕구가 매우 작을 때
③ 살 두께의 차이가 너무 클 때
④ 모서리가 직각으로 되어 있을 때

해설 주물제품에서 균열(Crack)의 원인
① 주물을 급랭시킬 때
② 모서리가 직각으로 되어 있을 때
③ 살 두께의 차이가 너무 클 때
④ 온도차이가 클 때

54 리벳이음에서 강판의 효율을 나타내는 식으로 옳은 것은? (단, p는 피치, d는 리벳 구멍의 지름이다.)

① $p-d/p$ ② $d-p/p$
③ $d-p/d$ ④ $p-d/d$

해설 리벳 강판효율 $\eta_t = 1 - \frac{d_1}{p}$
d_1 : 리벳구멍지름
η_t : 판재의 인장강도

55 안장키(Saddle Key)에 대한 설명으로 옳은 것은?

① 임의의 축 위치에 키를 설치할 수 없다.
② 중심각이 120°인 위치에 2개의 키를 설치한다.
③ 원형단면의 테이퍼핀 또는 평행핀을 사용한다.
④ 마찰력만으로 회전력을 전달시키므로 큰 토크의 전달에는 곤란하다.

해설 안장키이(Saddle Key)
경하중에 사용, 보스(Boss)에만 키홈을 가공한다.

56 커터의 지름이 80mm이고 커터의 날수가 8개인 정면 밀링커터로 길이 300mm의 가공물 절삭할 때 가공시간은 약 얼마인가? (단, 절삭속도 100m/min, 1날당 이송 0.08mm로 한다.)

① 1분 18초 ② 1분 29초
③ 1분 52초 ④ 2분 20초

정답 50 ④ 51 ③ 52 ① 53 ② 54 ① 55 ④ 56 ①

해설 가공시간

$$t=\frac{\ell\pi d}{1{,}000V\times f\times Z}=\frac{300\times\pi\times 80}{1{,}000\times 100\times 0.08\times 8}$$
$$=1.178[\text{min}]\approx 1\text{분 } 18\text{초}$$

여기서, t : 가공시간[min]
ℓ : 가공물 길이[mm]
d : 커터의 지름[mm]
V : 절삭속도[m/min]
f : 1날당 이송
Z : 커터의 날수

57 실린더의 피스톤 로드에 인장하중이 걸리면 실린더는 끌리는 영향을 받게 되는데, 이러한 영향을 방지하기 위하여 인장하중이 가해지는 쪽에 설치된 밸브는?

① 리듀싱밸브
② 시퀀스밸브
③ 언로드밸브
④ 카운터밸런스밸브

해설 카운터 밸런스 밸브
실린더의 피스톤 로드에 인장하중이 걸리면 실린더는 끌리는 영향을 받게 되는데, 이러한 영향을 방지하기 위하여 인장하중이 가해지는 쪽에 설치된 밸브

58 지름 10mm의 원형단면 축에 길이 방향으로 785N의 인장하중이 걸릴 때 하중방향에 수직인 단면에 생기는 응력은 약 몇 N/mm^2인가?

① 7.85
② 10
③ 78.5
④ 100

해설 응력 $\sigma=\frac{P}{A}=\frac{785}{\frac{\pi\times 10^2}{4}}=10\text{N/mm}^2$

59 축에 직각인 하중을 지지하는 베어링은?

① 피벗 베어링
② 칼라 베어링
③ 레이디얼 베어링
④ 스러스트 베어링

해설 ① 레이디얼 베어링 : 축에 직각인 하중을 지지하는 베어링
② 스러스트 베어링 : 축 방향의 하중을 받는 베어링

60 철과 비교한 알루미늄의 특성으로 틀린 것은?

① 용융점이 낮다.
② 열전도율이 높다.
③ 전기전도성이 좋다.
④ 비중이 4.5로 철의 약 1/2이다.

해설 알루미늄의 특성
① 비중(밀도)이 2.7로 작고, 강철이나 구리의 1/3 정도의 밀도(비중)를 가지고 있다.
② 열전도율 및 전기 전도성이 좋다.
③ 주조가 용이하고, 전성과 연성, 내식성이 우수하다.

04 전기제어공학

61 피드백제어의 장점으로 틀린 것은?

① 목표값에 정확히 도달할 수 있다.
② 제어계의 특성을 향상시킬 수 있다.
③ 외부 조건의 변화에 대한 영향을 줄일 수 있다.
④ 제어기 부품들의 성능이 나쁘면 큰 영향을 받는다.

정답 57 ④ 58 ② 59 ③ 60 ④ 61 ④

62 서보드라이브에서 펄스로 지령하는 제어 운전은?

① 위치제어운전
② 속도제어운전
③ 토크제어운전
④ 변위제어운전

해설 서보 드라이브는 모터의 토크 제어, 속도 제어 또는 위치 제어를 하는 장치이다.
위치제어는 외부입력 펄스의 주파수로 제어

63 토크가 증가하면 속도가 낮아져 대체적으로 일정한 출력이 발생하는 것을 이용해서 전차, 기중기 등에 주로 허용하는 직류전동기는?

① 직권전동기
② 분권전동기
③ 가동복권전동기
④ 차동복권전동기

해설 직류직권전동기는 수하특성이 있으며, 전차용 전동기로 사용한다.

64 다음과 같은 두 개의 교류전압이 있다. 두 개의 전압은 서로 어느 정도의 시간차를 가지고 있는가?

$$V_1 = 100\cos 10t,\ V_2 = 10\cos 5t$$

① 약 0.25초
② 약 0.46초
③ 약 0.63초
④ 약 0.72초

해설 주기(시간)

$$T = \frac{2\pi}{\omega},\ T_2 - T_1 = \frac{2\pi}{5} - \frac{2\pi}{10} = 0.628[\mathrm{s}]$$

65 제어하려는 물리량을 무엇이라 하는가?

① 제어 ② 제어량
③ 물질량 ④ 제어대상

해설 제어량
제어계의 출력으로서 제어대상에서 만들어지는 값

66 전동기에 일정 부하를 걸어 운전 시 전동기 온도 변화로 옳은 것은?

①
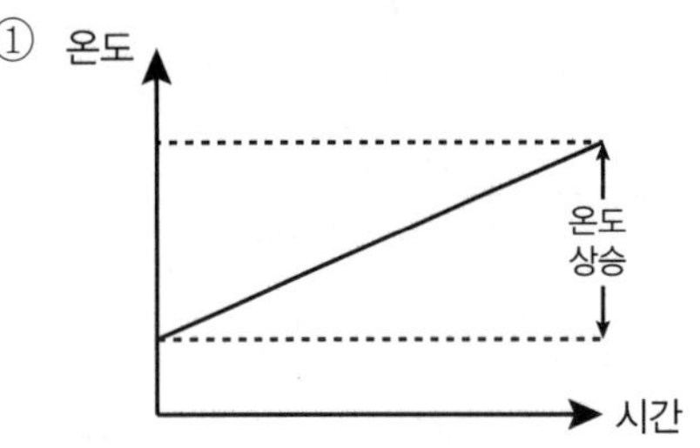

②
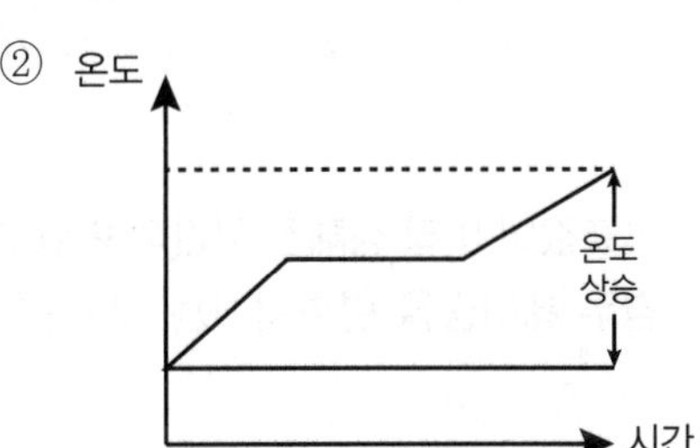

③
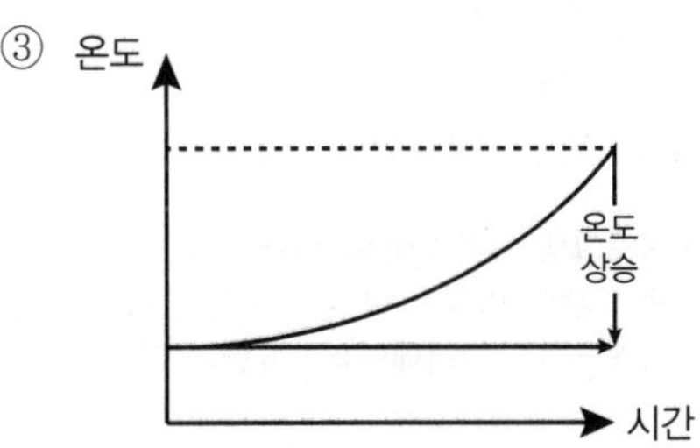

④
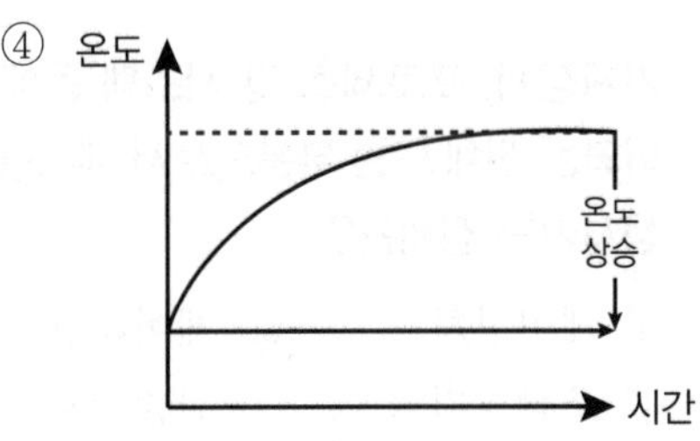

해설 전동기가 절연등급까지 온도 상승 후 일정하게 운전한다.

정답 62 ① 63 ① 64 ③ 65 ② 66 ④

67 그림과 같은 계통의 전달함수는?

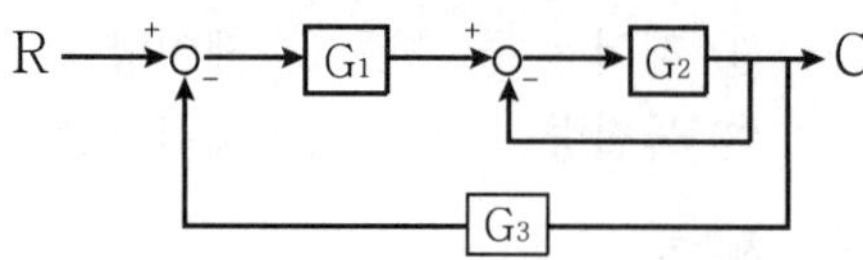

① $\dfrac{G_1 G_2}{1+G_2 G_3}$

② $\dfrac{G_1 G_2}{1+G_1+G_2 G_3}$

③ $\dfrac{G_1 G_2}{1+G_2+G_1 G_2 G_3}$

④ $\dfrac{G_1 G_2}{1+G_1 G_2+G_2 G_3}$

해설 전달함수 $G(s)=\dfrac{\text{경로}}{1-\text{폐로}}$

$=\dfrac{G_1 G_2}{1-(-G_1 G_2 G_3-G_2)}=\dfrac{G_1 G_2}{1+G_2+G_1 G_2 G_3}$

68 목표값이 미리 정해진 시간적 변화를 하는 경우 제어량을 변화시키는 제어는?

① 정치제어
② 추종제어
③ 비율제어
④ 프로그램제어

해설 프로그램 제어(program control)
목표값의 변화가 미리 정해진 신호에 따라 동작 : 무인열차, 엘리베이터, 자판기 등

69 기계장치, 프로세스 및 시스템 등에서 제어되는 전체 또는 부분으로서 제어량을 발생시키는 장치는?

① 제어장치 ② 제어대상
③ 조작장치 ④ 검출장치

해설

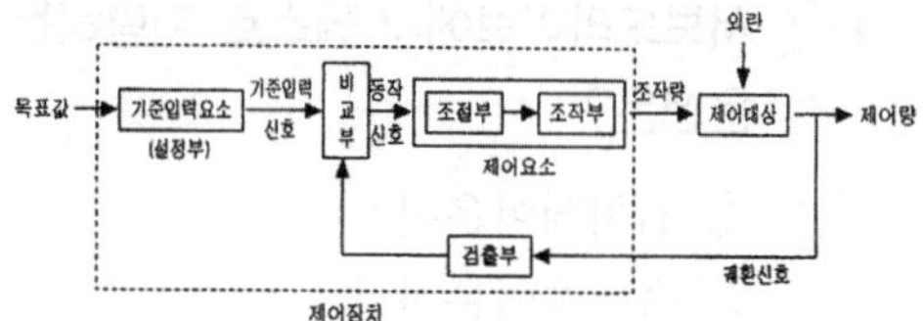

제어대상
제어기구로서 제어장치를 제외한 나머지 부분

70 평행하게 왕복되는 두 도선에 흐르는 전류 간의 전자력은? [단, 두 도선 간의 거리는 r(m)라 한다.]

① r에 비례하며 흡인력이다.
② r_2에 비례하며 흡인력이다.
③ $1/r$에 비례하며 반발력이다.
④ $1/r_2$에 비례하며 반발력이다.

해설 평행 왕복도체에 작용하는 힘(F)
$F=\dfrac{2I_1I_2}{r}\times10^{-7}$[N], $F\propto\dfrac{1}{r}$,
반대방향은 반발력 작용

71 내부저항 r인 전류계의 측정범위를 n배로 확대하려면 전류계에 접속하는 분류기 저항(Ω)값은?

① nr
② r/n
③ $(m-1)r$
④ $r/(n-1)$

해설 분류기 저항 $R=\dfrac{r}{n-1}[\Omega]$

정답 67 ③ 68 ④ 69 ② 70 ③ 71 ④

72 회로에서 A와 B 간의 합성저항은 약 몇 Ω인가? (단, 각 저항의 단위는 모두 Ω이다.)

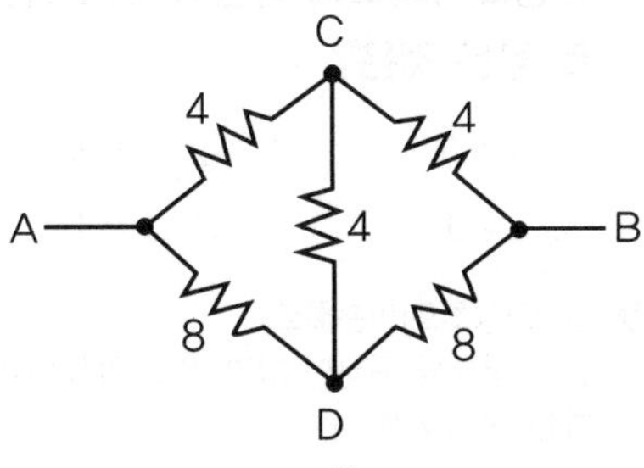

① 2.66 ② 3.2
③ 5.33 ④ 6.4

해설 $합성저항=\frac{(4+4)\times(8+8)}{(4+4)+(8+8)}=5.33[\Omega]$

73 피드백제어계에서 제어장치가 제어대상에 가하는 제어신호로 제어장치의 출력인 동시에 제어대상의 입력인 신호는?

① 목표값
② 조작량
③ 제어량
④ 동작신호

해설 조작량
제어장치 또는 제어요소의 출력이면서 제어 대상의 입력인 신호

74 입력이 $011_{(2)}$일 때 출력은 3V인 컴퓨터 제어의 D/A 변환기에서 입력을 $101_{(2)}$로 하였을 때 출력은 몇 V인가? (단, 3bit 디지털 입력이 $011_{(2)}$은 off, on, on을 뜻하고 입력과 출력은 비례한다.)

① 3 ② 4
③ 5 ④ 6

해설

구 분				이진법 → 십진법 변환	출력값
1. 이진법	0	1	$1_{(2)}$	4×0+2×1 +1×1=3	3[V]
2. 십진법	$2^2=4$	$2^1=2$	$2^0=1$		
3. 이진법	1	0	$1_{(2)}$	4×1+2×0 +1×1=5	5[V]
4. 십진법	$2^2=4$	$2^1=2$	$2^0=1$		

75 물 20ℓ 를 15℃에서 60℃로 가열하려고 한다. 이때 필요한 열량은 몇 kcal인가? (단, 가열 시 손실은 없는 것으로 한다.)

① 700 ② 800
③ 900 ④ 1000

해설 열량=비열×질량×온도차=1×20×(60−15)
=900kcal

76 제어량을 원하는 상태로 하기 위한 입력신호는?

① 제어명령 ② 작업명령
③ 명령처리 ④ 신호처리

해설 제어명령
주기억 장치와 제어 기억 장치에 기억된 자료를 처리하고, 자료를 기억시킬 수 있는 주기억 장치의 기억 공간을 마련하거나, 명령의 순서 선택과 해석을 제어하는 데 사용되는 특별한 명령

77 평행판 간격을 처음의 2배로 증가시킬 경우 정전용량 값은?

① 1/2로 된다.
② 2배로 된다.
③ 1/4로 된다.
④ 4배로 된다.

해설 평행판 콘덴서 정전용량 $C=\frac{\varepsilon A}{d}[\mu F]$, d를 2배 증가하면 C는 1/2로 된다.

정답 72 ③ 73 ② 74 ③ 75 ③ 76 ① 77 ①

78 그림과 같은 계전기 접점회로의 논리식은?

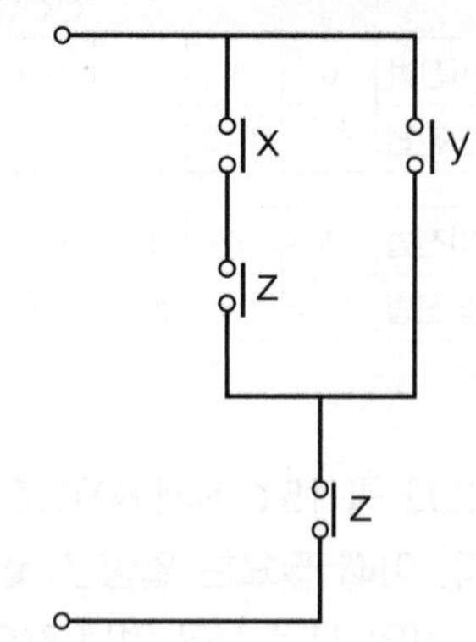

① $XZ+Y$ ② $(X+Y)Z$
③ $(X+Z)Y$ ④ $X+Y+Z$

해설 $(XZ+Y)Z=XZ+YZ=(X+Y)Z$

79 예비전원으로 사용되는 축전지의 내부저항을 측정할 때 가장 적합한 브리지는?

① 캠벨 브리지
② 맥스웰 브리지
③ 휘트스톤 브리지
④ 콜라우시 브리지

해설 콜라우시 브리지
축전지의 내부저항을 측정

80 전달함수 $G(s)=\dfrac{s+b}{s+a}$를 갖는 회로가 진상보상회로의 특성을 갖기 위한 조건으로 옳은 것은?

① $a>b$ ② $a<b$
③ $a>1$ ④ $b>1$

해설 진상보상회로(미분회로)
출력 신호의 위상이 입력 신호 위상보다 앞서도록 하는 보상회로

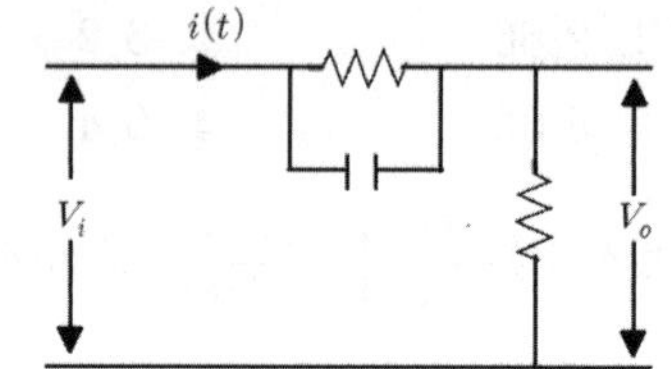

$$G(s)=\frac{R_2}{\dfrac{1}{\dfrac{1}{R_1}+Cs}+R_2}=\frac{R_2}{\dfrac{R_1}{1+R_1Cs}+R_2}$$

$$=\frac{R_2(1+R_1Cs)}{R_1+R_2(1+R_1Cs)}=\frac{R_2+R_1R_2Cs}{R_1+R_2+R_1R_2Cs}$$

$$=\frac{s+\dfrac{R_2}{R_1R_2C}}{s+\dfrac{R_1+R_2}{R_1R_2C}}=\frac{s+b}{s+a}$$

∴ 진상보상회로 : $a>b$

정답 78 ② 79 ④ 80 ①

05 2018년 04월 28일

01 승강기 개론

01 엘리베이터 메인 브레이크에 대한 설명 중 틀린 것은?

① 브레이크 라이닝은 불연성이어야 한다.
② 브레이크에 공급되는 전류는 2개 이상의 독립적인 전기장치에 의해 차단되어야 한다.
③ 카의 정격속도로 정격하중의 125%를 싣고 하강방향으로 운행될 때 구동기를 정지할 수 있어야 한다.
④ 브레이크 코일에 전류가 공급되면 제동력이 발생한다.

해설 브레이크 코일에 전류가 차단(소자)되면 스프링에 의해 라이닝이 드럼을 누르면서 제동력이 발생한다.

02 그림과 같은 유압회로의 설명이 아닌 것은?

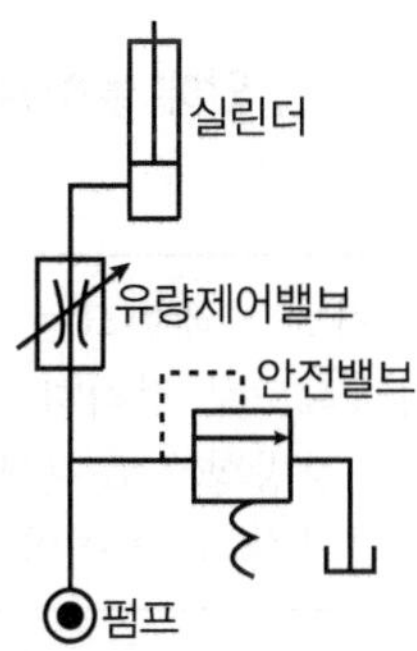

① 효율이 비교적 좋다.
② 정확한 제어가 가능하다.
③ 미터인(METER-IN) 회로이다.
④ 펌프와 실린더 사이에 유량제어밸브를 삽입하여 직접 제어하는 방식이다.

해설 유량밸브에 의한 속도제어
㉮ 미터인(Meter In) 회로 : 작동유를 제어하여 유압 실린더를 보낼 경우 유량제어밸브를 주회로에 삽입하여 유량을 직접 제어하는 회로
㉯ 블리드 오프(Bleed Off) 회로 : 유량제어밸브를 주회로에서 분기된 바이패스(Bypass) 회로에 삽입한 것

03 유압엘리베이터에 대한 설명으로 틀린 것은?

① 건물의 높이와 속도에 한계가 있다.
② 초고속 엘리베이터에 주로 사용된다.
③ 하강 시에는 펌프를 구동시키지 않고 밸브만 제어하여 하강시킨다.
④ 모터로 유압펌프를 구동시켜 압력을 가진 오일이 플런저를 밀어 올려 카를 상승시킨다.

04 사이리스터를 이용한 직류제어방식은?

① 워드 레오나드 방식
② 정지 레오나드 방식
③ 교류 2단 속도제어방식
④ 가변전압가변주파수 제어방식

해설 정지 레오나드 방식의 원리
사이리스터를 사용하여 교류를 직류로 변화하여 전동기에 공급하고 사이리스터의 점호각을 바꿈으로서 직류전압을 바꿔 직류전동기의 회전수를 변경하는 방식이다. 변화 시의 손실이 워드 레오나드 방식에 비하여 적고 보수가 쉽다는 장점이 있다. 속도제어는 엘리베이터의 실제속도를 속도지령값으로부터 신호와 비교하여 그 값의 차이가 있으면 사이리스터의 점호각을 바꿔 속도를 바꾼다.

정답 01 ④ 02 ① 03 ② 04 ②

05 엘리베이터의 과속조절기(조속기)로프는 어디에 고정시켜야 하는가?

① 주로프(Main Rope)
② 카 프레임(Car Frame)
③ 카의 상단 빔(Car Top Beam)
④ 추락방지(비상정지)장치 암(Safety Device Arm)

해설 과속조절기(조속기) 로프는 추락방지(비상정지)장치 암(Safety Device Arm)에 고정시킨다

06 기어드(Geared)형 권상기에서 엘리베이터의 속도를 결정하는 요소가 아닌 것은?

① 시브의 직경 ② 로프의 직경
③ 기어의 감속비 ④ 권상모터의 회전수

해설 엘리베이터 정격속도(V)

$$= \frac{\pi DN}{1{,}000} i[m/min] = \frac{\pi DN}{1{,}000 \times 60} i[m/s]$$

D : 권상기 도르래의 지름(mm)
N : 전동기의 회전수(rpm)
i : 감속비

07 직접식 유압엘리베이터에 대한 설명 중 틀린 것은?

① 부하에 의한 카 바닥의 빠짐이 적다.
② 실린더를 설치하기 위한 보호관을 지중에 설치하여야 한다.
③ 승강로 소요 평면 치수가 작고 구조가 간단하다.
④ 비상정지장치가 필요하다.

해설 유압엘리베이터
집적식 : 플런저 끝에 카를 설치한 방식.
㉮ 승강로 소요 평면 치수가 작고 구조가 간단하다.
㉯ 비상정지장치가 필요 없다.
㉰ 부하에 의한 카 바닥의 빠짐이 작다.
㉱ 실린더를 설치하기 위한 보호관을 지중에 설치해야 한다.
㉲ 실린더 점검이 곤란하다.

08 승강장 출입구 바닥 앞부분과 카 바닥 앞부분과의 틈새 너비가 35mm 이하이어야 한다. 이 기준을 적용하지 않는 엘리베이터의 종류는?

① 전망용 ② 병원용
③ 비상용 ④ 장애인용

해설 장애인용 엘리베이터의 추가요건
승강장 바닥과 승강기 바닥의 틈은 0.03m 이하이어야 한다.

09 로핑 방법 중 로프에 걸리는 장력이 가장 적은 것은?

① 1 : 1 ② 2 : 1
③ 3 : 1 ④ 4 : 1

해설 로프 거는 방법(로핑)
카와 균형추에 대한 로프 거는 방법
① 1:1 로핑 : 로프 장력은 카 또는 균형추의 중량과 로프의 중량을 합한 것이다(승객용).
② 2:1 로핑 : 로프의 장력은 1:1 로핑 시의 $\frac{1}{2}$이 되고 쉬브에 걸리는 부하도 $\frac{1}{2}$이 된다.
③ 3:1 로핑 이상(4:1 로핑, 6:1 로핑) : 대용량 저속 화물용 엘리베이터에 사용한다.

10 다음 ( ) 안에 들어갈 내용으로 옳은 것은?

> 전자-기계 브레이크는 자체적으로 카가 정격속도로 정격하중의 ( )%를 싣고 하강방향으로 운행될 때 구동기를 정지시킬 수 있어야 한다.

① 165 ② 145
③ 135 ④ 125

해설 전자-기계 브레이크
이 브레이크는 자체적으로 카가 정격속도로 정격하중의 125%를 싣고 하강방향으로 운행될 때 구동기를 정지시킬 수 있어야 한다.

정답 05 ④ 06 ② 07 ④ 08 ④ 09 ④ 10 ④

11 VVVF 제어방식의 설명으로 틀린 것은?

① 교류에서 직류로 변경되는 컨버터는 주로 사이리스터를 사용한다.
② 직류에서 교류로 변경되는 인버터에는 주로 트랜지스터 또는 IGBT가 사용된다.
③ 발생하는 회생전력은 모두 저항을 통하여 열로 소비한다.
④ 유도전동기에 인가되는 전압과 주파수를 동시에 변환하는 방식이다.

해설 VVVF 제어방식의 원리
가변전압 가변주파수 : 전압과 주파수를 동시에 제어
① 광범위한 속도제어방식으로 인버터를 사용하여 유도전동기의 속도를 제어하는 방식이다.
② 유지 · 보수가 용이하며, 승차감 향상 및 소비전력이 적다.
③ 컨버터(교류를 직류로 변환), 인버터(직류를 교류로 변환)가 사용된다.
④ PAM 제어방식과 PWM 제어방식이 있다.

12 도어머신에 대한 설명 중 틀린 것은?

① 작동이 원활하고 소음이 없어야 한다.
② 작동횟수는 엘리베이터 기동횟수의 2배 정도이므로 보수가 쉬워야 한다.
③ 감속장치는 기어에 의한 방식 이외에 벨트나 체인에 의한 방식도 사용되고 있다.
④ 보수를 용이하게 하기 위해 DC모터를 사용한다.

해설 도어 머신의 구비 조건
㉮ 동작이 원활할 것
㉯ 소형 경량일 것
㉰ 유지보수가 용이할 것
㉱ 경제적일 것

13 엘리베이터용 트랙션 권상기에 대한 설명 중 틀린 것은?

① 헬리컬기어드 권상기는 웜기어에 비해 효율이 높다.
② 웜기어 권상기는 소음이 작다.
③ 로프의 권부각이 크면 미끄러지기 쉽다.
④ 주로프에 사용되는 도르래의 피치지름은 로프지름의 40배 이상으로 한다.

해설 권상기 로프의 미끄러짐 현상을 줄이는 방법
㉮ 권부각을 크게 한다.
㉯ 가감속도를 완만하게 한다.
㉰ 균형체인이나 균형로프를 설치한다.
㉱ 로프와 도르래 사이의 마찰계수를 크게 한다.

14 다음 승강기 방식 중 유압식이 아닌 것은?

① 스크루식 ② 팬터그래프식
③ 간접식 ④ 직접식

해설 유압식 엘리베이터
직접식, 간접식, 팬터그래프식

15 에스컬레이터 적재하중을 산출하는 데 필요한 사항이 아닌 것은?

① 층고
② 반력점 간 거리
③ 디딤판(스텝)의 폭
④ 디딤판(스텝)의 수평투영단면적

해설 ㉮ 적재 하중 $G=270A=270 \cdot \sqrt{3} \cdot W \cdot H$[kg]
A : 스텝면의 수평투영면적[(m^2)
W : 스텝폭(mm)
H : 층고(m)
㉯ 제조사 기준
G : 정격하중(510kg/m^2)×A(m^2)
A : 부하운송면적($Z_1 \times H/\tan\theta$)(m^2)
H : 층고(m)
Z_1 : 공칭폭(m)

정답 11 ③ 12 ④ 13 ③ 14 ① 15 ②

16 기계실의 구조에 대한 설명으로 틀린 것은?

① 기계실은 건축물의 타부분으로부터 출입문으로 격리되어야 한다.
② 기계실의 위치는 항상 승강로의 최상부 쪽에 설치되어야만 한다.
③ 기계실의 작업구역 유효높이는 2.1m 이상이어야 한다.
④ 기계실의 기둥, 벽, 천장은 기기의 보수 및 수리를 위하여 기기와 일정 거리 이상을 두도록 한다.

17 록다운 비상정지장치에 대한 설명 중 틀린 것은?

① 210m/min 이상에 적용된다.
② 순간정지식 비상정지장치이다.
③ 록다운 비상정지장치의 동작을 감지하는 스위치가 있어야 한다.
④ 이 장치를 설치하면 균형추 측의 직하부의 피트 바닥을 두껍게 하지 않아도 된다.

해설 ① 튀어오름 방지장치[록 다운(Lock Down)]
고층건물의 경우는 와이어로프 자중에 의한 불평형 하중을 보상하기 위하여 카 하부에서 균형추 하부까지 균형로프 또는 체인을 거는데 로프를 적용하는 경우 피트에서 지지하는 도르래는 바닥에 견고히 고정 되어야 하며, 록 다운장치를 부착하여 카의 비상정지장치가 작동 시 이 장치에 의해 균형추, 와이어로프 등이 관성에 의해 튀어 오르지 못하도록 하여야 한다.
이 장치는 순간 정지식 이어야 하며, 속도 210[m/min] 이상의 엘리베이터에는 반드시 설치되어야 한다.
② 피트 바닥은 균형추가 완충기에 작용하였을 때 균형추 완충기 지지대 아래에 부과되는 정하중의 4배를 지지할 수 있어야 한다.
$F=4 \cdot g_n \cdot (P+q \cdot Q)$
여기서, F : 전체 수직력(N)
g_n : 중력 가속도(9.81m/s^2)
P : 카 자중 및 이동케이블, 보상 로프/체인 등 카에 의해 지지되는 부품의 중량(kg)
Q : 정격하중(kg)
q : 균형추에 의해 보상되는 밸런스율

18 권상기에서 구동 도르래(Sheave)의 유효 지름은 주로프 지름의 몇 배 이상이어야 하는가?

① 10
② 20
③ 30
④ 40

해설 권상 도르래 · 풀리 또는 드럼의 피치직경과 로프(벨트)의 공칭직경 사이의 비율은 로프(벨트)의 가닥수와 관계없이 40 이상이어야 한다. 다만, 주택용 엘리베이터의 경우 30 이상이어야 한다.

19 엘리베이터에 사용되는 인터폰에 관한 설명으로 틀린 것은?

① 전원은 충전용 배터리를 사용한다.
② 카의 조작반과 기계실이나 관리실 간에 설치한다.
③ 비상 시 방재센터, 기계실 및 관리실에서 안내방송으로 사용된다.
④ 관리실 등에서 인터폰을 받지 않으면 외부로 자동 통화 연결되어야 한다.

해설 카 내에 갇힌 이용자 등이 외부와 통화할 수 있는 비상통화장치가 엘리베이터가 있는 건축물이나 고정된 시설물의 관리 인력이 상주하는 장소(경비실, 전기실, 중앙관리실 등) 2곳 이상에 설치되어야 한다. 다만, 관리 인력이 상주하는 장소가 2곳 미만인 경우에는 1곳에만 설치될 수 있다.

정답 16 ② 17 ④ 18 ④ 19 ③

20 승강기의 카와 균형추를 로프로 감는 방법 중 더블랩을 사용하는 승강기는?

① 저속 화물용 엘리베이터
② 중속 승객용 엘리베이터
③ 고속 승객용 엘리베이터
④ 저속 승객용 엘리베이터

해설 ② 더블 랩(Double Wrap) : 구동 시브와 조정 시브를 완전히 둘러싸게 감는 방식이다(고속에 사용).

02 승강기 설계

21 1대의 승강기 조작방식에서 자동운전방식이 아닌 것은?

① 단식자동식
② 군관리방식
③ 승합전자동식
④ 하향승합자동방식

해설 군관리방식(Super vi sory Contlol)
엘리베이터를 3~ 8대 병설할 때 각 카를 불필요한 동작 없이 합리적으로 운행 관리하는 조작방식이다.

22 소방구조용(비상용)엘리베이터에 대한 요건이 아닌 것은?

① 소방구조용(비상용)은 모든 승강장문 전면에 방화구획된 로비를 포함한 승강로 내에 설치되어야 한다.
② 소방구조용(비상용)의 보조전원공급장치는 방화구획 밖에 설치하여야 한다.
③ 소방구조용(비상용)은 소방운전 시 모든 승강장 출입구마다 정지하여야 한다.
④ 소방구조용(비상용)의 운행속도는 1m/s 이상이어야 한다.

해설
- 소방구조용 엘리베이터는 모든 승강장문 전면에 방화 구획된 로비를 포함한 승강로 내에 설치되어야 한다.
- 보조 전원공급장치는 방화구획 된 장소에 설치되어야 한다.
- 소방구조용 엘리베이터는 소방운전 시 모든 승강장의 출입구마다 정지할 수 있어야 한다.
- 소방구조용 엘리베이터는 소방관 접근 지정층에서 소방관이 조작하여 엘리베이터 문이 닫힌 이후부터 60초 이내에 가장 먼 층에 도착되어야 한다. 다만, 운행속도는 1m/s 이상이어야 한다.

23 엘리베이터 로프의 안전율(S)을 산출하는 식으로 옳은 것은? [단, K : 로핑계수, N : 로프 본수, P : 로프 1본당 와이어로프의 절단하중(kg), W : 정격하중(kg), W_c : 카 자중(kg), W_r : 로프자중(kg)이다.]

① 안전율$(S) = \dfrac{W+N+P}{Wc+Wr}$

② 안전율$(S) = \dfrac{K \cdot N \cdot P}{W+W_c+W_r}$

③ 안전율$(S) = \dfrac{N \cdot P}{W \cdot W_c \cdot W_r}$

④ 안전율$(S) = \dfrac{N+P}{K(W+W_c+W_r)}$

해설 로프의 안전율

$$S = \frac{K \cdot N \cdot P}{W+W_c+W_r}$$

K : 로핑 계수
N : 로프 본수
P : 로프 1본당 절단하중
W : 정격하중
W_c : 카자중
W_r : 로프자중(균형로프를 사용하는 경우 균형도르레의 $\frac{1}{2}$를 더함)

정답 20 ③ 21 ② 22 ②③ 23 ②

24 **전기식 엘리베이터에서 피트 바닥은 전부하 상태의 카가 완충기에 작용하였을 때 완충기 지지대 아래에 부과되는 정하중의 몇 배를 지지할 수 있어야 하는가?**

① 1 ② 2
③ 3 ④ 4

해설 피트 바닥은 전부하 상태의 카가 완충기에 작용하였을 때 카 완충기 지지대 아래에 부과되는 정하중의 4배를 지지할 수 있어야 한다.
$F=4 \cdot gn \cdot (P+Q)$
F : 전체 수직력(N)
gn : 중력가속도(9.81m/s^2)
P : 카 자중과 이동케이블, 보상로프/체인 등 카에 의해 지지되는 부품의 중량(kg)
Q : 정격하중(kg)

25 **전동기의 효율에 관한 식으로 옳은 것은?**

① $\dfrac{\text{입력}-\text{손실}}{\text{입력}}\times 100\%$

② $\dfrac{\text{손실}-\text{입력}}{\text{입력}}\times 100\%$

③ $\dfrac{\text{입력}-\text{손실}}{\text{손실}}\times 100\%$

④ $\dfrac{\text{손실}-\text{입력}}{\text{손실}}\times 100\%$

해설 전동기 효율 $\eta=\dfrac{\text{출력}}{\text{입력}}=\dfrac{\text{입력}-\text{손실}}{\text{입력}}\times 100[\%]$

26 **동기 기어리스 권상기를 설계하려고 한다. 주 도르래의 직경을 작게 설계한 경우에 대한 설명으로 틀린 것은?**

① 소형화가 가능하다.
② 회전수가 빨라진다.
③ 브레이크 제동 토크가 커진다.
④ 주로프의 지름이 작아질 수 있다.

해설 회전수가 빨라지고, 제동토크가 작아진다.

㉮ 주 도르래 속도 : 엘리베이터 정격속도(V)
$=\dfrac{\pi DN}{1,000}i[\text{m/min}]=\dfrac{\pi DN}{1,000\times 60}i[\text{m/s}]$

㉯ 제동토크(T_d)$=k\dfrac{974P}{N}[\text{kgf}\cdot\text{m}]$
P : 전동기 용량(kW)
N : 전동기 회전수(rpm)

27 **도어 클로저의 방식 중 레버 시스템과 코일스프링 및 도어 체크를 조합한 방식은?**

① 레버 클로저 방식
② 와이어 클로저 방식
③ 웨이트 클로저 방식
④ 스프링 클로저 방식

해설 도어 클로저(Door Closer)의 구조 및 원리
㉮ 구조 : 레버 시스템, 코일스프링, 도어 체크 [스프링식, 중력식(weight)]
㉯ 원리 : 승강장의 도어가 열린 상태에서 모든 제약이 해제되면 자동적으로 닫히게 하는 장치이다.

28 **유입식 완충기를 설계할 때 고려하여야 할 사항으로 옳은 것은?**

① 재료의 안전율은 5cm당 20% 이상의 신율을 갖는 재료에서는 2 이상이어야 한다.
② 플런저를 완전히 압축한 상태에서 완전 복구할 때까지 소요하는 시간은 30초 이내여야 한다.
③ 카의 정격하중을 싣고 정격속도의 115%의 속도로 자유 낙하하여 카가 완충기에 충돌할 때의 평균 감속도는 $1g_n$ 이하여야 한다.
④ 강도는 최대적용중량의 85% 중량으로 비상정지장치의 동작속도로 충격시킬 경우 완충기에 이상이 없어야 하며, 플런저는 완전 복귀해야 한다.

정답 24 ④ 25 ① 26 ③ 27 ④ 28 ③

해설 에너지 분산형 완충기는 다음 사항을 만족해야 한다. 즉, 카에 정격하중을 싣고 정격속도(또는 감소된 속도)의 115%의 속도로 자유 낙하하여 완충기에 충돌할 때, 평균 감속도는 $1g_n$ 이하이어야 한다.

29 승강장문 및 카문이 닫혀 있을 때 문짝 간 틈새나 문짝과 문틀(측면) 또는 문턱 사이의 틈새는 최대 몇 mm 이하이어야 하는가? (단, 수직 개폐식 승강장문과 관련 부품이 마모된 경우 및 유리로 만든 문은 제외한다.)

① 6 ② 8
③ 10 ④ 12

해설 승강장문 및 카문이 닫혀 있을 때, 문짝 간 틈새나 문짝과 문틀(측면) 또는 문턱 사이의 틈새는 6mm 이하이어야 하며, 관련 부품이 마모된 경우에는 10mm까지 허용될 수 있다. 유리로 만든 문은 제외한다.

30 후크의 법칙과 관련하여 관계식 $E=\sigma/\epsilon$에 대한 설명으로 틀린 것은?

① σ는 응력이다.
② ϵ는 변형율이다.
③ E는 횡탄성계수이다.
④ σ는 하중을 단면적으로 나눈 것이다.

해설 E는 종탄성계수이다.

31 트랙션비(Traction Ratio)에 대한 설명으로 틀린 것은?

① 트랙션비의 값이 낮아질수록 트랙션 능력은 좋아진다.
② 트랙션비의 값이 커질수록 전동기의 출력은 낮아질 수 있다.
③ 카 측 로프가 매달고 있는 중량과 균형추 측 로프가 매달고 있는 중량의 비를 말한다.
④ 트랙션비의 계산 시는 적재하중, 카 자중, 로프 중량, 오버밸런스율 등을 고려하여야 한다.

해설 견인비(Traction비)
㉮ 카 측 로프에 걸려 있는 중량과 균형 추측 로프에 걸려 있는 중량의 비를 권상비(트랙션비)라 한다.
㉯ 무부하 및 전부하의 상승과 하강 방향을 체크하여 1에 가깝게 하고 두 값의 차가 작게 되어야 로프와 도르래 사이의 견인비 능력, 즉 마찰력이 작아야 로프의 수명이 길게 되고 전동기의 출력을 작게 한다.

32 전기식 엘리베이터에서 매다는 장치에 관한 설명으로 틀린 것은?

① 직경은 항상 공칭지름이 12mm 이상이어야 한다.
② 로프의 가닥수는 2가닥 이상이어야 한다.
③ 3가닥 이상의 로프에 의해 구동되는 권상구동 엘리베이터는 안전율이 12 이상이다.
④ 매다는 장치와 매다는 장치 끝부분 사이의 연결은 매다는 장치의 최소 파단하중의 80%를 견딜 수 있어야 한다.

해설 로프
공칭직경이 8mm 이상이어야 한다. 다만, 구동기가 승강로에 위치하고, 정격속도가 1.75m/s 이하인 경우로서 행정안전부장관이 안전성을 확인한 경우에 한정하여 공칭 직경 6mm의 로프가 허용된다.

33 공동주택(아파트)의 평균 운전간격은 몇 초(sec)가 적합한가?

① 60~90 ② 45~60
③ 35~45 ④ 15~30

정답 29 ① 30 ③ 31 ② 32 ① 33 ①

해설 아파트

주택의 종류	집중률(%)	평균운전간격(초)
주택공사 아파트	3.5%	60~90초
민간 분양주택	3.5~5.0%	

34 베어링 메탈 재료의 구비조건으로 틀린 것은?

① 열전도가 잘 되어야 한다.
② 축과의 마찰계수가 작아야 한다.
③ 축보다 단단한 강도를 가져야 한다.
④ 제작이 용이하고 내부식성이 있어야 한다.

해설 축보다 연한 강도를 가져야 한다.

35 P-10-CO 지상 15층 규모 사무실 건물에 엘리베이터의 전예상정지수는?

① 5.3　　② 5.8
③ 7.3　　④ 6.8

해설 ※ 전 예상정지수 $f = f_L + f_E = 6.3 + 1 = 7.3$
※ 로컬 구간내 예상정지수
$$f_L = n\left\{1 - \left(\frac{n-1}{n}\right)^r\right\} = 13 \times [1 - (\frac{13-1}{13})^8] = 6.3$$
(n : 정지층 수, 15−2=13, r=정원, 10×0.8=8인)

36 승객용 엘리베이터의 카 측에 사용할 수 있는 가이드레일의 최소 크기는?

① 1K　　② 3K
③ 5K　　④ 8K

해설 가이드레일 규격의 호칭
소재의 1m당 중량을 라운드 번호로 하여 K레일을 붙여서 사용된다. 일반적으로 사용하고 있는 T형 레일은 공칭 8, 13, 18 및 24K, 30K 레일이지만 대용량의 엘리베이터는 37K, 50K 레일 등도 사용한다.

37 그림은 승강기 권상 시브의 언더컷 홈 모양이다. 홈의 깎인 면 a의 값을 구하는 식으로 옳은 것은?

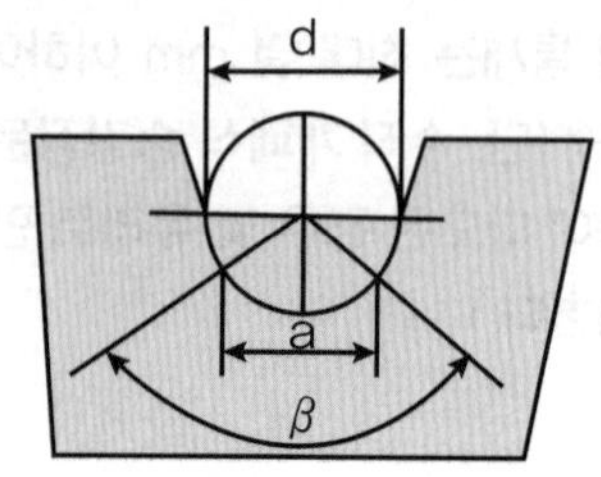

① $2a = d \times \sin\beta$

② $2a = 3d \times \sin\frac{\beta}{2}$

③ $\frac{a}{2} = \frac{d}{2} \times \sin\frac{\beta}{2}$

④ $\frac{a}{2} = \frac{d}{2} \times \sin\beta$

38 소방구조용(비상용)엘리베이터의 설계 시 고려해야 할 사항으로 틀린 것은?

① 전선관, 박스 등은 물이 잠기지 않는 구조로 한다.
② 카 위의 각 전기장치에는 방적커버, 물빼기 구멍 등을 설치한다.
③ 승강장에서 카를 부르는 장치는 반드시 피난층에만 설치하여야 한다.
④ 동일한 승강로 내에 다른 엘리베이터가 있다면 전체적인 공용 승강로는 비상용 엘리베이터의 내화규정을 만족하여야 한다.

해설 소방구조용(비상용)엘리베이터의 설계 시 승강장에서 카를 부르는 장치는 모든 층에서 가능해야 한다.

정답 34 ③ 35 ③ 36 ④ 37 ③ 38 ③

39 일반적으로 사용하는 주행안내(가이드) 레일의 레일의 허용응력으로 가장 적합한 것은?

① 1,200kgf/cm^2
② 2,400kgf/cm^2
③ 3,600kgf/cm^2
④ 4,800kgf/cm^2

해설 가이드레일의 허용응력은 일반적으로 2,400kgf/cm^2 이다.

40 스프링 복귀식 유입완충기를 정격속도 90m/min의 승강기에 사용하여 성능시험을 실시하였을 때 완충기의 평균 감속도는 약 몇 g_n 인가? (단, 완충기가 동작한 시간은 0.3sec, 조속기의 트립 속도는 정격속도의 1.4배이다.)

① 0.487 ② 0.714
③ 0.687 ④ 0.887

해설 ㉮ 비상정지장치 작동 시 속도

$V = V_0 \times 1.4 = (\frac{90}{60}) \times 1.4 = 2.1\text{m/s}$

㉯ 평균감속도

$g_n = \frac{\text{속도(m/s)}}{9.81t} = \frac{2.1}{9.81 \times 0.3} = 0.714\text{G}$

03 일반기계공학

41 원형축이 비틀림을 받고 있을 때 최대전단응력(τ_{max})과 축의 지름(d)과의 관계는?

① $\tau_{max} \propto d^2$ ② $\tau_{max} \propto d^3$
③ $\tau_{max} \propto \frac{1}{d^2}$ ④ $\tau_{max} \propto \frac{1}{d^3}$

해설 ㉮ 비틀림모멘트 $T = \tau \cdot Z_p$
(τ : 전단응력, Z_p : 단면계수)

㉯ 극단면계수 : $Z_P = \frac{\pi \times d^3}{16}$

㉰ 최대전단응력 $\tau_{max} \propto \frac{1}{d^3}$

42 표면경화법에서 질화법의 특징으로 틀린 것은?

① 경화층은 얇지만 경도가 높다.
② 마모 및 부식에 대한 저항이 작다.
③ 담금질할 필요가 없고 변형이 작다.
④ 600℃ 이하에서는 경도 감소 및 산화가 일어나지 않는다.

해설 마모 및 부식에 대한 저항이 크다.

43 용적형 펌프 중 정 토출량 및 가변 토출량으로 공작기계, 프레스기계 등의 산업기계장치 또는 차량용에 널리 쓰이는 유압펌프는?

① 베인펌프
② 원심펌프
③ 축류펌프
④ 혼유형 펌프

해설 베인펌프
정 토출량 및 가변 토출량으로 공작기계, 프레스기계 사출성형기 등의 산업기계장치 또는 차량용에 널리 쓰이는 유압펌프

44 물체를 달아 올리기 위해 훅(Hook) 등을 걸 수 있는 볼트는?

① T홈볼트 ② 나비볼트
③ 기초볼트 ④ 아이볼트

해설 특수볼트
특수목적에 사용(T볼트, 아이볼트, 스테이볼트 등)

정답 39 ② 40 ② 41 ④ 42 ② 43 ① 44 ④

45 **프레스 가공에서 드로잉한 제품의 플랜지를 소정의 형상이나 치수로 절단하는 가공법은?**

① 펀칭　② 블랭킹
③ 트리밍　④ 셰이빙

해설 트리밍
성형된 제품의 불규칙한 가장자리 부위를 절단하는 작업

46 **다음 중 스프링의 일반적인 용도로 가장 거리가 먼 것은?**

① 하중 및 힘의 측정에 사용한다.
② 진동 또는 충격에너지를 흡수한다.
③ 운동에너지를 열에너지로 소비한다.
④ 에너지를 저축하여 놓고 이것을 동력원으로 사용한다.

해설 스프링 기능
㉮ 하중 측정 및 조정가능
㉯ 에너지 축적 및 복원성 이용
㉰ 진동완화 및 충격에너지 흡수

47 **다음 중 버니어캘리퍼스로 측정할 수 없는 것은?**

① 구멍의 내경　② 구멍의 깊이
③ 축의 편심량　④ 공작물의 두께

해설 다이얼게이지
축의 편심량 측정

48 **직경 600mm, 800rpm으로 회전하는 원통 마찰차로 12.5kW를 전달시키는 힘은 약 몇 N인가? (단, 마찰계수 μ : 0.2로 한다.)**

① 1,832　② 2,488
③ 4,984　④ 1,246

해설 ㉮ $H=\frac{uF}{102}\times v[\text{kW}]$
㉯ $H=\frac{uF}{75}\times v[\text{ps}]$
H : 전달동력, u : 마찰계수,
F : 마찰차를 누르는 힘(Kg),
v : 원주속도(m/s)
$H=\frac{uF}{102}\times v[\text{kW}]=\frac{0.2\times F}{102}\times 25=12.5$,
$F=255\times 9.8=2{,}499[\text{N}]$
㉰ $V(\text{m/min})=\frac{\pi\times D\times N}{1{,}000\times 60}=\frac{\pi\times 600\times 800}{1{,}000\times 60}$
$=25[\text{m/s}]$
[D : 지름(mm), N : 회전속도(rpm)]

49 **다음 중 유압 및 공기압 용어에서 의미하는 표준상태는?**

① 온도 0℃, 절대압 1.332kPa, 상대습도 50%인 공기상태
② 온도 0℃, 절대압 101.3kPa, 상대습도 65%인 공기상태
③ 온도 10℃, 절대압 1.332kPa, 상대습도 50%인 공기상태
④ 온도 20℃, 절대압 101.3kPa, 상대습도 65%인 공기상태

해설 유압 및 공기압의 표준상태는 온도 20℃, 절대압 101.3kPa, 상대습도 65%인 공기상태이다.

50 **다음 중 감마(γ)철에 탄소가 최대 2.11% 고용된 고용체로 면심입방격자의 결정구조를 가지고 있는 것은?**

① 펄라이트　② 오스테나이트
③ 마텐자이트　④ 시멘타이트

해설 오스테나이트
감마(γ)철 즉 γ 고용체를 오스테나이트라고 하며, 담금질한 강의 면심입방격자 결정구조를 가지고 있다.

정답 45 ③ 46 ③ 47 ③ 48 ② 49 ④ 50 ②

51 그림과 같이 균일 분포하중(q_0)을 받고 왼쪽 끝은 고정, 오른쪽 끝은 단순 지지되어 있는 보의 A점에서의 반력은?

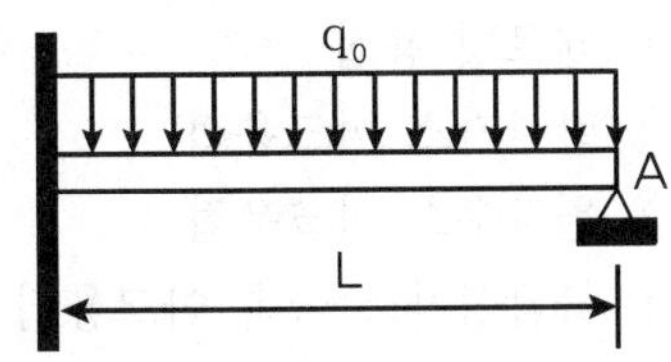

① $\frac{1}{8}q_0L$ ② $\frac{1}{4}q_0L$

③ $\frac{3}{8}q_0L$ ④ $\frac{1}{2}q_0L$

52 관용나사에서 유체의 누설을 막기 위해 지정하는 테이퍼 값은?

① 1/40 ② 1/25

③ 1/16 ④ 1/10

해설 관용 나사에서 유체의 누설을 막기 위해 지정하는 테이퍼 값은 1/16이다.

53 다음 유압회로 명칭으로 옳은 것은?

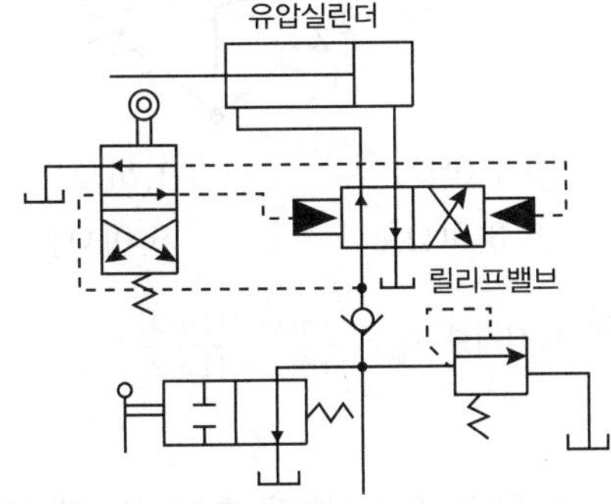

① 로크 회로

② 브레이크 회로

③ 파일럿 조작 회로

④ 정토크 구동 회로

54 외접 원통마찰차의 축간거리가 300mm, 원동차의 회전수가 200rpm, 종동차의 회전수 100rpm일 때 원동차의 지름(D_1)과 종동차의 지름(D_2)은 각각 몇 mm인가?

① $D_1=400,\ D_2=200$

② $D_1=200,\ D_2=400$

③ $D_1=200,\ D_2=100$

④ $D_1=100,\ D_2=200$

해설 속도비(i)

㉮ $i=\frac{N_2}{N_1}=\frac{D_1}{D_2}=\frac{100}{200}=\frac{1}{2},\ D_1=\frac{1}{2}D_2$

N_1 : 원동차의 회전수(rpm)

N_2 : 종동차의 회전수(rpm)

D_1 : 원동차의 지름(mm)

D_2 : 종동차의 지름(mm)

㉯ 외접마찰차 축간거리$=\frac{D_1+D_2}{2}=300$,

$D_1+D_2=600\text{mm},\ D_1+2D_1=600$

$D_1=200,\ D_2=400$

55 봉이 인장하중을 받을 때 탄성한도 영역 내에서 종변형률에 대한 횡변형률의 비는?

① 탄성한도 ② 포와송 비

③ 횡탄성 계수 ④ 체적탄성 계수

해설 포와송 비 $\frac{1}{m}=\frac{\text{가로변형률}}{\text{세로변형률}}$ [m : 포와송 수]

56 취성재료에서 단순인장 또는 단순압축 하중에 대한 항복강도 또는 인장강도나 압축강도에 도달하였을 때 재료의 파손이 일어난다는 이론은?

① 최대주응력설

② 최대전단응력설

③ 최대주변형률설

④ 변형률 에너지설

정답 51 ③ 52 ③ 53 ③ 54 ② 55 ② 56 ①

해설 ① 최대주응력설 : 취성재료에서 단순인장 또는 단순압축 하중에 대한 항복강도, 또는 인장강도나 압축강도에 도달하였을 때 재료의 파손이 일어난다는 이론
② 최대전단응력설 : 물체내의 어느 한점에서 생기는 최대전단응력이 재료 고유의 한계치에 도달하였을 때 소성변형이 시작된다는 이론

57 주조품을 제조하기 위한 모형(Pattern) 중 코어 모형을 사용해야 하는 주물로 적합한 것은?

① 골격형 주물
② 크기가 큰 주물
③ 외형이 복잡한 주물
④ 내부에 구멍이 있는 주물

해설 코어 모형
중공주물 사용

58 연삭숫돌을 구성하는 3요소가 아닌 것은?

① 조직 ② 입자
③ 기공 ④ 결합제

해설 연삭숫돌을 구성하는 3요소
입자, 기공, 결합제

59 산화알루미늄(Al_2O_3) 분말을 마그네슘, 규소 등의 산화물과 소량의 다른 원소를 첨가하여 소결한 절삭공구로 충격에는 약하나 고속절삭에서 우수한 성능을 나타내는 것은?

① 세라믹 공구 ② 고속도강 공구
③ 초경합금 공구 ④ 다이아몬드 공구

해설 세라믹 공구는 산화알루미늄(Al_2O_3) 분말을 마그네슘, 규소 등의 산화물과 소량의 다른 원소를 첨가하여 소결한 절삭공구로 충격에는 약하나 고속절삭에서 성능이 우수하다.

60 산화철 분말과 알루미늄 분말을 혼합하여 연소시킬 때 발생하는 열에 의해 접합하는 용접은?

① 테르밋 용접
② 탄산가스 아크용접
③ 원자수소 아크용접
④ 불활성가스 금속 아크용접

해설 테르밋 용접
산화철 분말과 알루미늄 분말을 배합하여 점화하면, 알루미늄에 의해 산화철이 환원되어 생긴 철이 반응하여 고온(2,800℃)의해 녹는다.

04 전기제어공학

61 다음과 같은 회로에서 a, b 양단자 간의 합성저항은? (단, 그림에서의 저항의 단위는 Ω이다.)

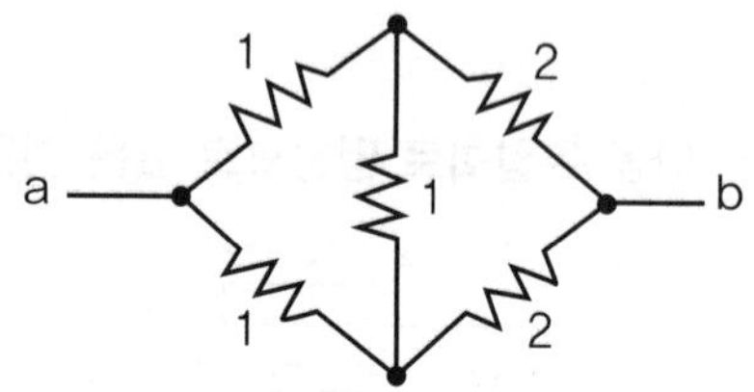

① 1.0[Ω] ② 1.5[Ω]
③ 3.0[Ω] ④ 6.0[Ω]

해설 합성저항 $R_0 = \frac{(1+2)\times(1+2)}{(1+2)+(1+2)} = \frac{9}{6} = 1.5[\Omega]$

62 다음 중 절연저항을 측정하는 데 사용되는 계측기는?

① 메거 ② 저항계
③ 켈빈브리지 ④ 휘스톤브리지

해설 메거
절연저항을 측정하는 데 사용되는 계측기

정답 57 ④ 58 ① 59 ① 60 ① 61 ② 62 ①

63 다음의 논리식을 간단히 한 것은?

$$X=\overline{A}\,\overline{B}C+A\overline{B}\,\overline{C}+A\overline{B}C$$

① $\overline{B}(A+C)$　② $C(A+\overline{B})$
③ $\overline{C}(A+B)$　④ $\overline{A}(B+C)$

해설 $X=\overline{A}\,\overline{B}C+A\overline{B}(\overline{C}+C)=\overline{A}\,\overline{B}C+A\overline{B}$
$=\overline{B}(\overline{A}C+AA)=\overline{B}(\overline{A}+A)(A+C)=\overline{B}(A+C)$

64 직류기에서 전압정류의 역할을 하는 것은?

① 보극　② 보상권선
③ 탄소브러시　④ 리액턴스 코일

해설 정류 작용
① 정류-단락코일의 전류방향이 바뀌는 것을 이용하여 교류를 직류로 변환한다.
② 저항정류 : 브러시 접촉저항이 클 때 전류밀도가 균일하여 직선정류 한다.
③ 전압정류 : 보극으로 코일의 리액턴스 전압을 상쇄하여 직선정류 한다.
④ 정류개선 : 보극 설치, 탄소 브러시의 접촉저항을 크게, 인덕턴스를 줄이고 정류 주기를 길게 하여 리액턴스 전압(Ldi/dt)을 줄인다.
⑤ 보극(정류극) : 주자극 사이 중성점에 설치한 소자극으로 회전방향으로 전방의 자극과 같은 자극이고 전기자 권선에 직렬로 전기자 전류와 반대 방향으로 권선하여 리액턴스 전압을 보상하고 중성축 이동을 방지한다.

65 PLC 프로그래밍에서 여러 개의 입력 신호 중 하나 또는 그 이상의 신호가 ON되었을 때 출력이 나오는 회로는?

① OR회로　② AND회로
③ NOT회로　④ 자기유지회로

66 다음 중 무인 엘리베이터의 자동제어로 가장 적합한 것은?

① 추종제어　② 정치제어
③ 프로그램제어　④ 프로세스제어

해설 프로그램제어
미리 정해진 시간적 변화에 따라 정해진 순서대로 제어한다(예 무인 엘리베이터, 무인 열차, 무인 자판기).

67 단상변압기 2대를 사용하여 3상 전압을 얻고자 하는 결선방법은?

① Y결선　② V결선
③ Δ결선　④ Y-Δ결선

해설 V결선
단상변압기 2대를 사용하여 3상 전압을 얻을 수 있다.

68 그림과 같이 철심에 두 개의 코일 C_1, C_2를 감고 코일 C_1에 흐르는 전류 I에 ΔI만큼의 변화를 주었다. 이때 일어나는 현상에 관한 설명으로 옳지 않은 것은?

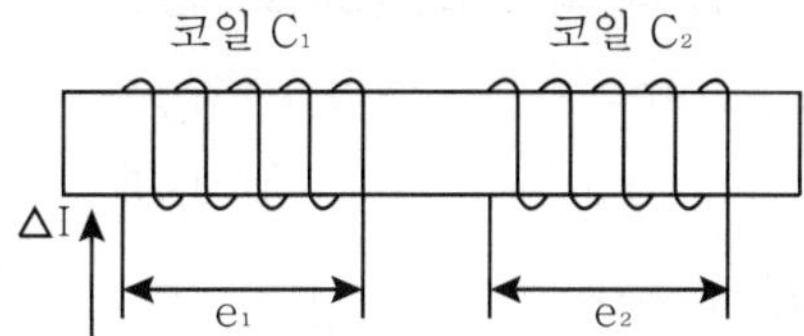

① 코일 C_2에서 발생하는 기전력 e_2는 렌츠의 법칙에 의하여 설명이 가능하다.
② 코일 C_1에서 발생하는 기전력 e_1은 자속의 시간 미분값과 코일의 감은 횟수의 곱에 비례한다.
③ 전류의 변화는 자속의 변화를 일으키며, 자속의 변화는 코일 C_1에 기전력 e_1을 발생시킨다.
④ 코일 C_2에서 발생하는 기전력 e_2와 전류 I의 시간 미분값의 관계를 설명해 주는 것이 자기인덕턴스이다.

정답 63 ① 64 ① 65 ① 66 ③ 67 ② 68 ④

해설 렌츠의 법칙
"전자유도에 의해 발생하는 기전력은 자속 변화를 방해하는 방향으로 전류가 발생한다." 이것을 렌츠의 법칙이라 한다.

69 **100V, 40W의 전구에 0.4A의 전류가 흐른다면 이 전구의 저항은?**

① 100Ω
② 150Ω
③ 200Ω
④ 250Ω

해설 저항 $R=\frac{V^2}{P}=\frac{100^2}{40}=250[\Omega]$

70 **개루프 전달함수 $G(s)=\frac{1}{s^2+2s+3}$ 인 단위 궤환계에서 단위계단입력을 가하였을 때 의 오프셋(Off set)은?**

① 0 ② 0.25
③ 0.5 ④ 0.75

해설 잔류편차

$$e_{ss}=\lim_{s\to 0}s\frac{R(s)}{1+G(s)}=\lim_{s\to 0}s\frac{\frac{1}{s}}{1+\frac{1}{(s^2+2s+3)}}$$

$$=\frac{1}{1+\frac{1}{3}}=\frac{3}{4}=0.75$$

71 **오차 발생시간과 오차의 크기로 둘러싸인 면적에 비례하여 동작하는 것은?**

① P동작
② I동작
③ D동작
④ PD동작

해설 조절부의 동작에 의한 분류

구 분		특 징
연속 제어	비례제어(P동작)	잔류편차(off-set) 발생
	미분제어(D동작)	오차가 커지는 것을 미연 방지, 진동억제
	적분제어(I동작)	잔류편차(off-set) 제거
	비례적분 제어 (PI 동작)	잔류편차를 제거하여 정상특성 개선, 간헐현상 발생
	비례적분 제어 (PD 동작)	오버슈트(overshoot) 감소, 응답속도 개선
	비례미분적분제어 (PID동작)	PI+PD, 가장 최적의 제어동작
불연속 제어	on-off제어 (2스위치 제어)	

72 **온도 보상용으로 사용되는 소자는?**

① 서미스터 ② 바리스터
③ 제너다이오드 ④ 버랙터다이오드

해설 서미스터는 온도 보상용으로 사용되는 소자이다.

73 **저항 8Ω과 유도리액턴스 6Ω이 직렬 접속된 회로의 역률은?**

① 0.6 ② 0.8
③ 0.9 ④ 1

해설 역률 $\cos\theta=\frac{R}{\sqrt{R^2+X_L^2}}=\frac{8}{\sqrt{8^2+6^2}}=0.8$

74 **전동기 2차측에 기동저항기를 접속하고 비례추이를 이용하여 기동하는 전동기는?**

① 단상 유도전동기
② 2상 유도전동기
③ 권선형 유도전동기
④ 2중 농형 유도전동기

해설 권선형 유도전동기는 기동은 2차측에 저항을 연결하는 비례추이를 이용한다.

정답 69 ④ 70 ④ 71 ② 72 ① 73 ② 74 ③

75 온오프(On-Off) 동작에 관한 설명으로 옳은 것은?

① 응답속도는 빠르나 오프셋이 생긴다.
② 사이클링은 제거할 수 있으나 오프셋이 생긴다.
③ 간단한 단속적 제어동작이고 사이클링이 생긴다.
④ 오프셋은 없앨 수 있으나 응답시간이 늦어질 수 있다.

해설 불연속동작에 의한 분류(사이클링 발생)
㉮ ON－OFF 제어
㉯ 샘플링

76 물체의 위치, 방위, 자세 등의 기계적 변위를 제어량으로 하여 목표값의 임의의 변화에 항상 추종되도록 구성된 제어장치는?

① 서보기구 ② 자동조정
③ 정치제어 ④ 프로세스제어

해설 서보기구제어
제어량이 기계적인 추치제어이다(예 위치, 방향, 자세, 각도, 거리).

77 검출용 스위치에 속하지 않는 것은?

① 광전 스위치
② 액면 스위치
③ 리미트 스위치
④ 누름 버튼 스위치

해설 누름 버튼 스위치는 전동기 기동, 정지용 스위치이다.

78 공작기계의 물품 가공을 위하여 주로 펄스를 이용한 프로그램 제어를 하는 것은?

① 수치 제어 ② 속도 제어
③ PLC 제어 ④ 계산기 제어

해설 수치 제어
수치 제어(Numerical Control)는 숫자나 기호로써 구성된 정보를 이용하여 기계의 운전을 자동으로 제어하는 것으로 공작기계의 물품 가공을 위하여 주로 펄스를 이용한 프로그램 제어를 한다.

79 그림과 같은 제어에 해당하는 것은?

① 개방 제어 ② 시퀀스 제어
③ 개루프 제어 ④ 폐루프 제어

해설 피드백 제어계의 구성

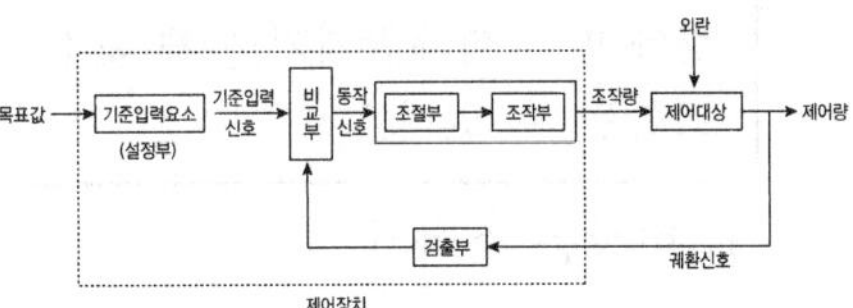

80 다음과 같은 회로에서 i_2가 0이 되기 위한 C의 값은? (단, L은 합성인덕턴스, M은 상호인덕턴스이다.)

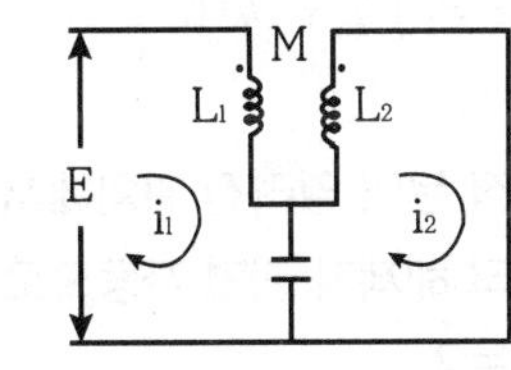

① $\dfrac{1}{\omega L}$ ② $\dfrac{1}{\omega^2 L}$

③ $\dfrac{1}{\omega M}$ ④ $\dfrac{1}{\omega^2 M}$

해설 유도성 리액턴스＝용량성 리액턴스

$$\omega M = \frac{1}{\omega C}$$

$$C = \frac{1}{\omega^2 M}$$

정답 75 ③ 76 ① 77 ④ 78 ① 79 ④ 80 ④

06 2018년 09월 15일

01 승강기 개론

01 다음 괄호 안의 내용으로 옳은 것은?

> 승강로는 엘리베이터 전용으로 사용되어야 하며, 엘리베이터와 관계없는 배관, 전선 또는 장치 등이 있어서는 안 된다. 다만, 엘리베이터의 안전한 운행에 지장을 주지 않는다면 소방 관련 법령에 따른 화재감지기 본체 및 (   )는 포함될 수 있다.

① 비상용 소화기
② 비상용 전화기
③ 비상용 경보기
④ 비상방송용 스피커

해설 소방 관련 법령에 따라 기계실 천장에 설치되는 화재감지기 본체, 비상방송용 스피커 및 가스계 소화설비는 포함될 수 있다.

02 승강장 문이 열려진 위치에서 모든 제약으로부터 해제가 되면 자동으로 닫히게 되는 장치는?

① 도어록
② 도어머신
③ 도어클로저
④ 도어스위치

해설 도어클로저(Door Closer)의 구조 및 원리
(1) 구조 : 레버 시스템, 코일 스프링, 도어 체크[스프링식, 중력식(weight)]
(2) 원리 : 승강장의 도어가 열린 상태에서 모든 제약이 해제되면 자동적으로 닫히게 하는 장치이다.

03 에스컬레이터의 공칭속도가 0.65m/s일 때 정지거리의 범위로 옳은 것은?

① 0.20m에서 1.00m 사이
② 0.30m에서 1.20m 사이
③ 0.30m에서 1.30m 사이
④ 0.40m에서 1.50m 사이

해설 에스컬레이터의 정지거리

공칭속도(v)	정지거리
0.50m/s	0.20m부터 1.00m까지
0.65m/s	0.30m부터 1.30m까지
0.75m/s	0.40m부터 1.50m까지

04 균형추의 주량을 정할 때 사용하는 오버밸런스(Over Balance)율이란 무엇인가?

① 카의 중량과 균형추 중량의 비율을 말한다.
② 카의 자체 중량과 적재하중의 비율을 말한다.
③ 균형추의 무게와 전부하 시의 카의 무게와의 비율을 말한다.
④ 균형추의 총 중량을 정할 때 빈 카의 자중에 적재하중의 몇 %를 더 할 것인가를 나타내는 비율을 말한다.

해설 오버밸런스(OB)
균형추의 총중량은 빈카의 자중에 사용 용도에 따라 정격하중의35~50%의 중량을 적용한다.

정답 01 ④ 02 ③ 03 ③ 04 ④

05 필러형 29본선 6꼬임 중심섬유인 로프의 구성기호는?

① 6×F(29) ② 6×Fi(29)
③ 6×Fi+29×F ④ 6×F(Fil9+F10)

구분	실형	필러형
구성기호	8×S(19)	8×Fi(25)
호칭	실형 19개선 8꼬임	필러형 25개선 8꼬임
구분	와링톤형	형명이 없는것
구성기호	8×W(19)	6×24
호칭	와링톤형 19개선 8꼬임	24개선 6꼬임

06 승강기의 신호장치 중 홀랜턴(Hall Lantern)을 설치하는 경우는?

① 주택용 승강기의 1층에 설치
② 미관용으로 고급 승강기에 설치
③ 비상용 승강기의 비상을 알리기 위해 설치
④ 군관리방식의 여러 대의 승강기를 운행할 때 인디게이터 대신 설치

해설 인디게이터(Indicator)
㉮ 승강장이나 카 내에서 현재 카의 위치를 알려주는 장치이다.
㉯ 홀랜턴(Hall Lantern)을 설치하여 해당 층에 정지할 카는 점등과 차임(Chime)이 들어오고, 통과하는 카는 동작하지 않는다.

07 로프 마모 및 파손상태 검사의 합격기준으로 옳은 것은?

① 소선의 파단이 균등하게 분포되어 있는 경우 1구성 꼬임(스트랜드)의 1꼬임 피치 내에서 파단 수 3 이하
② 소선의 파단이 균등하게 분포되어 있는 경우 1구성 꼬임(스트랜드)의 1꼬임 피치 내에서 파단 수 2 이하
③ 소선에 녹이 심한 경우 1구성 꼬임(스트랜드)의 1꼬임 피치 내에서 파단 수 3 이하
④ 파단 소선의 단면적이 원래의 소선 단면적의 70% 이하로 되어 있는 경우 1구성 꼬임(스트랜드)의 1꼬임 피치 내에서 파단 수 2 이하

해설 로프의 마모 및 파손상태
로프의 마모 및 파손상태는 가장 심한 부분에서 확인·측정하여 다음 표에 적합해야 한다.

[로프의 마모 및 파손상태에 대한 기준]

마모 및 파손상태	기준
소선의 파단이 균등하게 분포되어 있는 경우	1구성 꼬임(스트랜드)의 1꼬임 피치 내에서 파단 수 4 이하
파단 소선의 단면적이 원래의 소선 단면적의 70% 이하로 되어 있는 경우 또는 녹이 심한 경우	1구성 꼬임(스트랜드)의 1꼬임 피치 내에서 파단 수 2 이하
소선의 파단이 1개소 또는 특정의 꼬임에 집중되어 있는 경우	소선의 파단총수가 1꼬임 피치 내에서 6꼬임 와이어로프이면 12 이하, 8꼬임 와이어로프이면 16 이하
마모부분의 와이어로프의 지름	마모되지 않은 부분의 와이어로프 직경의 90% 이상

정답 05 ② 06 ④ 07 ④

08 로프식 엘리베이터용 구동방식으로 옳은 것은?

① 간접식　　② 직접식
③ 권동식　　④ 리니어모터식

해설 구동방식에 의한 분류
1. 로프식(권상식 또는 포지티브(권동식) 구동방식)
2. 유압식(직접식, 간접식, 팬더그래프식)
3. 리니어 모터식
4. 스크류식
5. 랙·피니언식

09 2대 이상의 엘리베이터가 동일 승강로에 설치될 때 2대의 카의 측부에 비상구출문을 설치될 때 2대의 카의 측부에 비상구출문을 설치할 수 있다. 이와 같은 경우의 구조와 관계가 없는 것은?

① 문이 열려 있는 동안은 전이 불가능하다.
② 이 문은 벽의 일부가 외부방향으로 열린다.
③ 내부에서는 열쇠를 사용해야만 열 수 있다.
④ 외부에서는 열쇠 없이도 비상구출문을 열 수 있다.

해설 카 벽의 비상구출문은 카 외부에서 열쇠 없이 열려야 하고, 카 내부에서는 비상잠금해제 삼각열쇠로 열려야 한다.
카 벽의 비상구출문은 카 외부방향으로 열리지 않아야 한다.

10 주택용 엘리베이터(소형 엘리베이터)의 정격속도는 몇 m/s 이하여야 하는가?

① 0.15　　② 0.25
③ 0.35　　④ 0.45

해설 주택용 엘리베이터(소형 엘리베이터)의 구조
정격속도 0.25m/s 이하, 승강행정 12m 이하

11 직접식 유압엘리베이터의 특징으로 볼 수 없는 것은?

① 실린더의 점검이 용이하다.
② 비상정지장치가 필요하지 않다.
③ 승강로 소요면적 치수가 작고 구조가 간단하다.
④ 실린더를 설치하기 위한 보호관을 지중에 설치하여야 한다.

해설 직접식 유압엘리베이터 : 플런저 끝에 카를 설치한 방식
㉮ 승강로 소요평면치수가 작고 구조가 간단하다.
㉯ 비상 정지 장치가 필요 없다.
㉰ 부하에 의한 카 바닥의 빠짐이 작다.
㉱ 실린더를 설치하기 위한 보호관을 지중에 설치해야 한다.
㉲ 실린더 점검이 곤란하다.

12 유압회로의 하나인 미터인(Meter-in) 회로에 대한 특징을 옳게 설명한 것은?

① 정확한 속도제어가 가능하고 효율이 좋다.
② 정확한 속도제어는 곤란하나 효율이 좋다.
③ 정확한 속도제어도 곤란하고 효율도 나쁘다.
④ 정확한 속도제어가 가능하나 효율이 비교적 나쁘다.

해설 유량밸브에 의한 속도제어
㉮ 미터인(Meter In) 회로 : 작동유를 제어하여 유압 실린더를 보낼 경우 유량제어밸브를 주회로에 삽입하여 유량을 직접 제어하는 회로
㉯ 블리드 오프(Bleed Off) 회로 : 유량제어밸브를 주회로에서 분기된 바이패스(Bypass) 회로에 삽입한 것

정답 08 ③ 09 ② 10 ② 11 ① 12 ④

13 엘리베이터용 도어 안전장치에 해당되는 것은?

① 세이프티 슈
② 역결상 검출장치
③ 과부하 감지장치
④ 록다운 정지장치

해설 문 닫힘 안전장치
도어의 선단에 이물질검출장치를 설치하여 그 작동에 의해 닫히는 문을 멈추게 하는 장치
㉮ 세이프티 슈(Safety Shoe) : 카 도어 앞에 설치하여 물체 접촉 시 동작하는 장치
㉯ 광전장치(Photo Electric Device) : 광선 빔을 이용한 비접촉식 장치
㉰ 초음파장치(Ultrasonic Door Sensor) : 초음파의 감지 각도를 이용한 장치

14 소선강도에 의한 와이어로프의 설명 중 옳은 것은?

① E종은 150kgf/mm^{2}급 강도의 소선으로 구성된 로프이다.
② B종은 강도와 경도가 E종보다 더욱 높아 엘리베이터용으로 사용된다.
③ G종은 소선의 표면에 아연도금한 로프로 다습환경의 장소에 사용된다.
④ A종은 일반 와이어로프와 비교하여 탄소량을 작게 하고 경도를 낮춘 것으로 135kgf/mm^{2}급이다.

해설 소선 강도에 의한 분류

구분	파단 하중	특 징
E종	135	엘리베이터용으로 특성상 와이어로프의 반복되는 굴곡횟수가 많으며, 시브와의 마찰력에 의해 구동되기 때문에 강도는 다소 낮더라도 유연성을 좋게 하여 소선이 잘 파단되지 않고 시브의 마모가 적게 되도록 한 것이다.
G종	150	소선의 표면에 아연도금을 한 것으로, 녹이 쉽게 나지 않기 때문에 습기가 많은 장소에 적합하다.
A종	165	파단강도가 높기 때문에 초고층용 엘리베이터나 로프본수를 적게 하고자 할 때 사용되는 경우가 있다. E종보다 경도가 높기 때문에 시브의 마모에 대한 대책이 필요하다.
B종	180	강도와 경도가 A종보다 높아 엘리베이터용으로는 거의 사용되지 않는다.

15 과부하감지장치가 작동할 때의 사항으로 틀린 것은?

① 경보가 울려야 한다.
② 출입문의 닫힘을 자동적으로 제지하여야 한다.
③ 주행 중에도 과부하가 감지되면 경보가 울려야 한다.
④ 초과 하중이 해소되기까지 카는 움직이지 않아야 한다.

해설 과부하감지장치가 작동할 때는 주행이 되지 않는다.

16 VVVF 제어에서 인버터 제어방식을 나타내는 시스템은?

① 교류궤환 전압제어
② 사이리스터 전압제어
③ PWM(Pulse Width Modulation)
④ PAM(Pulse Amplitude Modulation)

해설 PWM(Pulse Width Modulation)
펄스폭 변조방식

정답 13 ① 14 ③ 15 ③ 16 ③, ④

17 엘리베이터를 동력 매체별로 분류할 때 나사의 홈 기둥을 따라 케이지가 상하로 움직이도록 한 것으로서 유체 사용을 피하고자 하는 경우에 이용되는 엘리베이터는?

① 로프식 ② 스크류식
③ 플랜저식 ④ 랙피니온식

해설 스크류식 구동기
카를 상승시키거나 하강시키기 위해, 전동기가 수직 나사에 걸린 너트 또는수직 나사를 회전시켜 구동하는 전동구동기

18 동력전원이 끊어졌을 때 즉시 작동하여 에스컬레이터를 정지시키는 장치는?

① 조속기장치
② 머신브레이크
③ 구동체인 안전장치
④ 전자-기계 브레이크

해설 전자-기계 브레이크
전자-기계 브레이크의 정상 개방은 지속적인 전류의 흐름에 의해야 한다.
브레이크는 브레이크 회로가 개방되면 즉시 작동되어야 한다.

19 균형추 방식의 엘리베이터에 대한 설명 중 옳은 것은?

① 유압식 엘리베이터에 비하여 승강로 면적을 작게 할 수 있다.
② 균형추에 의하여 균형을 잡으므로 카가 미끄러질 염려는 없다.
③ 동일한 용량과 속도인 경우 권동식에 비하여 구동 전동기의 출력용량을 줄일 수 있다.
④ 무거운 균형추를 사용하므로 균형추를 사용하지 않는 경우보다 큰 출력의 전동기가 필요하다.

해설 권상 구동 엘리베이터(traction drive lift) 권상기의 특징
① 소요 동력이 작다.
② 행정거리의 제한이 없다.
③ 지나치게 감기는 현상이 일어나지 않는다.

20 카 비상정지장치가 작동될 때 부하가 없거나 부하가 균일하게 분포된 카의 바닥은 정상적인 위치에서 몇 %를 초과하여 기울어지지 않아야 하는가?

① 3 ② 5
③ 10 ④ 20

해설 추락방지(비상정지)장치 작동 시 카 바닥의 기울기
카 추락방지(비상정지)장치가 작동될 때 부하가 없거나 부하가 균일하게 분포된 카의 바닥은 정상적인 위치에서 5%를 초과하여 기울어지지 않아야 한다.

02 승강기 설계

21 웜기어와 헬리컬기어 감속기의 특성을 비교한 설명으로 틀린 것은?

① 웜기어가 헬리컬기어에 비해 소음이 작다.
② 웜기어가 헬리컬기어에 비해 효율이 낮다.
③ 웜기어가 헬리컬기어에 비해 역구동이 쉽다.
④ 웜기어가 헬리컬기어에 비해 저속용으로 사용한다.

해설 웜기어가 헬리컬기어에 비해 역구동이 어렵다.

정답 17 ② 18 ④ 19 ③ 20 ② 21 ③

22 **적재하중이 550kg, 카 자중이 700kg이고, 단면적, 단면계수 224.6cm^{3}인 SS-400을 1본 사용할 때 1 : 1 로핑인 경우 상부체대의 응력은 약 몇 kg/cm^{2}인가? (단, 상부체대의 길이는 160cm이다.)**

① 55.7　② 111.3
③ 222.6　④ 445.2

해설 상부체대의 강도계산
하중은 양단지지의 중앙의 집중하중으로 작용(1 : 1 로핑 및 현수 도르래 2 : 1 로핑의 경우)
㉮ 최대굽힘모멘트

$$M_{\max} = \frac{W_T \cdot L}{4} = \frac{(550+700)\times 160}{4} = 50{,}000[\text{kgf}\cdot\text{cm}]$$

W_T : 카 측 총중량(kgf)
L : 상부체대의 전길이(cm)

㉯ 응력 $\sigma = \frac{M_{\max}}{Z} = \frac{50{,}000}{224.6} = 222.62\text{kg/cm}^2$

23 **정격속도 90m/min인 엘리베이터의 에너지분산형 완충기에 필요한 최소행정거리는 약 몇 mm인가?**

① 120　② 152
③ 207　④ 270

해설 에너지분산형 완충기 최소행정거리

$$0.0674v^2 = 0.0674 \times \left(\frac{90}{60}\right)^2 = 0.15165\text{m} = 152\text{mm}$$

24 **로프식 엘리베이터의 기계식 출입문의 폭과 높이로서 적당한 것은?**

① 폭 70cm 이상, 높이 1.6m 이상
② 폭 70cm 이상, 높이 1.8m 이상
③ 폭 60cm 이상, 높이 1.6m 이상
④ 폭 60cm 이상, 높이 1.8m 이상

해설 기계실, 승강로 및 피트 출입문
높이 1.8m 이상, 폭 0.7m 이상. 다만, 주택용 엘리베이터의 경우 기계실 출입문은 폭 0.6m 이상, 높이 0.6m 이상으로 할 수 있다.

25 **엘리베이터 교통량 계산에서 필요한 기초자료에 해당되지 않는 것은?**

① 층고　② 층별 용도
③ 빌딩의 용도　④ 기계실의 크기

해설 교통량 계산에 필요한 기초자료
㉮ 필요 데이터
㉠ 빌딩의 성질 및 용도
㉡ 층별 용도 및 층고
㉢ 출발층
㉯ 필요에 따라 제시를 요하는 데이터
㉠ 엘리베이터 대수
㉡ 정격속도 및 정격용량
㉢ 서비스층 및 뱅크구분

26 **전부하 회전수가 1,500rpm이고 출력이 15kW인 전동기의 전부하 토크는 약 몇 kg/m인가?**

① 9.74　② 19.48
③ 1,948　④ 9,740

해설 제동토크

$$T_d = k\frac{974P}{N} = \frac{974\times 15}{1{,}500} = 9.74[\text{kgf}\cdot\text{m}]$$

P ; 전동기 용량(kW)
N : 전동기 회전수(rpm)

27 **카 측 스프링 완충기의 스프링 직경이 150mm이다. 전단응력은 약 몇 kg/cm^{2}인가? (단, 카 자중은 1,200kg, 정격자중은 1,000kg으로 한다.)**

① 31.2　② 62.3
③ 3114　④ 6225

정답 22 ③ 23 ② 24 ② 25 ④ 26 ① 27 ④

해설 1. 스프링 1개에 가해지는 최대 압축력
$=(1,200+1,000)\times 2=4,400[\text{kgf}]$
2. 스프링 전단응력(τ)
$=\frac{8DP}{\pi d^3}=\frac{8\times 15\times 4,400}{\pi\times 3^3}\approx 6,228[\text{kgf/cm}^2]$

28 그림은 전력용 트랜지스터를 사용한 전력 변환 회로의 일부이다. 회로의 설명 중 틀린 것은?

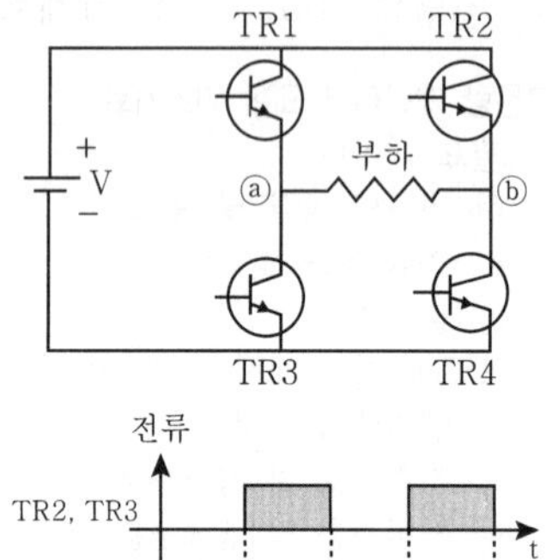

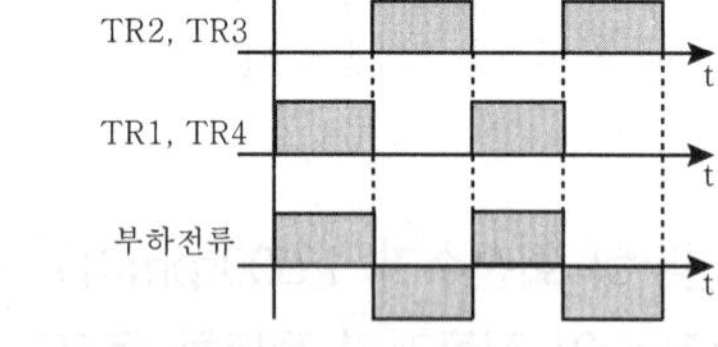

① 직류 압력을 교류 출력으로 바꾸어주는 인버터 회로이다.
② 트랜지스터 대신에 SCR을 사용하여도 오른쪽 파형을 얻을 수 있다.
③ TR2와 TR3이 도통하면 부하에 ⓐ에서 ⓑ방향으로 전류가 흐른다.
④ PWM(Pluse Width Modulation) 제어를 이용하여 출력주파수를 변화할 수 있다.

해설 TR2와 TR3이 도통하면 부하에 ⓑ에서 ⓐ방향으로 전류가 흐른다.

29 엘리베이터의 일반적인 관제운전에 속하지 않는 것은?

① 지진 시의 관제운전
② 화재 시의 관제운전
③ 폭풍 시의 관제운전
④ 정전 시의 관제운전

해설 엘리베이터 관제운전 우선 순서
지진 시 > 화재 시 > 정전 시

30 승강장문 잠금장치의 기능으로 틀린 것은?

① 잠금부품이 5mm 이상 물려지기 전에는 카가 출발하지 않아야 한다.
② 잠금작용은 중력, 영구자석 또는 스프링에 의해 이루어지고 유지되어야 한다.
③ 각 승강장 문은 승강로 밖(승강장)에서 열쇠로 잠금이 해제되어야 한다.
④ 잠금부품은 문이 열리는 방향으로 300N의 힘을 가할 때 잠금 효력이 감소되지 않는 방법으로 물려야 한다.

해설 전기안전장치는 잠금부품이 7mm 이상 물리지 않으면 작동되지 않아야 한다.

31 전기식 엘리베이터에서 카가 완전히 압축된 완충기 위에 있을 때 검사항목 중 틀린 내용은?

① 피트 바닥과 카의 가장 낮은 부품 사이의 수직거리는 0.3m 이상이어야 한다.
② 주택용 엘리베이터의 경우 카의 가장 낮은부품(에이프런 등) 사이의 수직거리는 0.05m 이상이어야 한다.
③ 피트에 고정된 가장 높은 부품과 카의 가장 낮은 부품 사이의 수직거리는 0.3m 이상이어야 한다.
④ 피트 바닥과 카의 가장 낮은 부품 사이의 수직거리는 에이프런 또는 수직 개폐식 카 문과 인접한 벽 사이의 수평거리가 0.15m 이내인 경우에 최소 0.1m까지 감소될 수 있다.

정답 28 ③ 29 ③ 30 ① 31 ①

해설 피트 바닥과 카의 가장 낮은 부분 사이의 유효수직 거리는 0.5m 이상이어야 한다.

32 엘리베이터의 수송능력을 계산할 때 일반적으로 몇 분 간의 교통수요를 기준으로 하는가?

① 5분 ② 10분
③ 30분 ④ 60분

해설 1대 당 5분간 수송능력 P '= $\frac{5\times60\times r}{RTT}$
여기서, r은 승객수(예, 출근시 카 정원×0.8)

33 엘리베이터에서 발생될 수 있는 좌굴에 대한 설명 중 틀린 것은?

① 레일 브래킷의 간격이 넓은 쪽이 좌굴을 일으키기 쉽다.
② 카 또는 균형추의 총 중량이 큰 쪽이 좌굴을 일으키기 쉽다.
③ 좌굴하중은 불균형한 큰 하중이 적재되었을 때 발생하는 힘이다.
④ 즉시작동형 비상정지장치 쪽이 점차작동형 비상정지장치 쪽보다 좌굴을 일으키기 쉽다.

해설 불균형한 큰 하중 적재 시에는 회전모멘트가 발생한다.

34 그림과 같이 거리와 정지력 관계를 나타낼 수 있는 비상정지장치는?

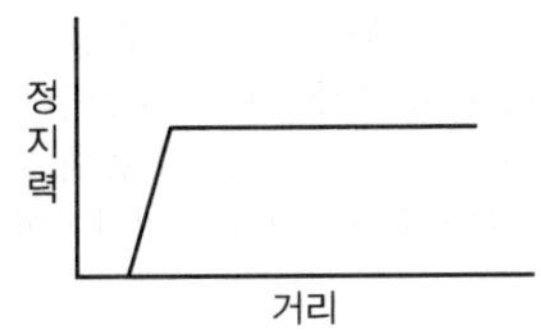

① 로프이완 비상정지장치(Slack Rope Safety Gear)
② F.G.G형 비상정지장치(Flexible Guide Clamp)
③ F.W.C형 비상정지장치(Flexible Wedge Clamp)
④ 즉시작동형 비상정지장치(Instanta-Neous Safety Gear)

해설 F.G.C형(Flexible Guide Clamp)
F.G.C형은 레일을 죄는 힘이 동작 시부터 정지 시까지 일정하다. 구조가 간단하고 복구가 용이하기 때문이다.

35 엘리베이터의 승강로에 관하여 틀린 것은?

① 비상용 엘리베이터의 승강로는 전층 단일구조 연결하여야 한다.
② 승강기는 적절하게 환기되어야 하며 기타 용도의 환기실로도 사용될 수 있다.
③ 2대 이상의 엘리베이터가 있는 승강로에는 서로 다른 엘리베이터의 움직이는 부품 사이에 칸막이가 설치되어야 한다.
④ 균형추 또는 평형추의 주행구간은 엘리베이터의 피트 바닥으로부터 0.3m 이하부터 2.5m 이상의 높이까지 연장된 견고한 칸막이로 보호되어야 한다.

36 기어의 특징에 대한 설명으로 옳은 것은?

① 효율이 낮다.
② 감속비가 작다.
③ 정밀도가 필요하다.
④ 동력전달이 불확실하다.

해설 기어의 특징
㉮ 큰 동력전달 가능하다.
㉯ 전동효율 높다.
㉰ 회전비 정확하고, 큰 감속가능하다.
㉱ 소음진동 발생하고, 충격 흡수 약하다.

정답 32 ① 33 ③ 34 ② 35 ② 36 ③

37 **선형 또는 비선형 특성을 갖는 에너지 축적형 완충기를 사용할 수 있는 전기식 엘리베이터의 정격속도는?**

① 1.0m/s 이하
② 1.5m/s 이상
③ 1.75m/s 이하
④ 2.75m/s 이상

해설 완충기의 종류

종류	적용용도
에너지 축적형	비선형 특성을 갖는 완충기로 승강기 정격속도가 1.0m/s를 초과하지 않는 곳에서 사용한다(우레탄식 완충기).
	선형 특성을 갖는 완충기로 승강기 정격속도가 1.0m/s를 초과하지 않는 곳에 사용한다(스프링 완충기 등).
	완충된 복귀 운동(buffered return movement)을 갖는 에너지 축적형 완충기는 승강기 정격속도가 1.6m/s를 초과하지 않는 곳에서 사용한다.
에너지 분산형	승강기의 정격속도에 상관없이 사용할 수 있는 완충기(유압 완충기 등)

38 **사이리스터를 사용하여 교류를 직류로 변환시켜 전동기에 공급하고 사이리스터의 점호각을 바꿈으로써 직류전압을 바꿔 직류 전동기의 회전수를 변경하는 승강기의 제어방식은?**

① 워드 레오나드방식
② 정지 레오나드방식
③ 교류궤환 제어방식
④ PWM 인버터 제어방식

해설 정지 레오나드방식
사이리스터를 사용하여 교류를 직류로 변환시켜 전동기에 공급하고 사이리스터의 점호각을 바꿈으로서 직류전압을 바꿔 직류 전동기의 회전수를 변경하는 승강기의 제어방식이다.

39 **엘리베이터의 정격하중 1,500kg, 정격속도 180m/min, 엘리베이터의 종합효율 80%, 오버밸런스율이 50%인 경우 전동기의 출력은 약 몇 kW인가?**

① 25.16　　② 27.57
③ 32.72　　④ 36.25

해설 엘리베이터용 전동기의 용량(P)

$$P=\frac{LVS}{6,120\eta}=\frac{LV(1-F)}{6,120\eta}(\text{kW})$$
$$=\frac{1,500\times180\times(1-0.5)}{6,120\times0.8}=27.57kW$$

L : 정격하중(kg)
V : 정격속도(m/min)
F : 오버밸런스율(%)(1−OB)
S : 균형추 불평형률
η : 종합효율

40 **비상용 엘리베이터에 관한 사항으로 틀린 것은?**

① 비상용 엘리베이터의 운행속도는 1m/s 이상이어야 한다.
② 비상용 엘리베이터의 출입구 유효 폭은 800mm 이상이어야 한다.
③ 비상용 엘리베이터의 크기는 630kg의 정격하중을 갖는 폭 1,100mm, 깊이 1,400mm 이상이어야 한다.
④ 비상용 엘리베이터는 소방관이 조작하여 엘리베이터 문이 닫힌 이후부터 90초 이내에 가장 먼 층에 도착하여야 한다.

해설 소방구조용 엘리베이터는 소방관 접근 지정 층에서 소방관이 조작하여 엘리베이터 문이 닫힌 이후부터 60초 이내에 가장 먼 층에 도착되어야 한다. 다만, 운행속도는 1m/s 이상이어야 한다.

정답 37 ① 38 ② 39 ② 40 ④

03 일반기계공학

41 **기어펌프의 모듈이 3, 잇수 16, 잇폭 18mm인 펌프가 1,200r/min으로 회전하면 이론적인 송출량은 약 몇 L/min인가?**

① 39.0 ② 19.5
③ 9.75 ④ 4.87

해설 이론 송출량

$Q=2\pi\times M^2\times Z\times b\times N$[L/min]

$=\dfrac{2\times\pi\times3^2\times16\times18\times1,200}{10^3\times10^3}=19.53$[L/min]

여기서, Q : 이론 송출량[L/min]
M : 모듈
Z : 잇수
b : 이의 폭[mm]
N : 회전수[rpm]

$\because 1[\text{L}]=10^{-3}[\text{m}^3],\ 1[\text{mm}]=10^{-3}[\text{m}]$

42 **드릴링 머신에서 너트나 볼트의 머리와 접촉하는 면을 평면으로 파는 작업은?**

① 리밍 ② 보링
③ 태핑 ④ 스폿 페이싱

해설

카운터 보링	카운터 싱킹	스폿 페이싱
블트나 너트의 머리 부분이 가공물 안으로 묻히도록 드릴과 동심원의 2단 구멍을 절삭하는 방법	카운터 보링과 같은 의미로 사용되며, 나사 머리의 모양이 접시모양일 때 테이퍼 원통형으로 절삭하는 가공	단조나 주조품의 경우 표면이 울퉁불퉁하여 볼트나 너트를 체결하기 곤란한 경우에 볼트나 너트가 닿는 구멍 주위 부분만 평탄하게 가공하여 체결이 잘 되도록 하는 가공 방법

43 **체인 전동장치의 특징으로 옳지 않은 것은?**

① 소음이 적고 고속회전에 적합하다.
② 미끄럼이 없는 정확한 속도비가 얻어진다.
③ 큰 동력을 전달시킬 수 있고 전동효율이 좋다.
④ 체인 길이의 신축이 가능하고, 다축 전동이 용이하다.

해설 체인(Chain)

㉮ 원리 : 체인을 스프로킷의 이에 하나씩 물리게 하여 동력을 전달한다.
㉯ 특징
㉠ 미끄럼이 없는 일정한 속도비가 얻어진다.
㉡ 초기 장력을 줄 필요가 없다.
㉢ 체인의 길이를 신축할 수 있고 다축 전동이 용이하다.
㉣ 큰 동력을 전달시킬 수 있고 그 효율도 95% 이상이다.
㉤ 소음과 진동을 일으키기 쉬워 고속회전이나 정숙운전에는 부적합하다.

44 **철강제품의 대표적인 표면처리 경화법이 아닌 것은?**

① 침탄 경화법(Cardburizing)
② 화염 경화법(Flame Hardening)
③ 서브제로처리(Sub-Zero Treatment)
④ 고주파 경화법(Induction Hardening)

해설 표면경화

표면은 경도가 크고 내부는 인성이 큰 것 요구

㉮ 화학적 방법
- 침탄법 : 고체침탄법, 액체침탄법, 가스침탄법
- 청화법
- 질화법
- 시멘테이션

㉯ 물리적 방법
- 고주파 표면경화법
- 화염 경화법

정답 41 ② 42 ④ 43 ① 44 ③

45 **원형 단면의 도심축에 대한 단면 2차 모멘트 (I) 식은? (단, d는 원형 단면의 지름이다.)**

① $\dfrac{\pi d^3}{32}$　② $\dfrac{\pi d^4}{32}$

③ $\dfrac{\pi d^3}{64}$　④ $\dfrac{\pi d^4}{64}$

해설 중실축의 경우

㉮ 단면계수 $Z=\dfrac{\pi \times d^3}{32}$

㉯ 극 단면계수 $Z_t=\dfrac{\pi \times d^3}{16}$

㉰ 단면 2차 모멘트 $I=\dfrac{\pi \times d^4}{64}$

46 **원형 단면축이 비틀림모멘트를 받을 때, 축에 생기는 최대전단응력에 관한 설명으로 옳은 것은?**

① 극단면계수에 반비례한다.
② 극단면 2차 모멘트에 비례한다.
③ 축의 지름이 증가하면 증가한다.
④ 비틀림모멘트가 증가하면 감소한다.

해설 비틀림만을 받는 축

㉮ 비틀림모멘트 $T=\tau \cdot Z_p$
(τ : 전단응력, Z_p : 단면계수)

㉯ 전단응력 $\tau=\dfrac{T}{Z_p}$
(T : 비틀림모멘트, Z : 단면계수)

47 **특수주조법으로 금형 속에 용융금속을 고압, 고속으로 주입하여 주조하는 것으로 대량 생산에 적합하고 고정밀 제품에 사용하는 주조법은?**

① 셸 몰드법
② 원심 주조법
③ 다이 캐스팅법
④ 인베스트먼트법

해설 다이 캐스팅법
금형 속에 용융금속을 고압, 고속으로 주입하여 주조하는 것으로 대량 생산에 적합하고 고정밀 제품에 사용하는 주조법

48 **재료가 일정 온도에서 일정 하중을 장시간 동안 받은 경우 서서히 변화하는 현상은?**

① 피닝(Peening)
② 크로마이징(Chromizing)
③ 어닐링(Annealing)
④ 크리프(Creep)

해설 크리프creep)
재료에 일정한 하중이 가해진 상태에서 시간의 경과에 따라 재료의 변형이 서서히 변화하는 현상

49 **보일러와 같이 안지름에 비하여 강판의 두께가 얇은 원통이 균일한 내압을 받고 있는 경우 원주방향 응력은 축방향 응력의 몇 배인가?**

① 1/2　② 1/4
③ 2　④ 4

해설

$$\frac{\text{원주방향응력}}{\text{축방향응력}}=\frac{\frac{Pd}{2t}}{\frac{Pd}{4t}}=2$$

여기서, P : 관의 압력
d : 관의 지름
t : 관의 두께

50 **코일스프링에서 코일의 평균지름을 D(mm), 소선의 지름을 d(mm)라고 할 때 스프링계수를 바르게 표현한 것은?**

① D/d　② d/D
③ $\pi D/d$　④ $2\pi d/D$

정답 45 ④ 46 ① 47 ③ 48 ④ 49 ③ 50 ①

해설 C : 스프링지수$\left(\frac{D}{d}=\frac{2\gamma}{d}\right)$, D : 평균직경

51 구멍(축)의 허용한계치수의 해석에서 다음과 같은 원리를 무엇이라고 하는가?

> 통과 측에서 모든 치수 또는 결정량이 동시에 검사되고, 정지 측에서는 치수가 개개로 검사되어야 한다.

① 아베(Abbe)의 원리
② 자콥스(Jacobs)의 원리
③ 테일러(Taylor)의 원리
④ 브라운 샤프(Brown sharp)의 원리

해설 테일러(Taylor)의 원리
구멍(축)의 허용한계치수의 해석에서 "통과 측에는 모든 치수 또는 결정량이 동시에 검사되고, 정지 측에는 각 치수가 개개로 검사되어야 한다."는 원리

52 합금주철에 첨가하는 원소 중에서 흑연화를 방지하고 탄화물을 안정시켜 주는 것으로, 이 원소를 많이 넣게 될 경우 고온에서 내열성은 증가하나 절삭성이 어려워지는 것은?

① Ni ② Ti
③ Mo ④ Cr

해설 Cr 주철
파쇄기의 부품, 열간 압출용 다이스 등에 사용되며, 펄라이트를 안정화시키고, 내마멸성, 내식성, 내열성이 좋다.

53 나사의 크기를 나타내는 지름을 호칭지름이라 하는데 무엇을 기준으로 하는가?

① 수나사의 골지름
② 수나사의 바깥지름
③ 수나사의 유효지름
④ 수나사의 평균지름

해설 수나사의 바깥지름을 호칭 지름으로 한다.

54 축의 지름은 d, 축 재료의 전단응력을 τ라 할 때, 비틀림모멘트를 나타내는 식은?

① $\frac{\pi d^2}{16}\tau$ ② $\frac{\pi d^3}{16}\tau$
③ $\frac{\pi d^2}{32}\tau$ ④ $\frac{\pi d^3}{32}\tau$

해설 비틀림만을 받는 축
비틀림모멘트 $T=\tau\cdot Z_p=\tau\cdot\frac{\pi d^3}{16}$
(τ : 전단응력, Z_p : 단면계수)

55 축에 홈을 파지 않고도 회전력을 전달시킬 수 있는 키는?

① 안장키 ② 반달키
③ 둥근키 ④ 성크키

해설 안장키이(Saddle Key)
경하중에 사용, 보스(Boss)에만 키홈을 가공한다.

56 용접법의 분유 중 압접(Pressure Welding)에 해당하는 것은?

① 스터드 용접
② 테르밋 용접
③ 프로젝션 용접
④ 피복 아크 용접

해설 프로젝션 용접
모재에 적은 돌기를 만들어 대전류와 압력(pressure)을 가하는 방식

정답 51 ③ 52 ④ 53 ② 54 ② 55 ① 56 ③

57 **공유압밸브의 분류에서 방향제어밸브에 속하는 것은?**

① 교축밸브
② 셔틀밸브
③ 릴리프밸브
④ 카운트밸러스밸브

해설 유압제어밸브
㉮ 압력제어밸브
㉯ 유량제어밸브
㉰ 방향제어밸브(셔틀밸브)

58 **단면적 450mm², 길이 50mm의 연강봉에 39.5kN의 인장하중이 작용했을 때 늘어난 길이가 0.20mm이었다면 발생한 인장응력은 약 몇 Mpa인가?**

① 175.6 ② 87.8
③ 79.0 ④ 43.9

해설
$$\text{인장응력} = \frac{\text{하중}}{\text{단면적}} = \frac{39.5 \times 10^3}{450}$$
$$= 89.78[\text{N/mm}^2] = 89.78[\text{MPa}]$$
$\because 1[\text{N/mm}^2] = 1[\text{MPa}]$

59 **금속의 소성가공에서 냉간가공과 열간가공으로 구분하는 온도는?**

① 불림 온도 ② 풀림 온도
③ 담금질 온도 ④ 재결정 온도

해설 소성가공
재료의 가소성을 이용한 가공법. 열간가공과 냉간가공이 있다.
• 열간가공 : 재결정온도 이상에서 가공
• 냉간가공 : 재결정온도 이하에서 가공

60 **유압 작동유의 구비조건으로 옳지 않은 것은?**

① 비압축성이어야 한다.
② 열을 방출시키지 않아야 한다.
③ 녹이나 부식 발생 등이 방지되어야 한다.
④ 장시간 사용하여도 화학적으로 안정적이어야 한다.

해설 열을 방출시켜야 한다.

04 전기제어공학

61 **제어계의 분류에서 엘리베이터에 적용되는 제어방법은?**

① 정치제어 ② 추종제어
③ 비율제어 ④ 프로그램제어

해설 프로그램 제어
미리 정해진 시간적 변화에 따라 정해진 순서대로 제어한다(무인 엘리베이터, 무인 열차, 무인 자판기 등).

62 **기계적 제어의 요소로서 변위를 공기압으로 변환하는 요소는?**

① 벨로즈 ② 피스톤
③ 다이아프램 ④ 노즐 플래퍼

해설 변위 압력
노즐 플래퍼, 유압분사관

63 **과도응답의 소멸되는 정도를 나타내는 감쇠비(Decay Rratio)를 올바르게 나타낸 것은?**

① 제2오버슈트/최대오버슈트
② 제2오버슈트/제3오버슈트
③ 제2오버슈트/제2오버슈트
④ 최대오버슈트/제2오버슈트

정답 57 ② 58 ② 59 ④ 60 ② 61 ④ 62 ④ 63 ①

해설 감쇠비 $= \dfrac{\text{제2오버슈트}}{\text{최대오버슈트}}$

64 비례동작에 의해 발생한 잔류편차를 제거하기 위하여 적분동작을 첨가시킨 제어동작은?

① P동작
② I동작
③ D동작
④ PI동작

해설 비례적분제어(PI 제어)
비례동작에 의하여 발생하는 잔류편차를 소멸하기 위해서 적분 동작을 부가시킨 제어로서 제어결과가 진동적으로 되기 쉬우나 잔류편차가 적다(지상보상).

65 200V, 2kW 전열기에서 전열선의 길이를 1/2로 할 경우 소비전력(kW)은?

① 1　　② 2
③ 5　　④ 4

해설 전력 $P = \dfrac{V^2}{R} = \dfrac{V^2}{\rho\dfrac{\ell}{A}}$, $P \propto \dfrac{1}{\ell}$

$\therefore\ P' = 2P = 2 \times 2 = 4\text{kW}$

66 전류의 측정 범위를 확대하기 위하여 사용되는 것은?

① 배율기
② 분류기
③ 저항기
④ 계기용 변압기

해설 분류기
전류의 측정 범위를 확대하기 위하여 사용

67 권선형 유도전동기에 관한 설명으로 옳지 않은 것은?

① 기동저항기로 기동전류를 제한할 수 있다.
② 농형 유도전동기에 비해 구조가 복잡하다.
③ 슬립링이 없기 때문에 불꽃의 염려가 없다.
④ 회전자권선에 접속되어 있는 기동저항기로 손쉽게 속도조정을 할 수 있다.

해설 슬립링과 브러시 사이의 접촉저항으로 불꽃이 발생한다.

68 100Ω의 저항 3개를 Y결선한 것을 Δ결선으로 환산했을 때 각 저항의 크기는 몇 Ω인가?

① 33　　② 50
③ 300　　④ 600

해설 $R_{\Delta} = 3R_Y = 3 \times 100 = 300[\Omega]$

69 그림과 같이 트랜지스터를 사용하여 논리조사를 구성한 논리회로의 명칭은?

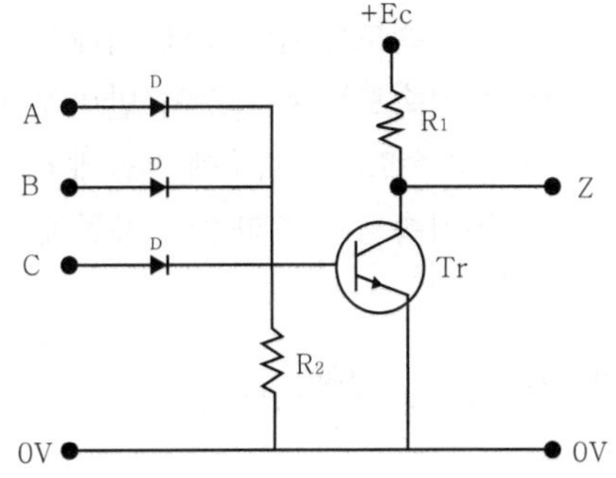

① OR회로　　② AND회로
③ NOR회로　　④ NAND회로

70 **그림의 선도에서 전달함수 C(s)/R(s)는?**

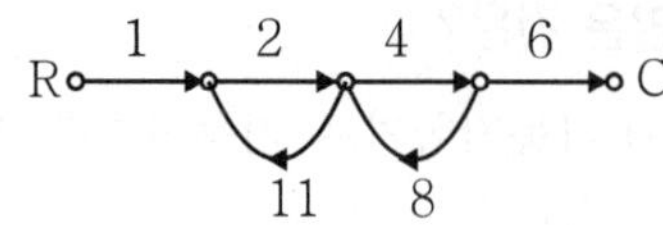

① −8/9
② 4/5
③ −48/53
④ −105/77

해설 전달함수 $\frac{1\times2\times4\times6}{1-[(11\times2)+(8\times4)]}=-\frac{48}{53}$

71 **발전기에 적용되는 법칙으로 유도기전력의 방향을 알기 위하여 사용되는 것은?**

① 옴의 법칙
② 페러데이의 법칙
③ 플레밍의 왼손법칙
④ 플레밍의 오른손법칙

해설 플레밍의 오른손법칙은 발전기에 적용되는 법칙이다.

72 **유도전동기에서 극수가 일정할 때 동기속도(Ns)와 주파수(f)와의 관계에 관한 설명으로 옳은 것은?**

① 동기속도는 주파수에 비례한다.
② 동기속도는 주파수에 반비례한다.
③ 동기속도는 주파수에 제곱에 비례한다.
④ 동기속도는 주파수에 제곱에 반비례한다.

해설 동기속도$n_s=\frac{120f}{p}$rpm

73 **어떤 코일에 흐르는 전류가 0.01초 사이에 30A에서 10A로 변할 때 20V의 기전력이 발생한다고 하면 자기인덕턴스는 얼마인가?**

① 10mH ② 20mH
③ 30mH ④ 50mH

해설 자기인덕턴스(L)

$$e=L\frac{di}{dt}=L\frac{30-10}{0.01}=20[\text{V}],\ \ L=10\text{mH}$$

74 **제어 결과로 사이클링과 옵셋을 발생시키는 동작은?**

① ON−OFF동작 ② P동작
③ I동작 ④ PI동작

해설 동작에 의한 분류로 불연속동작에 의한 사이클링 발생 ON−OFF 제어(2스위치 제어)

75 **피드백 제어계의 구성 요소 중 제어동작 신호를 받아 조작량으로 바꾸는 역할을 하는 것은?**

① 설정부 ② 비교부
③ 조작부 ④ 검출부

해설

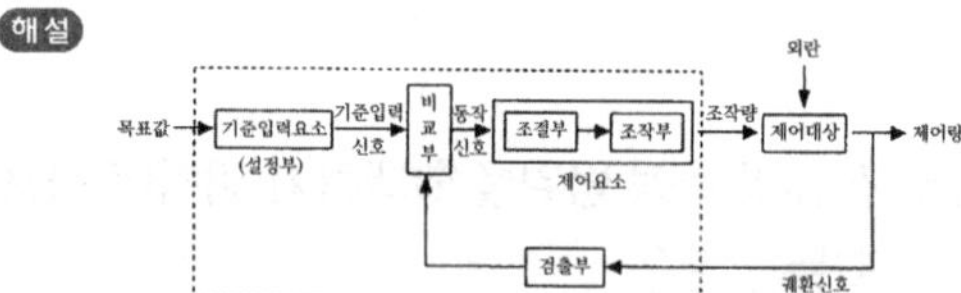

76 **주파수 응답에 필요한 입력은?**

① 계단 입력 ② 램프 입력
③ 임펄스 입력 ④ 정현과 입력

해설 주파수 응답은 일정한 진폭을 가지는 단일 주파수를 변조(sweeping)하면서 입력파형과 출력파형의 진폭과 위상을 비교하기 위해 정현파 입력이 필요하다.

정답 70 ③ 71 ④ 72 ① 73 ① 74 ① 75 ③ 76 ④

77 4kΩ의 저항에 25mA의 전류를 흘리는 데 필요한 전압(V)은?

① 10 ② 100
③ 160 ④ 200

해설 전압 $V = IR = 25 \times 10^{-3} \times 4 \times 10^{3} = 100V$

78 RLC 병렬회로에서 용량성 회로가 되기 위한 조건은?

① $X_L = X_C$
② $X_L > X_C$
③ $X_L < X_C$
④ $X_L + X_C = 0$

해설 용량성 회로
㉮ 직렬회로 : $X_L < X_C$
㉯ 병렬회로 : $X_L > X_C$

79 피드백제어 시스템의 피드백 효과로 옳지 않은 것은?

① 대역폭 증가
② 정확도 개선
③ 시스템 간소화 및 비용 감소
④ 외부 조건의 변화에 대한 영향 감소

해설 피드백 자동제어계의 특징
① 정확성의 증가
② 계의 특성 변화에 대한 입력 대 출력비의 감도 감소
③ 비선형성과 왜형에 대한 효과의 감소

80 피드백제어에서 반드시 필요한 장치는?

① 안정도를 좋게 하는 장치
② 대역폭을 감소시키는 장치
③ 응답속도를 빠르게 하는 장치
④ 입력과 출력을 비교하는 장치

해설 피드백 제어계에서는 입력과 출력을 비교하는 장치가 필요하다.

정답 77 ② 78 ② 79 ③ 80 ④

07 2019년 03월 03일

01 승강기 개론

01 한쪽 방향으로만 기름이 흐르도록 하는 밸브로 상승 방향으로만 흐르고 역방향으로는 흐르지 않게 하는 밸브는?

① 체크밸브 ② 스톱밸브
③ 안전밸브 ④ 럽처밸브

해설 역저지밸브(Check Valve)
체크밸브라고도 하며, 한쪽 방향으로만 오일이 흐르도록 하는 밸브이다. 펌프의 토출압력이 떨어져서 실린더 내의 오일이 역류하여 카가 자유 낙하하는 것을 방지할 목적으로 설치한 것으로 기능은 로프식 엘리베이터의 전자브레이크와 유사하다.

02 카 틀이 레일에서 벗어나지 않도록 하는 것은?

① 조속기
② 제동기
③ 균형로프
④ 가이드슈

해설 가이드슈(GUIDE SHOE)와 가이드롤러(GUIDE ROLLER)
가이드슈와 가이드롤러는 카가 레일을 타고 이동 시 안내바퀴 역할을 하며, 카 틀 네 귀퉁이에 위치하여 가이드레일에서 이탈하지 않도록 한다.

03 선형 특성을 갖는 에너지 축적형 완충기 설계 시 최소행정으로 옳은 것은?

① 완충기의 행정은 정격속도의 115%에 상응하는 중력정지거리의 2배 이상으로서 최소 65mm 이상이어야 한다.
② 완충기의 행정은 정격속도의 125%에 상응하는 중력정지거리의 2배 이상으로서 최소 65mm 이상이어야 한다.
③ 완충기의 행정은 정격속도의 125%에 상응하는 중력정지거리의 4배 이상으로서 최소 65mm 이상이어야 한다.
④ 완충기의 행정은 정격속도의 125%에 상응하는 중력정지거리의 4배 이상으로서 최소 85mm 이상이어야 한다.

해설 선형 특성을 갖는 완충기
완충기의 가능한 총 행정은 정격속도의 115%에 상응하는 중력 정지거리의 2배[$0.135v^2$(m)] 이상이어야 한다.
다만, 행정은 65mm 이상이어야 한다.

04 기계실 바닥에 몇 cm를 초과하는 단차가 있을 경우에는 보호난간이 있는 계단 또는 발판이 있어야 하는가?

① 10 ② 30
③ 50 ④ 100

해설 기계실 바닥에 0.5m를 초과하는 단차가 있는 경우 고정된 사다리 또는 보호난간이 있는 계단이나 발판이 있어야 한다.

정답 01 ① 02 ④ 03 ① 04 ③

05 엘리베이터의 속도에 영향을 미치지 않는 것은?

① 로핑 ② 트러스
③ 감속기 ④ 전동기

해설 트러스는 에스컬레이터 설치 시 사용한다.

06 카가 2대 또는 3대가 병설되었을 때 사용되는 조작방식으로 1개의 승강장 부름에 대하여 1대의 카가 응답하며, 일반적으로 부름이 없을 때에는 다음의 부름에 대비하여 분산 대기하는 복수 엘리베이터의 조작방식은?

① 군관리방식
② 단식자동식
③ 승합전자동식
④ 군승합전자동식

해설 군승합전자동식
두 대에서 세 대가 병설되었을 때 사용되는 조작방식으로, 한 개의 승강장 버튼의 부름에 대하여 한 대의 카만 응답하게 하여 쓸데없는 정지를 줄이고, 일반적으로 부름이 없을 때에는 다음 부름에 대비하여 분산 대기한다. 운전의 내용이 교통수요의 변동에 대하여 변하지 않는 점이 군관리 방식과 다르다.

07 기계실 내부 조명의 조도는 일반적으로 바닥에서 몇 lx 이상으로 하는가?

① 60 ② 100
③ 150 ④ 200

해설 기계실 · 기계류 공간 및 풀리실에는 다음의 구분에 따른 조도 이상을 밝히는 영구적으로 설치된 전기조명이 있어야 하며, 전원공급은 이에 적합해야 한다.
㉮ 작업공간의 바닥 면 : 200ℓx
㉯ 작업공간 간 이동 공간의 바닥 면 : 50ℓx

08 조속기 도르래의 회전을 베벨기어를 이용해 수직축의 회전으로 변환하고, 이 축의 상부에서부터 링크기구에 의해 매달린 구형의 진자에 작용하는 원심력으로 작동하는 조속기로, 구조가 복잡하지만 검출 정밀도가 높으므로 고속 엘리베이터에 많이 이용되는 조속기는?

① 디스크형 조속기
② 스프링형 조속기
③ 플라이볼형 조속기
④ 롤 세이프티형 조속기

해설 플라이볼(fly ball)형
진자(fly weight) 대신에 플라이볼을 사용하여 볼이 링크기구에 있는 로프캐치를 작동시키면, 캐치가 조속기 로프를 잡아 비상정지 장치를 작동시키는 구조로 되어 있다. 고속용에 적합하다.
※ 플라이볼(Fly Ball)형 : 과속조절기 도르래의 회전을 베벨기어에 의해 수직축의 회전으로 변환하고, 이 축의 상부에서부터 링크 기구에 의해 매달린 구형(球形)의 진자에 작용하는 원심력으로 추락방지안전장치를 작동시키는 과속조절기

09 승강로 외부의 작업 구역에서 승강로 내부의 구동기 공간에 출입하는 문에 요구되는 사항으로 틀린 것은?

① 승강로 내부 방향으로 열리지 않아야 한다.
② 승강로 추락을 막을 수 있도록 가능한 작아야 한다.
③ 구멍이 없어야 하고 승강장문과 동일한 기계적 강도이어야 한다.
④ 잠겼으면 승강로 내부에서 열쇠를 사용하지 않고는 열 수 없어야 한다.

정답 05 ② 06 ④ 07 ④ 08 ③ 09 ④

해설 출입문, 비상문 및 점검문은 다음과 같아야 한다.
㉮ 승강로, 기계실 · 기계류 공간 또는 풀리실 내부로 열리지 않아야 한다.
㉯ 열쇠로 조작되는 잠금장치가 있어야 하며, 그 잠금장치는 열쇠 없이 다시 닫히고 잠길 수 있어야 한다.
㉰ 기계실 · 기계류 공간 또는 풀리실 내부에서는 문이 잠겨 있더라도 열쇠를 사용하지 않고 열릴 수 있어야 한다.

10 **유압식 엘리베이터에서 일반적으로 사용되는 펌프로 압력맥동, 진동, 소음이 작은 펌프는?**

① 기어펌프 ② 베인펌프
③ 원심식 펌프 ④ 스크루펌프

해설 펌프의 종류 및 요건
일반적으로 스크루펌프가 많이 쓰인다. 펌프의 출력은 유압과 토출량에 비례한다. 따라서 같은 플런저라면 유압이 높으면 큰 하중에 견디며 토출량이 많으면 속도가 빨라진다.

11 **엘리베이터의 주행안내(가이드) 레일을 설치할 때 레일 브래킷(Rail Bracket)의 간격을 작게 하면 동일한 하중에 대하여 응력도 및 휨도는 어떻게 되겠는가?**

① 응력도와 휨도가 모두 커진다.
② 응력도와 휨도가 모두 작아진다.
③ 응력도는 커지고 휨도는 작아진다.
④ 응력도는 작아지고 휨도는 커진다.

해설 레일 브래킷(Rail Bracket)의 간격을 작게 하면 동일한 하중에 대하여 응력도 및 휨도는 모두 작아진다.

12 **전기식 엘리베이터의 제동기에서 전자-기계 브레이크 조건으로 틀린 것은?**

① 브레이크 라이닝은 반드시 불연성일 필요는 없다.
② 솔레노이드 플런저는 기계적인 부품으로 간주되지만 솔레노이드 코일은 그렇지 않다.
③ 드럼 등의 제동 작용에 관여하는 브레이크의 모든 기계적 부품은 2세트로 설치되어야 한다.
④ 카가 정격속도로 정격하중의 125%를 싣고 하강방향으로 운행될 때 구동기를 정지시킬 수 있어야 한다.

해설 브레이크 라이닝은 불연성이어야 한다.

13 **전기식 엘리베이터에 관한 내용이다. (　) 에 알맞은 내용으로 옳은 것은?**

> 전기식 엘리베이터에서 경첩이 있는 승강장 문과 접히는 카 문의 조합인 경우 닫힌 문 사이의 어떤 틈새에도 직경 (　)m의 구가 통과되지 않아야 한다.

① 0.1 ② 0.15
③ 0.2 ④ 0.25

해설 닫힌 문 사이의 어떤 틈새에도 직경 0.15m의 구가 있을 가능성이 없어야 한다.
㉮ 경첩이 있는 승강장문과 접히는 카 문의 조합

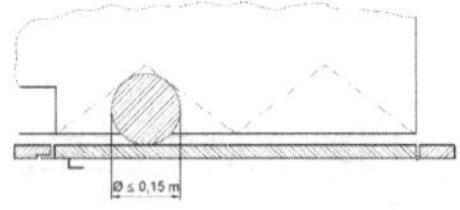

㉯ 경첩이 있는 승강장문과 수평 개폐식 카 문의 조합

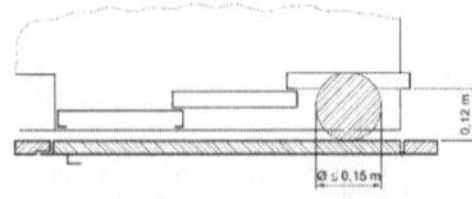

㉰ 기계적으로 연동되지 않은 수평 개폐식 승강장문과 카 문의 조합("닫힌 카문 및 열린 승강장문의 조합"에도 적용된다.)

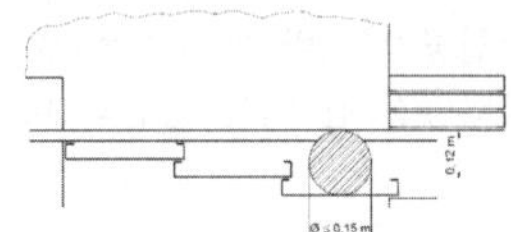

정답 10 ④ 11 ② 12 ① 13 ②

14 **완성검사 시 승객용 엘리베이터의 카 문턱과 승강장 문 문턱 사이의 수평거리는 몇 mm 이하인가?**

① 35 ② 40
③ 45 ④ 50

해설 카 문턱과 승강장 문 문턱 사이의 수평거리는 35mm 이하이다.

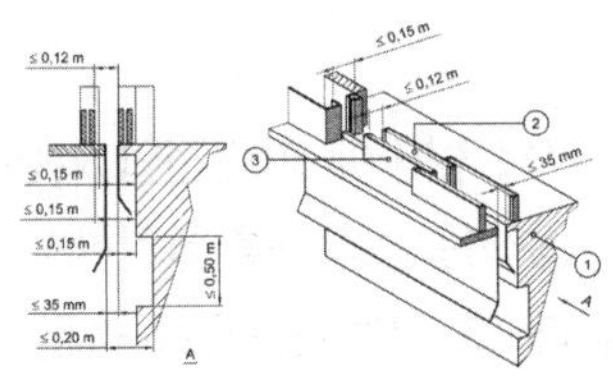

15 **제어반의 주요 기기에 해당하지 않는 것은?**

① 변류기
② 엔코더
③ 배선용 차단기
④ 비상용 전원장치

해설 속도검출부(Encoder)
권상모터의 회전속도 및 가속도를 측정하여 디지털 신호로 변환해주는 장치이다.

16 **소방구조용(비상용) 엘리베이터의 동작 설명 중 틀린 것은?**

① 운행속도는 0.8m/s 이상이어야 한다.
② 소방관이 조작하여 엘리베이터 문이 닫힌 이후부터 60초 이내에 가장 먼 층에 도착하여야 한다.
③ 정전 시에는 보조전원공급장치에 의해 엘리베이터를 2시간 이상 운행시킬 수 있어야 한다.
④ 소방운전 시 모든 승강장의 출입구마다 정지할 수 있어야 한다.

해설 비상용 엘리베이터의 운행속도는 1m/s 이상이다.

17 **벨트식 무빙워크의 경우 경사부에서 수평부로 전환되는 천이구간의 곡률반경은 몇 m 이상이어야 하는가?**

① 0.2 ② 0.4
③ 0.6 ④ 0.8

해설 벨트식 무빙워크의 경우 경사부에서 수평부로 전환되는 천이구간의 곡률반경은 0.4m 이상이어야 한다.

18 **카의 어떤 이상 원인으로 감속되지 못하고 최상 · 최하층을 지나칠 경우 이를 검출하여 강제적으로 감속 · 정지시키는 장치로서 리미트 스위치 전에 설치하는 것은?**

① 파킹 스위치
② 피트 정지 스위치
③ 슬로다운 스위치
④ 권동식 로프이완 스위치

해설 슬로다운 스위치(Slow Down Switch)
카가 어떤 이상 원인으로 감속되지 못하고 최상 · 최하층을 지나칠 경우 이를 검출하여 강제적으로 감속 · 정지시키는 장치로서 리미트 스위치(Limit Switch) 전에 설치한다. 이 스위치는 정상운전 여부에 관계없이 작동하여야 하며, 속도 45m/min 이하의 엘리베이터에서는 슬로다운 스위치를 정상적 정차수단으로 사용할 수 있다.

19 **전기식 엘리베이터에서 속도에 영향을 미치지 않는 것은?**

① 전동기의 용량
② 전동기의 회전수
③ 권상 도르래의 직경
④ 감속기 기어의 감속비

정답 14 ① 15 ② 16 ① 17 ② 18 ③ 19 ①

해설 엘리베이터 정격속도(V)

$= \frac{\pi DN}{1,000} i = \frac{\pi DN}{1,000 \times 60} i$[m/s]

D : 권상기 도르래의 지름(mm)

N : 전동기의 회전수(rpm)

i : 감속비

20 도어가 닫히는 도중 도어 사이에 이물질 또는 사람의 신체 일부가 끼었을 때 도어가 다시 열리게 하는 장치가 아닌 것은?

① 세이프티 슈(Safety Shoe)

② 세이프티 레이((Safety Ray)

③ 세이프티 디바이스(Safety Device)

④ 초음파 도어센서(Ultrasonic Door Sensor)

해설 도어보호장치

㉮ 세이프티 슈 : 이물질의 검출을 위해 카 도어 앞 가장자리의 일면에 설치한 가동 슈에 의해 이물체가 접촉되면 닫힘을 중지시키고 반전하는 장치이다.

㉯ 광전장치 : 광선빔을 발생시키는 투광기와 센서인 수광기로 구성되어 도어의 양단에 설치하여 차단될 때 도어를 반전시키는 비접촉식 보호장치이다.

㉰ 초음파장치 : 초음파의 감지각도를 조정하여 승강장 또는 카 측의 이물체나 사람을 검출하여 도어를 반전시키는 장치이다.

02 승강기 설계

21 변압기 용량을 산정할 때 전부하 상승전류에 대해서는 부등률을 얼마로 계산하여야 하는가?

① 0.85 ② 0.9

③ 0.95 ④ 1

해설 변압기의 용량

$P_T \geq \sqrt{3} \times E \times I \times N \times Y \times 10^{-3} + (P_c \times N)$

E : 정격전압

I : 정격전류

N : 엘리베이터 대수

Y : 부등률

P_c : 제어용 전력(KVA)

※ 부등률(Y) : 전부하 상승전류에 대하여 1, 가속전류에 대하여는 0.85 적용

22 사무용 빌딩에 가변전압 가변주파수방식의 승객용 승강기를 설치한 후 하중시험을 할 때 그 성능기준으로 틀린 것은?

① 정격하중의 125% 하중을 싣고 하강할 때 구동기를 정지시킬 수 있어야 한다.

② 정격하중의 50%를 싣고 하강하는 카의 속도는 정격속도의 92% 이상 105% 이하이어야 한다

③ 정격하중의 110% 하중에서 속도는 설계도면 및 시방서에 기재된 속도의 110% 이하이어야 한다.

④ 정격하중의 50% 하중에서 정격속도로 상승 하강할 때의 잔류차이가 정격하중의 균형량(오버밸런스율)에 따른 설계치의 범위 이내이어야 한다.

해설 전기식 엘리베이터의 구조

속도는 정격 주파수로 전원이 공급되고, 전동기 전압이 엘리베이터의 정격전압과 같을 때 모든 가속 및 감속구간을 제외하고 카의 주행로 중간에서 정격하중의 50%를 실고 하강하는 카의 속도는 정격속도의 92% 이상 105% 이하이어야 한다.

※ 적재하중의 110%를 실은 경우

- 속도 : 정격속도의 90% 이상 105% 이하
- 전류 : 전동기 정격전류치의 110% 이하

정답 20 ③ 21 ④ 22 ③

23 엘리베이터용 가이드레일에 관한 사항으로 틀린 것은?

① 엘리베이터의 정격용량과 관계가 있다.
② 대형 화물용 엘리베이터의 경우 하중을 적재할 때 발생되는 카의 회전모멘트는 무시한다.
③ 비상정지장치가 작동한 후에도 가이드레일에는 좌굴이 없어야 한다.
④ 레일 브래킷의 간격을 작게 하면 동일한 하중에 대하여 응력과 휨은 작아진다.

해설 가이드레일 규격을 결정하는 3가지 사항
㉮ 좌굴하중(Bucking Load) : 비상정지장치가 작동했을 때 긴 기둥 형태인 레일에 좌굴하중이 걸리기 때문에 좌굴하중을 충분히 만족하여야 한다. 즉시작동형이 점차작동식보다 또 레일 브래킷 간격이 넓은 쪽이 좌굴을 일으키기 쉽다.
㉯ 수평진동력 : 지진 시 빌딩이 수평진동을 하면서 발생되는 카나 균형추의 흔들림에도 가이드레일이 휘어져 카 또는 균형추가 가이드레일을 벗어나는 일이 없도록 해야 한다.
㉰ 회전모멘트 : 큰 하중을 적재할 경우나 그 하중을 이동할 경우에 카에 회전모멘트가 발생하는데, 이때 가이드레일이 충분히 지탱하여야 한다.

24 장애인용 엘리베이터의 승강장 문턱과 카의 문턱 사이의 틈새는 몇 mm 이하인가?

① 30
② 35
③ 40
④ 45

해설 장애인용 엘리베이터의 추가요건
㉮ 승강기의 전면에는 1.4m×1.4m 이상의 활동공간이 확보되어야 한다.
㉯ 승강장바닥과 승강기바닥의 틈은 0.03m 이하이어야 한다.

25 정격속도 1.5m/s인 엘리베이터의 점차작동형 추락방지(비상정지)장치가 작동할 경우 평균 감속도는 약 몇 g_n 인가? (단, 감속시간은 0.3초, 조속기 캐치의 작동속도는 정격 속도의 1.4배로 한다.)

① 0.803　　② 0.714
③ 0.612　　④ 0.510

해설 ㉮ 추락방지(비상정지)장치 작동 시 속도
$V = V_0 \times 1.4 = 1.5 \times 1.4 = 2.1\text{m/s}$
㉯ 평균감속도
$$g_n = \frac{\text{속도[m/s]}}{9.81t} = \frac{2.1}{9.81 \times 0.3} = 0.714\text{G}$$

26 압축 코일스프링에서 작용하중을 W, 유효권수를 N, 평균지름을 D, 소선의 지름을 d라고 하였을 때 스프링지수를 나타내는 식은?

① D/N　　② W/N
③ D/d　　④ WD/d

해설 스프링 완충기의 설계
C : 스프링지수$\left(\frac{D}{d} = \frac{2\gamma}{d}\right)$
(D : 평균직경, d : 코일의 선경)

27 점차작동형 비상정지장치로 플렉시블 웨지 클램프형이 많이 사용되는 이유가 아닌 것은?

① 구조가 간단하다.
② 작동 후 복구가 용이하다.
③ 작동되는 힘이 일정하다.
④ 공간을 작게 차지한다.

해설 F.W.C(Flexible Wedge Clamp)
동작 후 일정 거리까지는 정지력이 거리에 비례하여 커진다. 그 후 정지력이 완만하게 상승, 정지 근처에서 완만해진다.

정답 23 ② 24 ① 25 ② 26 ③ 27 ③

28 **속도가 60m/min인 엘리베이터를 설계하고자 할 때 제어방식으로는 다음 중 어떤 방식이 가장 적절한가?**

① 워드 레오나드 방식
② 교류일단속도제어방식
③ 정지 레오나드제어방식
④ 가변전압 가변주파수 방식

해설 VVVF 제어방식의 원리
가변전압 가변주파수 : 전압과 주파수를 동시에 제어
㉮ 광범위한 속도제어방식으로 인버터를 사용하여 유도전동기의 속도를 제어하는 방식이다.
㉯ 유지보수가 용이하며, 승차감 향상 및 소비전력이 적다.
㉰ 컨버터(교류를 직류로 변환), 인버터(직류를 교류로 변환)가 사용된다.
㉱ PAM 제어방식과 PWM 제어방식이 있다.

29 **출력이 15kW, 전부하 회전수가 1,410rpm인 전동기의 전부하 토크는 약 몇 kgf·m인가?**

① 10.36　② 12.12
③ 15.32　④ 18.54

해설 제동토크

$$T_d = k\frac{974P}{N} = \frac{974\times15}{1,410} = 10.36[\text{kgf}\cdot\text{m}]$$

P : 전동기 용량(kW)
N : 전동기 회전수(rpm)

30 **기어리스 권상기를 적용한 1 : 1 로핑 방식의 전기식 엘리베이터에서 도르래 직경이 400mm이고 전동기의 분당회전수는 84rpm일 경우에 엘리베이터의 정격속도(m/min)는?**

① 60m/min
② 90m/min
③ 105m/min
④ 120m/min

해설 엘리베이터 정격속도(V)

$$= \frac{\pi DN}{1,000}i[\text{m/min}] = \frac{\pi DN}{1,000\times60}i[\text{m/s}]$$

D : 권상기 도르래의 지름(mm)
N : 전동기의 회전수(rpm)
i : 감속비

$$\therefore \frac{\pi DN}{1,000}i = \frac{\pi\times400\times84}{1,000} = 105[\text{m/min}]$$

31 **종탄성계수 E=7,000kg/m^2, 적용 로프 ø12×6본, 주행거리 H=40m이고, 적재하중이 1,150kg, 카 자중이 1,080kg인 로프의 연신율(늘어나는 길이)은 약 몇 mm인가?**

① 9.7　② 18.8
③ 19.4　④ 37.6

해설 탄성에 의한 연신율

$$\delta = \frac{P\cdot H}{N\cdot A\cdot E} = \frac{(1,150+1,080)\times40}{6\times\frac{\pi}{4}\times12^2\times7,000} = 18.8[\text{mm}]$$

P : 로프에 걸리는 하중
H : 로프의 길이
N : 로프 본수
E : 로프의 종탄성계수
A : 로프의 단면적

32 **가변전압 가변주파수 제어방식의 PWM에 관한 설명으로 틀린 것은?**

① 펄스폭 변조라는 의미이다.
② 입력측의 교류전압을 변화시킨다.
③ 전동기의 효율이 좋다.
④ 전동기의 토크 특성이 좋아 경제적이다.

해설 출력측의 전압과 주파수를 변환시킨다.

정답 28 ④ 29 ① 30 ③ 31 ② 32 ②

33 **엘리베이터를 설치할 때 승강로의 크기를 결정하려고 한다. 이때 고려하지 않아도 되는 사항은?**

① 엘리베이터 인승
② 가이드레일 길이
③ 엘리베이터 대수
④ 엘리베이터 출입문의 크기

해설 가이드레일 길이는 승강로 높이를 결정할 때 사용되는 재료이다.

34 **엘리베이터 교통량 계산의 필수 데이터가 아닌 것은?**

① 빌딩의 용도 및 성질
② 층별 용도
③ 층고
④ 엘리베이터 대수

해설 교통량 계산에 필요한 기초자료
㉮ 필수 데이터 : 빌딩의 용도 및 성질, 층별 용도, 층고, 출발층
㉯ 필요에 따라 제시를 요하는 데이터 : 엘리베이터 대수, 정격속도 및 정격용량, 서비스층 구분, 뱅크 구분

35 **유압 완충기의 설계조건으로 틀린 것은?**

① 최대 적용중량은 카 자중과 적재하중 합의 100%로 한다.
② 행정 계산 시 정격속도의 115%로 충돌했을 경우의 속도로 한다.
③ 카가 충돌하였을 경우 $1g_n$ 이상의 감속도가 유지되어야 한다.
④ $2.5g_n$ 초과하는 감속도는 4초보다 길지 않아야 한다.

해설 에너지 분산형 완충기는 다음 사항을 만족해야 한다.
가) 카에 정격하중을 싣고 정격속도의 115 %의 속도로 자유 낙하하여 완충기에 충돌할 때, 평균 감속도는 $1g_n$ 이하이어야 한다.
나) $2.5g_n$를 초과하는 감속도는 0.04초보다 길지 않아야 한다.
다) 작동 후에는 영구적인 변형이 없어야 한다.

36 **권상기의 도르래 직경은 주로프 직경의 몇 배 이상이어야 하는가?**

① 20배 ② 30배
③ 35배 ④ 40배

해설 권상 도르래 · 풀리 또는 드럼의 피치직경과 로프(벨트)의 공칭직경 사이의 비율은 로프(벨트)의 가닥수와 관계없이 40 이상이어야 한다. 다만, 주택용 엘리베이터의 경우 30 이상이어야 한다.

37 **전동기의 용량을 계산하는 계산식은? (단, L : 적재하중, V : 속도, B : 밸런스율, η : 효율이다.)**

① $P=\dfrac{LV(1-B)}{6,120\eta}$

② $P=\dfrac{\eta V(1-B)}{6,120L}$

③ $P=\dfrac{Leta(1-B)}{6,120V}$

④ $P=\dfrac{LV(1-\eta)}{6,120B}$

해설 엘리베이터용 전동기의 용량

$$P=\frac{LVS}{6,120\eta}=\frac{LV(1-OB)}{6,120\eta}\text{[kW]}$$

L : 정격하중(kg)
V : 정격속도(m/min)
OB : 오버밸런스율(%)
S : 균형추 불평형률
η : 종합효율

정답 33 ② 34 ④ 35 ③④ 36 ④ 37 ①

38 **전기식 엘리베이터(기계실이 있는 엘리베이터)의 기계실 위치로 가장 적당한 곳은?**

① 승강로의 바로 위
② 승강로 위쪽의 옆방향
③ 승강로의 바로 아래
④ 승강로 아래쪽의 옆방향

해설 엘리베이터 기계실(machine room)은 제어반 및 구동기 등 기계류가 있는 공간으로 벽, 바닥, 천장 및 출입문으로 별도 구획된 기계류 공간을 기계실이라고 정의 하며, 기계실 있는(MR 방식) 엘리베이터의 기계실 위치는 기계대 및 권상기를 설치하기 위해 승강로 바로 위가 가장 적당하다.

39 **전기식 엘리베이터에서 기계대의 안전율 최솟값으로 적당한 것은?**

① 강재의 것 : 3, 콘크리트의 것 : 5
② 강재의 것 : 3, 콘크리트의 것 : 6
③ 강재의 것 : 4, 콘크리트의 것 : 7
④ 강재의 것 : 4, 콘크리트의 것 : 8

해설
- 기계대의 안전율은 강재의 것 : 4
- 콘크리트의 것 : 7

40 **즉시 작동형 추락방지(비상정지)장치가 설치된 엘리베이터에서 카의 자중과 승객의 중량을 합친 등가 중량이 3,000kg이고 카의 속도가 45m/min일 경우, 추락방지(비상정지)장치가 작동하여 카가 정지하기까지의 거리가 4.5cm라고 하면 감속력은 약 몇 kgf인가?**

① 4,050　　② 3,827
③ 3,056　　④ 3,000

해설 추락방지(비상정지)장치 감속력

$$= W \times \frac{v}{9.8t} = 3{,}000 \times \frac{\frac{45}{60}}{9.8 \times 0.06} \approx 3{,}827[\text{kgf}]$$

시간 $t = \frac{s}{v} = \frac{0.045}{\frac{45}{60}} = 0.06(\text{sec})$

여기서, W : 등가중량[kg]
v : 카의 속도[m/s]
t : 시간[m/s]

03 일반기계공학

41 **기어, 클러치, 캠 등과 같이 내마모성과 더불어 인성을 필요로 하는 부품의 경우는 강의 표면 경화법으로 처리한다. 강의 표면 경화법에 해당하지 않는 것은?**

① 질화법　　② 템퍼링
③ 고체침탄법　　④ 고주파경화법

해설 표면처리
금속 재료의 표면을, 부식에 잘 견디고 매끄러우며 단단하게 하는 처리 방법을 표면처리라고 한다.

㉮ 부분가열 표면경화
① 고주파 표면경화 : 고주파 유도장치를 이용한다.
② 화염 표면경화 : 가열하여 열처리하는 표면경화
③ 레이저 표면경화 : 레이저를 이용한 표면 열처리
④ 전자빔 표면경화 : 전자빔을 이용한 필요 부분만의 표면 열처리

㉯ 전체가열 표면열처리:
① 침탄법 : 부품 표면에 탄소를 이용한 경화
② 침탄질화법 : 부품 표면에 탄소와 소량의 질소를 동시에 침투시켜 경화
③ 질화법 : 부품 표면에 질소를 사용하고, 특징은 침탄법보다 경도가 높으며, 질화한 후의 열처리가 필요 없고, 경화에 의한 변형이 적으며, 질화층이 여리다. 또 질화 후 수정이 불가능하며, 고온으로 가열을 하여도 경도가 낮아지지 않는다
④ 청화법 : 청화칼리, 청산소다, 등의 시안화물을 사용한 표면경화법

정답 38 ① 39 ③ 40 ② 41 ②

42 **보일러와 같이 기밀을 필요로 할 때 리베팅 작업이 끝난 뒤에 리벳머리의 주위와 강판의 가장자리를 75~85° 가량 정과 같은 공구로 때리는 작업은?**

① 굽힘작업 ② 전단작업
③ 코킹작업 ④ 펀칭작업

해설 코킹(Caulking)
기밀을 필요로 하는 경우에는 리벳팅이 끝난 뒤 리벳머리의 주위와 강판의 가장자리를 정과 같은 공구로 때리는 작업을 코킹이라 한다. 강판의 가장자리를 75~85° 가량 경사지게 놓는다.

43 **철사를 여러 번 구부렸다 폈다를 반복했을 때 철사가 끊어지는 현상은?**

① 시효경화 ② 표면경화
③ 가공경화 ④ 화염경화

해설 가공경화란 소성변형으로 금속이나 고분자가 단단해지는 현상이다.

44 **축(Shaft)의 종류 중 전동축의 특수한 형태로 축의 지름에 비하여 길이가 짧은 축을 의미하는 것으로 형상과 치수가 정밀하고 변형량이 극히 작아야 하는 것은?**

① 차축 ② 스핀들
③ 유연축 ④ 크랭크축

해설 스핀들
축 끝 공작물 또는 절삭공구에 장착되는 회전축으로, 형상과 치수가 정밀하고 변형량이 극히 작아야 한다.

45 **평벨트 폴리의 종류는 림의 폭 중앙이 볼록한 C형과 림의 폭 중앙이 편평한 F형이 있다. 여기서 C형 림의 폭 중앙에 크라운 붙임(Crowning)을 두는 이유로 가장 적절한 것은?**

① 벨트의 손상을 방지하기 위하여
② 벨트의 끊어짐을 방지하기 위하여
③ 벨트가 벗겨지는 것을 방지하기 위하여
④ 주조할 때 편리하도록 목형 물매를 두기 위하여

해설 크라운(Crown)
벨트 풀리 림 표면의 중앙부를 벨트가 운행 중 이탈하지 않도록 가장자리보다 볼록하게 만든 부분이다.

46 **그림과 같이 원형단면의 지름 d인 관성모멘트는 $I_X = \frac{\pi d^4}{64}$이다. 원에 접하는 집선축에 대한 평행축의 정리를 활용하여 관성모멘트(I_X)를 구하면?**

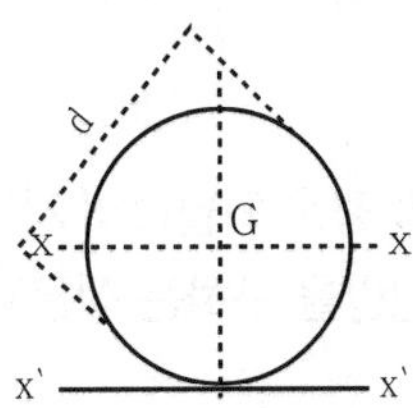

① $\frac{\pi d^4}{32}$ ② $\frac{5\pi d^4}{32}$
③ $\frac{\pi d^4}{64}$ ④ $\frac{5\pi d^4}{64}$

47 **탄소강에 관한 일반적인 설명으로 옳지 않은 것은?**

① 용융온도는 탄소함유량에 따라 다르다.
② 탄소강은 다른 재료에 비하여 대량 생산이 가능하다.
③ 탄소함유량이 많을수록 인장강도는 커지나 연성은 낮다.
④ 탄소함유량이 적은 것은 열간가공과 냉간가공이 어렵다.

해설 탄소 함유량에 따라 용해 온도는 다르며, 탄소함유량이 많을수록 인장강도는 크고, 연신율은 낮다.

정답 42 ③ 43 ③ 44 ② 45 ③ 46 ④ 47 ④

48 **하중이 5kN 작용하였을 때, 처짐이 200mm인 코일스프링에서 소선의 지름이 20mm일 때 이 스프링의 유효 감김수는? (단, 스프링 지수(C)=10, 전단탄성계수(G)=8×10⁴N/mm², 수정계수(K)=1.2이다.)**

① 6 ② 8
③ 10 ④ 12

해설 작용중량 W에 대한 압축량(δ)

$$\delta=\frac{8nD^3W}{Gd^4}=\frac{8\times n\times 200^3\times 5\times 10^3}{8\times 10^4\times 20^4}=20,$$

∴ 유효감김수 $n=8$

(n : 권수, G : 횡탄성계수, d : 코일의 선경)

C : 스프링지수$\left(\frac{D}{d}=\frac{2\gamma}{d}\right)$

$\therefore\ 10=\frac{D}{20},\ D=200[\text{mm}]$

49 **그림과 같은 외팔보의 자유단 끝단에서 최대처짐량을 구하는 식은? (단, $L=a+b$)**

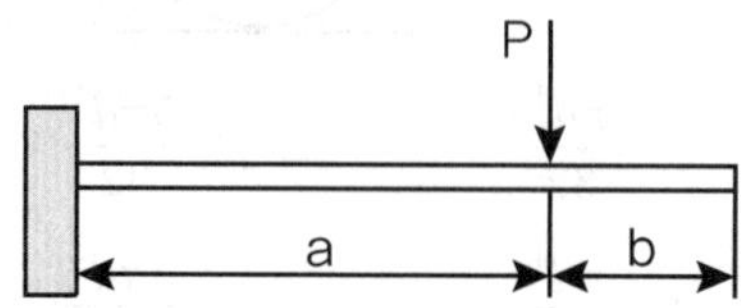

① $\frac{Pa^2}{6EI}(3L-a)$

② $\frac{Pa^2}{3EI}(3L-a)$

③ $\frac{Pa^2}{2EI}(3L-a)$

④ $\frac{Pa^2}{EI}(3L-a)$

50 **피복 아크 용접봉에서 피복제의 역할이 아닌 것은?**

① 아크의 세기를 크게 한다.
② 용접금속의 탈산 및 정련작용을 한다.
③ 용융점이 낮은 가벼운 슬래그를 만든다.
④ 용접금속에 적당한 합금원소를 첨가한다.

해설 ㉮ 중성 또는 환원성 분위기를 만들어 용융금속을 보호한다.
㉯ 아크를 안정하게 한다.
㉰ 용융점이 낮은 점성의 가벼운 슬래그를 만든다.
㉱ 용착금속의 탈산정련작용을 한다.
㉲ 용착금속에 적당한 합금원소를 첨가한다.
㉳ 용적을 미세화하고 용착효율을 높인다.
㉴ 용착금속의 응고와 냉각속도를 느리게 한다.
㉵ 슬래그를 제거하기 쉽다.

51 **그림과 같은 원통 용기의 하부 구멍 A의 단면적이 0.05m²이고, 이를 통해서 물이 유출할 때 유량은 약 m³/s인가? (단, 유량계수는 C=0.6, 높이 H=2m로 일정하다.)**

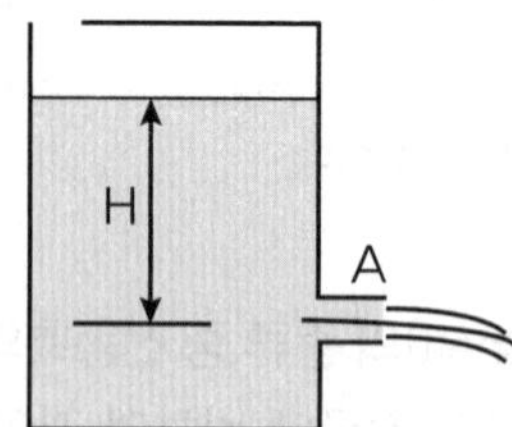

① 0.19
② 0.38
③ 1.87
④ 4.74

해설 유량 Q

$=C\cdot Av[\text{m}^3/\text{s}]=0.6\times 0.05\times 6.26=0.19[\text{m}^3/\text{s}]$

여기서, C : 유량계수
A : 단면적[m²]
v : 속도[m/s]

속도수두 $v=\sqrt{2gH}=\sqrt{2\times 9.8\times 2}=6.2[\text{m/s}]$

여기서, g : 중력가속도[9.8m/s²]
H : 높이(양정)[m]

정답 48 ② 49 ① 50 ① 51 ①

52 일반적인 알루미늄의 성질로 틀린 것은?

① 전기 및 열의 양도체이다.
② 알루미늄의 결정구조는 면심입방격자이다.
③ 비중이 2.7로 작고, 용융점이 600℃이다.
④ 표면에 산화막이 형성되지 않아 부식이 쉽게 된다.

해설 알루미늄은 공기 중에서 산화피막을 형성하는데, 이 피막이 부식을 방지하는 역할을 한다.

53 단면적 1cm^2, 길이 4m인 강선에 2kN의 인장하중을 작용시키면 신장량은 약 몇 cm인가? (단, 연강의 탄성계수는 2×10^6N/cm^{2}이다.)

① 6 ② 4
③ 0.6 ④ 0.4

해설 늘어난 길이 $\Delta l = \frac{1}{E}\cdot\frac{Pl}{A} = \frac{Pl}{AE}$

여기서, E : 세로탄성계수
P : 하중(kgf)
A : 단면적(cm^2)
ℓ : 길이

$$\Delta\ell = \frac{2\times10^3\times4\times10^2}{2\times10^6\times1} = 0.4[\text{cm}]$$

54 길이 ℓ의 환봉을 압축하였더니 30cm로 되었다. 이때 변형률을 0.006이라고 하면 원래의 길이는 약 몇 cm인가?

① 30.09 ② 30.18
③ 30.27 ④ 30.36

해설 변형률
재료에 하중이 작용하면 재료가 변형되는데, 이 변형량을 처음 길이로 나눈 값을 변형률이라고 한다.

변형률 $\epsilon = \frac{\ell' - \ell}{\ell} = \frac{\lambda}{\ell}$, $\lambda = \epsilon\cdot\ell$

$= 0.006\times30 = 0.18\text{cm}$

$\therefore\ 30 + 0.18 = 30.18\text{cm}$

55 유체기계에서 유압제어밸브의 종류가 아닌 것은?

① 압력제어밸브
② 유량제어밸브
③ 유속제어밸브
④ 방향제어밸브

해설 유압제어밸브
압력제어밸브, 유량제어밸브, 방향제어밸브

56 대량의 제품 치수가 허용공차 내에 있는지 여부를 검사하는 게이지로 통과 측과 정지 측으로 구성되어 있는 것은?

① 옵티미터
② 다이얼게이지
③ 한계게이지
④ 블록게이지

해설 한계게이지
2개의 게이지를 짝지어한쪽은 허용 최대치수, 다른 쪽은 허용최소 치수를 검사하는 게이지

57 다음 키의 종류 중 일반적으로 가장 큰 토크를 전달할 수 있는 키는?

① 묻힘키 ② 납작키
③ 접선키 ④ 스플라인

해설 스플라인(Spline)
큰힘 전달가능하고, 회전토크전달과 동시에 축방향으로 이동가능 한곳.
★ 토크순서 : 스플라인 → 묻힘키(성크 키) → 평키 → 새들 키

정답 52 ④ 53 ④ 54 ② 55 ③ 56 ③ 57 ④

58 펌프의 분류를 크게 터보식과 용적식으로 분류할 때 다음 중 용적식 펌프에 속하는 것은?

① 베인펌프 ② 축류펌프
③ 터빈펌프 ④ 벌류트펌프

해설 용적형 펌프(회전식)
기어펌프, 나사펌프, 베인펌프, 자생펌프

59 절삭가공에 이용되는 성질로 적합한 것은?

① 용접성 ② 연삭성
③ 용해성 ④ 통기성

60 왁스, 파라핀 등으로 만든 주형재를 사용하여 치수가 정밀하고 면이 깨끗한 복잡한 주물을 얻을 수 있는 주조법은?

① 셀몰드법
② 다이캐스팅법
③ 이산화탄소법
④ 인베스트먼트법

해설 인베스트먼트법
왁스, 파라핀 등으로 만든 융점이낮은 것으로 제작하려는 제품과 동일형을 만들고, 주형재를 사용하여 치수가 정밀하고 면이 깨끗한 복잡한 주물을 얻고, 왁스는 용해시켜 주형밖으로 배출시키는 법

04 전기제어공학

61 온도를 전압으로 변환시키는 것은?

① 광전관 ② 열전대
③ 포토다이오드 ④ 광전다이오드

해설 열전대 : 온도 → 전압

62 세라믹 콘덴서 소자의 표면에 103^K라고 적혀있을 때, 이 콘덴서의 용량은 몇 μF인가?

① 0.01 ② 0.1
③ 103 ④ 103

해설 103 → 10×10^3pF=10,000pF=0.01μF
$p=10^{-12}$, $\mu=10^{-6}$

63 목표값을 직접 사용하기 곤란할 때, 주 되먹임요소와 비교하여 사용하는 것은?

① 제어요소 ② 비교장치
③ 되먹임요소 ④ 기준입력요소

해설 피드백 제어계의 구성

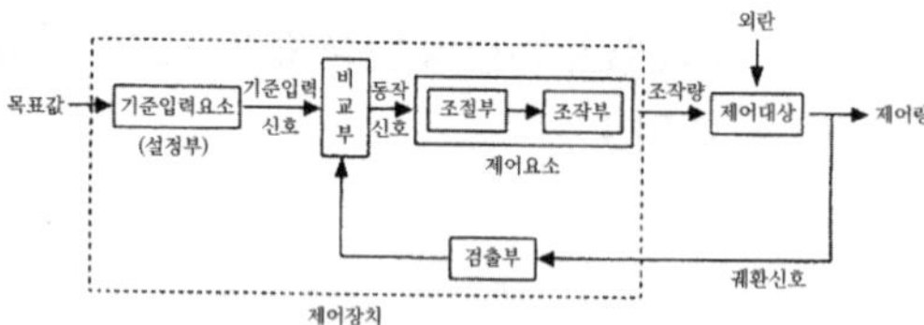

64 4,000Ω의 저항기 양단에 100V의 전압을 인가할 경우 흐르는 전류의 크기(mA)는?

① 4 ② 15
③ 25 ④ 40

해설 전류 $I=\frac{V}{R}=\frac{100}{4000}=0.025=25\text{mA}$

65 다음 설명에 알맞은 전기 관련 법칙은?

> 도선에서 두 점 사이 전류의 크기는 두 점 사이의 전위차에 비례하고, 전기저항에 반비례한다.

① 옴의 법칙 ② 렌츠의 법칙
③ 플레밍의 법칙 ④ 전압분배의 법칙

정답 58 ① 59 ② 60 ④ 61 ② 62 ① 63 ④ 64 ③ 65 ①

해설 옴의 법칙

- 도체에 흐르는 전류 I는 전압 V에 비례하고, 저항 R에 반비례한다.
- 전류

66 최대눈금 100mA, 내부저항 1.5Ω인 전류계에 0.3Ω의 분류기를 접속하여 전류를 측정할 때 전류계의 지시가 50mA라면 실제 전류는 몇 mA인가?

① 200 ② 300
③ 400 ④ 600

해설 분류기

전류계의 측정 범위를 넓히기 위하여 전류계에 병렬로 저항을 접속하여 측정하는 기기

㉮ 전류 $I = I_0\left(\frac{r}{R_s}+1\right)$A

㉯ 측정전류 $I = 50\left(\frac{1.5}{0.3}+1\right) = 300$mA

67 병렬운전 시 균압모선을 설치해야 되는 직류발전기로만 구성된 것은?

① 직권발전기, 분권발전기
② 분권발전기, 복권발전기
③ 직권발전기, 복권발전기
④ 분권발전기, 동기발전기

해설 균압모선

직권과 복권기에서 직권계자 전류의 변화에 따른 병렬운전을 안전하게 하기 위하여 직권계자 간을 연결(균압모선)하여 전류를 분류시킨다.

68 특성방정식이 $s^3+2s^2+Ks+5=0$인 제어계가 안정하기 위한 K값은?

① K>0
② K<0
③ K>5/2
④ K<5/2

해설

s^3	1	K
s^2	2	5
s^1	$\frac{2K-5}{2}$	0
s^0	5	

루스표의 제1열 모든 요소의 부호가 변하지 않을 것

$2K-5>0$

$\therefore K > \frac{5}{2}$

69 서보기구의 특징에 관한 설명으로 틀린 것은?

① 원격제어의 경우가 많다.
② 제어량이 기계적 변위이다.
③ 추치제어에 해당하는 제어장치가 많다.
④ 신호는 아날로그에 비해 디지털인 경우가 많다.

해설 제어량에 의한 분류로 서어보 기구 (기계적인 변위량)는 위치, 방위, 자세, 거리, 각도 등으로 분류하고, 목표값에의한 분류로 임의로 변화하는 추치제어가 있다.

70 SCR에 관한 설명으로 틀린 것은?

① PNPN 소자이다.
② 스위칭 소자이다.
③ 양방향성 사이리스터이다.
④ 직류나 교류의 전력제어용으로 사용된다.

해설 SCR(silicon conteolled rectifier)

정류 기능, 위상제어기능

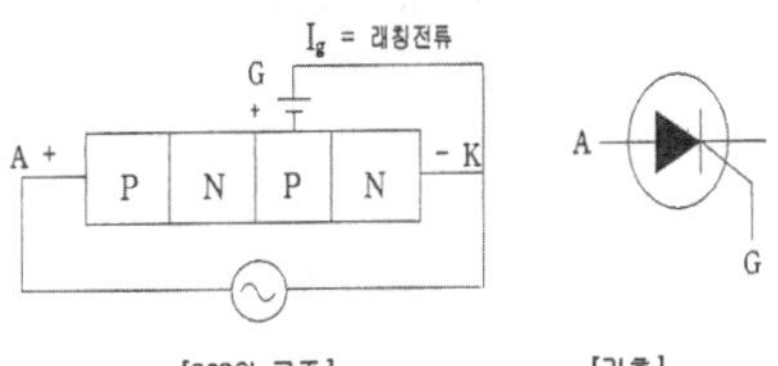

[SCR의 구조] [기호]

① 단방향 3단자 소자
② 이온 소멸시간이 짧다.
(에노우드 : ⊕전압, 캐소드 : ⊖전압,
게이트 : ⊕전압)
③ 게이트 전류에 의해서 방전 개시 전압을 제어할 수 있다.
④ PNPN 구조로써 (−)저항 특성이 있다.
⑤ 다이라트론과 기능 비슷하다.
⑥ 소형이면서 대전력용

71 **적분시간이 2초, 비례감도가 5mA/mV인 PI 조절계의 전달함수는?**

① $\dfrac{1+2s}{5s}$

② $\dfrac{1+5s}{2s}$

③ $\dfrac{1+2s}{0.4s}$

④ $\dfrac{1+0.4s}{2s}$

해설 $G(s)=\dfrac{v_0(s)}{v_i(s)}=K_p(1+\dfrac{1}{Ts})=5(1+\dfrac{1}{2s})=\dfrac{1+2s}{0.4s}$

72 **공기 중 자계의 세기가 100A/m의 점에 놓아둔 자극에 작용하는 힘은 8×10^{-3}N이다. 이 자극의 세기는 몇 Wb인가?**

① 8×10
② 8×10^5
③ 8×10^{-1}
④ 8×10^{-5}

해설 $F=mH$[N], $8\times10^{-3}=m\times100$, $m=8\times10^{-5}$

73 **PLC(Programmable Logic Controller)의 출력부에 설치하는 것이 아닌 것은?**

① 전자개폐기
② 열동계전기
③ 시그널램프
④ 솔레노이드밸브

해설 열동계전기는 모터 과부하 보호기기이다.

74 **정상편차를 개선하고 응답속도를 빠르게 하며, 오버슈트를 감소시키는 동작은?**

① K
② $K(1+sT)$
③ $K\left(1+\dfrac{1}{sT}\right)$
④ $K\left(1+sT+\dfrac{1}{sT}\right)$

해설 조절부의 동작에 의한 분류

구 분		특 징
연속 제어	비례제어 (P동작)	잔류편차(off-set) 발생
	미분제어 (D동작)	오차가 커지는 것을 미연 방지, 진동억제
	적분제어(I동작)	잔류편차(off-set) 제거
	비례적분 제어 (PI 동작)	잔류편차를 제거하여 정상특성 개선, 간헐현상 발생
	비례적분 제어 (PD 동작)	오버슈트(overshoot) 감소, 응답속도 개선
	비례미분적분 제어(PID동작)	PI+PD, 가장 최적의 제어동작
불연속 제어	on-off제어 (2스위치 제어)	

정답 71 ③ 72 ④ 73 ② 74 ④

75 다음은 직류전동기의 토크 특성을 나타내는 그래프이다. (A), (B), (C), (D)에 알맞은 것은?

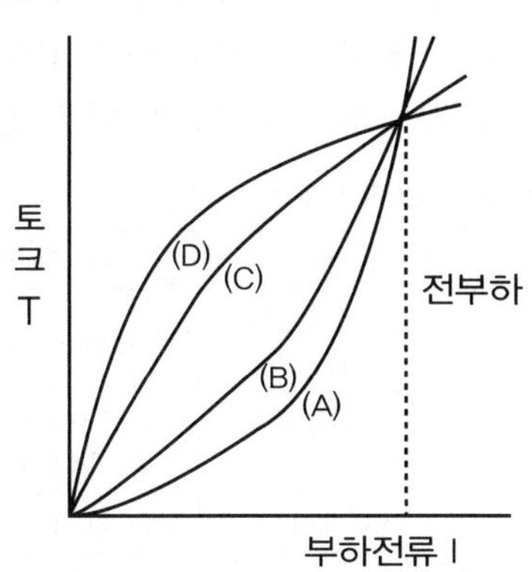

① (A) 직권발전기, (B) 가동복권발전기, (C) 분권발전기, (D) 차동복권발전기
② (A) 분권발전기, (B) 직권발전기, (C) 가동복권발전기, (D) 차동복권발전기
③ (A) 직권발전기, (B) 분권발전기, (C) 가동복권발전기, (D) 차동복권발전기
④ (A) 분권발전기, (B) 가동복권발전기, (C) 직권발전기, (D) 차동복권발전기

해설 속도-토크 특성

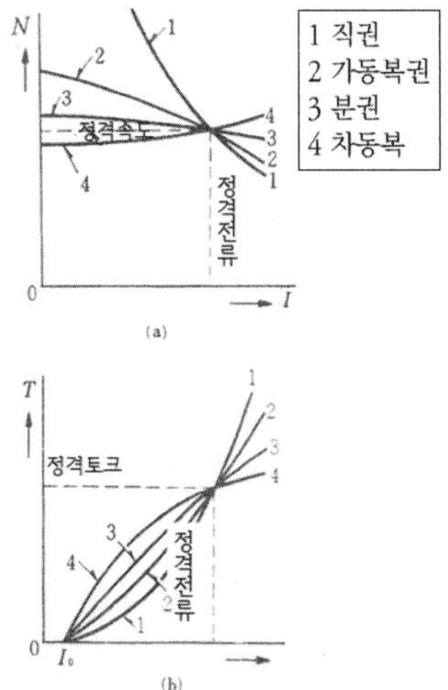

76 신호흐름선도와 등가인 블록선도를 그리려고 한다. 이때 G(s)로 알맞은 것은?

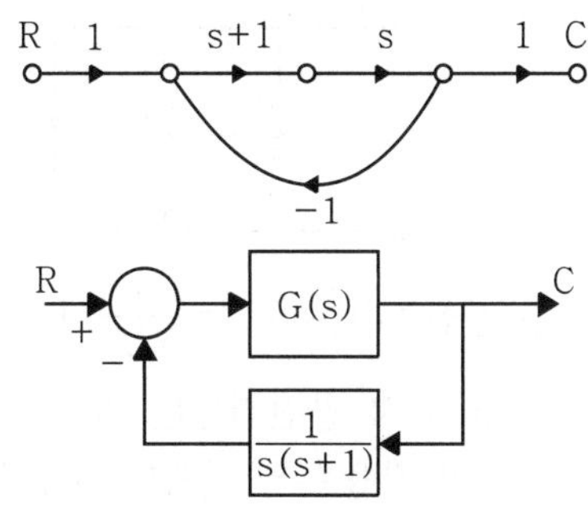

① s
② 1/s+1
③ 1
④ s(s+1)

해설 1. $\frac{C}{R} = \frac{경로}{1-폐로} = \frac{1\times(s+1)\times s\times 1}{1-[-(s+1)\times s]}$

$= \frac{s(s+1)}{1+s(s+1)} = \frac{1}{1+\frac{1}{s(s+1)}}$

2. $\frac{C}{R} = \frac{경로}{1-폐로} = \frac{G(s)}{1-[-\frac{G(s)}{s(s+1)}]}$

$= \frac{G(s)}{1+\frac{G(s)}{s(s+1)}}$

$\therefore G(s) = 1$

77 정현파 교류의 실효값(V)과 최댓값(Vm)의 관계식으로 옳은 것은?

① $V = \sqrt{2}\, V_m$
② $V = \frac{1}{\sqrt{2}} V_m$
③ $V = \sqrt{3}\, V_m$
④ $V = \frac{1}{\sqrt{3}} V_m$

해설 실효값 $V = \frac{1}{\sqrt{2}} V_m$ (V_m : 최댓값)

정답 75 ① 76 ③ 77 ②

78 그림과 같은 RLC 병렬공진회로에 관한 설명으로 틀린 것은?

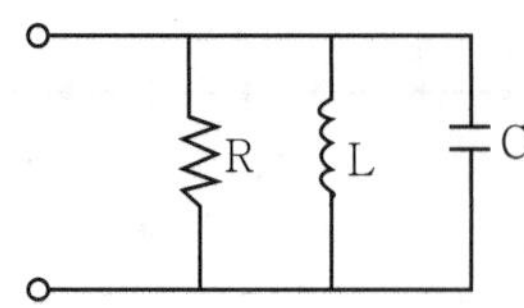

① 공진조건은 $\omega C = \frac{1}{\omega L}$이다.
② 공진 시 공진전류는 최소가 된다.
③ R이 작을수록 선택도 Q가 높다.
④ 공진 시 입력 어드미턴스는 매우 작아진다.

해설 직렬공진, 병렬공진

공진 조건에서 $\omega L = \frac{1}{\omega C}$이므로 $\omega^2 = \frac{1}{LC}$이다.

정리하면 $f_r = \frac{1}{2\pi\sqrt{LC}}$[Hz]

	직렬공진	병렬공진
주파수	$f_r = \frac{1}{2\pi\sqrt{LC}}$	$f_r = \frac{1}{2\pi\sqrt{LC}}$
역률	1	1
임피던스	최소값	최대값
전류	최대	최소

선택도 $Q = R\sqrt{\frac{L}{C}}$, $R\downarrow, Q\downarrow$
R이 작을수록 선택도 Q가 낮다.

79 피드백 제어계에서 목표치를 기준입력신호로 바꾸는 역할을 하는 요소는?

① 비교부 ② 조절부
③ 조작부 ④ 설정부

해설 피드백 제어계의 구성

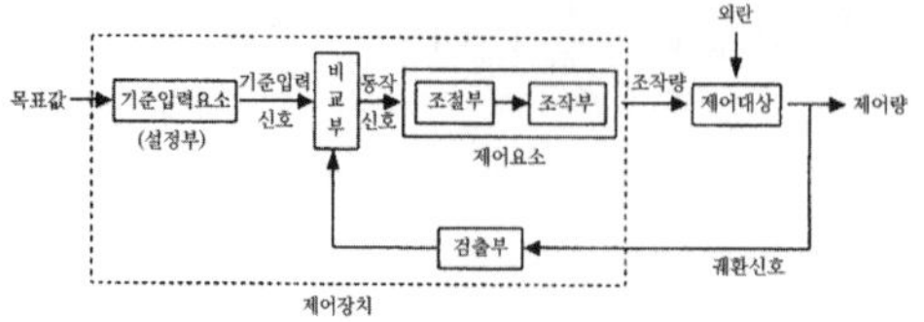

80 비례적분제어 동작의 특징으로 옳은 것은?

① 간헐현상이 있다.
② 잔류편차가 많이 생긴다.
③ 응답의 안정성이 낮은 편이다.
④ 응답의 진동시간이 매우 길다.

해설 조절부의 동작에 의한 분류

구 분		특 징
연속 제어	비례제어 (P동작)	잔류편차(off-set) 발생
	미분제어 (D동작)	오차가 커지는 것을 미연 방지, 진동억제
	적분제어(I동작)	잔류편차(off-set) 제거
	비례적분 제어 (PI 동작)	잔류편차를 제거하여 정상 특성 개선, 간헐현상 발생
	비례적분 제어 (PD 동작)	오버슈트(overshoot) 감소, 응답속도 개선
	비례미분적분 제어(PID동작)	PI+PD, 가장 최적의 제어 동작
불연속 제어	on-off제어 (2스위치 제어)	

정답 78 ③ 79 ④ 80 ①

08 2019년 04월 27일

01 승강기 개론

01 소방구조용(비상용) 엘리베이터의 소방운전 시 무효화되는 장치가 아닌 것은?

① 문 닫힘 안전장치
② 조속기(과속조절기)
③ 파이널 리미트 스위치
④ 비상정지장치(추락방지안전장치)

해설 승강장문이 실제 열려있는 시간이 15초를 초과하기 전에 열과 연기에 영향을 받을 수 있는 문 닫힘 안전장치는 무효화 되고, 감소된 동력 조건하에 닫히기 시작해야 한다.

02 전기식 엘리베이터에 비하여 유압식 엘리베이터의 특징으로 적합하지 않은 것은?

① 기계실의 위치가 자유롭다.
② 전동기의 소요동력이 작다.
③ 승강로 상부 틈새가 작아도 된다.
④ 건물 꼭대기 부분에 하중이 걸리지 않는다.

해설 유압식 엘리베이터의 특징
1) 일반적으로 로프식 엘리베이터와는 달리 기계실을 승강로의 직상부에 설치할 필요가 없으므로 배치가 자유롭다.
2) 건물의 꼭대기 부분에 하중이 걸리지 않는다.
3) 꼭대기 틈새가 작아도 좋다.
4) 플린저를 사용하기 때문에 행정거리와 속도에 한계가 있다.
5) 균형추를 사용하지 않으므로 전동기의 소요동력이 커지고 소비전력이 많아진다

03 엘리베이터에 관련된 안전을 기준으로 해당 안전율 기준에 미달되는 것은?

① 조속기(과속조절기) 로프는 8 이상이다.
② 유압식 엘리베이터의 가요성 호스는 8 이상이다.
③ 덤웨이터(소형화물용 엘리베이터)의 체인은 4 이상이다.
④ 보상 수단(로프 체인, 벨트 및 그 단말부)은 안전율 5 이상이다.

해설 현수 로프, 체인 및 벨트의 안전율은 8 이상이어야 한다.

04 엘리베이터의 정격속도가 매 분당 180m 이고, 제동소요 시간이 0.3초인 경우의 제동거리는 몇 m 인가?

① 0.25
② 0.45
② 0.65
④ 0.85

해설 제동시간[t] $t = \frac{120}{V}$[sec]

제동거리 $S = \frac{tV}{120} = \frac{0.3 \times 180}{120} = 0.45$[m]

S : 엘리베이터가 제동을 건 뒤 이동한 정지(제동) 거리[m]
V : 정격속도[m/min]

정답 01 ②③④ 02 ② 03 ③ 04 ②

05 기계실의 조명에 관한 설명으로 옳은 것은?

① 조명스위치는 기계실 제어반 가까운 곳에 설치한다.
② 조명기구는 승강기 형식승인품을 사용하여야 한다.
③ 조도는 기기가 배치된 바닥면에서 200 lx 이상이여야 한다.
④ 조명전원은 엘리베이터 제어전원에서 분기하여 사용하여야 한다.

해설 기계실 · 기계류 공간 및 풀리실에는 다음의 구분에 따른 조도 이상을 밝히는 영구적으로 설치된 전기조명이 있어야 하며, 전원공급은 14.7.1에 적합해야 한다.
가) 작업공간의 바닥 면: 200ℓx
나) 작업공간 간 이동 공간의 바닥 면: 50ℓx

06 카의 고장으로 카가 정격속도의 115%를 초과하지 않고 최하층을 통과하여 피트로 떨어졌을 때 충격을 완화시켜 주기 위하여 설치하는 안전장치는?

① 완충기
② 브레이크
③ 조속기(과속조절기)
④ 비상정지장치(추락방지안전장치)

해설 카가 어떤 원인으로 최하층을 통과하여 피트로 떨어졌을 때 충격을 완화하기 위하여 완충기를 설치한다. 반대로 카가 최상층을 통과하여 상승할 때를 대비하여 균형추의 바로 아래에도 완충기를 설치한다.

07 기계실의 구조에 대한 설명으로 틀린 것은?

① 다른 부분과 내화구조로 구획한다.
② 다른 부분과 방화구조로 구획한다.
③ 내장의 마감은 방청도료를 칠하여야 한다.
④ 벽면이 외기에 직접 접하는 경우에는 불연재료로 구획할 수 있다.

해설 벽, 바닥 및 천장의 재질
기계실은 당해 건축물의 다른 부분과 내화구조 또는 방화구조로 구획하고, 기계실의 내장은 준불연재료 이상으로 마감되어야 한다. 다만, 기계실 벽면이 외기에 직접 접하는 등 「건축법」 등 관련 법령에 따른 건축물 구조상 내화구조 또는 방화구조로 구획할 필요가 없는 경우에는 불연재료를 사용하여 구획할 수 있다.

08 전기식 엘리베이터에서 로프와 도르래 사이의 마찰력 등 미끄러짐에 영향을 미치는 요소가 아닌 것은?

① 로프가 감기는 각도
② 권상기 기어의 감속비
③ 케이지의 가속도와 감속비
④ 케이지 측과 균형추 쪽의 로프에 걸리는 중량비

해설 미끄러짐을 결정하는 요소
㉠ 카와 균형추의 로프에 걸리는 장력(중량)의 비
㉡ 가속도와 감속도
㉢ 로프와 도르래의 마찰계수
㉣ 로프가 감기는 각도

09 권동식 권상기에 비하여 트랙션 권상기의 장점이라고 볼 수 없는 것은?

① 소요동력이 작다.
② 승강행정에 제한이 없다.
③ 기계실의 소요면적이 작다.
④ 권과(지나치게 감기는 현상)를 일으키지 않는다.

해설 트랙션 권상기의 단점 : 기계실의 소요 면적은 크다.

정답 05 ③ 06 ① 07 ③ 08 ② 09 ③

10 완충기에 대한 설명으로 틀린 것은?

① 에너지 분산형 완충기는 작동 후에는 영구적인 변형이 없어야 한다.
② 에너지 분산형 완충기는 엘리베이터 정격속도와 상관 없이 사용될 수 있다.
③ 에너지 축적형 완충기는 유체의 수위가 쉽게 확인될 수 있는 구조여야 한다.
④ 정격속도 60m/min 이하의 것은 운동에너지가 작아서 선형 또는 비선형 특성을 갖는 에너지 축적형 완충기가 주로 사용된다.

해설 에너지 분산형 완충기는 다음 사항을 만족해야 한다.
가) 카에 정격하중을 싣고 정격속도의 115%의 속도로 자유 낙하하여 완충기에 충돌할 때, 평균감속도는 $1g_n$ 이하이어야 한다.
나) $2.5g_n$를 초과하는 감속도는 0.04초보다 길지 않아야 한다.
다) 작동 후에는 영구적인 변형이 없어야 한다.
㉮ 엘리베이터는 작동 후 정상 위치에 완충기가 복귀되어야만 정상적으로 운행되어야 한다.
이러한 완충기의 정상적인 복귀를 확인하는 장치는 전기안전장치이어야 한다.
㉯ 유압식 완충기는 유체의 수위가 쉽게 확인될 수 있는 구조이어야 한다.

11 군관리 조작방식의 경우 승강장에서 여러 대의 카 위치 표시를 볼 수 없으므로 응답하는 카의 도착을 알리는 장치는?

① 조작반
② 홀 랜턴
② 카 위치 표시기
④ 승장 위치 표시기

해설 인디게이터(Indicator)
① 승강장이나 카 내에서 현재 카의 위치를 알려주는 장치이다.
② 홀 랜턴(Hall Lantern)을 설치하여 해당 층에 정지할 카는 점등과 차임(Chime)이 들어오고, 통과하는 카는 동작하지 않는다.

12 유압 엘리베이터의 유압회로 내에서 오일 필터가 설치되는 곳은?

① 펌프의 흡입측에 설치된다.
② 펌프의 토출측에 설치된다.
③ 펌프의 흡입측과 토출측에 모두 설치된다.
④ 완전 밀폐형이기 때문에 설치할 필요가 없다.

13 유압식 엘리베이터를 구동시키고 정지시키는 구동기의 구성 부품으로 틀린 것은?

① 스프로킷
② 제어밸브
② 펌프 조립체
④ 펌프 전동기

14 엘리베이터용 전동기의 소요동력을 결정하는 인자가 아닌 것은?

① 정격하중
② 정격속도
③ 주로프 직경
④ 오버밸런스율

해설 엘리베이터용 전동기의 용량(P)

$$P = \frac{LVS}{6120\eta} = \frac{LV(1-F)}{6120\eta}(kW)$$

L : 정격하중(kg)
V : 정격속도(m/min)
F : 오버밸런스율(%)=[1- OB]
S : 균형추 불평형률
η : 종합효율

정답 10 ③ 11 ② 12 ① 13 ① 14 ③

15 **에스컬레이터 제동기의 설치상태는 견고하고 양호하여야 한다. 적재하중을 작용시키지 않고 스텝이 하강할 때 정격속도가 0.5m/s인 경우 정지거리는 몇 m 사이이어야 하는가?**

① 0.1~0.9
② 0.2~1.0
② 0.3~1.1
④ 0.4~1.2

해설 에스컬레이터의 정지거리

공칭속도(v)	정지거리
0.50m/s	0.20m부터 1.00m까지
0.65m/s	0.30m부터 1.30m까지
0.75m/s	0.40m부터 1.50m까지

16 **엘리베이터의 도어인터록 스위치의 역할에 대한 설명으로 옳은 것은?**

① 자기 층에 카가 없을 때는 잠금이 풀려도 운행된다.
② 카가 운행 중에는 잠금이 풀려도 정지층까지는 운행된다.
③ 카가 운행되지 않을 때는 승장문이 손으로 열리도록 한다.
④ 승장문의 안전장치로서 잠금이 풀리면 카가 작동하지 않는다.

해설 도어인터록
① 구조 : 도어록과 도어 스위치
② 원리 : 시건장치가 확실히 걸린 후 도어 스위치가 들어가고, 도어 스위치가 끊어진 후에 도어록이 열리는 구조이다. 외부에서 도어록을 풀 경우에는 특수한 전용키를 사용해야 한다. 또한 전 층의 도어가 닫혀 있지 않으면 운전이 되지 않아야 한다.

17 **교류 2단 속도제어방식에서 크리프 시간이란 무엇인가?**

① 저속주행시간
② 고속주행시간
② 속도변환시간
④ 가속 및 감속시간

해설 교류 2단 속도 제어
교류 2단 전동기의 속도비는 착상오차 이외의 감속도, 감속 시의 저크(감속도의 변화비율), 저속주행시간(크리프 시간), 전력회생의 균형으로 인하여 4:1이 가장 많이 사용된다. 속도 60m/min까지 적용 가능하다.

18 **단일 승강로에 두 대의 엘리베이터를 이용하면서 각각 독립적으로 운행되는 고효율 엘리베이터는?**

① 트윈 엘리베이터
② 전망용 엘리베이터
③ 더블데크 엘리베이터
④ 조닝방식 엘리베이터

19 **여러 층으로 배치되어 있는 고정된 주차구획에 아래 · 위로 이동할 수 있는 운반기로 자동차를 자동으로 운반 이동하여 주차하도록 설계한 주차장치는?**

① 다단식
② 승강기식
③ 수직 순환식
④ 다층 순환식

해설 승강기(엘리베이터)식 주차장치
여러 층으로 배치되어 있는 고정된 주차 구획에 자동차용 승강기를 운반기로 조합한 주차 장치. 주차 구획의 배치 위치에 따라 종식, 횡식 등으로 세분하기도 한다.

정답 15 ② 16 ④ 17 ① 18 ① 19 ②

20 엘리베이터에서 브레이크 시스템이 작동하여야 할 경우가 아닌 것은?

① 주동력 전원공급이 차단되는 경우
② 제어회로에 전원공급이 차단되는 경우
③ 카 출발 후 과부하감지장치가 작동했을 경우
④ 조속기(과속조절기)의 과속검출 스위치가 작동했을 경우

02 승강기 설계

21 전기식엘리베이터의 기계실 치수에 대한 조건으로 적합한 것은?

① 작업구역의 유효높이는 4m 이상이어야 한다.
② 작업구역 간 이동통로의 유효폭은 0.3m 이상이어야 한다.
③ 보호되지 않은 회전부품 위로 0.3m 이상의 유효수직거리가 있어야 한다.
④ 기계실 바닥에 0.3m를 초과하는 유효수직거리가 있어야 한다.

해설 보호되지 않은 회전부품 위로 0.3m 이상의 유효수직거리가 있어야 한다.

22 재료의 단순 인장에서 푸아송비는 어떻게 나타내는가?

① $\frac{\text{세로 변형률}}{\text{가로 변형률}}$　② $\frac{\text{부피 변형률}}{\text{가로 변형률}}$
③ $\frac{\text{가로 변형률}}{\text{세로 변형률}}$　④ $\frac{\text{부피 변형률}}{\text{세로변형률}}$

해설 포아송비(Poisson's Ratio)

$$\mu = \frac{\epsilon'}{\epsilon} = \frac{\text{가로 변형률}}{\text{세로 변형률}} = \frac{1}{m}$$

(여기서, m : 푸아송수)

23 스트랜드의 외층소선을 내층소선보다 굵게하여 구성한 로프로 내마모성이 커 엘리베이터 주로프에 가장 많이 사용하는 종류는?

① 실형　② 필러형
③ 워링턴형　④ 나프레스형

해설 실형
스트랜드의 외층 소선을 내층소선보다 굵은 소선으로 구성한 로프로, 내마모성이 높으며, 엘리베이터용 메인 로프로 실형 꼬임의 것이 가장 많이 쓰인다.

24 카 추락방지(비상정지)장치가 작동될 때 무부하 상태의 카 바닥 또는 정격하중이 균일하게 분포된 부하 상태의 카 바닥은 정상적인 위치에서 몇 %를 초과하여 기울어지지 않아야 하는가?

① 1　② 3
③ 5　④ 8

해설 추락방지(비상정지)장치 작동 시 카 바닥의 기울기
카 추락방지(비상정지)장치가 작동될 때, 부하가 없거나 부하가 균일하게 분포된 카의 바닥은 정상적인 위치에서 5%를 초과하여 기울어지지 않아야 한다.

25 최대굽힘모멘트 200,000kg · cm, H 250×250×14×9(단면계수 867cm^3)인 기계대의 안전율은 약 얼마인가? (단, 재질은 SS-400, 기준강도 4,100kg/cm^{2}이다.)

① 14　② 18
③ 22　④ 24

정답 20 ③ 21 ③ 22 ③ 23 ① 24 ③ 25 ②

해설 안전율= $\frac{기준강도}{응력} = \frac{4100}{230.68} = 17.77$

응력= $\frac{최대굽힘모멘트}{단면계수}$

$= \frac{200,000}{867} = 230.68[kg/cm^2]$

26 에스컬레이터의 모터 용량을 산출하는 식으로 옳은 것은? (단, G : 적재하중, V : 속도, η=총효율, β=승객승입율, $Sin\theta$= 에스컬레이터의 경사도이다.)

① $P = \frac{6120 \times \beta}{G \times \eta}$

② $P = \frac{6120 \times Sin\Theta}{G \times V}$

③ $P = \frac{G \times V \times Sin\theta}{6120\eta} \times \beta$

④ $P = \frac{G \times \eta \times Sin\theta}{6120} \times \beta$

27 엘리베이터의 교통량 계산 시 손실시간의 계산과 관련이 없는 것은?

① 승객수 ② 주행거리
② 승객출입시간 ④ 도어개폐시간

해설 손실시간 $T_e = 0.1 \times (T_d + T_P)$
(T_d : 도어개폐시간, T_P : 승객출입시간)

28 감시반의 기능으로 볼 수 없는 것은?

① 경보기능 ② 제어기능
② 통신기능 ④ 승객감시기능

29 승강로에 대한 설명으로 틀린 것은?

① 승강로에는 1대의 엘리베이터 카만 있을 수 있다.
② 승강로 내에 설치되는 돌출물은 안전상 지장이 없어야 한다.
③ 승강로는 누수가 없고 청결상태가 유지되는 구조이어야 한다.
④ 유압식 엘리베이터의 잭은 카와 동일한 승강로 내에 있i 하며, 지면 또는 다른 장소로 연장될 수 있다.

해설 승강로 규격
1. 전기식 및 유압식 엘리베이터
① 일반사항
㉮ 승강로에는 1대 이상의 엘리베이터 카가 있을 수 있다.
㉯ 엘리베이터의 균형추 또는 평형추는 카와 동일한 승강로에 있어야 한다.
㉰ 승강로 내에 설치되는 돌출물은 안전상 지장이 없어야 한다.
㉱ 승강로 내에는 각 층을 나타내는 표기가 있어야 한다.
㉲ 승강로는 누수가 없고 청결상태가 유지되는 구조이어야 한다.
㉳ 유압식 엘리베이터의 잭은 카와 동일한 승강로 내에 있어야 하며, 지면 또는 다른 장소로 연장될 수 있다.

30 엘리베이터용 주행안내(가이드)레일의 적용 시 고려해야 할 사항으로 관계가 적은 것은?

① 엘리베이터의 정격속도
② 지진 발생 시 건물의 수평진동
③ 비상정지장치와 작동 시 걸리는 하중
④ 불균형한 하중의 적재 시 발생되는 회전모멘트

해설 주행안내(가이드)레일의 크기를 결정하는 요소
① 좌굴하중 : 비상정지장치 동작 시
② 수평진동력 : 지진 발생 시
③ 회전모멘트 : 불평형 하중에 대한 평형 유지

정답 26 ③ 27 ② 28 ④ 29 ① 30 ①

31 직류전동기의 일반적인 제어법이 아닌 것은?

① 저항제어법
② 진압제어법
③ 계자제어법
④ 주파수제어법

해설 직류전동기의 속도제어방식

속도제어 $N = K\dfrac{V - I_a R_a}{\phi}[rpm]$

① 전압제어[V] : 광범위 속도제어방식으로 단자저압 V를 제어한다.
② 저항제어[R] : 저항(R)에 의하여 제어한다.
③ 계자제어[ϕ] : 자속 ϕ를 제어한다.

32 카 자중이 1,050kg, 적재하중이 1,000kg인 승객용 엘리베이터의 브레이스로드가 65°로 4개가 설치되어 있을 경우 브레이스로드 1개당 작용하는 장력(kg)은 약 얼마인가?

① 569 ② 610
③ 1,192 ④ 1,220

해설 브레이스 로드의 강도계산

장력 $T = \dfrac{P}{\sin\theta} = \dfrac{512.5}{\sin 65°} = 565.48[kg]$

T : 브레이스 로드의 장력
P : 작용하중$\left(\dfrac{W}{4} = \dfrac{2050}{4} = 512.5\right)$
W : 카 실중량 + 카 바닥중량 + 정격하중[kg] =1,050+1,000=2,050(kg)
θ : 브레이스 로드의 경사각도

33 피트 바닥은 전 부하 상태의 카가 완충기에 작용하였을 때 완충기 지지대 아래에 부과되는 정하중의 몇 배를 지지할 수 있어야 하는가?

① 4 ② 5
③ 8 ④ 10

해설 피트 바닥은 전 부하 상태의 카가 완충기에 작용하였을 때 카 완충기 지지대 아래에 부과되는 정하중의 4배를 지지할 수 있어야 한다.

$F = 4 \cdot g_n \cdot (P + Q)$

여기서, F : 전체 수직력(N)
g_n : 중력 가속도(9.81m/s^2)
P : 카 자중과 이동케이블, 보상 로프/체인 등 카에 의해 지지되는 부품의 중량(kg)
Q : 정격하중(kg)

34 카 바닥 및 카틀 부재의 허용 가능한 상부체대의 최대 처짐량은 전장(span)에 대하여 얼마 이하이어야 하는가?

① $\dfrac{1}{900}$ ② $\dfrac{1}{920}$
③ $\dfrac{1}{960}$ ④ $\dfrac{1}{1,000}$

35 1:1 로핑인 엘리베이터의 적재하중이 550kg, 카 자중이 700kg, 단면적이 13.3cm^{2}인, 단면계수가 224.6cm^{3}인 SS-400을 사용할 때 상부체대의 응력은 약 몇 kg/cm^{2}인가? (단, 상부체대의 전길이는 160cm이다.)

① 222.6 ② 259.8
③ 342.4 ④ 476.1

해설 • 최대굽힘모멘트

$M_{max} = \dfrac{W_T \cdot L}{4} = \dfrac{(550+700)\times 160}{4}$
$= 50,000[kg \cdot cm]$

W_T : 카 측 총중량[kg]
L : 상부체대의 전길이[cm]

• 응력 $= \dfrac{M_{max}}{Z} = \dfrac{50,000}{224.6} = 222.62[kg/cm^2]$

정답 31 ④ 32 ① 33 ① 34 ③ 35 ①

36 카의 자중이 3,000kg, 정격 적재하중이 1,000kg인 엘리베이터의 오버밸런스율이 45%일 때 균형추의 중량은 몇 kg인가?

① 3,400 ② 3,450
③ 3,500 ④ 3,550

해설 균형추 중량=카자중+정격하중× OB
$=3,000+1,000\times0.45=3,450[\text{kg}]$

37 두 축이 평행한 기어에 해당하지 않는 것은?

① 스퍼기어 ② 베벨기어
③ 내접기어 ④ 헬리컬기어

해설 베벨기어
교차축 기어로 교차하는 두 축 사이의 동력을 전달하기 위하여 사용

38 오피스 빌딩의 경우 엘리베이터의 교통수요를 산출할 때 출근시간 승객 수의 가정으로 가장 합당한 것은?

① 상승방향은 정원을 60%, 하강방향은 없음
② 상승방향은 정원의 80%, 하강방향은 없음
③ 상승방향은 정원의 60%, 하강방향은 20%
④ 상승방향은 정원의 80%, 하강방향은 20%

해설 오피스빌딩의 경우 출근 시 승객 집중시간은 상승방향으로 승객 수는 정원의 80%로 산정한다.

39 유도전동기의 슬립 s의 범위로 옳은 것은?

① $s>1$ ② $s<0$
③ $s>0$ ④ $0<s<1$

해설 유도전동기의 슬립 s의 범위는 $0<s<1$이다.

40 승객이 출입하거나 하역하는 동안 착상 정확도가 ±20mm를 초과할 경우에는 몇 mm 이내로 보정되어야 하는가?

① ±5 ② ±7
③ ±10 ④ ±20

해설 착상 정확도는 ±10mm 이내이어야 한다.
예를 들어 승객이 출입하거나 하역하는 동안 착상 정확도가 ±20mm를 초과할 경우에는 ±10mm 이내로 보정되어야 한다.

03 일반기계공학

41 정밀한 금형에 용융금속을 고압, 고속으로 주입하여 주물을 얻는 방법으로 주물 표면이 미려하고 정도가 높은 주조법은?

① 셸몰드법
② 원심주조법
③ 다이캐스팅법
④ 인베스트먼트 주조법

해설 다이캐스팅법
금형 속에 용융금속을 고압, 고속으로 주입하여 주조하는 것으로 대량 생산에 적합하고 고정밀 제품에 사용하는 주조법

42 두 힘 10N과 30N이 직교하고 있다. 합성한 힘의 크기는 약 몇 N인가?

① 31.6 ② 38.7
③ 40.0 ④ 44.7

해설 힘의 크기= $\sqrt{10^2+30^2}=31.62[N]$

정답 36 ② 37 ② 38 ② 39 ④ 40 ③ 41 ③ 42 ①

43 연강의 응력-변형률선도에서 응력이 최고값인 응력은?

① 비례한도 ② 인장강도
③ 탄성한도 ④ 항복강도

해설 응력-변형률선도

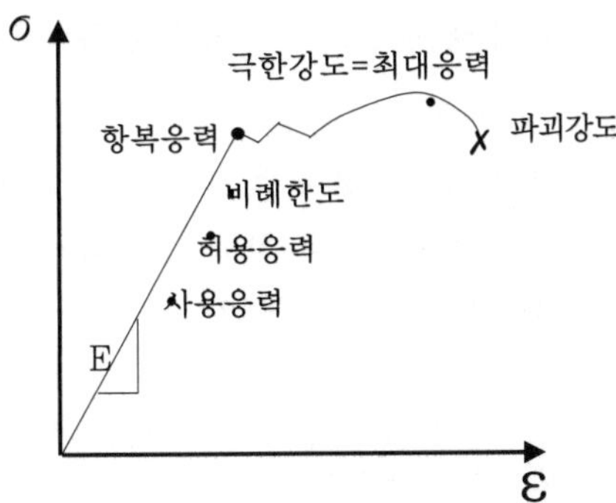

44 드릴 가공을 할 때 가공물과 접촉에 의한 마찰을 줄이기 위하여 절삭날 면에 주는 각은?

① 나선각(Helix Angle)
② 선단각(Point Angle)
③ 웨브 각(Web Angle)
④ 날 여유각(Lip Clearance Angle)

해설 1. 나선각(Helix angle) : 드릴 중심축과 홈의 비틀림 사이에 이루는 각
2. 날 여유각(Lip Clearance Angle) : 가공물과 접촉에 의한 마찰을 줄이기 위해 절삭날 면에 주는 각

45 경화된 강 중의 잔류오스테나이트를 마텐자이드로 변태시켜 시효변형을 방지하기 위한 목적으로 하는 열처리로서 치수의 정확성을 요하는 게이지나 베어링 등을 만들 때 주로 행하는 것은?

① 오스템퍼링 ② 마템퍼링
③ 심랭처리 ④ 노멀라이징

해설 심랭처리
담금질 후 경도 증가 및 시효변형을 방지하기 위하여 0℃ 이하의 온도로 냉각하면 잔류오스테나이트를 마르텐사이트로 만드는 처리 방법이다.

46 비틀림을 받는 원형 단면 봉에서 발생하는 비틀림 각에 대한 설명 중 옳은 것은?

① 봉의 길이에 반비례한다.
② 극단면 2차 모멘트에 반비례한다.
③ 전단탄성계수에 비례한다.
④ 비틀림모멘트에 반비례한다.

해설 비틀림각 $\theta° = \frac{180}{\pi} \cdot \frac{Tl}{GI_p}$

(극단면계수 $I_p = \frac{\pi d^4}{32}$)

47 잇수 40, 피치원 지름 100mm인 표준 스퍼기어의 원주피치는 약 몇 mm인가?

① 3.93
② 7.85
③ 15.70
④ 23.55

해설 원주피치

$p = \frac{\text{피치원의 둘레}(\pi D)}{\text{잇수}(Z)} = \frac{\pi \times 100}{40} = 7.85[mm]$

48 3줄 나사에서 리드(lead)와 L과 피치(pitch) p의 관계로 옳은 것은?

① p=L
② L=1.5p
③ p=3L
④ L=3p

해설 나사의 리드(l) = 줄수(n) × 피치(p) = $3p$

정답 43 ② 44 ④ 45 ③ 46 ② 47 ② 48 ④

49 **단동 왕복펌프의 피스톤 지름이 20cm, 행정 30cm, 피스톤의 매분 왕복횟수가 80, 체적효율 92%일 때 펌프의 양수량은 약 몇 m^3/min인가?**

① 0.35 ② 0.69
③ 0.82 ④ 1.42

해설 이론 송출량 $Q=\frac{\pi}{4}d^2LN\eta_V[m^3/min]$

$=\frac{\pi}{4}\times 0.2^2\times 0.3\times 80\times 0.92$

$\approx 0.69[m^3/min]$

여기서, Q : 이론송출량$[m^3/min]$
d : 피스톤 지름[cm]
L : 행정[cm]
N : 피스톤 왕복 횟수
η_V : 체적효율[%]

50 **압력제어밸브에서 어느 최소유량에서 어느 최대유량까지의 사이에 증대하는 압력은?**

① 파괴 압력 ② 절대 압력
③ 흡입 압력 ④ 오버라이드 압력

해설 오버라이드 압력
압력 제어 밸브에서 어느 최소 유량에서 어느 최대 유량까지의 사이에 증대하는 압력

51 **1.5m/s의 원주속도로 회전하는 전동축을 지지하는 저널 베어링에서 베어링 하중은 2,000N, 마찰계수가 0.04일 때 마찰에 의한 손실 동력은 약 몇 kW인가?**

① 0.12 ② 0.24
③ 0.48 ④ 0.72

해설 ① $H=\frac{uF}{102}\times v[kW]$

② $H=\frac{uF}{75}\times v[ps]$

여기서, H : 전달동력
u : 마찰계수
F : 마찰차를 누르는 힘[kg]
v : 원주속도 [m/s]

$H=\frac{uF}{102}\times v[kW]=\frac{0.04\times 2,000}{102\times 9.8}\times 1.5=0.12[kW]$

52 **Ti의 특성에 대한 설명으로 틀린 것은?**

① 비중이 4.5이다.
② Mg과 Al보다 무겁고 철보다 가볍다.
③ 전기 및 열의 전도성은 Fe보다 크다.
④ 내식성이 우수하다.

해설 Ti의 특성
① 비중이 4.51로 철에 비해 가볍고, 강도가 크다. 내식성, 내마모성이 우수하다.

53 **소성가공 중에서 주전자, 물통, 배럴 등의 주름 형상을 만드는 데 적합한 가공은?**

① 벌징(Bulging)
② 비딩(Beading)
③ 헤밍(Hemming)
④ 컬링(Curling)

해설 벌징(bulging)
원통형 용기 또는 파이프에 높은 압력을 가하여 용기 또는 관의 일부를 팽창시켜 성형(주전자, 물통, 배럴) 하는 가공방법

54 **다음 중 비중이 가장 낮은 경금속인 것은?**

① Ag ② Al
③ Cu ④ Pb

해설 ① Ag : 10.497
② Al :2.799
③ Cu : 8.96
④ Pb : 11.341

정답 49 ② 50 ④ 51 ① 52 ③ 53 ① 54 ②

55 **동일 축상 2개 이상의 펌프 작용 요소를 가지고, 각각 독립된 펌프 작용을 하는 형식의 펌프는?**

① 다련 펌프
② 다단 펌프
③ 피스톤 펌프
④ 베인 펌프

해설 다련 펌프(multiple pump)
동일 축 상 2개 이상의 펌프 작용 요소를 가지고, 각각 독립된 펌프 작용하는 펌프

56 **제동장치에서 단식 블록 브레이크의 제동력에 대한 설명 중 옳은 것은?**

① 제동토크에 반비례한다.
② 마찰계수에 반비례한다.
③ 브레이크 드럼의 지름에 비례한다.
④ 브레이크 드럼과 블록 사이의 수직력에 비례한다.

해설 단식 블록 브레이크의 제동력 브레이크 드럼과 블록 사이의 수직력에 비례한다.

57 **리밍(Reaming)에 관한 설명으로 옳은 것은?**

① 구멍을 뚫는 기본적인 작업
② 구멍에 암나사를 가공하는 작업
③ 구멍 주위를 평면으로 가공하는 작업
④ 뚫린 구멍을 정확한 크기와 매끈한 면으로 다듬질하는 작업

해설 리밍(Reaming)
드릴로 뚫은 구멍의 내면을 매끈하고 정확하게 가공하는 작업

58 **용접부의 검사법 중 시편 타단의 결함에서 반사되어 오는 반응을 시간적 연관성이 있는 오실로스코프에 받아 기록하는 방법은?**

① 침투탐상검사
② 자분검사
③ 초음파검사
④ 방사선투과검사

해설 초음파 검사는 시편 타단의 결함에서 반사되어 오는 반응을 시간적 연관성이 있는 오실로스코프에 받아 기록하는 방법이다.

59 **하중을 한 방향으로만 받는 부품에 이용되는 나사로 압착기, 바이스(Vise) 등의 이송나사에 사용되는 것은?**

① 둥근나사
② 사각나사
③ 삼각나사
④ 톱니나사

해설 톱니나사
밀링머신의 일감 고정 바이스, 대형 공작기계의 이송 부분에 사용

60 **길이가 50cm인 외팔보에 그림과 같이 ω = 4N/cm인 균일분포하중이 작용할 때 최대굽힘모멘트의 값은 몇 N · cm인가?**

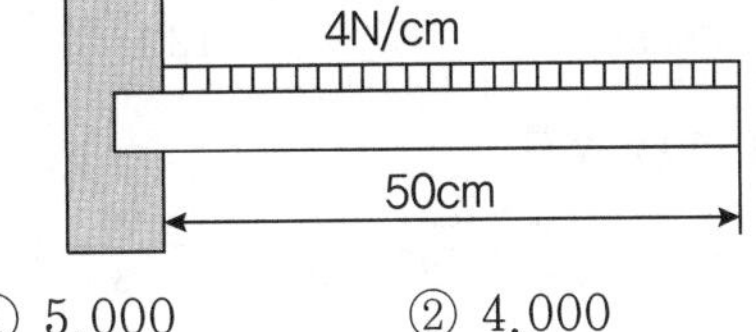

① 5,000 ② 4,000
③ 2,500 ④ 2,000

해설 최대 굽힘모멘트(σ max)

$$\frac{W\times l^2}{2}=\frac{4\times 50^2}{2}=5{,}000[N\cdot cm]$$

정답 55 ① 56 ④ 57 ④ 58 ③ 59 ④ 60 ①

04 전기제어공학

61 여러 가지 전해액을 이용한 전기분해에서 동일량의 전기로 석출되는 물질의 양은 각각의 화학당량에 비례한다고 하는 법칙은?

① 줄의 법칙 ② 렌츠의 법칙
③ 쿨롱의 법칙 ④ 페러데이의 법칙

해설 패러데이의 법칙
전극에 석출된 물질의 양은 통과한 전기량에 비례하고, 물질의 전기화학당량에 비례(화학당량=원자량/원자가)한다.
$W = KQ = KIt[g]$

62 추종제어에 속하지 않는 제어량은?

① 위치 ② 방위
③ 자세 ④ 유량

해설 추종제어
임의로 변화하는 제어로 서보기구에 이에 속한다(대공포, 자동평형계기, 추적레이더).
→ 서보 기구(기계적인 변위량) : 위치, 방위, 자세, 거리, 각도 등

63 90Ω의 저항 3개가 Δ결선으로 되어 있을 때, 상당(단상) 해석을 위한 등가 Y결선에 대한 각 상의 저항 크기는 몇 Ω인가?

① 10 ② 30
③ 90 ④ 120

해설 Δ⇨Y 변환

$$Z_a = \frac{Z_{ab} \cdot Z_{bc}}{Z_{ab}+Z_{bc}+Z_{ca}} = \frac{Z^2}{3Z} = \frac{Z}{3} = \frac{90}{3} = 30[\Omega]$$

64 정격주파수 60Hz의 농형 유도전동기를 50Hz의 정격전압에서 사용할 때, 감소하는 것은?

① 토크 ② 온도
③ 역률 ④ 여자전류

해설 ① 토크 : 토크 증가
② 온도 : 약간 증가
③ 역률 : 감소
④ 여자전류 : 약간 증가(자속포화)

역율 $\cos\theta = \frac{유효전력}{\sqrt{3} \times 전압 \times 전류}$

주파수 f ↓, 동기속도 N_s ↓, 회전수 N ↓,
출력 $P = \omega T = \frac{2\pi N}{60} T$
(출력 감소, 유효전류 감소, 역율감소)

65 제어장치가 제어 대상에 가하는 제어신호로 제어장치의 출력인 동시에 제어 대상의 입력인 신호는?

① 조작량 ② 제어량
③ 목표값 ④ 동작신호

해설 조작량
제어장치 또는 제어요소의 출력이면서 제어 대상의 입력인 신호

66 제어계의 과도응답특성을 해석하기 위해 사용하는 단위계단입력은?

① $\delta(t)$ ② $u(t)$
③ $-3tu(t)$ ④ $\sin(120\pi t)$

해설 단위계단함수(인디셜 함수) : 단위충격함수
$u(t) = 1$

67 제어 대상의 상태를 자동적으로 제어하며, 목표값이 제어 공정과 기타의 제한 조건에 순응하면서 가능한 가장 짧은 시간에 요구되는 최종상태까지 가도록 설계하는 제어는?

① 디지털제어 ② 적응제어
③ 최적제어 ④ 정치제어

정답 61 ④ 62 ④ 63 ② 64 ③ 65 ① 66 ② 67 ③

68 PI 동작의 전달함수는? (단, K_P는 비례감도이고, T_i는 적분시간이다.)

① K_P
② $K_P s T_i$
③ $K_P(1+sT_i)$
④ $K_P(1+\frac{1}{sT_i})$

해설 비례적분 제어(PI 제어)

$$G(s)=K\left(1+\frac{1}{T_i s}\right)$$

69 다음 설명은 어떤 자성체를 표현한 것인가?

N극을 가까이 하면 N극으로, S극을 가까이 하면 S극으로 자화되는 물질로 구리, 금, 은 등이 있다.

① 강자성체
② 상자성체
③ 반자성체
④ 초강자성체

해설 반자성체 : 강자성체와 반대로 자화되는 물질
종류 : 금(Au), 은(Ag), 구리(CU), 아연(Zn), 비스무트(Bi), 납(Pb), 게르마늄(Ge), 탄소(C)

70 PLC(Programmable Logic Controller)에서, CPU부의 구성과 거리가 먼 것은?

① 연산부
② 전원부
③ 데이터 메모리부
④ 프로그램 메모리부

해설 CPU부의 구성
연산부, 메모리부(ROM, RAM)

71 과도응답의 소멸되는 정도를 나타내는 감쇠비(Decay Ratio)로 옳은 것은?

① $\frac{\text{제2오버슈트}}{\text{최대오버슈트}}$
② $\frac{\text{제4오버슈트}}{\text{최대오버슈트}}$
③ $\frac{\text{최대오버슈트}}{\text{제2오버슈트}}$
④ $\frac{\text{최대오버슈트}}{\text{제4오버슈트}}$

해설 $\text{감쇠비} = \frac{\text{제2 오버 슈트}}{\text{최대 오버 슈트}}$

72 200V, 1kW 전열기에서 전열선의 길이를 $\frac{1}{2}$로 할 경우 소비전력은 몇 kW인가?

① 1
② 2
③ 3
④ 4

해설 전력

$$P=\frac{V^2}{R}=\frac{V^2}{\rho\frac{\ell}{A}}[W],\ P\propto\ell,$$

$$\frac{P'}{P}=\frac{\frac{1}{\ell'}}{\frac{1}{\ell}}=\frac{\ell}{\ell'}=\frac{\ell}{\frac{1}{2}\ell}=2$$

$\therefore P'=2P$

73 $G(jw)=e^{-jw0.4}$일 때 $\omega=2.5$에서의 위상각은 약 몇 도인가?

① −28.6
② −42.9
③ −57.3
④ −71.5

해설 $G(jw)=e^{-jw0.4}=e^{-j2.5\times0.4}=e^{-j}$

$$\theta=-1[radian]=-\frac{180^\circ}{\pi}=-57.3^\circ$$

74 제어계의 분류에서 엘리베이터에 적용되는 제어 방법은?

① 정치제어
② 추종제어
③ 비율제어
④ 프로그램제어

정답 68 ④ 69 ③ 70 ② 71 ① 72 ② 73 ③ 74 ④

75 그림과 같은 피드백 회로의 종합 전달함수는?

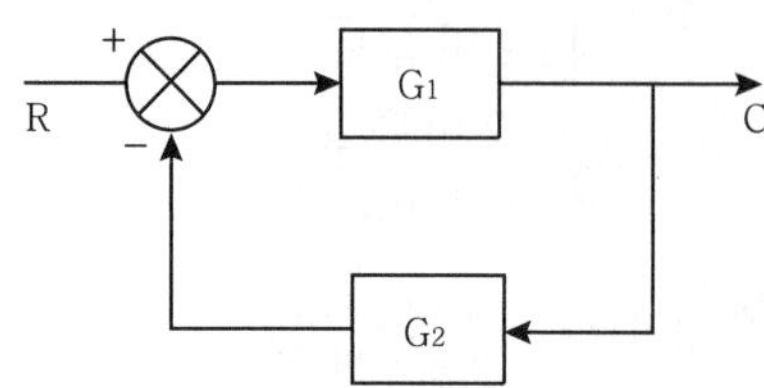

① $\frac{1}{G_1}+\frac{1}{G_2}$　② $\frac{G_1}{1-G_1G_2}$

③ $\frac{G_1}{1+G_1G_2}$　④ $\frac{G_1G_2}{1-G_1G_2}$

해설 전달함수

$$G(s)=\frac{\text{경로}}{1-\text{폐로}}=\frac{G_1}{1-[-G_1G_2]}=\frac{G_1}{1+G_1G_2}$$

76 어떤 교류전압의 실효값이 100V일 때, 최댓값은 약 몇 V가 되는가?

① 100
② 141
③ 173
④ 200

해설 최대값 $=\sqrt{2}$ 실효값 $=\sqrt{2}\times 100=141[V]$

77 도체가 대전된 경우 도체의 성질과 전하 분포에 관한 설명으로 틀린 것은?

① 도체 내부의 전계는 ∞이다.
② 전하는 도체 표면에만 존재한다.
③ 도체는 등전위이고 표면은 등전위면이다.
④ 도체 표면상의 전계는 면에 대하여 수직이다.

해설 도체 내부의 전계는 0이다.

78 다음과 같은 회로에 전압계 3대와 저항 10 Ω을 설치하여 $V_1=80V$, $V_2=20V$, $V_3=100V$의 실효치 전압을 계측하였다. 이때 순저항 부하에서 소모하는 유효전력은 몇 W인가?

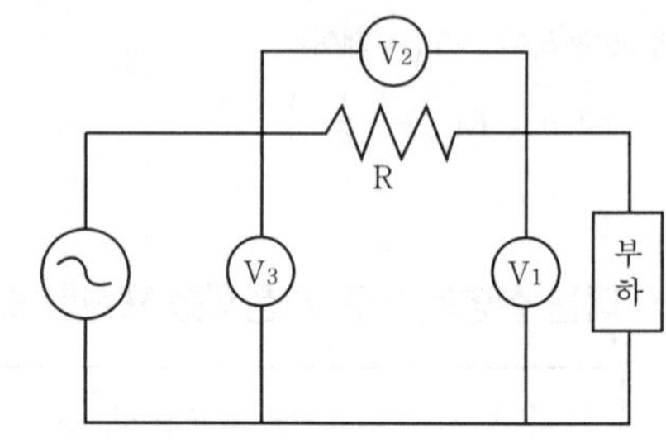

① 160　② 320

③ 360　④ 640

해설 단상유효전력

$$P=\frac{1}{2R}(V_3^2-V_2^2-V_1^2)$$
$$=\frac{1}{2\times 10}(100^2-20^2-80^2)=160[W]$$

79 단위 피드백 제어계통에서 입력과 출력이 같다면 전향전달함수 $G(s)$의 값은?

① 0　② 0.707

③ 1　④ ∞

해설 단위 궤환계의 전달 함수 $G(s)=\frac{\text{출력}}{\text{입력}}=\frac{G(s)}{1-G(s)}$ 이므로 전달 함수가 1이 되려면 $G(s)\rightarrow\infty$ 이어야 된다.

80 유도전동기에서 슬립이 '0'이란 의미와 같은 것은?

① 유도전동기의 역할을 한다.
② 유도전동기가 정지상태이다.
③ 유도전동기가 전부하 운전상태이다.
④ 유도전동기가 동기속도로 회전한다.

해설 전부하 회전수
$N=(1-S)N_S\approx N_S(S=0)$

정답 75 ③ 76 ② 77 ① 78 ① 79 ④ 80 ④

09 2019년 09월 21일

01 승강기 개론

01 에너지 축적형 완충기와 에너지 분산형 완충기의 용도에 대한 설명으로 옳은 것은?

① 에너지 축적형 완충기는 소형에, 에너지 분산형 완충기는 대형에 주로 사용한다.
② 에너지 축적형 완충기는 전기식에, 에너지 분산형 완충기는 유압식에 주로 사용한다.
③ 에너지 축적형 완충기는 화물용에, 에너지 분산형 완충기는 승객용에 주로 사용한다.
④ 에너지 축적형 완충기는 저속용에, 에너지 분산형 완충기는 고속용에 주로 사용한다.

02 승강기 도어 머신(Door Machine)의 감속장치로 주로 사용하는 방식이 아닌 것은?

① 벨트(Belt) 사용방식
② 체인(Chain) 사용방식
③ 웜(Worm) 감속기 방식
④ 유성기어(Planetary Gear) 감속기 방식

03 전동발전기를 이용한 직류 엘리베이터에서 가장 많이 사용하는 속도제어방법은?

① 전원전압을 제어하는 방법
② 전동기의 계자전압을 제어하는 방법
③ 발전기의 계자전류를 제어하는 방법
④ 발전기의 계자와 회전자의 전압을 제어하는 방법

04 에스컬레이터의 스텝에 대한 설명으로 옳은 것은?

① 스텝을 지지하는 롤러는 두 개다.
② 밟는 면은 평면이어야 하며, 홈이 있어서는 안 된다.
③ 스텝의 앞에만 주의색을 칠하거나, 주의색의 플라스틱을 끼워야 한다.
④ 스텝은 알루미늄의 다이캐스트 또는 스테인리스 강판을 접어 구부린 것도 있다.

05 엘리베이터 기계실의 작업구역마다 몇 개 이상의 콘센트를 적절한 위치에 설치하여야 하는가?

① 1
② 2
③ 3
④ 4

해설 기계실 · 기계류 공간 및 풀리실
가) 출입문의 가까운 곳에 적절한 높이로 설치되어 승강기 안전관리 기술자 등 관련 자격을 갖춘 사람만이 접근할 수 있는 조명스위치
나) 작업구역마다 적절한 위치에 설치된 1개 이상의 콘센트

정답 01 ④ 02 ④ 03 ③ 04 ④ 05 ①

06 **엘리베이터용 주로프에 대한 설명으로 틀린 것은?**

① 구조적 신율이 커야 한다.
② 그리스 저장 능력이 뛰어나야 한다.
③ 강선 속의 탄소량을 적게 하여야 한다.
④ 내구성 및 내부식성이 우수하여야 한다.

해설 구조적 신율이 작아야 한다.

07 **유체의 흐름을 한 방향으로만 흐르게 하고 역류를 방지하는데 사용되는 밸브는?**

① 체크밸브 ② 감압밸브
③ 글로브밸브 ④ 슬루스밸브

해설 체크밸브(non-return valve)
한 방향으로만 유체를 흐르게 하는 밸브

08 **엘리베이터 제동기(brake)의 전자-기계 브레이크에 대한 설명으로 틀린 것은?**

① 브레이크 라이닝은 불연성이어야 한다.
② 밴드 브레이크가 같이 사용되어야 한다.
③ 브레이크슈 또는 패드 압력은 압축 스프링 또는 추에 의해 발휘되어야 한다.
④ 자체적으로 카가 정격속도로 정격하중의 125%를 싣고 하강방향으로 운행될 때 구동기를 정지시킬 수 있어야 한다.

해설 밴드 브레이크는 사용되지 않아야 한다.

09 **동력전원이 어떤 원인으로 상이 바뀌거나 결상이 되는 경우 이를 감지하여 전동기의 전원을 차단하는 장치는?**

① 과속감지장치
② 역결상검출장치
③ 과부하감지장치
④ 과전류감지장치

10 **카 내의 적재하중이 초과되었음을 알려 주는 과부하감지장치는 정격적재하중의 몇 %를 초과하기 전에 작동해야 하는가?**

① 80 ② 90
③ 100 ④ 110

해설 과부하는 정격하중의 10%(최소 75kg)를 초과하기 전에 검출되어야 한다.

11 **균형체인의 설치 목적은?**

① 카의 자체 균형을 유지하기 위해서
② 균형추 로프의 장력을 일정하게 하기 위해서
③ 카의 자체 하중과 적재하중을 보상하기 위해서
④ 키와 균형추 상호 간의 위치 변화에 따른 무게를 보상하기 위해서

해설 균형체인 및 균형 로프의 기능
① 이동케이블과 로프의 이동에 따라 변화되는 하중을 보상하기 위하여 설치한다.
② 카 하단에서 피트를 경유하여 균형추의 하단으로 로프와 거의 같은 단위길이의 균형 체인이나 균형 로프를 사용하여 90% 정도 보상한다.
③ 고층용 엘리베이터에는 균형 체인을 사용할 경우 소음의 문제가 있어 균형 로프를 사용한다.

12 **화재 등 재난 발생 시 거주자의 피난활동에 적합하게 제조 · 설치된 엘리베이터로서 평상시에는 승객용으로 사용하는 엘리베이터는?**

① 승객용 엘리베이터
② 화물용 엘리베이터
③ 피난용 엘리베이터
④ 소방구조용 엘리베이터

정답 06 ① 07 ① 08 ② 09 ② 10 ④ 11 ④ 12 ③

해설 피난용 엘리베이터(Evacuation lift)
화재 등 재난발생 시 피난 층 또는 피난안전구역으로 대피하기 위한 엘리베이터로서 피난 활동에 필요한 추가적인 보호기능, 제어장치 및 신호를 갖춘 엘리베이터

13 **아래와 같은 건물 높이에 설치된 엘리베이터의 지진 감지기 설정값 중 고(高) 설정값으로 옳은 것은?**

건축물 높이	특저 설정값	저 설정값	고 설정값
58m	801gal 또는 P파감지	120gal	(　　)

① 120gal ② 130gal
③ 140gal ④ 150gal

14 **엘리베이터 주로프에 가장 일반적으로 사용되는 와이어로프는?**

① 8×S(19), E종, 보통 Z꼬임
② 8×S(19), E종, 보통 S꼬임
③ 8×W(19), E종, 보통 Z꼬임
④ 8×W(19), E종, 보통 S꼬임

15 **유량제어밸브방식의 유압식 승강기에서 일반적으로 착상속도는 정격속도의 몇 % 정도 인가?**

① 1~5 ② 10~20
③ 30~40 ④ 50~60

16 **소방구조용 승강기에 대한 설명으로 틀린 것은?**

① 피트 바닥 위로 1m 이내에 위한 전기장치는 IP 67 이상의 등급으로 보호되어야 한다.
② 콘센트의 위치는 허용 가능한 피트 내부의 최대 누수 수준 위로 0.5m 미만이어야 한다.
③ 소방구조용 엘리베이터는 소방운전 시 모든 승강장이 출입구마다 정지할 수 있어야 한다.
④ 소방구조용 엘리베이터는 주 전원공급과 보조 전원공급의 전선을 방화구획이 되어야 하고 서로 구분되어야 하며, 다른 전원공급장치와도 구분되어야 한다.

해설 피트 바닥 위로 1m 이내에 위치한 전기장치는 IP 67 이상의 등급으로 보호되어야 한다. 콘센트 및 승강로에서 가장 낮은 조명 전구의 위치는 허용 가능한 피트 내부의 최대 누수 수준 위로 0.5m 이상이어야 한다.

17 **에스컬레이터 및 무빙워크의 경사도에 따른 공칭속도에 대한 설명으로 틀린 것은?**

① 경사도가 12° 초과인 무빙워크의 공칭속도는 0.5m/s 이하이어야 한다.
② 경사도가 12° 이하인 무빙워크의 공칭속도는 0.75m/s 이하이어야 한다.
③ 경사도가 30° 이하인 에스컬레이터의 공칭속도는 0.75m/s 이하이어야 한다.
④ 경사도가 30°를 초과하고 35° 이하인 에스컬레이터의 공칭속도는 0.5m/s 이하이어야 한다.

해설
- 무빙워크의 경사도는 12° 이하이어야 한다.
- 무빙워크의 공칭속도는 0.75m/s 이하이어야 한다. 팔레트 또는 벨트의 폭이1.1m 이하이고, 승강장에서 팔레트 또는 벨트가 콤에 들어가기 전 1.6m 이상의 수평주행구간이 있는 경우 공칭속도는 0.9m/s까지 허용된다.

정답 13 ④ 14 ① 15 ② 16 ② 17 ①

18 추락방지(비상정지)장치에 대한 설명으로 틀린 것은?

① 상승방향으로만 작동해야 한다.
② 정격속도의 1.15배 이상에서 작동해야 한다.
③ 조속기(과속조절기)가 작동한 후에 작동해야 한다.
④ 조속기(과속조절기) 로프를 기계적으로 잡아서 작동시킬 수 있다.

해설 추락방지안전장치
추락방지안전장치는 하강방향으로 작동할 수 있어야 하며, 과속조절기의 작동속도 또는 매다는 장치가 파손될 경우 주행안내 레일을 잡아 그곳에 카, 균형추 또는 평형추를 세워놓는 방법으로 정격하중을 적재한 카, 균형추 또는 평형추를 정지시킬 수 있어야 한다.

19 균형(보상)로프와 주로프와의 단위중량 관계로 옳은 것은?

① 주로프의 단위중량과는 관계가 없다.
② 주로프와 같은 것이 가장 이상적이다.
③ 주로프 보다 큰 것이 가장 이상적이다.
④ 주로프 보다 작은 것이 가장 이상적이다.

20 무빙워크의 안전장치가 아닌 것은?

① 비상정지스위치
② 스커드가드 스위치
③ 스텝체인 안전스위치
④ 핸드레인 인입구 안전장치

해설 스커드가드 안전스위치
에스컬레이터 안전 장치로 스커드가드와 디딤판 사이에 신발이나 물체가 끼었을 때 동작하는 안전스위치

02 승강기 설계

21 교차되는 두 축 간에 운동을 전달하는 원추형의 기어에 해당되는 것은?

① 베벨 기어
② 내접 기어
③ 스퍼 기어
④ 헬리컬 기어

해설 베벨 기어
베벨 기어는 기어의 축선이 교차하는 경우에 사용한다.

22 조속기(과속조절기) 로프 인장 풀리의 피치 직경과 조속기(과속조절기) 로프의 공칭 지름의 비는 얼마 이상이어야 하는가?

① 5 ② 10
③ 25 ④ 30

해설 과속조절기 로프
- 과속조절기 로프의 최소 파단 하중은 권상 형식 과속조절기의 마찰 계수μmax 0.2를 고려하여 과속조절기가 작동될 때 로프에 발생하는 인장력에 8 이상의 안전율을 가져야한다.
- 과속조절기의 도르래 피치 직경과 과속조절기 로프의 공칭 직경 사이의 비는 30 이상이어야 한다.

23 카의 자중이 1020kgf, 적재하중이 900 kgf, 정격속도가 60m/min인 전기식 엘리베이터의 피트 바닥강도는 약 몇 N 이상이어야 하는가?

① 65,341
② 75,341
③ 85,243
④ 97,953

정답 18 ① 19 ② 20 ② 21 ① 22 ④ 23 ②

해설 피트 바닥은 전 부하 상태의 카가 완충기에 작용하였을 때 카 완충기 지지대 아래에 부과되는 정하중의 4배를 지지할 수 있어야 한다.

$F=4 \cdot g_n \cdot (P+Q)=4\times9.81\times(1.020+900)$
$=75,341[\text{N}]$

여기서, F : 전체 수직력(N)
g_n : 중력 가속도(9.81m/s^2)
P : 카 자중과 이동케이블, 보상 로프/체인 등 카에 의해 지지되는 부품의 중량(kg)
Q : 정격하중(kg)

24 다음 중 응력에 대한 관계식으로 적절한 것은?

① 탄성한도〉허용응력≥사용응력
② 탄성한도〉사용응력≥허용응력
③ 허용응력〉탄성한도≥사용응력
④ 허용응력〉사용응력≥탄성한도

25 엘리베이터 감시반의 기능에 해당하지 않는 것은?

① 제어기능
② 경보기능
③ 통신기능
④ 구출기능

26 적재하중 1150kgf, 카 자중 2200kgf, 상부체대의 스팬길이 1800mm인 것을 2개 사용하고 있다. 상부체대 1개의 단면계수가 153cm^{3}이고 파단강도가 4100kgf/cm^{2}라고 하면 상부체대의 안전율은 약 얼마인가?

① 7.8 ② 8.3
③ 9.2 ④ 9.8

해설 상부체대 안전율
총하중
$W_T=W_1+W_2=2,200+1,150=3,350[\text{kgf}]$
최대굽힘모멘트
$$M=\frac{W_T\times L}{4}=\frac{3,350\times180}{4}=150,750[\text{kgf}\cdot\text{cm}]$$
$$\text{응력 } \sigma=\frac{M}{Z}=\frac{150,750}{2\times153}=492.65[\text{kg/cm}^2]$$
$$\therefore \text{ 안전율 } S=\frac{f}{\sigma}=\frac{4,100}{492.65}=8.32$$

27 엘리베이터용 전동기의 구비조건이 아닌 것은?

① 소음이 적을 것
② 기동토크가 클 것
③ 기동전류가 작을 것
④ 회전부분의 관성모멘트가 클 것

해설 회전부분의 관성모멘트는 작아야 한다

28 가이드(주행안내) 레일의 역할이 아닌 것은?

① 카와 균형추를 승강로 내의 위치로 규제한다.
② 카의 자중이나 화물에 의한 카의 기울어짐을 방지한다.
③ 승강로의 기계적 강도 보강과 수평방향의 이탈을 방지한다.
④ 추락방지장치(비상 정지 장치)가 작동했을 때 수직하중을 유지한다.

해설 가이드(주행안내) 레일사용 목적
① 카와 균형추의 승강로 내 위치 규제
② 카의 자중이나 화물에 의한 카의 기울어짐 방지
③ 집중 하중이나 추락방지장치(비상 정지 장치) 작동 시 수직 하중을 유지

정답 24 ① 25 ④ 26 ② 27 ④ 28 ③

29 **승강장 도어의 로크 및 스위치의 설계 조건으로 틀린 것은?**

① 승강장 도어는 카가 없는 층에서는 닫혀 있어야 한다.
② 승강장 도어의 인터록장치는 도어 스위치를 닫은 후에 로크가 확실히 걸려야 한다.
③ 승강장 도어의 인터록장치는 도어 스위치를 확실히 열린 후에 로크가 벗겨져야 한다.
④ 승강장 도어가 완전히 닫혀 있지 않은 경우에 엘리베이터가 움직이지 않아야 한다.

해설 도어 인터록
① 구조 : 도어 록과 도어 스위치
② 원리 : 시건 장치가 확실히 걸린 후 도어스위치가 들어가고, 도어 스위치가 끊어진 후에 도어 록이 열리는 구조이다. 외부에서 도어 록을 풀 경우에는 특수한 전용키를 사용해야 한다. 또한 전 층의 도어가 닫혀 있지 않으면 운전이 되지 않아야 한다.

30 **기계대의 강도 계산에 필요한 하중에서 환산동하중으로 계산되지 않는 것은?**

① 카 자중 ② 로프 자중
③ 균형추 자중 ④ 권상기 자중

해설 기계대에 걸리는 총 하중(P)
P=권상기 자중+동하중
=권상기 자중+(2×권상기 작용 정하중)

31 **카의 문 개폐만이 운전자의 레버나 누름버튼 조작에 의하여 이루어지고, 진행방향의 결정이나 정지층의 결정은 미리 등록된 카 내행선층 버튼 또는 승강장 버튼에 의해 의루어지는 조작방식은?**

① 신호방식
② 단식자동식
③ 군 관리방식
④ 승합 전자동식

해설 승강기의 조작 방식
신호 방식 : 카의 문 개폐만이 운전자의 레버나 누름 버튼의 조작에 의해 이루어지고, 진행방향의 결정이나 정지층의 결정은 미리 눌려져 있는 카 내 행선층 버튼 또는 승강버튼에 의해 이루어진다. 현재에는 백화점 등에서 운전자가 있을 때 사용된다.

32 **자동차용 엘리베이터의 경우 카이 유효면 $1m^2$ 당 kg으로 계산한 값 이상이어야 하는가?**

① 100 ② 150
③ 250 ④ 350

해설 카의 유효면적
자동차용 엘리베이터의 경우 카의 유효면적은 $1m^2$ 당 150kg으로 계산한 값 이상이어야 한다.

33 **에스컬레이터의 배열 및 배치에 관한 사항으로 틀린 것은?**

① 승객의 보행거리가 가능한 한 짧게 되어야 한다.
② 각 층 승강장은 자연스러운 연속적 회전 되도록 한다.
③ 건물 출입구 가까이에 엘리베이터와 인접하여 설치하는 것이 좋다.
④ 백화점의 경우 승강 · 하강 시 매장에서 보이는 곳에 설치한다.

해설 엘리베이터와 에스컬레이터는 승객이 접근하기 쉬운 곳에 위치해야 하며, 가능하면 건물 중앙에 위치하는 것이 좋다.

정답 29 ② 30 ④ 31 ① 32 ② 33 ③

34 그림과 같이 C지점에 P_x의 하중이 작용할 때 최대 굽힘 모멘트 M은?

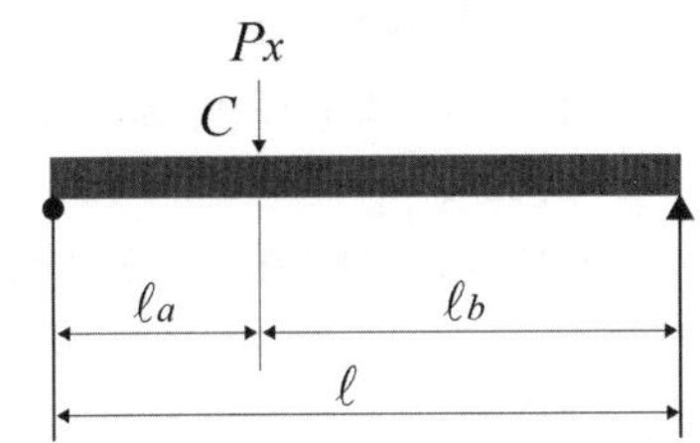

① $M=\frac{P_x\ell}{\ell_a\ell_b}$　② $M=\frac{\ell_a\ell_b}{P_x\ell}$

③ $M=\frac{P_x\ell_a\ell_b}{\ell}$　④ $M=\frac{\ell}{P_x\ell_a\ell_b}$

해설 최대 굽힘 모멘트

$M_{\max}=$ 하중×길이 $=P_X\times\frac{\ell_a\ell_b}{\ell}$[kgf·cm]

35 엘리베이터의 기계실 출입문 크기에 대한 기준으로 적합한 것은?

① 높이 0.5m 이상, 폭 0.5m 이상
② 높이 1.4m 이상, 폭 0.5m 이상
③ 높이 1.8m 이상, 폭 0.5m 이상
④ 높이 1.8m 이상, 폭 0.7m 이상

해설 출입문, 비상문 및 점검문의 치수

① 기계실, 승강로 및 피트 출입문 : 높이 1.8m 이상, 폭 0.7m 이상
다만, 주택용 엘리베이터의 경우 기계실 출입문은 폭 0.6m 이상, 높이 0.6m 이상으로 할 수 있다.
② 풀리실 출입문 : 높이 1.4m 이상, 폭 0.6m 이상
③ 비상문 : 높이 1.8m 이상, 폭 0.5m 이상

36 13인승 60m/min의 엘리베이터에 11kW의 전동기를 사용하고 있다. 13인을 싣고 1층에서 출발할 때 전동기의 회전수가 1500rpm으로 측정되었다면 전동기의 전부하토크는 약 몇 kg·m인가?

① 6.2　② 6.9
③ 7.2　④ 7.9

해설 제동토크

$T_d=\frac{0.974kW}{N}=\frac{974\times11}{1,500}=7.15$[kg·m]

여기서, N : 전동기 회전수[rpm]
kW : 전동기 출력

37 도어머신에 요구되는 조건이 아닌 것은?

① 소형 경량일 것
② 보수가 용이할 것
③ 가격이 저렴할 것
④ 직류 모터를 사용할 것

해설 도어머신 구비조건

① 동작이 원활할 것
② 소형 경량일 것
③ 유지보수가 용이할 것
④ 경제적일 것

38 유압식엘리베이터에 있어서 유량제어 밸브를 주회로에 삽입하여 유량을 직접 제어하는 회로는?

① 파일럿(Pilot)회로
② 바이패스(Bypass)회로
③ 미터 인(Meter in)회로
④ 블리드 오프(Bleed off)회로

해설 유량 밸브에 의한 속도 제어

① 미터인(Meter In) 회로 : 작동유를 제어하여 유압 실린더를 보낼 경우 유량 제어 밸브를 주회로에 삽입하여 유량을 직접 제어하는 회로.
② 블리드 오프(Bleed Off) 회로 : 유량 제어 밸브를 주회로에서 분기된 바이패스(Bypass)회로에 삽입한 것.

정답 34 ③ 35 ④ 36 ③ 37 ④ 38 ③

39 초고층 빌딩의 서비스층 분할에 관한 설명으로 틀린 것은?

① 일주시간은 짧아지고 수송능력은 증대한다.
② 급행구간이 만들어져 고속성능을 충분히 살릴 수 있다.
③ 건물의 인구분포에 큰 변동이 있을 때 간단하게 분할점을 바꿀 수 있다.
④ 스카이 피난안전구역의 로비공간을 설정하고 서비스 존을 구분하는 것을 검토한다.

40 승강로에 대한 설명으로 틀린 것은?

① 승강로에는 1대 이상의 엘리베이터 카가 있을 수 있다.
② 승강로는 누수가 없고 청결상태가 유지되는 구조이어야 한다.
③ 승강로 내에 설치되는 돌출물은 안전상 지장이 없어야 한다.
④ 엘리베이터의 균형추 또는 평형추는 카와 다른 승강로에 있어야 한다.

해설 엘리베이터의 균형추 또는 평형추는 카와 동일한 승강로에 있어야 한다.

03 일반기계공학

41 비틀림 모멘트 P을 받는 중실축의 원형단면에서 발생하는 전단응력이 τ일 때 이 중실축의 지름 D를 구하는 식으로 옳은 것은?

① $D=\left(\frac{16P}{\pi\tau}\right)^{\frac{1}{3}}$　② $D=\left(\frac{8P}{\pi\tau}\right)^{\frac{1}{3}}$

③ $D=\left(\frac{16P}{\pi\tau}\right)^{\frac{1}{2}}$　④ $D=\left(\frac{8P}{\pi\tau}\right)^{\frac{1}{2}}$

해설 비틀림만을 고려하는 경우

전단응력 τ $\tau=\frac{P}{Z_p}$(비틀림모멘트 P[kgf · mm], Z_p는 극단면계수)

축 재료의 허용전단응력을 τ_a라 하면,

$\tau \leq \tau_a$

① 중실축 $\tau=\frac{P}{Z_p}=\frac{P}{\frac{\pi d^3}{16}} \leq \tau_a$

$\therefore$ 직경 $d=\sqrt[3]{\frac{16P}{\pi\tau_a}}=(\frac{16P}{\pi\tau_a})^{\frac{1}{3}}$

42 유동하고 있는 액체의 압력이 국부적으로 저하되어 증기나 함유기체를 포함하는 기포가 발생하는 현상은?

① 수격현상　② 서징현상
③ 공동현상　④ 초킹현상

해설 펌프의 캐비테이션(Cavitation) : 공동현상
① 원인 : 압력이 낮아져 액체의 포화증기압 이하로 되어 공동을 일으키는 현상
② 현상 : 소음과 진동 발생 및 펌프 성능저하
③ 방지책 : 펌프의 회전수를 적게 한다. 양흡입 펌프로 한다. 펌프 설치 위치를 낮춘다. 유효흡입수두를 크게 한다. 흡입관 지름을 크게 하고, 밸브 곡관을 적게 한다.

43 0.01mm까지 측정할 수 있는 마이크로미터에서 나사의 피치와 딤블의 눈금에 대한 설명으로 옳은 것은?

① 피치는 0.25mm이고, 딤블은 50 등분이 되어있다.
② 피치는 0.5mm이고, 딤블은 100 등분이 되어있다.
③ 피치는 0.5mm이고, 딤블은 50 등분이 되어있다.
④ 피치는 1mm이고, 딤블은 50 등분이 되어있다.

정답 39 ③ 40 ④ 41 ① 42 ③ 43 ③

44 니켈이 합금강에 함유되었을 때 여향을 설명한 것으로 틀린 것은?

① 강도와 인성을 높인다.
② 첨가량이 많으면 내열성이 향상된다.
③ 크롬과의 고합금강은 내열 · 내식성을 향상시킨다.
④ 미량으로도 소입경화성을 현저하게 높인다.

해설 니켈(Ni)
Ni을 함유한 강으로 강도가크고, 내식성이 증가한다.

45 두 축이 30° 미만의 각도로 교차하는 상태에서의 축 이음으로 가장 적합한 것은?

① 올덤 커플링
② 셀러 커플링
③ 플랜지 커플링
④ 유니버설 커플링

해설 ① 고정 커플링
㉮ 원통커플링
㉯ 플랜지커플링 : 양쪽 끝에 플랜지를 설치하고 리머볼트로 조임.
㉠ 단조플랜지
㉡ 조립 플랜지커플링
② 플렉시블 커플링 : 두 축 중심선이 어느 정도 어긋났거나 경사졌을 때 사용함.
③ 올덤 커플링 : 두 축이 평행하나 중심이 어긋나 있을 때 사용함.
④ 유니버설 커플링 : 두 축이 30° 이하의 각도로 교차한 상태로 토크를 전달.
⑤ 슬리브 커플링 : 값이 싸고 축방향으로 인장력이 작용할 때 부적당하므로 큰 동력이나 고속회전에서는 사용하지 못함.

46 스프링 상수(spring constant)를 정의하는 식으로 옳은 것은?

① 작용하중/변위량
② 코리의 평균지름/자유높이
③ 소선의 지름/자유높이
④ 코일의 평균지름/소선의 지름

해설 스프링 상수 K
$P=K\delta,\ K=\frac{P}{\delta}$[kg/cm]
(단위길이를 늘이는데 필요한 하중)
• 스프링 지수 $C,\ C=\frac{D}{d}$

47 셸 몰드법(Shell mold process)의 설명으로 틀린 것은?

① 미숙련공도 작업이 가능하다.
② 작업공정을 자동화하기 쉽다.
③ 보통 소량생산 방식에 사용된다.
④ 짧은 시간 내에 정도가 높은 주물을 만들 수 있다.

해설 셸몰드 법(shell molding process)
셸형 주물은 사형주물에 비해 주물표면이 양호하고 또 통기성도 좋기 때문에 얇은 주물에 적합하다.

48 나사가 축 방향 인장하중 W만을 받을 때 나사의 바깥지름 d를 구하는 식으로 옳은 것은? [단, 나사의 골지름(d_1)과 바깥지름(d)과의 관계는 d_1=0.8d, 허용인장응력은 σ_a 이다.]

① $d=\sqrt{\frac{2\sigma_a}{3W}}$
② $d=\sqrt{\frac{2W}{\sigma_a}}$
③ $d=\sqrt{\frac{W}{2\sigma_a}}$
④ $d=\sqrt{\frac{\sigma_a}{2W}}$

정답 44 ④ 45 ④ 46 ① 47 ③ 48 ②

49 **합금 재료인 양은에 대한 설명으로 틀린 것은?**

① 내열성, 내식성이 우수하다.
② 양백 또는 백동이라 한다.
③ 동, 알루미늄, 니켈의 3원 합금이다.
④ 주로 전류조정용 저항체에 사용된다.

해설 양은
구리에 아연과 니켈을 약간 섞어서 만든 합금

50 **전양정 3m, 유량 $10m^3$/min인 축류펌프의 효율이 80%일 때 이 펌프의 축동력(kW)은? (단, 물의 비중량은 1000kgf/m^3이다.)**

① 4.90 ② 6.13
③ 7.66 ④ 8.33

해설
축동력 $L_w = \frac{\gamma QH}{102\eta}$[kW]
여기서, γ : 비중량[kgf/cm^3]
Q : 유량[m^3/s]
H : 양정[m]
η : 효율

$$L_w = \frac{1{,}000 \times 10/60 \times 3}{102 \times 0.8} = 6.127[\text{kW}]$$

51 **그림과 같이 용접이음을 하였을 때 굽힘응력의 계산식으로 가장 적합한 것은? (단, L은 용접길이, t는 용접치수(용접판 두께), ℓ 은 용접부에서 하중 작용선까지 거리, W는 작용하중이다.)**

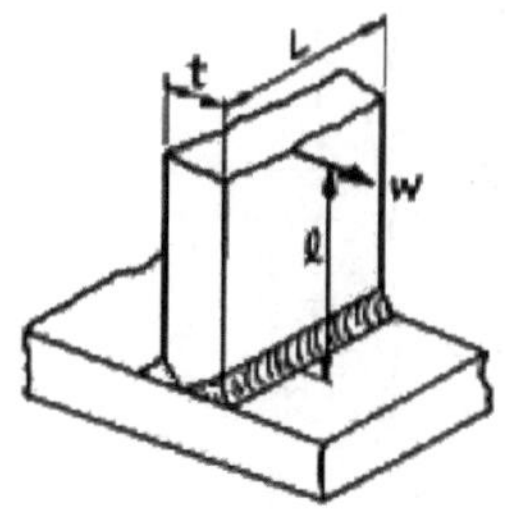

① $\frac{6W\ell}{tL^2}$ ② $\frac{12W\ell}{tL^2}$
③ $\frac{6W\ell}{t^2L}$ ④ $\frac{12W\ell}{t^2L}$

52 **축에는 가공을 하지 않고 보스에만 키홈(구배1/100)을 만들어 끼워 마찰에 의한 회전력을 전달하기 때문에 큰 힘의 전달로 부적합한 키는?**

① 안장(saddle) 키
② 평(flat) 키
③ 원뿔(cone) 키
④ 미끄럼(sliding) 키

해설 안장키이(Saddle Key)
경하중에 사용, 보스(Boss)에만 키홈을 가공한다.

53 **다음 중 열가소성 수지에 해당하는 것은?**

① 요소 수지 ② 멜라민 수지
③ 실리콘 수지 ④ 염화비닐 수지

해설 플라스틱(합성수지)의 종류
① 열가소성 수지 : 가열하여 성형 후 냉각하면 경화되고 재가열하면 새로운 모양으로 재 성형할 수 있다. 폴리에틸렌 수지, 폴리프로필렌 수지, 염화비닐, 아크릴 수지 등이 있다.
② 열경화성 수지 : 가열하여 성형 후 냉각하면 경화되고 재가열하면 새로운 모양으로 재 성형할 수 없다.

54 **풀리의 지름이 각각 D_2=900mm, D_1=300mm이고, 중심거리 C=1000mm일 때, 평행걸기의 경우 평 벨트의 길이는 약 몇 mm인가?**

① 1,717 ② 2,400
③ 3,245 ④ 3,975

정답 49 ③ 50 ② 51 ③ 52 ① 53 ④ 54 ④

해설 바로(평행)걸기

$$L=2C+\frac{\pi}{2}(D_1+D_2)+\frac{(D_2-D_1)^2}{4C}$$

$$=2\times1,000+\frac{\pi}{2}\times(300+900)+\frac{(900-300)^2}{4\times1,000}$$

$$=3,974[\text{mm}]$$

55 고속 절삭가공의 특징으로 틀린 것은?

① 절삭능률의 향상
② 표면거칠기가 향상
③ 공구수명이 길어짐
④ 가공 변질층이 증가

56 기둥 형상의 구조물에서 처짐량이 가장 많은 것은? (단, 단면의 형상과 길이 및 재질은 서로 같다.)

① 일단고정 타단자유
② 양단 회전
③ 일단고정 타단회전
④ 양단 고정

57 프레스 가공 중 전단가공에 포함되지 않은 것은?

① 블랭킹(blanking)
② 펀칭(punching)
③ 트리밍(trimming)
④ 스웨이징(swaging)

해설 ① 블랭킹(blanking) : 소재로부터 정해진 형상을 절단해내어 제품으로 사용하는 작업
② 펀칭(punching) : 소재의 구멍을 뚫는 작업
③ 트리밍(trimming) : 성형된 제품의 불규칙한 가장자리부위를 절단하는 작업

58 하중의 크기와 방향이 주기적으로 변화하는 하중은?

① 교번하중
② 반복하중
③ 이동하중
④ 충격하중

해설 교번하중
하중의 크기와 방향이 충격 없이 주기적으로 변화하는 하중

59 일반적으로 연강재를 구조물에 사용할 경우 안전율을 가장 크게 고려해야 하는 하중은?

① 전단하중
② 충격하중
③ 교번하중
④ 반복하중

해설 충격하중
매우 짧은 시간에 한 점에 강하게 작용하는 하중

60 유압 · 공기압 도면 기호에서 나타내는 기호 요소 중 파선의 용도로 틀린 것은?

① 필터
② 전기신호선
③ 드레인 관
④ 파일럿 조작관로

정답 55 ④ 56 ① 57 ④ 58 ① 59 ② 60 ②

04 전기제어공학

61 3상 유동전공기의 일정한 최대토크를 얻기 위하여 인버터를 사용하여 속도제어를 하고자 할 때 공급전압과 주파수의 관계로 옳은 것은?

① 주파수와 무관하게 공급전압이 항상 일정하여야 한다.
② 공급전압과 주파수는 반비례되어야 한다.
③ 공급전압과 주파수는 비례되어야 한다.
④ 주파수는 공급전압의 제곱에 반비례하여야 한다.

해설 VVVF제어
가변전압 가변 주파수 제어

62 유효전력이 80W, 무효전력이 60var인 회로의 역률(%)은?

① 60　② 80
③ 90　④ 100

해설 역율 $\cos\theta = \frac{\text{유효전력}}{\text{피상전력}}$

$$= \frac{\text{유효전력}}{\sqrt{\text{유효전력}^2 + \text{무효전력}^2}}$$

$$= \frac{80}{\sqrt{80^2 + 60^2}} = 0.8$$

∴ 역율 80[%]

63 그림과 같은 블록선도로 표시되는 제어시스템의 전체 전달함수는?

① $\dfrac{G_1(s)(1+G_2)H_2(s)}{1+G_1(s)G_2(s)+G_2(s)H_2(s)}$

② $\dfrac{G_1(s)G_2(s)}{1+G_2(s)H_2(s)+G_1(s)G_2(s)H_1(s)}$

③ $\dfrac{G_1(s)}{1+G_2(s)H_2(s)+G_1(s)G_2(s)H_1(s)}$

④ $\dfrac{G_1(s)G_2(s)}{1+G_2(s)H_2(s)+G_1(s)H_1(s)}$

해설 $G(s) = \dfrac{C(s)}{R(s)} = \dfrac{\text{경로}}{1-\text{폐로}}$

$$= \frac{G_1(s)G_2(s)}{1-[-G_1(s)G_2(s)H_1(s)-G_2(s)H_2(s)]}$$

$$= \frac{G_1(s)G_2(s)}{1+G_1(s)G_2(s)H_1(s)+G_2(s)H_2(s)}$$

64 △ 결선된 3상 평형회로에서 부하 1상의 임피던스가 40+j30(Ω)이고 선간전압이 200V일 때 선전류의 크기는 몇 A인가?

① 4　② $4\sqrt{3}$
③ 5　④ $5\sqrt{3}$

해설 선전류 $I = \dfrac{\sqrt{3}\,V}{Z} = \dfrac{\sqrt{3}\times 200}{\sqrt{40^2+30^2}} = 4\sqrt{3}\,[A]$

65 그림의 회로에서 전달함수 $V_2(s)/V_1(s)$는?

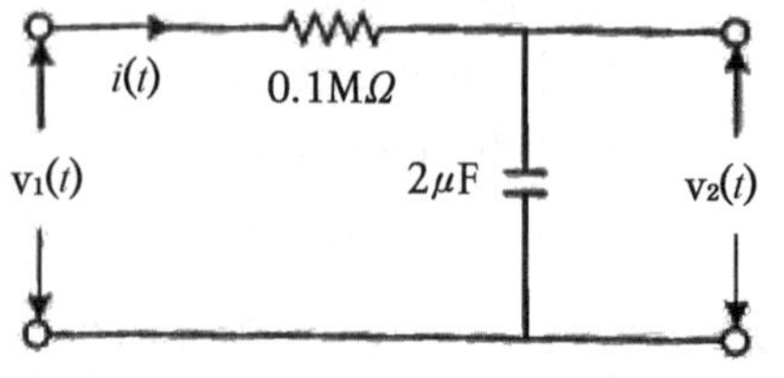

① $\dfrac{s+1}{0.2s+1}$　② $\dfrac{0.2s}{0.2s+1}$
③ $\dfrac{1}{0.2s+1}$　④ $\dfrac{s}{0.2s+1}$

정답 61 ③ 62 ② 63 ② 64 ② 65 ③

해설

$$\text{전달함수 } G(s)=\frac{V_1(s)}{V_2(s)}=\frac{\frac{1}{Cs}}{R+\frac{1}{Cs}}$$
$$=\frac{1}{RCs+1}$$
$$=\frac{1}{0.1\times10^6\times2\times10^{-6}\times s+1}$$
$$=\frac{1}{0.2s+1}$$

66 그림과 같은 회로에서 스위치를 2분 동안 닫은 후 개방하였을 때, A지점을 통과한 모든 전하량을 측정하였더니 240C이었다. 이때 저항에서 발생한 열량은 약 몇 cal인가?

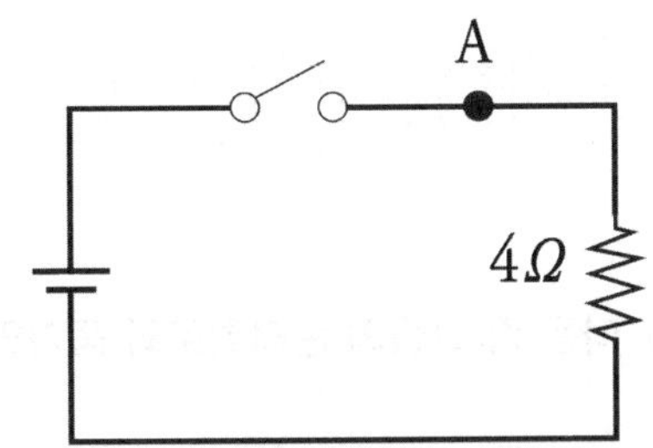

① 80.2 ② 160.4
③ 240.5 ④ 460.8

해설 발열량 $H=0.24VIt=0.24I^2Rt$

$$=0.24\times(\frac{240}{2\times60})\times4\times2\times60$$
$$=460.8[\text{cal}]$$

전류 $I=\frac{Q}{t}[\text{C/s}]$

67 다음 중 직류전동기의 속도 제어방식은?

① 주파수 제어
② 극수 변환 제어
③ 슬립 제어
④ 계자 제어

해설 직류전동기의 속도 제어 방식

속도제어 $N=K\frac{V-I_aR_a}{\phi}[\text{rpm}]$

① 전압제어[V] : 광범위 속도제어 방식으로 단자 저압 V를 제어한다.
② 저항제어[R] : 저항(R)에 의하여 제어한다.
③ 계자제어[ϕ] : 자속 ϕ를 제어한다.

68 정상상태에서 목표 값과 현재 제어량의 차이를 잔류편차(offset)라 한다. 다음 중 잔류편차가 있는 제어 동작은?

① 비례 동작(P 동작)
② 적분 동작(I 동작)
③ 비례 적분 동작(PI 동작)
④ 비례 적분 미분 동작(PID 동작)

해설 비례제어(P제어)

$G(s)=K$

- off-set(오프셋, 잔류편차, 정상편차, 정상오차)가 발생, 속응성(응답속도)이 나쁘다.

69 그림과 같은 유접점 시퀀스회로의 논리식은?

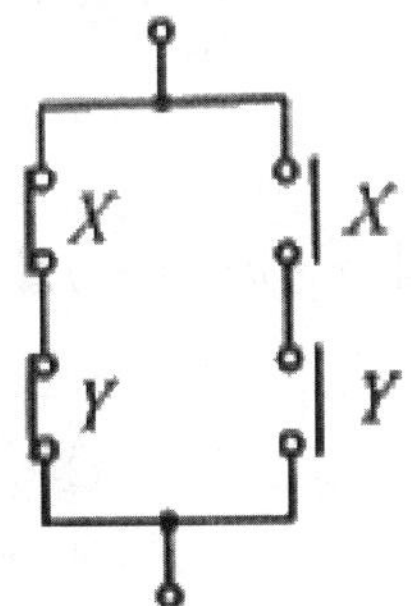

① $X\cdot Y$
② $\overline{X}\cdot\overline{Y}+X\cdot Y$
③ $X+Y$
④ $(\overline{X}+\overline{Y})(X+Y)$

해설 $\overline{X}\cdot\overline{Y}+X\cdot Y$

70 그림과 같은 폐루프 제어시스템에서 (a) 부분에 해당하는 것은?

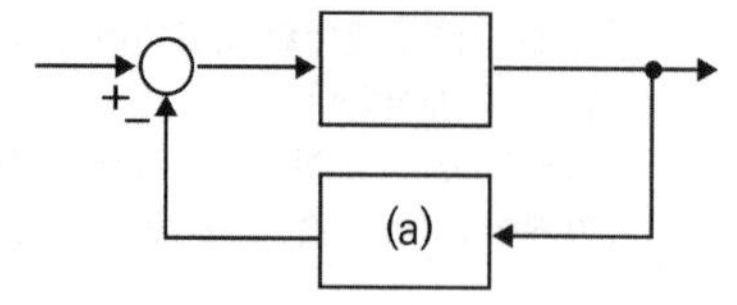

① 조절부　　② 조작부
③ 검출부　　④ 비교부

해설

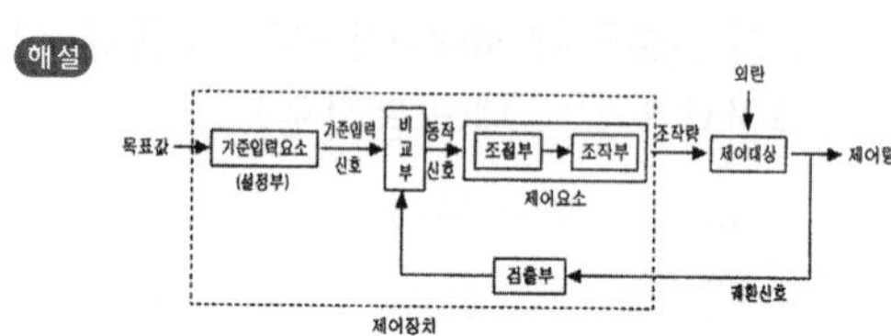

71 폐루프 제어시스템의 구성에서 제어대상의 출력을 무엇이라 하는가?

① 조작량　　② 목표값
③ 제어량　　④ 동작신호

해설

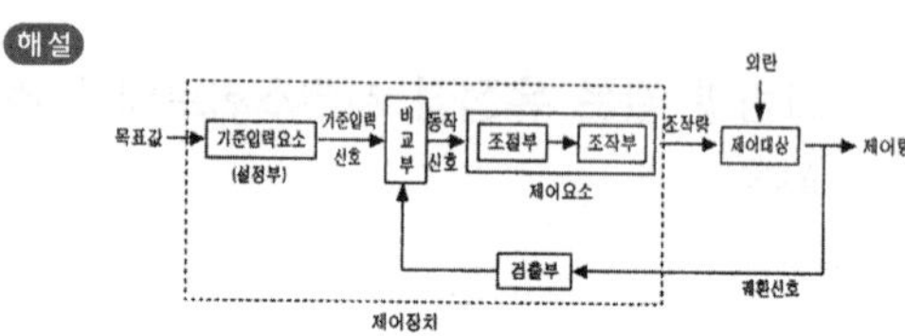

72 논리식 $\overline{x}\cdot y+\overline{x}\cdot\overline{y}$를 간단히 표현한 것은?

① $\overline{x}$　　② $\overline{y}$
③ 0　　④ $x+y$

해설 $\overline{x}\cdot y+\overline{x}\cdot\overline{y}=\overline{x}(y+\overline{y})=\overline{x}$

73 제어요소가 제어대상에 주는 것은?

① 기준 입력　　② 동작신호
③ 제어량　　④ 조작량

해설

74 정전용량이 같은 커패시터가 10개 있다. 이것을 병렬로 접속한 합성 정전용량은 직렬로 접속한 합성 정전용량에 비교하면 배가 되는가?

① 1
② 10
③ 100
④ 1,000

해설 $\dfrac{\text{병렬 합성 정전용량}}{\text{직렬 합성 정전용량}}=\dfrac{10C}{\frac{1}{10}C}=100$

75 다음 중 그림의 논리회로와 등가인 것은?

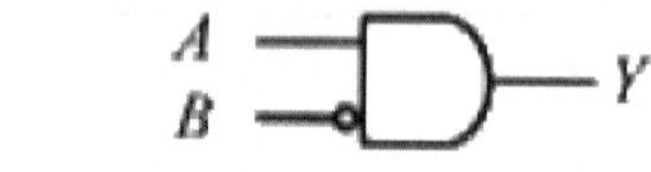

①
②
③
④

해설 $Y=A\cdot\overline{B}=\overline{\overline{A\cdot\overline{B}}}=\overline{\overline{A}+\overline{\overline{B}}}=\overline{\overline{A}+B}$

정답 70 ③ 71 ③ 72 ① 73 ④ 74 ③ 75 ①

76 10kW의 3상 유도전동기에 선간전압 200V의 전원에 공급하는 선로 임피던스가 $4+j3$일 때 부하가 뒤진역율 80[%]이면 선전류(A)는? (단, 유도전동기의 효율은 무시한다.)

① 18.8+j21.6　　② 28.8−j21.6
③ 35.7+j4.3　　④ 14.1+j33.1

해설 선전류 $I=\dfrac{P}{\sqrt{3}\times V\times \text{역율}}=\dfrac{10,000}{\sqrt{3}\times 200\times 0.8}$
$=36[\text{A}]$
$\therefore\ \dot{I}=I(\cos\theta-j\sin\theta)=36\times(0.8-J0.6)$
$=28.8-j21.6$

77 R=100Ω, L=20mH, C=47μF인 RLC직렬회로에 순시전압 v(t)=141.4sin377t(V)를 인가하면, 회로의 임피던스 허수부인 리액턴스의 크기는 약 몇 Ω인가?

① 48.9　　② 63.9
③ 87.6　　④ 111.3

해설 리액턴스 $X=X_L-X_C=2\pi fL-\dfrac{1}{2\pi fC}$
$=2\times\pi\times 60\times 20\times 10^{-3}$
$-\dfrac{1}{2\times\pi\times 47\times 10^{-6}}$
$=48.91[\Omega]$

78 전기력선의 기본성질에 대한 설명으로 틀린 것은?

① 전기력선의 방향은 전계의 방향과 일치한다.
② 전기력선은 전위가 높은 점에서 낮은 점으로 향한다.
③ 두 개의 전기력선은 전하가 없는 곳에서 교차하다.
④ 전기력선의 밀도는 전계의 세기와 같다.

해설 전기력선은 교차하지 않는다.

79 200V의 정격전압에서 1kW의 전력을 소비하는 저항에 90%의 정격전압을 가한다면 소비전력은 몇 W인가?

① 640　　② 810
③ 900　　④ 990

해설 전력 $P=\dfrac{V^2}{R}$, $P\propto V^2$ $\dfrac{P'}{P}=(\dfrac{V'}{V})^2$ P'
$=(0.9)^2P=0.81\times 1,000=810[\text{W}]$

80 전류계의 측정범위를 넓히는데 사용하는 것은?

① 배율기　　② 역률계
③ 분류기　　④ 용량분압기

해설 (1) 배율기 : 전압계의 측정범위의 확대를 전압계에 직렬로 접속되어 사용되는 저항기이다.
(2) 분류기 : 전류계의 측정범위의 확대를 위해 전류계에 병렬로 접속되어 사용되는 저항기이다.

정답 76 ② 77 ① 78 ③ 79 ② 80 ③

10 2020년 06월 06일

01 승강기 개론

01 전기식 엘리베이터의 트랙션 능력에 대한 설명으로 틀린 것은?

① 가속도가 클수록 미끄러지기 쉽다.
② 와이어로프의 권부각이 클수록 미끄러지기 쉽다.
③ 와이어로프와 도르래의 마찰계수가 작을수록 미끄러지기 쉽다.
④ 카측과 균형추측의 장력비가 트랙션 능력에 근접할수록 미끄러지기 쉽다.

해설 트랙션 능력
㉠ 로프의 감기는 각도(권부각)가 작을수록 미끄러지기 쉽다.
㉡ 카의 가속도와 감속도가 클수록 미끄러지기 쉽고 긴급정지 시에도 동일하다.
㉢ 카 측과 균형추 측의 로프에 걸리는 중량비가 클수록 미끄러지기 쉽다.
㉣ 로프와 도르래 사이의 마찰계수가 작을수록 미끄러지기 쉽다.

02 주행안내(가이드) 레일 중 규격으로 틀린 것은?

① 8K ② 15K
③ 24K ④ 30K

해설 주행안내(가이드)레일의 규격
① 레일의 표준 길이 : 5m(특수 제작된 T형 레일)
② 레일 규격의 호칭: 소재의 1m당 중량을 라운드 번호로 하여 K레일을 붙여서 사용된다. 일반적으로 사용하고 있는 T형 레일은 공칭 8,13,18, 및 24K,30K 레일이지만 대용량의 엘리베이터는 37K, 50K레일 등도 사용된다.

03 엘리베이터에는 카의 안전한 운행을 좌우하는 구동기 또는 제어시스템의 어떤 하나의 결함으로 인해 승강장문이 잠기지 않고 카문이 닫히지 않은 상태로 카가 승강장으로부터 벗어나는 개문출발을 방지하거나 카를 정지시킬 수 있는 장치는?

① 상승과속방지장치
② 개문출발방지장치
③ 과속조절기(조속기)
④ 추락방지안전장치(비상정지장치)

해설 개문출발(unintended car movement)
출입문이 열린 상태에서 카가 승강장을 비정상적으로 벗어나는 움직임(재-착상 보정장치에 의해 정해진 구간 내에서 물건을 싣거나 내리는 것에 따른 움직임은 제외한다)

04 주차법령에 따른 기계식주차장치 안에서 자동차를 입 · 출고 하는 사람이 출입하는 통로의 크기로 맞는 것은?

① 너비 : 30cm 이상, 높이 : 1.6m 이상
② 너비 : 50cm 이상, 높이 : 1.8m 이상
③ 너비 : 60cm 이상, 높이 : 2m 이상
④ 너비 : 80cm 이상, 높이 : 2m 이상

해설 기계식주차장치의 안전기준 및 검사기준 등에 관한 규정
기계식주차장치 안에서 자동차를 입출고하는 사람이 출입하는 통로의 크기는 너비 50센티미터 이상, 높이 1.8미터 이상일 것(규칙 제16조의5제1항 제5호)

정답 01 ② 02 ② 03 ② 04 ②

05 사람이 출입할 수 없도록 정격하중이 300 kg 이하이고, 정격속도가 1m/s 이하인 엘리베이터는?

① 화물용 엘리베이터
② 자동차용 엘리베이터
③ 주택용(소형) 엘리베이터
④ 소형화물용 엘리베이터(덤웨이터)

해설 소형화물용 엘리베이터(덤웨이터)
이 기준은 사람이 출입할 수 없도록 정격하중이 300kg 이하이고, 정격속도가 1m/s 이하인 소형화물용 엘리베이터에 대하여 규정한다.

06 에스컬레이터에서 난간의 끝부분으로 콤 교차선부터 손잡이 곡선 반환부까지의 난간구역을 무엇이라고 하는가?

① 뉴얼
② 스커트
③ 하부 내측데크
④ 스커트 디플렉터

해설 뉴얼(newel)
난간의 끝부분으로 콤 교차선부터 손잡이 곡선 반환부까지의 난간 구역

07 과속조절기(조속기)에 대한 설명으로 틀린 것은?

① 과속검출 스위치는 카가 미리 정해진 속도를 초과하여 하강하는 경우에만 작동된다.
② 과속조절기(조속기)에는 추락방지안전장치(비상정지장치)의 작동과 일치하는 회전방향이 표시되어야 한다.
③ 캠티브 롤러 형을 제외한 즉시 작동형 추락방지안전장치(비상정지장치)의 경우 0.8m/s 미만의 속도에서 작동해야 한다.
④ 추락방지안전장치(비상정지장치)의 작동을 위한 과속조절기(조속기)

해설 과속조절기 의해 상승 또는 하강하는 카의 속도가 과속조절기의 추락방지안전장치 작동속도에 도달하기 전에 구동기의 정지를 시작해야 한다.

08 엘리베이터의 조작방식 중 다름과 같은 방식은?

먼저 눌러진 호출 단추에 의하여 운전되고 완료될 때까지는 다른 부름에는 일체 응하지 않으며, 화물용에 많이 사용되는 방식

① 단식자동식
② 승합전자동식
③ 군승합자동식
④ 하강승합자동식

해설 단식자동식(single Automatic)
하나의 호출에만 응답하므로 먼저 눌려져 있는 호출에는 응답하고, 운전이 완료될 때 까지는 다른 호출을 일절 받지 않는다. 화물용 및 소형 엘리베이터에 많이 사용된다.

09 엘리베이터의 신호장치 중 홀 랜턴(hall lantem)이란?

① 엘리베이터가 고장중임을 나타내는 표시등
② 엘리베이터가 정상운행중임을 나타내는 표시등
③ 엘리베이터의 현재 위치의 층을 나타내는 표시등
④ 엘리베이터의 올라감과 내려감을 나타내는 방향등

해설 홀 랜턴(hall lantem)
엘리베이터의 올라감과 내려감을 나타내는 방향등

정답 05 ④ 06 ① 07 ① 08 ① 09 ④

10 **엘리베이터용 주행안내(가이드) 레일을 선정할 때 고려해야 할 요소로 관계가 가장 적은 것은?**

① 관성력
② 좌굴하중
③ 수평진동력
④ 회전모멘트

해설 주행안내(가이드)레일의 크기를 결정하는 요소
① 좌굴 하중 : 추락방지(비상정지)안전장치 동작 시
② 수평 진동력 : 지진 발생 시
③ 회전 모멘트 : 불평형 하중에 대한 평형 유지

11 **과속조절기(조속기) 도르래의 회전을 베벨기어에 의해 수직축의 회전으로 변환하고, 이축의 상부에서부터 링크 기구에 의해 매달린 구형의 진자에 작용하는 원심력으로 추락방지 안전장치(비상정지장치)를 작동시키는 과속조절기는?**

① 디스크형
② 스프링형
③ 플라이 볼형
④ 롤 세이프티형

해설 플라이 볼(Fly Ball)형
조속기(과속조절기) 도르래의 회전을 베벨기어에 의해 수직축의 회전으로 변환하고, 이 축의 상부에서부터 링크 기구에 의해 매달린 구형(球形)의 진자에 작용하는 원심력으로 비상정지장치(추락방지안전장치)를 작동시키는 조속기(과속조절기)

12 **에스컬레이터 안전기준에 따라 공칭속도가 0.5m/s, 디딤판(스텝) 폭이 0.6m인 에스컬레이터에 대한 시간당 수송능력은?**

① 3000명/h ② 3600명/h
③ 4400명/h ④ 4800명/h

해설 최대 수송능력

디딤판 폭 z_1(m)	공칭 속도 v(m/s)		
	0.5	0.65	0.75
0.6	3,600명/h	4,400명/h	4,900명/h
0.8	4,800명/h	5,900명/h	6,600명/h
1	6,000명/h	7,300명/h	8,200명/h

13 **승강기 안전관리법에 따른 용도별 승강기의 세부종류 중 사람의 운송과 화물 운반을 겸용하기에 적합하게 제조 · 설치된 엘리베이터는?**

① 화물용 엘리베이터
② 승객용 엘리베이터
③ 자동차용 엘리베이터
④ 승객화물용 엘리베이터

14 **종단층 강제감속장치에 대한 설명으로 틀린 것은?**

① 2단 이하의 감속제어가 되어야 한다.
② 1G(9.8m/s^2)를 초과하지 않는 감속도를 제공하여야 한다.
③ 카 추락방지안전장치(비상정지장치)를 작동시키지 않아야 한다.
④ 종단층 강제감속장치는 카 상단, 승강로 내부 또는 기계식 내부에 위치하여야 한다.

해설 종단층 강제감속장치(Emergency Terminal Slow Down Svitch)
완충기의 행정거리(stroke)는 카가 정격속도의 115% 에서 $1g_n$ 이하의 평균감속도로 정지하도록 되어야 하는데, 정격속도가 커지면 행정 거리는 급격히 증가한다. 예컨데, 장치를 설치할 때는 최고속도에서 바로 브레이크를 작동하면 로프의 마모가 쉽게 되므로 2단 이상의 감속제어가 되어야 한다.

정답 10 ① 11 ③ 12 ② 13 ④ 14 ①

15 **에너지 분산형 완충기는 카에 정격하중을 싣고 정격속도의 115%의 속도로 자유낙하하여 완충기에 충돌할 때, 평균감속도(g_n)는 얼마 이하여야 하는가?**

① 0.1
② 0.5
③ 1
④ 2

해설 에너지 분산형 완충기
카에 정격하중을 싣고 정격속도의 115%의 속도로 자유 낙하하여 완충기에 충돌할 때, 평균 감속도는 $1g_n$ 이하이어야 한다.

16 **엘리베이터에 사용되는 헬리컬기어의 특징으로 틀린 것은?**

① 웜기어보다 효율이 높다.
② 웜기어보다 역구동이 쉽다.
③ 웜기어에 비하여 소음이 작다.
④ 일반적으로 웜기어보다 고속 기종에 사용된다.

해설 웜기어/ 헬리컬기어 비교

구 분	헬리컬 기어	웜 기어
효 율	높다	낮다
소 음	크다	작다
역구동	쉽다	어렵다
용 도	고속용 엘리베이터	중 · 저속용 엘리베이터

17 **유압식 엘리베이터의 파워유니트에서 유압잭에 이르는 압력배관의 도중에 설치한 수동밸브로 보수 · 점검 및 수리의 용도로 사용하는 것은?**

① 사이런서
② 스톱밸브
③ 스트레이너
④ 상승용 유량제어밸브

해설 스톱 밸브(Stop Valve)
유압 파워유니트에서 실린더로 통하는 배관 도중에 설치되는 수동조작 밸브. 밸브를 닫으면 실린더의 오일이 탱크로 역류하는 것을 방지한다. 유압장치의 보수, 점검, 수리할 때에 사용되며 게이트 밸브(Gate Valve)라고도 한다.

18 **승강장문, 카문의 접점과 문 잠금장치의 유지관리를 위해 제어반 또는 비상운전 및 작동시험을 위한 장치에는 어떤 장치가 제공되어야 하는가?**

① 음향신호장치
② 종단정지장치
③ 바이패스장치
④ 비상전원공급장치

해설 승강장문 및 카문의 바이패스(bypass) 장치
승강장문, 카문의 접점과 문 잠금장치의 유지관리를 위해 제어반 또는 비상운전 및 작동시험을 위한 장치에 바이패스(bypass) 장치가 제공되어야 한다.

19 **엘리베이터 기계실에 설치하면 안 되는 것은?**

① 권상기
② 제어반
③ 과속조절기(조속기)
④ 추락방지안전장치(비상정지장치)

해설 추락방지안전장치(비상정지장치)는 카 하부에 설치된다.

정답 15 ③ 16 ③ 17 ② 18 ③ 19 ④

20 **시브(Sheave)의 홈 형상 중 언더 컷 형상을 사용하는 주된 이유는?**

① U홈보다 시브의 마모가 적기 때문에
② U홈보다 로프의 수명이 늘어나기 때문에
③ U홈과 V홈의 장점을 가지며 트렉셔 능력이 크기 때문에
④ U홈보다 마찰계수가 작아 접촉면의 면압을 낮추기 때문에

해설 언더커트 홈
U홈과 V홈의 중간적 특성을 갖는 홈형으로 V홈이 와이어로프에 의해 마모가 생긴 때의 형상을 언더커트 중심각 α가 크면 트랙션 능력이 크다.

02 승강기 설계

21 **과속조절기(조속기) 로프 인장 풀리의 피치직경과 과속조절기 로프의 공칭 지름의 비는 얼마이상이어야 하는가?**

① 20
② 30
③ 36
④ 40

해설 과속조절기 로프
가) 과속조절기 로프는 KS D 3514 또는 ISO 4344에 적합해야 한다.
나) 과속조절기 로프의 최소 파단 하중은 권상 형식 과속조절기의 마찰 계수(μmax) 0.2를 고려하여 과속조절기가 작동될 때 로프에 발생하는 인장력에 8 이상의 안전율을 가져야한다.
다) 과속조절기의 도르래 피치 직경과 과속조절기 로프의 공칭 직경 사이의 비는 30 이상이어야 한다.

22 **권상기 기계대(machine beam)가 콘크리트로 되어있을 때 안전율은 얼마가 가장 적합한가?**

① 7 ② 9
③ 12 ④ 15

해설 기계대 안전율
콘크리트 : 7, 강재의 것 : 4

23 **로프의 안전계수가 12, 허용응력이 500 kgf/cm^{2}인 엘리베이터에서 로프의 인장강도는 몇 kgf/cm^{2}인가?**

① 3000 ② 4000
③ 5000 ④ 6000

해설 인장강도
허용응력 × 안전계수 $= 500 \times 12 = 6{,}000$[kgf/cm^2]

24 **두 개의 기어가 맞물렸을 때 두 톱니 사이의 틈을 무엇이라 하는가?**

① 피치 ② 백래시
③ 어덴덤 ④ 이끌의 틈

해설 백래쉬(Backlash)
기어와 기어 사이의 공간

25 **다음 중 전동기의 내열등급이 가장 높은 기호는?**

① A ② B
③ E ④ H

해설 절연물의 종류
전기기기의 주위 온도[℃]의 기준은 40[℃]이고 최고 허용온도는 절연물의 종류에 따라 다르다.

절연물의 허용온도	종류	Y종	A종	E종	B종	F종	H종	C종
	온도 ℃	90	105	120	130	155	180	180 초과

정답 20 ③ 21 ② 22 ① 23 ④ 24 ② 25 ④

26 **정지 레오나드 제어방식과 관련이 없는 것은?**

① 전동발진기 ② 사이리스터
③ 직류리액터 ④ 속도발전기

해설 정지 레오나드 제어방식

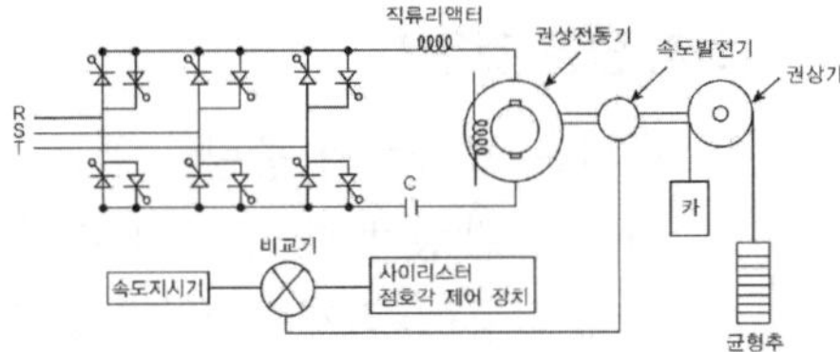

27 **지름이 10[cm]인 연강봉에 10×10^3[kgf]의 인장력이 작용할 때 생기는 인장응력은 약 몇 [kgf/cm²]인가?**

① 127.33 ② 137.32
③ 147.32 ④ 157.32

해설 $\text{인장응력} = \dfrac{\text{하중}}{\text{단면적}} = \dfrac{10\times10^3}{\dfrac{\pi}{4}\times10^2} = 127.33[\text{kgf/cm}^2]$

28 **카 자중 1000kgf, 정격 적재하중 800kgf, 오버밸런스율이 50%인 균형추의 무게는 몇 kgf인가?**

① 1300 ② 1400
③ 1500 ④ 1600

해설 균형추 무게
$\text{카자중} + \text{정격하중}\times OB = 1{,}000 + 800\times0.5$
$= 1{,}400[\text{kgf}]$

29 **카문의 문턱과 승강장문의 문턱 사이의 수평거리는 몇 mm 이하이어야 하는가?**

① 10 ② 20
③ 25 ④ 35

해설 승강장문과 카문 사이의 수평 틈새
카문의 문턱과 승강장문의 문턱 사이의 수평 거리는 35mm 이하이어야 한다

30 **카바닥과 카틀의 부재와 이에 작용하는 하중의 연결이 틀린 것은?**

① 볼트-장력
② 카바닥-장력
③ 추돌판-굽힘력
④ 카주-굽힘력, 장력

해설 카바닥 : 굽힘력

31 **전기식 엘리베이터 카측 주행안내(가이드)레일에 작용하는 하중이 1000kgf이고, 브라켓 간격이 200cm, 영률이 210×10^4kgf/cm², 레일 단면 2차 모멘트가 180cm⁴일 때, 주행안내 레일의 휨량은 약 몇 cm인가?**

① 1.22 ② 0.12
③ 0.18 ④ 0.24

해설 카용 주행안내(가이드) 레일의 계산

응력 $\sigma = \dfrac{7}{40}\times\dfrac{P_X\cdot l}{Z}[\text{kgf/cm}^2]$

휨 $\delta = \dfrac{11}{960}\times\dfrac{P_X\cdot l^3}{EI_X}[\text{cm}]$

$= \dfrac{11}{960}\times\dfrac{1{,}000\times200^3}{210\times10^4\times180} = 0.24[\text{cm}]$

여기서, P_X : 레일에 결리는 수평하중(kgf)
l : 레일브래킷의 간격[cm]
Z : 주행안내(가이드) 레일의 단면계수[cm³]
E : 주행안내(가이드) 레일의 영률(2.1×10^6[kgf/cm²])
I_X : 주행안내(가이드) 레일의 단면2차모멘트[cm⁴]

정답 26 ① 27 ① 28 ② 29 ④ 30 ② 31 ④

32 엘리베이터의 방범설비가 아닌 것은?

① 방범창　② 완충기
③ 경보장치　④ 연락장치

해설 엘리베이터의 방범설비
① 방범창
② 각층 강제 운전
③ 경보장치
④ 연락장치

33 미끄럼 베어링에 비교한 구름 베어링의 특징이 아닌 것은?

① 진동소음이 비교적 많다.
② 비교적 내충격성이 약하다.
③ 축경에 대한 바깥지름이 크고 폭이 좁다.
④ 윤활이 어렵고 누설방지를 위한 노력이 필요하다.

해설 미끄럼 베어링(Sl i ding Bearing)
베어링 메탈과 맞닿는 축의 표면을 저널(journal)이라고 하며, 베어링과 저널 사이에는 기름이나 그 밖의 윤활제를 매개시켜 마찰열의 발생을 억제한다.

34 엘리베이터의 일주시간(RTT)을 계산하는 식은?

① Σ(주행시간+도어개폐시간+승객출입시간+대기시간)
② Σ(주행시간+도어개폐시간+승객출입시간+손실시간)
③ Σ(주행시간+수리시간+승객출입시간+출발시간)
④ Σ(주행시간+대기시간+도어개폐시간+출발시간)

해설 일주시간(RTT)
Σ(주행시간+도어개폐시간+승객출입시간+손실시간)

35 다음 중 엘리베이터에 적용되는 레일의 치수를 결정하는데 고려할 요소로 가장 적절하지 않은 것은?

① 레일용 브라켓의 중량
② 지진이 발생할 때 건물의 수평진동
③ 카에 하중이 적재될 때 카에 걸리는 회전모멘트
④ 추락방지안전장치(비상정지장치)가 작동될 때 레일에 걸리는 좌굴하중

해설 주행안내 레일(가이드 레일)의 크기를 결정하는 요소
① 좌굴 하중 : 추락방지(비상정지)장치 동작 시
② 수평 진동력 : 지진 발생 시
③ 회전 모멘트 : 불평형 하중에 대한 평형 유지

36 주행안내(가이드) 레일에 대한 설명으로 틀린 것은?

① 주행안내 레일이 느슨해질 수 있는 부속품의 풀림은 방지되어야 한다.
② 주행안내 레일은 압연강으로 만들어지거나 마찰 면이 기계 가공되어야 한다.
③ 카, 균형추 또는 평형추는 2개 이상의 견고한 금속제 주행안내 레일에 의해 각각 안내되어야 한다.
④ 추락장치안전장치(비상정지장치)가 없는 균형추의 주행안내 레일은 부식을 고려하지 않고 금속판을 성형하여 만들 수 있다.

해설 추락방지안전장치가 없는 균형추 또는 평형추의 주행안내 레일은 금속판을 성형하여 만들 수 있다. 이 주행안내 레일은 부식에 보호되어야 한다.

정답 32 ② 33 ④ 34 ① 35 ① 36 ④

37 과속조절기(조속기)의 종류가 아닌 것은?

① 디스크형
② 마찰정지형
③ 플라이 볼형
④ 세이프티 디바이스형

해설 조속기(과속조절기)의 종류
① 마찰정지(Traction type)형
② 디스크형
③ 플라이 볼(Fly Ball)형
④ 양방향 과속조절기

38 다음 중 재해 시 관제운전의 우선순위가 가장 높은 것은?

① 화재 시 관제
② 지진 시 관제
③ 정전 시 관제
④ 태풍 시 관제

해설 관제우선순위
지진시 > 화재시 > 정전시

39 경사각이 30°, 속도가 30m/min, 디딤판(스텝) 폭이 0.8m이며, 층고가 9m인 에스컬레이터의 적재하중은 약 몇 kg인가?

① 1080 ② 1870
③ 2749 ④ 3367

해설 $G = 270 \times A = 270 \times \sqrt{3} \times H \times W$
$= 270 \times \sqrt{3} \times 9 \times 0.8 = 3,367[\text{kg}]$

40 엘리베이터에서 카틀의 구성요소가 아닌 것은?

① 카주 ② 상부체대
③ 스프링 버퍼 ④ 브레이스 로드

해설 카틀의 구조 및 주요 구성부품
(1) 상부 체대(Cross Head) : 카 틀에 로프를 매단 장치이다.
(2) 하부 체대(Plank) : 틀을 지지 한다.
(3) 카 주(stile) : 상부 체대와 카 바닥을 연결하는 2개의 지지대이다.
(4) 가이드 슈(Guide Shoe) : 틀이 레일로부터 이탈하는 것을 방지하기 위해 설치한다.
(5) 브레이스 로드(Brace Rod) : 카 바닥이 수평을 유지하도록 카 주와 비스듬히 설치하는 것이다.

03 일반기계공학

41 주조품 제조 시 주물의 형상이 대형으로 구조가 간단하고 점토로 채워서 만들며 정밀한 주형 제작이 곤란한 원형은?

① 잔형
② 회전형
③ 골격형
④ 매치 플레이트형

해설 골격형
제품의 형상이 크고, 소량의 주조품을 제작할 대 사용한다.

42 그림과 같이 직경 10cm의 원형 단면을 갖는 외팔보에서 굽힘마중 P_1만 작용할 때의 굽힘응력은 인장하중 P_2만 작용할 때의 응력의 약 몇 배가 되는가? (단, P_1=P_2=10kN이다.)

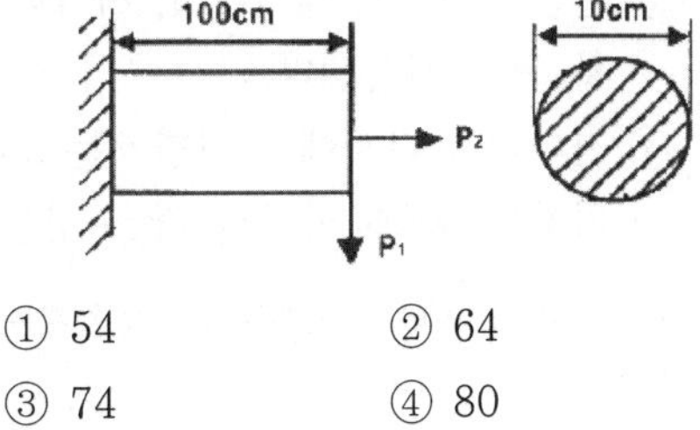

① 54 ② 64
③ 74 ④ 80

해설
$$\sigma_1 = \frac{M}{Z} = \frac{PL}{\frac{\pi d^3}{32}} = \frac{32PL}{\pi d^3}$$
$$\sigma_2 = \frac{P}{A} = \frac{P}{\frac{\pi d^2}{4}} = \frac{4P}{\pi d^2}$$
$$\therefore \frac{\sigma_1}{\sigma_2} = \frac{8L}{d} = \frac{8\times 1}{0.1} = 80$$

43 다음 금속재료 중 시효경화 현상이 발생하는 합금은?

① 슈퍼 인바　② 니켈-크롬
③ 알루미늄-구리　④ 니켈-청동

해설 시효경화
알루미늄 합금이 시간이 경과함에 따라 경도와 강도가 증가되는 현상이다.

44 이론 토출량이 22×10^3cm^3/min인 펌프에서 실체 토출량이 20×10^3cm^3/min로 나타날 때 펌프의 체적효율은 약 몇 %인가?

① 91　② 84
③ 79　④ 72

해설
$$\text{체적효율} = \frac{\text{실제토출량}}{\text{이론토출량}} = \frac{20\times10^3}{22\times10^3}\times100 = 91[\%]$$

45 나사에 대한 설명으로 틀린 것은?

① 미터나사의 피치는 mm단위이다.
② 체결용 나사에는 주로 삼각나사가 사용된다.
③ 운동용 나사는 사각나사, 사다리꼴 나사 등이 사용된다.
④ 사다리꼴 나사에서 미터계는 29°, 인치계는 30°의 나사산 각을 갖는다.

해설 사다리꼴 나사에서 미터계는 30°, 인치계는 29°의 나사산 각을 갖는다.

46 압축 코일스프링에서 흡수되는 에너지를 크게 하기 위한 방법으로 틀린 것은?

① 스프링 권수를 늘린다.
② 소선의 지름을 크게 한다.
③ 스프링 지수를 크게 한다.
④ 전단탄성계수가 작은 소재를 사용한다.

해설 코일스프링에서 흡수되는 에너지를 크게 하기 위한 방법
① 스프링 감김수(권수)를 많이한다.
② 스프링 지름을 크게 한다.
③ 스프링 지수를 크게 한다.
④ 전단 탄성계수가 작은 소재를 사용한다.

47 다음 중 체결용 기계요소가 아닌 것은?

① 리벳　② 래칫
③ 키　④ 핀

48 금속재료를 고온에서 장시간 외력을 가하면 시간의 흐름에 따라 변형이 증가하게 되는데 이러한 현상은?

① 열응력　② 피로한도
③ 탄성에너지　④ 크리프

해설 크리프(Creep)
금속이 일정한 하중 하하에서 시간이 경과함에 다라 그 변형이 증가되는 현상

49 다음 설명에 해당하는 재료는?

알루미나를 1,600℃ 이상에서 소결 성형시켜 제조하며 내열성이 높고, 고온 경도 및 내마멸성은 크나 비자성, 비전도체이며 충격에는 매우 취약하다.

① 세라믹
② 다이아몬드
③ 유리섬유강화수지
④ 탄소섬유강화수지

정답 43 ③ 44 ① 45 ④ 46 ② 47 ② 48 ④ 49 ①

해설 세라믹
고온에서(1,600℃) 소결 성형하여 만든 것으로 내마멸성이 크고취성이 있다.

50 웜 기어(worm gear)의 장점으로 틀린 것은?

① 소음과 진동이 적다.
② 역전을 방지할 수 있다.
③ 큰 감속비를 얻을 수 있다.
④ 추력하중이 발생하지 않고 효율이 좋다.

해설 웜 기어
소음과 진동이 적고, 역전을 방지 및 큰 감속비를 얻을 수 있다.

51 평평한 금속판재를 펀치로 다이 공동부에 밀어 넣어 원통형이나 각통형 제품을 만드는 가공은?

① 엠보싱 ② 벌징
③ 드로잉 ④ 트리밍

해설 드로잉
평평한 금속판재를 펀치로 다이 공동부에 밀어 넣어 원통형 또는 각통형 제품을 만드는 가공

52 국제단위계(SI)의 기본 단위가 아닌 것은?

① 시간-초(s)
② 온도-섭씨(℃)
③ 전류-암페어(A)
④ 광도-칸델라(cd)

해설 온도의 단위는 켈빈(K)를 사용한다

53 밀링작업에서 분할대를 사용한 분할법이 아닌 것은?

① 단식 분할 ② 복식 분할
③ 직접 분할 ④ 차동 분할

해설 분할법
단식, 직접, 차동 분할이 있다.

54 원형 파이프 유동에서 난류로 판단할 수 있는 기준 레이놀즈 수(Re)는?

① Re > 600
② Re > 2100
③ Re > 3000
④ Re > 4000

해설 관내 유동의 경우 레이놀즈수가 2,000 이하는 층류, 4,000보다 크면 난류, 2000~4000은 천이영역

55 액추에이터의 유입압력이 50kgf/cm^2, 액추에이터의 유출압력(유압펌프로 흡입되는 압력)이 5kgf/cm^{2}이고, 유량은 15 cm^3/s, 효율이 0.9일 때 펌프의 소요동력은 약 몇 kW인가?

① 0.074 ② 0.1
③ 0.15 ④ 0.2

해설 축동력 $L_w = \frac{pQ}{102\eta}$[kW]
여기서, p : 압력[kgf/cm^2]
Q : 유량[m^3/s]
η : 효율

$$L_w = \frac{(50-5)\times10^4\times15\times10^{-6}}{102\times0.9} = 0.07353[\text{kW}]$$

56 원형재료의 외경에 수나사를 가공하는 공구는?

① 탭 ② 다이스
③ 리머 ④ 바이스

해설 ① 탭 : 암나사 가공 공구
② 다이스 : 수나사 가공 공구
③ 리머 : 구멍를 매끄럽게 다듬는 공구
④ 바이스 : 가공물 고정 장치

정답 50 ④ 51 ③ 52 ② 53 ② 54 ④ 55 ① 56 ②

57 **일반적으로 재료의 안전율을 구하는 식은?**

① $\frac{탄성강도}{충격강도}$　② $\frac{탄성강도}{인장강도}$

③ $\frac{인장강도}{허용응력}$　④ $\frac{허용응력}{인장강도}$

해설 안전율= $\frac{인장강도}{허용응력}$

58 **다음 보기에는 설명하는 축 이음으로 가장 적합한 것은?**

1. 두 축이 만나는 각이 수시로 변화하는 경우에 사용한다. 2. 회전하면서 그 축의 중심선의 위치가 달라지는 부분의 동력을 전달할 때 사용한다. 3. 공작기계, 자동차 등의 축 이음에 사용한다.

① 유니버설 조인트
② 슬리브 커플링
③ 올덤 커플링
④ 플렉시블 조인트

해설 유니버설 조인트
두축이교차하는 경우의 축 이음으로 공작기계, 자동차 등의 축이음에 사용한다

59 **내경과 외경이 거의 같은 중공 원형단면의 축을 얇은 벽의 관이라 한다. 이 때 비틀림 모멘트를 T, 평균 중심선의 반지름 r, 벽의 두께 t, 관의 길이를 ℓ 이라 할 때, 비틀림 각을 표현한 식이 아닌 것은? (단, 평균 중심선에 둘러쌓인 면적(A)=π r^2, 평균 중심선의 길이(S)2π r, 극관성모멘트=I_p, 전단탄성계수=G, 전단응력=τ이다.)**

① $\frac{T\ell}{GI_p}$　② $\frac{T\ell}{2\pi r^3 tG}$

③ $\frac{T\ell}{ArtG}$　④ $\frac{\tau s\ell}{2AG}$

60 **피복아크용접에서 직류 정극성을 이용하여 용접하였을 때 특징으로 옳은 것은?**

① 비드 폭이 좁다.
② 모재의 용입이 얕다.
③ 용접본의 녹음이 빠르다.
④ 박판, 주철, 비철금속의 용접에 주로 쓰인다.

해설
- 정극성 용접 : 모재의 용입이 깊고, 용융속도가 느리고, 비드 폭이 좁다.
- 역극성 용접 : 재의 용입이 얕고, 용융속도가 빠르고, 주철, 비철금속에 쓰인다.

04 전기제어공학

61 **입력신호가 모두 “1”일 때만 출력이 생성되는 논리회로는?**

① AND 회로　② OR 회로
③ NOR 회로　④ NOT 회로

62 **변압기의 효율이 가장 좋을 때의 조건은?**

① 철손=2/3×동손
② 철손=2×동손
③ 철손=1/2×동손
④ 철손=동손

해설 최대효율 조건(철손=동손) $P_i = (\frac{1}{m})^2 P_c$

정답 57 ③ 58 ① 59 ③ 60 ① 61 ① 62 ④

63 역률 0.85, 선전류 50A. 유효전력 28kW인 평형 3상 △부하의 전압(V)은 약 얼마인가?

① 300 ② 380
③ 476 ④ 660

해설 유효전력

$P = \sqrt{3} VIcos\theta [W]$

$V = \frac{P}{\sqrt{3} Icos\theta} = \frac{28 \times 10^3}{\sqrt{3} \times 50 \times 0.85} = 380[V]$

64 물체의 위치, 방향 및 자세 등의 기계적변위를 제어량으로 해서 목표값의 임의의 변화에 추종하도록 구성된 제어계는?

① 프로그램제어
② 프로세스제어
③ 서보 기구
④ 자동 조정

해설 서어보 기구(기계적인 변위량)
위치, 방위, 자세, 거리, 각도 등

65 다음 중 간략화한 논리식이 다른 것은?

① $A \cdot (A + \overline{B})$
② $A \cdot (A + B)$
③ $A + (\overline{A} \cdot B)$
④ $(A \cdot B) + (A \cdot \overline{B})$

해설 ① $A \cdot (A + \overline{B}) = A \cdot A + A\overline{B} = A + A\overline{B}$
$= A(1 + \overline{B}) = A$
② $A \cdot (A + B) = A \cdot A + AB = A + AB$
$= A(1 + B) = A$
③ $A + (\overline{A} \cdot B) = (A + \overline{A}) \cdot (A + B) = A + B = A$
④ $(A \cdot B) + (A \cdot \overline{B}) = (A + A) \cdot (B + \overline{B})$
$= A + A = A$

66 단자전압 V_{ab}는 몇 V인가?

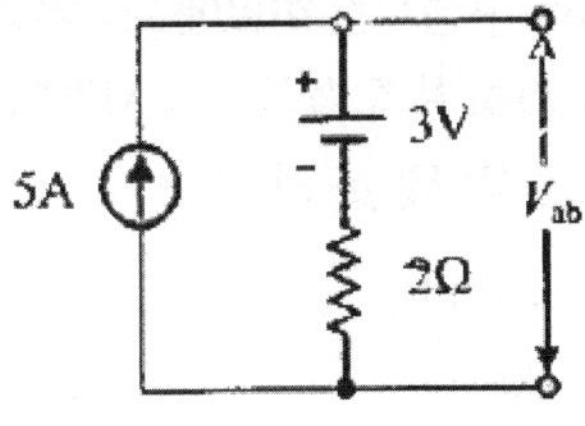

① 3 ② 7
③ 10 ④ 13

해설 1. 전압원 단락 : $V'_{ab} = 5[A] \times 2[\Omega] = 10[V]$
2. 전류원 개방 : $V''_{ab} = 3[V]$
∴ 단자전압 $V_{ab} = V'_{ab} + V''_{ab} = 10 + 3 = 13[V]$

67 아래 R-L-C 직렬회로의 합성 임피던스(Ω)는?

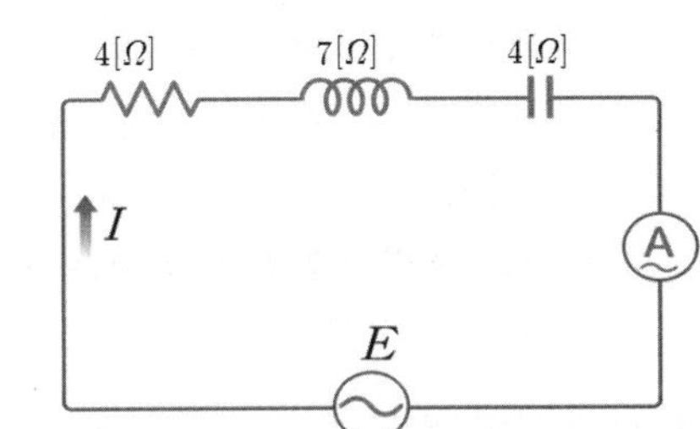

① 1 ② 5
③ 7 ④ 15

해설 임피던스

$Z = \sqrt{R^2 + (X_L - XC)^2} = \sqrt{4^2 + (7-4)^2} = 5[\Omega]$

68 논리식 $L = \overline{x} \cdot \overline{y} + \overline{x} \cdot y$를 간단히 한 식은?

① $L = x$ ② $L = \overline{x}$
③ $L = y$ ④ $L = \overline{y}$

해설 $L = \overline{x} \cdot \overline{y} + \overline{x} \cdot y = \overline{x}(\overline{y} + y) = \overline{x}$

정답 63 ② 64 ③ 65 ③ 66 ④ 67 ② 68 ②

69 R=10Ω, L=10mH에 가변콘덴서 C를 직렬로 구성시킨 회로에 교류주파수 1000Hz를 가하여 직렬공진을 시켰다면 가변콘덴서는 약 몇 μF인가?

① 2.533　　② 12.675
③ 25.35　　④ 126.75

해설 공진주파수 $f_r = \dfrac{1}{2\pi\sqrt{LC}}$,

$1{,}000 = \dfrac{1}{2\pi\sqrt{10\times10^{-3}\times C}}$

∴ $C = 2.533[\mu F]$

70 피드백 제어의 특징에 대한 설명으로 틀린 것은?

① 외란에 대한 영향을 줄일 수 있다.
② 목표값과 출력을 비교한다.
③ 조절부와 조작부로 구성된 제어요소를 가지고 있다.
④ 입력과 출력의 비를 나타내는 전체 이득이 증가한다.

해설 피드백 자동제어계의 특징
① 정확성의 증가
② 계의 특성 변화에 대한 입력 대 출력비의 감도 감소
③ 비선형성과 왜형에 대한 효과의 감소

71 목표값 이외의 외부 입력으로 제어량을 변화시키며 인위적으로 제어할 수 없는 요소는?

① 제어동작신호
② 조작량
③ 외란
④ 오차

해설

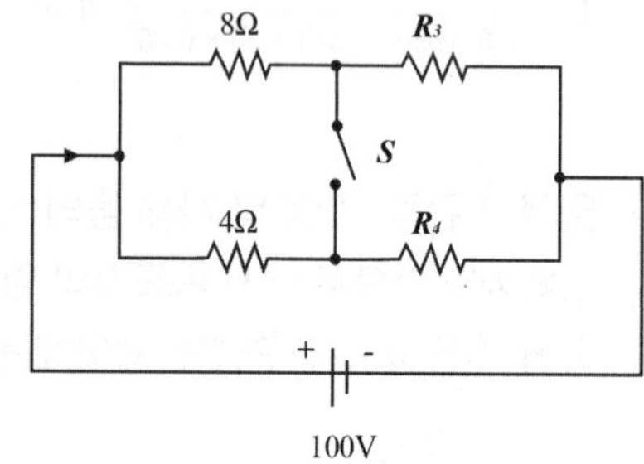

72 스위치 S의 개폐에 관계없이 전류 I가 항상 30A라면, R_3와 R_4는 각각 몇 Ω인가?

① R_3=1, R_4=3　　② R_3=2, R_4=1
③ R_3=3, R_4=2　　④ R_3=4, R_4=4

해설 저항비 8:4, $R_3 : R_4 = 2 : 1$

73 다음 회로와 같이 외전압계법을 통해 측정한 전력(W)은? (단, R_i : 전류계의 내부저항, R_e : 전압계의 내부저항이다.)

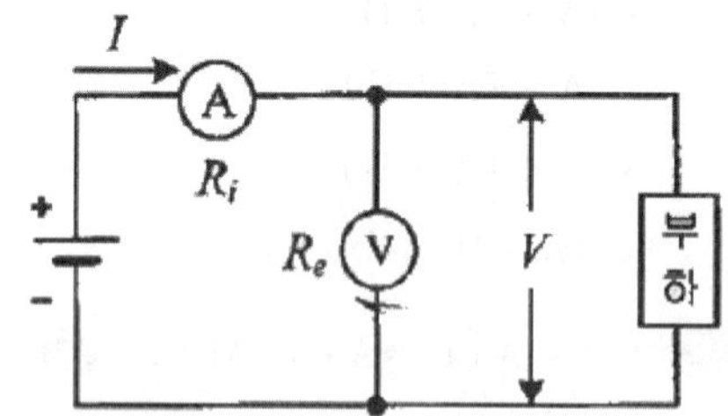

① $P = VI - \dfrac{V^2}{R_e}$　② $P = VI - \dfrac{V^2}{R_i}$
③ $P = VI - 2R_eI$　④ $P = VI - 2R_iI$

해설 피상전력 $P_a = VI$[VA]

전력 $P = VI - \dfrac{V^2}{R_e}$[W]

정답 69 ① 70 ④ 71 ③ 72 ② 73 ①

74 전자석의 흡인력은 자속밀도 B(Wb/m^2)와 어떤 관계에 있는가?

① B에 비례　② $B^{1.5}$에 비례
③ B^2에 비례　④ B^3에 비례

해설 전자석 흡인력 $F=\frac{B^2}{2\mu}A$, $F\propto B^2$

75 다음 블록선도의 전달함수는?

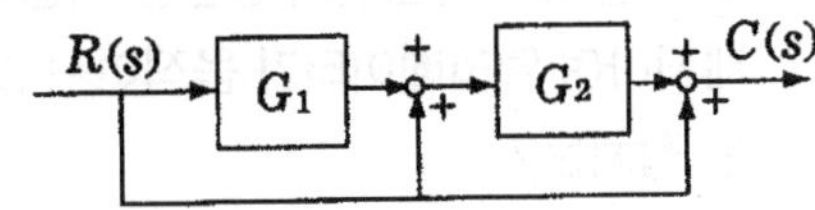

① $1+G_2+G_1G_2$
② $1+G_1G_2$
③ $\frac{G_1G_2}{1-G_1G_2}$
④ $\frac{G_1G_2}{1-G_1-G_2}$

해설 $R(G_1G_2+G_2+1)=C$
$\therefore G(s)=\frac{C}{R}=G_1G_2+G_2+1$

76 코일에서 흐르고 있는 전류가 5배로 되면 축척되는 에너지는 몇 배가 되는가?

① 10　② 15
③ 20　④ 25

해설 전자에너지 $W=\frac{1}{2}LI^2$, $W\propto I^2\propto 5^2=25$

77 맥동률이 가장 큰 정류회로는?

① 3상 전파　② 3상 반파
③ 단상 전파　④ 단상 반파

해설
- 맥동율 최대 : 단상 반파 정류 방식
- 맥동율 최소 : 3상 전파 정류 방식

78 다음 신호흐름선도에서 $\frac{C(s)}{R(s)}$는?

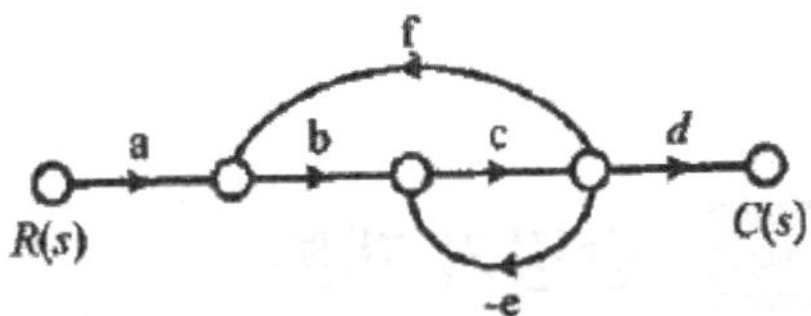

① $\frac{abcd}{1+ce+bcf}$
② $\frac{abcd}{1-ce+bcf}$
③ $\frac{abcd}{1+ce-bcf}$
④ $\frac{abcd}{1-ce+bcf}$

해설 전달함수 $\frac{C(s)}{R(s)}=\frac{경로}{1-폐로}=\frac{abcd}{1-[-ce+bcf]}$
$=\frac{abcd}{1+ce-bcf}$

79 탄성식 압력계에 해당되는 것은?

① 경사관식　② 압전기식
③ 환상평형식　④ 벨로스식

해설 변환 요소 및 변환장치

변환 요소	변환 장치
압력 ⇨ 변위	벨로스, 다이어프램

80 2전력계법으로 3상 전력을 측정할 때 전력계의 지시가 W_1=200, W, W_2=200W이다. 부하전력(W)은?

① 200　② 400
③ $200\sqrt{3}$　④ $400\sqrt{3}$

해설 3상전력 $W_1+W_2=200+200=400[W]$

정답 74 ③ 75 ① 76 ④ 77 ④ 78 ③ 79 ④ 80 ②

11 2020년 08월 22일

01 승강기 개론

01 주차구획에 자동차를 들어가도록 한 후 그 주차구획을 수직으로 순환이동하여 자동차를 주차하도록 설계한 주차장치로 평균 입·출고 시간이 가장 빠른 입체주차설비 방식은?

① 승강기식 ② 다단방식
③ 수직순환식 ④ 평면왕복식

해설 수직 순환식 주차 장치
수직으로 배열된 다수의 운반기가 순환 이동하는 구조의 주차 장치. 종류는 하부, 중간, 상부 승입식이 있다.

02 유압식 엘리베이터의 경우 실린더 및 램은 전부하 압력의 2.3배의 압력에서 발생되는 힘의 조건하에서 내력 $Rp_{0.2}$에서 몇 이상의 안전율이 보장되는 방법으로 설계되어야 하는가?

① 1.2 ② 1.5
③ 1.7 ④ 2.0

해설 압력 계산
실린더 및 램은 전 부하 압력의 2.3배의 압력에서 발생되는 힘의 조건하에서 내력 Rp0.2에서 1.7 이상의 안전율이 보장되는 방법으로 설계되어야 한다.

03 엘리베이터의 카 벽으로 사용할 수 있는 유리는?

① 망유리 ② 강화유리
③ 복층유리 ④ 접합유리

해설 카 벽 전체 또는 일부에 사용되는 유리는 KS L 2004에 적합한 접합유리이어야 한다.

04 카 내부의 하중이 적재하중을 초과하면 경보가 울리고 출입문의 닫힘을 자동적으로 제지하여 엘리베이터가 움직이지 않게 하는 장치는?

① 정지 스위치
② 과부하 감지 장치
③ 역결상 검출 장치
④ 파이널 리밋 스위치

해설 과부하 감지장치(Overload Switch)
카 바닥 하부 또는 와이어로프 단말에 설치하여 카 내부의 승차인원 또는 적재하중을 감지하여 정격하중 초과 시 경보음을 울려 카내에 적재하중이 초과되었음을 알려 주는 동시에 출입구 도어의 닫힘을 저지하여 카를 출발시키지 않도록 하는 장치

05 엘리베이터의 위치별 전기조명의 조도 기준으로 틀린 것은?

① 기계실 작업공간의 바닥 면 : 200lx 이상
② 기계실 작업공간 간 이동 공간의 바닥 면 : 50lx 이상
③ 카 지붕에서 수직 위로 1m 떨어진 곳 : 50lx 이상
④ 피트 바닥에서 수직 위로 1m 떨어진 곳 : 100lx 이상

해설 피트(사람이 서 있을 수 있는 공간, 작업구역 및 작업구역 간 이동 공간) 바닥에서 수직 위로 1m 떨어진 곳: 50ℓx

정답 01 ③ 02 ③ 03 ④ 04 ② 05 ④

06 장애인용 엘리베이터에서 스위치 수가 많아 1.2m 이내에 설치가 곤란할 경우에는 최대 몇 m 이하까지 완화할 수 있는가?

① 1.3　　② 1.4
③ 1.5　　④ 1.6

해설 호출버튼 · 조작반 · 통화장치 등 승강기의 안팎에 설치되는 모든 스위치의 높이는 바닥면으로부터 0.8m 이상 1.2m 이하의 위치에 설치되어야 한다. 다만, 스위치는 수가 많아 1.2m 이내에 설치되는 것이 곤란한 경우에는 1.4m 이하까지 완화될 수 있다.

07 초고층 빌딩 등에서 중간의 승계층까지 직행 왕복운전 하여 대량수송을 목적으로 하는 엘리베이터는?

① 셔틀 엘리베이터
② 역사용 엘리베이터
③ 더블데크 엘리베이터
④ 보도교용 엘리베이터

해설 셔틀(Shuttle) 엘리베이터
초고층 빌딩의 승객의 대량 수송목적으로 설치한다.

08 교류 엘리베이터의 제어방식은?

① 일그너 제어
② 워드레오나드 제어
③ 정지레오나드 제어
④ 가변전압가변주파수 제어

해설 VVVF 인버터 제어
가변전압가변주파수 제어

09 엘리베이터용 주행안내(가이드) 레일에 대한 설명으로 틀린 것은?

① 레일의 표준길이는 5m이다.
② 균형추측 레일에는 강판을 성형한 레일을 사용할 수 있다.
③ 레일 규격의 호칭은 가공 완료된 1m당 중량을 표시한 것이다.
④ 추락방지안전장치(비상정지장치)가 작동하는 곳에는 정밀가공한 T자형 레일이 사용된다.

해설 주행안내(가이드)레일의 규격
① 레일의 표준 길이 : 5m(특수 제작된 T형 레일)
② 레일 규격의 호칭: 소재의 1m당 중량을 라운드 번호로 하여 K레일을 붙여서 사용된다. 일반적으로 사용하고 있는 T형 레일은 공칭 8,13,18, 및 24K,30K 레일이지만 대용량의 엘리베이터는 37K, 50K레일 등도 사용된다.

10 사람이 출입할 수 없도록 정격하중이 300kg 이하이고, 정격속도가 1m/s 이하인 엘리베이터는?

① 수평보행기
② 화물용 엘리베이터
③ 침대용 엘리베이터
④ 소형화물용 엘리베이터

해설 소형화물용 엘리베이터
이 기준은 사람이 출입할 수 없도록 정격하중이 300kg 이하이고, 정격속도가 1m/s 이하인 소형화물용 엘리베이터에 대하여 규정한다.

11 엘리베이터의 VVVF 인버터 제어에 주로 사용되는 제어방식은?

① PAM　　② PWM
③ PSM　　④ PTM

해설 VVVF 인버터 제어
PWM(펄스폭 변조)제어 에 따라 정현파에 근접된 임의의 전압과 주파수를 출력한다.

정답 06 ② 07 ① 08 ④ 09 ③ 10 ④ 11 ②

12 **에스컬레이터의 특징에 대한 설명으로 틀린 것은?**

① 대기시간 없이 연속적으로 수송이 가능하다.
② 백화점과 대형마트 등 설치 장소에 따라 구매 의욕을 높일 수 있다.
③ 건축상으로 점유 면적이 크고 기계실이 필요하며 건물에 걸리는 하중이 각 층에 분산되어 있다.
④ 전동기 기동 시에 흐르는 대전류에 의한 부하전류의 변화가 엘리베이터에 비하여 적어 전원 설비 부담이 적다.

해설 건축상으로 점유 면적이 작다.

13 **레일을 죄는 힘이 처음에는 약하게 작용하고 하강함에 따라 점점 강해지다가 얼마 후 일정한 값에 도달하는 추락방지안전장치(비상정지장치) 방식은?**

① 즉시 작동형
② 플렉시블 웨지 클램프(F.W.C)형
③ 플렉시블 가이드 클램프(F.G.C)형
④ 슬랙 로프 세이프티(slack rope safety)형

해설 점차작동형 추락방지(비상정지)장치
- 플랙시블 가이드 클램프(Flexible Guide Clamp)형(F.G.C형) : 레일을 죄는 힘은 동작 시부터정지 시까지 일정
- 플렉시블 웨지 클램프(F.W.C)형 : 처음에는 약하게, 그리고 하강함에 따라서 강해지다가 얼마 후 일정치로 도달하는 장치

14 **무빙워크의 경사도는 최대 몇 도 이하이어야 하는가?**

① 6° ② 8°
③ 10° ④ 12°

해설 무빙워크의 경사도는 12° 이하이어야 한다.

15 **전기식 엘리베이터의 매다는 장치(현수장치)에 대한 설명으로 틀린 것은?**

① 매다는 장치는 독립적이어야 한다.
② 체인의 인장강도 및 특성 등이 KS B 1407에 적합해야 한다.
③ 로프 또는 체인 등의 가닥수는 반드시 3가닥 이상어이여 한다.
④ 카와 균형추 또는 평형추는 매다는 장치에 의해 매달려야 한다.

해설 로프 또는 체인 등의 가닥수는 2가닥 이상이어야 한다.

16 **유압파워 유니트에서 실린더로 통하는 압력배관 도중에 설치되는 수동밸브로서 이것을 닫으면 실린더의 기름이 파워유니트로 역류하는 것을 방지하는 것으로 유압장치의 보수, 점검 또는 수리 등을 할 때 사용되는 밸브는?**

① 체크밸브
② 사이렌서
③ 안전밸브
④ 스톱밸브

해설 스톱 밸브(Stop Valve)
유압 파워유니트에서 실린더로 통하는 배관 도중에 설치되는 수동조작 밸브. 밸브를 닫으면 실린더의 오일이 탱크로 역류하는 것을 방지한다. 유압장치의 보수, 점검, 수리할 때에 사용되며 게이트 밸브(Gate Valve)라고도 한다.

정답 12 ③ 13 ② 14 ④ 15 ③ 16 ④

17 로프와 시브(sheave)의 미끄러짐에 대한 설명으로 옳은 것은?

① 로프가 감기는 각도가 클수록 미끄러지기 쉽다.
② 카의 감속도와 가속도가 작을수록 미끄러지기 쉽다.
③ 로프와 시브의 마찰계수가 클수록 미끄러지기 쉽다.
④ 카측과 균형추측의 로프에 걸리는 중량비가 클수록 미끄러지기 쉽다.

해설 트랙션 능력
㉠ 로프의 감기는 각도(권부각)가 작을수록 미끄러지기 쉽다.
㉡ 카의 가속도와 감속도가 클수록 미끄러지기 쉽고 긴급정지 시에도 동일하다.
㉢ 카 측과 균형추 측의 로프에 걸리는 중량비가 클수록 미끄러지기 쉽다.
㉣ 로프와 도르래 사이의 마찰계수가 작을수록 미끄러지기 쉽다.

18 에너지 분산형 완충기는 카에 정격하중을 싣고 정격속도의 115%의 속도로 자유 낙하하여 완충기에 충돌할 때, 평균 감속도가 최대 얼마 이하이어야 하는가?

① $0.8g_n$
② $1.0g_n$
③ $1.5g_n$
④ $2.5g_n$

해설 에너지 분산형 완충기는 다음 사항을 만족해야 한다. 카에 정격하중을 싣고 정격속도의 115%의속도로 자유 낙하하여 완충기에 충돌할 때, 평균 감속도는 $1g_n$ 이하이어야 한다.

19 유압식 엘리베이터에서 미리 설정된 방향으로 설정치를 초과한 상태로 과도하게 유체의 흐름이 증가하여 밸브를 통과하는 압력이 떨어지는 경우 자동으로 차단하도록 설계된 밸브는?

① 스톱밸브
② 압력밸브
③ 안전밸브
④ 럽처밸브

해설 럽처밸브(rupture valve)
미리 설정된 방향으로 설정치를 초과한 상태로 과도하게 유체 흐름이 증가하여 밸브를 통과하는 압력이 떨어지는 경우 자동으로 차단하도록 설계된 밸브

20 완충기의 보기 쉬운 곳에 쉽게 지워지지 않는 방법으로 표시되어야 하는 내용이 아닌 것은?

① 제조 · 수입일자
② 완충기의 형식
③ 부품안전인증표시
④ 부품안전인증번호

해설 완충기에는 보기 쉬운 곳에 쉽게 지워지지 않는 방법으로 다음과 같은 내용이 표시되어야 한다.
가) 제조 · 수입업자의 명(법인인 경우에는 법인의 명칭을 말한다)
나) 부품안전인증표시
다) 부품안전인증번호
라) 완충기의 형식(유압식 완충기인 경우 유체종류)
마) 모델명
바) 적용하중

정답 17 ④ 18 ② 19 ④ 20 ①

02 승강기 설계

21 유압식 엘리베이터에서 실린더와 체크밸브 또는 하강밸브 사이의 가요성 호스는 전부하 압력 및 파열 압력과 관련하여 안전율이 몇 이상이어야 하는가?

① 5　　② 6
③ 7　　④ 8

해설 가요성 호스
실린더와 체크밸브 또는 하강밸브 사이의 가요성 호스는 전 부하 압력 및 파열 압력과 관련하여 안전율이 8 이상이어야 한다.

22 장애인용 엘리베이터의 호출버튼 · 조작반 등 승강기의 안팎에 설치되는 모든 스위치의 높이는 바닥면으로부터 어느 위치에 설치되어야 하는가?

① 0.8m 이상 1.0m 이하
② 0.8m 이상 1.2m 이하
③ 1.0m 이상 1.2m 이하
④ 1.2m 이상 1.5m 이하

해설 장애인용 엘리베이터의 추가요건
이용자 조작설비 : 호출버튼 · 조작반 · 통화장치 등 승강기의 안팎에 설치되는 모든 스위치의 높이는 바닥면으로부터 0.8m 이상 1.2m 이하의 위치에 설치되어야 한다. 다만, 스위치는 수가 많아 1.2m 이내에 설치되는 것이 곤란한 경우에는 1.4m 이하까지 완화될 수 있다.

23 엘리베이터용 도어머신의 요구사항이 아닌 것은?

① 작동이 원활하고 소음이 발생하지 않을 것
② 카 상부에 설치하기 위하여 소형 경량일 것
③ 가장 중요한 부품이므로 고가의 재질을 사용하고 단가가 높을 것
④ 동작회수가 엘리베이터의 기동회수의 2배가 되므로 보수가 용이할 것

해설 도어머신 구비조건
① 동작이 원활하고 정숙할 것
② 카상부에 설치하기위하여 소형경량일 것
③ 동작횟수가 엘리베이터 기동횟수의 2배가 되므로 유지보수가 용이할 것
④ 가격이 저렴할 것

24 동력전원설비 용량을 산정하는데 필요한 요소가 아닌 것은?

① 가속전류　　② 감속전류
③ 전압강하　　④ 주위온도

해설 동력전원 설계시 고려사항
㉮ 가속전류
㉯ 전압강하
㉰ 전압강하 계수
㉱ 주위온도
㉲ 부등율

25 기계대 강도 계산 시 기계대에 작용하는 하중에 포함되지 않는 것은?

① 로프 자중　　② 권상기 자중
③ 기계대 자중　　④ 균형추 자중

해설 기계대에 걸리는 총 하중(P)
P=권상기 자중+동하중
=권상기 자중+(2×권상기 작용 정하중)

26 피트 바닥은 전 부하 상태의 카가 완충기에 작용하였을 때 카 완충기 지지대 아래에 부과되는 정하중의 몇 배를 지지할 수 있어야 하는가?

① 1　　② 2
③ 3　　④ 4

정답 21 ④ 22 ② 23 ③ 24 ② 25 ③ 26 ④

해설 피트 바닥은 전 부하 상태의 카가 완충기에 작용하였을 때 카 완충기 지지대 아래에 부과되는 정하중의 4배를 지지할 수 있어야 한다.
$F=4 \cdot g_n \cdot (P+Q)$

27 설계용 수평지진력의 작용점은 일반적인 경우에 기기의 어느 부분으로 산정하여 계산하는가?

① 기기의 중심
② 기기의 최고점
③ 기기의 최저점
④ 기기의 최선단

28 웜기어에서 웜의 회전수가 1800rpm, 웜의 줄수가 5, 웜 휠의 회전수가 360rpm일 때, 웜 휠의 잇수는?

① 10 ② 25
③ 50 ④ 100

해설 기어의 회전비 $\epsilon=\frac{N_2}{N_1}=\frac{D_1}{D_2}=\frac{mZ_1}{mZ_2}=\frac{Z_1}{Z_2}$
$=\frac{360}{1,800}=\frac{5}{Z_2}$
$\therefore Z_2=25$

29 전기자에 전류가 흐르면 그 전류에 대한 자속이 발생해 주자극의 자속에 영향을 미쳐 주자속이 감소하고, 전기자 중성점이 이동하는 현상은?

① 자속 반작용 ② 전류 반작용
③ 전기자 반작용 ④ 주자극 반작용

해설 전기자 반작용
전기자에 전류가 흐르면 그 전류에 대한 자속이 발생해 주자극의 자속에 영향으로 주자속이 감소하고, 전기자 중성점이 이동하는 현상

30 유압식 엘리베이터에서 유량제어밸브를 주회로에서 분기된 바이패스회로에 삽입하여 유량을 제어하는 회로는?

① 미터 인 회로
② 블리드 인 회로
③ 미터 오프 회로
④ 블리드 오프 회로

해설 유량 밸브에 의한 속도 제어
① 미터인(Meter In) 회로 : 작동유를 제어하여 유압 실린더를 보낼 경우 유량 제어 밸브를 주회로에 삽입하여 유량을 직접 제어하는 회로.
② 블리드 오프(Bleed Off) 회로 : 유량 제어 밸브를 주회로에서 분기된 바이패스(Bypass)회로에 삽입한 것.

31 밀폐식 승강로에서 허용되는 개구부가 아닌 것은?

① 승강장문을 설치하기 위한 개구부
② 건물 내 급배수관 설치를 위한 개구부
③ 화재 시 가스 및 연기의 배출을 위한 통풍구
④ 승강로의 비상문 및 점검문을 설치하기 위한 개구부

해설 밀폐식 승강로
승강로는 구멍이 없는 벽, 바닥 및 천장으로 완전히 둘러싸인 구조이어야 한다. 다만, 다음과 같은 개구부는 허용된다.
가) 승강장문을 설치하기 위한 개구부
나) 승강로의 비상문 및 점검문을 설치하기 위한 개구부
다) 화재 시 가스 및 연기의 배출을 위한 통풍구
라) 환기구
마) 엘리베이터 운행을 위해 필요한 기계실 또는 풀리실과 승강로 사이의 개구부

정답 27 ① 28 ② 29 ③ 30 ④ 31 ②

32 **소선의 표면에 아연도금 처리한 것으로 녹이 쉽게 발생하지 않기 때문에 다습한 환경에 사용하는 와이어로프 종류는?**

① A종 ② B종
③ E종 ④ G종

해설 소선 강도에 의한 분류

구분	파단하중	특 징
G종	150	소선의 표면에 아연도금을 한 것으로서, 녹이 쉽게 나지 않기 때문에 습기가 많은 장소에 적합하다.

33 **승용승강기의 설치기준에 따라 6층 이상 거실면적의 합계가 9000m^{2}인 전시장에 20인승 엘리베이터를 설치할대 최소 설치 대수는?**

① 1 ② 2
③ 3 ④ 4

해설 승용승강기 설치기준
8인승 이상 15인승 이하의 승강기는 1대의 승강기로 보고, 16인승 이상의 승강기는 2대의 승강기로 본다.

설치대수 $1+\frac{9,000-3,000}{2000}=1+3=4$대

∴ 20인승 승강기 $\frac{4\text{대}}{2}=2$대

34 **승강장문 근처의 승강장에 있는 자연조명 또는 인공조명은 카 조명이 꺼지더라도 이용자가 엘리베이터에 탑승하기 위해 승강장문이 열릴 때 미리 앞을 볼 수 있도록 바닥에서 몇 lx 이상이어야 하는가?**

① 5 ② 50
③ 100 ④ 150

해설 승강장 조명
승강장문 근처의 승강장에 있는 자연조명 또는 인공조명은 카 조명이 꺼지더라도 이용자가 엘리베이터에 탑승하기 위해 승강장문이 열릴 때 미리 앞을 볼 수 있도록 바닥에서 50ℓx 이상이어야 한다.

35 **기계실 작업구역의 유효 높이는 몇 m 이상이어야 하는가?**

① 1.2 ② 1.8
③ 2.1 ④ 3

해설 기계실의 크기 등 치수
기계실은 설비의 작업이 쉽고 안전하도록 다음과 같이 충분한 크기이어야 한다. 특히, 작업구역의 유효 높이는 2.1m 이상이어야 한다.

36 **그림과 같이 기어 A, B가 맞물려 있을 때, 수식이 틀린 것은? (단, D_1, D_2는 피치원 지름, N_1, N_2는 회전수, V_1, V_2는 원주 속도, Z_1, Z_2는 잇수, L은 중심거리이다.)**

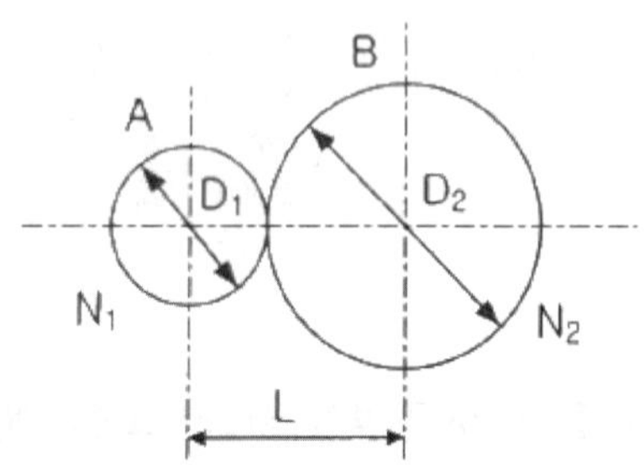

① $N_2D_2 = N_1D_1$

② $\frac{D_1}{D_2}=\frac{Z_1}{Z_2}$

③ $L=\frac{D_1+D_2}{2}$

④ $D_1 < D_2$이면 $V_1 < V_2$이다.

해설 기어의 회전비 $\varepsilon=\frac{N_2}{N_1}=\frac{D_1}{D_2}=\frac{mZ_1}{mZ_2}=\frac{Z_1}{Z_2}$,
$D_1 < D_2$이면 $V_1 > V_2$이다.

정답 32 ④ 33 ② 34 ② 35 ③ 36 ④

37 60Hz, 6극 유도전동기의 슬립이 3% 이다. 이 전동기의 회전속도는 몇 rpm 인가?

① 1064　　② 1164
③ 1264　　④ 1364

해설 전부하 회전수(N)

$$N=(1-S)N_S=(1-0.03)\times\frac{120\times60}{6}=1,164[\text{rpm}]$$

여기서, D : 권상기 도르래의 지름(mm)
N : 전동기의 회전수(rpm)
i : 감속비

38 카 천장에 비상구출문이 설치된 경우, 유효 개구부의 크기는 몇 이상이어야 하는가?

① 0.2m×0.3m 이상
② 0.3m×0.3m 이상
③ 0.3m×0.4m 이상
④ 0.4m×0.5m 이상

해설 비상구출문
카 천장에 비상구출문이 설치된 경우, 유효 개구부의 크기는 0.4m×0.5m 이상이어야 한다. 다만, 카 벽에 설치된 경우 제외될 수 있다. 비고 공간이 허용된다면, 유효 개구부의 크기는 0.5×0.7m가 바람직하다.

39 엘리베이터가 다음과 같은 조건일 때, 무부하 및 전부하 시 각각의 트랙션비는 약 얼마인가?

- 적재하중 : 3,000kg
- 카자중 : 2,000kg
- 행정거리 : 90m
- 적용로프 : 1m당 0.6kg의 로프 6본
- 오버밸런스율 : 45%
- 균형체인 : 90% 보상

① 무부하 : 1.46, 전부하 : 1.58
② 무부하 : 1.46, 전부하 : 1.60
③ 무부하 : 1.60, 전부하 : 1.46
④ 무부하 : 1.60, 전부하 : 1.58

해설 ① 무부하시 : 빈 카가 최상층에 있는 경우의 견인비

$$T=\frac{2,000+3,000\times0.45+90\times6\times0.6}{2,000+90\times6\times0.6\times0.9}=1.60$$

② 전부하시 : 만원인 카가 최하층에 있는 경우의 견인비

$$T=\frac{2,000+3,000+90\times6\times0.6}{2,000+3,000\times0.45+90\times6\times0.6\times0.9}=1.46$$

40 엘리베이터가 출발층에서 출발한 후 서비스를 끝내고 다시 출발층으로 돌아오는 시간이 30초이고, 승객수는 10명일 때, 5분간 수송능력은 얼마인가?

① 50명　　② 100명
③ 150명　　④ 200명

해설 1대 당 5분간 수송능력

$$P_1=\frac{5\times60\times r}{RTT}=\frac{5\times60\times10}{30}=100\text{명}$$

여기서, r은 승객수(예, 카 정원×0.8)

03 일반기계공학

41 디퓨저(diffuser) 펌프, 벌류트(volute) 펌프가 포함되는 펌프 종류는?

① 원심 펌프
② 왕복식 펌프
③ 축류 펌프
④ 회전 펌프

해설 원심펌프
디퓨저(diffuser) 펌프, 벌류트(volute) 펌프

정답 37 ② 38 ④ 39 ③ 40 ② 41 ①

42 그림과 같이 중앙에 집중 하중을 받고 있는 단순 지지보의 최대 굽힘응력은 몇 kPa 인가? (단, 보의 폭은 3cm이고, 높이가 5cm 인 직사각형 단면이다.)

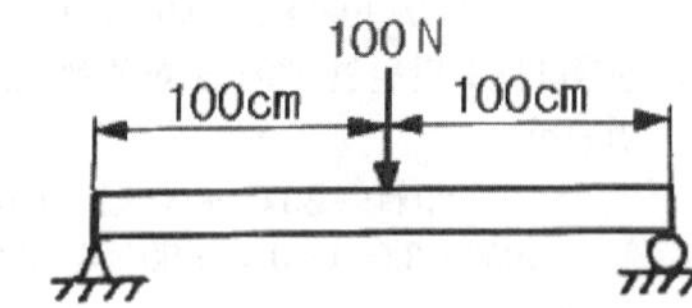

① 4
② 8
③ 4000
④ 8000

해설 최대 굽힘응력

$$\sigma = \frac{6P}{bh^2} \times \frac{\ell_1 \ell_2}{\ell} = \frac{6 \times 100}{0.03 \times 0.05^2} \times \frac{1 \times 1}{2} \times \frac{1}{1,000}$$
$$= 4,000[\text{kPa}]$$

여기서, P : 하중[N]
b : 보의 폭[m]
h : 보의 높이[m]
ℓ : 보의 전체길이[m]
ℓ_1, ℓ_2 : 분할된 보의 길이[m]
1[kPa]=1,000[N/m^2]

43 큰 회전력을 얻을 수 있고 양 방향 회전축에 120° 각도로 두 쌍을 설치하는 키는?

① 원뿔 키
② 새들 키
③ 접선 키
④ 드라이빙 키

해설 접선키이(Tangential Key)
방향이 변하는 곳에 사용하고, 큰 회전력이 필요 한곳.

44 다음 그림과 같은 타원형 단면을 갖는 봉이 인장하중(P)을 받을 때, 작용하는 인장응력은?

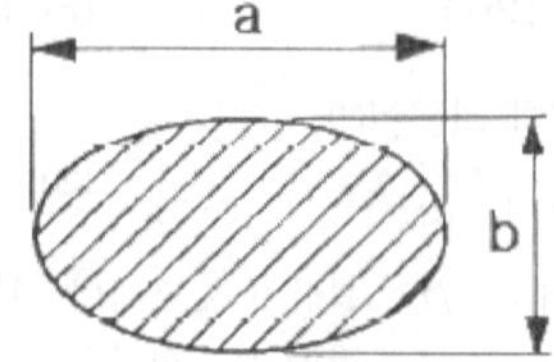

① π ab^2/4P ② 4P/π ab^2
③ π ab/4P ④ 4P/π ab

해설 $\text{인장응력} = \frac{\text{인장하중}}{\text{단면적}} = \frac{P}{\frac{\pi ab}{4}} = \frac{4P}{\pi ab}[\text{N/m}^2]$

45 두 기어가 맞물려 돌 때 잇수가 너무 적거나 잇수차가 현저히 클 때, 한쪽 기어의 이뿌리를 간섭하여 회전을 방해하는 현상을 방지하기 위한 방법으로 틀린 것은?

① 압력각을 작게 한다.
② 전위기어를 사용한다.
③ 이끝을 둥글게 가공한다.
④ 이의 높이를 줄인다.

해설 이의 간섭 방지방법
① 압력각을 크게 한다.
② 전위기어를 사용한다.
③ 이끝을 둥글게 가공한다.
④ 이의 높이를 줄인다.

46 금속을 가열하여 용해시킨 후 주형에 주입해 냉각 응고시켜 목적하는 제품을 만드는 것은?

① 주조 ② 압연
③ 제관 ④ 단조

정답 42 ③ 43 ③ 44 ④ 45 ① 46 ①

해설 주조공정이란
① 도면에 의해 원형을 만든다,
② 원형을 주물사에 묻었다가 뽑아내고 용융금속을 중공부분에 주입한다.
③ 냉각 응고시킨 다음 꺼내고, 깨끗이 손질하여 소정의 형상을 얻는다.

47 원통 커플링에서 축 지름이 30mm이고, 원통이 축을 누르는 힘이 50N일 때 커플링이 전달할 수 있는 토크(N · mm)는? (단, 접촉부 마찰계수는 0.2이다.)

① 471
② 587
③ 785
④ 942

해설 전달토크 $T=\mu P\frac{\pi d}{2}$[N · mm]

여기서, μ : 마찰계수
P : 원통이 축을 누르는 힘[N]
d : 축 지름[mm]

$T=0.2\times 50\times \frac{\pi\times 30}{2}=471$[N · mm]

48 유압 제어 밸브의 종류에서 압력 제어 밸브가 아닌 것은?

① 릴리프 밸브
② 리듀싱 밸브
③ 디셀러레이션 밸브
④ 카운터 밸런스 밸브

해설 유압제어 밸브
① 압력제어밸브(릴리프 밸브, 감압밸브, 시퀀스 밸브, 카운터 밸런스 밸브)
② 유량제어 밸브
③ 방향제어밸브(셔틀밸브)

49 비틀림 모멘트를 받는 원형 단면축에 발생되는 최대전단응력에 관한 설명으로 옳은 것은?

① 축 지름이 증가하면 최대전단응력은 감소한다.
② 극단면계수가 감소하면 최대전단응력은 감소한다.
③ 가해지는 토크가 증가하면 최대전단응력은 감소한다.
④ 단면의 극관성 모멘트가 증가하면 최대전단응력은 증가한다.

해설 비틀림과 굽힘을 동시에 받는 축
1) 축 지름이 증가하면 최대전단응력은 감소한다.
$(\sigma\propto\frac{1}{Z}\propto\frac{1}{d^3})$

① 최대주응력(상당주응력) $\sigma_{\max}=\sigma_e=\frac{M_e}{Z}$

② 축 지름 $d=\sqrt[3]{\frac{32\,M_e}{\pi\,\sigma_a}}$ (단면계수 $Z=\frac{\pi d^3}{32}$)

2) 최대전단응력설에 의한 설계식
① 최대전단응력(상당전단응력)

$\tau_{\max}=\tau_e=\frac{T_e}{Z_p}$

② 축 지름 $d=\sqrt[3]{\frac{16\,T_e}{\pi\,\tau_a}}$

(극단면계수 $Z_p=\frac{\pi d^3}{16}$)

50 450℃까지의 온도에서 비강도가 높고 내식성이 우수하여 항공기 엔진 주위의 부품재료로 사용되며 비중은 약 4.51인 것은?

① Al ② Ni
③ Zn ④ Ti

해설 티탄(Ti)
비중은 약 4.51, 용융점은 1,727℃, 철에 비해 가볍고 강도가 크다. 항공기 부품 및 송풍기 날개에 사용한다.

정답 47 ① 48 ③ 49 ① 50 ④

51 **마이크로미터로 측정할 수 없는 것은?**

① 실린더 내경
② 축의 편심량
③ 피스톤의 외경
④ 디스크 브레이크의 니스크 두께

해설 마이크로미터
축의 내경, 외경,두께를 측정한다.

52 **바이스, 잭, 프레스 등과 같이 힘을 전달하거나 부품을 이동하는 기구용에 적절하지 않은 나사는?**

① 사각 나사 ② 사다리꼴 나사
③ 톱니 나사 ④ 관용 나사

해설 운동용 나사
㉮ 사각나사 : 큰힘을 전달하는 프레스용 등에 사용
㉯ 사다리꼴나사 : 선반의 리드 스크류, 스톱밸브의 밸브대
㉰ 톱니나사 : 하중을 한 방향으로만 받는 부품에 이용되는 나사로 압착기, 바이스(vise) 등의 이송 나사에 사용
㉱ 둥근나사 : 끼움용 나사, 병마개, 호스에 사용
㉲ 볼나사 : 너트의 직진운동을 볼트의 회전 운동으로 바꾸는 나사

53 **다음 중 피복아크 용접에서 언더 컷(under cut)이 가장 많이 나타나는 용접 조건은?**

① 저전압, 용접속도가 느릴 때
② 전류 부족, 용접속도가 느릴 때
③ 용접속도가 빠를 때, 전류 과대
④ 용접속도가 느릴 때, 전류 과대

해설 언더컷
용접의 경계부분의 모재가 파여지고 용착금속이 채워지지 않고 홈으로 남아있는 부분, 용접속도가 빠를 때, 전류 과대할 때 발생한다.

54 **단조가공에 대한 설명으로 틀린 것은?**

① 재료의 조직을 미세화 한다.
② 복잡한 구조의 소재가공에 적합하다.
③ 가열한 상태에서 해머로 타격한다.
④ 산화에 의한 스케일이 발생한다.

해설 단조(Forg i ng)
단조기계나 해머 등으로 두드려 성형 가공하는 법

55 **유압 작동유의 구비조건으로 옳은 것은?**

① 압축성이어야 한다.
② 열을 방출하지 아니하여야 한다.
③ 장시간 사용하여도 화학적으로 안정하여야 한다.
④ 외부로부터 침입한 불순물을 침전 분리시키지 않아야 한다.

해설 유압 작동유의 구비조건
① 비압축성이어야 한다.
② 열을 방출 하여야 한다.
③ 장시간 사용하여도 화학적으로 안정하여야 한다.
④ 외부로부터 침입한 불순물을 침전 분리시켜야 한다.

56 **기계재료에서 중금속을 구분하는 기준은?**

① 비중이 0.5 이상인 금속
② 비중이 1 이상인 금속
③ 비중이 5 이상인 금속
④ 비중이 10 이상인 금속

해설 비중
4.5 이상 금속을 중금속, 4.5 이하인 금속을 경금속이라고 한다.

정답 51 ② 52 ④ 53 ③ 54 ② 55 ③ 56 ③

57 지름 24mm의 환봉에 인장하중이 작용할 경우 최대 허용인장하중(N)은 약 얼마인가? (단, 환봉의 인장강도는 45N/mm^2 이고, 안전율은 8이다.)

① 2544 ② 5089
③ 8640 ④ 20357

해설 허용인장하중 P_{perm} = 단면적 × 인장응력

$$= \frac{\pi}{4}d^2 \times \frac{\text{인장강도}}{\text{안전율}}$$

$$= \frac{\pi}{4} \times 24^2 \times \frac{45}{8}$$

$$= 2{,}544.69[\mathrm{N}]$$

58 구성인선(built-up edge)의 방지대책으로 적절한 것은?

① 절삭 속도를 느리게 하고 이송 속도를 빠르게 한다.
② 절삭 속도를 빠르게 하고 윤활성이 좋은 절삭유를 사용한다.
③ 바이트의 윗면 경사각을 작게 하고 이송 속도를 느리게 한다.
④ 절삭 깊이를 깊게 하고 이송 속도를 빠르게 한다.

해설 구성인선(built-up edge)의 방지대책
① 절삭(이송) 속도를 빠르게 한다.
② 절삭깊이를 작게한다.
③ 경사각도를 크게한다.

59 마찰부분이 많은 부품에 내마모성과 인성이 풍부한 강을 만들기 위한 열처리 방법에 속하지 않는 것은?

① 침탄법
② 화염 경화법
③ 질화법
④ 저주파 경화법

해설 표면경화 : 표면은 경도가 크고 내부는 인성이 큰 것 요구
㉮ 화학적 방법
- 침탄법 : 고체침탄법, 액체침탄법, 가스침탄법
- 청화법
- 질화법
- 시멘테이션

㉯ 물리적 방법
- 고주파 표면경화법
- 화염 경화법

60 코일 스프링에서 스프링 상수에 대한 설명으로 틀린 것은?

① 스프링 소재 지름의 4승에 비례한다.
② 스프링의 변형량에 비례한다.
③ 코일 평균 지름의 3승에 반비례한다.
④ 스프링 소재의 전단탄성계수에 비례한다.

해설

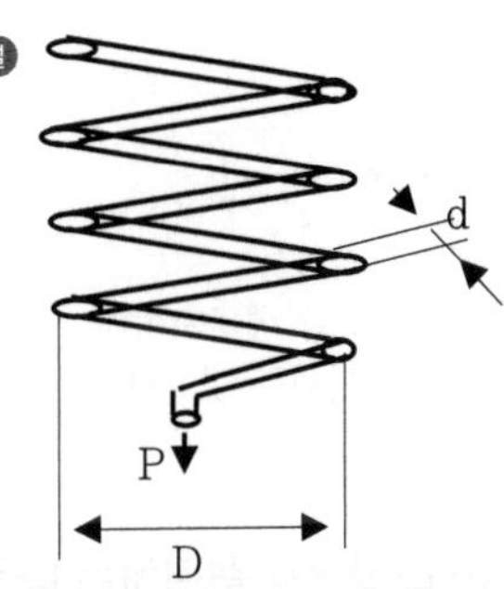

- 스프링 상수 K

$P = K\delta$,

$K = \frac{P}{\delta}$[kg/cm]

(단위길이를 늘이는데 필요한 하중)

- 스프링 지수 C, $C = \frac{D}{d}$

최대 전단응력 $\tau_{\max}$

$$\tau_{\max} = \frac{8PDK'}{\pi d^3} = \frac{8PCK'}{\pi d^2} = \frac{8PC^3K'}{\pi D^2}$$

(와알의 응력 보정계수)

$$K' = \frac{4C-1}{4C-4} + \frac{0.615}{C}$$

정답 57 ① 58 ② 59 ④ 60 ②

스프링의 처짐량 δ

$$\delta = R\times\theta = \frac{D}{2}\times\frac{T\cdot l}{G\times I_P} = \frac{8D^3nP}{G\,d^4}$$

$$\therefore\ K \propto \frac{1}{\delta} \propto \frac{1}{D^3} \propto G \propto d^4$$

04 전기제어공학

61 전력(W)에 관한 설명으로 틀린 것은?

① 단위는 J/s이다.
② 열량을 적분하면 전력이다.
③ 단위 시간에 대한 전기 에너지 이다.
④ 공률(일률)과 같은 단위를 갖는다.

해설 전력
전기가 단위시간당에 한일로 나타내며 단위는 [W](와트)로 나타낸다.

$$P = \frac{W}{t}[\text{J/s}]$$

$$P = \frac{W}{t} = \frac{QV}{t} = VI[\text{W}]$$

① 단위는 J/s 이다.
② 단위 시간에 대한 전기 에너지이다.
③ 공률(일률)과 같은 단위를 갖는다.

62 입력 A, B, C에 따라 Y를 출력하는 다음의 회로는 무접점 논리회로 중 어떤 회로인가?

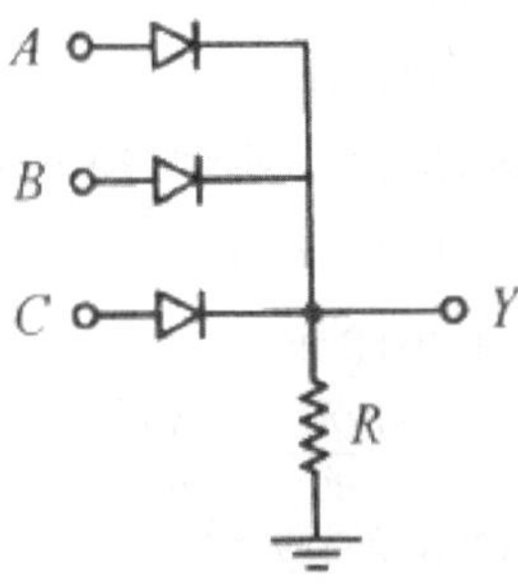

① OR 회로　② NOR 회로
③ AND 회로　④ NAND 회로

해설

A	B	C	Y
0	0	0	0
0	0	1	1
0	1	0	1
0	1	1	1
1	0	0	1
1	0	1	1
1	1	0	1
1	1	1	1

진리표 $Y = A + B + C$

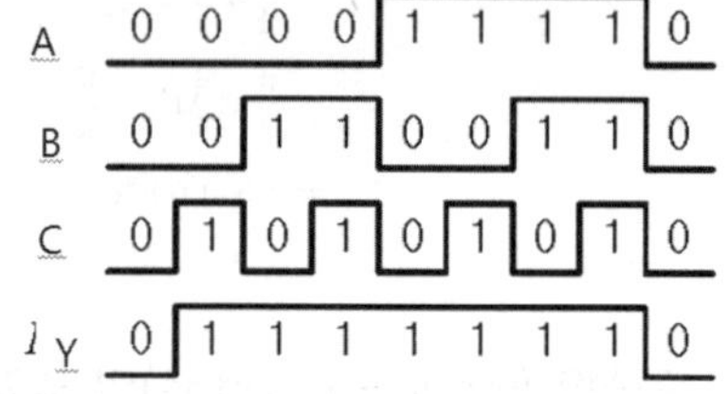

동작파형

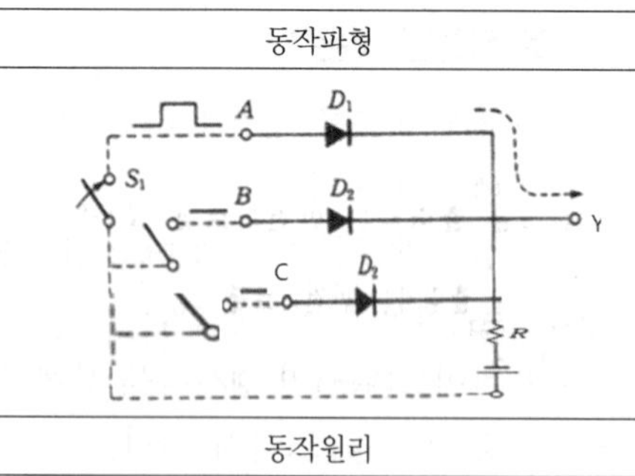

동작원리

63 3상 유도전동기의 출력이 10kW, 슬립이 4.8%일때 2차 동손은 약 몇 kW인가?

① 0.24
② 0.36
③ 0.5
④ 0.8

해설 2차 동손 $P_{C2} = sP_2 = 0.048\times 10 = 0.5[\text{kW}]$
여기서, s : 슬립
P_2 : 2차 입력[kW]

정답 61 ② 62 ① 63 ③

64 유도전동기에 인가되는 전압과 주파수의 비를 일정하게 제어하여 유도전동기의 속도를 정격속도 이하로 제어하는 방식은?

① CVCF 제어방식
② VVVF 제어방식
③ 교류 궤환 제어방식
④ 교류 2단 속도 제어방식

해설 VVVF 제어방식
가변전압 가변주파수 제어방식

65 제어편차가 검출될 때 편차가 변화하는 속도에 비례하여 조작량을 가감하도록 하는 제어로써 오차가 커지는 것을 미연에 방지하는 제어동작은?

① ON/OFF 제어 동작
② 미분 제어 동작
③ 적분 제어 동작
④ 비례 제어 동작

해설 미분제어(D제어)
$G(s) = Ks$

- 진동을 억제하여 속응성(응답속도)를 개선한다. [진상 보상]
- 제어 오차가 검출될 때 오차가 변화하는 속도에 비례하여 조작량을 가감하도록 하는 동작으로서 오차가 커지는 것을 미연에 방지한다.

66 그림과 같은 회로에 흐르는 전류 I(A)는?

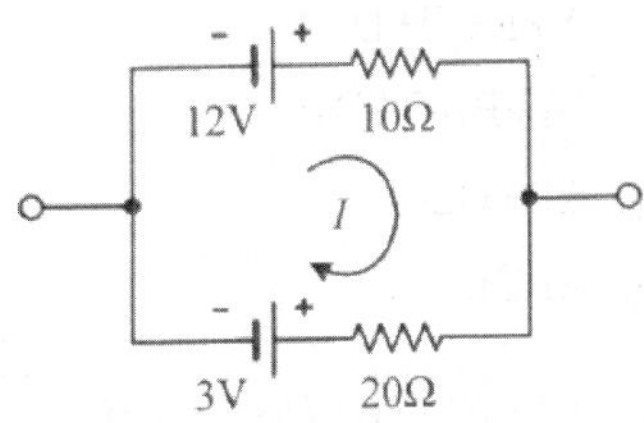

① 0.3 ② 0.6
③ 0.9 ④ 1.2

해설 키르히호프의 제2법칙(전압법칙)
회로망내의 임의의 한 폐회로에서 한 방향으로 일주하면서 취한 전압상승 또는 전압강하의 대수합은 각 순간에 있어서 0이다.
① $\Sigma V = \Sigma IR$ [기전력의 총합 = 전압강하의 총합]

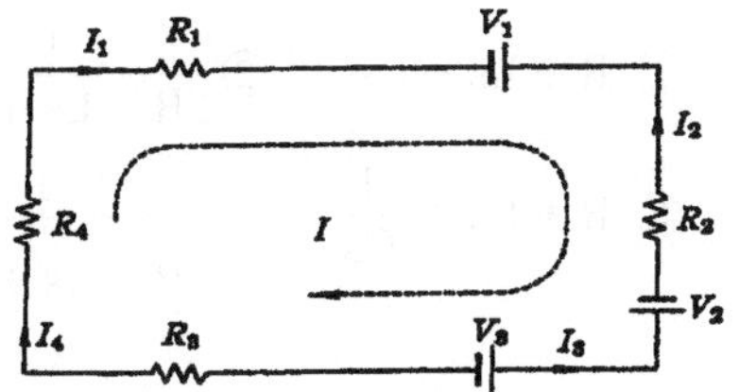

[키르히호프의 제2법칙]

② $V_1 + V_2 - V_3 = I(R_1 + R_2 + R_3 + R_4)$

키르히호프 전압법칙
$12 - 3 = 10I + 20I,\ 30I = 9,$
$\therefore I = 0.3[A]$

67 그림과 같은 단위 피드백 제어시스템의 전달함수 C(s)/R(s)는?

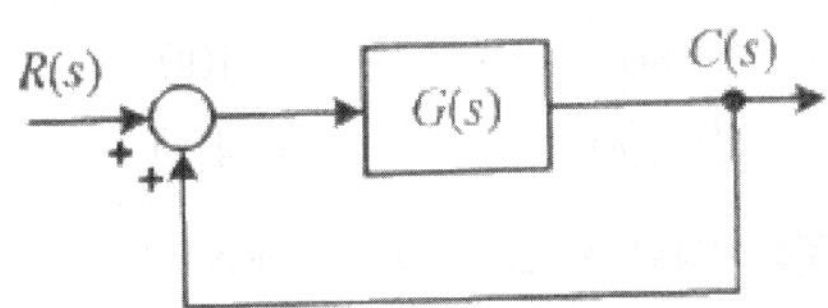

① $\dfrac{1}{1+G(s)}$

② $\dfrac{G(s)}{1+G(s)}$

③ $\dfrac{1}{1-G(s)}$

④ $\dfrac{G(s)}{1-G(s)}$

해설 $\dfrac{C(s)}{R(s)} = \dfrac{\text{경로}}{1-\text{폐로}} = \dfrac{G(s)}{1-G(s)}$

정답 64 ② 65 ② 66 ① 67 ④

68 그림과 같은 회로에서 전달함수 G(s)=I(s)/V(s)를 구하면?

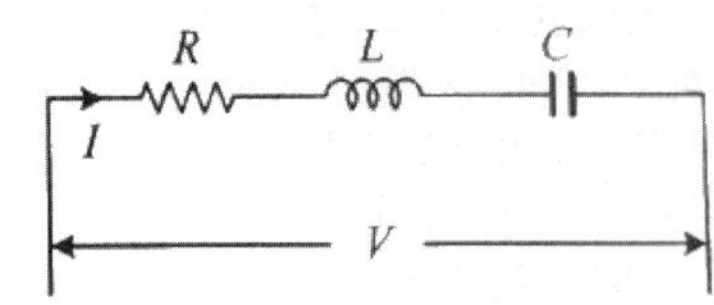

① $R + Ls + Cs$ ② $\frac{1}{R + Ls + Cs}$

③ $R + Ls + \frac{1}{Cs}$ ④ $\frac{1}{R + Ls + \frac{1}{Cs}}$

해설 $G(s) = \frac{i(s)}{V(s)} = \frac{i(s)}{i(s)R + Lsi(s) + \frac{1}{Cs}i(s)}$

$= \frac{1}{R + Ls + \frac{1}{Cs}}$

69 환상 솔렌오드 철심에 200회의 코일을 감고 2A의 전류를 흘릴 때 발생하는 기자력은 몇 AT인가?

① 50 ② 100

③ 200 ④ 400

해설 기자력 $F = NI = 200 \times 2 = 400[\text{AT}]$

70 e(t)=200sinω t(V), $i(t) = 4\sin\left(\omega t - \frac{\pi}{3}\right)(A)$일 때 유효전력(W)은?

① 100 ② 200

③ 300 ④ 400

해설 전력 $P = VI\cos\theta = \frac{200}{\sqrt{2}} \times \frac{4}{\sqrt{2}}\cos(-\frac{\pi}{3})$

$= 200[\text{W}]$

71 전기자 철심을 규소 강판으로 성층하는 주된 이유는?

① 정류자면의 손상이 적다.

② 가공하기 쉽다.

③ 철손을 적게 할 수 있다.

④ 기계손을 적게 할 수 있다.

해설 전기자 철심

두께 0.35[mm] 함량 3.5[%]의 규소강판을 성층하여 철손을 줄인다.

72 선간전압 200V의 3상 교류전원에 화물용 승강기를 접속하고 전력과 전류를 측정하였더니 2.77kW, 10A이었다. 이 화물용 승강기 모터의 역률은 약 얼마인가?

① 0.6 ② 0.7

③ 0.8 ④ 0.9

해설 역율 $\cos\theta = \frac{P}{\sqrt{3}\,VI} = \frac{2.77 \times 10^3}{\sqrt{3} \times 200 \times 10} = 0.8$

73 그림의 논리회로에서 A, B, C, D를 입력, Y를 출력이라 할 때 출력 식은?

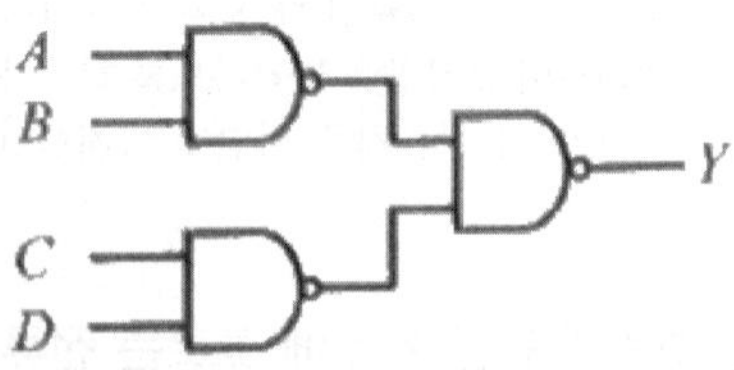

① A+B+C+D

② (A+B)(C+D)

③ AB+CD

④ ABCD

해설 $Y = \overline{\overline{(A \cdot B)} \cdot \overline{(C \cdot D)}} = \overline{\overline{(\overline{A} + \overline{B})}} + \overline{\overline{(\overline{C} + \overline{D})}}$

$= \overline{\overline{A}} \cdot \overline{\overline{B}} + \overline{\overline{C}} \cdot \overline{\overline{D}} = A \cdot B + C \cdot D$

정답 68 ④ 69 ④ 70 ② 71 ③ 72 ③ 73 ③

74 논리식 A+BC와 등가인 논리식은?

① AB+AC　　② (A+B)(A+C)
③ (A+B)C　　④ (A+C)B

해설 ① AB+AC=$A(B+C)$
② (A+B)(A+C)=$A\cdot A+A\cdot C+A\cdot B+B\cdot C$
$=A(1+C)+A\cdot B+B\cdot C$
$A+A\cdot B+B\cdot C=A(1+B)+B\cdot C$
$=A+B\cdot C$
③ (A+B)C=$A\cdot C+B\cdot C$
④ (A+C)B=$A\cdot B+B\cdot C$

75 폐루프 제이시스템의 구성에서 조절부와 조작부를 합쳐서 무엇이라고 하는가?

① 보상요소　　② 제어요소
③ 기준입력요소　　④ 귀환요소

해설

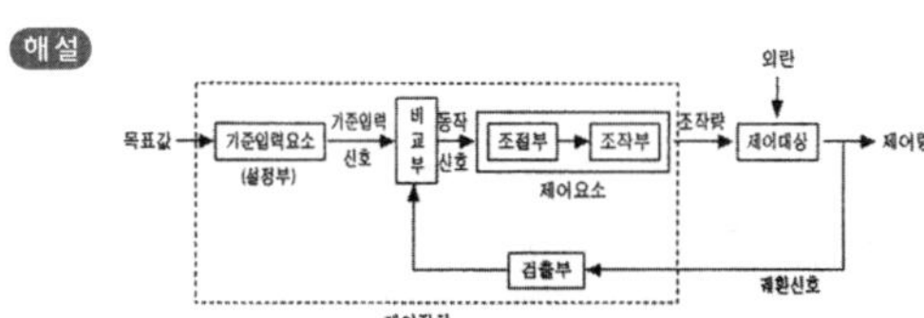

76 그림의 신호흐름선도에서 전달함수 C(s)/R(s)는?

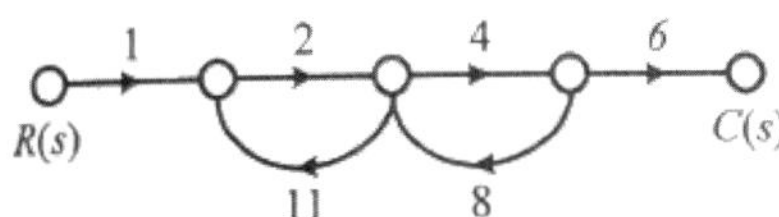

① $-\frac{8}{9}$　　② $-\frac{13}{19}$
③ $-\frac{48}{53}$　　④ $-\frac{105}{77}$

해설 전달함수 $\frac{C(s)}{R(s)}=\frac{\text{경로}}{1-\text{폐로}}$

$$=\frac{1\times2\times4\times6}{1-[(11\times2)+(8\times4)]}=-\frac{48}{53}$$

77 그림과 같은 RL 직렬회로에서 공급전압의 크기가 10V일때 |V_R|=8V이면 V_L의 크기는 몇 V인가?

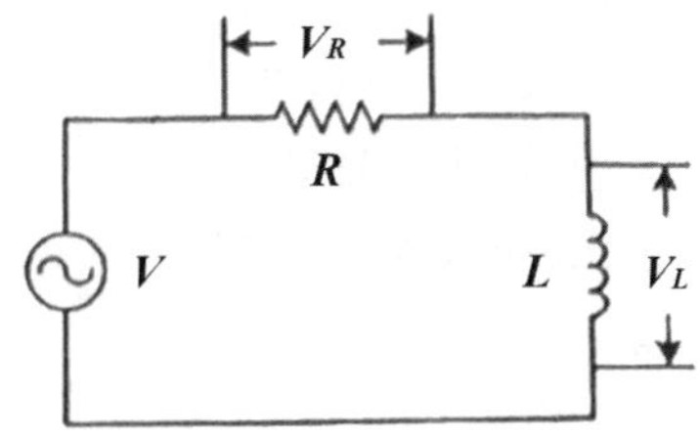

① 2　　② 4
③ 6　　④ 8

해설 $\vec{V}=\vec{V_R}+\vec{V_L}$
$V_L=\sqrt{10^2-8^2}=6[\text{V}]$

78 회전각을 전압으로 변환시키는데 사용되는 위치 변환기는?

① 속도계
② 증폭기
③ 변조기
④ 전위차계

해설 변환요소

변환량	변환요소
변위 → 전압	포텐셔미터, 차동변압기, 전위차계

79 10μF의 콘덴서에 200V의 전압을 인가하였을 때 콘덴서에 축적되는 전하량은 몇 C인가?

① 2×10^{-3}　　② 2×10^{-4}
③ 2×10^{-5}　　④ 2×10^{-6}

해설 전하량
※ $Q=CV=10\times10^{-6}\times200=2\times10^{-3}[\text{C}]$

80 **승강기나 에스컬레이터 등의 옥내 전선의 절연저항을 측정하는데 가장 적당한 측정 기기는?**

① 메거
② 휘트스톤 브리지
③ 켈빈 더블 브리지
④ 코올라우시 브리지

해설 메거
절연저항 측정기기

정답 80 ①

12 2020년 09월 26일

01 승강기 개론

01 균형추의 총중량은 빈 카의 자중에 그 엘리베이터의 사용 용도에 따라 적재하중의 35~55%의 중량을 더한 값으로 한다. 이때 적재하중의 몇 %를 더할 것인가를 나타내는 것은?

① 마찰률 ② 트랙션 비율
③ 균형추 비율 ④ 오버 밸런스율

해설 오버밸런스(OB)
균형추의 총중량은 빈카의 자중에 사용 용도에 따라 정격하중의 35~50%의 중량을 적용한다.

02 엘리베이터의 자동 동력 작동식 문에 대한 기준 중 ( ) 안에 들어갈 내용으로 알맞은 것은?

> 문이 닫히는 중에 사람이 출입구를 통과하는 경우 자동으로 문이 열리는 장치(멀티빔 등)는 카문 문턱 위로 최소 (㉠)mm와 최대 (㉡)mm 사이의 전 구간에 걸쳐 감지할 수 있어야 한다.

① ㉠ 25, ㉡ 1400
② ㉠ 30, ㉡ 1500
③ ㉠ 25, ㉡ 1600
④ ㉠ 30, ㉡ 1600

해설 자동 동력 작동식 문
이 장치(멀티빔 등)는 카문 문턱 위로 최소25mm와 1,600mm 사이의 전 구간에 걸쳐 감지할 수 있어야 한다.

03 에스컬레이터 또는 무빙워크의 스커트가 디딤판(스텝) 측면에 위치한 경우 수평 틈새는 각 측면에서 최대 몇 mm 이하이어야 하는가?

① 3 ② 4
③ 5 ④ 6

해설 디딤판과 스커트 사이의 틈새
에스컬레이터 또는 무빙워크의 스커트가 디딤판 측면에 위치한 경우 수평 틈새는 각 측면에서 4 mm 이하이어야 하고, 정확히 반대되는 두 지점의 양 측면에서 측정된 틈새의 합은 7mm 이하이어야 한다.

04 주차장법령상 주차구획이 3층 이상으로 배치되어 있고 출입구가 있는 층의 모든 주차구획을 주차장치 출입구로 사용할 수 있는 구조로서 그 주차구획을 아래 · 위 또는 수평으로 이동하여 자동차를 주차하는 주차장치는?

① 2단식 주차장치
② 다단식 주차장치
③ 수평이동식 주차장치
④ 수직순환식 주차장치

해설 다단식 주차 장치
주차 구획이 3단 이상으로 배치되어 있고 출입구가 있는 층의 모든 부분을 주차 장치 출입구로 사용할 수 있는 구조의 주차 장치이다.

정답 01 ④ 02 ③ 03 ② 04 ②

05 일반적으로 교류이단 속도제어에서 가장 많이 사용되는 이단속도 전동기의 속도비는?

① 8 : 1
② 6 : 1
③ 4 : 1
④ 2 : 1

해설 교류 2단 전동기의 속도 비는 착상 오차 이외의 감속도, 감속 시의 저어크(감속도의 변화비율), 저속 주행 시간(크리프 시간), 전력 회생의 균형으로 인하여 4:1이 가장 많이 사용된다. 속도 1[m/s]까지 적용 가능하다.

06 엘리베이터용 전동기의 구비 조건이 아닌 것은?

① 소음이 적을 것
② 기동토크가 클 것
③ 기동전류가 적을 것
④ 회전속도가 느릴 것

해설 전동기의 구비 조건
㉠ 기동 토크가 클 것
㉡ 기동 전류가 작을 것
㉢ 회전 부분의 관성 모멘트가 적을 것
㉣ 잦은 기동 빈도에 대해 열적으로 견딜 것

07 유압식 승강기에서 미터인 회로를 사용하는 유압회로의 특징으로 맞는 것은?

① 유량을 간접적으로 제어하므로 정확한 제어가 어렵다.
② 유량제어밸브를 주회로에서 분기된 바이패스회로에 삽입한 것으로 효율이 높다.
③ 릴리프밸브로 유량을 방출하지 않으므로 설정 압력까지 오르지 않고 부하에 의해 압력이 결정된다.
④ 카를 기동할 때 유량 조정이 어렵고, 기동 쇼크가 발생하기 쉬우며, 상승 운전 시의 효율이 좋지 않다.

해설 유량제어 밸브에 의한 속도제어
㉮ 미터인 회로 : 펌프에 서 토출된 작동유를 실린더에 보낼때 주회로 (파이프에 유량 제어밸브를 삽입하여 유량을 제어하는 회로
㉯ 블리드오프 회로 : 펌프에서 토출된 작동유를 실린더에 보낼때 유량제어밸브를 분기 된 바이패스(By pass)회로에 삽입하여 유량을 제어하는 회로

08 엘리베이터를 동력매체별로 구분한 것이 아닌 것은?

① 로프식 엘리베이터
② 유압식 엘리베이터
③ 스크루식 엘리베이터
④ 더블데크 엘리베이터

09 기어드(Geared)형 권상기에서 엘리베이터의 속도를 결정하는 요소가 아닌 것은?

① 시브의 직경
② 로프의 직경
③ 기어의 감속비
④ 권상모터의 회전수

해설 엘리베이터속도(권상기 도르래)

정격속도(V)= $\frac{\pi DN}{1,000} i[m/min]$

여기서, D : 권상기 도르래의 지름(mm)
N : 전동기의 회전수(rpm)
i : 감속비

정답 05 ③ 06 ④ 07 ④ 08 ④ 09 ②

10 **승강로 벽은 0.3m×0.3m 면적의 원형이나 사각의 단면에 몇 N의 힘을 균등하게 분산하여 벽의 어느 지점에 가할 때 1mm를 초과하는 영구적인 변형이 없어야 하고 15mm를 초과하는 탄성 변형이 없어야 하는가?**

① 500 ② 1000
③ 1500 ④ 2000

해설 승강로 벽은 0.3m × 0.3m 면적의 원형이나 사각의 단면에 1,000N의 힘을 균등하게 분산하여 벽의 어느 지점에 가할 때 다음과 같은 기계적 강도를 가져야 한다.
가) 1mm를 초과하는 영구적인 변형이 없어야 한다.
나) 15mm를 초과하는 탄성 변형이 없어야 한다.

11 **엘리베이터 승강로에 모든 출입문이 닫혔을 때 밝히기 위한 승강로 전 구간에 걸쳐 영구적으로 설치되는 전기조명의 조도 기준으로 틀린 것은?**

① 카 지붕과 피트를 제외한 장소 : 20 lx
② 카 지붕에서 수직 위로 1m 떨어진 곳 : 50 lx
③ 사람이 서 있을 수 있는 공간의 바닥에서 수직 위로 1m 떨어진 곳 : 50 lx
④ 작업구역 및 작업구역 간 이동 공간의 바닥에서 수직 위로 1m 떨어진 곳 : 80 lx

해설 승강로에는 모든 출입문이 닫혔을 때 승강로 전 구간에 걸쳐 영구적으로 설치된 다음의 구분에 따른 조도 이상을 밝히는 전기조명이 있어야 한다. 조도계는 가장 밝은 광원 쪽을 향하여 측정한다.
가) 카 지붕에서 수직 위로 1m 떨어진 곳 : 50 ℓx
나) 피트(사람이 서 있을 수 있는 공간, 작업구역 및 작업구역 간 이동 공간) 바닥에서 수직 위로 1m 떨어진 곳 : 50 ℓx
다) 위 가) 및 나)에 따른 장소 이외의 장소[카 또는 부품에 의한 그림자 제외] : 20 ℓx

12 **직접식 유압 엘리베이터의 특징이 아닌 것은?**

① 부하에 의한 카 바닥의 빠짐이 작다.
② 추락방지(비상정지)안전장치가 필요하지 않다.
③ 일반적으로 실린더의 점검이 간접식에 비해 쉽다.
④ 실린더를 설치하기 위한 보호관을 지중에 설치하여야 한다.

해설 직접식 유압 엘리베이터의 특징
① 추락방지(비상정지)안전장치가 없어도 된다.
② 승강로 평면이 작아도 되고 구조가 간단하다.
③ 부하에 대한 케이지 응력이 작아진다(부하에 의한 카 바닥 침하가 비교적 작다).
④ 실린더를 설치하기 위한 보호관을 땅에 묻어야 하기 때문에 설치가 어렵다.
⑤ 보호관의 설치로 인해 실린더의 점검이 어렵다.

13 **엘리베이터의 매다는 장치와 매다는 장치 끝부분 사이의 연결은 매다는 장치의 최소 파단하중의 최소 몇 % 이상을 견딜 수 있어야 하는가?**

① 70 ② 80
③ 90 ④ 100

해설 매다는 장치와 매다는 장치 끝부분 사이의 연결은 매다는 장치의 최소 파단하중의 80% 이상을 견딜 수 있어야 한다.

14 **에스컬레이터의 과속역행방지장치의 종류가 아닌 것은?**

① 폴 래칫 휠 방식
② 디스크 웨지 방식
③ 디스크 브레이크 방식
④ 다이나믹 브레이크 방식

정답 10 ② 11 ④ 12 ③ 13 ② 14 ④

해설 과속역행방지장치 종류
1. 폴 래칫 휠 방식(Pawl Ratched Wheel Method)
2. 디스크 웨지 방식(Disc Wedge Method)
3. 디스크 브레이크 방식(Disc Brake Method)
4. 기타 방식

15 장애인용 엘리베이터 호출버튼 · 조작반 · 통화장치 등 승강기의 안팎에 설치되는 모든 스위치의 높이 기준은? (단, 스위치 수가 많아 기준 높이 이내로 설치되는 것이 곤란한 경우는 제외한다.)

① 바닥면으로부터 0.8m 이상 1.2m 이하
② 바닥면으로부터 0.9m 이상 1.3m 이하
③ 바닥면으로부터 1.0m 이상 1.4m 이하
④ 바닥면으로부터 1.2m 이상 1.5m 이하

해설 호출버튼 · 조작반 · 통화장치 등 승강기의 안팎에 설치되는 모든 스위치의 높이는 바닥면으로부터 0.8m 이상 1.2m 이하의 위치에 설치되어야 한다. 다만, 스위치는 수가 많아 1.2m 이내에 설치되는 것이 곤란한 경우에는 1.4m 이하까지 완화될 수 있다.

16 과속 또는 매다는 장치가 파단할 경우 카나 균형추의 자유낙하를 방지하는 장치는?

① 완충기
② 브레이크
③ 차단밸브
④ 추락방지안전장치(비상정지장치)

해설 추락방지(비상정지)안전장치 사용 목적
주 로프(Main Rope)가 끊어지거나 기타 이유로 카가 규정 속도 이상이 되었을 때 설치한다.

17 엘리베이터의 카에는 자동으로 재충전되는 비상전원공급장치에 의해 5lx 이상의 조도로 얼마 동안 전원이 공급되는 비상등이 있어야 하는가?

① 30분
② 40분
③ 50분
④ 60분

해설 카에는 자동으로 재충전되는 비상전원공급장치에 의해 5ℓx 이상의 조도로 1시간 동안 전원이 공급되는 비상등이 있어야 한다.

18 주택용 엘리베이터에 대한 기준 중 ( ) 안에 들어갈 내용으로 맞는 것은?

> 카의 유효 면적은 1.4m^2 이하이어야 하고, 다음과 같이 계산되어야 한다.
> 1) 유효 면적이 1.1m^2 이하인 것 : 1m^2 당 (㉠)kg으로 계산한 수치, 최소 159kg
> 2) 유효 면적이 1.1m^2 초과인 것 : 1m^2 당 (㉡)kg으로 계산한 수치

① ㉠ 179, ㉡ 305
② ㉠ 195, ㉡ 295
③ ㉠ 179, ㉡ 300
④ ㉠ 195, ㉡ 305

해설 주택용 엘리베이터의 경우 카의 유효 면적은 1.4m^2 이하이어야 하고, 다음과 같이 계산되어야 한다.
1) 유효 면적이 1.1m^2 이하인 것 : 1m^2 당 195kg으로 계산한 수치, 최소 159kg
2) 유효 면적이 1.1m^2 초과인 것 : 1m^2 당 305kg으로 계산한 수치

19 에스컬레이터의 안전장치가 아닌 것은?

① 오일 완충기
② 스커트 가드
③ 핸드레일 안전장치
④ 인레트(Inlet) 스위치

정답 15 ① 16 ④ 17 ④ 18 ④ 19 ①

20 **엘리베이터 카의 상승과속방지장치에 대한 설명으로 틀린 것은?**

① 이 장치가 작동되면 기준에 적합한 전기안전장치가 작동되어야 한다.
② 이 장치는 빈 카의 감속도가 정지단계 동안 $1g_n$를 초과하는 것을 허용하지 않아야 한다.
③ 이 장치는 두 지점에서만 정적으로 지지되는 권상도르래와 동일한 축에 작동되지 않아야 한다.
④ 이 장치를 작동하기 위해 외부 에너지가 필요할 경우, 에너지가 없으면 엘리베이터는 정지되어야 하고 정지 상태가 유지되어야 한다.

해설 이 장치(상승과속방지장치)는 다음 중 어느 하나에 작동되어야 한다.
가) 카
나) 균형추
다) 로프시스템(현수 또는 보상)
라) 권상도르래
마) 두 지점에서만 정적으로 지지되는 권상도르래와 동일한 축

02 승강기 설계

21 **엘리베이터의 일주시간을 계산할 때 고려사항이 아닌 것은?**

① 주행시간
② 도어개폐시간
③ 승객출입시간
④ 기준층 복귀시간

해설 일주시간 $RTT=\sum$(주행시간+도어개폐시간+승객출입시간+손실시간)

22 **다음 그림과 같은 도르래에 매달려 있는 하중 W를 올리는 힘 P로 나타낸 것은?**

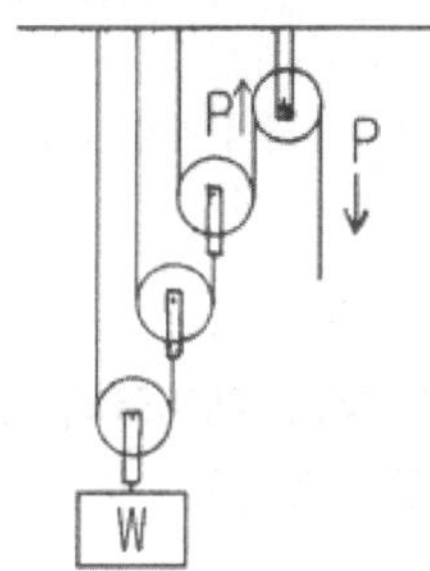

① W=2P ② W=3P
③ W=4P ④ W=8P

해설 하중 W=2^nP [P: 힘, n:동활차 수]
$W=2^3P=8P$

23 **다음 중 추락방지(비상정지)장치의 성능시험과 관계가 가장 적은 사항은?**

① 적용중량
② 작동속도
③ 평균감속도
④ 주행안내(가이드) 레일의 규격

24 **수직 개폐식 문의 현수에 대한 기준으로 틀린 것은?**

① 현수 로프 · 체인 및 벨트의 안전율은 8 이상으로 설계되어야 한다.
② 현수 로프 풀리의 피치 직경은 로프 직경의 35배 이상이어야 한다.
③ 수직 개폐식 승강장문 및 카문의 문짝은 2개의 독립된 현수 부품에 의해 고정되어야 한다.
④ 현수 로프/체인은 풀리 홈 또는 스프로킷에서 이탈되지 않도록 보호되어야 한다.

해설 수직 개폐식 문의 현수

- 수직 개폐식 승강장문 및 카문의 문짝은 2개의 독립된 현수 부품에 의해 고정되어야 한다.
- 현수 로프 · 체인 및 벨트의 안전율은 8 이상으로 설계되어야 한다.
- 현수 로프 풀리의 피치 직경은 로프 직경의 25배 이상이어야 한다.

25 **엘리베이터 브레이크의 능력에 대한 설명으로 틀린 것은?**

① 제동력을 너무 작게 하면 제동 시 회전 부분에 큰 응력을 발생시킨다.

② 브레이크는 카나 균형추 등 엘리베이터의 전 장치의 관성을 제지할 필요가 없다.

③ 정지 후 부하에 의한 언밸런스로 역구동되어 움직이는 일이 없도록 유지되어야 한다.

④ 화물용 엘리베이터는 정격의 125% 부하로 전속 하강 중 위험 없이 감속 · 정지할 수 있어야 한다.

26 **기어감속비 49:2, 도르래 지름 540mm, 전동기입력 주파수 60Hz, 극수 4, 전동기의 회전 수 슬립이 4% 일 때 엘리베이터의 정격속도는 약 몇 m/min 인가?**

① 90　② 105
③ 120　④ 150

해설 엘리베이터속도(권상기 도르래)

$$정격속도(V)=\frac{\pi DN}{1000}i[m/min]$$

$$=\frac{\pi\times540\times1728}{1000}\times\frac{2}{49}=120[m/min]$$

전부하 회전수(N)

$$N=(1-S)N_S=(1-0.04)\times\frac{120\times60}{4}$$

$$=1728[rpm]$$

여기서, D : 권상기 도르래의 지름(mm)
N : 전동기의 회전수(rpm)
i : 감속비

27 **승객용 엘리베이터의 적재하중이 1000kgf, 카전자중이 2200kgf, 길이가 180cm, 사용재료가 ㄷ180×75×7, 단면계수가 306cm^{3}일 경우 하부체대의 최대굽힘 모멘트(kgf · cm)는? (단, 브레이스 로드가 분담하는 하중은 무시한다.)**

① 72000　② 75000
③ 77000　④ 80000

해설 최대굽힘 모멘트

$$M_{max}=\frac{1}{4}(W+W_C)\ell=\frac{1}{4}(1000+2200)\times180$$

$$=72,000[kg\cdot cm]$$

28 **엘리베이터 안전기준상 소방구조용(비상용) 엘리베이터의 기본요건에 적합한 것은?**

① 정격하중이 1000gkf 이상이어야 한다.

② 카의 운행속도는 0.5m/s 이상이어야 한다.

③ 카는 건물의 전 층에 대해 운행이 가능해야 한다.

④ 카의 폭이 1100mm, 깊이가 2100mm 이상이어야 한다.

해설 소방구조용 엘리베이터의 기본요건

- 소방구조용 엘리베이터는 소방운전 시 모든 승강장의 출입구마다 정지할 수 있어야 한다.
- 소방구조용 엘리베이터의 크기는 KS B ISO 4190-1에 따라 630kg의 정격하중을 갖는 폭 1,100mm, 깊이 1,400mm 이상이어야 하며, 출입구 유효 폭은800 mm 이상이어야 한다.
- 소방구조용 엘리베이터는 소방관 접근 지정층에서 소방관이 조작하여 엘리베이터 문이 닫힌 이후부터 60초 이내에 가장 먼 층에 도착되어야 한다. 다만, 운행속도는 1m/s 이상이어야 한다.

정답 25 ① 26 ③ 27 ① 28 ③

29 **동력전원설비 용량의 계산에서 여러 대의 엘리베이터가 설치되어 있는 경우에 적용하는 부등률을 1로 하여야 하는 엘리베이터는?**

① 침대용 엘리베이터
② 전망용 엘리베이터
③ 화물용 엘리베이터
④ 소방구조용(비상용) 엘리베이터

해설 부등률
일반용 엘리베이터 : 0.85
소방구조용 엘리베이터 : 1

30 **승객용 엘리베이터에서 카문과 문턱과 승강장문의 문턱 사이의 수평거리 기준은?**

① 25mm 이하 ② 30mm 이하
③ 35mm 이하 ④ 40mm 이하

해설 카문의 문턱과 승강장문의 문턱 사이의 수평 거리는 35mm 이하이어야 한다.

31 **엘리베이터에서 정격하중을 적재한 카 또는 균형추/평형추가 자유 낙하할 때 점차 작동형 추락방지안전장치(비상정지장치)의 평균감속도 기준은?**

① $0.1g_n \sim 1g_n$ ② $0.1g_n \sim 1.25g_n$
③ $0.2g_n \sim 1g_n$ ④ $0.2g_n \sim 1.25g_n$

해설 감속도
정격하중을 적재한 카 또는 균형추/평형추가 자유 낙하할 때 점차 작동형 추락방지안전장치의 평균 감속도는 $0.2g_n$에서 $1g_n$ 사이에 있어야 한다.

32 **유압 엘리베이터에서 로프 또는 체인이 동기화 수단으로 사용될 경우의 기준에 대한 설명으로 틀린 것은?**

① 체인의 안전율은 8 이상이어야 한다.
② 로프의 안전율은 12 이상이어야 한다.
③ 2개 이상의 독립된 로프 또는 체인이 있어야 한다.
④ 최대 힘은 전 부하 압력에서 발생하는 힘, 로프 또는 체인의 수를 고려하여 계산되어야 한다.

해설 로프 또는 체인이 동기화 수단으로 사용될 경우, 다음 사항이 적용된다.
① 2개 이상의 독립된 로프 또는 체인이 있어야 한다.
② 9.7.1에 따른다.
③ 안전율은 다음과 같다.
㉠ 로프는 12 이상
㉡ 체인은 10 이상

33 **지진대책에 따른 엘리베이터의 구조에 대한 설명으로 틀린 것은?**

① 지진이나 기타 진동에 의해 주로프가 도르래에서 이탈하지 않아야 한다.
② 엘리베이터의 균형추가 지진이나 기타 진동에 의하여 가이드 레일로부터 이탈하지 않아야 한다.
③ 승강로내에는 지진 시에 로프, 전선 등의 기능에 악영향이 발생하지 않도록 모든 돌출물을 설치하여서는 안 된다.
④ 엘리베이터의 전동기, 제어반 및 권상기는 카마다 설치하고, 또한 지진이나 기타 진동에 의해 전도 또는 이동하지 않아야 한다.

해설 승강로, 기계실 · 기계류 공간 및 풀리실의 사용 제한
승강로, 기계실 · 기계류 공간 및 풀리실은 엘리베이터 전용으로 사용되어야 한다. 엘리베이터와 관계없는 배관, 전선 또는 그 밖에 다른 용도의 설비는 승강로, 기계실 · 기계류 공간 및 풀리실에 설치되어서는 안 된다. 다만, 다음과 같은 설비는 설치될 수 있으나, 해당 설비의 제어장치 또는 조절장치는 승강로, 기계실, 기계류 공간 및 풀리실 외부에 있어야 한다.

정답 29 ④ 30 ③ 31 ③ 32 ① 33 ③

34 사이리스터의 점호각을 바꿈으로써 승강기 속도를 제어하는 시스템은?

① 교류 귀환 제어방식
② 워드 레오나드 방식
③ 정지 레오나드 방식
④ 교류 2단 속도 제어방식

해설 1) 교류 귀환 제어 방식의 원리
유동 전동기 1차 측 각 상에 사이리스터와 다이오드를 역병렬로 접속하여 전원을 가하여 토크를 변화시키는 방식으로 기동 및 주행을 하고 감속 시에는 유도 전동기 직류를 흐르게 함으로서 제동 토크를 발생시킨다.
2) 정지 레오나드 방식의 원리
사이리스터를 사용하여 교류를 직류로 변화하여 전동기에 공급하고 싸이리스터의 점호각을 바꿈으로서 직류전압을 바꿔 직류전동기의 회전수를 변경하는 방식이다.

35 엘리베이터 승강로 점검문의 크기 기준은?

① 높이 0.6m 이하, 폭 0.6m 이하
② 높이 0.6m 이하, 폭 0.5m 이하
③ 높이 0.5m 이하, 폭 0.6m 이하
④ 높이 0.5m 이하, 폭 0.5m 이하

해설 점검문 : 높이 0.5m 이하, 폭 0.5m 이하

36 추락방지안전장치(비상정지장치)가 없는 균형추 또는 평형추의 T형 주행안내 레일에 대해 계산된 최대 허용 휨은?

① 한방향으로 3mm
② 양방향으로 5mm
③ 한방향으로 10mm
④ 양방향으로 10mm

해설 허용 휨
T형 주행안내 레일 및 고정(브래킷, 분리 빔)에 대해 계산된 최대 허용 휨 σ_{perm}은 다음과 같다.

가) σ_{perm} = 추락방지안전장치가 작동하는 카, 균형추 또는 평형추의 주행안내 레일: 양방향으로 5mm
나) σ_{perm} = 추락방지안전장치가 없는 균형추 또는 평형추의 주행안내 레일: 양방향으로 10mm

37 유압 엘리베이터의 실린더와 체크밸브 또는 하강밸브 사이의 가요성 호스는 전 부하 압력 및 파열 압력과 관련하여 안전율이 최소 얼마 이상이어야 하는가?

① 6 ② 8
③ 10 ④ 12

해설 가요성 호스
실린더와 체크밸브 또는 하강밸브 사이의 가요성 호스는 전 부하 압력 및 파열 압력과 관련하여 안전율이 8이상이어야 한다.

38 에너지 축적형 완충기의 설계 기준 중 ( ) 안에 알맞은 내용은?

> 선형 특성을 갖는 완충기는 카 자중과 정격하중을 더한 값(또는 균형추의 무게)의 (㉠)배와 (㉡)배 사이의 정하중으로 관련 기준에 규정된 행정이 적용되도록 설계되어야 한다.

① ㉠ 2.0, ㉡ 4 ② ㉠ 2.0, ㉡ 5
③ ㉠ 2.5, ㉡ 4 ④ ㉠ 2.5, ㉡ 5

해설 에너지 축적형 완충기
선형 특성을 갖는 완충기
① 완충기의 가능한 총 행정은 정격속도의 115%에 상응하는 중력 정지거리의 2배[0.135 v2(m)] 이상이어야 한다. 다만, 행정은 65mm 이상이어야 한다.
② 완충기는 카 자중과 정격하중을 더한 값(또는 균형추의 무게)의 2.5배와 4배 사이의 정하중으로 ①에 규정된 행정이 적용되도록 설계되어야 한다.

정답 34 ①, ③ 35 ④ 36 ④ 37 ② 38 ③

39 **교통수요 산출을 위해 이용자 인원을 산정할 때 하향방향승객을 고려하지 않는 경우는?**

① 병원　② 아파트
③ 사무실　④ 백화점

해설 사무실(오피스) 교통수요 산출을 위해 이용자 인원을 산정할 때 승객 집중시간은 출근 시 상승으로, 승객 수는 정원의 80%로 산정한다.

40 **정격속도 60m/min, 정격하중 1150kgf, 오버밸런스율 45%, 전체효율이 0.6인 승강기용 전동기의 용량은 약 몇 kW 인가?**

① 5.5　② 7.5
③ 10.3　④ 13.3

해설 전동기의 필요 출력$=\dfrac{LV(1-OB)}{6120\eta}$

$=\dfrac{1,150\times60\times(1-0.45)}{6120\times0.6}=10.3[\text{kW}]$

03 일반기계공학

41 **KS규격에 의한 구름 베어링의 호칭번호 6205ZZ에서 "ZZ"의 의미로 옳은 것은?**

① 한쪽 실붙이
② 링 홈붙이
③ 양쪽 실드붙이
④ 멈춤 링붙이

해설 6 : 단열 깊은 홈형(형식 기호)
2 : 중간 하중형(지수 기호)
05 : 안지름 25mm(안지름 치수)
ZZ : 양쪽 실드(실드 기호)
※ 05 : 25mm, 08 : 40mm, 12 : 60mm, 20 : 100mm

42 **일반적인 구리의 특성으로 틀린 것은?**

① 전기 및 열의 전도성이 우수하다.
② 아름다운 광택과 귀금속적 성질이 우수하다.
③ Zn, Sn, Ni, Ag 등과 쉽게 합금을 만들 수 있다.
④ 기계적 강도가 높아 공작기계의 주축으로 사용된다.

해설 동과 동합금의 특징
① 황동은 구리(Cu)와 아연(Zn)의 합금이다.
② 전기 전도율이 은(Ag)다음으로 크다.
③ 청동은 구리(Cu)와 주석(Sn)의 합금이다.
④ 인청동은 구리나 청동에 인(P)을 첨가한 것이며, 내마멸성과 내부식성이 커 베어링 재료로 사용된다.

43 **용접 이음의 장점이 아닌 것은?**

① 자재가 절약된다.
② 공정수가 증가된다.
③ 이음효율이 향상된다.
④ 기밀 유지성능이 좋다.

해설 용접의 장점
㉮ 설계에 자유성이 있고 제작비가 저렴하다.
㉯ 제작 속도가 빠르다
㉰ 작업 능률이 좋으므로 제작 속도가 빠르다.
㉱ 재료가 절감된다
㉲ 강판 두께의 제한이 없다.
㉳ 용접 이음효율은 강판두께에 관계없이 일정하다.

용접의 단점

㉮ 잔류응력을 남기고, 진동 감쇠가 어렵다.
㉯ 결함이 발생하기 쉽고 예민한 노치효과를 나타낸다.
㉰ 용접부의 비파괴검사가 어렵다.

정답 39 ③ 40 ③ 41 ③ 42 ④ 43 ②

44 **프레스 가공이나 주조 가공 등으로 생산된 제품의 불필요한 테두리나 핀 등을 잘라내거나 따내어 제품을 깨끗이 정형하는 작업은?**

① 펀칭　② 블랭킹
③ 세이빙　④ 트리밍

해설 트리밍 : 판재를 드로잉 가공으로 만든 후 절단하는 작업

45 **지름 20mm, 인장강도 42MPa의 둥근 봉이 지탱할 수 있는 허용범위 내 최대하중(N)은 약 얼마인가? (단, 안전율은 7이다.)**

① 1884　② 2235
③ 3524　④ 4845

해설 최대하중 $P=$ 허용응력 × 단면적

$$=\frac{\text{인장강도}}{\text{안전율}}\times\text{단면적}=\frac{42}{7}\times\frac{\pi}{4}\times 20^2$$

$=1,884.96[\text{N}]$

46 **주로 나무나 가죽, 베크라이트 등 비금속이나 연한 금속의 거친 가공에 가장 적합한 줄(file)은?**

① 귀목(rasp cut)
② 단목(single cut)
③ 복목(double cut)
④ 파목(curved cut)

해설 귀목
눈을 하나씩 파내어 만든 것으로, 연한재료나 가죽, 목재의 황삭가공용으로 사용된다.

47 **유량이나 입구 측의 유압과는 관계없이 미리 설정한 2차측 압력을 일정하게 유지하는 것은?**

① 체크 밸브　② 리듀싱 밸브
③ 시퀀스 밸브　④ 릴리프 밸브

48 **일반적인 유량측정 기기에 해당하는 것은?**

① 피토 정압관　② 피토관
③ 시차 액주계　④ 벤투리미터

해설 벤투리미터 : 확대관 또는 축소관의 압력차이를 이용하여 유량을 구할 수 있는 액주계

49 **키(key)의 설계에서 강도상 주로 고려해야 하는 것은?**

① 키의 굽힘응력과 전단응력
② 키의 전단응력과 인장응력
③ 키의 인장응력과 압축응력
④ 키의 전단응력과 압축응력

해설 키이(Key)
축에 기어, 풀리, 플라이휘일, 커플링 등의 회전체를 고정 하여 회전을 전달시키는 기계요소로 전단응력과 압축응력을 고려한다.

50 **평벨트 전동장치와 비교한 V-벨트 전동장치의 특징으로 옳은 것은?**

① 두 축의 회전방향이 다른 경우에 적합하다.
② 평벨트 전동에 비해 전동 효율이 나쁘다.
③ 축간거리가 짧고 큰 속도비에 적합하다.
④ 5m/s 이하의 저속으로만 운전이 가능하다.

해설 V-벨트 전동장치의 특징
① 고속운전이 가능하다.
② 속도는 10~15[m/s]이다.
③ 미끄럼이 적고 속도비가 크다.
④ 전동효율은 90~95[%]이다.

정답 44 ④ 45 ① 46 ① 47 ② 48 ④ 49 ④ 50 ③

51 **구상 흑연 주철에 관한 설명으로 틀린 것은?**

① 단조가 가능한 주철이다.
② 차량용 부품이나 내마모용으로 사용한다.
③ 노듈러 또는 덕타일 주철이라고도 한다.
④ 인장강도가 50~70 kgf/mm^2 정도인 것도 있다.

해설 주철은 탄소가 많아서 단단하고 부서지기가 쉬우므로 압연·단조 등의 가공은 할 수 없다

52 **동력 전달용 나사가 아닌 것은?**

① 관용 나사
② 사각 나사
③ 둥근 나사
④ 톱니 나사

해설 관용나사(pipe thread, gas thread)
일반기계 결합용. 관을 연결할 때, 관의 양단에 나사를 깎고 전용의 관이음쇠로 연결한다.

53 **송출량이 많고 저양정인 경우 적합하며 회전차의 날개가 선박의 스크루 프로펠러와 유사한 형상의 펌프는?**

① 터빈 펌프
② 기어 펌프
③ 축류 펌프
④ 왕복 펌프

해설 축류식펌프(axial type pump)
회전하는 날개의 양력에 의해 속도 에너지 및 압력에너지를 공급하며 물의 흐름은 날개차의 축방향에서 유입하여 날개차를 지나 축방향으로 유출되는 형식

54 **그림과 같은 블록 브레이크에서 드럼 축의 레버를 누르는 힘(F)을 우회전할 때는 F_1, 좌회전할 때는 F_2라고 하면 F_1/F_2의 값은? (단, 중작용선이며 모두 동일한 제동력을 발생시키는 것으로 가정한다.)**

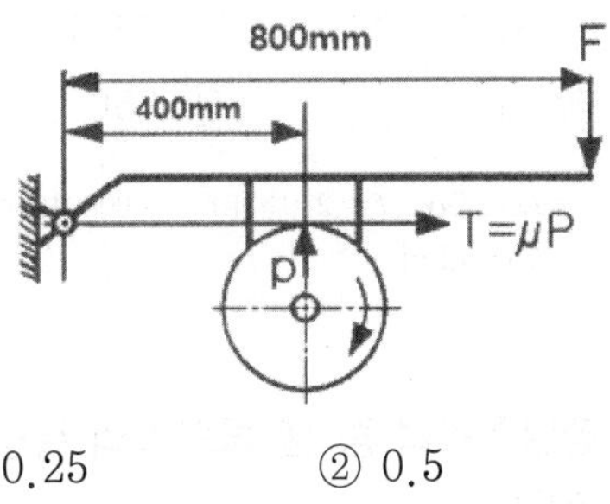

① 0.25 ② 0.5
③ 1 ④ 4

해설 c=0인 경우(우회전=좌회전)
$F \cdot a - P \cdot b = 0$
$\therefore F = \frac{Pb}{a}$, $a = 800[mm]$, $b = 400[mm]$

55 **측정하고자 하는 축을 V블록 위에 올려놓은 뒤 다이얼 게이지를 설치하고 회전하였더니 눈금 값이 1mm라면 이 축의 진원도(mm)는?**

① 2 ② 1
③ 0.5 ④ 0.25

해설 축의 진원도 측정 : 다이얼게이지 눈금 값의 1/2이 진원도이다.

56 **주축의 회전운동을 직선 왕복운동으로 바꾸는데 사용하는 밀링 머신의 부속장치는?**

① 분할대
② 슬로팅 장치
③ 래크 절삭 장치
④ 로터리 밀링 헤드 장치

해설 슬로팅 장치
주축의 회전운동을 직선 왕복운동으로 바꾸는 장치

정답 51 ① 52 ① 53 ③ 54 ③ 55 ③ 56 ②

57 지름 2.5cm의 연강봉 양단을 강성벽에 고정한 후 30℃에서 0℃까지 냉각되었을 경우 연강봉에 생기는 압축응력(kPa)은? (단, 연강의 선팽창계수는 0.000012, 세로탄성계수는 210MPa이다.)

① 37.1 ② 75.6
③ 371 ④ 756

해설 $\sigma = E\varepsilon = E\alpha \triangle t = 210 \times 10^6 \times 0.000012 \times (30-0)$
$= 75.6[\text{kPa}]$

58 정밀주조법 중 셸 몰드법의 특징이 아닌 것은?

① 치수 정밀도가 높다.
② 합성수지의 가격이 저가이다.
③ 제작이 용이하며 대량생산에 적합하다.
④ 모래가 적게 들고 주물의 뒤처리가 간단하다.

59 그림과 같은 외팔보의 끝단에 집중하중 P가 작용할 때 최소 처짐이 발생하는 단면은? (단, 보의 길이와 재질은 같다.)

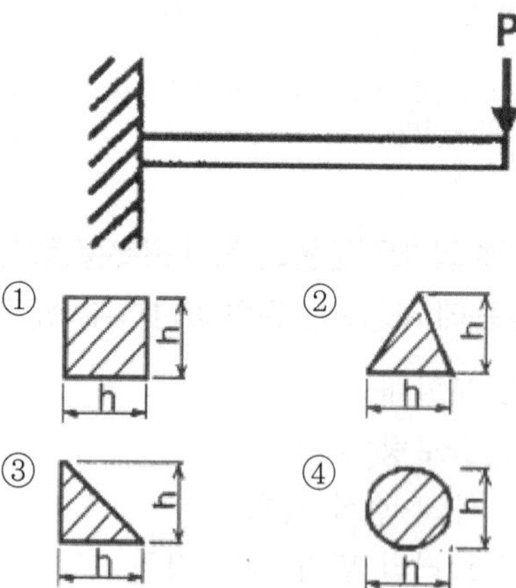

해설 사각형 단면으로 폭(h)×높이(h)

60 비틀림 모멘트를 받아 전단응력이 발생되는 원형 단면 축에 대한 설명으로 틀린 것은?

① 전단응력은 지름의 세제곱에 반비례한다.
② 전단응력은 비틀림 모멘트와 반비례한다.
③ 전단응력은 구할 때 극단면계수도 이용한다.
④ 중실 원형축의 지름을 2배로 증가시키면 비틀림 모멘트는 8배가 된다.

해설 전단응력은 비틀림 모멘트와 비례한다.

04 전기제어공학

61 어떤 코일에 흐르는 전류가 0.01초 사이에 20A에서 10A로 변할 때 20V의 기전력이 발생한다고 하면 자기 인덕턴스(mH)는?

① 10 ② 20
③ 30 ④ 50

해설 $e = L\dfrac{di}{dt}$, $20 = L \times \dfrac{20-10}{0.01}$,
$L = \dfrac{20 \times 0.01}{10} = 0.02[\text{H}] = 20[\text{mH}]$

62 아래 접점회로의 논리식으로 옳은 것은?

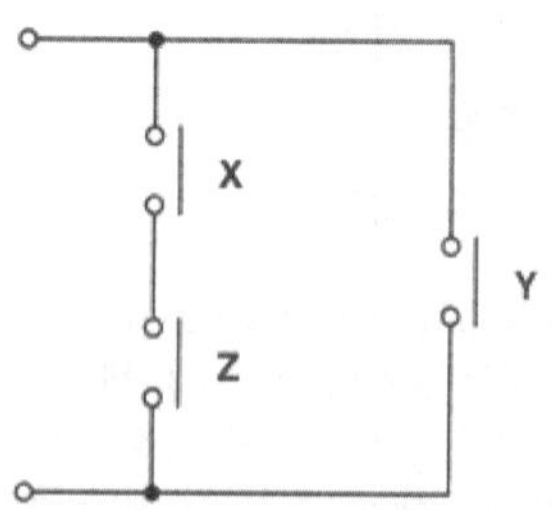

① X · Y · Z ② (X+Y) · Z
③ (X · Z)+Y ④ X+Y+Z

정답 57 ② 58 ② 59 ① 60 ② 61 ② 62 ③

해설 $X \cdot Z + Y$

63 평형 3상 전원에서 각 상간 전압의 위상차(rad)는?

① π /2　　② π /3
③ π /6　　④ 2π /3

해설 3상 교류의 발생과 표시법
대칭 3상 교류(symmetrica three phase AC) : 대칭 3상 교류는 기전력의 크기, 주파수, 파형이 같으며, $\frac{2}{3}$[rad] 위상차를 갖는 3상 교류이다. 3상 교류는 자기장 내에 3개의 코일을 120° 간격으로 배치하여 반시계 방향으로 회전시키면 3개의 사인파 전압이 발생한다.

64 피드백 제어에 관한 설명으로 틀린 것은?

① 정확성이 증가한다.
② 대역폭이 증가한다.
③ 입력과 출력의 비를 나타내는 전체이득이 증가한다.
④ 개루프 제어에 비해 구조가 비교적 복잡하고 설치비가 많이 든다.

해설 피드백 자동제어계의 특징
① 정확성의 증가
② 계의 특성 변화에 대한 입력 대 출력비의 감도 감소
③ 비선형성과 왜형에 대한 효과의 감소

65 다음 회로도를 보고 진리표를 채우고자 한다. 빈칸에 알맞은 값은?

A B	X_1 X_2 X_3
1 1	1 0 (ⓐ)
1 0	0 1 (ⓑ)
0 1	0 0 (ⓒ)
0 0	0 0 (ⓓ)

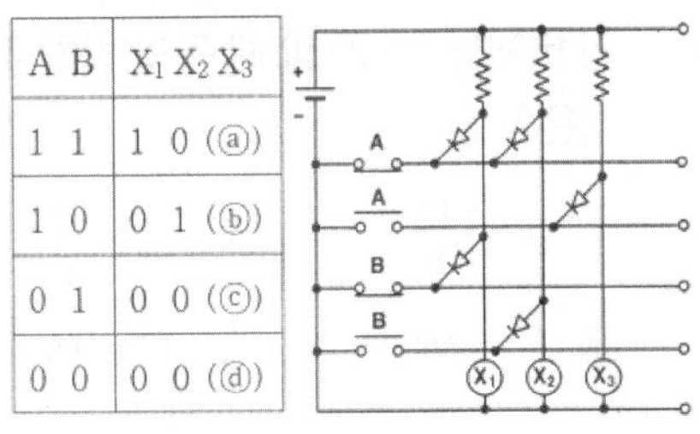

① ⓐ 1, ⓑ 1, ⓒ 0, ⓓ 0
② ⓐ 0, ⓑ 0, ⓒ 1, ⓓ 1
③ ⓐ 0, ⓑ 1, ⓒ 0, ⓓ 1
④ ⓐ 1, ⓑ 0, ⓒ 1, ⓓ 0

해설 1. $X_1 = A \cdot B$
2. $X_2 = A \cdot \overline{B}$
3. $X_3 = \overline{A}$
∵ $\overline{A}$ 또는 $\overline{B}$가 ON되면, 다이오드가 ON되어 출력이 나온다.

A	$\overline{A}$
1	0
1	0
0	1
0	1

66 다음 회로에서 E=100V, R=4Ω, X_L=5Ω, X_C=2Ω일 때 이 회로에 흐르는 전류(A)는?

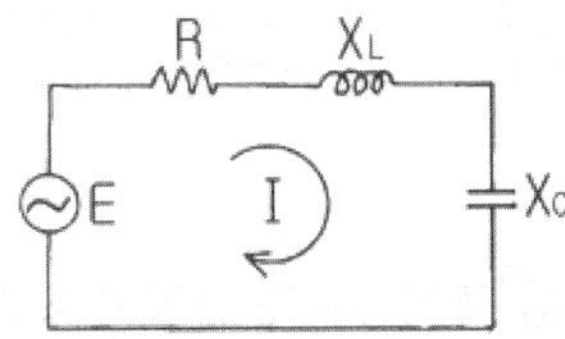

① 10　　② 15
③ 20　　④ 25

해설 $I = \frac{E}{Z} = \frac{100}{\sqrt{4^2 + (5-2)^2}} = 20[A]$

67 전기기기 및 전로의 누전여부를 알아보기 위해 사용되는 계측기는?

① 메거　　② 전압계
③ 전류계　　④ 검전기

해설 메거는 절연저항 측정 계기이다.

정답 63 ④ 64 ③ 65 ② 66 ③ 67 ①

68 입력에 대한 출력의 오차가 발생하는 제어 시스템에서 오차가 변화하는 속도에 비례하여 조작량을 가변하는 제어방식은?

① 미분 제어 ② 정치 제어
③ on-off 제어 ④ 시퀀스 제어

해설 미분제어(D제어)
$G(s) = Ks$
제어 오차가 검출될 때 오차가 변화하는 속도에 비례하여 조작량을 가감하도록 하는 동작으로서 오차가 커지는 것을 미연에 방지한다.

69 기계적 제어의 요소로서 변위를 공기압으로 변환하는 요소는?

① 벨로즈 ② 트랜지스터
③ 다이아프램 ④ 노즐 플래퍼

해설 변환요소

변환량	변환요소
변위 → 압력	노즐플래퍼, 유압 분사관, 스프링

70 다음 블록선도의 전달함수 C(s)/R(s)는?

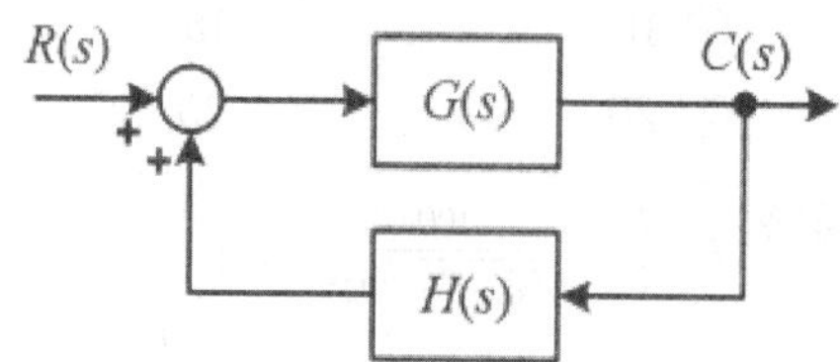

① $\dfrac{G(s)}{1-G(s)H(s)}$

② $\dfrac{G(s)}{1+G(s)H(s)}$

③ $\dfrac{H(s)}{1-G(s)H(s)}$

④ $\dfrac{H(s)}{1+G(s)H(s)}$

해설 $\dfrac{C(s)}{R(s)} = \dfrac{경로}{1-폐로} = \dfrac{G(s)}{1-G(s)H(s)}$

71 다음 중 전류계에 대한 설명으로 틀린 것은?

① 전류계의 내부저항이 전압계의 내부저항보다 작다.
② 전류계를 회로에 병렬접속하면 계기가 손상될 수 있다.
③ 직류용 계기에는 (+), (-)의 단자가 구별되어 있다.
④ 전류계의 측정 범위를 확장하기 위해 직렬로 접속한 저항을 분류기라고 한다.

해설 (1) 배율기 : 전압계의 측정범위의 확대를 전압계에 직렬로 접속되어 사용되는 저항기이다
(2) 분류기 : 전류계의 측정범위의 확대를 위해 전류계에 병렬로 접속되어 사용되는 저항기이다.

72 100V에서 500W를 소비하는 저항이 있다. 이 저항에 100V의 전원을 200V로 바꾸어 접속하면 소비되는 전력(W)은?

① 250 ② 500
③ 1000 ④ 2000

해설 $P = \dfrac{V^2}{R},\ P \propto V^2,\ \dfrac{P'}{P} = \dfrac{V^{2'}}{V^2}$

$P' = (\dfrac{V'}{V})^2 P = (\dfrac{200}{100})^2 \times 500 = 2,000[\mathrm{W}]$

73 전압을 V, 전류를 I, 저항을 R, 그리고 도체의 비저항을 ρ라 할 때 옴의 법칙을 나타낸 식은?

① $V = \dfrac{R}{I}$ ② $V = \dfrac{I}{R}$
③ $V = IR$ ④ $V = IR\rho$

정답 68 ① 69 ④ 70 ① 71 ④ 72 ④ 73 ③

해설 옴의 법칙
도체에 흐르는 전류 I는 전압 V에 비례하고, 저항 R에 반비례한다.
전류 $I=\frac{V}{R}[A]$

74 절연의 종류를 최고 허용온도가 낮을 것부터 높은 순서로 나열한 것은?

① A종 < Y종 < E종 < B종
② Y종 < A종 < E종 < B종
③ E종 < Y종 < B종 < A종
④ B종 < A종 < E종 < Y종

해설 전기기기의 주위 온도[℃]의 기준은 40[℃]이고 최고 허용온도는 절연물의 종류에 따라 다르다.

절연물의 허용온도	종류	Y종	A종	E종	B종	F종	H종	C종
	온도 ℃	90	105	120	130	155	180	180 초과

75 코일에 단상 200V의 전압을 가하면 10A의 전류가 흐르고 1.6kW의 전력을 소비된다. 이 코일과 병렬로 콘덴서를 접속하여 회로의 합성역률을 100%로 하기 위한 용량 리액턴스(Ω)는 약 얼마인가?

① 11.1
② 22.2
③ 33.3
④ 44.4

해설 1. 피상전력 $P_a = VI = 200 \times 10 = 2{,}000[VA]$

2. 유효전력 $P = \frac{V^2}{R} = 1{,}600[W]$

3. 무효전력
$P_r = \frac{V^2}{X_L} = \sqrt{2{,}000^2 - 1{,}600^2} = 1{,}200[Var]$

∴ 유도성 리액턴스 $X_L = \frac{200^2}{1{,}200} = 33.3[\Omega]$

4. 역율 100%, 유도성리액턴스(X_L)=용량성리액턴스(X_C) = 33.3[Ω]

76 영구자석의 재료로 요구되는 사항은?

① 잔류자기 및 보자력이 큰 것
② 잔류자기가 크고 보자력이 작은 것
③ 잔류자기는 작고 보자력이 큰 것
④ 잔류자기 및 보자력이 작은 것

해설 영구자석
강한 자화상태를 오래 보존하는 자석으로 외부로부터 전기 에너지를 공급받지 않아도 자성을 안정하게 유지한다.

77 시퀀스 제어에 관한 설명으로 틀린 것은?

① 조합논리회로가 사용된다.
② 시간지연요소가 사용된다.
③ 제어용 계전기가 사용된다.
④ 폐회로 제어계로 사용된다.

78 두 대 이상의 변압기를 병렬 운전하고자 할 때 이상적인 조건으로 틀린 것은?

① 각 변압기의 극성이 같을 것
② 각 변압기의 손실비가 같을 것
③ 정격용량에 비례해서 전류를 분담할 것
④ 변압기 상호간 순환전류가 흐르지 않을 것

해설 병렬운전 조건
① 각 변압기의 극성이 같을 것
② 각 변압기의 권수비 및 1차,2차 정격전압이 같을 것
③ 각 변압기의 %임피던스 강하가 같을 것
④ 각 변압기의 저항과 누설 리액턴스 비가 같을 것
☞ 극성, 전압, 권수, 상회전 방향, 각변위가 같을 것 ; 순환전류가 없다.

정답 74 ② 75 ③ 76 ① 77 ④ 78 ②

79 다음의 신호흐름선도에서 전달함수 C(s)/R(s)는?

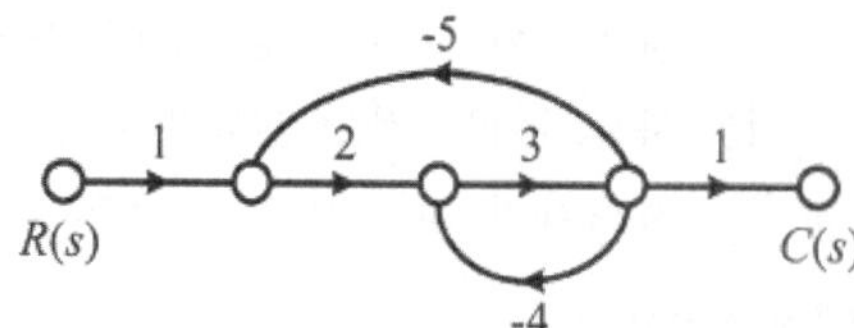

① $-\frac{6}{41}$　　② $\frac{6}{41}$

③ $-\frac{6}{43}$　　④ $\frac{6}{43}$

해설 $\frac{C(s)}{R(s)} = \frac{\text{경로}}{1-\text{폐로}} = \frac{1\times2\times3\times1}{1-[(-4\times3)+(-5\times2\times3)]}$

$= \frac{6}{43}$

80 전동기를 전원에 접속한 상태에서 중력부하를 하강시킬 때 속도가 빨라지는 경우 전동기의 유기기전력이 전원전압보다 높아져서 발전기로 동작하고 발생전력을 전원으로 되돌려 줌과 동시에 속도를 감속하는 제동법은?

① 회생제동　　② 역전제동

③ 발전제동　　④ 유도제동

해설 제동방법

① 발전제동 : 주전동기를 발전기로 작용시켜 그 발생 전력을 차량에 탑재되어 있는 주저항기에 흘려서, 열 에너지로 변환하여 제동력을 얻는 방식

② 역상 제동(Plugging) : 전동기의 전원 전압의 극성 혹은 상회전 방향을 역전함으로써 전동기에 역토크를 발생시키고, 그에 의해서 제동하는 것

③ 회생 제동 : 전동기의 제동법의 하나로, 전동기를 발전기로 동작시켜 그 발생 전력을 전원에 되돌려서 하는 제동방법

정답 79 ④ 80 ①

13 2021년 03월 07일

01 승강기 개론

01 다음 중 카의 상승과속방지장치가 작동될 수 있는 장치가 아닌 것은?

① 카 ② 균형추
③ 완충기 ④ 권상도르래

02 엘리베이터에서 카 또는 승강장 출입구 문턱부터 아래로 평탄하게 내려진 수직부분의 앞 보호판을 나타내는 용어는?

① 슬링 ② 피트
③ 스프로킷 ④ 에이프런

해설 에이프런(apron)
카 또는 승강장 출입구 문턱부터 아래로 평탄하게 내려진 수직 부분의 앞 보호판

03 파이널 리미트 스위치에 대한 설명으로 틀린 것은?

① 유압식 엘리베이터의 경우, 주행로의 최상부에서만 작동하도록 설치되어야 한다.
② 권상 및 포지티브 구동식 엘리베이터의 경우, 주행로의 최상부 및 최하부에서 작동하도록 설치되어야 한다.
③ 파이널 리미트 스위치는 우발적인 작동의 위험 없이 가능한 최상층 및 최하층에 근접하여 작동하도록 설치되어야 한다.
④ 파이널 리미트 스위치는램이 완충장치에 접촉되는 순간 일시적으로 작동되었다가 복구되어야 한다.

해설 • 파이널 리미트 스위치가 작동한 후에는, 유압식 엘리베이터가 크리핑에 의해 작동구역을 벗어나는 경우라도, 카와 승강장 호출에 대해 카는 더 이상 움직이지 않아야 한다.
• 엘리베이터의 정상 작동으로의 복귀는 전문가(유지관리업자 등)의 개입이 요구되어야 한다.

04 기계실 작업구역의 유효 높이는 최소 몇 m 이상이어야 하는가?

① 1.6 ② 1.8
③ 2.1 ④ 2.5

해설 기계실의 크기 등 치수
기계실은 설비의 작업이 쉽고 안전하도록 다음과 같이 충분한 크기이어야 한다. 특히, 작업구역의 유효 높이는 2.1m 이상이어야 한다.

05 권동식 권상기의 단점이 아닌 것은?

① 고양정 적용이 곤란하다.
② 큰 권상도력이 필요하다.
③ 지나치게 감기거나 풀릴 위험이 있다.
④ 감속기의 오일을 정기적으로 교환해야 하므로 환경오염물이 배출된다.

해설 포지티브식(권동식)
권동식은 로프를 권동(드럼)에 감거나 또는 풀거나 하여 카를 상승시키는 방식이다.
① 저속, 소용량 엘리베이터에 사용 가능하다.
② 미끄러짐은 트랙션식 보다 작다.
③ 소요 동력이 크다(균형추 미사용).
④ 지나치게 로프를 감거나 풀면 위험하다.

정답 01 ③ 02 ④ 03 ④ 04 ③ 05 ④

06 엘리베이터 안전기준상 승강로 출입문의 크기 기준으로 맞는 것은?

① 높이 1.5m 이상, 폭 0.5 이상
② 높이 1.5m 이상, 폭 0.7 이상
③ 높이 1.8m 이상, 폭 0.5 이상
④ 높이 1.8m 이상, 폭 0.7 이상

해설 출입문, 비상문 및 점검문의 치수
가) 기계실, 승강로 및 피트 출입문: 높이 1.8m 이상, 폭 0.7m 이상. 다만, 주택용 엘리베이터의 경우 기계실 출입문은 폭 0.6m 이상, 높이 0.6m 이상으로 할 수 있다.
나) 풀리실 출입문: 높이 1.4m 이상, 폭 0.6m 이상
다) 비상문: 높이 1.8m 이상, 폭 0.5m 이상

07 1:1 로핑과 비교한 2:1 로핑의 로프 장력은?

① 1/2로 감소한다.
② 1/4로 감소한다.
③ 2배 증가한다.
④ 4배 증가한다.

해설 2:1 로핑
로프의 장력은 1:1 로핑 시의 $\frac{1}{2}$이 되고 쉬브에 걸리는 부하도 $\frac{1}{2}$이 된다.

08 유압식 엘리베이터에서 램(실린더) 또는 플런저의 직상부에 카를 설치하는 방식은?

① 직접식 ② 간접식
③ 기어식 ④ 팬퍼프래프식

해설 유압식 엘리베이터
직접식 : 플런저 끝에 카를 설치한 방식.
① 승강로 소요 평면 치수가 작고 구조가 간단하다.
② 추락방지(비상 정지)안전 장치가 필요 없다.
③ 부하에 의한 카 바닥의 빠짐이 작다.
④ 실린더를 설치하기 위한 보호관을 지중에 설치해야 한다.
⑤ 실린더 점검이 곤란하다.

09 주택용 엘리베이터에 대한 설명으로 틀린 것은?

① 승강행정이 12m 이하이다.
② 화물용 엘리베이터를 포함한다.
③ 정격속도가 0.25m/s 이하이다.
④ 단독주택에 설치되는 엘리베이터에 적용한다.

해설 주택용 엘리베이터
수직에 대해 15° 이하의 경사진 주행안내 레일을 따라 단독주택의 거주자를 운송하기 위한 카를 정해진 승강장으로 운행시키기 위해 설치되는 정격속도 0.25m/s 이하, 승강행정 12m 이하인 단독주택에 설치되는 엘리베이터에 적용한다.

10 엘리베이터용 과속조절기의 종류가 아닌 것은?

① 디스크 형 ② 플라이휠 형
③ 플라이볼 형 ④ 마찰정지 형

해설 조속기(과속조절기)의 종류
① 마찰정지(Traction type)형
② 디스크형
③ 플라이 볼(Fly Ball)형
④ 양방향 과속조절기

11 트랙션비(traction ratio)에 대한 설명으로 맞는 것은?

① 카측 로프에 걸린 중량과 균형추측 로프에 걸린 중량의 합을 말한다.
② 무부하와 전부하 상태 모두 측정하여 트랙션비는 1.0 이하이어야 한다.
③ 카측과 균형추측의 중량 차이를 크게 할수록 로프의 수명이 길어진다.
④ 일반적으로 트랙션비가 작으면 전동기의 출력을 작게 할 수 있다.

정답 06 ④ 07 ① 08 ① 09 ② 10 ② 11 ④

해설 견인 비(Traction 비)

① 카 측 로프에 걸려 있는 중량과 균형추측 로프에 걸려 있는 중량의 비를 권상비(트랙션 비)라 한다.

② 무부하 및 전부하의 상승과 하강 방향을 체크하여 1에 가깝게 하고 두 값의 차가 작게 되어야 로프와 도르래 사이의 견인비 능력, 즉 마찰력이 작아야 로프의 수명이 길게 되고 전동기의 출력을 작게 한다.

12 소방구조용 엘리베이터의 운행속도는 최소 몇m/s 이상이어야 하는가?

① 0.5 ② 1

③ 2 ④ 5

해설 소방구조용 엘리베이터는 소방관 접근 지정층에서 소방관이 조작하여 엘리베이터 문이 닫힌 이후부터 60초 이내에 가장 먼 층에 도착되어야 한다. 다만, 운행속도는 1m/s 이상이어야 한다.

13 소방구조용 엘리베이터의 경우 정전시에는 보조 전원공급장치에 의하여 최대 몇 초 이내에 엘리베이터 운행에 필요한 전력용량을 자동으로 발생시키도록 해야 하는가?

① 60 ② 120

③ 240 ④ 360

해설 정전시에는 보조 전원공급장치에 의하여 엘리베이터를 다음과 같이 운행시킬 수 있어야 하다.

가) 60초 이내에 엘리베이터 운행에 필요한 전력용량을 자동으로 발생시키도록 하되 수동으로 전원을 작동시킬 수 있어야 한다.

나) 2시간 이상 운행시킬 수 있어야 한다.

14 전압과 주파수를 동시에 제어하는 속도제어방식은?

① VVVF 제어

② 교류 1단 속도 제어

③ 교류 귀환 전압 제어

④ 정지 레오나드 제어

해설 VVVF 제어

가변전압 가변주파수제어방식

15 승객이 출입하는 동안에 승객의 도어 끼임을 방지하기 위한 감지장치가 아닌 것은?

① 광전 장치

② 세이프티 슈

③ 초음파 장치

④ 도어 스위치

해설 도어보호장치(문닫힘 안전장치)

도어의 선단에 이물질 검출 장치를 설치하여 그 작동에 의해 닫히는 문을 멈추게 하는 장치.

(1) 접촉식

세이프티 슈(Safety Shoe) : 카 도어 앞에 설치하여 물체 접촉 시 동작하는 장치

(2) 비접촉식

- 광전 장치(Photo Electric Device) : 광선 빔을 이용한 비접촉식 장치
- 초음파 장치(Ultrasonic Door Sensor) : 초음파의 감지 각도를 이용한 장치

16 직접식에 비교한 간접식 유압 엘리베이터의 특징으로 맞는 것은?

① 부하에 의한 카 바닥의 빠짐이 작다.

② 실린더 보호관이 필요 없다.

③ 일반적으로 실린더의 점검이 곤란하다.

④ 승강로 소요평면 치수가 작고 구조가 간단하다.

해설 직접식 : 플런저 끝에 카를 설치한 방식.

① 승강로 소요 평면 치수가 작고 구조가 간단하다.

② 추락방지(비상 정지) 장치가 필요 없다.

③ 부하에 의한 카 바닥의 빠짐이 작다.

④ 실린더를 설치하기 위한 보호관을 지중에 설치해야 한다.

⑤ 실린더 점검이 곤란하다.

정답 12 ② 13 ① 14 ① 15 ④ 16 ②

17 **소형, 저속의 엘리베이터에서 로프에 걸리는 장력이 없어져 휘어짐이 생겼을 때 즉시 운전회로를 차단하고 추락방지안전장치를 작동시키는 것으로 과속조절기를 대체할 수 있는 장치는?**

① 슬랙 로프 세이프티
② 플렉시블 웨지 클램프
③ 플렉시블 가이드 클램프
④ 점차 작동형 추락방지안전장치

해설 슬랙 로프 세이프티(Slack Rope Satety)
순간식 추락방지(비상정지)장치의 일종으로 소형과 저속의 엘리베이터에 적용하며 로프에 걸리는 장력이 없어져 로프의 처짐 현상이 생길 때 추락방지(비상정지)장치를 작동시키는 것이다.

18 **권상기 주도르래의 로프홈으로 언더컷형을 사용하는 이유로 가장 적절한 것은?**

① 마모를 줄이기 위하여
② 로프의 직경을 줄이기 위하여
③ 트랙션 능력을 키우기 위하여
④ 제조 시 가공을 용이하게 하기 위하여

해설 언더커트 홈
U홈과 V홈의 중간적 특성을 갖는 홈형으로 가장 V홈이 와이어로프에 의해 마모가 생긴 때의 형상을 언더커트 중심각 α가 크면 트랙션 능력이 크다.

19 **기계적(마찰) 형식이며, 속도가 공칭속도의 1.4배의 값을 초과하기 전 또는 디딤판이 현재 운행방향에서 바뀔 때에 작동해야 하는 장치는?**

① 손잡이
② 과속조절기
③ 보조 브레이크
④ 구동 체인 안전장치

해설 보조 브레이크에 의한 차단 시퀀스의 시작
가) 속도가 공칭속도의 1.4배의 값을 초과하기 전
나) 디딤판이 현재 운행 방향에서 바뀔 때

20 **에스컬레이터의 특징으로 틀린 것은?**

① 기다리는 시간 없이 연속적으로 수송이 가능하다.
② 백화점과 마트 등 설치 장소에 따라 구매의욕을 높일 수 있다.
③ 전동기 기동 시 대전류에 의한 부하전류의 변화가 엘리베이터에 비하여 많아 전원설비 부담이 크다.
④ 건축 상으로 점유 면적이 적고 기계실이 필요하지 않으며, 건물에 걸리는 하중이 각 층에 분산되어 있다.

해설 전동기 기동 시 대전류에 의한 부하전류의 변화가 엘리베이터에 비하여 작아 전원설비 부담이 작다.

02 승강기 설계

21 **다음과 같은 조건에서 유압식 엘리베이터의 실린더 내벽의 안전율은 약 얼마인가?**

- 재료의 파괴강도(f) : 3,800kgf/cm^2
- 상용압력(Pw) : 50kgf/cm^2
- 실린더 내경(d_c) : 20cm
- 실린더 외경(t_c) : 0.65cm

① 3.3 ② 4.9
③ 6.5 ④ 7.9

해설 실린더 내벽(측벽)의 안전율

$$S = \frac{2f \cdot t_c}{Pd_c} = \frac{2 \times 3,800 \times 0.65}{50 \times 20} = 4.94$$

여기서, f : 사용재료 파괴강도
t_c : 실린더 강관 두께
P : 상용압력
d_c : 실린더 내경

정답 17 ① 18 ③ 19 ③ 20 ③ 21 ②

22 **엘리베이터 승강로에서 연속되는 상 · 하 승강장문의 문턱간 거리가 11m를 초과한 경우에 필요한 비상문의 규격은?**

① 높이 1.8m 이상, 폭 0.5m 이상
② 높이 1.8m 이상, 폭 0.6m 이상
③ 높이 1.7m 이상, 폭 0.5m 이상
④ 높이 1.7m 이상, 폭 0.6m 이상

해설 비상문 : 높이 1.8m 이상, 폭 0.5m 이상

23 **비선형 특성을 갖는 에너지 축적형 완충기가 카의 질량과 정격하중, 또는 균형추의 질량으로 정격속도의 115%의 속도로 완충기에 충돌할 때에 만족해야 하는 기준으로 틀린 것은?**

① $2.5g_n$를 초과하는 감속도는 0.04초보다 길지 않아야 한다.
② 카 또는 균형추의 복귀속도는 1m/s 이하이어야 한다.
③ 작동 후에는 영구적인 변형이 없어야 한다.
④ 최대 피크 감속도는 $7.5g_n$ 이하이어야 한다.

해설 비선형 특성을 갖는 완충기
비선형 특성을 갖는 에너지 축적형 완충기는 카의 질량과 정격하중, 또는 균형추의 질량으로 정격속도의 115%의 속도로 완충기에 충돌할 때의 다음 사항에 적합해야 한다.
가) 감속도는 $1g_n$ 이하이어야 한다.
나) $2.5g_n$를 초과하는 감속도는 0.04초보다 길지 않아야 한다.
다) 카 또는 균형추의 복귀속도는 1m/s 이하이어야 한다.
라) 작동 후에는 영구적인 변형이 없어야 한다.
마) 최대 피크 감속도는 $6g_n$ 이하이어야 한다.

24 **유도전동기의 인버터 제어방식에서 10KHz의 캐리어 주파수(carrier frequency)를 발생하여 운전 시 전동기 소음을 줄일 수 있는 인버터 전력용 스위칭 소자는?**

① SCR ② IGBT
③ 다이오드 ④ 평활콘덴서

해설 전력변환 소자로 IGBT는 Insulated Gate Bipolar Transistor의 약자로, 게이트 절연 타입 바이폴라 트랜지스터로 고속스위칭에는 SCR보다 IGBT가 성능이 우수하다.

25 **엘리베이터를 신호방식에 따라 분류할 때 먼저 눌러져 있는 버튼의 호출에 응답하고, 그 운전이 완료될 때까지 다른 호출을 일체 받지 않는 방식은?**

① 군관리 방식
② 승합 전자동식
③ 단식 자동 방식
④ 내리는 승합 전자동식

해설 승강기 조작방식
전자동식
① 단식자동식(single Automatic) : 하나의 호출에만 응답하므로 먼저 눌려져 있는 호출에는 응답하고, 운전이 완료될 때 까지는 다른 호출을 일절 받지 않는다. 화물용 및 소형 엘리베이터에 많이 사용된다.
② 하강 승합 전자동식(Down Collective) : 2층 혹은 그 위층의 승강장에서는 하강방향버튼만 있어서, 중간층에서 위로 가는 경우에는 일단 1층으로 하강하지 않으면 안 된다. 즉, 층간교통은 없다는 전제하에 아파트용 등에 사용되는 경우가 많다.
③ 승합 전자동식(Selective Collective) : 승강장의 누름버튼은 상승용, 하강용의 양쪽 모두 동작이 가능하다. 카는 그 진행방향의 카 한 대의 버튼과 승강장 버튼에 응답하면서 승강한다. 승용엘리베이터가 이 방식을 채용하고 있다.

정답 22 ① 23 ④ 24 ② 25 ③

26 **정격하중이 1000kgf, 빈카의 자중이 900kgf, 속도가 90m/min인 승강기를 오버밸런스를 40%로 설정할 경우 균형추의 무게는 몇 kgf 인가?**

① 1300 ② 1600
③ 1800 ④ 1900

해설 균형추 무게 = 카자중 + 정격하중 × OB
$= 900 + 1,000 \times 0.4 = 1,300$[kgf]

27 **엘리베이터에 사용되는 와이어로프 중 소선의 표면에 아연도금을 실시한 로프로 다습한 환경에 설치되는 것은?**

① E종 ② G종
③ A종 ④ B종

해설 소선 강도에 의한 분류

구분	파단하중	특 징
G종	150	소선의 표면에 아연도금을 한 것으로서, 녹이 쉽게 나지 않기 때문에 습기가 많은 장소에 적합하다.

28 **베어링 메탈 재료의 구비조건으로 적절하지 않은 것은?**

① 내식성이 좋아야 한다.
② 열전도도가 좋아야 한다.
③ 축의 재료보다 단단해야 한다.
④ 축과의 마찰계수가 작아야 한다.

해설 베어링 메탈 재료의 구비조건
① 내식성이 좋아야 한다.
② 열전도도가 좋아야 한다.
③ 축의 재료보다 연하면서 마모에 견딜 것
④ 축과의 마찰계수가 작아야 한다.

29 **정격속도 105m/min, 감속시간이 0.4초일 때 점차 작동형 추락방지 안전장치의 평균 감속도는? (단, 추락방지 안전장치는 하강방향의 속도가 정격속도의 1.4배에서 캣치가 작동하고, 중력가속도는 9.8m/s^{2}으로 한다.)**

① $0.176g_n$ ② $0.446g_n$
③ $0.625g_n$ ④ $2.679g_n$

해설

$$\text{감속도 } \beta = \frac{v \times 1.4}{9.8 \times t} = \frac{\frac{105}{60} \times 1.4}{9.8 \times 0.4} = 0.625g_n$$

30 **다음 중 교통수요를 예측하기 위한 빌딩규모의 구분으로 가장 적절하지 않은 것은?**

① 호텔인 경우 침실수
② 백화점인 경우 매장면적
③ 공동주택인 경우 전용면적
④ 오피스빌딩인 경우 사무실 유효면적

해설 교통수요
교통수요는 빌딩의 규모(오피스 빌딩의 경우 사무실 유효면적, 공동주택은 거주인구, 백화점은 매장면적, 호텔은 침실수)로 단위시간의 승객의 집중율로 산정한다.

31 **소방구조용 엘리베이터의 안전기준 중 괄호 안에 들어갈 수치는?**

> 소방운전 시 건축물에서 요구되는 2시간 이상 동안 소방 접근 지정층을 제외한 승강장의 전기/전자장치는 0℃에서 ( )℃까지의 주위 온도 범위에서 정상적으로 작동될 수 있도록 설계한다.

① 45 ② 55
③ 65 ④ 100

정답 26 ① 27 ② 28 ③ 29 ③ 30 ③ 31 ③

해설 소방구조용 엘리베이터는 소방운전 시 건축물에 요구되는 2시간 이상 동안 다음 조건에 따라 정확하게 운전되도록 설계되어야 한다.

가) 소방 접근 지정층을 제외한 승강장의 전기/전자 장치는 0℃에서 65℃까지의 주위 온도 범위에서 정상적으로 작동될 수 있도록 설계되어야 하며, 승강장 위치표시기 및 누름 버튼 등의 오작동이 엘리베이터의 동작에 지장을 주지 않아야 한다.

나) 가)에서 언급한 전기/전자장치를 제외한 소방구조용 엘리베이터의 모든 다른 전기/전자 부품은 0℃에서 40℃까지의 주위 온도 범위에서 정확하게 기능하도록 설계되어야 한다.

32 엘리베이터 보호난간의 안전기준에 대한 설명으로 틀린 것은?

① 보호난간은 손잡이와 보호난간의 1/2 높이에 잇는 중간 봉으로 구성되어야 한다.

② 보호난간은 카 지붕의 가장자리로부터 0.15m 이내에 위치되어야 한다.

③ 보호난간의 손잡이 바깥쪽 가장자리와 승강로의 부품(균형추 또는 평형추, 스위치, 레일, 브래킷 등) 사이의 수평거리는 0.1m 이상이어야 한다.

④ 보호난간 상부의 어느 지점마다 수직으로 1000N의 힘을 수평으로 가할 때, 30mm를 초과하는 탄성 변형 없이 견딜 수 있어야 한다.

해설 보호난간

가) 보호난간은 손잡이와 보호난간의 1/2 높이에 있는 중간 봉으로 구성되어야 한다.

나) 보호난간의 높이는 보호난간의 손잡이 안쪽 가장자리와 승강로 벽 사이의 수평거리를 고려하여 다음 구분에 따른 수치 이상이어야 한다.
1) 수평거리가 0.5m 이하인 경우 : 0.7m
2) 수평거리가 0.5m를 초과한 경우 : 1.1m

다) 보호난간은 카 지붕의 가장자리로부터 0.15m 이내에 위치되어야 한다.

라) 보호난간의 손잡이 바깥쪽 가장자리와 승강로의 부품(균형추 또는 평형추, 스위치, 레일, 브래킷 등) 사이의 수평거리는 0.1m 이상이어야 한다.

마) 보호난간 상부의 어느 지점마다 수직으로 1,000N의 힘을 수평으로 가할 때, 50mm를 초과하는 탄성 변형 없이 견딜 수 있어야 한다.

33 주로프의 단말처리과정 순서를 바르게 나열한 것은?

ㄱ. 로프 끝 절단 ㄴ. 로프 끝 분산 ㄷ. 로프 끝 동여매기 ㄹ. 소켓 안에 삽입 ㅁ. 바빗 채우고 가열 ㅂ. 오일 성분 제거

① ㄷ → ㄱ → ㄴ → ㅂ → ㅁ → ㄹ

② ㄷ → ㄱ → ㄹ → ㄴ → ㅂ → ㅁ

③ ㄷ → ㄹ → ㄱ → ㅂ → ㄴ → ㅁ

④ ㄷ → ㅂ → ㅁ → ㄴ → ㄱ → ㄹ

34 동기 기어리스 권상기를 설계할 때 주도르래의 직경을 작게 설계할 경우 대한 설명으로 틀린 것은?

① 소형화가 가능하다.

② 회전속도가 빨라진다.

③ 브레이크 제동 토크가 커진다.

④ 주로프의 지름이 작아질 수 있다.

해설 주도르래의 직경을 작게 설계 할 경우 브레이크 제동 토크가 작아야 한다.

정답 32 ④ 33 ② 34 ③

35 **소방구조용 엘리베이터에 대한 우선호출(1단계) 시 보장되어야 하는 사항에 대한 설명으로 틀린 것은?**

① 문 열림 버튼 및 비상통화 버튼은 작동이 가능한 상태이어야 한다.
② 승강로 및 기계류 공간의 조명은 소방운전스위치가 조작되면 자동으로 점등되어야 한다.
③ 그룹운전에서 소방구조용 엘리베이터는 다른 모든 엘리베이터와 독립적으로 기능되어야 한다.
④ 모든 승강장 호출 및 카 내의 등록버튼이 작동해야 하고, 미리 등록된 호출에 따라 먼저 작동되어야 한다.

해설 1단계 : 소방구조용 엘리베이터에 대한 우선 호출
가) 승강로 및 기계류 공간의 조명은 소방운전 스위치가 조작되면 자동으로 점등되어야 한다.
나) 모든 승강장 호출 및 카 내의 등록버튼은 작동되지 않아야 하고, 미리 등록된 호출은 취소되어야 한다.
다) 문 열림 버튼 및 비상통화(16.3) 버튼은 작동이 가능한 상태이어야 한다.
라) 그룹운전에서 소방구조용 엘리베이터는 다른 모든 엘리베이터와 독립적으로 기능되어야 한다.

36 **에스컬레이터 설계 시 안전기준에 대한 설명으로 틀린 것은? (단, 설치검사를 기준으로 설계한다.)**

① 승강장에 근접하여 설치한 방화셔터가 완전히 닫힌 후에 에스컬레이터의 운전이 정지 하도록 한다.
② 손잡이는 정상운행 중 운행방향의 반대편에서 450N의 힘으로 당겨도 정지되지 않아야 한다.
③ 콤의 끝은 둥글게 하고 콤과 디딤판 사이에 끼이는 위험을 최소로 하는 형상이어야 한다.
④ 승강증 플레이트 및 플레이트는 눈 · 비 등에 젖었을 때 미끄러지지 않게 안전한 발판으로 설계되어야 한다.

해설 에스컬레이터/무빙워크 승강장에 대면하는 방화셔터가 손잡이 반환부의 선단에서 2m 이내에 설치된 경우 방화셔터가 닫히기 시작할 때 연동하여 자동으로 정지시키는 장치가 설치되어야 한다.

37 **무빙워크의 공칭속도가 0.75m/s인 경우 정지거리 기준은?**

① 0.30m 부터 1.50m 까지
② 0.40m 부터 1.50m 까지
③ 0.40m 부터 1.70m 까지
④ 0.50m 부터 1.50m 까지

해설 무빙워크의 정지거리

공칭속도 v	정지거리
0.50 m/s	0.20m부터 1.00m까지
0.65 m/s	0.30m부터 1.30m까지
0.75 m/s	0.40m부터 1.50m까지
0.90 m/s	0.55m부터 1.70m까지

38 **권상기 도르래와 로프의 미끄러짐 관계에 대한 설명으로 옳은 것은?**

① 권부각이 작을수록 미끄러지기 어렵다.
② 카의 가감속도가 클수록 미끄러지기 어렵다.
③ 카측과 균형추측에 걸리는 중량비가 클수록 미끄러지기 어렵다.
④ 로프와 도르래 사이의 마찰계수가 클수록 미끄러지기 어렵다.

정답 35 ④ 36 ① 37 ② 38 ④

해설 로프의 미끄러짐 현상을 줄이는 방법
㉠ 권부각을 크게 한다.
㉡ 가감 속도를 완만하게 한다.
㉢ 균형 체인이나 균형 로프를 설치한다.
㉣ 로프와 도르래 사이의 마찰 계수를 크게 한다.

39 엘리베이터 카가 제어시스템에 의해 지정된 층에 도착하고 문이 완전히 열린 위치에 있을 때, 카 문턱과 승강장 문턱 사이의 수직거리인 착상 정확도는 몇mm 이내이어야 하는가?

① ±5　　② ±10
③ ±15　　④ ±20

해설 착상 정확도는 ±10 mm 이내이어야 한다.
예를 들어 승객이 출입하거나 하역하는 동안 착상 정확도가 ±20 mm를 초과할 경우에는 ±10 mm 이내로 보정되어야 한다.

40 다음 중 승강기 배치에 대한 설명으로 가장 적절하지 않은 것은?

① 2대의 그룹에 대해서는 서로 마주보게 배치하는 것이 가장 적합하다.
② 3대의 그룹에 대해서는 일렬로 3대를 배치하는 것이 가장 적합하다.
③ 1뱅크 4~8대 대면 배치의 대면 거리는 3.5~4.5m가 가장 적합하다.
④ 승강기로부터 가장 먼 사무실이나 객실가지 보행거리는 약 60m를 초과하지 않아야 하고, 선호하는 최대거리는 약 45m 정도이다.

해설 2대의 그룹에 대해서는 일렬로 2대를 배치하는 것이 가장 적합하다.

03 일반기계공학

41 유체기계에서 물속에 용해되어 잇던 공기가 기포로 되어 펌프와 수차 등의 날개에 손상을 일으키는 현상은?

① 난류 현상　　② 공동 현상
③ 맥동 현상　　④ 수격 현상

해설 펌프의 캐비테이션(Cavitation) : 공동현상
① 원인 : 압력이 낮아져 액체의 포화증기압 이하로 되어 공동을 일으키는 현상
② 현상 : 소음과 진동 발생 및 펌프 성능저하
③ 방지책 : 펌프의 회전수를 적게 한다. 양흡입 펌프로 한다. 펌프 설치위치를 낮춘다. 유효흡입수두를 크게 한다. 흡입관지름을 크게 하고, 밸브 곡관을 적게 한다.

42 원형 단면축의 비틀림 모멘트를 구할 때 관계없는 것은?

① 수직응력　　② 전단응력
③ 극단면계수　　④ 축 직경

해설 비틀림만을 고려하는 경우
전단응력 τ $\tau = \dfrac{T}{Z_p}$
(비틀림모멘트 T[kgf · mm], Z_p는 극단면계수)
축 재료의 허용전단응력을 τ_a라 하면,
$\tau \leq \tau_a$
중실축 $\tau = \dfrac{T}{Z_p} = \dfrac{T}{\dfrac{\pi d^3}{16}} \leq \tau_a$
∴ 직경 $d = \sqrt[3]{\dfrac{16T}{\pi \tau_a}}$

43 보(beam)의 처짐 곡선 미분방정식을 나타낸 것은? (단, M:보의 굽힘응력, V:보의 전단응력, EI:굽힘강성계수 이다.)

① $\dfrac{d^2y}{dx^2} = \pm\dfrac{EI}{M}$　　② $\dfrac{d^2y}{dx^2} = \pm\dfrac{M}{EI}$
③ $\dfrac{d^2y}{dx^2} = \pm\dfrac{EI}{V}$　　④ $\dfrac{d^2y}{dx^2} = \pm\dfrac{V}{EI}$

정답 39 ② 40 ① 41 ② 42 ① 43 ②

해설 보(beam)의 처짐 곡선 미분방정식
※보 처짐 곡선(미분)방정식

$$\frac{1}{\rho}=\frac{d\theta}{ds}=\frac{d\theta}{dx}=\frac{dy^2}{dx^2}=-\frac{M}{E\cdot I},\ \therefore\ \frac{dy^2}{dx^2}=-\frac{M}{E\cdot I}$$

44 너트의 풀림을 방지하는 방법으로 틀린 것은?

① 스프링 와셔를 사용
② 로크너트를 사용
③ 자동 죔 너트를 사용
④ 캡 너트를 사용

해설 너트의 풀림을 방지법
① 와셔를 사용(스프링, 이붙이 와셔)
② 로크너트를 사용
③ 자동 죔 너트를 사용(회전방향 이용)
④ 분할핀 사용

45 접촉면의 안지름 60mm, 바깥지름 100mm의 단판 클러치를 1kW, 1450rm으로 전동할 때 클러치를 미는 힘(N)은?

① 823 ② 411
③ 82 ④ 41

해설
1. 동력 $L=\omega T=\dfrac{2\pi NT}{60}$[kW]

2. 클러치 전달토크 $T=\mu PR_m=\mu P\dfrac{D_1+D_2}{4}$

3. 클러치를 미는 힘 $P=\dfrac{60L}{2\pi\mu\dfrac{D_1+D_2}{4}N}$

$$=\frac{60\times1{,}000}{2\times\pi\times0.2\times\dfrac{(0.06+0.1)}{4}\times1{,}450}$$

$=823.22$[N]

46 금속을 용융 또는 반용융하여 금속주형 속에 고압으로 주입하는 특수주조법은?

① 다이캐스팅
② 원심주조법
③ 칠드주조법
④ 셀주조법

해설 다이 캐스팅법
금형 속에 용융금속을 고압, 고속으로 주입하여 주조하는 것으로 대량 생산에 적합하고 고정밀 제품에 사용하는 주조법

47 연삭숫돌 결합도에 대한 설명으로 틀린 것은?

① 결합도 기호는 알파벳 대문자로 표시한다.
② 결합도가 약하면 눈 메움(loading)현상이 발생하기 쉽다.
③ 결합도는 입자를 결합하고 있는 결합체의 결합상태 강약의 정도를 표시한다.
④ 가공물의 재질이 연질일수록 결합도가 높은 숫돌을 사용하는 것이 좋다.

해설 연삭기
① 입도(Grain Size) : 황목(거친연삭), 중목(다듬질연삭), 세목(경질연삭), 극세목(광택내기)
② 결합도(경도) : 입자를 결합하고 있는 결합제의 세기
※ 결합도가 약하면 눈 메움(loading)현상이 발생하기 어렵고, 결합도가 단단하면 눈메움 현상이 발생하기 쉽다.

48 금속재료를 압축하여 눌렀을 때 넓게 퍼지는 성질은?

① 인성
② 연성
③ 취성
④ 전성

해설 전성
압연 작업으로 얇은 판으로 넓게 퍼질수 있는 성질

정답 44 ④ 45 ① 46 ① 47 ② 48 ④

49 치수가 동일한 강봉과 동봉에 동일한 인장력을 가하여 생기는 신장률 $\varepsilon_s : \varepsilon_c$가 8:17이라고 하면, 이 때 탄성계수(Es/Ec)의 비는?

① 5/6　② 6/5
③ 8/17　④ 17/8

해설 응력과 변형율과의 관계
$\sigma = E\epsilon$,
변형율 $\varepsilon \propto \frac{1}{E}$($E$: 탄성계수), $\varepsilon_s : \varepsilon_c = \frac{1}{E_s} : \frac{1}{E_c}$,
$\frac{E_s}{E_c} = \frac{\varepsilon_c}{\varepsilon_s} = \frac{17}{8}$

50 굽힘모멘트 45000N · mm만 받는 연강재 축의 지름(mm)은 약 얼마인가? (단, 이 때 발생한 굽힘응력은 5 N/mm^{2}이다.)

① 35.8　② 45.1
③ 56.8　④ 60.1

해설 굽힘만을 고려하는 경우
중실축
굽힘응력[σ_b] $\sigma_b = \frac{M}{Z} = \frac{M}{\frac{\pi d^3}{32}} \leq \sigma_a$
$\therefore\ d = \sqrt[3]{\frac{32M}{\pi \sigma_a}} = \sqrt[3]{\frac{32 \times 45,000}{\pi \times 5}} = 45.09[\text{mm}]$
(M : 굽힘모멘트, σ_a : 허용굽힘응력)

51 금속에 외력이 가해질 때, 결정격자가 불완전하거나 결함이 있어 이동이 발생하는 현상은?

① 트윈　② 변태
③ 응력　④ 전위

해설 전위
금속에 결정격자 배역이 결함이 있을 때 외력에 의해 이동이 발생하는 현상

52 용기 내의 압력을 대기압력 이하의 저압으로 유지하기 위해 대기압력 쪽으로 기체를 배출하는 것은?

① 진공펌프　② 압축기
③ 송풍기　④ 제습기

해설 ① 진공펌프 : 용기 내의 압력을 대기압력 이하의 저압으로 유지하기 위해 대기압력 쪽으로 기체를 배출하는 것
② 압축기 : 기체를 압축시켜 압력을 높이는 장치
③ 송풍기 : 날개 차의 회전운동에 의해 기체를 송출
④ 제습기 : 압축 공기속의 수분제거 장치

53 축 추력 방지방법으로 옳은 것은?

① 수직 공을 설치
② 평형 원판을 설치
③ 전면에 방사상 리브(Lib)를 설치
④ 다단 펌프의 회전차를 서로 같은 방향으로 설치

해설 축 추력 방지법
① 평형구멍 설치
② 평형 원판 설치
③ 뒷면에 방사상 리브(Lib)를 설치
④ 다단 펌프의 전체 임펠러의 1/2씩 반대 방향으로 설치
⑤ 스러스트 베어링 사용
⑥ 양쪽 흡입 임펠러 설치

54 지름 22mm인 구리선을 인발하여 20mm가 되었다. 구리의 단면을 축소시키는데 필요한 응력을 303kgf/cm^{2}라고 할 때 이 인발에 필요한 인발력(kgf)은 약 얼마인가?

① 100　② 200
③ 300　④ 400

해설
인발력 $P = \sigma(A_1 - A_2) = \sigma(\frac{\pi D_1^2}{4} - \frac{\pi D_2^2}{4})$
$= 303 \times (\frac{\pi \times 2.2^2}{4} - \frac{\pi \times 2^2}{4}) = 199.9 \approx 200[\text{kgf}]$

정답 49 ④ 50 ② 51 ④ 52 ① 53 ② 54 ②

55 다이얼 게이지의 보관 및 취급 시 주의사항으로 틀린 것은?

① 교정주기에 따라 교정 성적서를 발행한다.
② 측정 시 충격이 가지 않도록 한다.
③ 스핀들에 주유하여 보관한다.
④ 측정자를 잘 선택해야 한다.

해설 보관시 스핀들을 깨끗이 청소한다.

56 보스에 홈을 판 후 키를 박아 마찰력을 이용하여 동력을 전달하는 키로서 큰 힘을 전달하는데 부적당한 것은?

① 평 키　② 반달 키
③ 안장 키　④ 둥근 키

해설 안장키(Saddle Key)
경하중에 사용. 보스(Boss)에만 키홈을 가공한다.

57 TIG용접에 대한 설명으로 틀린 것은?

① GTAW라고도 부른다.
② 전자세의 용접이 가능하다.
③ 피복제 및 플럭스가 필요하다.
④ 용가재와 아크발생이 되는 전극을 별도로 사용한다.

해설 TIG(Tungsten inert arc welding)
아르곤등 높은 온도에서 금속과 반응하지 않는 불활성 가스인 텅스텐 전극을 사용하여 아크만 발생시키고 피복제를 사용하지 않는 용접(GTAW 용접이라고 한다)

58 황동을 냉간 가공하여 재결정온도 이하의 낮은 온도로 풀림하면 가공 상태보다 오히려 경화되는 현상은?

① 석출 경화　② 변형 경화
③ 저온풀림경화　④ 자연풀림경화

해설 저온풀림경화
재결정온도 이하의 낮은 온도로 서서히 서냉 하면, 가공 상태보다 오히려 경화되는 현상

59 고온에 장시간 정하중을 받는 재료의 허용응력을 구하기 위한 기준강도로 가장 적합한 것은?

① 극한 강도　② 크리프 한도
③ 피로 한도　④ 최대 전단응력

해설 크리프 한도
고온에서 하중이 일정해 시간이 지나도 변형율이 조금씩 증가하는 현상으로 일정 한계의 응력 이하에서는 변형이 증가하지 않는다.

60 브레이크 라이닝의 구비조건으로 틀린 것은?

① 내마멸성이 클 것
② 내열성이 클 것
③ 마찰계수 변화가 클 것
④ 기계적 강성이 클 것

해설 마찰계수는 커야 된다.

04 전기제어공학

61 PLC(Programmable Logic Controller)에 대한 설명 중 틀린 것은?

① 시퀀스제어 방식과는 함께 사용할 수 없다.
② 무접점 제어방식이다.
③ 산술연산, 비교연산을 처리할 수 있다.
④ 계전기, 타이머, 카운터의 기능까지 쉽게 프로그램 할 수 있다.

정답 55 ③ 56 ③ 57 ③ 58 ③ 59 ② 60 ③ 61 ①

해설 PLC(Programmable Logic Controller)는 프로그램이 가능한 논리회로로 시퀀스 제어방식과 사용 가능하다.

62 교류를 직류로 변환하는 전기기기가 아닌 것은?

① 수은정류기 ② 단극발전기
③ 회전변류기 ④ 컨버터

해설 단극발전기
직류를 발생시키는 발전기

63 발열체의 구비조건으로 틀린 것은?

① 내열성이 클 것
② 용융온도가 높을 것
③ 산화온도가 낮을 것
④ 고온에서 기계적 강도가 클 것

해설 발열체의 구비조건
① 내열성이 클것
② 내식성이 클 것
③ 용융온도가 높을 것
④ 적당한 고유저항값을 가지고, 가공이 용이할 것
⑤ 선팽창 계수가 작을 것

64 $R=4\Omega$, $X_L=9\Omega$, $X_C=6\Omega$인 직렬접속회로의 어드미턴스(℧)는?

① 4 + j8 ② 0.16 - j0.12
③ 4 - j8 ④ 0.16 + j0.12

해설 어드미턴스 $Y=\frac{1}{Z}=\frac{1}{4+j(9-6)}=\frac{1}{4+j3}$
$=0.16-j0.12$

65 스위치를 닫거나 열기만 하는 제어동작은?

① 비례동작 ② 미분동작
③ 적분동작 ④ 2위치동작

해설 불연속동작에 의한 분류(사이클링 발생)
- ON－OFF 제어(2스위치 제어)
- 샘플링

66 $G(s)=\frac{10}{s(s+1)(s+2)}$의 최종값은?

① 0 ② 1
③ 5 ④ 10

해설 최종값 정리
$\lim_{t\to\infty}f(t)=\lim_{s\to 0}sF(s)$

$\mathrm{Lim}_{t\to\infty}f(t)=\lim_{s\to 0}s\frac{10}{s(s+1)(s+2)}$
$=\lim_{s\to 0}\frac{10}{(s+1)(s+2)}=\frac{10}{2}=5$

67 목표치가 시간에 관계없이 일정한 경우로 정전압 장치, 일정 속도제어 등에 해당하는 제어는?

① 정치제어 ② 비율제어
③ 추종제어 ④ 프로그램제어

해설 정치 제어(constant－value control)
목표값이 시간적으로 변화하지 않고 일정한 제어
: 프로세스 제어, 자동 조정 제어

68 제어계의 구성도에서 개루프 제어계에는 없고 폐루프 제어계에만 있는 제어 구성요소는?

① 검출부 ② 조작량
③ 목표값 ④ 제어대상

해설 피드백 제어계의 구성

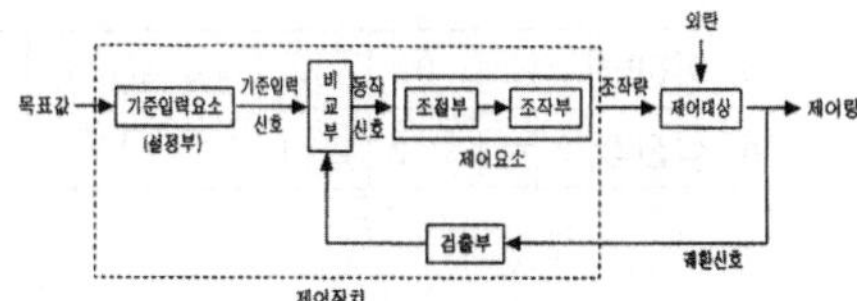

69 3상 교류에서 a, b, c상에 대한 전압을 기호법으로 표시하면 Ea = E∠0°, Eb = E∠−120°, Ec = E∠120° 로 표시된다. 여기서 $a=-\frac{1}{2}+j\frac{\sqrt{3}}{2}$ 라는 페이저 연산자를 이용하면 Ec는 어떻게 표시되는가?

① $Ec=E$ ② $Ec=a^2E$
③ $Ec=aE$ ④ $Ec=\left(\frac{1}{a}\right)E$

해설 3상 교류의 순시값 표시

$E_c=E\angle 120° = E(\cos 120° + j\sin 120°)$

$=E(-\frac{1}{2}+j\frac{\sqrt{3}}{2})=aE[\text{V}]$

70 비전해콘덴서의 누설전류 유무를 알아보는데 사용될 수 있는 것은?

① 역률계 ② 전압계
③ 분류기 ④ 자속계

71 입력이 011(2) 일 때, 출력이 3V인 컴퓨터 제어의 D/A 변환기에서 입력을 101(2)로 하였을 때 출력은 몇 V 인가? (단, 3bit 디지털 입력이 011(2)은 off, on, on을 뜻하고 입력과 출력은 비례한다.)

① 3 ② 4
③ 5 ④ 6

해설

구 분				이진법 → 십진법 변환	출력값
1. 이진법	0	1	1(2)	4×0+2×1 +1×1=3	3[V]
2. 십진법	$2^2=4$	$2^1=2$	$2^0=1$		
3. 이진법	1	0	1(2)	4×1+2×0 +1×1=5	5[V]
4. 십진법	$2^2=4$	$2^1=2$	$2^0=1$		

72 단상 교류전력을 측정하는 방법이 아닌 것은?

① 3전압계법
② 3전류계법
③ 단상전력계법
④ 2전력계법

해설 2전력계법 : 3상 전력 측정

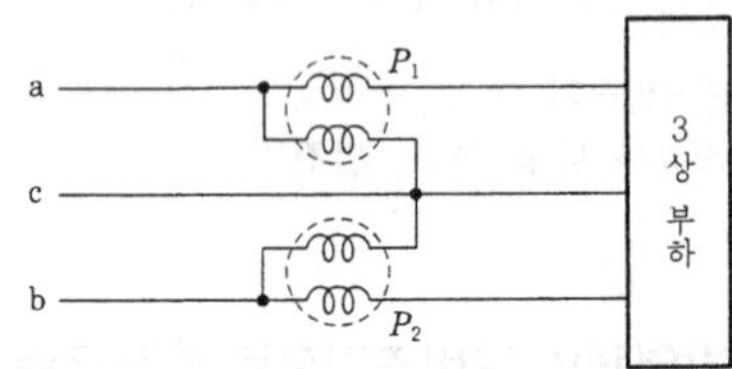

① 유효전력 $P=P_1+P_2=\sqrt{3}\,VI\cos$
② 무효전력 $P_r=\sqrt{3}(P_1-P_2)=\sqrt{3}\,VI\sin$

73 잔류편차와 사이클링이 없고, 간헐현상이 나타나는 것이 특징인 동작은?

① I 동작 ② D 동작
③ P 동작 ④ PI 동작

해설 비례적분 제어(PI 동작)

$G(s)=K\left(1+\frac{1}{T_i s}\right)$

비례동작에 의하여 발생하는 잔류 편차를 소멸하기 위해서 적분 동작을 부가시킨 제어로서 제어결과가 진동적으로 되기 쉬우나 잔류편차가 적다.

74 전위의 분포가 V = 15x + 4y²으로 주어질 때 점(x=3, y=4)에서 전계의 세기(V/m)는?

① −15i + 32j ② −15i − 32j
③ 15i + 32j ④ 15i − 32j

해설 $E=-\nabla V=-\frac{\partial}{\partial x}i-\frac{\partial}{\partial y}j=\frac{\partial 15x}{\partial x}i-\frac{\partial 4y^2}{\partial y}j$

$=-15i-(4\times 2)\times 4j=-15i-32j$

정답 69 ③ 70 ② 71 ③ 72 ④ 73 ④ 74 ②

75 다음 논리식 중 틀린 것은?

① $\overline{A \cdot B} = \overline{A} + \overline{B}$

② $\overline{A + B} = \overline{A} \cdot \overline{B}$

③ $A + A = A$

④ $A + \overline{A} \cdot B = A + \overline{B}$

해설 $A + \overline{A} \cdot B = A \cdot A + \overline{A} \cdot B = (A + \overline{A}) \cdot (A + B)$
$= A + B$

76 피상전력이 Pa(KVA)이고 무효전력이 Pr(kvar)인 경우 유효전력 P(kW)를 나타낸 것은?

① $P = \sqrt{Pa - Pr}$

② $P = \sqrt{Pa^2 - Pr^2}$

③ $P = \sqrt{Pa + Pr}$

④ $P = \sqrt{Pa^2 + Pr^2}$

해설 유효전력 : P, 무효전력 : P_r,
피상전력 : P_a의 관계
$P_a^2 = P^2 + P_r^2$ ⇨ $P = \sqrt{P_a^2 - P_r^2}$

77 그림과 같은 블록선도에서 C(s)는? (단, $G_1(s)=5$, $G_2(s)=2$, $H(s)=0.1$, $R(s)=1$이다.)

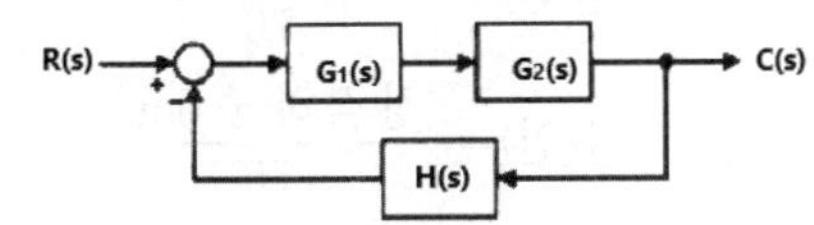

① 0 ② 1
③ 5 ④ ∞

해설
$$G(s) = \frac{C(s)}{R(s)} = \frac{\text{경로}}{1 - \text{폐로}}$$
$$= \frac{G_1(s)G_2(s)}{1 - [-G_1(s)G_2(S)H(s)]}$$
$$= \frac{5 \times 2}{1 + (5 \times 2 \times 0.1)}$$
$$\therefore C(s) = \frac{10}{2} R(s) = 5 \times 1 = 5$$

78 상호인덕턴스 150mH인 a, b 두 개의 코일이 있다. b의 코일에 전류를 균일한 변화율로 1/50초 동안에 10A 변화시키면 a코일에 유기되는 기전력(V)의 크기는?

① 75 ② 100
③ 150 ④ 200

해설 유기기전력 $e = M\frac{di}{dt} = 150 \times 10^{-3} \times \frac{10}{\frac{1}{50}} = 75[V]$

79 어떤 전지에 연결된 외부회로의 저항은 4Ω이고, 전류는 5A가 흐른다. 외부회로에 4Ω 대신 8Ω의 저항을 접속하였더니 전류가 3A로 떨어졌다면, 이 전지의 기전력(V)은?

① 10 ② 20
③ 30 ④ 40

해설 $E = e + IR = 5r + 4 \times 5 = 5r + 20$
$E = e + IR = 3r + 3 \times 8 = 3r + 24$
$\therefore 5r + 20 = 3r + 24,\ 2r = 4,$ 내부저항 $r = 2[\Omega]$
기전력 $E = 5 \times 2 + 20 = 30[V]$

80 그림과 같은 유접점 논리회로를 간단히 하면?

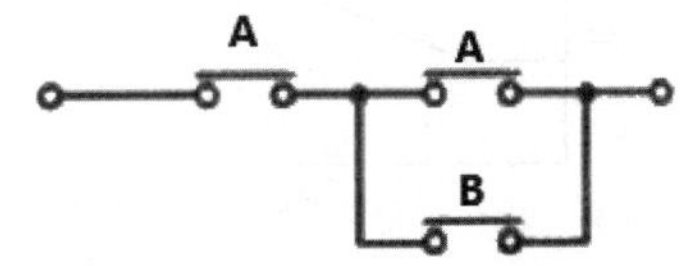

① A ② A
③ B ④ B

해설 $A \cdot (A + B) = A \cdot A + A \cdot B = A + A \cdot B$
$= A(1 + B) = A$

14 2021년 05월 15일

01 승강기 개론

01 권상 도르래 · 풀리 또는 드럼의 피치직경과 로프의 공칭 직경 사이의 비율은 로프의 가닥수와 관계없이 최소 몇 이상이어야 하는가? (단, 주택용 엘리베이터는 제외한다.)

① 10 ② 20
③ 30 ④ 40

해설 권상 도르래 · 풀리 또는 드럼과 로프(벨트) 사이의 직경 비율, 로프/체인의 단말처리
권상 도르래 · 풀리 또는 드럼의 피치직경과 로프(벨트)의 공칭 직경 사이의 비율은 로프(벨트)의 가닥수와 관계없이 40 이상이어야 한다. 다만, 주택용 엘리베이터의 경우 30 이상이어야 한다.

02 즉시 작동형 추락방지안전장치가 작동할 때 정지력과 거리에 대한 그래프로 옳은 것은?

①
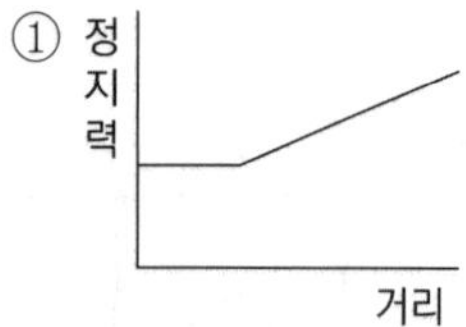

②
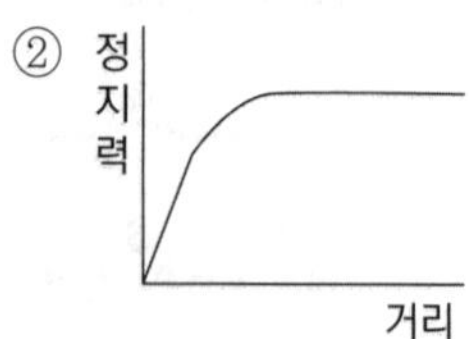

③
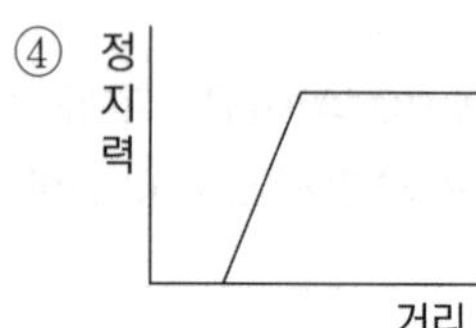

④ 정지력
거리

해설 즉시 작동형 : 순간 정지식

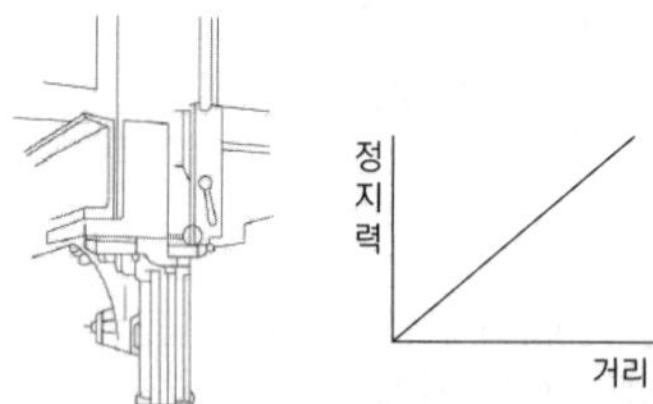

03 다음 중 주택용 엘리베이터의 정원을 일반적으로 산출하는 식으로 옳은 것은?

① 정원(인)$= \dfrac{\text{정격하중(kg)}}{70}$

② 정원(인)$= \dfrac{\text{정격하중(kg)}}{75}$

③ 정원(인)$= \dfrac{\text{정격하중(kg)}}{80}$

④ 정원(인)$= \dfrac{\text{정격하중(kg)}}{85}$

해설 정원$= \dfrac{\text{정격하중}}{75}$

정답 01 ④ 02 ③ 03 ②

04 와이어로프를 소선강도에 따라 분류했을 때 다음 설명 중 옳은 것은?

① E종은 1470N/mm²급 강도의 소선으로 구성된 로프이다.
② B종은 강도와 경도가 A종 보다 낮아서 정격하중이 작은 엘리베이터에 주로 사용된다.
③ G종은 소선의 표면에 도금한 것으로 습기가 많은 장소에 사용하기에 적합하다.
④ A종은 다른 종류와 비교하여 탄소량을 적게하고 경도를 낮춘 것으로 소선강도가 1320N/mm²급이다.

해설 와이어로프 소선 강도에 의한 분류

구분	파단하중	특 징
G종	150	소선의 표면에 아연도금을 한 것으로서, 녹이 쉽게 나지 않기 때문에 습기가 많은 장소에 적합하다.

05 미리 설정한 방향으로 설정치를 초과한 상태로 과도하게 유체 흐름이 증가하여 밸브를 통과하는 압력이 떨어지는 경우 자동으로 차단하도록 설계된 밸브는?

① 체크 밸브
② 럽처 밸브
③ 차단 밸브
④ 릴리프 밸브

해설 럽처밸브(rupture valve)
미리 설정된 방향으로 설정치를 초과한 상태로 과도하게 유체 흐름이 증가하여 밸브를 통과하는 압력이 떨어지는 경우 자동으로 차단하도록 설계된 밸브

06 승강기의 안전검사 중 정기검사의 경우 기본적으로 검사 주기는 몇 년 이내여야 하는가?

① 1년
② 2년
③ 3년
④ 4년

07 일반적으로 무빙워크의 경사도는 최대 몇 도 이하이어야 하는가?

① 9°　② 12°
③ 15°　④ 25°

해설 무빙워크의 경사도는 12° 이하이어야 한다.

08 엘리베이터의 브레이크 시스템에 대한 설명으로 틀린 것은? (단, g_n는 중력가속도이다.)

① 브레이크로 감속하는 카의 감속도는 일반적으로 $1.0g_n$ 이상으로 설정한다.
② 주동력 전원공급, 제어회로에 전원공급이 차단될 경우 브레이크 시스템이 자동으로 작동해야 한다.
③ 브레이크 작동과 관련된 부품은 권상도르래, 드럼 또는 스프로킷에 직접적이고 확실한 장치에 의해 연결되어야 한다.
④ 전자-기계 브레이크는 자체적으로 카가 정격속도로 정격하중의 125%를 싣고 하강방향으로 운행될 때 구동기를 정지시킬 수 있어야 한다.

정답 04 ③ 05 ② 06 ② 07 ② 08 ①

해설 • 감속도 : 정격하중을 적재한 카 또는 균형추/평형추가 자유 낙하할 때 점차 작동형 추락방지안전장치의 평균 감속도는 $0.2g_n$ 에서 $1g_n$ 사이에 있어야 한다.
• 전자-기계 브레이크 : 이 브레이크는 자체적으로 카가 정격속도로 정격하중의 125%를 싣고 하강 방향으로 운행될 때 구동기를 정지시킬 수 있어야 한다. 이 조건에서, 카의 감속도는 추락방지안전장치의 작동 또는 카가 완충기에 정지할 때 발생되는 감속도를 초과하지 않아야 한다.

09 비선형 특성을 갖는 에너지 축적형 완충기에서 규정된 시험 방법에 따라 완충기에 충돌할 때 만족해야 하는 기준으로 틀린 것은? (단, g_n은 중력가속도를 나타낸다.)

① 최대 피크 감속도는 $8g_n$ 이하이어야 한다.
② 작도 후에는 영구적인 변형이 없어야 한다.
③ $2.5g_n$를 초과하는 감속도는 0.04초 보다 길지 않아야 한다.
④ 카 또는 균형추의 복귀속도는 1m/s이하이어야 한다.

해설 비선형 특성을 갖는 완충기
비선형 특성을 갖는 에너지 축적형 완충기는 카의 질량과 정격하중, 또는 균형추의 질량으로 정격속도의 115 %의 속도로 완충기에 충돌할 때의 다음 사항에 적합해야 한다.
가) 감속도는 $1g_n$ 이하이어야 한다.
나) $2.5g_n$를 초과하는 감속도는 0.04초보다 길지 않아야 한다.
다) 카 또는 균형추의 복귀속도는 1m/s 이하이어야 한다.
라) 작동 후에는 영구적인 변형이 없어야 한다.
마) 최대 피크 감속도는 $6g_n$ 이하이어야 한다.

10 다음 괄호 안의 내용으로 옳은 것은?

> 승강로는 엘리베이터 전용으로 사용되어야 한다. 엘리베이터와 관계없는 배관, 전선 또는 그 밖에 다른 용도의 설비는 승강로에 설치되어서는 안된다. 다만, 엘리베이터의 안전한 운행에 지장을 주지 않는다면 소방 관련 법령에 따라 기계실 천장에 설치되는 화재감지기 본체, ( ) 및 가스계 소화설비는 설치될 수 있다.

① 비상용 스피커
② 비상용 소화기
③ 비상용 전화기
④ 비상용 경보기

해설 승강로, 기계실 · 기계류 공간 및 풀리실의 사용 제한
승강로, 기계실, 기계류 공간 및 풀리실은 엘리베이터 전용으로 사용되어야 한다. 엘리베이터와 관계없는 배관, 전선 또는 그 밖에 다른 용도의 설비는 승강로, 기계실 · 기계류 공간 및 풀리실에 설치되어서는 안 된다. 다만, 다음과 같은 설비는 설치될 수 있으나, 해당 설비의 제어장치 또는 조절장치는 승강로, 기계실 · 기계류 공간 및 풀리실 외부에 있어야 하며, 엘리베이터의 안전한 운행에 지장을 주지 않아야 한다.
가) 증기난방 및 고압 온수난방을 제외한 엘리베이터를 위한 냉 · 난방설비
나) 카에 설치되는 영상정보처리기기의 전선 등 관련 설비
다) 카에 설치되는 모니터의 전선 등 관련 설비
라) 환기를 위한 덕트
마) 소방 관련 법령에 따라 기계실 천장에 설치되는 화재감지기 본체, 비상용 스피커 및 가스계 소화설비
바) 화재 또는 연기 감지시스템에 의해 전원(조명 전원을 포함한다)이 자동으로 차단되고 엘리베이터가 승강장에 정상적으로 정지했을 때에만 작동되는 스프링클러 관련 설비(스프링클러 시스템은 엘리베이터를 구성하는 설비로 간주한다)
사) 피트 침수를 대비한 배수 관련 설비

정답 09 ① 10 ①

11 **주행안내 레일의 규격을 결정하기 위하여 고려사항으로 거리가 가장 먼 것은?**

① 지진 발생 시 전달되는 수평 진동력
② 추락방지안전장치의 작동에 따른 좌굴하중
③ 불균형한 큰 하중 적재에 따른 회전 모멘트
④ 카의 급강하시 작동하는 완충기의 행정거리

해설 주행안내(가이드) 레일의 크기를 결정하는 요소
① 좌굴 하중 : 추락방지(비상정지)안전장치 동작 시
② 수평 진동력 : 지진 발생 시
③ 회전 모멘트 : 불평형 하중에 대한 평형 유지

12 **기계식 주차장치에서 여러층으로 배치되어 있는 고정된 주차구획에 아래 · 위 및 옆으로 이동할 수 있는 운반기에의하여 자동차를 자동으로 운반이동하여 주차하도록 설계한 주차장치 형식은?**

① 2단 순환식
② 평면 왕복식
③ 수직 순환식
④ 승강기 슬라이드식

해설 승강기 슬라이드식 주차 장치
승강기식 주차 장치와 같은 형식이지만, 승강기(운반기)가 승강 및 수평이동을 동시에 할 수 있는 구조로 되어 있다.

13 **유압식 엘리베이터에 사용되는 체크밸브의 역할은?**

① 오일이 역류하는 것을 방지한다.
② 오일에 있는 이물질을 걸러낸다.
③ 오일을 오직 하강 방향으로만 흐르도록 한다.
④ 오일의 최대 압력을 일정 압력 이하로 관리한다.

해설 체크밸브(non-return valve)
한쪽 방향으로만 오일이 흐르도록 하는 밸브이다. 펌프의 토출 압력이 떨어져서 실린더 내의 오일이 역류하여 카가 자유낙하 하는 것을 방지할 목적으로 설치한 것으로 기능은 로프식 엘리베이터의 전자브레이크와 유사하다.

14 **매다는 장치 중 체인에 의해 구동되는 엘리베이터의 경우 그 장치의 안전율이 최소 얼마 이상이어야 하는가?**

① 7
② 8
③ 9
④ 10

해설 권상 도르래 · 풀리 또는 드럼과 로프(벨트) 사이의 직경 비율, 로프/체인의 단말처리
매다는 장치의 안전율은 다음 구분에 따른 수치 이상이어야 한다.
가) 3가닥 이상의 로프(벨트)에 의해 구동되는 권상 구동 엘리베이터의 경우 : 12
나) 3가닥 이상의 6mm 이상 8mm 미만의 로프에 의해 구동되는 권상 구동 엘리베이터의 경우 : 16
다) 2가닥 이상의 로프(벨트)에 의해 구동되는 권상 구동 엘리베이터의 경우 : 16
라) 로프가 있는 드럼 구동 및 유압식 엘리베이터의 경우 : 12
마) 체인에 의해 구동되는 엘리베이터의 경우 : 10

정답 11 ④ 12 ④ 13 ① 14 ④

15 **로프 마모 및 파손상태 검사의 합격기준으로 옳은 것은?**

① 소선에 녹이 심한 경우 : 1구성 꼬임(스트랜드)의 1꼬임 피치 내에서 파단 수 3 이하여야 한다.
② 소선의 파단이 균등하게 분포되어 있는 경우 : 1구성 꼬임(스트랜드)의 1꼬임 피치내에서 파단 수 5 이하여야 한다.
③ 소선의 파단이 1개소 또는 특정의 꼬임에 집중되어 있는 경우 : 소선의 파단 총수가 1꼬임 피치 내에서 6꼬임 와이어로프이면 15 이하여야 한다.
④ 파단 소선의 단면적이 원래의 소선 단면적의 70% 이하로 되어 있는 경우 : 1구성 꼬임(스트랜드)의 1꼬임 피치 내에서 파단 수 2 이하여야 한다.

해설 로프의 마모 및 파손상태
로프의 마모 및 파손상태는 가장 심한 부분에서 확인・측정하여 표 Ⅳ.1에 적합해야 한다.

로프의 마모 및 파손상태에 대한 기준

마모 및 파손상태	기 준
소선의 파단이 균등하게 분포되어 있는 경우	1구성 꼬임(스트랜드)의 1꼬임 피치 내에서 파단 수 4 이하
파단 소선의 단면적이 원래의 소선 단면적의 70% 이하로 되어 있는 경우 또는 녹이 심한 경우	1구성 꼬임(스트랜드)의 1꼬임 피치 내에서 파단 수 2 이하
소선의 파단이 1개소 또는 특정의 꼬임에 집중되어 있는 경우	소선의 파단총수가 1꼬임 피치 내에서 6꼬임 와이어로프이면 12 이하, 8꼬임 와이어로프이면 16 이하
마모부분의 와이어로프의 지름	마모되지 않은 부분의 와이어로프 직경의 90% 이상

16 **엘리베이터 안전기준상 과속조절기의 일반사항 및 로프 구비조건에 대한 설명으로 틀린 것은?**

① 과속조절기 로프의 최소 파단하중은 10이상의 안전율을 확보해야 한다.
② 과속조절기에는 추락방지안전장치의 작동과 일치하는 회전방향이 표시되어야 한다.
③ 과속조절기 로프 인장 풀리의 피치 직경과 과속조절기 로프의 공칭 지름의 비는 30이상이어야 한다.
④ 과속조절기가 작동될 때, 과속조절기에 의해 발생되는 과속조절기 로프의 인장력은 추락방지안전장치가 작동하는 데 필요한 힘의 2배 또는 300N 중 큰 값 이상이어야 한다.

해설 과속조절기 로프
과속조절기 로프는 다음과 같은 조건을 모두 만족해야 한다.
가) 과속조절기 로프는 KS D 3514 또는 ISO 4344에 적합해야 한다.
나) 과속조절기 로프의 최소 파단 하중은 권상 형식 과속조절기의 마찰 계수(μ max) 0.2를 고려하여 과속조절기가 작동될 때 로프에 발생하는 인장력에 8 이상의 안전율을 가져야한다.
다) 과속조절기의 도르래 피치 직경과 과속조절기 로프의 공칭 직경 사이의 비는 30 이상이어야 한다.

17 **에스컬레이터의 경사도는 일반적으로 몇°를 초과하지 않아야 하는가? (단, 층고가 6m 초과인 경우로 한정한다.)**

① 20°
② 30°
③ 40°
④ 50°

정답 15 ④ 16 ① 17 ②

해설 경사도
에스컬레이터의 경사도 α는 30°를 초과하지 않아야 한다. 다만, 층고(h13)가 6 m 이하이고, 공칭속도가 0.5m/s 이하인 경우에는 경사도를 35°까지 증가시킬 수 있다.

18 **소방구조용 엘리베이터는 일반적으로 소방관 접근 지정층에서 소방관이 조작하여 엘리베이터 문이 닫힌 이후부터 최대 몇 초 이내에 가장 먼 층에 도착되어야 하는가? (단, 승강행정이 200m 이상 운행될 경우는 제외한다.)**

① 10 ② 20
③ 30 ④ 60

해설 소방구조용 엘리베이터는 소방관 접근 지정층에서 소방관이 조작하여 엘리베이터 문이 닫힌 이후부터 60초 이내에 가장 먼 층에 도착되어야 한다. 다만, 운행속도는 1m/s 이상이어야 한다.

19 **일반적으로 기계실이 있는 엘리베이터에서 기계실에 설치되는 부품은?**

① 완충기 ② 균형추
③ 과속조절기 ④ 리밋 스위치

20 **엘리베이터의 수평 개폐식 문 중 자동 동력 작동식 문에 대한 안전 기준으로 틀린 것은?**

① 문이 닫히는 것을 막는데 필요한 힘은 문이 닫히기 시작하는 1/3구간을 제외하고 150N을 초과하지 않아야 한다.
② 접이식 문이 열리는 것을 막는데 필요한 힘은 150N을 초과하지 않아야 한다.
③ 승강장문 또는 카문과 문에 견고하게 연결된 기계적인 부품들의 운동에너지는 평균 닫힘 속도로 계산되거나 측정했을 때 100J 이하이어야 한다.
④ 접잉식 카문이 닫힐 때 문틀 홈 안으로 들어가는 경우, 접힌 문의 외측 모서리와 문틀 홈 사이의 거리는 15mm 이상이어야 한다.

해설 자동 동력 작동식 문
승강장문 또는 카문과 문에 견고하게 연결된 기계적인 부품들의 운동에너지는 평균 닫힘 속도로 계산되거나 측정했을 때 10J 이하이어야 한다.

02 승강기 설계

21 **유압 엘리베이터 기계실의 조건이 다음과 같을 때 수냉식 열교환기의 환기량은 약 몇 m^3/h인가?**

- 전동기 출력 : 11kW
- 기계실 온도 : 40℃
- 1행정당 전동기 구동시간 : 25s
- 의기온도 : 32℃
- 1시간당 왕복회수 : 50회
- 공기비열 : 1.21kJ/m^2 · ℃ 또는 0.29kcal/m^2 · ℃

① 1260 ② 1320
③ 1360 ④ 1420

해설 기계실의 발열량 및 환기량
유압기기의 발열량

$$Q_1 = 860 \times P \times T \times N / 3,600 [kcal/h]$$
$$= 860 \times 11 \times 25 \times 50 / 3,600$$
$$= 3,284.7 [kcal/h]$$

필요환기량

$$G = \frac{Q}{C_p(t_2 - t_1)} [m^3/h] = \frac{3,284.7}{0.29 \times (40-32)}$$
$$= 1,415.8 [m^3/h]$$

정답 18 ④ 19 ③ 20 ③ 21 ④

여기서, P : 사용전동기 출력
T : 1행정당 전동기 구동시간
N : 1시간당 왕복횟수
t_2: 기계실 온도
t_1 : 외기온도
C_p : 공기비열

22 일주시간(RTT)이 120초이고, 승객수가 12명일 경우 엘리베이터의 5분간 수송능력은 약 몇 명인가?

① 30명 ② 24명
③ 20명 ④ 12명

해설 수송능력= $\frac{5\times60\times12}{120}$ = 30[명]

23 에스컬레이터 공칭속도가 0.5m/s인 경우 무부하 하강 시 에스컬레이터 정지거리의 범위로 옳은 것은?

① 0.10m부터 1.00m까지
② 0.10m부터 1.50m까지
③ 0.20m부터 1.00m까지
④ 0.20m부터 1.50m까지

해설 무부하 상승, 무부하 하강 및 부하 상태하강에 대한 에스컬레이터 정지거리
에스컬레이터의 정지거리

공칭속도 v	정지거리
0.50 m/s	0.20m부터 1.00m까지
0.65 m/s	0.30m부터 1.30m까지
0.75 m/s	0.40m부터 1.50m까지

24 엘리베이터의 매다는 장치(현수)에 관한 기준으로 틀린 것은?

① 로프 또는 체인 등의 가닥수는 2가닥 이상이어야 한다.
② 공칭 직경이 8mm 이상이고, 3가닥 이상의 로프에 의해 구동되는 권상 구동 엘리베이터의 경우 안전율이 12 이상이어야 한다.
③ 3가닥 이상의 6mm 이상 8mm 미만의 로프에 의해 구동되는 권상 구동 엘리베이터의 경우 안전율이 14 이상이어야 한다.
④ 매다는 장치 끝부분은 자체 조임 쐐기형 소켓, 압착링 매듭법, 주물 단말처리에 의한 카, 균형추/평형추 또는 구멍에 꿰어 맨 매다는 장치 마감 부분의 지지대에 고정되어야 한다.

해설 매다는 장치의 안전율은 다음 구분에 따른 수치 이상이어야 한다.
가) 3가닥 이상의 로프(벨트)에 의해 구동되는 권상 구동 엘리베이터의 경우 : 12
나) 3가닥 이상의 6mm 이상 8mm 미만의 로프에 의해 구동되는 권상 구동 엘리베이터의 경우 : 16
다) 2가닥 이상의 로프(벨트)에 의해 구동되는 권상 구동 엘리베이터의 경우 : 16
라) 로프가 있는 드럼 구동 및 유압식 엘리베이터의 경우 : 12
마) 체인에 의해 구동되는 엘리베이터의 경우 : 10

25 승강기용 3상 유도전동기의 역률 산출 공식은?

① 역률
$$=\frac{\text{전압(V)}\times\text{입력(kW)}\times10^3}{\sqrt{3}\times\text{전류(A)}}\times100\%$$
② 역률
$$=\frac{\text{입력(kW)}\times10^3}{\sqrt{3}\times\text{전류(A)}\times\text{전압(V)}}\times100\%$$
③ 역률
$$=\frac{\sqrt{3}\times\text{입력(kW)}\times10^3}{\text{전압(V)}\times\text{전류(A)}}\times100\%$$
④ 역률= $\frac{\text{전압(V)}\times\text{전류(A)}}{\sqrt{3}}\times100\%$

정답 22 ① 23 ③ 24 ③ 25 ②

해설 역율 $\cos\theta = \frac{\text{유효전력}}{\text{피상전력}} = \frac{P[kW]}{\sqrt{3}\times V\times I}\times 100[\%]$

26 엘리베이터의 자동 동력 작동식 문에서 문이 닫히는 중에 사람이 출입구를 통과하는 경우 자동으로 문이 열리는 장치가 있어야 한다. 이 장치의 요건에 관한 설명으로 옳지 않은 것은?

① 이 장치는 문이 닫히는 마지막 20mm 구간에서는 무효화 될 수 있다.
② 이 장치는 카문 문턱 위로 최소 25mm, 최대 1600mm 사이의 전 구간에서 감지될 수 있어야 한다.
③ 이 장치는 물체가 계속 감지되는 한 무효화 되어서는 안 된다.
④ 이 장치가 고장 난 경우 엘리베이터를 운행하려면, 문이 닫힐 때마다 음향신호장치가 작동되어야 하고, 문의 운동에너지는 4J 이하이어야 한다.

해설 자동 동력 작동식 문
- 측면 개폐식 문 : 각 작동구간의 끝에서 50mm
  - 문이 닫히는 중에 사람이 출입구를 통과하는 경우 자동으로 문이 열리는 장치가 있어야 한다. 이 장치는 문이 닫히는 마지막 20mm 구간에서 무효화 될 수 있다.
    ① 이 장치(멀티빔 등)는 카문 문턱 위로 최소 25mm와 1,600mm 사이의 전 구간에 걸쳐 감지할 수 있어야 한다.
    ② 이 장치는 최소 50mm의 물체를 감지할 수 있어야 한다.
    ③ 이 장치는 문 닫힘을 지속적으로 방해받는 것을 방지하기 위해 미리 설정된 시간이 지나면 무효화될 수 있다.
    ④ 이 장치가 고장나거나 무효화 된 경우, 엘리베이터를 운행하려면 음향신호장치는 문이 닫힐 때마다 작동되고, 문의 운동에너지는 4J 이하이어야 한다.

27 승강장문 및 카문이 닫혀 있을 때 문짝 간 틈새나 문짝과 문틀(측면) 또는 문턱 사이의 틈새는 최대 몇 mm 이하이어야 하는가? (단, 수직 개폐식 승강장문과 관련 부품이 마모된 경우 및 유리로 만든 문은 제외한다.)

① 6
② 8
③ 10
④ 12

해설 승강장문 및 카문이 닫혀 있을 때, 문짝 간 틈새나 문짝과 문틀(측면) 또는 문턱 사이의 틈새는 6mm 이하이어야 하며, 관련 부품이 마모된 경우에는 10mm까지 허용될 수 있다. 유리로 만든 문은 제외한다.

28 직접식 유압엘리베이터의 하부 프레임에 걸리는 최대굽힘 모멘트가 24000 kg · cm 일 때 프레임의 안전율은 약 얼마인가? (단, 프레임의 단면계수는 $68cm^3$, 인장강도는 $4100kg/cm^2$이다.)

① 4.9
② 6.8
③ 9.4
④ 11.6

해설 ① 안전율[S] $= \frac{\text{인장강도}}{\text{응력}} = \frac{4100}{352.94} = 11.6$

② 응력 $\sigma = \frac{\text{최대굽힘모멘트}}{\text{단면계수}} = \frac{24,000}{68} = 352.94[kg/cm^2]$

정답 26 ③ 27 ① 28 ④

29 엘리베이터 파이널 리미트 스위치의 설치 및 작동 기준에 대한 설명으로 틀린 것은?

① 유압식 엘리베이터의 경우, 주행로의 최상부에서만 작동하도록 설치되어야 한다.
② 권상 및 포지티브 구동식 엘리베이터의 경우, 주행로의 최상부 및 최하부에서 작동하도록 설치되어야 한다.
③ 파이널 리미트 스위치와 일반 종단정지창치는 서로 연결되어 종속적으로 작동되어야 한다.
④ 파이널 리미트 스위치의 작동은 완충기가 압축되어 있거나, 램이 완충장치에 접촉되어 있는 동안 지속적으로 유지되어야 한다.

해설 파이널 리미트 스위치의 작동
파이널 리미트 스위치와 일반 종단정지장치는 독립적으로 작동되어야 한다.

30 엘리베이터 주행안내 레일의 기준에 대한 설명으로 틀린 것은?

① 주행안내 레일은 압연강으로 만들어지거나 마찰 면이 기계 가동되어야 한다.
② 카, 균형추 또는 평행추는 2개 이상의 견고한 금속제 주행안내 레일에 의해 각각 안내되어야 한다.
③ 추락방지안전장치가 없는 균형추 또는 평형추의 주행안내 레일은 금속판을 성형하여 만들어서는 안된다.
④ 주행안내 레일의 브래킷 및 건축물에 고정하는 것은 정상적인 건축물의 침하 또는 콘크리트의 수축으로 인한 영향을 자동으로 또는 단순 조정에 의해 보상할 수 있어야 한다.

해설 추락방지안전장치가 없는 균형추 또는 평형추의 주행안내 레일은 금속판을 성형하여 만들 수 있다. 이 주행안내 레일은 부식에 보호되어야 한다.

31 전동기의 특성을 나타내는 항목 중 GD^2에 대한 설명으로 옳은 것은?

① 주어진 전압의 파형이 전류보다 앞서는 정도를 나타내는 것이다.
② 일정한 토크로 전동기를 기동시켰을 때 빨리 기동하는가 또는 늦게 기동하는가의 정도를 나타내는 것이다.
③ 전동기의 출력이 회전수에 비례하여 변화하는 정도를 나타내는 것이다.
④ 교류에 있어서 전압과 전류 파장의 격차 정도를 나타내는 것이다.

해설 관성효과(GD^2) – 중량 : G, 지름 : D
일정한 힘으로 기동했을 때에 빨리 기동하는가, 좀처럼 기동하지 않는가의 정도를 말하며, 관성의 크기로 표시한다.

32 가변전압 가변주파수 제어방식의 PWM에 관한 설명으로 틀린 것은?

① 펄스 폭 변조라는 의미이다.
② 입력측의 교류전압을 변화시킨다.
③ 전동기의 효율이 좋다.
④ 전동기의 토크 특성이 좋아 경제적이다.

해설 출력측의 교류전압과 주파수를 변화시킨다.

33 다음 중 기어의 이(teeth) 줄이 나선인 원통형 기어로서 기어의 두 축이 서로 평행한 기어는?

① 스퍼 기어 ② 웜 기어
③ 베벨 기어 ④ 헬리컬 기어

정답 29 ③ 30 ③ 31 ② 32 ② 33 ④

34 **포지티브 구동 엘리베이터의 로프 감김에 대한 설명으로 틀린 것은?**

① 로프는 드럼에 두 겹으로만 감겨야 된다.
② 드럼은 나선형으로 홈이 있어야 하고, 그 홈은 사용되는 로프에 적합해야 한다.
③ 홈에 대한 로프의 편향각(후미각)은 4° 를 초과하지 않아야 한다.
④ 카가 완전히 압축된 완충기 위에 정지하고 있을 때, 드럼의 홈에는 한바퀴 반의 로프가 남아 있어야 한다.

해설 포지티브 구동 엘리베이터의 로프 감김
- 드럼은 나선형으로 홈이 있어야 하고, 그 홈은 사용되는 로프에 적합해야 한다.
- 카가 완전히 압축된 완충기 위에 정지하고 있을 때, 드럼의 홈에는 한바퀴 반의 로프가 남아 있어야 한다.
- 로프는 드럼에 한 겹으로만 감겨야 된다.
- 홈에 대한 로프의 편향각(후미각)은 4°를 초과하지 않아야 한다.

35 **건물 내에 승강기를 분산배치 하지 않고, 집중배치 할 경우 발생할 수 있는 현상이 아닌 것은?**

① 운전능률 향상
② 설비 투자비용 절감
③ 승객의 대기시간 단축
④ 승객의 망설임현상 발생

36 **권상 도르래의 로프 홈에서 재질과 권부각이 동일할 경우 트랙션 능력의 크기 순서를 올바르게 나타낸 것은?**

① U홈 < 언더컷홈 < V홈
② 언더컷홈 < U홈 < V홈
③ V홈 < U홈 < 언더컷홈
④ U홈 < V홈 < 언더컷홈

해설 트랙션 능력의 크기
U홈 < 언더컷홈 < V홈

37 **수평 개폐식 중 중앙 개폐식 문에서 선행 문짝을 열리는 방향으로 가장 취약한 지점에 장비를 사용하지 않고 손으로 150N의 힘을 가할 때, 문의 틈새는 최대 몇 mm를 초과해서는 안 되는가?**

① 30
② 35
③ 40
④ 45

해설 수평 개폐식 문 및 접이식 문의 선행 문짝을 열리는 방향으로 가장 취약한 지점에 장비를 사용하지 않고 손으로 150N의 힘을 가할 때, 틈새 6mm를 초과할 수 있으나 다음 구분에 따른 틈새를 초과할 수 없다.
가) 측면 개폐식 문 : 30mm
나) 중앙 개폐식 문 : 45mm

38 **일반적으로 구름 베어링에 비교한 미끄럼 베어링의 장점은?**

① 윤활유가 적게 필요하다.
② 초기 작동 시 마찰이 작다.
③ 표준화, 규격화가 되어 있어 호환성이 좋다.
④ 진동이 있는 기계류에 사용 시 효과가 좋다.

해설 미끄럼 베어링의 특성
㉮ 진동과 소음이 적고, 시동시 마찰저항이 크다.
㉯ 회전속도가 비교적 저속인 경우 사용하고, 구조가 간단하며 가격이 저렴하다.
㉰ 베어링에 충격하중이 가해지는 경우에 좋다.
㉱ 베어링에 작용하는 하중이 클 경우에 좋다.

정답 34 ① 35 ④ 36 ① 37 ④ 38 ④

39 **일반적으로 엘리베이터 권상 도르래의 지름을 주로프 지름의 40배 이상으로 규정하는 이유로 가장 적절한 것은?**

① 로프의 이탈을 방지하기 위하여
② 로프의 수명을 연장하기 위하여
③ 도르래의 수명을 연장하기 위하여
④ 도르래와 로프의 미끄러짐을 방지하기 위하여

해설 로프의 수명을 연장하기 위하여 권상 도르래의 지름을 주로프 지름의 40배 이상으로 규정한다.

40 **엘리베이터용 전동기와 범용 전동기를 비교할 때 엘리베이터용 전동기에 요구되는 특성이 아닌 것은?**

① 기동토크가 클 것
② 기동전류가 적을 것
③ 회전부분의 관성 모멘트가 클 것
④ 기동횟수가 많으므로 열적으로 견딜 것

해설 회전부분의 관성 모멘트가 작을 것

03 일반기계공학

41 **나사의 종류 중 정밀기계 이송나사에 사용되는 것은?**

① 4각나사 ② 볼나사
③ 너클나사 ④ 미터가는나사

해설 볼나사
너트의 직진운동을 볼트의 회전 운동으로 바꾸는 나사
• 용도
① 자동차의 스티어링(steering)부
② 공작 기계의 이송나사
③ 수치 제어 공작 기계의 이송나사

42 **드릴로 뚫은 구멍의 내면을 매끈하고 정밀하게 가공하는 것은?**

① 줄 가공 ② 탭 가공
③ 리머 가공 ④ 다이스 가공

해설 리머가공
구멍의 내면을 매끈하고 정밀하게 가공하며, 리머 자루는 모스테이터 자루와 직선 자루가 있다.

43 **다음 중 각도 측정기는?**

① 사인바
② 마이크로미터
③ 하이트게이지
④ 버니어캘리퍼스

해설 각도측정
각도게이지, 컴비네이션베벨, 사인바, 테이퍼게이지, 만능각도기, 분할대

44 **축 설계에 있어서 고려할 사항이 아닌 것은?**

① 강도 ② 응력집중
③ 열응력 ④ 전기 전도성

해설 축의 설계 시 충분한 강도, 피로 및 충격, 응력집중의 영향, 열응력을 고려한다.

45 **전위기어에 대한 설명으로 틀린 것은?**

① 이의 강도를 개선한다.
② 이의 언더컷을 막는다.
③ 중심거리를 조절할 수 있다.
④ 기준 래크의 기준 피치선이 기어의 기준 피치원에 접하는 기어이다.

해설 전위기어
잇수가 적은 기어가공 시 언더컷을 방지하기 위하여 래크공구의 표준피치선과 절삭기어의 피치선을 일치시키지 않고 약간 어긋나게 절삭한 기어.

정답 39 ② 40 ③ 41 ② 42 ③ 43 ① 44 ④ 45 ④

46 주물에 사용되는 주물사의 구비조건으로 틀린 것은?

① 내화성이 클 것
② 통기성이 좋을 것
③ 열전도성이 높을 것
④ 주물표면에서 이탈이 용이할 것

해설 열전도율이 낮을 것

47 새들 키라고도 하며, 축에 키 홈 가공을 하지 않고 보스에만 키 홈을 가공한 것은?

① 묻힘 키 ② 반달 키
③ 안장 키 ④ 접선 키

해설 안장키이(Saddle Key)
경하중에 사용. 보스(Boss)에만 키홈을 가공한다.

48 인장강도가 200N/m^{2}인 연강봉을 안전하게 사용하기 위한 최대허용응력(Pa)은? (단, 봉의 안전율은 4로 한다.)

① 20 ② 50
③ 100 ④ 200

해설 최대허용응력
$\frac{\text{인장강도}}{\text{안전율}} = \frac{200}{4} = 50[\mathrm{N/m^2}] = 50[\mathrm{Pa}]$

49 중실축에서 동일한 비틀림 모멘트를 작용시킬 때 지름이 2d에서 저장되는 탄성에너지가 E_2, 지름이 d에서 저장되는 탄성에너지가 E_1일 때, E_1과 E_2의 관계로 옳은 것은? (단, 지름 외의 조건은 동일하다.)

① $E_2 = \frac{1}{2}E_1$ ② $E_2 = \frac{1}{4}E_1$
③ $E_2 = \frac{1}{8}E_1$ ④ $E_2 = \frac{1}{16}E_1$

해설 비틀림에 의한 탄성 변형에너지
$U = \frac{1}{2}T\theta = \frac{T^2 l}{2GI_p}$ (극단면계수 $I_P = \frac{d^4}{32\pi}$)
(극 단면계수 $I_p = \frac{\pi d^4}{32}$)
$E_2 \propto (\frac{1}{2d})^4 = \frac{1}{16d^4} = \frac{1}{16}E_1$

50 서브머지드 아크 용접에 대한 설명으로 옳은 것은?

① 아크가 보이지 않는 상태에서 용접이 진행
② 불활성 가스 대신에 탄산가스를 이용한 용극식 방식
③ 텅스텐, 몰리브덴과 같은 대기에서 반응하기 쉬운 금속도 용접 가능
④ 아크열에 의한 순간적인 국부 가열이므로 용접 응력이 대단히 작음

해설 서브머지드아크용접(SAW, submerged arc welding)
아크가 보이지 않는 상태에서 금속을 용접하는 자동용접 방법이며, 용접 이음부에 입상의 용제를 공급하고, 이 용제 속에서 전극과 모재 사이에 아크를 발생시켜 연속적으로 용접하는 방법

51 6:4 황동에 Sn을 1%정도 첨가한 합금으로 선박 기계용, 스프링용, 용접용 재료 등에 많이 사용되는 특수 황동은?

① 쾌삭 황동
② 네이벌 황동
③ 고강도 황동
④ 알루미늄 황동

해설 네이벌 황동
6:4 황동에 Sn을 1% 정도 첨가한 합금. 선박용품, 스프링 재료 등에 많이 사용

정답 46 ③ 47 ③ 48 ② 49 ④ 50 ① 51 ②

52 **두 축이 평행하고 축의 중심선이 약간 어긋났을 때 가속도의 변동 없이 토크를 전달하는데 사용하는 축 이음은?**

① 올덤 커플링
② 머프 커플링
③ 유니버설 조인트
④ 플렉시블 커플링

해설 올덤 커플링
두 축이 평행하나 중심이 어긋나 있을 때 사용함.

53 **연강봉의 단면적이 40mm², 온도변화가 20℃일 때, 20kN의 힘이 필요하다면, 선팽창계수는 약 얼마인가? (단, 재료의 세로탄성계수는 210GPa이다.)**

① 0.83×10^{-5}　　② 1.19×10^{-4}
③ 1.51×10^{-5}　　④ 1.9×10^{-4}

해설 $\sigma=E\epsilon=E\alpha\triangle t$

$$\alpha=\frac{\sigma}{E\Delta t}=\frac{\dfrac{20\times10^3[N]}{40\times10^{-6}[m^2]}}{210\times10^9\times[N/m^2]\times20}=1.19\times10^{-4}$$

54 **코일 스프링의 처짐량에 관한 설명으로 옳은 것은?**

① 코일 스프링 권수에 반비례한다.
② 코일 스프링의 전단탄성계수에 반비례한다.
③ 코일 스프링에 작용하는 하중의 제곱에 비례한다.
④ 코일 스프링 소선 지름의 제곱에 비례한다.

해설 스프링의 처짐량 δ

$$\delta=R\times\theta=\frac{D}{2}\times\frac{T\cdot l}{G\times I_P}=\frac{8D^3nP}{G\,d^4}$$

55 **비절삭 가공에 해당하는 것은?**

① 주조　　② 호닝
③ 밀링　　④ 보링

해설 주조공정
① 도면에 의해 원형을 만든다.
② 원형을 주물사에 묻었다가 뽑아내고 용융금속을 중공부분에 주입한다.
③ 냉각 응고시킨 다음 꺼내고, 깨끗이 손질하여 소정의 형상을 얻는다.

56 **유압 펌프 중 용적형 펌프가 아닌 것은?**

① 기어 펌프
② 베인 펌프
③ 터빈 펌프
④ 피스톤 펌프

해설 용적형 펌프
① 왕복식 : 버킷 펌프, 피스톤 펌프, 플런저 펌프, 다이아프램 펌프
② 회전식 : 기어펌프, 나사펌프, 베인펌프, 자생펌프

57 **펌프나 관로에서 숨을 쉬는 것과 비슷한 진동과 소음이 발생하는 현상으로 송출압력과 유량사이에 주기적인 변화가 발생하는 것은?**

① 서징
② 채터링
③ 베이퍼 록
④ 캐비테이션

해설 서징(Surginig) 현상(맥동현상)
① 원인 : 펌프의 양정곡선이 우향상승 구배일 때 발생하고, 배관 중에 수조나 공기실 부분이 있을 때 발생한다.
② 방지책 ; 우향 상승 특성을 가진 펌프에 바이패스 설치한다.

정답 52 ① 53 ② 54 ② 55 ① 56 ③ 57 ①

58 왕복 펌프의 과잉 배수(송출) 체적비에 대한 설명으로 옳은 것은?

① 배수고선의 산수가 많으면 많을수록 과잉 배수 체적비의 값은 크다.
② 과잉 배수 체적비가 크다는 것은 유량의 맥동이 작다는 것을 의미한다.
③ 평균 배수량을 넘어서 배수되는 양과 행정용적과의 곱으로 정의한다.
④ 배수량 변동의 정도를 나타내는 척도이다.

59 합금원소 중 구리(Cu)가 탄소강의 성질에 미치는 영향으로 틀린 것은?

① 내식성을 향상시킨다.
② A_1변태점을 저하시킨다.
③ 결정입자를 조대화시킨다.
④ 인장강도, 경도, 탄성한도 등을 증가시킨다.

해설 인장강도, 경도, 탄성한도를 높이고, A_1 변태점을 저하시킨다

60 길이 4m인 단순보의 중앙에 1000N의 집중하중이 작용할 때, 최대 굽힘 모멘트(N · m)는?

① 250 ② 500
③ 750 ④ 1000

해설 최대 굽힘 모멘트(N · m)

$$M_{\max} = \frac{P \times l}{4} = \frac{1,000 \times 4}{4} = 1,000[\text{N} \cdot \text{m}]$$

(중앙지점)

04 전기제어공학

61 콘덴서의 전위차와 축적되는 에너지와의 관계식을 그림으로 나타내면 어떤 그림이 되는가?

① 직선 ② 타원
③ 쌍곡선 ④ 포물선

해설 콘덴서에 축적되는 에너지(정전에너지)
콘덴서에 충전할 때 발생되는 에너지를 정전 에너지 W[J]라 한다.

$$W = \frac{1}{2}QV = \frac{1}{2}CV^2[\text{J}]$$

여기서, Q : 축적된 전하[C]
V : 가해진 전압[V]
C : 정전용량[F]
∴ $W \propto V^2$ 포물선 그래프이다.

62 제어량에 따른 분류 중 프로세스 제어에 속하지 않는 것은?

① 압력 ② 유량
③ 온도 ④ 속도

해설 프로세스 제어(공업 공정의 상태량)
밀도, 농도, 온도, 압력, 유량, 습도 등

63 열전대에 대한 설명이 아닌 것은?

① 열전대를 구성하는 소선은 열기전력이 커야한다.
② 철, 콘스탄탄 등의 금속을 이용한다.
③ 제벡효과를 이용한다.
④ 열팽창 계수에 따른 변형 또는 내부 응력을 이용한다.

해설 온도를 전압으로 변환시킨다.

정답 58 ④ 59 ③ 60 ④ 61 ④ 62 ④ 63 ④

64 **피드백제어에서 제어요소에 대한 설명 중 옳은 것은?**

① 조작부와 검출부로 구성되어 있다.
② 동작신호를 조작량으로 변화시키는 요소이다.
③ 제어를 받는 출력량으로 제어대상에 속하는 요소이다.
④ 제어량을 주궤환 신호로 변화시키는 요소이다.

해설 피드백 제어계의 구성

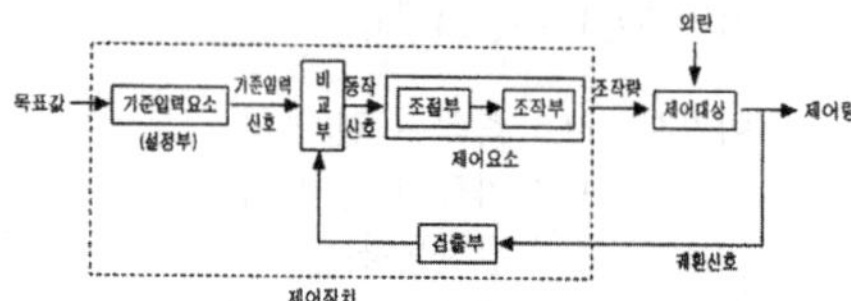

65 **워드 레오나드 속도 제어 방식이 속하는 제어 방법은?**

① 저항제어　② 계자제어
③ 전압제어　④ 직병렬제어

해설 워드-레오나드 제어 방식의 원리(승강기 속도 제어)
① 직류 전동기의 속도를 연속으로 광범위하게 제어한다.
② 직류 전동기는 계자 전류를 제어하는 방식이다.
③ 속도 제어는 저항 FR을 변화시켜 발전기의 자계를 조절하고 발전기 직류 전압 제어이다.

66 **다음 논리기호의 논리식은?**

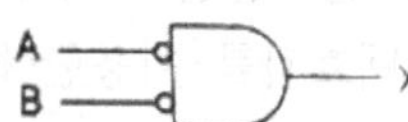

① $X=A+B$　② $X=\overline{AB}$
③ $X=AB$　④ $X=\overline{A+B}$

해설 $X=\bar{A}\cdot\bar{B}=\overline{\overline{\bar{A}\cdot\bar{B}}}=\overline{\bar{\bar{A}}+\bar{\bar{B}}}=\overline{A+B}$

67 **$x_2=ax_1+cx_3+bx_4$의 신호흐름 선도는?**

① a b c x_1 x_2 x_3 x_4

② a c b x_1 x_2 x_3 x_4

③

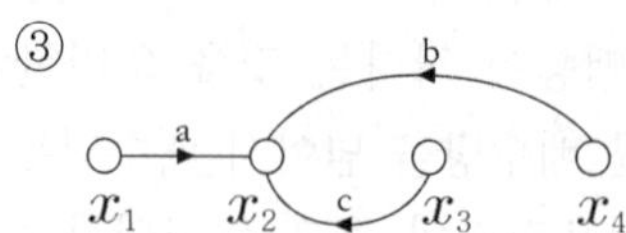

④ b a c x_1 x_2 x_3 x_4

해설
1. $\dfrac{x_2}{x_1}=a,\quad x_2=ax_1$
2. $\dfrac{x_2}{x_4}=b,\quad x_2=bx_4$
3. $\dfrac{x_2}{x_3}=c,\quad x_2=cx_3$

$\therefore x_2=ax_1+bx_4+cx_4$

68 **입력신호 x(t)와 출력신호 y(t)의 관계가 $y(t)=K\dfrac{dx(t)}{dt}$로 표현되는 것은 어떤 요소인가?**

① 비례요소
② 미분요소
③ 적분요소
④ 지연요소

해설 미분 요소
입력 신호 $x(t)$와 출력 신호 $y(t)$의 관계

$y(t)=K\dfrac{d}{dt}x(t)\ \rightarrow\ Y(s)=KsX(s)$

$\therefore G(s)=\dfrac{Y(s)}{X(s)}=Ks$

정답 64 ② 65 ③ 66 ④ 67 ③ 68 ②

69 다음 논리회로의 출력은?

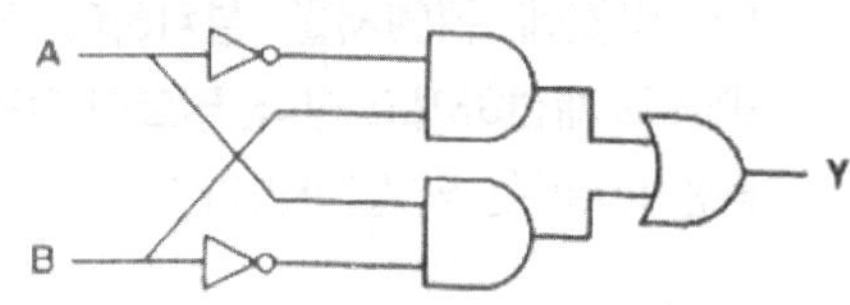

① $Y = A\overline{B} + \overline{A}B$

② $Y = \overline{A}B + \overline{A}\overline{B}$

③ $Y = \overline{A}\overline{B} + A\overline{B}$

④ $Y = \overline{A} + \overline{B}$

해설 exdusive-OR 회로
무접점 회로

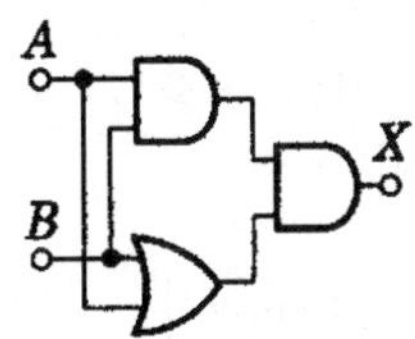

– $X = \overline{A} \cdot B + A \cdot \overline{B}$
$X = A \oplus B$
– 진리표

A	B	X
0	0	0
0	1	1
1	0	1
1	1	0

70 R, L, C가 서로 직렬로 연결되어 있는 회로에서 양단의 전압과 전류의 위상이 동상이 되는 조건은?

① $\omega = LC$

② $\omega = L^2C$

③ $\omega = \dfrac{1}{LC}$

④ $\omega = \dfrac{1}{\sqrt{LC}}$

해설 공진조건
유도성 리액턴스=용량성 리액턴스

$X_L = X_C$

$\omega L = \dfrac{1}{\omega C}$

$\omega = \dfrac{1}{\sqrt{LC}}$

$\therefore$ 공진주파수 $f_r = \dfrac{1}{2\pi\sqrt{LC}}$

71 다음 블록선도를 등가 합성 전달함수로 나타낸 것은?

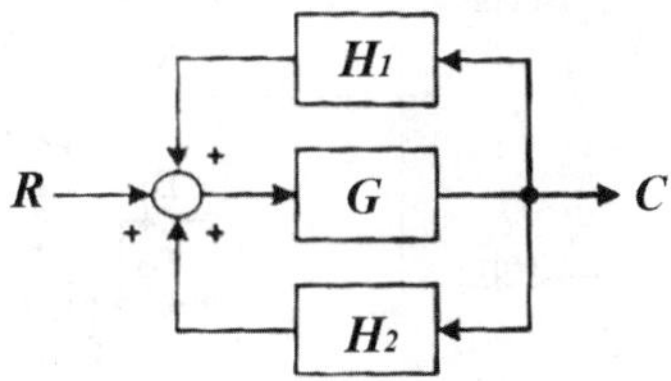

① $\dfrac{G}{1 - H_1 - H_2}$

② $\dfrac{G}{1 - H_1G - H_2G}$

③ $\dfrac{G-1}{1 - H_1G - H_2G}$

④ $\dfrac{H_1G + H_2G}{1 - G}$

해설 $\dfrac{C}{R} = \dfrac{경로}{1 - 폐로} = \dfrac{G}{1 - [GH_1 - GH_2]}$

$= \dfrac{G}{1 - GH_1 - GH_2}$

72 저항에 전류가 흐르면 줄열이 발생하는데 저항에 흐르는 전류 I와 전력 P의 관계는?

① $I \propto P$ ② $I \propto P^{0.5}$

③ $I \propto P^{1.5}$ ④ $I \propto P^2$

해설
줄열 $P \propto I^2$, $I \propto \sqrt{P} \propto P^{\frac{1}{2}} \propto P^{0.5}$

정답 69 ① 70 ④ 71 ② 72 ②

73 입력신호 중 어느 하나가 "1"일 때 출력이 "0"이 되는 회로는?

① AND 회로　② OR 회로
③ NOT 회로　④ NOR 회로

해설

회로	NOR 회로
유접점	
무접점	$X=\overline{A+B}$
논리회로	
진리표	(아래 표)

진리표:

A	B	X
0	0	1
0	1	0
1	0	0
1	1	0

74 전류계와 전압계는 내부저항이 존재한다. 이 내부저항은 전압 또는 전류를 측정하고자 하는 부하의 저항에 비하여 어떤 특성을 가져야 하는가?

① 내부저항이 전류계는 가능한 커야 하며, 전압계는 가능한 작아야 한다.
② 내부저항이 전류계는 가능한 커야 하며, 전압계도 가능한 커야 한다.
③ 내부저항이 전류계는 가능한 작아야 하며, 전압계는 가능한 커야 한다.
④ 내부저항이 전류계는 가능한 작아야 하며, 전압계도 가능한 작아야 한다.

75 지상 역률 80%, 1000kW의 3상 부하가 있다. 이것에 콘덴서를 설치하여 역률을 95%로 개선하려고 한다. 필요한 콘덴서의 용량(kvar)은 약 얼마인가?

① 421.3
② 633.3
③ 844.3
④ 1266.3

해설 역율개선용 콘덴서 용량

$Q_C = P[\tan\theta_1 - \tan\theta_2]$[kVA]

여기서, P : 유효전력[kW]
$\tan\theta_1$: 개선전 역율
$\tan\theta_2$: 개선후 역율

$=P\left[\frac{\sin\theta_1}{\cos\theta 1}-\frac{\sin\theta_2}{\cos\theta_2}\right]$

$=P\left[\frac{\sqrt{1-\cos\theta_1^2}}{\cos\theta_1}-\frac{\sqrt{1-\cos\theta_2^2}}{\cos\theta_2}\right]$

$=1,000[\frac{\sqrt{1-0.8^2}}{0.8}-\frac{\sqrt{1-0.95^2}}{0.95}]$

$=421.4$[kVA]

76 전동기의 회전방향을 알기 위한 법칙은?

① 렌츠의 법칙
② 암페어의 법칙
③ 플레밍의 왼손법칙
④ 플레밍의 오른손법칙

77 100V용 전구 30W와 60W 두 개를 직렬로 연결하고 직류 100V 전원에 접속하였을 때 두 전구의 상태로 옳은 것은?

① 30W 전구가 더 밝다.
② 60W 전구가 더 밝다.
③ 두 전구의 밝기가 모두 같다.
④ 두 전구가 모두 켜지지 않는다.

정답 73 ④ 74 ③ 75 ① 76 ③ 77 ①

해설

$P_{30} = \frac{V^2}{R_{30}}$, $R_{30} = \frac{100^2}{30} = 333.33[\Omega]$,

$P_{60} = \frac{V^2}{R_{60}}$, $R_{60} = \frac{100^2}{60} = 166.67[\Omega]$

저항비교 $R_{30} > R_{60}$

∴ 전력비교, $P = I^2 R_{30} > I^2 R_{60}$ 30[W] 전구가 더 밝다.

78 **R_1=100Ω, R_2=1000Ω, R_3=800Ω일 때 전류계의 지시가 0이 되었다. 이때 저항 R_4는 몇 Ω인가?**

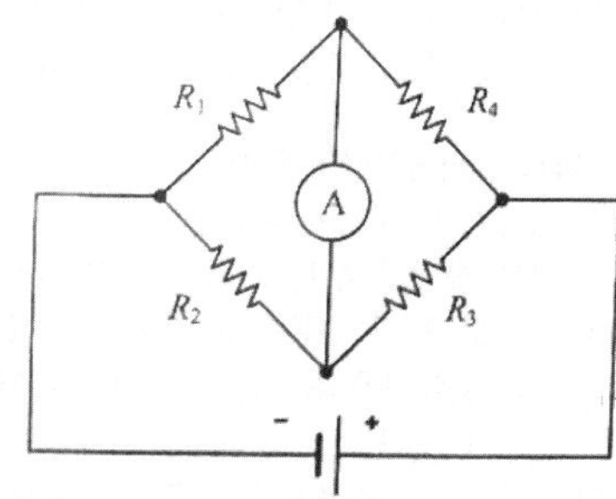

① 80 ② 160
③ 240 ④ 320

해설 $R_1 R_3 = R_2 R_4$

$R_4 = \frac{R_1 R_3}{R_2} = \frac{100 \times 800}{1,000} = 80[\Omega]$

79 **다음 조건을 만족시키지 못하는 회로는?**

> [조건]
> 어떤 회로에 흐르는 전류가 20A이고, 위상이 60도이며, 앞선 전류가 흐를 수 있는 조건

① RL병렬 ② RC병렬
③ RLC병렬 ④ RLC직렬

해설 RL 병렬회로는 전류가 항상 늦다.

80 **3상 유도전동기의 주파수가 60Hz, 극수가 6극, 전부하 시 회전수가 1160rpm이라면 슬립은 약 얼마인가?**

① 0.03 ② 0.24
③ 0.45 ④ 0.57

해설 슬립

$S = \frac{N_S - N}{N_S} = \frac{1,200 - 1,160}{1,200} = 0.33$

동기속도 $N_S = \frac{120f}{P} = \frac{120 \times 60}{6} = 1,200[\text{rpm}]$

15 2022년 03월 05일

01 승강기 개론

01 엘리베이터의 전자-기계 브레이크 시스템에서 브레이크는 카가 정격속도로 정격하중의 몇 %를 싣고 하강방향으로 운행될 때 구동기를 정지시킬 수 있어야 하는가?

① 110
② 115
③ 125
④ 130

해설 전자-기계 브레이크
이 브레이크는 자체적으로 카가 정격속도로 정격하중의 125%를 싣고 하강방향으로 운행될 때 구동기를 정지시킬 수 있어야 한다.

02 권상 도르래 · 풀리 또는 드럼의 피치직경과 로프(벨트)의 공칭 직경 사이의 비율은 로프(벨트)의 가닥수와 관계없이 몇 배 이상이어야 하는가? (단, 주택용 엘리베이터는 제외한다.)

① 36
② 40
③ 46
④ 50

해설 권상 도르래 · 풀리 또는 드럼의 피치직경과 로프(벨트)의 공칭 직경 사이의 비율은 로프(벨트)의 가닥수와 관계없이 40 이상이어야 한다. 다만, 주택용 엘리베이터의 경우 30 이상이어야 한다.

03 유압식 엘리베이터의 장점으로 볼 수 없는 것은?

① 기계실의 배치가 자유롭다.
② 건물 꼭대기부분에 하중이 걸리지 않는다.
③ 승강로 꼭대기 틈새가 작아도 좋다.
④ 전동기의 소요동력이 작아진다.

해설 유압식 엘리베이터의 특징
① 기계실의 배치가 자유롭다.
② 건물 꼭대기 부분에 하중이 작용하지 않는다.
③ 승강로 꼭대기 틈새가 작아도 된다.
④ 실린더를 사용하기 때문에 행정 거리와 속도에 한계가 있다.
⑤ 균형추를 사용하지 않아 전동기 소요 동력이 커진다.
⑥ 7층 이하, 정격 속도 60m/min 이하에 적용한다.

04 엘리베이터의 카에서 비상시 작동하는 비상등은 몇 lx 이상이어야 하는가?

① 2
② 5
③ 10
④ 20

해설 카에는 자동으로 재충전되는 비상전원공급장치에 의해 5ℓx 이상의 조도로 1시간 동안 전원이 공급되는 비상등이 있어야 한다.

정답 01 ③ 02 ② 03 ④ 04 ②

05 엘리베이터 조작방식에 대한 설명으로 옳은 것은?

① 먼저 눌러져 있는 호출에 응답하고, 그 운전이 완료될 때까지는 다른 호출에 일체 응답하지 않은 것을 단식 자동식이라 한다.

② 승강장의 누름버튼은 두 개가 있고, 동시에 기억시킬 수 있으며, 카는 그 진행방향의 카버튼과 승강장버턴에 응답하면서 승강하는 것을 군 관리방식이라 한다.

③ 먼저 눌러져 있는 호출에 응답하고, 그 운전이 완료되기 전에도 다른 호출에 응답하는 것을 카 스위치 방식이라 한다.

④ 승강장 누름버턴은 두 개인데 동시에 기억시킬 수 없으며, 카는 그 진행방향의 카버튼과 승강장버튼에 응답하는 것을 승합 전자동식이라 한다.

해설 단식자동식(single Automatic)
하나의 호출에만 응답하므로 먼저 눌려져 있는 호출에는 응답하고, 운전이 완료될 때 까지는 다른 호출을 일절 받지 않는다. 화물용 및 소형 엘리베이터에 많이 사용된다.

06 소선의 강도에 의해서 E종으로 분류된 와이어로프의 소선의 공칭 인장강도는 몇 N/mm^2인가?

① 1320 ② 1470
③ 1620 ④ 1770

해설 와이어로프의 소선의 공칭 인장강도 E종 : $135kg/mm^2 = 1,323[N/mm^2]$

07 승객용 엘리베이터의 가이드 레일 규격이 "가이드 레일 ISO 7465-T82/A"라고 명시되어 있다. 여기서 "82"는 그림에서 어디 부분의 길이를 의미하는가? (단, 가이드 레일 규격은 KS B ISO 7465에 따른다.)

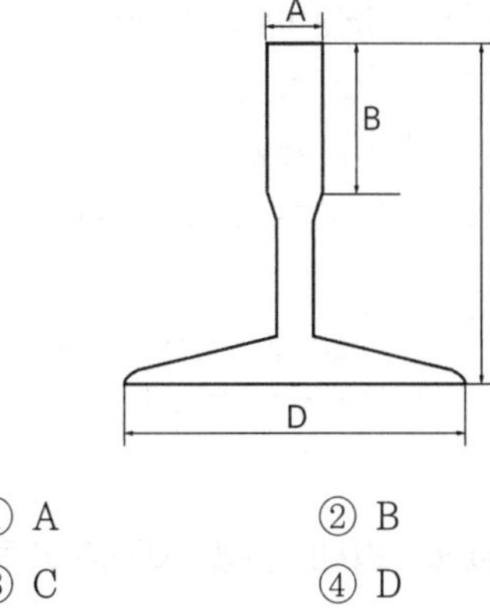

① A ② B
③ C ④ D

해설 A : 9[mm], B : 34[mm], C : 68[mm], D : 82[mm]

08 에스컬레이터의 경사도는 기본적으로 30°를 초과하지 않아야 하는데 특별한 경우 경사도를 35°까지 증가시킬 수 있다. 이 경우 공칭속도는 몇 m/s 이하여야 하는가? (단, 층고는 6m 이하이다.)

① 0.5
② 0.75
③ 1
④ 1.5

해설 에스컬레이터의 경사도 α는 30°를 초과하지 않아야 한다. 다만, 층고(h13)가 6m 이하이고, 공칭속도가 0.5m/s 이하인 경우에는 경사도를 35°까지 증가시킬 수 있다.

정답 05 ① 06 ① 07 ④ 08 ①

09 카 출입구의 하단에 설치하며 승강로와 카 바닥면의 간격을 일정치 이하로 유지함으로써, 카가 층과 층의 중간에 정지 시 승객이 아래층 방향의 엘리베이터 밖으로 나오려고 할 때 추락을 방지하는 것은?

① 가이드 슈(guide shoe)
② 에이프런(apron)
③ 하부체대(plank)
④ 브레이스 로드(brace rod)

해설 에이프런(apron)
카 또는 승강장 출입구 문턱부터 아래로 평탄하게 내려진 수직 부분의 앞 보호판

10 무빙워크의 경사도는 몇° 이내여야 하는가?

① 10
② 12
③ 15
④ 20

해설 무빙워크의 경사도는 12° 이하이어야 한다.

11 소형 화물형 엘리베이터의 안전기준에 따라 카와 승강장문과의 거리는 몇 mm 이하여야 하는가?

① 10
② 20
③ 30
④ 40

해설 카와 카 출입구를 마주하는 벽 사이의 틈새
카와 승강장문 또는 완전히 열린 승강장문틀 사이의 거리는 30mm 이하이어야 한다.

12 에너지 분산형 완충기의 요구조건에 대한 설명으로 옳지 않은 것은? (단, gn은 중력가속도를 의미한다.)

① 완충기의 가능한 총 행정은 정격속도 115%에 상응하는 중력 정지거리 이상이어야 한다.
② 카에 정격하중을 싣고, 정격속도의 115%의 속도로 자유낙하하여 완충기에 충돌할 때 평균 감속도는 1gn 이하여야 한다.
③ 2.5gn을 초과하는 감속도는 0.1초보다 길지 않아야 한다.
④ 완충기 작동 후에는 영구적인 변형이 없어야 한다.

해설 에너지 분산형 완충기는 $2.5g_n$를 초과하는 감속도는 0.04초보다 길지 않아야 한다.

13 승강기에 사용되는 유도전동기의 용량이 15kW, 전동기의 회전수가 1,450rpm 이라면 이 전동기의 브레이크에 요구되는 제동토크는 약 몇 N · m인가? (단, 주어진 조건 이외에는 무시한다.)

① 74
② 99
③ 144
④ 202

해설 제동토크

$$T_d = \frac{P}{\omega} = \frac{15\times10^3}{\frac{2\times\pi\times1,450}{60}} = 98.79 \approx 99[\mathrm{N\cdot m}]$$

정답 09 ② 10 ② 11 ③ 12 ③ 13 ②

14 **승강로의 일반적인 구조에 관한 설명으로 틀린 것은?**

① 승강로 내에는 각층을 나타내는 표기가 있어야 한다.
② 승강로 내에 설치되는 돌출물은 안전상 지장이 없어야 한다.
③ 엘리베이터의 균형추 또는 평형추는 카와 동일한 승강로에 있어야 한다.
④ 밀폐식 승강로에는 어떠한 환기구나 통풍구가 있어서는 안 된다.

해설 밀폐식 승강로
승강로는 구멍이 없는 벽, 바닥 및 천장으로 완전히 둘러싸인 구조이어야 한다. 다만, 다음과 같은 개구부는 허용된다.
가) 승강장문을 설치하기 위한 개구부
나) 승강로의 비상문 및 점검문을 설치하기 위한 개구부
다) 화재 시 가스 및 연기의 배출을 위한 통풍구
라) 환기구
마) 엘리베이터 운행을 위해 필요한 기계실 또는 풀리실과 승강로 사이의 개구부

15 **엘리베이터의 기계실 출입문 크기 기준으로 옳은 것은? (단, 주택용 엘리베이터는 제외한다.)**

① 폭 0.6m 이상, 높이 1.7m 이상
② 폭 0.7m 이상, 높이 1.8m 이상
③ 폭 0.8m 이상, 높이 1.9m 이상
④ 폭 0.9m 이상, 높이 2.0m 이상

해설 기계실, 승강로 및 피트 출입문: 높이 1.8m 이상, 폭 0.7m 이상
다만, 주택용 엘리베이터의 경우 기계실 출입문은 폭 0.6m 이상, 높이 0.6m 이상으로 할 수 있다.

16 **엘리베이터에서 카 내부의 유효높이는 일반적으로 몇 m 이상인가? (단, 주택용, 자동차용 엘리베이터는 제외한다.)**

① 1.8　　② 1.9
③ 2.0　　④ 2.1

해설 카의 높이
카 내부의 유효 높이는 2m 이상이어야 한다. 다만, 주택용 엘리베이터의 경우에는 1.8m 이상으로 할 수 있으며, 자동차용 엘리베이터의 경우에는 제외한다.

17 **엘리베이터가 "피난운전"시 특정 안전장치를 제외하고는 기본적으로 모두 작동상태여야 한다. 여기서 제외되는 안전장치는 다음 중 무엇인가?**

① 문닫힘 안전장치
② 과부하 감지장치
③ 추락방지 안전장치
④ 상승과속 방지장치

해설 '피난호출' 또는 '피난운전' 중에 모든 엘리베이터 안전장치(전기적 및 기계적)는 모두 작동상태이어야 한다. 다만, 문닫힘안전장치는 제외한다.

18 **소방구조용 엘리베이터의 보조 전원공급장치는 얼마 이상 엘리베이터 운전이 가능하여야 하는가?**

① 30분　　② 1시간
③ 1시간 30분　　④ 2시간

해설 정전시에는 보조 전원공급장치에 의하여 엘리베이터를 다음과 같이 운행시킬 수 있어야 하다.
가) 60초 이내에 엘리베이터 운행에 필요한 전력용량을 자동으로 발생시키도록 하되 수동으로 전원을 작동시킬 수 있어야 한다.
나) 2시간 이상 운행시킬 수 있어야 한다.

정답 14 ④ 15 ② 16 ③ 17 ① 18 ④

19 카의 상승과속방지장치에 대한 설명으로 틀린 것은?

① 상승과속방지장치를 작동하기 위해 외부 에너지가 필요할 경우, 외부 에너지가 공급되지 않으면 엘리베이터는 정지 및 그 상태를 유지해야 한다.(압축 스프링 방식 제외)
② 상승과속방지장치의 복귀를 위해서는 작업자가 승강로에 들어가서 직접 작업하도록 해야 한다.
③ 상승과속방지장치가 작동 후 복귀 후 엘리베이터가 정상 운행되기 위해서는 전문가(유지관리업자 등)의 개입이 요구되어야 한다.
④ 상승과속방지장치는 빈 칸의 감속도가 정지단계 동안 1gn(중력가속도)을 초과하지 않아야 한다.

해설 장치의 복귀 후에 엘리베이터가 정상 운행되기 위해서는 전문가(유지관리업자 등)의 개입이 요구되어야 한다.

20 유압식엘리베이터에서 유압장치의 보수, 점검 또는 수리 등을 할 때 주로 사용하기 위하여 설치하는 밸브는?

① 스톱 밸브
② 체크 밸브
③ 안전 밸브
④ 럽처 밸브

해설 스톱 밸브(Stop Valve)
유압 파워유니트에서 실린더로 통하는 배관 도중에 설치되는 수동조작 밸브. 밸브를 닫으면 실린더의 오일이 탱크로 역류하는 것을 방지한다. 유압장치의 보수, 점검, 수리할 때에 사용되며 게이트 밸브(Gate Valve)라고도 한다.

02 승강기 설계

21 엘리베이터의 설치 환경과 교통량에 관한 설명이다. 옳지 않은 것은?

① 대중교통이 발달한 중심상가지역의 사무용 건물에는 아침 출근 시간의 교통량이 상대적으로 많다.
② 사무실이 밀집되어 있는 건물에는 점심시간이 같아서 정오시간의 교통량이 증가한다.
③ 유연근무제, 시차출퇴근제의 확산은 출근시간의 교통량 집중도를 높였지만, 엘리베이터 하향방향의 교통량 집중은 감소시켰다.
④ 병원의 경우는 일반 사무실과는 다르게 환자의 왕진 및 치료와 수술이 행해지는 오전시간에 교통량이 집중되거나, 또는 환자방문시간이나 교대근무가 발생하는 오후의 특정시간에 교통량이 집중될 수도 있다.

해설 유연근무제, 시차출퇴근제의 확산은 출근시간의 교통량 집중도가 낮아졌다.

22 엘리베이터의 적재중량(W)이 3,500kgf이고, 카 및 관련 부품들의 중량(Wp)이 2,000kgf일 때 하부체대에 발생하는 최대 굽힘응력은 약 몇 MPa인가? (단, 하부체대의 길이(L)는 3m, 하부체대의 총 단면계수는 498,000mm^{3}이며, 하부체대에 작용하는 최대 굽힘모멘트(M)는 다음과 같은 식(g는 중력가속도)을 적용한다.)

$$M = \frac{5}{64} \times (W + W_p) \times g \times L$$

① 48.8　② 38.7
③ 25.4　④ 18.5

정답 19 ② 20 ① 21 ③ 22 ③

해설 하부체대의 강도계산
하부체대에 걸리는 하중 분포하중
① 최대굽힘모멘트

$$M_{max} = \frac{5}{64}(W+W_c)\cdot g_n \cdot L$$

$$= \frac{5}{64}(3{,}500+2{,}000)\times 9.81\times 300$$

$$= 1{,}264{,}570\,[\mathrm{N\cdot cm}]$$

W_T : 카측 총중량($W+W_c$)
W : 적재하중[kgf]
W_c : 카 전자중[kgf]
L : 상부체대의 전길이(스팬)[cm]

② 응력[kg/cm²]$=\sigma = \frac{M_{max}}{Z} = \frac{1{,}264{,}570}{498{,}000}$
$=25.39$[MPa]

23 엘리베이터의 승강로 내부, 기계류 공간 및 풀리실에서 직접적인 접촉에 의한 전기 설비의 보호를 위해 케이스를 설치하고자 한다. 이는 얼마 이상의 보호등급을 제공해야 하는가?

① IP 2X ② IP 3X
③ IP 4X ④ IP 5X

해설 기본 보호(직접 접촉에 대비한 보호)
승강로 내부, 기계류 공간 및 풀리실에서 직접적인 접촉에 대한 전기설비의 보호는 IP 2X 이상의 보호등급을 제공하는 케이스를 통해 제공되어야 한다.

24 엘리베이터 브레이크 장치에서 총 제동토크는 180N · m이고, 브레이크 드럼의 지름은 260mm, 접촉부 마찰계수는 0.35일 때 드럼과 브레이크 슈가 만나는 곳에서의 드럼의 반력은 약 몇 N 인가? (단, 브레이크 슈는 2개가 설치되어 있고, 양쪽 슈에서 작용하는 반력은 동일하며, 한쪽의 반력만 구한다.)

① 495 ② 989
③ 1483 ④ 1978

해설 브레이크 드럼반력(P_n)

$$P_n = \frac{T_d}{\mu\times D_d} = \frac{180\times 10^2}{0.35\times 26} = 1{,}978[\mathrm{N}]$$

25 소방구조용 엘리베이터의 보조 전원공급 장치에 관한 설명으로 옳지 않은 것은?

① 정전 시 60초 이내에 엘리베이터 운행에 필요한 전력용량을 자동적으로 발생시키도록 하되 수동으로 전원을 작동시킬 수 있어야 한다.
② 소방구조용 엘리베이터의 주 전원공급과 보조 전원공급의 전선은 방화구획이 되어야 하고 서로 구분되어야 하며, 다른 전원공급장치와도 구분되어야 한다.
③ 보조 전원공급장치는 방화구획 된 장소에 설치되어야 한다.
④ 소방구조용 엘리베이터를 위한 보조 전원공급장치에는 충분한 전력 용량을 제공할 수 있는 자가발전기를 예외없이 설치해야 한다.

해설 전력용량이 소방구조용 엘리베이터의 전부를 동시에 운행시킬 수 있도록 충분한 전력용량이 공급될 경우 자가발전기는 설치되지 않아도 된다.

26 하중이 작용하는 방향에 의해 하중을 분류하였을 때 이에 해당되지 않는 것은?

① 정하중
② 인장하중
③ 압축하중
④ 전단하중

해설 하중의 작용상태에 따른 분류
① 인장하중 ② 압축하중 ③ 전단하중
④ 굽힘하중 ⑤ 비틀림 하중

정답 23 ① 24 ④ 25 ④ 26 ①

27 **엘리베이터용 가이드 레일에 관한 사항으로 틀린 것은?**

① 엘리베이터의 정격하중에 관계가 있다.
② 대형 화물용 엘리베이터의 경우 하중을 적재할 때 발생되는 카의 회전 모멘트는 무시한다.
③ 추락방지안전장치가 작동한 후에도 가이드 레일에는 좌굴이 없어야 한다.
④ 레일 브래킷의 간격을 작게 하면 동일한 하중에 대하여 응력과 휨은 작아진다.

해설 가이드레일의 크기를 결정하는 요소
1) 추락방지(비상정지)안전장치 작동 시의 좌굴하중
2) 지진 발생 시의 수평진동력
3) 불균형한 큰 하중 적재 시의 회전모멘트

28 **적재중량1,200kgf, 카 자중 2,600kgf, 로프 한가닥의 파단하중 60kN, 로프 가닥수 5, 로프 자중 250kgf, 균형도르래 중량 500kgf인 엘리베이터의 로핑방식이 2:1 싱글 랩 로핑일 때, 이 엘리베이터의 로프의 안전율은 약 얼마인가? (단, 안전율의 산정 시 균형 도르래의 중량은 1/2을 적용한다.)**

① 13.2
② 14.2
③ 15.2
④ 16.2

해설 로프의 안전율

$$S=\frac{K\cdot N\cdot P}{W+W_c+W_r}$$

$$=\frac{2\times5\times60\times10^3\times\frac{1}{9.8}}{1,200+2,600+(250+500\times\frac{1}{2})}$$

$$=\frac{61,224.5}{4,300}=14.23$$

K : 로핑 계수
N : 로프 본수
P : 로프 1본당 절단하중
W : 적재용량
W_c : 카자중
W_r : 로프자중(균형로프를 사용하는 경우 균형도르레의 $\frac{1}{2}$를 더함)

29 **기계실이 있는 승강기에서 승강기에 대한 주요 부품 중 설치 위치가 다른 한 가지는?**

① 균형추
② 이동케이블
③ 가이드레일
④ 과속조절기

해설 기계실이 있는 승강기의 과속조절기 설치위치는 기계실에 설치된다.

30 **엘리베이터 운전제어 중 전기적 비상운전 제어에 관한 설명으로 틀린 것은?**

① 비상운전 제어 시 카 속도는 0.30m/s 이하이어야 한다.
② 전기적 비상운전은 버튼의 순간적인 누름에 의해서도 작동되어야 한다.
③ 전기적 비상운전 스위치는 파이널 리미트 스위치를 무효화 시켜야 한다.
④ 전기적 비상운전 스위치의 작동 후, 이 스위치에 의한 움직임을 제외한 모든 카 움직임은 방지되어야 한다.

해설 전기적 비상운전 제어
전기적 비상운전 스위치의 작동은 우발적 작동을 보호하는 버튼에 지속적인 압력을 가해 카 움직임의 제어를 허용해야 한다. 버튼 자체 또는 주변에 이동 방향이 명확히 표시되어 있어야 한다.

정답 27 ② 28 ② 29 ④ 30 ②

31 **엘리베이터용 도어 인터로크에서 잠금장치에 대한 설명으로 옳지 않은 것은?**

① 잠금장치 위치는 승강장 도어가 닫힐 때 승강장 측으로부터 접근할 수 있는 위치에 설치해야 한다.
② 안전 접점이 작동하기 전 잠김 상태를 유지하여야 하며, 외부 충격이나 진동에 의해 잠김 상태가 무효화되어서는 안 된다.
③ 중력, 스프링, 영구자석에 의해 작동하며, 영구 자석에 의해 잠기는 방식에서는 열이나 충격에 의해 기능을 상실해서는 안 된다.
④ 여러 짝의 조합에 의해 이루어진 도어에서는 특별한 경우를 제외하고는 각각의 도어(도어짝)에 잠금 장치를 설치하여야 한다.

해설 비상잠금해제 삼각열쇠 구멍은 승강장문의 문짝 또는 문틀에 있어야 하고, 문짝 및 문틀의 수직면에 있는 경우 승강장 바닥 위로 높이 2m 이하에 위치되어야 한다.

32 **그림과 같이 아랫부분이 고정되고 위가 자유단으로 된 기둥의 상단에 하중 P가 작용한다. 이때 좌굴이 발생하는 좌굴 하중은 기둥의 높이와 어떤 관계가 되는가? (단, 기둥의 굽힘강성(EI)는 일정하다.)**

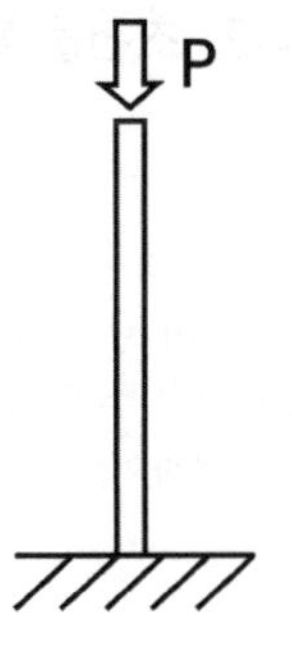

① 기둥의 높이의 제곱에 반비례한다.
② 기둥의 높이에 반비례한다.
③ 가둥의 높이에 비례한다.
④ 기둥의 높이의 제곱에 비례한다.

해설 기둥(Column)의 좌굴하중(자유단)

$P_{cr} = \dfrac{\pi \cdot EI}{(KL)^2} \quad P_{cr} \propto \dfrac{1}{L^2}$

33 **에너지 분산형 완충기가 적용된 엘리베이터의 정격속도가 90m/min이다. 규정된 시험조건으로 완충기에 충돌할 때 완충기의 행정은 약 몇 mm 이상이어야 하는가?**

① 202 ② 188
③ 172 ④ 152

해설 에너지 분산형 완충기

행정 $S = 0.0674v^2 = 0.0674 \times (\dfrac{90}{60})^2 \approx 152[\text{mm}]$

34 **완충기에 사용하는 코일 스프링을 설계하고자 한다. 스프링에 작용하는 하중은 18kN, 스프링 소선의 지름은 26mm, 코일의 평균지름은 122mm일 때 이 스프링에 발생하는 전단응력은 약 몇 MPa 인가? (단, 응력수정계수는 1.33으로 한다.)**

① 352
② 386
③ 423
④ 469

해설 최대 전단응력 $\tau_{\max}$

$$\tau_{\max} = \frac{8PDK'}{\pi d^3} = \frac{8PCK'}{\pi d^2} = \frac{8PC^3K'}{\pi D^2}$$
$$= \frac{8 \times 18 \times 1{,}000 \times 4.69^3 \times 1.33}{\pi \times 122^2} = 422.75$$
$$\approx 423[\text{MPa}]$$

정답 31 ① 32 ① 33 ④ 34 ③

• 스프링 지수 C, $C=\frac{D}{d}=\frac{122}{26}=4.69$

여기서
D : 코일의 평균직경
d : 코일의 소선직경
K' : 와알의 응력수정계수
C : 스프링지수

35 **엘리베이터 운행을 위해 전동기에서 요구되는 최대 토크가 42N · m, 이때 전동기 회전수는 2,500rpm 이다. 이 전동기의 전체 효율이 약 75%이면 전동기에서 요구되는 출력은 약 몇 kW 인가?**

① 8.9
② 10.8
③ 12.4
④ 14.7

해설 출력 $P=\omega T\times\frac{1}{\eta}=\frac{2\pi N}{60\eta}T=\frac{2\times\pi\times 2{,}500}{60\times 0.75}\times 42$
$=14.66\approx 14.7[\text{kW}]$

36 **승강기 설비계획을 할 때 고려해야 할 사항에 해당되지 않는 것은?**

① 교통량 계산을 하여 그 건물의 교통수요에 적합하고 충분한 대수일 것
② 이용자의 대기사긴이 허용치 이하가 되도록 고려할 것
③ 여러 대를 설치할 경우 가능한 건물 가운데로 배치할 것
④ 용도에 관계없이 반드시 서비스층의 분할을 적용할 것

해설 서비스하는 층
엘리베이터의 운전 효율을 높이기 위해 같은 층들을 서비스하도록 한다.

37 **기어 방식의 권상기에서 웜기어와 비교하여 헬리컬 기어의 효율적인 소음을 옳게 설명한 것은?**

① 효율은 높고 소음도 크다.
② 효율은 높고 소음도 작다.
③ 효율은 낮고 소음도 크다.
④ 효율은 낮고 소음도 작다.

해설 웜 기어와 헬리컬 기어의 특징

구 분	웜 기어	헬리컬 기어
효 율	낮다(50~70%)	높다(80~85%)
소 음	작 다	크 다
역구동	어렵다	웜 기어식 보다는 쉽다

38 **승강로 최상층의 승강장 바닥면에서 승강로의 상부(기계실 바닥 슬래브 하부면)까지의 수직거리를 무엇이라고 하는가?**

① 오버헤드　　② 꼭대기 틈새
③ 주행여유　　④ 천장여유

해설 오버헤드(OH)
승강로 최상층의 승강장 바닥면에서 승강로의 상부(기계실 바닥 슬래브 하부면)까지의 수직거리

39 **승강로 벽의 내측과 카 문턱, 카 문틀 또는 카문의 닫히는 모서리 사이의 수평거리는 승강로 전체에 걸쳐서 기본적으로 몇 m 이하여야 하는가? (단, 특별한 경우를 제외한 일반적인 조건을 말한다.)**

① 0.1　　② 0.12
③ 0.15　　④ 0.2

해설 승강로 내측과 카 문턱, 카 문틀 또는 카문의 닫히는 모서리 사이의 수평거리는 승강로 전체 높이에 걸쳐 0.15m 이하이어야 한다.

정답 35 ④ 36 ④ 37 ① 38 ① 39 ③

40 유압식 엘리베이터의 유압 제어 및 안전장치와 관련하여 릴리프 밸브를 압력을 전 부하 압력의 몇 % 까지 제한하도록 맞추어 조절되어야 하는가?

① 125 ② 130
③ 135 ④ 140

해설 릴리프 밸브는 압력을 전 부하 압력의 140%까지 제한하도록 맞추어 조절되어야 한다.

03 일반기계공학

41 회전수 1,000rpm으로 716.2 N · m의 비틀림 모멘트를 전달하는 회전축의 전달 동력(kW)은?

① 약 749.9 ② 약 75.0
③ 약 119 ④ 약 11.9

해설 회전축의 전달 동력 P[kW]

$$P=\omega T=\frac{2\pi N}{60}T=\frac{2\times\pi\times1{,}000}{60}\times716.2=74.96$$

$$\approx75[\text{kW}]$$

42 균일 단면 봉재에 작용하는 수직응력에 의한 탄성에너지를 구하는 식으로 옳은 것은? (단, 탄성에너지 U, 인장하중 P, 봉재 길이 L, 세로탄성계수 E, 변형량 δ, 단면적은 A이다.)

① $U=\frac{P^2L}{2EA}$ ② $U=\frac{PL}{2EA}$
③ $U=\frac{2EA\delta}{L}$ ④ $U=\frac{EA\delta}{2L}$

해설 수직응력 탄성에너지

$$U=\frac{1}{2}P\lambda=\frac{1}{2}P\frac{P\ell}{AE}=\frac{P^2\ell}{2AE}[\text{N}\cdot\text{m}]$$

43 셀 몰드법(Shell mold process)에 대한 설명으로 틀린 것은?

① 미숙련공도 작업이 가능하다.
② 작업공정을 자동화하기 쉽다.
③ 보통 소량생산 방식에 사용된다.
④ 짧은 시간 내에 정도가 높은 주물을 만들 수 있다.

해설 셀 몰드법(Shell mold process)은 대량생산 방식에 사용된다.

44 나사에서 리드각은 나사의 골지름, 유효지름 및 바깥지름에서 각각 다르고 골지름에서 가장 크다. 나사의 비틀림각이 30°이면 리드각은?

① 30°
② 45°
③ 60°
④ 90°

해설 리드각 $\lambda=90°-$비틀림각$(\gamma)=90°-30°=60°$

45 주응력에 대한 설명으로 틀린 것은?

① 주응력은 전단응력이다.
② 평면응력에서 주응력은 2개이다.
③ 주평면 상태하의 응력을 의미한다.
④ 주응력 상태에서 수직응력은 최대와 최소를 나타낸다.

해설 주응력
전단응력은 작용하지 않고 수직응력이 작용한다.

정답 40 ④ 41 ② 42 ① 43 ③ 44 ③ 45 ①

46 **공기압 기술에 대한 특징으로 틀린 것은?**

① 작동 매체를 쉽게 구할 수 있다.
② 정밀한 위치 및 속도제어가 가능하다.
③ 동력 전달이 간단하며 장거리 이송이 쉽다.
④ 폭발과 인화의 위험이 적으며 환경오염이 없다.

해설 공기압기술은 정밀한 위치 및 속도제어가 곤란하다.

47 **용접부의 시험을 파괴시험과 비파괴시험으로 분류할 때 비파괴시험이 아닌 것은?**

① 인장시험 ② 음향시험
③ 누설시험 ④ 형광시험

해설 비파괴시험으로 분류
① 방사선투과법
② 초음파탐상법
③ 음향탐상법
④ 누설검사
⑤ 침투탐상검사(형광시험)

48 **모듈 5, 잇수 52인 표준 스퍼기어의 외경(mm)은?**

① 250 ② 260
③ 270 ④ 280

해설 스퍼기어의 외경(mm)=모듈×잇수+모듈×2
=5×52+5×2=270[mm]

49 **체결용 기계요소인 코터에 대한 설명으로 틀린 것은?**

① 코터의 자립조건에서 마찰각을 ρ, 기울기를 α라 할 때에 한쪽 기울기의 경우는 $\alpha \leqq 2\rho$이어야 한다.
② 코터의 기울기는 한쪽 기울기와 양쪽 기울기가 있다.
③ 코터이음에서 코터는 주로 비틀림 모멘트를 받는다.
④ 코터는 로드와 소켓을 연결하는 기계요소이다.

해설 코터이음에서 코터는 주로 굽힘 모멘트를 받는다.

50 **냉간가공의 특징으로 틀린 것은?**

① 정밀한 형상의 가공면을 얻을 수 있다.
② 가공경화로 강도가 증가한다.
③ 가공면이 아름답다.
④ 연신율이 증가한다.

해설 연신율은 감소한다.

51 **Ti의 특성에 대한 설명으로 틀린 것은?**

① 열전도율이 높다.
② 내식성이 우수하다.
③ 비중은 약 4.5 정도이다.
④ Fe 보다 가벼운 경금속에 속한다.

해설 Ti은 열전도율이 낮다.

52 **주철의 물리적, 기계적 성질에 대한 설명으로 틀린 것은?**

① 절삭성 및 내마모성이 우수하다.
② 강에 비해 일반적으로 인장강도와 충격값이 우수하다.
③ 탄소함유량이 약 2~6.7% 정도인 것을 주철이라 한다.
④ 주조성이 우수하여 복잡한 형상으로 제작이 가능하다.

해설 주철은 인장강도와 충격값이 약하다.

정답 46 ② 47 ① 48 ③ 49 ③ 50 ④ 51 ① 52 ②

53 **탄성한도 이내에서 가로 변형률과 세로 변형률과의 비를 의미하는 용어는?**

① 곡률 ② 세장비
③ 단면수축률 ④ 포와송 비

해설 포와송 비

포와송 비 $\frac{1}{m} = \frac{\text{가로변형률}}{\text{세로변형률}}$ [m: 포와송수]

54 **연강인 공작물 재질이 드릴 작업을 하려고 할 때 가장 적합한 드릴의 선단각은?**

① 70° ② 118°
③ 130° ④ 150°

해설 선단각(Point angle)

일반적으로 118°이며, 공구재질에 따라 작게하거나 크게 한다

55 **그림과 같이 동일한 재료의 중실축과 중공축에 각각 T_A, T_B의 토크가 작용할 때 전달할 수 있는 토크 T_B는 T_A의 몇 배인가?**

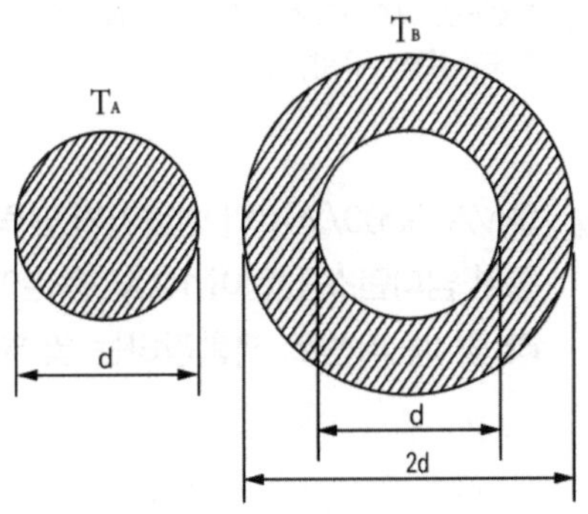

① 6.0 ② 6.5
③ 7.0 ④ 7.5

해설

$$\frac{T_B}{T_A} = \frac{\tau Z_{PB}}{\tau Z_{PA}} = \frac{\frac{\pi}{16}\left(\frac{d_2^4 - d_1^4}{d_2}\right)}{\frac{\pi}{16}d_1^3} = \frac{\frac{(16-1)d_1^4}{2d_1}}{d_1^3} = 7.5$$

56 **0.01mm까지 측정할 수 있는 마이크로미터에서 나사의 피치와 딤블의 눈금에 대한 설명으로 옳은 것은?**

① 피치는 0.25mm이고, 딤블은 50등분이 되어 있다.
② 피치는 0.5mm이고, 딤블은 100등분이 되어 있다.
③ 피치는 0.5mm이고, 딤블은 50등분이 되어 있다.
④ 피치는 1mm이고, 딤블은 50등분이 되어 있다.

해설 마이크로미터

슬리브의 오른쪽 끝 선에서 0.5mm 단위까지 읽을 수 있고 딤블 중앙의 선(기준선)과 일치하는 눈금에서 0.01mm 단위까지 읽을 수 있으며, 딤블은 50등분이 되어 있다.

57 **회전수 1,350rpm으로 회전하는 용적형 펌프의 송출량 32ℓ /min, 송출압력이 40N/cm²이다. 이때 소비 동력이 3kW 라면 이 펌프의 전 효율은?**

① 60.1%
② 71.1%
③ 75.3%
④ 81.7%

해설 동력 L_w [kW]

$H_{kw} = \frac{PQ}{102\eta} = \frac{40 \times 10^4 \times 32}{102 \times 60 \times 9.8 \times \eta} = 3[\text{kW}]$,

$\eta = 71.1[\%]$

여기서 H_{kw} : 축동력[kW], P : [kgf/m²],
Q : 유량[m³/s], η : 효율

정답 53 ④ 54 ② 55 ④ 56 ③ 57 ②

58 제동장치에서 단식 블록 브레이크에 제동력에 대한 설명으로 옳은 것은?

① 제동 토크에 반비례한다.
② 마찰 계수에 반비례한다.
③ 브레이크 드럼의 지름에 비례한다.
④ 브레이크 드럼과 블록사이의 수직력에 비례한다.

해설 블록 브레이크(block brake)
- 용도는 차량, 기중기

① 단식 블록 브레이크
- 1개의 브레이크 블록으로 회전하는 브레이크 드럼을 누르는 장치

② 복식 블록 브레이크
- 브레이크 드럼에 대하여 2개의 블록 브레이크가 있다.
- 축방향 힘이 양쪽으로 작용하므로 베어링에 추가되는 하중이 없다. 따라서, 큰 하중이 걸리는 경우에도 사용 할 수 있어 전동 윈치, 크레인 등에 많이 사용된다.

59 크거나 두꺼운 재료를 담금질했을 때 외부는 냉각속도가 빠르고 내부는 냉각속도가 느려서 재료의 내부로 들어갈수록 경도가 저하되는 현상은?

① 노치효과　② 질량효과
③ 파커라이징　④ 치수효과

해설 질량효과가 작은 것은 물체의 내, 외부의 냉각 속도 차가 작아 내, 외부 조직의 차이가 없이 열처리가 잘 된 것을 말함

60 유압 및 공기압 용어(KS B 0120)와 관련하여 다음이 설명하는 것은?

체크 밸브, 릴리프 밸브 등에서 압력이 상승하고 밸브가 열리기 시작하여 어느 일정한 흐름의 양이인정되는 압력

① 크래킹 압력
② 리시트 압력
③ 오버라이드 압력
④ 서지 압력

해설 크래킹 압력(cracking pressure)
체크밸브, 릴리프 밸브 등에서 압력이 상승하여 밸브가 열리기 시작하고 어떤 일정한 흐름의 양이 확인되는 압력

04 전기제어공학

61 유량, 압력, 액위, 농도, 효율 등의 플랜트나 생산공정 중의 상태를 제어량으로 하는 제어는?

① 프로그램제어
② 프로세스제어
③ 비율제어
④ 자동조정

해설 프로세스 제어 (공업 공정의 상태량) : 밀도, 농도, 온도, 압력, 유량, 습도 등

62 5kVA, 3000/20V의 변압기가 단락시험을 통한 임피던스 전압이 100V, 동손이 100W라 할 때 퍼센트 저항강하는 몇 %인가?

① 2　② 3
③ 4　④ 5

해설 퍼센트 전압강하
정격전압에 대한 전압강하의 비로서 퍼센트 저항(전압)강하 p[%]

$$p=\frac{r_{21}I_{2n}}{V_{2n}}\times 100=\frac{r_{12}I_{1n}}{V_{1n}}\times 100=\frac{\text{동손}}{\text{용량}}\times 100[\%]$$

$$=\frac{100}{5\times 10^3}\times 100=2[\%]$$

정답 58 ④ 59 ② 60 ① 61 ② 62 ①

63 다음 중 2차 전지에 속하는 것은?

① 망간건전지 ② 공기전지
③ 수은전지 ④ 납축전지

해설 2차전지
충, 방전 가능한 전지(납축전지, 알카리축전지)

64 다음 블록선도와 등가인 블록선도로 알맞은 것은?

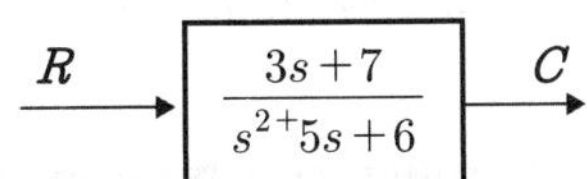

①
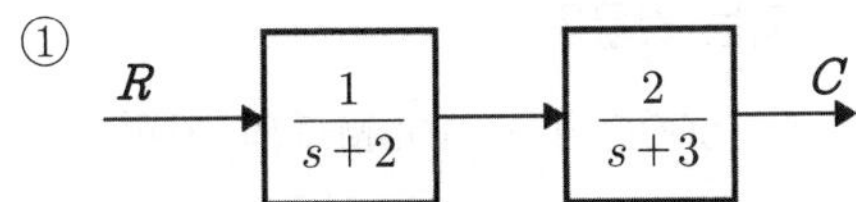

②
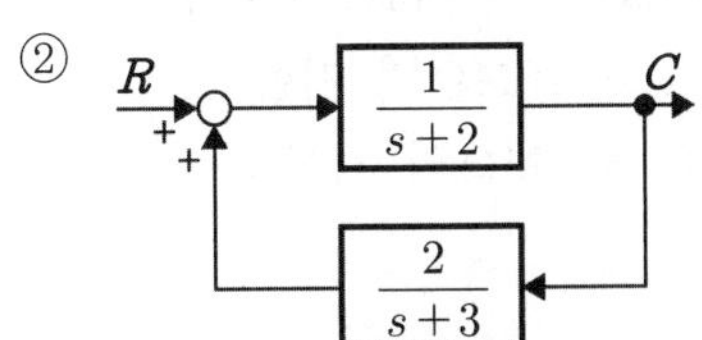

③
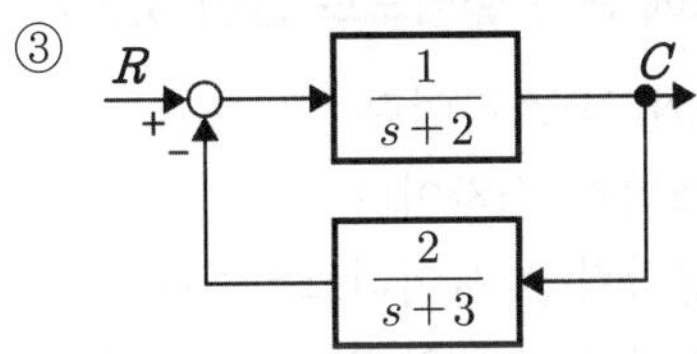

④
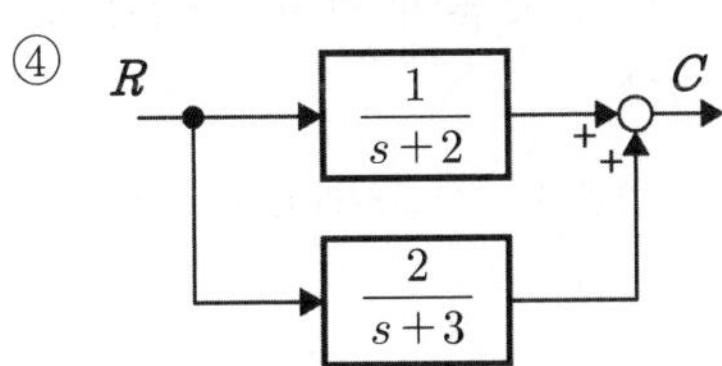

해설 $\frac{출력}{입력} = \frac{3s+7}{s^2+5s+6} = \frac{2(s+2)+(s+3)}{(s+2)(s+3)}$
$= \frac{2}{s+3} + \frac{1}{s+2}$

65 60Hz, 4극, 슬립 6%인 유도전동기를 어느 공장에서 운전하고자 할 때 예상되는 회전수는 약 몇 rpm 인가?

① 240 ② 720
③ 1690 ④ 1800

해설 전부하 회전수
$N = (1-S)N_s = (1-0.06) \times \frac{120 \times 60}{4}$
$= 1,690[\text{rpm}]$

66 그림과 같은 계전기 접점회로의 논리식은?

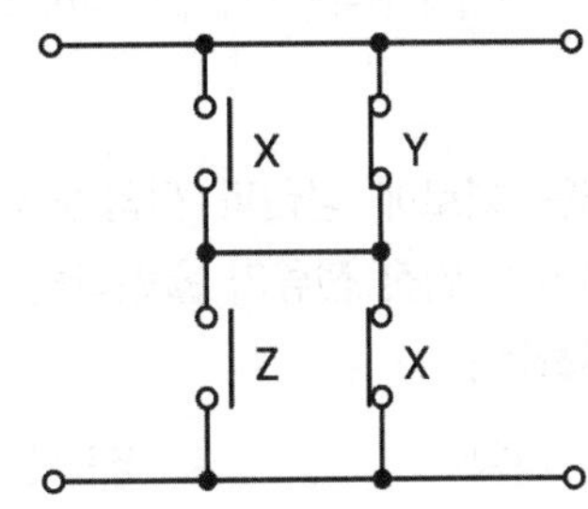

① $XZ + \overline{Y}\,\overline{X}$
② $XY + Z\overline{X}$
③ $(X+\overline{Y})(Z+\overline{X})$
④ $(X+Z)(\overline{Y}+\overline{X})$

해설 $(X+\overline{Y})(Z+\overline{X})$

67 그림에 해당하는 함수를 라플라스 변환하면?

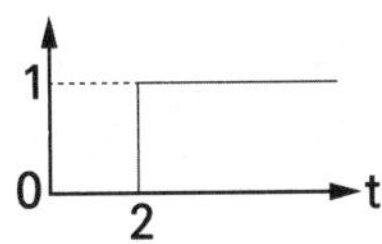

① $\frac{1}{s}$ ② $\frac{1}{s-2}$
③ $\frac{1}{s}e^{-2s}$ ④ $\frac{1}{2}(1-e)$

해설 $f(t) = u(t-2)$
$\mathcal{L}[u(t-2)] = \frac{1}{s}e^{-2s}$

정답 63 ④ 64 ④ 65 ③ 66 ③ 67 ③

68 자기회로에서 도자율(permeance)에 대응하는 전기회로의 요소는?

① 릴럭턴스
② 컨덕턴스
③ 정전용량
④ 인덕턴스

해설 자기저항의 역수를 permeance라고 한다. permeance는 전기회의 컨덕턴스와 같은 회로로 본다.

69 어떤 회로에 정현파 전압을 가하니 90° 위상이 뒤진 전류가 흘렀다면 이 회로의 부하는?

① 저항　② 용량성
③ 무부하　④ 유도성

해설 유도성은 전류가 전압보다 90° 위상이 뒤진다.

70 일정 전압의 직류전원 V에 저항 R을 접속하니 정격전류 I가 흘렀다. 정격전류 I의 130%를 흘리기 위해 필요한 저항은 약 얼마인가?

① 0.6R　② 0.77R
③ 1.3R　④ 3R

해설 저항 $R \propto \frac{1}{1.3I} = 0.77$

71 3상 회로에 있어서 대칭분 전압이 V_0 = −8+j3(V), V_1 = 6−j8(V), V_2 = 8+j12(V) 일 때 a상의 전압(V)는?

① 6+j7　② 8+j6
③ 3+j12　④ 6+j12

해설 $V_a = V_0 + V_1 + V_2 = -8 + j3 + 6 - j8 + 8 + j12$
$= 6 + j7[V]$

72 피드백제어계 중 물체의 위치, 방위, 자세 등의 기계적 변위를 제어량으로 하는 제어는?

① 서보기구(servo mechanism)
② 프로세스제어(process control)
③ 자동조정(automatic regulation)
④ 프로그램제어(program control)

해설 서보 기구(기계적인 변위량)
위치, 방위, 자세, 거리, 각도 등

73 다음 중 일반적으로 중저항의 범위에 해당되는 것은?

① 500ΩΩ ~ 100MΩ의 저항
② 100Ω ~ 100MΩ의 저항
③ 1Ω ~ 10MΩ의 저항
④ 1Ω ~ 1MΩ의 저항

74 SCR에 관한 설명으로 틀린 것은?

① PNPN 소자이다.
② 스위칭 소자이다.
③ 양방향성 사이리스터이다.
④ 직류나 교류의 전력제어용으로 사용된다.

해설 SCR은 단방향 사이리스터이다.

75 v=Vmsin(wt+30°)[V]와 i=Imcos(wt−60°)[A]와의 위상차는?

① 0°　② 30°
③ 60°　④ 90°

해설 $v = V_m \sin(\omega t + 30°)[V]$
$i = I_m \cos(\omega t - 60°) = I_m \sin(\omega t - 60° + 90°)$
$= I_m \sin(\omega t + 30°)$
∴ 위상=30°−30°=0°

정답 68 ② 69 ④ 70 ② 71 ① 72 ① 73 ④ 74 ③ 75 ①

76 **분류기의 저항(Rs)은? (단, $n = \frac{I_O}{I_A}$ 이다.)**

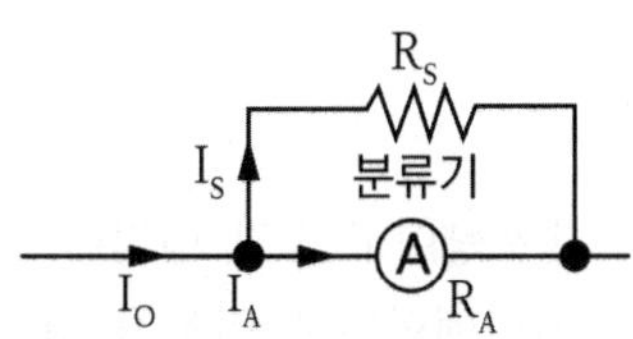

① $\frac{R_A}{n+1}$　　② $\frac{R_A}{n}$

③ $\frac{R_A}{n-1}$　　④ $\frac{R_A}{n-2}$

해설 측정하고자 하는 전류 $I_o = I_A(1+\frac{R_A}{R_s})$

분류기 저항 $R_s = \frac{1}{n-1}R_A[\Omega]$

n : 배율($n=\frac{I_o}{I_a}$)

$I_o[A]$: 측정하고자 하는 전류

$I_A[A]$ 전류계 지시값

$R_A[\Omega]$: 전류계 내부저항

$R_s[\Omega]$: 분류기 저항

77 **아래 그림의 논리회로와 같은 진리값을 NAND소자만으로 구성하여 나타내려면 NAND소자는 최소 몇 개가 필요한가?**

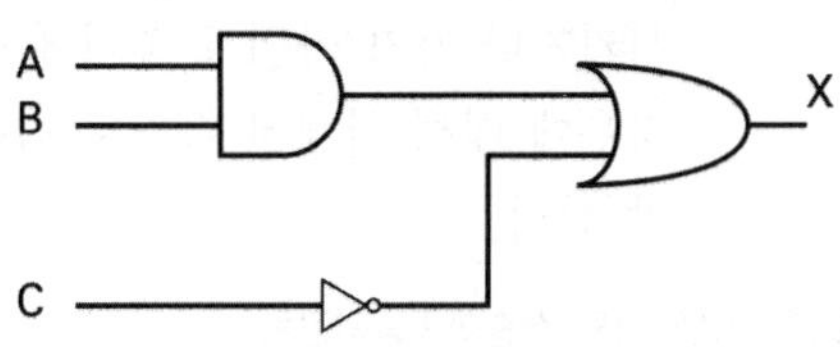

① 1　　② 2

③ 3　　④ 5

해설 $X=(A \cdot B+\overline{C})$

$X=\overline{\overline{X}}=(\overline{\overline{A \cdot B+\overline{C}}})=(\overline{\overline{A \cdot B} \cdot \overline{\overline{C}}})$

$=(\overline{\overline{A \cdot B} \cdot C})$

78 **V(V)로 충전한 C(F)의 콘덴서를 $\frac{1}{3}$V(V)까지 방전하여 사용했을 때, 사용된 에너지(J)는?**

① $\frac{1}{2}CV^2$　　② CV^2

③ $\frac{5}{9}CV^2$　　④ $\frac{4}{9}CV^2$

해설 정전에너지 $W=C\int_{V=V_c}^{V=\frac{1}{3}V_c} VdV$,

$C\left[\frac{1}{2}V^2\right]_{V=V_C}^{V=\frac{1}{3}V_c} = C\left[\frac{1}{2}(\frac{1}{3}V_c)^2-\frac{1}{2}V_c^2\right]$

$=-\frac{4}{9}CV_c^2[J]$

79 **특성방정식이 근이 복소평면의 좌반면에 있으면 이 계는?**

① 불안정하다.　　② 조건부 안정이다.

③ 반안정이다.　　④ 안정하다.

해설 제어계의 안정조건
특성방정식의 근이 모두 s평면 좌반부에 존재할 것.

80 **그림과 같은 단자 1, 2 사이의 계전기 접점 회로 논리식은?**

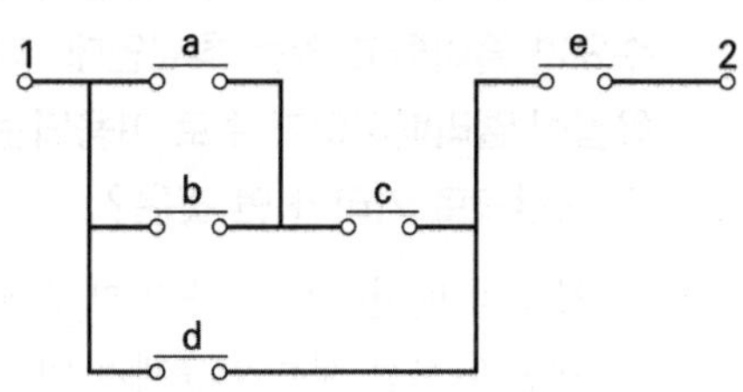

① {(a+b)d+c}e　　② {(ab+c)d}+e

③ {(a+b)c+d}e　　④ (ab+d)c+e

해설 $[(a+b) \cdot c+d] \cdot e$

정답 76 ③ 77 ② 78 ④ 79 ④ 80 ③

16 2022년 04월 24일

01 승강기 개론

01 기계실의 조명장치와 관련하여 다음 항목에 대한 조도 기준을 올바르게 나타낸 것은?

> • 작업공간의 바닥 면 : (㉠) 이상
> • 작업공간 간 이동 공간의 바닥 면 : (㉡) 이상

① ㉠ : 150 lx, ㉡ : 100 lx
② ㉠ : 150 lx, ㉡ : 50 lx
③ ㉠ : 200 lx, ㉡ : 100 lx
④ ㉠ : 200 lx, ㉡ : 50 lx

해설 기계실 · 기계류 공간 및 풀리실에는 다음의 구분에 따른 조도 이상을 밝히는 영구적으로 설치된 전기조명이 있어야 한다.
가) 작업공간의 바닥 면: 200 ℓx
나) 작업공간 간 이동 공간의 바닥 면: 50 ℓx

02 유압식 엘리베이터는 제약조건이 많아서 수요가 줄어들고 있는 추세인데, 다음 중 유압식 엘리베이터가 주로 이용되는 장소의 조건으로 거리가 먼 것은?

① 저층의 맨션에서 시가지 때문에 일광제한과 사선 제한의 규제가 있을 경우
② 중심상가에 위치한 10층 상당의 업무용 빌딩에 엘리베이터를 설치할 경우
③ 공원 등에서 건물을 세울 시 높이 제한이 엄격한 경우
④ 대용량이고 승강 행정이 짧은 화물용 엘리베이터로 이용될 경우

해설 10층 상당의 업무용 빌딩에는 권상 구동 엘리베이터(traction drive lift)를 설치한다.

03 엘리베이터의 상승과속방지장치에 대한 설명으로 옳지 않은 것은?

① 상승과속방지장치는 빈 카의 감속도가 정지단계 동안 1 gn(중력가속도)를 초과하는 것을 허용하지 않아야 한다.
② 상승과속방지장치의 복귀를 위해서 승강로에 접근을 요구하지 않아야 한다.
③ 상승과속방지장치를 작동하기 위해 외부에너지가 필요한 경우, 에너지가 없으면 엘리베이터는 정지되어야 하고 정지 상태가 유지되어야 한다.(단, 압축스프링 방식은 제외)
④ 카의 상승과속을 감지하여 카를 정지시키거나 카가 카의 완충기에 충돌할 경우에 대해 설계된 속도로 감속시켜야 한다.

해설 10.6 카의 상승과속방지장치
10.6.1 속도 감지 및 감속 부품으로 구성된 이 장치는 카의 상승과속을 감지하여 카를 정지시키거나 균형추 완충기에 대해 설계된 속도로 감속시켜야 한다.

정답 01 ④ 02 ② 03 ④

04 다음 중 카를 지지하는 카 프레임(또는 카틀, car frame)의 주요 구성요소가 아닌 것은?

① 상부틀(또는 상부체대, cross head)
② 카 바닥(car platform)
③ 하부틀(또는 하부체대, flank)
④ 브레이스 로드(brace road)

해설 카 프레임(또는 카틀, car frame)의 주요 구성요소
(1) 상부 체대(Cross Head)
(2) 하부 체대(Plank)
(3) 카 바닥(car platform)

05 승강기 안전관리법령에 따라 승강기의 정격속도에 따라서 고속 승강기와 중저속 승강기로 구분하는데 이를 구분하는 정격속도의 크기는?

① 3.5 m/s
② 4 m/s
③ 4.5 m/s
④ 5 m/s

해설 속도에 의한 분류
① 저속 : 0.75m/sec 이하
② 중속 : 1~4m/sec
③ 고속 : 4~6m/sec
④ 초고속 : 6m/sec 이상
으로 분류되며, 아파트와 같은 건물에서의 승강기 속도는 중속(1~4m/sec).

06 주로 1대의 엘리베이터를 운행할 경우 적용되는 방식으로 승강장의 누름 버튼을 상승용, 하강용의 양쪽 모두 동작이 가능한 방식이며, 상승 또는 하강으로의 진행방향에 승객이 합승을 원할 경우 합승 호출에 응답하면서 운전하는 방식은?

① 단식자동식
② 하강 승합 전자동식
③ 승합 전자동식
④ 홀 랜턴 방식

해설 승합 전자동식(Selective Collective)
승강장의 누름버튼은 상승용, 하강용의 양쪽 모두 동작이 가능하다. 카는 그 진행방향의 카 한 대의 버튼과 승강장 버튼에 응답하면서 승강한다. 승용 엘리베이터가 이 방식을 채용하고 있다.

07 적절한 권상능력 또는 전동기의 동력을 확보하기 위해 매다는 로프의 무게에 대한 보상수단을 적용해야 하는데, 이러한 보상수단 중 하나인 튀어오름 방지장치를 설치해야 하는 엘리베이터 정격속도의 기준은?

① 1.75 m/s를 초과한 경우
② 2.5 m/s를 초과한 경우
③ 3.0 m/s를 초과한 경우
④ 3.5 m/s를 초과한 경우

해설 보상 수단
적절한 권상능력 또는 전동기의 동력을 확보하기 위해 매다는 로프의 무게에 대한 보상 수단은 다음과 같은 조건에 따라야 한다.
가) 정격속도가 3m/s 이하인 경우에는 체인, 로프 또는 벨트와 같은 수단이 설치될 수 있다.
나) 정격속도가 3m/s를 초과한 경우에는 보상 로프가 설치되어야 한다.
다) 정격속도가 3.5m/s를 초과한 경우에는 추가로 튀어오름방지장치가 있어야 한다.

정답 04 ② 05 ② 06 ③ 07 ④

08 **카 자중 3,500kg, 정격하중 2,000kg, 승강행정 60m, 로프 6본, 균형추의 오버밸런스율이 40% 일 때 전부하시 카가 최하층에 있는 경우 트랙션비(권상비)는 약 얼마인가? (단, 로프는 1.2kg/m 이고, 보상율이 90%가 되는 균형 체인을 설치한다.)**

① 1.18 ② 1.22
③ 1.27 ④ 1.36

해설 ① 전부하시 : 만원인 카가 최하층에 있는 경우의 견인비

$$T=\frac{3,500+2,000+60\times6\times1.2}{3,500+2,000\times0.4+60\times6\times1.2\times0.9}$$
$$=\frac{5,932}{4,688.8}=1.265\approx1.27$$

09 **다음 로프 홈에 대한 설명으로 가장 옳지 않은 것은?**

① V홈 - 가공이 쉽고 초기 마찰력도 우수하다.
② 포지티브 홈(나선형 홈) - 로프를 권동에 감기 때문에 고양정으로 사용하기에 유리하다.
③ 언더컷 형 - 트랙션 능력이 커서 가장 많이 사용된다.
④ U홈 - 로프와의 면압이 적으므로 로프의 수명이 길어진다.

해설 로프홈 별 특징

로프 홈	특 징
U홈	로프와의 면압이 적으므로 로프의 수명은 길어지지만 마찰력이 적어 와이어로프가 메인시브에 감기는 권부각을 크게 할 수 있는 더블랩 방식의 고속 기종 권상기에 많이 사용된다
언더컷형 (Under-cut)	• U홈과 V홈의 장점을 가지며 트랙션 능력이 커서 일반적으로 가장 많이 엘리베이터에 적용된다. 언더컷 중심각 β가 크면 트랙션 능력이 크다(일반적으로 $105^\circ \le \beta \le 90^\circ$ 적용). • 초기가공은 어려우나 시브의 마모가 어느 한계까지 가더라도 마찰력이 유지되는 장점을 가진다
V홈	쐐기작용에 의해 마찰력은 크지만 면압이 높아 와이어로프나 시브가 마모되기 쉽다.

포지티브 홈(나선형 홈)은 저양정에 유리하다.

10 **유압식 엘리베이터에서 한쪽 방향으로만 기름이 흐르도록 하는 밸브로서 상승 방향에는 흐르지만 역방향으로는 흐르지 않게 하는 밸브는?**

① 체크 밸브
② 스톱 밸브
③ 바이패스 밸브
④ 상승용 유량제어 밸브

해설 체크밸브(non-return valve)
한 방향으로만 유체를 흐르게 하는 밸브

11 **엘리베이터 제어방식 중 카의 실속도와 지령속도를 비교하여 사이리스터 점호각을 바꿔 유도전동기의 속도를 제어하는 방식은?**

① 교류1단 속도제어
② 교류2단 속도제어
③ 교류귀환제어
④ 가변전압 가변주파수 제어

해설 교류귀환제어
카의 실제 속도와 속도 지령 장치의 지령 속도를 비교하여 사이리스터의 점호각을 바꿔 유도 전동기의 속도를 제어하는 방식을 교류 귀환 제어라 한다.

정답 08 ③ 09 ② 10 ① 11 ③

12 **에스컬레이터에 진입방지대가 설치되는 경우 그 설치요건에 관한 설명 중 옳지 않은 것은?**

① 진입방지대는 입구에만 설치해야 하며, 자유구역에서는 출구에 설치할 수 없다.

② 뉴얼의 끝과 진입방지대 및 진입방지대와 진입방지대 사이의 자유로운 입구 폭은 500mm 이상이어야 하며, 사용되는 쇼핑 카트 또는 수하물 카트 유형의 폭보다 작아야 한다.

③ 진입방지대는 승강장 플레이트에 고정하는 것도 허용되지만, 가급적이면 건물 구조물에 고정되어야 한다.

④ 진입방지대의 높이는 700mm에서 900mm 사이이어야 한다.

해설 진입방지대
진입방지대가 사용되는 경우, 다음 요구조건이 충족되어야 한다.
가) 진입방지대는 입구에만 설치해야 한다. 자유구역에서는 출구에 설치할 수 없다.
나) 진입방지대 설계는 다른 위험을 초래하지 않아야 한다.
다) 뉴얼의 끝과 진입방지대 및 진입방지대와 진입방지대 사이의 자유로운 입구 폭은 500 mm 이상이어야 하며, 사용되는 쇼핑 카트 또는 수하물 카트 유형의 폭보다 작아야 한다.
라) 진입방지대의 높이는 900 mm에서 1,100 mm 사이이어야 한다.
마) 진입방지대 및 고정장치는 높이 200 mm에서 3,000 N의 수평력을 견뎌야 한다.

13 **권동식(확동구동식)과 비교하여 트랙션식(마찰구동식) 권상기의 특징에 대한 설명으로 옳지 않은 것은?**

① 주 로프의 미끄러짐이나 주 로프 및 도르래에 마모가 거의 일어나지 않는다.

② 균형추를 사용하기 때문에 소요 동력이 작아진다.

③ 와이어로프의 안전율이 확보되면 승강 행정에는 제한이 없다.

④ 여러 가지 장점이 있어 저속에서 초고속까지 넓게 사용되고 있다.

해설 권상(트랙션)식
권상(트랙션)식은 로프와 도르래 사이의 마찰력을 이용하여 카 또는 균형추를 움직이는 것이다. 로프의 미끄러짐과 로프 및 도르래의 마모가 발생한다.

특징
㉠ 균형추를 사용하기 때문에 소요 동력이 작다.
㉡ 도르래를 사용하기 때문에 승강 행정에 제한이 없다.
㉢ 로프와 도르래의 마찰력을 이용하므로 지나치게 감길 위험이 없다.

14 **하나의 승강로에 2대 이상의 엘리베이터가 있는 경우 카 벽에 비상구출문을 설치할 수 있다. 이 때 카 간의 수평거리는 몇 m를 초과하면 안되는가?**

① 0.8m ② 1.0m
③ 1.2m ④ 1.5m

해설 비상구출문
하나의 승강로에 2대 이상의 엘리베이터가 있는 경우, 카 벽에 비상구출문을 설치할 수 있다. 다만, 카 간의 수평거리는 1m를 초과할 수 없다.

15 **경사형 엘리베이터 안전기준에 따라 승강로 벽을 설계할 때 승강로 벽의 높이 기준은 경사 각도에 따라 달라지는데, 그 기준의 경계가 되는 경사각도는 약 몇 ° 인가?**

① 35° ② 40°
③ 45° ④ 50°

해설 경사형 엘리베이터 승강로 벽의 높이 경사각도는 45°이다.

정답 12 ④ 13 ① 14 ② 15 ③

16 **승강기의 정격속도에 관계없이 사용할 수 있는 완충기로 옳은 것은?**

① 스프링 완충기
② 유압 완충기
③ 우레탄 완충기
④ 고무 완충기

해설 완충기의 종류

종류	적용용도
에너지 축적형	비선형 특성을 갖는 완충기로 승강기 정격속도가 1.0m/s를 초과하지 않는 곳에서 사용한다.(우레탄식 완충기)
	선형 특성을 갖는 완충기로 승강기 정격속도가 1.0m/s를 초과하지 않는 곳에 사용한다.(스프링 완충기 등)
	완충된 복귀 운동(buffered return movement)을 갖는 에너지 축적형 완충기는 승강기 정격속도가 1.6m/s를 초과하지 않는 곳에서 사용한다.
에너지 분산형	승강기의 정격속도에 상관없이 사용할 수 있는 완충기(유압 완충기 등)

17 **에스컬레이터의 공칭속도에 대한 기준이다. 괄호 안의 내용이 옳게 짝지어진 것은?**

- 경사도가 30° 이하인 경우 공칭속도는 (㉠)m/s 이하어야 한다.
- 경사도가 30°를 초과하고 35° 이하인 경우 공칭속도는 (㉡)m/s 이하이어야 한다.

① ㉠ : 0.6, ㉡ : 0.4
② ㉠ : 0.6, ㉡ : 0.5
③ ㉠ : 0.75, ㉡ : 0.4
④ ㉠ : 0.75, ㉡ : 0.5

해설 에스컬레이터의 공칭속도는 다음과 같아야 한다.
가) 경사도 α가 30° 이하인 에스컬레이터는 0.75m/s 이하이어야 한다.
나) 경사도 α가 30°를 초과하고 35° 이하인 에스컬레이터는 0.5m/s 이하이어야 한다.

18 **권상식 엘리베이터에서 주 로프의 미끄러짐 현상을 줄이는 방법으로 옳지 않은 것은?**

① 권부각을 크게 한다.
② 속도 변화율을 크게 한다.
③ 균형체인이나 균형로프를 설치한다.
④ 로프와 도르래 사이의 마찰계수를 크게 한다.

해설 로프의 미끄러짐 현상을 줄이는 방법
㉠ 권부각을 크게 한다.
㉡ 가감 속도를 완만하게 한다.
㉢ 균형 체인이나 균형 로프를 설치한다.
㉣ 로프와 도르래 사이의 마찰 계수를 크게 한다.

19 **엘리베이터 도어를 작동시키는 도어머신(door machine) 장치가 갖추어야 할 조건으로 가장 거리가 먼 것은?**

① 도어용 모터는 토크가 크고 열이 많이 발생하므로 별도의 냉각시설이 필요하다.
② 동작회수가 승강기 기동빈도의 2배 정도이기 때문에 유지보수가 용이해야 한다.
③ 주로 엘리베이터 상단에 설치되어 있어서 소형이면서 경량일수록 좋다.
④ 도어 작동에 있어서 동작이 원활하고 소음이 적어야 한다.

해설

도어 머신의 구비 조건	〈카 도어 구동부〉
① 동작이 원활할 것 ② 소형 경량일 것 ③ 유지보수가 용이할 것 ④ 경제적일 것	

정답 16 ② 17 ④ 18 ② 19 ①

20 **엘리베이터 안전기준에 따라 소방구조용 엘리베이터의 기본요건으로 틀린 것은?**

① 소방구조용 엘리베이터 출입구의 유효폭은 0.7m 이상으로 한다.
② 소방구조용 엘리베이터는 소방운전 시 모든 승강장의 출입구마다 정지할 수 있어야 한다.
③ 소방구조용 엘리베이터는 소방관 접근 지정층에서 소방관이 조작하여 엘리베이터 문이 닫힌 이후부터 60초 이내에 가장 먼 층에 도착하여야 한다.
④ 소방구조용 엘리베이터의 운행속도는 1m/s 이상이어야 한다.

해설 소방구조용 엘리베이터의 크기는 KS B ISO 4190-1에 따라 630kg의 정격하중을 갖는 폭 1,100mm, 깊이 1,400mm 이상이어야 하며, 출입구 유효 폭은 800mm 이상이어야 한다.

02 승강기 설계

21 **정격속도 90m/min인 엘리베이터 에너지 분산형 완충기에 필요한 최소 행정거리는 약 몇 mm인가?**

① 121
② 152
③ 184
④ 213

해설 에너지분산형 완충기에 필요한 최소 행정거리

$$S = 0.06754v^2 = 0.0675 \times (\frac{90}{60})^2 = 0.15165[\text{m}]$$

$$\approx 152[\text{mm}]$$

22 **카 추락방지안전장치가 작동될 때, 무부하 상태의 카 바닥 또는 정격하중이 균일하게 분포된 부하 상태의 카 바닥은 정상적인 위치에서 몇 %를 초과하여 기울어지지 않아야 하는가?**

① 3
② 4
③ 5
④ 6

해설 추락방지(비상정지)안전장치 작동 시 카 바닥의 기울기
카 추락방지(비상정지)안전장치가 작동될 때, 부하가 없거나 부하가 균일하게 분포된 카의 바닥은 정상적인 위치에서 5%를 초과하여 기울어지지 않아야 한다.

23 **엘리베이터 설비계획과 관련한 설명으로 옳지 않은 것은?**

① 교통량 계산의 결과 해당 건물의 교통 수요에 적합한 충분한 대수를 설치한다.
② 엘리베이터를 기다리는 공간은 복도의 통로가 아닌 별도의 공간으로 구성한다.
③ 초고층 빌딩의 경우 서비스 층을 분할하는 것을 검토한다.
④ 여러 대를 설치할 경우 이용자의 접근을 쉽게 하기 위해 가능한 분산 배치한다.

해설 엘리베이터 설비계획상 고려사항
① 교통수요에 적합하고, 시발층을 어느 하나의 층으로 할 것
② 이용자 대기시간을 고려할 것
③ 여러대 설치할 경우 건물 가운데로 배치할 것

정답 20 ① 21 ② 22 ③ 23 ④

24 비상통화장치에 대한 설명으로 옳지 않은 것은?

① 기계실 또는 비상구출운전을 위한 장소에는 카내와 통화할 수 있도록 규정된 비상전원 공급장치에 의해 전원을 공급받는 내부통화 시스템 또는 유사한 장치가 설치되어야 한다.

② 비상 시 안정적으로 이용자 상황을 전달할 수 있는 단방향 음성통신이어야 한다.

③ 카 내에 갇힌 이용자 등이 외부와 통화할 수 있는 비상통화장치가 엘리베이터가 있는 건축물이나 고정된 시설물의 관리 인력이 상주하는 장소에 2곳 이상에 설치되어야 한다.(단, 관리 인력이 상주하는 장소가 2곳 미만인 경우에는 1곳에만 설치될 수 있다.)

④ 비상통화장치는 비상통화 버튼을 한 번만 눌러도 작동되어야 하며, 비상통화가 연결되면 녹색 표시의 등이 점등되어야 한다.

해설 비상통화장치 및 내부통화시스템

① 비상통화장치는 구출활동 중에 지속적으로 통화할 수 있는 양방향 음성통신이어야 한다.

② 기계실 또는 비상구출운전을 위한 장소에는 카내와 통화할 수 있도록 비상전원공급장치에 의해 전원을 공급받는 내부통화 시스템 또는 유사한 장치가 설치되어야 한다.

25 점차 작동형 추락방지안전장치를 사용하는 엘리베이터의 정격속도가 150m/min일 때 다음 중 과속조절기가 작동해야 하는 엘리베이터의 속도로 적절한 것은?

① 155m/min　　② 165m/min

③ 190m/min　　④ 210m/min

해설 과속조절기에 의한 작동

정격속도 1m/s 초과에 사용되는 점차 작동형 추락방지안전장치 : $1.25 \cdot V + \frac{0.25}{V}$ m/s

$$1.25 \cdot \left(\frac{150}{60}\right) + \frac{0.25}{\left(\frac{150}{60}\right)} = 3.225[\text{m/s}] = 3.225 \times 60$$

$$\approx 193.5[\text{m/min}]$$

26 전동기의 공칭회로 전압이 380V일 때 시험전압 500V 기준으로 절연 저항은 몇 MΩ 이상이어야 하는가?

① 0.3　　② 0.5

③ 1.0　　④ 1.5

해설 전기설비의 절연저항(KS C IEC 60364-6)

공칭 회로 전압 (V)	시험 전압/직류 (V)	절연 저항 (MΩ)
SELVa 및 PELVb 〉 100 VA	250	≥ 0.5
≤ 500 FELVc 포함	500	≥ 1.0
〉 500	1000	≥ 1.0

• a SELV : 안전 초저압(Safety Extra Low Voltage)
• b PELV : 보호 초저압(Protective Extra Low Voltage)
• c FELV : 기능 초저압(Functional Extra Low Voltage)

27 엘리베이터용 전동기의 토크는 전동기의 속도가 증가함에 따라 차차 커지다가 최대 토크에 도달하면 그 이후 급격히 토크가 작아져 동기속도가 0 이된다. 이 과정에서 발생한 최대 토크를 무엇이라고 하는가?

① 풀업토크

② 전부하토크

③ 정동토크

④ 기동토크

정답 24 ② 25 ③ 26 ③ 27 ③

해설

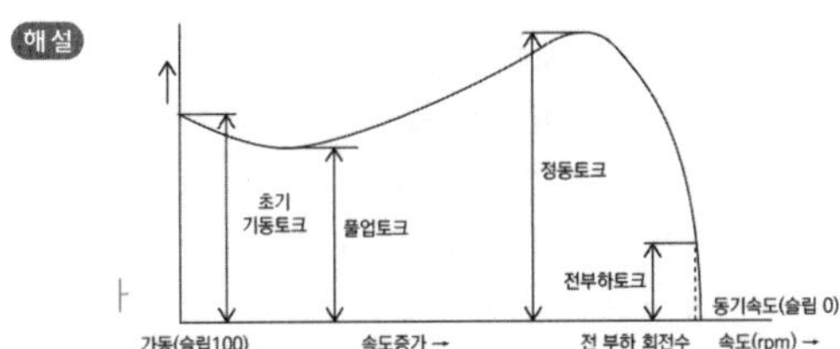

28 **엘리베이터에서 카의 자중 및 카에 의해 지지되는 부품의 중량은 1,850kg, 정격하중은 1,500kg이다. 전 부하 상태의 카가 완충기에 작용하였을 때 피트 바닥에 지지해야 하는 전체 수직력의 최소값은 약 몇 kN인가?**

① 107
② 114
③ 126
④ 131

해설 피트 바닥 강도 전체 수직력 [F]

$F=4 \cdot g_n \cdot (P+Q)=4\times9.81\times(1,850+1,500)$

$=131,454[\text{N}]=131[\text{kN}]$

여기서,

F : 전체 수직력(N)

g_n : 중력 가속도(9.81m/s^2)

P : 카 자중과 이동케이블, 보상 로프/체인 등 카에 의해 지지되는 부품의 중량(kg)

Q : 정격하중(kg)

29 **감아 걸기 전동장치에 대한 설명 중 틀린 것은?**

① 평벨트를 사용하는 원통형 풀리는 벨트의 벗어짐을 방지하기 위하여 가운데 부분을 약간 오목하게 한다.
② V-벨트를 이용하면 평벨트를 이용하는 경우보다 비교적 소형으로 큰 동력을 전달할 수 있다.
③ 로프 풀리의 지름을 2배로 키우면 로프에 발생하는 굽힘응력은 1/2로 감소한다.
④ 체인과 스프로킷을 이용하면 벨트를 이용한 전동장치보다 정확한 속도비로 동력을 전달할 수 있다.

해설 평벨트를 사용하는 원통형 풀리 가운데 부분을 약간 오목하게하면 벨트가 잘 벗어진다.

30 **자세 유형에 따른 피트 피난공간 크기의 최소 기준에 대한 설명 중 틀린 것은? (단, 주택용 엘리베이터는 제외한다.)**

① 서있는 자세의 수평거리는 0.3m×0.4m이다.
② 웅크린 자세의 수평거리는 0.5m×0.7m이다.
③ 서있는 자세의 높이는 2m이다.
④ 웅크린 자세의 높이는 1m이다.

해설 서있는 자세의 수평거리는 0.3m×0.5m이다.

31 **기어 전동의 특징을 벨트 및 로프 전동과 비교한 설명으로 옳은 것은?**

① 효율이 낮다.
② 큰 감속비를 얻기 어렵다.
③ 소음과 진동이 큰 편이다.
④ 동력전달이 불확실하다.

해설 기어의 특징

① 큰 동력전달 가능하다.
② 전동효율 높다.
③ 회전비 정확하고, 큰 감속가능하다.
④ 소음진동 발생하고, 충격 흡수 약하다.

정답 28 ④ 29 ① 30 ① 31 ③

32 **엘리베이터용 전동기를 선정할 때 고려해야 할 조건으로 옳지 않은 것은?**

① 회전부분의 관성모멘트가 커야 한다.
② 기동 토크가 커야 한다.
③ 기동 전류가 작은 편이 좋다.
④ 온도 상승에 대해 충분히 견디어야 한다.

해설 회전부분의 관성모멘트는 작아야 한다.

33 **그림과 같은 가이드레일에서 x방향 수평하중(Fx)이 12kN 작용할 때 x방향 처짐량은 약 몇 mm인가? (단, 가이드 브래킷 사이 최대 거리는 250cm 이고, y축 단면 2차 모멘트는 26.48cm^4 이며, 재료의 세로탄성계수는 210GPa이다. 그리고, 건물 구조의 처짐량은 무시하고, 처짐 공식은 엘리베이터 안전기준에 따른다.)**

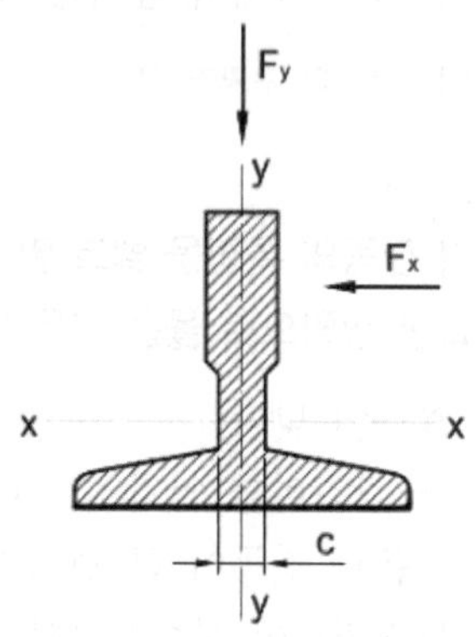

① 34.3　② 37.6
③ 43.5　④ 49.2

해설 가이드레일 x방향 처짐량

$$\delta_x = 0.7\frac{F_x l^3}{48EI_y} + \delta_{str-x} \le \delta_{perm}$$

$$= 0.7 \times \frac{12 \times 10^3 \times 250^3}{48 \times 210 \times 10^9 \times 26.48 \times 10^{-2}}$$

$$= 0.049172[\text{m}] \approx 49.2[\text{mm}]$$

여기서
δ_{perm} =최대 허용 처짐, mm
δ_x =X-축의 처짐, mm
F_x =X-축의 지지력, N
l=가이드 브래킷 사이의 최대거리, mm
E=탄성계수, N/mm^2
I_y =Y-축의 단면 2차모멘트, mm^4
δ_{str-x} =X-축에서의 건물구조 처짐, mm

34 **카 내부에 있는 사람에 의한 카문의 개방을 제한하기 위해 카가 운행 중일 때, 카문의 개방은 몇 N 이상의 힘이 요구되어야 하는가? (단, 잠금해제구간 밖에 있을 때는 제외한다.)**

① 30N　② 50N
③ 150N　④ 300N

해설 카 내부에 있는 사람에 의한 카문의 개방을 제한하기 위하여 다음과 같은 수단이 제공되어야 한다.
• 카가 운행 중 일때, 카문의 개방은 50N 이상의 힘이 요구되어야 한다.

35 **엘리베이터 안전기준에 따라 기계실의 크기 및 치수의 기준에 관한 설명으로 옳은 것은?**

① 작업구역의 유효 높이는 4m 이상이어야 한다.
② 작업구역 간 이동통로의 유효 폭은 0.3m 이상이어야 한다.
③ 기계실 바닥에 0.3m를 초과하는 단차가 있는 경우, 고정된 사다리 또는 보호난간이 있는 계단이나 발판이 있어야 한다.
④ 보호되지 않은 회전부품 위로 0.3m 이상의 유효 수직거리가 있어야 한다.

정답 32 ① 33 ④ 34 ② 35 ④

해설 보호되지 않은 회전부품 위로 0.3m 이상의 유효 수직거리가 있어야 한다.

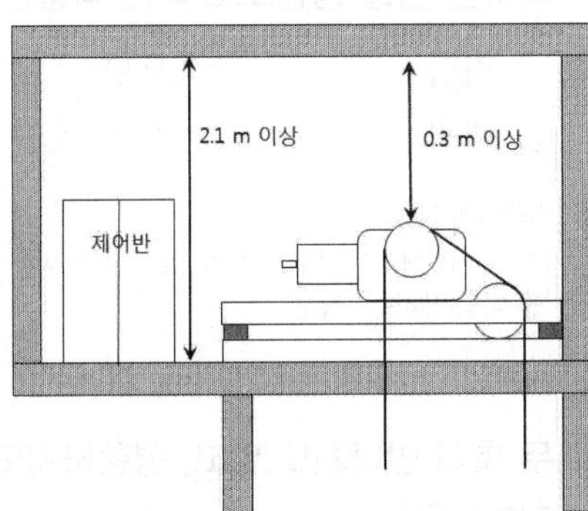

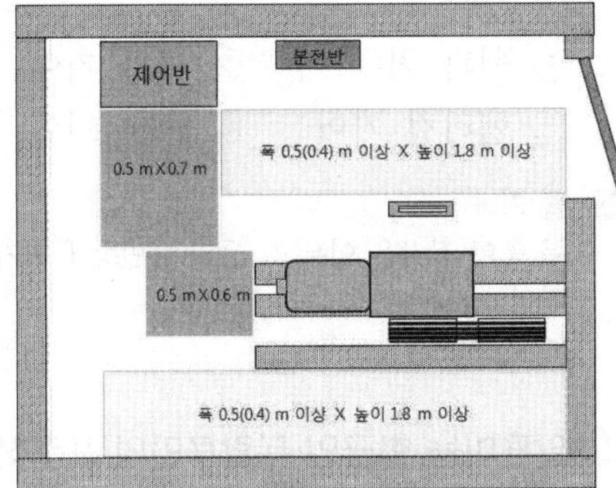

출처 : 승강기 안전공단

36 엘리베이터에 사용되는 로프의 공칭지름이 18mm일 때 풀리의 피치원 지름은 몇 mm 이상이어야 하는가? (단, 해당 건물은 상업용 건물이다.)

① 540mm

② 720mm

③ 1080mm

④ 1440mm

해설 풀리의 피치원 지름

18[mm]×40(배)=720[mm]

37 트랙션비(Traction ratio)에 대한 설명으로 틀린 것은?

① 트랙션비의 값이 낮아질수록 트랙션 능력은 좋아진다.

② 트랙션비의 값이 커질수록 전동기의 출력은 낮아질 수 있다.

③ 카측 로프가 매달고 있는 중량과 균형추측 로프가 매달고 있는 중량의 비를 말한다.

④ 트랙션비의 계산 시는 적재하중, 카자중, 로프 중량, 오버밸런스율 등을 고려하여야 한다.

해설 견인 비(Traction 비)

① 카 측 로프에 걸려 있는 중량과 균형추측 로프에 걸려 있는 중량의 비를 권상비(트랙션 비)라 한다.

② 무부하 및 전부하의 상승과 하강 방향을 체크하여 1에 가깝게 하고 두 값의 차가 작게 되어야 로프와 도르래 사이의 견인비 능력, 즉 마찰력이 작아야 로프의 수명이 길게 되고 전동기의 출력을 작게 한다.

38 카 문턱에 설치하는 에이프런의 수직 높이 기준에 관한 표이다. ㉠, ㉡에 들어갈 기준으로 옳은 것은?

에이프런 수직 높이 기준	
일반 엘리베이터	주택용 엘리베이터
(㉠)m 이상	(㉡)m 이상

① ㉠ : 0.55, ㉡ : 0.40

② ㉠ : 0.65, ㉡ : 0.44

③ ㉠ : 0.75, ㉡ : 0.54

④ ㉠ : 0.85, ㉡ : 0.60

해설 에이프런

에이프런의 수직 부분 높이는 0.75m 이상이어야 한다. 다만, 주택용 엘리베이터의 경우에는 0.54m 이상이어야 한다.

정답 36 ② 37 ② 38 ③

39 **에스컬레이터를 배치할 경우 고려할 사항 중 틀린 것은?**

① 바닥 점유 면적은 되도록 크게 배치한다.
② 건물의 정면 출입구와 엘리베이터 설치 위치와의 중간이 좋다.
③ 백화점일 경우에는 가장 눈에 띄기 쉬운 위치가 좋다.
④ 사람의 움직임이 많은 곳에 설치되어야 한다.

해설 바닥 점유 면적은 되도록 작게 배치한다.

40 **60Hz, 4극 전동기의 슬립이 5%인 경우 전부하 회전수는 약 몇 rpm 인가?**

① 1710 ② 1890
③ 3420 ④ 3780

해설 전부하 회전수

$$N=(1-S)N_s=(1-0.05)\times\frac{120\times60}{4}$$
$$=1,710[\text{rpm}]$$

03 일반기계공학

41 **일반적으로 단면이 각형이며 스터핑 박스에 채워 넣어 사용되어지는 패킹의 총칭은?**

① 브레이드 패킹
② 코튼 패킹
③ 금속박 패킹
④ 그랜드 패킹

해설 그랜드 패킹Gland packing)
단면이 각형이며 스터핑 박스(Stuffing Box)에 채워 넣어 사용되어지는 패킹

42 **드릴링 머신에서 너트나 볼트의 머리와 접촉하는 면을 평면으로 파는 작업은?**

① 리밍 ② 보링
③ 태핑 ④ 스폿 페이싱

해설 스폿 페이싱
너트(nut)나 볼트의 머리와 접촉하는 면을 평편하게 다듬질하는 작업

43 **두 축이 만나지도 않고, 평행하지도 않는 기어는?**

① 웜과 웜 기어 ② 베벨 기어
③ 헬리컬 기어 ④ 스퍼 기어

해설 웜 기어
두 축이 직각을 이루고, 동일 평면상에 있지 않는 기어

44 **알루미늄 합금인 두랄루민의 표준성분에 해당하지 않는 원소는?**

① Co ② Cu
③ Mg ④ Mn

해설 두랄루민(duralumin)계
두랄루민은 알루미늄(Al)-구리(Cu)-마그네슘(Mg)-아연(Mn)으로 구성된 합금으로 인장강도가 크고 시효경화를 일으키는 고력(고강도) 알루미늄 합금이다.

45 **하중을 물체에 작용하는 상태에 따라 분류할 때 해당하지 않는 것은?**

① 인장하중 ② 압축하중
③ 전단하중 ④ 교번하중

해설 하중의 작용상태에 따른 분류
① 인장하중 ② 압축하중 ③ 전단하중
④ 굽힘하중 ⑤ 비틀림 하중

정답 39 ① 40 ① 41 ④ 42 ④ 43 ① 44 ① 45 ④

46 **정밀 주조법의 일종으로 정밀한 금형에 용융금속을 고압, 고속으로 주입하여 주물을 얻는 방법으로 Al 합금, Mg 합금 등에 주로 사용되는 주조법은?**

① 원심주조법 ② 다이캐스팅
③ 셀 몰드법 ④ 연속주조법

해설 다이 캐스팅법
금형 속에 용융금속을 고압, 고속으로 주입하여 주조하는 것으로 대량 생산에 적합하고 고정밀 제품에 사용하는 주조법

47 **철강 시험편을 오스테나이트화한 후 시험편의 한 쪽 끝에 물을 분사하여 퀜칭하는 표준시험법은?**

① 붕화 ② 복탄
③ 조미니 ④ 마르에이징

해설 강의 경화능을 측정하기 위해 널리 사용되고 있는 시험 방법이며, 고안자의 이름에서 조미니 시험이라고도 한다.

48 **그림과 같이 용접이음을 하였을 때 굽힘응력을 계산하는 식으로 옳은 것은? (단, L : 용접 길이, t : 용접치수(용접판 두께), ℓ : 용접부에서 하중 작용선까지 거리, W : 작용하중이다.)**

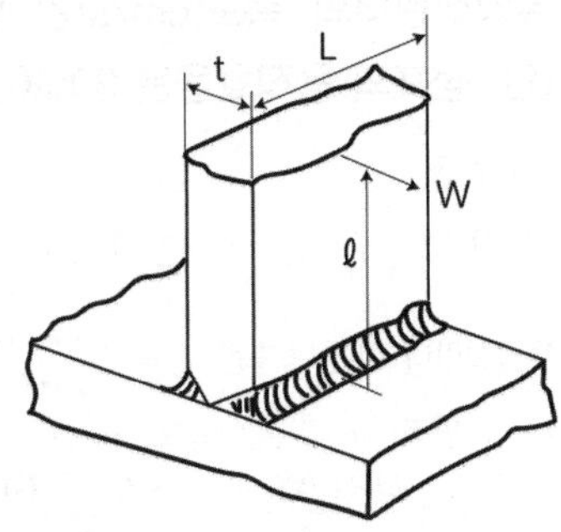

① $\frac{6W\ell}{tL^2}$ ② $\frac{12W\ell}{tL^2}$
③ $\frac{6W\ell}{t^2L}$ ④ $\frac{12W\ell}{t^2L}$

49 **호칭 지름이 50mm, 피치가 2mm인 미터 가는 나사가 2줄 왼나사로 암나사 등급이 6일 때 KS 나사 표시방법으로 옳은 것은?**

① 왼 2줄 M50×2−6g
② 왼 2줄 M50×2−6H
③ 2줄 M50×2−6g
④ 2줄 M50×2−6H

해설 표기법
㉮ 나사선의 감김 방향: 왼나사의 경우, '좌' 또는 'L'
㉯ 나사산의 줄 수: '(줄 수)줄' 또는 '(줄 수)N'
㉰ 나사의 호칭: 나사의 종류에 따른 호칭법
㉱ 나사의 등급: 공차역 및 IT 등급

50 **코일의 유효권수 12, 코일의 평균지름 40mm, 소선의 지름 6mm인 압축 코일 스프링에 30N의 외력이 작용할 때, 변위(mm)는 약 얼마인가? (단, 코일 스프링 재질의 전단탄성계수는 8×103N/mm²이다.)**

① 9.35 ② 17.78
③ 22.70 ④ 33.46

해설 스프링의 처짐량 δ

$$\delta = R\times\theta = \frac{D}{2}\times\frac{T\cdot l}{G\times I_P} = \frac{8D^3nP}{G\,d^4}$$

$$= \frac{8\times40^3\times12\times30}{8\times10^3\times6^4} = 17.78[\mathrm{mm}]$$

D : 코일의 평균직경[mm]
d : 코일의 소선직경[mm]
G : 전탄성계수[N/mm²]
δ : 스프링의변위량[Cm]
n : 감김수(유효권수)
P : 스프링에 작용하는 하중[N]

정답 46 ② 47 ③ 48 ③ 49 ② 50 ②

51 리벳이음에서 리벳의 지름이 d, 피치가 p 일 때 판 효율을 구하는 식으로 옳은 것은?

① $1-\frac{d}{p}$

② $1-\frac{p}{d}$

③ $\frac{d}{p}-1$

④ $\frac{p}{d}-1$

해설 판의 효율

$$\eta_p = \frac{\text{리벳구멍뚫린 판의 강도}}{\text{리벳구멍 없는 판의 강도}} = \frac{(p-d)\,t\cdot\sigma_a}{p\,t\cdot\sigma_a} = \frac{p-d}{p} = 1-\frac{d}{p}$$

(d : 리벳 구멍 지름, p : 리벳의 피치)

52 다음 중 나사산을 가공하는데 적합한 가공법은?

① 전조
② 압출
③ 인발
④ 압연

해설 전조
수나사, 볼, 세레이션, 기어가공 등에 쓰이며 압연과 비슷하다.

53 유압기기 요소에서 길이가 단면 치수에 비해서 비교적 긴 죔구를 의미하는 용어는?

① 램
② 초크
③ 오리피스
④ 스풀

해설 초크
길이가 단면치수에 비해 비교적 긴 죔구를 초크라 한다.

54 그림과 같은 균일분포하중이 작용하는 보의 최대 처짐량을 구하는 식으로 옳은 것은? (단, W : 균일분포하중, L : 보의 길이, E : 세로탄성계수, I : 단면 2차 모멘트이다.)

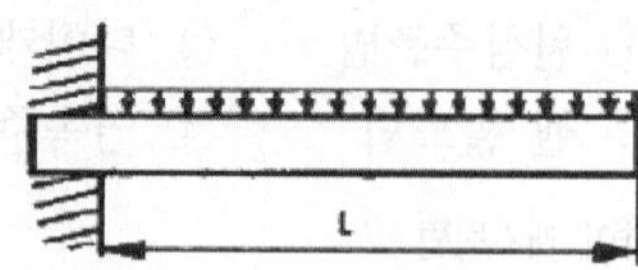

① $\frac{WL^3}{3EI}$　② $\frac{WL^4}{8EI}$

③ $\frac{WL^3}{216EI}$　④ $\frac{5WL^4}{384EI}$

해설

구분		외팔보	단순보 (양단지지보)
집중하중 [P]	처짐량 (δ)	$\frac{P\times l^3}{3EI}$	$\frac{P\times l^3}{48EI}$
	최대 굽힘모멘트 (σ max)	Pl (고정단)	$\frac{P\times l}{4}$ (중앙지점)
등분포 하중 [W]	처짐량 (δ)	$\frac{W\times l^4}{8EI}$	$\frac{5W\times l^4}{384EI}$
	최대 굽힘모멘트 (σ max)	$\frac{W\times l^2}{2}$ (고정단)	$\frac{W\times l^2}{8}$ (중앙지점)

55 지름이 100mm인 유압 실린더의 이론 송출량이 830 cm^3/s, 추력이 3kgf 일 때 이 유압실린더의 속도(cm/s)는 얼마인가? (단, 펌프의 용적효율은 90%이다.)

① 7.5　② 8.5

③ 9.5　④ 10.5

해설 유압실린더 이론 송출량 $Q=\frac{A\cdot v\cdot 60}{1{,}000}[\ell/\text{min}]$

[A : 면적[cm^2], v : 속도[cm/s]

속도 $v=\frac{Q\times 1{,}000\times\eta}{A}=\frac{830\times 1{,}000\times 0.9}{\frac{\pi}{4}\times 10^2}$

$=9.52$[m/s]

정답 51 ① 52 ① 53 ② 54 ② 55 ③

56 비틀림을 받는 원형 단면 봉에서 발생하는 비틀림 각에 대한 설명으로 옳은 것은?

① 봉의 길이에 반비례한다.
② 전단 탄성계수에 비례한다.
③ 비틀림 모멘트에 반비례한다.
④ 극단면 2차 모멘트에 반비례한다.

해설 비틀림각 $\theta° = \frac{180}{\pi} \cdot \frac{Tl}{GI_p}$

(극 단면계수 $I_p = \frac{\pi d^4}{32}$)

57 축에 직각인 하중을 지지하는 베어링은?

① 피벗 베어링
② 칼라 베어링
③ 레이디얼 베어링
④ 스러스트 베어링

해설 레이디얼 베어링(radial Bearing)
하중의 방향이 회전축에 직각인 것을 레이디얼 베어링이라고 한다.

58 다음 중 버니어 캘리퍼스로 측정할 수 없는 것은?

① 구멍의 내경 ② 구멍의 깊이
③ 축의 편심량 ④ 공작물의 두께

해설 버니어 캘리퍼스는 내경, 외경, 두께, 깊이를 측정하는 공구이다.

59 지름 8cm, 길이 200cm인 연강봉에 7000N 인장하중이 작용하였을 때 변형량은? (단, 탄성한도 내에서 있다고 가정하며, 세로탄성계수는 2.1×10^6N/cm^{2}이다.)

① 0.13mm ② 0.52mm
③ 0.33mm ④ 0.62mm

해설 늘어난 길이

$$\Delta l = \frac{1}{E}\cdot\frac{Pl}{A} = \frac{Pl}{AE} = \frac{7{,}000\times200}{\frac{\pi}{4}\times8^2\times2.1\times10^6}$$

$$= 0.0133[\text{cm}] = 0.13[\text{mm}]$$

여기서, E : 세로탄성계수, P : 하중(kgf), A : 단면적(cm^2), ℓ : 길이

60 유압 회로 구성에 사용되는 어큐뮬레이터의 용도가 아닌 것은?

① 주 동력원 ② 비상동력원
③ 누설 보상기 ④ 유압 완충기

해설 어큐뮬레이터의 용도
압력보상, 충격압력흡수, 맥동제거, 대유량 순간 공급

04 전기제어공학

61 어느 코일에 흐르는 전류가 0.1초간에 1A 변화하여 6V의 기전력이 발생하였다. 이 코일의 자기 인덕턴스는 몇 H인가?

① 0.1 ② 0.6
③ 1.0 ④ 1.2

해설 자기 인덕턴스
전자 유도에 의한 유기 기전력

$$e = L\frac{di}{dt} = L\times\frac{1}{0.1} = 6[\text{V}]$$

자기 인덕턴스 $L = 0.1\times6 = 0.6[\text{H}]$

62 어떤 장치에 원료를 넣어 이것을 물리적, 화학적 처리를 가하여 원하는 제품을 만들기 위해 사용하는 제어는?

① 서보제어 ② 추치제어
③ 프로그램제어 ④ 프로세스제어

정답 56 ④ 57 ③ 58 ③ 59 ① 60 ① 61 ② 62 ④

해설 프로세스 제어(공업 공정의 상태량)
밀도, 농도, 온도, 압력, 유량, 습도 등

63 논리식 $L = X + \overline{X} + Y$를 부울대수의 정리를 이용하여 간단히 하면?

① Y
② 1
③ 0
④ X + Y

해설 $L = (X + \overline{X}) + Y = 1 + Y = 1$

64 전동기의 기계방정식이 $J\frac{d\omega}{dt} + D\omega = \tau$ 일 때, 이 식으로 그린 블록선도는? (단, J는 관성계수, D는 마찰계수, τ 는 전동기에서 발생되는 토크, ω 는 전동기의 회전 속도이다.)

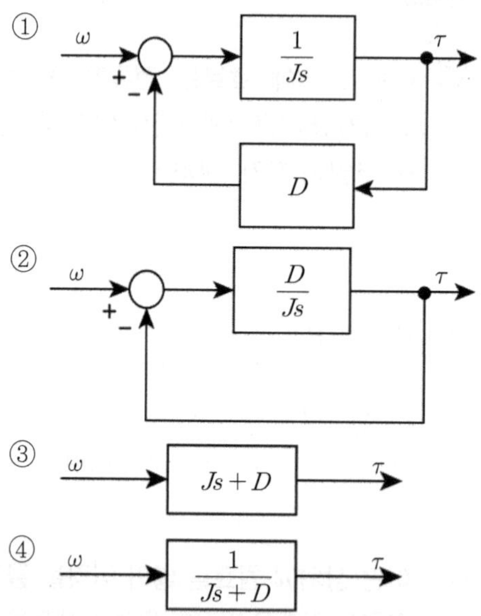

해설 $\frac{출력}{입력} = \frac{\tau}{\omega} = Js + D,\ \tau = (Js + D)\omega = J\omega s + D\omega$
$= J\frac{d\omega}{dt} + D\omega\ (\because s = \frac{d}{dt}$ 치환)

65 $G(s) = \frac{1}{1 + 3s + 3s^2}$ 일 때 이 요소의 단위 계단 응답의 특성은?

① 감쇠 진동(부족제동)
② 완전 진동(무제동)
③ 임계 진동(임계제동)
④ 비진동(과제동)

해설 특성방정식은 $3s^2 + 3s + 1 = 0$,
근의 공식

$$s = \frac{-3 \pm \sqrt{3^2 - 4\times3\times1}}{2\times3} = \frac{-3 \pm \sqrt{-3}}{6}$$
$$= \frac{-3 \pm j\sqrt{3}}{6}$$
$$s_1 = \frac{-3 + j\sqrt{3}}{6},\ s_2 = \frac{-3 - j\sqrt{3}}{6}$$

∴ 2개의 음의 복소근이므로 부족제동

66 2[kΩ]의 저항에 25mA의 전류를 흘리는 데 필요한 전압(V)은?

① 50
② 100
③ 160
④ 200

해설 전압 $V = IR = 25\times10^{-3}\times2\times10^{3} = 50[V]$

67 접점부분이 비활성 가스를 충전한 유리관 속에 봉입되어 있는 스위치 코일에 흐르는 전류로 고속 동작을 하는 입력기구는?

① 근접 스위치
② 광전 스위치
③ 플로트레스 스위치
④ 리드 스위치

해설 리드스위치
자석의 자기장에 의해 유리관 내부의 봉입되어 두 끝단이 접촉되거나 떨어지는 원리를 이용한다.

정답 63 ② 64 ③ 65 ① 66 ① 67 ④

68 그림과 같은 블록선도에서 $\frac{X_3}{X_1}$를 구하면?

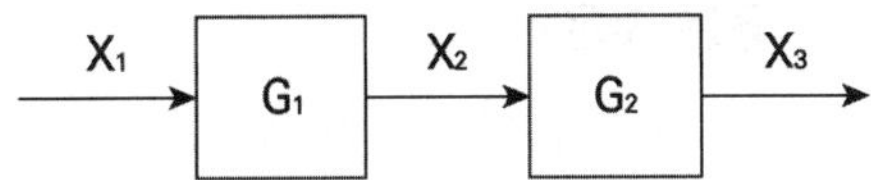

① $G_1 + G_2$
② $G_1 - G_2$
③ $G_1 \cdot G_2$
④ G_1 / G_2

해설 $\frac{출력}{입력} = \frac{X_3}{X_1} = G_1 \cdot G_2$

69 입력으로 단위 계단함수 u(t)를 가했을 때, 출력이 그림과 같은 조절계의 기본 동작은?

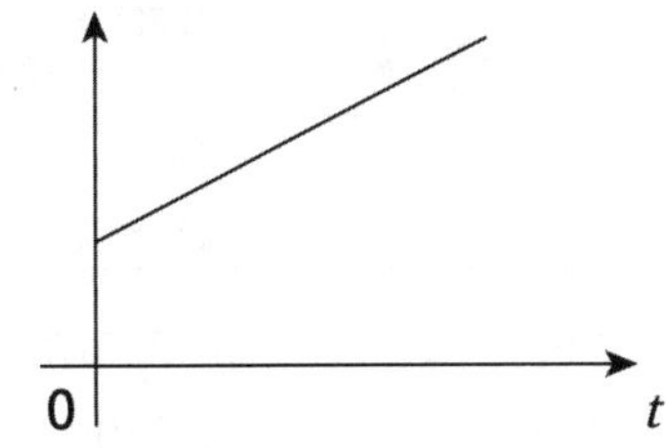

① 비례 동작
② 2위치 동작
③ 비례 적분 동작
④ 비례 미분 동작

해설 비례 적분 동작
비례동작에 의하여 발생하는 잔류 편차를 소멸하기 위해서 적분 동작을 부가시킨 제어로서 제어결과가 진동적으로 되기 쉬우나 잔류편차가 적다.

70 피드백 제어계의 제어장치에 속하지 않는 것은?

① 설정부 ② 조절부
③ 검출부 ④ 제어대상

해설

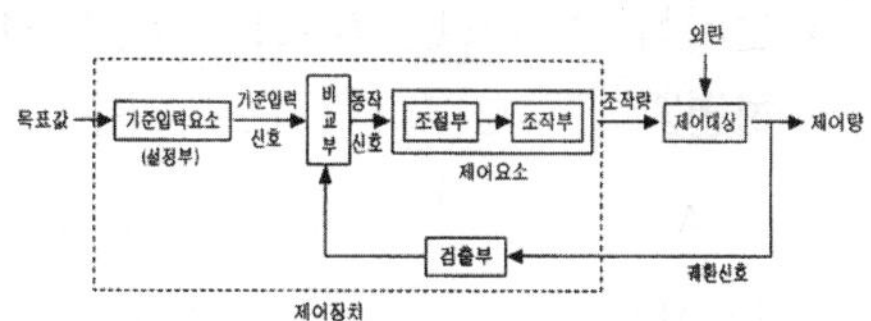

71 그림과 같은 미끄럼줄 브리지가 R = 10kΩ, X = 30kΩ에서 평형 되었다. L_1과 L_2의 합이 100cm 일 때 L_1의 길이(cm)는?

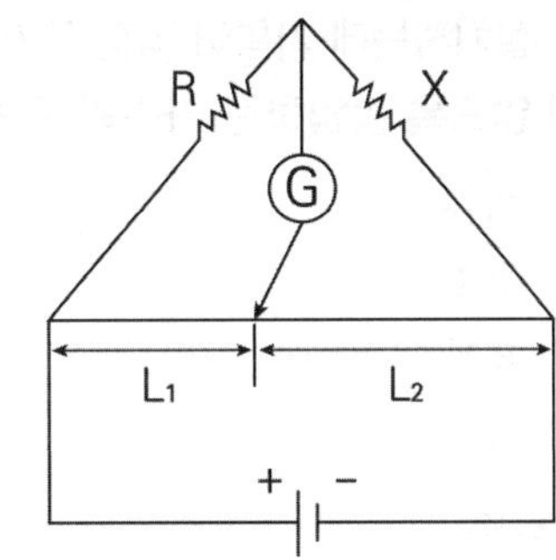

① 25 ② 33
③ 66 ④ 75

해설 $RL_2 = XL_1$,

$$L_1 = \frac{R}{X}(100 - L_1) = \frac{10 \times 10^3}{30 \times 10^3} \times (100 - L_1)$$

$$= \frac{1}{3}(100 - L_1)$$

$$3L_1 + L_1 = 100$$

$$\therefore\ L_1 = 25[\text{cm}]$$

72 $\frac{3}{2}\pi[rad]$의 단위를 각도(°) 단위로 표시하면 얼마인가?

① 120° ② 240°
③ 270° ④ 360°

해설 $\pi[rad] = 180^\circ$

$$\frac{3}{2}\pi[rad] = 180^\circ \times \frac{3}{2} = 270^\circ$$

73 논리식 $X=(A+B)(\overline{A}+B)$를 간단히 하면?

① A　② B
③ AB　④ A + B

해설 $X=(A+B)(\overline{A}+B)=A\overline{A}+AB+\overline{A}B+BB$
$=B(A+\overline{A})+B=B+B=B$

74 변압기의 열화방지를 위하여 콘서베이터를 설치하는데 기름이 직접 공기와 접촉하지 않도록 봉입하는 가스의 종류는?

① 헬륨
② 수소
③ 유황
④ 질소

해설 변압기유
냉각과 절연용으로 광유, 불연성 합성 절연유를 사용한다.
㉮ 절연내력이 크고 인화점이 높고 응고점이 낮을 것
㉯ 점도가 낮고 냉각효과가 크며 화학작용, 석출물, 산화현상이 없을 것
※ 기름의 열화 방지 : 컨서베이터(질소봉입) 설치, 호흡작용(실리카 겔)

75 전동기 온도 상승 시험 중 반환 부하법에 해당되지 않는 것은?

① 블론델법
② 카프법
③ 홉킨스법
④ 등가저항측정법

해설 반환부하법
2대 이상의 동일 정격의 변압기가 있는 경우에 사용하는 것으로, 저압측에 정격전압을 가하여 철손을 공급하고 고압측은 동일 구성의 단자를 접속하여 정격전류가 흐르게 하여 동손을 공급하는 방법

76 저항 R(Ω)에 전류 I(A)를 일정 시간 동안 흘렸을 때 도선에 발생하는 열량의 크기로 옳은 것은?

① 전류의 세기에 비례
② 전류의 세기에 반비례
③ 전류의 세기의 제곱에 비례
④ 전류의 세기의 제곱에 반비례

해설 발열량 $H=0.24I^2Rt$[cal], 전류의 세기의 제곱에 비례한다.

77 그림과 같은 Y결선회로에서 X상에 걸리는 전압(V)은?

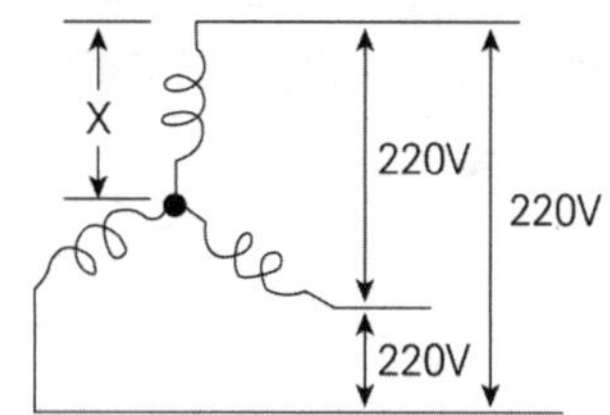

① $220/\sqrt{3}$　② 220/3
③ 110　④ 220

해설 Y결선 상전압
$V_p=V_\ell/\sqrt{3}=220/\sqrt{3}$, V_ℓ : 선간전압[V]

78 다음 그림과 같은 회로가 있다. 이때 각 콘덴서에 걸리는 전압(V)은 약 얼마인가?

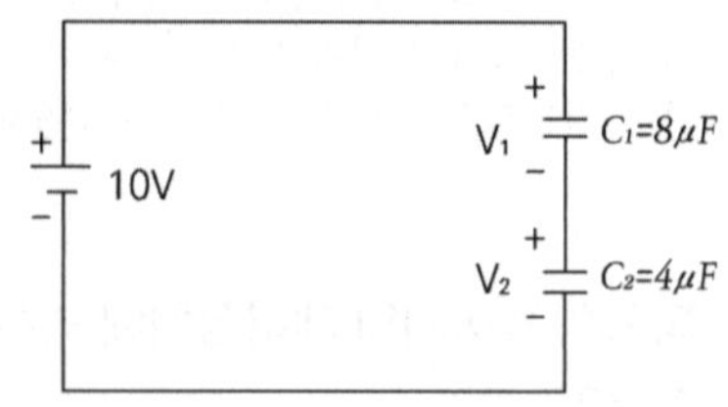

① V_1 = 3.33, V_2 = 6.67
② V_1 = 6.67, V_2 = 3.33
③ V_1 = 3.34, V_2 = 1.66
④ V_1 = 1.66, V_2 = 3.34

정답 73 ② 74 ④ 75 ④ 76 ③ 77 ① 78 ①

해설 전압 $V = \frac{Q}{C}$[V],

전압 $V \propto \frac{1}{C}$ 정전용량 C[F]에 반비례

$C_1 : C_2 = 8 : 4 = 2 : 1$, 전압비 $V_1 : V_2$

$= 1 : 2 = 10 \times \frac{1}{3} : 10 \times \frac{2}{3} = 3.33 : 6.67$

79 **그림은 3개의 전압계를 사용하여 교류측정이 가능한 회로이다. 이 회로에서 부하의 소비전력을 구하면?**

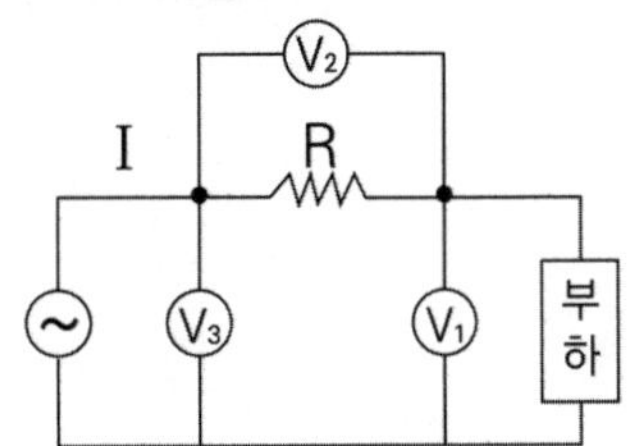

① $P = \frac{V_3^2 + V_1^2 + V_2^2}{2R}$

② $P = \frac{V_3^2 - V_1^2 - V_2^2}{2R}$

③ $P = \frac{2(V_2^2 - V_1^2 - V_3^2)}{R}$

④ $P = \frac{(V_2^2 - V_1^2 - V_3^2)}{R}$

해설 3전압계법

전력 $P = \frac{1}{2R}(V_3^2 - V_2^2 - V_1^2)$

80 **3상 불평형 회로가 있다. 각상 전압이 $V_a = 220$(V), $V_b = 220\angle -140°$(V), $V_c = 220\angle 100°$(V) 일 때 정상분전압 V_1은 약 몇 V인가?**

① $197.31\angle 13.06°$

② $197.31\angle -13.36°$

③ $65.72\angle 0.19°$

④ $65.72\angle -0.19°$

해설 정상분전압

$V_1 = \frac{1}{3}(V_a + aV_b + a^2 V_c)$

$= \frac{1}{3}[220 + (-\frac{1}{2} + j\frac{\sqrt{3}}{2})(-43.52 - j215.65)$

$+ (-\frac{1}{2} - j\frac{\sqrt{3}}{2})(189.7 - j111.4)]$

$= \frac{1}{3}(193.67 + j36.91) = 64.56 + j12.3$

$= 65.72\angle 0.19$

정답 79 ② 80 ④

PART 03

승강기산업기사 기출문제

01 2017년 05월 07일

01 승강기 개론

01 전기식엘리베이터의 로프 구동방식에서 트랙션 능력에 영향을 미치는 인자가 아닌 것은?

① 권부각
② 로프본수
③ 자연대수의 밑수
④ 도르래의 홈과 와이어로프 간의 마찰계수

해설 로프의 미끄러짐
균형추 방식의 엘리베이터에 있어서 메인 시브와 로프 사이의 미끄러짐은 엘리베이터의 견인능력을 결정하는 중요한 요인이다. 시브와 로프의 미끄러짐은 메인 시브와 로프가 감기는 각도(권부각), 속도변화율(가 · 감속도), 시브의 마찰력, 카와 균형추의 무게 비에 의하여 결정된다.

02 교류 2단 속도제어 시 승강기(AC-2 Elevator)의 저속과 고속 측의 속도비는?

① 1 : 2 ② 3 : 1
② 4 : 1 ④ 6 : 1

해설 교류 2단 속도제어방식의 원리
㉮ 고속 권선은 가동 및 주행, 저속 권선은 정지 및 감속을 한다.
㉯ 고속 저속 비율이 4 : 1로 착상오차를 줄일 수 있다.
㉰ 전동기 내에 고속용 권선과 저속용 권선이 감겨져 있는 교류 2단 속도 전동기를 사용하며, 기동과 주행은 고속 권선으로 하고 감속과 착상은 저속 권선으로 하는 제어방식이다.
㉱ 고속과 저속은 4 : 1의 속도 비율로 감속시켜 착상지점에 근접해지면 전동기에 가해지는 모든 연결 접점을 끊고 동시에 브레이크를 걸게 하여 정지시킨다.
㉲ 교류 2단 전동기의 속도 비는 착상오차 이외의 감속도, 감속 시의 저크(감속도의 변화비율), 저속주행시간, 전력회생의 균형으로 인하여 4 : 1이 가장 많이 사용된다. 속도60m/min까지 적용 가능하다.

03 카 추락방지(비상정지)장치가 작동될 때 부하가 없거나 부하가 균일하게 분포된 카의 바닥은 정상적인 위치에서 몇 %를 초과하여 기울어지지 않아야 하는가?

① 3 ② 5
③ 7 ④ 10

해설 추락방지(비상정지)장치 작동 시 카 바닥의 기울기
카 추락방지(비상정지)장치가 작동될 때 부하가 없거나 부하가 균일하게 분포된 카의 바닥은 정상적인 위치에서 5%를 초과하여 기울어지지 않아야 한다.

04 엘리베이터용 주행안내(가이드) 레일의 역할이 아닌 것은?

① 카나 균형추의 승강로 내 위치를 규제한다.
② 추락방지(비상정지)장치 작동 시 수직하중을 유지해준다.
③ 카의 자중에 의한 카의 기울어짐을 방지해준다.
④ 승강로의 기계적 강도를 보강해주는 역할을 한다.

정답 01 ② 02 ③ 03 ② 04 ④

해설 사용 목적
㉮ 카와 균형추의 승강로 내 위치 규제
㉯ 카의 자중이나 화물에 의한 카의 기울어짐 방지
㉰ 집중하중이나 추락방지(비상정지)장치 작동 시 수직하중을 유지

05 와이어로프의 구조에서 심강은 천연섬유인 경질의 사이잘, 마닐라삼, 합성섬유를 꼬아 만드는 것으로, 이 심강의 주요 기능으로 옳은 것은?

① 로프의 경도를 낮게 해준다.
② 로프의 파단강도를 높여 준다.
③ 로프 굴곡 시에 유연성을 부여한다.
④ 소선의 방청과 굴곡 시의 윤활 활동을 한다.

해설 심강
천연 마 등 천연섬유와 합성섬유로 로프의 중심을 구성한 것으로, 그리스를 함유하여 소선의 방청과 로프의 굴곡 시 소선 간의 윤활을 돕는 역할을 한다.

06 에스컬레이터 제동기(브레이크) 시스템의 설명으로 틀린 것은?

① 브레이크 시스템의 적용에서 의도적인 지연은 없어야 한다.
② 에스컬레이터의 출발 후에는 브레이크 시스템의 개방을 감시하는 장치가 설치되어야 한다.
③ 정지거리가 최댓값의 25%를 초과하면, 고장안전장치의 재설정 후에만 재기동이 가능하여야 한다.
④ 에스컬레이터는 균일한 감속 및 정지상태(제동운전)를 지속할 수 있는 브레이크 시스템이 있어야 한다.

해설 허용된 정지거리 초과 시 기동방지
최대허용정지거리가 20% 초과되는 경우 기동을 방지하는 장치가 제공되어야 한다. 또한 고장 잠금 기능이 제공되어야 한다.

07 비선형 특성을 갖는 에너지 축적형 완충기에 대한 사항으로 틀린 것은?

① 카의 복귀속도는 1m/s 이하이어야 한다.
② 작동 후에는 영구적인 변형이 없어야 한다.
③ $2.5g_n$을 초과하는 감속도는 0.05초보다 길지 않아야 한다.
④ 카에 정격하중을 싣고 정격속도의 115%의 속도로 자유 낙하하여 카 완충기에 충돌할 때의 평균 감속도는 1 g_n 이하이어야 한다.

해설 비선형 특성을 갖는 완충기
비선형 특성을 갖는 에너지 축적형 완충기는 카의 질량과 정격하중 또는 균형추의 질량으로 정격속도의 115%의 속도로 완충기에 충돌할 때의 다음 사항에 적합해야 한다.
㉮ 감속도는 $1g_n$ 이하이어야 한다.
㉯ $2.5g_n$를 초과하는 감속도는 0.04초보다 길지 않아야 한다.
㉰ 카 또는 균형추의 복귀속도는 1m/s 이하이어야 한다.
㉱ 작동 후에는 영구적인 변형이 없어야 한다.
㉲ 최대피크 감속도는 $6g_n$ 이하이어야 한다.

08 압력 릴리프밸브는 압력은 전부하 압력의 몇 %까지 제한하도록 맞추어 조절되어야 하는가?

① 110 ② 125
③ 130 ④ 140

해설 릴리프밸브는 압력을 전부하 압력의 140%까지 제한하도록 맞추어 조절되어야 한다.

정답 05 ④ 06 ③ 07 ③ 08 ④

09 **승강로의 카 출입구에 대한 설명으로 옳은 것은?**

① 침대용은 2개의 출입구 문이 동시에 열려도 된다.
② 화물용은 하나의 층에 하나의 출입구만을 설치하여야 한다.
③ 승객용은 하나의 층에 2개의 출입구를 설치하고 2개의 문은 동시에 열리는 구조이어야 한다.
④ 자동차용은 하나의 층에 2개의 출입구를 설치할 수 있으나 2개의 문이 동시에 열려 통로로 사용되어서는 아니 된다.

해설 카에 정상적으로 출입할 수 있는 승강로 개구부에는 승강장 문이 제공되어야 하고, 카에 출입은 카 문을 통해야 한다. 다만, 2개 이상의 카 문이 있는 경우 어떠한 경우라도 2개의 문이 동시에 열리지 않아야 한다.

10 **카와 승강로 벽의 일부를 유리로 하여 밖을 내다볼 수 있게 한 엘리베이터는?**

① 경사 엘리베이터
② 전망용 엘리베이터
③ 더블데크 엘리베이터
④ 로터리식 엘리베이터

11 **로프와 시브(sheave)의 미끄러짐에 대한 설명으로 옳은 것은?**

① 로프가 감기는 각도가 클수록 미끄러지기 쉽다.
② 카의 감속도와 가속도가 작을수록 미끄러지기 쉽다.
③ 로프와 시브의 마찰계수가 클수록 미끄러지기 쉽다.
④ 카측과 균형추측의 로프에 걸리는 중량비가 클수록 미끄러지기 쉽다.

해설 트랙션 능력
㉠ 로프의 감기는 각도(권부각)가 작을수록 미끄러지기 쉽다.
㉡ 카의 가속도와 감속도가 클수록 미끄러지기 쉽고 긴급정지 시에도 동일하다.
㉢ 카 측과 균형추 측의 로프에 걸리는 중량비가 클수록 미끄러지기 쉽다.
㉣ 로프와 도르래 사이의 마찰계수가 작을수록 미끄러지기 쉽다.

12 **카 바닥의 구성요소로 틀린 것은?**

① 에이프런 ② 안전난간대
② 하중검출장치 ④ 플로어베이스

13 **엘리베이터를 기계실 위치에 따라 분류한 것이 아닌 것은?**

① 하부형 엘리베이터
② 측부형 엘리베이터
③ 경사형 엘리베이터
④ 정상부형 엘리베이터

해설 엘리베이터를 기계실 위치에 따라 분류
하부형, 측부형, 정상부형 엘리베이터

14 **엘리베이터용 전동기의 출력용량 산정과 관계없는 것은?**

① 회전수 ② 종합효율
③ 정격속도 ④ 정격하중

해설 엘리베이터용 전동기의 용량(P)

$$P=\frac{LVS}{6,120\eta}=\frac{LV(1-F)}{6,120\eta}(\text{kW})$$

L : 정격하중(kg)
V : 정격속도(m/min)
F : 오버밸런스율(%)=[1−OB]
S : 균형추 불평형률
η : 종합효율

정답 09 ④ 10 ② 11 ④ 12 ② 13 ③ 14 ①

15 에스컬레이터의 안전장치가 아닌 것은?

① 피트정지 스위치
② 구동체인 안전장치
③ 스텝체인 안전장치
④ 스커트가드 안전장치

해설 피트정지 스위치는 엘리베이터 안전장치이다.

16 승강로에는 모든 문이 닫혀있을 때 카 지붕 및 카 피트 바닥 위로 1m 위치에서 조도 몇 lx 이상의 영구적으로 설치된 전기조명이 있어야 하는가?

① 10　② 50
③ 100　④ 200

해설 조명
승강로에는 모든 출입문이 닫혔을 때 승강로 전 구간에 걸쳐 영구적으로 설치된 다음의 구분에 따른 조도 이상을 밝히는 전기조명이 있어야 한다.
※ 조도계는 가장 밝은 광원 쪽을 향하여 측정한다.
㉮ 카 지붕에서 수직 위로 1m 떨어진 곳 : 50ℓx
㉯ 피트(사람이 서 있을 수 있는 공간, 작업구역 및 작업구역 간 이동 공간) 바닥에서 수직 위로 1m 떨어진 곳 : 50ℓx
㉰ 위 ㉮ 및 ㉯에 따른 장소 이외의 장소(카 또는 부품에 의한 그림자 제외) : 20ℓx

17 유압식 엘리베이터에서 파워유닛은 무엇인가?

① 승강로에 설치된 카와 직렬 연결된 이동기둥이다.
② 대용량 유압식 엘리베이터에 사용하는 안전장치이다.
③ 펌프 및 탱크, 밸브류를 한데 묶은 것으로 기계실에 설치한다.
④ 실린더를 넣고 빼는 장치로서 카의 주앙하부피트 내에 묻는다.

해설 파워유닛
펌프 및 탱크, 밸브류를 한데 묶은 것으로 기계실에 설치한다.

18 승강장 도어가 레일 끝을 이탈(Overrun)하는 것을 방지하기 위해 설치하는 것은?

① 스톱퍼
② 로킹장치
② 행거레일
④ 행거롤러

19 소방구조용 엘리베이터 운행속도의 기준으로 옳은 것은?

① 30[m/min] 이상
② 45[m/min] 이상
③ 60[m/min] 이상
④ 90[m/min] 이상

20 승객용 엘리베이터의 주로프로 사용되는 현수로프의 안전율은 얼마 이상이어야 하는가?

① 6　② 8
③ 10　④ 12

해설 매다는 장치의 안전율은 다음 구분에 따른 수치 이상이어야 한다.
㉮ 3가닥 이상의 로프(벨트)에 의해 구동되는 권상 구동 엘리베이터의 경우 : 12
㉯ 3가닥 이상의 6mm 이상 8mm 미만의 로프에 의해 구동되는 권상 구동 엘리베이터의 경우 : 16
㉰ 2가닥 이상의 로프(벨트)에 의해 구동되는 권상 구동 엘리베이터의 경우 : 16
㉱ 로프가 있는 드럼 구동 및 유압식 엘리베이터의 경우 : 12
㉲ 체인에 의해 구동되는 엘리베이터의 경우 : 10

정답 15 ① 16 ② 17 ③ 18 ① 19 ③ 20 ④

02 승강기 설계

21 다음과 같은 [조건]에서 균형추의 무게는 몇 kg으로 하여야 하는가?

- 카의 자중 : 1,500kg
- 적재하중 : 1,000kg
- 오버밸런스율 : 50%

① 1,000　② 1,500
③ 2,000　④ 2,500

해설 균형추 중량=카자중+정격하중×OB
=1,500+1,000×0.5=2,000kg

22 기계부품에 외력이 작용했을 때 부품의 내부에 발생하는 저항력을 무엇이라 하는가?

① 응력　② 하중
③ 변형률　④ 탄성계수

해설 $응력=\frac{하중}{단면적}$

23 에스컬레이터의 디딤판이 들려지는 상태에서의 운행이탈을 감지하는 스텝주행 안전 스위치의 설치장소로 가장 적절한 것은?

① 상부의 우측에만 설치
② 하부의 좌측에만 설치
③ 상하부의 좌측에만 설치
④ 상하부의 좌우측 모두 설치

24 여러 대의 엘리베이터가 운행될 경우 부등률을 고려하게 되는데, 소방구조용(비상용) 엘리베이터의 부등률은 몇 %로 하는가?

① 50　② 70
③ 100　④ 150

해설 소방구조용(비상용) 엘리베이터의 부등률은 100% 적용한다.

25 다음은 승강기의 안전장치들을 설명한 것이다. 승객용 승강기에 꼭 필요한 안전장치드를 모두 선택한 것은?

ⓐ 승강기의 속도가 비정상적으로 빨라지는 경우에는 동력을 자동적으로 끊는 장치
ⓑ 동력이 차단된 경우에는 전동기의 회전을 막는 장치
ⓒ 적재하중을 초과하면 경보음이 울리고, 출입문 닫힘을 자동적으로 막는 장치
ⓓ 비상시에 승강기 안에서 외부로 연락할 수 있는 장치

① ⓐ, ⓓ
② ⓐ, ⓑ, ⓒ
③ ⓑ, ⓒ, ⓓ
④ ⓐ, ⓑ, ⓒ, ⓓ

26 카 균형추 또는 평행추를 운반하기 위해 로프에 연결된 철 구조물을 의미하는 용어로 옳은 것은?

① 슬링
② 에이프런
③ 균형체인
④ 이동케이블

해설 슬링(Sling)
카, 균형추 또는 평형추를 주행하기 위해 매다는 장치에 연결된 철 구조물(카의 둘레와 일체형으로 할 수 있다)

정답 21 ③ 22 ① 23 ④ 24 ③ 25 ④ 26 ①

27 균형추에도 비상정지장치를 설치해야 하는 경우는?

① 균형추의 무게가 2,000kg을 초과하는 경우
② 승강로의 피트 하부를 통로로 사용하는 경우
③ 균형추 측에 유입완충기의 설치가 불가능한 경우
④ 엘리베이터의 정격속도가 300m/min을 초과하는 초고속 엘리베이터

28 즉시 작동형 추락방지(비상정지)장치가 설치된 엘리베이터에서 카의 자중과 승객의 중량을 합친 등가 중량이 3000kgf이고 카의 속도가 45m/min일 경우, 추락방지(비상정지)장치가 작동하여 카가 정지하기까지 시간이 0.045[s]라고 하면 감속력은 약 몇 kgf인가?

① 4,050　　② 3,827
③ 3,056　　④ 3,000

해설 추락방지(비상정지)장치 감속력

1. $W\times\frac{v}{9.8t}=3,000\times\frac{\left(\frac{45}{60}\right)}{9.8\times0.06}\approx3,827[\text{kgf}]$

2. $t=\frac{s}{v}=\frac{0.045}{\frac{45}{60}}=0.06[\text{sec}]$

여기서, W : 등가중량[kg]
v : 카의 속도[m/s]
t : 시간[m/s]

29 (　　)의 내용으로 옳은 것은?

> 기계실에는 바닥면에서 (　　)lx 이상을 비출 수 있는 영구적으로 설치된 전기조명이 있어야 한다.

① 50　　② 75
③ 100　　④ 200

해설 기계실 · 기계류 공간 및 풀리실에는 다음의 구분에 따른 조도 이상을 밝히는 영구적으로 설치된 전기조명이 있어야 하며, 전원공급에 적합해야 한다.
㉮ 작업공간의 바닥면 : 200ℓx
㉯ 작업공간 간 이동 공간의 바닥면 : 50ℓx

30 지진에 대한 기본적인 고려사항으로 틀린 것은?

① 지진 시에 필요한 관제 운전장치를 설치하는 것이 바람직하다.
② 전원계통의 사고 등 외부요인에 의한 사항은 지진에 대한 고려사항이 아니다.
③ 구조 부분에는 필요한 강도가 확보되어 위험한 변형이 생기지 않도록 하여야 한다.
④ 지진 시에 로프나 전원케이블 등이 진동 혹은 흔들림에 의하여 승강로 내의 돌출물에 걸리는 것을 방지하여야 한다.

31 엘리베이터용 전동기가 일반 범용 전동기에 비해 갖추어야 할 조건으로 틀린 것은?

① 기동토크가 클 것
② 기동전류가 작을 것
③ 회전부분의 관성모멘트가 클 것
④ 온도상승에 대해 열적으로 견딜 것

해설 회전부분의 관성모멘트가 작을 것

32 500[V] 이하 공칭회로 전압인 경우 절연저항[MΩ]은?

① 0.2 이상　　② 0.5 이상
③ 0.7 이상　　④ 1.0 이상

정답 27 ② 28 ② 29 ④ 30 ② 31 ③ 32 ④

해설 절연 저항

공칭 회로 전압(V)	시험 전압/직류(V)	절연 저항(MΩ)
SELV[a] 및 PELV[b] 〉 100 VA	250	≥ 0.5
≤ 500 FELV[c] 포함	500	≥ 1.0
〉 500	1000	≥ 1.0

a SELV : 안전 초저압(Safety Extra Low Voltage)
b PELV : 보호 초저압(Protective Extra Low Voltage)
c FELV : 기능 초저압(Functional Extra Low Voltage)

33 동력전원설비 설계기준에서 가속전류의 정의로 옳은 것은?

① 카가 전부하 상태에서 상승방향으로 가속 시 배전선에 흐르는 최대 선전류
② 카가 무부하 상태에서 상승방향으로 가속 시 배전선에 흐르는 최대 선전류
③ 카가 전부하 상태에서 하강방향으로 가속 시 배전선에 흐르는 최대 선전류
④ 카가 무부하 상태에서 하강방향으로 가속 시 배전선에 흐르는 최대 선전류

해설 가속전류
카가 전부하 상태에서 상승방향으로 가속 시 배전선에 흐르는 최대 선전류

34 사람이 출입할 수 없도록 정격하중이 300 kg 이하이고, 정격속도가 1m/s 이하인 엘리베이터는?

① 수평보행기
② 화물용 엘리베이터
③ 침대용 엘리베이터
④ 소형화물용 엘리베이터

해설 소형화물용 엘리베이터
1.2 이 기준은 사람이 출입할 수 없도록 정격하중이 300kg 이하이고, 정격속도가 1m/s 이하인 소형화물용 엘리베이터에 대하여 규정한다.

35 에스컬레이터의 배열방식에 대한 특징으로 옳은 것은?

① 단열 겹침형 : 설치면적이 크다.
② 교차 승계형 : 승강구에서의 혼잡이 크다.
③ 복열 승계형 : 오르내림 교통의 분할이 어렵다.
④ 단열 승계형 : 바닥에서 바닥에의 교통이 연속적이다.

해설 에스컬레이터의 배열방식
① 단열 겹침형 : 설치면적이 적고, 쇼핑객의 시야를 트이게 한다.
② 교차 승계형 : 오르내림 교통의 분할이 연속적이고, 교통 혼잡이 없다.
③ 복열 승계형 : 오르내림 교통의 분할이 연속적이고, 고객의 시야를 트이게 한다.
④ 단열 승계형 : 바닥에서 바닥에의 교통이 연속적이이고, 위층으로 고객을 유도하기 쉽다.

36 길이가 10m 단순 지지보의 4m 지점에 600kg의 집중하중이 작용할 때 반력 중 큰 것은 몇 kg인가?

① 480
② 360
③ 240
④ 120

해설
반력 $R_A = \dfrac{\ell_B}{\ell_A + \ell_B}P = \dfrac{6}{6+4} \times 600 = 360[\text{kg}]$

$R_B = \dfrac{\ell_A}{\ell_A + \ell_B}P = \dfrac{4}{6+4} \times 600 = 240[\text{kg}]$

정답 33 ① 34 ④ 35 ④ 36 ②

37 건물에 승강기 설치를 할 경우 절차로 옳은 것은?

① 층별 교통 수요산출 → 교통량 계산 → 수송능력 목표치 설정 → 배치 계획의 결정
② 수송능력 목표치 설정 → 층별 교통 수요산출 → 교통량 계산 → 배치 계획의 결정
③ 배치 계획의 결정 → 수송능력 목표치 설정 → 층별 교통 수요산출 → 교통량 계산
④ 층별 교통 수요산출 → 수송능력 목표치 설정 → 교통량 계산 → 배치 계획의 결정

38 피치원 직경 $D=450$mm, 잇수 $Z=90$인 기어의 모듈은 얼마인가?

① $m=2$ ② $m=3$
③ $m=4$ ④ $m=5$

해설 모듈 $m=\frac{D}{Z}=\frac{450}{90}=5$

39 원형코일 스프링의 설계에 이용되는 식 중 비틀림응력을 구하는식은 $\tau_0=\frac{8DP}{\pi d^3}$이다. 이때 P에 해당하는 것은? (단, d는 재료의 지름, D는 코일의 평균지름이다.)

① 스프링지수
② 스프링에 걸리는 하중
③ 스프링에 저축된 에너지
④ 스프링의 운동부분의 중량

해설 코일 스프링에서 전단응력 $\sigma=\frac{8\cdot D\cdot W}{\pi d^3}$[MPa]

여기서, σ : 전단응력[MPa]
W : 스프링에 작용하는 하중[N]
D : 평균지름[mm]
d : 소선의 지름[mm]

40 주행안내(가이드) 레일용 부재의 계산에서 응력 σ(kg/cm^2)와 휨 δ_B(cm)의 허용범위로 옳은 것은?

① $\delta_B \ge 0.5$ ② $\delta_B \le 0.5$
③ $\sigma \ge$ 허용응력 ④ $\sigma \le \frac{\text{허용응력}}{10}$

해설 주행안내(가이드)레일의 부재 계산
• 응력 $\sigma \le$ 허용응력[kg/cm^2]
• 휨 $\delta \le$ [0.5cm]
• 앵커볼트의 인발하중 $\le \frac{\text{앵커볼트의 인발내력}}{4}$[kg]
• 앵커볼트의 전단응력 $\le$ 전단허용능력[kg/cm^2]

03 일반기계공학

41 재료의 성질을 나타내는 세로탄성계수(E)의 단위는?

① N ② N/m^2
③ N · M ④ N/m

해설 세로탄성계수(E)의 단위 : N/m^2

42 스폿(Spot) 용접에 대한 설명으로 옳은 것은?

① 가압력이 필요 없다.
② 가스 용접의 일종이다.
③ 알루미늄 용접이 불가능하다.
④ 로봇을 이용한 자동화가 용이하다.

정답 37 ④ 38 ④ 39 ② 40 ② 41 ② 42 ④

해설 스폿(spot)용접
① 로봇을 이용한 자동화가 용이하다.
② 구멍을 가고알 필요가 없다.
③ 재료가 절약되고, 변형 발생이 적다.

43 금형가공법 중 재료를 펀칭하고 남은 것이 제품이 되는 가공은?

① 전단 ② 셰이빙
③ 트리밍 ④ 블랭킹

해설 블랭킹
판재 면에 압축력을 가하여 크랙(Crack)을 유발시켜 파단현상을 생기게 하여 판재를 분리하는 가공

44 선반에서 베드(Bed)의 구비조건이 아닌 것은?

① 마모성이 클 것
② 직진도가 높을 것
③ 가공정밀도가 높을 것
④ 강성 및 방진성이 있을 것

해설 마모성이 작을 것

45 배관 및 밸브에서 급격한 서지압력을 방지하기 위해 설치하는 것은?

① 디퓨저 ② 엑셀레이터
③ 액추에이터 ④ 어큐뮬레이터

해설 어큐뮬레이터
유압유 저장용기로, 맥동제거, 충격완화, 서지압력을 방지하기 위해 설치하는 것이다.

46 브레이크 드럼에 500N · m의 토크가 작용하고 있을 때, 축을 정지시키는 데 필요한 접선방향 제동력은 몇 N인가?

① 3,000 ② 2,500
③ 2,000 ④ 1,500

해설 제동력 $f=\frac{2T}{D}=\frac{2\times500\times1{,}000}{500}=2{,}000[N]$

여기서, f : 제동력[N]
T : 드럼에 작용하는 토오크[N · m]
D : 드럼의 지름[mm]

47 다이캐스팅을 이용한 제품 생산의 설명으로 틀린 것은?

① 단면이 얇은 주물의 주조가 가능하다.
② 균일한 제품의 연속 주조가 불가능하다.
③ 마그네슘, 알루미늄 합금의 대량 생산용으로 적합하다.
④ 정밀도가 좋아서 제품의 표면이 양호하고 후가공이 적다.

해설 다이캐스팅법
금형 속에 ~~용융금속을~~ 고압, 고속으로 주입하여 주조하는 것으로 대량 생산에 적합하고 고정밀 제품에 사용하는 주조법

48 유압펌프의 용적효율이 70%, 압력효율이 80%, 기계효율이 90%일 때 전체 효율은 약 몇 %인가?

① 50 ② 60
③ 70 ④ 80

해설 전체 효율 $=(0.7\times0.8\times0.9)\times100=50.4\%$

49 일반적으로 나사면에 증기, 기름 등의 이물질이 들어가는 것을 방지하는 너트는?

① 캡 너트
② 육각 너트
③ 와셔붙이 너트
④ 스프링판 너트

해설 캡 너트
너트 안에 고무를 넣어 풀림방지 및 나사면에 증기, 기름 등의 이물질이 들어가는 것을 방지하는 너트

정답 43 ④ 44 ① 45 ④ 46 ③ 47 ② 48 ① 49 ①

50 외팔보의 자유단에 집중하중 W가 작용할 때, 작용하는 하중의 전단력선도는?

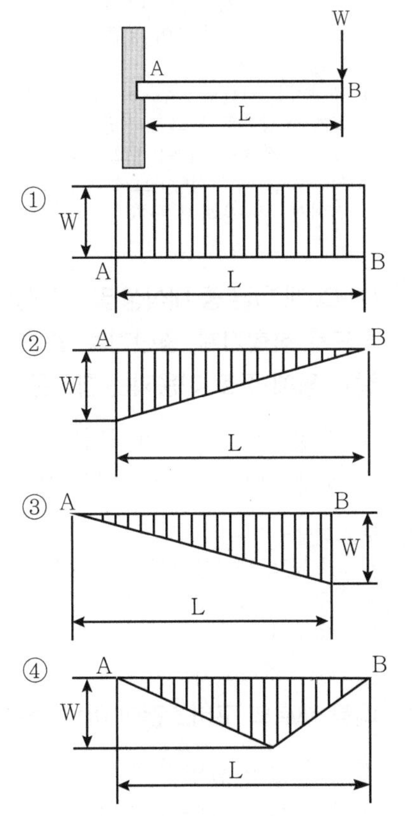

해설 외팔보

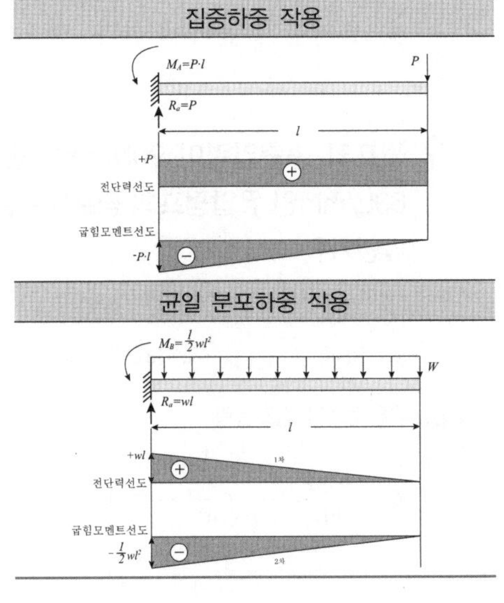

51 40℃에서 연강봉 양쪽 끝을 고정한 후 연강봉의 온도가 0℃가 되었을 때 연강봉에 발생하는 열응력은 약 몇 N/cm^2인가? (단, 연강봉의 선팽창계수는 $\alpha=11.3\times10^{-6}$/℃, 탄성계수는 $E=2.1\times10^6 N/cm^2$이다.)

① 215 ② 252
③ 804 ④ 949

해설 열응력 $= E\cdot(t_2-t_1)\cdot\alpha$

$= 2.1\times10^6\times(40-0)\times11.3\times10^{-6}$

$= 949.2N/cm^2$

52 강을 담금질 과정에서 급랭시켰을 때 나타나는 침상조직으로 담금질 조직 중 가장 경도가 큰 조직은?

① 펄라이트
② 소르바이트
③ 콤비네이션 세트
④ 마텐자이트

해설 급랭조직
㉮ 오스테나이트 : 탄소가 γ철 중에 고용 또는 용해되어 있는 상태
㉯ 마르텐사이트 : 침상조직 형성, 경도가 가장 큼
㉰ 트루스타이트 : α철과 탄화철 혼합조직
㉱ 소르바이트 : 트루스타이트보다 냉각속도를 느리게 하면 일어나는 조직, 마르텐사이트와 펄라이트의 중간의 경도와 강도를 갖는다.

53 측정기 내의 기포를 이용하여 측정면의 미소한 경사를 측정하는 것은?

① 수준기
② 사인바
③ 콤비네이션 세트
④ 오토콜리메이터

정답 50 ① 51 ④ 52 ④ 53 ①

해설 수준기
수평 측정 계기로, 수평면, 연직면, 치우침 검출시 사용한다.

54 **표준 스퍼기어에서 이의 크기를 결정하는 기준 항목이 아닌 것은?**

① 모듈
② 지름 피치
③ 원주 피치
④ 피치원 지름

해설 표준 스퍼 기어에서 이의 크기를 결정하는 기준 항목은, 모듈, 지름, 원주 피치이다.

55 **2,500rpm으로 회전하면서 25kW를 전달하는 전동축의 비틀림모멘트는 약 몇 N·m인가?**

① 7.5 ② 9.6
③ 70.2 ④ 95.5

해설
$$T=\frac{P}{\omega}=\frac{P}{2\pi n}=\frac{25\times10^3}{2\pi\frac{2500}{60}}=95.54\text{Nm}$$

56 **축이음에서 두 축 중심이 약간 어긋나 있거나 축 중심선을 맞추기 곤란할 때 이를 보완하기 위하여 사용하는 축이음은?**

① 머프 커플링
② 셀러 커플링
③ 플렉시블 커플링
④ 마찰원통 커플링

해설 커플링의 종류
① 고정 커플링
㉮ 원통커플링
㉯ 플랜지커플링 : 양쪽 끝에 플랜지를 설치하고 리머볼트로 조임.
㉠ 단조플랜지
㉢ 조립 플랜지커플링
② 플렉시블 커플링 : 두 축 중심선이 어느 정도 어긋났거나 경사졌을 때 사용함.
③ 올덤 커플링 : 두 축이 평행하나 중심이 어긋나 있을 때 사용함.
④ 유니버설 커플링 : 두 축이 30° 이하의 각도로 교차한 상태로 토크를 전달.
⑤ 슬리브 커플링 : 값이 싸고 축방향으로 인장력이 작용할 때 부적당하므로 큰 동력이나 고속회전에서는 사용하지 못함.

57 **Ni-Cu계 합금 중 내식성 및 내연성이 우수하므로 화학기계, 광산기계, 증기 터빈의 날개 등에 주로 이용되는 합금은?**

① 켈밋 ② 포금
③ 모넬메탈 ④ 델타메탈

해설 모넬 메탈
강도가 높고, 내식성, 내열성, 가공성이 우수하므로 화학기계, 광산기계, 증기 터빈의 날개 등에 주로 이용된다.

58 **패킹 재료의 구비조건이 아닌 것은?**

① 내열성이 높아야 한다.
② 부식성이 높아야 한다.
③ 내구성이 높아야 한다.
④ 유연성이 높아야 한다.

59 **펌프의 송출압력이 90N/cm², 송출량이 60L/min인 유압펌프의 펌프동력은 약 몇 W인가?**

① 700 ② 800
③ 900 ④ 1,000

해설 유압펌프의 펌프동력
$$L_w=\frac{P_dQ}{612}=\frac{90\times\frac{1}{9.8}\times60}{612}=900\text{W}$$

정답 54 ④ 55 ④ 56 ③ 57 ③ 58 ② 59 ③

60 **50kN의 물체를 4개의 아이볼트로 들어 올릴 때 볼트의 최소 골지름은 약 몇 mm인가? (단, 볼트 재료의 허용인장응력은 62MPa이다.)**

① 10.02 ② 12.02
③ 14.02 ④ 16.02

해설 볼트의 지름 $d=\sqrt{\dfrac{2W}{\sigma_a n}}=\sqrt{\dfrac{2\times 50\times 1{,}000}{62\times 4}}\times 0.8$
$=16.06[\text{mm}]$
(골지름= 바깥지름×80[%])

여기서, d : 볼트의 지름[mm]
W : 하중[N]
σ_a : 허용응력[MPa]
n : 볼트의 개수

04 전기제어공학

61 **제어요소의 출력인 동시에 제어대상의 입력으로 제어요소가 제어대상에게 인가하는 제어신호는?**

① 외란 ② 제어량
③ 조작량 ④ 궤환신호

해설

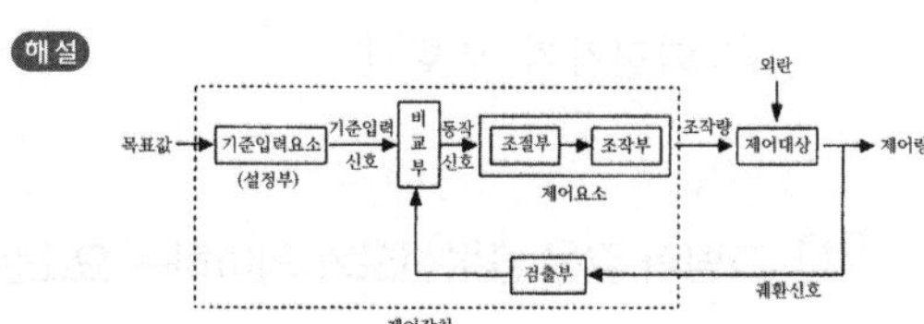

62 **자동제어계의 구성 중 기준입력과 궤환신호와의 차를 계산해서 제어시스템에 필요한 신호를 만들어내는 부분은?**

① 조절부 ② 조작부
③ 검출부 ④ 목표설정부

63 **그림과 같이 접지저항을 측정하였을 때 R_1의 접지저항(Ω)을 계산하는 식은? (단, $R_{12}=R_1+R_2$, $R_{23}=R_2+R_3$, $R_{31}=R_3+R_1$이다.)**

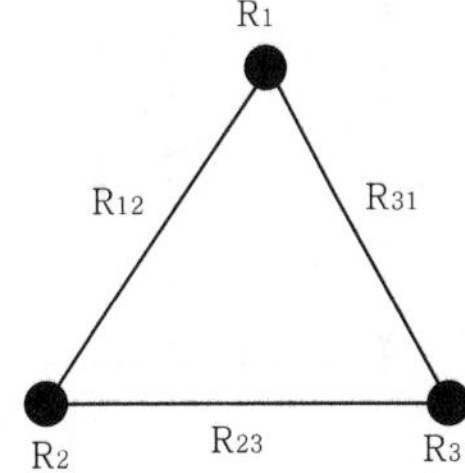

① $R_1=\dfrac{1}{2}(R_{12}+R_{31}+R_{23})$

② $R_1=\dfrac{1}{2}(R_{31}+R_{23}-R_{12})$

③ $R_1=\dfrac{1}{2}(R_{12}-R_{31}+R_{23})$

④ $R_1=\dfrac{1}{2}(R_{12}+R_{31}-R_{23})$

해설 콜라우시 브리지법
$R_1=\dfrac{1}{2}(R_{12}+R_{31}-R_{23})$

64 **서보기구용 검출기가 아닌 것은?**

① 유량계 ② 싱크로
③ 전위차계 ④ 차동변압기

65 **$L=\overline{x}\cdot y\cdot \overline{z}+\overline{x}\cdot y\cdot z+x\cdot \overline{y}\cdot z+x\cdot y\cdot z$을 간단히 한 식으로 옳은 것은?**

① $\overline{x}\cdot y+x\cdot z$
② $x\cdot y+\overline{x}\cdot z$
③ $x\cdot \overline{y}+\overline{x}\cdot \overline{z}$
④ $\overline{x}\cdot \overline{y}+x\cdot \overline{z}$

해설 $L=\overline{x}\cdot y\cdot \overline{z}+\overline{x}\cdot y\cdot z+x\cdot \overline{y}\cdot z+x\cdot y\cdot z$
$=\overline{x}y(\overline{z}+z)+xz(\overline{y}+y)=\overline{x}y+xz$

정답 60 ④ 61 ③ 62 ① 63 ④ 64 ① 65 ①

66 **그림 (a)의 병렬로 연결된 저항회로에서 전류 I와 I_1의 관계를 그림 (b)의 블록선도로 나타날 때 A에 들어갈 전달함수는?**

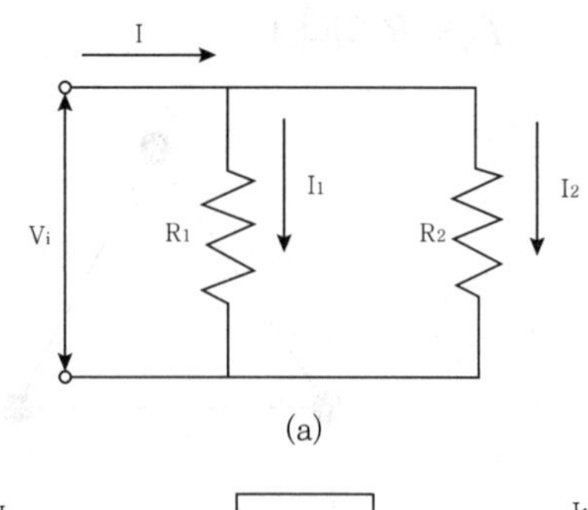

(a)

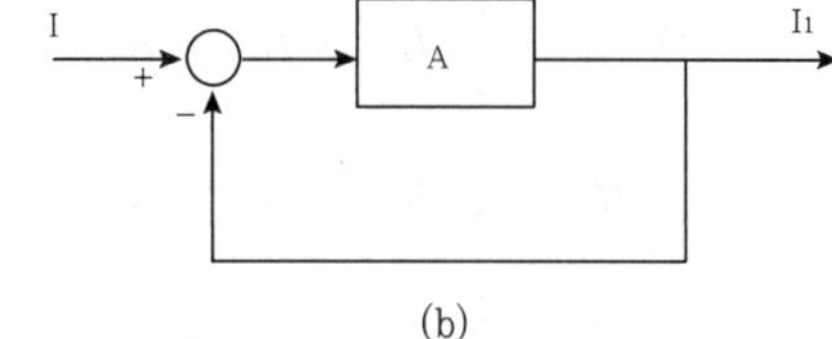

(b)

① $\dfrac{R_1}{R_2}$　② $\dfrac{R_2}{R_1}$

③ $\dfrac{1}{R_1R_2}$　④ $\dfrac{1}{R_1+R_2}$

해설

$$I_1(s)=\frac{R_2}{R_1+R_2}I(s),\quad \frac{I_1(s)}{I(s)}=\frac{R_2}{R_1+R_2}$$

$$=\frac{\frac{R_2}{R_1}}{1+\frac{R_2}{R_1}}=\frac{경로}{1-폐로}=\frac{A}{1+A}$$

$$\therefore A=\frac{R_2}{R_1}$$

67 **출력의 일부를 입력으로 되돌림으로써 출력과 기준 입력과의 오차를 줄여나가도록 제어하는 제어방법은?**

① 피드백제어
② 시퀀스제어
③ 리세트제어
④ 프로그램제어

해설 피드백 자동제어계의 특징
① 정확성의 증가
② 계의 특성 변화에 대한 입력 대 출력비의 감도 감소
③ 비선형성과 왜형에 대한 효과의 감소

68 **다음의 정류회로 중 리플전압이 가장 작은 회로는? (단, 저항부하를 사용하였을 경우)**

① 3상 반파 정류회로
② 3상 전파 정류회로
③ 단상 반파 정류회로
④ 단상 전파 정류회로

해설 맥동률

$$\upsilon=\frac{출력전압(전류)의\ 포함된\ 맥동분}{출력전압(전류)의\ 직류분}\times 100[\%]$$

1) 맥동률 최소 : 3상 전파
2) 맥동률 최대 : 단상 반파

69 **다음 중 압력을 감지하는 데 가장 널리 사용되는 것은?**

① 전위차계
② 마이크로폰
③ 스트레인 체인지
④ 회전자기 부호기

70 **그림과 같은 블록선도가 의미하는 요소는?**

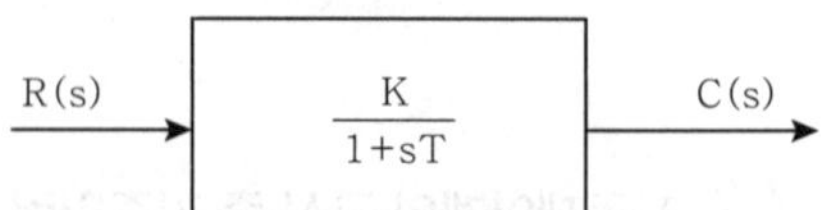

① 비례요소　② 미분요소
③ 1차 지연요소　④ 2차 지연요소

해설 1차 지연요소 $G(s)=\dfrac{K}{1+Ks}$

정답 66 ② 67 ① 68 ② 69 ③ 70 ③

71 위치, 각도 등의 기계적 변위를 제어량으로 해서 목표값의 임의의 변화에 추종하도록 구성된 제어계는?

① 자동조정
② 서보기구
③ 장치제어
④ 프로그램제어

해설 서보기구(기계적인 변위량)
위치, 방위, 자세, 거리, 각도 등

72 전력(Electric Power)에 관한 설명으로 옳은 것은?

① 전력은 전류의 제곱에 저항을 곱한 값이다.
② 전력은 전압의 제곱에 저항을 곱한 값이다.
③ 전력은 저항의 제곱에 비례하고, 전류에 반비례한다.
④ 전력은 전류의 제곱이 비례하고, 전압의 제곱에 반비례한다.

해설
전력 $P=I^2R=\frac{V^2}{R}$[W]

73 3상 유도전동기의 회전방향을 바꾸려고 할 때 옳은 방법은?

① 기동보상기를 사용한다.
② 전원 주파수를 변환한다.
③ 전동기의 극수를 변환한다.
④ 전원 3선 중 2선의 접속을 바꾼다.

해설 회전방향 변경
전원 3선 중 2선의 접속을 바꿔준다.

74 $v=141\sin(377t-\frac{\pi}{6})V$인 전압의 주파수는 약 몇 Hz인가?

① 50　　② 60
③ 100　　④ 377

해설 $\omega=2\pi f=377$ $f=60\text{Hz}$

75 조절부와 조작부로 구성되어 있는 피드백 제어의 구성요소를 무엇이라 하는가?

① 입력부　　② 제어장치
③ 제어요소　　④ 제어대상

해설

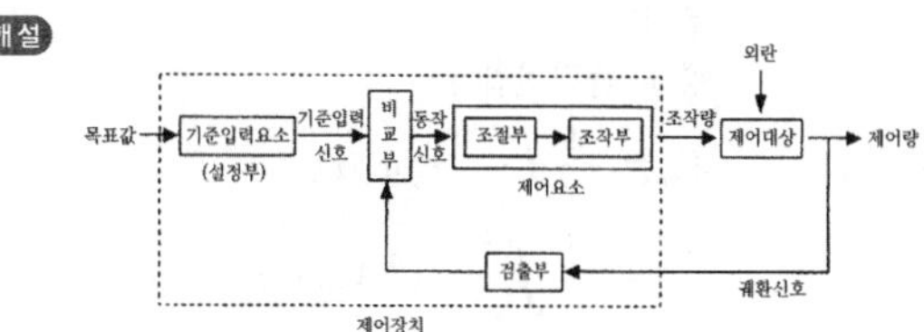

76 다음과 같이 저항이 연결된 회로의 전압 V_1과 V_2의 전압이 일치할 때 회로의 합성저항은 약 몇 Ω인가?

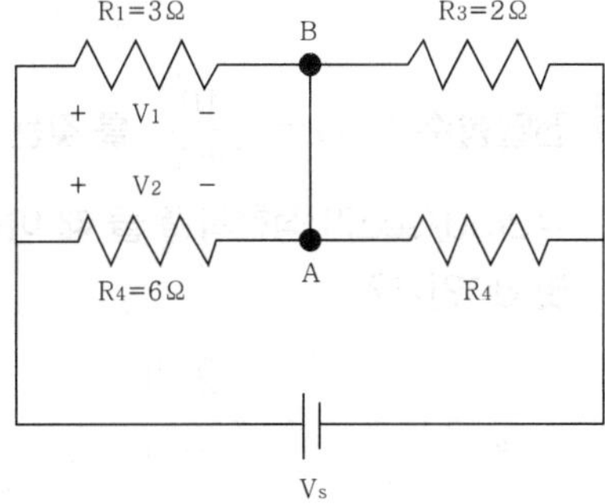

① 0.3　　② 2
③ 3.33　　④ 4

해설 저항비 $3:6=1:2$, $R_3:R_4=2:4$
$\therefore$ 합성저항 $R_0=\frac{3\times6}{3+6}+\frac{2\times4}{2+4}=3.33[\Omega]$

정답 71 ② 72 ① 73 ④ 74 ② 75 ③ 76 ③

77 **그림은 전동기 속도제어의 한 방법이다. 전동기가 최대출력을 낼 때 사이리스터의 점호각은 몇 rad가 되는가?**

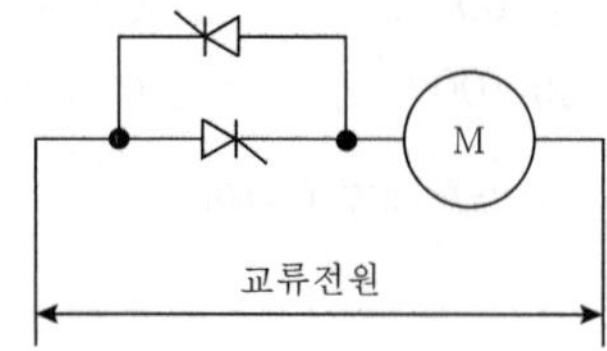

① 0　　② $\frac{\pi}{6}$

③ $\frac{\pi}{2}$　　④ π

해설 단상 전파 위상제어 정류회로 : 유도성부하(저항값 무시)
평균 출력전압

$$V_{av} = \frac{1}{\pi}\int_{\alpha}^{\pi+\alpha} v_o\, d(\omega t)$$
$$= \frac{1}{\pi}\int_{\alpha}^{\pi+\alpha} \sqrt{2}\, V\sin\omega t\ d(\omega t)$$
$$= \frac{2\sqrt{2}\,V}{\pi}\cos\alpha,\quad \alpha = \text{점호각(지연각)}$$

점호각(지연각) α는 0~180° 범위내에서 제어 가능하므로 평균출력전압의 크기는 $\frac{2\sqrt{2}\,V}{\pi}$ ~ $-\frac{2\sqrt{2}\,V}{\pi}$로 가변된다.
전동기가 최대 출력일 때, 점호각은 0°이다.

78 **전달함수 $G(s) = \frac{10}{3+2s}$를 갖는 계의 ω =2rad/sec인 정현파를 줄 때 이득은 약 몇 dB인가?**

① 2　　② 3

③ 4　　④ 6

해설 전달함수($s \to j\omega$로 치환)

주파수 전달함수 $G(j\omega) = \frac{10}{3+j2\omega}$,

$$G(j2) = \frac{10}{3+j2\times 2} = \frac{10}{3+j4}$$
$$|G(j2)| = \left|\frac{10}{3+j4}\right| = \frac{10}{\sqrt{3^2+4^2}} = \frac{10}{5} = 2$$

이득 $g = 20\log|G(j\omega)| = 20\log 2 = 6[\text{dB}]$

79 **유도전동기의 속도제어에 사용할 수 없는 전력 변환기는?**

① 인버터
② 정류기
③ 위상제어기
④ 사이클로 컨버터

해설 정류기는 교류를 직류로 변환시킨다.

80 **다음은 자기에 관한 법칙들을 나열하였다. 다른 3개와는 공통점이 없는 것은?**

① 렌츠의 법칙
② 패러데이의 법칙
③ 자기의 쿨롱법칙
④ 플레밍의 오른손법칙

해설 쿨롱의 법칙
두 개의 자극 사이에 작용하는 자극의 세기는 자극 간 거리의 제곱에 반비례하고, 각각의 자극 세기의 곱에 비례한다.

$$F = \frac{1}{4\pi\mu_0}\cdot\frac{m_1 m_2}{r^2}[N] = 6.33\times 10^4\cdot\frac{m_1 m_2}{\mu_0 r^2}$$

μ_0 : 진공의 투자율(H/m) $= 4\pi\times 10^{-7}$(H/m)
μ_a : 매질의 비투자율(진공 중에서 1, 공기 중에서 약 1)
F : 두 자극 간에 미치고 있는 힘(N)
m_1, m_2 : 자극의 세기(Wb)
r : 자극 간의 거리

정답 77 ① 78 ④ 79 ② 80 ③

02 2018년 03월 04일

01 승강기 개론

01 속도 210m/min 이상의 엘리베이터에 반드시 설치하여야 하는 안전장치로 카의 추락방지(비상정지)장치 작동 시 이 장치에 의해 균형추, 와이어로프 등이 관성에 의해 튀어 오르지 못하도록 하는 장치는?

① 록다운안전장치
② 종단층 강제감속장치
③ 도어안전장치
④ 슬로다운 스위치

해설 보상수단
적절한 권상능력 또는 전동기의 동력을 확보하기 위해 매다는 로프의 무게에 대한 보상수단은 다음과 같은 조건에 따라야 한다.
㉮ 정격속도가 3m/s 이하인 경우에는 체인, 로프 또는 벨트와 같은 수단이 설치될 수 있다.
㉯ 정격속도가 3m/s를 초과한 경우에는 보상 로프가 설치되어야 한다.
㉰ 정격속도가 3.5m/s(210m/min)를 초과한 경우에는 추가로 튀어오름방지장치가(록다운안전장치) 있어야 한다. 튀어오름방지장치(록다운안전장치)가 작동되면 전기안전장치에 의해 구동기의 정지가 시작되어야 한다.
㉱ 정격속도가 1.75m/s를 초과한 경우 인장장치가 없는 보상수단은 순환하는 부근에서 안내봉 등에 의해 안내되어야 한다.

02 층고가 6m를 초과하는 경우 에스컬레이터의 경사도는 몇 도를 초과하지 않아야 하는가?

① 30°　② 35°
③ 40°　④ 45°

해설 경사도
에스컬레이터의 경사도 α는 30°를 초과하지 않아야 한다. 다만, 층고(h13)가 6m 이하이고, 공칭속도가 0.5m/s 이하인 경우에는 경사도를 35°까지 증가시킬 수 있다.

03 완충기의 최소행정에 가장 영향을 미치는 것은?

① 기계실 높이
② 정격하중
③ 정격속도
④ 행정거리

해설 완충기의 행정
㉮ 에너지 축적형 완충기(선형 특성을 갖는 완충기) : 완충기의 가능한 총 행정은 정격속도의 115%에 상응하는 중력정지거리의 2배[$0.135v^2$] 이상이어야 한다. 다만, 행정은 65mm 이상이어야 한다.
㉯ 에너지 분산형 완충기 : 완충기의 가능한 총 행정은 정격속도 115%에 상응하는 중력정지거리[$0.0674v^2$(m)] 이상이어야 한다.

04 주행안내(가이드) 레일의 규격 표시에서 공칭하중은 몇 m를 기준으로 하는가?

① 0.1
② 1
③ 5
④ 10

해설 주행안내(가이드)레일의 규격
① 레일의 표준 길이 : 5m(특수 제작된 T형 레일)
② 레일 규격의 호칭 : 소재의 1m당 중량을 라운드 번호로 하여 K레일을 붙여서 사용된다.
가능한 낮은 작동속도의 선택이 추천된다.

정답 01 ① 02 ① 03 ③ 04 ②

05 유압식 승강기의 종류에 속하지 않는 것은?

① 직접식 ② 간접식
③ 팬터그래프식 ④ 스크루식

해설 유압식 승강기의 종류
직접식, 간접식, 팬터그래프식

06 와이어로프 구조에서 심강은 마닐라삼 등 천연섬유나 합성섬유를 꼬아 만드는 것으로 이 심강의 주요기능으로 알맞은 것은?

① 로프의 파단강도를 높여준다.
② 소선의 방청과 굴곡 시의 윤활활동을 한다.
③ 로프 굴곡 시에 유연성을 부여한다.
④ 로프의 경도를 낮게 해준다.

해설 심강
천연 마 등 천연섬유와 합성섬유로 로프의 중심을 구성한 것으로, 그리스를 함유하여 소선의 방청과 로프의 굴곡 시 소선 간의 윤활을 돕는 역할을 한다.

07 승강기의 주요 안전장치 중 과부하 감지장치의 용도가 아닌 것은?

① 엘리베이터의 전기적 제어용
② 군관리제어용
③ 과하중 경보용
④ 정전 시 구출운전용

해설 정전 시 구출운전용은 자동으로 카를 가장 가까운 승강장으로 운행시키기 위해 예비전원을 장착한 ARD를 사용한다.

08 유압식 엘리베이터의 유압장치의 보수, 점검, 수리 등을 할 때 주로 사용하는 안전장치는?

① 스톱밸브 ② 블리드오프
③ 라인필터 ④ 스트레이너

해설 스톱밸브(Stop Valve)
유압 파워유닛에서 실린더로 통하는 배관 도중에 설치되는 수동조작밸브이다. 밸브를 닫으면 실린더의 오일이 탱크로 역류하는 것을 방지한다. 유압장치의 보수, 점검, 수리할 때에 사용되며, 게이트밸브(Gate Valve)라고도 한다.

09 교류 2단 속도 제어에서 크리프 시간이란 무엇인가?

① 저속주행시간 ② 고속주행시간
③ 속도변환시간 ④ 가속 및 감속시간

해설 교류 2단 속도제어방식의 원리
교류 2단 전동기의 속도비는 착상오차 이외의 감속도, 감속 시의 저크(감속도의 변화 비율), 저속주행시간(크리프 시간), 전력회생의 균형으로 인하여 4 : 1이 가장 많이 사용된다. 속도60m/min까지 적용 가능하다.

10 에스컬레이터가 하강방향으로 역회전되는 것을 방지하기 위한 안전장치는?

① 구동체인 안전장치
② 스텝체인 안전장치
③ 핸드레일 안전장치
④ 비상정지 스위치

해설 구동체인 안정장치(D.C.S)
상부 기계실에 설치되어 있으며, 구동체인이 절단되거나 과다하게 늘어났을 경우 스위치를 작동시켜 전원을 차단하여 에스컬레이터를 정지시키는 장치이다.

11 승객용 엘리베이터에서 있어서 카 바닥(Platform)과 카 틀(Car Frame)의 안전율은 얼마 이상이어야 하는가?

① 7.5 ② 8.0
③ 8.5 ④ 10

해설 승용 승강기 카 안전율 : 7.5, 승용승강기외 카 안전율 : 6

정답 05 ④ 06 ② 07 ④ 08 ① 09 ① 10 ① 11 ①

12 **카 추락방지(비상정지)장치가 작동될 때 부하가 없거나 부하가 균일하게 분포된 카의 바닥은 정상적인 위치에서 몇 %를 초과하여 기울어지지 않아야 하는가?**

① 5　② 10
③ 15　④ 20

해설 추락방지(비상정지)장치가 작동 시 카 바닥의 기울기
카 추락방지(비상정지)장치가 작동될 때 부하가 없거나 부하가 균일하게 분포된 카의 바닥은 정상적인 위치에서 5%를 초과하여 기울어지지 않아야 한다.

13 **사람이 출입할 수 없도록 정격하중이 300kg이하이고, 정격속도가 1m/s 이하인 엘리베이터는?**

① 화물용 엘리베이터
② 자동차용 엘리베이터
③ 주택용(소형) 엘리베이터
④ 소형화물용 엘리베이터(덤웨이터)

해설 소형화물용 엘리베이터(덤웨이터)
1.2 이 기준은 사람이 출입할 수 없도록 정격하중이 300kg 이하이고, 정격속도가 1m/s 이하인 소형화물용 엘리베이터에 대하여 규정한다.

14 **장애인용 엘리베이터의 승강장 바닥과 벽의 틈은 몇 cm 이하인가?**

① 2.0
② 2.5
③ 3.0
④ 3.5

해설 장애인용, 소방구조용 및 피난용 엘리베이터에 대한 추가요건
승강장 바닥과 승강기 바닥의 틈은 0.03m 이하이어야 한다.

15 **엘리베이터 안전기준상 과속조절기의 일반사항 및 로프 구비조건에 대한 설명으로 틀린 것은?**

① 과속조절기 로프의 최소 파단하중은 10 이상의 안전율을 확보해야 한다.
② 과속조절기에는 추락방지안전장치의 작동과 일치하는 회전방향이 표시되어야 한다.
③ 과속조절기 로프 인장 풀리의 피치 직경과 과속조절기 로프의 공칭 지름의 비는 30 이상이어야 한다.
④ 과속조절기가 작동될 때, 과속조절기에 의해 발생되는 과속조절기 로프의 인장력은 추락방지안전장치가 작동하는 데 필요한 힘의 2배 또는 300N 중 큰 값 이상이어야 한다.

해설 과속조절기 로프
가) 과속조절기 로프는 KS D 3514 또는 ISO 4344에 적합해야 한다.
나) 과속조절기 로프의 최소 파단 하중은 권상 형식 과속조절기의 마찰 계수μmax 0.2를 고려하여 과속조절기가 작동될 때 로프에 발생하는 인장력에 8 이상의 안전율을 가져야한다.
다) 과속조절기의 도르래 피치 직경과 과속조절기 로프의 공칭 직경 사이의 비는 30 이상이어야 한다.

16 **승강장 도어가 레일 끝을 이탈(Over Run)하는 것을 방지하기 위해 설치하는 것은?**

① 보호판
② 행거레일
③ 스토퍼
④ 행거롤러

정답 12 ① 13 ④ 14 ③ 15 ① 16 ③

17 **유도전동기에서 인가되는 전압과 주파수를 동시에 변환시켜 직류전동기와 동등한 제어성능을 얻을 수 있는 방식은?**

① 인버터제어
② 교류 일반 속도제어
③ 교류 귀한 전압제어
④ 워드 레오나드 제어

해설 VVVF 제어방식의 원리
가변전압 가변주파수 : 전압과 주파수를 동시에 제어
㉮ 광범위한 속도제어방식으로, 인버터를 사용하여 유도전동기의 속도를 제어하는 방식이다.
㉯ 유지 보수가 용이하며 승차감 향상 및 소비전력이 적다.
㉰ 컨버터(교류를 직류로 변환), 인버터(직류를 교류로 변환)가 사용된다.
㉱ PAM 제어방식과 PWM 제어방식이 있다.

18 **매다는 장치 중 체인에 의해 구동되는 엘리베이터의 경우 그 장치의 안전율이 최소 얼마 이상이어야 하는가?**

① 7 ② 8
③ 9 ④ 10

해설 권상 도르래 · 풀리 또는 드럼과 로프(벨트) 사이의 직경 비율, 로프/체인의 단말처리
매다는 장치의 안전율은 다음 구분에 따른 수치 이상이어야 한다.
가) 3가닥 이상의 로프(벨트)에 의해 구동되는 권상 구동 엘리베이터의 경우 : 12
나) 3가닥 이상의 6mm 이상 8mm 미만의 로프에 의해 구동되는 권상 구동 엘리베이터의 경우 : 16
다) 2가닥 이상의 로프(벨트)에 의해 구동되는 권상 구동 엘리베이터의 경우 : 16
라) 로프가 있는 드럼 구동 및 유압식 엘리베이터의 경우 : 12
마) 체인에 의해 구동되는 엘리베이터의 경우 : 10

19 **정격속도 60m/min, 적재하중 700kg, 오버밸런스율 40%, 전체효율 0.9인 엘리베이터 용량은?**

① 약 4.6kW
② 약 5.2kW
③ 약 6.1kW
④ 약 7.1kW

해설 엘리베이터용 전동기의 용량(P)

$$P = \frac{LVS}{6,120\eta} = \frac{LV(1-OB)}{6,120\eta}(\mathrm{kW})$$

$$= \frac{700 \times 60 \times (1-0.4)}{6,120 \times 0.9} = 4.57kW$$

L : 정격하중(kg)
V : 정격속도(m/min)
OB : 오버밸런스율(%)
S : 균형추 불평형률
η : 종합효율

20 **전기식 엘리베이터의 매다는 장치(현수장치)에 대한 설명으로 틀린 것은?**

① 매다는 장치는 독립적이어야 한다.
② 체인의 인장강도 및 특성 등이 KS B 1407에 적합해야 한다.
③ 로프 또는 체인 등의 가닥수는 반드시 3가닥 이상어이여 한다.
④ 카와 균형추 또는 평형추는 매다는 장치에 의해 매달려야 한다.

해설 권상 도르래 · 풀리 또는 드럼의 피치직경과 로프(벨트)의 공칭직경 사이의 비율은 로프(벨트)의 가닥수와 관계없이 40 이상이어야 한다. 다만, 주택용 엘리베이터의 경우 30 이상이어야 한다.

정답 17 ① 18 ④ 19 ① 20 ③

02 승강기 설계

21 전기식 엘리베이터에서 권상로프의 지름이 12mm인 것을 4본 사용할 경우 권상도르래의 지름은 몇 mm인가?

① 400　② 480
③ 500　④ 640

해설 권상도르래의 지름 = 12 × 40 = 480mm

22 유압엘리베이터의 릴리프밸브에 대한 설명 중 옳은 것은?

① 일정한 유량을 흐르게 해주는 밸브이다.
② 압력조정밸브의 일종으로 유압회로 내의 압력이 이상 상승하는 것을 방지하는 밸브이다.
③ 한쪽 방향으로만 흐름을 허용하는 밸브이다.
④ 어느 쪽이든 흐름을 막아주는 밸브이다.

해설 안전밸브(Relief Valve)
일종의 압력조절밸브로, 회로의 압력이 설정값에 도달하면 밸브를 열고 오일을 탱크로 돌려보냄으로써 압력이 과도하게 상승하는 것을 방지한다. 상용압력의 125%에 설정한다.

23 기계실의 조도는 기기가 배치된 바닥면에서 몇 Lux 이상이어야 하는가?

① 30　② 50
③ 100　④ 200

해설 기계실 · 기계류 공간 및 풀리실 조도
㉮ 작업공간의 바닥면 : 200ℓx
㉯ 작업공간 간 이동 공간의 바닥면 : 50ℓx

24 에스컬레이터의 디딤판이 들려지는 상태에서의 운행이탈을 감지하는 스텝주행 안전스위치 설치 장소로 가장 적절한 것은?

① 상부의 우측에만 설치
② 상하부의 좌우측 모두 설치
③ 하부의 좌측에만 설치
④ 상하부의 좌측에만 설치

25 동기속도가 1,500rpm 전부하 회전수가 1,410rpm인 전동기의 슬립(%)은?

① 5　② 6
③ 10　④ 12

해설 슬립 $S = \frac{N_S - N}{N_S} \times 100$

$= \frac{1,500 - 1,410}{1,500} \times 100 = 6\%$

26 주행안내(가이드) 레일의 강도 계산 시 고려되지 않는 것은?

① 주행안내(가이드) 레일의 단면계수
② 주행안내(가이드) 레일 단면의 조도
③ 레일 브래킷의 설치 간격
④ 카의 총 중량

27 교류 엘리베이터 변압기 설계 기준으로서 가속전류에 대한 전압강하율(%)은?

① 22　② 15
③ 10　④ 6

해설 전선의 길이에 따른 전압강하 허용치

120m 이하	5%
200m 이하	6%
200m 초과	7%

정답 21 ② 22 ② 23 ④ 24 ② 25 ② 26 ② 27 ④

28 엘리베이터 카 틀 및 카 바닥의 설계에 관하여 틀린 것은?

① 카 바닥과 카 틀의 구조부재의 경사진 플랜지에 사용되는 너트는 스프링 와셔에 얹혀야 한다.
② 현수 도르래가 복수인 겨우 도르래 사이의 로프로 인하여 발생되는 압축력을 고려하여야 한다.
③ 카 틀의 부재와 카 벽 사이의 연결부위는 리벳이나 볼트로 체결 또는 용접을 한다.
④ 인장, 비틀림 휨을 받는 부품에는 주철을 사용하지 않아야 한다.

29 엘리베이터 설비계획상 주요 고려사항이 아닌 것은?

① 교통량 계산결과 그 빌딩의 교통수요에 적합한 충분한 대수일 것
② 이용자의 대기시간이 건물 용도에 적합한 허용치 이하가 되도록 고려할 것
③ 초고층빌딩의 경우 서비스 층의 분할보다는 엘리베이터의 속도를 우선 고려할 것
④ 여러 대의 승강기를 설치할 경우 가능한 건물 가운데로 배치할 것

해설 설비계획상 고려사항
㉮ 교통수요에 적합하고, 시발층을 어느 하나의 층으로 할 것
㉯ 이용자 대기시간을 고려할 것
㉰ 여러 대 설치할 경우 건물 가운데로 배치할 것

30 주행안내(가이드) 레일의 허용응력은 원칙적으로 얼마인가?

① $2,200kg/cm^2$
② $2,300kg/cm^2$
③ $2,400kg/cm^2$
④ $2,500kg/cm^2$

해설 주행안내(가이드) 레일의 허용응력
$2,400kg/cm^2$

31 주행안내(가이드) 레일의 규격을 결정하는 데 관계가 없는 것은?

① 정격속도
② 불균형한 큰 하중이 적재되었을 때 회전모멘트
③ 비상정지장치가 작동했을 때 좌굴하중
④ 지진 발생 시 건물의 수평진동력

해설 주행안내(가이드) 레일의 크기를 결정하는 요소
㉮ 좌굴하중 : 비상정지장치 동작 시
㉯ 수평진동력 : 지진 발생 시
㉰ 회전모멘트 : 불평형 하중에 대한 평형 유지

32 승강장문과 카문 전체가 정상 작동하는 동안, 카문의 앞 부분과 승강장문 사이의 수평 거리 [mm] 이하 이어야 하는가?

① 100mm
② 120mm
③ 150mm
④ 165mm

해설 승강장문과 카문 전체가 정상 작동하는 동안, 카문의 앞 부분과 승강장문 사이의 수평 거리는 0.12m 이하이어야 한다.

정답 28 ① 29 ③ 30 ③ 31 ① 32 ②

33 다음의 각 층 정지운전에 관한 설명 중 맞지 않는 것은?

① 방법을 목적으로 주택 등에서 실시한다.
② 각 층이 정지 스위치를 기동(ON)시키면 각 층을 정지하면서 목적층까지 운행한다.
③ 주로 야간에 실시한다.
④ 엘리베이터의 수명을 길게 하기 위하여 실시한다.

해설 각층 강제정지 운전
아파트 등에서 카안의 범죄활동을 방지하기 위하여 설치되며, 스위치를 ON 시키면 각층에 정 지하면서 목적 층 까지 주행 한다.

34 자동도어에 이물질이 끼거나 도어 측면에 충돌 시 보호하는 장치로 맞지 않는 것은?

① 광전장치
② 도어 클로저
③ 초음파장치
④ 세이프티 슈

해설 문 닫힘 안전장치
도어의 선단에 이물질 검출장치를 설치하여 그 작동에 의해 닫히는 문을 멈추게 하는 장치이다.
㉮ 세이프티 슈(Safety Shoe) : 카 도어 앞에 설치하여 물체 접촉 시 동작하는 장치
㉯ 광전장치(Photo Electric Device) : 광선 빔을 이용한 비접촉식 장치
㉰ 초음파장치(Ultrasonic Door Sensor) : 초음파의 감지 각도를 이용한 장치

35 다음 각 부재에 작용하는 하중의 종류를 연결한 것 중 옳은 것은?

① 상부체대 – 굽힘력
② 하부체대 – 전단력
③ 카 바닥 – 비틀림
④ 카 주 – 비틀림

해설 상부체대–굽힘력, 하부체대–굽힘력, 카 바닥 : 굽힘력, 카주 : 굽힘력, 장력

36 엘리베이터 기계실에 설치하지 않아도 되는 것은?

① 시건장치 ② 조명설비
③ 환기장치 ④ 방음설비

37 한 건물에 정격속도 30m/min인 에스컬레이터 1200형 2대, 800형 2대가 설치되어 있다. 시간 당 총 수송능력은?

① 15,000/시간 ② 19,200/시간
③ 24,000/시간 ④ 30,000/시간

해설 ㉮ 1200형 : 6,000(명/시)×2=12,000(명/시)
㉯ 800형 : 3,600(명/시)×2=7,200(명/시)
∴ 12,000(명/시)+7,200(명/시)=19,200(명/시)

※ 최대수송능력
교통흐름계획을 위해, 1시간에 에스컬레이터 또는 무빙워크로 수송할 수 있는 최대인원은 다음과 같다.

디딤판 폭 z_1(m)	공칭 속도 v(m/s)		
	0.5	0.65	0.75
0.6	3,600명/h	4,400명/h	4,900명/h
0.8	4,800명/h	5,900명/h	6,600명/h
1	6,000명/h	7,300명/h	8,200명/h

38 시브의 지름을 주로프의 40배로 하는데, 그 이유는 무엇인가?

① 시브의 수명을 길게 하기 위하여
② 로프의 수명을 길게 하기 위하여
③ 시브의 홈에서 로프의 탈선을 방지하기 위하여
④ 시브와 로프의 슬립 방지를 위하여

정답 33 ④ 34 ② 35 ① 36 ④ 37 ② 38 ②

39 다음에서 과속조절기(조속기)의 종류가 아닌 것은?

① 디스크형
② 플라이 볼형
③ 롤 세이프티형
④ 세이프티 디바이스형

해설 마찰정지(Traction Type)형, 디스크형, 플라이 볼(Fly Ball)형, 양방향 과속조절기

40 소방구조용(비상용) 엘리베이터의 구조를 설명한 것 중 틀린 것은?

① 기계실은 전용 승강로 이외의 부분과 방화구획이 되어 있어야 한다.
② 카 내에는 중앙관리실 또는 경비실 등과 항상 연락할 수 있는 통화장치를 설치하여야 한다.
③ 엘리베이터 운행속도는 90m/mim 이상으로 하여야 한다.
④ 카는 반드시 모든 승강장의 출입구마다 정지할 수 있어야 한다.

해설 소방구조용 엘리베이터
소방관 접근 지정 층에서 소방관이 조작하여 엘리베이터 문이 닫힌 이후부터 60초 이내에 가장 먼 층에 도착되어야 한다. 다만, 운행속도는 1m/s 이상이어야 한다.

03 일반기계공학

41 다이얼게이지로 측정하는 것이 가장 적합한 것은?

① 캠축의 휨
② 나사의 피치
③ 피스톤의 외경
④ 피스톤과 실린더의 간극

해설 크랭크 축을 한 바퀴를 돌려 다이얼 게이지 가장 큰 값과 작은 값을 측정한다.

42 다음 중 선반의 4대 주요 구성부분에 속하지 않은 것은?

① 심압대
② 주축대
③ 바이트
④ 왕복대

해설 선반
주축대(head stock), 척(chuck), 공구대, 심압대(tail stock), 베드(bed), 왕복대, 이송장치, 유압장치 등으로 구성되어 있다.

43 표준 스퍼기어에서 기어의 잇수가 25개, 피치원의 지름이 75mm일 때 모듈은 얼마인가?

① 3　　② 4
③ 5　　④ 6

해설 모듈 $m = \frac{\text{피치원의 지름}(D)}{\text{잇수}(Z)} = \frac{75}{25} = 3$

44 구리의 일반적인 성질에 관한 설명으로 옳지 않는 것은?

① 전기 및 전도도가 높다.
② 용융점 이외에는 변태점이 없다.
③ 연하고 절연성이 커서 가공하기 쉽다.
④ 철강 재료에 비하여 내식성이 커서 공기 중에서는 거의 부식되지 않는다.

해설 절연성은 낮고, 전도성이 우수하다.

정답 39 ④ 40 ③ 41 ① 42 ③ 43 ① 44 ③

45 **주로 굽힘작용을 받으면서 회전력은 거의 전달하지 않는 축으로 가장 적당한 것은?**

① 차축
② 프로펠러 샤프트
③ 기어축
④ 공작기계의 주축

해설 축의 종류
㉮ 차축 : 굽힘 작용(정지차축, 회전차축)
㉯ 동력축(전동축): 비틀림작용 또는 굽힘작용을 받아 동력을 전달하는 회전축
㉰ 스핀들축(Spindle Shaft) : 주로 비틀림을 받고 공작기계 주축을 스핀들 축이라고 한다.

46 **드릴링머신의 안전에 관한 설명으로 옳지 않은 것은?**

① 장갑에 끼고 작업하지 않는다.
② 얇은 가공물은 손으로 잡고 드릴링한다.
③ 구멍 뚫기가 끝날 무렵은 이송을 천천히 한다.
④ 얇은 판의 구멍 뚫기에는 보조 나무판을 사용하는 것이 좋다.

47 **암나사를 수기가공으로 작업할 때 사용되는 공구는?**

① 탭(Tap)
② 리머(Reamer)
③ 다이스(Dies)
④ 스크레이퍼(Scraper)

해설 탭 : 작은 암나사를 가공할 때 사용한다.

48 **길이 1m 연강봉에 인장하중이 작용했을 때 봉이 0.5mm만큼 늘어났다면 인장변형률은 얼마인가?**

① 0.05　② 0.005
③ 0.0005　④ 0.0006

해설 변형률(Strain)
변형률은 원래의 길이에 대한 변형량이다.

$$변형률 = \frac{변형량}{원래의\ 길이},\ \epsilon = \frac{\Delta \ell}{\ell} = \frac{0.5}{1,000} = 0.0005$$

49 **다음 공작기계중 척, 센터, 면판, 돌리개, 심봉, 방진구 등의 부속장치를 사용하는 것은?**

① 선반　② 플레이터
③ 보링머신　④ 밀링머신

해설 선반
주축대(head stock), 척(chuck), 공구대, 심압대(tail stock), 베드(bed), 왕복대, 이송장치, 유압장치 등으로 구성되어 있다.

50 **속이 빈 모양의 목형(木型)을 주형 내부에서 지지할 수 있도록 목형에 덧붙여 만든 돌출부를 무엇이라고 하는가?**

① 라운딩(Rounding)
② 코어 프린트(Core Print)
③ 목형 기울기(Draft Taper)
④ 보정 여유(Compensation Allowance)

해설 코어 프린트(core print)
속이 빈 모양의 목형(木型)을 주형 내부에서지지할 수 있도록 목형에 덧붙여 만든 돌출부

51 **지름 8mm, 길이 500mm의 연강봉에 1,300kg의 하중이 걸렸을 때 재료는 얼마나 늘어나는가? (단, 탄성계수 = 2.1×10^6 kg/cm^2)**

① 0.58　② 0.058
③ 0.62　④ 0.062

정답 45 ① 46 ② 47 ① 48 ③ 49 ① 50 ② 51 ④

해설 $\lambda = \frac{P\ell}{AE} = \frac{1300 \times 50}{\frac{\pi}{4} \times 0.8^2 \times 2.1 \times 10^6} = 0.0616\text{cm}$

52 알루미늄 분말, 산화철 분말과 점화제의 혼합반응으로 열을 발생시켜 용접하는 방법은?

① 테르밋 용접
② 일렉트로 슬래그 용접
③ 피복 아크 용접
④ 불활성가스 아크 용접

해설 테르밋 용접법
테르밋 반응에 의해 생성되는 열을 이용하여 금속을 용접하는 방법, 테르밋 반응에 의해 알루미늄은 알루미나로 되고 산화철 분말은 용융철이되는 현상을 이용한다.

53 펌프의 종류 중 회전펌프의 일종인 것은?

① 차동펌프
② 단동펌프
③ 복동펌프
④ 기어 펌프

해설 용적형 펌프
① 왕복식 : 버킷 펌프, 피스톤 펌프, 플런저 펌프, 다이아프램 펌프
② 회전식 : 기어펌프, 나사펌프, 베인펌프, 자생펌프

54 와셔(Washer)를 사용하는 일반적인 경우가 아닌 것은?

① 내압력이 낮은 고무면의 경우
② 너트에 맞지 않는 볼트일 경우
③ 볼트 구멍이 볼트의 호칭용 규격보다 클 경우
④ 너트와 볼트의 머리 접촉이 경사지거나 접촉면이 고르지 않는 경우

해설 와셔(washer)를 사용하는 이유는 진동으로 인한 풀림을 방지 및 볼트 구멍이 지나치게 크거나, 체결부와의 표면이 평탄하지 않을 때 체결 효과를 좋게 하기 위해 사용한다.

55 분사펌프(Jet Pump)에 관한 설명으로 옳은 것은?

① 일반 펌프에 비하여 효율이 높다.
② 부식성 유체 등에는 사용할 수 없다.
③ 액체분류로 유체를 수송할 수 없다.
④ 구조에 있어서의 동적부분이 없고 간단하다.

56 운전 중 정지 중에 축이음에 의한 회전력 전달을 자유롭게 단속할 수 있는 축이음은 어떤 것인가?

① 유니버설 조인트
② 브레이크
③ 클러치
④ 스핀들

해설 클러치(Clutch)
두축을 연결하기도 하고 분리시키기도 하는 축 이음으로, 원동축에서 종동축으로 토크를 전달시킬 때 사용한다.

57 각도측정기로 사용되는 사인바는 일정 각도 이상을 측정하면 오차가 커지는데, 따라서 일반적으로 몇 도 이하에서 사용하는 것이 좋은가?

① 30°　　② 45°
③ 60°　　④ 75°

해설 사인바
길이를 측정하고 삼각 함수를 이용한 계산에 의하여 임의각을 측정하거나 만드는 각도 측정기이다. 사인바는 측정하려는 각도가 45° 이내여야 한다.

정답 52 ① 53 ④ 54 ② 55 ④ 56 ③ 57 ②

58 엘리베이터(Elevator)의 로프와 같이 하중의 크기와 방향이 일정하게 되풀이 작용하는 하중은?

① 집중하중 ② 분포하중
③ 반복하중 ④ 충격하중

59 아크 용접에서 언더 컷(Under Cut)은 어떤 조건에서 가장 많이 나타나는가?

① 고전압, 고용접속도
② 전류부족, 저용접속도
③ 고용접속도, 전류과대
④ 저용접속도, 전류과대

해설 언더컷
용접의 경계부분의 모재가 파여지고 용착금속이 채워지지 않고 홈으로 남아있는 부분, 용접속도가 빠를 때, 전류 과대할 때 발생한다.

60 소성가공법에서 열간가공의 특징이 아닌 것은?

① 가공면이 아름답고 정밀한 형상의 가공면을 얻는다.
② 재결정 이상으로 가열하므로 가공이 쉽다.
③ 거친가공이 적합하다.
④ 표면이 가열되어 있어 산화로 인해 정밀가공이 어렵다.

해설 소성가공
① 소성변형 : 재료에 탄성한계를 넘어서 외력을 제거해도 복원되지 않는 성질.
② 가소성 : 소성변형을 일으키는 성질.
③ 소성가공 : 재료의 가소성을 이용한 가공법. 열간가공과 냉간가공이 있다.
- 열간가공 : 재결정온도 이상에서 가공
- 냉간가공 : 재결정온도 이하에서 가공

61 R–L 직렬회로에 100V의 교류전압을 가했을 때 저항에 걸리는 전압이 80V이었다면 인덕턴스에 걸리는 전압은 몇 V인가?

① 20 ② 40
③ 60 ④ 80

해설 전압분배법칙
$\vec{V} = \vec{V_R} + \vec{V_L}$, $V = \sqrt{V_R^2 + V_L^2}$
$V_L = \sqrt{V^2 - V_R^2} = \sqrt{100^2 - 80^2} = 60\text{V}$

62 단상전파 정류로 직류전압 48V를 얻으려면 변압기 2차권선의 상전압 E는 약 몇 V인가? (단, 부하는 무유도 저항이고, 정류회로 및 변압기에서의 전압강하는 무시한다.)

① 43 ② 53
③ 58 ④ 66

해설 단상전파 정류 직류전압
$E_d = 0.9E$, 상전압 $E = \frac{E_d}{0.9} = \frac{48}{0.9} = 53.33\text{V}$

63 어떤 제어계의 임펄스 응답이 $\sin\omega t$일 때의 계의 전달함수는?

① $\frac{\omega}{s+\omega}$
② $\frac{s}{s+\omega^2}$
③ $\frac{\omega}{s^2+\omega^2}$
④ $\frac{s}{s^2+\omega^2}$

해설

	$f(t)$:시간함수	$F(s)$:주파수함수
정현파 함수	$\sin\omega t$	$\frac{\omega}{s^2+\omega^2}$
	$\cos\omega t$	$\frac{s}{s^2+\omega^2}$

정답 58 ③ 59 ③ 60 ① 61 ③ 62 ② 63 ③

64 2Ω의 저항 10개를 직렬로 연결한 경우 병렬로 연결한 경우의 합성저항의 크기는 몇 배인가?

① 150　　② 100
③ 50　　④ 10

해설 직렬연결 : $2\times10=20[\Omega]$

병렬연결 : $\frac{2}{10}=0.2[\Omega]$

$\therefore \frac{직렬연결}{병렬연결}=\frac{20}{0.2}=100$배

65 피드백제어 시스템의 피드백 효과로 옳지 않는 것은?

① 대역폭증가
② 정확도개선
③ 시스템 간소화 및 비용감소
④ 외부 조건의 변화에 대한 영향 감소

해설 피드백 제어시스템은 시스템 복잡화 및 비용이 증가한다.

66 피드백제어에서 반드시 필요한 장치는?

① 안정도를 좋게 하는 장치
② 대역폭을 감소시키는 장치
③ 응답속도를 빠르게 하는 장치
④ 입력과 출력을 비교하는 장치

해설 피드백 제어에서 반드시 입력과 출력을 비교하는 장치가 필요하다.

67 주파수 응답에 필요한 입력은?

① 계단 입력
② 램프 입력
③ 임펄스 입력
④ 정현파 입력

68 RLC 병렬회로에서 용량성 회로가 되기 위한 조건은?

① $X_L = X_C$
② $X_L > X_C$
③ $X_L < X_C$
④ $X_L + X_C = 0$

해설 병렬회로
㉮ 유도성회로 : $X_L < X_C$
㉯ 용량성회로 : $X_L > X_C$
㉰ 공진회로 : $X_L = X_C$

69 운전자가 배치되어 있지 않는 엘리베이터의 자동제어는?

① 추종제어　　② 프로그램제어
③ 정치제어　　④ 프로세스제어

해설 프로그램제어
무인 엘리베이터 제어, 목표값이 미리 정해진 시간적 변화를 하는 경우

70 다음 (　　)에 들어갈 내용으로 알맞은 것은?

같은 전지 n개를 병렬로 접속하면 기전력은 (㉮)배, 전류용량은 (㉯)배, 내부저항은 (㉰)배이다.

① ㉮ 1　㉯ 1　㉰ 1
② ㉮ 1　㉯ n　㉰ n
③ ㉮ 1　㉯ n　㉰ $\frac{1}{n}$
④ ㉮ n　㉯ n　㉰ $\frac{1}{n}$

해설 오옴의 법칙 $V=IR[V]$
병렬 연결 : 전압 일정, 전류 증가(n배), 저항 감소 $\left(\frac{R}{n}\right)$

정답 64 ② 65 ③ 66 ④ 67 ④ 68 ② 69 ② 70 ③

71 그림과 같은 논리회로에서 출력 Y는?

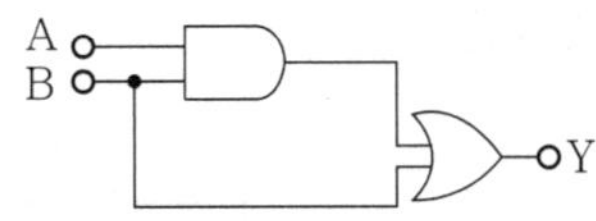

① $Y=AB+A$ ② $Y=AB+B$
③ $Y=AB$ ④ $Y=A+B$

해설 $Y=AB+B$

72 논리식 $\overline{X}+\overline{Y}$와 같은 식은?

① $\overline{X}, \overline{Y}$ ② $X+\overline{Y}$
③ $\overline{X \cdot Y}$ ④ $\overline{X}+Y$

해설 드모르간 정리 $\overline{X \cdot Y}=\overline{X}+\overline{Y}$

73 그림과 같은 신호흐름선도에서 전달함수 $\frac{C(s)}{R(s)}$는?

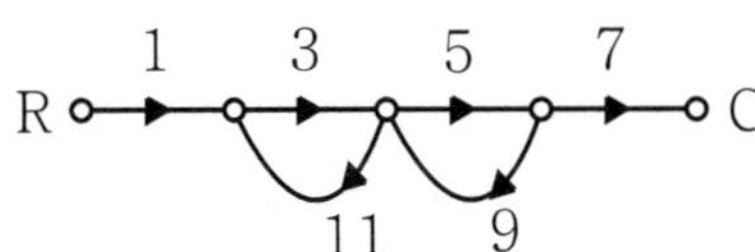

① $-\frac{9}{8}$ ② $\frac{4}{5}$
③ $-\frac{105}{77}$ ④ $-\frac{105}{77}$

해설 $\frac{C(s)}{R(s)}=\frac{\text{경로}}{1-\text{폐로}}=\frac{1\times3\times5\times7}{1-[(11\times3)+(9\times5)]}=-\frac{105}{77}$

74 그림과 같은 피드백 제어계의 폐루프 전달함수는?

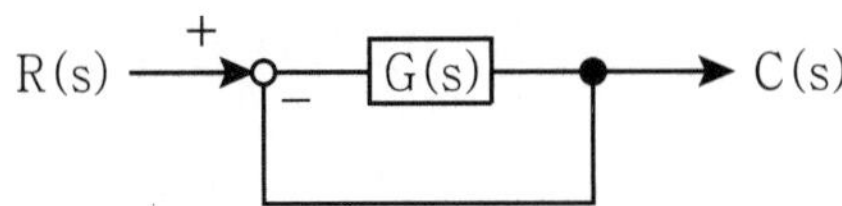

① $\frac{G(s)}{1+R(s)}$ ② $\frac{G(s)}{1+G(s)}$
③ $\frac{R(s)G(s)}{1+G(s)}$ ④ $\frac{C(s)}{1+R(s)}$

해설 $\frac{C(s)}{R(s)}=\frac{\text{경로}}{1-\text{폐로}}=\frac{G(s)}{1-[-G(s)]}=\frac{G(s)}{1+G(s)}$

75 저항 8Ω과 용량 리액턴스 6Ω의 직렬로 접속된 회로에 200V의 전압을 가했을 때는 전류는 몇 A인가?

① 30 ② 20
③ 10 ④ 5

해설 전류 $i=\frac{V}{Z}=\frac{V}{\sqrt{R^2+X_C^2}}$
$=\frac{200}{\sqrt{8^2+6^2}}=\frac{200}{10}=20\text{A}$

76 감은 횟수 30회의 코일과 쇄교하는 자속이 0.2sec 동안에 0.2Wb에서 0.15Wb로 변화했을 때 기전력의 크기는 얼마인가

① 11.5V
② 9.5V
③ 7.5V
④ 4.2V

해설 $e=N\frac{d\phi}{dt}=30\times\frac{0.2-0.15}{0.2}=7.5\text{V}$

77 다음에서 발전기에 적용되는 법칙은?

① 플레밍의 오른손법칙
② 플레밍의 왼손법칙
③ 페러데이 법칙
④ 암페어의 오른나사 법칙

해설 ① 플레밍의 오른손 법칙 : 발전기
② 플레밍의 왼손 법칙 : 전동기

정답 71 ② 72 ③ 73 ③ 74 ② 75 ② 76 ③ 77 ①

78 **제어 결과로 사이클링과 오프셋을 발생시키는 동작은?**

① ON–OFF 동작
② P 동작
③ I 동작
④ PI 동작

해설 동작에 의한 분류
1) 불연속동작에 의한 분류(사이클링 발생)
• ON – OFF 제어(2스위치 제어)
• 샘플링

79 **피드백 제어계의 구성요소 중 제어동작 신호를 받아 조작량으로 바꾸는 역할을 하는 것은?**

① 설정부　　② 비교부
③ 조작부　　④ 검출부

해설 피드백 제어계의 구성

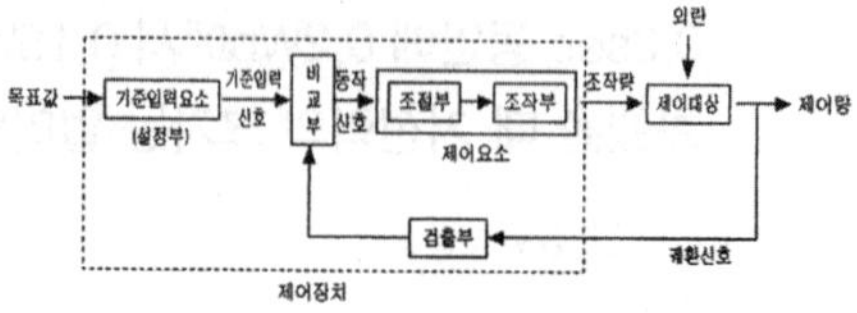

80 **다음 회로에서 합성정전용량은 몇 μF 인가?**

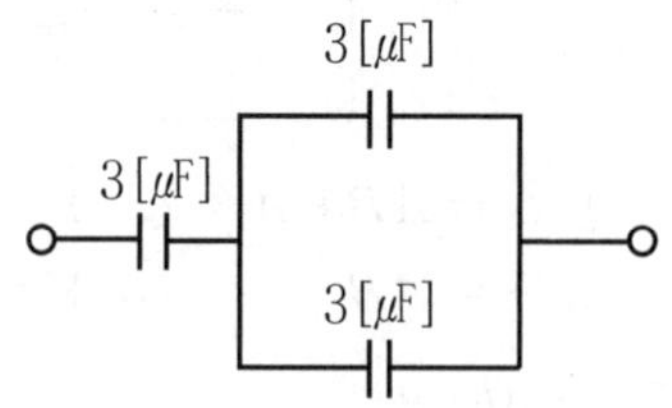

① 1.1　　② 2.0
③ 2.4　　④ 3.0

해설 합성정전용량 $C_0 = \dfrac{3\times(3+3)}{3+(3+3)} = 2\mu\text{F}$

정답 78 ① 79 ③ 80 ②

03 2018년 04월 28일

01 승강기 개론

01 매다는 장치 중 체인에 의해 구동되는 엘리베이터의 경우 그 장치의 안전율이 최소 얼마 이상이어야 하는가?

① 7 ② 8
③ 9 ④ 10

해설 권상 도르래 · 풀리 또는 드럼과 로프(벨트) 사이의 직경 비율, 로프/체인의 단말처리

매다는 장치의 안전율

가) 3가닥 이상의 로프(벨트)에 의해 구동되는 권상 구동 엘리베이터의 경우 : 12

나) 3가닥 이상의 6mm 이상 8mm 미만의 로프에 의해 구동되는 권상 구동 엘리베이터의 경우 : 16

다) 2가닥 이상의 로프(벨트)에 의해 구동되는 권상 구동 엘리베이터의 경우 : 16

라) 로프가 있는 드럼 구동 및 유압식 엘리베이터의 경우 : 12

마) 체인에 의해 구동되는 엘리베이터의 경우 : 10

02 다음 중 주택용 엘리베이터의 정원을 일반적으로 산출하는 식으로 옳은 것은?

① $정원(인) = \frac{정격하중(kg)}{70}$

② $정원(인) = \frac{정격하중(kg)}{75}$

③ $정원(인) = \frac{정격하중(kg)}{80}$

④ $정원(인) = \frac{정격하중(kg)}{85}$

해설 $정원 = \frac{정격하중}{75}$

03 도어 인터록의 설명으로 틀린 것은?

① 도어 인터록은 카 도어에 부착된다.

② 도어 인터록은 도어록과 도어 스위치로 구성되어 있다.

③ 도어가 닫힐 경우에는 도어록이 먼저 걸린 상태에서 도어 스위치가 들어간다.

④ 도어가 열릴 경우에는 도어 스위치가 끊어진 후에 도어록이 열린다.

해설 도어 인터록의 구조 및 원리

㉮ 구조 : 도어록과 도어 스위치

㉯ 원리 : 시건장치가 확실히 걸린 후 도어 스위치가 들어가고, 도어 스위치가 끊어진 후에 도어록이 열리는 구조이다. 외부에서 도어록을 풀 경우에는 특수한 전용키를 사용해야 한다. 또한 전 층의 도어가 닫혀 있지 않으면 운전이 되지 않아야 한다.

04 유압 엘리베이터에서 동력이 차단되었을 때 유압잭 내 기름의 역류에 의한 카의 하강을 제지하는 장치는?

① 스톱밸브

② 안전밸브

③ 체크밸브

④ 하강유량제어밸브

해설 역저지밸브(Check Valve)

체크밸브라고도 하며, 한쪽 방향으로만 오일이 흐르도록 하는 밸브이다. 펌프의 토출압력이 떨어져서 실린더 내의 오일이 역류하여 카가 자유 낙하하는 것을 방지할 목적으로 설치한 것으로 기능은 로프식 엘리베이터의 전자브레이크와 유사하다.

정답 01 ④ 02 ② 03 ① 04 ③

05 **레일의 표준 길이는 승강로 내의 반입을 편리하게 하기 위하여 몇 m로 하고 있는가?**

① 1 ② 3
③ 5 ④ 10

해설 주행안내(가이드) 레일의 규격
㉮ 레일의 표준 길이 : 5m(특수 제작된 T형 레일)
㉯ 레일 규격의 호칭 : 소재의 1m당 중량을 라운드 번호로 하여 K레일을 붙여서 사용된다. 일반적으로 사용하고 있는 T형 레일은 공칭 8, 13, 18, 및 24K, 30K 레일이지만, 대용량의 엘리베이터는 37K, 50K 레일 등도 사용된다. 또한 소용량 엘리베이터의 균형추 레일에서 비상정지장치가 없는 것이나 간접식 유압 엘리베이터의 램(플런저)을 안내하는 레일에는 강판을 성형한 레일이 사용되고 있다.

06 **엘리베이터의 조작방식에 따른 분류 중 자동운전방식이 아닌 것은?**

① 군관리방식
② 카 스위치식
③ 승합전자동식
④ 하강승합전자동식

해설 운전원 방식(수동식)
㉮ 카 스위치 방식(Car Switch Type) : 카의 기동을 모두 운전자의 카 스위치 조작에 의해서만 이루어진다.
㉯ 신호 방식(Signal Control) : 엘리베이터 도어의 개폐가 운전자의 조작에 의해서만 이루어진다.

07 **견인식(트랙션식) 권상기의 특징으로 틀린 것은?**

① 소요동력이 적다,
② 저속 저양정에 적합하다.
③ 승강행정에 제한이 없다.
④ 과도한 감김의 위험이 없다.

해설 견인비(Traction비)
㉮ 카 측 로프에 걸려 있는 중량과 균형추측 로프에 걸려 있는 중량의 비를 권상비(트랙션비)라 한다.
㉯ 무부하 및 전부하의 상승과 하강 방향을 체크하여 1에 가깝게 하고 두 값의 차가 작게 되어야 로프와 도르래 사이의 견인비 능력, 즉 마찰력이 작아야 로프의 수명이 길게 되고 전동기의 출력을 작게 한다.

08 **엘리베이터를 3~8대 병설하여 운행 · 관리하며, 출퇴근 시의 피크수요, 점심시간 및 회의 종료 시 등에 특정 층의 혼잡 등을 자동적으로 판단하고 서비스 층을 분할하거나 집중적으로 카를 배치 · 운행하는 조작방식은?**

① 군관리방식 ② 카 스위치식
③ 승합전자동식 ④ 하강승합전자동식

해설 군관리방식(Super vi sory Contlol)
엘리베이터를 3~8대 병설할 때 각 카를 불필요한 동작 없이 합리적으로 운행 관리하는 조작방식이다. 운행관리의 내용은 빌딩의 규모 등에 따라 여러 가지가 있지만, 출 · 퇴근 시의 피크 수요, 점심식사 시간 및 회의 종례 시 등 특정 층의 혼잡 등을 자동적으로 판단하고 서비스 층을 분할하거나 집중적으로 카를 배차하여 능률적으로 운전하는 것이다.

09 **다음의 ( ) 안에 들어갈 숫자로 알맞은 것은?**

보조 브레이크 시스템은 제동부하를 갖고 하강 운행하는 에스컬레이터 및 무빙워크를 효과적인 감속에 의해 정지시키고 정지 상태를 유지할 수 있는 방법으로 설계되어야 하며, 감속도는 ( )m/s^2 이하이여야 한다.

① 1 ② 2
③ 3 ④ 4

정답 05 ③ 06 ② 07 ② 08 ① 09 ①

해설 보조 브레이크 시스템은 제동부하를 갖고 하강 운행하는 에스컬레이터 및 경사형 무빙워크가 효과적으로 감속하고 정지 상태를 유지할 수 있도록 설계되어야 한다. 하강방향으로 움직일 때 측정한 감속도는 모든 작동 조건 아래에서 $1m/s^2$ 이하이어야 한다.

10 와이어로프의 구성 중 복수의 소선을 서로 꼬아 구성한 것으로 밧줄 또는 연선이라고 하는 것은?

① 심강 ② 섬유심
② 로프심 ④ 스트랜드

해설 와이어로프 구성
㉮ 소선 : 로프를 구성하고 있는 각각의 소선은 경강선이 사용되고 다이스(Des)에서 일정 치수로 인발가공시킨다. 또한 스트랜드의 표면에 배열시킨 것을 외층소선, 내측에 있는 것을 내층소선이라 한다. 엘리베이터의 주 로프용으로는 외층소선에 경도가 다소 낮은 선재를 사용한 로프가 주로 사용된다.
㉯ 스트랜드 : 다수의 소선을 서로 꼬은 것으로, 소선의 배열방법에 따라 여러 가지 로프의 종류가 있다.
㉰ 심강 : 천연 마 등 천연섬유와 합성섬유로 로프의 중심을 구성한 것으로 그리스를 함유하여 소선의 방청과 로프의 굴곡 시 소선 간의 윤활을 돕는 역할을 한다.

11 미리 정해진 지령속도에 따라 정확하게 제어되고 승차감 및 착상 정도가 그 전의 방식에 비하여 개선된 엘리베이터의 제어방식은?

① 교류 귀환제어
② 교류 일단 속도제어
③ 교류 이단 속도제어
④ 교류 삼단 속도제어

해설 교류 귀환 제어방식의 원리
㉮ 유동전동기 1차측 각 상에 사이리스터와 다이오드를 역병렬로 접속하여 전원을 가하여 토크를 변화시키는 방식으로, 기동 및 주행을 하고 감속 시에는 유도전동기 직류를 흐르게 함으로써 제동토크를 발생시킨다.
㉯ 가속 및 감속 시에 카의 실제 속도를 속도발전기에서 검출하여 그 전압과 비교하여 지령값보다 카의 속도가 작을 경우는 사이리스터의 점호각을 높여 가속시키고, 반대로 지령값보다 카의 속도가 큰 경우에는 제동용 사이리스터를 점호하여 직류를 흐르게 함으로써 감속시킨다.
㉰ 카의 실제 속도와 속도지령장치의 지령속도를 비교하여 사이리스터의 점호각을 바꿔 유도전동기의 속도를 제어하는 방식을 교류귀한제어라 하여 45m/min에서 105m/min까지의 엘리베이터에 주로 이용된다.

12 추락방지(비상정지)장치는 어떤 장치와 연계되어 동작하는가?

① 제어반 ② 권상기
② 조속기 ④ 도어머신

해설 추락방지(비상정지)장치 작동방법
카, 균형추 또는 평형추의 추락방지(비상정지)장치는 자체조속기(과속조절기)에 의해 각각 작동되어야 한다.

13 에스컬레이터의 보조 브레이크에 대한 설명으로 틀린 것은?

① 보조 브레이크는 전기적 형식이여야 한다.
② 보조 브레이크의 작동은 제어회로를 확실하게 개방시켜야 한다.
③ 보조 브레이크는 속도가 공칭속도의 1.4배의 값을 초과하기 전 작동되어야 한다.
④ 보조 브레이크는 스텝 및 팔레트 또는 벨트가 현 운행 방향에서 바뀔 때 작동되어야 한다.

해설 보조 브레이크는 기계적(마찰) 형식이어야 한다.

정답 10 ④ 11 ① 12 ③ 13 ①

14 **1 : 1 로핑에서 2 : 1 로핑 방식으로 전환하려고 한다. 2 : 1 로핑의 시브 속도를 1 : 1 로핑의 시브 속도의 몇 배로 하여야 카의 속도가 같아지는가?**

① $\frac{1}{4}$

② $\frac{1}{2}$

③ 2

④ 4

해설 로프 거는 방법(로핑)

㉮ 1 : 1 로핑 : 로프 장력은 카 또는 균형추의 중량과 로프의 중량을 합한 것이다(승객용).

㉯ 2 : 1 로핑 : 로프의 장력은 1 : 1 로핑 시의 $\frac{1}{2}$이 되고, 시브에 걸리는 부하도 $\frac{1}{2}$이 된다. 그러나 로프가 풀리는 속도는 1 : 1 로핑 시의 2배가 된다(화물용).

∴ 2:1 로핑은 로프의 길이가 1:1에 비해 2배가 필요하므로 속도는 2배로 해야 된다.

15 **조속기 도르래의 회전을 베벨기어에 의해 수직축의 회전으로 변환하고, 이 축의 상부에서부터 링크(Link) 기구에 의해 매달린 구형(球形)의 진자에 작용하는 원심력으로 작동하는 조속기는?**

① 디스크형 조속기

② 플라이 볼형 조속기

③ 롤 세이프티형 조속기

④ 세이프티 기어형 조속기

해설 플라이 볼(Fly Ball)형

조속기(과속조절기) 도르래의 회전을 베벨기어에 의해 수직축의 회전으로 변환하고, 이 축의 상부에서부터 링크 기구에 의해 매달린 구형(球形)의 진자에 작용하는 원심력으로 비상정지장치(추락방지안전장치)를 작동시키는 조속기(과속조절기)

16 **견인비(Traction Ratio)를 무부하와 전부하에서 체크하고 그 값을 낮게 선택하는 이유는?**

① 로프의 길이를 줄이기 위하여

② 로프의 손상과 전동기의 용량을 줄이기 위하여

③ 로프의 본수를 줄이고 마찰력을 중대하기 위하여

④ 균형추의 무게를 줄이고 로프의 본수를 줄이기 위하여

해설 견인비(Traction비)

㉮ 카 측 로프에 걸려 있는 중량과 균형추측 로프에 걸려 있는 중량의 비를 권상비(트랙션비)라 한다.

㉯ 무부하 및 전부하의 상승과 하강 방향을 체크하여 1에 가깝게 하고 두 값의 차가 작게 되어야 로프와 도르래 사이의 견인비 능력, 즉 마찰력이 작아야 로프의 수명이 길게 되고 전동기의 출력을 작게 한다.

17 **전기식 엘리베이터에 필요한 안전장치가 아닌 것은?**

① 완충기

② 조속기

② 도어 인터록

④ 아웃렛 안전장치

18 **승강장 도어의 기능별 분류 중 승객의 카 내 안전사고를 방지하고자 도어에 일정 크기의 창에 강화유리를 설치하여 카 내의 상황을 판단할 수 있는 도어는?**

① 방범도어

② 이중도어

② 방화도어

④ 일반평면도어

정답 14 ③ 15 ② 16 ② 17 ④ 18 ①

19 **직접식 유압엘리베이터에 대한 설명으로 틀린 것은?**

① 추락방지(비상정지)장치가 필요하지 않다.
② 부하에 의한 카 바닥의 빠짐이 작다.
③ 승강로 소요 평면치수가 적고 구조가 간단하다.
④ 실린더를 설치하기 위한 보호관이 필요하지 않다.

해설 집적식(플런저 끝에 카를 설치한 방식)
① 승강로 소요 평면치수가 작고 구조가 간단하다.
② 추락방지(비상정지)장치가 필요 없다.
③ 부하에 의한 카 바닥의 빠짐이 작다.
④ 실린더를 설치하기 위한 보호관을 지중에 설치해야 한다.
⑤ 실린더 점검이 곤란하다.

20 **카 추락방지(비상정지)장치가 작동될 때 부하가 없거나 부하가 균일하게 분포된 카의 바닥은 정상적인 위치에서 몇 %를 초과하여 기울어지지 않아야 하는가?**

① 3
② 5
③ 7
④ 9

해설 추락방지(비상정지)장치 작동 시 카 바닥의 기울기
카 추락방지(비상정지)장치가 작동될 때 부하가 없거나 부하가 균일하게 분포된 카의 바닥은 정상적인 위치에서 5%를 초과하여 기울어지지 않아야 한다.

02 승강기 설계

21 **에스컬레이터의 공칭속도에 대하여 옳은 것은?**

① 경사도 α가 35° 이하인 에스컬레이터는 0.75m/s 이하
② 경사도 α가 30° 이하인 에스컬레이터는 0.5m/s 이하
③ 경사도 α가 30° 초과하고 35° 이하인 에스컬레이터는 0.5m/s 이하
④ 경사도 α가 30° 초과하고 45° 이하인 에스컬레이터는 0.5m/s 이하

해설 속도
무부하 에스컬레이터 또는 무빙워크의 속도는 공칭주파수 및 공칭전압에서 공칭속도로부터 ±5%를 초과하지 않아야 한다.
※ 에스컬레이터의 공칭속도는 다음과 같아야 한다.
㉮ 경사도 α가 30° 이하인 에스컬레이터는 0.75m/s 이하이어야 한다.
㉯ 경사도 α가 30°를 초과하고 35° 이하인 에스컬레이터는 0.5m/s 이하이어야 한다.

22 **카가 완전히 압축된 완충기 위에 있을 때 균형추 주행안내(가이드) 레일의 길이는 몇 m 이상 연장되어야 하는가?**

① 균형추가 완전히 압축된 완충기에 있을 때 $+0.035v^2$m
② 카가 완전히 압축된 완충기에 있을 때 $+0.035v^2$m
③ 균형추가 완전히 압축된 완충기에 있을 때 $+0.135v^2$m
④ 카가 완전히 압축된 완충기에 있을 때 $+0.135v^2$m

정답 19 ④ 20 ② 21 ③ 22 ①

23 직류발전기의 출력단을 직접 직류전동기의 회전자에 연결시키고, 발전기의 계자전류를 조정하여 발전전압을 엘리베이터의 속도에 대응하여 연속적으로 공급시키는 엘리베이터의 제어방식은?

① VVVF 제어방식
② 2단속도 제어방식
③ 워드 레오나드방식
④ 정지 레오나드방식

해설 워드-레오나드 제어방식의 원리(승강기 속도 제어)
㉮ 직류전동기의 속도를 연속으로 광범위하게 제어한다.
㉯ 직류전동기는 계자전류를 제어하는 방식이다.
㉰ 속도제어는 저항 FR을 변화시켜 발전기의 자계를 조절하고 발전기 직류전압제어이다.

24 권상식 엘리베이터에서 기계실이 없는 엘리베이터에 주로 적용되는 로핑 방법은?

① 1 : 1로핑
② 2 : 1로핑
② 3 : 1로핑
④ 4 : 1로핑

해설 기계실이 없는 엘리베이터는 2 : 1 하부 로핑방식을 사용하며, 로프의 장력은 1 : 1 로핑 시의 $\frac{1}{2}$이 되고, 시브에 걸리는 부하도 $\frac{1}{2}$이 된다. 그러나 로프의 길이가 1:1 로핑에 비해 2배가 되어 속도는 2배가 된다.

25 정격속도 60m/min인 엘리베이터가 운전 중 브레이크가 제동하여 500mm 이동 후 정지하였다. 이때 제동 소요시간은 몇 초인가?

① 0.5초　　② 1초
② 1.5초　　④ 2초

해설 제동시간(t)

$$t=\frac{120s}{V}=\frac{120\times0.5}{60}=1\text{sec}$$

s : 제동 후 거리(m)
V : 정격속도(m/min)

26 동기전동기의 회전속도(rpm)를 구하는 식은?

① $\frac{60\times\text{주파수}}{\text{극수}}$　　② $\frac{120\times\text{주파수}}{\text{극수}}$
③ $\frac{240\times\text{주파수}}{\text{극수}}$　　④ $\frac{360\times\text{주파수}}{\text{극수}}$

해설 동기속도 $N_s=\frac{120f}{p}=\frac{120\times\text{주파수}}{\text{극수}}$[rpm]

27 카의 구조설계에 대한 설명으로 틀린 것은?

① 카 바닥은 굽힘력이 주로 작용한다.
② 하부체대는 굽힘력이 주로 작용한다.
③ 상부체대는 전단력이 주로 작용한다.
④ 카 주는 굽힘력과 장력을 고려하여 설계한다.

해설 상부체대 : 굽힘력

28 엘리베이터 교통 수요 예측을 위한 건물 규모의 구분 방법으로 가장 관련이 적은 것은?

① 호텔의 침실 수
② 아파트 거주인구
③ 백화점 직원의 수
④ 업무용빌딩 근무 인원

해설 교통수요
교통수요는 빌딩의 규모(오피스 빌딩의 경우 사무실 유효면적, 공동주택은 거주인구, 백화점은 매장면적, 호텔은 침실 수)로 단위시간의 승객의 집중률로 산정한다.

정답 23 ③ 24 ② 25 ② 26 ② 27 ③ 28 ③

29 **승강기용 전동기의 사용전압이 380V일 경우 각각의 전기가 통하는 전도체와 접지 사이에서 측정되는 절연저항은 몇 MΩ 이상이어야 하는가?**

① 0.1 ② 0.25
③ 0.5 ④ 1.0

해설 전기설비의 절연저항(KS C IEC 60364-6)
절연저항은 각각의 전기가 통하는 전도체와 접지 사이에서 측정되어야 한다. 다만, 정격이 100VA 이하의 PELV 및 SELV회로는 제외한다. 절연저항 값은 다음에 적합해야 한다.

공칭회로전압(V)	시험전압/직류(V)	절연저항(MΩ)
SELV[a] 및 PELV[b] >100VA	250	≥0.5
≤500 FELV[c] 포함	500	≥1.0
>500	1,000	≥1.0

• a SELV : 안전초저압(Safety Extra Low Voltage)
• b PELV : 보호초저압(Protective Extra Low Voltage)
• c FELV : 기능초저압(Functional Extra Low Voltage)

30 **자동차용 엘리베이터의 경우 카의 유효면적은 1[m²] 당 몇 [kg]으로 계산한 값 이상이어야 하는가?**

① 100 ② 150
④ 250 ④ 300

해설 자동차용 엘리베이터의 경우 카의 유효면적은 $1m^2$ 당 150kg으로 계산한 값 이상이어야 한다.

31 **정격속도가 90m/min, 승강행정이 40m이고 부가시간이 78초인 17인승 엘리베이터의 일주시간은 얼마인가?**

① 156초 ② 117초
③ 131.3초 ④ 127.2초

해설 일주시간 $RTT=78(s)+[\frac{40m}{(\frac{90}{60})}]\times 2[s]=131.3[s]$

32 **유압식 엘리베이터에서 실린더와 체크밸브 또는 하강밸브 사이의 가요성 호스는 전 부하압력 및 파열압력과 관련하여 안전율은 얼마 이상인가?**

① 8
② 10
③ 12
④ 14

해설 가요성 호스
실린더와 체크밸브 또는 하강밸브 사이의 가요성 호스는 전 부하압력 및 파열압력과 관련하여 안전율이 8 이상이어야 한다.

33 **그림은 3상 유도전동기 제어회로의 일부이다. 회로의 명칭은?**

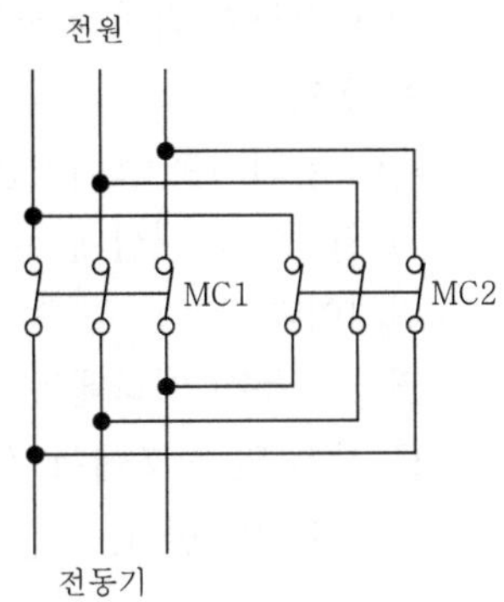

① 인터록 회로
② 정역운전 회로
③ $Y-\Delta$기동 회로
④ 촌동운전 회로

해설 정역운전 회로
3상 중 2상의 접속을 바꿔준다.

34 웜기어의 특징이 아닌 것은?

① 소음이 크다.
② 전동효율이 낮다.
③ 역전이 되지 않는다.
④ 감속비를 크게 할 수 있다.

해설 웜기어/ 헬리컬기어

구분	헬리컬기어	웜기어
효율	높다	낮다
소음	크다	작다
역구동	쉽다	어렵다
용도	고속용 엘리베이터	중·저속용 엘리베이터

35 파이널 리미트(Final Limit) 스위치에 대한 설명 중 옳은 것은?

① 스위치 접촉은 전기적 조작으로 열릴 수 있어야 한다.
② 파이널 리미트 스위치는 카가 완충기에 도달하기 직전에 작동을 중지하여야 한다.
③ 파이널 리미트 스위치는 카를 감속하기 위하여 기계실에 설치하는 안전스위치이다.
④ 권상 구동식 엘리베이터의 경우 승강로 상부 및 하부에서 직접 카에 의해 작동하여야 한다.

해설 ㉮ 파이널 리미트 스위치의 요건
㉠ 기계적으로 조작되어야 하며, 작동 캠(Operating Cam)은 금속제로 만든 것이어야 한다.
㉡ 스위치 접촉(Switch Contact)은 직접 기계적으로 열려야 한다.
㉢ 카 상단 또는 승강로 내부에 장착한 파이널 리미트 스위치는 밀폐된 형식이어야 하고, 카의 수평운동이 그 장치의 작동에 영향을 끼치지 않게 견고히 설치되어야 한다.
㉣ 파이널 리미트 스위치는 승강로 내부에 설치하고 카에 부착된 캠(Cam)으로 조작시켜야 한다.
㉯ 파이널 리미트 스위치의 기능
㉠ 파이널 리미트 스위치는 카가 종단층을 통과한 뒤에는 전원이 엘리베이터 전동기 및 브레이크로부터 자동적으로 차단되어야 한다.
㉡ 완충기에 충돌되기 전에 작동하여야 하며, 슬로다운 스위치에 의하여 정지되면 작용하지 않도록 설정되어야 한다.
㉢ 파이널 리미트 스위치는 카 또는 균형추가 작동을 계속하여야 한다.
㉣ 파이널 리미트 스위치가 작동되면 정상적 하강 양방향에서 공히 정지되어야 한다.

36 엘리베이터의 조명전원설비에 대한 설명으로 틀린 것은?

① 일반적으로 단상 교류 220V가 사용된다.
② 동력용 전원으로부터 인출하여 사용하는 것이 바람직하다.
③ 카 내의 조명용, 환기팬용 및 보수용 램프 등을 위한 전원설비이다.
④ 자가발전설비가 가동될 때도 조명전원이 별도로 인가되도록 구성하는 것이 바람직하다.

해설 동력용과 조명용은 별도로 분리되어야 한다.

37 장애인용 승강기의 출입문의 통과유효폭은 몇 cm 이상으로 하여야 하는가? (단, 신축한 건물의 경우는 제외한다.)

① 60　② 80
③ 90　④ 100

해설 장애인용 엘리베이터의 추가요건(카 및 출입문 크기)
승강기 내부의 유효바닥면적은 폭 1.6m 이상, 깊이 1.35m 이상이어야 한다. 출입문의 통과 유효폭은 0.8m 이상으로 하되, 신축한 건물의 경우에는 출입문의 통과 유효폭을 0.9m 이상으로 할 수 있다.

정답 34 ① 35 ④ 36 ② 37 ②

38 감속비(i) 0.043, 도르래 지름(D) 650mm인 권상기에 1,200rpm의 회전수(N)로 전동기가 구동할 경우 엘리베이터의 정격속도(V)는 몇 m/min인가?

① 45 ② 60
③ 90 ④ 105

해설 엘리베이터 정격속도(V)$=\frac{\pi DN}{1,000}i$

$=\frac{\pi\times 650\times 1,200}{1,000}\times 0.043=105.31\text{m/min}$

D : 권상기 도르래의 지름(mm)
N : 전동기의 회전수(rpm)
i : 감속비

39 대기시간 20초, 승객출입시간 30초, 도어개폐시간 27초, 주행시간 55초, 손실시간 8초 일 때 일주시간(RTT)은?

① 112초 ② 120초
③ 240초 ④ 280초

해설 일주시간(RTT) : 30+27+55+8=120초

40 극 3상, 정격전압이 220V, 주파수가 60Hz인 유도전동기가 슬립 5%로 회전하여 출력 10kW를 낸다면, 이때 토크는 약 몇 N · m인가?

① 50 ② 56
③ 88 ④ 93

해설 1. 제동토크

$T_d=\frac{974kW}{N}=\frac{974\times 10}{1,710}=5.69[\text{kg}\cdot\text{m}]$
$=56.9[\text{N}\cdot\text{m}]$

여기서, N : 전동기 회전수(rpm)
kW : 전동기 출력

2. 전부하 회전수

$N=N_S\times(1-S)=\frac{120\cdot f}{P}\times(1-S)$
$=\frac{120\times 60}{4}\times(1-0.05)=1,710[\text{rpm}]$

여기서, N_S : 동기속도(rpm)
N : 전부하 회전수(rpm)
P : 극수
S : 슬립
f : 주파수(Hz)

03 일반기계공학

41 선반 작업용 부속장치 중 가늘고 긴 공작물을 가공할 때 발생하는 미세한 떨림을 방지하기 위하여 사용하는 것은?

① 방진구 ② 돌림판
③ 돌리개 ④ 연동척

해설 방진구
지름이 작은 긴 공작물의 가공에서 공구의 작용력에 의하여 공작물이 휘어지기 때문에 안정된 가공을 할 수 없을 때 진동을 방지해주는 도구

42 비틀림을 받는 원형 단면 축의 극관성모멘트는? (단, d는 원형 단면의 지름이다.)

① $\frac{\pi d^3}{16}$ ② $\frac{\pi d^3}{32}$
③ $\frac{\pi d^4}{16}$ ④ $\frac{\pi d^4}{32}$

해설 극관성모멘트(Polar Moment of Inertia)

$I_p=\frac{\pi r^4}{2}=\frac{\pi\left(\frac{d}{2}\right)^4}{2}=\frac{\pi d^4}{32}$

r : 원형 단면 반지름
d : 원형 단면 지름

43 다음 중 암나사를 수기가공으로 작업을 할 때 사용되는 공구는?

① 탭 ② 리머
③ 다이스 ④ 스크레이퍼

정답 38 ④ 39 ② 40 ② 41 ① 42 ④ 43 ①

해설 탭 작업
드릴 가공된 구멍이나 파이프 등을 이용하여 암나사를 내는 작업

44 일명 드로잉(Drawing)이라고도 하며, 소재를 다이 구멍에 통과시켜 봉재, 선재, 관재 등을 가공하는 방법은?

① 단조 ② 압연
③ 인발 ④ 전단

해설 인발(Drawing)
봉이나 관을 다이에 넣고 축방향으로 통과시켜 잡아당기어 재료의 지름을 줄이고 길이를 늘리는 가공법

45 두 축의 중심선이 어느 정도 어긋났거나 경사졌을 때 사용하며, 결합 부분에 합성고무, 가죽, 스프링 등의 탄성재료를 사용하여 회전력을 전달하는 것은?

① 플렉시블 커플링(Flexible Coupling)
② 클램프 커플링(Clamp Coupling)
③ 플랜지 커플링(Flange Coupling)
④ 머프 커플링(Muff Coupling)

해설 플렉시블 커플링
두 축 중심선이 어느 정도 어긋났거나 경사졌을 때 사용한다.

46 다음 중 가장 일반적으로 사용하면서 묻힘키라고도 하며, 축과 보스 양쪽에 키 홈을 파는 키는?

① 성크키 ② 반달키
③ 접선키 ④ 미끄럼키

해설 묻힘키(Sunk Key)
성크키라 한다. 가장 많이 사용하며, 축과 보스 양쪽에 키 홈을 가공한다.

47 용접 이음부에 입상의 용제를 공급하고, 이 용제 속에서 전극과 모재 사이에 아크를 발생시켜 연속적으로 용접하는 방법은?

① TIG 용접
② MIG 용접
③ 테르밋 용접
④ 서브머지드 아크 용접

해설 서브머지드 아크 용접(SAW, Submerged Arc Welding)
용접 이음부에 입상의 용제를 공급하고, 이 용제 속에서 전극과 모재 사이에 아크를 발생시켜 연속적으로 용접하는 방법

48 다음 중 마그네슘의 일반적인 성질로 가장 거리가 먼 것은?

① 고온에서 발화하기 쉽다.
② 상온에서 압연과 단조가 쉽다.
③ 비중은 1.74이다.
④ 대기 중에서 내식성이 양호하나 물이나 바닷물에 침식되기 쉽다.

해설 마그네슘
비중은 1.74 가볍고, 고온에서 발화하기 쉽다.

49 다음 중 일반적으로 벨트 풀리(Belt Pulley)와 같은 원형모양의 주형 제작에 편리한 주형법은?

① 혼성 주형법
② 회전 주형법
③ 조립 주형법
④ 고르개 주형법

해설 회전 주형법
벨트 풀리(belt pulley)와 같이 모형이 중심에 대칭인 부품을 주형시 사용하는 방법

정답 44 ③ 45 ① 46 ① 47 ④ 48 ② 49 ②

50 모듈이 8, 잇수가 45개인 표준 평기어의 피치원 지름은 몇 mm인가?

① 180　② 260
③ 360　④ 440

해설 모듈 $m = \frac{\text{피치원의 지름}(D)}{\text{잇수}(Z)}$,
$D = mZ = 8 \times 45 = 360$(평기어의 이 끝 높이는 모듈)

51 재료의 인장강도가 4,000MPa, 안전율이 10이라면 허용응력은 몇 MPa인가?

① 200　② 300
③ 400　④ 500

해설 $\text{허용응력} = \frac{\text{인장강도}}{\text{안전율}} = \frac{4,000}{10} = 400\text{MPa}$

52 탄소강에 함유되어 있는 원소 중 연신율을 감소시키지 않고 강도를 증가시키며, 고온에서 소성을 증가시켜 주조성을 좋게 하는 원소는?

① 망간(Mn)　② 규소(Si)
③ 인(P)　④ 황(S)

해설 망간(Mn)
탄소강에 어떤 성분을 결합하면 연신율을 그다지 감소시키지 않고 강도 및 소성을 증가시키고, 황에 의한 취성을 방지한다.

53 나사산의 각도는 60°이고 인치계 나사이며, 보통나사와 가는나사가 있다. 미국, 영국, 캐나다 등 세 나라의 협정나사로서 ABC나사라고도 하는 것은?

① 관용나사
② 톱니나사
③ 사다리꼴나사
④ 유니파이나사

해설 유니파이나사
인치 나사의 표준으로, 나사산의 각도는 60°이고, 미국, 영국, 캐나다등지에서 주로 사용

54 유압제어밸브를 기능상 크게 3가지고 분류할 때 여기에 속하지 않는 것은?

① 압력제어밸브
② 온도제어밸브
③ 유량제어밸브
④ 방향제어밸브

해설 유압제어밸브
압력제어밸브, 유량제어 밸브, 방향제어밸브(셔틀밸브)

55 코일스프링에서 코일의 평균지름이 50mm, 유효권수가 10, 소선지름이 6mm, 축방향의 하중이 10N 작용할 때 비틀림에 의한 전단응력은 약 몇 MPa인가?

① 1.5　② 3.0
③ 5.9　④ 11.8

해설 코일 스프링에서 전단응력
$\sigma = \frac{8 \cdot D \cdot W}{\pi d^3} = \frac{8 \times 50 \times 10}{\pi \times 6^3} = 5.9[\text{MPa}]$

여기서, σ : 전단응력[MPa]
W : 스프링에 작용하는 하중[N]
D : 평균지름[mm]
d : 소선의 지름[mm]

56 지름 42mm, 표점거리 200mm의 연강제 둥근 막대를 인장 시험한 결과 표점거리가 250mm로 되었다면 연신율은 얼마인가?

① 20%　② 25%
③ 35%　④ 40%

해설 $\text{연신율} = \frac{L_o - L_x}{L_x} \times 100 = \frac{250-200}{200} \times 100 = 25\%$

정답 50 ③ 51 ③ 52 ① 53 ④ 54 ② 55 ③ 56 ②

57 관로의 도중에 단면적이 좁은 목(Throat)을 설치하여 이 부분에서 발생하는 압력차를 측정하여 유량을 구하는 것은?

① 초크　② 위어
③ 오리피스　④ 벤투리미터

해설 벤 투리 미터
파이프 라인을 통해 흐르는 유체의 속도 또는 유량을 측정하는 데 사용되는 장치

58 그림과 같은 단순보에서 R_A와 R_B의 값으로 적절한 것은?

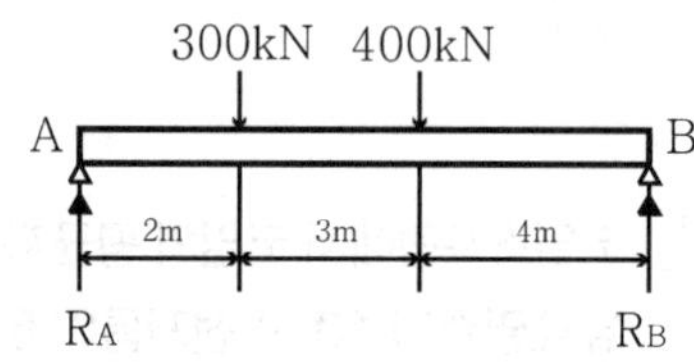

① $R_A=396.8\text{kN}$, $R_B=303.2\text{kn}$
② $R_A=411.1\text{kN}$, $R_B=288.9\text{kn}$
③ $R_A=432.3\text{kN}$, $R_B=267.7\text{kn}$
④ $R_A=467.4\text{kN}$, $R_B=232.6\text{kn}$

해설
$$R_A=\frac{300[\text{kN}]\times(3\text{m}+4\text{m})+400[\text{kN}]\times4\text{m}}{9\text{m}}$$
$$=411.1[\text{kN}]$$
$$R_B=300[\text{kN}]+400[\text{kN}]-R_A=288.9[\text{kN}]$$

59 자동차, 내연기관, 항공기, 펌프 등의 구성부품의 접합부 및 접촉면의 기밀을 유지하고 유체가 새는 것을 방지하기 위해 사용하는 패킹 재료로 적합하지 않은 것은?

① 가죽　② 고무
③ 네오프렌　④ 세라믹

해설 세라믹
고온에서 소결처리하여 만든 비금속 고체재료이다.

60 다음 중 베인펌프(Vane Pump)의 형식으로 가장 적절한 것은?

① 원심식　② 왕복식
③ 회전식　④ 축류식

해설 회전식
기어펌프, 나사펌프, 베인펌프, 자생펌프

04 전기제어공학

61 어떤 제어계의 입력이 단위 임펄스이고 출력이 $c(t)=te^{-3t}$이었다. 이 계의 전달함수 $G(s)$는?

① $\frac{1}{(s+3)^2}$　② $\frac{t}{(s+3)^2}$
③ $\frac{s}{(s+3)^2}$　④ $\frac{1}{(s+2)(s+1)}$

해설
$c(t)=te^{-3t}$, $G(s)=\frac{1}{(s+3)^2}$

구분	$f(t)$: 시간함수	$F(s)$: 주파수함수
지수감쇠램프함수 복소추이	$t^n e^{at}$	$\frac{n!}{(S+a)^{n+1}}$

62 $s^2+2\delta\omega_n s+\omega_n^2=0$인 계가 무제동 진동을 할 경우 δ의 값은?

① $\delta=0$　② $\delta<1$
③ $\delta=1$　④ $\delta>1$

해설 ㉮ $\delta<1$인 경우 : 부족 제동(감쇠 진동)
㉯ $\delta>1$인 경우 : 과제동(비진동)
㉰ $\delta=1$인 경우 : 임계 제동(임계 상태)
㉱ $\delta=0$인 경우 : 무제동(무한 진동 또는 완전 진동)

정답 57 ④ 58 ② 59 ④ 60 ③ 61 ① 62 ①

63 전자회로에서 온도 보상용으로 많이 사용되고 있는 소자는?

① 저항　② 코일
③ 콘덴서　④ 서미스터

해설 서미스터
감열저항체 소자로서 온도 상승에 따라 저항이 감소하는 특성을 가지며, 주로 온도 보상용으로 사용된다.

64 열처리 노의 온도제어는 어떤 제어에 속하는가?

① 자동조정　② 비율제어
③ 프로그램제어　④ 프로세스제어

해설 프로그램제어
미리 정해진 시간적 변화에 따라 정해진 순서대로 제어한다.

65 어떤 제어계의 임펄스 응답이 $\sin\omega t$일 때 계의 전달함수는?

① $\frac{\omega}{s+\omega}$　② $\frac{\omega^2}{s+\omega}$
③ $\frac{s}{s+\omega^2}$　④ $\frac{\omega}{s^2+\omega^2}$

해설

	$f(t)$: 시간함수	$F(s)$: 주파수함수
정현파 함수	$\sin\omega t$	$\frac{\omega}{s^2+\omega^2}$
	$\cos\omega t$	$\frac{s}{s^2+\omega^2}$

66 그림과 같은 논리회로의 출력 Y는?

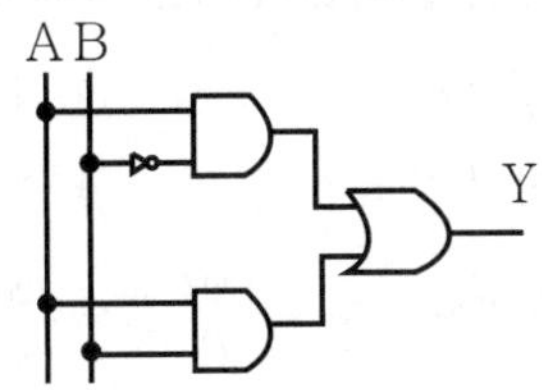

① $Y=AB+A\overline{B}$
② $Y=\overline{A}B+AB$
③ $Y=\overline{A}B+A\overline{B}$
④ $Y=\overline{AB}+A\overline{B}$

해설 $Y=A\cdot\overline{B}+A\cdot B=A(\overline{B}+B)=A$

67 그림과 같은 RL직렬회로에 구형파 전압을 인가했을 때 전류 i를 나타내는 식은?

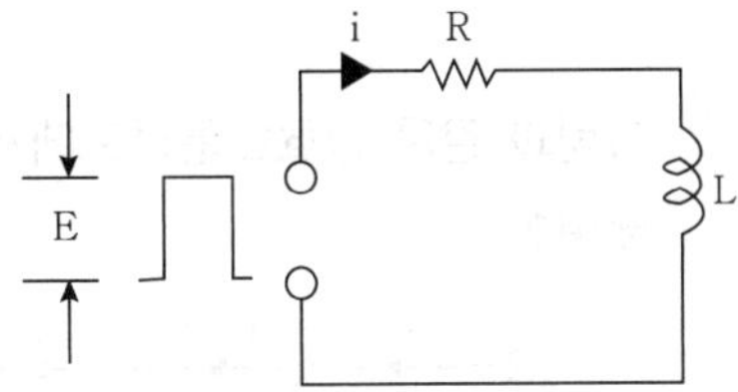

① $i=\frac{E}{R}e^{-\frac{R}{L}t}$

② $i=ERe^{-\frac{R}{L}t}$

③ $i=\frac{E}{R}(1-e^{-\frac{L}{R}t})$

④ $i=\frac{E}{R}(1-e^{-\frac{R}{L}t})$

해설 RL직렬회로
㉮ 스위치 S → ON
- $i(t)=\frac{E}{R}\left(1-e^{-\frac{R}{L}t}\right)[A]$ $i\left(\frac{L}{R}\right)=0.632\frac{E}{R}[A]$
- 정상전류$=\frac{E}{R}[A]$
- 시정수 $T=\frac{L}{R}[sec]$

㉯ 스위치 S → OFF
- $i(t)=\frac{E}{R}e^{-\frac{R}{L}t}$
  $i\left(\frac{L}{R}\right)=0.368\frac{E}{R}[A]$

정답 63 ④ 64 ③ 65 ④ 66 ① 67 ④

68 피드백 제어계의 구성요소 중 동작신호에 해당되는 것은?

① 목표값과 제어량의 차
② 기준입력과 궤환신호의 차
③ 제어량에 영향을 주는 외적 신호
④ 제어요소가 제어대상에 주는 신호

해설 동작신호
목표값과 제어량 사이에서 나타나는 편차값으로서 제어요소의 입력신호이다.

69 그림과 같은 신호흐름선도에서 $\dfrac{C}{R}$를 구하면?

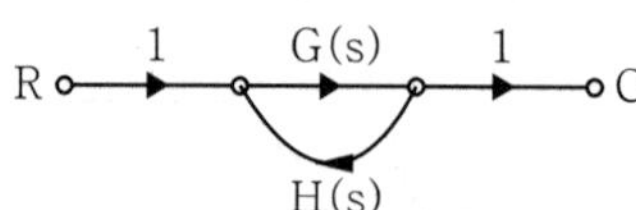

① $\dfrac{G(s)H(s)}{1-G(s)H(s)}$

② $\dfrac{G(s)}{1+G(s)H(s)}$

③ $\dfrac{G(s)H(s)}{1+G(s)H(s)}$

④ $\dfrac{G(s)}{1-G(s)H(s)}$

해설 블록선도

$G(s)=\dfrac{C(s)}{R(s)}=\dfrac{경로}{1-폐로}=\dfrac{G(s)}{1-G(s)H(s)}$

· 경로 : 입력에서 출력으로 가는 각 소자의 곱
· 폐로 : 입력으로 되돌아오는 각 소자의 곱

※ $C(s)=\dfrac{G(s)}{1\pm G(s)H(s)}R(s)$

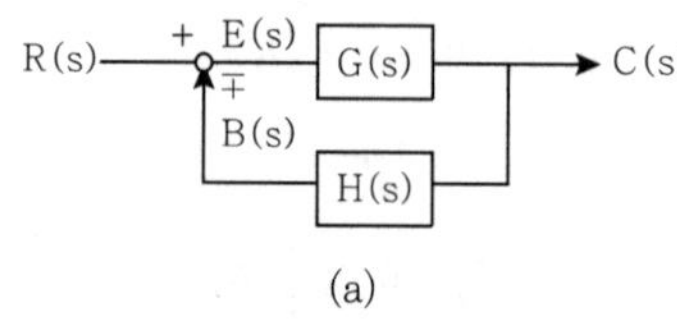

(a)

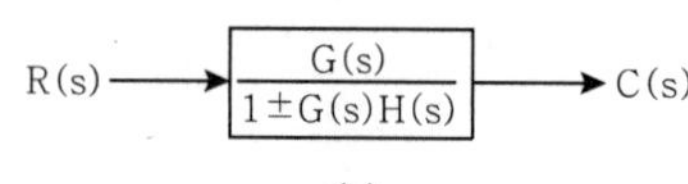

(b)

[피드백 접속의 등가 변환]

70 바리스터의 주된 용도는?

① 온도 측정용
② 전압 증폭용
③ 출력전류 조절용
④ 서지전압에 대한 회로 보호용

해설 바리스터(Varistor)
㉮ 서지 전압에 대한 회로 보호용
㉯ 전압에 따라 저항치가 변화하는 비직선 저항체
㉰ 비직선적인 전압 전류 특성을 갖는 2단자 반도체 장치

71 전류 $I=3t^2+6t$를 어떤 전선에 5초 동안 통과시켰을 때 전기량은 몇 C인가?

① 140 ② 160
③ 180 ④ 200

해설

$$Q=\int_0^5 (3t^2+6t)dt$$
$$=\frac{3}{2+1}[t^3]_0^5+6\frac{1}{1+1}[t^2]_0^5=200[\mathrm{C}]$$

72 일정 전압의 직류전원에 저항을 접속하고 전류를 흘릴 때, 이 전류값을 50% 증가시키기 위한 저항값은?

① 0.6R ② 0.67R
③ 0.82R ④ 1.2R

해설 $R\propto\dfrac{1}{I}$ 저항은 전류와 반비례, $R\propto\dfrac{1}{1.5}=0.67$배

73 동기속도가 3,600rpm인 동기발전기의 극수는 얼마인가? (단, 주파수는 60Hz이다.)

① 2극 ② 4극
③ 6극 ④ 8극

해설 동기속도 $Ns=\dfrac{120f}{P}$, $P=\dfrac{120\times 60}{3{,}600}=2$

정답 68 ② 69 ④ 70 ④ 71 ④ 72 ② 73 ①

74 **어떤 제어계의 단위계단 입력에 대한 출력 응답 $c(t)=1-e^{-t}$로 되었을 때 지연시간 T_d(s)는?**

① 0.693 ② 0.346
③ 0.278 ④ 1.386

해설 (1) 오버슈트 : 과도상태중 계단입력을 초과하여 나타나는 출력의 최대 편차량

백분율 오버 슈트$=\dfrac{\text{최대 오버 슈트}}{\text{최종 목표값}}\times 100[\%]$

(2) 지연시간(시간늦음) : 정상값의 50%에 도달하는 시간

정상값

$\lim\limits_{t\to\infty} c(t)=\lim\limits_{t\to\infty}(1-e^{-t})=1$, 정상값$=1$

지연시간 T_d는 최종값의 50[%] 되는 시간이므로 응답 $c(t)$가 0.5되는 시간

$1-e^{-t}=0.5$

$e^{-t}=0.5,\ \dfrac{1}{e^t}=\dfrac{1}{2},\ e^{2t}=2,\ \ln e^t=\ln 2,\ t=\ln 2$

$\therefore\ t=\ln 2=0.693$

75 **되먹임제어의 종류에 속하지 않는 것은?**

① 순서제어
② 정치제어
③ 추치제어
④ 프로그램제어

해설 제어계의 요소 및 구성

(1) 목표값에 의한 분류

1) 정치 제어(constant - value control)

2) 추치 제어(follow - up control)

① 추종 제어
임의로 변화하는 제어로 서보 기구에 이에 속한다. : 대공포, 자동평형 계기, 추적 레이더

② 프로그램 제어(program control)
목표값의 변화가 미리 정해진 신호에 따라 동작 : 무인열차, 엘리베이터, 자판기 등

③ 비율제어 : 시간에 따라 비례하여 변화(보일러, 밧데리 등)

76 **제어량은 회전수, 전압, 주파수 등이 있으며, 이 목표치를 장기간 일정하게 유지시키는 것은?**

① 서보기구
② 자동제어
③ 추치제어
④ 프로세스제어

해설 자동조정제어
전기적, 기계적 양을 주로 제어하는 것으로서 응답속도가 대단히 빨라야 하는 것이 특징이며, 정전압장치와 발전기의 조속기 등이 이에 속한다. 제어량이 정치제어이다(예 전압, 주파수, 장력, 속도).

77 **다음 블록선도 중 비례적분제어기를 나타낸 블록선도는?**

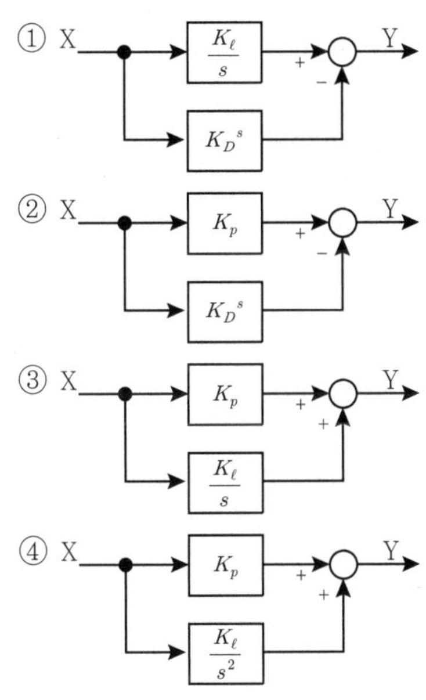

해설 $G(s)=\dfrac{C(s)}{R(s)}=\dfrac{\text{경로}}{1-\text{폐로}}=K_p+\dfrac{K_\ell}{s}$

정답 74 ① 75 ① 76 ② 77 ③

78 **다음 블록선도의 입력과 출력이 일치하기 위해서 A에 들어갈 전달함수는?**

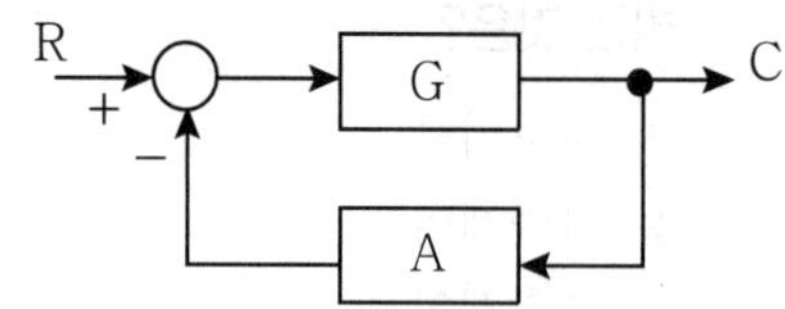

① $\dfrac{1+G}{G}$ ② $\dfrac{G}{G+1}$

③ $\dfrac{G-1}{G}$ ④ $\dfrac{G}{G-1}$

해설 $G(s)=\dfrac{C(s)}{R(s)}=\dfrac{\text{경로}}{1-\text{폐로}}=\dfrac{G}{1+G\cdot A}$

$=\dfrac{G}{1-[-G\times\dfrac{1-G}{G}]}=1$

$\therefore A=\dfrac{G-1}{G}$

79 **직류전동기의 속도제어방법 중 속도제어의 범위가 가장 광범위하며, 운전효율이 양호한 것으로 워드 레너드 방식과 정지 레너드 방식이 있는 제어법은?**

① 저항 제어법
② 전압 제어법
③ 제자 제어법
④ 2차여자 제어법

해설 전압 제어법
워드 레너드 방식, 정지 레너드 방식

80 **제어계의 응답 속응성을 개선하기 위한 제어동작은?**

① D동작 ② I동작
③ PD동작 ④ PI동작

해설 비례미분제어(PD제어)
제어 결과가 빨리 도달하도록 미분동작을 부가한 동작이며, 응답 속응성(응답속도)의 개선에 사용된다.

정답 78 ③ 79 ② 80 ③

04 2019년 03월 03일

01 승강기 개론

01 정격하중 1,000kg, 정격속도 60m/min, 오버밸런스율 40%, 종합효율 60%일 때 권상전동기의 용량은 약 몇 kW인가?

① 5.9　　② 6.5
③ 8.2　　④ 9.8

해설
$$P=\frac{LVS}{6,120\eta}=\frac{LV(1-F)}{6,120\eta}(\text{kW})$$
$$=\frac{1,000\times 60\times(1-0.4)}{6,120\times 0.6}=9.8[kW]$$

L : 정격하중(kg)
V : 정격속도(m/min)
F : 오버밸런스율(%)(1－OB)
S : 균형추 불평형률
η : 종합효율

02 승강기의 도어 시스템 종류를 분류할 때 1S, 2S, 3S, 2짝문 CO, 4짝문 CO로 나타내는데, 여기서 1S, 2S, 3S 표기 중 S는 무엇을 나타내는가?

① 문짝 수
② 측면 열기
③ 중앙 열기
④ 상하 열기

해설 도어 시스템의 형식
숫자는 도어의 문짝수, S는 측면개폐, CO는 중앙개폐

03 파워유닛의 구성요소가 아닌 것은?

① 플런저　　② 전동기
③ 유압펌프　　④ 사이렌서

해설 파워유닛

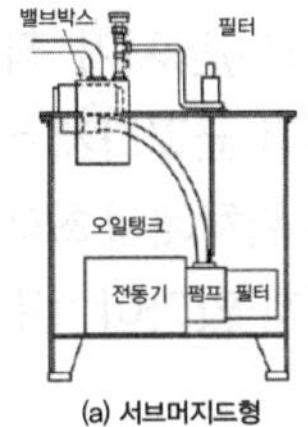

(a) 서브머지드형

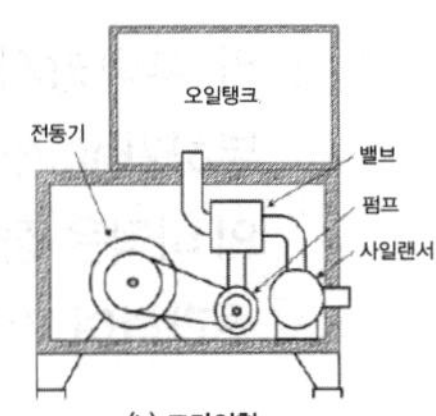

(b) 드라이형

04 완충효과가 있는 즉시 작동형 비상정지장치의 정격속도는 몇 m/s 이하인가?

① 0.5　　② 0.63
③ 1.0　　④ 1.5

해설 완충효과가 있는 즉시 작동형 추락방지안전장치(Instantaneous Safety Gear with Buffered Effect)
정격속도가 1m/s 이하 주행안내레일에서 거의 즉각적으로 충분한 제동작용을 하는 추락방지안전장치나 카 또는 균형추에서의 반작용이 중간의 완충시스템에 의해 제한되는 추락방지안전장치이다.

05 엘리베이터의 로핑 방법의 종류로서 적합하지 않은 것은?

① 1 : 1　　② 2 : 1
③ 4 : 1　　④ 5 : 1

해설 카와 균형추에 대한 로프 거는 방법(로핑)
㉮ 1 : 1 로핑 : 로프 장력은 카 또는 균형추의 중량과 로프의 중량을 합한 것이다(승객용).

정답 01 ④ 02 ② 03 ① 04 ③ 05 ④

㉯ 2 : 1 로핑 : 로프의 장력은 1 : 1 로핑 시의 $\frac{1}{2}$이 되고 시브에 걸리는 부하도 $\frac{1}{2}$이 된다. 그러나 로프가 풀리는 속도는 1 : 1 로핑 시의 2배가 된다(화물용).

㉰ 3 : 1 로핑 이상(4 : 1 로핑, 6 : 1 로핑) : 대용량 저속 화물용 엘리베이터에 사용한다.
- 와이어로프 수명이 짧고 1본의 로프 길이가 매우 길다.
- 종합효율이 저하된다.

06 카 추락방지(비상정지)장치가 작동될 때 부하가 없거나 부하가 균일하게 분포된 카의 바닥은 정상적인 위치에서 최대 몇 %를 초과하여 기울어지지 않아야 하는가?

① 1　　② 3
③ 5　　④ 10

해설 추락방지(비상정지)장치 작동 시 카 바닥의 기울기
추락방지(비상정지)장치가 작동될 때, 부하가 없거나 부하가 균일하게 분포된 카의 바닥은 정상적인 위치에서 5%를 초과하여 기울어지지 않아야 한다.

07 엘리베이터의 분류방법이 아닌 것은?

① 구동방식에 의한 분류
② 적재하중에 의한 분류
③ 제어방식에 의한 분류
④ 용도 및 종류에 의한 분류

08 엘리베이터의 교류 2단 속도제어에 관한 설명으로 틀린 것은?

① 주로 공동주택용 승강기에 많이 사용된다.
② 전동기는 고속권선과 지속권선으로 구성되어 있다.
③ 교류 1단 속도제어에 비해서는 착상 정도가 우수하다.
④ 기동과 주행은 고속권선으로 하고 감속과 착상은 지속권선으로 한다.

해설 교류 2단 속도 제어 방식의 원리
㉮ 고속 권선은 가동 및 주행, 저속 권선은 정지 및 감속을 한다.
㉯ 고속 저속 비율이 4 : 1로 착상오차를 줄일 수 있다.
㉰ 전동기 내에 고속용 권선과 저속용 권선이 감겨져 있는 교류 2단 속도 전동기를 사용하여 기동과 주행은 고속 권선으로 하고, 감속과 착상은 저속 권선으로 하는 제어방식이다.
㉱ 고속과 저속은 4 : 1의 속도 비율로 감속시켜 착상지점에 근접해지면 전동기에 가해지는 모든 연결 접점을 끊고 동시에 브레이크를 걸게 하여 정지시킨다.
㉲ 교류 2단 전동기의 속도 비는 착상오차 이외의 감속도, 감속 시의 저크(감속도의 변화비율), 저속 주행 시간(크리프 시간), 전력회생의 균형으로 인하여 4 : 1이 가장 많이 사용된다. 속도 60m/min까지 적용 가능하다.

09 엘리베이터가 최상층 및 최하층을 지나치지 않도록 하기 위하여 설치하는 장치는?

① 리미트 스위치
② 종단층 강제감속장치
③ 록다운 비상정지장치
④ 록업 비상정지장치

해설 리미트 스위치(Limit Switch)
엘리베이터가 운행 시 최상 · 최하층을 지나치지 않도록 하는 장치로서 카를 감속제어하여 정지시킬 수 있도록 배치되어 있다. 또한 리미트 스위치가 작동되지 않을 경우에 대비하여 리미트 스위치를 지난 적당한 위치에 카가 현저히 지나치는 것을 방지하는 파이널 리미트 스위치(Final Limit Switch)를 설치해야 한다.

정답 06 ③ 07 ② 08 ① 09 ①

10 **3~8대의 엘리베이터가 병설될 때 개개의 카를 합리적으로 운행하는 방식으로 교통수요의 변화에 따라 카의 운전내용을 변화시켜서 가장 적절하게 대응하게 하는 방식은?**

① 군관리방식
② 자동 왕복운전방식
③ 군승합전자동방식
④ 양방향승합전자동방식

해설 군관리방식(Super visory Contlol)
엘리베이터를 3~8대 병설할 때 각 카를 불필요한 동작 없이 합리적으로 운행 · 관리하는 조작방식이다. 운행 · 관리의 내용은 빌딩의 규모 등에 따라 여러 가지가 있지만, 출 · 퇴근 시의 피크 수요, 점심식사 시간 및 회의 종례 시 등 특정 층의 혼잡 등을 자동적으로 판단하고 서비스 층을 분할하거나 집중적으로 카를 배차하여 능률적으로 운전하는 것이다.

11 **카 문턱과 승강장 문 문턱 사이의 수평거리는 최대 몇 mm 이하이어야 하는가?**

① 30 ② 35
③ 40 ④ 60

해설 카 문의 문턱과 승강장 문의 문턱 사이의 수평 거리는 35mm 이하이어야 한다.

12 **장애인용 엘리베이터는 호출 버튼 또는 등록 버튼에 의하여 카가 정지하면 몇 초 이상 문이 열린 채로 대기하여야 하는가?**

① 5초 ② 10초
③ 15초 ④ 20초

해설 호출 버튼 또는 등록 버튼에 의하여 카가 정지하면 10초 이상 문이 열린 채로 대기해야 한다.

13 **조속기 로프 풀리의 피치직경과 조속기 로프의 공칭직경 사이의 비는 최소 얼마 이상이어야 하는가?**

① 10 ② 20
③ 30 ④ 40

해설 과속조절기의 도르래 피치직경과 과속조절기 로프의 공칭직경 사이의 비는 30 이상이어야 한다.

14 **로프의 마모 상태를 판정할 때 소선의 파단이 균등하게 분포되어 있는 경우 로프 사용한도의 기준으로 옳은 것은?**

① 1구성 꼬임(스트랜드)의 1꼬임 피치 내에서 파단수 1 이하
② 1구성 꼬임(스트랜드)의 1꼬임 피치 내에서 파단수 2 이하
③ 1구성 꼬임(스트랜드)의 1꼬임 피치 내에서 파단수 3 이하
④ 1구성 꼬임(스트랜드)의 1꼬임 피치 내에서 파단수 4 이하

해설 로프의 마모 및 파손 상태
로프의 마모 및 파손 상태는 가장 심한 부분에서 확인 · 측정하여 다음에 적합해야 한다.

마모 및 파손상태	기준
소선의 파단이 균등하게 분포되어 있는 경우	1구성 꼬임(스트랜드)의 1꼬임 피치 내에서 파단수 4 이하
파단소선의 단면적이 원래의 소선 단면적의 70% 이하로 되어 있는 경우 또는 녹이 심한 경우	1구성 꼬임(스트랜드)의 1꼬임 피치 내에서 파단수 2 이하
소선의 파단이 1개소 또는 특정의 꼬임에 집중되어 있는 경우	소선의 파단총수가 1꼬임 피치 내에서 6꼬임 와이어로프이면 12 이하, 8꼬임 와이어로프이면 16 이하
마모부분의 와이어로프의 지름	마모되지 않은 부분의 와이어로프 직경의 90% 이상

정답 10 ① 11 ② 12 ② 13 ③ 14 ④

15 **야간에 카 안의 범죄활동을 방지하기 위하여 각 층에 정지하면서 목적층까지 주행토록 하는 장치는?**

① 파킹 스위치
② 정전 시 조명장치
③ 화재관제 운전 스위치
④ 각 층 강제정지 운전 스위치

해설 각 층 강제정지 운전
아파트 등에서 카 안의 범죄활동을 방지하기 위하여 설치되며, 스위치를 ON시키면 각 층에 정지하면서 목적층까지 주행한다.

16 **유희시설에서 모노레일의 허용 고저차는 얼마인가?**

① 2m 미만　② 3m 미만
③ 2.5m 미만　④ 3.5m 미만

해설 모노레일
높이가 2m 이상으로 고저차가 2m 미만의 궤도를 주행하는 것

17 **일반적으로 엘리베이터의 정격속도가 1m/s 이하의 비교적 행정이 작은 경우에 사용되는 완충기로 가장 알맞은 것은?**

① 유입완충기　② 전기완충기
③ 권동완충기　④ 스프링완충기

해설 스프링완충기(Spring Buffer)
카 또는 균형추의 하강 운동에너지를 흡수 및 분산하기 위해 1개 또는 그 이상의 스프링을 사용하는 완충기(정격속도가 1m/s 이하)

18 **엘리베이터의 기계실에 설치되지 않는 것은?**

① 권상기
② 제어반
③ 조속기
④ 추락방지(비상정지)장치

해설 추락방지(비상정지)장치는 카 하부나, 균형추 하부에 설치된다.

19 **전기식 엘리베이터의 주행 중 또는 가감속 시 권상도르래와 와이어로프의 미끄러짐에 관한 설명으로 틀린 것은?**

① 권부각이 클수록 미끄러지기 쉽다.
② 카의 가속도와 감속도가 클수록 미끄러지기 쉽다.
③ 카 측과 균형추 측의 장력비가 클수록 미끄러지기 쉽다.
④ 권상도르래의 홈과 와이어로프 간의 마찰계수가 작을수록 미끄러지기 쉽다

해설 트랙션 능력
㉮ 로프의 감기는 각도(권부각)가 작을수록 미끄러지기 쉽다.
㉯ 카의 가속도와 감속도가 클수록 미끄러지기 쉽고 긴급정지 시에도 동일하다.
㉰ 카 측과 균형추 측의 로프에 걸리는 중량비가 클수록 미끄러지기 쉽다.
㉱ 로프와 도르래 사이의 마찰계수가 작을수록 미끄러지기 쉽다.

20 **유압식 엘리베이터의 펌프는 강제송유식이 많이 사용되는데, 그 중 압력맥동이 작고 진동과 소음이 작아 일반적으로 많이 사용하는 펌프는?**

① 베인펌프　② 원심펌프
③ 기어펌프　④ 스크루펌프

해설 펌프와 전동기
㉮ 일반적으로 압력맥동이 작고 진동과 소음이 적은 스크루펌프가 널리 사용된다.
㉯ 전동기는 3상 유도전동기 사용한다.

정답 15 ④ 16 ① 17 ④ 18 ④ 19 ① 20 ④

02 승강기 설계

21 엘리베이터 도어머신에 요구되는 특성 중 옳은 것은?

① 원활한 작동을 위해서는 소음이 있어도 좋다.
② 감속기로는 헬리컬 감속기가 주류를 이루고 있다.
③ 우수한 성능을 내기 위해서는 중량감이 있어야 한다.
④ 구출 작업 시 정전 및 닫혀 진 상태에서도 잠금 해제구간에서는 손으로 열 수 있어야 한다.

22 주 로프의 안전율이 12 이상인 경우 사용할 수 있는 최소 주 로프의 직경(mm)은?

① 6　　② 8
③ 10　　④ 12

해설 로프
공칭직경이 8mm 이상이어야 한다. 다만, 구동기가 승강로에 위치하고, 정격속도가 1.75m/s 이하인 경우로서 행정안전부장관이 안전성을 확인한 경우에 한정하여 공칭직경 6mm의 로프가 허용된다.

23 전기식 엘리베이터의 승강로 조명에 대한 설명 중 옳은 것은?

① 카 지붕의 조도는 150lx 이상이다.
② 승강로 천장 및 피트 바닥에서 약 0.5m에 중간 전구들과 함께 각각 1개의 전구로 구성되어야 한다.
③ 피트 바닥으로부터 1m 위치에서의 조도는 80lx 이상이다.
④ 승강로 벽이 일부 없는 경우 승강로 조명은 300lx 이상이다.

24 스프링완충기의 설계와 관계없는 것은?

① 카 자중+65kg
② 스프링지수
③ 와알의 계수
④ 횡탄성계수

해설 스프링완충기의 설계
㉮ 코일단면에 발생하는 전단력 $\tau = \frac{8C^3}{\pi D^2} \cdot P$
[D : 평균직경, C : 스프링지수$\left(\frac{D}{d} = \frac{2\gamma}{d}\right)$]
㉯ 응력 분포상태를 보정할 경우
$\tau = K\frac{8C^3}{\pi D^2} \cdot P$($K$: 보정계수, 와알의 계수)
$K = \frac{4C-1}{4C-4} + \frac{0.615}{C}$
㉰ 작용중량 W에 대한 압축량(δ)
$\delta = \frac{8nD^3 W}{Gd^4}$
(N : 권수, G : 횡탄성 계수,
d : 코일의 선경)

25 에너지축적형 완충기에 대한 설명으로 틀린 것은?

① 완충기는 조속기의 작동 속도로 하강 시 최종 리미트 스위치가 동작하지 않은 경우 충격을 완화하여 정지시키는 장치이다.
② 완충기는 카 자중과 정격하중을 더한 값의 2.5배와 4배 사이의 정하중으로 설계되어야 한다.
③ 완충기의 가능한 총행정은 정격속도의 115%에 상응하는 중력정지거리의 2배[$0.135v^2$(m)] 이상이어야 한다. 다만 행정은 65mm 이상이어야 한다.
④ 에너지축적형 완충기는 엘리베이터 정격속도가 1(m/s) 이하인 경우에만 사용된다.

정답 21 ④ 22 ② 23 ② 24 ① 25 ①

해설 완충기
카가 어떤 원인으로 최하층을 통과하여 피트로 떨어졌을 때 충격을 완화하기 위하여 완충기를 설치한다. 반대로 카가 최상층을 통과하여 상승할 때를 대비하여 균형추의 바로 아래에도 완충기를 설치한다.

26 피난용 엘리베이터의 기본 요건에 대한 설명으로 틀린 것은?

① 구동기 및 제어패널·캐비닛은 최상층 승강장보다 위에 위치되어야 한다.
② 카 문과 승강장 문이 연동되는 자동수평개폐식 문이 설치되어야 한다.
③ 출입문의 유효폭은 900mm 이상, 정격하중은 800kg 이상이어야 한다.
④ 승강로 내부는 연기가 침투되지 않는 구조이어야 한다.

해설 출입문의 유효폭은 900mm 이상, 정격하중은 1,000kg 이상이어야 한다.

27 다음은 엘리베이터 브레이크에 대한 설명이다 (ⓐ), (ⓑ) 안에 알맞은 것은?

> 승객용 엘리베이터에서는 정격하중 (ⓐ)의 부하, 화물용 엘리베이터에서는 정격하중 (ⓑ)의 부하로 전속하강 중 카가 위험 없이 감속·정지할 수 있는 제동능력이 필요하다.

① ⓐ 120%, ⓑ 125%
② ⓐ 125%, ⓑ 125%
③ ⓐ 125%, ⓑ 135%
④ ⓐ 135%, ⓑ 125%

해설 전자-기계 브레이크
이 브레이크는 자체적으로 카가 정격속도로 정격하중의 125%를 싣고 하강방향으로 운행될 때 구동기를 정지시킬 수 있어야 한다.

28 전동기 절연의 종류가 아닌 것은?

① A종 ② B종
③ C종 ④ E종

해설 절연물의 종류
전기기기의 주위 온도(℃)의 기준은 40℃이고, 최고허용온도는 절연물의 종류에 따라 다르다.

절연물의 허용온도	종류	Y종	A종	E종	B종	F종	H종	C종
	온도 ℃	90	105	120	130	155	180	180 초과

※ Y종은 면, 견, 종이 등이고, A종은 Y종에 바니시, 기름을 채운 것이다.

29 전동기 효율을 구하는 식은?

① $\frac{출력}{입력} \times 100\%$
② $\frac{입력}{출력} \times 100\%$
③ $\frac{출력 - 손실}{출력} \times 100\%$
④ $\frac{입력 - 손실}{출력} \times 100\%$

해설 전동기 규약효율
$$\eta = \frac{입력 - 손실}{입력} \times 100[\%] = \frac{출력}{입력} \times 100[\%]$$

30 권상기가 전속력으로 운전할 때 전원이 차단된 경우 권상기의 제동기는 다음 중 어떤 조건에서 카가 안전하게 감속 및 정지하도록 해야 하는가?

① 전부하 하강 및 무부하 상승 시
② 무부하 하강 및 전부하 상승 시
③ 전부하 하강 및 전부하 상승 시
④ 무부하 하강 및 무부하 상승 시

정답 26 ③ 27 ② 28 ③ 29 ① 30 ①

31 **후크의 법칙과 관련된 계산식 중 틀린 것은? (단, E : 종탄성계수, W : 하중, ℓ : 원래의 길이, σ : 인장응력, λ : 변형된 길이, ε : 종변형률, G : 횡탄성계수, m : 포아송의 수, A : 단면적)**

① $E = \dfrac{W\ell}{A\lambda}$

② $E = \dfrac{\sigma\ell}{\lambda}$

③ $E = \dfrac{\varepsilon}{\sigma}$

④ $E = 2G\dfrac{m+1}{m}$

해설 Hook's의 법칙≒응력과 변형률의 법칙(응력과 변형률은 비례)
응력-변형률 그래프는 초기 비례하여 증가한다.
이때 비례상수(E)가 탄성계수이다.
$\sigma = E\epsilon$(수직응력-변형률)
E : 비례상수[종탄성상수, 세로탄성상수, 영상수(Young's Modulus)]

32 **6층 이상으로서 연면적이 7,200m²인 숙박시설인 경우 승객용 엘리베이터를 몇 대 설치해야 하는가?**

① 1대 ② 2대
③ 3대 ④ 4대

해설 승용 승강기의 설치기준

건축물의 용도 \ 6층 이상의 거실면적의 합계	3천m² 이하	3천m² 초과
문화 및 집회시설(전시장 및 동·식물원만 해당), 업무시설, 숙박시설, 위락시설	1대	1대에 3천m²를 초과하는 2천m² 이내마다 1대를 더한 대수

$\therefore\ 1 + \dfrac{7{,}200 - 3{,}000}{2{,}000} = 3.1\text{대} \approx 4\text{대}$

33 **다음 (   )에 알맞은 것은?**

> 유입완충기에 있어서 행정은 정격속도의 (ⓐ)에서 충돌할 경우 최대감속도 (ⓑ)를 넘지 않는 평균감속도를 가져야 하며, 카에 미치는 어떤 하중도 1/25초 이하 동안에 (ⓒ) 이상의 최대 가속도를 내지 않아야 한다.

① ⓐ 110%, ⓑ 0.1G, ⓒ 1G
② ⓐ 115%, ⓑ 1G, ⓒ 2G
③ ⓐ 110%, ⓑ 1G, ⓒ 2.5G
④ ⓐ 115%, ⓑ 1G, ⓒ 2.5G

해설 에너지 분산형 완충기
㉮ 카에 정격하중을 싣고 정격속도(또는 감소된 속도)의 115%의 속도로 자유 낙하하여 완충기에 충돌할 때 평균감속도는 1gn 이하이어야 한다.
㉯ $2.5g_n$를 초과하는 감속도는 0.04초보다 길지 않아야 한다.
㉰ 작동 후에는 영구적인 변형이 없어야 한다.

34 **그림은 3상전동기의 속도를 제어하기 위한 회로이다. 전동기 기동 시(A), 전동기 정격속도 운전 시(B), 전동기 감속 시(C)에 대한 3개의 스위치 상태를 순서대로 나열한 것은? (단, 연결은 스위치 Turn On을 의미하고, 개방은 스위치 Turn Off를 의미한다.)**

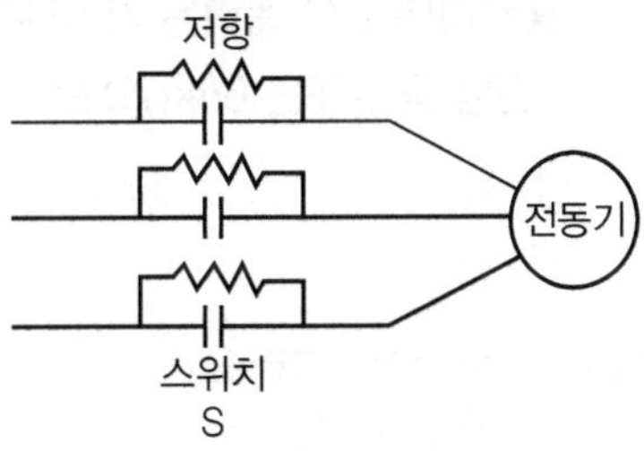

① A 연결, B 개방, C 연결
② A 연결, B 연결, C 개방
③ A 개방, B 연결, C 개방
④ A 개방, B 연결, C 연결

해설 전동기 운전시 기동하여 A가 개방되고, 운전시 B는 주 접점(스위치)가 연결되며, 감속시 C는 개방되어 있다.

35 **인버터 방식의 엘리베이터에서 고조파의 영향을 줄이기 위한 방법과 거리가 가장 먼 것은?**

① 누전차단기를 설치한다.
② 기계실 주변에 TV 안테나 설치를 멀리한다.
③ 승강기 전용 변압기를 설치하여 사용한다.
④ 인버터장치와 각종 통신기기 혹은 제어라인 등의 접지선을 각각 독립 배선한다.

36 **펄스폭을 변화시켜 출력측의 교류전압을 제공하는 인버터 제어방식은?**

① PAM ② PPM
③ PFM ④ PWM

해설 펄스폭 변조(PWM, Pulse Width Modulation)

37 **시간당 9,000명을 수송하는 에스컬레이터에서 수직고가 5m이고, 종합효율이 60%라면 소요 동력은 약 몇 kW인가? (단, 1인당 몸무게는 68kg으로 한다.)**

① 10 ② 12
③ 14 ④ 16

해설 에스컬레이터의 모터 용량

$$P=\frac{GV_n \cdot \sin\theta}{6,120\eta}\times\beta$$

$$=\frac{\text{1분간 수송인원}\times\text{1人 중량}\times\text{층 높이}}{6,120\eta}$$

$$=\frac{\frac{9,000}{60}\times 68\times 5}{6,120\times 0.6}=13.89\text{kW}$$

G : 적재하중(kg)
V_n : 정격속도(m/min)
θ : 경사도(°)
β : 승객승입률(0.85)

38 **와이어로프를 엘리베이터에 적용시킬 때의 설명으로 틀린 것은?**

① 로프는 2가닥 이상이어야 한다.
② 로프는 공칭직경이 8mm 이상이어야 한다.
③ 로프와 로프 단말 사이의 연결은 로프의 최소파단하중의 90% 이상을 견뎌야 한다.
④ 권상도르래, 풀리 또는 드럼과 현수로프의 공칭직경 사이의 비는 스트랜드의 수와 관계없이 40 이상이어야 한다.

해설 매다는 장치와 매다는 장치 끝부분 사이의 연결은 매다는 장치의 최소파단하중의 80 % 이상을 견딜 수 있어야 한다.

39 **엘리베이터 도어 시스템의 설계에 대한 내용으로 적합하지 않은 것은?**

① 잠금부품이 7mm 이상 물려지기 전에는 카가 출발되지 않아야 한다.
② 승강장 문 헤더와 카 바닥 사이의 유효 깊이가 2m 이상이어야 한다.
③ 잠금부품은 문이 열리는 방향으로 350N의 힘을 가할 때 잠금효력이 감소되지 않아야 한다.
④ 엘리베이터가 주행하는 중에도 도어 모터에 계속 일정한 크기의 전류가 흐르도록 한다.

해설 잠금부품의 결합은 문이 열리는 방향으로 300N의 힘을 가할 때 잠금효과를 감소시키지 않는 방식으로 이루어져야 한다.

정답 35 ① 36 ④ 37 ③ 38 ③ 39 ③

40 **카 자중 3,000kg, 적재하중 1,500kg, 승강행정 20m, 로프 가닥수 6, 로프 중량 1kg/m일 때 트랙션비는? (단, 오버밸런스율은 40%로 한다.)**

① 빈 카가 최상층에서 하강 시 : 1.044
전부하 카가 최하층에서 상승 시 : 1.190

② 빈 카가 최상층에서 하강 시 : 1.154
전부하 카가 최하층에서 상승 시 : 1.210

③ 빈 카가 최상층에서 하강 시 : 1.180
전부하 카가 최하층에서 상승 시 : 1.190

④ 빈 카가 최상층에서 하강 시 : 1.240
전부하 카가 최하층에서 상승 시 : 1.283

해설 ㉮ 무부하 시 : 빈 카가 최상층에서 하강 시

$$T=\frac{3,000+1,500\times0.4+20\times6\times1}{3,000}=1.240$$

㉯ 전부하 시 : 만원인 카가 최하층에서 상승 시

$$T=\frac{3,000+1,500+20\times6\times1}{3,000+1,500\times0.4}=1.283$$

03 일반기계공학

41 **그림과 같은 탄소강의 응력(σ)－변형률(ϵ) 선도에서 각 점에 대한 내용으로 적절하지 않은 것은?**

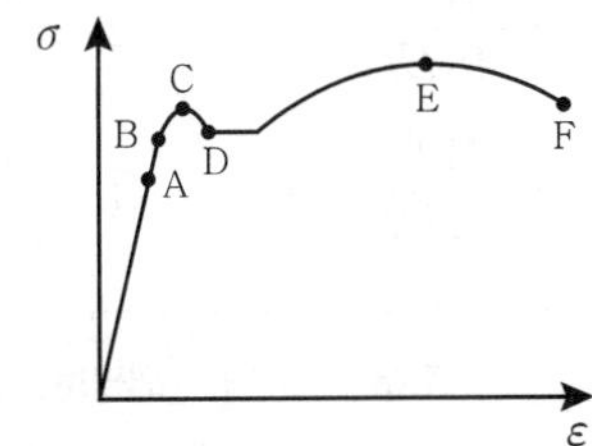

① A : 비례한도
② B : 탄성한도
③ E : 극한강도
④ F : 항복점

해설

σ
극한강도=최대응력
항복응력
파괴강도
비례한도
허용응력
사용응력
E
ε

42 **밴드 브레이크 제동장치에서 밴드의 최소 두께 t(mm)를 구하는 식은? (단, 밴드의 허용인장응력은 σ(N/mm^2), 밴드의 폭은 b(mm), 밴드의 최대 긴장측장력은 F_1(N)이다.)**

① $t=\dfrac{\sigma\cdot b}{F_1}$　　② $t=\dfrac{F_1}{\sigma\cdot b}$

③ $t=\dfrac{\sigma}{b\cdot F_1}$　　④ $t=\dfrac{b\cdot F_1}{\sigma}$

43 **그림과 같은 기어 열에서 각 기어의 잇수가 $Z_1=40$, $Z_2=20$, $Z_3=40$일 때 O_1 기어를 시계방향으로 1회전 시켰다면 O_3 기어는 어느 방향으로 몇 회전하는가?**

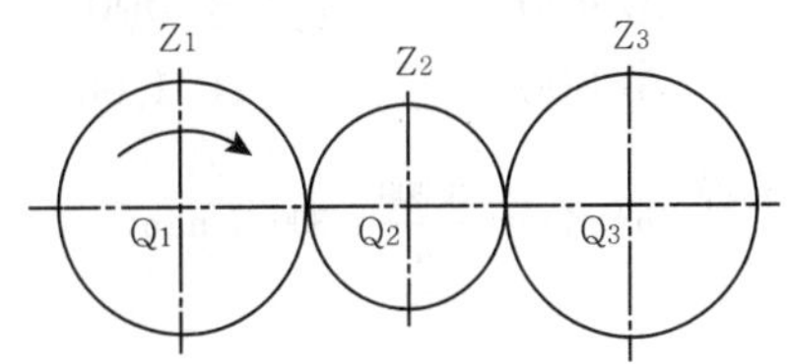

① 시계방향으로 1회전
② 시계방향으로 2회전
③ 시계반대방향으로 1회전
④ 시계반대방향으로 2회전

정답 40 ④ 41 ④ 42 ② 43 ①

해설 $O_3 = O_1 \times \frac{Z_1}{Z_3} = 1 \times \frac{40}{40} = 1$

O_3의 회전방향, O_1 회전방향과 동일하기 때문에 시계방향으로 1회전

44 다음 중 손다듬질 작업에서 일반적으로 쓰지 않는 측정기는?

① 암페어미터 ② 마이크로미터
③ 하이트게이지 ④ 버니어캘리퍼스

해설 암페어 미터는 전류 측정기기이다.

45 제품이 대형이고 제작수량이 적은 경우 제품 형태의 중요 부분만을 골격으로 만들어 사용하는 목형은?

① 골격형 ② 긁기형
③ 회전형 ④ 코어형

해설 골격형
주물 형상이 크고, 소량의 주조제품을 제작시 그 형상의 골격을 제작 한 후 그 간격의 공간을 점토등의 물질로 메워 제작한다.

46 재료의 인장강도가 3,200N/mm²인 재료를 안전율 4로 설계할 때 허용응력은 약 몇 N/mm²인가?

① 400 ② 600
③ 800 ④ 1,600

해설 허용응력 $= \frac{3,200}{4} = 800[\mathrm{N/mm^2}]$

47 언더컷에 대한 설명으로 옳은 것은?

① 아크길이가 짧을 때 생긴다.
② 용접전류가 너무 작을 때 생긴다.
③ 운봉속도가 너무 느릴 때 생긴다.
④ 용접 시 경계부분에 오목하게 생기는 홈을 말한다.

해설 언더컷
용접의 경계부분의 모재가 파여지고 용착금속이 채워지지 않고 홈으로 남아있는 부분을 말한다.

48 그림과 같이 판, 원통 또는 원통용기의 끝부분에 원평단면의 테두리를 만드는 가공법은?

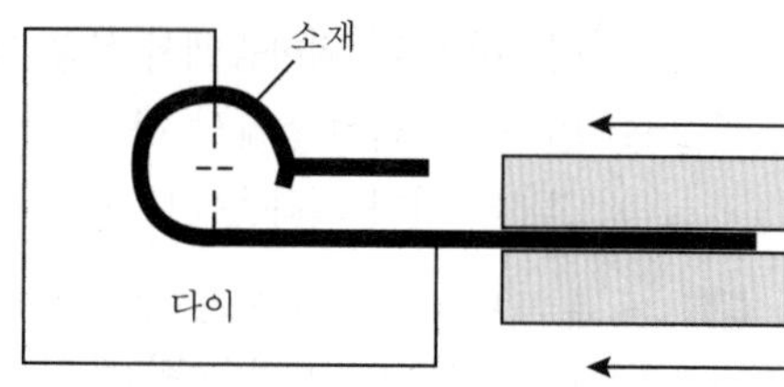

① 버닝(Burring) ② 비딩(Beading)
③ 컬링(Curing) ④ 시밍(Seaming)

해설 컬링(curing)
판, 원통 또는 용기의 끝부분에 원평단면의 테두리를 만드는 가공법

49 중앙에 집중하중 W를 받는 양단지지 단순보에서 최대 처짐을 나타내는 식은? (단, E : 세로탄성계수, I : 단면 2차 모멘트, l : 보의 길이이다.)

① $\frac{Wl^2}{48EI}$ ② $\frac{Wl^3}{48EI}$
③ $\frac{Wl^3}{24EI}$ ④ $\frac{Wl^4}{48EI}$

해설

구분		외팔보	단순보(양단지지보)
집중하중	처짐량(σ)	$\frac{P \times l^3}{3EI}$	$\frac{P \times l^3}{48EI}$
	최대 굽힘모멘트 (σ_{max})	Pl(고정단)	$\frac{P \times l}{4}$ (중앙지점)

정답 44 ① 45 ① 46 ③ 47 ④ 48 ③ 49 ②

50 **강재 원형봉을 토션바(Torsion Bar)로 사용하고자 할 때 원형봉에 발생하는 최대전단응력에 대한 설명으로 틀린 것은?**

① 최대전단응력은 비틀림 각에 비례한다.
② 최대전단응력은 원형봉의 길이에 반비례한다.
③ 최대전단응력은 전단탄성계수에 반비례한다.
④ 최대전단응력은 원형봉 반지름에 비례한다.

해설 원형봉에 발생하는 최대 전단응력은 비틀림 각에 비례, 원형봉의 길이에 반비례, 원형봉 반지름에 비례한다.

51 **숫돌이나 연삭입자를 사용하지 않는 것은?**

① 호닝　② 래핑
③ 브로칭　④ 슈퍼피니싱

해설 브로칭
원통상태의 공구주변에 많은 절삭 날이 축 방향으로 연속하게 배열되어 공작물의 구멍으로 공구를 끌어 당기거나 눌러 절삭 날의 형상과 반대의 형상으로 가공되는 것으로, 브로우치의 특수한 공구를 사용하여 구멍의 내면을 가공하는 것

52 **유압펌프 중 피스톤펌프에 대한 설명으로 옳지 않은 것은?**

① 베인펌프라고도 한다.
② 누설이 작아 체적효율이 좋다.
③ 피스톤의 왕복운동을 이용하여 유압 작동유를 흡입하고 토출한다.
④ 작은 크기로 토출압력을 높게 할 수 있고 토출량을 크게 할 수 있다.

해설 베인펌프
흡입구 쪽에서 가까운 날개 사이로 들어온 유체가 이 날개와 케이싱과 회전자로 이루어진 공간에 담겨서 회전운동으로 송출되는 것이다.

53 **미끄럼키와 같이 회전토크를 전달시키는 동시에 축방향의 이동도 할 수 있는 것은?**

① 묻힘키　② 스플라인
③ 반달키　④ 안장키

해설 스플라인(Spline)
큰 힘 전달가능하고, 회전토크 전달과 동시에 축방향으로 이동가능 한 곳
㉮ 사각형 스플라인 : 경하중용 · 중하중용으로, 홈의 수가 6개, 8개 및 10개의 3가지 있음
㉯ 인벌류트 스플라인 : 큰 동력의 전달이 가능하고, 호빙머신으로 가공, 정밀도 높음

54 **유압기계에 사용하는 작동유가 갖추어야 할 특성으로 틀린 것은?**

① 윤활성　② 유동성
③ 기화성　④ 내산성

해설 작동유가 갖추어야 할 특성
윤활성, 부식방지성, 유동성, 내산성

55 **원판클러치에서 마찰면의 마모가 균일하다고 가정할 때 바깥지름 300mm, 안지름 250mm, 클러치를 미는 힘 500N, 마찰계수가 0.2라고 할 경우 클러치의 전달토크는 몇 N/mm인가?**

① 11,390　② 13,750
③ 17,530　④ 18,275

해설
전달토크 $T=\mu P(\frac{r_1+r_2}{2})$

$=0.2\times500\times(\frac{150+125}{2})=13,750[\text{N}\cdot\text{mm}]$

여기서, T : 전달토크[N · mm]
μ : 마찰계수
P : 클러치를 미는 힘[N]
r_1 : 바깥 반지름[mm]
r_2 : 안쪽 반지름[mm]

56 **체결용 요소인 나사의 풀림방지용으로 사용되지 않는 것은?**

① 이중너트 ② 캡나사
③ 분할핀 ④ 스프링와셔

해설 나사의 풀림방지 방법
이중 너트, 분할 핀, 스프링 와셔, 고정나사를 사용하는 방법이 있다.

57 **비중이 1.74이고 실용 금속 중 가장 가벼우나 고온에서는 발화하는 성질을 가진 금속은?**

① Cu ② Ni
③ Al ④ Mg

해설 마그네슘은 비중이 1.74, 금속 중 가장 가볍고, 고온에서 발화하는 성질이 있다.

58 **공구강의 한 종류로 텅스텐(W) 80'95%, 코발트(Co) 5~6%의 소결합금이며, 상품명은 비디아, 탕갈로이, 카볼로이 등으로 불리는 것은?**

① 스텔라이트 ② 고속도강
③ 초경합금 ④ 다이아몬드

해설 초경합금
소결 탄화물 합금으로 금속 탄화물과 철계가 결합한 복합금속

59 **철강의 표면경화법 중 강재를 가열하여 그 표면에 Al을 고온에서 확산 침투시켜 표면을 경화하는 것은?**

① 실리콘나이징(Siliconizing)
② 크로마이징(Chromizing)
③ 세라다이징(Sheradizing)
④ 칼로라이징(Calorizing)

해설 칼로라이징(Calorizing)
주로 철강의 표면에 Al을 침투 확산시키는 방법

60 **유체기계의 펌프에서 터보형에 속하지 않는 것은?**

① 왕복식 ② 원심식
③ 사류식 ④ 축류식

해설 1) 터보형(Turbo type) 펌프의 종류
① 원심식펌프
② 사류식펌프(diagonal type pump)
③ 축류식펌프(axial type pump)
2) 용적형 펌프
① 왕복식 : 버킷 펌프, 피스톤 펌프, 플런저 펌프, 다이아프램 펌프
② 회전식 : 기어펌프, 나사펌프, 베인펌프, 자생펌프

04 전기제어공학

61 **어떤 도체의 단면을 1시간에 7,200C의 전기량이 이동했다고 하면 전류는 몇 A인가?**

① 1 ② 2
③ 3 ④ 4

해설 전류 $I=\frac{Q}{t}=\frac{7,200}{3,600}=2[\text{A}]$

62 **그림과 같은 신호흐름선도에서 $\frac{C}{R}$의 값은?**

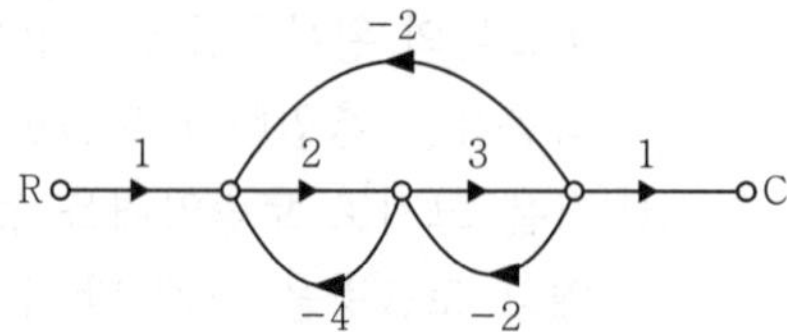

① $\frac{6}{21}$ ② $-\frac{6}{21}$
③ $\frac{6}{27}$ ④ $-\frac{6}{27}$

정답 56 ② 57 ④ 58 ③ 59 ④ 60 ① 61 ② 62 ③

해설 전달함수 $G(s)=\dfrac{C(s)}{R(s)}=\dfrac{\text{경로}}{1-\text{폐로}}$

$=\dfrac{1\times2\times3\times1}{1-[(-4\times2)+(-2\times3)+(-2\times2\times3)]}=\dfrac{6}{27}$

63 그림과 같은 제어에 해당하는 것은?

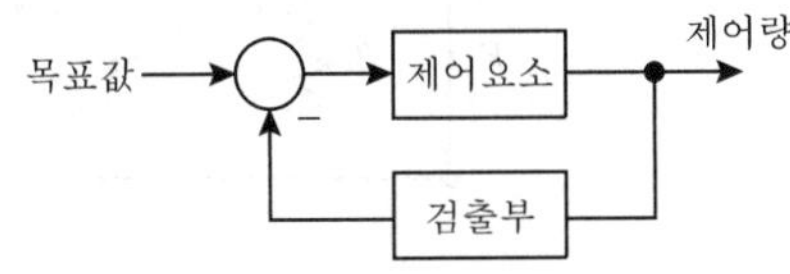

① 개방제어 ② 개루프제어
③ 시퀀스제어 ④ 폐루프제어

해설 피드백 제어계의 구성

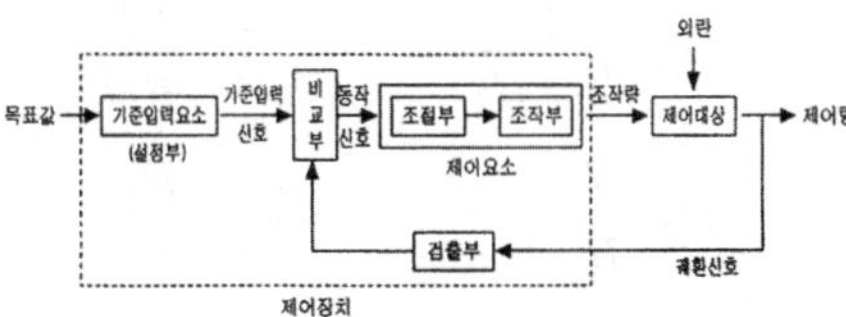

64 위치 감지용으로 적합한 장치는?

① 전위차계
② 회전자기부호기
③ 스트레인게이지
④ 마이크로폰

65 자동제어계에서 과도응답 중 지연시간을 옳게 정의한 것은?

① 목표값의 50%에 도달하는 시간
② 목표값이 허용오차 범위에 들어갈 때까지의 시간
③ 최대오버슈트가 일어나는 시간
④ 목표값의 10~90%까지 도달하는 시간

해설 시간응답 특성

㉮ 오버슈트 : 과도 상태 중 계단입력을 초과하여 나타나는 출력의 최대 편차량

$$\text{백분율 오버슈트}=\frac{\text{최대오버슈트}}{\text{최종목표값}}\times100$$

㉯ 지연시간(시간 늦음) : 정상값의 50%에 도달하는 시간

㉰ 상승시간 : 정상값의 10~90%에 도달하는 시간

66 평형 위치에서 목표값과 현재 수위와의 차이를 잔류편차(Off Set)라 한다. 다음 중 잔류 편차가 있는 제어계는?

① 비례동작(P동작)
② 비례미분동작(PD동작)
③ 비례적분동작(PI동작)
④ 비례적분미분동작(PID동작)

해설 조절부의 동작에 의한 분류

구 분		특 징
연속 제어	비례제어 (P동작)	잔류편차(off-set) 발생
	미분제어 (D동작)	오차가 커지는 것을 미연 방지, 진동억제
	적분제어(I동작)	잔류편차(off-set) 제거
	비례적분 제어 (PI 동작)	잔류편차를 제거하여 정상특성 개선, 간헐현상 발생
	비례적분 제어 (PD 동작)	오버슈트(overshoot) 감소, 응답속도 개선
	비례미분적분 제어(PID동작)	PI+PD, 가장 최적의 제어동작
불연속 제어	on-off제어 (2스위치 제어)	

67 부궤환(Negative Feedback) 증폭기의 장점은?

① 안정도의 증가
② 증폭도의 증가
③ 전력의 절약
④ 능률의 증대

정답 63 ④ 64 ① 65 ① 66 ① 67 ①

68 제어계에서 동작신호를 조작량으로 변화시키는 것은?

① 제어량
② 제어요소
③ 궤환요소
④ 기준입력요소

해설 제어요소
조절부와 조작부로 구성되어 있으며, 동작신호를 조작량으로 변환하는 장치

69 피드백 제어계의 안정도와 직접적인 관련이 없는 것은?

① 이득 여유
② 위상 여유
③ 주파수 특성
④ 기준입력요소

해설 나이퀴스트 벡터궤적을 이용하여 안정도를 판별
이득여유와 위상여유가 모두 양의 값을 갖는 경우 안정함

70 직류전동기의 속도제어방법이 아닌 것은?

① 전압제어
② 계자제어
③ 저항제어
④ 슬립제어

해설 직류전동기의 속도제어방식
속도제어 $N = K\dfrac{V - I_aR_a}{\phi}$[rpm]
㉮ 전압제어[V] : 광범위 속도제어방식으로 단자전압 V를 제어한다.
㉯ 저항제어[R] : 저항(R)에 의하여 제어한다.
㉰ 계자제어[ϕ] : 자속(ϕ)을 제어한다.

71 그림 (a)의 병렬로 연결된 저항회로에서 전류 I와 I_1 관계를 그림 (b)의 블록선도로 나타낼 때, A에 들어갈 전달함수는?

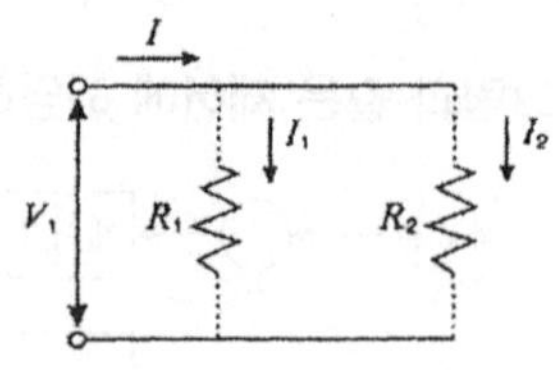

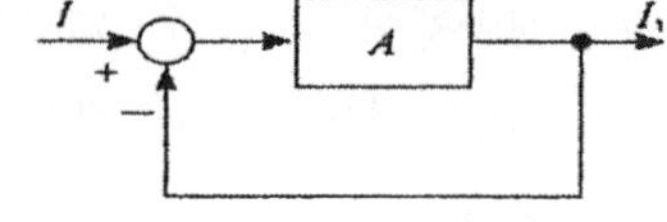

① $\dfrac{1}{R_1 + R_2}$　② $\dfrac{1}{R_1R_2}$
③ $\dfrac{R_1}{R_2}$　④ $\dfrac{R_2}{R_1}$

해설
$$I_1(s) = \frac{R_2}{R_1+R_2}I(s),\quad \frac{I_1(s)}{I(s)} = \frac{R_2}{R_1+R_2}$$
$$= \frac{\frac{R_2}{R_1}}{1+\frac{R_2}{R_1}} = \frac{경로}{1-폐로} = \frac{A}{1+A}$$
$$\therefore\ A = \frac{R_2}{R_1}$$

72 어떤 계의 단위 임펄스응답이 e^{-2t}이다. 이 제어계의 전달함수 $G(s)$는?

① $\dfrac{1}{s}$　② $\dfrac{1}{s+1}$
③ $\dfrac{1}{s+2}$　④ $s+2$

해설
$$\mathcal{L}[e^{-2t}] = \int_0^\infty e^{-2t}e^{-st}dt = \int_0^\infty e^{-(s+2)t}dt$$
$$= \frac{1}{s+2}$$

정답 68 ② 69 ③ 70 ④ 71 ④ 72 ③

73 자동제어의 기본 요소로서 전기식 조작기기에 속하는 것은?

① 다이어프램 ② 벨로즈
③ 펄스 진동기 ④ 파일럿밸브

74 시퀀스제어에 관한 설명 중 틀린 것은?

① 시간지연요소가 사용된다.
② 조합 논리회로로도 사용된다.
③ 기계적 계전기 접점이 사용된다.
④ 전체 시스템의 접점들이 일시에 동작한다.

해설 전체 시스템의 접점들이 동작 조건에 맞게 동작한다.

75 다음 블록선도를 수식으로 표현한 것 중 옳은 것은?

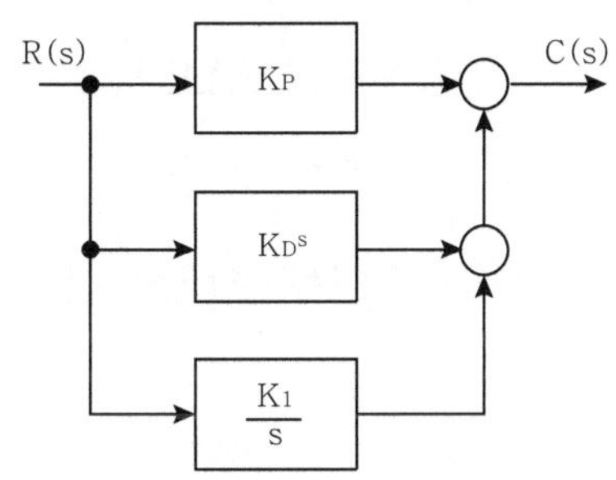

① $K_PR+K_D\frac{dR}{dt}+K_1\int_0^T Rdt$

② $K_DR+K_P\int_0^T Rdt+K_1\frac{dR}{dt}$

③ $K_1R+K_D\int_0^T Rdt+K_P\frac{dR}{dt}$

④ $K_PR+\frac{1}{K_D}\int_0^T Rdt+K_1\frac{dR}{dt}$

해설 전달함수=비례제어+미분제어+적분제어

76 그림과 같은 피드백회로의 전달함수 $\frac{C(s)}{R(s)}$ 는?

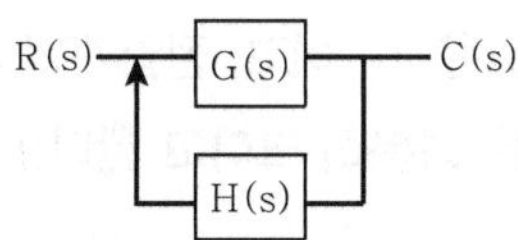

① $\frac{1}{1+G(s)H(s)}$

② $1-\frac{1}{G(s)H(s)}$

③ $\frac{G(s)}{1-G(s)H(s)}$

④ $\frac{G(s)}{1+G(s)H(s)}$

해설 $G(s)=\frac{C(s)}{R(s)}=\frac{\text{경로}}{1-\text{폐로}}=\frac{G(s)}{1-[-H(s)G(s)]}$

$=\frac{G(s)}{1+G(s)H(s)}$

77 다음 분류기의 배율은? (단, R_s : 분류기의 저항, R_a : 전류계의 내부저항)

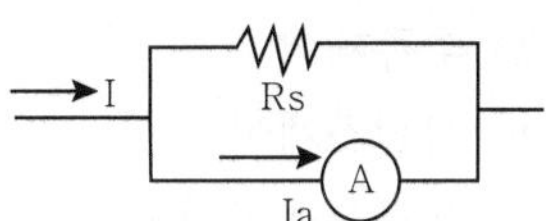

① $\frac{R_s}{R_a}$ ② $\frac{R_s}{R_a}1+$

③ $1+\frac{R_a}{R_s}$ ④ $\frac{R_a}{R_s}$

해설 측정하고자 하는 전류 $I=I_a\left(1+\frac{R_a}{R_s}\right)$[A]

분류기 저항 $R_s=\frac{1}{n-1}R_a$[A]

∴ n : 배율($n=1+\frac{R_a}{R_s}=\frac{I}{I_a}$)

I : 측정하고자 하는 전류(A)
I_a : 전류계 지시값
R_a : 전류계 내부저항
R_s : 분류기 저항

정답 73 ③ 74 ④ 75 ① 76 ④ 77 ③

78 **그림과 같이 교류의 전압을 직류용 가동코일형 계기를 사용하여 측정하였다. 전압계의 눈금은 몇 V인가? (단, 교류전압의 최댓값은 V_m 이고, 전압계의 내부저항 R의 값은 충분히 크다고 한다.)**

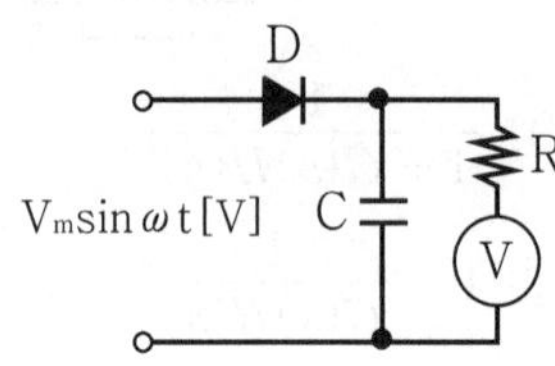

① $\frac{Vm}{\pi}$　　② $\frac{V_m}{\sqrt{2}}$

③ $\frac{V_m}{2}$　　④ $\frac{V_m}{2\sqrt{2}}$

해설 직류용 가동코일형 계기 측정값은 평균값을 지시 (정현 반파) $V_{av} = \frac{1}{\pi}V_m = \frac{\sqrt{2}}{\pi}V[V]$

79 **제어량이 온도, 압력, 유량, 액위, 농도 등과 같은 일반 공업량일 때의 제어는?**

① 추종제어
② 시퀀스제어
③ 프로그래밍제어
④ 프로세스제어

해설 프로세스제어(공업공정의 상태량)
밀도, 농도, 온도, 압력, 유량, 습도

80 **그림과 같은 Y결선 회로와 등가인 Δ 결선 회로의 Z_{ab}, Z_{bc}, Z_{ca} 값은?**

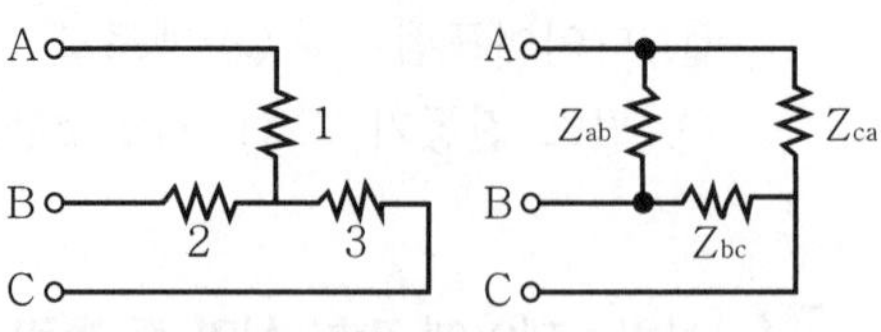

① $Z_{ab} = \frac{11}{3}$, $Z_{bc} = 11$, $Z_{ca} = \frac{11}{2}$

② $Z_{ab} = \frac{7}{3}$, $Z_{bc} = 7$, $Z_{ca} = \frac{7}{2}$

③ $Z_{ab} = 11$, $Z_{bc} = \frac{11}{2}$, $Z_{ca} = \frac{11}{3}$

④ $Z_{ab} = 7$, $Z_{bc} = \frac{7}{2}$, $Z_{ca} = \frac{7}{3}$

해설
㉮ $Z_{ab} = \frac{Z_aZ_b + Z_bZ_c + Z_cZ_a}{Z_c}$
$= \frac{1\times2+2\times3+3\times1}{3} = \frac{11}{3}$

㉯ $Z_{bc} = \frac{Z_aZ_b + Z_bZ_c + Z_cZ_a}{Z_a}$
$= \frac{1\times2+2\times3+3\times1}{1} = 11$

㉰ $Z_{ca} = \frac{Z_aZ_b + Z_bZ_c + Z_cZ_a}{Z_b}$
$= \frac{1\times2+2\times3+3\times1}{2} = \frac{11}{2}$

정답 78 ① 79 ④ 80 ①

05 2019년 04월 27일

01 승강기 개론

01 엘리베이터용 승강장 도어 표기를 "2S"라고 할 때 숫자 "2"와 문자 "S"가 나타내는 것은?

① 2 : 도어의 형태, S : 중앙열기
② 2 : 도어의 매수, S : 중앙열기
③ 2 : 도어의 형태, S : 측면열기
④ 2 : 도어의 매수, S : 측면열기

해설 2S : "2" : 도어의 매수, "S"(side) 측면 열기

02 카 내부에 통화장치를 설치하는 주된 목적은?

① 보수를 편리하게 하기 위하여
② 카 내 상황을 감시하기 위하여
③ 기계실과 카 내의 연락을 위하여
④ 카 내에서의 위급상황 등을 외부에 연락하기 위하여

해설 비상통화장치를 설치 목적
카 내에서의 위급상황 등을 외부에 연락하기 위하여 설치한다.

03 에스컬레이터의 보조 브레이크는 속도가 공칭속도의 몇 배의 값을 초과하기 전에 유효해야 하는가?

① 1.2 ② 1.4
③ 1.6 ④ 1.8

해설 보조 브레이크에 의한 차단 시퀀스의 시작
㉮ 속도가 공칭속도의 1.4배의 값을 초과하기 전
㉯ 디딤판이 현재 운행방향에서 바뀔 때

04 전자-기계 브레이크에 대한 설명으로 틀린 것은?

① 브레이크 라이닝은 불연성이어야 한다.
② 브레이크슈 또는 패드 압력은 압축 스프링 또는 무게추에 의해 발휘되어야 한다.
③ 구동기는 지속적인 자동조작에 의해서만 브레이크를 개방할 수 있어야 한다.
④ 브레이크 작동과 관련된 부품은 권상도르래, 드럼 또는 스프로킷 등 직접적이고 확실한 장치에 의해 연결되어야 한다.

해설 전자-기계 브레이크에 대한 과부하 또는 과전류보호장치(있는 경우에)가 동작되면 구동기의 전원을 차단해야 한다.

05 유압식 엘리베이터에 가장 많이 사용되고 있는 펌프는?

① 원심펌프 ② 베인펌프
③ 기어펌프 ④ 스크루펌프

해설 펌프의 종류 및 요건
일반적으로 스크류펌프가 많이 쓰인다. 펌프의 출력은 유압과 토출량에 비례한다. 따라서 같은 플런저라면 유압이 높으면 큰 하중에 견디며 토출량이 많으면 속도가 빨라진다.
㉮ 유압 : 10~60[kg/cm^2]
㉯ 토출량 : 50~1500(ℓ/min)
㉰ 모터 용량 : 2~50(kW)
㉱ 펌프 종류 : 원심식, 가변 토출량식, 강제 송류식(기어펌프, 밴펌프, 스크루펌프)

정답 01 ④ 02 ④ 03 ② 04 ③ 05 ④

06 **에스컬레이터의 경사도는 몇 도를 초과하지 않아야 하는가?**

① 10 ② 20
③ 30 ④ 45

해설 경사도
에스컬레이터의 경사도는 30°를 초과하지 않아야 한다.

07 **데마케이션(스텝 트레드에 있는 홈 등)은 승강장에서 스텝 뒤쪽 끝부분을 일반적으로 어떤 색상으로 표시하여 설치되어야 하는가?**

① 적색
② 황색
② 청색
④ 녹색

해설 데마케이션(스텝 트레드에 있는 홈 등)은 승강장에 스텝 뒤쪽 끝부분을 황색 등으로 표시하여 설치되어야 한다.

08 **엘리베이터용 레일의 치수를 결정하는 데 적용되는 요소가 아닌 것은?**

① 엘리베이터의 정격속도에 대한 고려
② 안전장치가 작동했을 때의 좌굴하중을 고려
③ 지진 시 레일 휨이나 응력의 탄성한계를 고려
④ 불균형한 큰 하중이 적재될 경우의 회전모멘트를 고려

해설 주행안내(가이드) 레일의 크기를 결정하는 요소
㉮ 좌굴하중 : 비상정지장치 동작 시
㉯ 수평진동력 : 지진 발생 시
㉰ 회전모멘트 : 불평형 하중에 대한 평형 유지

09 **권상 도르래·풀리 또는 드럼의 피치직경과 로프(벨트)의 공칭 직경 사이의 비율은 로프(벨트)의 가닥수와 관계없이 얼마 이상이어야 하는가? (단, 주택용 엘리베이터의 경우는 제외한다.)**

① 20 ② 30
② 40 ④ 50

해설 권상 도르래·풀리 또는 드럼과 로프(벨트) 사이의 직경 비율, 로프/체인의 단말처리
권상 도르래·풀리 또는 드럼의 피치직경과 로프(벨트)의 공칭직경 사이의 비율은 로프(벨트)의 가닥수와 관계없이 40 이상이어야 한다. 다만, 주택용 엘리베이터의 경우 30 이상이어야 한다.

10 **카에는 카 조작반 및 카 벽에서 100mm 이상 떨어진 카 바닥 위로 1m 모든 지점에 몇 lx 이상으로 비추는 전기조명장치가 영구적으로 설치되어야 하는가?**

① 2 ② 5
② 50 ④ 100

해설 조명
카에는 카 조작반 및 카 벽에서 100mm 이상 떨어진 카 바닥 위로 1m 모든 지점에 100ℓx 이상으로 비추는 전기조명장치가 영구적으로 설치되어야 한다. 또한 조도 측정 시 조도계는 가장 밝은 광원을 향하도록 해야 한다.

11 **카의 운전조작방식에 의한 분류에 속하지 않는 것은?**

① 군관리방식
② 단식자동식
③ 승합자동식
④ 인버터제어방식

해설 인버터제어방식은 속도제어에 사용되는 방식이다.

정답 06 ③ 07 ② 08 ① 09 ③ 10 ④ 11 ④

12 카 또는 승강장 출입구 문턱부터 아래로 평탄하게 내려진 수직 부분의 앞 보호판을 무엇이라 하는가?

① 슬링
② 에이프런
③ 피난안전구역
④ 인버터제어방식

해설 에이프런(Apron)
카 또는 승강장 출입구 문턱부터 아래로 평탄하게 내려진 수직 부분의 앞 보호판

13 기어드형 권상기에서 엘리베이터의 속도를 결정하는 요소가 아닌 것은?

① 시브의 직경 ② 로프의 직경
③ 기어의 감속비 ④ 전동기 회전수

해설 엘리베이터의 정격속도(V)$=\dfrac{\pi DN}{1,000}i$[m/min]
D : 권상기 도르래의 지름(mm)
N : 전동기의 회전수(rpm)
i : 감속비

14 유압 작동유의 조건으로 틀린 것은?

① 압축성이 있어야 한다.
② 열을 방출시킬 수 있어야 한다.
③ 장시간 사용하여도 화학적으로 안정하여야 한다.
④ 장치의 운전유온 범위에서 회로 내를 유연하게 행동할 수 있는 적절한 점도가 유지되어야 한다.

해설 유압 작동유의 구비조건
㉮ 증기압이 낮고, 비점이 높을 것
㉯ 열팽창계수가 작을 것
㉰ 열전달률이 높을 것
㉱ 비중이 낮을 것

15 엘리베이터용 도르래 홈의 형상에 따른 마찰력 크기를 옳게 나타낸 것은?

① V홈>언더컷 홈>U홈
② U홈>언더컷 홈>V홈
③ V홈>U홈>언더컷 홈
④ 언더컷 홈>V홈>U홈

해설 홈의 형상에 따른 마찰력 크기
V홈>언더컷 홈>U홈

16 균형로프 및 균형체인의 기능으로 옳은 것은?

① 균형추의 무게 보상
② 카의 수평 밸런스를 개선
③ 카와 균형추의 무게를 조정
④ 승강행정이 긴 경우 주 로프의 무게를 보상

해설 균형체인 및 균형로프의 기능
㉮ 이동케이블과 로프의 이동에 따라 변화되는 하중을 보상하기 위하여 설치한다.
㉯ 카 하단에서 피트를 경유하여 균형추의 하단으로 로프와 거의 같은 단위길이의 균형체인이나 균형로프를 사용하여 90% 정도 보상한다.
㉰ 고층용 엘리베이터에는 균형체인을 사용할 경우 소음의 문제가 있어 균형로프를 사용한다.

17 가이드(주행안내)레일을 감싸고 있는 블록과 레일 사이의 롤러를 물려서 카를 정지시키는 비상정지장치(추락방지안전장치)는?

① F.G.C형 ② F.W.C형
② 점차작동형 ④ 즉시작동형

해설 즉시작동형
가이드(주행안내)레일을 감싸고 있는 블록과 레일 사이의 롤러를 물려서 카를 정지시키는 비상정지장치(추락방지안전장치)

정답 12 ② 13 ② 14 ① 15 ① 16 ④ 17 ④

18 조속기(과속조절기) 도르래의 회전을 베벨기어에 의해 수직축의 회전으로 변환하고, 이 축의 상부에서부터 링크 기구에 의해 매달린 구형(球形)의 진자에 작용하는 원심력으로 비상정지장치(추락방지안전장치)를 작동시키는 것은?

① 디스크형
② 마찰정지형
③ 플라이볼형
④ 양방향 조속기(과속조절기)

해설 플라이볼(Fly Ball)형
진자(Fly Weight) 대신에 플라이볼을 사용하여 볼이 링크기구에 있는 로프캐치를 작동시키면, 캐치가 조속기 로프를 잡아 비상정지장치를 작동시키는 구조로 되어 있다. 고속용에 적합하다.

19 교류식 엘리베이터의 제어방식이 아닌 것은?

① 정지 레오나드방식
② 교류 궤한제어방식
③ 교류 1단 속도제어방식
④ 교류 2단 속도제어방식

해설 정지 레오나드방식은 직류 엘리베이터 제어방식이다.

20 승강장의 도어 인터록 설정 방법으로 옳은 것은?

① 잠김 후 스위치가 작동하도록 한다.
② 잠김 전에 스위치가 작동하도록 한다.
③ 잠김과 스위치가 동시에 작동하도록 한다.
④ 잠김만 확실하면 되고, 스위치 작동여부는 관계가 없다.

해설 도어 인터록의 구조 및 원리
㉮ 구조 : 도어록과 도어 스위치
㉯ 원리 : 시건장치가 확실히 걸린 후 도어 스위치가 들어가고, 도어 스위치가 끊어진 후에 도어록이 열리는 구조이다. 외부에서 도어록을 풀 경우에는 특수한 전용키를 사용해야 한다. 또한 전 층의 도어가 닫혀 있지 않으면 운전이 되지 않아야 한다.

02 승강기 설계

21 점차 작동형 비상정지장치(추락방지안전장치)의 동작 개시속도가 120m/s이고 감속시간이 1.5s면 평균감속도는 몇 m/s^2인가?

① 7.16　　② 7.90
③ 8.16　　④ 9.80

해설 평균감속도

$$=\frac{V}{9.81t}=\frac{120}{9.81\times1.5}\approx8.16[\mathrm{m/s^2}]$$

22 엘리베이터의 교통량 계산에 대하여 틀린 것은?

① RTT=$\sum$(주행시간+도어개폐시간+승객출입시간−손실시간)
② 주행시간=$\sum$(가속시간+감속시간+전속주행시간)
③ 수송능력의 향상을 위해서는 실효속도가 높아야 한다.
④ 로컬서비스구간의 주행시간은 정격속도의 대소에 영향을 받지 않는다.

해설 RTT=$\sum$(주행시간+도어개폐시간+승객출입시간+손실시간)

정답 18 ③ 19 ① 20 ① 21 ③ 22 ①

23 권상기 주 도르래의 지름이 640mm, 기어비가 67 : 2인 1 : 1 로핑의 전기식 엘리베이터가 중간층에 정지하였을 때 정지한 카를 수동으로 600mm 이동시키고자 하면 주 도르래를 몇 바퀴 돌려야 하는가?

① 4 ② 6
③ 8 ④ 10

24 연강의 인장강도가 4,100kg/cm^{2}일 때 이것의 안전율이 6이라면 허용응력은 약 몇 kg/cm^{2}인가?

① 342 ② 683
③ 1,367 ④ 2,732

해설 $\text{허용응력} = \frac{\text{인장강도}}{\text{안전율}} = \frac{4,100}{6} = 683[\text{kg/cm}^2]$

25 균형추의 중량을 구하는 식으로 옳은 것은?

① 균형추 중량=카 자중+정격하중
② 균형추 중량=카 자중+정격하중×오버밸런스율
③ 균형추 중량=정격하중+카 자중×오버밸런스율
④ 균형추 중량=카 자중+정격하중×이동케이블 중량

해설 균형추 중량=카 자중+정격하중×OB

26 엘리베이터용 변압기의 용량을 계산할 때 필요하지 않은 것은?

① 정격전압
② 기계실 크기
③ 엘리베이터 수량
④ 정격전류(전부하 상승 시 전류)

해설 변압기의 용량

$P_T \geq \sqrt{3} \times E \times I \times N \times Y \times 10^{-3} + (P_c \times N)$

여기서, E : 정격전압
I : 정격전류
N : 엘리베이터 대수
Y : 부등률
P_c : 제어용 전력(kVA)

27 하중값이 시간적으로 변화하는 상황에 따른 분류에 속하지 않는 것은?

① 분포하중
② 교번하중
③ 반복하중
④ 충격하중

해설 1. 하중의 분포상태에 따른 분류
① 집중하중
② 분포하중
2. 하중값이 시간적으로 변화하는 상황에 따른 분류
① 정하중
② 동하중(a. 충격하중 b. 반복하중 c. 교번하중 d. 이동하중)

28 다음 그림의 엘리베이터 로핑 방법으로 옳은 것은?

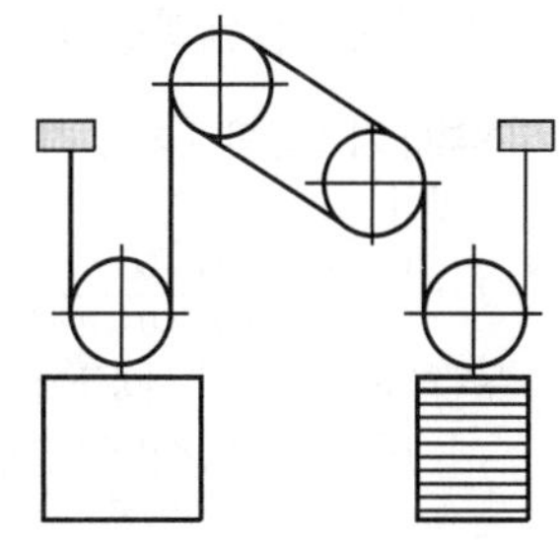

① 1 : 1 Single Wrap
② 1 : 1 Double Wrap
③ 2 : 1 Single Wrap
④ 2 : 1 Double Wrap

해설 카의 로프 하중이 2개로 분산된 Double Wrap 방식이다.

29 **엘리베이터의 가이드(주행안내)레일을 설치할 때 레일 브래킷의 간격을 좁게 하면 동일한 하중에 대하여 응력과 휨은 어떻게 되는가?**

① 응력과 휨 모두 커진다.
② 응력과 휨 모두 작아진다.
③ 응력은 작아지고 휨은 커진다.
④ 응력은 커지고 휨은 작아진다.

30 **카 자중이 1,700kgf, 정격하중이 1,200kgf, 승강행정이 60m이고, 주 로프로는 12mm 5가닥을 사용하며, 오버밸런스율은 43%, 주 로프의 중량이 0.5kgf/m인 엘리베이터의 트랙션비는 약 얼마인가?**

① 전부하 시 트랙션비 : 0.38, 무부하 시 트랙션비 : 0.39
② 전부하 시 트랙션비 : 1.38, 무부하 시 트랙션비 : 1.39
③ 전부하 시 트랙션비 : 2.38, 무부하 시 트랙션비 : 2.39
④ 전부하 시 트랙션비 : 3.38, 무부하 시 트랙션비 : 3.39

해설 ㉮ 전부하 시 : 만원인 카가 최하층에 있는 경우의 견인비

$$T=\frac{1,700+1,200+60\times5\times0.5}{1,700+1,200\times0.43}\approx1.38$$

㉯ 무부하 시 : 빈 카가 최상층에 있는 경우의 견인비

$$T=\frac{1,700+1,200\times0.43+60\times5\times0.5}{1,700}=1.39$$

31 **승강기의 교통량 계산에 반드시 필요한 자료가 아닌 것은?**

① 층고
② 층별 인구
③ 승강기 대수
④ 빌딩의 용도 및 성질

32 **엘리베이터에 필요 없는 안전장치는?**

① 도어 인터록
② 조속기(과속조절기)
③ 핸드레일(손잡이)안전장치
④ 비상정지장치(추락방지안전장치)

33 **에스컬레이터 배열 시 설치면적이 적고, 쇼핑객의 시야를 트이게 배열하는 방식은?**

① 복열승계형 ② 복열겹침형
③ 단열승계형 ④ 단열겹침형

해설 단열겹침형
설치면적이 적고, 쇼핑객의 시야를 트이게 배열하는 방식

34 **압력 릴리프밸브는 압력을 전 부하압력의 몇 %까지 제한하도록 맞추어 조절되어야 하는가?**

① 100 ② 115
③ 125 ④ 140

해설 릴리프밸브는 압력을 전 부하압력의 140%까지 제한하도록 맞추어 조절되어야 한다.

35 **전선의 굵기를 산정할 때 우선적으로 고려하여야 할 사항으로 거리가 먼 것은?**

① 전압강하 ② 접지저항
③ 허용전류 ④ 기계적강도

해설 전선의 굵기 산정 시 고려사항
전압강하, 허용전류, 기계적강도

정답 29 ② 30 ② 31 ③ 32 ③ 33 ④ 34 ④ 35 ②

36 엘리베이터용 가이드(주행안내)레일을 설치할 때 가이드(주행안내)레일의 허용응력은 일반적으로 몇 kg/cm^{2}를 적용하는가?

① 1,800
② 2,000
③ 2,200
④ 2,400

해설 가이드(주행안내)레일의 허용응력은 일반적으로 2,400kg/cm^{2}이다.

37 권상기, 기타 기계대에 고정 부착된 모든 장치의 중량이 P_1이고 주로프의 중량이 P_2이며, 주로프에 작용하는 하중이 P_3일 때 기계대에 가해지는 하중(P)의 계산식으로 옳은 것은?

① $P_1+P_2+P_3$
② $P_1+P_2+2P_3$
③ $P_1+2(P_2+P_3)$
④ $2(P_1+P_2+P_3)$

해설 기계대에 걸리는 총 하중(P)
P=권상기 자중+동하중=권상기 자중+(2×권상기 작용 정하중)

38 권상기용 유도전동기의 전압 220V, 주파수 f, 극수 P, 슬립이 5%일 때, 회전속도 N(rpm)은?

① $N=\dfrac{5f}{P}$
② $N=\dfrac{95f}{P}$
③ $N=\dfrac{114f}{P}$
④ $N=\dfrac{120f}{P}$

해설 $N=(1-0.05)\dfrac{120f}{P}=\dfrac{114f}{P}$[rpm]

39 엘리베이터용 리미트 스위치와 파이널 리미트 스위치의 설치 방법에 대한 설명으로 틀린 것은?

① 파이널 리미트 스위치는 카가 완충기에 닫기 직전까지 작동되도록 설치하였다.
② 정상적인 착상장치나 운전에 관계없이 리미트 스위치가 작동되도록 설계하였다.
③ 리미트 스위치는 광학적 조작식을, 파이널 리미트 스위치는 기계적 조작식을 설치하였다.
④ 리미트 스위치가 작동하면 가급적 파이널 리미트 스위치는 작동하지 않도록 설치하였다.

해설 파이널 리미트 스위치는 카(또는 균형추)가 완충기 또는 램이 완충장치에 충돌하기 전에 작동되어야 한다.

40 카 바닥과 카 틀의 부재에 작용하는 하중의 종류로 틀린 것은?

① 카 바닥 – 굽힘력
② 상부체대 – 굽힘력
③ 하부체대 – 전단력
④ 카 주 – 굽힘력, 장력

해설
• 하부체대 : 굽힘력
• 브레이스로드 : 굽힘력

정답 36 ④ 37 ③ 38 ③ 39 ① 40 ③

03 일반기계공학

41 다음 중 새들키라고도 하며, 축에는 키 홈이 없고 축의 원호에 접할 수 있도록 하며, 보스에만 키 홈을 파는 것은?

① 안장키　　② 접선키
③ 평키　　④ 반달키

해설 안장키(Saddle Key)
경하중에 사용, 보스(Boss)에만 키 홈을 가공한다.

42 그림과 같이 자유단에 집중하중을 받고 있는 외팔보의 굽힘 모멘트 선도로 가장 적합한 것은?

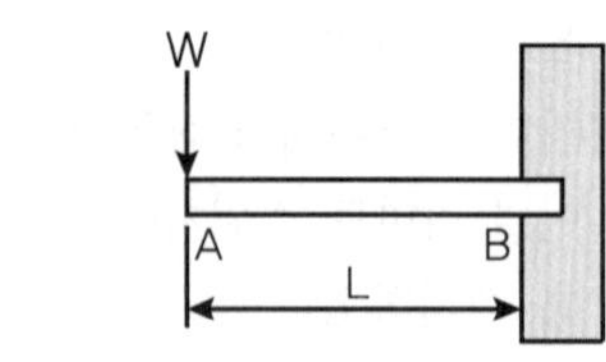

① A B

② A B

③ A B

④ A B

해설 외팔보

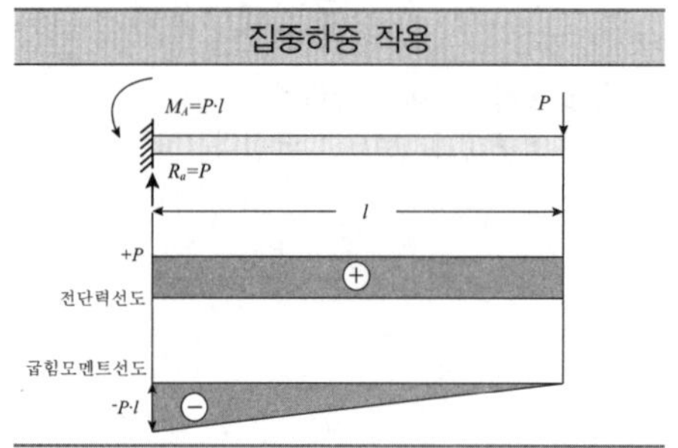

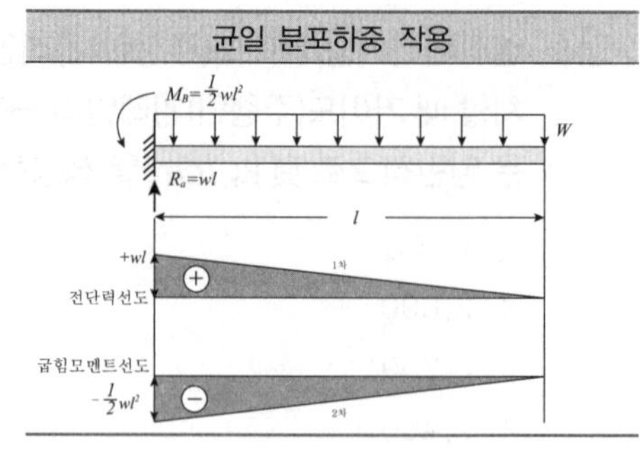

43 용기 내의 압력을 대기압력 이하의 저압으로 유지하기 위해 대기압력 으로 기체를 배출하는 장치는?

① 공기압축기　　② 진공펌프
③ 송풍기　　④ 축압기

해설 진공펌프
기밀 용기내의 대기압력을 제거하는 장치이다.

44 강과 주철은 어떤 원소의 함유량에 의해 구분하는가?

① C　　② Mn
③ Ni　　④ S

해설 강과 주철은 탄소 함유량에 따라 순철, 주철, 강(탄소강)으로 분류된다.

45 연성재료의 절삭가공 시 발생하는 칩의 형태로 절삭저항이 가장 적고, 매끈한 가공면을 얻을 수 있는 칩의 형태는?

① 전단형　　② 유동형
③ 균열형　　④ 열단형

해설 유동형 칩
칩의 두께가 일정하고 균일하게 생성 공구의 윗면에 연속하여 흘러나오는 칩의 모양으로 가공면이 깨끗하다.

정답 41 ① 42 ② 43 ② 44 ① 45 ②

46 펌프의 캐비테이션 방지책으로 틀린 것은?

① 펌프의 설치 위치를 높인다.
② 회전수를 낮추어 흡입 비교회전도를 낮게 한다.
③ 단흡입 펌프 대신 양흡입 펌프를 사용한다.
④ 펌프의 흡입관 손실을 작게 한다.

해설 펌프의 캐비테이션(Cavitation)
㉮ 원인 : 압력이 낮아져 액체의 포화증기압 이하로 되어 공동을 일으키는 현상
㉯ 현상 : 소음과 진동 발생 및 펌프 성능 저하
㉰ 방지책 : 펌프의 회전수를 적게 한다. 양흡입 펌프로 한다. 펌프 설치 위치를 낮춘다. 유효흡입수두를 크게 한다. 흡입관지름을 크게 하고, 밸브 곡관을 적게 한다.

47 알루미늄 분말, 산화철 분말과 점화제의 혼합반응으로 열을 발생시켜 용접하는 방법은?

① 테르밋 용접
② 피복 아크 용접
③ 일렉트로 슬래그 용접
④ 불활성가스 아크 용접

해설 테르밋 용접
테르밋 반응열로 모재의 양 단면을 가열함과 동시에 압력을 가하여 용접하는 방법으로, 테르밋 반응은 산화금속과 알루미늄 사이의 반응이다.

48 그림의 유압장치에 A부분 실린더 단면적이 200cm^2, B부분 실린더 단면적이 200cm^2, B부분 실린더 단면적이 50cm^{2}일 때 F_2에 작용하는 힘이 1,000N이면 F_1에는 몇 N의 힘이 작용하는가?

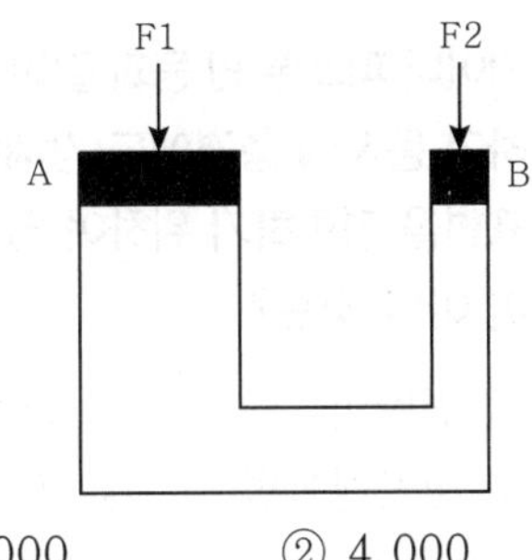

① 3,000 ② 4,000
③ 5,000 ④ 6,000

해설 실린더 단면적 비율 200 : 50 = 4 : 1
$F1$ = 단면적 비율 × $F2$ = 4 × 1,000 = 4,000[N]

49 인발에 영향을 미치는 요인이 아닌 것은?

① 윤활방법 ② 단면 감소율
③ 펀치의 각도 ④ 다이(Die)의 각도

해설 인발에 영향을 미치는 요인은 다이각과 인발응력, 인발윤활이 있다.

50 포와송의 비로 옳은 것은?

① $\frac{\text{세로변형률}}{\text{가로변형률}}$ ② $\frac{\text{부피변형률}}{\text{세로변형률}}$
③ $\frac{\text{세로변형률}}{\text{부피변형률}}$ ④ $\frac{\text{가로변형률}}{\text{세로변형률}}$

해설 포와송 비 $\frac{1}{m} = \frac{\text{가로변형률}}{\text{세로변형률}}$ (m : 포와송 수)

51 다음 중 체결용으로 가장 많이 쓰이는 나사는?

① 사각나사 ② 삼각나사
③ 톱니나사 ④ 사다리꼴나사

해설 삼각나사 : 일반기계 체결용
㉮ 보통나사 : 일반 기계 조립용
㉯ 가는나사 : 두께가 얇은 곳에 사용
㉰ 관용나사 : 기밀을 필요로 하는 곳에 사용
㉱ 기타 : 자전거용, 시계용 등

정답 46 ① 47 ① 48 ② 49 ③ 50 ④ 51 ②

52 기어나 피스톤 핀 등과 같이 마모작용에 강하고 동시에 충격에도 강해야 할 때, 강의 표면을 경화하기 위하여 열처리하는 방법이 아닌 것은?

① 침탄법 ② 고주파법
③ 침탄질화법 ④ 저온풀림법

해설 ㉮ 부분가열 표면경화
- 고주파 표면경화 : 고주파 유도장치를 이용한다.
- 화염 표면경화 : 가열하여 열처리하는 표면경화
- 레이저 표면경화 : 레이저를 이용한 표면 열처리
- 전자빔 표면경화 : 전자빔을 이용한 필요 부분만의 표면 열처리

㉯ 전체가열 표면열처리
- 침탄법 : 부품표면에 탄소를 이용한 경화
- 침탄질화법 : 부품표면에 탄소와 소량의 질소를 동시에 침투시켜 경화
- 질화법 : 부품표면에 질소를 사용하고 특징은 침탄법보다 경도가 높으며, 질화한 후의 열처리가 필요 없고 경화에 의한 변형이 적으며, 질화층이 여리다. 또 질화 후 수정이 불가능하며, 고온으로 가열을 하여도 경도가 낮아지지 않음
- 청화법 : 청화칼리, 청산소다, 등의 시안화물을 사용한 표면 경화법

53 판 두께 10mm, 인장강도 3,500N/cm², 안전계수 4인 연강판으로 5N/cm²의 내압을 받는 원통을 만들고자 한다. 이때 원통의 안지름은 몇 cm인가?

① 87.5 ② 175
③ 350 ④ 700

해설 원통의 안지름

$$D = \frac{200t\sigma_{perm}}{P} = \frac{200\times1\times\frac{3,500}{4}}{5\times100} = 350[\text{cm}]$$

여기서, t : 판 두께[cm]

$\sigma_{perm} = \frac{\text{인장강도}}{\text{안전계수}}$ [N/cm²]

P : 내압[N/cm²]

54 그림과 같은 코일스프링 장치에서 작용하는 하중을 W, 스프링상수를 K_1, K_2라 할 경우 합성스프링상수를 바르게 표현한 것은?

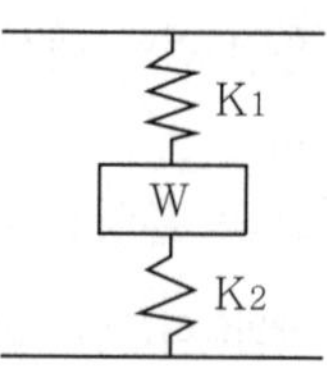

① $K_1 + K_2$ ② $\frac{1}{K_1 + K_2}$
③ $\frac{K_1K_2}{K_{1+} + K_2}$ ④ $\frac{K_1 + K_2}{K_1K_2}$

해설 전체 스프링상수
㉮ 병렬연결 : $k = k_1 + k_2 \cdots k_n$
㉯ 직렬연결 : $k = \frac{1}{\frac{1}{k_1} + \frac{1}{k_2} + \cdots \frac{1}{k_n}}$

55 도가니로의 규격은 어떻게 표시하는가?

① 시간당 용해 가능한 구리의 중량
② 시간당 용해 가능한 구리의 부피
③ 한 번에 용해 가능한 구리의 중량
④ 한 번에 용해 가능한 구리의 부피

해설 한 번에 용해 가능한 구리의 중량[kgf]을 번호로 부른다. 예를 들면 100번 도가니는 구리를 한번에 100[kgf]를 용해 가능하다.

56 원형 단면의 축에 발생한 비틀림에 대한 설명으로 옳지 않은 것은? (단, 재질은 동일하다.)

① 비틀림각이 클수록 전단변형률은 크다.
② 축의 지름이 클수록 전단변형률은 크다.
③ 축의 길이가 길수록 전단변형률은 크다.
④ 축의 지름이 클수록 전단응력은 크다.

정답 52 ④ 53 ③ 54 ① 55 ③ 56 ③

57 **평벨트와 비교하여 V벨트의 전동특성에 해당하지 않는 것은?**

① 미끄럼이 작다.
② 운전이 정숙하다.
③ 평벨트와 같이 벗겨지는 일이 없다.
④ 지름이 작은 폴리에는 사용이 어렵다.

해설 V벨트는 큰 속도비로 운전이 가능하고 작은 인장력으로 큰 회전력을 전달하며, 미끄럼이 적어 조용하고 벨트가 벗겨질 염려가 낮다.

58 **Al, Cu, Mg으로 구성된 합금에서 인장강도가 크고, 시효경화를 일으키는 고력(고강도) 알루미늄 합금은?**

① Y합금 ② 실루민
③ 로우엑스 ④ 두랄루민

해설 두랄루민(Duralumin)계
두랄루민은 알루미늄(Al)-구리(Cu)-마그네슘(Mg)-아연(Mn)으로 구성된 합금으로 인장강도가 크고, 시효경화를 일으키는 고력(고강도) 알루미늄 합금이다.

59 **구멍용 한계 게이지에 포함되지 않는 것은?**

① C형 스냅게이지
② 원통형 플러그 게이지
③ 봉 게이지
④ 판 플러그 게이지

해설 구멍용 한계 게이지
플러그 게이지, 봉 게이지

60 **속이 찬 회전축의 전달마력이 7kW이고 회전수가 350rpm일 때 축의 전달토크는 약 몇 N · m인가?**

① 101 ② 151
③ 191 ④ 231

해설 전달토크 $T = 9,550\dfrac{P}{N} = 9,550 \times \dfrac{7}{350} = 191[\text{Nm}]$

04 전기제어공학

61 **전원 전압을 일정 전압 이내로 유지하기 위해서 사용하는 소자는?**

① 정전류다이오드 ② 브리지다이오드
③ 제너다이오드 ④ 터널다이오드

해설 제너다이오드
㉮ 목적 : 전원 전압을 안정하게 유지
㉯ 특징
- 직렬 연결 : 과전압으로부터 보호
- 병렬 연결 : 과전류으로부터 보호
- 정부 온도계수를 갖는다.

62 **$T_1 > T_2 > 0$일 때, $G(s) = \dfrac{1+T_2 s}{1+T_1 s}$의 벡터궤적은?**

①
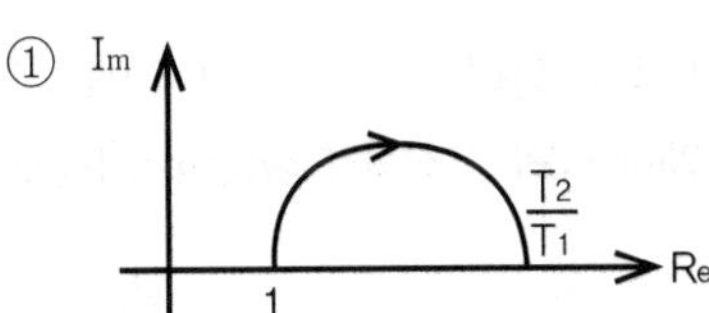

②
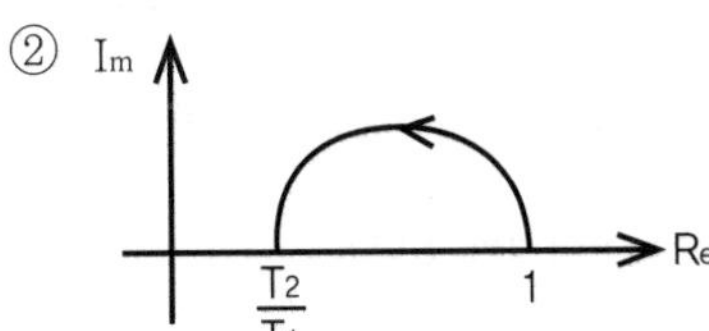

③
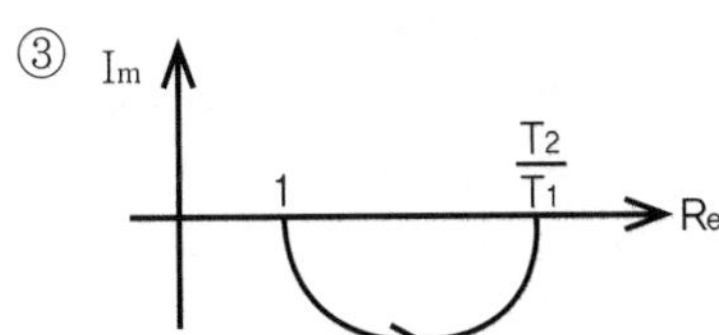

④
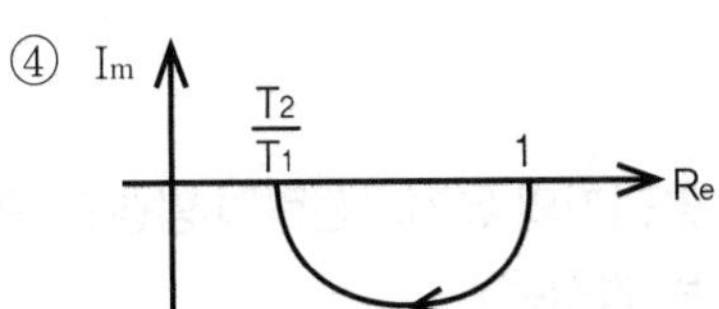

정답 57 ④ 58 ④ 59 ① 60 ③ 61 ③ 62 ④

해설 $G(s)=\dfrac{1+T_2 s}{1+T_1 s}$, $s \to j\omega$ 대입 $G(j\omega)=\dfrac{1+j\omega T_2}{1+j\omega T_1}$,

크기$|G(j\omega)|=\dfrac{\sqrt{1+(\omega T_2)^2}}{\sqrt{1+(\omega T_1)^2}}$,

위상 $\angle G(j\omega)=\tan^{-1}(\omega T_2)-\tan^{-1}(\omega T_1)$

ω를 0과 무한대로 보내면,

$\lim_{\omega\to 0} G(j\omega)=1\angle 0^\circ$, $\lim_{\omega\to\infty} G(j\omega)=\dfrac{T_2}{T_1}\angle 0^\circ$

1) $T_1 > T_2 > 0$, $\dfrac{T_2}{T_1} < 1$, 4사분면 반원

2) $0 < T_1 < T_2$, $\dfrac{T_2}{T_1} > 1$, 1사분면 반원

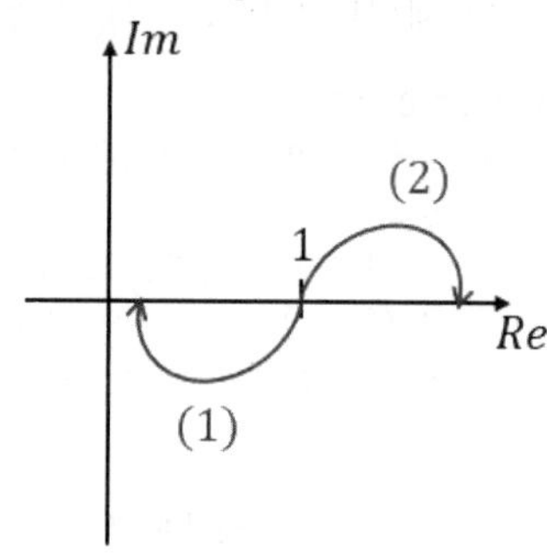

63 특성방정식 $s^2+2s+2=0$을 갖는 2차 계에서의 감쇠율(Damping Ratio)은?

① $\sqrt{2}$ ② $\dfrac{1}{\sqrt{2}}$

③ $\dfrac{1}{2}$ ④ 2

해설 2차 제어계의 전달함수

$G(s)=\dfrac{\omega_n^2}{s^2+2\delta\omega_n s+\omega_n^2}$

특성 방정식 : $s^2+2\delta\omega_n s+\omega_n^2=0$

(δ :제동비, 감쇠계수 ω_n : 고유주파수)

$s^2+2s+2=0$ $\omega_n^2=2$, $\omega_n=\sqrt{2}$

$\therefore 2\delta\omega_n s=2s$, $\delta\times\sqrt{2}=1$, $\delta=\dfrac{1}{\sqrt{2}}$

64 발전기의 유기기전력의 방향과 관계가 있는 법칙은?

① 플레밍의 왼손법칙

② 플레밍의 오른손법칙

③ 페러데이의 법칙

④ 암페어의 법칙

해설 플레밍의 오른손법칙
자장 중의 도체가 운동을 하여 유도되는 기전력의 방향을 결정하는 법칙

65 시퀀스제어에 관한 설명 중 틀린 것은?

① 조합논리회로로 사용된다.

② 미리 정해진 순서에 의해 제어된다.

③ 입력과 출력을 비교하는 장치가 필수적이다.

④ 일정한 논리에 의해 제어된다.

해설 시퀀스제어는 입력과 출력을 비교하는 장치가 필수적이다.

66 플로차트를 작성할 때 다음 기호의 의미는?

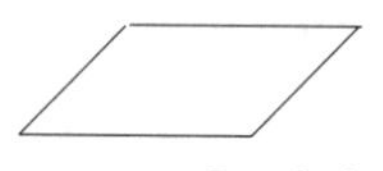

① 단자 ② 처리

③ 입출력 ④ 결합자

해설 조건/판단, 입출력 기호이다.

67 3상 유도전동기의 회전방향을 바꾸기 위한 방법으로 옳은 것은?

① $\Delta-Y$결선으로 변경한다.

② 회전자를 수동으로 역회전시켜 기동한다.

③ 3선을 차례대로 바꾸어 연결한다.

④ 3상 전원 중 2선의 접속을 바꾼다.

해설 3상 유도전동기의 회전방향 변경 방법
3상 전원 중 2선의 접속을 바꾼다.

정답 63 ② 64 ② 65 ③ 66 ③ 67 ④

68 **유도전동기의 역률을 개선하기 위하여 일반적으로 많이 사용되는 방법은?**

① 조상기 병렬접속
② 콘덴서 병렬접속
③ 조상기 직렬접속
④ 콘덴서 직렬접속

해설 역률을 개선하기 위하여 콘덴서를 병렬접속로 접속한다.

69 **그림과 같은 계전기 접점회로의 논리식은?**

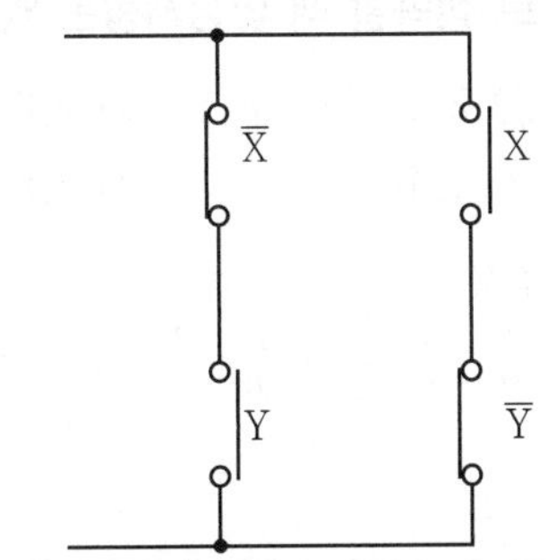

① XY ② $\overline{X}Y+X\overline{Y}$
③ $\overline{X}(X+Y)$ ④ $(\overline{X}+Y)(X+\overline{Y})$

해설 AND와 OR로 이루어진 회로 : $\overline{X}Y+X\overline{Y}$

70 $F(s)=\dfrac{3s+10}{s^3 2s^2+5s}$ **일 때** $f(t)$**의 최종치는?**

① 0 ② 1
③ 2 ④ 8

해설 $f(t)$의 최종값

$$\lim_{t\to\infty} sF(s)=\lim_{t\to 0} s\frac{3s+10}{s^3 2s^2+5s}=\lim_{t\to 0} s\frac{(3s+10)}{s(2s+5)}=2$$

71 **평행 3상 Y결선에서 상전압** V_p**와 선간전압** V_l**과의 관계는?**

① $V_l=V_p$ ② $V_l=\sqrt{3}\,V_p$
③ $V_l=\dfrac{1}{\sqrt{3}}V_p$ ④ $V_l=3\,V_p$

해설 Y결선 $V_l=\sqrt{3}\,V_p$(상전압 : V_p, 선간전압 : V_l)

72 **다음 블록선도 중에서 비례미분제어기는?**

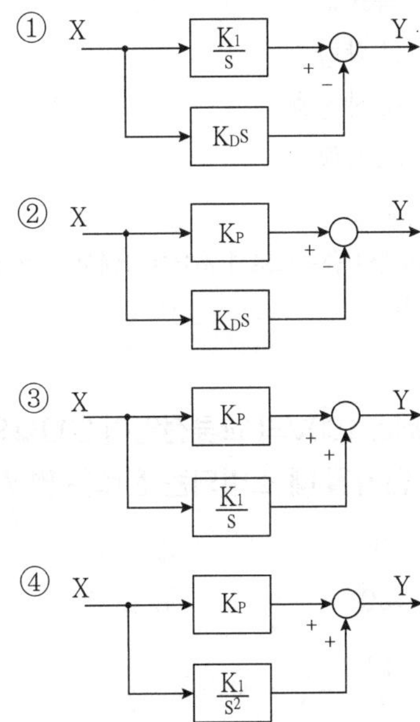

해설 비례미분제어(PD 제어)

$$G(s)=\frac{Y(s)}{X(s)}=K_p-K_pT_d\,s=K_p(1-T_ds)$$

73 **그림과 같이 블록선도를 접속하였을 때, ⓐ에 해당하는 것은?**

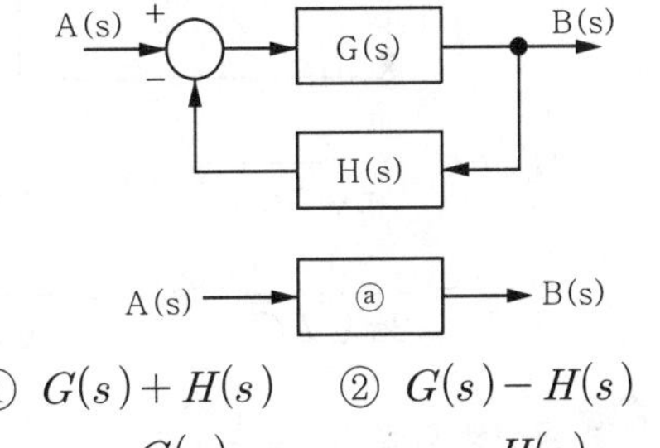

① $G(s)+H(s)$ ② $G(s)-H(s)$
③ $\dfrac{G(s)}{1+G(s)H(s)}$ ④ $\dfrac{H(s)}{1+G(s)G(s)}$

해설 $\frac{A(s)}{B(s)} = \frac{\text{경로}}{1-\text{폐로}} = \frac{G(s)}{1-[-H(s)G(s)]}$
$= \frac{G(s)}{1+G(s)H(s)}$

74 제어된 제어대상의 양, 즉 제어계의 출력을 무엇이라고 하는가?

① 목표값
② 조작량
③ 동작신호
④ 제어량

해설 제어량
제어계의 출력으로서 제어대상에서 만들어지는 값이다.

75 60Hz, 100V의 교류전압이 200Ω의 전구에 인가될 때 소비되는 전력은 몇 W인가?

① 50 ② 100
③ 150 ④ 200

해설 $P = \frac{V^2}{R} = \frac{100^2}{200} = 50[W]$

76 그림과 같은 병렬공진회로에서 전류 I가 전압 E보다 앞서는 관계로 옳은 것은?

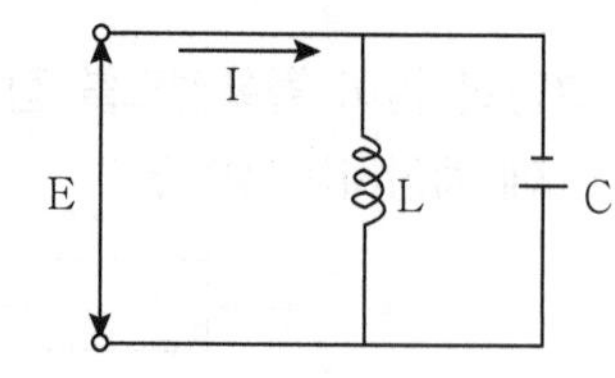

① $f < \frac{1}{2\pi\sqrt{LC}}$ ② $f > \frac{1}{2\pi\sqrt{LC}}$
③ $f = \frac{1}{2\pi\sqrt{LC}}$ ④ $f = \frac{1}{\sqrt{2\pi LC}}$

해설 용량성 회로 $f > \frac{1}{2\pi\sqrt{LC}}$

77 목표값이 미리 정해진 변화를 할 때의 제어로 열처리 노의 온도제어, 무인운전 열차 등이 속하는 제어는?

① 추종제어 ② 프로그램제어
③ 비율제어 ④ 정치제어

해설 프로그램제어
미리 정해진 시간적 변화에 따라 정해진 순서대로 제어한다(무인 엘리베이터, 무인 열차, 무인 자판기).

78 8Ω, 12Ω, 20Ω, 30Ω의 4개 저항을 병렬로 접속할 때 합성저항은 약 몇 Ω인가?

① 2.0 ② 2.35
③ 3.43 ④ 3.8

해설 합성저항
$\frac{1}{R_0} = \frac{1}{8} + \frac{1}{12} + \frac{1}{20} + \frac{1}{30}$, $R_0 = 3.43[\Omega]$

79 100mH의 자기인덕턴스를 가진 코일에 10A의 전류가 통과할 때 축적되는 에너지는 몇 J인가?

① 1 ② 5
③ 50 ④ 1000

해설 축적되는 에너지
$W = \frac{1}{2}LI^2 = \frac{1}{2} \times 100 \times 10^{-3} \times 10^2 = 5\text{J}$

80 피드백제어계 중 물체의 위치, 방위, 자세 등의 기계적 변위를 제어량으로 하는 것은?

① 서보기구 ② 프로세스제어
③ 자동조정 ④ 프로그램제어

해설 서보기구제어
제어량이 기계적인 추치제어이다(위치, 방향, 자세, 각도, 거리).

정답 74 ④ 75 ① 76 ② 77 ② 78 ③ 79 ② 80 ①

06 2019년 09월 21일

01 승강기 개론

01 다음은 에너지 축적형 완충기에 대한 내용이다. 다음 (   )에 들어갈 내용을 옳은 것은?

> 선형 특성을 갖는 완충기의 가능한 총 행정은 정격속도의 (㉠)%에 상응하는 중력정지거리의 2배[$0.135v^2$(m)] 이상이여야 한다. 다만 행정은 (㉡)mm 이상이어야 한다.

① ㉠ 115, ㉡ 60
② ㉠ 115, ㉡ 65
③ ㉠ 110, ㉡ 65
④ ㉠ 110, ㉡ 60

해설 선형 특성을 갖는 완충기
완충기의 가능한 총 행정은 정격속도의 115 %에 상응하는 중력 정지거리의 2배[$0.135v^2$(m)] 이상이어야 한다. 다만, 행정은 65mm 이상이어야 한다.

02 엘리베이터의 제동기에 대한 설명으로 틀린 것은?

① 마찰계수가 안정적이여야 한다.
② 기어식 권상기에서는 축에 직접 고정시켜야 한다.
③ 브레이크 라이닝은 가연재료로 높은 동작 빈도에 견딜 수 있어야 한다.
④ 브레이크 시스템은 마찰 형식의 전자-기계 브레이크로 구성하여야 한다.

해설 브레이크 라이닝은 불연성이어야 한다.

03 균형추에도 비상정지장치(추락방지안전장치)를 설치하여야 하는 경우는?

① 속도가 300m/min 이상의 고속 엘리베이터일 때
② 적재하중이 4,000kg 이상의 무기어식 엘리베이터일 때
③ 승강로 하부의 피트 밑에 창고나 사무실이 있을 때
④ 균형추 하부의 완충기 설치를 생략해야 할 구조일 때

해설 추락방지안전장치(Safety Gear)
과속 또는 매다는 장치가 파단될 경우 주행안내 레일상에서 카, 균형추 또는 평형추를 하강방향에서 정지시키고 그 정지 상태를 유지하기 위한 기계적 장치이다. 승강로 하부의 피트 밑에 창고나 사무실이 있을 때 균형추에도 비상정지장치(추락방지안전장치)를 설치한다.

04 에스컬레이터의 특징으로 틀린 것은?

① 하중이 건축물의 각 층에 분담되어 있다.
② 기다림 없이 연속적으로 승객 수송이 가능하다.
③ 일반적으로 엘리베이터에 비해 수송 능력이 7~10배이다.
④ 사용 전력량이 많지만 전동기의 구동 횟수는 엘리베이터에 비해 극히 적다.

해설 에스컬레이터 배열 및 배치
배열 방식에는 여러 가지가 있지만, 특히 백화점에서는 배열에 주의하여 결정하지 않으면 매장에 영향이 있고, 나아가서는 매상에도 관계가 있다. 배열에 있어서는 다음에 주의하여야 한다.

정답 01 ② 02 ③ 03 ③ 04 ④

㉮ 에스컬레이터의 바닥 점유면적을 되도록 적게 배치한다.
㉯ 건물의 지지보·기둥 위치를 고려하여 하중을 균등하게 분산시킨다.
㉰ 승객의 보행거리를 줄일 수 있도록 배열을 계획한다.

05 엘리베이터가 미리 정해진 속도를 초과하여 하강하는 경우 조속기(과속조절기)가 로프를 붙잡아 비상정지장치(추락방지안전장치)를 작동시키는 장치는?

① 완충기
② 엔코더
③ 리미트 스위치
④ 조속기(과속조절기)

해설 조속기(과속조절기)
엘리베이터가 미리 정해진 속도를 초과하여 하강하는 경우 조속기(과속조절기)가 로프를 붙잡아 비상정지장치(추락방지안전장치)를 작동시키는 장치이다.
※ 반응시간
위험 속도에 도달하기 전에 과속조절기가 확실히 작동하기 위해 과속조절기의 작동지점들 사이의 최대거리는 과속조절기 로프의 움직임과 관련하여 250mm를 초과하지 않아야 한다.

06 유압식 엘리베이터 펌프의 흡입 측에 부착되어 이물질을 제거하는 작용을 하는 것은?

① 미터인
② 사일렌서
③ 스트레이트
④ 스트레이너

해설 필터(Filter)와 스트레이너(Strainer)
- 유압 장치에 쇳가루, 모래 등 불순물 제거하기 위한 여과 장치.
- 펌프의 흡입 측에 붙는 것을 스트레이너라 하고 배관 도중에 취부하는 것을 라인 필터라고 한다.

사일런서(Silencer)
- 작동유의 압력맥동을 흡수하여 진동소음을 저감시키기 위해 사용한다.

07 승강로가 갖추어야 할 조건이 아닌 것은?

① 특수목적의 가스배관은 통과할 수 있다.
② 벽면은 불연재료로 마감 처리되어야 한다.
③ 승강로에는 1대 이상의 엘리베이터 카가 있을 수 있다.
④ 엘리베이터의 균형추 또는 평행추는 카와 동일한 승강로에 있어야 한다.

해설 승강로, 기계실·기계류 공간 및 풀리실의 사용 제한
㉮ 승강로, 기계실·기계류 공간 및 풀리실은 엘리베이터 전용으로 사용되어야 한다.
㉯ 엘리베이터와 관계없는 배관, 전선 또는 그 밖에 다른 용도의 설비는 승강로, 기계실·기계류 공간 및 풀리실에 설치되어서는 안 된다. 다만, 다음과 같은 설비는 설치될 수 있으나 해당 설비의 제어장치 또는 조절장치는 승강로, 기계실·기계류 공간 및 풀리실 외부에 있어야 하며, 엘리베이터의 안전한 운행에 지장을 주지 않아야 한다.
- 증기난방 및 고압 온수난방을 제외한 엘리베이터를 위한 냉·난방설비
- 카에 설치되는 영상정보처리기기의 전선 등 관련 설비
- 카에 설치되는 모니터의 전선 등 관련 설비
- 환기를 위한 덕트
- 소방 관련 법령에 따라 기계실 천장에 설치되는 화재감지기 본체, 비상용 스피커 및 가스계 소화설비
- 화재 또는 연기 감지시스템에 의해 전원(조명 전원을 포함)이 자동으로 차단되고 엘리베이터가 승강장에 정상적으로 정지했을 때에만 작동되는 스프링클러 관련 설비(스프링클러 시스템은 엘리베이터를 구성하는 설비로 간주함)
- 피트 침수를 대비한 배수 관련 설비

정답 05 ④ 06 ④ 07 ①

08 **에스컬레이터 및 무빙워크 출입구 근처의 주요표시판에 포함하지 않아도 되는 문구는?**

① 손잡이를 꼭 잡으세요.
② 안전선 안에 서주세요.
③ 신발은 신은 상태에서만 타세요.
④ 어린이나 노약자는 보호자와 함께 이용하세요.

해설

09 **다음 (　　)의 ㉠, ㉡에 들어갈 내용으로 옳은 것은?**

> 권상 도르래 · 풀리 또는 드럼의 피치직경과 로프(벨트)의 공칭직경 사이의 비율은 로프(벨트)의 가닥수와 관계없이 (㉠) 이상이여야 한다. 다만, 주택용 엘리베이터의 경우 (㉡) 이상이여야 한다.

① ㉠ 20, ㉡ 30　② ㉠ 30, ㉡ 30
③ ㉠ 40, ㉡ 30　④ ㉠ 50, ㉡ 40

해설 권상 도르래 · 풀리 또는 드럼과 로프(벨트) 사이의 직경 비율, 로프/체인의 단말처리
권상 도르래 · 풀리 또는 드럼의 피치직경과 로프(벨트)의 공칭직경 사이의 비율은 로프(벨트)의 가닥수와 관계없이 40 이상이어야 한다. 다만, 주택용 엘리베이터의 경우 30 이상이어야 한다.

10 **에이프런의 수직 부문 높이는 몇 m 이상이여야 하는가? (단, 주택용 엘리베이터의 경우는 제외)**

① 0.6　② 0.65
③ 0.7　④ 0.75

해설 에이프런의 수직 부분 높이는 0.75m 이상이어야 한다. 다만, 주택용 엘리베이터의 경우에는 0.54m 이상이어야 한다.

11 **뉴얼의 끝 지점 및 모든 지점의 자유공간을 포함한 에스컬레이터의 스텝 또는 무빙워크의 팔레트나 벨트 위의 틈새 높이는 몇 m 이상이어야 하는가?**

① 2.0　② 2.1
③ 2.2　④ 2.3

해설 이용자를 위한 자유공간
뉴얼의 끝 지점 및 모든 지점의 자유공간을 포함한 에스컬레이터의 스텝 또는 무빙워크의 팔레트나 벨트 위의 틈새 높이는 2.3m 이상이어야 한다.

12 **카 천장에 비상구출문이 설치된 경우, 유효 개구부의 크기는 얼마 이상이여야 하는가?**

① 0.2m×0.3m
② 0.3m×0.4m
③ 0.4m×0.5m
④ 0.5m×0.6m

해설 비상구출문
카 천장에 비상구출문이 설치된 경우 유효 개구부의 크기는 0.4m×0.5m 이상이어야 한다. 다만, 카 벽에 설치된 경우 제외될 수 있다.
※ 공간이 허용된다면 유효 개구부의 크기는 0.5×0.7m가 바람직하다.

정답 08 ③ 09 ③ 10 ④ 11 ④ 12 ③

13 **엘리베이터의 조작방식에 대한 설명으로 틀린 것은?**

① 하강 승합전자동식은 2층 이상의 층에서는 승강장의 호출버튼이 하나밖에 없다.
② 카 스위치방식은 카의 기동을 모두 운전자의 의지에 따라 카 스위치의 조작에 의해서만 이루어진다.
③ 단식 자동식은 하나의 요구 버튼에 대한 운전이 완전히 종료될 때까지는 다른 요구를 전혀 받지 않는 방식이다.
④ 승합전자동식은 전 층의 승강장에 상승용 및 하강용 버튼이 반드시 설치되어 있어서 상승과 하강을 선택하여 누를 수 있다.

해설 승합전자동식(Selective Collective)
승강장의 누름 버튼은 상승용, 하강용의 양쪽 모두 동작이 가능하다. 카는 그 진행 방향의 카 한 대의 버튼과 승강장 버튼에 응답하면서 승강한다. 승용 엘리베이터가 이 방식을 채용하고 있다.

14 **유압식 엘리베이터에서 펌프의 토출압력이 떨어져서 실린더의 기름이 역류하여 카가 자유낙하 하는 것을 방지하는 역할을 하는 밸브는?**

① 안전밸브
② 체크밸브
③ 럽처밸브
④ 스톱밸브

해설 역저지밸브(Check Valve)
체크밸브라고도 하며, 한쪽 방향으로만 오일이 흐르도록 하는 밸브이다. 펌프의 토출 압력이 떨어져서 실린더 내의 오일이 역류하여 카가 자유낙하 하는 것을 방지할 목적으로 설치한 것으로, 기능은 로프식 엘리베이터의 전자브레이크와 유사하다.

15 **권동식 권상기의 특징이 아닌 것은?**

① 소요동력이 크다.
② 높은 양정에는 사용하기 어렵다.
③ 로프와 도르래 사이의 마찰력을 이용한다.
④ 너무 감거나 또는 지나치게 풀 때 위험하다.

해설 포지티브식(권동식)
권동식은 로프를 권동(드럼)에 감거나 또는 풀거나 하여 카를 상승시키는 방식이다.
㉮ 저속, 소용량 엘리베이터에 사용 가능하다.
㉯ 미끄러짐은 트랙션식 보다 작다.
㉰ 소요 동력이 크다(균형추 미사용).
㉱ 지나치게 로프를 감거나 풀면 위험하다.

16 **정전 시에는 보조전원공급장치에 의하여 엘리베이터를 몇 시간 이상 운행시킬 수 있어야 하는가?**

① 1시간 ② 2시간
③ 3시간 ④ 4시간

해설 정전 시에는 보조전원공급장치에 의하여 엘리베이터를 다음과 같이 운행시킬 수 있어야 하다.
㉮ 60초 이내에 엘리베이터 운행에 필요한 전력용량을 자동으로 발생시키도록 하되 수동으로 전원을 작동시킬 수 있어야 한다.
㉯ 2시간 이상 운행시킬 수 있어야 한다.

17 **엘리베이터의 과부하감지장치에 대한 설명으로 틀린 것은?**

① 작동하면 부저가 울린다.
② 과부하가 제거되면 작동이 멈추게 된다.
③ 주행 중에도 작동하여 카를 멈추게 한다.
④ 정격적재하중보다 많이 적재하면 작동한다.

정답 13 ④ 14 ② 15 ③ 16 ② 17 ③

해설 ㉮ 청각 및 시각적인 신호에 의해 카 내 이용자에게 알려야 한다.
㉯ 자동 동력 작동식 문은 완전히 개방되어야 한다.
㉰ 수동 작동식 문은 잠금해제 상태를 유지해야 한다.
㉱ 예비운전은 무효화되어야 한다.

18 **화재 등 재난 발생 시 거주자의 피난활동에 적합하게 제조 · 설치된 엘리베이터로, 평상시에는 승객용으로 사용하는 엘리베이터는?**

① 전망용 엘리베이터
② 피난용 엘리베이터
③ 소방구조용 엘리베이터
④ 승객화물용 엘리베이터

해설 피난용 엘리베이터
화재 등 재난 발생 시 거주자의 피난활동에 적합하게 제조 · 설치된 엘리베이터

19 **도어머신에 요구되는 성능이 아닌 것은?**

① 속도제어가 직류방식일 것
② 동작이 원활하고 정숙할 것
③ 보수가 용이하고 가격이 저렴할 것
④ 카 위에 설치하기 위하여 소형 경량일 것

해설 도어 시스템 구비조건
㉮ 동작이 원활해야 함
㉯ 소형 경량일 것
㉰ 유지보수가 용이
㉱ 가격이 저렴할 것

20 **카의 실제속도와 지령속도를 비교하여 사이리스터의 점호각을 바꿔 유동전동기의 속도를 제어하는 방식은?**

① 교류 귀환제어
② 교류 2단제어
③ 워드 레오나드방식
④ 정지 레오나드방식

해설 교류 귀환 제어 방식의 원리
㉮ 유도전동기 1차측 각 상에 사이리스터와 다이오드를 역병렬로 접속하여 전원을 가하여 토크를 변화시키는 방식으로, 기동 및 주행을 하고 감속 시에는 유도전동기 직류를 흐르게 함으로써 제동토크를 발생시킨다.
㉯ 가속 및 감속 시에 카의 실제속도를 속도 발전기에서 검출하여 그 전압과 비교하여 지령값보다 카의 속도가 작을 경우는 사이리스터의 점호각을 높여 가속시키고, 반대로 지령값보다 카의 속도가 큰 경우에는 제동용 사이리스터를 점호하여 직류를 흐르게 함으로써 감속시킨다.

02 승강기 설계

21 **승강로 내부 작업구역의 유효 높이는 몇 m 이상이어야 하는가?**

① 1.8　　② 2.1
③ 2.5　　④ 3.5

해설 승강로 내부 작업구역의 치수
작업구역은 승강로 내부 설비의 작업이 쉽고 안전하도록 다음과 같이 충분한 크기이어야 한다. 특히, 작업구역의 유효 높이는 2.1 m 이상이어야 하고, 유효 수평공간은 다음과 같아야 한다.
㉮ 제어반 및 캐비닛 전면의 유효 수평공간은 다음과 같아야 한다.
- 깊이는 외함 표면에서 측정하여 0.7m 이상이어야 한다.
- 폭은 다음 구분에 따른 수치 이상이어야 한다.
  - 제어반 폭이 0.5m 미만인 경우 : 0.5m
  - 제어반 폭이 0.5m 이상인 경우 : 제어반 폭

㉯ 움직이는 부품의 점검 및 유지관리 업무 수행이 필요한 곳에 0.5m×0.6m 이상의 작업구역이 있어야 한다.
㉰ 보호되지 않은 회전부품 위로 0.3 m 이상의 유효 수직거리가 있어야 한다.

정답 18 ② 19 ① 20 ① 21 ②

22 **대기시간 20초, 승객출입시간 30초, 도어 개폐시간 27초, 주행시간 55초, 손실시간 8초일 때, 일주시간(RTT)는?**

① 112초 ② 120초
③ 240초 ④ 280초

해설 일주시간 $RTT=\sum$(주행시간+도어개폐시간+승객출입시간+손실시간)=(55+27+30+8)=120(s)

23 **트랙션식 권상기 도르래와 로프의 미끄러짐 관계에 대한 설명으로 옳은 것은?**

① 권부각이 클수록 미끄러지기 어렵다.
② 카의 가속도와 감속도가 클수록 미끄러지기 어렵다.
③ 로프와 도르래 사이의 마찰계수가 클수록 미끄러지기 쉽다.
④ 카 측과 균형추 측에 걸리는 중량비가 클수록 미끄러지기 어렵다.

해설 트랙션(견인) 능력
㉮ 로프의 감기는 각도(권부각)가 작을수록 미끄러지기 쉽다.
㉯ 카의 가속도와 감속도가 클수록 미끄러지기 쉽고 긴급정지 시에도 동일하다.
㉰ 카 측과 균형추 측의 로프에 걸리는 중량비가 클수록 미끄러지기 쉽다.
㉱ 로프와 도르래 사이의 마찰계수가 작을수록 미끄러지기 쉽다.

24 **엘리베이터 가이드(주행안내)레일의 강도를 계산할 때 고려하지 않아도 되는 사항은?**

① 레일의 단면계수
② 레일의 단면조도
③ 카나 균형추의 총중량
④ 레일 브래킷의 설치 간격

해설 가이드(주행안내) 레일의 강도를 계산시 조도와 관계없다.

25 **다음과 같은 전동기의 내열등급 중 가장 높은 온도까지 견딜 수 있는 것은?**

① A종 ② E종
③ H종 ④ F종

해설 절연물의 종류
전기기기의 주위 온도(℃)의 기준은 40(℃)이고, 최고허용온도는 절연물의 종류에 따라 다르다.

절연물의 허용온도	종류	Y종	A종	E종	B종	F종	H종	C종
	온도 ℃	90	105	120	130	155	180	180 초과

※ Y종은 면, 견, 종이 등이고, A종은 Y종에 바니시나 기름을 채운 것이다.

26 **인버터의 입력측 회로에서 전원전압과 직류전압과의 전압차에 의해 충전전류가 전원에서 커패시터로 유입되어 전원전압의 피크부분이 절단파형으로 나타나는 것은?**

① 저차 저주파 ② 저차 고조파
③ 고차 저조파 ④ 고차 고조파

27 **승강장 도어 인터록(Door Interlock)에 대한 설명으로 옳은 것은?**

① 카 도어의 열림을 방지하는 안전장치이다.
② 도어 스위치의 접점이 떨어진 후에 도어록이 열리는 구조이어야 한다.
③ 신속한 승객 구출을 위해 일반 공구를 사용하여 열 수 있어야 한다.
④ 도어록이 확실히 걸리면 스위치의 접점이 떨어져도 카는 움직여야 한다.

정답 22 ② 23 ① 24 ② 25 ③ 26 ② 27 ②

해설 도어 인터록의 구조 및 원리

㉮ 구조 : 도어록과 도어 스위치

㉯ 원리 : 시건장치가 확실히 걸린 후 도어스위치가 들어가고, 도어 스위치가 끊어진 후에 도어록이 열리는 구조이다. 외부에서 도어록을 풀 경우에는 특수한 전용키를 사용해야 한다. 또한 전 층의 도어가 닫혀 있지 않으면 운전이 되지 않아야 한다.

28 주로프(Main Rope)가 ∅16일 때 권상 도르래의 직경은? (단, 주택용 엘리베이터의 경우는 제외)

① ∅400 ② ∅480

③ ∅520 ④ ∅560

해설 메인 시브(Main Sheave)

메인 시브는 감속기의 축과 연결되어 전동기의 회전을 감속기에 감속된 속도로 회전시킨다.

㉮ 메인 시브의 크기 : 메인 시브의 직경은 걸리는 로프 직경의 40배 이상으로 하여 굽혀짐과 펴짐의 반복에 의한 로프의 손상을 최소화 하도록 하여야 한다(이는 디플렉터 시브에도 적용). 메인 시브에는 엘리베이터의 모든 하중이 로프를 통하여 걸려 있으므로 이를 견디어 낼 수 있는 충분한 강도로 설계·제작되어야 한다.

㉯ 시브의 직경 비율

구 분	시브의 직경 비율	
메인 시브	로프 직경의 40배 이상(단, 메인 시브의 직경에 접하는 부분의 길이가 그 둘레길의 1/4 이하면 36배 이상)	
	로프직경(mm)	도르래 최소직경(mm)
	8	320
	10	400
	12	480
	14	560
균형 도르래	균형로프(Compensation Rope)에 사용되는 도르래는 32배 이상	

29 건축물 용도별 엘리베이터와 승객 집중시간에 대한 연결로 틀린 것은?

① 호텔 - 새벽시간

② 사무용 - 출근 시 상승

③ 백화점 - 일요일 정오 전후

④ 병원 - 면회시간 시작 직후

해설 집중율이란 단위시간에 집중하는 사람수의 전체사람수에 대한 비율이다.

호텔의 승객 집중시간 저녁시간(체크인, 외출, 시설이용)피크시 ru(상승인원) rd(하강인원)는 같은 인원으로 함

30 동력전원설비 설계기준에서 가속전류의 정의로 옳은 것은?

① 카가 전부하 상태에서 상승방향으로 가속 시 배전선에 흐르는 최대 전류

② 카가 무부하 상태에서 상승방향으로 가속 시 배전선에 흐르는 최대 전류

③ 카가 전부하 상태에서 하강방향으로 가속 시 배전선에 흐르는 최대 전류

④ 카가 무부하 상태에서 하강방향으로 가속 시 배전선에 흐르는 최대 전류

해설 가속전류

카가 전부하 상태에서 상승방향으로 가속 시 배전선에 흐르는 최대 전류를 가속전류라고 한다.

31 그림은 유압식 엘리베이터에 블리드오프 회로의 하강운전 시 속도, 유량 및 동작곡선도이다. 그림에 대한 설명으로 틀린 것은?

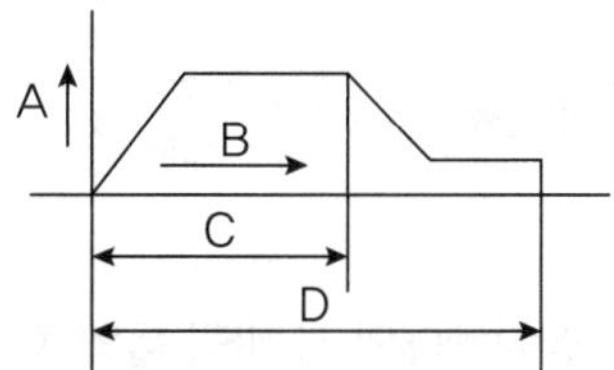

① A : 속도

② B : 시간

③ C : 전동기 회전

④ D : 전자밸브 여자

32 **하중이 작동하는 시간에 따른 분류 중 동하중에 해당되지 않는 것은?**

① 반복하중　② 교번하중
③ 충격하중　④ 집중하중

해설 동하중
반복하중, 교번하중, 충격하중

33 **엘리베이터를 전력 간선 산출 시 고려되는 전류의 산출식과 관계없는 것은?**

① 전압강하계수
② 엘리베이터 대수
③ 제어용 부하의 정격전류
④ 정격전류(전부하 상승 시 전류)

해설 동력전원 설계 시 고려사항
가속전류, 전압강하, 주위온도, 전압강하계수, 부등률
※ 엘리베이터 전력 간선 산출 시 고려되는 전류는 엘리베이터 대수, 제어용 부하의 정격전류, 가속전류, 정격전류(전부하 상승 시 전류)를 고려한다.

34 **반복하중을 받고 있는 인장강도 75kg/mm^{2}의 연강봉이 있다. 허용응력 25kg/mm^{2}로 할 때 안전율은 얼마인가?**

① 3　② 4
③ 5　④ 6

해설 $안전율 = \frac{인장강도}{허용응력} = \frac{75}{25} = 3$

35 **상부체대와 카 바닥 틀의 처짐은 전 길이의 얼마 이하이어야 하는가?**

① $\frac{1}{48}$
② $\frac{1}{96}$
③ $\frac{1}{480}$
④ $\frac{1}{960}$

해설 상부체대와 카바닥 틀의 처짐은 전 길이의 $\frac{1}{960}$ 이하이다.

36 **로프와 도르래 홈과의 면압 관계식으로 옳은 것은? (단, Pa는 면압, P는 로프에 걸리는 하중, D는 주 도르래의 지름, d는 로프의 공칭지름이다.)**

① $Pa = \frac{2P}{Dd}$
② $Pa = \frac{2P}{2Dd}$
③ $Pa = \frac{2Dd}{P}$
④ $Pa = \frac{Dd}{2P}$

해설 로프와 도르래 홈과의 면압 $Pa = \frac{2P}{Dd}$

37 **비상정지장치(추락방지안전장치) 종류 중 F.G.C형 비상정지장치(추락방지안전장치)에 관한 설명으로 틀린 것은?**

① 동작이 되면 복귀가 어렵다.
② 구조가 간단하고 공간을 적게 차지한다.
③ 점차 작동형 비상정지장치(추락방지안전장치)의 일종이다.
④ 레일을 죄는 힘은 동작 시부터 정지시까지 일정하다.

해설 동작이 되면 복귀가 가능하다.

정답 32 ④ 33 ① 34 ① 35 ④ 36 ① 37 ①

38 **파이널 리미트 스위치(Final Limit Switch)에 대한 설명으로 틀린 것은?**

① 기계적으로 조작되어야 하며, 작동 캠(Cam)은 금속으로 만든 것이어야 한다.
② 승강로 내부에 장착한 파이널 리미트 스위치는 밀폐된 형식으로 되어야 한다.
③ 카의 수평운동이 파이널 리미트 스위치의 작동에 영향을 끼치지 않도록 설치하여야 한다.
④ 스위치 접점은 직접 기계적으로 열려야 하며, 접점을 열기 위하여 스프링이나 중력 또는 그 복합에 의존하는 장치를 사용하여야 한다.

해설 파이널 리미트 스위치의 요건
㉮ 기계적으로 조작되어야 하며, 작동 캠(Operating Cam)은 금속제로 만든 것이어야 한다.
㉯ 스위치 접촉(Switch Contact)은 직접 기계적으로 열려야 한다.
㉰ 카 상단 또는 승강로 내부에 장착한 파이널 리미트 스위치는 밀폐된 형식이어야 하고, 카의 수평운동이 그 장치의 작동에 영향을 끼치지 않게 견고히 설치되어야 한다.
㉱ 파이널 리미트 스위치는 승강로 내부에 설치하고 카에 부착된 캠(Cam)으로 조작시켜야 한다.

39 **카 레일용 브래킷에 대한 설명으로 틀린 것은?**

① 구조 및 형태는 레일을 지지하기에 견고하여야 한다.
② 벽면으로부터 높이 1,000mm 이하로 설치하여야 한다.
③ 사다리형 브래킷의 경사부 각도는 15~30도로 제작한다.
④ 콘크리트에 대해선 앵커볼트로 견고히 부착하여야 한다.

해설 벽면으로부터 높이 600mm 이하로 설치하여야 한다.

40 **권상 도르래의 지름이 720mm이고, 감속비가 45 : 1, 전동기 회전수가 1,800rpm, 1 : 1 로핑인 경우의 엘리베이터의 속도는 약 몇 m/min인가?**

① 30 ② 60
③ 90 ④ 105

해설 권상기 도르래

$$정격속도(V) = \frac{\pi DN}{1,000} i = \frac{\pi \times 720 \times 1,800}{1,000} \times \frac{1}{45} = 90.43[\text{m/min}]$$

D : 권상기 도르래의 지름(mm)
N : 전동기의 회전수(rpm)
i : 감속비

03 일반기계공학

41 **지름이 50mm인 원형 단면봉의 길이가 1m이다. 이 봉이 2개의 강체에 20cm에서 20℃에서 고정하였다. 온도가 30℃가 되었을 때, 이 봉에 발생하는 압축응력은? (단, 봉의 열팽창계수는 12×10^{-6}/℃, 세로탄성계수는 E = 207GPa이다.)**

① 12.42MPa
② 24.82MPa
③ 12.42kPa
④ 24.84kPa

해설 압축응력 $\sigma = E \cdot \alpha \cdot (t_2 - t_1)$

$$= 207 \times 10^3 \times 12 \times 10^{-6} \times (30-20) = 24.84[\text{MPa}]$$

여기서, E : 세로탄성계수
α : 열팽창계수
t_2 : 나중온도
t_1 : 처음온도

정답 38 ④ 39 ② 40 ③ 41 ②

42 **축과 보스 사이에 2~3곳을 축 방향으로 쪼갠 원뿔을 때려 박아 축과 보스를 헐거움 없이 고정할 수 있는 키는?**

① 평키 ② 접선키
③ 원뿔키 ④ 반달키

해설 원뿔키(Cone Key)
축과 보스와의 사이에 2, 3곳을 축 방향으로 쪼갠 원뿔을 때려 박아 보스를 헐거움 없이 고정할 수 있는 키

43 **다음 중 아크 용접에서 언더컷(Under Cut)의 발생 원인으로 가장 적합한 것은?**

① 전류 부족, 용접 속도 빠름
② 전류 부족, 용접 속도 느림
③ 전류 과대, 용접 속도 빠름
④ 전류 과대, 용접 속도 느림

해설 언더컷
용접의 경계부분의 모재가 파여지고 용착금속이 채워지지 않고 홈으로 남아있는 부분, 용접속도가 빠를 때, 전류 과대할 때 발생한다.

44 **전양정이 30m이고, 급수량이 $1.2m^3/min$인 펌프를 설계할 때 펌프의 효율을 0.75로 하면 펌프의 축동력은 약 몇 kW인가?**

① 5.7 ② 7.8
③ 8.7 ④ 10.5

해설

$$축동력 = \frac{9.8QH}{\eta} = \frac{9.8\times1.2\times\frac{1}{60s}\times30}{0.75} = 7.8kW$$

45 **관 끝을 나팔 모양으로 벌리는 가공으로 보통 90° 각도로 작게 가공하는 것은?**

① 플레어링 ② 플랜징
③ 롤러 성형 ④ 비딩 가공

46 **압력제어밸브의 종류로 틀린 것은?**

① 체크밸브
② 릴리프밸브
③ 리듀싱밸브
④ 카운터밸런스밸브

해설 유압제어 밸브
① 압력제어밸브(릴리프 밸브, 감압밸브, 시퀀스 밸브, 카운터 밸런스 밸브)
② 유량제어 밸브
③ 방향제어밸브(셔틀밸브)

47 **그림과 같이 길이 1m의 사각단면인 외팔보에 최대처짐을 0.2cm로 제한하고자 한다. 이 보에 작용하는 집중하중 P는 약 몇 kN이어야 하는가? (단, 재료의 세로탄성계수는 $2\times10^5N/mm^2$이다.)**

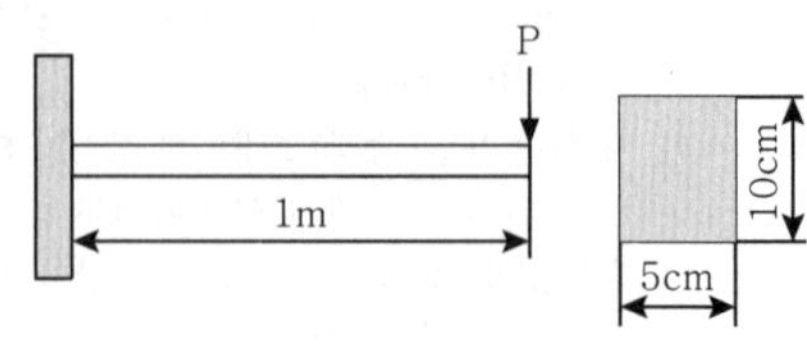

① 3 ② 5
③ 7 ④ 9

해설 처짐량$(\delta) = \frac{P\times l^3}{3EI}$,

$$P = \frac{0.2\times10^{-2}\times3\times2\times10^5\times10^{-6}\times\frac{0.05\times0.1^3}{12}}{1^3}$$

$= 5kN$

48 **일명 미끄럼키라고도 하며, 회전토크를 전달함과 동시에 보스가 축 방향으로 이동할 수 있는 키는?**

① 평키 ② 새들키
③ 페더키 ④ 반달키

정답 42 ③ 43 ③ 44 ② 45 ① 46 ① 47 ② 48 ③

해설 미끄럼키(Reather Key)
안내키(페더키)라고 하며, 회전력 전달과 동시에 축방향을 움직일 수 있다.

49 **주조형 목형(원형)을 실물치수보다 크게 만드는 가장 중요한 이유는?**

① 코어를 넣기 때문이다.
② 잔형을 덧붙임하기 때문이다.
③ 주형의 치수가 크기 때문이다
④ 수축여유와 가공여유를 고려하기 때문이다.

해설 주조형 목형(원형)을 실물치수보다 크게 만드는 가장 중요한 이유는 수축여유와 가공여유를 고려하기 때문이다.

50 **코일스프링의 소선지름(d)을 스프링의 처짐량식에서 구하고자 할 때, 다음 중 반드시 필요한 요소가 아닌 것은?**

① 하중(P)
② 스프링의 길이(L)
③ 소선의 전단탄성계수(G)
④ 코일스프링 전체의 평균지름(D)

해설 작용중량(W)에 대한 압축량(δ)

$$\delta = \frac{8nD^3 W}{Gd^4}$$

(n : 권수, G : 횡탄성계수, d : 코일의 선경)

51 **두 축이 평행하고, 두 축의 중심선이 약간 어긋났을 경우에 각 속도의 변화 없이 토크를 전달시키려고 할 때 사용하는 축이음은?**

① 머프 커플링
② 올덤 커플링
③ 플랜지 커플링
④ 클램프 커플링

해설 올덤 커플링
두 축이 평행하나 중심이 어긋나 있을 때 사용한다.

52 **두랄루민(Duralumin)의 전체 성분에서 원소 함유량이 가장 많은 것은?**

① Fe ② Mg
③ Zn ④ Al

해설 두랄루민(Duralumin)계
두랄루민은 알루미늄(Al)-구리(Cu)-마그네슘(Mg)-아연(Mn)으로 구성된 합금으로 인장강도가 크고, 시효경화를 일으키는 고력(고강도) 알루미늄 합금이다.

53 **마이크로미터 측정면이나 블록게이지의 측정면과 같이 비교적 작고 정밀도가 높은 측정물의 평면도 검사에 사용하는 측정기로 가장 적합한 것은?**

① 옵티컬 플랫
② 윤곽 투영기
③ 오토 콜리메이터
④ 콤비네이션 세트

해설 옵티컬 플랫
마이크로미터의 측정면이나 블록게이지의 측정면과 같이 비교적 작고, 정밀도가 높은 측정물의 평면도검사에 사용하는 측정기구이다.

54 **단면적이 $25cm^2$인 원형기둥에 10kN의 압축하중을 받을 때 기둥 내부에 생기는 압축응력은 몇 MPa인가?**

① 0.4 ② 4
③ 40 ④ 400

해설 $압축응력 = \frac{하중}{단면적} = \frac{10\times10^3}{25\times10^{-4}} = 4\text{MPa}$

55 **유압기기에 사용되는 유압 작동유의 구비 조건으로 옳은 것은?**

① 열팽창계수가 클 것
② 압축률(압축성)이 높을 것
③ 증기압이 낮고 비점이 높을 것
④ 열전달률이 낮고 비열이 작을 것

해설 유압 작동유의 구비조건
① 증기압이 낮고, 비점이 높을 것
② 열팽창계수가 작을 것
③ 열전달률이 높을 것
④ 비중이 낮을 것

56 **연삭숫돌의 결함에서 숫돌 입자의 표면이나 기공에 칩이 메워져서 칩을 처리하지 못하여 연삭성이 나빠지는 현상은?**

① 눈메움 ② 트루잉
③ 드레싱 ④ 무딤

해설 눈메움(lodding)
연삭숫돌의 기공이 너무작거나, 결합도가 단단하거나, 연성이 큰 재료를 연삭할 경우 발생함. 숫돌 표면의 기공에 칩이 메워지는 현상.

57 **플라스틱 수지로 수축이 적고 우수한 전기적 특성 및 강한 물리적 성질을 가지고 있어 판재제작, 용기성형, 페인트, 접착제 등에 널리 사용되는 열경화성수지는?**

① 염화비닐수지
② 스티렌수지
③ 아크릴수지
④ 에폭시수지

해설 에폭시수지
플라스틱으로 경화된 수지로, 수축이 적고 양호한 화학적 저항, 우수한 전기적 특성, 강한 물리적 성질을 가지고 있으며, 판재제작, 용기성형, 페인트, 접착제 등으로 사용되는 열경화성수지이다.

58 **리벳이음의 효율에 대한 설명으로 틀린 것은?**

① 리벳이음의 효율에는 판의 효율과 리벳 효율이 있다.
② 리벳이음의 설계에서 리벳의 효율은 판의 효율보다 2배 크게 한다.
③ 판 효율은 구멍이 없는 판에 대한 구멍이 있는 판의 인장강도 비로 나타낸다.
④ 리벳 효율은 구멍이 없는 판의 인장강도에 대한 리뱃의 전단강도 비를 말한다.

59 **다음 중 강인성을 증가시켜 내열, 내식, 내마모성이 풍부하기 때문에 주로 기어, 핀, 축류에 사용되는 기계구조용 합금강은?**

① SS 490
② SM 45C
③ SM 400A
④ SNC 415

60 **두 축이 평행하지도 교차하지도 않는 경우 사용하는 기어는?**

① 베벨기어
② 스퍼기어
③ 헬리컬기어
④ 하이포이드기어

해설 하이포이드기어
두 축이 평행하지도 교차하지도 않는 경우 사용하는 기어

정답 55 ③ 56 ① 57 ④ 58 ② 59 ④ 60 ④

04 전기제어공학

61 그림과 같은 블록선도가 의미하는 요소는?

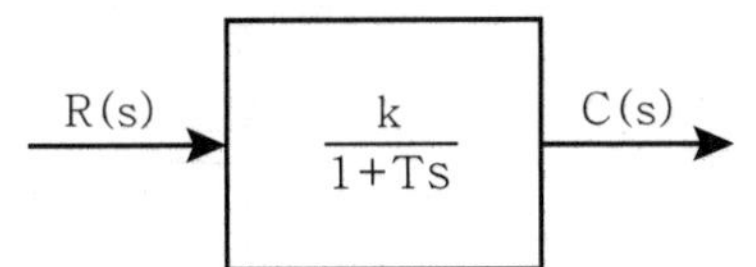

① 비례 요소
② 미분 요소
③ 1차 지연 요소
④ 2차 지연 요소

해설 제어요소정리(K : 이득상수)

비례요소	$G(s)=K$
적분요소	$G(s)=\frac{K}{s}$
미분요소	$G(s)=Ks$
1차지연요소	$G(s)=\frac{K}{1+Ts}$
2차지연요소	$G(s)=\frac{\omega_n^2}{s^2+\delta\omega_n s+\omega_n^2}$ (δ: 제동비), $\frac{1}{T}=\omega_n$ (고유각주파수)
부동작요소	$G(s)=Ke^{-Ts}$

62 자동제어를 분류할 때 제어량에 의한 분류가 아닌 것은?

① 정치제어
② 서보기구
③ 프로세스제어
④ 자동조정

해설 제어량에 의한 분류
㉮ 서보기구제어 : 제어량이 기계적인 추치제어이다.
㉯ 프로세스제어 : 공정제어라고도 하며, 제어량이 피드백제어계로서 주로 정치제어인 경우이다.
㉰ 자동조정제어 : 전기적, 기계적 양을 주로 제어하는 것으로서 응답속도가 대단히 빨라야 하는 것이 특징이며 정전압장치, 발전기의 조속기 등이 이에 속한다. 제어량이 정치제어이다.

63 그림과 같은 피드백제어계의 전달함수는?

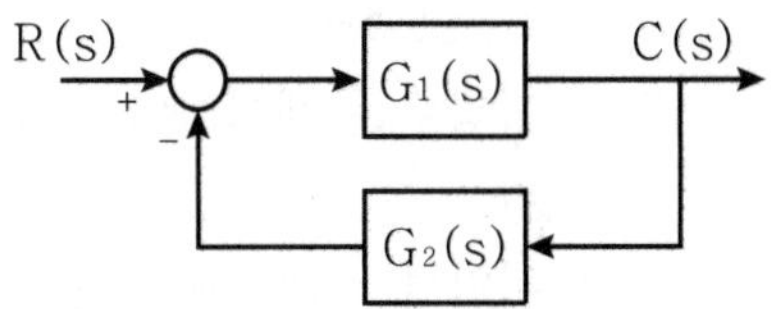

① $\frac{1}{G_1(s)}+\frac{1}{G_2(s)}$
② $\frac{G_1(s)}{1-G_1(s)G_2(s)}$
③ $\frac{G_1(s)}{1+G_1(s)G_2(s)}$
④ $\frac{G_1(s)G_2(s)}{1+G_1(s)G_2(s)}$

해설 $\frac{\text{경로}}{1-\text{폐로}}=\frac{G_1(s)}{1+G_1(s)G_2(s)}$

64 그림과 같은 유접점 시퀀스회로의 논리식은?

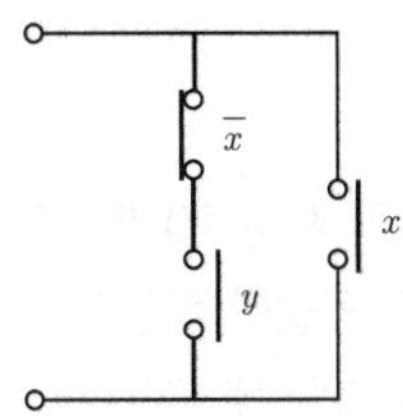

① $(y-\bar{x})x$
② $(\bar{x}+y)x$
③ $x-y\bar{x}$
④ $\bar{x}y+x$

65 **전달함수의 특성에 관한 내용으로 틀린 것은?**

① 전달함수는 선형제어계에서만 정의된다.
② 전달함수를 구할 때 제어계의 초기값은 "1"로 한다.
③ 전달함수는 제어계의 입력과는 관계없다.
④ 단위임펄스 함수에 대한 출력이 임펄스 응답일 때 전달함수는 임펄스응답의 라플라스변환으로 정의된다.

해설 전달함수 제어계의 초기값은 0이다.
전달함수는 제어계의 입력과 출력비이다.

66 **개루프(Open Loop) 제어시스템을 폐루프(Closed Loop) 제어시스템으로 변경하면 루프 이득은 어떻게 되는가?**

① 불변이다.
② 증가한다.
③ 감소한다.
④ 증가하다가 감소한다.

해설 루프 이득(loop gain)은 귀환된 신호가 증폭되는 양으로, 개루프(open loop) 제어시스템을 폐루프(closed loop) 제어시스템으로 변경하면 감소한다.

67 **2Ω의 저항 10개가 있다. 이 저항들을 직렬로 연결한 합성저항은 병렬로 연결한 합성저항의 몇 배인가?**

① 150　　② 100
③ 50　　④ 10

해설 ㉮ 직렬 합성저항 $2 \times 20 = 20[\Omega]$
㉯ 병렬 합성저항 $\dfrac{2}{10} = 0.2[\Omega]$
$\therefore \dfrac{20}{0.2} = 100$배

68 **그림의 시퀀스회로에서 전자계전기(Relay) R의 a접점(Normal Open)의 역할은? (단, A와 B는 푸시버튼 스위치이다.)**

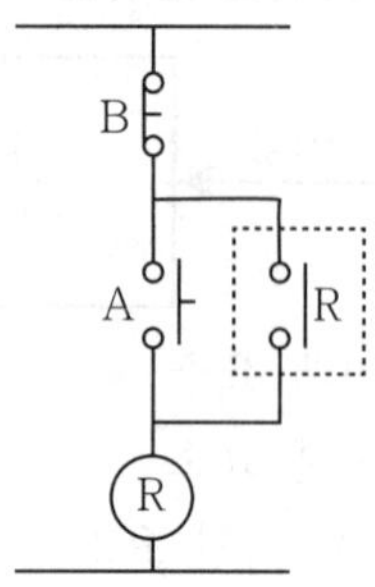

① 인터록　　② 자기유지
③ 지연논리　　④ NAND논리

해설 자기 유지 회로
릴레이 코일에 전압을 인가하는 스위치를 OFF로 하여도 릴레이가 계속 작동 회로

69 **다음의 정류회로 중 리플전압이 가장 작은 회로는? (단, 저항부하를 사용한 경우이다.)**

① 3상 반파 정류회로
② 3상 전파 정류회로
③ 단상 반파 정류회로
④ 단상 전파 정류회로

해설 3상 전파 정류회로가 리플전압이 가장 작다.

70 **자기인덕턴스가 L_1, L_2, 상호인덕턴스가 M인 결합회로의 결합계수가 1이라면 그 관계식은 어떻게 되는가?**

① $L_1L_2 = M$
② $\sqrt{L_1L_2} = M$
③ $\sqrt{L_1L_2} > M$
④ $L_1L_2 > M$

해설 결합계수 $\sqrt{L_1L_2} = M$

정답 65 ② 66 ③ 67 ② 68 ② 69 ② 70 ②

71 변압기 정격 1차 전압의 의미로 옳은 것은?

① 정격 2차 전압에 권수비를 곱한 것이다.
② $\frac{1}{2}$ 부하를 걸었을 때의 1차 전압이다.
③ 무부하일 때의 1차 전압이다.
④ 정격 2차 전압에 효율을 곱한 것이다.

해설 권수비 $a = \frac{N_1}{N_2} = \frac{V_1}{V_2}$, $V_1 = aV_2$

여기서, V_1 : 1차 전압[V]
V_2 : 2차 전압[V]
a : 권수비$\left(\frac{N_1}{N_2}\right)$

72 그림과 같은 논리회로의 논리식은?

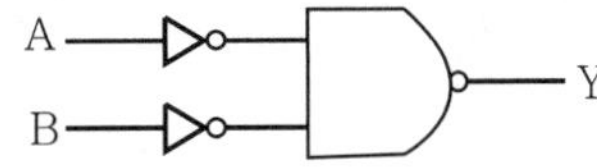

① $\overline{A}+\overline{B}$ ② $A+B$
③ $\overline{AB}$ ④ AB

해설 $\overline{\overline{A}\cdot\overline{B}} = \overline{\overline{A}}+\overline{\overline{B}} = A+B$

73 무효전력을 나타내는 단위는?

① VA ② W
③ Var ④ Wh

74 인가전압을 변화시켜 전동기의 회전수를 800rpm으로 하고자 한다. 이 경우 회전수는 다음 중 어느 것에 해당되는가?

① 동작신호 ② 기준값
③ 조작량 ④ 제어량

75 평형 3상 Y결선의 상전압의 크기가 $V_p(V)$ 일 때 선간전압의 크기는 몇 V인가?

① $3V_p$ ② $\sqrt{3}V_p$
③ $\frac{V_p}{\sqrt{3}}$ ④ $\frac{Vp}{3}$

해설 선간전압 $V_l = \sqrt{3}V_p$

76 $G(j\omega) = j\omega$인 시스템에서 ω =0.01rad/sec일 때 이 시스템의 이득은 몇 dB인가?

① −10 ② −20
③ −30 ④ −40

해설 $G[\text{dB}] = -20\log|G(j\omega)| = -20\log|j0.01|$
$= -20\log10^2 = -40dB$

77 열차의 무인운전이나 열처리로의 온도제어는?

① 정치제어 ② 추종제어
③ 비율제어 ④ 프로그램제어

해설 프로그램제어
미리 정해진 시간적 변화에 따라 정해진 순서대로 제어한다(무인 엘리베이터, 무인 열차, 무인 자판기 등).

78 그림과 같은 회로의 합성 임피던스는?

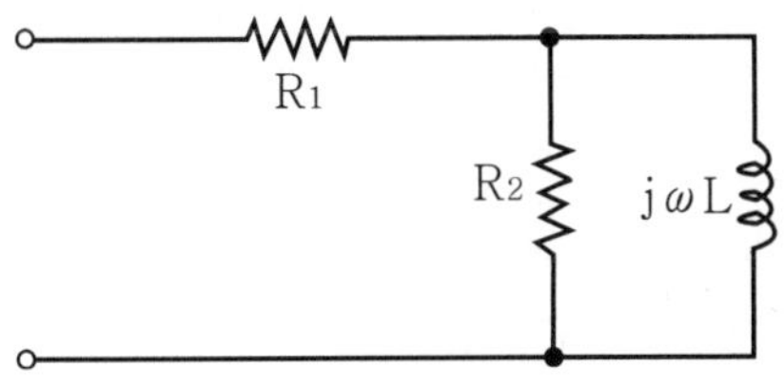

① $\frac{R_1 + R_2 j\omega L}{R_2 + j\omega L}$

② $R_1 + R_2\frac{j\omega L}{R_2 + j\omega L}$

③ $j\omega L + \frac{R_1 + R_2}{R_1 R_2}$

④ $R_1 + R_2 + j\omega L$

정답 71 ① 72 ② 73 ③ 74 ④ 75 ② 76 ④ 77 ④ 78 ②

79 100V, 60Hz의 교류전압을 어느 커패시터에 가하니 2A의 전류가 흘렀다. 이 커패시터의 정전용량은 약 몇 μF인가?

① 26.5 ② 36
③ 53 ④ 63.6

해설 $X_c = \frac{1}{\omega C} = \frac{V}{I}$, $C = \frac{I}{\omega V} = \frac{2}{2\pi \times 60 \times 100} = 53\mu\text{F}$

80 그림 (a)의 병렬로 연결된 저항회로에서 전류 I와 I_1의 관계를 그림 (b)의 블록선도로 나타낼 때 $G(s)$에 들어갈 전달함수는?

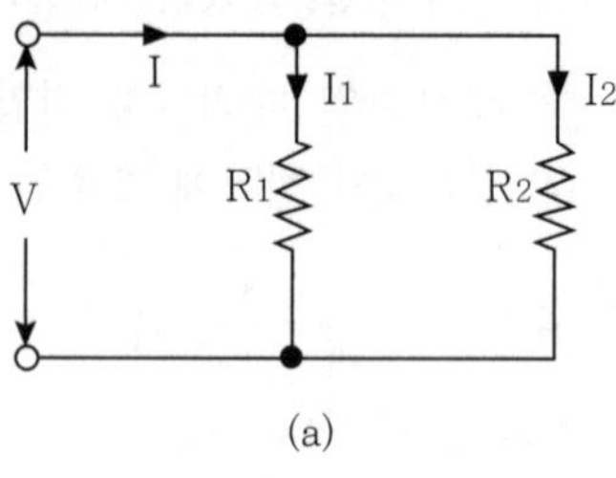

(a)

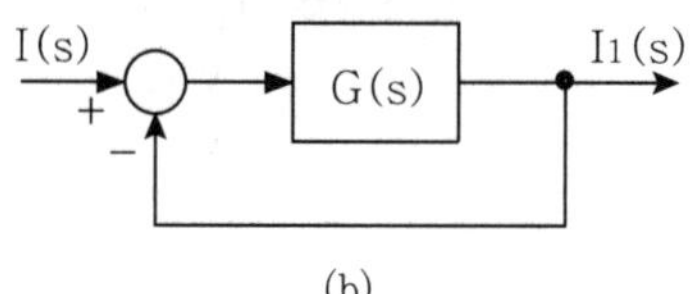

(b)

① $\frac{R_1}{R_2}$ ② $\frac{R_2}{R_1}$
③ $\frac{1}{R_1 R_2}$ ④ $\frac{1}{R_1 + R_2}$

해설 $I_1(s) = \frac{R_2}{R_1 + R_2} I(s)$,

$$\frac{I_1(s)}{I(s)} = \frac{R_2}{R_1 + R_2} = \frac{\frac{R_2}{R_1}}{1 + \frac{R_2}{R_1}} = \frac{\text{경로}}{1 - \text{폐로}}$$

$$= \frac{G(s)}{1 + G(s)}$$

$$\therefore \ G(s) = \frac{R_2}{R_1}$$

정답 79 ③ 80 ②

07 2020년 06월 06일

01 승강기 개론

01 **엘리베이터 과속조절기(조속기) 로프의 최소 파단 하중은 권상 형식 과속조절기의 마찰계수(μmax) 0.2를 고려하여 과속조절기가 작동될 때 로프에 발생하는 인장력에 몇 이상의 안전율을 가져야 하는가?**

① 2　　② 4
③ 6　　④ 8

해설 과속조절기 로프
가) 과속조절기 로프는 KS D 3514 또는 ISO 4344에 적합해야 한다.
나) 과속조절기 로프의 최소 파단 하중은 권상 형식 과속조절기의 마찰 계수(μmax) 0.2를 고려하여 과속조절기가 작동될 때 로프에 발생하는 인장력에 8 이상의 안전율을 가져야한다.
다) 과속조절기의 도르래 피치 직경과 과속조절기 로프의 공칭 직경 사이의 비는 30 이상이어야 한다.

02 **다음 중 엘리베이터의 주행안내(가이드) 레일에 대한 설명으로 적절하지 않은 것은?**

① 카의 기울어짐을 방지하는 장치이다.
② 엘리베이터의 안전한 운행을 보장하기 위해 부과되는 하중 및 힘에 견뎌야 한다.
③ 건물 구조의 움직임이 주행안내 레일 연결에 주는 영향이 최소화되도록 해야 한다.
④ 추락방지안전장치(비상정지장치)의 제동력은 주행안내 레일의 특정 부분에 주는 영향이 최소화되도록 해야 한다.

해설 추락방지안전장치의 제동력은 주행안내 레일에 동등하게 분산되어야 한다.

03 **에스컬레이터의 브레이크 시스템에 대한 설정으로 틀린 것은?**

① 균일한 감속에 따른 안정감이 있어야 한다.
② 전압 공급이 중단되었을 때 자동으로 작동해야 한다.
③ 브레이크 시스템의 적용에는 의도적 지연이 없어야 한다.
④ 제어시스템이 에스컬레이터를 정지시키기 위해 즉시 차단 시퀀스를 시작하면, 이는 의도적 지연으로 간주된다.

해설 시퀀스 제어를 시작하면 정상적인 브레이크 동작으로 에스컬레이터를 정지시킨다.

04 **에너지 분산형 완충기가 스프링식 또는 중력 복귀실일 경우, 최대 몇 초 이내에 완전히 복귀되어야 하는가?**

① 30　　② 50
③ 90　　④ 120

해설 정상 위치로 완충기의 복귀 확인
각 시험 후 완충기는 완전히 압축한 위치에서 5분 동안 유지되어야 한다. 그다음 완충기를 놓아 정상적으로 확장된 위치로 복귀되도록 해야 한다. 완충기가 스프링식 또는 중력 복귀식일 경우, 최대 120초 이내에 완전히 복귀되어야 한다.

정답 01 ④ 02 ④ 03 ④ 04 ④

05 승강로에 대한 설명으로 틀린 것은?

① 승강로에는 1대 이상의 엘리베이터 카가 있을 수 있다.
② 승강로 내에 설치되는 돌출물은 안전상 지장이 없어야 한다.
③ 승강로는 누수가 없고 청결상태가 유지되는 구조이어야 한다.
④ 유압식 엘리베이터의 잭은 카와 별도의 승강로 내에 있어야 한다.

해설 유압식 엘리베이터의 잭은 카와 동일한 승강로 내에 있어야 하며, 지면 또는 다른 장소로 연장될 수 있다.

06 균형 체인 또는 균형 로프의 역할로 적절하지 않은 것은?

① 승차감을 개선하기 위해 설치한다.
② 착상오차를 개선하기 위해 설치한다.
③ 고층용 엘리베이터에서 소음을 개선하기 위해 설치한다.
④ 카와 균형추 상호 간의 위치변화에 따른 와이어로프 무게를 보상하기 위한 것이다.

해설 균형 체인 및 균형 로프의 기능
① 이동케이블과 로프의 이동에 따라 변화되는 하중을 보상하기 위하여 설치한다.
② 카 하단에서 피트를 경유하여 균형추의 하단으로 로프와 거의 같은 단위 길이의 균형 체인이나 균형 로프를 사용하여 90% 정도 보상한다.
③ 고층용 엘리베이터에는 균형 체인을 사용할 경우 소음의 문제가 있어 균형 로프를 사용한다.

07 블리드 오프 유압회로에서 카가 하강 시에 유압잭에서 오일탱크로 되돌아가는 작동유의 유량을 제어하는 밸브는?

① 감압 밸브
② 체크 밸브
③ 릴리프 밸브
④ 하강 유량 제어 밸브

해설 하강용 유량 제어밸브
하강용 전자 밸브에 의해 열림 정도가 제어되는 밸브로서 실린더에서 탱크에 되돌아오는 유량을 제어한다. 정전이나 다른 원인으로 카가 층 중간에 정지하였을 경우 이 밸브를 열어 안전하게 카를 하강시켜 승객을 구출할 수 있다.

08 에너지 분산형 완충기에 대한 설명으로 틀린 것은?

① 작동 후에는 영구적인 변형이 없어야 한다.
② $2.5g_n$을 초과하는 감속도는 0.04초보다 길지 않아야 한다.
③ 완충기 작동 후 완충기가 정상 위치에 복귀되기 전에 엘리베이터가 정상적으로 운행될 수 있어야 한다
④ 카에 정격하중을 싣고 정격속도의 115%의 속도로 자유 낙하하여 완충기에 충돌할 때, 평균 감속도는 $1g_n$ 이하이어야 한다.

해설 엘리베이터는 작동 후 정상 위치에 완충기가 복귀되어야만 정상적으로 운행될 수 있다.

09 다음 중 카 바닥의 구성요소가 아닌 것은?

① 에이프런
② 안전난간대
③ 하중검출장치
④ 플로러베이스

해설 안전 난간대는 카 상부에 설치 되는 구성요소이다.

정답 05 ④ 06 ③ 07 ④ 08 ③ 09 ②

10 **가변전압 가변주파수 제어방식에서 직류를 교류로 바꾸어 주는 장치는?**

① 인버터 ② 리액터
③ 컨덕터 ④ 컨버터

해설 • 컨버터 : 교류를 직류로 변환
• 인버터 : 직류를 교류로 변환

11 **다음 그림과 같은 로핑 방법은?**

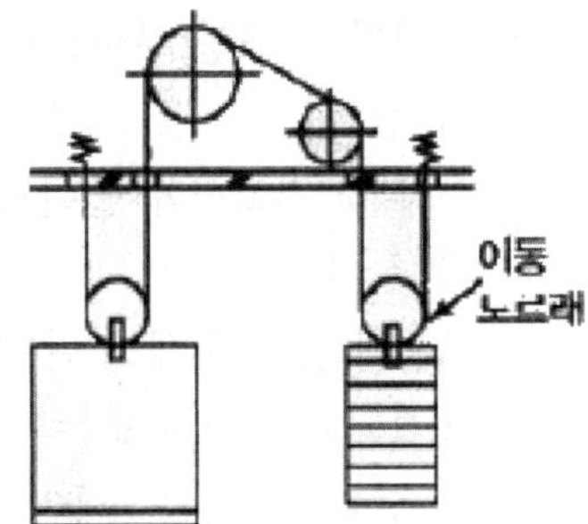

① 1:1 로핑 ② 2:1 로핑
③ 3:1 로핑 ④ 4:1 로핑

해설 2:1 로핑방식

12 **카 추락방지안전장치(비상정지장치)가 작동될 때, 무부하 상태의 카 바닥 또는 정격하중이 균일하게 분포된 바닥은 정상적인 위치에서 몇 %를 초과하여 기울어지지 않아야 하는가?**

① 3 ② 5
③ 7 ④ 10

해설 추락방지(비상정지)안전장치 작동 시 카 바닥의 기울기
카 비상정지장치(추락방지안전장치)가 작동될 때, 부하가 없거나 부하가 균일하게 분포된 카의 바닥은 정상적인 위치에서 5%를 초과하여 기울어지지 않아야 한다.

13 **카에는 자동으로 재충전되는 비상전원공급장치에 의해 몇 lx 이상의 조도로 몇시간 동안 전원이 공급되는 비상들이 있어야 하는가?**

① 2lx, 1시간 ② 2lx, 2시간
③ 5lx, 1시간 ④ 5lx, 2시간

해설 카에는 자동으로 재충전되는 비상전원공급장치에 의해 5lx 이상의 조도로 1시간 동안 전원이 공급되는 비상등이 있어야 한다.

14 **무빙워크의 경사도는 몇 도 이하이어야 하는가?**

① 8° ② 10°
③ 12° ④ 15°

해설 무빙워크의 경사도는 12° 이하이어야 한다.

15 **엘리베이터가 최종단층을 통과하였을 때 구동기를 신속하게 정지시키며, 운행을 불가능하게 하는 안전장치는?**

① 피트 정지 스위치
② 파이널 리미트 스위치
③ 종단층 장제 감속 장치
④ 추락방지안전장치(비상정지장치)

해설 파이널 리미트 스위치
• 권상 및 포지티브 구동식 엘리베이터의 경우, 주행로의 최상부 및 최하부에서 작동하도록 설치되어야 한다.
• 유압식 엘리베이터의 경우, 주행로의 최상부에서만 작동하도록 설치되어야 한다.
• 파이널 리미트 스위치는 우발적인 작동의 위험 없이 가능한 최상층 및 최하층에 근접하여 작동하도록 설치되어야 한다.
• 파이널 리미트 스위치는 카(또는 균형추)가 완충기 또는 램이 완충장치에 충돌하기 전에 작동되어야 한다.

정답 10 ① 11 ② 12 ② 13 ③ 14 ③ 15 ②

16 **소방구조용(비상용) 엘리베이터에 대한 설명으로 맞는 것은?**

① 소방운전 시 모든 승강장의 출입구마다 정지할 수 있어야 한다.
② 승강로 및 기계실 조명은 어떠한 경우에도 수동으로만 점등되어야 한다.
③ 승강장문이 여러 개일 경우 방화 구획된 로비가 하나 이상의 승강장문 전면에 위치해야 한다.
④ 소방관 접근 지정층에서 소방관이 조작하여 엘리베이터 문이 닫힌 이후부터 90초 이내 가장 먼 층에 도착되어야 한다.

해설 소방구조용 엘리베이터는 소방운전 시 모든 승강장의 출입구마다 정지할 수 있어야 한다.

17 **일반적으로 엘리베이터에 사용하는 주로프의 파단강도는 약 몇 kgf/mm^2 정도인가?**

① 70~80　② 85~95
③ 100~125　④ 135~165

해설 주로프의 소선 강도에 의한 분류

구분	파단하중	특 징
E종	135	엘리베이터용으로 특성상 와이어로프의 반복되는 굴곡회수가 많으며, 쉬브와의 마찰력에 의해 구동되기 때문에 강도는 다소 낮더라도 유연성을 좋게 하여 소선이 잘 파단되지 않고 쉬브의 마모가 적게 되도록 한 것이다.
G종	150	소선의 표면에 아연도금을 한 것으로서, 녹이 쉽게 나지 않기 때문에 습기가 많은 장소에 적합하다.
A종	165	파단강도가 높기 때문에 초고층용 엘리베이터나 로프본수를 적제하고자 할 때사용되는 경우가 있다. E종보다 경도가 높기 때문에 쉬브의 마모에 대한 대책이 필요하다.
B종	180	강도와 경도가 A종보다 높아 엘리베이터용으로는 거의 사용되지 않는다.

18 **유압식 엘리베이터에 적용되는 유량 제한기(유량제한장치)의 기준으로 틀린 것은?**

① 실린더에 압축 이음으로 연결되어야 한다.
② 실린더의 구성 부품으로 일체형이어야 한다.
③ 직접 및 견고하게 플랜지에 설치되어야 한다.
④ 실린더 근처에 짧고 단단한 배관으로 용접되고 플랜지 또는 나사 체결되어야 한다.

해설 유량제한기
가) 실린더의 구성 부품으로 일체형이어야 한다.
나) 직접 및 견고하게 플랜지에 설치되어야 한다.
다) 실린더 근처에 짧고 단단한 배관으로 용접되고 플랜지 또는 나사 체결되어야 한다.
라) 실린더에 직접 나사 체결하여 연결되어야 한다.

19 **카의 추락방지안전장치(비상정지장치)가 작동할 때 균형추나 와이어로프 등이 관성에 의해 튀어 오르는 것을 방지하기 위하여 설치하는 장치는?**

① 과전류차단기
② 과부하방지장치
③ 개문출발 방지장치
④ 튀어오름 방지장치(록다운 비상정지장치)

정답 16 ① 17 ④ 18 ① 19 ④

해설 튀어오름 방지장치[록 다운(Lock Down)]
- 고층건물의 경우는 와이어로프 자중에 의한 불평형 하중을 보상하기 위하여 카 하부에서 균형추 하부까지 균형로프 또는 체인을 거는데 로프를 적용하는 경우 피트에서 지지하는 도르래는 바닥에 견고히 고정 되어야 하며, 록 다운장치를 부착하여 카의 추락방지안전장치(비상정지장치)가 작동 시 이 장치에 의해 균형추, 와이어로프 등이 관성에 의해 튀어 오르지 못하도록 하여야 한다.
- 이 장치는 순간 정지식 이어야 하며, 속도 210 m/min(3.5m/s) 이상의 엘리베이터에는 반드시 설치되어야 한다.

20 엘리베이터를 카와 조작방식에 따라 분류할 때 반자동식에 해당하지 않는 것은?

① 직접식
② 신호 방식
③ 카 스위치 방식
④ 카드 조작 방식

해설 승강기 반자동식 조작 방식
① 카 스위치 방식 : 카의 모든 기동정지는 운전자의 의지에 따라 카 스위치의 조작에 의해 직접 이루어진다.
② 신호 방식 : 카의 문 개폐만이 운전자의 레버나 누름 버튼의 조작에 의해 이루어지고, 진행방향의 결정이나 정지층의 결정은 미리 눌려져 있는 카 내 행선층 버튼 또는 승강버튼에 의해 이루어진다. 현재에는 백화점 등에서 운전자가 있을 때 사용된다.

02 승강기 설계

21 엘리베이터의 지진에 대한 대책으로 가장 적절하지 않은 것은?

① 지진이나 기타 진동에 의해 주로프가 도르래에서 이탈하지 않도록 해야 한다.
② 지진 시 엘리베이터를 건물의 최상층에 정지시키는 관제운정장치를 설치하는 정지시키는 것이 바람직하다.
③ 지진 하중에 대한 구조 부분에 필요한 강도가 확보되어 위험한 변형이 생기지 않아야 한다.
④ 승강로 내에는 레일 브라켓 등 구조상 승강로 내에 설치하여야 할 것을 제외하고는 돌출물을 설치하지 말아야 한다.

22 균형추 또는 평형추에 추락방지안전장치(비상정지장치)를 설치해야 하는 경우로 맞는 것은?

① 균형추의 무게가 2000kg을 초과하는 경우
② 균형추측에 유입완충기의 설치가 불가능한 경우
③ 승강로의 피트 하부 상시 출입 통로로 사용하는 경우
④ 엘리베이터의 정격속도가 300m/min를 초과하는 초고속 엘리베이터

해설 추락방지(비상정지)안전장치
승강로의 피트 하부 상시 출입 통로로 사용하는 경우 평형추에 추락방지(비상정지)안전장치를 설치한다.

23 기계실 작업공간의 바닥 면은 몇 lx 이상을 밝히는 영구적으로 설치된 전기조명이 있어야 하는가?

① 5　② 50
③ 100　④ 200

해설 기계실 · 기계류 공간 및 풀리실 조도
가) 작업공간의 바닥 면 : 200lx
나) 작업공간 간 이동 공간의 바닥 면 : 50lx

정답 20 ① 21 ② 22 ③ 23 ④

24 엘리베이터용 전동기의 구비요건으로 적절하지 않은 것은?

① 기동전류가 클 것
② 기동토크가 클 것
③ 회전부의 관성모멘트가 적을 것
④ 빈번한 운전에 대한 열적 특성이 양호할 것

해설 전동기의 구비 조건
㉠ 기동 토크가 클 것
㉡ 기동 전류가 작을 것
㉢ 회전 부분의 관성 모멘트가 적을 것
㉣ 잦은 기동 빈도에 대해 열적으로 견딜 것

25 로프식 권상기의 허용응력이 4kN/cm²이고, 재료의 인장강도가 40kN/cm²일 때 안전율은 약 얼마인가?

① 5　② 10
③ 13.8　④ 16.7

해설 $\text{안전율} = \frac{\text{인장강도}}{\text{허용응력}} = \frac{40}{4} = 10$

26 주행 안내(가이드) 레일의 선정기준으로 틀린 것은?

① 지진 발생 시 수직하중에 대한 탄성한계를 넘지 않도록 한다.
② 승객용 엘리베이터는 카의 편중 적재하중에 따른 회전모멘트를 고려할 필요가 없다.
③ 추락방지안전장치(비상정지장치) 작동 시에는 주 안내(가이드) 레일에 걸리는 좌굴하중을 고려한다.
④ 균형추에 추락방지안전(비상정지)장치가 있는 경우에는 균형추에 3K 또는 5K의 주행안내 레일은 사용할 수 없다.

해설 주행안내(가이드) 레일의 크기를 결정하는 요소
① 좌굴 하중 : 추락방지(비상정지)안전장치 동작 시
② 수평 진동력 : 지진 발생 시
③ 회전 모멘트 : 불평형 하중에 대한 평형 유지

27 b×h=6×7(m)의 삼각형 도심을 통과하는 축에 대한 단면 2차 모멘트는 약 몇 m⁴인가?

① 24.5　② 47.17
③ 49　④ 57.17

해설 삼각형 도심을 통과하는 축에 대한 단면 2차 모멘트 $\frac{bh^3}{36} = \frac{6\times7^3}{36} = 57.17[\mathrm{m}^4]$

28 사이리스터를 사용하여 교류로 변환한 후 전동기에 공급하고, 사이리스터의 점호각을 변경하여 직류전압을 바꿔 회전수 조절하는 제어방식은?

① 교류 귀환 제어방식
② 워드 레오나드 제어방식
③ 정지 레오나드 제어방식
④ 가변전압 가변주파수 제어방식

해설 정지 레오나드 방식의 원리
사이리스터를 사용하여 교류를 직류로 변화하여 전동기에 공급하고 사이리스터의 점호각을 바꿈으로서 직류전압을 바꿔 직류전동기의 회전수를 변경하는 방식이다.

29 엘리베이터 안정장치 중 리미트 스위치의 형식이 아닌 것은?

① 기계적 조작식　② 광학적 조작식
③ 자기적 조작식　④ 턴버클

해설 턴버클(TURNBUCKLE)
와이어로프나 전선 등의 길이를 조절, 장력의 조정을 필요로 하는 곳에 사용함.

정답 24 ① 25 ② 26 ② 27 ④ 28 ③ 29 ④

30 권상기에 대한 설명으로 옳은 것은?

① 권상기 도르래와 로프의 권부각이 클수록 미끄러지기 쉽다.
② 권상기 도르래의 지름은 로프 지름의 20배 이상으로 하여야 한다.
③ 도르래의 로프 홈은 U홈을 사용하는 것이 마찰계수가 커서 유리하다.
④ 도르래의 로프 홈은 U홈과 V홈의 중간 특성을 가지며 트랙션 능력이 큰 언더컷 홈을 주로 사용한다.

해설 ① 권상기 도르래와 로프의 권부각이 클수록 미끄러지기 어렵다.
② 권상기 도르래의 지름은 로프 지름의 40배 이상으로 하여야 한다.
③ 도르래의 로프 홈은 V 홈을 사용하는 것이 마찰계수가 커서 유리하다.

31 코일스프링에서 스프링 지수는 C, 스프링의 평균지름을 D, 소선의 지름을 d, C에 대한 응력수정계수를 K라 할 때 관계식으로 맞는 것은?

① $C=\frac{D}{d}$　② $C=\frac{K}{D}$
③ $C=\frac{dD}{K}$　④ $C=\frac{Kd}{D}$

해설 스프링 지수 C, $C=\frac{D}{d}$

여기서, D : 코일의 평균직경
d : 코일의 소선직경
C : 스프링지수

32 재료의 탄성한도, 허용응력, 사용응력 사이의 관계로 적절한 것은?

① 탄성한도 > 허용응력 ≥ 사용응력
② 탄성한도 ≥ 사용응력 ≥ 허용응력
③ 탄성한도 ≥ 사용응력 > 허용응력
④ 허용응력 ≥ 탄성한도 > 사용응력

해설 탄성한도 > 허용응력 ≥ 사용응력

33 도어 인터록에 대한 설명으로 틀린 것은?

① 도어스위치로 구성되어 있다.
② 승강장 도어의 열림을 방지하는 장치이다.
③ 도어 정비를 위하여 도어 록은 일반 공구를 사용하여 쉽게 풀리고 잠길 수 있어야 한다.
④ 카가 정지하지 않는 층의 도어는 전용 열쇠를 사용하지 않으면 열리지 않도록 해야 한다.

해설 도어인터록의 구조 및 원리
① 구조 : 도어 록과 도어 스위치
② 원리 : 시건 장치가 확실히 걸린 후 도어스위치가 들어가고, 도어 스위치가 끊어진 후에 도어록이 열리는 구조이다. 외부에서 도어 록을 풀 경우에는 특수한 전용키를 사용해야 한다. 또한 전 층의 도어가 닫혀 있지 않으면 운전이 되지 않아야 한다.

34 정격속도가 150m/min 엘리베이터가 종단층의 강제감속장치에 의해 감속한 속도가 105m/min일 때, 완충기의 필요 최소행정은 약 몇 mm인가? (단, 중력가속도는 $9.8m/s^2$으로 한다.)

① 100
② 152
③ 207
④ 270

해설 행정 $0.0674v^2 = 0.0674\times(\frac{105}{60})^2 = 206.4[mm]$

정답 30 ④ 31 ① 32 ① 33 ③ 34 ③

35 **소방구조용(비상용) 엘리베이터는 정전 시 몇 초 이내에 운행에 필요한 전력용량을 자동적으로 발생시킬 수 있어야 하는가?**

① 30 ② 60
③ 90 ④ 120

해설 정전시에는 보조 전원공급장치에 의하여 엘리베이터를 다음과 같이 운행시킬 수 있어야 하다.
가) 60초 이내에 엘리베이터 운행에 필요한 전력용량을 자동으로 발생시키도록 하되 수동으로 전원을 작동시킬 수 있어야 한다.
나) 2시간 이상 운행시킬 수 있어야 한다.

36 **엘리베이터 카의 자중이 1500kgf, 적재하중이 1000kgf, 오버밸런스가 50%일 때, 균형추의 무게는 몇 kg인가?**

① 1000
② 1500
③ 2000
④ 2500

해설 균형추 중량=카자중+적재하중·OB
$=1,500+1,000\times0.5=2,000$[kgf]

37 **에스컬레이터의 배열방식과 그 특징에 대한 설명으로 틀린 것은?**

① 복렬형은 설치면적이 증가한다.
② 복렬병렬형은 승강장을 찾기가 혼란스럽다.
③ 교차형은 승강, 하강 모두 연속적으로 갈아탈 수 있다.
④ 단열중복형은 매 층마다 특정 장소로 유도할 수 있다.

해설 복렬병렬형은 승강장을 찾기가 쉽다.

38 **교통량 계산 시 출근시간의 수송능력 목표치(집중률)가 가장 큰 건물은? [단, 역사(지하철역 등)와 가까운 경우는 제외한다.]**

① 공공건물 ② 전용건물
③ 임대건물 ④ 준전용건물

해설 교통수요는 빌딩의 규모(오피스 빌딩의 경우 사무실 유효면적, 공동주택은 거주인구, 백화점은 매장면적, 호텔은 침실수)로 단위시간의 승객의 집중율로 산정한다.

※ 집중율$=\dfrac{\text{전체사람수}}{\text{단위시간}}$

39 **다음 내열 등급의 문자 표시 중 E종보다 내열 등급이 낮은 것은?**

① A종 ② B종
③ F종 ④ H종

해설 절연물의 종류

절연물의 허용온도	종류	Y종	A종	E종	B종	F종	H종	C종
	온도 ℃	90	105	120	130	155	180	180 초과

40 **승강장문에 대한 설명으로 틀린 것은? (단, 수직 개폐식 승강장문은 제외한다.)**

① 승강장문이 닫혀 있을 때 문짝 간 틈새는 6mm 이하로 가능한 한 작아야 한다.
② 승강장문이 닫혀 있을 때 문짝과 문틀(추면) 사이의 틈새는 6mm 이하로 가능한 한 작아야 한다.
③ 승강장문이 닫혀 있을 때 문짝과 문턱 사이의 틈새가 마모 될 경우에는 15mm까지 허용될 수 있다.
④ 승강장문이 닫혀 있을 때 문짝 간 틈새는 움푹 들어간 부분이 있다면 그 부분의 안쪽을 측정한다.

정답 35 ② 36 ③ 37 ② 38 ② 39 ① 40 ③

03 일반기계공학

41 양끝을 고정한 연강봉이 온도 20℃에서 가열되어 40℃가 되었다면 재료 내부에 발생하는 열응력은 몇 N/cm²인가? (단, 세로탄성계수는 2100000 N/cm² 신팽창계수는 0.000012/℃이다.)

① 50.4 ② 504
③ 544 ④ 5444

해설 열응력 $\sigma = E \cdot \epsilon = E \cdot (t_2 - t_1) \cdot \alpha$
$= 2,100,000 \times 0.000012 \times (40-20)$
$= 504[\text{N/cm}^2]$

여기서, E : 세로 탄성계수
α : 선팽창 계수
$t_2 - t_1$: 온도차

42 한쪽 또는 양쪽에 기울기를 갖는 평판 모양의 쇄기로서 인장력이나 압축력을 받는 2개의 축을 연결하는데 주로 사용되는 결합용 기계요소는?

① 키 ② 핀
③ 코터 ④ 나사

해설 코터의 사용
체결용 기계요소로 축과 축이 끼워 맞추어지는 소켓을 체결한다.

43 다음 중 변형률(Strain)의 종류가 아닌 것은?

① 세로 변형률
② 가로 변형률
③ 전단 변형률
④ 비틀림 변형률

44 피복아크 용접봉에서 피복제 역할이 아닌 것은?

① 용융 금속을 보호한다.
② 아크를 안정되게 한다.
③ 아크의 세기를 조절한다.
④ 용착금속에 필요한 합금원소를 첨가한다.

해설 피복제 역할
① 대기중의 산소나 질소침입방지, 용융금속보호
② 아크를 안정되게 하고, 용융점이 낮은 가벼운 슬래그를 만든다
③ 용착금속에 적당한 합금원소를 첨가한다.
④ 모든 자세의 용접을 가능하게 하며, 용착금속의 응고와 냉가곡도를 지연시킨다.

45 압력 제어 밸브의 종류가 아닌 것은?

① 시퀀스 밸브 ② 감압 밸브
③ 릴리프 밸브 ④ 스풀 밸브

해설 압력제어밸브 : 릴리프 밸브, 감압밸브, 시퀀스 밸브, 카운터 밸런스 밸브

46 Fe-C 평형상태도에서 공정점의 탄소함유량은 몇 %인가?

① 0.86 ② 1.7
③ 4.3 ④ 6.67

해설 Fe-C 평형상태도에서 공정점(1,145℃)의 탄소함유량 4.3%이다.

47 작동유의 점도와 관계없이 유량을 조정할 수 있는 밸브는?

① 셔틀 밸브 ② 체크 밸브
③ 교축 밸브 ④ 릴리프 밸브

해설 교축밸브
점도가 달라져도 유량이 변하지 않도록 설치된 밸브이다.

정답 41 ② 42 ③ 43 ④ 44 ③ 45 ④ 46 ③ 47 ③

48 **두랄루민의 주요 성분원소로 옳은 것은?**

① 알루미늄-구리-니켈-철
② 알루미늄-니켈-규소-망간
③ 알루미늄-마그네슘-아연-주석
④ 알루미늄-구리-마그네슘-망간

해설 두랄루민(duralumin)계
두랄루민은 알루미늄(Al)-구리(Cu)-마그네슘(Mg)-망간(Mn)으로 구성된 합금으로 인장강도가 크고 시효경화를 일으키는 고력(고강도) 알루미늄 합금이다.

49 **내경 600mm의 파이프를 통하여 물이 3m/s의 속도로 흐를 때 유량은 약 몇 m^3/s 인가?**

① 0.85 ② 1.7
③ 3.4 ④ 6.8

해설

$$Q = AV = \frac{3.14 \times 0.6^2}{4} \times 3 = 0.8478 = 0.85[m^3/s]$$

여기서, Q : 유량[m^3]
A : 단면적[m^2]
V : 속도[m/s]

50 **축열식 반사로를 사용하여 선철을 용해, 정련하는 제강법은?**

① 평로
② 전기로
③ 전로
④ 도가니로

해설 평로제강법
평로에 예열된 공기와 가스를 노속으로 불어넣어 용해시켜 탄소와 불순물을 연소시켜 제거하는 제강법으로 고철 등을 사용할 수 있다.
- 염기성 법 : 노의 내 또는 내벽에 염기성 재료를 사용하는 법
- 산성 법 : 산성 내화재료를 사용(인과 황을 제거하지 못함)

51 **비틀림 모멘트(T)와 굽힘 모멘트(M)를 받는 재료의 상당 비틀림(T_e)를 나타내는 식은?**

① $M\sqrt{1+\left(\frac{T}{M}\right)^2}$
② $T\sqrt{1+\left(\frac{T}{M}\right)^2}$
③ $\sqrt{M^2+2T^2}$
④ $\frac{1}{2}(M+\sqrt{M^2+2T^2})$

해설 상당 비틀림 모멘트

$$T_e = \sqrt{M^2+T^2} = M\sqrt{1+(\frac{T}{M})^2}$$

(M : 굽힘모멘트, T : 비틀림모멘트)

52 **다음 중 지름 10mm 원형 단면에서 가장 큰 값은?**

① 단면적 ② 극관성 모멘트
③ 단면계수 ④ 단면 2차 모멘트

해설
1. 단면적 $A = \frac{\pi D^2}{4} = \frac{3.14 \times 10^2}{4} = 78.5[mm^2]$
2. 극관성 모멘트
$$I_p = \frac{\pi D^4}{16} = \frac{3.14 \times 10^4}{16} = 1,962.5[mm^2]$$
3. 단면계수 $Z = \frac{\pi D^3}{32} = \frac{3.14 \times 10^3}{32} = 98.13[mm^2]$
4. 2차 모멘트
$$I_2 = \frac{\pi D^4}{64} = \frac{3.14 \times 10^4}{64} = 490.63[mm^2]$$

53 **테이퍼 구멍을 가진 다이에 재료를 잡아 당겨서 자공제품이 다이 구멍의 최소단면형상 치수를 갖게 하는 가공법은?**

① 전조 가공 ② 절단 가공
③ 인발 가공 ④ 프레스 가공

정답 48 ④ 49 ① 50 ① 51 ① 52 ② 53 ③

해설 인발(Drawing)
테이퍼 구멍을 가진 다이를 통과시켜 재료를 잡아당겨, 재료에 다이의 최소 단면 형상치수를 주는 가공법.

54 다음 중 차동 분할 장치를 갖고 있는 밀링 머신 부속품은?

① 분할대 ② 회전 테이블
③ 슬로팅 장치 ④ 밀링 바이스

해설 분할대
주축대와 심압대가 한 쌍으로 되어 있어 테이블에 부착 후 공작물을 지지하여 공작물 주위를 임의의 수로 분할(차동분할)할 수 있는 장치

55 속도가 4m/s로 전동하고 있는 벨트의 인장측 장력이 1,250N, 이완측 장력이 515N일 때, 전달동력(kw)은 약 얼마인가?

① 2.94 ② 28.82
③ 34.61 ④ 69.92

해설 전달동력

$$H_{kW}=\frac{T_e\times V}{102}=\frac{(1,250-515)\times 4}{102}=28.82[\mathrm{kW}]$$

여기서, T_e : 유효장력[N]
V : 벨트의 속도[m/s]
[kW]=102[kgf · m/s^2]

56 미끄럼 베어링과 비교한 구름 베어링의 특징이 아닌 것은?

① 기동 토오크가 작다.
② 충격 흡수력이 우수하다.
③ 폭은 작으나 지름이 크게 된다.
④ 표준형 양산품으로 호환성이 높다.

해설 ① 마찰저항이 적어 기동토오크가 작다.
② 동력 손실이 적다.
③ 폭은 작으나 지름이 크게 된다.
④ 표준형 양산품으로 호환성이 높다.

57 스프링 백 현상과 가장 관련 있는 작업은?

① 용접
② 절삭
③ 열처리
④ 프레스

해설 스프링 백
소성 재료를 굽힘 가공할 때 재료를 굽힌 후 힘을 제거하면 판재의 탄성으로 인하여 탄성변형 부분이 원래의 상태로 복귀하는 현상이며, 프레스 작업이나, 판금가공 시 주로 발생한다.

58 무기재료의 특징으로 틀린 것은?

① 취성파괴의 특성을 가진다.
② 전기 절연체이며 열전도율이 낮다.
③ 일반적으로 밀도와 선팽창계수가 크다.
④ 강도와 경도가 크고 내열성과 내식성이 높다.

해설 무기재료의 특징
① 취성파괴의 특성을 가진다.
② 전기 절연체이며 열전도율이 낮다.
③ 강도와 경도가 크고 내열성과 내식성이 높다.

59 너트의 종류 중 한쪽 끝부분이 관통되지 않아 나사면을 따라 증가나 기름 등의 누출을 방지하기 위해 주로 사용되는 너트는?

① 캡 너트
② 나비 너트
③ 홈붙이 너트
④ 원형 너트

해설 캡 너트
나사의 틈이나 접촉면에서 유체의 유출을 방지할 경우에 사용한다.

정답 54 ① 55 ② 56 ② 57 ④ 58 ③ 59 ①

60 측정치의 통계적 용어에 관한 설명으로 옳은 것은?

① 치우침(bias)−참값과 모평균과의 차이
② 오차(error)−측정치와 시료평균과의 차이
③ 편차(deviation)−측정치와 참값과의 차이
④ 잔차(residual)−측정치와 모평균과의 차이

해설 측정치의 통계적 용어
① 치우침(bias) : 참값과 모평균과의 차이
② 오차(error) : 측정값과 참값과의 차이
③ 편차(deviation) : 측정치와 모평균과의 차이
④ 잔차(residual) : 측정치와 이론값과의 차이

04 전기제어공학

61 다음 회로에서 합성 정전용량(μF)은?

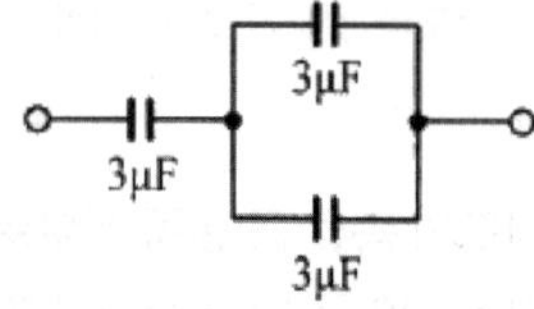

① 1.1　　② 2.0
③ 2.4　　④ 3.0

해설 합성 정전용량 $C_0 = \frac{3\times(3+3)}{3+(3+3)} = 2[\mu F]$

62 다음 중 기동 토크가 가장 큰 단상유도전동기는?

① 분상기동형　　② 반발기동형
③ 셰이딩코일형　　④ 콘덴서기동형

63 그림과 같은 단위계단 함수를 옳게 나타낸 것은?

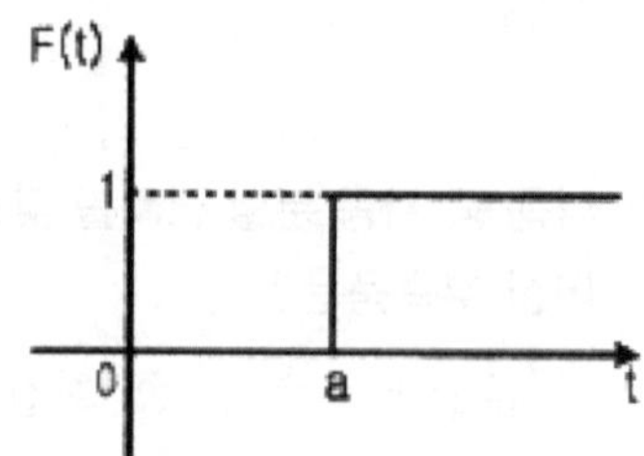

① u(t)
② u(t−a)
③ u(a−t)
④ u(−a−t)

해설 $f(t) = u(t-a)$(높이가 1, a에서 출발하는 단위 계단 함수)

64 단일 궤한 제어계의 개루프 전달함수가 $G(s) = \frac{2}{s+1}$ 일 때, 입력 r(t)=5u(t)에 대한 정상상태 오차 e_{ss}는?

① 1/3　　② 2/3
③ 4/3　　④ 5/3

해설 $e_{ss} = \frac{5}{1+\lim\limits_{s\to 0}G(s)} = \frac{5}{1+\lim\limits_{s\to 0}\frac{2}{s+1}} = \frac{5}{1+2} = \frac{5}{3}$

65 인디셜 응답이 지수 함수적으로 증가하다가 결국 일정 값으로 되는 계는 무슨 요소인가?

① 미분 요소
② 적분 요소
③ 1차 지연요소
④ 2차 지연요소

정답 60 ① 61 ② 62 ② 63 ② 64 ④ 65 ③

66 계전기를 이용한 시퀀스제어에 관한 사항으로 옳지 않은 것은?

① 인터록 회로 구성이 가능하다.
② 자기 유지 회로 구성이 가능하다.
③ 순차적으로 연산하는 직렬처리 방식이다.
④ 제어결과에 따라 조작이 자동적으로 이행된다.

해설 순차적으로 연산하는 직, 병렬 처리 방식이다.

67 그림과 같은 블록 선도와 등가인 것은?

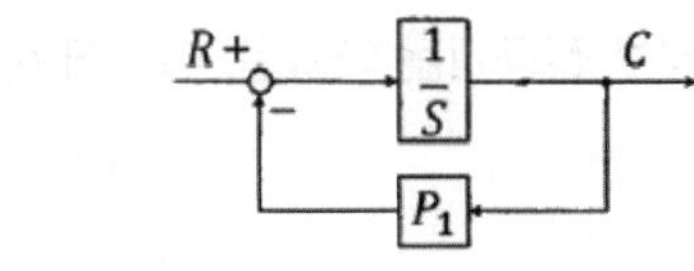

①
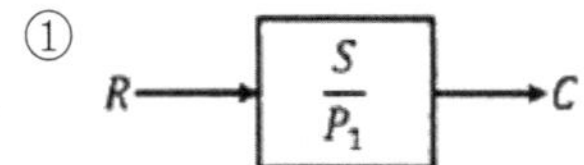

②
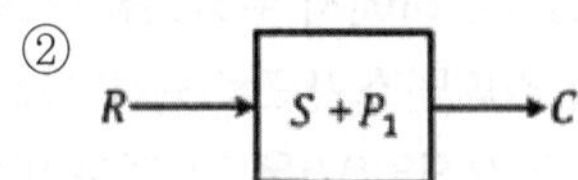

③ $R \rightarrow \boxed{\dfrac{1}{S+P_1}} \rightarrow C$

④ $R \rightarrow \boxed{\dfrac{P_1}{S}} \rightarrow C$

해설

$$\frac{C}{R} = \frac{\text{경로}}{1-\text{폐로}} = \frac{\frac{1}{S}}{1-[-\frac{P_1}{S}]} = \frac{\frac{1}{S}}{\frac{S+P_1}{S}} = \frac{1}{S+P_1}$$

68 직류전동기의 속도제어 방법 중 광범위한 속도제어가 가능하며 정토크 가변속도의 용도에 적합한 방법은?

① 계자제어 ② 직렬저항제어
③ 병렬저항제어 ④ 전압제어

해설 직류전동기의 회전수[N]

$$N = K\frac{E - I_a(r_a + R_a)}{I_f}$$

여기서, N : 회전수
I_a : 전기자 전류
K : 전동기 정수
r_a : 전기자 전항
I_f : 계자 전류

직류전동기의 속도 제어방식

1) 전압제어
- 전기자에 가해지는 단자전압을 변화하여 속도를 제어한다.
- 정토크 제어로써 효율이 좋고, 광범위한 속도제어(1:20)가 가능하다.
- 타여자 전동기에 사용하며 워드 레오너드, 일그너 등이 있다.

2) 계자제어
- 계자전류를 조정하여 계자자속을 변화시켜 속도를 제어하는 정출력 제어방식이다.
- 속도제어 범위(1:3)가 상대적으로 좁다.

3) 저항제어
- 전기자 회로에 직렬로 가변저항을 넣어 속도를 제어한다.
- 효율이 낮다.

69 R-L-C 직렬회로에 t=0에서 교류전압 v=$E_m$sin(wt+θ)[V]를 가할 때 이 회로의 응답유형은? (단, $R^2 - 4\frac{L}{C} > 0$이다.)

① 완전진동
② 비진동
③ 임계진동
④ 감쇠진동

해설

1. 비진동(과제동) : $R^2 > 4\frac{L}{C}$
2. 비진동(임계제동) : $R^2 = 4\frac{L}{C}$
3. 진동적(감쇠진동, 부족제동) : $R^2 < 4\frac{L}{C}$

정답 66 ③ 67 ③ 68 ④ 69 ②

70 그림과 같은 회로에서 해당되는 램프의 식으로 옳은 것은?

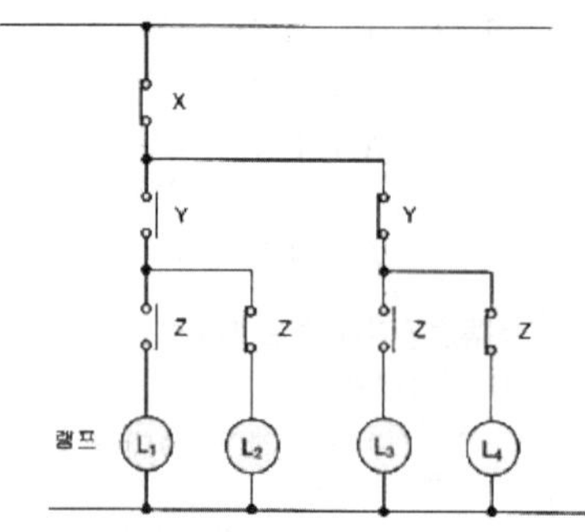

① $L_1 = \overline{X} \cdot Y \cdot Z$

② $L_2 = \overline{X} \cdot Y \cdot Z$

③ $L_3 = \overline{X} \cdot Y \cdot Z$

④ $L_4 = \overline{X} \cdot Y \cdot Z$

해설 1. $L_1 = \overline{X} \cdot Y \cdot Z$
2. $L_2 = \overline{X} \cdot Y \cdot \overline{Z}$
3. $L_3 = \overline{X} \cdot \overline{Y} \cdot Z$
4. $L_4 = \overline{X} \cdot \overline{Y} \cdot \overline{Z}$

71 목표값이 미리 정해진 변화량에 따라 제어량을 변화시키는 제어는?

① 정치제어 ② 추종제어
③ 비율제어 ④ 프로그램제어

해설 프로그램 제어(program control)
목표값의 변화가 미리 정해진 신호에 따라 동작 : 무인열차, 엘리베이터, 자판기 등

72 어떤 회로에 220V의 교류 전압을 인가했더니 4.4[A]의 전류가 흐르고, 전압과 전류와의 위상차는 60°가 되었다. 이 회로의 저항성분(Ω)은?

① 10 ② 25
③ 50 ④ 75

해설 임피던스 $Z = \frac{E}{I} = \frac{220}{4.4} = 50[\Omega]$
$\cos\theta = \frac{R}{Z}$. $R = Z\cos\theta = 50 \times \cos 60° = 25[\Omega]$

73 제어량을 어떤 일정한 목푯값으로 유지하는 것을 목적으로 하는 제어는?

① 추종제어 ② 비율제어
③ 정치제어 ④ 프로그램제어

해설 정치 제어(constant－value control)
목푯값이 시간적으로 변화하지 않고 일정한 제어(프로세스 제어, 자동 조정 제어)

74 서보 전동기는 다음 중 어디에 속하는가?

① 검출기 ② 증폭기
③ 변환기 ④ 조작기기

75 대칭 3상 Y부하에서 부하전류가 20A이고 각 상의 임피던스가 Z=3+j4(Ω)일 때, 이 부하의 선간전압(V)은 약 얼마인가?

① 141 ② 173
③ 220 ④ 282

해설 선간전압 $V_l = \sqrt{3}\, V_p = \sqrt{3} \times IZ$
$= \sqrt{3} \times 20 \times \sqrt{3^2 + 4^2} = 173[V]$

76 기계적 변위를 제어량으로 해서 목푯값이 임의의 변화에 추종하도록 구성되어 있는 것은?

① 자동 조정 ② 서보기구
③ 정치제어 ④ 프로세스제어

해설 추종 제어
임의로 변화하는 제어로 서보기구가 이에 속한다(대공포, 자동평형 계기, 추적 레이더).

정답 70 ① 71 ④ 72 ② 73 ③ 74 ④ 75 ② 76 ②

77 **회전중인 3상 유도전동기의 슬립이 1이 되면 전동기 속도는 어떻게 되는가?**

① 불변이다.
② 정지한다.
③ 무부하 상태가 된다.
④ 동기속도와 같게 된다.

해설 전부하 회전수 $N=(1-S)N_S=0\ (S=1)$

78 **회로 시험기(Multi Meter)로 측정할 수 없는 것은?**

① 저항
② 교류전압
③ 직류전압
④ 교류전력

해설 회로 시험기(Multi Meter)로 측정
교류전압, 직류전압, 저항

79 **도체의 전기저항에 대한 설명으로 틀린 것은?**

① 같은 길이, 단면적에서도 온도가 상승하면 저항이 증가한다.
② 단면적에 반비례하고 길이에 비례한다.
③ 고유 저항은 백금보다 구리가 크다.
④ 도체 반지름의 제곱에 반비례한다.

해설 전기 저항[R], 도체의 단면적을 $A[m^2]$, 길이를 l[m]이라 하고, 물질에 따라 결정되는 비례 상수를 ρ[m]라 하면,

$$R=\rho\frac{\ell}{A}$$

도체의 고유 저항 및 길이에 비례하고, 단면적에 반비례한다.

80 **전동기 정역회로를 구성할 때 기기의 보호와 조작자의 안전을 위하여 필수적으로 구성되어야 하는 회로는?**

① 인터록회로
② 플립플롭회로
③ 정지우선 자기유지회로
④ 기동 우선 자기유지회로

해설 인터록 회로
동시 투입 방지 회로

정답 77 ② 78 ④ 79 ③ 80 ①

08 2020년 08월 22일

01 승강기 개론

01 엘리베이터 고장으로 종단층을 통과하였을 때 전동기 및 브레이크에 공급되는 회로의 확실한 기계적 분리를 통해 정지시키는 장치는?

① 록다운스위치
② 강제금속 스위치
③ 과속조절기(조속기)
④ 파이널 리미트 스위치

해설 파이널 리미트 스위치의 작동방법
파이널 리미트 스위치는 전동기 및 브레이크에 공급되는 회로의 확실한 기계적 분리를 통해 직접 회로를 개방하거나 적합한 전기안전장치를 개방해야 한다.

02 피트 아래를 사무실이나 통로 등 사람이 출입하는 장소로 이용하는 경우에 균형추측에 설치하는 장치는?

① 완충기
② 2중 슬라브
③ 과속스위치
④ 추락방지안전장치(비상정지장치)

해설 승강로 피트하부를 사무실, 거실 및 통로등의 사람이 출입하는 장소로 사용할 경우
균형추측에도 추락방지장치(비상 정지 장치)를 설치하여야 한다.

03 소형화물용 엘리베이터의 특징으로 틀린 것은?

① 사람의 탑승을 금지한다.
② 덤웨이터(dumbwaiter)라고도 한다.
③ 음식물이나 서적 등 소형 화물의 운반에 적합하게 제조되었다.
④ 바닥면적이 0.5제곱미터 이하이고, 높이가 0.6미터 이하인 것이다.

해설 사람이 탑승하지 않으면서 적재용량 300kg 이하, 정격 속도가 60m/min 이하인 소형 화물(서적이나 음식물 등)의 운반에 적합하게 제작된 엘리베이터이다(다만, 바닥면적이 0.5제곱미터 이하이고 높이가 0.6미터 이하인 것은 제외한다).

04 다음 유압회로에 대한 설명으로 틀린 것은?

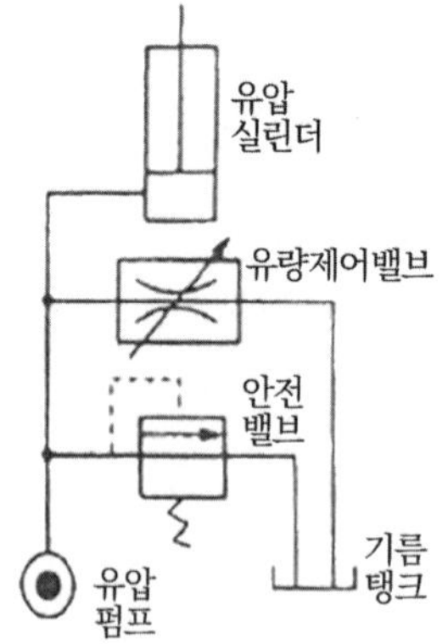

① 효율이 높다.
② 블리드 오프 회로이다.
③ 정확한 속도제어가 가능하다.
④ 유량제어밸브를 주회로에서 분기된 바이패스회로에 삽입한 회로이다.

정답 01 ④ 02 ④ 03 ④ 04 ③

05 승객용 승강기의 문닫힘 안정장치 중 개폐 시 문에 끼는 것을 방지하는 장치는?

① 도어 행거
② 도어 클로저
③ 세이프티 슈
④ 도어 리미트 스위치

해설 세이프티 슈(Safety Shoe)
카 도어 앞에 설치하여 물체 접촉 시 동작하는 문닫힘 안전장치

06 층고가 6m를 초과하는 경우 에스컬레이터의 경사도는 몇 도를 초과하지 않아야 하는가?

① 30°　　② 35°
③ 40°　　④ 45°

해설 경사도
에스컬레이터의 경사도 α는 30°를 초과하지 않아야 한다. 다만, 층고(h13)가 6m 이하이고, 공칭속도가 0.5m/s 이하인 경우에는 경사도를 35°까지 증가시킬 수 있다.

07 엘리베이터용 전동기의 용량을 결정하는 주된 요인이 아닌 것은?

① 행정거리
② 정격하중
③ 정격속도
④ 종합효율

해설 엘리베이터용 전동기의 용량(P)

$$P=\frac{LVS}{6120\eta}=\frac{LV(1-OB)}{6120\eta}(\text{kW})$$

여기서, L : 정격하중(kgf)
V : 정격속도(m/min)
OB : 오버밸런스율(%)
S : 균형추 불평형률
η : 종합효율

08 유압 완충기의 구조가 아닌 것은?

① 플런저　　② 도르래
③ 실린더　　④ 오리피스 봉

해설 유압 완충기(oil buffer)
카 또는 균형추의 하강 운동에너지를 흡수 및 분산하기 위한 매체로 오일을 사용하는 완충기(구조는 플런저, 실린더, 오리피스 봉, 완충고무, 스프링으로 되어 있다)

09 다음 엘리베이터 조명에 대한 설명 중 괄호 안에 들어갈 수치는?

카에는 자동으로 재충전되는 비상전원공급장치에 의해 ( ) lx 이상의 조도로 1시간 동안 전원이 공급되는 비상등이 있어야 한다.

① 0.5　　② 1
③ 3　　④ 5

해설 카에는 자동으로 재충전되는 비상전원공급장치에 의해 5ℓx 이상의 조도로 1시간 동안 전원이 공급되는 비상등이 있어야 한다. 이 비상등은 다음과 같은 장소에 조명되어야 하고, 정상 조명전원이 차단되면 즉시 자동으로 점등되어야 한다.
가) 카 내부 및 카 지붕에 있는 비상통화장치의 작동 버튼
나) 카 바닥 위 1 m 지점의 카 중심부
다) 카 지붕 바닥 위 1 m 지점의 카 지붕 중심부

10 비상통화장치에 대한 설명으로 틀린 것은?

① 항상 사용자가 다시 비상통화를 재발신 할 수 있어야 한다.
② 비상통화시스템은 승객이 사용하려할 때 항시 작동해야 한다.
③ 비상통화장치는 비상통화를 입력된 수신장치로 발신해야 한다.
④ 승강기 사용자의 안전을 위해 외부 연결망을 적어도 한 달에 한 번 실행해야 한다.

정답 05 ③ 06 ① 07 ① 08 ② 09 ④ 10 ④

해설 비상통화장치안전기준
- 비상통화시스템은 승객이 사용하려 할 때 항시 작동해야 한다.
- 비상통화장치는 비상통화를 입력된 수신 장치로 발신해야 한다.
- 비상통화장치는 자동으로 비상통화의 입력 신호를 모의시험 해야 하며, 주기적으로 시험하기 위하여 수신장치로의 후속 연결 설정을 하여, 승강기 사용자의 안전을 위해 외부 연결망을 적어도 3일에 한 번 실행해야 한다.

11 유압식 엘리베이터에서 유압회로의 압력이 설정값 이상으로 되면 밸브를 열어 오일을 탱크로 돌려보내어 압력이 과도하게 상승하는 것을 방지하는 밸브는?

① 스톱 밸브 ② 체크 밸브
③ 릴리프 밸브 ④ 유량제어 밸브

해설 릴리프 밸브(pressure relief valve)
유체를 배출함으로써 미리 설정된 값 이하로 압력을 제한하는 밸브

12 소방구조용(비상용) 엘리베이터의 구조에 대한 설명으로 틀린 것은?

① 기계실은 내화구조로 보호되어야 한다.
② 소방운전 시 모든 승강장의 출입구마다 정지할 수 있어야 한다.
③ 2개의 카 출입문이 있는 경우, 소방운전 시 어떠한 경우라도 2개의 출입문은 동시에 개폐될 수 있어야 한다.
④ 동일 승강로 내에 다른 엘리베이터가 있다면 전체적인 공용 승강로는 소방구조용 엘리베이터의 내화 규정을 만족해야 한다.

해설 2개의 카 출입문이 있는 경우, 소방운전 시 어떠한 경우라도 2개의 출입문이 동시에 열리지 않아야 한다.

13 가공이 쉽고 초기 마찰력이 우수하며 쐐기 작용에 의해 마찰력은 크지만 면압이 높고 권상로프와 접하는 부분의 각도가 작게 되어 트랙션 비의 값이 작아지게 되는 단점을 갖는 로프의 홈 형상은?

① U홈 ② V홈
③ M홈 ④ 언더컷 홈

해설 V홈
V홈은 쐐기작용에 의하여 마찰계수가 커서 면압이 높고 와이어로프가 손상되기 쉽고, 홈이 마모되면 와이어로프와 접하는 부분의 각도 α가 작게 되어, 트랙션 능력의 값이 작아지게 되는 결점이 있다. 주로 덤웨이터나 소형 엘리베이터의 일부 등에 사용되고 있다.

14 카의 실속도와 지령속도를 비교하여 사이리스터의 점호각을 바꿔 유도전동기의 속도를 제어하는 방식은?

① 교류 귀환 제어
② 교류 1단 속도제어
③ 교류 2단 속도제어
④ 가변전압 가변주파수제어

해설 교류 귀환 제어 방식의 원리
카의 실제 속도와 속도 지령 장치의 지령 속도를 비교하여 사이리스터의 점호각을 바꿔 유도 전동기의 속도를 제어하는 방식을 교류 귀한 제어라 하여 45m/min에서 105m/min까지의 엘리베이터에 주로 이용된다.

15 엘리베이터의 기계실 위치에 따른 분류에 해당하지 않는 것은?

① 상부형 엘리베이터
② 하부형 엘리베이터
③ 권동형 엘리베이터
④ 측부형 엘리베이터

정답 11 ③ 12 ③ 13 ② 14 ① 15 ③

해설 기계실 위치에 따라 정상부형, 하부형, 측부형, 기계실 없는 엘리베이터로 분류한다.

16 **에스컬레이터의 배치에 있어 승하강 모두 연속적으로 승계가 되며 상승과 하강이 서로 상면의 반대측에 나누어져 있어 승강구에서의 혼잡이 적은 배치 방법은?**

① 교차형 ② 복렬형
③ 병렬형 ④ 단열중복형

해설 교차형
승하강 모두 연속적으로 승계가 되며 상승과 하강이 서로 상면의 반대측에 나누어져 있어 승강구에서의 혼잡이 적은 배치 방법

17 **비선형 특성을 갖는 에너지 축적형 완충기가 카의 질량과 정격하중 또는 균형추의 질량으로 정격속도의 115%의 속도로 완충기에 충돌할 때에 대한 설명으로 틀린 것은?**

① 카의 복귀속도는 1m/s 이하이어야 한다.
② 작동 후에는 영구적인 변형이 없어야 한다.
③ 최대 피크 감속도는 $6g_n$ 이하이어야 한다.
④ $2.5g_n$ 초과하는 감속도는 0.4초보다 길지 않아야 한다.

해설 비선형 특성을 갖는 완충기
비선형 특성을 갖는 에너지 축적형 완충기는 카의 질량과 정격하중, 또는 균형추의 질량으로 정격속도의 115%의 속도로 완충기에 충돌할 때의 다음 사항에 적합해야 한다.
가) 감속도는 $1g_n$ 이하이어야 한다.
나) $2.5g_n$를 초과하는 감속도는 0.04초보다 길지 않아야 한다.
다) 카 또는 균형추의 복귀속도는 1m/s 이하이어야 한다.
라) 작동 후에는 영구적인 변형이 없어야 한다.
마) 최대 피크 감속도는 $6g_n$ 이하이어야 한다.

18 **다음 중 와이어로프의 구조에서 심강의 주요 기능으로 가장 적절한 것은?**

① 로프의 경도를 낮춘다.
② 로프의 파단경도를 높인다.
③ 로프 굴곡 시 유연성을 극대화한다.
④ 소선의 방청과 굴곡 시 윤활을 돕는다.

해설 심강
소선의 방청과 굴곡 시 윤활을 돕는다.

19 **장애인용 엘리베이터의 경우 승강장바닥과 승강기바닥의 틈은 몇 m 이하이어야 하는가?**

① 0.01
② 0.02
③ 0.03
④ 0.04

해설 장애인용 엘리베이터의 추가요건
승강장바닥과 승강기바닥의 틈은 0.03m 이하이어야 한다.

20 **전기식 엘리베이터의 구성요소가 아닌 것은?**

① 균형추
② 권상기
③ 파워 유니트
④ 과속조절기(과속기) 로프

해설 파워 유니트는 유압엘리베이터 구성요소이다.

정답 16 ① 17 ④ 18 ④ 19 ③ 20 ③

02 승강기 설계

21 다음 매다는 장치(현수)에 대한 기준 중 괄호 안에 알맞은 수치는?

> 매다는 장치의 구분 중 로프의 경우 공칭직경이 8mm 이상이어야 한다. 다만, 구동기가 승강로에 위치하고, 정격속도가 (　)m/s 이하인 경우로서 행정안전부장관이 안전성을 확인한 경우에 한정하여 공칭 직경 6mm의 로프가 허용된다.

① 0.75　② 1
③ 1.5　④ 1.75

해설 매다는 장치
로프 : 공칭 직경이 8mm 이상이어야 한다. 다만, 구동기가 승강로에 위치하고, 정격속도가 1.75m/s 이하인 경우로서 행정안전부장관이 안전성을 확인한 경우에 한정하여 공칭 직경 6mm의 로프가 허용된다.

22 도어에 이물질이 끼었을 때 이것을 감지하는 문닫힘 안전장치의 종류가 아닌 것은?

① 광전장치
② 세이프티 슈
③ 도어 클로저
④ 초음파장치

해설 문닫힘 안전장치
도어의 선단에 이물질 검출 장치를 설치하여 그 작동에 의해 닫히는 문을 멈추게 하는 장치.
(1) 세이프티 슈(Safety Shoe) : 카 도어 앞에 설치하여 물체 접촉 시 동작하는 장치
(2) 광전 장치(Photo Electric Device) : 광선 빔을 이용한 비접촉식 장치
(3) 초음파 장치(Ultrasonic Door Sensor) : 초음파의 감지 각도를 이용한 장치

23 주행안내(가이드) 레일의 규격 표시에서 공칭하중은 몇 m를 기준으로 하는가?

① 0.1　② 1
③ 5　④ 10

해설 주행안내(가이드)레일의 규격
① 레일의 표준 길이 : 5m(특수 제작된 T형 레일)
② 레일 규격의 호칭 : 소재의 1m당 중량을 라운드 번호로 하여 K레일을 붙여서 사용된다.

24 엘리베이터의 T형 레일의 규격이 8K, 길이가 5m인 경우, 레일의 중량은 약 몇 kg인가?

① 30　② 35
③ 40　④ 50

해설 레일의 중량 $= 8 \times 5 = 40$[kg]

25 엘리베이터의 피트 출입수단에 대한 기준 중 괄호 안에 알맞은 내용은?

> 가. 피트 깊이가 (㉠)m를 초과하는 경우 : 피트 출입문
> 나. 피트 길이가 (㉡)m 이하인 경우 : 피트 출입문 또는 승강장문에서 쉽게 접근할 수 있는 승강로 내부의 사다리

① ㉠ 1.5, ㉡ 2.5
② ㉠ 2.5, ㉡ 1.5
③ ㉠ 2.0, ㉡ 2.0
④ ㉠ 2.5, ㉡ 2.5

해설 피트 출입수단
가) 피트 깊이가 2.5m를 초과하는 경우 : 피트 출입문
나) 피트 깊이가 2.5m 이하인 경우 : 피트 출입문 또는 승강장문에서 쉽게 접근할 수 있는 승강로 내부의 사다리

정답 21 ④ 22 ③ 23 ② 24 ③ 25 ④

26 동력전원 설비용량을 산정하는데 필요한 요소가 아닌 것은?

① 정격전류　　② 전압강하
③ 가속전류　　④ 부등률

해설 동력전원 설계시 고려사항
㉮ 가속전류
㉯ 전압강하
㉰ 전압강하 계수
㉱ 주위온도
㉲ 부등율

27 다음 그림과 같이 보에 하중이 작용할 때 A지점의 반력 R_A는?

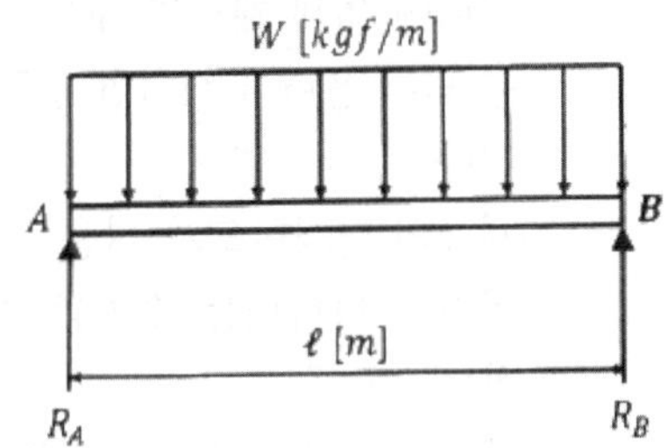

① $W\ell$　　② $\frac{W\ell}{2}$
③ $\frac{W\ell}{4}$　　④ $\frac{W\ell}{8}$

해설 균일분포하중이 작용

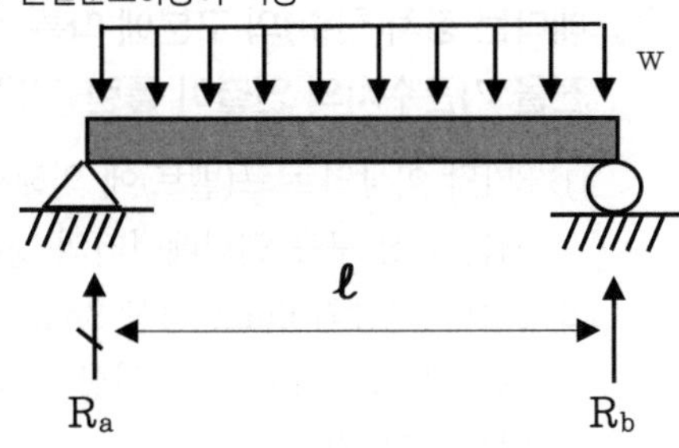

반력
$R_a = \frac{W\ell}{2}$, $R_b = \frac{W\ell}{2}$

28 엘리베이터용 T형 주행안내(가이드) 레일의 표준길이는 약 몇 m 인가?

① 3　　② 5
③ 7　　④ 10

해설 주행안내(가이드)레일의 규격
① 레일의 표준 길이 : 5m(특수 제작된 T형 레일)
② 레일 규격의 호칭 : 소재의 1m당 중량을 라운드 번호로 하여 K레일을 붙여서 사용된다.

29 4극 3상, 정격전압이 220V, 주파수가 60Hz인 유도전동기가 슬립 5%로 회전하여 출력 10kW를 낸다면, 이때 토크는 약 몇 N · m인가?

① 50　　② 56
③ 88　　④ 93

해설 1. 제동토크

$$T_d = \frac{974kW}{N} = \frac{974 \times 10}{1,710} = 5.69[\text{kg} \cdot \text{m}]$$
$$= 56.9[\text{N} \cdot \text{m}]$$

2. 전부하 회전수

$$N = N_S \times (1-S) = \frac{120 \cdot f}{P} \times (1-S)$$
$$= \frac{120 \times 60}{4} \times (1-0.05) = 1,710[\text{rpm}]$$

여기서, N_S : 동기속도(rpm)
N : 전부하 회전수(rpm)
P : 극수
S : 슬립
f : 주파수(Hz)

30 카 내부에 있는 사람에 의한 카문의 개방을 제한하기 위하여 카가 운행 중일 때, 카문을 개방하기 위해 필요한 힘은 최소 몇 N 이상이어야 하는가?

① 30　　② 50
③ 75　　④ 100

해설 카 내부에 있는 사람에 의한 카문의 개방
카가 운행 중일 때, 카문의 개방은 50N 이상의 힘이 요구되어야 한다.

정답 26 ① 27 ② 28 ② 29 ② 30 ②

31 **권상기의 관련된 설명 중 틀린 것은?**

① 헬리컬 기어식이 웜 기어식보다 효율이 더 높다.
② 일반적으로 권상 도르래의 지름은 주 로프 지름의 40배 이상을 적용한다.
③ 권동식은 균형추를 사용하지 않기 때문에 로프식보다 권상도력이 크다.
④ 권상 도르래에 로프가 감기는 각도가 클수록 승강기가 미끄러지기 쉽다.

해설 트랙션 능력
권상 도르래에 로프가 감기는 각도가 작을수록 승강기가 미끄러지기 쉽다.

32 **카에는 카 조작반 및 카 벽에서 100mm 이상 떨어진 카 바닥 위로 1m 이내에 모든 지점에 몇 lx 이상으로 비추는 전기조명장치가 영구적으로 설치되어야 하는가?**

① 80　② 90
③ 100　④ 110

해설 조명
카에는 카 조작반 및 카 벽에서 100mm 이상 떨어진 카 바닥 위로 1m 모든 지점에 100ℓx 이상으로 비추는 전기조명장치가 영구적으로 설치되어야 한다.

33 **다음과 같은 조건일 때 에스컬레이터 전동기의 용량은 약 몇 kW 인가?**

- 속도 : 30m/min
- 총효율 : 0.6
- 경사각 : 30°
- 승객 승입율 : 0.84
- 적재하중 : 1,400kgf

① 2.4　② 4.8
③ 9.6　④ 14.4

해설 에스컬레이터 전동기 용량[P]

$$P=\frac{GV\sin\theta}{6,120\eta}\beta=\frac{1,400\times30\times\sin30^{\circ}}{6,120\times0.6}\times0.84$$
$$=4.8[\text{kW}]$$

여기서, G : 적재 하중[kgf]
V : 정격 속도[m/min]
θ : 경사도(°)
η : 효율
β : 승객 승입율

34 **재료의 탄성한도, 허용응력에 대한 설명으로 틀린 것은?**

① 탄성한도를 넘지 않는 응력이라도 긴 시간에 걸쳐 되풀이되면 피로가 생겨 위험하다.
② 외력에 의해 재료의 내부에 탄성한도를 넘는 응력이 생기면 영구변형이 생긴다.
③ 재료의 탄성한도가 허용응력의 몇 배인가를 나타내는 수치를 안전계수라 한다.
④ 안전상 허용할 수 있는 최대의 응력을 허용응력이라 한다.

해설 $\text{안전율}=\frac{\text{인장강도}}{\text{응력}}$

35 **매다는 장치(현수)의 구분에 따른 최소 안전율 기준수치의 연결이 틀린 것은?**

① 3가닥 이상의 로프(벨트)에 의해서 구동되는 권상 구동 엘리베이터의 경우 : 12
② 3가닥 이상의 6mm 이상 8mm 미만의 로프에 의해 구동되는 권상 구동 엘리베이터의 경우 : 16
③ 2가닥 이상의 로프(벨트)에 의해 구동되는 권상 구동 엘리베이터의 경우 : 16
④ 로프가 있는 드럼 구동 및 유압식 엘리베이터의 경우 : 10

정답 31 ④ 32 ③ 33 ② 34 ③ 35 ④

해설 매다는 장치의 안전율

가) 3가닥 이상의 로프(벨트)에 의해 구동되는 권상 구동 엘리베이터의 경우 : 12

나) 3가닥 이상의 6mm 이상 8mm 미만의 로프에 의해 구동되는 권상 구동 엘리베이터의 경우 : 16

다) 2가닥 이상의 로프(벨트)에 의해 구동되는 권상 구동 엘리베이터의 경우 : 16

라) 로프가 있는 드럼 구동 및 유압식 엘리베이터의 경우 : 12

36 **엘리베이터의 동력전원이 3ø440V인 경우 제어반에 필요한 접지공사의 접지저항값은 몇 Ω 이하이어야 하는가?**

① 10 ② 100
③ 200 ④ 300

37 **카자중이 1500kgf, 적재하중이 750kgf, 승강행정이 30m, 0.5kgf/m의 로프가 4본이 사용된 엘리베이터에서 균형추의 오버밸런스율이 38%라면, 최상층에서 빈 카로 하강 시 트랙션비는?**

① 1.13 ② 1.18
③ 1.23 ④ 1.28

해설 무부하시 : 빈 카가 최상층에 하강시 경우의 견인비

$$T = \frac{T_2}{T_1} = \frac{1,500 + 750 \times 0.38 + 30 \times 4 \times 0.5}{1,500} = 1.23$$

38 **엘리베이터의 점검위치에 있는 점검운전 스위치가 동시에 만족해야 하는 작동조건에 대한 설명으로 틀린 것은?**

① 정상 운전 제어를 무효화 한다.
② 전기적 비상운전을 무효화 한다
③ 착상 및 재-착상이 불가능해야 한다.
④ 카 속도는 0.75m/s 이하이어야 한다.

해설 점검운전 스위치
카 속도는 0.63m/s 이하이어야 한다.

39 **추락방지안전장치(비상정지장치)가 작동하는 카, 균형추 또는 평형추의 주행안내(가이드) 레일의 경우 주행안내 레일 및 고정(브래킷, 분리 빔)에 대해 계산된 최대 허용 휨은 몇 mm인가?**

① 5
② 7
③ 9
④ 10

해설 허용 휨
T형 주행안내 레일 및 고정(브래킷, 분리 빔)에 대해 계산된 최대 허용 휨 σ_{perm}은 다음과 같다.

가) σ_{perm} = 추락방지안전장치가 작동하는 카, 균형추 또는 평형추의 주행안내 레일 : 양방향으로 5mm

나) σ_{perm} = 추락방지안전장치가 없는 균형추 또는 평형추의 주행안내 레일 : 양방향으로 10mm

40 **카의 추락방지안전장치(비상정지장치)는 점차 작동형이 사용되어야 하지만 정격속도가 최대 몇 m/s 이하인 경우에는 즉시 작동형이 사용될 수 있는가?**

① 0.43
② 0.53
③ 0.63
④ 0.73

해설 카의 추락방지안전장치는 점차 작동형이 사용되어야 한다. 다만, 정격속도가 0.63m/s 이하인 경우에는 즉시 작동형이 사용될 수 있다.

정답 36 ① 37 ③ 38 ④ 39 ① 40 ③

03 일반기계공학

41 **줄(file) 작업에서 줄눈의 크기에 의한 분류가 아닌 것은?**

① 중목 ② 단목
③ 세목 ④ 황목

해설 줄눈의 크기에 따른 분류
황목, 중목, 세목, 유목으로 분류
① 황목 : 거친 눈줄
② 중목 : 세목과 황목의 중간 정도
③ 세목과 유목 : 가는 눈줄, 다듬질용으로 날 간격이 좁고 가공면이 곱다.

42 **금속의 소성가공에서 열간가공과 냉간가공을 구분하는 기준은?**

① 변태 온도
② 재결정 온도
③ 불림 온도
④ 담금질 온도

해설 소성가공
재료의 가소성을 이용한 가공법. 열간가공과 냉간가공이 있다.
• 열간가공 : 재결정 온도 이상에서 가공
• 냉간가공 : 재결정 온도 이하에서 가공

43 **재료가 반복하중을 받는 경우 안전율을 구하는 식은?**

① 허용응력/크리프한도
② 피로한도/허용응력
③ 허용응력/최대응력
④ 최대응력/허용응력

해설
안전율(S) = $\frac{\text{기준(극한)강도}(\sigma_u)}{\text{허용응력}(\sigma_a)} = \frac{\text{피로한도}}{\text{허용응력}}$

44 **재료 단면에 대한 단면 2차 모멘트를 I, 단면 1차 모멘트를 Q, 전단력을 F, 폭을 B라 할 때 임의의 위치에서의 수평전단응력을 구하는 식은?**

① $\tau = \frac{Q}{B \times I}$ ② $\tau = \frac{F}{B \times I}$
③ $\tau = \frac{F \times Q}{B \times I}$ ④ $\tau = \frac{B \times F}{Q \times I}$

해설 굽힘에 의한 보속의 전단응력
$\tau = \frac{FQ}{b\,I}$
여기서, F : 전단력
b : τ를 구하고자하는그 위치에서의 폭
I : 단면전체의 2차 모멘트
Q : τ를 구하고자 하는 그 위치에서 상단에 실린 1차 모멘트

45 **주철의 특징으로 틀린 것은?**

① 주조성이 양호하다.
② 기계가공이 어렵다.
③ 내마멸성이 우수하다.
④ 압축강도가 크다.

해설 주철의 특징
• 압축강도 크나 인장강도 적다.
• 가단성, 전연성이 적고 취성이 크다.
• 녹이 생기지 않으며 내마모성 크고 절삭성 좋다.
• 가공은 가능하나 용접성이 불량하다.

46 **체결용 기계요소인 코터의 전단응력을 구하는 식은? (단, W : 인장하중(kgf), b : 코터의 너비(mm), h : 코터의 높이(mm), d : 코터의 직경(mm)이다.)**

① $\frac{3W}{2bh}$ ② $\frac{W}{2bh}$
③ $\frac{3W}{2bd}$ ④ $\frac{W}{2bd}$

정답 41 ② 42 ② 43 ② 44 ③ 45 ② 46 ②

해설 코터의 전단응력

$$\tau = \frac{W}{2bh}[\text{kg/cm}^2]$$

여기서, τ : 코터의 전단응력
W : 인장하중[kg]

47 어느 위치에서나 유입 질량과 유출 질량이 같으므로 일정한 관내에 축적된 질량은 유속에 관계없이 일정하다는 원리는?

① 연속의 원리
② 파스칼의 원리
③ 베르누이의 원리
④ 아르키메데스의 원리

해설 ① 연속의 원리 : 어느 위치에서나 유입 질량과 유출 질량이 같으므로 일정한 관내에 축적된 질량은 유속에 관계없이 일정한 원리
② 파스칼 원리 : 밀폐된 유체의 일부에 압력을 가하면 그 압력이 유체내의 모든 곳에 같은 크기로 전달되는 원리
③ 베르누이 원리 : 속도와 압력이 일정한 관계를 갖는 원리
④ 아르키메데스의 원리 : 액체나 기체 속에 있는 물체는 물체가 차지한 액체나 기체의 부피만큼 부력을 받는 원리

48 피복아크 용접에서 용입 불량의 원인으로 틀린 것은?

① 용접 속도가 느릴 때
② 용접 전류가 약할 때
③ 용접봉 선택이 불량할 때
④ 이음 설계에 결함이 있을 때

해설 용입 불량의 원인
① 속도가 느릴 때
② 용접 전류가 약할 때
③ 용접봉 선택이 불량할 때
④ 이음 설계에 결함이 있을 때

49 주물형상이 크고 소량의 주조품을 요구할 때 사용하며 중요부분의 골격만을 만드는 목형은?

① 코어형 ② 부분형
③ 매치 플레이트형 ④ 골격형

해설 골격형
주물형상이 크고 소량의 주조품을 요구할 때 사용하며 형상의 골격을 제작한 후 그 간격의 공간을 점토 등의 물질로 메워 제작한다.

50 다음 중 축의 강도를 가장 약화시키는 키(key)는?

① 성크 키 ② 새들 키
③ 플랫 키 ④ 원뿔 키

해설 묻힘키이(Sunk Key)
성크 키라 하고, 가장 많이 사용하며 축과 보스 양쪽에 키홈을 가공

51 비틀림 모멘트 T(kgf · cm), 회전수 N(rpm), 전달마력 H(kW)일 때 비틀림 모멘트를 구하는 식은?

① $T = 974 \times \frac{H}{N}$
② $T = 716.2 \times \frac{H}{N}$
③ $T = 716,200 \times \frac{H}{N}$
④ $T = 97,400 \times \frac{H}{N}$

해설 전달동력 $H_{kW} = \frac{Fv}{102} = \frac{Fr\omega}{102} = \frac{T\omega}{102}$

$$= \frac{T \times 2\pi N}{102 \times 60 \times 1000} = \frac{T \cdot N}{974000}$$

여기서, T : 토오크[kgf · m]
ω : 각속도[rad/s]

$$\therefore T = 97,400 \times \frac{H_{kw}}{N}[\text{kgf} \cdot \text{cm}]$$

정답 47 ① 48 ① 49 ④ 50 ① 51 ④

N : 분당 회전수(rpm : revolution per minute)[kW]=102[kgf · m/s^2]

∴ 토오크 $T=97,400\frac{H}{N}$[kgf · cm]

52 외부로부터 힘을 받지 않아도 물체가 진동을 일으키는 것은?

① 고유진동 ② 공진
③ 좌굴 ④ 극관성 모멘트

해설 ① 공진 : 외력에 의한 진동의 주기와 진동체의 고유 진동의 주기가 같을 때 진동 발생
② 좌굴 : 축 방향의 압축 하중을 받는 기둥은 재료의 비례한도 이하의 하중이라도 휨을 일으키는 현상
③ 극관성 모멘트 : 외력에 의해 부재의 내부에서 발생하는 구조적 성질의 하나로 부재 단면에서의 임의의 점에서 직교 좌표의 원전메 관한 2차 단면 모멘트

53 양단지지 겹판 스프링에서 처짐을 구하는 식은? (단, W : 하중, n : 판수, h : 판 두께, b : 판의 폭, E : 세로탄성계수, l : 스팬 이다.)

① $\frac{3Wl}{2nbh^2}$ ② $\frac{3Wl^3}{2nbh^3E}$
③ $\frac{3Wl^3}{8nbh^3E}$ ④ $\frac{3Wl}{8nbh^2E}$

54 비중 약 2.7에 가볍고 전연성이 우수하며 전기 및 열의 양도체로 내식성이 우수한 것은?

① 구리 ② 망간
③ 니켈 ④ 알루미늄

해설 알루미늄
비중이 2.7로 작고 용융점(660℃)이 낮고, 전연성이 우수하고, 전기 및 열의 양도체로 내식성이 우수하다.

55 원심펌프에서 양정이 20m, 송출량은 3m^3/min일 때, 축동력 1000kW를 필요로 하는 펌프의 효율(%)은? (단, 유체의 비중량은 920 N/m^{3}이다.)

① 65 ② 75
③ 82 ④ 92

해설 축동력 L_w [kW]

$$L_w=\frac{\Upsilon QH}{102\eta}=\frac{920\times\frac{1}{9.8}\times3\times\frac{1}{60}\times20}{102\times\eta}=1.000[\text{kW}]$$

$\eta=92[\%]$

여기서, L_w : 축동력[kW]
γ : 비중량[kgf · m^3]
Q : 유량[m^3/s]
H : 양정[m]
η : 효율

56 식물 탄닌-태닝 처리한 가죽에 대한 설명으로 틀린 것은?

① 부드러운 가죽을 얻을 수 있다.
② 단단하고 쉽게 펴지지 않는다.
③ 색상은 주로 다갈색이다.
④ 공업용으로 많이 이용된다.

해설 식물 탄닌-태닝 처리한 가죽의 특징
탄닌은 떫은 맛을 내는 폴리페놀의 일종으로 식물에 의해 합성되고, 태닝은 가죽을 햇볕에 노출시켜 다갈색으로 태우는 작업.
① 가죽을 안정화시킨다.
② 단단하고 쉽게 펴지지 않는다.
③ 색상은 주로 다갈색이다.
④ 공업용으로 많이 이용된다.

57 선반작업 시 지름 60mm의 환봉을 절삭하는데 필요한 회전수(rpm)는? (단, 절삭속도는 50 m/min이다.)

① 1065 ② 830
③ 530 ④ 265

정답 52 ① 53 ③ 54 ④ 55 ④ 56 ① 57 ④

해설 절삭속도
가공물이 단위시간에 공구의 날끝을 통과하는 속도로 표시

$V=\frac{\pi DN}{1,000}$(m/min),

$N=\frac{1,000V}{\pi D}=\frac{1,000\times 50}{\pi\times 60}=265.25$[m/min]

여기서 D : 가공물 직경[mm]
N : 회전수[rpm]

58 축 방향의 압축력이나 인장력을 받을 때 사용하거나 2개의 축을 연결하는 것은?

① 키(key)
② 코터(cotter)
③ 핀(pin)
④ 리벳(rivet)

해설 코터(Cotter)
① 코터의 사용 : 체결용 기계요소로 축과 축이 끼워 맞추어지는 소켓을 체결한다.
② 코터의 형상
㉮ 코터의 구성 : 로드엔드, 소켓, 코터로 구성
㉯ 로드의 칼러 (Coller) : 압축하중이 작용하는 축을 연결할때 사용
㉰ 지브(Jib) : 코터 사용 시 소켓이 쪼개질 염려가 있을시 사용

59 마찰차의 종류가 아닌 것은?

① 원통 마찰차
② 에반스식 마찰차
③ 트리플식 마찰차
④ 원뿔 마찰차

해설 마찰차의 종류
① 원통마찰차 : 평 마찰차, V홈 마찰차
② 원추마찰차 : 두축이 교차하는데 사용한다.
③ 변속마찰차 : 원추와 원판차

60 단동 피스톤 펌프에서 실린더 직경 20cm, 행정 20cm, 회전수 80rpm, 체적효율 90%이면 토출유량(m³/min)은?

① 0.261 ② 0.271
③ 0.452 ④ 0.502

해설 토출유량 $Q=\frac{\pi D^2}{4}\times\frac{LN}{60}\eta[m^3/s]$

여기서, 유량 : $Q[m^3/s]$
실린더 직경 : D[m]
행정 : L[m]
회전수 : N[rpm]
체적효율 : η[%]

∴ 토출유량 $Q=\frac{\pi\times 0.2^2}{4}\times\frac{0.2\times 80\times 0.9}{1}$
$=0.452[m^3/min]$

04 전기제어공학

61 시스템의 전달함수가 $T(s)=\frac{1250}{s^2+50s+1250}$ 으로 표현되는 2차 제어시스템의 고유 주파수는 약 몇 rad/sec인가?

① 35.36
② 28.87
③ 25.62
④ 20.83

해설 2차 시스템 $G(s)=\frac{b}{s^2+as+b}$

2차 시스템의 표준형(standard form) :

$G(s)=\frac{\omega_n^2}{s^2+2\zeta\omega_n s+\omega_n^2}$ (7-22)

여기서 ζ : 차원이 없는 감쇠비(damping ratio)
ω_n : 고유주파수(natural frequency) 또는 비감쇠 주파수(undamped frequency)

고유주파수 $\omega_n^2=1,250$ $\therefore\omega_n=35.36$[rad/sec]

정답 58 ② 59 ③ 60 ③ 61 ①

62 접지 도체 P_1, P_2, P_3의 각 접지저항이 R_1, R_2, R_3이다. R_1의 접지저항(Ω)을 계산하는 식은? (단, $R_{12}=R_1+R_2$, $R_{23}=R_2+R_3$, $R_{31}=R_3+R_1$이다.)

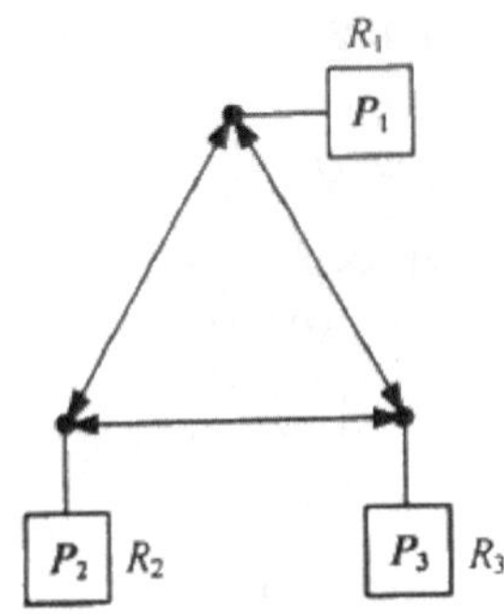

① $R_1 = \frac{1}{2}(R_{12}+R_{31}+R_{23})$

② $R_1 = \frac{1}{2}(R_{31}+R_{23}-R_{12})$

③ $R_1 = \frac{1}{2}(R_{12}-R_{31}+R_{23})$

④ $R_1 = \frac{1}{2}(R_{12}+R_{31}-R_{23})$

해설 코올라우시 브리지 접지저항 측정

$R_1 = \frac{1}{2}(R_{12}+R_{31}-R_{23})\,[\Omega]$

63 목푯값이 미리 정해진 시간적 변화를 하는 경우 제어량을 그것에 추종시키기 위한 제어는?

① 프로그램제어

② 정치제어

③ 추종제어

④ 비율제어

해설 프로그램 제어(program control)
목푯값의 변화가 미리 정해진 신호에 따라 동작(무인열차, 엘리베이터, 자판기 등)

64 피드백제어의 특성에 관한 설명으로 틀린 것은?

① 정확성이 증가한다.

② 대역폭이 증가한다.

③ 계의 특성변화에 대한 입력대 출력비의 감도가 증가한다.

④ 구조가 비교적 복잡하고 오픈루프에 비해 설치비가 많이 든다.

해설 피드백 자동제어계의 특징
① 정확성의 증가
② 계의 특성 변화에 대한 입력 대 출력비의 감도 감소
③ 비선형성과 왜형에 대한 효과의 감소

65 다음 블록선도에서 전달함수 C(s)/R(s)는?

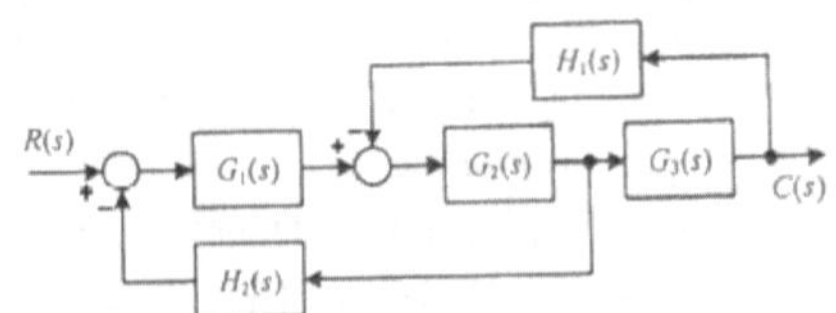

① $\frac{G_1(s)G_2(s)G_3(s)}{1+G_2(s)G_3(s)H_1(s)-G_1(s)G_2(s)H_2(s)}$

② $\frac{G_1(s)G_2(s)G_3(s)}{1+G_2(s)G_3(s)H_1(s)+G_1(s)G_2(s)H_2(s)}$

③ $\frac{G_1(s)G_2(s)G_3(s)H_1(s)}{1+G_2(s)G_3(s)H_1(s)+G_1(s)G_2(s)H_2(s)}$

④ $\frac{G_1(s)G_2(s)G_3(s)}{1+G_2(s)G_3(s)H_2(s)+G_1(s)G_2(s)H_1(s)}$

해설

$$G(s)=\frac{C(s)}{R(s)}=\frac{\text{경로}}{1-\text{폐로}}$$

$$=\frac{G_1(s)G_2(s)G_3(s)}{1-[-G_1(s)G_2(s)H_2(s)-G_2(s)G_3(s)H_1(s)]}$$

$$=\frac{G_1(s)G_2(s)G_3(s)}{1+G_1(s)G_2(s)H_2(s)+G_2(s)G_3(s)H_1(s)}$$

정답 62 ④ 63 ① 64 ③ 65 ②

66 다음 회로에서 합성 정전용량(F)의 값은?

C_1 C_2

① $C_0 = C_1 + C_2$ ② $C_0 = C_1 - C_2$

③ $C_0 = \dfrac{C_1 + C_2}{C_1 C_2}$ ④ $C_0 = \dfrac{C_1 C_2}{C_1 + C_2}$

해설
① 합성 정전 용량 $C_0 = \dfrac{C_1 C_2}{C_1 + C_2}$[F]
② C_1에 걸리는 전압
$V_1 = \dfrac{Q}{C_1} = \dfrac{C_2}{C_1 + C_2}$[V]
③ C_2에 걸리는 전압
$V_2 = \dfrac{Q}{C_2} = \dfrac{C_1}{C_1 + C_2}$[V]

67 맥동 주파수가 가장 많고 맥동률이 가장 적은 정류방식은?

① 단상 반파정류
② 단상 브리지 정류회로
③ 3상 반파정류
④ 3상 전파정류

해설 맥동률
$v = \dfrac{\text{출력전압(전류)의 포함된 맥동분}}{\text{출력전압(전류)의 직류분}} \times 100[\%]$
1) 맥동률 최소 : 3상 전파
2) 맥동률 최대 : 단상 반파

68 주파수 60Hz의 정현파 교류에서 위상차 π /6(rad)은 약 몇 초의 시간 차인가?

① 1×10^{-3} ② 1.4×10^{-3}
③ 2×10^{-3} ④ 2.4×10^{-3}

해설
시간 $t = \dfrac{\theta}{\omega} = \dfrac{\theta}{2\pi f} = \dfrac{\frac{\pi}{6}}{2\pi \times 60} = 1.4 \times 10^{-3}[s]$

69 블록선도에서 요소의 신호전달 특성을 무엇이라 하는가?

① 가합요소 ② 전달요소
③ 동작요소 ④ 인출요소

해설 신호흐름선도
• 정의 : 제어계의 특성을 블록선도 대신 신호의 흐름의 방향을 전달과정으로 표시

70 R-L-C 직렬회로에서 소비전력이 최대가 되는 조건은?

① $\omega L - \dfrac{1}{\omega C} = 1$ ② $\omega L + \dfrac{1}{\omega C} = 0$

③ $\omega L + \dfrac{1}{\omega C} = 1$ ④ $\omega L - \dfrac{1}{\omega C} = 0$

해설 공진조건
유도성 리액턴스=용량성 리액턴스
$X_L = X_C$
$\omega L = \dfrac{1}{\omega C}$
$\omega L - \dfrac{1}{\omega C} = 0$
$\omega = \dfrac{1}{\sqrt{LC}}$
∴ 공진 주파수 $f_r = \dfrac{1}{2\pi\sqrt{LC}}$

71 그림과 같은 유접점 회로의 논리식과 논리회로명칭으로 옳은 것은?

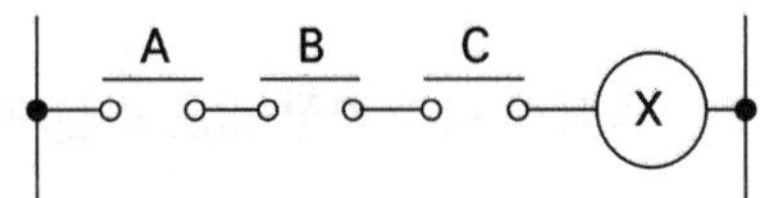

① X = A + B + C, OR 회로
② X = A · B · C, AND 회로
③ $X = \overline{A \cdot B \cdot C}$, NOT 회로
④ $X = \overline{A + B + C}$, NOR 회로

해설 X = A · B · C, AND 회로

정답 66 ④ 67 ④ 68 ② 69 ② 70 ④ 71 ②

72 **유도전동기의 고정손에 해당하지 않는 것은?**

① 1차권선의 저항손
② 철손
③ 베어링 마찰손
④ 풍손

해설 유도전동기 손실
① 무부하손(고정손, 불변손) : 부하에 관계없이 생기는 손실로서 기계손(풍손+마찰손)과 철손(히스테리시스손과 맴돌이 전류손)이 있다.
② 부하손(가변손) : 부하에 따라 변하는 손실로 부하손이 대부분이고 측정이나 계산이 불가능한 표류 부하손이 있다.

73 **그림의 신호흐름선도에서 C(s)/R(s)의 값은?**

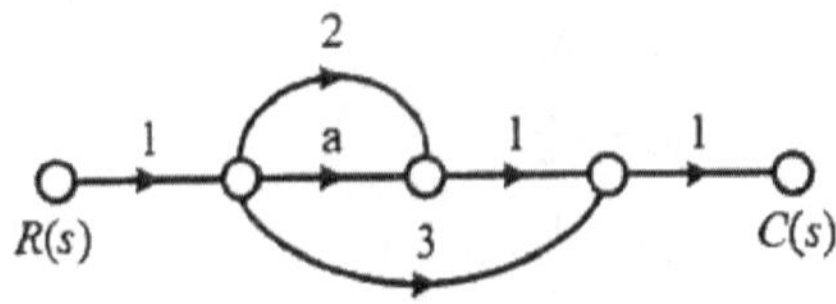

① a+2　　② a+3
③ a+5　　④ a+6

해설 전달함수 $G(s) = \dfrac{C(s)}{R(s)} = \dfrac{\text{경로}}{1-\text{폐로}}$

$= \dfrac{1\times a\times1\times1+1\times2\times1\times1+1\times3\times1}{1-0}$

$= a+5$

74 **동작 틈새가 가장 많은 조절계는?**

① 비례 동작
② 2위치 동작
③ 비례 미분 동작
④ 비례 적분 동작

해설 불연속동작에 의한 분류(사이클링 발생)
ON－OFF 제어(2스위치 제어)

75 **다음 그림은 무엇을 나타낸 논리연산 회로인가?**

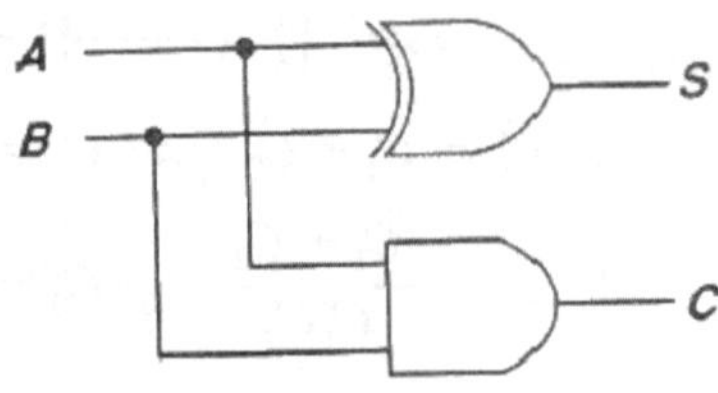

① HALF－ADDER회로
② FULL－ADDER회로
③ NAND회로
④ EXCLUSIVE OR회로

해설 반가산기 : HALF－ADDER회로
1비트 이진수 두 개 : 합 Sum (S)과 자리올림 수 Carry (C)를 구하는 회로
Carry = AB
Sum = A'B + AB' = A⊕B

76 **목표치가 정해져 있으며, 입 · 출력을 비교하여 신호전달 경로가 반드시 폐루프를 이루고 있는 제어는?**

① 조건제어
② 시퀀스제어
③ 피드백제어
④ 프로그램제어

해설 피드백 제어
전달함수 $G(s) = \dfrac{C(s)}{R(s)} = \dfrac{\text{경로}}{1-\text{폐로}}$

77 **오픈 루프 전달함수가 $G(s) = \dfrac{1}{s(s^2+5s+6)}$ 인 단위궤환계에서 단위계단입력을 가하였을 때의 잔류편차는?**

① 5/6　　② 6/5
③ ∞　　④ 0

정답 72 ① 73 ③ 74 ② 75 ① 76 ③ 77 ④

해설 잔류편차 $e_{ss} = \lim_{s \to 0} s \frac{R(s)}{1+G(s)}$

$$= \lim_{s \to 0} s \frac{\frac{1}{s}}{1+\frac{1}{s(s^2+5s+6)}}$$

$$= \lim_{s \to 0} s \frac{\frac{1}{s}}{1+\frac{1}{s(s+2)(s+3)}}$$

$$= \frac{1}{1+\infty} = 0$$

78 어떤 회로에 10A의 전류를 흘리기 위해서 300W의 전력이 필요하다면, 이 회로의 저항(Ω)은 얼마인가?

① 3
② 10
③ 15
④ 30

해설 전력 $P=I^2R$, 저항 $R=\frac{P}{I^2}=\frac{300}{10^2}=3[\Omega]$

79 권선형 3상 유도전동기에서 2차 저항을 변화시켜 속도를 제어하는 경우, 최대 토크는 어떻게 되는가?

① 최대 토크가 생기는 점의 슬립에 비례한다.
② 최대 토크가 생기는 점의 슬립에 반비례한다.
③ 2차 저항에만 비례한다.
④ 항상 일정하다.

해설 비례추이
권선형 유도전동기의 토크특성이 2차 합성저항의 변화에 비례하여 이동하는 것으로 토크는 변하지 않으나 같은 토크에서 슬립과 2차 저항은 비례하여 변한다.

80 계전기 접점의 아크를 소거할 목적으로 사용되는 소자는?

① 바리스터(varistor)
② 바렉터다이오드
③ 터널다이오드
④ 서미스터

해설 바리스터(varistor)
① 서어지 전압에 대한 회로 보호용
② 전압에 따라 저항치가 변화하는 비직선 저항체
③ 비직선적인 전압 전류 특성을 갖는 2단자 반도체 장치

정답 78 ① 79 ④ 80 ①

09 2021년 CBT 출제경향 문제

01 승강기 개론

01 권상구동식 엘리베이터의 트랙션 능력에 대한 설명으로 틀린 것은?

① 가속도가 클수록 미끄러지기 쉽다.
② 와이어로프의 권부각이 클수록 미끄러지기 쉽다.
③ 와이어로프와 도르래의 마찰계수가 작을수록 미끄러지기 쉽다.
④ 카측과 균형추측의 장력비가 트랙션 능력에 근접할수록 미끄러지기 쉽다.

해설 트랙션 능력
㉠ 로프의 감기는 각도(권부각)가 작을수록 미끄러지기 쉽다.
㉡ 카의 가속도와 감속도가 클수록 미끄러지기 쉽고 긴급정지 시에도 동일하다.
㉢ 카 측과 균형추 측의 로프에 걸리는 중량비가 클수록 미끄러지기 쉽다.
㉣ 로프와 도르래 사이의 마찰계수가 작을수록 미끄러지기 쉽다.

02 소방구조용 엘리베이터에 대한 우선호출(1단계) 시 보장되어야 하는 사항에 대한 설명으로 틀린 것은?

① 문 열림 버튼 및 비상통화 버튼은 작동이 가능한 상태이어야 한다.
② 승강로 및 기계류 공간의 조명은 소방운전스위치가 조작되면 자동으로 점등되어야 한다.
③ 그룹운전에서 소방구조용 엘리베이터는 다른 모든 엘리베이터와 독립적으로 기능되어야 한다.
④ 모든 승강장 호출 및 카 내의 등록버튼이 작동해야 하고, 미리 등록된 호출에 따라 먼저 작동되어야 한다.

해설 1단계 : 소방구조용 엘리베이터에 대한 우선 호출
가) 승강로 및 기계류 공간의 조명은 소방운전 스위치가 조작되면 자동으로 점등되어야 한다.
나) 모든 승강장 호출 및 카 내의 등록버튼은 작동되지 않아야 하고, 미리 등록된 호출은 취소되어야 한다.
다) 문 열림 버튼 및 비상통화(16.3) 버튼은 작동이 가능한 상태이어야 한다.
라) 그룹운전에서 소방구조용 엘리베이터는 다른 모든 엘리베이터와 독립적으로 기능되어야 한다.

03 주로프에 사용되는 로프의 꼬임 방법 중 엘리베이터에 가장 많이 쓰이는 꼬임 방법은?

① 보통 Z 꼬임
② 보통 S 꼬임
③ 랭 Z 꼬임
④ 랭 S 꼬임

해설 꼬임 방법에 의한 분류
① 보통 꼬임: 스트랜드 즉 소선을 꼰 밧줄가락의 꼬는 방향과 로프의 꼬는 방향이 반대인 것
② 랭꼬임: 스트랜드의 꼬는 방향과 로프의 꼬는 방향이 동일한 것
③ 꼬임 방향에는 Z꼬임과 S꼬임이 있는데 일반적으로 Z꼬임을 사용한다.

정답 01 ② 02 ④ 03 ①

04 **권상기, 전동기 및 제어반을 기계실 내의 기둥 및 벽으로부터 일정거리 만큼 이격시켜 설치하는 이유로 옳지 않은 것은?**

① 제어반 후면의 점검 및 보수가 어렵기 때문에
② 수동핸들(Handle)의 수동조작을 할 수 없기 때문에
③ 기계실 실내온도가 상승할 수 있기 때문에
④ 권상기 및 브레이크의 점검 및 조정이 어렵기 때문에

05 **로프식 엘리베이터의 승강로에 대한 설명으로 올바르지 않은 것은?**

① 소방법에 의한 비상방송용 스피커 등은 승강로에 설치할 수 있다.
② 피트 깊이가 2m를 초과하는 경우에는 출입구를 설치할 수 있다.
③ 피트 아래를 통로로 사용할 경우에는 피트 바닥을 2중 슬라브로 하여야 한다.
④ 승강기의 정격속도가 높아지면 피트 깊이는 늘어난다.

해설 피트 출입수단은 다음 구분에 따른 수단으로 구성되어야 한다.
가) 피트 깊이가 2.5m를 초과하는 경우 : 피트 출입문
나) 피트 깊이가 2.5m 이하인 경우 : 피트 출입문 또는 승강장문에서 쉽게 접근할 수 있는 승강로 내부의 사다리 피트 출입문은 6.3에 적합해야 한다.

06 **3. 에스컬레이터의 보조 브레이크는 속도가 공칭속도의 몇 배의 값을 초과하기 전에 유효해야 하는가?**

① 1.2　　② 1.4
③ 1.6　　④ 1.8

해설 보조 브레이크에 의한 차단 시퀀스의 시작
보조 브레이크는 다음 조건 중 어느 하나에도 유효해야 한다.
가) 속도가 공칭속도의 1.4배의 값을 초과하기 전
나) 디딤판이 현재 운행 방향에서 바뀔 때

07 **엘리베이터의 조작방식에 따른 분류 중 자동식이 아닌 것은?**

① 단식자동식
② 하강승합 전자동식
③ 승합 전자동식
④ 카 스위치 방식

해설 반자동식
① 카 스위치 방식
카의 모든 기동정지는 운전자의 의지에 따라 카 스위치의 조작에 의해 직접 이루어진다.
② 신호 방식
카의 문 개폐만이 운전자의 레버나 누름 버튼의 조작에 의해 이루어지고, 진행방향의 결정이나 정지층의 결정은 미리 눌려져 있는 카 내 행선층 버튼 또는 승강버튼에 의해 이루어진다. 현재에는 백화점 등에서 운전자가 있을 때 사용된다.

08 **엘리베이터의 미터인 유압회로에 대한 설명으로 틀린 것은?**

① 기동 시 유량조정이 어렵다.
② 스타트 쇼크가 발생하기 쉽다.
③ 상승운전 시 효율이 좋지 않다.
④ 유량제어밸브를 바이패스 회로에 삽입한다.

정답 04 ③ 05 ② 06 ② 07 ④ 08 ④

해설 유량 밸브에 의한 속도 제어

① 미터인(Meter In) 회로 : 작동유를 제어하여 유압 실린더를 보낼 경우 유량 제어 밸브를 주회로에 삽입하여 유량을 직접 제어하는 회로.

② 블리드 오프(Bleed Off) 회로 : 유량 제어 밸브를 주회로에서 분기된 바이패스(Bypass)회로에 삽입한 것.

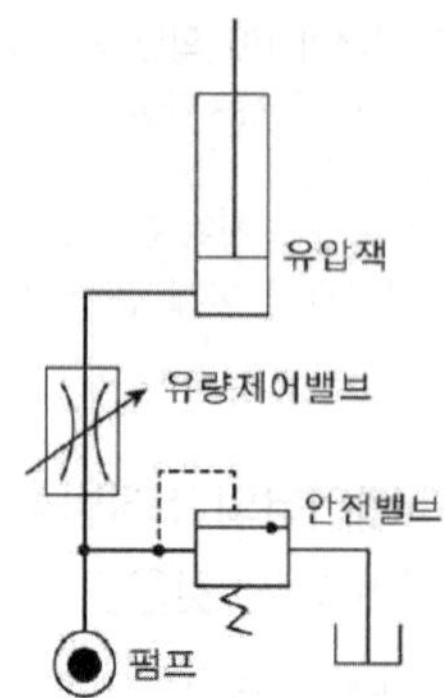

미터인(Meter In) 회로의 기본형

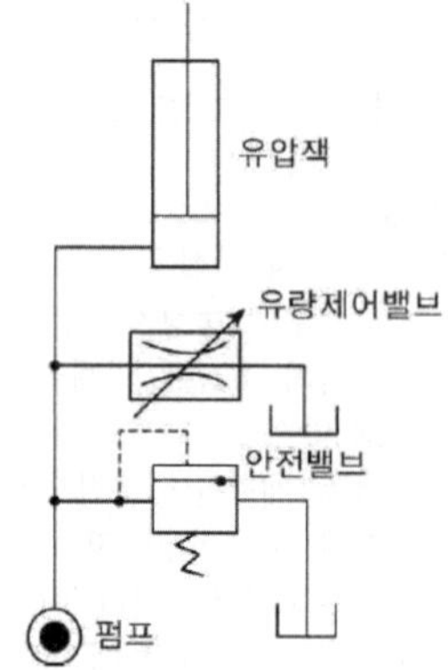

블리드 오프(Bleed Off) 회로의 기본형

09 카의 구조 중 카틀의 구성요소에 포함되지 않는 것은?

① 상부 체대
② 브레이스 로드(Brace Rod)
③ 하부 체대
④ 기계대

해설 카틀의 구조 및 주요 구성부품

(1) 상부 체대(Cross Head) : 카 틀에 로프를 매단 장치이다.
(2) 하부 체대(Plank) : 틀을 지지한다.
(3) 카 주(stile) : 상부 체대와 카 바닥을 연결하는 2개의 지지대이다.
(4) 가이드 슈(Guide Shoe) : 틀이 레일로부터 이탈하는 것을 방지하기 위해 설치한다.
(5) 브레이스 로드(Brace Rod) : 카 바닥이 수평을 유지하도록 카 주와 비스듬히 설치하는 것이다.

10 정격속도 105m/min, 정격하중 1600kgf, 오버밸런스율 50%, 전체 효율 70%인 엘리베이터용 전동기의 용량은?

① 약 8.4[kW] ② 약 13.7[kW]
③ 약 15.7[kW] ④ 약 19.6[kW]

해설 엘리베이터용 전동기의 용량(P)

$$P=\frac{LVS}{6120\eta}=\frac{LV(1-OB)}{6120\eta}=\frac{1600\times105\times(1-0.5)}{6120\times0.7}$$

$=19.6[\text{kW}]$

L : 정격하중(kgf)
V : 정격속도(m/min)
OB : 오버밸런스율(%)
S : 균형추 불평형률
η : 종합효율

11 로프식 엘리베이터에서 제어방식이 발전해 온 순서가 맞는 것은?

① 교류귀환제어 → 교류2단제어 → VVVF제어
② 교류귀환제어 → VVVF제어 → 교류2단제어
③ 교류2단제어 → 교류귀환제어 → VVVF제어
④ 교류2단제어 → VVVF제어 → 교류귀환제어

정답 09 ④ 10 ④ 11 ③

12 유압용 고압 고무호스 표면에 표시하지 않아도 되는 것은?

① 제조년월
② 명칭 및 호칭
③ 제조자명 또는 그 약호
④ 굴곡반경

해설 가요성 호스는 다음과 같은 정보가 지워지지 않도록 표시되어야 한다.
가) 제조사명(또는 로고)
나) 시험압력
다) 검사일자

13 교류 귀환 전압제어는 무엇을 비교하여 싸이리스터의 점호각을 바꿔 유도 전동기의 속도를 제어하는가?

① 카의 실제속도와 점호각
② 지령속도와 점호각
③ 카의 실제속도와 지령속도
④ 전압과 주파수

해설 교류 귀환 전압제어
카의 실제 속도와 속도 지령 장치의 지령 속도를 비교하여 사이리스터의 점호각을 바꿔 유도 전동기의 속도를 제어하는 방식을 교류 귀한 제어라 하여 45m/min에서 105m/min까지의 엘리베이터에 주로 이용된다.

14 유압식 엘리베이터에서 작동유의 압력맥동을 흡수하여 진동 소음을 감소시키는 역할을 하는 것은?

① 체크밸브 ② 필터
③ 사이렌서 ④ 스트레이너

해설 사일런서(Silencer)
작동유의 압력맥동을 흡수하여 진동소음을 저감시키기 위해 사용한다.

15 빈칸의 내용으로 옳은 것은?

> 전기식엘리베이터에서 기계실 출입문은 폭 ( )m 이상, 높이 ( )m 이상의 금속제 문이어야 하며 기계실 외부로 완전히 열리는 구조이어야 한다.

① 폭 : 0.7, 높이 : 1.8
② 폭 : 0.7, 높이 : 1.7
③ 폭 : 0.65, 높이 : 1.8
④ 폭 : 0.8, 높이 : 1.7

해설 출입문, 비상문 및 점검문의 치수는 다음과 같아야 한다. 다만, 라)의 경우에는 문을 통해 필요한 유지관리 업무를 수행하는데 충분한 크기이어야 한다.
가) 기계실, 승강로 및 피트 출입문 : 높이 1.8m 이상, 폭 0.7m 이상
다만, 주택용 엘리베이터의 경우 기계실 출입문은 폭 0.6m 이상, 높이 0.6m 이상으로 할 수 있다.
나) 풀리실 출입문 : 높이 1.4m 이상, 폭 0.6m 이상
다) 비상문 : 높이 1.8m 이상, 폭 0.5m 이상

16 엘리베이터용 승강장 도어 표기를 "2S" 라고 할 때 숫자 "2" 와 문자 "S" 가 나타내는 것은?

① "2" : 도어의 형태, "S" : 중앙열기
② "2" : 도어의 형태, "S" : 측면열기
③ "2" : 도어의 매수, "S" : 중앙열기
④ "2" : 도어의 매수, "S" : 측면열기

해설 도어시스템 종류
① S(Side Open) 가로 열기 : 1S, 2S, 3S – 한쪽 끝에서 양쪽으로 열림
② CO(Center Open) 중앙 열기 : 2CO, 4CO (숫자는 문 짝수) – 가운데에서 양쪽으로 열림
③ 상승 작동 방식 : 2매 업 슬라이딩 도어, 2매 상하 열림식 – 위로 열림
④ 상하 작동 방식 : 2UD, 4UD – 수동으로 상하 개폐(덤웨이터)
⑤ 스윙 도어(Swing Door) : 1쪽 스윙, 2쪽 스윙 – 여닫이 방식으로 한 쪽 지지(앞뒤로 회전)

정답 12 ④ 13 ③ 14 ③ 15 ① 16 ④

17 **엘리베이터를 기계실 위치에 따라 분류한 것이 아닌 것은?**

① 정상부형 엘리베이터
② 하부형 엘리베이터
③ 측부형 엘리베이터
④ 경사형 엘리베이터

해설 경사형 엘리베이터 적용 범위
수평에 대해 15°에서 75°사이의 경사진 주행안내 레일을 따라 사람이나 화물을 운송하기 위한 카를 미리 정해진 승강장으로 운행시키는 엘리베이터에 적용한다. 다만, 다음 중 어느 하나에 해당하는 엘리베이터는 제외한다.
가) 정격속도가 0.15m/s 이하인 엘리베이터
나) 그 밖에 이 기준에 적합하지 않은 특수한 구조의 엘리베이터

18 **엘리베이터용 전동기에 요구되는 특성을 잘못 설명한 것은?**

① 기동 토크가 클 것
② 기동 전류가 작을 것
③ 빈번한 운전에 대해서도 열적으로 견딜 것
④ 회전부분의 관성 모멘트가 클 것

해설 회전부분의 관성 모멘트가 작을 것

19 **카 추락방지안전장치(비상정지장치)가 작동될 때, 무부하 상태의 카 바닥 또는 정격하중이 균일하게 분포된 바닥은 정상적인 위치에서 몇 %를 초과하여 기울어지지 않아야 하는가?**

① 3
② 5
③ 7
④ 10

해설 추락방지(비상정지)안전장치 작동 시 카 바닥의 기울기
카 비상정지장치(추락방지안전장치)가 작동될 때, 부하가 없거나 부하가 균일하게 분포된 카의 바닥은 정상적인 위치에서 5%를 초과하여 기울어지지 않아야 한다.

20 **보상체인의 설치가 필요한 이유는?**

① 균형추의 낙하를 방지하기 위하여
② 카의 진동을 방지하기 위하여
③ 케이블과 로프의 이동에 따른 하중을 보상하기 위하여
④ 카 자체의 하중을 보상하기 위하여

해설 균형체인 및 균형 로프의 기능
① 이동케이블과 로프의 이동에 따라 변화되는 하중을 보상하기 위하여 설치한다.
② 카 하단에서 피트를 경유하여 균형추의 하단으로 로프와 거의 같은 단위길이의 균형 체인이나 균형 로프를 사용하여 90% 정도 보상한다.
③ 고층용 엘리베이터에는 균형 체인을 사용할 경우 소음의 문제가 있어 균형 로프를 사용한다.

02 승강기 설계

21 **착상오차 이외에 감속도, 감속시의 저어크(감속도의 변화비율), 착상시간, 전력회생의 균형 등으로 인해 가장 많이 사용되는 2단 속도 전동기의 속도비는?**

① 2:1 ② 3:1
③ 4:1 ④ 5:1

해설 교류 2단 전동기의 속도 비는 착상 오차 이외의 감속도, 감속 시의 저어크(감속도의 변화비율), 저속 주행 시간(크리프 시간), 전력 회생의 균형으로 인하여 4:1이 가장 많이 사용된다. 속도60m/min까지 적용 가능하다.

정답 17 ④ 18 ④ 19 ② 20 ③ 21 ③

22 **카틀 및 카바닥을 설계할 때 카틀 및 카바닥에 작용하는 비상시 하중에 해당되지 않는 것은?**

① 지진시 하중
② 적재중 하중
③ 완충기 동작시 하중
④ 추락방지(비상정지)안전장치 작동시 하중

23 **피치 2.5mm의 3중 나사가 1 회전하면 리드는 몇 mm가 되는가?**

① 1/2.5　　② 5
③ 1/7.5　　④ 7.5

해설 리드: $2.5 \times 3 = 7.5$[mm]

24 **다음 중 와이어로프에 의해 카가 움직이는 것은?**

① 유압 간접식
② 유압 직접식
③ 유압 팬더 그래프식
④ 에스컬레이터

25 **카 자중 3,000kg, 적재하중 1,500kg, 승강행정 20m, 로프 가닥수 6, 로프 중량 1kg/m 일 때 트랙션비는? (단, 오버밸런스율은 40%로 한다.)**

① 빈 카가 최상층에서 하강시 : 1.044, 전부하 카가 최하층에서 상승시 : 1.190
② 빈 카가 최상층에서 하강시 : 1.154, 전부하 카가 최하층에서 상승시 : 1.210
③ 빈 카가 최상층에서 하강시 : 1.180, 전부하 카가 최하층에서 상승시 : 1.190
④ 빈 카가 최상층에서 하강시 : 1.240, 전부하 카가 최하층에서 상승시 : 1.283

해설 ① 무부하시: 빈 카가 최상층에서 하강시

$$T = \frac{3,000 + 1,500 \times 0.4 + 20 \times 6 \times 1}{3,000} = 1.240$$

② 전부하시: 만원인 카가 최하층에서 상승시

$$T = \frac{3,000 + 1,500 + 20 \times 6 \times 1}{3,000 + 1,500 \times 0.4} = 1.283$$

26 **다음 보기의 교류엘리베이터 속도제어방식 중 수송능력이 우수한 순으로 나열된 것은?**

㉠ 가변전압 가변주파수제어 ㉡ 교류 이단 속도제어 ㉢ 교류 궤환 전압제어 ㉣ 교류 일단 속도제어

① ㉠, ㉡, ㉢, ㉣
② ㉢, ㉠, ㉣, ㉡
③ ㉠, ㉢, ㉡, ㉣
④ ㉣, ㉢, ㉡, ㉠

27 **변압기 용량 산정시 전부하 상승전류에 대해서 소방구조용(비상용) 엘리베이터일 경우 부등률은 얼마로 계산하여야 하는가?**

① 0.85　　② 0.9
③ 0.95　　④ 1.0

해설 • 소방구조용(비상용) 엘리베이터일 경우 부등률 1 이상으로 계산한다.
• 부등률은 가속전류는 0.85, 전부하 상승전류에서는 1을 적용한다.

정답 22 ② 23 ④ 24 ① 25 ④ 26 ③ 27 ④

28 **카의 상승과속방지수단에 대한 설명으로 틀린 것은?**

① 이 수단이 작동되면 복귀는 전문가의 개입이 요구되어야 한다.
② 이 수단은 빈 카의 감속도가 정지단계 동안 $1g_n$를 초과하는 것을 허용하지 않아야 한다.
③ 이 수단의 복귀는 카 또는 균형추에 접근을 요구하여야 한다.
④ 이 수단은 복귀 후에 작동하기 위한 상태가 되어야 한다.

해설 카의 상승과속방지장치
- 이 장치의 복귀는 승강로에 접근을 요구하지 않아야 한다.
- 장치의 복귀 후에 엘리베이터가 정상 운행되기 위해서는 전문가(유지관리업자 등)의 개입이 요구되어야 한다.

29 **엘리베이터의 조명전원설비에 대한 설명으로 적합하지 않은 것은?**

① 카 내의 조명용, 환기팬용 및 보수용 램프 등을 위한 전원설비이이다.
② 일반적으로 단상 교류 220V가 사용된다.
③ 동력용 전원으로부터 인출하여 사용하는 것이 바람직하다.
④ 자가발전설비가 가동될 때도 조명전원이 별도로 인가되도록 구성하는 것이 바람직하다.

해설 동력용 전원과, 조명전원은 독립적으로 사용된다.

30 **엘리베이터 배치와 구조에 관한 사항 중 틀린 것은?**

① 8대의 그룹에서는 4대 4 배치가 가장 좋다.
② 4대의 그룹에서는 2대 2 배치가 가장 좋다.
③ 6대의 그룹에서는 3대 3 배치가 가장 좋다.
④ 3대의 그룹에서는 2대 1 배치가 가장 좋다.

해설 3대의 그룹에서는 일렬 배치한다

31 **권상구동식 엘리베이터에서 과속조절기가 작동될 때, 과속조절기기 로프의 인장력은 얼마 이상이어야 하는 가?**

① 100N 이상
② 300N 이상
③ 500N 이상
④ 700N 이상

해설 과속조절기가 작동될 때, 과속조절기에 의해 발생되는 과속조절기 로프의 인장력은 다음 두 값 중 큰 값 이상이어야 한다.
1) 추락방지안전장치가 작동되는데 필요한 힘의 2배
2) 300N

32 **전기식엘리베이터에서 과속조절기 명판에 반드시 표시되어할 것이 아닌 것은?**

① 제조업체명
② 보수업체명
③ 안전인증표시
④ 조정을 위한 실제 작동속도

해설 과속조절기에는 보기 쉬운 곳에 쉽게 지워지지 않는 방법으로 다음과 같은 내용이 표시되어야 한다.
가) 제조·수입업자의 명(법인인 경우에는 법인의 명칭을 말한다)
나) 부품안전인증표시
다) 부품안전인증번호
라) 모델명
마) 정격속도

정답 28 ③ 29 ③ 30 ④ 31 ② 32 ②

33 기계실의 구조에 대한 설명으로 틀린 것은?

① 다른 부분과 내화구조로 구획한다.
② 다른 부분과 방화구조로 구획한다.
③ 내장의 마감은 방청도료를 칠하여야 한다.
④ 벽면이 외기에 직접 접하는 경우에는 불연재료로 구획할 수 있다.

해설 기계실은 당해 건축물의 다른 부분과 내화구조 또는 방화구조로 구획하고, 기계실의 내장은 준불연재료 이상으로 마감되어야 한다.

34 시브(Sheave)의 홈 형상 중 언더 컷(Under cut) 형상을 사용하는 주된 이유는?

① 시브의 마모를 줄이기 위하여
② 마찰계수를 증가시키기 위하여
③ 시브의 속도를 조정하기 위하여
④ 로프의 수명을 증대시키기 위하여

해설 언더커트 홈
- U홈과 V홈의 장점을 가지며 트랙션 능력이 커서 일반적으로 가장 많이 엘리베이터에 적용된다. 언더컷 중심각 β가 크면 트랙션 능력이 크다(일반적으로 $105° \le \beta \le 90°$ 적용).
- 초기가공은 어려우나 시브의 마모가 어느 한계까지 가더라도 마찰력이 유지되는 장점을 가진다.

35 원통코일 스프링 설계에서 스프링 상수에 대한 설명으로 옳은 것은?

① 같은 하중을 받을 때, 스프링의 휘는 양은 스프링 상수의 제곱에 반비례한다.
② 같은 하중을 받을 때, 스프링의 휘는 양은 스프링 상수의 제곱에 비례한다.
③ 같은 하중을 받을 때, 스프링의 휘는 양은 스프링 상수에 비례한다.
④ 같은 하중을 받을 때, 스프링의 휘는 양은 스프링 상수에 반비례한다.

해설
- 스프링 상수 K
  $P = K\delta$, $K = \frac{P}{\delta}$[kg/cm]
  (단위길이를 늘이는데 필요한 하중)
- 스프링 지수 C, $C = \frac{D}{d}$

여기서
D : 코일의 평균직경
d : 코일의 소선직경
K : 스프링상수[kg/cm]
C : 스프링지수
δ : 스프링의변위량[cm]
P : 스프링 하중

36 수평 개폐식 중 중앙 개폐식 문에서 선행 문짝을 열리는 방향으로 가장 취약한 지점에 장비를 사용하지 않고 손으로 150N의 힘을 가할 때, 문의 틈새는 최대 몇 mm를 초과해서는 안 되는가?

① 30 ② 35
③ 40 ④ 45

해설 수평 개폐식 문 및 접이식 문의 선행 문짝을 열리는 방향으로 가장 취약한 지점에 장비를 사용하지 않고 손으로 150N의 힘을 가할 때, 7.1에 따른 틈새 6mm를 초과할 수 있으나 다음 구분에 따른 틈새를 초과할 수 없다.
가) 측면 개폐식 문 : 30mm
나) 중앙 개폐식 문 : 45mm

37 회전수가 1000[rpm]이고, 출력이 7.5[kW]인 전동기의 전부하토크는?

① 약 7.3[kg · m]
② 약 73[kg · m]
③ 약 730[kg · m]
④ 약 7300[kg · m]

정답 33 ③ 34 ② 35 ④ 36 ④ 37 ①

해설 전동기의 전부하토크

$T = 0.975\frac{P}{N} = 0.975 \times \frac{7.5 \times 10^3}{1000} = 7.3[\text{kg} \cdot \text{m}]$

38 엘리베이터 교통량 계산의 주목적은?

① 승강기검사 기준에 정해져 있기 때문에 강제적으로 엘리베이터 대수를 산출하기 위함이다.
② 충분한 여유를 갖기 위함이다.
③ 건축법에 정해져 있기 때문에 수송시간을 계산하여야 한다.
④ 최소 비용으로 최적의 엘리베이터를 설치하기 위함이다.

39 에스컬레이터에서 난간의 끝부분으로 콤 교차선부터 손잡이 곡선 반환부까지의 난간구역을 무엇이라고 하는가?

① 뉴얼
② 스커트
③ 하부 내측데크
④ 스커트 디플렉터

해설 뉴얼(newel)
난간의 끝부분으로 콤 교차선부터 손잡이 곡선 반환부까지의 난간 구역

40 길이가 2m, 지름이 10mm인 강선에 하중이 작용하여 4mm 늘어났다. 이 때의 하중은 얼마인가? (단, 탄성계수는 1.2×10^6 kg/cm^{2}이다.)

① 1,411kg ② 1571kg
③ 1,674kg ④ 1,884kg

해설 늘어난길이 $\Delta l = \frac{1}{E} \cdot \frac{Pl}{A} = \frac{Pl}{AE}$,

하중 $P = \frac{AE\Delta l}{l}$

$= \frac{\frac{\pi}{4} \times 10^2 \times 10^{-2} \times 1.2 \times 10^6 \times 4 \times 10^{-1}}{200}$

$= 1,884[\text{kg}]$

여기서, E : 세로탄성계수

03 일반기계공학

41 지름 100mm, 길이 300mm인 연강봉을 선반에서 가공할 때 이송을 0.2mm/rev, 절삭속도를 157m/min으로 하면 1개 가공하는 데 걸리는 시간은? (단, 1회 절삭)

① 3분 ② 4분
③ 5분 ④ 6분

해설 가공시간

$T = \frac{L}{Nf} = \frac{\pi DL}{1000Vf} = \frac{\pi \times 100 \times 300}{1000 \times 157 \times 0.2} = 3[\text{min}]$

여기서 L : 깎고자 하는 공작물의 길이[mm],
N : 공작물의 회전수$= \frac{1000V}{\pi D}$[rpm],
f : 공구의 이송속도[mm/rev],
D : 공작물의 지름[mm],
V : 속도[m/min]

42 체인의 원동차 잇수(Z_1)가 20개, 회전수(N_1) 300rpm이고, 종동차 잇수(Z_2)가 30개일 때 종동차의 회전수(N_2)와 종동차의 속도(V_2)는 각각 얼마인가? (단, 종동차의 피치는 15mm이다.)

① N_2=200rpm, V_2=1.5m/s
② N_2=200rpm, V_2=2.5m/s
③ N_2=400rpm, V_2=1.5m/s
④ N_2=400rpm, V_2=2.25m/s

정답 38 ④ 39 ① 40 ④ 41 ① 42 ①

해설 • 종동차의 회전수(N_2)

$$\text{속도비} = \frac{N_2}{N_1} = \frac{Z_1}{Z_2},\ N_2 = \frac{Z_1}{Z_1}N_1 = \frac{20}{30}\times 300$$

$= 200[\mathrm{rpm}]$

• 속도(V_2)

$$V_2 = \frac{\pi D_2 N_2}{1000\times 60} = \frac{\pi \frac{Z_2 \cdot p}{\pi} N_2}{1000\times 60} = \frac{Z_2 \cdot p \cdot N_2}{1000\times 60}$$

$$= \frac{30\times 15\times 200}{1000\times 60} = 1.5[\mathrm{m/s}]$$

잇수 $Z = \frac{\pi D}{p}$

(D : 도르래 지름[mm], p : 피치[mm])

43 연삭숫돌의 결함에서 숫돌 입자의 표면이나 기공에 칩(chip)이 끼어 연삭성이 나빠지는 현상은?

① 트루잉
② 로딩
③ 글레이징
④ 드레싱

해설 로딩(loading)
절삭날로 인해 절삭칩이 용융되어 기공에 메워지는 현상을 로딩이라고 한다.

44 원통형 케이싱 안에 편심 회전자가 있고 그 회전자의 홈속에 판 모양의 깃이 원심력 또는 스피링 장력에 의하여 벽에 밀착하면서 회전하여 액체를 압송하는 펌프는?

① 피스톤펌프
② 나사펌프
③ 베인펌프
④ 기어펌프

해설 베인펌프는 원통형 케이싱 안에 편심 회전자가 있고 그 회전자의 홈속에 판 모양의 깃이 회전하여 액체를 압송하는 펌프

45 알루미늄 분말, 산화철 분마과 점화제의 혼합 반응으로 열을 발생시켜 용접하는 방법은?

① 테르밋 용접
② 피복 아크 용접
③ 일렉트로 슬래그 용접
④ 불활성 가스 아크 용접

해설 테르밋 용접
테르밋 반응에 의해 생성되는 화학반응열을 이용한다.

46 너비 6cm, 높이 8cm인 직사각형 단면에서 사용할 수 있는 최대굽힘모멘트의 크기는 몇 N · m인가? (단, 허용응력은 10N/mm²이다.)

① 64 ② 640
③ 6,400 ④ 64,000

해설 응력 $\sigma = \frac{\text{최대굽힘모멘트}}{\text{단면계수}}$,

$$M_{\max} = \sigma Z = \sigma \frac{1}{6}bh^2 = 10\times 10^6 \times \frac{1}{6}\times 6\times 10^{-2}$$

$$\times 8^2 \times 10^{-4} = 640[\mathrm{Nm}]$$

47 그림과 같이 로프로 고정하여 A 점에 1,000N의 무게를 매달 때 AC로프에 생기는 응력은 약 몇 N/cm² 인가? (단, 로프 지름은 3cm이다.)

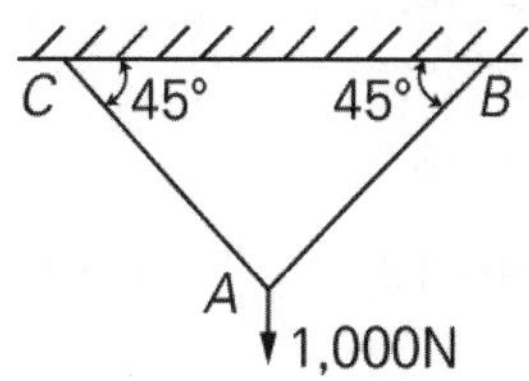

① 100 ② 210
③ 431 ④ 640

해설 사인정리 $\frac{a}{\sin A}=\frac{b}{\sin B}=\frac{c}{\sin C}$

라미의 정리 $\frac{T_a}{\sin A}=\frac{T_b}{\sin B}=\frac{T_c}{\sin C}$

$\frac{AB}{\sin(180^\circ-45^\circ)}=\frac{1000}{\sin 90^\circ}=\frac{AC}{\sin(180^\circ-45^\circ)}$

$AC=\frac{1000}{\sin 90^\circ}\times\sin 135^\circ=707[\text{N}]$

응력 $\sigma=\frac{\text{하중}}{\text{단면적}}=\frac{707}{\frac{\pi}{4}\times 3^2}=100[\text{N/cm}^2]$

48 소성가공을 할 때 열간가공과 냉간가공을 구분하는 온도와 가장 관계가 있는 것은?

① 재결정 온도
② 용융 온도
③ 동소변태온도
④ 임계 온도

해설 소성가공
재료의 가소성을 이용한 가공법. 열간가공과 냉간가공이 있다.
- 열간가공 : 재결정온도 이상에서 가공
- 냉간가공 : 재결정온도 이하에서 가공

49 유압프레스에서 용량이 5kN이고 프레스 효율이 80%, 단조율의 유효단면적이 300 mm²일 때, 단조 재료의 변형저항은 약 몇 N/mm²인가?

① 10.3
② 13.3
③ 15.3
④ 16.7

해설 변형저항$=\frac{5\times10^3}{300}\times0.8=13.3[\text{N/mm}^2]$

50 그림과 같이 길이 ℓ인 단순보의 중앙에 집중하중 W를 받는 때, 최대 굽힘모멘트(M_{MAX}점)는 얼마인가?

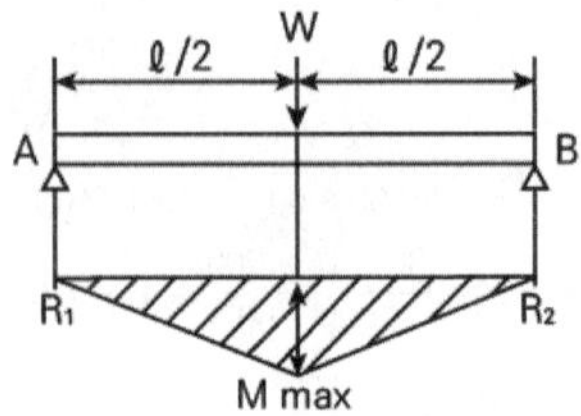

① $\frac{Wl}{4}$　② $\frac{Wl}{2}$
③ $\frac{Wl^2}{4}$　④ $\frac{Wl^2}{2}$

해설 굽힘모멘트 $M_{\max}=\frac{1}{2}\times\frac{\ell}{2}\times W=\frac{W\ell}{4}$

51 원형축이 비틀림을 받고 있을 때 전단변형률에 대한 설명으로 옳은 것은?

① 축 중심으로부터의 반경방향 거리에 반비례한다.
② 축 중심으로부터의 반경방향 거리에 비례한다.
③ 축 중심으로부터의 반경방향 거리의 제곱에 반비례한다.
④ 축 중심으로부터의 반경방향 거리의 제곱에 비례한다.

해설 원형축의 비틀림

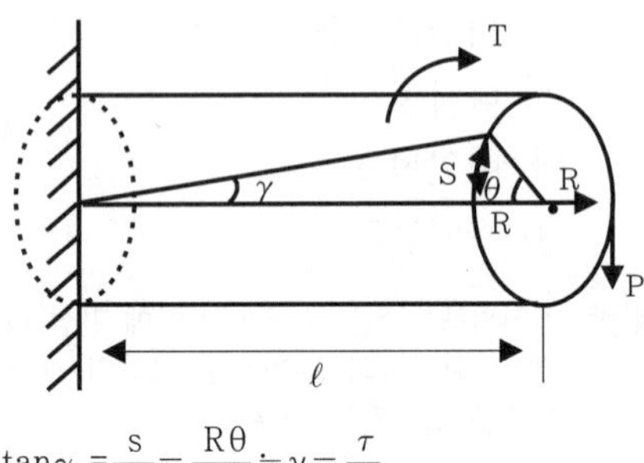

$\tan\gamma=\frac{s}{l}=\frac{R\theta}{l}\fallingdotseq\gamma=\frac{\tau}{G}$

정답 48 ① 49 ② 50 ④ 51 ②

52 **연삭숫돌은 연삭이 계속 진행되면서 자동적으로 입자가 탈락되면서 새로운 예리한 입자에 의해 연삭이 진행하게 되는데 이 현상을 무엇이라 하는가?**

① 자생작용 ② 트루잉
③ 글레이징 ④ 드레싱

해설 자생작용
입자의 절삭저항이 증가하면 입자가 탈락되어 새로 예리한 입자가 생성되어 절삭을 계속할수 있는데 이러한 현상을 자생작용 이라 한다.

53 **압축 코일 스프링에서 유효 감김수만을 2배로 하면 동일 축하중에 대하여 처짐은 몇 배가 되는가? (단, 다른 조건은 동일하다고 가정한다.)**

① 2 ② 4
③ 8 ④ 16

해설 스프링의 처짐량 δ

$$\delta = R \times \theta = \frac{D}{2} \times \frac{T \cdot l}{G \times I_P} = \frac{8D^3 nP}{G\, d^4}$$

여기서
D : 코일의 평균직경
d : 코일의 소선직경
K : 스프링상수[kg/cm]
C : 스프링지수
δ : 스프링의변위량[cm]
n : 감김수

54 **다음 중 마그네슘의 특징에 관한 설명으로 틀린 것은?**

① 비중이 알루미늄보다 작다.
② 조밀육방격자이며 고온에서 발화하기 쉽다.
③ 대기중에서 내식성이 양호하나 산에는 침식되기 쉽다.
④ 냉간 가공성이 우수한 편이다.

55 **모듈 4mm, 피치원 지름 128mm인 기어의 잇수는 몇 개인가?**

① 10
② 20
③ 32
④ 64

해설 모듈 $Z = \frac{D}{M} = \frac{128}{4} = 32$

56 **탄소강을 오스테나이트조직으로 한 후 물속에 급랭하여 나타나는 침상조직으로 열처리 조직 중 경도가 최대이며, 부식에 대한 저항이 크고 강자성체이며, 경도와 강도는 크나 취성이 큰 조직은?**

① 마텐자이트
② 소르바이트
③ 트루스타이트
④ 펄라이트

해설 마텐자이트
탄소강을 오스테나이트조직으로 한 후 물속에 급랭하여 나타나는 침상조직으로, 경도와 강도는 크나 취성이 크다.

57 **판금 가공(sheet matal working)의 종류에 해당되지 않는 것은?**

① 단조 가공
② 접합 가공
③ 성형 가공
④ 전단 가공

해설 단조(forging)
단조기계나 해머 등으로 두드려 성형 가공하는 법

정답 52 ① 53 ① 54 ④ 55 ③ 56 ① 57 ①

58 **알루미늄에 Cu, Ni, Mg 원소를 첨가하여 만든 알루미늄 합금으로 내열성이 우수하고 고온강도가 크므로, 내연기관의 피스톤이나 실린더 헤드로 많이 사용하는 합금은?**

① Y합금 ② 듀랄루민
③ 실루민 ④ 톰백

해설 Y 합금
Y합금은알루미늄(Al)+구리(Cu)+마그네슘(Mg)+니켈(Ni)의 합금이며, 내열성이 커 실린더 헤드나 피스톤의 재료로 사용된다.

59 **용융금속을 금속주형에 고속, 고압으로 주입하여, 정밀도가 높은 알루미늄 합금 주물을 다량 생산하고자 할 때 가장 적합한 주조방법은?**

① 칠드 주조
② 원심 주조법
③ 다이캐스팅
④ 셀 주조

해설 다이 캐스팅법
금형 속에 용융금속을 고압, 고속으로 주입하여 주조하는 것으로 대량 생산에 적합하고 고정밀 제품에 사용하는 주조법

60 **양수량이 매분 15[m³]이고, 총 양정이 10[m]인 펌프용 전동기의 용량은 몇 [kW]겠는가? (단, 펌프효율은 65[%]이고, 여유계수는 1.12라고 한다.)**

① 38.4 ② 42.2
③ 47.6 ④ 52.4

해설
전동기의 $P=\dfrac{9.8QHK}{\eta}=\dfrac{9.8\times\frac{15}{60}\times10\times1.12}{0.65}$
$=42.21$[kW] 용량

04 전기제어공학

61 **전기기기의 보호와 운전자의 안전을 위해 사용되는 그림의 회로를 무엇이라고 하는가? (단, A와 B는 스위치, X_1과 X_2는 릴레이이다.)**

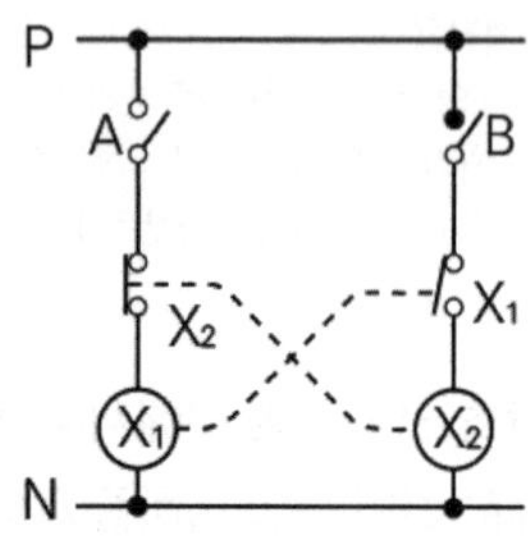

① 자기유지회로
② 일치회로
③ 변환회로
④ 인터록회로

해설 인터록 회로
동시에 계전기(기기)가 동작되는 것을 방지하는 회로를 인터록 회로라고 한다

62 **그림과 같은 R-L 직렬회로에서 공급전압이 10V일 때 $V_R=8$V이면 V_L은 몇 V 인가?**

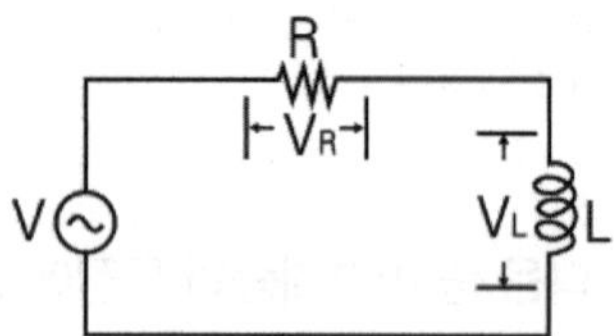

① 2
② 4
③ 6
④ 8

해설 $\overrightarrow{V}=\overrightarrow{V_R}+\overrightarrow{V_L}$,
$V_L=\sqrt{V^2-V_R^2}=\sqrt{10^2-8^2}=6$[V]

정답 58 ① 59 ③ 60 ② 61 ④ 62 ③

63 목표치가 미리 정해진 시간적 변화를 하는 경우 제어량을 변화시키는 제어를 무엇이라고 하는가?

① 정치제어 ② 프로그래밍제어
③ 추종제어 ④ 비율제어

해설 프로그램 제어(program control)
목표값의 변화가 미리 정해진 신호에 따라 동작 : 무인열차, 엘리베이터, 자판기 등

64 유도전동기의 속도제어에 사용할 수 없는 전력 변환기는?

① 인버터 ② 사이클로 컨버터
③ 위상제어기 ④ 정류기

해설 정류기는 교류를 직류로 변환시키는 기기이다.

65 제어계에서 동작 신호(편차)에 비례하는 조작량을 만드는 제어 동작을 무엇이라 하는가?

① 비례 동작(P동작)
② 비례 적분 동작(PI 동작)
③ 비례 미분 동작(PD 동작)
④ 비례 적분 미분 동작(PID 동작)

해설 비례제어(P동작) $G(s)=K$잔류 편차(off set) 발생

66 주파수 60[Hz]의 정현파 교류에서 위상차 $\frac{\pi}{6}$[rad]은 약 몇 초의 시간차인가?

① 2.4×10^{-3} ② 2×10^{-3}
③ 1.4×10^{-3} ④ 1×10^{-3}

해설

$$t=\frac{\theta}{\omega}=\frac{\frac{\pi}{6}}{2\times\pi\times60}=1.4\times10^{-3}[s]$$

67 다음 내용의 ( )안에 차례로 들어갈 알맞은 내용은?

> "소금물 등 이온화되는 전해질은 농도가 ( )든가, 온도가 ( )지면 저항값이 적어지는 ( )온도계수를 갖는 특성이 있다."

① 진하, 낮아, +
② 진하, 높아, −
③ 연하, 낮아, −
④ 연하, 높아, +

68 피드백 제어로서 서보기구에 해당하는 것은?

① 석유화학공장
② 발전기 정전압장치
③ 전철표 자동판매기
④ 선박의 자동조타

해설 서어보 기구(기계적인 변위량)
위치, 방위, 자세, 거리, 각도 등 임의로 변화하는 제어로 서보 기구에 속한다.
- 대공포, 자동평형 계기, 추적 레이더, 선박의 자동조타

69 다음 중 유도전동기의 회전력에 관한 설명으로 옳은 것은?

① 단자전압과는 무관하다.
② 단자전압에 비례한다.
③ 단자전압의 2승에 비례한다.
④ 단자전압의 3승에 비례한다.

해설 $T=\frac{P_0}{\omega}=\frac{P_2}{\omega_0}\propto V^2$

정답 63 ② 64 ④ 65 ① 66 ③ 67 ② 68 ④ 69 ③

70 다음 중 서보기구에 속하는 제어량은?

① 회전속도 ② 전압
③ 위치 ④ 압력

해설 서어보 기구(기계적인 변위량)
위치, 방위, 자세, 거리, 각도 등 임의로 변화하는 제어로 서보 기구에 속한다.
• 대공포, 자동평형 계기, 추적 레이더, 선박의 자동조타

71 다음 중 온도보상용으로 사용되는 것은?

① 다이오드 ② 다이액
③ 서미스터 ④ SCR

해설 서미스터
온도보상용으로 사용한다.

72 다음과 같이 저항이 연결된 회로의 a점과 b점의 전위가 일치할 때, 저항 R_1과 R_5의 값(Ω)은?

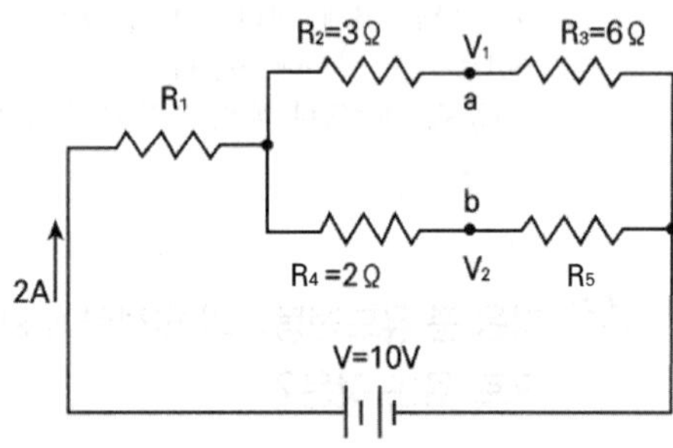

① R_1 = 4.5Ω, R_5 = 4Ω
② R_1 = 1.4Ω, R_5 = 4Ω
③ R_1 = 4Ω, R_5 = 1.4Ω
④ R_1 = 4Ω, R_5 = 4.5Ω

해설 전위차 일정
① 저항비: 3:2, (3+6):(2+4) ∴ $R_5 = 4[\Omega]$
② 전류비: 2:3, $2\times\frac{2}{5} : 2\times\frac{3}{5} = 0.8 : 1.2$
V_1 a점에 흐르는 전류 : 0.8[A]
V_2 b점에 흐르는 전류 : 1.2[A]

$$R_5 = \frac{V_2}{I_2} = \frac{4.8}{1.2} = 4[\Omega]$$
$$R_1 = \frac{V}{I} = \frac{10-7.2}{2} = 1.4[\Omega]$$

73 직류 전동기의 속도제어 방법이 아닌 것은?

① 계자 제어 ② 저항 제어
③ 발전 제어 ④ 전압 제어

해설 직류전동기의 속도 제어 방식
속도제어 $N = K\frac{V - I_a R_a}{\phi}$[rpm]
① 전압제어[V] : 광범위 속도제어 방식으로 단자저압 V를 제어한다.
② 저항제어[R] : 저항(R)에 의하여 제어한다.
③ 계자제어[ϕ] : 자속 ϕ를 제어한다.

74 배리스터의 주된 용도는?

① 서지전압에 대한 회로 보호용
② 온도 측정용
③ 출력전류 조절용
④ 전압 증폭용

해설 배리스터
서지전압에 대한 회로 보호용으로 사용한다.

75 다음 논리기호의 논리식은?

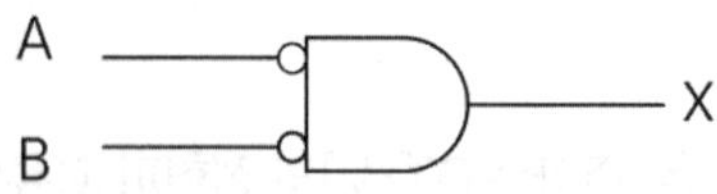

① X=A+B
② $X = \overline{AB}$
③ X=AB
④ $X = \overline{A+B}$

해설 $X = \overline{A} \cdot \overline{B} = \overline{\overline{\overline{A} \cdot \overline{B}}} = \overline{\overline{\overline{A}} + \overline{\overline{B}}} = \overline{A+B}$

정답 70 ③ 71 ③ 72 ② 73 ③ 74 ① 75 ④

76 “옴의 법칙”에 대한 설명으로 옳은 것은?

① 전압은 전류에 비례한다.
② 전압은 전류의 2승에 비례한다.
③ 전압은 전류에 반비례한다.
④ 전압은 저항에 반비례한다.

해설 오옴의 법칙 $V=IR$

77 100[V]용 1[kW]의 전열기를 90[V]로 사용할 때의 전력은?

① 810 ② 900
③ 950 ④ 990

해설 $P' = \left(\frac{90}{100}\right)^2 \times 1000 = 810[\text{W}]$

78 5[μ F]의 콘덴서에 100[V]의 직류전압을 가하면 축적되는 전하는 몇 [C]인가?

① 5×10^{-2} ② 5×10^{-3}
③ 5×10^{-4} ④ 5×10^{-5}

해설 $Q=CV=5\times10^{-6}\times100=5\times10^{-4}[\text{C}]$

79 어떤 제어계의 입력으로 단위 임펄스가 가해졌을 때 출력이 te^{-3t} 이었다. 이 제어계의 전달함수는?

① $\frac{1}{(s+3)^2}$
② $\frac{s}{(s+3)(s+2)}$
③ $s(s+2)$
④ $(s+1)(s+2)$

해설 $\mathcal{L}(te^{-3t}) = \left[\frac{1}{s^2}\Big|_{s=s+3}\right] = \frac{1}{(s+3)^2}$

80 V=100∠60°[V], I=20∠30°[A]일 때, 유효전력은 몇 [W]인가?

① 1,000 ② 1,414
③ 1,732 ④ 2,000

해설 $P=\overline{V}I=(50-j50\sqrt{3})(10\sqrt{3}+j10)=1732-j1000$

정답 76 ① 77 ① 78 ③ 79 ① 80 ③

10 2022년 CBT 출제경향 문제

01 승강기 개론

01 로프식 엘리베이터의 승강로에 대한 설명으로 올바르지 않은 것은?

① 소방법에 의한 비상방송용 스피커 등은 승강로에 설치할 수 있다.
② 피트 깊이가 2m를 초과하는 경우에는 출입구를 설치할 수 있다.
③ 피트 아래를 통로로 사용할 경우에는 피트 바닥을 2중 슬라브로 하여야 한다.
④ 승강기의 정격속도가 높아지면 피트 깊이는 늘어난다.

해설 피트 출입수단은 다음 구분에 따른 수단으로 구성되어야 한다.
가) 피트 깊이가 2.5m를 초과하는 경우 : 피트 출입문
나) 피트 깊이가 2.5m 이하인 경우 : 피트 출입문 또는 승강장문에서 쉽게 접근할 수 있는 승강로 내부의 사다리 피트 출입문은 6.3에 적합해야 한다.

02 3~8대의 엘리베이터가 병설될 때 개개의 카를 합리적으로 운행하는 방식으로 교통수요의 변화에 따라 카의 운전내용을 변화시켜서 가장 적절하게 대응하게 하는 방식은?

① 군관리방식
② 군승합전자동식
③ 양방향승합전자동식
④ 단식자동식

해설 군관리방식(Supervisory Contlol)
엘리베이터를 3~8대 병설할 때 각 카를 불필요한 동작 없이 합리적으로 운행 관리하는 조작방식이다. 운행관리의 내용은 빌딩의 규모 등에 따라 여러 가지가 있지만 출·퇴근 시의 피크 수요, 점심식사 시간 및 회의 종례 시 등 특정 층의 혼잡 등을 자동적으로 판단하고 서비스 층을 분할하거나 집중적으로 카를 배차하여 능률적으로 운전하는 것이다.

03 승강장 도어가 레일 끝을 이탈(overrun)하는 것을 방지하기 위해 설치하는 것은?

① 보호판
② 행거레일
③ 스톱퍼
④ 행거롤러

04 과속조절기의 종류가 아닌 것은?

① 디스크형
② 마찰정지형
③ 플라이 볼형
④ 세이프티 디바이스형

해설 과속조절기의 종류
① 마찰정지(Traction type)형
② 디스크형
③ 플라이 볼(Fly Ball)형
④ 양방향 과속조절기

정답 01 ② 02 ① 03 ③ 04 ④

05 **카의 어떤 이상 원인으로 감속되지 못하고 최상 · 최하층을 지나칠 경우 이를 검출하여 강제적으로 감속, 정지시키는 장치로서 리미트 스위치 전에 설치하는 것은?**

① 파킹 스위치
② 피트 정지 스위치
③ 슬로다운 스위치
④ 권동식 로프이완 스위치

해설 슬로다운 스위치(Slow Down Switch)
카가 어떤 이상 원인으로 감속되지 못하고 최상 · 최하층을 지나칠 경우 이를 검출하여 강제적으로 감속, 정지시키는 장치로서 리미트 스위치(Limit Switch) 전에 설치한다. 이 스위치는 정상운전 여부에 관계없이 작동하여야 하며, 속도 45[m/min] 이하의 엘리베이터에서는 슬로다운 스위치를 정상적 정차수단으로 사용할 수 있다.

06 **종단층 강제 감속장치의 작동과 가장 관련이 있는 부품은?**

① 유압식 완충기
② 광전장치
③ 초음파 감지장치
④ 록다운 정지장치

해설 종단층 강제감속장치(Emergency Terminal Slow Down Switch)
완충기의 행정거리(stroke)는 카가 정격속도의 115%에서 $1g_n$ 이하의 평균감속도로 정지하도록 되어야 하는데, 정격속도가 커지면 행정 거리는 급격히 증가한다.

07 **엘리베이터에는 카의 안전한 운행을 좌우하는 구동기 또는 제어시스템의 어떤 하나의 결함으로 인해 승강장문이 잠기지 않고 카문이 닫히지 않은 상태로 카가 승강장으로부터 벗어나는 개문출발을 방지하거나 카를 정지시킬 수 있는 장치는?**

① 상승과속방지장치
② 개문출발방지장치
③ 과속조절기(조속기)
④ 추락방지안전장치(비상정지장치)

해설 개문출발(unintended car movement)
출입문이 열린 상태에서 카가 승강장을 비정상적으로 벗어나는 움직임(재-착상 보정장치에 의해 정해진 구간 내에서 물건을 싣거나 내리는 것에 따른 움직임은 제외한다.)

08 **전기식 엘리베이터의 승강로 내부의 구동기에 대한 설명으로 틀린 것은?**

① 작업구역의 유효 높이는 4m 이상이어야 하고 카 상부의 가이드 슈와 결합하여야 한다.
② 승강로 내부의 구동기 작업구역의 치수는 설비의 작업이 쉽고 안전하도록 충분하여야 한다.
③ 승강로 내부의 구동기 지지대 및 작업구역은 필요로 하는 하중 및 힘에 견디도록 시공되어야 한다
④ 승강로 내부의 작업구역에서 다른 작업구역으로 이동하는 공간의 유효 높이는 1.8m 이상이어야 한다.

해설 승강로 내부 작업구역의 치수
작업구역은 승강로 내부 설비의 작업이 쉽고 안전하도록 다음과 같이 충분한 크기이어야 한다. 특히, 작업구역의 유효 높이는 2.1m 이상이어야 한다.

정답 05 ③ 06 ① 07 ② 08 ①

09 에너지 분산형 완충기에 대한 내용으로 옳은 것은?

① 작동 후에는 변형이 있어도 된다.
② 2.5gn를 초과하는 감속도는 0.01초보다 길지 않아야 한다.
③ 완충기의 가능한 총행정은 정격속도 115%에 상응하는 중력 정지거리는 [0.135v^2(m)] 이상이어야 한다.
④ 카에 정격하중을 싣고 정격속도의 115%의 속도로 자유 낙하하여 완충기에 충돌할 때, 평균 감속도는 $1g_n$ 이하이어야 한다.

해설 에너지 분산형 완충기는 다음 사항을 만족해야 한다.
가) 카에 정격하중을 싣고 정격속도(또는 감소된 속도)의 115%의 속도로 자유 낙하하여 완충기에 충돌할 때, 평균 감속도는 $1g_n$ 이하이어야 한다.
나) $2.5g_n$를 초과하는 감속도는 0.04초보다 길지 않아야 한다.

10 엘리베이터용 레일의 치수를 결정하는데 적용되는 요소가 아닌 것은?

① 불균형한 큰 하중이 적재될 경우를 고려
② 지진시 레일 휨이나 응력의 탄성한계를 고려
③ 엘리베이터의 정격속도에 대한 고려
④ 안전장치가 작동했을 때에 좌굴하중의 고려

해설 주행안내(가이드) 레일의 크기를 결정하는 요소
① 좌굴 하중 : 추락방지(비상 정지) 안전장치 동작 시
② 수평 진동력 : 지진 발생 시
③ 회전 모멘트 : 불평형 하중에 대한 평형 유지

11 유압엘리베이터에서 가장 많이 사용되는 펌프는 다음 중 어느 것인가?

① 기어 펌프
② 피스톤 펌프
③ 벤 펌프
④ 스크루 펌프

해설 펌프와 전동기
① 일반적으로 압력 맥동이 작고 진동과 소음이 적은 스크루 펌프가 널리 사용된다.
② 전동기는 3상 유도전동기 사용한다.

12 엘리베이터 승강로에서 연속되는 상 · 하 승강장문의 문턱간 거리가 11m를 초과한 경우에 필요한 비상문의 규격은?

① 높이 1.8m 이상, 폭 0.5m 이상
② 높이 1.8m 이상, 폭 0.6m 이상
③ 높이 1.7m 이상, 폭 0.5m 이상
④ 높이 1.7m 이상, 폭 0.6m 이상

해설 비상문
높이 1.8m 이상, 폭 0.5m 이상

13 에너지 분산형 완충기가 스프링식 또는 중력 복귀실일 경우, 최대 몇 초 이내에 완전히 복귀되어야 하는가?

① 30
② 50
③ 90
④ 120

해설 정상 위치로 완충기의 복귀 확인
각 시험 후 완충기는 완전히 압축한 위치에서 5분 동안 유지되어야 한다. 그 다음 완충기를 놓아 정상적으로 확장된 위치로 복귀되도록 해야 한다. 완충기가 스프링식 또는 중력 복귀식일 경우, 최대 120초 이내에 완전히 복귀되어야 한다.

정답 09 ④ 10 ③ 11 ④ 12 ① 13 ④

14 **카 바닥하부 또는 로프단말에 설치되는 과부하감지장치의 용도가 아닌 것은?**

① 전기적인 제어용
② 군관리용
③ 과하중 경보용
④ 속도감지용

해설 과부하 감지장치(Overload Switch)
카 바닥 하부 또는 와이어로프 단말에 설치하여 카 내부의 승차인원 또는 적재하중을 감지하여 정격하중 초과 시 경보음을 울려 카내에 적재하중이 초과되었음을 알려 주는 동시에 출입구 도어의 닫힘을 저지하여 카를 출발시키지 않도록 하는 장치이며, 정격하중의 110[%]의 범위에 설정되어진다.

15 **유압식 엘리베이터에서 작동유의 압력맥동을 흡수하여 진동 소음을 감소시키는 역할을 하는 것은?**

① 체크밸브
② 필터
③ 사이렌서
④ 스트레이너

해설 사일런서(Silencer)
작동유의 압력맥동을 흡수하여 진동소음을 저감시키기 위해 사용한다.

16 **교류귀환제어방식에서 역행 토크를 변화시키는 사이리스터와 다이오드의 연결방식은?**

① 직렬　　② 병렬
③ 역병렬　　④ 역직렬

해설 교류 귀환 제어 방식의 원리
유동 전동기 1차 측 각 상에 사이리스터와 다이오드를 역병렬로 접속하여 전원을 가하여 토크를 변화시키는 방식으로 기동 및 주행을 하고 감속 시에는 유도 전동기 직류를 흐르게 함으로서 제동 토크를 발생시킨다.

17 **카에는 카 조작반 및 카 벽에서 100mm 이상 떨어진 카 바닥위로 1m 모든 지점에 몇 lx 이상으로 비추는 전기조명장치가 영구적으로 설치되어야 하는가?**

① 2　　② 5
② 50　　④ 100

해설 조명
카에는 카 조작반 및 카 벽에서 100mm 이상 떨어진 카 바닥 위로 1m 모든 지점에 100ℓx 이상으로 비추는 전기조명장치가 영구적으로 설치되어야 한다.
조도 측정 시 조도계는 가장 밝은 광원을 향하도록 해야 한다.

18 **로핑에 대한 설명으로 맞는 것은?**

① 1:1 로핑에서의 로프 장력은 카(또는 균형추)의 자체 중량과 같다.
② 2:1 로핑에서는 카 정격속도의 2배 속도로 로프가 구동한다.
③ 2:1 이상의 로핑에 있어서 로프의 수명이 1:1에 비해 길어진다.
④ 2:1 이상의 포링에 있어서 종합효율이 1:1에 비해 향상된다.

해설 로프 거는 방법(로핑)
카와 균형추에 대한 로프 거는 방법
① 1:1 로핑 : 로프 장력은 카 또는 균형추의 중량과 로프의 중량을 합한 것이다(승객용).
② 2:1 로핑 : 로프의 장력은 1:1 로핑 시 $\frac{1}{2}$이 되고, 카 정격속도의 2배 속도로 로프가 구동한다.

19 **3상 유도전동기의 주파수가 60Hz, 극수가 6극, 전부하 시 회전수가 1,160rpm이라면 슬립은 약 얼마인가?**

① 0.03　　② 0.24
③ 0.45　　④ 0.57

정답 14 ④ 15 ③ 16 ③ 17 ④ 18 ② 19 ①

해설 슬립 $S=\frac{N_S-N}{N_S}=\frac{1,200-1,160}{1,200}=0.33$

등기속도 $N_S=\frac{120f}{P}=\frac{120\times 60}{6}=1,200[\text{rpm}]$

20 승강로의 구조에 관한 설명으로 틀린 것은?

① 승강로 내에는 각층을 나타내는 표기가 있어야 한다.
② 승강로 내에 설치되는 돌출물은 안전상 지장이 없어야 한다.
③ 엘리베이터 의 균형추 또는 평형추는 카와 동일한 승강로에 있어야 한다
④ 승강로에는 화재 시 가스 및 연기의 배출을 위한 통풍구가 있어서는 안 된다.

해설 승강로, 기계실 · 기계류 공간 및 풀리실의 사용 제한
승강로, 기계실 · 기계류 공간 및 풀리실은 엘리베이터 전용으로 사용되어야 한다.
엘리베이터와 관계없는 배관, 전선 또는 그 밖에 다른 용도의 설비는 승강로, 기계실 · 기계류 공간 및 풀리실에 설치되어서는 안 된다. 다만, 다음과 같은 설비는 설치될 수 있으나, 해당 설비의 제어장치 또는 조절장치는 승강로, 기계실 · 기계류 공간 및 풀리실 외부에 있어야 하며, 엘리베이터의 안전한 운행에 지장을 주지 않아야 한다.
가) 증기난방 및 고압 온수난방을 제외한 엘리베이터를 위한 냉 · 난방설비
나) 카에 설치되는 영상정보처리기기의 전선 등 관련 설비
다) 카에 설치되는 모니터의 전선 등 관련 설비
라) 환기를 위한 덕트
마) 소방 관련 법령에 따라 기계실 천장에 설치되는 화재감지기 본체, 비상용 스피커 및 가스계 소화설비

02 승강기 설계

21 건물용 용도별 교통수요 산출 및 수송능력 설정시 대규모 사무실 건물의 1인당 점유면적은 몇 m^2/인 정도로 추정하는가?

① 4~5 ② 7~8
③ 9~10 ④ 10~11

해설 사무실 건물의 1인당 점유면적은 7~8m^2/인이다.

22 카에는 자동으로 재충전되는 비상전원공급장치에 의해 몇 lx 이상의 조도로 몇시간 동안 전원이 공급되는 비상들이 있어야 하는가?

① 2 1x, 1시간 ② 2 1x, 2시간
③ 5 1x, 1시간 ④ 5 1x, 2시간

해설 카에는 자동으로 재충전되는 비상전원공급장치에 의해 5ℓx 이상의 조도로 1시간 동안 전원이 공급되는 비상등이 있어야 한다.

23 소방구조용(비상용) 엘리베이터에 대한 설명으로 맞는 것은?

① 소방운전 시 모든 승강장의 출입구마다 정지할 수 있어야 한다.
② 승강로 및 기계실 조명은 어떠한 경우에도 수동으로만 점등되어야 한다.
③ 승강장문이 여러 개일 경우 방화 구획된 로비가 하나 이상의 승강장문 전면에 위치해야 한다.
④ 소방관 접근 지정층에서 소방관이 조작하여 엘리베이터 문이 닫힌 이후부터 90초 이내 가장 먼 층에 도착되어야 한다.

정답 20 ④ 21 ② 22 ③ 23 ①

해설 소방구조용 엘리베이터는 소방운전 시 모든 승강장의 출입구마다 정지할 수 있어야 한다.

24 교차되는 두 축 간에 운동을 전달하는 원추형의 기어에 해당되는 것은?

① 베벨 기어
② 내접 기어
③ 스퍼 기어
④ 헬리컬 기어

해설 베벨 기어
두 축 간의 교차되는 운동을 전달하는 원추형의 기어를 베벨기어라고 한다.

25 엘리베이터용 도어에서 문닫힘 동작 시에 사람 또는 물건이 끼일 때 문이 반전하여 열리도록 하는 장치가 아닌 것은?

① 광전 장치
② 초음파 장치
③ 세이프티 슈
④ 스프링 클로저

해설 문닫힘 안전장치
도어의 선단에 이물질 검출 장치를 설치하여 그 작동에 의해 닫히는 문을 멈추게 하는 장치.
(1) 세이프티 슈(Safety Shoe) : 카 도어 앞에 설치하여 물체 접촉 시 동작하는 장치
(2) 광전 장치(Photo Electric Device) : 광선 빔을 이용한 비접촉식 장치
(3) 초음파 장치(Ultrasonic Door Sensor) : 초음파의 감지 각도를 이용한 장치

26 엘리베이터 조작방식에 대하여 틀린 것은?

① 승합 전자동식 : 진행방향과 카버튼과 승강장버튼에 응답한다.
② 내리는 승합 전자동식 : 2층 이상의 승강장에는 내리는 방향의 버튼만 있다.
③ 군 승합 자동식 : 교통수요의 변동에 대하여 운전내용이 변경된다.
④ 군 관리방식 : 3~8대 병설시 합리적으로 운행관리하는 방식이다.

해설 군 승합 자동식(2CAR, 3CAR)
두 대에서 세 대가 병설되었을 때 사용되는 조작방식으로 한 개의 승강장 버튼의 부름에 대하여 한 대의 카만 응답하게 하여 쓸데없는 정지를 줄이고, 일반적으로 부름이 없을 때에는 다음 부름에 대비하여 분산 대기한다. 운전의 내용이 교통수요의 변동에 대하여 변하지 않는 점이 군관리 방식과 다르다.

27 경사각 30° 이하인 건물에 설치하는 에스컬레이터의 속도규정은?

① 25m/min
② 30m/min
③ 35m/min
④ 45m/min

해설 에스컬레이터의 공칭속도는 다음과 같아야 한다.
가) 경사도 α가 30° 이하인 에스컬레이터는 0.75m/s 이하이어야 한다.
나) 경사도 α가 30°를 초과하고 35° 이하인 에스컬레이터는 0.5m/s 이하이어야 한다.

28 최대굽힘 모멘트 420,000kg · cm, H 250×250×14×(단면계수 867cm^3)인 기계대의 안전율을 구하면? (단, 재질은 SS-400, 기준강도는 4100kg/cm^{2}이다.)

① 6.5　② 7.5
③ 8.5　④ 9.5

해설 안전율 : $\dfrac{4100}{484.42}=8.46$

응력$=\dfrac{M_{max}}{Z}=\dfrac{420000}{867}=484.42$

29 기계대에 그림과 같이 하중이 작용할 때 최대 굽힘모멘트는 몇 [kg · cm] 인가?

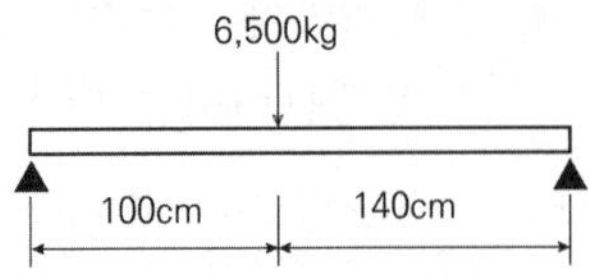

① 379,117
② 379,167
③ 479,227
④ 479,287

해설 $M_{max} = \dfrac{6500 \times 100 \times 140}{100 + 140} = 379,166.67$[kg · cm]

30 엘리베이터에 있어서 대책을 요하는 재해의 종류로 볼 수 없는 것은?

① 고장
② 지진
③ 화재
④ 정전

해설 엘리베이터의 재해의 종류는 지진, 화재, 정전이 있다.

31 카 레일용 브래킷에 관한 설명으로 틀린 것은?

① 구조 및 형태는 레일을 지지하기에 견고하여야 한다.
② 사다리형 브래킷의 경사부 각도는 15~30°로 제작한다.
③ 벽면으로부터 1,000m 이하로 설치하여야 한다.
④ 콘크리트에 대하여는 앵커볼트로 견고히 부착하여야 한다.

해설 벽면으로부터 600m 이하로 설치하여야 한다.

32 세로탄성계수 E, 가로탄성계수 G, 포아송 수 m 사이의 관계를 바르게 나타낸 것은?

① $E = 2G\dfrac{m+1}{m}$

② $E = 2G\dfrac{m}{m+1}$

③ $E = G\dfrac{m+1}{m}$

④ $E = G\dfrac{m}{m+1}$

33 5분간 수송능력 280명, 5분간 전교통 수요가 2,800명 일 경우 필요한 엘리베이터 대수는?

① 5　② 10
③ 15　④ 20

해설 엘리베이터 대수 $\dfrac{\text{전교통수요}}{\text{5분간수송능력}} = \dfrac{2,800}{280} = 10$

34 기어감속비 49:2, 도르래 지름 540mm, 전동기 입력 주파수 60Hz, 극수 4, 전동기의 회전 수 슬립이 4%일 때 엘리베이터의 정격속도는 약 몇 m/min인가?

① 90　② 105
③ 120　④ 150

해설 엘리베이터속도(권상기 도르래)

정격속도(V) $= \dfrac{\pi DN}{1000} i$[m/min]

$= \dfrac{\pi \times 540 \times 1728}{1000} \times \dfrac{2}{49} = 120$[m/min]

전부하 회전수(N)

$N = (1-S)N_S = (1-0.04) \times \dfrac{120 \times 60}{4} = 1728$[rpm]

D : 권상기 도르래의 지름(mm)
N : 전동기의 회전수(rpm)
i : 감속비

정답 29 ② 30 ① 31 ③ 32 ① 33 ② 34 ③

35 엘리베이터 가이드 레일의 강도를 계산할 때 고려하지 않아도 되는 사항은?

① 레일의 단면계수
② 레일 단면의 조도
③ 카나 균형추의 총중량
④ 레일 브라켓의 설치 간격

36 후크의 법칙과 관련된 계산식 중 틀린 것은? (단, E : 종탄성계수, W : 하중, ℓ : 원래의 길이, σ : 인장응력, λ : 변형된 길이, ε : 종변형율, G : 횡탄성계수, m : 포아송수)

① $E = \frac{W\ell}{A\lambda}$ ② $E = \frac{\delta\ell}{\lambda}$

③ $E = \frac{\epsilon}{\delta}$ ④ $E = 2G\frac{m+1}{m}$

해설 Hook's 의 법칙≒응력과 변형률의 법칙(응력과 변형률은 비례)
응력-변형률 그래프는 초기 비례하여 증가한다. 이때 비례상수(E)가 탄성계수이다.

$\sigma = E\epsilon,\ E = \frac{\sigma}{\epsilon}$ (수직응력-변형률)

여기서, E=비례상수(종탄성상수, 세로탄성상수, 영상수(Young's Modulus)

37 전기식 엘리베이터의 매다는 장치(현수장치)에 대한 설명으로 틀린 것은?

① 매다는 장치는 독립적이어야 한다.
② 체인의 인장강도 및 특성 등이 KS B 1407에 적합해야 한다.
③ 로프 또는 체인 등의 가닥수는 반드시 3가닥 이상어이여 한다.
④ 카와 균형추 또는 평형추는 매다는 장치에 의해 매달려야 한다.

해설 매다는 장치의 안전율은 다음 구분에 따른 수치 이상이어야 한다.
가) 3가닥 이상의 로프(벨트)에 의해 구동되는 권상 구동 엘리베이터의 경우 : 12
나) 3가닥 이상의 6mm 이상 8mm 미만의 로프에 의해 구동되는 권상 구동 엘리베이터의 경우 : 16
다) 2가닥 이상의 로프(벨트)에 의해 구동되는 권상 구동 엘리베이터의 경우 : 16
라) 로프가 있는 드럼 구동 및 유압식 엘리베이터의 경우 : 12
마) 체인에 의해 구동되는 엘리베이터의 경우 : 10

38 다음에 열거한 전동기의 절연종별 중에서 E종보다 절연의 허용최고온도가 낮은 것은?

① A종 ② B종
③ F종 ④ H종

해설 절연물의 종류
전기기기의 주위 온도[℃]의 기준은 40[℃]이고 최고 허용온도는 절연물의 종류에 따라 다르다.

절연물의 허용온도

종류	Y종	A종	E종	B종	F종	H종	C종
온도℃	90	105	120	130	155	180	180 초과

Y종은 면, 견, 종이 등이고, A종은 Y종에 바니쉬, 기름을 채운 것

39 전동기의 특성을 나타내는 항목 중 GD^2에 대한 설명으로 옳은 것은?

① 주어진 전압의 파형이 전류보다 앞서는 정도를 나타내는 것이다.
② 일정한 토크로 전동기를 기동시켰을 때 빨리 기동하는가 또는 늦게 기동하는가의 정도를 나타내는 것이다.
③ 전동기의 출력이 회전수에 비례하여 변화하는 정도를 나타내는 것이다.
④ 교류에 있어서 전압과 전류 파장의 격차 정도를 나타내는 것이다.

정답 35 ② 36 ③ 37 ③ 38 ① 39 ②

해설 관성효과(GD^2) : 중량 : G, 지름 : D
- 일정한 힘으로 기동했을 때에 빨리 기동하는가, 좀처럼 기동하지 않는가의 정도를 말하며, 관성의 크기로 표시한다.

40 엘리베이터에 사용하는 완충기(Buffer)의 설치 위치는?

① 카 하부와 균형추 하부에 설치
② 카 하부와 균형추 상부에 설치
③ 기계실 하부와 카 하부에 설치
④ 균형추 하부에만 설치

03 일반기계공학

41 펠톤수차에서 비상시에 회전차에 작용하는 물의 방향을 급속히 돌리기 위한 장치는?

① 디플렉터
② 노즐
③ 니들밸브
④ 버킷

해설 디플렉터
노즐에서 분사되는 물의 방향을 돌리기 위한 장치

42 인장 시험에서 측정할 수 없는 것은?

① 인장강도
② 탄성계수
③ 연신율
④ 경도

해설 경도시험
재료 표면의 무르고 단단한 정도를 시험하는 방법을 경도 시험이라고 한다.

43 로프 전동에 관한 특징 설명으로 올바른 것은?

① 축간거리가 짧은 경우에만 적합하다.
② 끊어질 경우에는 수리가 곤란하다.
③ 전동 경로가 직선이어야만 한다.
④ 기어와 비교할 때 정확한 속도비로 전달이 가능하다.

44 그림과 같은 외팔보에서 폭×높이=b×h일 때, 최대굽힘응력(σ_{max})을 구하는 식은?

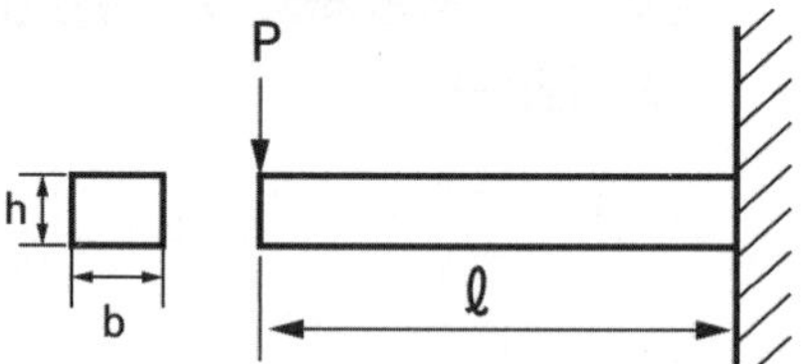

① $\dfrac{6P\ell}{bh^2}$　② $\dfrac{12P\ell}{bh^2}$

③ $\dfrac{6P\ell}{b^2h^2}$　④ $\dfrac{12P\ell}{b^2h^2}$

해설 최대굽힘응력(σ_{max})$= \dfrac{Pl}{Z} = \dfrac{Pl}{\frac{bh^2}{6}} = \dfrac{6Pl}{bh^2}$

45 유압장치에서 배관, 밸브, 계기류를 급격한 서지압으로부터 보호하기 위하여 설치하는 것은?

① 액추에이터
② 디퓨저
③ 어큐물레이터
④ 엑셀레이터

해설 어큐물레이터는 유압장치에서 배관, 밸브, 계기류를 급격한 서지압으로부터 보호하기 위하여 설치한다.

정답 40 ① 41 ① 42 ④ 43 ② 44 ① 45 ③

46 일명 드로잉(drawing)이라고도 하며 소재를 다이 구멍에 통과시켜 봉재, 선재, 관재 등을 가공하는 방법은?

① 단조 ② 압연
③ 인발 ④ 전단

해설 인발(Drawing)
테이퍼 구멍을 가진 다이를 통과시켜 재료를 잡아당겨, 재료에 다이의 최소 단면 형상치수를 주는 가공법

47 양단을 완전히 고정한 0℃의 구리봉에 온도를 50℃로 높였을 때 봉의 내부에 생기는 압축 응력은 약 몇 N/mm^{2}인가? (단, 구리 봉의 세로 탄성계수는 9,100N/mm^2, 선팽창계수는 0.000016/℃이다.)

① 10.23
② 6.28
③ 8.58
④ 7.28

해설 압축 응력 $\sigma = E\alpha(t_2 - t_1)$
$= 9100 \times 0.000016 \times (50 - 0)$
$= 7.28[\text{N/mm}^2]$

48 유압회로에서 유압 모터, 유압실린더 등의 작동순서를 순차적으로 제어하고자 할 때 사용하는 밸브는?

① 체크 밸브
② 릴리프 밸브
③ 시퀀스 밸브
④ 감압 밸브

해설 시퀀스 밸브
정해진 순서에 따라 순차적으로 제어하고자 할 때 사용하는 밸브

49 운전 중 또는 정지 중에 축이음에 의한 회전력 전달을 자유롭게 단속할 수 있는 축이음은 어떤 것인가?

① 유니버셜 조인트
② 브레이크
③ 클러치
④ 스핀들

해설 클러치(Clutch)
두축을 연결하기도 하고 분리시키기도 하는 축 이음으로, 원동축에서 종동축으로 토크를 전달시킬 때 사용한다.

50 각도측정기로 사용되는 사인바는 일정 각도 이상을 측정하면 오차가 커지는데, 따라서 일반적으로 몇 ° 이하에서 사용하는 것이 좋은가?

① 30° ② 45°
③ 60° ④ 75°

해설
- 사인바는 길이를 측정하고 삼각 함수를 이용한 계산에 의하여 임의각을 측정하거나 만드는 각도 측정기이다.
- 사인바는 측정하려는 각도가 45° 이하이다.

51 10kN · m의 비틀림 모멘트와 20kN · m의 굽힘 모멘트를 동시에 받는 축의 상당 굽힘 모멘트는 약 몇 kN · m인가?

① 2.18 ② 21.18
③ 211.8 ④ 230

해설 최대굽힘 모멘트

$$M_{max} = M_e = \frac{1}{2}\left(M + \sqrt{M^2 + T^2}\right)$$

$$= \frac{1}{2}(20 + \sqrt{20^2 + 10^2}) = 21.18[\text{kN} \cdot \text{m}]$$

(M : 굽힘모멘트, T : 비틀림모멘트)

정답 46 ③ 47 ④ 48 ③ 49 ③ 50 ② 51 ②

52 유효낙차가 100m이고 유량이 200m^3/s인 수력 발전소의 수차에서 이론 출력을 계산하면 몇 kW인가?

① 412×10^3 ② 326×10^3
③ 196×10^3 ④ 116×10^3

해설 이론 출력
$P = 9.8QH = 9.8 \times 200 \times 100 = 196 \times 10^3$ [kW]

53 축열실과 반사로로 사용하여 장입물을 용해 정련하는 방법으로 우수한 강을 얻을 수 있고 다량생산에 적합한 용해로는?

① 도가니로 ② 전로
③ 평로 ④ 전기로

해설 평로제강법
평로에 예열된 공기와 가스를 노속으로 불어넣어 용해시켜 탄소와 불순물을 연소시켜 제거하는 제강법으로 고철 등을 사용할 수 있다.
- 염기성 법 : 노의 내 또는 내벽에 염기성 재료를 사용하는 법
- 산성법 : 산성 내화재료를 사용(인과 황을 제거하지 못함)

54 주철의 성질에 대한 설명으로 틀린 것은?

① 압축강도가 크다.
② 절삭성이 우수하다.
③ 융점이 낮고 유동성이 양호하다.
④ 단련, 담금질, 뜨임이 가능하다.

55 이끝원의 지름이 126mm, 잇수가 40인 기어의 모듈은?

① 3 ② 4
③ 5 ④ 6

해설 모듈 $m = \dfrac{D}{Z+2} = \dfrac{126}{40+2} = 3$

56 50,000 N · cm의 굽힘 모멘트를 받는 단순보의 단면계수가 100cm^{3}이면 이 보에 발생되는 굽힘 응력은 몇 N/cm^{2}인가?

① 250 ② 500
③ 750 ④ 1000

해설
응력 $\sigma = \dfrac{M_{max}}{Z} = \dfrac{50000}{100} = 500[\mathrm{N/cm^2}]$

57 같은 전단응력이 작용하는 보에서 원형단면의 지름을 2배로 하면 전단응력(τ)은 얼마인가?

① $\tau/2$ ② $\tau/4$
③ $\tau/8$ ④ $\tau/16$

해설 원형단면의 전단응력(τ)

$\tau = \dfrac{FQ}{bI} = \dfrac{F \times \dfrac{4R^3}{6}}{2R \times \dfrac{\pi R^4}{4}} = \dfrac{4F}{3\pi R^2}$, 지름 R을 2배,

전단응력(τ)은 $\dfrac{\tau}{4}$배

58 축의 허용전단응력이 3N/mm^{2}이고, 축의 비틀림모멘트가 3.0×10^5[N · mm]일 때 축의 지름은?

① 63.4mm
② 72.6mm
③ 79.9mm
④ 83.4mm

해설
중실 축 전단응력 $\tau = \dfrac{T}{Z_p} = \dfrac{T}{\dfrac{\pi d^3}{16}} = \dfrac{16T}{\pi d^3}$

(T : 비틀림모멘트, Z_p : 단면 계수)
축의지름

$d = \sqrt[3]{\dfrac{16T}{\pi \cdot \tau_a}} = \sqrt[3]{\dfrac{16 \times 3.0 \times 10^5}{\pi \times 3}} = 79.87[\mathrm{mm}]$

(T : 비틀림모멘트, τ_a : 축의 허용 비틀림 응력)

정답 52 ③ 53 ③ 54 ④ 55 ① 56 ② 57 ② 58 ③

59 두 축이 평행하고, 두 축의 중심선이 약간 어긋났을 경우에 각속도의 변화없이 토크를 전달시키려고 할 때 사용하는 커플링은?

① 머프 커플링　② 플랜지 커플링
③ 올덤 커플링　④ 유니버셜 커플링

해설 올덤 커플링
두 축이 평행하나 중심이 어긋나 있을 때 사용함.

60 유압기기의 부속장치 중 유압에너지 압력에 대해 맥동 제거, 압력 보상, 충격 완화 등의 역할을 하는 것은?

① 스트레이너　② 증압기
③ 축압기　④ 필터 엘리먼트

해설 축압기는 유압에너지 압력에 대해 맥동 제거, 압력 보상, 충격 완화 등의 역할을 하는 것

04 전기제어공학

61 목표값이 시간에 대하여 변화하지 않는 제어로 정전압 장치나 일정 속도제어 등에 해당하는 제어는?

① 프로그램제어　② 추종제어
③ 정치제어　④ 비율제어

해설 정치 제어(constant-value control)
목표값이 시간적으로 변화하지 않고 일정한 제어
: 프로세스 제어, 자동 조정 제어

62 다음의 신호흐름선도의 입력이 5일 때 출력이 3이 되기 위한 A의 값은?

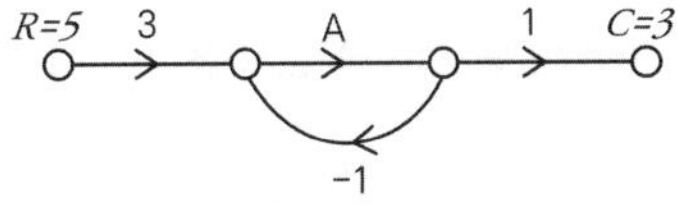

① $\frac{1}{2}$　② $\frac{1}{3}$
③ $\frac{1}{4}$　④ $\frac{1}{5}$

해설 전달함수
$\frac{C(s)}{R(s)}=\frac{\text{경로}}{1-\text{폐로}}=\frac{3\times A\times 1}{1-[-1\times A]}=\frac{3}{5}$, $A=\frac{1}{4}$

63 2단자 임피던스 함수 $Z(s)=\frac{(s+1)(s+2)}{(s+3)(s+4)}$ 에서 영점과 극점은?

① 영점 : 1, 2,　극점 : 3, 4
② 영점 : 3, 4,　극점 : 1, 2
③ 영점 : −1, −2, 극점 : −3, −4
④ 영점 : −3, −4, 극점 : −1, −2

해설 영점: 분자=0 $s=-1,-2$
극점: 분모=0 $s=-3,-4$

64 다음 중 그림과 등가인 게이트는?

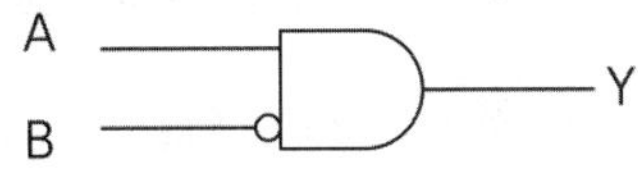

①
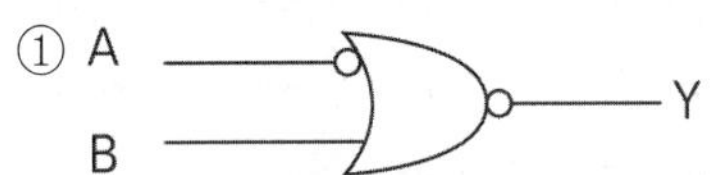

②
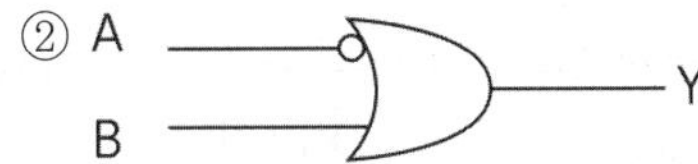

③ A　B　Y

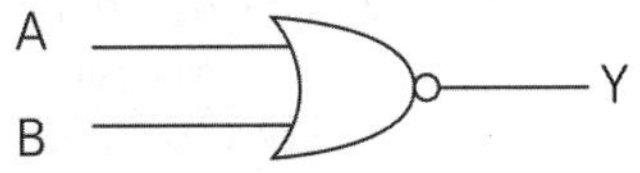

④ A　B　Y

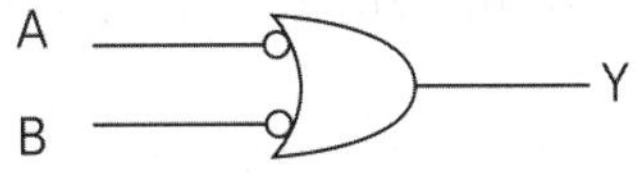

해설 $Y=A\cdot\overline{B}=\overline{\overline{A\cdot\overline{B}}}=\overline{\overline{A}+B}$

정답 59 ③ 60 ③ 61 ③ 62 ③ 63 ③ 64 ①

65 직류기를 구성하는 3요소로 옳은 것은?

① 계자, 보극, 정류자
② 브러시, 계자, 전기자
③ 정류자, 진기자, 계자
④ 보극, 전기자, 브러시

해설 직류기 3요소
정류자, 전기자, 계자

66 그림과 같이 2개의 전력계를 사용하여 전동기의 소비전력을 측정하였더니 W_1 = 500W, W_2 = 250W가 지시되었다. 이 전동기가 소비하는 전력은 몇 W 이며, 역률은 얼마인가?

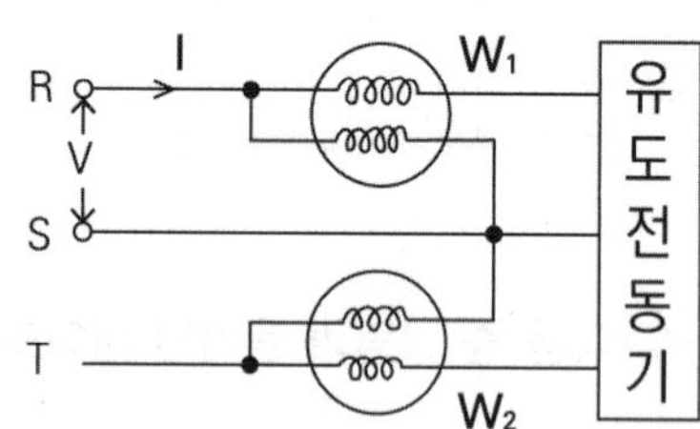

① 전력 : 250, 역률 : 0.5
② 전력 : 250, 역률 : 0.866
③ 전력 : 750, 역률 : 0.866
④ 전력 : 750, 역률 : 0.5

해설
- 소비 전력 $W_1 + W_2 = 500 + 250 = 750[W]$
- 역율 $\cos\theta = \dfrac{W_1 + W_2}{2\sqrt{W_1^2 + W_2^2 - W_1 W_2}}$
$= \dfrac{500+250}{2\sqrt{500^2 + 250^2 - 500 \times 250}} = 0.866$
- 별해 $W_1 = 2W_2$일 때 역율은 86.6%

67 인덕턴스 20[H]인 코일에 50[Hz], 200[V]인 교류전압을 인가하였을 때 이 회로에 흐르는 전류는 몇 [A]인가?

① $1/10\pi$　　② $\pi/10$
③ π　　④ 10π

해설 $i = \dfrac{V}{X_L} = \dfrac{V}{2\pi f L} = \dfrac{200}{2\times\pi\times 50\times 20} = \dfrac{1}{10\pi}[A]$

68 서보 전동기(Servo motor)는 다음의 제어기기 중 어디에 속하는가?

① 증폭기　　② 변환기
③ 검출기　　④ 조작기기

해설 서보 모터
① 원칙적으로 정역이 가능하여야 한다.
② 저속이며 거침없는 운전이 가능하여야 한다.
③ 기계적 응답이 우수하여 속응성이 좋아야 한다.
④ 급감속, 급가속이 용이한 것이어야 한다.
⑤ 시정수가 작아야 하며, 기동토크가 커야한다.

69 f(t)= $1 - e^{-at}$의 라플라스 변환은? (단, a는 상수이다.)

① u(s) − e^{-as}　　② $\dfrac{2s+a}{s(s+a)}$
③ $\dfrac{a}{s(s+a)}$　　④ $\dfrac{a}{s(s-a)}$

해설 $\mathcal{L}(1-e^{-at}) = \dfrac{1}{s} - \dfrac{1}{s+a} = \dfrac{a}{s(s+a)}$

70 PI 동작의 전달함수는? (단, K_P는 비례감도이다.)

① KP　　② $K_P sT$
③ K(1+sT)　　④ $K_p(1+\dfrac{1}{sT})$

해설 비례적분 제어(PI 제어)
$G(s) = K\left(1 + \dfrac{1}{T_i s}\right)$
잔류 편차는 제거, 속응성이 길다.

정답 65 ③ 66 ③ 67 ① 68 ④ 69 ③ 70 ④

71 다음 블록선도의 전달함수 C(s)/R(s)는?

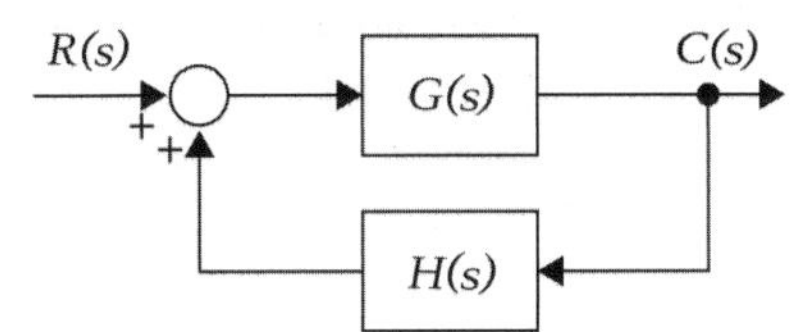

① $\dfrac{G(s)}{1-G(s)H(s)}$

② $\dfrac{G(s)}{1+G(s)H(s)}$

③ $\dfrac{H(s)}{1-G(s)H(s)}$

④ $\dfrac{H(s)}{1+G(s)H(s)}$

해설 $\dfrac{C(s)}{R(s)}=\dfrac{\text{경로}}{1-\text{폐로}}=\dfrac{G(s)}{1-G(s)H(s)}$

72 피드백 제어계에서 제어요소에 대한 설명 중 옳은 것은?

① 조작부와 검출부로 구성되어 있다.
② 조절부와 검출부로 구성되어 있다.
③ 목표값에 비례하는 신호를 발생하는 요소이다.
④ 동작신호를 조작량으로 변화시키는 요소이다.

해설 제어요소
조절부와 조작부로 구성되어 있으며 동작신호를 조작량으로 변환하는 장치.

73 그림과 같은 회로의 합성저항은 몇 [Ω]인가?

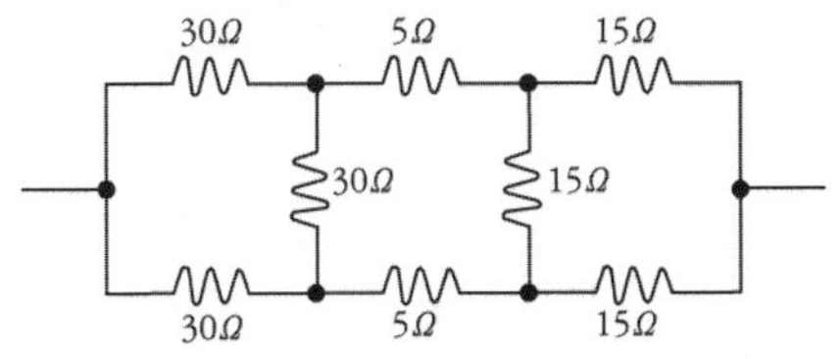

① 25 ② 30
③ 35 ④ 50

해설 좌측 30[Ω] 3개 저항 △를 Y결선으로 변환

$R_Y=\dfrac{1}{3}R_\triangle=\dfrac{1}{3}\times 30=10[\Omega]$

우측 150[Ω] 3개 저항 △를 Y결선으로 변환

$R_Y=\dfrac{1}{3}R_\triangle=\dfrac{1}{3}\times 15=5[\Omega]$

$\therefore\ 10+\dfrac{(10+5+5)(10+5+5)}{(10+5+5)+(10+5+5)}+5=10+10+5$
$=25[\Omega]$

74 그림과 같은 계전기 접점회로의 논리식은?

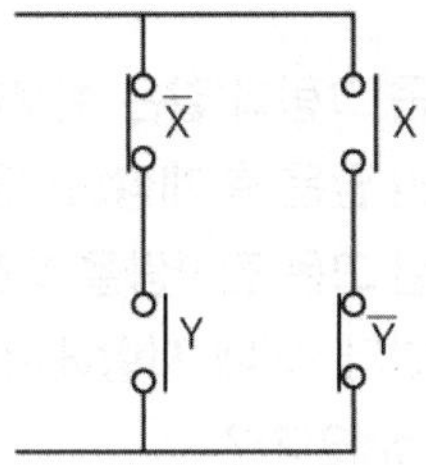

① XY
② $\overline{X}Y+X\overline{Y}$
③ $(\overline{X}+\overline{Y})(X+Y)$
④ $(\overline{X}+Y)(X+\overline{Y})$

해설 $\overline{X}Y+X\overline{Y}$

75 어떤 코일에 흐르는 전류가 0.01초 사이에 일정하게 50[A]에서 10[A]로 변할 때 20[V]의 기전력이 발생한다고 하면 자기 인덕턴스는 몇 [mH]인가?

① 5 ② 40
③ 50 ④ 200

해설 $e=L\dfrac{di}{dt},\ 20=L\times\dfrac{50-10}{0.01}$,
자기 인덕턴스 $L=5[\text{mH}]$

정답 71 ① 72 ④ 73 ① 74 ② 75 ①

76 F(s)=$\dfrac{3s+10}{s^3+2s^2+5s}$ 일 때, f(t)의 최종치는?

① 0　　② 1
③ 2　　④ 8

해설 최종값 정리

$\lim_{t\to\infty} f(t) = \lim_{s\to 0} sF(s)$,

$\lim_{s\to 0} sF(s) = \lim_{s\to 0} s\dfrac{3s+10}{s^3+2s^2+5s}$

$= \lim_{s\to 0} s\dfrac{3s+10}{s(s^2+2s+5)} = 2$

77 다음 그림과 같은 회로에서 스위치를 2분 동안 닫은 후 개방하였을 때 A지점에서 통과한 모든 전하량을 측정하였더니 240[C]이었다. 이때 저항에서 발생한 열량은 약 몇 cal인가?

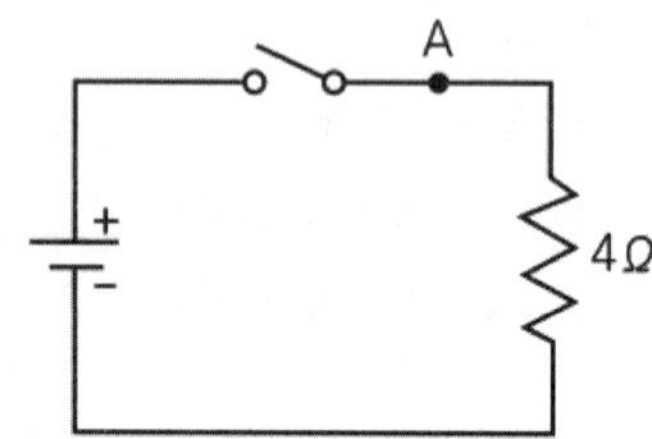

① 80.2　　② 160.4
③ 240.5　　④ 460.8

해설 발열량

$H = 0.24I^2Rt = 0.24\times 2^2\times 4\times 2\times 60 = 460.8[\text{cal}]$

전류 $I = \dfrac{Q}{t} = \dfrac{240}{2\times 60} = 2[\text{A}]$

78 교류(Alternating current)를 나타내는 값 중 임의의 순간의 크기를 나타내는 것은?

① 최대값　　② 평균값
③ 실효값　　④ 순시값

해설 순시값

시시 각각으로 변하는 교류의 임의의 순간의 크기를 순시값이라 한다.

$e = V_m \sin\omega t[\text{V}]$, $i = I_m \sin\omega t[\text{A}]$

79 전류계와 전압계의 측정범위를 확장하기 위하여 저항을 사용하는데, 다음 중 저항의 연결방법으로 알맞은 것은?

① 전류계에는 저항을 병렬연결하고, 전압계에는 저항을 직렬연결 해야 한다.
② 전류계 및 전압계에 저항을 병렬연결 해야 한다.
③ 전류계에는 저항을 직렬연결하고, 전압계에는 저항을 병렬연결 해야 한다.
④ 전류계 및 전압계에 저항을 직렬연결 해야 한다.

해설 배율기와 분류기

(1) 배율기 : 전압계의 측정범위의 확대를 전압계에 직렬로 접속되어 사용되는 저항기이다
(2) 분류기 : 전류계의 측정범위의 확대를 위해 전류계에 병렬로 접속되어 사용되는 저항기이다.

80 220[V] 3상 4극 60[Hz]인 3상 유도전동기가 정격전압, 정격 주파수에서 최대 회전력을 내는 슬립은 16[%]이다. 200[V] 50[Hz]로 사용할 때 최대 회전력 발생 슬립은 약 몇 [%]가 되는가?

① 15.6　　② 17.6
③ 19.4　　④ 21.4

해설 슬립 $S \propto V^2$, $S' = (\dfrac{220}{200})^2 \times 16 = 19.36[\%]$

정답 76 ③ 77 ④ 78 ④ 79 ① 80 ③

기발한 승강기 기사 산업기사 필기

발 행 일 2024년 1월 5일 개정2판 1쇄 인쇄
2024년 1월 10일 개정2판 1쇄 발행

저 자 김인호

발 행 처 크라운출판사 http://www.crownbook.com

발 행 인 李尙原
신고번호 제 300-2007-143호
주 소 서울시 종로구 율곡로13길 21
공 급 처 (02) 765-4787, 1566-5937
전 화 (02) 745-0311~3
팩 스 (02) 743-2688, 02) 741-3231
홈페이지 www.crownbook.co.kr
I S B N 978-89-406-4769-1 / 13550

특별판매정가 28,000원

이 도서의 문의를 편집부(02-744-4959)로 연락주시면 친절하게 응답해 드립니다.